HISTOIRE

DE

L'ASTRONOMIE ANCIENNE.

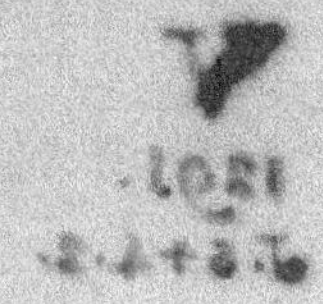

DE L'IMPRIMERIE DE Mme Ve COURCIER.

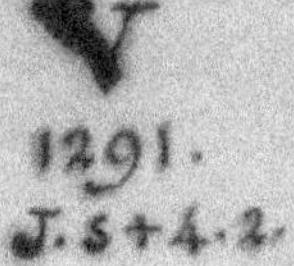

HISTOIRE

DE

L'ASTRONOMIE ANCIENNE;

PAR M. DELAMBRE,

Chevalier de Saint-Michel et de la Légion-d'Honneur, Secrétaire perpétuel de l'Académie royale des Sciences pour les Mathématiques, Professeur d'Astronomie au Collége royal de France, Membre du Bureau des Longitudes, des Sociétés royales de Londres, d'Upsal et de Copenhague, des Académies de Saint-Pétersbourg, de Berlin, de Suède et de Philadelphie, etc., etc.

TOME SECOND.

PARIS,

Mme Ve COURCIER, IMPRIMEUR-LIBRAIRE POUR LES SCIENCES.

1817.

TABLE DES CHAPITRES.

LIVRE III.

LIVRE IV.

Astronomie des Grecs.

LIVRE V.

CORRECTIONS.

A l'article des cadrans anciens, dont les lignes sont courbes, pag. 484, *on peut ajouter ce qui suit :*

Depuis l'impression de ce chapitre, pour mieux connaître la figure de ces lignes, j'ai calculé un cadran pour le cercle polaire ; j'en ai déterminé tous les points horaires pour toutes les déclinaisons de degré en degré et même pour quelques fractions de degré de 23° à 23° 28′ ; il en est résulté que les lignes horaires pour cette latitude ont à fort peu près la figure du signe d'intégration $\int$, c'est-à-dire que dans le voisinage du solstice d'hiver, la ligne a une courbure sensible ; que pendant la plus grande partie de l'année, la ligne est sensiblement droite, et qu'elle acquiert de nouveau une courbure, mais moins sensible, vers le solstice d'été. Au solstice d'hiver, la durée du jour est 0 ; toutes les lignes horaires doivent donc se confondre avec la méridienne. Aux environs de ce solstice, les lignes horaires sont si voisines, qu'il est presqu'impossible de les distinguer, quelque grande que soit l'échelle ; en sorte qu'en cette partie le cadran est aussi inutile que difficile à tracer. Au solstice d'été, au contraire les lignes sont plus espacées que jamais, parce que le jour est de 24 heures équinoxiales, qui ne font que 12 heures temporaires. La construction est donc très-facile, au lieu que pour l'hiver le meilleur parti est de supprimer la portion de ces lignes qui ne peut être d'aucune utilité.

Page	60,	ligne 5,	ZQS, *lisez* ZSQ
	93,		à la fin, *ajoutez* fig. 24
	152,	2,	TH, *lisez* TG, deux fois.
	165,		5° 14′ 26″,4, *lisez* 5° 13′ 26″,4
	168,		parallélogramme, *lisez* quadrilatère ; quatre fois.
	194,	10,	ML = HT = MBL = EBH, *effacez* ML = HT = MBL, ne laissez que EBH.
	197,	7,	sin DEB, *lisez* sin DBE
	209,	19,	la parallèle, *lisez* la parallaxe
	215,	23,	TH = 64° 10′, *lisez* TN = 64° 10′
	466,	2,	l'hypothénuse, *lisez* l'hypoténuse
	468,	7,	$\frac{HM}{QM}$, *lisez* $\frac{H'M}{QH'}$
	481,	16,	tang O*b*, *lisez* tang R*b*
	523,	25,	au tropique, *lisez* à l'équateur
	527,	7,	en remontant, effacez *ponctué*
	551,	8,	∂_1, *lisez* ∂_{18}

Pag.	532,	ligne	7, *effacez* tirez OI
	598,		13, *lisez* ANZ*p*I
	Ibid.		14, NR = O, *lisez* NA = O
	600,		6, en remontant, 90′, *lisez* 90°
	602,		2, en remontant, RK, *lisez* RT
	604,		11 et 12, en remontant, *lisez* TE et TB
	609,		15, *lisez* $\delta N' = 95'$

HISTOIRE

DE

L'ASTRONOMIE ANCIENNE,

Tirée des Ouvrages encore existans, analysés suivant l'ordre des tems, pour déterminer ce que chaque Auteur a pu ajouter aux connaissances de ses devanciers.

LIVRE TROISIÈME.

ASTRONOMIE GRECQUE.

NOTRE intention est de rassembler, dans un Traité méthodique et complet, toutes les connaissances des Grecs en Astronomie, et de présenter dans un ordre plus naturel ce qui se trouve disséminé dans les écrits qu'ils nous ont laissés. Nous donnerons leurs méthodes, leurs procédés de calculs; nous exposerons tous leurs théorèmes, afin qu'on soit à même de refaire et de vérifier dans tous leurs détails les calculs assez longs qu'on rencontre, surtout dans Ptolémée. Mais comme les méthodes des Grecs étaient extrêmement prolixes, pour éviter ces longueurs, nous indiquerons des procédés plus expéditifs, qui n'en seront que plus propres à vérifier toutes leurs opérations. A côté de chaque pratique, de chaque règle de la Trigonométrie des Grecs, nous mettrons son équivalent, suivant le système moderne, ensorte qu'en écartant toutes les longueurs qui rendent la lecture de Ptolémée si fatigante, nous serons plus en état de saisir l'esprit et de suivre la marche de ses solutions, qui se trouveront débarrassées de tout ce qui ne servait qu'à les obscurcir.

Pour atteindre ce but, il est indispensable de commencer par un Traité d'Arithmétique grecque; nous le ferons suivre d'un Traité de la construction des cordes, d'un Traité de Trigonométrie rectiligne, et enfin d'une Trigonométrie sphérique.

CHAPITRE PREMIER.

Arithmétique des Grecs.

Les Grecs n'avaient pas eu cette idée si heureuse et si féconde, que nous tenons des Arabes, qui paraissent l'avoir reçue des Indiens, et qui fait qu'avec 9 chiffres, dont la valeur augmente en progression décuple, à mesure qu'on les avance vers la gauche, nous sommes en état d'exprimer commodément les nombres les plus considérables.

La supériorité du système arithmétique des Indiens est si marquée, qu'elle a fait oublier entièrement les méthodes des Anciens. Les faibles vestiges qui nous en restent sont épars dans des ouvrages qui n'ont pas été traduits, ou dont les traductions sont rares et ignorées. Les traducteurs se sont même contentés de nous donner, en chiffres arabes, l'équivalent à peu près de ce qui est dans le texte grec, s'embarrassant fort peu de montrer la marche et l'esprit de l'opération; ensorte qu'à l'exception d'un petit nombre de lecteurs qui ont pu consulter les originaux, on peut dire avec quelque vraisemblance, que personne n'a une idée même incomplète de l'Arithmétique grecque. Les Mémoires de l'Académie des Inscriptions et Belles-Lettres renferment à la vérité une Histoire de l'Arithmétique ancienne; mais on n'y trouve que quelques idées sur l'usage des jetons dans les calculs, et rien sur l'Arithmétique écrite.

Une réflexion nous porte à croire que les monumens de ces méthodes abandonnées doivent être infiniment rares; c'est qu'aucun de nos savans antiquaires ne les a choisis pour objet de ses recherches. Cependant nous avons la certitude qu'en Géométrie, et surtout en Astronomie, les Anciens ont exécuté des calculs assez considérables. Leurs moyens sans doute étaient fort inférieurs à ceux que nous pourrions employer aujourd'hui pour les mêmes problèmes; mais cette considération même peut donner quelqu'intérêt aux recherches suivantes, entreprises en 1804, et qui ont paru à la suite de la traduction des Œuvres d'Archimède, par M. Peyrard.

Les auteurs qui nous ont conservé les notions recueillies dans ce Chapitre, sont : Archimède, dans sa Mesure du Cercle et dans son Arénaire ou Sablier (Ψαμμίτης); Eutocius, dans les Commentaires grecs qu'il nous a laissés sur ces ouvrages; Ptolémée, qui, dans sa *Grande composition*, ou sa *Syntaxe mathématique*, nous a donné des Tables des cordes, des Tables de déclinaison, de latitude, d'équation du centre, pour le Soleil et les planètes, avec les méthodes qui avaient servi à les construire; Théon, dans ses Commentaires grecs sur la *Syntaxe* de Ptolémée; et enfin Pappus, dans un Fragment publié par Wallis, dans le tome III de ses Œuvres. Les deux premiers Livres de Pappus traitaient particulièrement de l'Arithmétique, et nous y aurions peut-être trouvé les préceptes et les méthodes d'après lesquelles les Grecs exécutaient leurs opérations numériques, c'est-à-dire l'addition, la soustraction, la multiplication, la division et l'extraction des racines; mais ces livres sont perdus, il n'en reste que le fragment dont nous venons de parler. J'ai vainement consulté tous les ouvrages où j'espérais trouver des renseignemens utiles; j'ai lu en entier l'Arithmétique de Nicomaque, ΝΙΚΟΜΑΧΟΥ ΓΕΡΑΣΙΝΟΥ ΑΡΙΘΜΗΤΙΚΗΣ ΒΙΒΛΙΑ ΔΥΟ, Paris, 1538; le Traité qui porte pour titre : Θεολογούμενα τῆς ἀριθμητικῆς; celui de Psellus, *Arithmetica, Musica et Geometria*; celui de Camerarius, *de græcis latinisque numerorum notis, et præterea saracenicis seu indicis cum indicio elementorum ejus quam Logisticen Græci nominant*; les six Livres de Barlaam, περὶ Λογιστικῆς ἀστρονομικῆς, *de la Logistique astronomique*. On voit dans tous ces auteurs des idées sur la composition des nombres, sur les moyens de trouver les nombres premiers, sur les raisons, sur les proportions, sur les nombres figurés, sur quelques solides employés dans le toisé; Barlaam consacre un Livre tout entier au calcul sexagésimal des astronomes, mais il n'y enseigne qu'une chose, c'est l'espèce ou l'ordre de la fraction sexagésimale qui résultera de la multiplication et de la division de plusieurs fractions sexagésimales entr'elles, et nous pouvons renfermer toutes ses propositions dans une formule unique, ce qui fait que tout son Livre, assez obscur d'ailleurs, est aujourd'hui complètement inutile, en ce qu'il ne contient que des idées métaphysiques dont la pratique peut aisément se passer. Je n'ai donc trouvé rien absolument de ce que je cherchais. Tous ces écrivains supposent à leurs lecteurs la connaissance des règles usuelles de l'Arithmétique.

J'avais même entrepris quelques recherches dans les manuscrits de la Bibliothèque du Roi. Parquoy, savant aussi estimable que modeste, a bien voulu les continuer, mais sans aucun succès. Il n'a pu trouver que trois exemples de division pour calculer l'indiction d'une année quelconque, et dans lesquels on n'avait par conséquent à opérer que sur des nombres trop peu considérables pour qu'il en résultât de grandes lumières. Nous en donnerons ici de plus importans et desquels nous pourrons tirer un traité complet des cinq opérations auxquelles se réduit toute l'Arithmétique.

Si la notation des Grecs était beaucoup moins simple que la nôtre, elle était du moins fort régulière. Au
lieu des caractères................ 1, 2, 3, 4, 5, 6, 7, 8 et 9,
ils avaient, pour exprimer les unités,
les lettres......................... α, β, γ, δ, ε, ς, ζ, η et θ.

Au lieu de les employer également pour les dixaines, ils se servaient de
ces autres lettres................. ι, κ, λ, μ, ν, ξ, ο, π et ϟ.

Pour les centaines, ils prenaient... ρ, σ, τ, υ, φ, χ, ψ, ω et ϡ;
mais c'est à cela que se bornaient tous leurs chiffres.

Pour les mille, ils employaient... α̦, β̦, γ̦, δ̦, ε̦, ς̦, ζ̦, η̦ et θ̦,

c'est-à-dire qu'ils avaient recours aux caractères des unités simples, avec cette seule différence, que pour les distinguer ils y joignaient l'iota souscrit, ou bien qu'ils les marquaient d'un trait par-dessous.

Avant d'aller plus loin, remarquons le rapport constant qui règne entre les quatre caractères qu'on voit ici placés dans chaque colonne verticale,

α, ι, ρ et α̦, qui valent 1, 10, 100, 1000.

On voit qu'ils forment une progression géométrique dont la raison est 10; il en est de même des nombres

β, κ, σ, β̦ ou 2, 20, 200, 2000,
γ, λ, τ, γ̦ ou 3, 30, 300, 3000,

et de tous les autres.

Les Grecs avaient remarqué ce rapport, et ils avaient des mots pour exprimer la relation de ces nombres. Les nombres de la première rangée horizontale, c'est-à-dire les simples unités α, β, γ, etc. étaient appelés les *fonds* (πυθμένες) des nombres de dixaines, de centaines et de mille, et ces derniers s'appelaient les *analogues* de ceux auxquels ils correspondent parmi les unités. Dans certains cas, on opérait sur les *fonds* au lieu d'opérer sur les *analogues;* après quoi, à l'aide de quelques théorèmes, on ramenait le résultat du calcul à celui qu'on aurait trouvé en opérant sur les *analogues* eux-mêmes, en suivant les règles ordinaires de l'Arithmétique.

Avec les caractères qu'on vient de voir, les Grecs pouvaient exprimer un nombre quelconque au-dessous de 10000, ou d'une myriade. Ainsi ͵θϡϟθ signifiaient 9999, ͵ζφπβ valaient 7582, ͵ηλϛ marquaient 8036; ͵ϛυκ, 6420; ͵δα, 4001; et ainsi des autres.

Pour exprimer une myriade ou 10000, on aurait pu mettre un trait sous la lettre ι, qui par elle-même vaut 10, et cette notation est en effet indiquée dans quelques Lexiques, mais je ne vois pas qu'elle ait été employée par les géomètres.

Pour indiquer un nombre de myriades, on se servait de la lettre initiale M, surmontée du nombre en question. Ainsi

$$\overset{\alpha}{M},\quad \overset{\beta}{M},\quad \overset{\gamma}{M},\quad \overset{\delta}{M},\quad \text{etc.}$$

valaient

$$10000,\ 20000,\ 30000,\ 40000,$$

$\overset{\lambda\zeta}{M}$ valaient 37 myriades, ou 370000, $\overset{͵\delta\tau o\beta}{M}$ exprimaient 4372 0000, ou 4372 myriades, et en général, la lettre M mise au-dessous d'un nombre quelconque, produisait le même effet que nous produisons en mettant quatre zéros à la suite de ce nombre.

Cette notation est celle qu'Eutocius emploie dans ses Commentaires sur Archimède; elle était peu commode pour le calcul.

Pour désigner les myriades, Diophante et Pappus se servent des deux lettres initiales Mυ, placées après le nombre. Ainsi αMυ, βMυ, γMυ, etc. représentaient 10000, 20000, 30000, etc.; ͵δτοβMυ ͵ηϟζ valaient 4372 myriades 8097 unités, ou 43728097. Cette manière ressemble à celle que nous employons pour les nombres complexes, comme 4 toises 5 pieds 6 pouces.

Les mêmes auteurs emploient encore une notation bien plus simple; c'est de remplacer par un point les initiales Mυ; ainsi ͵δτοβ.͵ηϟζ valaient aussi 43728097.

Les Grecs pouvaient ainsi noter jusqu'à 9999·9999, qu'ils écrivaient ͵θϡϟθ.͵θϡϟθ; une unité de plus aurait fait une myriade de myriades, qui, dans notre système, vaut 1.0000.0000, ou $(1\,0000)^2$, ou cent millions. C'était là que se bornait l'Arithmétique des Grecs, et cette étendue leur suffisait de reste, parce que leurs unités de compte, telles que le talent, le stade, étaient plus fortes que nos unités ordinaires, la livre ou la toise. Il n'y avait donc guère que les géomètres et les astronomes qui pussent quelquefois se trouver trop à l'étroit entre ces limites. Par exemple, Archimède, dans son *Arénaire*, ayant à exprimer le nombre des grains de sable que contiendrait une sphère qui aurait pour diamètre la distance de la Terre aux étoiles fixes, et ce nombre étant, d'après lui, tel qu'il nous faudrait, pour l'exprimer dans notre système, un nombre de 64 figures; Archimède, dis-je, se vit obligé de prolonger indéfiniment la notation arithmétique des Grecs.

Nous avons dit que cette notation avait pour limite la myriade de myriades, ou cent millions. Archimède imagina de prendre cette myriade carrée pour une unité nouvelle, et les nombres de ces unités nouvelles, il les appelle *nombres du second ordre*.

De cette manière il exprimait tous les nombres qui, dans notre système, s'expriment avec 16 chiffres.

Prenant ensuite pour unité nouvelle l'unité suivie de 16 zéros, ou la quatrième puissance de la myriade, il en forma ses nombres du troisième ordre.

L'unité suivie de 24 zéros, ou la sixième puissance de la myriade, compose pareillement les nombres du quatrième ordre.

En général, en prenant pour unité la puissance $2n$ de la myriade, il en forma des nombres de l'ordre $(n+1)$.

Supposons $n=8$, $2n=16$; l'unité suivie de 16 fois 4 zéros, ou de 64 zéros, composera les nombres de l'ordre neuvième ou $(8+1)$, dont le plus petit aura 65 figures. Ainsi pour aller à 64 figures, Archimède n'avait besoin que des nombres du huitième ordre.

Cette notation, imaginée pour un cas tout particulier, ne fut, suivant toute apparence, employée que cette seule fois, et même elle ne le fut pas réellement. En effet, Archimède se contenta d'indiquer les opérations, sans en exécuter aucune. Après avoir évalué la sphère dont le diamètre est d'un quarantième de doigt, il en conclut d'abord celle d'un doigt, puis celle de 100 doigts, de 10000 doigts, d'un stade, de

100 stades, de 10000 stades, et ainsi de suite, en centuplant toujours le diamètre; d'où il suit que les capacités, qui sont en raison triplée des diamètres, se trouveraient dans notre système, en ajoutant 6 zéros à chaque opération.

La chose est un peu moins facile dans le système des Grecs; mais on conçoit qu'à l'aide de quelques lemmes, il a pu déterminer à quel ordre monterait le produit de deux facteurs dont les ordres seraient connus. Il ne faut qu'un seul de ces lemmes, quand les deux facteurs sont des puissances de l'unité; c'est-à-dire, dans notre système, quand ils ne sont tous deux que l'unité suivie de plus ou moins de zéros. Ce lemme, dans ce cas, est extrêmement simple, et le voici :

Soit l'unité suivie de tous ses analogues, c'est-à-dire α, ι, ρ, α̦, αMυ, ou 1, 10, 100, 1000, 10000, etc.; soit n le numéro d'un terme quelconque de cette progression, m le numéro d'un autre terme aussi quelconque, le produit sera un terme de la même progression; celui des zéros du terme n sera $(n-1)$; celui des zéros du terme m sera $(m-1)$; le nombre des zéros du produit sera $(m-1+n-1)=(m+n-2)$ $=$ somme des zéros des deux facteurs.

Archimède démontre ce théorème, mais il ne donne que celui-là. Quelques personnes ont cru y voir l'idée des logarithmes; mais Archimède ne fait mention que des nombres entiers de la progression 1, 10, 100, etc., et ne dit rien qui puisse nous faire penser qu'il ait même entrevu la possibilité ou l'utilité d'intercaler entre ces nombres d'autres nombres fractionnaires qui approcheraient, autant qu'on le jugerait nécessaire, d'être égaux aux nombres de la suite naturelle, ensorte qu'il fût possible de substituer l'addition de leurs numéros d'ordre dans la progression, à la multiplication des deux nombres mêmes; il n'a pas même étendu son idée à la soustraction, qui aurait pu remplacer la division; enfin il était si éloigné d'envisager cette idée comme devant être utile dans les calculs pratiques, qu'il paraît au contraire évident qu'elle n'a été pour lui-même qu'un moyen de se dispenser du calcul, et non pas un moyen de rendre les calculs plus faciles.

La progression employée par Archimède est donc

α	ι	ρ	α̦	αMυ	ιMυ	ρMυ
1,	10,	100,	1000,	10000,	100000,	10000000, etc.

Si, pour plus de simplicité, il eût écrit $\underset{\prime}{\alpha}\ \underset{\prime\prime}{\alpha}\ \underset{\prime\prime\prime}{\alpha}$, etc., il eût trouvé quelque chose d'à peu près semblable à notre Arithmétique, ou du moins les traits souscrits eussent été chacun l'équivalent de 8 de nos zéros; cependant, pour compléter la découverte, il eût fallu supprimer les traits, et dire que l'ordre des unités serait déterminé par le rang que le nombre occuperait; il fallait encore faire monter l'ordre d'une unité, non pas pour 8 zéros de plus, mais pour un seul; enfin il aurait fallu, de plus, imaginer un caractère pour remplir les laces vacantes.

Ce qu'il n'a pas imaginé pour la série ascendante, les astronomes l'ont imaginé pour la série descendante. α°, α', α'', α''', α^{iv}, etc. formaient en effet une progression géométrique; mais la raison est $\frac{1}{60}$ et non 10 ou $\frac{1}{10}$.

En outre de la progression ci-dessus, on avait de même

$$2^{\circ}\ 2'\ 2''\ 2'''\ 2^{\text{iv}}\ \text{etc.}$$
$$17.17.17.17.17$$
$$59.59.59.59.59.$$

Les différens termes de cette progression étaient le plus souvent composés de deux chiffres; on ne pouvait donc pas supprimer les signes $^{\circ}$, $'$, $''$, $'''$, ^{iv}, etc. qui marquaient leur ordre, et rendre la valeur du terme dépendante du rang qu'il occupait dans la série; il aurait fallu pour cela 59 caractères au lieu de 9. On ne pouvait donc de ce côté arriver à notre Arithmétique : on en était plus voisin en s'arrêtant à l'idée d'Archimède. Apollonius, au rapport de Pappus, y fit quelques changemens heureux. Au lieu de ces ordres ou tranches composées de 8 chiffres, et qu'Archimède nommait pour cette raison des *octades*, il imagina de ne composer ses tranches que de 4 chiffres; il aurait pu les nommer des *tétrades*. La première tranche à droite était celle des unités, la seconde en allant vers la gauche était celle des myriades simples, la troisième celle des myriades doubles ou du second ordre, et ainsi de suite à l'infini; ensorte qu'en général la tranche du numéro n contenait les myriades de l'ordre $(n-1)$. Ainsi à chaque tranche on voyait reparaître les mêmes quatre caractères usités chez les Grecs, mais avec une valeur toujours croissante et proportionnelle aux puissances successives de la myriade. De cette manière, Apollonius aurait pu écrire tout ce que sait exprimer notre numération; et pour en donner un exemple, prenons la circonférence du cercle dont le diamètre est une myriade du neuvième ordre; la circonférence sera

γ . ͵αυιε . ͵θσξε . ͵γφπθ . ͵ζϡλβ . ͵γωμϛ . ͵βχμγ . ͵γωλβ . ͵ζϡν . ͵βωπδ
3 . 1415 . 9265 . 3589 . 7932 . 3846 . 2643 . 3832 . 7950 . 2884.

Il n'y avait plus qu'un pas à faire de cette Arithmétique à la nôtre; il fallait faire pour les simples dixaines ce qu'on avait fait pour les dixaines de mille.

Il paraît que c'est encore à Apollonius qu'on était redevable d'un autre changement dans l'Arithmétique des Grecs. Nous avons déjà dit qu'au nombre de dixaines, de centaines ou de mille, on substituait quelquefois les unités qui leur correspondaient; par exemple, si l'on avait à multiplier 50 par 400, ou ν par υ, au nombre υ = 400 on substituait δ ou 4, qui en était le *fond*. Au nombre 50 ou ν on substituait le fond ε ou 5. On multipliait donc 5 par 4; le produit était κ ou 20; mais on avait rendu l'un des facteurs cent fois trop petit, et l'autre dix fois trop petit; le produit était donc $100 \times 10 = 1000$ fois trop petit; il fallait donc le multiplier par 1000. Au lieu de 20 on avait 20000, ou 2 myriades.

C'était un acheminement vers notre Arithmétique; mais comme les Grecs ne faisaient là aucun usage du zéro, au lieu d'une règle unique, qui nous suffirait dans ce cas, et qui serait de mettre à la suite du produit un nombre de zéros égal au nombre des zéros négligés dans l'un et l'autre facteur, il leur fallait une douzaine de théorèmes différens pour déterminer, dans tous les cas, l'espèce du produit.

Ces théorèmes nous ont été conservés par Pappus et publiés par Wallis; pour nous les démontrer tous, il nous suffit de les écrire avec nos caractères arithmétiques. Nous ne rapporterons donc pas ces théorèmes; ceux qui en seraient curieux peuvent consulter le tome III des Œuvres de Wallis.

Le zéro n'était pourtant pas tout-à-fait inusité chez les Grecs. On le trouve dans Ptolémée, mais seulement dans l'usage des fractions sexagésimales; son emploi se borne à tenir la place d'un ordre sexagésimal qui manque entièrement. Ainsi dans la Table des déclinaisons des points de l'écliptique, ο° κδ′ ις″ signifiaient 0° 24′ 16″; ς° ο′ λα″ valaient 6° 0′ 31″, κα° μα′ ο″ exprimaient 21° 41′ 0″.

Le zéro, en grec, se nommait τζιφρα, d'où vient le mot chiffre; mais τζιφρα ne se trouve, à ma connaissance, que dans le Traité de l'Arithmétique indienne de Planude, qui écrivait dans le quatorzième siècle. Ce mot a l'air un peu barbare, et je ne l'ai vu dans aucun auteur ancien. A l'article Planude nous avons dit que ce mot est arabe.

Ainsi chez les Grecs le zéro était tout seul, jamais il ne se combinait avec un autre chiffre pour en changer la valeur. Comme dans chaque tranche de 4 figures, au plus, les nombres avaient leur valeur propre, indépendante de la place qu'ils y occupaient, le zéro devenait alors inutile, et les tranches, au lieu d'être constamment de 4 chiffres, n'en avaient quelquefois que 3, 2, ou même un seul.

Ainsi, pour exprimer le nombre 3479.5012.6008.7000,
les Grecs auraient écrit........ $\gamma\upsilon o\theta$. $\epsilon\iota\beta$. $\varsigma\eta$. ζ,

et ils n'auraient écrit que 10 figures au lieu de 16 que nous aurions en mettant des zéros à toutes les places vides.

Quand la tranche des unités manquait entièrement, on l'indiquait en écrivant $M\upsilon$ à la place de cette tranche, et ce signe montrait que le nombre précédent avait des myriades pour unités. Si deux ou plusieurs tranches manquaient à la droite, on y mettait autant de fois $M\upsilon$; ainsi pour exprimer..... 37.0000.0000.0000.0000,
les Grecs écrivaient $\lambda\zeta$. $M\upsilon$. $M\upsilon$. $M\upsilon$. $M\upsilon$,
c'est-à-dire 37 myriades du quatrième degré. Voyez Pappus, dans les Œuvres de Wallis.

Le caractère M°, employé par Diophante et Eutocius, indique des monades, c'est-à-dire des unités; ainsi $M^{\circ}\kappa\alpha$ signifie unités 21.

Il nous reste à dire comment les Grecs écrivaient les fractions.

Un trait placé à la droite d'un nombre et vers le haut, faisait de ce nombre le dénominateur d'une fraction dont l'unité était le numérateur. Ainsi $\gamma' = \frac{1}{3}$, $\delta' = \frac{1}{4}$, $\xi\delta' = \frac{1}{64}$, $\rho\kappa\alpha' = \frac{1}{121}$. La fraction $\frac{1}{2}$ avait un caractère particulier C ou <, et un caractère qui ressemblait beaucoup à notre K.

Quand le numérateur était autre que l'unité, le dénominateur se plaçait comme nos exposans. Ainsi $15^{64} = \frac{15}{64} = \iota\epsilon^{\xi\delta}$; $\frac{7}{121}$ s'écrivait $\zeta^{\rho\kappa\alpha}$, et l'on trouve dans Diophante, livre IV, quest. 46, la fraction

$$\sigma\xi\gamma.\gamma\phi\mu\delta^{\lambda\gamma.\alpha\psi o\varsigma} = 2633544^{331776} = \frac{2633544}{331776}.$$

On trouve dans Ptolémée des fractions autrement indiquées. 2 parties signifient $\frac{2}{3}$, 3 parties $= \frac{3}{4}$, 4 parties $= \frac{4}{5}$, etc., n parties $= \frac{n}{n+1}$; mais nous verrons plus d'une fois que, par la faute des copistes, sans doute, ces manières de noter les fractions amènent des doutes que le calcul seul pourrait lever, et qu'il ne lève pas toujours.

Pour mieux entendre ce qui suit, le plus sûr serait de se familiariser avec les 36 caractères grecs. Cependant, pour ceux qui ne voudraient pas prendre cette peine, je traduirai en chiffres arabes tous les exemples de calculs que je donnerai : le moyen est bien simple, c'est d'imiter ce que nous faisions dans nos opérations complexes, avant l'établissement du système métrique décimal. Soient *y* le signe des myriades, *m* celui des mille, *c* celui des centaines, *d* celui des dixaines, o celui des monades ou des unités; le nombre γ.αψοε, ou 31775 pourra s'écrire $3^y\ 1^m\ 7^c\ 7^d\ 5^o$.

Cette notation, à laquelle nous sommes d'avance familiarisés, nous suffira pour tout traduire fidèlement et refaire toutes les opérations de l'Arithmétique des Grecs.

Nous allons ainsi donner des exemples de toutes les opérations de l'Arithmétique, soit dans la numération décimale, soit dans la numération sexagésimale, qui était seule employée dans les calculs astronomiques.

Exemple de l'Addition, tiré d'Eutocius, sur le théorème IV de la Mesure du Cercle d'Archimède.

ωμζ.γϡκα	$8^c\ 4^d\ 7^o\ .3^m\ 9^c\ 2^d\ 1^o$	847.3921
ξ .ηυ	6 .8 4	60.8400
ϡη.βτκα	$9^c\ 0^d\ 8^o\ .2^m\ 3^c\ 2^d\ 1^o$	908.2321

Ces deux nombres étant composés de myriades, on fera attention aux points qui séparent les deux tranches.

On place, comme dans l'Arithmétique indienne, les quantités de même ordre les unes sous les autres, et l'on procède à l'addition, comme dans l'Arithmétique actuelle.

La seconde ligne ne contenant ni dixaines ni unités, l'addition de ces deux ordres se borne à prendre les nombres κα ou $2^d.1^o$ de la première ligne pour les porter à la troisième.

Les centaines offrent ϡ et υ, c'est-à-dire $9^c + 4^c = 13^c = 1^m + 3^c$; je pose donc 3^c et je retiens 1^m que je porte à la colonne suivante. Là se trouvent γ et η, c'est-à-dire $3^m + 8^m = 11^m = 1^y + 1^m$ qui, avec le mille retenu, font $12^m = 1^y + 2^m$, je pose 2^m et je retiens 1^y pour la seconde tranche.

Nous y trouvons d'abord ζM^{υ}, 7^{u} et rien au-dessous; mais nous avons retenu une myriade, nous aurons η ou huit unités de myriades que nous poserons. Aux dixaines de myriades nous avons μ et ξ, 4^{d} et $6^{d} = 10^{d} = 1^{c}\,0^{d}$. Nous laisserons vide la place des dixaines, et dans notre traduction, nous indiquerons ce vide par 0^{d}. Dans le grec il n'y a pas de vide à conserver. Enfin aux centaines de myriades nous trouvons $ω = 8^{c}$ et 1^{c} que nous avons retenu; nous aurons donc ϡ ou 9^{c} et l'addition sera faite; elle a pour résultat $ϡη.βτκα = 9^{c}\,0^{d}\,8^{u}\,2^{m}\,3^{c}\,2^{d}\,1^{u} = 908.2321$.

Cette addition est exactement celle de nos nombres complexes, elle est seulement plus facile, en ce que chaque unité d'un ordre quelconque vaut toujours dix unités de l'ordre immédiatement inférieur, avantage que n'avaient pas nos subdivisions anciennes de livres et de toises; mais d'un autre côté, elle a un embarras de plus dans les lettres différentes qui expriment un même nombre, selon qu'il appartient à l'ordre des unités, des dixaines, des centaines ou des mille.

Les points dans ma traduction, comme dans le grec, séparent les myriades ou nombres du second ordre d'avec les nombres de la première tranche à droite qui sont simples ou du premier ordre. Le point qui sépare les deux tranches avertit que les centaines, les dixaines, les unités de la seconde tranche à gauche sont des centaines, des dixaines et des unités de myriades.

Ceci bien conçu, quand nous aurons à répéter ou vérifier une addition grecque, nous pourrons sans scrupule la faire à notre manière moderne qui est bien plus expéditive.

On verra bientôt que les Grecs ne s'astreignaient pas toujours à placer leurs unités de différente espèce dans l'ordre le plus naturel; il n'y avait pour eux aucune nécessité, mais cette attention facilite beaucoup le calcul.

L'addition des quantités sexagésimales se faisait comme nous le pratiquons encore; il suffira d'un exemple tiré de Ptolémée, p. 65, de l'édition de Bâle.

ο° νθ' η'' ιζ''' ιγ'''' ιβ^{v} λα^{vi}	$0°\ 59'\ 8''\ 17'''\ 13''''\ 12^{v}\ 31^{vi}$
ο ιδ μζ δ ιη ιη ζ	0 14 47 4 18 18 7
α° ιγ' νε'' κα''' λα'''' λ^{v} λη^{vi}	$1°\ 13'\ 55''\ 21'''\ 31''''\ 30^{v}\ 38^{vi}$

Exemple de la Soustraction. (Eutocius, théorème III de la Mesure du Cercle.)

θ.γχλς	$9^{\prime}\ 3^{m}\ 6^{c}\ 3^{d}\ 6^{u}$	93656
β.γυ θ	2 3 4 0 9	23409
ζ. σκζ	$7^{\prime}\ 0^{m}\ 2^{c}\ 2^{d}\ 7^{u}$	70227

Cet exemple n'offre aucune difficulté : le procédé est le même que dans notre système. On commence par la droite, et quand le nombre à soustraire est le plus grand des deux, on emprunte au nombre suivant à gauche une unité qui vaut dix. A la vérité, je n'ai vu ce précepte exprimé nulle part; mais comme il est indépendant de la notation, et qu'il convient à celle des Grecs aussi bien qu'à la nôtre, nous devons croire qu'une idée aussi naturelle s'est présentée d'elle-même à l'esprit des anciens.

Soustraction sexagésimale. (Voyez la Syntaxe de Ptolémée, pages 65 et 66.)

Cet exemple où les emprunts sont nécessaires d'un bout à l'autre, ne laisse aucun doute sur ce que nous disions à l'article précédent.

$\alpha^{\circ}\ \nu\eta^{\prime}\ \iota\varsigma^{\prime\prime}\ \lambda\delta^{\prime\prime\prime}\ \kappa\varsigma^{iv}\ \kappa\varepsilon^{v}\ \beta^{vi}$	$1^{\circ}\ 58^{\prime}\ 16^{\prime\prime}\ 54^{\prime\prime\prime}\ 26^{iv}\ 25^{v}\ 2^{vi}$
$o\ \mu\delta\ \kappa\alpha\ \iota\beta\ \nu\delta\ \nu\delta\ \kappa\gamma$	0 44 21 12 54 54 23
$\alpha^{\circ}\ \iota\gamma^{\prime}\ \nu\varepsilon^{\prime\prime}\ \kappa\alpha^{\prime\prime\prime}\ \lambda\alpha^{iv}\ \lambda^{v}\ \lambda\theta^{vi}$	$1^{\circ}\ 13^{\prime}\ 55^{\prime\prime}\ 21^{\prime\prime\prime}\ 31^{iv}\ 30^{v}\ 39^{vi}$

Nous nous bornerons à ces exemples d'addition et de soustraction; nous en aurons de plus curieux dans les multiplications et les divisions.

Nous voyons ici le zéro tenir la place des degrés qui manquent dans la seconde ligne. Il est marqué comme chez nous, par le caractère o. Cette lettre dans l'Arithmétique grecque signifie 70. Il ne pourrait donc sans équivoque se placer dans les nombres décimaux; ainsi, dans l'exemple ci-dessus β.γυοθ eût signifié 23479 et non 23409. Mais dans l'Arithmétique sexagésimale o ne peut rien signifier, puisque le nombre le plus fort est $\xi = 60$. Cependant pour le distinguer on le couvre ordinairement d'un trait horizontal $\bar{o}$. En effet, quand o se trouve aux degrés, il marquerait 70; et 270° s'écrirait en grec σο°, mais la circonstance empêchera toujours la méprise. Or la lettre o micron = 70 est la première des lettres qui n'entrent pas dans les fractions sexagésimales, elle suit immédiatement ξ qui signifie 60 et qui se rencontre souvent dans l'usage de ces fractions; tel paraît être le motif déterminant qui l'a fait choisir par les astronomes grecs pour le caractère du zéro; ainsi l'on peut assurer avec beaucoup de vraisemblance, que si les Grecs n'ont pas senti tout le parti que l'on pouvait tirer de leur zéro pour simplifier le système et la notation, c'est à eux cependant qu'on doit le caractère lui-même, dont nous nous servons encore, et peut-être aussi l'idée de l'employer à marquer l'absence d'un ordre de quantités.

Multiplication.

Les Grecs commençaient leurs multiplications par les chiffres de la gauche du multiplicateur; c'est une chose absolument indifférente, et nous le pratiquons encore quelquefois.

Ils prenaient aussi les chiffres du multiplicande en allant de gauche à droite pour l'ordinaire. Il y a pourtant des exemples desquels il résulte qu'ils commençaient quelquefois par la droite du multiplicande. Peut-être suivaient-ils cette marche quand ils opéraient sur de petits nombres.

Exemple tiré des Commentaires d'Eutocius, sur le théorème III de la Mesure du Cercle.

ρνγ	$1^c\ 5^d\ 3^u$	153
ρνγ	1 5 3	153
α. ͵ετ	$1^y\ 5^m\ 5^c$	459
͵ε ͵βφ ρν	$5^m\ 2^m\ 5^c\ 1^c\ 5^d$	765
τρνθ	$3^c\ 1^c\ 5^d\ 9^u$	153
β.͵γυθ	$2^y\ 3^m\ 4^c\ 9^u$	25409

ρ par ρ = α. ou 100 × 100 = 10000 = 1^y = α.,
ρ par ν = ͵ε ou 100 × 50 = 5000 = 5^m = ͵ε,
ρ par γ = τ ou 100 × 5 = 500 = 3^c = τ.

On place ces trois produits à la suite l'un de l'autre sur une première ligne, comme on le voit dans le grec et dans la traduction; et cela était facile, parce que ces trois produits sont chacun d'un seul chiffre en grec. Il en sera de même dans la seconde ligne qui donne le produit du multiplicande par le second chiffre du multiplicateur. L'exemple prouve par sa disposition qu'on a dû commencer par la gauche, suivons cette marche.

ν par ρ valent ͵ε ou $50 \times 100 = 5000 = 5^m =$ ͵ε; on pose ͵ε ou 5^m.

ν par ν valent ͵βφ ou $50 \times 50 = 2500 = 2^m\ 5^c$ ͵βφ; on pose ͵βφ à la suite de ͵ε, quoique ͵β et ͵ε soient des quantités du même ordre, c'est-à-dire des mille. Nous les placerions l'une sous l'autre, et les Grecs auraient pu le faire de même.

ν par γ valent ρν ou $50 \times 3 = 150 = 1^c + 5^d$; on pose encore ρν à la suite.

Il reste à faire le produit du troisième chiffre γ par le multiplicande.

γ par ρ valent τ ou $3 \times 100 = 300 = 3^c$; on place τ dans la 3e ligne.

γ par ν valent ρν ou $3 \times 50 = 150 = 1^c + 5^d$; on place ces deux nombres à la suite de τ ou de 3^c.

γ par γ valent ϑ ou $3 \times 3 = 9$; on place ϑ ou 9^u à la suite des produits précédens, et la multiplication est faite, il ne manque plus que l'addition. Il paraît qu'elle a été commencée par la droite.

Dans cet amas de produits, qui ne sont pas très-bien ordonnés, on voit que $\vartheta = 9^u$ est le seul chiffre d'unités, on le portera donc à la somme et à droite.

En dixaines nous n'avons que $\nu = 50$, mais il s'y trouve deux fois; ν et ν valent $\rho = 1^c$, il n'y aura donc rien aux dixaines et nous retiendrons 1^c.

Pour les centaines nous avons d'abord celle que nous venons de retenir, puis 2 fois ρ ou 2 fois 100; total jusqu'ici 300, puis 2 fois $\tau = 300$ ou 600, total $900 = 9^c$; mais il reste encore $\varphi = 500 = 5^c$, total des centaines 14^c; on posera donc $\upsilon = 4^c$ et l'on retiendra ͵α $= 1^m$.

A ce mille retenu ajoutons deux ͵β $= 2^m$ et deux fois ͵ε $= 5^m$ ou $10^m = 1^y$, nous aurons en somme $13^m = 1^y.3^m = \alpha.$͵γ; enfin nous avons $\alpha = 1^m$, le nombre des myriades sera donc β ou 2^y, et la somme totale β.͵γυϑ $= 2^y\ 3^m\ 4^c \ldots 9^u = 23409$.

Cet exemple est copié fidèlement dans Eutocius, qui ne donne d'ailleurs aucune explication; mais la disposition prouve que l'on faisait séparément tous les produits, qu'on les posait sans rien retenir, et qu'on mettait dans une même ligne séparée les produits du multiplicande par chacun des chiffres du multiplicateur.

On voit encore dans l'édition de Bâle, pag. 51, que les Grecs indiquaient la somme ou le total par la lettre θ traversée d'un ou de deux traits obliques; enfin que les Grecs ne mettaient pas de filets pour séparer l'addition d'avec les produits partiels de la multiplication.

Autre exemple tiré du même endroit, et qui confirme tout ce que nous avons dit sur le premier.

φοα	$5^c\ 7^d\ 1^o$
φοα	$5\ 7\ 1$
$\overset{\kappa\epsilon}{M}\ \overset{\gamma\epsilon}{M}\ \phi$	$25^y\ 5^y\ 5^m\ 5^c$
$\overset{\gamma}{M}$ ͵ε͵δϡο	$5^y\ 5^m\ 4^m\ 9^c\ 7^d$
φοα	$5^c\ 7^d\ 1^o$
$\overset{\lambda\beta}{M}$ ͵ϛμα	$32^y\ 6^m\ 4^d\ 1^o$

On a mis séparément dans une première ligne les produits

$$5^c \times 5^c = 25^y, \quad 5^c \times 7^d = 5^y\, 5^m, \quad 5^c \times 1^o = 5^c,$$

puis dans une seconde ligne

$$5^c \times 7^d = 5^y\, 5^m, \quad 7^d \times 7^d = 4^m\, 9^c, \quad 7^d \times 1^o = 7^d,$$

et enfin dans une troisième

$$(5^c\, 7^d\, 1^o) \times 1^o = 5^c\, 7^d\, 1^o;$$

car l'unité prise pour facteur ne change rien au multiplicande; après quoi vient l'addition.

On voit donc clairement dans ces exemples la manière des Grecs; elle est plus facile que la nôtre, moins sujette à erreur, mais plus longue. Rien ne nous empêcherait de la suivre en disposant le calcul comme on va voir

```
   571
   571
 25....  }
  35...  } produits par 500.
   5..   }
 35...   }
  49..   } produits par 70.
    7.   }
   571     produits par 1.
 326041
```

La multiplication numérique des Grecs est la même que notre multiplication algébrique, où l'on fait d'abord tous les produits partiels d'une manière isolée, ensuite on réduit et l'on ordonne.

Exemple de multiplication où les deux facteurs sont fractionnaires.

(Eutocius, Mesure du Cercle, théorème IV.)

͵αωλη θ^ια	$1^m 8^c 3^d 8^o \frac{9}{11}$
͵αωλη θ^ια	$1\ 8\ 3\ 8\ \frac{9}{11}$
$\overset{\rho}{M}\ \overset{\pi}{M}\ \overset{\gamma}{M}$ ͵η ω ι η β^ια	$100^y 80^y 3^y 8^m 8^c 1^d 8^o \frac{2}{11}$
$\overset{\pi}{M}\ \overset{\xi\delta}{M}\ \overset{\beta}{M}$ ͵δ ͵ϛ υ χ ν δ ϛ^ια	$80^y 64^y 2^y 4^m 6^m 4^c 6^c 5^d 4^o \frac{6}{11}$
$\overset{\gamma}{M}\ \overset{\beta}{M}$ ͵δ ϡ σ μ κ δ ϛ^ια	$3^y 2^y 4^m 9^c 2^c 4^d 2^d 4^o \frac{6}{11}$
͵η ͵ϛ υ σ μ ξ δ ϛ ϛ^ια	$8^m 6^m 4^c 2^c 4^d 6^d 4^o 6^o$
ω ι η β^ια	$8^c 1^d 8^o \frac{2}{11}$
χ ν δ ϛ^ια	$6^c 5^d 4^o \frac{6}{11}$
κ δ ϛ^ια	$2^d 4^o \frac{6}{11}$
ϛ ϛ^ια	$6^o \frac{6}{11}$
πα^ρκα	$\frac{81}{121}$
$\overset{\tau\lambda\eta}{M}$ ͵α σκα ζ^ια κα^ρκα	$338^y 1^m 2^c 5^d 1^o \frac{7}{11} \frac{81}{121}$
ou $\overset{\tau\lambda\eta}{M}$ ͵α σνβ λζ^ρκα	$338^y 1^m 2^c 5^d 2^o \frac{37}{121} = 3381252 \frac{37}{121}$.

Cet exemple est extrêmement curieux ; Eutocius se contente de présenter le tableau de l'opération, sans en donner la moindre explication ; elle est au reste bien simple.

$1^m \times 1^m = 100^y$ ou $1000 \times 1000 = 1000000 = 100$ myriades $= 100^y$,
$1 \times 8^c = 80$ ou $1000 \times 800 = 800000 = 80$ myriades $= 80$,
$1 \times 3^d = 3$ ou $1000 \times 30 = 30000 = 3$ myriades $= 3$,
$1 \times 8^o = 8^m$ ou $1000 \times 8 = 8000 = 8^m$,
$1 \times \frac{9}{11} = \frac{9^m}{11}$ ou $1000 \times \frac{9}{11} = \frac{9000}{11} = 8^c 1^d 8^o \frac{2}{11}$.

Voilà l'explication de la première ligne, la seconde est toute pareille.

$8^c \times 1^m = 80^y$ ou $800 \times 1000 = 800000 = 80$ myriades $= 80^y$,
$8 \times 8^c = 64$ ou $800 \times 800 = 640000 = 64$ myriades $= 64$,
$8 \times 3^d = 2\ 4^m$ ou $800 \times 30 = 24000 = 2$ myr. 4 mille $= 2\ 4^m$,
$8 \times 8^u = 6^m 4^c$ ou $800 \times 8 = 6400 = 6^m 4^c$,
$8 \times \frac{9}{11} = \frac{72^c}{11}$ ou $800 \times \frac{9}{11} = \frac{72^c}{11} = 6^c 5^d 4^u \frac{6}{11}$.

Troisième ligne.

$3^d \times 1^m = 3^y$ ou $30 \times 1000 = 30000 = 3$ myriades $= 3^y$,
$3 \times 8^c = 2\ 4^m$ ou $30 \times 800 = 24000 = 2$ myriades 4 mille $= 2^y 4^m$,
$3 \times 3^d = 9^c$ ou $30 \times 30 = 900 = 9^c$,
$3 \times 8^u = 2\ 4^d$ ou $30 \times 8 = 240 = 2\ 4^d$,
$3 \times \frac{9}{11} = \frac{27^d}{11}$ ou $30 \times \frac{9}{11} = \frac{270}{11} = 2\ 4\ \frac{6}{11}$.

La quatrième ligne s'explique de même.

$8^u \times 1^m = 8^m$ ou $8 \times 1000 = 8000 = 8^m$,
$8 \times 8^c = 6\ 4^c$ ou $8 \times 800 = 6400 = 6\ 4^c$,
$8 \times 3^d = 2^c 4^d$ ou $8 \times 30 = 240 = 2^c 4^d$,
$8 \times 8^u = 6^d 4^u$ ou $8 \times 8 = 64 = 6^d 4^u$,
$8 \times \frac{9}{11} = \frac{72}{11}$ ou $8 \times \frac{9}{11} = \frac{72}{11} = 6^u \frac{6}{11}$.

Il nous reste enfin à prendre les $\frac{9}{11}$ du multiplicande.

$$\frac{9}{11} \times 1000 = \frac{9000}{11} = 8^c\ 1^d\ 8^u\ \frac{2}{11}$$
$$\frac{9}{11} \times 8^c = \frac{72^c}{11} = 6^c\ 5^d\ 4^u\ \frac{6}{11},$$
$$\frac{9}{11} \times 3^d = \frac{27^d}{11} = \frac{270}{11} = 2^d\ 4^u\ \frac{6}{11},$$
$$\frac{9}{11} \times 8^u = \frac{72}{11} = 6^u\ \frac{6}{11},$$
$$\frac{9}{11} \times \frac{9}{11} = \frac{81}{121} = \frac{8^d\ 1^u}{1^c\ 2^d\ 1^u}.$$

Passons à l'addition. Nous aurons, en rassemblant les myriades, une somme de.......................... 334^{y}
Rassemblons de même tous les mille, nous en aurons 36 ou $3\ 6^{m}$
Tous les cents feront 49^{c} ou........................ $4\ 9^{c}$
Toutes les dixaines, qui feront 30^{d} ou.............. 3
Toutes les unités, qui sont au nombre de 48, ou $4^{d}\,8^{u}$.. $4^{d}\,8^{u}$
Tous les 11, qui feront $\frac{40}{11} = 3\,\frac{7}{11}$.................. $3\,\frac{7}{11}$.

Réunissant le tout et ajoutant la fraction carrée $\frac{81}{121}$, nous aurons $338^{y}\,1^{m}\,2^{c}\,5^{d}\,1^{u}\,\frac{7}{11} + \frac{81}{121}$ $3381252\,\frac{37}{121}$, ou $338^{y}\,1^{m}\,2^{c}\,5^{d}\,2^{u}\,\frac{37}{121}$.

Autre exemple tiré du même théorème, il est moins long, mais aussi curieux.

͵αθ ϛ′	$1^{m}\,0^{c}\,0^{d}\,9^{u}\,\frac{1}{6}$
͵αθ ϛ′	$1\ 0\ 0\ 9\ \frac{1}{6}$
$\overset{\epsilon}{M}$ ͵θρ ξϛΚ ϛ′	$100^{y}\,9^{m}\,1^{c}\,6^{d}\,6^{u}\,\frac{1}{2}\,\frac{1}{6}$
θπααΚ	$9\ 8^{d}\,1^{u}\,1^{u}\,\frac{1}{2}$
͵ρξϛΚϛ′αΚλϛ′	$1^{c}\,6^{d}\,6^{u}\,\frac{1}{2}\,\frac{1}{6}\,1\,\frac{1}{2}\,\frac{1}{36}$
$\overset{\epsilon\alpha}{M}$ ͵ηυιζγ′ λϛ′	$101^{y}\,8^{m}\,4^{c}\,1^{d}\,7^{u}\,\frac{1}{3}\,\frac{1}{36}$

$$1^{m} \times 1^{m} = 1000 \times 1000 = 1000000 = 100^{y},$$
$$1 \times 9^{u} = 1000 \times 9 = 9000 = 9^{m},$$
$$1 \times \frac{1}{6} = \frac{1000}{6} = 1^{c}\,6^{d}\,6^{u}\,\frac{4}{6} = 1^{c}\,6^{d}\,6^{u}\,\frac{1}{2}\,\frac{1}{6}.$$

Voilà pour la première ligne, on voit que les Grecs préféraient les fractions qui avaient l'unité pour numérateur, au lieu de $\frac{4}{6} = \frac{3}{6} + \frac{1}{6}$ ils écrivaient $\frac{1}{2}$, $\frac{1}{6}$.

$$9^{u} \times 1^{m} = 9^{m} \ldots\ldots\ldots\ldots\ldots\ldots\ldots\ 9^{m},$$
$$9 \times 9^{u} \text{ ou } 9 \times 9 = 81 = 8^{d}\,1^{u} \ldots\ 8^{d}\,1^{u},$$
$$9 \times \frac{1}{6} \text{ ou } \frac{9}{6} = 1 + \frac{1}{2} \ldots\ldots\ldots\ldots\ 1^{u}\,\frac{1}{2}.$$

Voilà pour la seconde ligne.

$$\frac{1}{6} \times 1^{m} \text{ ou } \frac{1000}{6} = 1^{c}\,6^{d}\,6^{u}\,\frac{4}{6} \ldots\ldots\ldots\ldots\ 1^{c}\,6^{d}\,6^{u}\,\frac{1}{2}\,\frac{1}{6}$$
$$\frac{1}{6} \times 9^{u} = \frac{9}{6} = 1 + \frac{3}{6} \ldots\ldots\ldots\ldots\ldots\ldots\ 1\,\frac{1}{2}$$
$$\frac{1}{6} \times \frac{1}{6} = \frac{1}{36} \ldots\ldots\ldots\ldots\ldots\ldots\ldots\ldots\ \frac{1}{36}$$

$$101^{y}\,8^{m}\,4^{c}\,1^{d}\,7^{u}\,\frac{1}{3}\,\frac{1}{36}$$

L'addition montre qu'ils réduisaient les fractions à leurs plus simples termes; ainsi, au lieu de $\frac{2}{6}$ ils ont écrit $\frac{1}{3}$.

Dans un autre exemple que nous ne rapporterons pas, dans une soustraction après une multiplication de nombres fractionnaires, Eutocius arrive au reste $21\,\frac{15}{64}$ qu'il change en $21\,\frac{1}{6}\,\frac{1}{15}$ à peu près, sans nous dire par quel moyen il a trouvé cette fraction approximative.

$$\frac{15}{64}=\frac{45}{192}=\frac{32+13}{192}=\frac{1}{6}+\frac{13}{192}=\frac{1}{6}+\frac{1}{14+\frac{10}{13}}=\frac{1}{6}+\frac{1}{15}\ \text{à peu près.}$$

Dans un autre exemple Eutocius ayant à multiplier $3013\,\frac{1}{2}\,.\,\frac{1}{4}$ par $3013\,\frac{1}{2}\,\frac{1}{4}$, laisse les deux fractions séparées au lieu de les réduire à $\frac{3}{4}$. On voit en effet que le procédé est plus facile, et voilà sans doute la raison pour laquelle ils ne voulaient guère d'autres fractions que celles qui avaient l'unité au numérateur. Cependant nous avons vu ci-dessus la fraction $\frac{9}{11}$, mais elle n'était pas commode à décomposer.

J'ai refait de cette manière tous les calculs dont Eutocius ne donne que les types, et je n'y ai rien vu qui ne rentre dans ce qu'on vient de lire. Je ne rapporterai donc pas ces calculs, qui n'apprendraient rien de nouveau.

Eutocius ne rapporte aucun exemple de division; souvent il aurait à faire des extractions de racines carrées; mais alors il se contente toujours de dire quelle est à peu près cette racine, et pour le prouver il la multiplie par elle-même, et retrouve en effet à fort peu près le carré dont elle est le côté; ce qui porte à croire que le procédé pour l'extraction lui paraissait un tâtonnement trop long pour être rapporté.

Mais ces exemples qu'on chercherait inutilement dans Eutocius, je les ai rencontrés dans le Commentaire non encore traduit de Théon sur la Syntaxe mathématique de Ptolémée (c'est l'ouvrage qui est plus connu par son nom arabe d'Almageste); mais toutes ces divisions et extractions sont en parties sexagésimales.

Les astronomes avaient trouvé plus commode de diviser le rayon comme l'angle de l'hexagone en 60 parties ou 60', les primes se divisaient chacune en 60", les secondes en 60 tierces, et ainsi à l'infini.

Le rayon valait donc $60^{p}=3600'=216000''$, ce qui donnait une précision plus que double de celle que nous aurions en divisant le rayon en 100000, c'est-à-dire avec des sinus à cinq décimales. Il est évident que cette précision était plus que suffisante pour les besoins de l'Astronomie ancienne; ils se contentaient donc ordinairement des secondes.

Ce n'est que dans leurs Tables des moyens mouvemens des planètes qu'ils poussaient la division beaucoup plus loin.

La raison qui a porté les Grecs à préférer cette division, est, d'après Ptolémée, la facilité qu'on y trouve pour les calculs (liv. I, chap. 9, p. 8, édit. de Bâle). Il dit encore au même endroit, qu'il emploiera partout la méthode sexagésimale à cause de l'incommodité des fractions ordinaires. Théon en commentant ce passage, dit que 60 est le plus commode de tous les nombres, en ce qu'étant assez petit il a un nombre considérable de diviseurs.

Pour nous donner un exemple de l'avantage de la division sexagésimale, il suppose que nous ayons à multiplier par elle-même la quantité $\frac{1}{2}\ \frac{1}{4}\ \frac{1}{20}$; dans ce cas il est bien plus court de changer ces fractions en $30' + 15' + 3' = 48'$; on pourrait ici répondre que $48' = \frac{8}{10}$ de partie $= 0.8$, et que la multiplication par 8 suivie de la division par 10 est encore bien plus commode. $(\frac{8}{10})^2 = \frac{64}{100} = 0.64$; mais les Grecs n'avaient point de notation ni de moyen pour le calcul des fractions décimales.

Mais cette multiplication de 48' par 48', ou plus généralement des fractions sexagésimales de différens ordres, exige quelques règles pour connaître la nature ou l'espèce des produits dans les différens cas. Tout ce que Théon expose à ce sujet et ce que Barlaam a dit d'une manière plus obscure et plus longue, peut s'exprimer par une formule générale.

Les fractions sexagésimales de différens ordres peuvent se représenter par $\frac{a}{60}$, $\frac{b}{60^2}$, $\frac{c}{60^3}$; les Grecs remplaçaient, comme nous, ces expressions par a', b'', c''', etc.

Soit les nombres $p^{(m)}$ et $q^{(n)}$; $p^{(m)} = \frac{p}{60^{(m)}}$, $q^{(n)} = \frac{q}{60^{(n)}}$,

$$p^{(m)}q^{(n)} = \frac{pq}{60^{(m+n)}} = pq^{(m+n)}.$$

Soit $m = 0$, $n = 3$, $p^{(m)}q^{(n)} = pq^{(0+3)} = pq'''$.

Ce théorème est au fond le même qu'Archimède a démontré pour la progression 1 : 10 : 100 : 1000, etc. Réciproquement $\frac{p^{(m)}}{q^{(n)}} = \left(\frac{p}{q}\right)^{(m-n)}$.

Après ces préliminaires, Théon montre les règles à suivre dans la multiplication et la division des nombres sexagésimaux, et pour premier exemple il choisit le côté du décagone inscrit au cercle qui est de λζ° δ' νε'' ou 37° 4' 55''.

Après avoir écrit le multiplicateur au-dessous du multiplicande, il faut, dit Théon, multiplier 37° × 37°, ce qui donne 1369°, puis 37° par 4' dont le produit est 148'; ensuite 37° × 55'' qui donnent 2035''.

λζ° δ' νε''	37° 4' 55''
λζ δ νε	37 4 55
͵ατξθ° ρμη' ͵βλε''	1369° 148' 2035''
ρμη ις σκ'''	148 16 220'''
͵βλε σκ	2035 220
͵γκε''''	3025''''

On voit que les ordres vont en décroissant uniformément, parce qu'aucun ordre ne manque. Les parties ou unités par les unités donnent des unités; les unités par les primes donnent des primes, par des secondes elles donnent des secondes, et ainsi à l'infini. Pour former la seconde ligne on multiplie tout par 4' et les produits des trois termes sont 148' 16'' 220'''.

Le multiplicande multiplié par 55'' donne à la troisième ligne..... 2035'' 220''' et 3025''''.

Par ces réductions, continue Théon, la multiplication est plus facile (en effet on a tout au plus 59 à multiplier par 59, et il était aisé d'avoir une Table de ces produits. Théon n'en dit rien, mais Barlaam nous assure positivement qu'on avait une de ces Tables, et on la trouvera à la fin de cette Arithmétique).

On place les produits comme on voit ci-dessus, et pour les additionner il faut d'abord réduire 3025'''' en divisant par 60, ce qui donne 50''' 25''''.

Les quartes ainsi divisées donnent 50'''+...................... 25''''.
Ces 50''', avec 440''' que nous avons ensuite, font 490'''=8''+... 10'''.
Les trois produits de secondes font une somme de 4086,
ou avec les 8'', 4094'' = 68' +...................... 14''.
Mais nous avons 2 fois 148'=296', et 296'+68'=366'=6°+4' 0.
Or le premier de tous les produits est 1369°; 1369°+6°=1375°.

Total......... 1375° 4' 14'' 10''' 25''''

Ptolémée, qui néglige les tierces, s'est borné à.. 1375 4 14.

Avec la Table de multiplication qu'on trouvera ci-après, les réductions seraient toutes faites et le calcul se ferait comme il suit :

$$
\begin{array}{l}
37^{\circ} \times 37^{\circ} = 22.49^{\circ} = 1369^{\circ} \\
37 \times 4' = \dots\dots\dots\dots\ 2\ 28' \\
37 \times 55'' = \dots\dots\dots\dots\ 33\ 55'' \\
4' \times 37^{\circ} = \dots\dots\dots\dots\ 2\ 28 \\
4 \times 4' = \dots\dots\dots\dots\dots\ 16 \\
4 \times 55'' = \dots\dots\dots\dots\dots\ 3\ 40''' \\
55'' \times 37^{\circ} = \dots\dots\dots\dots\ 33\ 55 \\
55 \times 4' = \dots\dots\dots\dots\dots\ 3\ 40 \\
55 \times 55'' = \dots\dots\dots\dots\dots\ 50\ 25^{\text{iv}} \\
\hline
\text{Total} \dots\dots\dots\ 1375^{\circ}\ 4'\ 14''\ 10'''\ 25^{\text{iv}}.
\end{array}
$$

Qu'il soit question maintenant, continue Théon, de diviser un nombre composé de parties, de minutes et secondes, par un nombre de même genre.

Soit, par exemple, $1515^{\circ}\ 20'\ 15''$ à diviser par $25^{\circ}\ 12'\ 10''$.

Je divise d'abord 1515° par 60 pour lui donner une forme pareille, il viendra $25^{\text{sx}}\ 15^{\circ}$, c'est-à-dire 25 soixantaines + 15 parties. Le dividende devient donc $25^{\text{sx}}\ 15^{\circ}\ 20'\ 15''$. Ces soixantaines ne se trouvent pas dans les écrits des Grecs, ou elles y sont rares, mais les astronomes du moyen âge en ont fait grand usage.

Je vois donc que le premier terme du quotient doit être 60, car 61 donnerait un produit trop fort. Retranchons donc 60 fois $25^{\circ}\ 12'\ 10''$ du dividende.

Et d'abord $60 \times 25^{\circ} = 1500^{\circ}$, qui, retranchés de 1515°, laisseront 15° pour reste.

Ce reste vaut $900'$; ajoutons-y les $20'$ du dividende, nous aurons $920'$; retranchons-en $60 \times 12' = 720'$, il restera $200'$; retranchons de ce reste $60 \times 10'' = 600'' = 10'$, il nous restera $190'$.

Divisons maintenant ce reste par 25°, le quotient sera $7'$, car 8 donnerait à retrancher un produit trop fort. Or $25^{\circ} \times 7' = 175'$. Je les retranche de $190'$, il reste $15'$, qui valent $900''$; j'y ajoute les $15''$ du dividende, la somme est $915''$. J'en retranche $12' \times 7' = 84''$; le reste est $831''$, dont il faut encore retrancher $10'' \times 7' = 70''' = 1''\ 10'''$. Il restera $829''\ 50'''$ à diviser par $25^{\circ}\ 12'\ 10''$.

829'' divisées par 25° donnent 33'', car 25° × 33'' = 825''; il reste donc 4'' 50''' = 290'''. J'en veux retrancher 12' × 33'' = 396'''; mais il s'en faut de 106''' que cela ne se puisse. 33'' sont donc un peu trop, et le quotient de 1515° 20' 15'', divisées par 25° 12' 10'', ne sera pas tout-à-fait 60° 7' 33''. C'est cependant le plus exact que l'on puisse avoir, en se bornant aux secondes. On en aura la preuve en multipliant le diviseur par le quotient.

Théon n'a pas donné le type du calcul : je l'ajoute ici pour plus de clarté.

Dividende. 1515°	20' 15''	25° 12' 10'' diviseur.
25 × 60	1500	60°. 1er quotient.
reste......	15 = 900	
total des minutes	= 920'	
12' × 60°	= 720'	
reste...........	200	
10'' × 60°	10	
reste...........	190'	25° 12' 10''
25° × 7'	175	7' second quotient.
	15' = 900''	
descendez les 15''........	915''	
12' × 7'........	84	
	831	
10'' × 7'	1 10'''	
reste...........	829 50'''	25° 12' 10''
25' × 33''	825	33'' 3e quotient, trop fort.
	4 50''' = 290'''	
12' × 33''..................	396'''	
	— 106.	

Cette opération ressemble tout-à-fait à nos divisions complexes ; elle est un peu plus longue, mais elle n'emploie jamais que de petits nombres.

La Table subsidiaire dont nous avons déjà parlé serait utile pour apercevoir d'abord le quotient le plus approché, et elle éviterait quelques tâtonnemens.

Cette marche nous fait voir assez clairement comment les Grecs pouvaient faire la division des nombres ordinaires. Un exemple va nous prouver combien elle serait plus embarrassante si les nombres étaient un peu grands.

Prenons τλβ.γτκθ à diviser par ͵αωκγ,

ou $332.3329 = 332^y\,3^m\,3^c\,2^d\,9^u$ et $1^m\,8^c\,2^d\,3^u$.

332^y	3^m	3^c	2^d	9^u	|	$1^m\ 8^c\ 2^d\ 3^u$
182	5				|	1 8 2 5
150	0	3	2	9		
145	8	4				
4	1	9	2	9		
3	6	4	6			
	5	4	6	9		
	5	4	6	9.		

En 332^y, combien de fois $1^m\,8^c\,2^d\,3^u$, ou 2^m environ; on sait que $1^m \times 1^m = 100^y$; donc $2^m \times 2^m = 400^y$; le quotient 2^m paraît donc trop fort, il faut essayer 1^m.

Multiplions le diviseur entier par 1^m, nous aurons $182^y\,3^m$ à retrancher du dividende, et le reste sera $150^y\,0^m\,3^c\,2^d\,9^u$.

Je vois qu'en 150 myriades 2^m serait plus de 750 fois; 1^m y serait plus de 1500 fois; j'entrevois que je puis essayer 800 ou 8^c. Le produit du diviseur par 8^c sera $145^y\,8^m\,4^c$, que je retranche du premier reste; le second reste sera $4^y\,1^m\,9^c\,2^d\,9^u$.

En 4^y ou 4 myriades, 2^m serait 2 dixaines de fois; je mets 2^d au quotient pour troisième terme; le produit à retrancher est $3^y\,6^m\,4^c\,6^d$, et le reste $5^m\,4^c\,6^d\,9^u$.

En 5^m on aurait $2\frac{1}{2}$ fois 2^m, je hasarde 3; le produit est $5^m\,4^c\,6^d\,9^u$, égal au reste; le quotient exact est donc de $1^m\,8^c\,2^d\,5^u$.

Nous n'avons fait qu'indiquer les trois multiplications du diviseur qui allongeraient considérablement le calcul. L'exemple choisi était l'un des plus faciles qu'on pût imaginer, en ce que le premier chiffre est l'unité.

La division des Grecs était donc toute pareille à notre division complexe; elle était seulement plus longue si, comme tout l'indique, ils commençaient leurs soustractions par la gauche; ainsi ils devaient dire: de 150 ôtez 145, il restera 5; mais à cause de 8^c qui suit 145^y, ne mettez au reste que 4, il vous restera 1^y. Si de cette myriade vous retranchez 8^m, il restera 2^m; mais à cause des 4^t ne mettez que 1^m, vous aurez un reste de $1^m\,3^t = 13^t$; retranchez 4^t, il restera 9^t.

Le procédé n'était donc pas bien embarrassant, même en allant toujours de gauche à droite.

Théon se propose ensuite ce problème : Trouver d'une manière approchée le côté d'une surface carrée qui n'a point de racine exacte.

Il commence par rappeler le théorème IV du livre II des Élémens d'Euclide, qui est équivalent à notre formule $(a+b)^2 = a^2 + 2ab + b^2$; il prend ensuite pour exemple le nombre 4500°, dont la racine approchée, suivant Ptolémée, est $67^\circ\,4'\,55''$. Voici l'opération :

4500° | $67^\circ\,4'\,55''$
4489 | 134° = double du 1er terme.
$11^\circ = 660'$
$536\;16''$
$123\;44 = 7424''$ | $134^\circ\,8$
$134 \times 55''$ 7370
8×55 . . . . $7\;20$
$55'' \times 55$ . . . . $50\;25$
$45\;49\;35.$

Le plus grand carré contenu dans 4500 est 4489, dont la racine est 67°.

Je le retranche, il reste $11^\circ = 660'$; je double la racine et j'ai 134°.

Je divise 660 par 134; le quotient est $4'$; 5 serait un peu trop fort.

Le produit de 134° par 4 est $536'$; j'y ajoute le carré de $4'$ ou $16''$; j'ai $536'\,16''$ à retrancher de $660'$, il me reste $123'\,44'' = 7424''$.

Je double la racine $67^\circ\,4'$, il me vient $134^\circ\,8'$; je m'en sers pour diviser le reste, le quotient est $55''$.

Je multiplie $134^\circ\,8'\,55''$ par $55''$; je retranche les trois produits, du reste 7424; il me reste $45''\,49'''\,35^{iv}$. La racine $67^\circ\,4'\,55''$ est donc trop faible; mais $56''$ serait trop fort.

J'ai fait quelques changemens au calcul de Théon, mais sans rien supposer qui ne fût bien connu des Grecs. Leur règle pour l'extraction de la racine carrée était donc celle dont nous nous servons encore aujourd'hui : Théon la résume en ces termes :

Cherchez d'abord la racine du plus grand carré contenu dans le premier terme; retranchez ce carré, et doublant la racine carrée, servez-vous-en pour diviser le reste transformé en secondes; carrez la somme des termes trouvés, retranchez ce carré, transformez le reste en secondes et divisez-le par le double de la racine déjà trouvée, vous aurez à peu près la racine demandée. Théon ne se sert pas du mot racine, mais du mot côté, ce qui est la même chose.

Résumé de ces recherches.

La notation des Grecs ressemblait à celle que nous employons pour les nombres complexes. Pour désigner les quantités des ordres supérieurs, ils se servaient de traits et de points, mais ils les plaçaient audessous de leurs chiffres, au lieu que nous plaçons ces signes caractéristiques à la droite et vers le haut de nos chiffres; ils n'avaient pas besoin de ces signes pour les centaines, les dixaines et les unités, qui avaient des caractères qui leur étaient propres; mais c'était un désavantage auquel ils avaient remédié, par l'emploi des *fonds*, c'est-à-dire des unités, qu'ils substituaient dans les opérations à leurs analogues, c'est-à-dire aux dixaines, centaines, mille, etc.

Leurs nombres complexes avaient un avantage sur les nôtres, dans l'uniformité de l'échelle, qui était ou toute décimale, ou toute sexagésimale.

Il paraît que le plus souvent ils faisaient leurs additions de gauche à droite, ce qui les rendait nécessairement plus longues. J'ai quelques raisons de soupçonner cependant qu'ils savaient les faire comme nous, en allant de droite à gauche, en réservant pour la colonne suivante les quantités qui surpassaient 9 dans leurs opérations décimales, ou 59 dans leurs opérations sexagésimales.

Je soupçonne également qu'ils savaient faire la soustraction comme nous, en allant de droite à gauche, en empruntant quand il en est besoin, mais je n'en ai pas de preuve directe, au lieu que nous en avons de très-concluantes pour démontrer qu'ils suivaient plus ordinairement la marche contraire de gauche à droite.

Ils allaient de gauche à droite dans leurs multiplications, qui ressemblaient fort à nos multiplications algébriques; ils écrivaient pêle-mêle, myriades, mille, centaines, dixaines, unités, fractions. Ce défaut d'ordre rendait seulement l'addition un peu plus pénible.

Dans les divisions, ils procédaient comme nous, de gauche à droite, mais leurs opérations étaient plus pénibles, et elles exigeaient qu'on fît à part des opérations partielles et subsidiaires; les tâtonnemens et les essais de quotiens étaient plus fréquens et plus longs.

L'extraction de la racine carrée était la même que la nôtre, au fond; mais les détails étaient plus longs et plus incommodes.

Les calculs trigonométriques ne se faisaient que par des analogies ou règles de trois, souvent composées, qui exigent une ou plusieurs multiplications et au moins une division; et le rayon devant être de cent mille parties, la multiplication des moyens aurait produit des nombres que ne savait pas exprimer l'Arithmétique vulgaire.

Si l'on commençait l'analogie par diviser l'un des moyens par le premier extrême, pour multiplier ensuite le quotient par l'autre extrême, on tombait dans l'inconvénient des fractions, et cet inconvénient était extrême pour les Grecs, qui ne pouvaient avoir de fractions décimales.

Pour éviter à la fois ces deux inconvéniens, autant qu'il était possible, ils imaginèrent les fractions sexagésimales, ils divisèrent le rayon en $60^{\circ} = 3600' = 216000''$ ou $12960000'''$. Mais ordinairement après avoir employé les tierces et les quartes dans le cours de l'opération, ils se bornaient aux secondes dans le résultat définitif.

De cette manière on n'opérait jamais que sur des nombres médiocres, et l'on pouvait abréger les multiplications par la Table que nous allons donner, où l'on trouve à vue tous les produits depuis 1 jusqu'à $59' \times 59'$; au lieu de minutes on peut lire degrés, secondes, tierces et tout ce qu'on veut. On trouve cette Table dans Lansberge, dans la *Métrique astronomique de Maurice Bressius, Paris* 1514, et probablement dans plusieurs autres ouvrages, surtout dans la grande Table sexagésimale de Taylor.

Les opérations expliquées ci-dessus sont les seules sur lesquelles j'aie pu me procurer des renseignemens, mais elles forment un corps complet d'Arithmétique. Héron dans son ouvrage intitulé, τὰ Γεωμετρούμενα, dont la Bibliothèque du Roi possède un beau manuscrit, donne une multitude de règles pour l'arpentage, avec une foule d'exemples; mais il ne présente jamais que le résultat, sans aucun type et sans aucun détail.

J'ai feuilleté un grand nombre de manuscrits grecs sans aucun succès. Parmi ces manuscrits j'ai remarqué l'Arithmétique indienne de Planude;

j'espérais y trouver quelques rapprochemens avec l'Arithmétique des Grecs, mais nous avons vu (tome I, pag. 518) que cet ouvrage ne contient rien de ce genre.

Le fragment du second livre de Pappus, publié par Wallis, ne contient que quelques théorèmes dont nous avons déjà parlé, et pour exemple de leur application, l'auteur se propose de trouver les produits des nombres renfermés dans ces deux vers grecs :

Ἀρτέμιδος κλεῖτε κράτος ἔξοχον ἐννέα κοῦραι.
Μῆνιν ἄειδε θεὰ Δημήτερος ἀγλαοκάρπου.

En prenant ces lettres pour des chiffres, on devra faire le produit des nombres :

1.100.300.5.40.10.4.70.200.20.30.5.10.300.5.20.100.1.300.70
200.5.60.70.600.70.50.5.50.50.5.1.20.70.400.100.1.10.

40.8.50.10.50.1.5.10.4.5.9.5.1.4.8.40.8.300.5.100.70.200.1.3
30.1.70.20.1.100.80.70.400.

En supprimant d'abord tous les zéros, multipliant ensuite tous les chiffres significatifs et rétablissant ensuite les zéros, ou faisant l'équivalent d'après ses théorèmes, il trouva

ρϟϛ. τξη. ͵δω .$(M\upsilon)^{11}$,

196.0368.4800.(44 zéros),

et σιη.͵δϡμδ. σνϛ .$(M\upsilon)^{6}$,

218. 4944 .0256.(24 zéros).

J'ai mis $(M\upsilon)^{11}$ pour abréger, au lieu de répéter Mυ onze fois, et $(M\upsilon)^{6}$ au lieu d'écrire six fois Mυ.

Cette idée d'Apollonius, de substituer dans les calculs les simples unités aux dixaines, centaines, etc., abrégeait considérablement les calculs ; et c'était un pas assez marqué vers le système indien ; il semble qu'après avoir réduit les octades d'Archimède en tranches qui n'avaient que quatre chiffres au lieu de 8, il aurait dû essayer les tranches de trois chiffres qui lui auraient permis de supprimer les lettres particulières et pointées pour les mille. Il aurait trouvé un avantage encore plus sensible en réduisant les tranches à deux chiffres, qui lui auraient épargné les lettres qui désignent les centaines ; enfin en réduisant les tranches à un chiffre, il épargnait les lettres des dixaines et arrivait nécessairement à l'Arithmétique indienne, arabe et moderne. Il paraît au contraire n'avoir réduit les tranches de 8 chiffres d'Archimède à des tranches de 4, que pour rentrer dans les limites de l'Arithmétique des Grecs, et pour que chacune de ses tranches ne contînt que les chiffres communément admis.

On est humilié et chagrin de voir une idée aussi simple et aussi féconde échapper à deux hommes comme Archimède et Apollonius, qui cependant ont travaillé l'un à étudier, l'autre à diminuer les inconvéniens de l'Arithmétique reçue. Mais ces grands génies méprisaient trop la pratique, ils ne se complaisaient qu'aux spéculations difficiles.

En réduisant chaque tranche à un chiffre et donnant la plus grande étendue au principe de la valeur de position, il aurait senti le besoin d'un dixième caractère pour supprimer les points entre les tranches et remplir les places vides. Au reste, il paraît n'avoir eu aucune idée, du moins bien précise, des valeurs de position, car l'idée de séparer les myriades de divers ordres par des points, n'est pas de lui, ni d'Archimède. Apollonius dit pour le premier de ses deux vers, qu'il contient 196 myriades treizièmes, 368 myriades douzièmes, 4800 myriades onzièmes. J'ai remplacé ces mots par des points et j'ai mis à la fin onze fois M_{υ}, suivant la manière de Diophante.

Il paraît que le deuxième livre de Pappus était en entier consacré à l'exposition de ce qu'Apollonius avait imaginé de nouveau en Arithmétique. Peut-être le premier parlait-il des règles de l'Arithmétique vulgaire.

Le mot *αβρασαξ* évalué à la manière d'Apollonius, mais par addition, vaut 365; car σ et ρ valent $200 + 100 = 300$, $\xi = 60$, $\beta = 2$ et $3\alpha = 3$; la somme est 365, nombre des jours de l'année commune; lisez *αβρασαξα* vous aurez les 366 jours de l'année bissextile. Nous avons déjà vu que *νειλος* $= 50 + 5 + 10 + 30 + 70 + 200 = 365$.

TABLE de Multiplication sexagésimale. Unité $1^\circ = 60'$.

	1'	2'	3'	4'	5'	6'	7'	8'	9'	10'	11'	12'	13'	14'	15'
1'	0' 1"	0' 2"	0' 3"	0' 4"	0' 5"	0' 6"	0' 7"	0' 8"	0' 9"	0' 10"	0' 11"	0' 12"	0' 13"	0' 14"	0' 15"
2	0. 2	0. 4	0. 6	0. 8	0.10	0.12	0.14	0.16	0.18	0.20	0.22	0.24	0.26	0.28	0.30
3	0. 3	0. 6	0. 9	0.12	0.15	0.18	0.21	0.24	0.27	0.30	0.33	0.36	0.39	0.42	0.45
4	0. 4	0. 8	0.12	0.16	0.20	0.24	0.28	0.32	0.36	0.40	0.44	0.48	0.52	0.56	1. 0
5	0. 5	0.10	0.15	0.20	0.25	0.30	0.35	0.40	0.45	0.50	0.55	1. 0	1. 5	1.10	1.15
6	0. 6	0.12	0.18	0.24	0.30	0.36	0.42	0.48	0.54	1. 0	1. 6	1.12	1.18	1.24	1.30
7	0. 7	0.14	0.21	0.28	0.35	0.42	0.49	0.56	1. 3	1.10	1.17	1.24	1.31	1.38	1.45
8	0. 8	0.16	0.24	0.32	0.40	0.48	0.56	1. 4	1.12	1.20	1.28	1.36	1.44	1.52	2. 0
9	0. 9	0.18	0.27	0.36	0.45	0.54	1. 3	1.12	1.21	1.30	1.39	1.48	1.57	2. 6	2.15
10	0.10	0.20	0.30	0.40	0.50	1. 0	1.10	1.20	1.30	1.40	1.50	2. 0	2.10	2.20	2.30
11	0.11	0.22	0.33	0.44	0.55	1. 6	1.17	1.28	1.39	1.50	2. 1	2.12	2.23	2.34	2.45
12	0.12	0.24	0.36	0.48	1. 0	1.12	1.24	1.36	1.48	2. 0	2.12	2.24	2.36	2.48	3. 0
13	0.13	0.26	0.39	0.52	1. 5	1.18	1.31	1.44	1.57	2.10	2.23	2.36	2.49	3. 2	3.15
14	0.14	0.28	0.42	0.56	1.10	1.24	1.38	1.52	2. 6	2.20	2.34	2.48	3. 2	3.16	3.30
15	0.15	0.30	0.45	1. 0	1.15	1.30	1.45	2. 0	2.15	2.30	2.45	3. 0	3.15	3.30	3.45
16	0.16	0.32	0.48	1. 4	1.20	1.36	1.52	2. 8	2.24	2.40	2.56	3.12	3.28	3.44	4. 0
17	0.17	0.34	0.51	1. 8	1.25	1.42	1.59	2.16	2.33	2.50	3. 7	3.24	3.41	3.58	4.15
18	0.18	0.36	0.54	1.12	1.30	1.48	2. 6	2.24	2.42	3. 0	3.18	3.36	3.54	4.12	4.30
19	0.19	0.38	0.57	1.16	1.35	1.54	2.13	2.32	2.51	3.10	3.29	3.48	4. 7	4.26	4.45
20	0.20	0.40	1. 0	1.20	1.40	2. 0	2.20	2.40	3. 0	3.20	3.40	4. 0	4.20	4.40	5. 0
21	0.21	0.42	1. 3	1.24	1.45	2. 6	2.27	2.48	3. 9	3.30	3.51	4.12	4.33	4.54	5.15
22	0.22	0.44	1. 6	1.28	1.50	2.12	2.34	2.56	3.18	3.40	4. 2	4.24	4.46	5. 8	5.30
23	0.23	0.46	1. 9	1.32	1.55	2.18	2.41	3. 4	3.27	3.50	4.13	4.36	4.59	5.22	5.45
24	0.24	0.48	1.12	1.36	2. 0	2.24	2.48	3.12	3.36	4. 0	4.24	4.48	5.12	5.36	6. 0
25	0.25	0.50	1.15	1.40	2. 5	2.30	2.55	3.20	3.45	4.10	4.35	5. 0	5.25	5.50	6.15
26	0.26	0.52	1.18	1.44	2.10	2.36	3. 2	3.28	3.54	4.20	4.46	5.12	5.38	6. 4	6.30
27	0.27	0.54	1.21	1.48	2.15	2.42	3. 9	3.36	4. 3	4.30	4.57	5.24	5.51	6.18	6.45
28	0.28	0.56	1.24	1.52	2.20	2.48	3.16	3.44	4.12	4.40	5. 8	5.36	6. 4	6.32	7. 0
29	0.29	0.58	1.27	1.56	2.25	2.54	3.23	3.52	4.21	4.50	5.19	5.48	6.17	6.46	7.15
30	0.30	1. 0	1.30	2. 0	2.30	3. 0	3.30	4. 0	4.30	5. 0	5.30	6. 0	6.30	7. 0	7.30
31	0.31	1. 2	1.33	2. 4	2.35	3. 6	3.37	4. 8	4.39	5.10	5.41	6.12	6.43	7.14	7.45
32	0.32	1. 4	1.36	2. 8	2.40	3.12	3.44	4.16	4.48	5.20	5.52	6.24	6.56	7.28	8. 0
33	0.33	1. 6	1.39	2.12	2.45	3.18	3.51	4.24	4.57	5.30	6. 3	6.36	7. 9	7.42	8.15
34	0.34	1. 8	1.42	2.16	2.50	3.24	3.58	4.32	5. 6	5.40	6.14	6.48	7.22	7.56	8.30
35	0.35	1.10	1.45	2.20	2.55	3.30	4. 5	4.40	5.15	5.50	6.25	7. 0	7.35	8.10	8.45
36	0.36	1.12	1.48	2.24	3. 0	3.36	4.12	4.48	5.24	6. 0	6.36	7.12	7.48	8.24	9. 0
37	0.37	1.14	1.51	2.28	3. 5	3.42	4.19	4.56	5.33	6.10	6.47	7.24	8. 1	8.38	9.15
38	0.38	1.16	1.54	2.32	3.10	3.48	4.26	5. 4	5.42	6.20	6.58	7.36	8.14	8.52	9.30
39	0.39	1.18	1.57	2.36	3.15	3.54	4.33	5.12	5.51	6.30	7. 9	7.48	8.27	9. 6	9.45
40	0.40	1.20	2. 0	2.40	3.20	4. 0	4.40	5.20	6. 0	6.40	7.20	8. 0	8.40	9.20	10. 0
41	0.41	1.22	2. 3	2.44	3.25	4. 6	4.47	5.28	6. 9	6.50	7.31	8.12	8.53	9.34	10.15
42	0.42	1.24	2. 6	2.48	3.30	4.12	4.54	5.36	6.18	7. 0	7.42	8.24	9. 6	9.48	10.30
43	0.43	1.26	2. 9	2.52	3.35	4.18	5. 1	5.44	6.27	7.10	7.53	8.36	9.19	10. 2	10.45
44	0.44	1.28	2.12	2.56	3.40	4.24	5. 8	5.52	6.36	7.20	8. 4	8.48	9.32	10.16	11. 0
45	0.45	1.30	2.15	3. 0	3.45	4.30	5.15	6. 0	6.45	7.30	8.15	9. 0	9.45	10.30	11.15
46	0.46	1.32	2.18	3. 4	3.50	4.36	5.22	6. 8	6.54	7.40	8.26	9.12	9.58	10.44	11.30
47	0.47	1.34	2.21	3. 8	3.55	4.42	5.29	6.16	7. 3	7.50	8.37	9.24	10.11	10.58	11.45
48	0.48	1.36	2.24	3.12	4. 0	4.48	5.36	6.24	7.12	8. 0	8.48	9.36	10.24	11.12	12. 0
49	0.49	1.38	2.27	3.16	4. 5	4.54	5.43	6.32	7.21	8.10	8.59	9.48	10.37	11.26	12.15
50	0.50	1.40	2.30	3.20	4.10	5. 0	5.50	6.40	7.30	8.20	9.10	10. 0	10.50	11.40	12.30
51	0.51	1.42	2.33	3.24	4.15	5. 6	5.57	6.48	7.39	8.30	9.21	10.12	11. 3	11.54	12.45
52	0.52	1.44	2.36	3.28	4.20	5.12	6. 4	6.56	7.48	8.40	9.32	10.24	11.16	12. 8	13. 0
53	0.53	1.46	2.39	3.32	4.25	5.18	6.11	7. 4	7.57	8.50	9.43	10.36	11.29	12.22	13.15
54	0.54	1.48	2.42	3.36	4.30	5.24	6.18	7.12	8. 6	9. 0	9.54	10.48	11.42	12.36	13.30
55	0.55	1.50	2.45	3.40	4.35	5.30	6.25	7.20	8.15	9.10	10. 5	11. 0	11.55	12.50	13.45
56	0.56	1.52	2.48	3.44	4.40	5.36	6.32	7.28	8.24	9.20	10.16	11.12	12. 8	13. 4	14. 0
57	0.57	1.54	2.51	3.48	4.45	5.42	6.39	7.36	8.33	9.30	10.27	11.24	12.21	13.18	14.15
58	0.58	1.56	2.54	3.52	4.50	5.48	6.46	7.44	8.42	9.40	10.38	11.36	12.34	13.32	14.30
59	0.59	1.58	2.57	3.56	4.55	5.54	6.53	7.52	8.51	9.50	10.49	11.48	12.47	13.46	14.45
60	1. 0	2. 0	3. 0	4. 0	5. 0	6. 0	7. 0	8. 0	9. 0	10. 0	11. 0	12. 0	13. 0	14. 0	15. 0

Suite de la Table de Multiplication sexagésimale.

	16'	17'	18'	19'	20'	21'	22'	23'	24'	25'	26'	27'	28'	29'	30'
1'	0' 16''	0' 17''	0' 18''	0' 19''	0' 20''	0' 21''	0' 22''	0' 23''	0' 24''	0' 25''	0' 26''	0' 27''	0' 28''	0' 29''	0' 30''
2	0.32	0.34	0.36	0.38	0.40	0.42	0.44	0.46	0.48	0.50	0.52	0.54	0.56	0.58	1. 0
3	0.48	0.51	0.54	0.57	1. 0	1. 3	1. 6	1. 9	1.12	1.15	1.18	1.21	1.24	1.27	1.30
4	1. 4	1. 8	1.12	1.16	1.20	1.24	1.28	1.32	1.36	1.40	1.44	1.48	1.52	1.56	2. 0
5	1.20	1.25	1.30	1.35	1.40	1.45	1.50	1.55	2. 0	2. 5	2.10	2.15	2.20	2.25	2.30
6	1.36	1.42	1.48	1.54	2. 0	2. 6	2.12	2.18	2.24	2.30	2.36	2.42	2.48	2.54	3. 0
7	1.52	1.59	2. 6	2.13	2.20	2.27	2.34	2.41	2.48	2.55	3. 2	3. 9	3.16	3.23	3.30
8	2. 8	2.16	2.24	2.32	2.40	2.48	2.56	3. 4	3.12	3.20	3.28	3.36	3.44	3.52	4. 0
9	2.24	2.33	2.42	2.51	3. 0	3. 9	3.18	3.27	3.36	3.45	3.54	4. 3	4.12	4.21	4.30
10	2.40	2.50	3. 0	3.10	3.20	3.30	3.40	3.50	4. 0	4.10	4.20	4.30	4.40	4.50	5. 0
11	2.56	3. 7	3.18	3.29	3.40	3.51	4. 2	4.13	4.24	4.35	4.46	4.57	5. 8	5.19	5.30
12	3.12	3.24	3.36	3.48	4. 0	4.12	4.24	4.36	4.48	5. 0	5.12	5.24	5.36	5.48	6. 0
13	3.28	3.41	3.54	4. 7	4.20	4.33	4.46	4.59	5.12	5.25	5.38	5.51	6. 4	6.17	6.30
14	3.44	3.58	4.12	4.26	4.40	4.54	5. 8	5.22	5.36	5.50	6. 4	6.18	6.32	6.46	7. 0
15	4. 0	4.15	4.30	4.45	5. 0	5.15	5.30	5.45	6. 0	6.15	6.30	6.45	7. 0	7.15	7.30
16	4.16	4.32	4.48	5. 4	5.20	5.36	5.52	6. 8	6.24	6.40	6.56	7.12	7.28	7.44	8. 0
17	4.32	4.49	5. 6	5.23	5.40	5.57	6.14	6.31	6.48	7. 5	7.22	7.39	7.56	8.13	8.30
18	4.48	5. 6	5.24	5.42	6. 0	6.18	6.36	6.54	7.12	7.30	7.48	8. 6	8.24	8.42	9. 0
19	5. 4	5.23	5.42	6. 1	6.20	6.39	6.58	7.17	7.36	7.55	8.14	8.33	8.52	9.11	9.30
20	5.20	5.40	6. 0	6.20	6.40	7. 0	7.20	7.40	8. 0	8.20	8.40	9. 0	9.20	9.40	10. 0
21	5.36	5.57	6.18	6.39	7. 0	7.21	7.42	8. 3	8.24	8.45	9. 6	9.27	9.48	10. 9	10.30
22	5.52	6.14	6.36	6.58	7.20	7.42	8. 4	8.26	8.48	9.10	9.32	9.54	10.16	10.38	11. 0
23	6. 8	6.31	6.54	7.17	7.40	8. 3	8.26	8.49	9.12	9.35	9.58	10.21	10.44	11. 7	11.30
24	6.24	6.48	7.12	7.36	8. 0	8.24	8.48	9.12	9.36	10. 0	10.24	10.48	11.12	11.36	12. 0
25	6.40	7. 5	7.30	7.55	8.20	8.45	9.10	9.35	10. 0	10.25	10.50	11.15	11.40	12. 5	12.30
26	6.56	7.22	7.48	8.14	8.40	9. 6	9.32	9.58	10.24	10.50	11.16	11.42	12. 8	12.34	13. 0
27	7.12	7.39	8. 6	8.33	9. 0	9.27	9.54	10.21	10.48	11.15	11.42	12. 9	12.36	13. 3	13.30
28	7.28	7.56	8.24	8.52	9.20	9.48	10.16	10.44	11.12	11.40	12. 8	12.36	13. 4	13.32	14. 0
29	7.44	8.13	8.42	9.11	9.40	10. 9	10.38	11. 7	11.36	12. 5	12.34	13. 3	13.32	14. 1	14.30
30	8. 0	8.30	9. 0	9.30	10. 0	10.30	11. 0	11.30	12. 0	12.30	13. 0	13.30	14. 0	14.30	15. 0
31	8.16	8.47	9.18	9.49	10.20	10.51	11.22	11.53	12.24	12.55	13.26	13.57	14.28	14.59	15.30
32	8.32	9. 4	9.36	10. 8	10.40	11.12	11.44	12.16	12.48	13.20	13.52	14.24	14.56	15.28	16. 0
33	8.48	9.21	9.54	10.27	11. 0	11.33	12. 6	12.39	13.12	13.45	14.18	14.51	15.24	15.57	16.30
34	9. 4	9.38	10.12	10.46	11.20	11.54	12.28	13. 2	13.36	14.10	14.44	15.18	15.52	16.26	17. 0
35	9.20	9.55	10.30	11. 5	11.40	12.15	12.50	13.25	14. 0	14.35	15.10	15.45	16.20	16.55	17.30
36	9.36	10.12	10.48	11.24	12. 0	12.36	13.12	13.48	14.24	15. 0	15.36	16.12	16.48	17.24	18. 0
37	9.52	10.29	11. 6	11.43	12.20	12.57	13.34	14.11	14.48	15.25	16. 2	16.39	17.16	17.53	18.30
38	10. 8	10.46	11.24	12. 2	12.40	13.18	13.56	14.34	15.12	15.50	16.28	17. 6	17.44	18.22	19. 0
39	10.24	11. 3	11.42	12.21	13. 0	13.39	14.18	14.57	15.36	16.15	16.54	17.33	18.12	18.51	19.30
40	10.40	11.20	12. 0	12.40	13.20	14. 0	14.40	15.20	16. 0	16.40	17.20	18. 0	18.40	19.20	20. 0
41	10.56	11.37	12.18	12.59	13.40	14.21	15. 2	15.43	16.24	17. 5	17.46	18.27	19. 8	19.49	20.30
42	11.12	11.54	12.36	13.18	14. 0	14.42	15.24	16. 6	16.48	17.30	18.12	18.54	19.36	20.18	21. 0
43	11.28	12.11	12.54	13.37	14.20	15. 3	15.46	16.29	17.12	17.55	18.38	19.21	20. 4	20.47	21.30
44	11.44	12.28	13.12	13.56	14.40	15.24	16. 8	16.52	17.36	18.20	19. 4	19.48	20.32	21.16	22. 0
45	12. 0	12.45	13.30	14.15	15. 0	15.45	16.30	17.15	18. 0	18.45	19.30	20.15	21. 0	21.45	22.30
46	12.16	13. 2	13.48	14.34	15.20	16. 6	16.52	17.38	18.24	19.10	19.56	20.42	21.28	22.14	23. 0
47	12.32	13.19	14. 6	14.53	15.40	16.27	17.14	18. 1	18.48	19.35	20.22	21. 9	21.56	22.43	23.30
48	12.48	13.36	14.24	15.12	16. 0	16.48	17.36	18.24	19.12	20. 0	20.48	21.36	22.24	23.12	24. 0
49	13. 4	13.53	14.42	15.31	16.20	17. 9	17.58	18.47	19.36	20.25	21.14	22. 3	22.52	23.41	24.30
50	13.20	14.10	15. 0	15.50	16.40	17.30	18.20	19.10	20. 0	20.50	21.40	22.30	23.20	24.10	25. 0
51	13.36	14.27	15.18	16. 9	17. 0	17.51	18.42	19.33	20.24	21.15	22. 6	22.57	23.48	24.39	25.30
52	13.52	14.44	15.36	16.28	17.20	18.12	19. 4	19.56	20.48	21.40	22.32	23.24	24.16	25. 8	26. 0
53	14. 8	15. 1	15.54	16.47	17.40	18.33	19.26	20.19	21.12	22. 5	22.58	23.51	24.44	25.37	26.30
54	14.24	15.18	16.12	17. 6	18. 0	18.54	19.48	20.42	21.36	22.30	23.24	24.18	25.12	26. 6	27. 0
55	14.40	15.35	16.30	17.25	18.20	19.15	20.10	21. 5	22. 0	22.55	23.50	24.45	25.40	26.35	27.30
56	14.56	15.52	16.48	17.44	18.40	19.36	20.32	21.28	22.24	23.20	24.16	25.12	26. 8	27. 4	28. 0
57	15.12	16. 9	17. 6	18. 3	19. 0	19.57	20.54	21.51	22.48	23.45	24.42	25.39	26.36	27.33	28.30
58	15.28	16.26	17.24	18.22	19.20	20.18	21.16	22.14	23.12	24.10	25. 8	26. 6	27. 4	28. 2	29. 0
59	15.44	16.43	17.42	18.41	19.40	20.39	21.38	22.37	23.36	24.35	25.34	26.33	27.32	28.31	29.30
60	16. 0	17. 0	18. 0	19. 0	20. 0	21. 0	22. 0	23. 0	24. 0	25. 0	26. 0	27. 0	28. 0	29. 0	30. 0

Suite de la Table de Multiplication sexagésimale.

	31′	32′	33′	34′	35′	36′	37′	38′	39′	40′	41′	42′	43′	44′	45′
1	0′ 31″	0′ 32″	0′ 33″	0′ 34″	0′ 35″	0′ 36″	0′ 37″	0′ 38″	0′ 39″	0′ 40″	0′ 41″	0′ 42″	0′ 43″	0′ 44″	0′ 45″
2	1. 2	1. 4	1. 6	1. 8	1.10	1.12	1.14	1.16	1.18	1.20	1.22	1.24	1.26	1.28	1.30
3	1.33	1.36	1.39	1.42	1.45	1.48	1.51	1.54	1.57	2. 0	2. 3	2. 6	2. 9	2.12	2.15
4	2. 4	2. 8	2.12	2.16	2.20	2.24	2.28	2.32	2.36	2.40	2.44	2.48	2.52	2.56	3. 0
5	2.35	2.40	2.45	2.50	2.55	3. 0	3. 5	3.10	3.15	3.20	3.25	3.30	3.35	3.40	3.45
6	3. 6	3.12	3.18	3.24	3.30	3.36	3.42	3.48	3.54	4. 0	4. 6	4.12	4.18	4.24	4.30
7	3.37	3.44	3.51	3.58	4. 5	4.12	4.19	4.26	4.33	4.40	4.47	4.54	5. 1	5. 8	5.15
8	4. 8	4.16	4.24	4.32	4.40	4.48	4.56	5. 4	5.12	5.20	5.28	5.36	5.44	5.52	6. 0
9	4.39	4.48	4.57	5. 6	5.15	5.24	5.33	5.42	5.51	6. 0	6. 9	6.18	6.27	6.36	6.45
10	5.10	5.20	5.30	5.40	5.50	6. 0	6.10	6.20	6.30	6.40	6.50	7. 0	7.10	7.20	7.30
11	5.41	5.52	6. 3	6.14	6.25	6.36	6.47	6.58	7. 9	7.20	7.31	7.42	7.53	8. 4	8.15
12	6.12	6.24	6.36	6.48	7. 0	7.12	7.24	7.36	7.48	8. 0	8.12	8.24	8.36	8.48	9. 0
13	6.43	6.56	7. 9	7.22	7.35	7.48	8. 1	8.14	8.27	8.40	8.53	9. 6	9.19	9.32	9.45
14	7.14	7.28	7.42	7.56	8.10	8.24	8.38	8.52	9. 6	9.20	9.34	9.48	10. 2	10.16	10.30
15	7.45	8. 0	8.15	8.30	8.45	9. 0	9.15	9.30	9.45	10. 0	10.15	10.30	10.45	11. 0	11.15
16	8.16	8.32	8.48	9. 4	9.20	9.36	9.52	10. 8	10.24	10.40	10.56	11.12	11.28	11.44	12. 0
17	8.47	9. 4	9.21	9.38	9.55	10.12	10.29	10.46	11. 3	11.20	11.37	11.54	12.11	12.28	12.45
18	9.18	9.36	9.54	10.12	10.30	10.48	11. 6	11.24	11.42	12. 0	12.18	12.36	12.54	13.12	13.30
19	9.49	10. 8	10.27	10.46	11. 5	11.24	11.43	12. 2	12.21	12.40	12.59	13.18	13.37	13.56	14.15
20	10.20	10.40	11. 0	11.20	11.40	12. 0	12.20	12.40	13. 0	13.20	13.40	14. 0	14.20	14.40	15. 0
21	10.51	11.12	11.33	11.54	12.15	12.36	12.57	13.18	13.39	14. 0	14.21	14.42	15. 3	15.24	15.45
22	11.22	11.44	12. 6	12.28	12.50	13.12	13.34	13.56	14.18	14.40	15. 2	15.24	15.46	16. 8	16.30
23	11.53	12.16	12.39	13. 2	13.25	13.48	14.11	14.34	14.57	15.20	15.43	16. 6	16.29	16.52	17.15
24	12.24	12.48	13.12	13.36	14. 0	14.24	14.48	15.12	15.36	16. 0	16.24	16.48	17.12	17.36	18. 0
25	12.55	13.20	13.45	14.10	14.35	15. 0	15.25	15.50	16.15	16.40	17. 5	17.30	17.55	18.20	18.45
26	13.26	13.52	14.18	14.44	15.10	15.36	16. 2	16.28	16.54	17.20	17.46	18.12	18.38	19. 4	19.30
27	13.57	14.24	14.51	15.18	15.45	16.12	16.39	17. 6	17.33	18. 0	18.27	18.54	19.21	19.48	20.15
28	14.28	14.56	15.24	15.52	16.20	16.48	17.16	17.44	18.12	18.40	19. 8	19.36	20. 4	20.32	21. 0
29	14.59	15.28	15.57	16.26	16.55	17.24	17.53	18.22	18.51	19.20	19.49	20.18	20.47	21.16	21.45
30	15.30	16. 0	16.30	17. 0	17.30	18. 0	18.30	19. 0	19.30	20. 0	20.30	21. 0	21.30	22. 0	22.30
31	16. 1	16.32	17. 3	17.34	18. 5	18.36	19. 7	19.38	20. 9	20.40	21.11	21.42	22.13	22.44	23.15
32	16.32	17. 4	17.36	18. 8	18.40	19.12	19.44	20.16	20.48	21.20	21.52	22.24	22.56	23.28	24. 0
33	17. 3	17.36	18. 9	18.42	19.15	19.48	20.21	20.54	21.27	22. 0	22.33	23. 6	23.39	24.12	24.45
34	17.34	18. 8	18.42	19.16	19.50	20.24	20.58	21.32	22. 6	22.40	23.14	23.48	24.22	24.56	25.30
35	18. 5	18.40	19.15	19.50	20.25	21. 0	21.35	22.10	22.45	23.20	23.55	24.30	25. 5	25.40	26.15
36	18.36	19.12	19.48	20.24	21. 0	21.36	22.12	22.48	23.24	24. 0	24.36	25.12	25.48	26.24	27. 0
37	19. 7	19.44	20.21	20.58	21.35	22.12	22.49	23.26	24. 3	24.40	25.17	25.54	26.31	27. 8	27.45
38	19.38	20.16	20.54	21.32	22.10	22.48	23.26	24. 4	24.42	25.20	25.58	26.36	27.14	27.52	28.30
39	20. 9	20.48	21.27	22. 6	22.45	23.24	24. 3	24.42	25.21	26. 0	26.39	27.18	27.57	28.36	29.15
40	20.40	21.20	22. 0	22.40	23.20	24. 0	24.40	25.20	26. 0	26.40	27.20	28. 0	28.40	29.20	30. 0
41	21.11	21.52	22.33	23.14	23.55	24.36	25.17	25.58	26.39	27.20	28. 1	28.42	29.23	30. 4	30.45
42	21.42	22.24	23. 6	23.48	24.30	25.12	25.54	26.36	27.18	28. 0	28.42	29.24	30. 6	30.48	31.30
43	22.13	22.56	23.39	24.22	25. 5	25.48	26.31	27.14	27.57	28.40	29.23	30. 6	30.49	31.32	32.15
44	22.44	23.28	24.12	24.56	25.40	26.24	27. 8	27.52	28.36	29.20	30. 4	30.48	31.32	32.16	33. 0
45	23.15	24. 0	24.45	25.30	26.15	27. 0	27.45	28.30	29.15	30. 0	30.45	31.30	32.15	33. 0	33.45
46	23.46	24.32	25.18	26. 4	26.50	27.36	28.22	29. 8	29.54	30.40	31.26	32.12	32.58	33.44	34.30
47	24.17	25. 4	25.51	26.38	27.25	28.12	28.59	29.46	30.33	31.20	32. 7	32.54	33.41	34.28	35.15
48	24.48	25.36	26.24	27.12	28. 0	28.48	29.36	30.24	31.12	32. 0	32.48	33.36	34.24	35.12	36. 0
49	25.19	26. 8	26.57	27.46	28.35	29.24	30.13	31. 2	31.51	32.40	33.29	34.18	35. 7	35.56	36.45
50	25.50	26.40	27.30	28.20	29.10	30. 0	30.50	31.40	32.30	33.20	34.10	35. 0	35.50	36.40	37.30
51	26.21	27.12	28. 3	28.54	29.45	30.36	31.27	32.18	33. 9	34. 0	34.51	35.42	36.33	37.24	38.15
52	26.52	27.44	28.36	29.28	30.20	31.12	32. 4	32.56	33.48	34.40	35.32	36.24	37.16	38. 8	39. 0
53	27.23	28.16	29. 9	30. 2	30.55	31.48	32.41	33.34	34.27	35.20	36.13	37. 6	37.59	38.52	39.45
54	27.54	28.48	29.42	30.36	31.30	32.24	33.18	34.12	35. 6	36. 0	36.54	37.48	38.42	39.36	40.30
55	28.25	29.20	30.15	31.10	32. 5	33. 0	33.55	34.50	35.45	36.40	37.35	38.30	39.25	40.20	41.15
56	28.56	29.52	30.48	31.44	32.40	33.36	34.32	35.28	36.24	37.20	38.16	39.12	40. 8	41. 4	42. 0
57	29.27	30.24	31.21	32.18	33.15	34.12	35. 9	36. 6	37. 3	38. 0	38.57	39.54	40.51	41.48	42.45
58	29.58	30.56	31.54	32.52	33.50	34.48	35.46	36.44	37.42	38.40	39.38	40.36	41.34	42.32	43.30
59	30.29	31.28	32.27	33.26	34.25	35.24	36.23	37.22	38.21	39.20	40.19	41.18	42.17	43.16	44.15
60	31. 0	32. 0	33. 0	34. 0	35. 0	36. 0	37. 0	38. 0	39. 0	40. 0	41. 0	42. 0	43. 0	44. 0	45. 0

Suite de la Table de Multiplication sexagésimale.

	46'	47'	48'	49'	50'	51'	52'	53'	54'	55'	56'	57'	58'	59'	60'
1'	0' 46"	0' 47"	0' 48"	0' 49"	0' 50"	0' 51"	0' 52"	0' 53"	0' 54"	0' 55"	0' 56"	0' 57"	0' 58"	0' 59"	1' 0
2	1.32	1.34	1.36	1.38	1.40	1.42	1.44	1.46	1.48	1.50	1.52	1.54	1.56	1.58	2.0
3	2.18	2.21	2.24	2.27	2.30	2.33	2.36	2.39	2.42	2.45	2.48	2.51	2.54	2.57	3.0
4	3. 4	3. 8	3.12	3.16	3.20	3.24	3.28	3.32	3.36	3.40	3.44	3.48	3.52	3.56	4.0
5	3.50	3.55	4. 0	4. 5	4.10	4.15	4.20	4.25	4.30	4.35	4.40	4.45	4.50	4.55	5.0
6	4.36	4.42	4.48	4.54	5. 0	5. 6	5.12	5.18	5.24	5.30	5.36	5.42	5.48	5.54	6.0
7	5.22	5.29	5.36	5.43	5.50	5.57	6. 4	6.11	6.18	6.25	6.32	6.39	6.46	6.53	7.0
8	6. 8	6.16	6.24	6.32	6.40	6.48	6.56	7. 4	7.12	7.20	7.28	7.36	7.44	7.52	8.0
9	6.54	7. 3	7.12	7.21	7.30	7.39	7.48	7.57	8. 6	8.15	8.24	8.33	8.42	8.51	9.0
10	7.40	7.50	8. 0	8.10	8.20	8.30	8.40	8.50	9. 0	9.10	9.20	9.30	9.40	9.50	10.0
11	8.26	8.37	8.48	8.59	9.10	9.21	9.32	9.43	9.54	10. 5	10.16	10.27	10.38	10.49	11.0
12	9.12	9.24	9.36	9.48	10. 0	10.12	10.24	10.36	10.48	11. 0	11.12	11.24	11.36	11.48	12.0
13	9.58	10.11	10.24	10.37	10.50	11. 3	11.16	11.29	11.42	11.55	12. 8	12.21	12.34	12.47	13.0
14	10.44	10.58	11.12	11.26	11.40	11.54	12. 8	12.22	12.36	12.50	13. 4	13.18	13.32	13.46	14.0
15	11.30	11.45	12. 0	12.15	12.30	12.45	13. 0	13.15	13.30	13.45	14. 0	14.15	14.30	14.45	15.0
16	12.16	12.32	12.48	13. 4	13.20	13.36	13.52	14. 8	14.24	14.40	14.56	15.12	15.28	15.44	16.0
17	13. 2	13.19	13.36	13.53	14.10	14.27	14.44	15. 1	15.18	15.35	15.52	16. 9	16.26	16.43	17.0
18	13.48	14. 6	14.24	14.42	15. 0	15.18	15.36	15.54	16.12	16.30	16.48	17. 6	17.24	17.42	18.0
19	14.34	14.53	15.12	15.31	15.50	16. 9	16.28	16.47	17. 6	17.25	17.44	18. 3	18.22	18.41	19.0
20	15.20	15.40	16. 0	16.20	16.40	17. 0	17.20	17.40	18. 0	18.20	18.40	19. 0	19.20	19.40	20.0
21	16. 6	16.27	16.48	17. 9	17.30	17.51	18.12	18.33	18.54	19.15	19.36	19.57	20.18	20.39	21.0
22	16.52	17.14	17.36	17.58	18.20	18.42	19. 4	19.26	19.48	20.10	20.32	20.54	21.16	21.38	22.0
23	17.38	18. 1	18.24	18.47	19.10	19.33	19.56	20.19	20.42	21. 5	21.28	21.51	22.14	22.37	23.0
24	18.24	18.48	19.12	19.36	20. 0	20.24	20.48	21.12	21.36	22. 0	22.24	22.48	23.12	23.36	24.0
25	19.10	19.35	20. 0	20.25	20.50	21.15	21.40	22. 5	22.30	22.55	23.20	23.45	24.10	24.35	25.0
26	19.56	20.22	20.48	21.14	21.40	22. 6	22.32	22.58	23.24	23.50	24.16	24.42	25. 8	25.34	26.0
27	20.42	21. 9	21.36	22. 3	22.30	22.57	23.24	23.51	24.18	24.45	25.12	25.39	26. 6	26.33	27.0
28	21.28	21.56	22.24	22.52	23.20	23.48	24.16	24.44	25.12	25.40	26. 8	26.36	27. 4	27.32	28.0
29	22.14	22.43	23.12	23.41	24.10	24.39	25. 8	25.37	26. 6	26.35	27. 4	27.33	28. 2	28.31	29.0
30	23. 0	23.30	24. 0	24.30	25. 0	25.30	26. 0	26.30	27. 0	27.30	28. 0	28.30	29. 0	29.30	30.0
31	23.46	24.17	24.48	25.19	25.50	26.21	26.52	27.23	27.54	28.25	28.56	29.27	29.58	30.29	31.0
32	24.32	25. 4	25.36	26. 8	26.40	27.12	27.44	28.16	28.48	29.20	29.52	30.24	30.56	31.28	32.0
33	25.18	25.51	26.24	26.57	27.30	28. 3	28.36	29. 9	29.42	30.15	30.48	31.21	31.54	32.27	33.0
34	26. 4	26.38	27.12	27.46	28.20	28.54	29.28	30. 2	30.36	31.10	31.44	32.18	32.52	33.26	34.0
35	26.50	27.25	28. 0	28.35	29.10	29.45	30.20	30.55	31.30	32. 5	32.40	33.15	33.50	34.25	35.0
36	27.36	28.12	28.48	29.24	30. 0	30.36	31.12	31.48	32.24	33. 0	33.36	34.12	34.48	35.24	36.0
37	28.22	28.59	29.36	30.13	30.50	31.27	32. 4	32.41	33.18	33.55	34.32	35. 9	35.46	36.23	37.0
38	29. 8	29.46	30.24	31. 2	31.40	32.18	32.56	33.34	34.12	34.50	35.28	36. 6	36.44	37.22	38.0
39	29.54	30.33	31.12	31.51	32.30	33. 9	33.48	34.27	35. 6	35.45	36.24	37. 3	37.42	38.21	39.0
40	30.40	31.20	32. 0	32.40	33.20	34. 0	34.40	35.20	36. 0	36.40	37.20	38. 0	38.40	39.20	40.0
41	31.26	32. 7	32.48	33.29	34.10	34.51	35.32	36.13	36.54	37.35	38.16	38.57	39.38	40.19	41.0
42	32.12	32.54	33.36	34.18	35. 0	35.42	36.24	37. 6	37.48	38.30	39.12	39.54	40.36	41.18	42.0
43	32.58	33.41	34.24	35. 7	35.50	36.33	37.16	37.59	38.42	39.25	40. 8	40.51	41.34	42.17	43.0
44	33.44	34.28	35.12	35.56	36.40	37.24	38. 8	38.52	39.36	40.20	41. 4	41.48	42.32	43.16	44.0
45	34.30	35.15	36. 0	36.45	37.30	38.15	39. 0	39.45	40.30	41.15	42. 0	42.45	43.30	44.15	45.0
46	35.16	36. 2	36.48	37.34	38.20	39. 6	39.52	40.38	41.24	42.10	42.56	43.42	44.28	45.14	46.0
47	36. 2	36.49	37.36	38.23	39.10	39.57	40.44	41.31	42.18	43. 5	43.52	44.39	45.26	46.13	47.0
48	36.48	37.36	38.24	39.12	40. 0	40.48	41.36	42.24	43.12	44. 0	44.48	45.36	46.24	47.12	48.0
49	37.34	38.23	39.12	40. 1	40.50	41.39	42.28	43.17	44. 6	44.55	45.44	46.33	47.22	48.11	49.0
50	38.20	39.10	40. 0	40.50	41.40	42.30	43.20	44.10	45. 0	45.50	46.40	47.30	48.20	49.10	50.0
51	39. 6	39.57	40.48	41.39	42.30	43.21	44.12	45. 3	45.54	46.45	47.36	48.27	49.18	50. 9	51.0
52	39.52	40.44	41.36	42.28	43.20	44.12	45. 4	45.56	46.48	47.40	48.32	49.24	50.16	51. 8	52.0
53	40.38	41.31	42.24	43.17	44.10	45. 3	45.56	46.49	47.42	48.35	49.28	50.21	51.14	52. 7	53.0
54	41.24	42.18	43.12	44. 6	45. 0	45.54	46.48	47.42	48.36	49.30	50.24	51.18	52.12	53. 6	54.0
55	42.10	43. 5	44. 0	44.55	45.50	46.45	47.40	48.35	49.30	50.25	51.20	52.15	53.10	54. 5	55.0
56	42.56	43.52	44.48	45.44	46.40	47.36	48.32	49.28	50.24	51.20	52.16	53.12	54. 8	55. 4	56.0
57	43.42	44.39	45.36	46.33	47.30	48.27	49.24	50.21	51.18	52.15	53.12	54. 9	55. 6	56. 3	57.0
58	44.28	45.26	46.24	47.22	48.20	49.18	50.16	51.14	52.12	53.10	54. 8	55. 6	56. 4	57. 2	58.0
59	45.14	46.13	47.12	48.11	49.10	50. 9	51. 8	52. 7	53. 6	54. 5	55. 4	56. 3	57. 2	58. 1	59.0
60	46. 0	47. 0	48. 0	49. 0	50. 0	51. 0	52. 0	53. 0	54. 0	55. 0	56. 0	57. 0	58. 0	59. 0	60.0

CHAPITRE II.

Construction de la Table des Cordes.

Les notions précédentes étaient indispensables pour bien comprendre les calculs qui vont nous servir à exposer la construction de la Table des cordes, sans laquelle on ne pourrait exécuter aucune des opérations trigonométriques, qui se rencontrent à chaque instant dans la pratique de l'Astronomie.

Nous avons déjà dit que les Grecs divisaient le rayon en 60 parties, et le diamètre par conséquent en 120. Pour résoudre un triangle ils le supposaient inscrit dans un cercle, ce qui est toujours possible. Par cette inscription les côtés en conservant leurs valeurs premières, absolues et linéaires acquéraient de nouvelles valeurs, relatives au rayon du cercle; ils devenaient les cordes de trois arcs dont la somme était toujours de 360°. Les trois angles à la circonférence ne valaient que 180° et ils étaient appuyés sur des arcs dont ils n'étaient que les moitiés. En comparant les doubles valeurs des côtés, on avait (fig. 1) les analogies suivantes :

$$AB : \text{corde } 2C : AC : \text{corde } 2B :: BC : \text{corde } 2A.$$

D'ailleurs $A + B + C = 180°$, $2A + 2B + 2C = 360°$.

Supposez connues trois de ces six quantités, le calcul vous donnera les trois autres.

Mais il ne suffit pas d'avoir une Table de toutes les cordes possibles, qui ont nécessairement toutes les valeurs imaginables entre $0^p\ 0'\ 0''$ et $120^p\ 0'\ 0''$; il faut connaître l'arc auquel chacune de ces cordes appartient. De cette manière la corde AB étant donnée, par exemple, on aura l'angle AKB ou l'arc AB = 2 angle ACB; ou bien l'angle ACB étant donné, on connaîtra son double AKB = arc AB, et l'on aura la corde AB. C'est ce que l'on apprend par la Table de Ptolémée qui offre, pour tous les arcs AB de demi-degré en demi-degré, les cordes exprimées en parties sexagésimales du rayon.

Théodose et Ménélaus, l'un dans ses Sphériques, et l'autre dans son ouvrage sur les Triangles, ont gardé le silence le plus absolu sur cette

Table, et sur la résolution des triangles. Hipparque avait cependant composé un ouvrage en douze livres sur la construction de la Table, et sans doute aussi sur les usages auxquels elle devait servir. Malheureusement cet ouvrage est perdu.

Ménélaus, au rapport de Théon, avait aussi composé sur le même sujet un Traité en six livres, qui ne nous est point parvenu. A la fin de son livre des triangles, il rapporte les théorèmes sur lesquels Ptolémée a fondé toute sa Trigonométrie. Peut-être ces théorèmes sont-ils d'Hipparque qui devait en avoir au moins quelque équivalent, pour les calculs trigonométriques qu'il a certainement exécutés, comme il paraît par son Commentaire sur Aratus (ci-dessus, tome I, pag. 143). Théon ne nous donne aucun renseignement à ce sujet, il développe les règles données par Ménélaus et Ptolémée sans assigner leur véritable auteur; et il se borne à louer Ptolémée d'avoir réduit la construction de la Table des cordes à un très-petit nombre de propositions, soit qu'il fût véritablement l'auteur de ces théorèmes, soit qu'il n'eût fait que les extraire des livres d'Hipparque et de Ménélaus.

Ptolémée rappelle d'abord quelques propositions connues.

La corde de 60° est égale au rayon, elle sera donc de $60^p\ 0'\ 0''$.

La corde de 180° est égale au diamètre, elle sera de $120^p\ 0'\ 0''$.

La corde de 36° qui est le côté du décagone, est égale au plus grand segment du rayon divisé en moyenne et extrême raison. Soit 1 le rayon, x le grand segment, $1-x$ le petit segment $1 : x :: x : 1-x$; ce qui nous donne $x^2 = 1-x$, $x^2+x=1$, $x^2+x+\frac{1}{4}=\frac{5}{4}$, $x+\frac{1}{2}=\sqrt{\frac{5}{4}}$, $x=-\frac{1}{2}\pm\frac{1}{2}\sqrt{5}$.

Soit BD = perpendiculaire sur le diamètre, DC = 1, DE = $\frac{1}{2}$ (fig. 2),

$$\overline{BE}^2 = \overline{BD}^2 + \overline{DE}^2 = 1 + \tfrac{1}{4} = \tfrac{5}{4}.$$

$$\text{Soit } \left.\begin{array}{l} EF = EB = \sqrt{\tfrac{5}{4}} \\ DE = EC = \tfrac{1}{2} \end{array}\right\} FD = EF - DE = \sqrt{\tfrac{5}{4}} - \tfrac{1}{2} = x = \text{côté du décagone.}$$

$$\text{Mais soit } BD = 60^p,\ DE = 30^p,\quad \begin{array}{l} \overline{BD}^2 = 3600^p, \\ \overline{DE}^2 = 900, \\ \hline \overline{BE}^2 = 4500. \end{array}$$

Nous avons trouvé ci-dessus $BE = (4500)^{\frac{1}{2}} = 67^p\ 4'\ 55''$

$DE = \ldots\ldots\ldots = 30$

donc corde 36° = côté du décagone........ $= 37.4.55 = FD$

Nous avons trouvé ci-dessus $\overline{FD}^2 = 1375.\ 4.14$

$\overline{BD}^2 = 3600$

$\overline{FB}^2 = 4975.\ 4.14$;

d'où $FB = 70.32.\ 3.$

C'est la corde de 72°, ou le côté du pentagone.

$$\text{corde}\,90^o = (3600 + 3600)^{\frac{1}{2}} = (7200)^{\frac{1}{2}} = 84^p\ 51'\ 10'',$$

$$\text{corde}\,120^o = \text{côté du triangle équilatéral inscrit} = 2(\overline{60+30}\,.\,30)^{\frac{1}{2}}$$

$$= 2(90\,.\,30)^{\frac{1}{2}} = (180\,.\,60)^{\frac{1}{2}} = 130^p\ 55'\ 25''.$$

Toutes ces quantités sont conformes à celles de la Table de Ptolémée.

On peut abréger ces calculs au moyen des Tables logarithmiques et surtout par celles de Callet dernière édition, où les nombres sexagésimaux sont à côté des décimaux.

En général

$$\text{corde}(180^o - A) = (\overline{\text{corde}}^2\,.\,180^o - \overline{\text{corde}}^2\,A)^{\frac{1}{2}}$$

$$= [(120^p + \text{corde}\,A)(120^p - \text{corde}\,A)]^{\frac{1}{2}}.$$

Ainsi quand on a une corde quelconque on en déduit aussitôt celle de son supplément.

Pour continuer, Ptolémée se sert de cette propriété du quadrilatère inscrit, que le produit des deux diagonales est égal à la somme des produits des côtés opposés. Il démontre ce théorème comme on le fait encore aujourd'hui. Nous aurons donc généralement (fig. 5)

$$AC.BD = AB.CD + AD.BC.$$

Cette formule qui exprime la relation entre six cordes différentes, serait d'une utilité médiocre, il faudrait connaître cinq de ces cordes pour en conclure la sixième, mais elle admet dans des cas particuliers des simplifications qui la rendent précieuse.

1°. Si les deux diagonales sont des diamètres, l'intersection est au centre, les côtés opposés sont égaux, alors

$$(\text{corde } 180^\circ)^2 = (\text{corde AB})^2 + (\text{corde } 180^\circ - \text{AB})^2,$$

formule déjà trouvée.

2°. Si les diamètres se croisent à angles droits, les quatre côtés sont égaux

$$(\text{corde } 180^\circ)^2 = 2(\text{corde } 90^\circ)^2 \text{ et corde } 90^\circ = \frac{(120)}{\sqrt{2}},$$

formule déjà trouvée.

3°. Soit AC un diamètre, (fig. 4) $AC.BD = AB.CD + AD.BC$ devient

$$(120^\circ)\,\text{corde}(AB+AD) = \text{corde AB corde}(180^\circ - AD) + \text{corde AD corde}(180^\circ - AB),$$

$$\text{corde}(AB+AD) = \frac{\text{corde AB corde}(180^\circ - AD) + \text{corde AD corde}(180^\circ - AB)}{120},$$

$$2\sin\tfrac{1}{2}(AB+AD) = \frac{2\sin\tfrac{1}{2}AB\,.\,2\cos\tfrac{1}{2}AD + 2\sin\tfrac{1}{2}AD\,2\cos\tfrac{1}{2}AB}{2.60},$$

$$\sin\tfrac{1}{2}(AB+AD) = \frac{\sin\tfrac{1}{2}AB\cos\tfrac{1}{2}AD + \sin\tfrac{1}{2}AD\cos\tfrac{1}{2}AB}{\text{rayon}}.$$

C'est notre formule $\sin(A+B) = \sin A \cos B + \cos A \sin B$ qui se trouve par là démontrée d'une manière assez simple. Les Grecs avaient donc déjà une formule identique à ce théorème important de notre Trigonométrie.

4°. Soit AC un diamètre (fig. 5), le même théorème donne

$$AD.BC = AC.BD + AB.CD,$$

ou

$$AC.BD = AD.BC - AB.CD,$$

$$\text{corde } 180^\circ\,\text{corde}(AD-AB) = \text{corde AD corde}(180^\circ - AB) - \text{corde AB corde}(180^\circ - AD),$$

$$\text{Rayon } \sin\tfrac{1}{2}(AD-AB) = \sin\tfrac{1}{2}AD\cos\tfrac{1}{2}AD - \cos\tfrac{1}{2}AD\sin\tfrac{1}{2}AB;$$

c'est notre formule $\sin(A-B) = \sin A \cos B - \cos A \sin B$.

Autre formule fondamentale qui se déduirait de la première par un simple changement de signe. Les Grecs en avaient l'équivalent.

Mais

$$BD = \text{corde}(180^\circ - AB - CD) = \frac{\text{corde}(180^\circ - AB)\text{corde}(180^\circ - CD) - \text{corde AB}\text{-}\text{corde CD}}{120^\circ};$$

d'où

$$\cos\tfrac{1}{2}(AB+CD) = \cos\tfrac{1}{2}AB\cos\tfrac{1}{2}CD - \sin\tfrac{1}{2}AB\sin\tfrac{1}{2}CD.$$

Les Grecs pouvaient donc tirer de leur construction cette troisième formule identique à celle de la Trigonométrie moderne, mais Ptolémée ne s'en avise pas, et dans le fait il pouvait s'en passer. De la formule

$$\cos(A+B) = \cos A\cos B - \sin A\sin B,$$

on passe en changeant le signe de B à la formule

$$\cos(A-B) = \cos A\cos B + \sin A\sin B.$$

Ptolémée ne donne pas la formule analogue dont il pouvait également se passer, et dans le fond nos quatre formules $\sin(A+B)$, $\sin(A-B)$, $\cos(A+B)$, $\cos(A-B)$ ne sont véritablement que des cas particuliers d'une même formule générale.

5°. Si $BC = CD$, la formule $AC.BD = AB.CD + AD.BC = (AB+AD)BC$, et $BD = \frac{BC}{AC}(AB+AD)$.

Si, de plus, AC est un diamètre, on aura (fig. 4)

$$AB = AD, \text{ et } BD = \frac{2AB.BC}{120} = \frac{2\,\text{corde}\,AB\,\text{corde}(180°-AB)}{120},$$

$$\text{corde}\,2AD = \text{corde}\,2AB = \frac{2\,\text{corde}\,AB\,\text{corde}(180°-AB)}{120};$$

d'où

$$\sin AB = \frac{2\sin\tfrac{1}{2}AB\cos\tfrac{1}{2}AB}{\text{rayon}}.$$

Ptolémée avait donc aussi l'équivalent de cette formule moderne.

Soit $BC = CD = \frac{1}{2}BD$ (fig. 6); menez AC, AB et $CE = CD$; abaissez la perpendiculaire CF sur le diamètre AD.

A cause de $CE = CD = CB$, le triangle ECD est isoscèle, et $EF = FD = \frac{1}{2}ED$, $BAC = CAE$, $BC = CE$, AC est commun; donc $AE = AB$.

Or

$$AD : CD :: CD : FD = \tfrac{1}{2}ED = \tfrac{1}{2}(AD-AE) = \tfrac{1}{2}(AD-AB),$$

ou

$$\text{corde}\,180° : \text{corde}\,\tfrac{1}{2}BD :: \text{corde}\,\tfrac{1}{2}BD : \tfrac{1}{2}(AD-AB),$$

$$(\text{corde}\,\tfrac{1}{2}BD)^2 = \tfrac{1}{2}\text{corde}\,180°.(AD-AB)$$

$$= \tfrac{1}{2}\text{corde}\,180°[\text{corde}\,180° - \text{corde}(180°-BD)]$$

$$= \tfrac{1}{2}(\text{corde}\,180°)^2\left(1 - \frac{\text{corde}(180°-BD)}{\text{corde}\,180°}\right),$$

ou en général

$$\text{corde}\ \tfrac{1}{2}\,A = 120^p \sqrt{\tfrac{1}{2}}\left(1 - \frac{\text{corde}\,(180^\circ - A)}{120^p}\right)^{\frac{1}{2}}$$

$$= \text{corde}\ B = 120^p \sqrt{\tfrac{1}{2}}\left(1 - \frac{\text{corde}\,(180^\circ - 2B)}{120^p}\right)^{\frac{1}{2}}$$

$$= 2\sin \tfrac{1}{2}\,B = 2\sqrt{\tfrac{1}{2}}\left(1 - \frac{2\cos B}{2}\right)^{\frac{1}{2}}$$

$$= \sin \tfrac{1}{2}\,B = (\tfrac{1}{2} - \tfrac{1}{2}\cos B)^{\frac{1}{2}} = \left(\frac{1-\cos B}{2}\right)^{\frac{1}{2}}.$$

C'est encore un théorème de notre Trigonométrie moderne.

Au moyen de ces théorèmes et par des bissections continuelles, Ptolémée arrive à la corde de 6°. de 3°, de 1° 30′ et de 0° 45′.

En voyant que les cordes de 0° 45′, de 1° 30′ et de 3° forment une progression arithmétique, il pouvait en conclure que la corde de 30′ est les deux tiers de celle de 0° 45′ et le tiers de celle de 1° 30′. Mais il démontre que le procédé, sans être absolument rigoureux, est du moins suffisamment exact. Sa démonstration est curieuse et d'un genre qu'on ne trouve plus dans les auteurs modernes, c'est ce qui nous engage à la rapporter. Nous en trouverons plus loin une du même genre qu'il dit être d'Apollonius de Perge.

Soit AB une corde (fig. 7), et BC une corde plus grande.

AD = CD ; menez la perpendiculaire DG, qui coupera la corde AC en deux parties égales.

AG = GC, ABD = DBC; donc CE > AE, car BC : AB :: CE : AE. Théorème déjà employé par Aristarque.

AD > DE et DE > DG.

Du rayon DE décrivez l'arc de cercle FEH; l'arc FE passera au-dessous de AE, et l'arc EH au-dessus de EC. Prolongez DG en H.

Les triangles qui ont même hauteur sont entr'eux comme leurs bases; les secteurs d'un même cercle sont entr'eux comme leurs angles

$$\frac{\text{Triangle DEG}}{\text{triangle DEA}} = \frac{\text{GE}}{\text{AE}};\quad \frac{\text{sect. EDH}}{\text{sect. FDE}} = \frac{\text{angle EDH}}{\text{angle FDE}},$$

$$\frac{\text{sect. EDH}}{\text{sect. FDE}} = \frac{\text{triangle DEG} + \text{surface EGH}}{\text{triangle DEA} - \text{surface AEF}} > \frac{\text{triangle DEG}}{\text{triangle DEA}},$$

donc

$$\frac{\text{angle EDH}}{\text{angle FDE}} > \frac{GE}{AE} \text{ ou } \frac{EDG}{ADE} > \frac{GE}{AE},$$

$$\frac{EDG}{ADE} + 1 > \frac{GE}{AE} + 1, \quad \frac{EDG + ADE}{ADE} > \frac{GE + AE}{AE},$$

$$\frac{ADG}{ADE} > \frac{GA}{AE}; \quad \frac{2ADG}{ADE} > \frac{2GA}{AE}; \quad \frac{ADC}{ADE} > \frac{CA}{AE},$$

$$\frac{ADC}{ADE} - 1 > \frac{CA}{AE} - 1; \quad \frac{ADC - ADE}{ADE} > \frac{CA - AE}{AE},$$

$$\frac{EDC}{ADE} > \frac{CE}{AE} \text{ ou } \frac{BDC}{ADB} > \frac{CE}{AE} \text{ et } > \frac{BC}{AB}$$

Donc les cordes sont en moindre rapport que les arcs.

Donc $\frac{\text{corde } 60'}{\text{corde } 45'} < \frac{60}{45}$, $\frac{\text{corde } 60'}{\text{corde } 45'} < \frac{4}{3}$, corde $1^{\circ} < \frac{4}{3}$ corde $45'$........ $< 1^p\, 2'\, 50''\, 40'''$.

$\frac{\text{Corde } 90'}{\text{corde } 60'} < \frac{90}{60}$, $\frac{\text{corde } 90'}{\text{corde } 60'} < \frac{3}{2}$, $\frac{\text{corde } 60'}{\text{corde } 90'} > \frac{2}{3}$, et corde $1^{\circ} > \frac{2}{3}$ corde $90'$ et $> 1^p\, 2'\, 50''\, 0'''$.

Donc la corde de $60'$ ou de 1° ne diffère guère de $1^p\, 2'\, 50''\, 20'''$.

On pouvait pressentir cette vérité, en voyant que $\frac{\text{corde } 180^{\circ}}{\text{corde } 60^{\circ}} = \frac{120}{60} = 2$, tandis que $\frac{180}{60} = 3$.

Les cordes augmentent moins rapidement que les arcs; la même chose est vraie pour les sinus.

$$\frac{\text{Corde } 120^{\circ}}{\text{corde } 60^{\circ}} = \frac{103^p\, 55'\, 23''}{60.\ 0.\ 0} = 1^p\, 43'\, 55''\, 23''', \text{ tandis que } \frac{120}{60} = 2^p\, 0.0,$$

$$\frac{\text{corde } 60^{\circ}}{\text{corde } 36^{\circ}} = \frac{60.\ 0.\ 0}{37.\ 4.55} = \frac{60^p\, 0'\, 0''}{36^p + 1^p\, 4'\, 55''}, \text{ tandis que } \frac{60}{36} = \frac{5}{3} = 1\,\frac{2}{3}.$$

De 36° à 60°, la corde n'augmente pas de 23^p, l'arc augmente de 24.

Pour voir à quel degré d'exactitude Ptolémée a pu arriver par ces moyens, je prends dans les Tables de Briggs le sin de $30'$.. 0.0087.26535.49874
je le multiplie par 120^p........................ 17.45307.099748

Produit...	1^p 04718.42598.488...........	104.71842.598488
	$2'$ 8310.55590.928...........	28.31055.590928
	$49''$ 863.53545.568...........	49.86353.545568
	$51'''$ 80.01273.408...........	51.80012.73408.

La corde de 50′ sera donc $1^p\,2'\,49''\,51'''\,48^{iv}$,

$$
\begin{array}{rl}
\text{et non} & 1.\ 2.\ 50.\ 20.\ \ 0\,; \\
\hline
\text{erreur} & +\ 0.\ 28.\ 12.
\end{array}
$$

Mais en se bornant aux secondes, comme a fait Ptolémée, l'erreur disparait, ou n'est plus que $8'''\,12^{iv}$.

La corde de 60° est de 60^p, les cordes augmentent moins que les arcs, il s'ensuit que les cordes des arcs plus grandes que 60° auront des cordes exprimées par des nombres moindres que les arcs; c'est le contraire pour les cordes au-dessous de 60°, et nous l'avons vu par la corde de 56° qui est de $57^p\,4'\,55''$. Nous le voyons encore par la corde de 50′ qui est de $1^p\,2'\,50''$.

Notre formule $d \sin A = dA \cos A$ prouve que la variation d'un sinus est moindre que celle de l'arc. Cette formule était inconnue à Ptolémée, il n'en avait aucun équivalent; pour joindre à sa Table les différences pour 1 minute, il a pris tout simplement le trentième de la différence entre chaque corde et la suivante.

Soient deux cordes parallèles FC, AT, coupées perpendiculairement par un diamètre BD (fig. 8).

$$AE : CE :: AZ : CH :: AT : CF :: \text{corde } 2AB : \text{corde } 2BC,$$

$$AE + CE : AE :: \text{corde } 2AB + \text{corde } 2BC : \text{corde } 2AB,$$

$$AE = \frac{(AE + CE)\,\text{corde } 2AB}{\text{corde } 2AB + \text{corde } 2BC} = \frac{\text{corde }(AB + BC)}{1 + \frac{\text{corde } 2BC}{\text{corde } 2AB}},$$

$$AE + CE : CE :: \text{corde } 2AB + \text{corde } 2BC : \text{corde } 2BC,$$

$$CE = \frac{(AE + CE)\,\text{corde } 2BC}{\text{corde } 2AB + \text{corde } 2BC} = \frac{\text{corde }(AB + BC)}{1 + \frac{\text{corde } 2AB}{\text{corde } 2BC}}.$$

Si vous connaissez le rapport des cordes de deux arcs (2AB) et (2BC), et la corde (AB + BC), vous connaitrez AE et CE, or

$$AE.EC = DE.BE = (DK + KE)(DK - KE) = \overline{DK}^2 - \overline{KE}^2,\ ME = \tfrac{1}{2}(AE - CE),$$

$$\frac{\text{corde } 2MKE}{\text{corde } 180^\circ} = \frac{ME}{KE}, \quad \text{et} \quad MKE = \tfrac{1}{2}(AB - BC).$$

Vous aurez donc

$$AB = \tfrac{1}{2}(AB + BC) + \tfrac{1}{2}(AB - BC, \text{ et } BC = \tfrac{1}{2}(AB + BC) - \tfrac{1}{2}(AB - BC).$$

Nous aurions bien plutôt fait en disant

$$AC+CE : AC-CE :: \sin AB+\sin BC : \sin AB-\sin BC$$
$$:: \tang \tfrac{1}{2}(AB+BC) : \tang \tfrac{1}{2}(AB-BC),$$
$$\tang \tfrac{1}{2}(AB-BC)=\left(\frac{AC-CE}{AC+CE}\right)\cot \tfrac{1}{2}(AB+BC)$$
$$=\left(\frac{1-\frac{CE}{AE}}{1+\frac{CE}{AE}}\right)\cot \tfrac{1}{2}(AB+BC)=\left(\frac{1-\frac{FC}{AT}}{1+\frac{FC}{AT}}\right)\cot \tfrac{1}{2}(AB+BC).$$

La même figure nous donnerait

$$CG=\cos BC-\cos AB=CA\sin TAC=2\sin \tfrac{1}{2}(AB+BC)\sin \tfrac{1}{2}(AB-BC),$$

et

$$AG=\sin AB+\sin BC=CA\cos CAT=2\sin \tfrac{1}{2}(AB+BC)\cos \tfrac{1}{2}(AB-BC),$$
$$GT=\sin AB-\sin BC=CT\sin TCG=2\sin \tfrac{1}{2}(AB-BC)\sin \tfrac{1}{2}TN$$
$$=2\sin \tfrac{1}{2}(AB-BC)\sin \tfrac{1}{2}(TL+LN)$$
$$=2\sin \tfrac{1}{2}(AB-BC)\sin \tfrac{1}{2}(90^\circ-AB+90^\circ-BC)$$
$$=2\sin \tfrac{1}{2}(AB-BC)\cos \tfrac{1}{2}(AB+BC).$$

Les Grecs n'avaient rien qui pût leur tenir lieu de ces formules.

Avec la corde de 30′ et par conséquent celle de 179° 30′ et les formules corde (A + B) et corde (A — B), on conçoit que Ptolémée a pu remplir tous les vides de sa Table dont il avait calculé une partie par les autres formules.

Cette construction de la Table des cordes est extrêmement simple, les modernes y ont beaucoup ajouté, mais ils n'en ont rien supprimé, et tous ces théorèmes de Ptolémée ou d'Hipparque seront à jamais le fondement de la Trigonométrie.

CHAPITRE III.

Trigonométrie rectiligne.

VOYONS maintenant comment avec ces théorèmes et leur Table des cordes, les Grecs pouvaient résoudre les triangles rectilignes.

Triangles rectilignes rectangles.

Si les deux côtés étaient donnés on en déduisait l'hypoténuse par son carré. Le même théorème servait pour trouver l'un des deux côtés par l'autre et par l'hypoténuse.

$$\text{côté} = \frac{\text{hypoténuse . corde 2 angle opposé}}{120^p\, 0'\, 0''}\text{, et corde 2 angle} = \frac{120^p\text{. côté}}{\text{hypoténuse}},$$

$$\text{ou corde } 2A' = \frac{2C'}{C}, \quad \text{ou} \quad 2\sin A' = \frac{2C'}{C}, \quad \text{ou} \quad \sin A' = \frac{C'}{C};$$

la formule des Grecs était donc identique à la nôtre.

$$C^2 = C'^2 + C''^2, \qquad A' + A'' = 90^\circ.$$

Les Grecs ne connaissaient pas d'autres formules pour les triangles rectilignes rectangles.

Triangles rectilignes obliquangles.

Les Grecs les partageaient en deux triangles rectangles, par une perpendiculaire abaissée sur l'un des côtés. Alors les formules ci-dessus leur suffisaient encore, excepté pour le cas des trois côtés connus. Ils auraient pu faire (fig. 9)

$$\begin{aligned}
\overline{BC}^2 &= \overline{BD}^2 + \overline{CD}^2 = \overline{AB}^2 - \overline{AD}^2 + (AC - AD)^2 \\
&= \overline{AB}^2 - \overline{AD}^2 + \overline{AC}^2 + \overline{AD}^2 - 2AC.AD \\
&= \overline{AB}^2 + \overline{AC}^2 - 2AC.AD \text{ (ce qui est un théorème d'Euclide)} \\
&= \overline{AB}^2 + \overline{AC}^2 - 2AC.AB\,\frac{\text{corde } 2ABD}{120^p} \\
&= \overline{AB}^2 + \overline{AC}^2 - 2AB.AC\,\frac{\text{corde } (180^\circ - 2BAD)}{120^p},
\end{aligned}$$

$$\frac{\text{corde}\,(180° - 2BAD)}{120^p} = \frac{\overline{AB}^2 + \overline{AC}^2 - \overline{BC}^2}{2AB.BC},\ \text{ou}\ \frac{\text{corde}\,(180° - 2BAD)}{60^p} = \frac{\overline{AB}^2 + \overline{AC}^2 - \overline{BC}^2}{AB.BC},$$

ce qui revient à $\cos BAC = \frac{\overline{AB}^2 + \overline{AC}^2 - \overline{BC}^2}{2AB.BC}$, formule moderne.

Mais nous verrons tout à l'heure que Ptolémée dans ce cas, avait des formules qu'il n'a pas démontrées et qui sont équivalentes à l'une de nos méthodes modernes.

L'angle A étant ainsi connu, on avait

$$BC : AB :: \text{corde}\,2A : \text{corde}\,2C = \left(\frac{AB}{BC}\right) \text{corde}\ 2A,$$

$$BC : AC :: \text{corde}\,2A : \text{corde}\,2B = \left(\frac{AC}{BC}\right) \text{corde}\ 2A,$$

et le triangle est résolu.

Pour exemple de l'emploi de tous ces moyens, choisissons un exemple qui les exige tous et que Ptolémée met en usage pour déterminer l'excentricité de la Lune. Il nous dit lui-même qu'Hipparque avait résolu le même problème avant lui, il ne dit pas expressément qu'il emploie les mêmes règles qu'Hipparque, mais cela paraît fort probable, car s'il eût employé des moyens nouveaux, il n'eût pas manqué de nous en avertir. Mais si ces règles ne sont pas d'Hipparque, il fallait au moins qu'il en eût d'équivalentes; Hipparque était donc en possession de la Trigonométrie rectiligne. Nous avons déjà vu qu'il avait la Trigonométrie sphérique.

Soit $DB = 49^p\ 41'$, $DE = EF = 10^p\ 19'$, $ADB = 56°$ (fig. 10).

Prolongeons BD en G à la rencontre de la perpendiculaire EG et BE en H jusqu'à la perpendiculaire FH.

Dans le triangle rectangle DGE, nous avons l'hypoténuse $10^p\ 19'$, et l'angle $D = 56°$,

$$GE = \frac{\text{hyp. corde}\ 2D}{120} = \frac{10^p\ 19'\ \text{corde}\ 72°}{120^p},$$

$$GD = \frac{\text{hyp. corde}\,(180° - 2D)}{120} = \frac{10^p\ 19'\ \text{corde}\ 108°}{120^p},$$

Nous avons montré dans l'Arithmétique comment les Grecs calculaient numériquement les quantités de cette espèce. Sans prendre ici une peine inutile, employons nos logarithmes en prenant seulement dans les Tables de Ptolémée les deux cordes,

corde 72° = $70^p\,3'\,25'' = 70^p\,52',05$; corde 108 = $97^p\,4'\,56'' = 97^p.4',95333$.
Pour plus de facilité encore, au rapport $\frac{10^p\,19'}{120^p}$, je substitue $\frac{10'\,19''}{120' = 2^p}$ et j'emploie les Tables de Callet. Je divise ainsi les deux cordes par 60, et toutes les quantités seront descendues d'un ordre de sexagésimales.

C. log. 120′ = 2°... 6.1426675
10′ 19″...... 2.7916906
8.9343581 .... 8.9343581
corde 72° = 70′ 52″,05... 3.6265508 corde 108 = 97′ 4″,933... 3.7652910
GE = 6. 3,84... 2.5609089 GD = 8 20,782... 2.6996491
$\overline{GE}^2$ = 132379... 5.1218178 $\frac{1}{2}$ BD = 49.41,0
BG = 58. 1,782... 3.5418014
$\overline{BG}^2$ = 12122795... 7.0836028
$\overline{GE}^2$ = 132379
$\overline{BE}^2$ = 12255174... 7.0883185

log BE = 58′ 20″,735... 3.5441592
log GE.............. 2.5609089

$\log\left(\frac{GE}{BE}\right)$ = sin DBE = 5° 57′ 56″... 9.0167497
120′... 3.8573325
corde 2DBE = 12′ 28″,3113 2.8740822
ou multipliant par 60 = $12^p\,28'\,18'',678$.

Nous n'abrégeons que les opérations numériques des Grecs, ce qui ne nous empêche pas de suivre pas à pas leurs opérations, et de suivre exactement la marche de la solution dans la partie qui est la plus essentielle. Nous nous servons même de leurs cordes. Nous calculons GE; GD, ajouté à BD nous donne BG, $\overline{BG}^2 + \overline{GE}^2 = \overline{BE}^2$. Nous arrivons ainsi au troisième côté BE; après quoi $\frac{GE}{BE}$ nous donne le sinus de l'angle compris DBE; multiplions ce sinus par 120 nous aurons la corde de 2DBE, mais soixante fois trop faible. Multiplions-la par 60, ce qui est bien facile, nous aurons corde 2DBE = $12^p\,28'\,18''\,678$: il faut chercher cette corde dans la Table de Ptolémée pour savoir à quel angle elle appartient, cet angle sera 2DBE.

Corde calculée de 2DBE.................... 12° 28′ 18″,678
Corde de 11° 30′ dans la Table.............. 12. 1.21

La différence entre ces deux cordes est....... 26.57,678.

Nous aurons donc $2DBE = 11°\,30' + \left(\frac{26'\,58''}{31.15''}\right)30'$. Je calcule encore cette partie proportionnelle par logarithmes, et j'ai

$$2DBE = 11°\,30' + 25'\,53'' = 11°\,55'\,53'';$$

d'où DBE = ... 5.57.56
ADB = ... 36. 0

AEB = DEB = ... 30. 2. 4
2DEB = ... 60. 4. 8.

On voit que la seule différence entre les calculs des Grecs et les nôtres ne tient qu'à l'usage des logarithmes que nous y introduisons, et au rayon *soixante* qui abrégeait les multiplications et les divisions des Grecs, mais qui ne ferait qu'allonger inutilement les nôtres.

A présent dans le triangle BEF, nous connaissons de même les deux côtés et l'angle compris; le calcul sera tout semblable au précédent.

$\frac{10'\,19''}{120'}$....	8.9343582	....	8.9343582
corde2E=60′3″75....	5.5567546	corde(120—2E)=103.53,2	5.7947111
HF = 5′9″822...	2.4911128	EH = 8′ 55″ 882	2.7290693
$\overline{HF}^2$ = 95990	4.9822256	BE = 58.20.735	
		BH = 67.16.617	3.6060176
		$\overline{BH}^2$ = 16294281....	7.2120352
		$\overline{HF}^2$ = 95990	
		$\overline{BF}^2$ = 16390271....	7.2145862
DBE = 5° 57′ 56″		BF = 67′ 28″ 5	3.6072951
EBF = 4.25.20		HF................	2.4911128
DBF = 10.21.16		sin EBF′ = 4° 25′ 20″	8.8858197
ADF = 20.38		120′....	3.8573325
		$\frac{1}{60}$ corde 2EBF = 9′ 11″ 0	2.7411522
		corde 2EBF = 9° 11′ 0″	

Suivant la Table de Ptolémée, cette corde est celle de

$$8^{p}\,30' + \left(\frac{17'\,25''}{31.20}\right)30' = 8^{p}\,46'\,40''$$

d'où

$$\begin{aligned} EBF &= 4.23.20 \\ DEB &= \underline{30.\ 2.\ 4} \\ BFE &= 25.38.44. \end{aligned}$$

A présent, dans le triangle total, nous connaissons les trois côtés et même les trois angles compris; mais pour essayer la formule de ce cas, nous chercherons les angles par les trois côtés, nous avons

$$\begin{aligned} \overline{BD}^2 &= 8886362 \\ \overline{DF}^2 &= \underline{1532644} \\ \overline{BD}^2 + \overline{DF}^2 &= 10419006 \\ \overline{BF}^2 &= \underline{16390271} \\ \overline{BD}^2 + \overline{DF}^2 - \overline{BF}^2 &= -\ 5971265 \end{aligned}$$

log 60'.........	3.5563025
log 5971265....	6.7760664
C. BD.........	6.5256380
C. DF.........	6.9072794
corde 97' 4"9	3.7652863

ou $97°\,4'\,54'' = \text{corde}\,(180° - 2ADB) = \text{corde}\ 108°$

$$\begin{aligned} 2ADB &= 72° \\ ADB &= 36°. \end{aligned}$$

Voilà déjà un des trois angles retrouvé par la Table des cordes de Ptolémée; nous chercherons les deux autres angles par la règle des cordes et des côtés opposés.

corde 72...	3.6265508		
C. BF......	6.3927069		
	0.0192577...............		0.0192577
BD...	3.4743620	DF...	3.0927206
corde 2AFB = 51' 56"6	3.4936197	corde 2DBF...	3.1119783

ou

$51^p\,56'\,36''$ corde de	$51^\circ\,17'\,55'' =$ 2AFB	corde 2DBF...	$21'\,54''\,5$
	$25.38.57 =$ AFB	ou	$21^p\,34'\,18''$
ci-dessus...	25.38.44	2DBF...	20.42.43
Différence...	$13''$	DBF...	10.21.21
		ci-dessus...	10.21.16
		Différence...	$5''$.

Ainsi nous avons retrouvé nos trois angles, et tous nos calculs sont vérifiés ; nous connaissons la Trigonométrie rectiligne des Grecs ; les formules que nous avons essayées suffisent pour tous les cas qui peuvent se présenter. Mais Ptolémée nous donne, au Livre des Eclipses, une solution du cas où les trois côtés sont donnés. Il cherche

$$\text{la différence des segmens de la base} = \frac{\text{somme des 2 côtés. Diff. des 2 côtés}}{\text{base}};$$

il a donc les deux segmens de la base.

$$\text{le carré de la perpendiculaire} = (1^{er}\text{ côté})^2 - (1^{er}\text{ segment})^2$$
$$= (2^e\text{ côté})^2 - (2^e\text{ segment})^2,$$
$$\frac{\text{perpendiculaire}}{1^{er}\text{ côté}} = \sin 2^e\text{ angle} = \sin\text{ angle opposé au } 2^e\text{ côté},$$
$$\frac{\text{perpendiculaire}}{2^e\text{ côté}} = \sin 1^{er}\text{ angle} = \sin\text{ angle opposé au } 1^{er}\text{ côté}.$$

C'est ainsi que nous pourrions résoudre le triangle ; mais nous épargnerions le calcul de la perpendiculaire : le côté et le segment donneraient le cosinus de l'angle compris. Les Grecs mettaient leurs cordes à la place de nos sinus.

Les Grecs n'employaient pas l'indice ° pour marquer les degrés ; ils n'avaient point d'indice particulier pour distinguer les parties des cordes d'avec celles des arcs ; ils se contentaient de couvrir d'une barre les nombres des degrés et ceux des parties. Au lieu de

$$51^p\,56'\,36''\text{ corde de }51^\circ\,17'\,55'',$$

ils auraient écrit

$$\overline{51}\;56'\,36''\text{ corde de }\overline{51}\;17'\,55''.$$

Nous conserverons l'indice ° pour les degrés des arcs, et l'indice ^{p} pour les parties des cordes.

CHAPITRE IV.

Trigonométrie sphérique.

J'ai démontré dans mon Astronomie, chapitre XII, les théorèmes des Grecs. J'ai fait voir qu'ils se réduisaient aux quatre formules suivantes; d'ailleurs nous en retrouverons les démonstrations en extrayant Ptolémée et Théon.

(1)... $\sin C' = \sin A' \sin C$

ou $\text{corde } 2C' = \dfrac{\text{corde } 2A' \text{ corde } 2C}{\text{corde } 180^\circ} \ldots\ldots\ldots\ldots (1),$

(2)... $\cos C = \cos C' \cos C''$,

ou $\text{corde}(180^\circ - 2C) = \dfrac{\text{corde}(180^\circ - 2C')\,\text{corde}(180^\circ - 2C'')}{\text{corde } 180^\circ} \ldots (2),$

(3)... $\text{tang } C' = \sin C'' \text{tang } A'$,

ou $\dfrac{\text{corde } 2C'}{\text{corde}(180^\circ - 2C')} = \dfrac{\text{corde } 2C'' \text{ corde } 2A'}{\text{corde } 180^\circ \text{ corde}(180^\circ - 2A')} \ldots\ldots (3),$

(4)... $\text{tang } C'' = \cos A' \text{tang } C$,

ou $\dfrac{\text{corde } 2C''}{\text{corde}(180^\circ - 2C'')} = \dfrac{\text{corde}(180^\circ - 2A')\text{ corde } 2C}{\text{corde } 180^\circ \text{ corde}(180^\circ - 2C)} \ldots\ldots (4).$

Ces formules sont identiques aux nôtres, et les nôtres sont bien plus expéditives; ainsi quand nous trouverons à faire un calcul qui exige l'une des quatre formules des Grecs, nous pourrons y substituer la formule correspondante, sûrs d'arriver au même résultat, mais avec un peu plus de précision, et par une voie plus courte, qui partagera moins notre attention et nous laissera plus de facilité pour suivre la marche générale de la solution. Ainsi nous supprimerons tout détail oiseux; par exemple, quand Ptolémée doit calculer un triangle rectangle rectiligne dont il connaît les angles, il ne manque jamais de donner à ces angles leur véritable valeur, dont la somme est de 180°; puis inscrivant ce triangle à un cercle, il double tous les angles en disant que la somme des trois angles est de 360°, en quoi il substitue réellement aux angles les arcs sur lesquels ils s'appuient et dont il faut chercher les cordes dans la Table. Ce soin bien inutile et qui revient à chaque instant, est extrémement fastidieux pour le lecteur, qui s'impatiente de ces angles donnés toujours de deux manières. Nous supprimerons ce fatras inutile, pour nous attacher au fond de la méthode qui ne peut manquer de gagner encore du côté de la brièveté par l'emploi des logarithmes. Si quelques lecteurs voulaient refaire tous les calculs en employant les multiplications et les divisions effectives des fractions sexagésimales, ils en auraient les moyens en suivant les règles que nous avons suffisamment développées dans notre Arithmétique grecque.

L'usage des deux premières formules était facile et direct, puisqu'elles donnent la corde de l'arc ou celle de l'arc supplémentaire, qui est le double de l'arc cherché. Il n'en est pas de même des deux autres; le calcul est indirect, puisque la formule présente à-la-fois deux inconnues, c'est-à-dire la corde de l'arc et celle de son supplément. Il est incroyable que les Grecs n'aient pas cherché à remédier à cet inconvénient, en calculant des Tables de ce rapport de la corde de l'arc à la corde de l'arc supplémentaire.

$$(3) \quad \frac{\text{corde } 2C'}{\text{corde } (180^\circ - 2C')} = \frac{\text{corde } 2C''}{\text{corde } 180^\circ} \cdot \frac{\text{corde } 2A'}{\text{corde } (180^\circ - 2A')}.$$

Le premier membre $= \frac{2 \sin C'}{2 \cos C'} = \text{tang } C'$; ainsi le second membre est évidemment la valeur de tang C'; le carré du second membre sera la valeur de $\text{tang}^2 C'$; augmenté de l'unité, il sera la valeur de

$$1 + \text{tang}^2 C' = \frac{1}{\cos^2 C'}, \quad \frac{\text{tang}^2 C'}{1 + \text{tang}^2 C'} = \text{tang}^2 C' \cos^2 C' = \sin^2 C'.$$

Divisant donc le second membre par $(1 + \text{carré du second membre})^{\frac{1}{2}}$, nous aurons la valeur de corde $2C'$. Nous ferons la même chose pour la formule (4), et ce procédé nous donnera la solution directe de ces cas embarrassans que les Grecs évitaient autant qu'il leur était possible.

Ces formules servaient aux Grecs à calculer le triangle entre l'écliptique, l'équateur et le cercle de déclinaison.

Supposons l'hypoténuse $C = 60^\circ$, et l'obliquité $23^\circ\, 51'\, 20''$, et cherchons les trois inconnues en commençant par la déclinaison C', pour laquelle nous emploierons la formule (1) de Ptolémée.

C. corde $180^\circ = 120^p$	6.1426675
corde $2C = 120^p = 103'\, 55'',383$	3.7948632
corde $2A' = 47.42.40 = 48'\, 51'',91$	3.4641780
corde $2C' = 42'\, 1'',79 = 42^p\, 1'\, 47'',4$ ...	3.4017087.

En cherchant cette corde dans la Table de Ptolémée, nous trouverons

$$2C' = 41^\circ\ 0'\ 18''$$
$$180^\circ - 2C' = 138.59.42$$
et $$C' = 20.30.\ 9.$$ C'est la déclinaison cherchée.

Nous ferions aujourd'hui,

sin A'...............	9.6068458
sin C = 60.........	9.9375306
sin C' = 20° 30' 9''...	9.5443764
ajoutons corde 120'	3.8573325
corde 2C' comme ci-dessus...	3.4017089.

Au moyen de la déclinaison C' et de la longitude C, nous pouvons calculer l'ascension droite par la formule (2) de Ptolémée.

corde 180° = 120.	3.8573325
corde (180°—2C) = 60......................	3.5563025
C. corde (180°—2C') = 138° 59' 42 = 112° 23'',85...	6.1710953
corde (180°—2C'') = 64' 5'',5 = 64° 3' 30''.......	3.5847303.

Il ne s'agit plus que de chercher cette corde dans la Table, de prendre le supplément de l'arc auquel elle appartient, de prendre la moitié de ce supplément, et cette moitié sera l'ascension droite 57° 44' 12''.

Nous ferions par notre formule,

C. cos C'...	0.0284194
cos C ...	9.6989700
cos C'' = 57° 44' 12''...	9.7273894
log 120	3.8573325
corde (180°—2C''), comme ci-dessus...	3.5847219.

Pour avoir directement l'ascension droite C'', il faudrait employer la formule (4) qui est indirecte; mais la formule (3) donne

$$\text{corde } 2C'' = \frac{\text{corde } 180^\circ \text{ corde } 2C'}{\text{corde } (180^\circ - 2C')} \cdot \frac{\text{corde } (180^\circ - 2A')}{\text{corde } (2A')},$$

qui n'offre qu'une inconnue, mais qui suppose qu'on a, comme ci-dessus, calculé d'abord C′.

2C′ =	41° 0′ 18″	corde 180°...	5.8573325
180° — 2C′ =	138.59.42	corde 2C′ ci-dessus...	5.4017088
A′ =	25.51.20	C. corde (180° — 2C′) ci-dessus.	6.1710955
2A′ =	47.42.40	C. corde 2A′ ci-dessus...	6.5358220
180° — 2A′ =	132.17.20	corde (180° — 2A′)...	5.8185492
corde 2C″ =	115.28.24.........	108′ 43″,9.........	5.7845078
C″ =	57.44.12 comme ci-dessus.		

Nous ferions plus simplement,

tang C′...	9.5727955
cot A′...	0.3545702
sin C″ = 57° 44′ 12″...	9.9271657
corde 180°...	5.8573325
corde 2C″, comme ci-dessus...	5.7844982.

Enfin par la formule (4), calculée comme nous l'avons dit,

C. corde 180°...	6.1426675
corde 2C ci-dessus...	5.7948632
C. corde (180° — 2C) ci-dessus...	6.4436975
corde (180° — 2A′) ci-dessus...	5.8185492
m = tang C″ = 57° 44′ 12″...	0.1997774
m^2 = tang²C″ = 2.509513...	0.3995548
$1 + m^2$ = séc² C″ = $\frac{1}{3.509513}$	0.5452221
$(1+m^2)^{\frac{1}{2}}$ = séc C″..............	0.2726110
C. log $(1+m^2)^{\frac{1}{2}}$ = cos C″..............	9.7273890
m = tang C″ ci-dessus......	0.1997774
sin C″ = 57° 44′ 12″	9.9271664
corde 180°...	5.8573325
corde 2C″ comme ci-dessus...	5.7844989.

On voit que le résultat est le même, mais le calcul plus long, quoique très-facile. Les Grecs pouvaient carrer les deux membres de l'équation (4).

$$\frac{(\text{corde } 2C'')^2}{[\text{corde } (180^\circ - 2C'')]^2} = \frac{\text{corde}^2 (180^\circ - 2A')\ \text{corde}^2\ 2C}{\text{corde}^2\ 180^\circ\ \text{corde}^2\ (180^\circ - 2C)} = m^2,$$

$$\frac{\text{corde}^2\ 2C''}{\text{corde}^2\ 180^\circ - \text{corde}^2\ 2C''} = m^2,$$

d'où

$$\text{corde}^2\ 2C'' = m^2\ \text{corde}^2\ 180^\circ - m^2\ \text{corde}^2\ 2C'',$$

$$(1 + m^2)\ \text{corde}^2\ 2C = m^2\ \text{corde}^2\ 180^\circ$$

et

$$\text{corde}^2\ 2C'' = \frac{m^2\ \text{corde}^2\ 180^\circ}{1 + m^2},$$

ce qui est précisément ce que nous avons fait ; mais pour cela, il fallait mettre le théorème en équation, et dégager l'inconnue, qui, par hasard, est au second degré sans aucun terme du premier. Or c'est ce que les Grecs n'ont jamais pratiqué : je n'en connais du moins aucun exemple.

Il nous reste à trouver le troisième angle, ce qui se fera par la formule (1) qui renversée, donne

$$\text{corde } 2A' = \frac{\text{corde } 180^\circ\ \text{corde } 2C'}{\text{corde } 2C},$$

ou

$$\text{corde } 2A'' = \frac{\text{corde } 180^\circ\ \text{corde } 2C''}{\text{corde } 2C'},$$

ou

$$\text{corde 2 angle} = \frac{\text{corde } 180^\circ\ \text{corde 2 côté opposé à l'angle cherché}}{\text{corde 2 hypoténuse}}$$

$$= \frac{\text{corde } 180^\circ\ \text{corde 2. Ascension droite}}{\text{corde 2. Longitude.}}.$$

corde 2C'' ci-dessus...	3.7844989
C. corde 2C'...	6.2051362
sin A'' = 77° 31' 53''...	9.9896351
corde 180°	3.8573325
corde 2A'' = 117' 10'',2	3.8469676

ou

$$117^\circ\ 10'\ 12'' = \text{corde } 155^\circ\ 3'\ 52'' = 2A'',$$

$$57.31.56 = 2A''.$$

Ainsi le triangle est tout entier résolu, nos quatre formules calculées et trouvées identiques aux formules modernes ; nous pourrons donc, dans des cas pareils, substituer nos formules à celles de Ptolémée, pour abréger les opérations et les dégager de leurs superfluités, ce qui sera les réduire à leurs moindres termes, sans altérer le fond des méthodes.

Supposons maintenant que l'on connaisse l'obliquité et la déclinaison, c'est ce qui arrivait quand on avait observé la hauteur méridienne du Soleil. Dans ce cas la formule première donnait, par un simple renversement,

$$\text{corde } 2C = \frac{\text{corde } 180^\circ \text{ corde } 2C'}{\text{corde } 2A'},$$

ou $$\text{corde longitude} = \frac{\text{corde } 180^\circ \text{ corde 2 déclinaison}}{\text{corde 2 obliquité}}.$$

La seconde formule donnait

$$\text{corde } (180^\circ - 2C'') = \frac{\text{corde } 180^\circ \text{ corde } (180^\circ - 2C)}{\text{corde } (180^\circ - 2C')},$$

$$\text{corde } (180^\circ - 2 \text{ asc. dr.}) = \frac{\text{corde } 180^\circ \text{ corde } (180^\circ - 2 \text{ longit.})}{\text{corde } (180^\circ - 2 \text{ déclin.})}.$$

Le troisième angle se trouvait comme dans le premier cas.

Supposons qu'on eût observé l'ascension droite, la formule (4) donnait

$$\frac{\text{corde } 2C}{\text{corde } (180^\circ - 2C)} = \frac{\text{corde } 180^\circ \text{ corde } 2C''}{\text{corde } (180^\circ - 2C'')} = m;$$

on aurait élevé au carré et dégagé l'inconnue comme nous avons fait ci-dessus pour l'ascension droite; puis la formule (3) donnait la déclinaison par le même procédé : on avait ensuite le troisième angle comme dans les deux cas précédens.

Si l'on avait observé l'ascension droite et la déclinaison, on en concluait directement la longitude par la formule (2), l'obliquité par la formule (1), et le troisième angle comme dans les trois cas précédens.

On ne pouvait jamais observer l'autre angle; mais supposé qu'on le connût avec l'obliquité, ou en général que l'on connût les deux angles obliques d'un triangle rectangle, les Grecs auraient été fort embarrassés, puisqu'ils n'avaient aucune des deux formules

$$\cos C = \cot A' \cot A'' \quad \text{ou} \quad \frac{\cos A''}{\sin A'} = \cos C'',$$

qui pour C' devient

$$\frac{\cos A'}{\sin A} = \cos C':$$

heureusement le cas des trois angles connus ne se rencontre jamais dans l'Astronomie.

L'un des angles obliques, avec un des trois côtés, retomberait dans l'un des trois premiers cas, où nous supposions l'obliquité connue. Ainsi l'on peut dire que les Grecs avaient de quoi résoudre tous les cas utiles des triangles sphériques rectangles. Le cas qui leur était inaccessible ne se présente jamais dans la pratique, et c'est pour cela peut-être qu'ils n'en ont pas cherché la solution, que leur Trigonométrie est restée incomplète et souvent embarrassée pour les cas mêmes qu'ils savaient résoudre, et qu'enfin dans ces cas, avant de chercher l'inconnue dont ils avaient besoin, ils étaient obligés d'abord de calculer un côté ou un angle qui leur était réellement inutile, et qui devenait une espèce d'angle subsidiaire.

Triangles obliquangles.

Les mêmes règles leur servaient pour les triangles obliquangles qu'ils partageaient en deux triangles rectangles en abaissant un arc perpendiculaire du côté connu sur un autre côté.

Prenons pour exemple un calcul assez compliqué fait par Théon, page 50.

Soit HZPR le méridien (fig. 11), HBER l'horizon, PR = 36° = H = hauteur du pôle. (Remarquons que H = 36° est la latitude de Rhodes, où demeurait Hipparque; il pourrait bien en résulter que le calcul fût tiré d'un ouvrage d'Hipparque, et la méthode, en ce cas, lui appartiendrait toute entière.) ♈ME♎ l'équateur, ♈S♎ l'écliptique, ♈S = 90°, d'où ♈A = 90°, PSA étant le cercle de déclinaison; A♈S = ♈ = obliquité = 23° 51′ 20″; ZPS = MA = 15°, d'où ♈M = 75°.

Le Soleil étant à 5^s de longitude et à 1^h ou 15° à l'orient du méridien, on demande ZS distance du Soleil au zénit, et ZSO angle que cette distance fait avec l'écliptique.

Nous chercherions le troisième côté du triangle ZPS par PZ, PS et ZPS; nous chercherions l'angle ZSP par les mêmes données; nous chercherions l'angle ♈SA qui est ici de 90°, mais qui change avec l'arc ♈S, et qui en général est opposé au sommet à PSO, et nous aurions

$$ZSO = ZSP + PSO.$$

Cinq formules donneraient la solution complète. Ici même il n'en faudrait que deux. Le détour que prenaient les Grecs est d'autant plus singulier qu'il est très-long et qu'il n'était nullement nécessaire.

Ils commençaient par calculer AS, ♈A et ♈SA; nous commencerions de même, mais ♈A nous serait inutile. Nous avons ci-dessus donné un exemple de ces trois calculs pour 60° de longitude ou pour ♈S = 60°. Ici ces trois calculs sont tout faits, puisque AS = obliquité ♈A = 90° et ♈SA = 90°. Avec l'obliquité ♈ et l'ascension droite ♈M = 75°, qu'ils appelaient μεσουράνημα, *mésouranème*, milieu du ciel, ils calculent MC, ♈C et ♈CM; c'est le cas où nous supposions ci-dessus l'obliquité et l'ascension droite connue, ou le troisième cas.

Tang MC = tang ♈ sin ♈M. L'équation montait au second degré pour les Grecs: nous avons montré comment ils auraient pu la résoudre; mais ils se tiraient d'embarras par une Table calculée d'avance pour tous les points de l'écliptique, de 6 en 6°, et où ils trouvaient, au moyen des parties proportionnelles à quelle longitude ♈C répondait l'ascension droite connue ♈M; avec cette longitude, ils trouvaient ensuite la déclinaison MC et l'angle ♈CM.

En faisant les trois calculs, nous trouverons MC = 23° 7′ 46″
Nous avons HM = 90° — PR = 90° — 36° = ... 54
Donc HC. 77.7.46

♈C est la longitude du point de l'écliptique au méridien, ou du point culminant; HC est la hauteur du point culminant.

Nous trouverons encore

$$♈C = 76° 13' 50'', \quad ♈CM = 83° 59' 30'',$$

d'où

$$HCO = 180° - ♈CM = 96° 0' 30''.$$

Voilà déjà trois analogies dont les Tables dispensaient.

Dans le triangle HCO rectangle en H, on aura (formule 4)

$$\text{tang } CO = \frac{\text{tang } HC}{\cos C};$$

c'est une analogie qui est du second degré pour les Grecs. CO sera de plus de 90°, puisque HCO est obtus. Nous aurons

CO = 91° 22′ 12″
ajoutons-y. . . . ♈C = 76.13.50
nous aurons la longit. du point orient de l'éclipt. . . ♈O = 167.36. 2

Ce point orient nommait aussi *l'ascendant*, le point qui montait. Il joue un grand rôle en Astronomie comme en Astrologie.

Nous aurons par la formule (1),

$$\sin O = \frac{\sin CH}{\sin CO} = \sin 77^\circ\, 12'\, 15'',$$

O est l'angle de l'orient chez les Anciens; il n'est pas absolument nécessaire dans le problème actuel, mais il sert pour calculer les levers et les couchers des étoiles.

Nous avons trouvé ci-dessus... ♈O = 157°36′ 2″
retranchons-en ♈S qui est ici...... = 90

il nous restera..... SO = 77.36.2.

Nous ferons

$$\cos ZS = \sin BS = \sin O \sin SO \text{ (formule 1)},$$

$$ZS = 17^\circ\, 44'\, 40'', \quad \text{enfin} \quad \cos BSO = \operatorname{tang} BS \cot SO.$$

Ce dernier calcul est encore du second degré (form. 4).

Nous avons partout substitué nos analogies modernes, mais nous avons suivi l'esprit de la méthode. A nos quatre formules, substituez les formules grecques de même numéro, vous aurez l'opération ancienne dans toute sa longueur.

Ils résolvaient les triangles rectangles ♈AS, ♈MC, HCO, BSO, ce qui demanderait douze calculs; mais dans les deux derniers, ils omettaient les bases HO et BO, ce qui réduit le calcul à dix opérations : ils en épargnaient trois par leurs Tables de l'écliptique. Naturellement ils avaient à résoudre le triangle obliquangle ♈EO dans lequel ils auraient connu le côté ♈E avec les angles ♈ et ♈EO = 90° + H. Ils en ont retranché le triangle rectangle ♈MC; ils y ont ajouté le triangle tout connu MHE dont les trois côtés sont constans, et par conséquent aussi les angles; ils ont eu le triangle rectangle HCO, qu'ils ont réduit à BSO, qui enfin a résolu le problème. La marche est ingénieuse, et les modernes l'ont très-long-tems suivie. Ils auraient pu de même résoudre le triangle rectangle ♈EN, puis l'obliquangle ENO, et enfin BSO.

Mais ils auraient pu trouver une solution moins longue et moins incommode. Dans le triangle ZPS abaissez la perpendiculaire ZQ du zénit sur le cercle de déclinaison.

$$\sin ZQ = \sin P \sin PZ \text{ (formule 1)},$$

$$\cos PQ = \frac{\cos PZ}{\cos ZQ} \text{ (form. 2)},$$

$$SQ = PS - PQ :$$

je suppose connus la déclinaison et l'angle ♈SA par les calculs précédens.

$$\cos ZS = \cos ZQ \cos SQ \text{ (formule 2)},$$
$$\frac{\sin ZQ}{\sin ZS} = \sin ZSQ \text{ (formule 1)},$$
$$ZQS + ♈SA = ZSO;$$

ce qui ne fait que six calculs dont deux sont épargnés par les Tables.

Si les Grecs ont pris une autre route, c'est qu'une partie était mise en Tables; car outre les Tables de l'écliptique qui donnent les triangles ♈SA et ♈MC, ils avaient encore mis en Tables le triangle HCO, ensorte qu'il ne restait véritablement à résoudre que BSO. Ces dernières Tables avaient été calculées pour sept climats différens; elles dépendaient du point culminant C, et supposaient une latitude déterminée. Tous ces secours pouvaient être commodes pour les Astronomes qui, comme Hipparque, habitaient un de ces climats où la latitude était d'un nombre rond de degrés, 36°, par exemple; mais ils n'étaient plus aussi justes pour des latitudes intermédiaires, comme Alexandrie qui était par 30° 58′, ou si l'on veut 31°. Aucun des climats calculés n'avait précisément cette latitude. Le climat le plus voisin avait 30° 22′ de latitude. C'était donc 36′ d'erreur sur la latitude, sur la hauteur du point culminant, et par conséquent des erreurs assez sensibles sur tout le reste. Voilà pourquoi sans doute Ptolémée calcule tous ses exemples pour le parallèle d'Hipparque. C'est aussi ce qui me fait soupçonner qu'il a pris ces calculs tout faits dans les livres d'Hipparque. S'il avait calculé habituellement, il se serait fait une Table pour son parallèle; il l'aurait insérée dans son livre: ni lui ni Théon ne parlent de cette Table. S'ils se servaient de celle de la Basse-Egypte, ils n'étaient guère scrupuleux dans leurs calculs; s'ils prenaient des parties proportionnelles, le calcul devenait fort embarrassant et de plus fort inexact.

Nous voyons que le cas d'un triangle où l'on connaît deux côtés et l'angle compris, n'offre aucune difficulté, et cependant on n'en trouve aucun exemple. Les Grecs ne calculaient guère la hauteur BS ou l'angle BSO que pour les parallaxes, et nous verrons qu'en effet ces deux quantités n'avaient pas besoin d'être déterminées avec une très-grande précision.

Dans le triangle EOL, nous avons

$$EL = 180° - ♈E = 180° - ♈M - ME = 180° - ♈M - 90° = 90° - ♈M:$$

ici EL = MA, c'est un hasard;

$$LEO = 90° - H = 54°, \quad L = 25° 51' 20'';$$

c'est le cas de deux angles sur un côté connu, ce serait le cas du triangle ENO. Menons la perpendiculaire Lp qui tombera sur le prolongement de la base EO tant que l'angle EOL sera obtus et l'angle ♈OH aigu,

$\sin Lp = \sin EL \sin E$ (1), $\quad \cos Ep = \frac{\cos EL}{\cos Lp}$ (2),

$\sin ELp = \frac{\sin Ep}{\sin EL}$ (1), $\quad ELp - L = OLp$,

$\text{tang}\, Op = \sin Lp \,\text{tang}\, OLp$ (3), $\quad \cos Op \cos Lp = \cos OL$ (2),

$\sin O = \frac{\sin pL}{\sin OL}$ (1), $\quad \sin SB = \sin O \sin SO$ (1),

$\cos BSO = \text{tang}\, SB \cot SO$ (4).

Cette solution est encore bien aisée; il n'y a que tang Op qui soit du second degré : les deux derniers calculs sont inutiles. Voilà donc encore un cas dont la solution est complète.

Si l'on connaît deux angles A et A', et un côté opposé C' (fig. 12), on aura d'abord le second côté C par la règle des quatre cordes ou sinus; on aura ensuite l'arc perpendiculaire p en faisant $\sin p = \sin A \sin C'$, puis $\frac{\cos C}{\cos p} = \cos AD$, $\frac{\cos C'}{\cos p} = \cos A'D$, et le troisième côté $C'' = AD + A'D$; enfin le troisième angle par les quatre cordes.

Les Grecs avaient donc encore la solution complète de ce cas.

Si l'on a deux côtés et un angle opposé, on commence par chercher le second angle opposé, puis on continue comme dans le cas précédent. Ces deux cas sont ceux qu'on appelle *douteux*.

Il ne reste donc plus que le cas des trois angles connus, lequel ne se rencontre jamais, et celui des trois côtés connus qui se rencontre souvent et dont je n'ai pas vu de vestige dans Ptolémée. La solution était cependant très-possible, quoiqu'elle ne se présente pas d'abord quand on la veut par l'application des théorèmes ordinaires.

Supposons que l'on connaisse les trois côtés PZ, PA et ZA, (fig. 13) on demande les trois angles. Prolongez ZA et PA jusqu'à l'horizon en B et en C,

$$\text{corde } 2PO = \frac{\text{corde } 2C \text{ corde } 2PC}{\text{corde } 180°}, \quad \text{corde } 2AB = \frac{\text{corde } 2C \text{ corde } 2AC}{\text{corde } 180°};$$

donc

$$\frac{\text{corde } 2PO}{\text{corde } 2AB} = \frac{\text{corde } 2C \text{ corde } 2PC}{\text{corde } 180^\circ} \cdot \frac{\text{corde } 180^\circ}{\text{corde } 2C \text{ corde } 2AC} = \frac{\text{corde } 2PC}{\text{corde } 2AC}$$

$$= \frac{\text{corde}(2PA + 2AC)}{\text{corde } 2AC} = \frac{\text{corde } 2PA \text{ corde } (180^\circ - 2AC) + \text{corde } 2AC \text{ corde } (180^\circ - 2PA)}{\text{corde } 180^\circ \text{ corde } 2AC}$$

$$= \frac{\text{corde } 2PA}{\text{corde } 180^\circ} \cdot \frac{\text{corde}(180^\circ - 2AC)}{\text{corde } 2AC} + \frac{\text{corde } (180^\circ - 2PA)}{\text{corde } 180^\circ} = \frac{\text{corde } (180^\circ - 2PZ)}{\text{corde } (180^\circ - 2AZ)};$$

car dans le premier membre qui devient ici le second,

$$PO = 90^\circ - PZ \quad \text{et} \quad AB = 90^\circ - ZA.$$

et en transposant,

$$\frac{\text{corde } (180^\circ - 2PZ)}{\text{corde } (180^\circ - 2AZ)} - \frac{\text{corde } (180^\circ - 2PA)}{\text{corde } 180^\circ} = \frac{\text{corde } 2PA}{\text{corde } 180^\circ} \cdot \frac{\text{corde}(180^\circ - 2AC)}{\text{corde } 2AC},$$

et

$$\frac{\text{corde } (180^\circ - 2AC)}{\text{corde } 2AC} = \frac{\text{corde } 180^\circ}{\text{corde } 2PA} \left(\frac{\text{corde } (180^\circ - 2PZ)}{\text{corde } (180^\circ - 2AZ)} - \frac{\text{corde } (180^\circ - 2PA)}{\text{corde } 180^\circ} \right).$$

Cette expression ne renferme que les trois côtés qui sont connus ; on aura donc AC ; on connaîtra donc $PC = (PA + AC)$; puis on fera

$$\cos CPO = - \cos ZPA = \frac{\text{tang } PO}{\text{tang } PC} = \frac{\text{corde } 2PO \text{ corde } (180^\circ - 2PC)}{\text{corde } (180^\circ - 2PO) \text{ corde } 2PC}$$

ou l'équivalent

$$\text{corde } (180^\circ - 2CPO) = \frac{\text{corde } (180^\circ - 2PZ) \text{ corde } (180^\circ - 2PC)}{\text{corde } 2PZ \text{ corde } 2PC}$$

$$\cos CB = \frac{\cos AC}{\cos AB}; \quad \text{alors} \quad \sin A = \frac{\sin BC}{\sin AC}.$$

Les Grecs avaient l'équivalent de ces deux formules ; on aura donc le second angle : on pourrait d'ailleurs faire

$$\text{corde } 2ZA : \cos 2P :: \text{corde } 2PZ : \text{corde } 2A,$$
$$:: \text{corde } 2PA : \text{corde } 2Z,$$

et le triangle sera tout connu. De ces formules, par des transformations aujourd'hui très-faciles, on arriverait à notre formule

$$\cos ZPA = \frac{\cos AZ - \cos PA \cos PZ}{\sin PA \sin PZ};$$

mais ces transformations étaient bien plus difficiles pour les Grecs.

Les Grecs avaient donc ou pouvaient avoir une Trigonométrie complete pour les triangles obliquangles, mais toute fondée sur les formules des triangles rectangles : cependant leurs théories étaient généralement plus compliquées. Les voici.

Soient en général deux arcs PN et MN, formant un angle N quelconque (fig. 14), et deux arcs PR et MS qui s'entrecoupent au point Q dans l'angle N, on aura

(1) $\text{corde } 2B'' \text{ corde } 2(A'+B') \text{ corde } 2(A'''+B''')$
$= \text{corde } 2A' \text{ corde } 2B''' \text{ corde } 2(A''+B'')$,

(2) $\text{corde } 2B' \text{ corde } 2(A+B) \text{ corde } 2(A''+B'')$
$= \text{corde } 2B \text{ corde } 2A'' \text{ corde } 2(A'+B')$

(3) $\text{corde } 2A \text{ corde } 2B' \text{ corde } 2(A'''+B''')$
$= \text{corde } 2B \text{ corde } 2A' \text{ corde } 2A'''$,

(4) $\text{corde } 2A''' \text{ corde } 2B'' \text{ corde } (A+B)$
$= \text{corde } 2A \text{ corde } 2A'' \text{ corde } 2B'''$.

C'est en supposant les angles S, N, R de 90° chacun que ces formules générales se réduisent à celles qui servent aux triangles rectangles; alors en effet les arcs PN, PR, MS, MN sont tous quatre de 90°. $B'''=90°-A'''$, $B''=90°-A''$, $B'=90°-A'$, $B=90°-A$, et les formules se simplifient. Je n'ai pas vu un seul exemple où les Grecs aient employé les formules générales. Nous les verrons démontrées, et nous en suivrons les applications dans Ptolémée.

Cette figure, dans le cas des angles droits, est celle des triangles complémentaires dont on s'est long-tems servi pour transporter au triangle PQS les théorèmes démontrés pour MQR; mais cette figure ne peut ainsi transformer que deux formules démontrées par le premier de ces triangles. On n'aura donc au total que quatre formules ; il en faut six pour résoudre tous les cas *directement*. Les Grecs n'ont jamais connu les deux autres ; nous allons les démontrer sur une figure copiée dans Ptolémée. Les deux théorèmes y étaient, et Ptolémée ne les a point aperçus (fig. 15).

Soit ABKDH un grand cercle quelconque, AEG un demi-cercle perpendiculaire au premier; de sorte que $A=G=90°$; BZD un demi-cercle oblique au premier et coupant le second en Z. Du point B comme pôle, décrivez le demi-cercle HTEK, qui sera perpendiculaire au premier, ensorte que $H=K=90°$; H et A sont de 90°; donc

E sera le pôle du premier cercle ABKDH. Ainsi,

$$90° = EG = EA = EH = EK, \quad AEH = AH, \quad AEK = AK,$$
$$KEG = KG, \quad GEH = GH.$$

Comparons les triangles BAZ et ETZ rectangles, l'un en A et l'autre en T, nous aurons

Hypoténuse BZ $= 90° -$ TZ $= 90° -$ base TZ,
base AZ $= 90° -$ EZ $= 90° -$ hypoténuse EZ,
troisième côté AB $= 90° -$ AH $= 90° -$ TEZ $= 90° - 3^e$ angle,
angle droit A $=$ angle droit T.

Le second angle Z est commun aux deux triangles; ils sont du moins opposés au sommet.

3e angle B $=$ TH $= 90° -$ TE $= 90° - 3^e$ côté de l'autre triangle.

Cette construction tirée de Ptolémée, chap. 10 du Livre 2, nous fait voir un triangle ETZ qui est ce qu'on appelle aujourd'hui le triangle complémentaire du triangle BAZ. Les Grecs avaient

$$\text{corde } 2ET = \frac{\text{corde } 2EZ \ \text{corde } 2Z}{\text{corde } 180°},$$

ou, ce qui revient au même,

$$\text{corde } (180° - 2B) = \frac{\text{corde } (180° - 2AZ) \ \text{corde } 2Z}{\text{corde } 180°},$$

ce qui est notre théorème $\cos A'' = \cos C'' \sin A'$ qui manquait aux Grecs, et que nous trouverons chez les Arabes.

Les Grecs avaient (théorème 5) l'équivalent de

$$\text{tang } ET = \sin ZT \text{ tang } Z \quad \text{ou} \quad \cot B = \cos BZ \text{ tang } Z;$$

c'est notre sixième théorème qui a toujours manqué aux Grecs.

Voici comme Ptolemée élude la difficulté, et comme il a passé pardessus ces deux théorèmes sans les apercevoir : il fait

$$\frac{\text{corde } 2BA}{\text{corde } 2HA} = \frac{\text{corde } 2BZ}{\text{corde } 2TZ} \cdot \frac{\text{corde } 2TE}{\text{corde } 2EH},$$

par l'un des quatre théorèmes généraux que nous venons de rapporter.

De la raison $\frac{\text{corde } 2BA}{\text{corde } 2HA}$, il retranche la raison $\frac{\text{corde } 2BZ}{\text{corde } 2TZ}$, c'est-à-dire qu'il dégage l'autre raison $\frac{\text{corde } 2\text{TE}}{\text{corde } 2\text{EH}}$ qu'il laisse seule de son côté ; il a de cette manière,

$$\frac{\text{corde } 2\text{BA}}{\text{corde } 2\text{HA}} \cdot \frac{\text{corde } 2\text{TZ}}{\text{corde } 2\text{BZ}} = \frac{\text{corde } 2\text{TE}}{\text{corde } 2\text{EH}};$$

dégageant enfin corde 2TE, il a

$$\text{corde } 2\text{TE} = \frac{\text{corde } 2\text{BA}}{\text{corde } 2\text{HA}} \cdot \frac{\text{corde } 2\text{TZ}}{\text{corde } 2\text{BZ}} \cdot \text{corde } 2\text{EH}$$

$$\text{corde } (180^\circ - 2\text{B}) = \frac{\text{corde } 2\text{BA}}{\text{corde } (180^\circ - 2\text{BA})} \cdot \frac{\text{corde } (180^\circ - 2\text{BZ})}{\text{corde } 2\text{BZ}} \cdot \text{corde } 180^\circ$$

et dans le cas particulier qu'il calcule

$$\text{corde } (180^\circ - 2\text{B}) = \frac{\text{corde } 23^\circ\, 20'}{\text{corde } 156^\circ\, 40'} \cdot \frac{\text{corde } 120^\circ}{\text{corde } 60^\circ} \text{ corde } 180^\circ$$

$$= \frac{2 \text{ corde } 120^\circ \text{ corde } 23^\circ\, 20'}{\text{corde } 156^\circ\, 40'}; \text{ car } \frac{\text{corde } 180^\circ}{\text{corde } 60^\circ} = \frac{\text{diamètre}}{\text{rayon}} = 2.$$

$$\sin \text{TE} = 2 \cos 30^\circ \text{ tang } 11^\circ\, 40'$$

$$2 \sin \text{TE} = \frac{2 \cdot 2 \sin 60^\circ \cdot 2 \sin 11^\circ\, 40'}{2 \sin 78^\circ\, 20'} = 4 \sin 60^\circ \text{ tang } 11^\circ\, 40',$$

et $$\sin \text{TE} = 2 \sin 60^\circ \text{ tang } 11^\circ\, 40'.$$

Les Grecs qui n'avaient pas de tangentes, s'arrêtaient à l'expression de corde 2TE qui n'emploie que les cordes de 120°, de 23° 40' et de son supplément 156° 40'.

Ptolémée, par sa construction, n'a obtenu qu'une solution particulière et numérique, au lieu qu'il pouvait y trouver deux théorèmes généraux qui auraient complété la Trigonométrie, et fourni les moyens de résoudre directement tous les cas possibles des triangles sphériques rectangles.

Tel est donc l'état où Ptolémée a laissé la Trigonométrie grecque ; on ne voit pas bien de quel théorème il a pu l'enrichir, si ce n'est peut-être de l'analogie qui lui donnait les segmens de la base dans un triangle obliquangle dont on connait les trois côtés ; théorème que je n'ai vu dans aucun auteur plus ancien, mais qu'il emploie sans l'énoncer et sans faire la moindre remarque, ce qui nous autoriserait à croire que c'était une proposition bien connue, et dont l'usage était commun.

Maurice Bressius, ancien professeur de Mathématiques au collége de France, a donné, sous le titre de *Métrique astronomique*, un Traité de Trigonométrie grecque dans la forme sexagésimale. Il a tout simplifié en substituant les sinus aux cordes et en introduisant les tangentes et les sécantes, qui étaient alors une invention assez nouvelle. Il enseigne à calculer tous les cas des triangles rectilignes ou sphériques rectangles, soit par ses Tables, soit par celles de Ptolémée. Ses Tables de tangentes et de sécantes supposent, comme celles des sinus, le rayon divisé en $60^{p}\ 0'\ 0''$.

Ce Traité, qui m'était inconnu quand j'ai fait celui qu'on vient de lire, est incomplet à beaucoup d'égards. Il ne dit rien des méthodes grecques pour les triangles sphériques obliquangles. Dans les exemples qu'il calcule d'après la méthode de Ptolémée, et dont il ne donne aucun type, il n'indique pas la correspondante entre les règles anciennes et les formules modernes, il ne donne pas les moyens de remplacer les unes par les autres; il laisse aux calculs toute leur longueur et tous leurs embarras; ainsi quand j'aurais connu l'ouvrage de Bressius, il n'aurait pu m'être d'aucune utilité pour le mien. Nous avons envisagé notre sujet sous un point de vue tout à fait différent. L'ouvrage de Bressius est de 1581.

LIVRE QUATRIÈME.

ASTRONOMIE DES GRECS.

CHAPITRE PREMIER,

Ou Livre I de la Syntaxe mathématique.

L'ASTRONOMIE des Grecs est toute entière dans la Syntaxe mathématique de Ptolémée, et sans les détails dans lesquels nous sommes entrés sur l'Arithmétique et la Trigonométrie, il nous serait impossible de comprendre comment Ptolémée parvenait à exécuter des calculs si longs et si compliqués, et qu'il surcharge encore de développemens souvent très-inutiles. Il nous serait surtout impossible de vérifier les quantités subsidiaires par lesquelles il passe avant d'arriver à la quantité définitive qui était l'objet de ses recherches. Par les moyens que nous avons préparés, nous pourrons donner des travaux d'Hipparque et de Ptolémée une idée plus juste et plus nette que celle qui pourrait résulter de la lecture du texte grec ou d'une excellente traduction.

Il nous sera quelquefois difficile de distinguer ce qu'on doit à Ptolémée lui-même de ce qu'il peut avoir emprunté de ses prédécesseurs. Il est vrai qu'il paraît nous en fournir un moyen bien simple dans les dernières lignes de son *Avant-Propos*, où il dit qu'il ne fera que rapporter succinctement ce qui a été *bien fait* ou *bien connu* avant lui; mais qu'il traitera avec plus de soin et de développement, ce qui n'aura été *ni bien compris*, *ni assez bien traité*. Nous serions donc tentés de lui attribuer beaucoup de recherches qu'il donne avec tous leurs développemens; mais il avoue lui-même assez souvent qu'il n'a fait que confirmer ce qui avait été trouvé ou démontré déjà par Hipparque.

Ptolémée entre en matière en supposant à son lecteur quelques notions préliminaires, telles que celles qui sont présentées dans le Poëme d'Aratus, ou mieux encore, dans les *Elémens d'Astronomie* de Géminus. Il annonce qu'il va montrer quelle est la position de la Terre par rapport au ciel, quelle est celle du cercle oblique, quelles sont les parties habitées de la Terre; qu'il exposera les différences de climats; qu'il passera ensuite aux mouvemens du Soleil et de la Lune, sans lesquels on ne pourrait avoir une théorie juste des étoiles. Il passera ensuite à la théorie des cinq planètes, en s'appuyant partout sur les observations les plus sûres, auxquelles il appliquera les méthodes géométriques.

Les Anciens ont reconnu facilement que le ciel est de forme sphérique, et que ses mouvemens sont ceux d'une sphère. Il leur suffisait de voir que tous les astres sont portés d'orient en occident, suivant des cercles parallèles entr'eux; qu'après s'être élevés comme de Terre, ils descendent régulièrement comme ils ont monté; qu'ayant disparu pendant quelque tems, ils se remontrent de la même manière, se levant et se couchant aux mêmes points de l'horizon, et à des intervalles réglés.

Ils voyaient *clairement* que ces mouvemens ne pouvaient être que circulaires, puisque tous les astres les accomplissent autour d'un même pôle et à des distances plus ou moins grandes; que les uns, dans leurs révolutions, ne s'abaissent jamais jusqu'à l'horizon; que d'autres disparaissent peu de tems, d'autres un tems plus long et d'autant plus grand, que leur cercle est plus éloigné du pôle.

Ces premières notions, confirmées par une expérience constante, sont devenues des vérités incontestables. Si les mouvemens étaient rectilignes, comment les astres reviendraient-ils aux points où on les a déjà vus se lever? Comment redeviendraient-ils visibles après avoir disparu à cause de leur éloignement, et pourquoi seraient-ils *plus grands* à l'instant où ils vont disparaître? Comment a-t-on pu dire qu'ils s'enflamment à l'orient pour s'éteindre à l'occident, et comment seraient-ils au même instant enflammés pour un lieu de la Terre, et déjà éteints pour un lieu plus oriental? Ce qui s'observe dans les étoiles circompolaires ne suffit-il pas pour nous faire comprendre ce qui arrive à celles qui disparaissent pour quelques heures, d'autant plus que la même étoile qui se couche pour l'habitant d'un climat, est toujours visible à une latitude plus élevée?

Il n'y a que le mouvement sphérique qui puisse expliquer tous ces phénomènes, et entr'autres la constance des distances réciproques et des diamètres apparens; car si l'on observe à cet égard quelques variations dans la Lune et dans le Soleil, à l'horizon, *ce ne peut être qu'un effet des vapeurs de l'atmosphère.*

(Ces variations consistent en ce qu'à l'horizon les diamètres du Soleil, de la Lune, des planètes paraissent plus grands qu'au méridien, que les étoiles paraissent plus grosses, et que leurs distances réciproques paraissent augmentées. Il est aujourd'hui bien prouvé que ces augmentations prétendues ne sont que des illusions, mais on n'est pas parfaitement d'accord sur la cause qui peut les produire.)

La sphéricité des mouvemens est encore prouvée par la construction des cadrans solaires et la marche des ombres. *D'ailleurs les figures les plus propres au mouvement sont celles du cercle et de la sphère*, comme le cercle est la plus grande des surfaces, et la sphère le plus grand des solides.

(Cette métaphysique commence à être moins sûre que ce qui précède; ce qu'il ajoute ensuite sur la composition de l'air et la figure de ses parties qui nécessite un mouvement sphérique, nous paraît encore moins propre à opérer la conviction.)

La Terre est également sphérique, du moins sensiblement. Les astres ne se lèvent pas au même instant pour tous les peuples; mais plus tôt pour les orientaux et plus tard pour ceux qui sont à l'occident. La Lune ne s'éclipse pas pour tous les pays à la même heure ni à la même hauteur; la différence des heures est proportionnelle aux distances terrestres.

Si la Terre était creuse, les astres se leveraient plus tôt pour les peuples qui sont à l'occident; si elle était plane, ils se leveraient en même tems pour tous; si elle était un polyèdre, tous ceux qui habiteraient une même face auraient les mêmes phénomènes que sur la Terre plane; si elle était cylindrique, les phénomènes seraient en partie ceux de la sphère et en partie ceux de la figure plane, et l'on n'observe rien de semblable. Les hauteurs des étoiles changent à proportion qu'on avance vers le nord ou vers le sud; la Terre est donc circulaire en ce sens; les hauteurs des montagnes observées en mer prouvent également que la surface des mers est sphérique en tous sens, tous les phénomènes conduisent à la même conclusion.

La Terre est au centre du ciel; car si elle n'était pas au centre, elle serait ou hors de l'axe, mais à même distance des deux pôles, ou sur l'axe, mais à distances inégales de ces pôles, ou enfin tout à la fois hors de l'axe et à des distances inégales.

Dans le premier cas il n'y aurait pas d'équinoxe, ou les points équinoxiaux ne seraient pas à égale distance des deux points solsticiaux ; ce ne serait plus l'équateur, mais un de ses parallèles qui serait également coupé par l'horizon. La Terre serait plus voisine d'un côté du ciel que du côté opposé ; les astres y paraîtraient plus grands et leurs intervalles plus considérables. Dans le second cas, le plan de l'horizon couperait inégalement le ciel, et particulièrement l'écliptique. On ne verrait pas toujours six signes élevés, tandis que les autres sont abaissés ; les ombres du Soleil levant et du Soleil couchant ne formeraient pas une même ligne le jour de l'équinoxe.

Enfin, dans le troisième cas, on trouverait réunis les inconvéniens des deux premiers ; l'ordre des durées des jours et des nuits serait troublé, les éclipses n'arriveraient pas toujours dans les oppositions et les conjonctions, puisque la Terre n'occuperait pas toujours la ligne qui va du Soleil à la Lune.

Tous ces raisonnemens sont assez futiles, quoique géométriquement vrais en grande partie. Il faudrait que l'excentricité fût bien grande pour que ces effets devinssent bien sensibles. Ils ont lieu nécessairement pour tous les points de la surface de la Terre, dont aucun n'est à-la-fois dans l'axe et à égale distance des deux pôles célestes. Tous ces raisonnemens tombent d'eux-mêmes dans le système de Copernic qui fait circuler la Lune autour de la Terre, et la Terre autour du Soleil.

La Terre n'est qu'un point en comparaison du ciel ; en effet, de tous les points de la Terre on voit les astres de la même grandeur ; ils paraissent également éloignés les uns des autres, malgré la différence des climats. Partout le sommet des gnomons et les centres des armilles et des astrolabes peuvent se prendre sans erreur pour le centre de la Terre ; partout les plans qui passent par l'œil et qu'on appelle des horizons, coupent le ciel en deux hémisphères égaux. Tous ces raisonnemens sont fort bons et suffisent pour réfuter ceux de l'article précédent. Il suffit d'appliquer à l'excentricité de la Terre et au demi-diamètre de son orbite, ce qui est dit ici du rayon de la Terre.

La Terre n'a aucun mouvement de translation.

Ptolémée prétend le prouver par les argumens qu'il a donnés contre la position excentrique. Il s'appuie encore sur ce que la Terre est le centre des graves ; ce qui prouve, *selon lui*, qu'elle est le centre de l'univers. Il donne comme un fait universellement reconnu, que la direction des graves est toujours perpendiculaire à la surface ; il en conclut que si cette surface n'y mettait obstacle, tous les corps iraient se réunir au centre de la Terre. Ceux qui trouvent singulier que la Terre soit ainsi suspendue dans l'espace sans aucun support, n'en jugent que par ce qu'ils éprouvent eux-mêmes, et ne considèrent pas ce qui convient à *l'univers*. Il n'y a ni haut ni bas dans le monde, ni dans la sphère; s'abaisser, c'est se rapprocher du centre. La Terre est si considérable par rapport aux corps qui tombent à sa surface, qu'elle n'éprouve aucun mouvement dans les chocs qu'elle en reçoit. Si elle avait un mouvement propre, ce *mouvement serait proportionnel à sa masse, et laisserait en arrière les animaux et les corps qui sont portés en l'air; elle leur échapperait et sortirait du ciel.*

Ces idées sont si ridicules, ajoute Ptolémée, qu'on ne peut les discuter sérieusement; mais ce qu'il y a de vraiment ridicule, c'est d'affirmer, comme il fait, que le mouvement de la Terre serait plus rapide en raison de ce qu'elle est d'une masse plus considérable. Il en jugeait apparemment par la chute d'un morceau de plomb beaucoup plus rapide que celle d'un corps plus léger.

On a voulu, dit-il ensuite, que la Terre, immobile dans l'espace, tournât autour de son axe; à la vérité *cette supposition rend l'explication des phénomènes beaucoup plus simple;* mais elle lui paraît également ridicule, quand il considère ce qui concerne l'air et nous-mêmes; car en accordant, *ce qui est contre nature*, que les corps les plus légers, c'est-à-dire les corps célestes, n'eussent aucun mouvement, et qu'un corps aussi pesant et aussi compact que la Terre, pût avoir un mouvement si rapide et si égal, que tout ce qui n'est pas appuyé sur elle parût aller en sens contraire, il en résulterait au moins qu'aucun nuage, aucun oiseau, aucun projectile ne pourrait avancer vers l'orient, parce que la Terre les précéderait toujours par son excès de mouvement, ensorte que tout paraîtrait rester en arrière; quand on prétendrait que l'atmosphère, tenant à la Terre, est emportée avec elle d'un mouvement commun, on ne pourrait le dire de tout ce qui est contenu dans l'atmosphère, à moins qu'on ne prétende que tous ces objets divers font comme un seul corps avec la Terre et son atmosphère; mais dans ce cas il n'y aurait aucun mouvement de translation d'aucune espèce, ni en avant, ni en arrière, tout resterait dans la même position relative.

On a répondu depuis long-tems à ces pauvres argumens, et Ptolémée n'a aucun titre pour donner son nom à un système beaucoup plus ancien que lui, et qu'il n'a su étayer d'aucun argument tant soit peu plausible.

Il est excusable sans doute de n'avoir pas senti la faiblesse de ses raisonnemens, de ne s'être pas élevé au-dessus de tous les préjugés de son tems; mais on ne peut le disculper de ne les avoir pas un peu mieux discutés, et de n'avoir tenté aucune expérience pour s'assurer lui-même de la vérité des assertions qu'il répète avec tant de confiance.

On observe dans le ciel deux mouvemens principaux et différens. Par l'un tout le ciel est emporté d'orient en occident, d'un mouvement égal et uniforme, qui le fait tourner autour des pôles du grand cercle, qu'on appelle *équateur*. Ce cercle est ainsi nommé parce que seul, entre les parallèles, il est également partagé par l'horizon, ce qui produit l'égalité des jours et des nuits par toute la Terre, quand le Soleil paraît décrire ce grand cercle. Par le second, *les sphères* des astres ont, en sens contraire du premier mouvement, d'autres mouvemens autour d'autres pôles qui ne sont pas ceux du premier mouvement.

De ce passage on induirait que Ptolémée admettait réellement une grande sphère solide qui embrassait tout, et des sphères plus petites, mais également solides, qui tournaient dans la grande. Mais rien jusqu'ici n'autorise entièrement cette conséquence, dont on lui a fait un reproche; d'autres ont voulu le disculper. Nous pèserons dans l'occasion les termes dont il se servira, et nous tâcherons de décider ce point qui est encore douteux, parce que nulle part il n'a voulu s'expliquer clairement.

On est conduit à ces suppositions en voyant que par la révolution diurne tous les astres décrivent des parallèles qui ont les mêmes pôles que l'équateur, et que toutes les étoiles, d'après une expérience constante et des observations répétées, conservent toujours entr'elles les mêmes distances et *les mêmes distances au pôle de l'équateur* (il savait bien lui-même que ce dernier point n'était vrai qu'à peu près, et que les distances polaires pouvaient varier d'un quart de minute par an : la variation peut même être d'un tiers, mais il ne la croyait pas si grande); tandis que le Soleil, la Lune et les planètes ont des mouvemens particuliers et différens; mais qui ont cela de commun, que leur direction est de l'occident vers l'orient, en sens contraire du mouvement général. (Il fait ici abstraction des rétrogradations des planètes, comme il a négligé ci-dessus la précession.)

Si ces mouvemens particuliers se faisaient parallèlement à l'équateur, et toujours à même distance de ses pôles, on pourrait penser qu'il n'y a point de mouvemens propres, mais seulement quelques retards dans le Soleil et la Lune qui ne tourneraient pas aussi vite que les étoiles;

mais les distances aux pôles de l'équateur changent continuellement et inégalement, ensorte que ces mouvemens s'accomplissent dans des cercles obliques à l'équateur; mais ces cercles diffèrent peu les uns des autres, ensorte qu'on peut dire que le cercle oblique décrit par le Soleil est en quelque manière le cercle commun de toutes les planètes. Ce cercle est un grand cercle, puisqu'il est coupé en deux parties égales par l'équateur, et qu'il s'en écarte également au nord et au midi.

Concevons un grand cercle décrit par les pôles de l'équateur et de l'oblique, qu'il coupera tous deux à angles droits aux deux points solsticiaux; nous aurons ainsi quatre points marqués sur l'oblique, les deux points équinoxiaux marqués par ses deux intersections avec l'équateur, et les deux points solsticiaux déterminés par le cercle perpendiculaire (c'est-à-dire par le colure des solstices).

Le premier mouvement se fait autour des pôles de l'équateur; le colure tournant autour de ces pôles, entraîne avec lui les pôles de l'oblique; il entraîne le Soleil, la Lune et les planètes. (Ce passage paraît militer en faveur de la solidité des sphères.) Dans tous ces mouvemens, les pôles de l'écliptique restent toujours à la même distance des pôles de l'équateur, autour desquels ils circulent.

Toutes ces idées sont plus anciennes que Ptolémée; on les a vues dans Aratus qui les tenait d'Eudoxe. Ces premières notions paraissent appartenir à tous les peuples : elles ont pu se communiquer d'un peuple à ses voisins, mais elles ont pu naître en différens pays par la seule inspection des phénomènes.

Après ces préliminaires, Ptolémée, pour en venir à la formation d'une Table des déclinaisons du Soleil, expose sa théorie des cordes, ainsi qu'on l'a vue ci-dessus, chapitre II, page 36. Cette Table suppose nécessairement l'obliquité de l'écliptique. Pour observer cet angle, Ptolémée prescrit de se procurer un cercle de cuivre fait au tour et avec soin, et dont *la surface soit tétragonale*, c'est-à-dire *à quatre côtés*, nous dit Théon, ce qui n'est guère plus clair. Je suppose qu'il entend que *toutes les surfaces de ce cercle doivent former entr'elles des angles droits*. On *placera* ce cercle dans le méridien, ou, suivant l'expression de Ptolémée, il servira de méridien. *On le* divisera en ses 360°, et chacun de ces degrés en autant de parties *qu'il en contient* ou *qu'il peut en recevoir*. Remarquez qu'il ne dit pas en *soixantièmes*. La petitesse du rayon ne le permet pas. Au-dedans de ce cercle on *enchâssera* un autre cercle plus petit, ensorte que leurs *côtés* ou leurs arêtes soient dans un même plan. Ce mot *côtés* est assez singulier en parlant de deux cercles; il veut dire *leurs surfaces*. Sur deux divisions diamétralement opposées du petit cercle, *on placera* de petits prismes égaux tournés l'un vers l'autre et vers le centre du cercle. Ces petits prismes rempliront les vides entre les deux cercles, entre la surface concave du plus grand et la surface convexe du plus petit. Ce sont ces surfaces qui sont désignées par le mot *côtés*, si nous en croyons Théon, qui dit expressément les *côtés concave et convexe*. Sur le milieu de ces prismes on placera deux gnomons perpendiculaires au plan du méridien, qui iront affleurer le *côté* du cercle le plus grand, celui qui porte la division (Voyez fig. 16).

Pour chaque observation, *nous placerons* cet instrument en plein air sur sa petite colonne (ἐπὶ στυλίσκου συμμέτρου) et sur un plan bien horizontal, en observant qu'il soit exactement vertical et dans le plan du méridien. Pour cette vérification *on se sert* d'un fil à plomb suspendu au point le plus haut, et qui viendra battre sur le point opposé. Quant à la direction, on la trouvera par une méridienne exactement tracée sur le plan horizontal qui porte la colonne.

Cette position étant donnée à l'armille, en tournant le cercle intérieur jusqu'à ce que l'ombre de l'un des gnomons vienne tomber sur l'autre, *nous avons observé*, par la pointe des petits gnomons, à quelle distance du zénit répondait le centre du Soleil.

Remarquez que dans toute cette description, Ptolémée ne dit pas un mot des dimensions ni de l'inventeur de l'instrument. Il ne dit pas même que l'instrument existe à Alexandrie, comme il le dit ailleurs de l'armille équatoriale; il n'y a que le mot μεθοδεύεται, *on le pratique*, *on y parvient au moyen* qui paraît positif, et il ne signifierait encore rien s'il était seul. Les mots les plus importans sont ἐτηρούμεν, *nous avons observé*, διεσήμαινεν ἡμῖν, *nous a montré*. Ils indiquent en effet ou que l'instrument existe, ou que Ptolémée veut nous en imposer en nous donnant comme réelle une observation qu'il n'aurait jamais faite, ce qu'on ne doit pas supposer sans les raisons les plus fortes.

Outre ce moyen, Ptolémée en indique un autre qui lui paraît préférable et de meilleur usage, εὐχρηστότερον ἐποιούμεθα, qu'il a préparé lui-même et avec lequel il a observé. Au lieu de cercles, il suppose une *brique*, *plinthe*, πλινθίς, ou *planche* de pierre ou de bois; il ne dit pas de quelle matière était celle dont il s'est servi. Elle était carrée, bien aplanie par l'une de ses surfaces (τῶν πλευρῶν). D'un point placé vers l'un des angles et pris pour centre, *nous avons décrit* un quart de cercle et *tracé* les deux rayons qui comprennent l'angle droit. Nous avons divisé cet arc en 90°, et leurs parties (καὶ τὰ τούτων μέρη), et au centre nous avons placé un petit cylindre auquel pendait un fil à plomb qui venait battre contre un cylindre inférieur égal au premier, et fait au tour. Ce fil servait à rendre bien vertical l'instrument placé parallèlement à une méridienne tracée à terre. Nous assurions cette verticalité au moyen de cales convenables. L'instrument ainsi placé, *nous recevions à midi* l'ombre du cylindre central sur un corps qui glissait sur le limbe divisé. Le milieu de cette ombre *nous indiquait* la distance du Soleil au zénit. Ici tout ce qu'il dit est positif; il a construit et divisé l'instrument, il a observé, il est clair et précis; mais il oublie plusieurs choses essentielles.

Un instrument ainsi formé d'une planche ou d'une pierre, qui pouvait tenir debout, ne devait pas être de bien grandes dimensions; les divisions du degré ne pouvaient certainement pas aller aux dixièmes ou à 6 minutes; le milieu de l'ombre reçu sur une planchette, pinnule ou cylindre, ne pouvait indiquer la distance zénitale avec une grande précision. C'est beaucoup si de cette manière on pouvait obtenir les quarts ou cinquièmes de degré. Ptolémée ajoute que par un grand nombre d'observations faites avec cet instrument, et surtout aux solstices, il trouva toujours à divers intervalles, la distance des deux tropiques de plus de $47^{\circ}\frac{2}{3}$ et moins de $47\frac{3}{4}$, ce qui est presque la quantité trouvée par Eratosthène et adoptée par Hipparque, et qui, selon le premier, était de $\frac{11}{83}$ à très-peu près.

Sur ce passage on peut faire plusieurs questions. Pourquoi Ptolémée ne dit-il pas si son instrument était de bois, de pierre ou de cuivre; de quelle grandeur était le rayon, et en combien de parties le degré était divisé? Pourquoi ne rapporte-t-il aucune observation et se borne-t-il à nous donner la différence des deux distances? Pourquoi a-t-il trouvé la même obliquité qu'Eratosthène, malgré la diminution d'obliquité qui devait monter à $2'\frac{1}{4}$? Pourquoi ne nous dit-il pas quel était l'instrument d'Eratosthène, et si cet instrument subsistait encore à Alexandrie? Il paraît au moins qu'il n'en a fait aucun usage; il aura préféré son petit cercle de bois, ce qui ne prouverait pas beaucoup en faveur de l'instrument d'Eratosthène. Comment enfin a-t-il pu se tromper de 15′ sur la hauteur du pôle, qu'il a dû conclure en prenant un milieu entre les deux distances solsticiales; si ce n'est que son instrument était trop petit pour donner mieux qu'un quart ou un demi-degré, ou bien que ces observations dont il parle n'ont jamais été faites, et que son instrument n'a jamais existé? Cependant il en fait encore plus loin une mention unique avec toutes les mêmes réticences. Remarquons enfin, à l'appui de ce que nous avons dit à l'article *Eratosthène*, que Ptolémée ne donne lui-même le rapport $\frac{11}{83}$ que comme un à peu près.

C'est ici que Ptolémée donne les théorèmes qui sont les fondemens de la Trigonométrie. Nous les trouverons plus développés dans le Commentaire de Théon. Il les fait suivre par sa Table des déclinaisons des points du cercle oblique, que j'ai trouvée d'une grande exactitude, ainsi que ses Tables des cordes.

Le dernier chapitre du premier Livre a pour objet le calcul des ascensions droites des points du cercle oblique; ces ascensions droites servent à trouver avec quel point de l'équateur chaque degré de l'oblique passe au méridien d'un lieu quelconque, à un cercle horaire quelconque, et enfin à l'horizon de la sphère droite, lequel est en même tems le cercle de 6^h. Connaissant les ascensions droites de chaque point, on est en état de déterminer le tems qu'un arc donné de l'écliptique emploie à traverser le méridien. La Table calculée pour le premier quart, sert également pour les trois autres, ainsi que le prouve la méthode qui sert à les calculer, ou mieux encore la formule moderne

$$\text{tang}\ \text{Æ} = \cos \omega\ \text{tang longitude.}$$

Bien des peuples paraissent avoir connu le cercle que nous appelons *écliptique*, et son obliquité dont ils n'avaient pas la quantité bien précise, et qu'ils supposaient de $24°$ environ. Mais aucun autre peuple que les Grecs ne nous a laissé la preuve écrite qu'il eût, il y a 2000 ans, des moyens sûrs pour calculer les déclinaisons ni les ascensions droites. Aucun n'a déterminé les minutes de l'obliquité. Mais Hipparque connaissait toute cette doctrine dont il est probablement l'inventeur. Il savait exécuter des calculs bien plus longs et bien plus difficiles; nous en avons vu la preuve dans ses Commentaires sur Aratus.

CHAPITRE II,

Ou Livre II de la Syntaxe mathématique.

Ptolémée, dans son second Livre, parle de la partie habitée de la Terre dans l'hémisphère nord. Il divise la Terre en quatre parties par l'équateur et un méridien. La partie de la Terre habitée est comprise dans l'un des deux quarts qui fait partie de l'hémisphère nord. En effet partout, à midi, les ombres se projettent vers le nord, et quant à la différence de longitude ou le chemin de l'est à l'ouest, elle n'est jamais de plus de 12 heures équinoxiales, c'est-à-dire, qu'elle ne passe pas 180°. Il est à regretter qu'il n'ait pas rapporté les preuves de cette assertion qui ne pouvait être fondée que sur des éclipses de Lune tout au plus; mais ces éclipses seraient encore aujourd'hui fort intéressantes.

Il divise cette moitié d'hémisphère en différentes portions, selon les hauteurs du pôle, et les rapports du gnomon aux ombres équinoxiales ou solsticiales, enfin selon la durée inégale des jours.

Pour exemple de ces calculs, il choisit le parallèle de Rhodes, sans nous dire pourquoi il n'a pas choisi de préférence le parallèle d'Alexandrie. Théon nous en donne deux raisons. La hauteur du pôle à Rhodes était de 36°, nombre rond, au lieu qu'à Alexandrie il la croyait de 30° 58'. En outre Hipparque avait fait à Rhodes un grand nombre d'observations; il s'ensuivrait qu'Hipparque n'en aurait fait que très-peu ou point du tout à Alexandrie. J'en soupçonne une troisième raison, qui pourrait bien être la véritable; il aura pris ses exemples tout calculés dans Hipparque, qui ayant observé à Rhodes, a dû nécessairement faire ses calculs pour le lieu qu'il habitait.

Ptolémée cherche d'abord l'amplitude du point orient de l'écliptique; il suppose connue la durée du jour. Soit cette durée celle du jour le plus long ou le plus court. Par exemple, à Rhodes, la demi-durée du plus long jour était de $6^h + 1^h\frac{1}{4}$; l'angle semi-diurne était de $90° \pm 18° 45'$. Dans le triangle CPO, rectangle en O (fig. 17), nous aurons l'angle semi-nocturne CPO et la distance polaire $PC = 90° - 23° 51' 20''$.

Nous aurons donc

$$\sin CO = \sin P \sin PC.$$

C'est la première formule, celle qui se rencontre le plus fréquemment et qui est la plus facile à calculer. Ptolémée emploie ici le théorème général tout brut, ce qu'il fait en toute occasion, se réservant à faire chaque fois les modifications fournies par les données, au lieu de disposer d'avance le théorème pour les triangles rectangles, ce qui était d'autant plus naturel, que dans le fait on n'en calculait pas d'autre. Le premier inventeur a pu ne pas prendre ce soin; mais Ptolémée venant plus de 260 ans après Hipparque, aurait dû faire une fois pour toutes cette réduction si facile et si utile, qui lui eût épargné bien des longueurs. Nous aurions donc ici

$$\cos \text{amplitude} = \cos 18^\circ 45' \cos 23^\circ 51' 20'' = \cos 29^\circ 56' 37''.$$

Ptolémée trouve, par ses longues méthodes, 30° 0' 0", ce qui est suffisamment exact. Telle est la valeur de CE ou de EL aux solstices, pour le parallèle de 36°. Mais ce parallèle était-il bien réellement celui de Rhodes? Je n'en connais point d'observation moderne. Cette île ne se trouve ni dans la Table géographique de la Connaissance des Tems, ni dans celle de M. Mendoza. La géographie ancienne de l'Encyclopédie méthodique la place entre 36 et 36° 30' de latitude. Le milieu serait 36° 15', ensorte que nous aurions pour la latitude d'Hipparque la même incertitude que pour celle de Ptolémée. C'est une chose incroyable que la négligence avec laquelle Ptolémée a traité ce point fondamental de toute astronomie, et qui a dû vicier sensiblement toutes les déclinaisons et toutes les latitudes des étoiles.

Dans les mêmes suppositions, Ptolémée cherche la hauteur du pôle. Nous ferions

$$\tang PO = \cos P \tang PC,$$

formule dont l'équivalente était trop incommode pour les Grecs. Nous pourrions faire

$$\cos PO = \frac{\cos PC}{\cos OC},$$

formule beaucoup plus commode pour eux que la précédente, et dont ils avaient encore l'équivalente. Nous ferions enfin

$$\sin PO = \tang CO \cot OPC;$$

c'est celle que Ptolémée emploie. Elle lui fait trouver 36° 0′ 30″ environ. L'erreur est peu considérable, car nous trouverions 36° 0′ 48″; mais le calcul des Grecs était moins simple de toute manière.

Pour le problème inverse nous ferions

$\cos P = \tan g\, PO \cot PC = \tan g\, H \cos \Delta = \tan g\, H \tan g\, D = \sin EPC$;

cette formule est identique à celle de Ptolémée, qui trouve EPC=18° 45′ à peu près. Nous trouverions 18° 44′ 26″. Remarquons en passant que cette formule donne la différence ascensionnelle dont il sera question plus tard, et qu'Hipparque savait aussi calculer.

Enfin pour EC les Grecs faisaient l'équivalent de

$$\sin EC = \cos CO = \frac{\cos PC}{\cos PO} = \frac{\cos \Delta}{\cos H} = \frac{\sin D}{\cos H}.$$

Nous trouverions 29° 58′ 20″; nous avons trouvé ci-dessus 29° 59′ 57″, mais c'était en partant du plus long jour; ici nous supposons la latitude connue, et les deux données ne s'accordent pas parfaitement.

En place du point solsticial, si l'on en prenait un autre, on commencerait par en calculer la déclinaison et l'ascension droite; on se servirait des mêmes formules; il n'y aurait que les données qui seraient différentes. Il suit de ces formules que les points qui sont à égale distance du tropique, ayant même déclinaison, auront même durée du jour et même amplitude; que les points qui sont à égale distance d'un équinoxe, ont des amplitudes égales, mais de signe contraire; le jour de l'un est égal à la nuit de l'autre, et réciproquement.

Tout cela est fort simple et fort clair. Nous avons une Trigonométrie plus expéditive, nous la devons à nos logarithmes, à notre rayon que nous prenons pour unité, au calcul décimal; enfin à la multitude de nos formules. Les Grecs n'avaient que des théorèmes généraux, ils en tiraient péniblement toutes leurs solutions particulières. Nous avons aussi des théorèmes généraux; mais nous en avons déduit des théorèmes particuliers pour tous les cas qui admettent des simplifications, et le calcul numérique est réduit à ses moindres termes. Les Anciens auraient pu faire une partie de ce que nous avons fait, et l'on peut être surpris qu'ils ne s'en soient jamais avisés.

Le chapitre IV de ce Livre a pour objet la recherche des lieux qui peuvent avoir le Soleil à leur zénit, κατα κορυφήν. Il est évident que si la hauteur du pôle surpasse l'obliquité ou la plus grande déclinaison, jamais le Soleil n'arrive au zénit. Si la hauteur du pôle est égale à l'obliquité, le Soleil sera au zénit du point qui aura midi à l'instant du solstice. Il n'y aura donc qu'un lieu du parallèle qui chaque année sera sans ombre à midi ; mais le changement de déclinaison est alors si peu de chose en un jour, qu'on peut étendre à tout le parallèle ce qui n'est rigoureusement vrai que pour un de ses points. Si la hauteur du pôle est moindre que l'obliquité, deux fois chaque année le parallèle aura l'un de ses points sans ombre à midi. A l'équateur où la hauteur du pôle est nulle, il y a à chaque équinoxe un point qui est sans ombre à midi.

Nous n'avons fait en tout ceci aucune attention au diamètre du Soleil, qui est de 31′ environ ; le mouvement du Soleil n'est pas de 24′ par jour à l'équinoxe ; ainsi il est vrai de dire qu'à chacun des deux équinoxes, tous les points de l'équateur ont à midi un point du disque solaire à leur zénit, et cela est également vrai de tous les parallèles par lesquels le Soleil passe successivement.

La latitude étant donnée, on trouvera dans la Table des déclinaisons à quel degré de longitude répond la déclinaison égale à la latitude, et l'on saura le jour où le Soleil doit être au zénit ; la déclinaison étant donnée, on aura le parallèle qui aura le Soleil au zénit ; enfin l'instant étant donné, on aura le lieu dont la latitude égale la déclinaison et qui compte midi.

Tout cela se fait encore aujourd'hui de la même manière.

Dans le chapitre V, Ptolémée parle du rapport des ombres au gnomon, le gnomon étant pris pour rayon ; les Arabes trouvèrent depuis que les ombres étaient les tangentes des distances au zénit.

D'après cette remarque, nous aurions

$$O = \text{tang}(H - D), \quad O' = \text{tang}(H - D'), \quad \frac{O'}{O} = \frac{\text{tang}(H - D')}{\text{tang}(H - D)}.$$

Soit $D' = -\omega$ et $D = +\omega$,

$$O' : O :: \text{tang}(H + \omega) : \text{tang}(H - \omega),$$

$$O' + O : O' - O :: \text{tang}(H + \omega) + \text{tang}(H - \omega) : \text{tang}(H + \omega) - \text{tang}(H - \omega)$$

$$:: \sin(H + \omega + H - \omega) : \sin(H + \omega - H + \omega)$$

$$:: \sin 2H : \sin 2\omega,$$

$$\text{et} \quad \sin 2H = \frac{(O' + O) \sin 2\omega}{(O' - O)};$$

ou bien en nommant O'' l'ombre équinoxiale quand $D = 0$,

$$O' + O'' : O' - O'' :: \text{tang}(H + \omega) + \text{tang}\,H : \text{tang}(H + \omega) - \text{tang}\,H$$
$$:: \sin(2H + \omega) : \sin\omega,$$
$$\text{et} \quad \sin(2H + \omega) = \frac{(O' + O'')\sin\omega}{(O' - O'')};$$
$$O'' + O : O'' - O :: \text{tang}\,H + \text{tang}(H - \omega) : \text{tang}\,H - \text{tang}(H - \omega)$$
$$:: \sin(2H - \omega) : \sin\omega,$$
$$\text{et} \quad \sin(2H - \omega) = \frac{(O'' + O)\sin\omega}{(O'' - O)}.$$

Ces formules sont d'une grande simplicité; les préceptes des Grecs seront nécessairement beaucoup plus compliqués. Suivons Ptolémée.

Soit EG le gnomon (fig. 18), GK l'ombre d'été, GZ celle de l'équinoxe, GN celle d'hiver.

$$GD = \text{hauteur du pôle} = H, \quad DT = DM = \omega,$$
$$H = 36^\circ$$
$$\omega = 23.51'\,20''$$

$$KEG = GT = 12.\ 8.40$$
$$NEG = GM = 59.51.20$$
$$ZEG = GD = 36.\ 0.\ 0$$

Nous vérifierons tous les nombres de Ptolémée en faisant, comme lui, successivement EK, EZ, EN égal à $120'$,

	Ptolémée.
corde 2KEG = 120′ sin KEG = 25′ 14′ 43″ = GK...	25′ 14′ 33″
corde(180° — 2KEG) = 120′ cos KEG = 117.18.52 = GE...	117.18.51
corde 2ZEG = 120′ sin ZEG = 70.32. 3 = GZ...	70.32. 4
corde(180° — 2ZEG) = 120′ cos ZEG = 97. 4.55 = GE′..	97. 4.56
corde 2NEG = 120′ sin NEG = 103.46.17 = GN...	103.46.16
corde(180° — 2NEG) = 120′ cos NEG = 60.15.43 = GE″..	60.15.42

Ensuite

	Ptolémée.
GE : GK :: 60′ : 12′ 54″ 42‴...	12′ 55″
GE′ : GZ :: 60′ : 43.55.30....	44.36
GE″ : GN :: 60′ : 103.19.12....	103.20 presque.

Mais nous aurions plus tôt fait en disant

$$GK = 60'\,\text{tang}\,KEG = 12'\,54''\,42'''$$
$$GZ = 60'\,\text{tang}\,ZEG = 43.35.30$$
$$GN = 60'\,\text{tang}\,NEG = 103.19.12.$$

Nous avons donné dans notre Arithmétique grecque les moyens de faire l'opération comme la pratiquait Ptolémée ; si l'on songe à la longueur des calculs, on admirera qu'il ait approché de si près de ce que nous trouvons par nos formules. Continuons de le suivre.

Deux de ces rapports étant donnés, on en déduit la hauteur du pôle et l'obliquité ; car connaissant deux quelconques des trois angles GEK, GEZ, GEN, on en conclut facilement le troisième, *puisqu'ils sont en progression arithmétique* : au lieu de ces mots, Ptolémée dit simplement *puisque les arcs* DM *et* DT *sont égaux*.

On a facilement les angles si on a les rapports; car

$$\overline{EK}^2 = \overline{EG}^2 + \overline{GK}^2,$$

après quoi

$$\frac{GK}{EK} = \frac{\text{corde } 2GEK}{\text{corde } 180^\circ}.$$

Quant aux observations elles-mêmes, Ptolémée avertit que celles des angles se feront exactement par les moyens qu'il a indiqués, c'est-à-dire, par l'armille solsticiale ou par son quart de cercle; mais il ajoute que celles des ombres sont un peu incertaines, parce que le tems de l'équinoxe n'est pas déterminé; c'est-à-dire, sans doute, qu'il n'arrive pas exactement à midi, et que l'ombre méridienne n'est pas tout-à-fait l'ombre équinoxiale, et parce qu'au solstice le terme de l'ombre n'est pas bien distinct. Il est très-singulier qu'il n'ait pas donné la cause de ce peu de distinction qui est la pénombre occasionnée par le diamètre du Soleil; qu'il n'ait pas averti qu'on ne pouvait guère observer que l'ombre du bord supérieur, et qu'ainsi la hauteur du pôle que l'on conclut sera trop faible du demi-diametre du Soleil, c'est-à-dire environ d'un quart de degré. Il est singulier qu'il n'ait pas fait remarquer l'avantage des armilles et du quart de cercle qui donnaient la distance du centre, ainsi qu'il l'a dit expressément ci-dessus. Il est bien à regretter enfin qu'il ne nous ait pas fait connaître l'instrument avec lequel Eratosthène avait déterminé son obliquité, adoptée par Hipparque et par lui-même.

Chapitre VI, *des Climats*. L'équateur est la limite australe du quart habité de la Terre. C'est le seul cercle qui ait en tout tems les nuits égales aux jours, parce que tous les parallèles y sont également coupés par l'horizon; ce qui n'a lieu dans aucune position inclinée de la sphère : car s'il y a inclinaison, l'équateur seul est également divisé par l'horizon, tous les parallèles sont divisés en parties inégales.

L'équateur est amphiscien, le Soleil passe deux fois au zénit à midi; c'est ce qui arrive aux deux équinoxes : alors les gnomons sont sans ombres. Si le Soleil est dans les signes septentrionaux, l'ombre se dirige vers le sud; elle se dirige vers le nord s'il est dans les signes méridionaux : et le gnomon étant de 60 parties, les ombres y seront de 26′ $\frac{1}{4}$ à peu près; nous dirions qu'elles sont GE tang ω.

A l'équateur tous les astres se lèvent et se couchent; les pôles sont dans l'horizon; aucun cercle horaire n'y est *colure; caudâ truncatus*, κόλουρος, pris adjectivement.

Il est possible que l'équateur soit habité. Le mouvement en déclinaison étant le plus rapide vers les équinoxes, le Soleil ne reste pas long-tems dans les points qui passent près du zénit; l'été doit y être tempéré : et comme le Soleil ne s'éloigne pas beaucoup du zénit, l'hiver n'y doit pas être bien rigoureux; mais quels en sont les habitans? on n'en peut parler que par conjecture, car personne de nos climats n'a visité cette partie du globe.

Ptolémée passe ensuite en revue les différens climats. D'abord de quart d'heure en quart d'heure, en donnant pour chacun le plus long jour, la latitude ou la distance à l'équateur, le lieu le plus remarquable du parallèle, la direction des ombres, le tems que dure cette direction, la longueur de ces ombres aux deux solstices et à l'équinoxe.

De 18 à 20 heures, il ne procède plus que par demi-heures; de 20 à 24 heures, il va d'heure en heure. Le climat de 24 heures est le premier des Périsciens. L'un des tropiques est visible tout entier, et l'autre tout-à-fait invisible; car tous deux sont tangens à l'horizon, l'un dessus et l'autre dessous; et l'écliptique se confond avec l'horizon quand le point équinoxial se lève, parce qu'alors le pôle de l'écliptique est au zénit.

Ptolémée passe ensuite aux climats de mois, comme objet de simple curiosité. Son calcul est grossier. Prenez $D = 90° - H$; avec D cherchez la longitude ☉; $(180° - 2☉)$ sera l'arc de l'oblique que le Soleil parcourra pendant la durée d'un jour qui vaudra autant de fois 24 heures que l'arc aura de degrés; ou bien voulez-vous prendre pour donnée le nombre n des jours de 24 heures? faites $☉ = 90° - \frac{1}{2}n$; cherchez la déclinaison D qui correspond à ce nombre de degrés, vous aurez $H = 90° - D$.

A 90° de latitude, l'ombre tournera autour du gnomon pendant la moitié de l'année, ou d'un équinoxe à l'autre; le pôle sera au zénit et l'équateur à l'horizon. Tout cela était connu long-tems avant Ptolémée, et je croirais assez que de tout ce que nous avons vu jusqu'ici, il n'y a guère que l'idée de son quart de cercle qui lui appartienne. Il me paraît douteux qu'il l'ait exécutée lui-même; mais les astronomes du moyen âge en ont profité.

Chapitre VII. *Coascensions de l'oblique et de l'équateur dans la sphère inclinée.*

Ptolémée cherche dans ce chapitre quels sont les arcs de l'équateur qui traversent l'horizon dans le même tems que les arcs donnés de l'oblique, ou, ce qui revient au même, quel tems un arc donné de l'oblique emploie à traverser l'horizon d'un lieu donné. Il avertit qu'il donnera les noms de Bélier, de Taureau, etc. aux signes ou dodécatémories du zodiaque et non aux constellations elles-mêmes.

Il démontre d'abord assez longuement deux théorèmes assez inutiles, et dont on peut donner aujourd'hui une démonstration beaucoup plus simple.

Si deux points de l'écliptique sont également éloignés du même équinoxe, les arcs commençant à cet équinoxe et terminés à ces points, emploieront le même tems à se lever.

Soit ♈A l'un de ces arcs (fig. 19); il passera dans le même tems que l'arc ♈E de l'équateur. Cet arc ♈E se nomme l'ascension oblique de l'arc ♈A; abaissez l'arc perpendiculaire AB, ce sera la déclinaison du point A, ♈B sera son ascension droite, EB sera la différence de l'ascension droite à l'ascension oblique, ou la différence ascensionnelle.

Soit ♈A′ l'autre arc commençant au même équinoxe, mais dans la partie australe et finissant au point A′ (fig. 20), ensorte que ♈A′ = ♈A; à cause de l'angle ♈ égal de part et d'autre, on aura

$$♈B' = ♈B, \quad B'A' = BA;$$

les triangles ♈AB, ♈A′B′ seront parfaitement égaux. Nous avons prouvé ci-dessus que les amplitudes AE et A′E′ sont égales; l'angle AEB = A′E′B′ = hauteur de l'équateur. Les triangles AEB, A′E′B′ seront de même parfaitement égaux. Ainsi,

$$A'E' = AE, \quad B'E' = BE;$$

donc

$$♈B' - B'E' = ♈B - BE \quad \text{ou} \quad ♈E' = ♈E;$$

donc les tems sont égaux. En effet les formules qui serviront à calculer

AB et A'B', ♈B et ♈B', AE et A'E', BE et BE' ne pourront jamais donner que des résultats identiques, puisque toutes les données sont identiques. Ainsi les formules rendent ce premier théorème inutile ; il en sera de même du second.

Si deux arcs ont pour origine commune le même tropique, et qu'ils s'étendent également l'un en avant l'autre en arrière, ils se lèvent en des tems dont la somme est égale à celles de leurs ascensions droites. Soient les deux arcs $(90° - \alpha)$ et $(90° + \alpha)$, l'ascension du premier Æ se trouvera en faisant

$$\tang Æ = \cos \omega \tang (90° - \alpha) ;$$

on aura aussi

$$\tang Æ' = \cos \omega \tang (90° + \alpha) ; \quad \text{donc} \quad Æ + Æ' = 180°.$$

Les déclinaisons de ces arcs seront les mêmes, les amplitudes seront les mêmes, les différences ascensionnelles seront les mêmes ; elles se retrancheront toutes deux des ascensions droites ; $dÆ = dÆ'$. Les ascensions obliques seront $Æ' - dÆ'$ et $Æ - dÆ$;

$$Æ' - dÆ' = 180° - Æ - dÆ ;$$

donc

$$Æ' - dÆ' + Æ - dÆ = 180° - Æ - dÆ + Æ - dÆ = 180° - 2dÆ.$$

Mais si l'on compte les ascensions droites de l'équinoxe le plus voisin, on aura

$$Æ' = Æ \quad \text{et} \quad dÆ' = -dÆ ,$$

$$Æ + dÆ + Æ' + dÆ' = Æ + dÆ + Æ' - dÆ = Æ + Æ' = 2Æ.$$

Tout cela pour prouver qu'il suffit de calculer les ascensions par un quart de l'équateur, ce que le calcul aurait fait voir tout naturellement sans ces deux théorèmes, dont la démonstration chez Ptolémée n'offre d'ailleurs rien de remarquable. Mais pour faciliter ces calculs, il donne un moyen qu'il est bon de connaître et qu'on peut simplifier encore.

Soit OR l'horizon (fig. 21), P le pôle, QE l'équateur, H le point de l'horizon où se lève le point solsticial, ou EH l'amplitude au jour du solstice, EK l'amplitude à un autre jour, TH et KL seront les deux déclinaisons, et $TH = \omega$; ET et EL les deux différences ascensionnelles ; nous aurions

$$\tang HT = \tang E . \sin ET, \quad \tang LK = \tang E \sin EL,$$
$$\tang HT : \tang LK :: \sin ET : \sin EL = \sin ET \tang LK \cot HT$$
$$= \sin ET \tang D \cot \omega = \sin ET \cot \omega \tang D.$$

Ainsi pour avoir une différence ascensionnelle quelconque EL, il suffit de multiplier le sinus de la plus grande ET par $\cot \omega \tang D$, D étant la déclinaison du point dont on cherche la différence ascensionnelle. Or

$$\sin ET = \tang H \tang \omega ;$$

donc

$$\sin EL = \tang H \tang \omega \cot \omega \tang D = \tang H \tang D.$$

C'est l'expression ancienne et moderne de la différence ascensionnelle. Mais pour un point quelconque de l'écliptique,

$$\tang D = \tang \omega \sin Æ,$$

donc

$$\sin EL = \tang H \tang \omega \sin Æ = \sin (dÆ \textit{ maximum}) \sin Æ.$$

Cette expression avait pour les Grecs un avantage particulier, la formule est du genre le plus simple, au lieu que

$$\frac{\text{corde } 2H}{\text{corde } (180^\circ - 2H)} \cdot \frac{\text{corde } 2D}{\text{corde } (180^\circ - 2D)} = \tang H \tang D$$

employait deux diviseurs de plus.

Par sa formule qui rendait ses deux théorèmes inutiles, Ptolémée calcule des Tables pour différens climats, et de dix en dix degrés de longitude sur l'écliptique. La première partie donne la différence ascensionnelle EL, la seconde l'ascension oblique (Æ—EL). Nous calculerions cette Table par les formules

$$\tang Æ = \cos \omega \tang L, \quad \sin D = \sin \omega \sin L \quad \text{et} \quad \sin dÆ = \tang H \tang D,$$

ou bien au lieu des deux dernières, nous mettrions

$$\sin dÆ = (\tang H \tang \omega) \sin Æ.$$

C'est ainsi que j'ai calculé la Table suivante pour le climat de Rhodes. Hauteur du pôle 36°.

L.	Ascens. droite.	Diff. ascens.	Asc. oblique.	Tems de 10°.
0°	0° 0′ 0″	− 0° 0′ 0″	0° 0′ 0″	
10	9. 9.55	2.56. 0	6.13.55	6° 15′ 55″
20	18.24.49	5.49.30	12.35.19	6.21.24
30	27.50. 7	8.38.53	19.11.14	6.35.55
40	37.30. 5	11.16.46	26.13.19	7. 2. 5
50	47.27.51	13.41.40	33.46.11	7.32.52
60	57.45.50	15.45.47	41.58. 3	8.11.52
70	68.17.56	17.22. 6	50.55.50	8.57.47
80	79. 5.15	18.23.22	60.41.53	9.46. 3
90	90. 0. 0	18.44.27	71.15.33	10.33.40
100	100.54.45	18.23.22	82.31.23	11.15.50
110	111.42. 4	17.22. 6	94.19.58	11.48.35
120	122.16.10	15.45.47	106.30.23	12.10.25
130	132.32. 9	13.41.40	118.50.29	12.20. 6
140	142.29.55	11.16.46	131.13. 9	12.22.40
150	152. 9.53	8.38.53	143.31. 0	12.17.51
160	161.35.11	5.49.30	155.45.41	12.14.41
170	170.50. 5	− 2.56. 0	167.54. 5	12. 8.24
180	180. 0. 0	0. 0. 0	180. 0. 0	12. 5.55
190	189. 9.55	+ 2.56. 0	192. 5.55	12. 5.55
200	198.24.49	5.49.30	204.14.19	12. 8.24
210	207.50. 7	8.38.53	216.29. 0	12.14.41
220	217.30. 5	11.16.46	228.46.51	12.17.51
230	227.27.51	13.41.40	241. 9.31	12.22.40
240	237.45.50	15.45.47	253.29.37	12.20. 6
250	248.17.56	17.22. 6	265.40. 2	12.10.25
260	259. 5.15	18.23.22	277.28.37	11.48.35
270	270. 0. 0	18.44.27	288.44.27	11.15.50
280	280.54.45	18.23.22	299.18. 7	10.33.40
290	291.42. 4	17.22. 6	309. 4.10	9.46. 3
300	302.16.10	15.45.47	318. 1.57	8.57.47
310	312.32. 9	13.41.40	326.13.49	8.11.52
320	322.29.55	11.16.46	333.46.41	7.32.52
330	332. 9.53	8.38.53	340.48.46	7. 2. 5
340	341.35.11	5.49.30	347.24.41	6.35.55
350	350.50. 5	2.56. 0	353.46. 5	6.21.24
360	360. 0. 0	0. 0. 0	360. 0. 0	6.13.55

L'inspection seule de la dernière colonne fait voir la vérité du premier théorème de Ptolémée. A partir de l'un ou de l'autre équinoxe, les différences des ascensions obliques sont les mêmes.

Le second théorème n'est pas moins vrai; mais il est moins simple. Ainsi,

à 80°, l'ascension oblique est...	60.41.53
à 100°........................	82.31.23
Somme.......	143.13.16
Moitié........	71.36.38
dont le complément est dÆ...=	18.23.22
à 70°........................	50.55.50
à 110°........................	94.19.58
Somme.......	145.15.48
Moitié........	72.37.54
Compl. ou dÆ......=	17.22. 6

Ces théorèmes ne sont pas même d'un usage commode. La vraie manière de construire la Table est de calculer les ascensions droites pour les 90 premiers degrés, d'en prendre les complémens en ordre inverse pour le second quart, d'y ajouter 180° pour le troisième, et d'en prendre le supplément à 360° pour le quatrième ; ensuite on calcule dÆ pour le premier quart ; on le répète en ordre inverse pour le second. On répète dans le même ordre pour la seconde moitié, ce qu'on a eu pour la première ; on retranche de l'ascension droite la différence ascensionnelle dans la première moitié; on l'ajoute pour la seconde; ou bien la première moitié étant achevée, on en prend les supplémens à 360°, en rétrogradant pour la seconde ; ensorte que pour L et 360° — L, on aura

ascens. obl. = 360° — asc. obliq. ;

ou bien faites Æ — dÆ pour le premier quart ; 180° + (Æ + dÆ) pour le troisième; 360°—(Æ—dÆ) pour le quatrième, et 180°—(Æ+dÆ) pour le second.

La dernière colonne donne les tems ou les degrés de l'équateur pour toutes les dixaines successives de degré. Ainsi les dix premiers degrés montent avec 6° 13′ 55″ degrés de l'équateur; les dix suivans avec 6°21′24″, et ainsi des autres.

En comparant cette Table à celle de la Syntaxe, on voit que les erreurs de Ptolémée ne passent jamais 1 ou 2′. Si l'on compare ce procédé à celui d'Hypsiclès, dans son Anaphorique, on verra combien la méthode de ce géomètre était loin de cette précision. Tome I, page 246.

Nous pouvons ajouter à ce qu'a dit Ptolémée, qu'une de ces Tables étant construite, il suffit pour en construire une autre, de changer tang H dans le calcul de sin $d\text{Æ}$, et qu'ainsi, pour la latitude H', il suffirait d'ajouter au log sin. $d\text{Æ}$ ci-dessus, la constante log (tang H' cot H). Les Grecs auraient pu de même multiplier corde ($d\text{Æ}$) par une constante $\frac{\text{corde}\,(2H')\;\text{corde}\,(180^\circ - 2H)}{\text{corde}\,(180^\circ - 2H')\;\text{corde}\,(2H)}$.

On trouvera dans ce chapitre de Ptolémée, un grand nombre de calculs qu'on pourra faire dans tous leurs détails par nos méthodes. Il y détermine les ascensions obliques de 30 en 30° par la méthode générale. Il étend ensuite ses calculs aux arcs de 10° par la seconde méthode qui détermine EL par ET.

Remarquons enfin qu'Hipparque savait calculer les différences ascensionnelles, et qu'il a fait des calculs tout semblables à ceux de Ptolémée, à qui peut-être il les a fournis tout faits. Mais pour ne pas tout ôter à celui-ci, on peut lui laisser la dernière des deux méthodes, celle qui calcule EL par ET.

Dans le chapitre IX, Ptolémée passe aux conséquences qui se déduisent des ascensions droites et obliques. Il cherche d'abord la durée du jour par le point de l'oblique qui se lève avec le Soleil. Prenez l'ascension oblique de ce point, et celle du point opposé de l'oblique; la différence sera l'arc de l'équateur qui passera par l'horizon et par le méridien pendant la durée du jour. En effet c'était une connaissance acquise dès longtems, qu'en négligeant le mouvement propre du Soleil dans l'intervalle, le jour ayant commencé quand le Soleil était à l'horizon oriental avec un degré de l'oblique, le jour devait finir quand ce même point de l'oblique se trouvait à l'horizon occidental, et que le point opposé l'avait remplacé à l'horizon oriental; d'où il suit que l'arc qui avait passé par l'horizon était l'ascension oblique du point opposé au Soleil moins l'ascension oblique du point occupé par le Soleil, et cette différence convertie en tems était la durée du jour.

Par la même raison, pour avoir la durée de la nuit, il faut faire la soustraction en sens inverse, et retrancher de l'ascension occidentale du Soleil, celle du point opposé de l'oblique.

Le jour comme la nuit se divisait toujours en 12 heures égales qu'on appelait *temporaires*. Elles étaient toujours égales entr'elles; mais leur durée réelle changeait d'un jour à l'autre.

Soit, par exemple, ♈A la longitude du Soleil (fig. 22), ♈E l'ascension oblique, EB la différence ascensionnelle, et dans la (fig. 23), A' le point opposé qui sera austral, puisque le premier est boréal.

L'ascension oblique de A' sera

$$E' = Æ' + dÆ'.$$

Celle de A était..... $Æ - dÆ$.

La différence sera

$$Æ' - Æ + dÆ' + dÆ = 180° + Æ - Æ + dÆ + dÆ' = 180° + 2dÆ;$$

car les points opposés de l'écliptique ayant même déclinaison, au signe près, la différence ascensionnelle est aussi la même, au signe près. La durée du jour sera

$$12^h + \frac{2dÆ}{15};$$

et la durée de la nuit,

$$\left(12^h - \frac{2dÆ}{15}\right);$$

l'heure temporaire du jour sera

$$\frac{1}{12}\left(12^h + \frac{2dÆ}{15}\right) = 1^h \text{ équin.} + \frac{2dÆ}{12.15} = 1^h \text{ équin.} + \frac{dÆ}{90};$$

la durée de l'heure temporaire de la nuit,

$$1^h \text{ équinox.} - \frac{dÆ}{90}.$$

On en conclut

$$1^h \text{ équinoxiale} = 1^h \text{ tempor. du jour} - \frac{dÆ}{90},$$

$$1^h \text{ équinoxiale} = 1^h \text{ temp. de la nuit} + \frac{dÆ}{90},$$

et cela en tout tems, quand on a calculé

$$\sin dÆ = \text{tang H tang } \omega \sin Æ,$$

ce qui fait voir que $dÆ$ change de signe dans la seconde moitié de l'écliptique, que l'heure temporaire du jour y devient moindre, et celle de la nuit plus grande.

Ces formules serviront à transformer en heures équinoxiales, seules usitées en Astronomie, les heures temporaires qui étaient seules employées dans les usages civils, et qui ont servi souvent aux anciens astronomes à marquer le tems des phénomènes. Ils avaient apparemment fait ces observations en mesurant la quantité d'eau tombée d'une clepsydre, depuis le coucher du Soleil jusqu'à l'instant du phénomène, et en la comparant à ce qui en avait coulé pendant la nuit toute entière. Pendant le jour, ils auraient pu marquer le tems indiqué par un cadran solaire. Mais toutes ces observations sont de nuit ; elles ne devaient pas donner le tems avec une grande exactitude. Les passages des étoiles au méridien auraient donné le tems sidéral, d'où l'on eût facilement conclu le tems vrai, et l'on aurait eu plus facilement une plus grande précision. Nous verrons plus loin que Ptolémée réprouve l'usage des clepsydres par la raison que l'écoulement de l'eau est fort inégal.

Si le tems est donné en heures temporaires, nous en conclurons le nombre correspondant d'heures équinoxiales ; nous aurons ainsi l'arc de l'équateur qui aura passé à l'horizon depuis le lever du Soleil. Ajoutons cet arc à l'ascension oblique du Soleil, prise dans la Table du climat, nous aurons le point de l'équateur qui est à l'horizon ; avec ce point qui indique l'ascension oblique du point orient, nous aurons le point orient en cherchant dans la Table celui qui répond à l'ascension oblique.

Si l'heure donnée est de nuit, nous convertirons les heures de nuit en heures équinoxiales, par la seconde formule ; nous aurons l'arc de l'équateur qui aura passé par l'horizon depuis le commencement de la nuit ; ajoutons cet arc à l'ascension oblique du point opposé au Soleil, nous aurons le point de l'équateur qui se levait alors ; avec ce point la Table du climat nous donnera le point de l'oblique qui était alors à l'horizon oriental.

Voulons-nous le point qui est au méridien supérieur ? Convertissons en degrés les heures écoulées depuis le passage au méridien (après les avoir converties en équinoxiales et en degrés si elles sont temporaires) ; ajoutons l'arc ainsi trouvé à l'ascension droite du Soleil, nous aurons le point de l'équateur au méridien, et la Table des ascensions droites nous donnera le point culminant du cercle oblique.

Le point de l'écliptique qui est à l'horizon étant donné ou trouvé par ce qui précède, on en pourra conclure celui qui est au méridien. On cherchera l'ascension oblique de ce point, on en retranchera 90°, et l'on aura le point de l'équateur qui est au méridien, et par suite le point culminant de l'oblique.

Réciproquement le point culminant de l'oblique étant donné, on en conclura le point culminant de l'équateur, ou le milieu du ciel ; nous y ajouterons 90° pour avoir le point orient de l'équateur, c'est-à-dire l'ascension oblique du point orient de l'oblique, et la Table nous donnera ce point de l'oblique qui est à l'horizon.

Les lieux qui sont sous le même méridien comptent la même heure ; pour ceux qui sont en différens points d'un même parallèle, la différence de longitude est proportionnelle à l'arc du parallèle ou de l'équateur qui est compris entre les deux méridiens.

Nous ferions aujourd'hui les mêmes choses par nos Tables de nonagésime. Nous aurions de moins la conversion des heures temporaires en heures équinoxiales. Le lieu de l'écliptique à l'orient nous donnerait le nonagésime en retranchant 90° ; le nonagésime nous donnerait l'ascension droite du milieu du ciel et le point culminant.

Réciproquement l'ascension droite du milieu du ciel nous donnerait le nonagésime ; nous ajouterions 90° pour avoir le point orient ; nous les retrancherions pour avoir le point couchant. Les mêmes Tables nous donneraient l'angle de l'écliptique avec l'horizon.

Ptolémée passe ensuite aux angles que l'écliptique forme avec le cercle de déclinaison et avec le vertical. Il définit l'angle droit sphérique celui qu'on obtient lorsqu'ayant décrit du point d'intersection de deux grands cercles, comme pôle, et d'une distance quelconque un cercle grand ou petit, l'arc de ce cercle compris dans l'angle est de 90°. En général l'arc compris de ce cercle sera la mesure de l'angle au pôle. Il annonce que les angles qu'il va considérer sont utiles au calcul des parallaxes.

Autour d'un même point, l'intersection de deux cercles forme toujours quatre angles égaux, deux à deux, et dont la somme totale est de 360°. Il annonce qu'il considère toujours l'angle vers le pôle nord en suivant l'ordre des signes.

De tous ces angles les plus faciles à calculer sont ceux de l'écliptique avec le cercle horaire ou de déclinaison. Il commence par prouver, 1°. qu'à distance égale du point équinoxial, les angles de l'écliptique avec le cercle de déclinaison sont toujours égaux quand on les prend, comme il a dit, vers le nord et suivant l'ordre des signes. La formule

$$\cot A = \text{tang}\, \omega \cos \odot,$$

qui pour le point également éloigné de l'équinoxe devient

$$\cot A' = \text{tang}\, \omega \cos (360° - \odot),$$

donne en effet la même valeur aux angles A et A' ; 2°. qu'à distance égale du même tropique, ils forment une somme de 180°. Les formules

$$\cot A = \tang \omega \cos(90° - \odot) \quad \text{et} \quad \cot A' = \tang \omega \cos(90° + \odot)$$

prouvent de même son second théorème.

Nous avons déjà remarqué que les Grecs n'avaient pas de solution directe pour ce cas; mais ils pouvaient calculer

$$\cos A'' = \tang C' \cot C,$$

ou

$$\text{corde}(180° - 2A'') = \frac{\text{corde } 2D}{\text{corde}(180° - 2D)} \cdot \frac{\text{corde}(180° - 2\odot)}{\text{corde } 2\odot}.$$

Ils auraient pu se servir de l'ascension droite comme auxiliaire au lieu de la déclinaison, et faire

$$\text{corde } 2A'' = \frac{\text{corde } 2Æ}{\text{corde } 2\odot},$$

formule qui était plus simple. Ils s'étaient arrêtés à la première, quoique plus compliquée, apparemment parce qu'ils commençaient par la déclinaison avant d'arriver à l'ascension droite.

Par ce qui précède, nous avons ♈CB (fig. 24); dans le triangle EBC, nous avons BC, EB et E; il s'agit de trouver ECB, d'où nous conclurons

$$♈CE = ♈CB - ECB.$$

Nous avons appris ci-dessus la manière de calculer l'amplitude EC: nous pouvons faire

$$\sin EB = \sin EC \sin ECB \quad \text{ou} \quad \sin ECB = \frac{\sin EB}{\sin EC};$$

les Grecs auraient pu faire

$$\text{corde } 2ECB = \frac{\text{corde } 2EB}{\text{corde } 2EC};$$

nous pourrions faire

$$\tang ECB = \frac{\tang EB}{\sin BC} = \frac{\tang dÆ}{\sin D};$$

les Grecs en avaient l'équivalent [*Trigonom.*, form. (3), pag. 61].

Les problèmes précédens nous ont encore appris à trouver les points C et D de l'écliptique qui sont à l'horizon et au méridien. Nous connaissons donc l'hypoténuse CD et la hauteur HD du point culminant.

Nous aurons

$$\text{corde } 2ECD = \frac{\text{corde } 2HD}{\text{corde } 2CD}.$$

Nous avons vu ce calcul dans les Commentaires d'Hipparque sur Aratus. Hipparque avait donc toutes les connaissances nécessaires pour ce problème des angles de l'écliptique avec l'horizon ; nous avons la preuve qu'il les a calculés et qu'il a démontré géométriquement ses méthodes. Voyons celles de Ptolémée, qui pourraient bien aussi lui appartenir.

Ptolémée remarque d'abord que pour la sphère droite, les angles de l'écliptique avec l'horizon, sont les mêmes que les angles de l'écliptique avec le méridien. En effet le méridien, dans la sphère droite, est l'horizon d'un lieu éloigné de 90° en longitude.

Il prouve ensuite que pour deux points également éloignés du même équinoxe, les angles du cercle oblique avec l'horizon seront les mêmes. Notre formule

$$\begin{aligned} \cos \text{angle} &= \cos \omega \sin H - \sin \omega \cos H \sin M \\ &= \cos \omega \sin H - \sin \omega \cos H \sin (E - 90°), \end{aligned}$$

E étant le point orient de l'équateur : on aura

$$M = (E - 90°), \quad \cos \text{angle} = \cos \omega \sin H + \sin \omega \cos H \cos E\,;$$

que E devienne $-E = E'$, la formule ne changera pas ; donc les angles sont les mêmes. Ptolémée le prouve par l'égalité des triangles. Nous avons donné plus haut cette même démonstration par les triangles parfaitement égaux.

Pour les points diamétralement l'un à l'orient, l'autre à l'occident, les angles sont les mêmes. Et en effet l'horizon et l'écliptique forment alors deux fuseaux qui ont les angles au sommet égaux, puisqu'ils sont les angles des deux plans ; mais si l'on considère ces angles, tous deux ouverts vers le nord et suivant l'ordre des signes, ils seront supplément l'un de l'autre.

Les points également éloignés d'un même tropique auront des angles supplémens l'un de l'autre, l'un à l'est et l'autre à l'ouest. En effet on peut voir que cela doit être ainsi. Placez le tropique au méridien, les deux points en seront également éloignés, l'un à l'est et l'autre à l'ouest ; conduisez-les successivement, l'un à l'horizon oriental et l'autre à l'horizon occidental, vous donnerez à la sphère deux mouvemens égaux en sens contraire : la position de la sphère qui était symétrique auparavant, aura reçu des changemens égaux ; l'angle de l'écliptique avec les deux points, aura varié de la même manière des deux côtés ; les deux angles se retrouveront égaux. Ces angles étaient $(H' \pm \omega)$, ils deviendront $(H' \pm \omega + y)$, H' étant la hauteur de l'équateur. Cet aperçu deviendra une démonstration rigoureuse si nous considérons que dans le cas où le tropique est au méridien, on a

$$\cos \text{angle} = \cos \omega \sin H - \sin \omega \cos H \sin 90^\circ ;$$

si la distance au tropique sur l'équateur est a, la formule devient

$$\cos \text{angle} = \cos \omega \sin H - \sin \omega \cos H \sin (90^\circ - a)$$

et

$$\cos \omega \sin H - \sin \omega \cos H \sin (90^\circ + a),$$

ce qui est précisément la même chose : ainsi le théorème est sûr. Ptolémée le démontre encore par des triangles parfaitement égaux ; mais ses démonstrations sont pénibles et obscures.

Pour les points équinoxiaux, les angles sont $(90^\circ - H \pm \omega)$ ou $(H' \pm \omega)$, en mettant pour abréger H' en place de $90^\circ - H$.

La méthode de Ptolémée pour ces angles, est la suivante. Soit E (fig. 25) l'angle à calculer ; prolongez les côtés ED et EG jusqu'à 90°, et du pôle E décrivez le quart de cercle HT, vous aurez deux arcs EH et ZD qui se couperont en G dans l'angle T ; marquez les segmens des lettres A, A', A'', A''' ; B, B', B'', B''' pour ramener ces constructions aux théorèmes généraux. On demande E, ou sa valeur B, ou son complément A. On connait A'' et B'', A' et B' ; $(A'' + B'')$ et $(A' + B')$, le théorème a nous donne

$$\text{corde } 2B = \frac{\text{corde } 2B' \text{ corde } 2(A+B) \text{ corde } 2(A''+B'')}{\text{corde } 2A'' \text{ corde } (A'+B')},$$

$$\text{corde } 2E = \frac{\text{corde } 2B' \text{ corde } 180^\circ \text{ corde } 180^\circ}{\text{corde } 2A'' \text{ corde } 180^\circ} = \frac{\text{corde } 2B' \text{ corde } 180}{\text{corde } 2A''},$$

ou

$$\sin E = \frac{\sin B'}{\sin A''} = \frac{\sin GD}{\sin EG}.$$

Cette solution ne nous apprend rien, sinon que pour trouver un angle, les Grecs prolongeaient jusqu'à 90° les côtés qui le renferment, et qu'ils cherchaient l'arc de grand cercle qui était la mesure de l'angle.

Pour les angles entre le vertical et l'écliptique, il commence par prouver que si deux points de l'écliptique sont également éloignés du même tropique (ce qui rend leurs déclinaisons égales), et que ces deux points soient également éloignés du méridien, l'un à l'orient et l'autre à l'occident, les angles horaires seront égaux : ainsi les deux triangles seront parfaitement égaux, car l'angle horaire sera le même, la distance polaire du point de l'écliptique sera la même, la distance polaire du zénit sera aussi la même; donc la distance au zénit sera la même, les deux autres angles seront aussi respectivement égaux, et les angles entre le vertical et le cercle de déclinaison seront donc égaux; et si on les compte suivant l'ordre des signes, ils seront supplément l'un de l'autre.

Après ce théorème peu nécessaire, il détermine les distances zénitales et les angles.

Soit ABGD le méridien (fig. 26), BED l'horizon, ZEH l'écliptique, Z le point culminant. La distance zénitale AZ de ce point sera $(H - D) =$ haut. pôle — déclin. du point culminant. La distance zénitale AE du point de l'écliptique à l'horizon sera de 90°. L'angle $AEB = 90^\circ$. $AEZ = 90^\circ - BEZ =$ complément de l'angle du cercle oblique avec l'horizon. Alors il donne un exemple, toujours pour le parallèle de 36°; cet exemple est curieux. ABGD (fig. 27) est le méridien, BED l'horizon, ZHTN l'oblique; il fait

$$\frac{\text{corde } 2ZB}{\text{corde } 2BA} = \frac{\text{corde } 2ZT}{\text{corde } 2TH} \cdot \frac{\text{corde } 2HE}{\text{corde } 2EA},$$

ou

$$\text{corde } \frac{2B}{2(A+B)} = \frac{\text{corde } 2(A''+B'')}{\text{corde } 2A''} \cdot \frac{\text{corde } 2B'}{\text{corde } 2(A'+B')} \text{ (théorème 2)},$$

et dans ce cas particulier,

$$\frac{\text{corde } 2\,(\text{haut. point culmin.})}{\text{corde } 180^\circ} = \frac{\text{corde } 2\,(\text{point orient—point culm.})}{\text{corde } 2\,(\text{point orient—point donné})} \cdot \frac{\text{corde } 2 \text{ hauteur}}{\text{corde } 180^\circ},$$

ou

$$\text{corde } 2 \text{ hauteur} = \frac{\text{corde } 2\,(\text{haut. point culmin.})\ \text{corde } 2\,(\text{point orient—point donné})}{\text{corde } 2\,(\text{point orient — point culminant})},$$

ce qui revient à

$$\sin HE = \frac{\sin ZB \sin HT}{\sin ZT} = \sin HT \sin T.$$

Le point culminant suppose ou donne l'ascension droite du milieu du ciel; la hauteur du point culminant suppose la hauteur du pôle et la déclinaison du point culminant; le lieu donné du cercle oblique donne l'ascension droite de ce même point et sa déclinaison. Ainsi les données sont la déclinaison du point et son angle horaire, avec la hauteur du pôle, qui nous serviraient à résoudre ce problème plus directement et plus brièvement.

J'ai donné dans mon Astronomie (XVIII, 47 et 49) des formules analytiques pour les problèmes de ce chapitre. Voici comme Ptolémée résout celui de l'angle.

Du point H comme pôle, il décrit l'arc de grand cercle KLM, KL sera la mesure de l'angle, on a

$$\frac{\text{corde } 2HE}{\text{corde } 2EK} = \frac{\text{corde } 2HT}{\text{corde } 2TL} \cdot \frac{\text{corde } 2LM}{\text{corde } 2KM},$$

ou

$$\frac{\text{corde } 2A}{\text{corde } 2B} = \frac{\text{corde } 2A'}{\text{corde } 2B'} \cdot \frac{\text{corde } 2A''}{\text{corde } 2(A''+B'')};$$

c'est le troisième théorème général. Ici en particulier,

$$\frac{\text{corde 2 haut.}}{\text{corde}(180^\circ - \text{2 haut.})} = \frac{\text{corde 2 (point or. — point donné)}}{\text{corde}[180^\circ - 2(\text{p}^t\text{ or.} - \text{p}^t\text{ donné})]} \cdot \frac{\text{corde}(180^\circ - \text{2 ang. cherché})}{\text{corde } 180^\circ};$$

enfin,

$$\text{corde}(180^\circ - \text{2 ang. cherché}) = \frac{\text{corde 2 haut. corde } 180^\circ \text{ corde}[180^\circ - 2(\text{p}^t\text{ or.} - \text{p}^t\text{ donné})]}{\text{corde}(180^\circ - \text{2 haut.}) \text{ corde 2 (point orient} - \text{point donné)}},$$

$$\text{cos angle cherché} = \text{corde } 180^\circ \text{ tang haut. cot (point or. — point donné)}$$

ce qui revient à

$$\text{tang } HE = \cos H \text{ tang } HT.$$

Il résout donc enfin le triangle AZH, mais on voit par quel détour il arrive à cette solution.

C'est ainsi qu'il calcule ses Tables pour les différens climats. L'argument est l'angle horaire d'heure en heure; on trouve d'abord les distances zénitales en degrés et minutes; puis les angles de l'écliptique avec le vertical avant et après le passage au méridien. Ces Tables ne sont calculées que pour le commencement de chaque signe; elles ne pouvaient donner que bien peu de précision, et l'usage en devait être bien incommode.

J'ai calculé une de ces Tables dans mes Notes sur le Ptolémée de M. Halma. On pourrait les calculer par mes formules analytiques (XVIII, 47 et 49); mais elles supposent pour argument l'ascension droite du milieu du ciel au lieu de l'angle horaire. Ainsi pour l'usage de ces formules, il faudrait avec l'angle horaire, calculer cette ascension droite, ensuite il faudrait la déclinaison du point donné.

Ptolémée annonce ensuite une Table des longitudes et des latitudes des principales villes; elle est nécessaire pour l'usage des Tables de climats. Il a donné cette Table dans sa Géographie.

L'expression de Ptolémée est remarquable. Τὰς ἐποχὰς των καθ ἑκάστην ἐπαρχίαν ἐπισημασίας ἀξίων πολέων ἐπεσκέφθαι κατὰ μῆκος καὶ κατὰ πλάτος. Il promet donc, pour les villes les plus remarquables de chaque contrée, une Table où l'on trouvera leurs *époques* en *longitude* et en *latitude;* c'est-à-dire qu'il y marquera leurs positions, tant par leurs distances perpendiculaires à l'équateur, que par les points de l'équateur sur lesquels aboutissent ces perpendiculaires. Quelques personnes ont traduit le mot *époque* par *différence des méridiens*, et cette traduction pourrait se défendre, si Ptolémée ne parlait que de *longitude*, mais il y joint la *latitude;* ainsi le mot *époque* est pris ici dans son acception naturelle. Ptolémée dit l'*époque* d'une ville, comme il dit l'époque d'un astre, c'est-à-dire la position de la ville ou de l'astre, le lieu que l'astre et la ville occupent dans leurs sphères.

CHAPITRE III,

Ou Livre III de la Syntaxe mathématique.

Longueur de l'année.

Pour connaître les incertitudes et les difficultés de cette question, il faudrait, dit Ptolémée, lire les livres des Anciens, et surtout ceux d'Hipparque, auteur *aussi laborieux qu'ami de la vérité.* Il avait remarqué que le retour aux équinoxes et aux solstices se fait en moins de $365^j \frac{1}{4}$, et qu'il était un peu plus long par rapport aux étoiles ; d'où il tirait cette conséquence, que la sphère des étoiles doit avoir un mouvement très-lent, suivant l'ordre des signes, autour des pôles de l'écliptique et perpendiculairement au plan du grand cercle mené par les pôles de l'écliptique et de l'équateur, en sens contraire au mouvement diurne. Ces expressions de Ptolémée sont plus difficiles à entendre et plus vagues encore que celles qui terminent le chap. VII du premier Livre. Il est à-la-fois plus clair et plus concis au liv. VII, chap. II, où il dit que *ce mouvement se fait en sens contraire du premier mouvement*, c'est-à-dire *en avant du grand cercle décrit par les pôles de l'équateur et de l'oblique. En avant* signifie *selon l'ordre des signes.* Le mot grec est *ὶις τὰ ἑπόμενα τοῦ*, etc., c'est-à-dire *vers les parties qui passent plus tard au méridien.*

L'année, au reste, est le tems entre deux passages du Soleil par un même point de son cercle; par exemple, par le même équinoxe ou par le même solstice, puisque c'est le retour au même point qui ramène dans le même ordre les saisons, les longueurs des jours et des nuits, les lieux du lever et du coucher, et les hauteurs méridiennes.

Il serait moins naturel de la régler par le retour aux étoiles, puisque les étoiles elles-mêmes ont un mouvement en longitude ; cette raison n'est bonne que parce qu'elle est appuyée par les précédentes, et que le commencement de l'année, rapporté aux étoiles, arriverait successivement dans toutes les saisons.

Il serait beaucoup moins naturel encore de régler l'année sur le retour à une planète, comme Saturne. Ce qui inquiète Hipparque, c'est une espèce d'inégalité que les observations lui faisaient soupçonner dans le retour au même point du cercle oblique. Ptolémée entreprend de prouver par ses propres observations, que cette inquiétude n'a pas d'objet réel; il ne trouve d'inégalité que celle qui peut s'attribuer à l'imperfection des instrumens. Il tâche de le prouver par des citations d'un livre d'Hipparque. Ce père de l'astronomie avait composé un livre intitulé : *De la rétrogradation des points équinoxiaux et solsticiaux*. Ce titre paraît indiquer qu'il attribuait le mouvement à ces points, et non aux étoiles; mais l'argument n'est pas sans réplique, et rien d'ailleurs ne l'appuie. Ptolémée expose avec détail une doctrine contraire. Dans ce livre, Hipparque rapportait toutes les observations d'équinoxes et de solstices qui lui paraissaient les meilleures. Malgré quelques anomalies, il n'y trouvait aucune preuve suffisante d'une inégalité dans la longueur de l'année. Quant aux solstices en particulier, il n'était pas éloigné de croire qu'*Archimède* et lui avaient pu s'y tromper d'un quart de jour, tant dans l'observation que *dans le calcul*. Pour l'observation, ce n'est pas en dire assez. Un degré de distance au solstice ne change la déclinaison que de $13''64$, deux degrés la changeraient de $54''54$; en général $dD = 13''64\, n^2$, n étant le nombre de jours avant ou après le solstice. A la latitude de $36°$, qui est à peu près celle de Rhodes, car l'île paraît s'étendre de $36°\,3'$ à $36°\,33'$, la distance solsticiale était de $12°$ environ en été et de $60°$ en hiver. Or la longueur de l'ombre

$$O = G \operatorname{tang} N, \quad dO = \frac{GdN}{\cos^2 N} = \frac{GdN}{\cos^2 60} = \frac{GdN}{\frac{1}{4}} = 4GdN.$$

Ainsi pour $1'$ un gnomon d'un mètre ne produirait, dans la longueur de l'ombre, qu'un changement de $0^m001165$ en hiver, et $0^m000304$ en été, et cette variation est insensible, quand même on triplerait, on quadruplerait la hauteur du gnomon. Supposons qu'on ait observé l'ombre pendant plusieurs jours, et qu'on ait pris le milieu entre les deux instans où l'on aura pu s'assurer d'un petit changement, il en résulterait toujours une incertitude au moins d'un demi-jour sur l'instant précis du solstice. Supposons que des observations pareilles aient été faites à 150 ans de distance l'une de l'autre, il en résultera une incertitude d'un quart de jour au moins sur 300 ans, et d'un trois-centième sur une année, et c'est peut-être là ce que voulait dire Hipparque par ces mots *dans le calcul*, ἐν τῷ συλλογισμῷ.

Il accorde plus de confiance aux équinoxes observés à Alexandrie, au cercle de cuivre placé dans le portique carré. *Il paraît*, ajoute Hipparque,

que le jour de l'équinoxe y est indiqué par l'instant où la surface concave de ce cercle commence à être éclairée de l'autre côté (fig. 28).

En effet, soit aa' l'épaisseur de la partie antérieure et convexe du cercle, bb' l'épaisseur opposée et concave. Avant l'équinoxe du printems, le rayon SO rasant en a le cercle en dessous dans la partie antérieure, le rasait en dessus en b dans la partie concave, ensorte que l'épaisseur bb' était éclairée toute entière. Après l'équinoxe, le rayon $S'a'b'O'$ rase en dessus la partie convexe, en dessous la partie concave; bb' est encore éclairé tout entier, mais dans l'intervalle, le bord de l'ombre a été de b en b'. A l'instant où le centre du Soleil était en S″ sur la ligne $S''a''b''$, perpendiculaire au milieu de ad', l'ombre de a'' tombait en b'' sur le milieu de bb'; mais à cause du diamètre du Soleil, l'ombre de aa' ne couvre pas bb' tout entier, il reste vers b et b' deux filets de lumière égaux. Cette égalité indique le moment de l'équinoxe; avant elle n'existe pas encore, un instant après elle n'existe plus. Mais l'observation n'est possible que dans le cas où l'équinoxe arrive pendant le jour; s'il a lieu la nuit, on peut, par une observation du soir qui l'a précédé, et par celle du matin qui l'a suivi, conjecturer ou calculer à peu près l'instant de l'équinoxe, et dans ce cas il ne serait pas possible de se tromper de six heures; mais il faudrait pour cela que l'armille fût élevée exactement à la hauteur de l'équateur, égale au complément de latitude. Ptolémée supposait 30° 58′ pour la hauteur du pôle, l'armille faisait donc avec l'horizon un angle de 59° 2′, mais la latitude d'Alexandrie est de 31° 13′ ou 11′ au moins. L'armille aurait dû être à 58° 47′ ou 49′ : il y avait une erreur de 13 à 15′, à peu près égale au demi-diamètre du Soleil. Si le Soleil, à midi, avait 13 ou 15′ de déclinaison boréale, on devait le croire dans l'équateur : on se trompait de 14 heures environ. Si l'équinoxe arrivait à 6 heures du matin ou à six heures du soir, l'erreur était nulle, en supposant la méridienne et la perpendiculaire bien tracées; l'erreur était la plus grande au méridien, nulle à l'horizon, et proportionnelle au cosinus de l'angle horaire de l'équinoxe. Mais à cette cause d'erreur il en faut joindre une seconde. A l'horizon la réfraction est de 33′; le Soleil dans l'équateur était élevé de 33′ cos haut. du pôle ou de 28′ environ : on se serait trompé de 28 heures. La réfraction diminue rapidement dès que le Soleil s'élève; le Soleil levant à l'équinoxe aurait paru boréal, et quelques instans après, il aurait paru se rapprocher de l'équateur. Le Soleil se levant avec 28′ de déclinaison australe, aurait paru dans l'équateur, et peu de tems après, il aurait paru au-dessous, puis il y serait rentré; mais cela n'aurait pu arriver que le lendemain où il se serait levé avec 4' de déclinaison australe. Nous n'avons calculé que les erreurs extrêmes. Le Soleil se levant avec une déclinaison australe de quelques minutes, aurait paru dans l'équateur à l'instant où la réfraction aurait compensé la déclinaison. La réfraction se réduisant presqu'à rien, et le mouvement en déclinaison étant de 1' par heure, le Soleil aurait pu dans la même journée passer deux fois par l'équateur, et l'on aurait eu, à quelques heures de distance, deux observations d'équinoxe, et c'est ce qui est en effet arrivé plus d'une fois. Il est donc clair qu'on pouvait très-bien se tromper d'un quart de jour, ou même d'un demi-jour et plus sur l'instant de l'équinoxe. Hipparque rapportait que la trente-deuxième année de la troisième période calippique, au lever du Soleil et cinq heures après, ou au lever du Soleil et à la cinquième heure, la surface concave parut également éclairée des deux côtés; ensorte que le même équinoxe fut observé deux fois différentes à cinq heures de distance. Voilà donc une incertitude de $\frac{1}{5}$ de jour à peu près, ou si l'on veut, environ $\frac{1}{4}$.

De toutes ces causes réunies et combinées sont résultées les différences remarquées par Hipparque dans la comparaison qu'il fit de ces divers équinoxes pour en déduire la longueur de l'année. Ptolémée convient lui-même que si la position du cercle est en erreur d'un dixième de degré, c'est-à-dire de 6'; il en résulterait une erreur d'un quart de jour. Remarquons en passant que Ptolémée ne répond à 6' près, ni de la position, ni de la division de ses instrumens; qu'il convient de plus que l'erreur serait plus grande encore si l'on ne prenait à chaque fois la précaution de vérifier les instrumens, et si après les avoir une fois placés comme on l'aurait jugé convenable, on se persuadait qu'ils conserveraient pendant un long-tems la position qu'on leur aurait donnée, et qu'on s'en rapportât aux indications qu'ils fourniraient, sans avoir été rectifiés de nouveau. Il ajoute qu'un dérangement de cette espèce est arrivé aux cercles de cuivre de la palestre, et surtout au plus grand et au plus ancien; ce qui paraît prouvé, dit-il, par les équinoxes, qui parfois étaient indiqués doubles en un jour, par la situation de l'ombre. D'où il résulte que l'équinoxe de la trente-deuxième année n'était probablement pas le seul qui eût offert cette incertitude, et qu'elle s'était observée depuis plusieurs fois, et du tems de Ptolémée.

Ce n'étaient donc pas ces équinoxes qui faisaient soupçonner à Hipparque une petite inégalité dans la longueur de l'année, mais bien quelques éclipses de Lune qui paraissaient indiquer des anomalies de trois quarts de jour. Ici Ptolémée accuse Hipparque de s'être trompé dans ses raisonnemens et ses calculs. Le passage est remarquable et mérite d'être discuté.

« Il (Hipparque) calcule par quelques éclipses de Lune, observées » dans le voisinage de certaines étoiles, de combien l'épi est moins » avancé en longitude que le point équinoxial d'automne. Il croit voir » que de son tems cette distance à l'équinoxe est de 6° ½ quand elle » lui paraît la plus forte, et de 5° ¼ quand elle lui paraît la plus petite. » Il en infère qu'un mouvement si considérable de l'Epi étant impossible » en si peu de tems, il est probable que le Soleil, par lequel Hipparque » cherche le lieu de l'étoile, ne fait pas toujours sa révolution dans un » tems égal. Il ne prend pas garde que son raisonnement ou son calcul » ne peut aller sans supposer le lieu du Soleil pendant l'éclipse, et que » pour déterminer ce lieu, il suppose l'exactitude des équinoxes et des » solstices qu'il a observés dans ces années, et il en résulte claire- » ment qu'on n'en peut conclure aucune inégalité dans la longueur » de l'année. »

Remarquons d'abord qu'Hipparque trouve l'Épi à la distance de 6° 30′ ou 5° 15′, milieu 5° 52′ 30″ de l'équinoxe, et que ce sont ces observations-là même, très-probablement, qui lui ont fait dire que de son tems l'Epi de la Vierge n'était qu'à 6° de l'équinoxe; tandis que du tems d'Aristylle et de Timocharis la distance était de 8°. Les calculs ou les observations d'Hipparque ne s'accordaient donc qu'à 75′ près. On ne peut pas accorder plus de confiance à celles de deux autres astronomes, et très-vraisemblablement elles étaient encore beaucoup plus imparfaites.

Ensuite il est bien à regretter que ces éclipses et tous les détails de l'observation ne nous aient pas été transmis par Ptolémée.

L'éclipse de la 32ᵉ année lui fait croire que la longitude de l'Epi est de......................................	5ˢ 23° 30′
Celle de la 43ᵉ année, que cette longitude est de........	5.24.45
En 11 ans l'Epi n'a pu avancer que de 9′ 10″ et non de......	1.15.

L'équinoxe du printems de la 32ᵉ année est arrivé le 27 méchir, le matin; il y a une incertitude de 5 heures. Celui de l'an 43 est arrivé le 29 méchir après minuit. On peut bien supposer une incertitude pareille sur un équinoxe qui n'a pas été directement observé, mais conclu de deux positions différentes de l'ombre, positions affectées des erreurs de l'instrument et de la réfraction. L'intervalle est de 11 années égyptiennes, plus deux jours trois quarts environ, ce qui ferait $48^h + 18^h = 66^h$ de plus que le nombre des jours entiers de l'année. $\frac{66}{11} = 6$. Ainsi l'année serait de $365^j\frac{1}{4}$.

Aucun des deux équinoxes comparés n'est sûr à 6^h près, tant à cause des réfractions que de l'erreur de l'instrument. Rien ne nous empêcherait donc de supposer une erreur de 12^h sur l'intervalle; n'en supposons que 6, nous n'aurons plus alors que $2\frac{1}{2}$ jours ou 60 heures, dont le onzième serait $5^h\,27'\,16''$. Le premier résultat donnait une année trop longue; le second, qui n'est pas plus incertain, donne une année trop petite. Le milieu serait de $365^j\,5^h\,45'\,38''$, qui est encore trop faible de plus de $5'$. Le fait est qu'avec des observations aussi peu précises, un intervalle de 11 ans ne peut donner, à un quart ou une demi-heure près, la longueur de l'année. Nous pouvons juger ces observations d'après leur peu d'accord soit entr'elles, soit avec nos connaissances présentes. Nous ne pouvons juger avec la même sûreté des observations d'éclipses sur lesquelles on ne nous a transmis aucun détail. Ont-elles été faites dans le même lieu, ou dans des lieux dont la différence de longitude fût suffisamment connue? Comment avait-on déterminé l'heure du phénomène? Comment avait-on trouvé le lieu de la Lune et sa distance à l'étoile? Cette étoile était-elle l'Epi de la Vierge? Si c'en était une autre, sa distance à l'Epi était-elle bien connue? On pourrait juger que c'était toujours l'Epi dont on nous donne la plus grande et la plus petite distance, ce qui paraîtrait indiquer une ou plusieurs distances intermédiaires. La Lune avait-elle une parallaxe en longitude? A la vérité cette parallaxe n'affecte pas le lieu vrai de la Lune éclipsée trouvé en ajoutant 180° au lieu du Soleil; mais ne changeait-elle pas la distance apparente de la Lune à l'étoile? A-t-on réellement observé cette distance? Aristylle et Timocharis avaient-ils un astrolabe pour la mesurer? Il est très-permis d'en douter. Hipparque lui-même était-il alors en possession de cet instrument dont l'usage n'a dû être commun qu'après la découverte de la précession? Il paraît cependant que dès lors Hipparque connaissait ce mouvement, puisqu'il ne dit pas que l'étoile était immobile, mais qu'elle n'avait pu avoir en 11 ans un mouvement si considérable. $58'$ de parallaxe en longitude, en un sens, dans une observation, et $57'$ dans un autre sens dans l'autre observation, parce que la Lune aurait été de l'autre côté du méridien, n'expliqueraient-elles pas la différence des deux distances observées entre les deux étoiles?

Il est vrai qu'Hipparque connaissait passablement la parallaxe; Ptolémée la connaissait moins bien, il l'avait altérée par une fausse théorie des distances de la Lune à la Terre, et par des observations fort suspectes.

Voilà des questions auxquelles il est impossible de satisfaire. Ces éclipses ne sont point au nombre de celles qui nous ont été conservées par Ptolémée; nous en ignorons le lieu, le jour et l'heure; elles doivent être des années de la troisième période calippique, depuis la trente-deuxième jusqu'à la quarante-troisième. Voilà tout ce que nous pouvons conjecturer. Voyons donc si les reproches adressés à Hipparque par Ptolémée nous fourniront quelque lumière.

« Si l'année est de 365^j $\frac{1}{4}$, ni plus ni moins, et s'il n'est pas possible » que l'Epi se fût avancé de 75′ en longitude dans l'intervalle de 11 ans, » est-il raisonnable d'employer les calculs établis sur cette double hypo» thèse pour attaquer les principes sur lesquels sont fondés ces calculs, » et de n'attribuer cette incohérence à aucune autre cause, tandis qu'il » peut y en avoir tant d'autres? De supposer les équinoxes bien obser» vés, et de les accuser d'avoir été mal observés? N'est-il pas plus » naturel de dire que les distances de la Lune à l'étoile ont été mesurées » trop inexactement; d'en rejeter la faute sur les parallaxes, ou sur les » mouvemens du Soleil, depuis les derniers équinoxes jusqu'aux tems du » milieu des éclipses? »

Il est certain que la distance de la Lune à l'étoile a pu être mal mesurée; mais si nous mettons 50′ pour cette cause d'erreur, ce sera beaucoup, et il faudrait un hasard malheureux pour que deux erreurs en sens contraire eussent produit 75′ de différence entre les extrêmes. Il nous est impossible d'estimer l'erreur de la parallaxe, mais elle devait être peu considérable, puisqu'Hipparque connaissait assez bien la parallaxe pour ne s'y pas tromper de quatre minutes. Ptolémée pouvait soupçonner des erreurs de plus de 50′, et c'est sa faute, s'il ne s'est pas expliqué plus clairement sur ce point. Que ne disait-il le lieu, le jour et l'heure de l'observation, nous saurions à quelle distance la Lune était du nonagésime; il est même assez singulier que Ptolémée n'en donne pas le calcul. Quant au mouvement du Soleil, depuis le dernier équinoxe jusqu'à l'instant de l'observation, l'erreur devait être bien peu de chose.

Le mouvement pour 365 jours est, suivant Ptolémée et par conséquent suivant Hipparque, de 359° 45′ 24″ 45‴; il serait de 16″ plus fort suivant nous. C'est à peu près l'erreur de Ptolémée sur le mouvement de précession. Il n'y aurait pas 3′ d'erreur en 11 ans, et cette erreur pourrait passer pour nulle. L'époque pourrait avoir une erreur plus considérable, mais elle aurait été la même pour toutes les éclipses. Il y avait encore l'erreur de l'équation du centre que les Grecs faisaient trop forte de quelques minutes; et si toutes les éclipses avaient eu lieu à peu de distance de l'Epi, cette erreur aurait encore varié très-peu. Mais si l'erreur de l'équinoxe est d'un quart de jour, l'erreur du lieu du Soleil sera d'un quart de degré environ. Cette erreur pourrait même être plus considérable; réunie à celle de la distance observée, elle pourrait être de 38 à 40′. Une erreur pareille en sens contraire, sur la seconde observation, expliquera tout; mais c'est mettre les choses au pis, que de supposer que toutes les erreurs conspirent; cependant avec l'erreur de 15′ sur le plan de l'armille d'Alexandrie, la parallaxe, l'équation du centre et l'erreur de distance, on peut concevoir les variations apparentes de cette distance.

Ptolémée pense qu'Hipparque n'avait pas lui-même assez de confiance en ses calculs pour en conclure décidément une inégalité dans la longueur de l'année; mais que par *amour pour la vérité*, il n'a pas voulu passer sous silence des faits qui pouvaient fournir une objection, ou du moins la matière d'un doute; car lui-même n'attribue à la Lune et au Soleil qu'une simple inégalité qui se rétablit dans le tems d'un retour à l'équinoxe ou au solstice. Les calculs des éclipses qu'il avait faits dans ces hypothèses, s'accordaient assez bien avec les phénomènes, sans recourir à une inégalité dans la longueur de l'année, quantité qui ne pourrait manquer de devenir sensible quand on ne la supposerait que d'un degré, ou du mouvement relatif de la Lune en deux heures.

Ptolémée ajoute que d'après ses propres observations, il ne trouve aucune inégalité dans l'année, quand il se borne à un seul objet de comparaison, et qu'il ne fait pas concourir les solstices, les équinoxes et les étoiles. Il pose en principe qu'on doit préférer les hypotheses les plus simples, pourvu qu'elles ne se trouvent pas ouvertement contredites par les observations, et en cela il a raison.

Mais a-t-il également raison dans les reproches qu'il fait à Hipparque, qui n'avait exposé qu'un doute, qu'un embarras qui l'avait un peu inquiété, enfin qu'une idée vague à laquelle il n'avait donné aucune suite? Hipparque avait-il tort en calculant comme il a fait le lieu du Soleil, par son mouvement depuis le dernier équinoxe, pour en conclure le lieu vrai de la Lune, sa parallaxe, son lieu apparent, la distance de la Lune à une étoile, la distance de cette étoile à l'Epi, et finalement la longitude de l'Epi. Pouvait-il faire autrement ? Il est vrai qu'il pouvait ensuite faire le calcul en partant successivement de chacun des équinoxes observés. Mais rien ne nous dit qu'il ne l'a pas fait ainsi. Si tous les calculs avaient donné, à quelques minutes près, la même longitude pour l'Epi, il en aurait conclu que les équinoxes étaient bien observés, que le mouvement du Soleil était bon, la parallaxe bien calculée, les distances bien observées. Mais trouvant autant de résultats différens que de calculs, et des erreurs plus fortes que celles dont il croyait les observations susceptibles, et ne sachant où trouver la cause de l'erreur, il a conçu un soupçon sur l'égalité de l'année, et par conséquent sur celle des mouvemens; il n'a point affirmé l'inégalité, il n'a fait que la craindre, mais il a fait ensuite comme si cette inégalité n'existait pas. S'il a paru supposer les équinoxes bien observés, supposition sans laquelle il ne pouvait entreprendre aucun calcul, il n'est tombé ensuite dans aucune contradiction réelle; il a dit seulement s'ils ont été bien observés, si la longueur de l'année était aussi constante qu'ils paraissent l'indiquer, je devrais arriver à des résultats presqu'identiques. Ils ne sont pas tels, il faut donc qu'il y ait erreur dans les élémens du calcul, que les équinoxes n'aient pas été bien déterminés, que la durée de l'année ne soit pas bien connue, que les mouvemens du Soleil ne soient pas précisément ceux que j'ai employés, et peut-être aussi que l'année ne soit pas d'une longueur constante, puisqu'aussi bien les équinoxes eux-mêmes ne sont pas aussi certains qu'on pourrait le desirer. Cependant, après avoir pesé les raisons pour et contre, il a laissé de côté cette inégalité que rien ne constatait, dont il ne pouvait déterminer la quantité, et qui ne découlait pas de la théorie qui lui donnait la véritable inégalité du mouvement solaire. Il semble qu'Hipparque a fait tout ce qu'on pouvait faire de son tems, et qu'il n'y avait pas d'autre parti à prendre que celui auquel il s'est arrêté.

La longueur de l'année est moindre que de $365^j \frac{1}{4}$, Ptolémée le conclut des démonstrations mêmes d'Hipparque. Pour une recherche si délicate, il faut choisir des intervalles plus considérables, afin de diviser l'erreur en la répartissant sur un plus grand nombre d'années, et cette réflexion s'applique à toutes les recherches de quantités qui croissent comme le tems.

D'après ce principe, les observations de solstices par Méton et Euctémon, à cause de leur ancienneté, devaient être comparées aux nôtres, ajoute Ptolémée; mais *elles sont trop grossières pour qu'un intervalle un peu plus long fassè une compensation suffisante.* Hipparque était déjà de cet avis, mais il n'avait pas le choix. Ptolémée a donc cru devoir abandonner ces solstices et se borner aux observations qu'Hipparque a désignées comme les plus sûres qu'*il eût faites*. Ce passage est important, il faut en bien peser les termes. Les voici.

Il dit d'abord qu'il faut préférer les équinoxes aux solstices, et il ajoute: Καὶ τούτων ἀκιρβείας ἕνεκεν, ταῖς τε ὑπὸ Ἱππάρχου μάλιστα ἐπισημανθείσαις, ὡς ἀσφαλέστατα εἰλημμέναις ὑπ' αὐτοῦ, καὶ ταῖς ὑφ' ἡμῶν αὐτῶν. *Et même, pour plus d'exactitude, nous nous servirons des observations indiquées par Hipparque comme observées par lui de la manière la plus sûre, et de celles que nous avons faites nous-mêmes.* Si ce passage n'a été ni altéré ni interpolé, il s'ensuivra que toutes les observations que Ptolémée va rapporter sont, les unes d'Hipparque et les autres de lui-même, et que parmi ces observations mêmes d'Hipparque, il a choisi celles qui étaient marquées comme les meilleures. Mais ce passage étant difficile à concilier avec quelques autres, d'après lesquels il paraîtrait qu'Hipparque aurait fait à Rhodes la presque-totalité de ses observations, il peut rester quelques doutes. Il serait possible que ces deux mots ὑπ' αὐτοῦ, *par lui-même*, fussent tombés d'une ligne à la ligne suivante; en les joignant à ἐπισημανθείσαις au lieu de les joindre à εἰλημμέναις, la phrase signifierait simplement celles qui ont été désignées par Hipparque comme les plus sûres; mais alors il y aurait redondance; j'aimerais mieux croire ces deux mots interpolés. Au reste, ce n'est qu'une question secondaire qui ne serait relative qu'à un fait, et nullement aux théories astronomiques. Quoi qu'il en soit, ces observations *désignées* ou *faites par Hipparque*, l'ont été avec les instrumens décrits au Liv. Ier de la Syntaxe Mathématique, ce qui ne signifie pourtant pas que ces instrumens aient été physiquement les mêmes, mais simplement de construction pareille.

En l'an 32e de la troisième période de Calippe, l'équinoxe avait eu lieu du 3 au 4 des épagomènes à minuit: c'était l'an 178 depuis la mort d'Alexandre.

285 ans après, c'est-à-dire la troisième année d'Antonin, ou l'an 463 de la mort d'Alexandre, Ptolémée observa l'équinoxe d'automne le 9 d'athyr, une heure environ après le lever du Soleil. L'intervalle est de 285 années de 365 jours plus $70^j \frac{1}{4}$ et $\frac{1}{20} = \frac{24}{80} = \frac{3}{10}$ au lieu de $71^j \frac{1}{4}$.

Les deux mêmes années, les équinoxes du printems étaient arrivés le 27 mechir au matin, et le 27 pachou, une heure environ après midi. Ainsi l'année est de $365^j \frac{1}{4} - \frac{1}{300} = \frac{296}{1200} = \frac{2,96}{12} = \frac{0,74}{3} = 0^j 24666$.

Malgré ce qu'il vient de dire, Ptolémée fait usage ensuite d'un solstice observé par Méton et Euctémon à Athènes, sous l'archonte Apseude, le 21 phamenoth matin. Il le compare à celui qu'il a observé lui-même l'an 463 de la mort d'Alexandre, le 11 mésori, deux heures environ après minuit ou à 14 heures.

De ce solstice de Méton jusqu'à celui qu'Aristarque observa la cinquantième année de la première période calippique, il y avait 152 ans suivant le calcul d'Hipparque; et depuis cette 50e année, qui répondait à la 45e de la mort d'Alexandre jusqu'à l'observation de Ptolémée, il y avait 419 ans. Outre les 571 années égyptiennes, il y avait $140^j \frac{1}{2}.\frac{1}{3}$, au lieu de $142^j \frac{1}{2}.\frac{1}{4}$ qu'aurait donné l'excès de $\frac{1}{4}$ sur les 365 jours, c'est-à-dire $2^j - \frac{1}{12}$. Il en résulte donc qu'en 600 ans, on trouve deux jours à retrancher, c'est-à-dire que l'année paraît être de $365^j \frac{1}{4} - \frac{1}{300}$.

Le peu de confiance que j'avais en ces équinoxes décriés avait fait que je m'étais dispensé de vérifier les intervalles assignés par Ptolémée. M. Marcot a fait ces vérifications, il a trouvé une erreur presqu'égale sur chacun des trois. Voyons donc ce qui en est.

Le 1er équin. a été obs. l'an 178 d'Alexandre, 27 méchir, à 18^h ou $177^j\ 18^h$
Celui de Ptolémée l'an... 463........... 7 pachou, à 1   247. 1
Intervalle.... 285 ans de 365 jours et.......... 69. 7
et c'est en effet ce que trouve M. Marcot d'une autre manière.
Ptolémée dit.................................... 70. 7.12'
L'intervalle est donc trop fort de...................... 1. 0.12

En corrigeant cette erreur, M. Marcot trouve l'année de $365^j 5^h 50' 6'',3$, ce qui serait beaucoup meilleur, sans être beaucoup plus sûr.

Le 4e équin. d'Hipparque, l'an 178 d'Alex. 5 épag 12^h ou $365^j\ 12^h$
Le 2e de Ptolémée, l'an...... 465....... 8 d'athyr 19
ou 462 + 365 + 68 . 19 .... 433 19
Intervalle....... 284.......................... 70. 7

M. Marcot trouve 284 ans 71 jours 7 heures; mais c'est qu'il compte le 9 athyr une heure après le lever du Soleil pour le 9 athyr 19 heures; mais Ptolémée commence le jour à midi : ainsi le 9 athyr, 1 heure après le lever, est le 8 athyr à 19 heures. Il ne reste donc que l'erreur d'un an; mais M. Marcot la fait disparaître par le rapprochement d'un autre passage, et prouve qu'il faut lire 464 au lieu de 463. Mais si l'erreur de l'année disparait, qu'il n'y ait pas d'erreur sur le jour, l'année subsistera telle que Ptolémée la donne.

Solstice de Méton, an	316 de Nabonass.	21 pham. 18^h..	201^j 18^h
de Ptolémée,...	887............	11 mésori 14...	341.14
intervalle...	571		139.20
		Ptolémée dit....	140.20

Il en déduit une année de............ 365.5.55.12
Mais en retranchant le jour qui est de trop,
M. Marcot trouve....................... 365.5.52.40
Première détermination 50. 6

Le milieu serait.... 365.5.52.39
ou.... 51.23

Le gain que l'on aura fait ne sera pas considérable, mais il en résulte qu'il y a peu de fond à faire sur ces trois déterminations si peu d'accord. M. Marcot pense, et nous avions eu cette idée avant de lire ses remarques, que ces observations sont supposées ou du moins qu'elles ont été calculées tout exprès de manière à donner la durée de l'année telle qu'on la connaissait. Il était bien maladroit d'altérer un intervalle si facile à vérifier; il est plus naturel que Ptolémée ait calculé le tems de ses équinoxes par l'intervalle qu'il supposait; alors il devait toujours retrouver la même année; et s'il n'avait pas commis d'erreur sur l'intervalle, la supercherie n'eût jamais été découverte. Il s'est trompé, la fraude est reconnue; mais il reste toujours à expliquer pourquoi deux fois sur trois il s'est trompé d'un jour. Riccioli, Lemonnier et Cassini avaient reconnu l'erreur d'un jour, mais ce jour peut être une faute de copie. Dans tous les cas, la conséquence la plus sûre est qu'il faut regarder comme non avenues ces observations qui probablement n'ont jamais été faites.

Par plusieurs autres comparaisons, Ptolémée ajoute qu'il est arrivé à cette même conclusion à laquelle Hipparque avait été lui-même conduit plus d'une fois. Par exemple, dans son Livre de *la grandeur de l'année*, comparant le solstice d'été observé par Aristarque à la fin de la 50ᵉ année de la première période calippique, à celui qu'il avait observé à la fin de la 43ᵉ de la troisième période calippique, Hipparque disait :

« Il est donc évident qu'en 145 années, le tropique a *anticipé d'un* » *demi*-nychthémère ou de 12 heures.

» Dans son Livre *des Mois et des Jours embolimes*, il dit encore que, » suivant Méton et Euctémon, l'année est de $365\frac{1}{4} - \frac{1}{76}$ de jour; que » suivant Calippe, elle est de $365\frac{1}{4}$. Il termine enfin par ces mots : » Pour nous, nous trouvons en 19 ans le même nombre de jours qu'ils » ont trouvé, mais une fraction un peu différente et qui n'est que de » $\frac{1}{4} - \frac{1}{300}$: ainsi en 500 ans on compte cinq jours de moins que Méton » et un jour de moins que Calippe.

» Résumant ensuite ce qu'il avait consigné dans ses divers écrits, il » s'exprime ainsi : *J'ai composé un Livre de la longueur de l'année*, » dans lequel je montre que cette longueur est le tems que le Soleil » emploie à revenir d'un tropique à ce même tropique, ou d'un équi- » noxe à ce même équinoxe, et qu'elle est de $365\frac{1}{4} - \frac{1}{300}$ environ, » d'un jour et d'une nuit, et non pas d'un quart de jour, comme le pen- » saient les mathématiciens. »

D'après ce résultat d'Hipparque et ses propres calculs, Ptolémée divisant un jour en 300 parties, trouve 12 soixantièmes de second ordre à retrancher de $365\frac{1}{4}$ ou $365^j\,15'$; ce qui lui donne

$$365^j\,14'\,48'' = 365^j\,14',8 = 365,246666 = 365^j\,5^h\,55'\,12'',$$

suivant notre manière de diviser le jour. On voit que Ptolémée partageait le jour comme le degré en 60′, chaque prime en 60″, et ainsi de suite.

Cette année est trop forte de $6'\frac{1}{3}$, et l'on peut être étonné que Ptolémée venant 285 ans après Hipparque, ayant un intervalle presque double et l'avantage de partir d'observations beaucoup moins inexactes, n'ait trouvé pourtant rien à changer à la durée d'Hipparque, qui péchait en excès de $6'\frac{1}{3}$, qui en 300 ans faisaient $1900' = 31^h\,40'$ ou $1^j\,7^h\,40'$. Cette circonstance a rendu les équinoxes de Ptolémée un peu suspects. On a pensé qu'il avait pu se tromper d'un jour dans le calcul des jours pour réduire ces observations; d'autres ont été tentés de croire que Ptolémée n'avait pas réellement fait ces observations, qu'il avait calculé l'instant où les équinoxes devaient arriver, en supposant l'année de $365 \frac{1}{4} - \frac{1}{300}$, et qu'il avait fait semblant de trouver ce qu'il avait réellement supposé. Sans prendre parti sur cette question qui reviendra plusieurs fois, nous n'avons pu nous empêcher d'en faire la remarque ; on peut voir d'ailleurs ce qu'en disent Riccioli dans son *Astronomie réformée ;* Flamsteed dans les *Prolégomènes de son Histoire Céleste*, et Lemonnier dans ses *Institutions Astronomiques ;* enfin Cassini dans ses *Elémens d'Astronomie*, tome I, page 218. Voici le passage de Cassini qui nous dispensera de citer d'autres autorités.

« Cette différence d'un jour entre la détermination des deux premiers » équinoxes de Ptolémée, rapportée par Riccioli dans son *Almageste* et » dans son *Astronomie réformée*, m'a obligé de m'assurer du tems de » ces observations. Pour cet effet, j'ai comparé l'équinoxe d'automne » observé par Hipparque l'année 147 avant J. C., avec celui qui a été » observé l'année 139 après J. C., par Ptolémée, qui marque qu'il y » avait entre ces deux observations, 285 années 70^j et 7^h, et j'ai trouvé » que cet intervalle s'accorde avec celui qui s'est écoulé entre le 26 sep- » tembre de l'an 147 avant J. C., à minuit, et le 26 septembre de l'année » 139 après J. C., à 7 heures du matin.

» J'ai ensuite calculé le lieu moyen de la Lune pour le tems de ce der- » nier équinoxe, suivant les Tables de Ptolémée et les nôtres, et j'ai » trouvé qu'elles ne s'écartaient pas les unes des autres de plus de $2'$, » quoique le moyen mouvement d'un jour à l'autre soit de plus de $13°$, » ce qui fixe l'observation de Ptolémée au jour qui est rapporté dans » l'*Astronomie réformée*, et assure en même tems le jour de l'observation » d'Hipparque. »

Cassini a réduit à notre Calendrier Julien, ces anciens équinoxes.

Hipparque.	Ptolémée.
— 161... 27 sept., 6^h du soir.	+ 131... 25 sept., 2^h du soir.
— 158... 27 sept., 6^h du matin.	+ 138... 26 sept., 7^h du matin.
— 157... 27 sept., à midi.	+ 139... 22 mars, 1^h du soir.
— 146... 26 sept., à minuit.	
— 145... 27 sept., 6^h du matin.	
— 145... 24 mars, $11^h 55'$ du matin.	
— 142... 26 sept., 6^h du soir.	
— 134... 23 mars, à minuit.	
— 127... 23 mars, 6^h du soir.	

Solstices.

Méton, à Athènes,

— 430... 27 juin, 5^h du matin,

mesuré avec un célèbre héliomètre ou instrument propre à mesurer le cours du Soleil et que Méton dédia publiquement; ce solstice a servi d'époque pour le cycle de 19 ans.

Cassini trouve qu'il a dû arriver $23^h\ 36'$ plus tard.

Ptolémée, à Alexandrie,

+ 140... 24 juin 13^h.

Après cet examen des observations, Ptolémée pour suivre le principe de Platon, que l'objet des mathématiciens doit être de représenter tous les phénomènes célestes par des mouvemens circulaires et uniformes, croit devoir séparer dans ses Tables, les moyens mouvemens d'avec l'anomalie apparente (l'inégalité) qui résulte des hypothèses circulaires; ensorte que par la réunion des deux espèces de Tables, on puisse en tout tems calculer le lieu apparent des planètes. L'exemple lui en avait été donné par Hipparque.

Divisant donc les 360 degrés de la révolution solaire par $365^j\ 14'\ 48''$ ou 365,2466666, il trouve que le mouvement diurne moyen est de $0^s\ 59'\ 8''\ 17'''\ 13^{iv}\ 12^v\ 31^{vi}$ à fort peu près. Il en déduit les mouvemens pour les heures, les mois de 30 jours, pour une année de 365 jours, pour des espaces de 18 années communes; ce dernier, en rejetant les cercles entiers, sera de $355°\ 37'\ 25''\ 36'''\ 20^{iv}\ 34^v\ 30^{vi}$. Ces Tables terminent le chapitre.

Ce chapitre est extrêmement curieux en ce qu'il nous a transmis les résultats des travaux d'Hipparque, auxquels Ptolémée n'a véritablement rien ajouté. Il paraîtrait bien plutôt avoir rendu à l'Astronomie un assez mauvais service. En effet, suivant Cassini, ses trois prétendus équinoxes, comparés aux observations modernes, donneraient pour la durée de l'année,

	365.5.47.36
	5.47.55
	5.48.14
Milieu......	5.47.48

quantités trop faibles et dont la moyenne est de 1′ plus petite qu'on ne trouve aujourd'hui, tandis que par les observations d'Hipparque, il trouve par un milieu $365^j\,5^h\,48'\,49''$, quantité à laquelle on n'est pas bien sûr qu'il y ait quelque chose à changer.

Le chapitre III expose les hypothèses imaginées pour représenter l'inégalité solaire.

Le mouvement diurne est circulaire et uniforme, ensorte que les angles croissent également en tems égaux, autour du centre de chaque révolution. Les différences qu'on y remarque viennent de la position et de l'ordre des cercles qui composent ces sphères que *l'imagination a conçues*, *αἱ νοούμεναι*. (Ces mots disculpent Ptolémée du reproche qu'on lui a fait sur ses sphères solides et réelles.) Il ne s'y trouve rien d'irrégulier ou d'*étranger à leur immutabilité*. La cause de l'inégalité apparente peut s'expliquer dans deux hypothèses.

On peut mettre la Terre au centre du monde, dans le plan de l'écliptique, et faire tourner les planètes uniformément dans des cercles excentriques; ou bien dans des épicycles (cercles portés sur un autre cercle), dont le centre aura son mouvement à la circonférence d'un cercle homocentrique. Ces deux suppositions différentes expliqueront également les inégalités qu'on observe.

Dans l'hypothèse de l'excentrique, soit ABGD le cercle des mouvemens uniformes ou moyens (fig. 29), E le centre de ce cercle, Z le lieu de notre œil, A le point apogée ou le plus éloigné de la Terre, D le périgée ou le point le plus voisin de la Terre, AB et DG deux arcs égaux; joignons BE, BZ; GE, GZ. Les arcs AB et GD seront parcourus en tems égaux; les angles de mouvement apparent AZB, DZG seront inégaux, et BZA sera plus petit que AEB, et DZG plus grand que DEG.

Dans l'hypothèse de l'épicycle, ABGD (fig. 30) est le zodiaque, la Terre est au centre en E, l'astre se meut sur l'épicycle HZKT d'un mouvement uniforme, tandis que le centre de l'épicycle parcourt uniformément la circonférence ABCD; l'astre en Z et en T sera vu sur la même ligne que le centre A, et le lieu apparent ne différera pas du lieu moyen. Il n'en sera pas ainsi en H, où il paraîtra plus avancé que le centre de tout l'arc AH, ni en K où il paraîtra en arrière de tout l'arc AK.

Dans l'excentrique, le mouvement paraîtra toujours plus lent vers l'apogée, l'angle AZB sera toujours plus petit que l'angle AEB; le mouvement paraîtra plus rapide vers le périgée, l'angle DZG sera toujours plus grand que DEG. Dans l'hypothèse de l'épicycle, les deux contraires seront également possibles, selon que le mouvement sur l'épicycle se fera en sens contraire ou dans le même sens que le mouvement du centre de l'écliptique. Ainsi le centre allant de A en B, le mouvement sera plus lent si l'astre s'est avancé de Z en K, et plus rapide s'il s'est avancé de Z en H.

Pour un astre qui aurait deux inégalités différentes, on peut réunir ces deux hypothèses; pour un astre qui n'aurait qu'une inégalité simple, on peut à son choix préférer l'une des hypothèses, pourvu qu'on observe de faire le rayon de l'épicycle AZ, égal à l'excentricité EZ, c'est-à-dire en même rapport avec la distance moyenne AE; ensorte que $\frac{AZ}{AE} = \frac{EZ}{AE}$: les phénomènes seront également bien représentés.

Par le lieu de la Terre, menons la droite BZD à angles droits sur AG (fig. 31), l'apogée étant A, l'astre en D ou en B sera à 90° de distance apparente à l'apogée.

$$ZBE = AEB - AZB = AEB - 90°;$$

cet angle aura son sinus $\frac{EZ}{EB} = \frac{EZ}{AE} = EZ$, si nous faisons $AE = 1$; AEB est le moyen mouvement; l'angle B est l'excès du moyen mouvement sur le mouvement apparent, et cet excès sera le plus grand possible; car en T, par exemple, l'angle ZET étant aussi de 90°,

$$\sin T = \frac{EZ}{ZT} = \frac{EZ}{(\overline{AE}^2 + \overline{EZ}^2)^{\frac{1}{2}}} = \frac{EZ}{AE\left[1 + \left(\frac{EZ}{AE}\right)^2\right]^{\frac{1}{2}}};$$

en tout autre point, comme K, on aurait

$$EK : \sin EZK :: EZ : \sin EKZ = \left(\frac{EZ}{EK}\right) \sin EZK = \left(\frac{EZ}{AE}\right) \sin AZK;$$

expression qui sera au *maximum* quand l'axe EZK sera droit, c'est-à-dire EZB.

La démonstration de Ptolémée est plus longue, et se fonde sur ces deux principes : 1°. que dans tout triangle le plus grand angle est opposé au plus grand côté; 2°. que de toutes les lignes que l'on peut mener dans le cercle, d'un point Z qui n'est pas le centre, la droite ZEA qui passe par le centre est la plus longue, son prolongement ZG la plus courte, et que les lignes ZA, ZT, ZB, ZK, ZG vont toujours en diminuant à mesure qu'elles s'éloignent de la plus grande et s'approchent de la plus courte. Ce théorème est dans Euclide.

En changeant la démonstration de Ptolémée, nous n'avons employé aucun principe qui fût ignoré des Grecs ; nous avons mis partout sin A au lieu de corde 2A, et nous avons fait le rayon = 1 au lieu de 60°. Ces changemens ne font autre chose que de simplifier. Les Grecs avaient donc

$$\text{corde } 2\,(\text{inégalité}) = \left(\frac{EZ}{AE}\right) \text{corde } 2\,(\text{dist. appar. à l'apogée}).$$

Dans l'épicycle nous aurions généralement (fig. 30)

$$AE : AH :: \sin H : \sin HEA = \left(\frac{AH}{AE}\right) \sin H.$$

Ainsi la plus grande équation aura lieu quand sin H sera sin 90° et H = 90° ; c'est-à-dire quand l'astre se trouvera sur la tangente à son épicycle, car alors on aura H = 90°.

On démontrera sans peine l'identité des deux hypothèses (fig. 32).

Soit ABG un cercle concentrique à l'écliptique autour du centre D, et un cercle excentrique EZH, égal au cercle ABG, et décrit autour de T, EATDHG leur diamètre commun, TD l'excentricité.

Prenez un arc quelconque AB de l'homocentrique, et du point B comme centre, avec l'intervalle BK = DT, décrivez l'épicycle KZ, joignez KBD, ZT, BD et DZ ; dans le quadrilatère ZBDT, les côtés opposés sont égaux ; donc ils sont parallèles, et les deux triangles formés par la diagonale sont parfaitement semblables ; donc TZD = BDZ : or TZD est l'inégalité produite par l'excentrique, BDZ est celle qui est produite par l'épicycle, l'effet sera le même ; ADZ sera la distance apparente à l'apogée, dans l'épicycle comme dans l'excentrique ; la distance de l'astre à la Terre sera DZ, et le point réellement occupé par l'astre sera le point Z ; on aura

$$KBZ = BDA \quad \text{ou} \quad KZ = AB.$$

Mais l'égalité parfaite n'est pas nécessaire, il suffit de la similitude. Prolongez indéfiniment DK et DZ, et par un point B′ pris arbitrairement, menez B′Z′ parallèle à BZ ; vous éloignerez l'astre de Z en Z′ ; le rayon de l'épicycle B′Z′ sera augmenté dans la même proportion ; l'astre sera toujours vu dans la même direction DZZ′, l'angle ADZ′ toujours le même, et l'astre sera vu à la même distance angulaire de son apogée.

De l'expression ci-dessus (fig. 51), pag. 115

$$\sin EKZ = \left(\frac{EZ}{EK}\right) \sin AZK,$$

il résulte que l'équation sera quatre fois la même, c'est-à-dire pour les angles AZK, (180° — AZK), (180° + AZK) et (360° — AZK); mais elle sera soustractive pour les deux premiers, et additive pour les deux autres.

Ptolémée le prouve en détail pour les deux hypothèses.

De l'anomalie ou inégalité apparente du Soleil.

L'inégalité du Soleil est simple; on a donc le choix des hypothèses, Ptolémée choisit l'excentrique; il s'agit donc de trouver l'excentricité. Il faut aussi déterminer le lieu de l'apogée, c'est-à-dire le diamètre qui passe par l'apogée, les deux centres et le périgée, avec la distance des deux centres sur ce diamètre. Nous avons déjà vu une idée de ce système dans Géminus, postérieur à Hipparque; mais Géminus n'était pas géomètre et ne rapporte point la solution qu'Hipparque avait donnée de ce problème; Ptolémée va la copier. C'est, dit-il, un point qu'Hipparque avait traité avec beaucoup de soin.

Il a trouvé de l'équinoxe du printems au solstice d'été... $94^j\ 12^h$
du tropique d'été à l'équinoxe d'automne.... 92.12

Avec ces données seules, il trouve l'excentricité $= \frac{1}{24}$ environ du rayon de l'excentrique; le lieu de l'apogée était, selon lui, moins avancé en longitude que le solstice d'été, de $24°\ 30'$, et par conséquent en $2^s\ 5°\ 30'$ de longitude.

Quant à Ptolémée, il a trouvé, pour les deux intervalles et l'excentricité, à très-peu près les mêmes nombres. Pour le lieu de l'apogée, il a trouvé qu'il avait gardé la même position par rapport aux équinoxes et aux solstices; mais pour exposer la méthode (qui est incontestablement celle d'Hipparque) il va nous en donner le calcul.

En l'an 463, il a trouvé que l'équinoxe d'automne était arrivé le 9 d'athyr, après le lever du Soleil, et l'équinoxe du printems, le 7 pachon après midi, ensorte que l'intervalle est de $178^j\ 6^h$; le solstice d'été était arrivé 11 de mésore à minuit, ou le 11 à 12^h; ensorte que l'intervalle du printems à l'été est de $94^j\ 12^h$, et que pour l'intervalle de l'été à l'automne, il reste $365{,}25 - 272{,}75 = 92{,}50$ ou $92^j\ 12^h$. En effet, aux $178^j\ 6^h$, ajoutez les $94^j\ 12^h$ du printems à l'été, la somme sera $272^j\ 18^h$; ensorte que pour compléter l'année de $365^j\ \frac{1}{4}$, il faudra $92^j\ 12^h$; sur quoi l'on remarquera que Ptolémée néglige de retrancher le 300e de jour, qui n'est en effet que de $4'\ 48''$, pendant lesquelles le Soleil n'avance pas d'une demi-minute.

Mais il est bien étonnant qu'il retrouve toujours les mêmes nombres que ses prédécesseurs.

Soit E la Terre et le centre du zodiaque (fig. 33), A le point du printems, B celui de l'été, G l'équinoxe d'automne. Il est évident que le centre de l'excentrique est dans le segment ABG, puisqu'il est plus grand qu'un demi-cercle, ce qui se voit à ce que l'arc A*f*G n'est pas la moitié de l'année; ce centre doit être dans l'angle AEB, puisque AB est plus grand que BG. Soit donc Z le centre de l'excentrique, et menons la ligne de l'apogée IEZH et du rayon arbitraire ZH, décrivons le cercle AHBGI. Par le centre Z, menons les parallèles *bd* et *ef* les cordes perpendiculaires A*a*, G*c*, B*h* et *im*.

AB mouvement de $94^j\ 12^h$ sera de	$93°\ 9'$ environ.
BG mouvement de 92.12........	91.11.
L'arc ABG sera de..............	184.20;
mais *b*B*d* est de..................	180. 0;
donc A*b* + *d*G est de..............	4.20;
donc A*b* = *d*G est de.............	2.10.

$\frac{1}{2}$ A*a* = ZR = EX sera donc le sinus de $2°\ 10'$, puisque A*a* est la corde de $4°\ 20'$.

Mais AB =	$93°\ 9'$
A*b* = G*d* =	2.10
*b*B =	90.59
be =	90
*e*B =	0.59.

Donc ZX = $\frac{1}{2}$ B*h* = sin $0°\ 59'$.

Ptolémée fait

$$\overline{ZE}^2 = \overline{EX}^2 + \overline{ZX}^2, \quad \text{puis} \quad \frac{EX}{EZ} = \frac{\text{corde } 2EZX}{\text{corde } 180^\circ};$$

nous ferions

$$\text{tang } bZH = \text{tang AEH} = \frac{EX}{ZX} = \frac{\sin 2^\circ 10'}{\sin 0.59} = \text{tang } 65^\circ 55' 5'' = bH.$$

Ainsi la longitude de l'apogée sera $2^s\, 5^\circ 55' 5''$, dont le complément est $24^\circ 24' 55''$, ou $24^\circ 25'$; nous ferions encore

$$EZ = \frac{ZX}{\text{cosec } bZH} = 0.041512 = \frac{1}{24,088}.$$

Ptolémée trouve $24^\circ 30'$ pour eH, ou $65^\circ 30'$ pour bH, et $EZ = 2^\circ 29' \tfrac{1}{2}$; je ne trouve que $2^\circ 29' 26''$.

De l'équinoxe au solstice, on a trouvé $94^j\, 12^h = 93^\circ\ 9'$;
du solstice à l'équinoxe suivant........ $92.12 = 91.11$;
mais on a pu facilement se tromper de 12^h au moins sur l'heure du solstice.

Nous aurons donc alors

$$\begin{aligned} AB &= 92.59 \\ BG &= 91.41 \\ \hline ABG &= 184.20 \\ dBb &= 180 \\ \hline Ab + dG &= 4.20 \\ ZR = Ab = dG &= 2.10. \end{aligned}$$

$\frac{1}{2}$ $Aa = ZR = EX$ sera donc encore le sinus de $2^\circ 10'$; il n'y aura aucun changement, mais

AB = 92.59	sin $2^\circ 10'$ 8.5775660
Ab = 2.10	ôtez sin 0.29....... 7.9261190
bB = 90.29	tang AEH = 77.25.19″ ... 0.6514470
be = 90. 0	C. sin AEH............. 0.0105500
ZX = eB = 0.29	sin $2^\circ 10'$ 8.5775660
	2.15.12.... 8.5881160

L'apogée sera augmenté de $11^\circ 50'$, 0.025816... 1.4118840.
et l'équation diminuée de $10'$.

Mais c'est l'apogée qui était à peu près bon et qui devait être à peu près 65°; l'excentricité ou l'équation devait être à peu près 1° 58', ou 1° 59'.

ZX = ER = EZ cos 65° = 0.50.20 } à peu près.		sin 65° 9.9572757
ZR = EX = EZ sin 65 = 1.47.50 }		sin 1.59'... 8.5591863
Ab = 1° 47' 50"	Bd = 89° 9' 40"	cos 65...... 9.6259485
be = 90. 0. 0	dG = 1.47.50	EX = ZR... 8.4964620
eB = 0.50.20	BG = 90.57.30	ZX = ER... 8.1651346
AB = 92.58.10.		

Avec ces données, recommençons le calcul.

AB = 92° 58' 10"
Ab = Gd = 1.47.50
aB = 0.50.20.

AB = 92.58.10	1.47.50.... 8.4964079
BG = 90.57.30	0.50.20.... 8.1656665
ABG = 183.55.40 tang AEH = 64.58.14....	0.3307416
bAd = 180	
Ab + dG = 3.55.40	C. sin AEH.... 0.0428284
Ab = dG = 1.47.50	sin 1° 47' 50"... 8.4964079
	sin 1.59. 1.... 8.5392363
	0.02889.... 1.4607657.

Nous aurons donc l'équation 1° 59' 1", et l'apogée 64° 58' 14", quantités beaucoup plus exactes.

Il faut supposer qu'on s'est trompé d'un demi-jour sur le solstice, ce qui n'est que trop possible, et conserver les équinoxes mieux observés. On voit combien les calculs fondés sur de pareilles observations sont incertains, combien peu il faut compter sur les résultats, et combien Hipparque est excusable d'avoir commis une erreur de 24' sur l'équation. C'est un hasard s'il a si bien rencontré pour l'apogée.

Les équinoxes sont plus faciles à observer. Il est vrai que les astronomes d'Alexandrie se trompaient de 15' environ sur la hauteur du pôle, qu'ils faisaient trop faible; ils faisaient donc la hauteur de l'équateur trop forte de 15'. L'équinoxe du printems était donc retardé, car on ne l'observait qu'à l'instant où le soleil avait déjà quelques minutes de déclinaison boréale. L'équinoxe d'automne était avancé, parce qu'on l'observait quand le Soleil avait encore une déclinaison boréale. L'intervalle observé entre les deux équinoxes était donc abrégé ; notre arc ABG est donc trop petit.

Mais la réfraction qui élève le Soleil avançait l'équinoxe du printems et retardait l'équinoxe d'automne ; ces effets se détruisaient donc en partie, et l'erreur était d'ailleurs moins considérable que celle qui provenait du solstice ; ainsi nous avons pu faire porter la plus forte correction sur le solstice.

Si l'on cherchait plus d'exactitude, il faudrait rejeter les solstices et employer des observations plus susceptibles de précision ; mais la méthode deviendrait moins facile et le calcul plus long. Pour cela, il est nécessaire de réduire le problème en formules générales.

Quelques astronomes arabes, et ensuite Copernic, ont en effet rejeté les solstices pour y substituer d'autres lieux observés du Soleil. Nous verrons dans le tems leurs méthodes ; mais nous allons donner la solution la plus générale, qui se simplifiera pour le cas envisagé par Hipparque et Ptolémée. Si l'on voulait conserver la solution ci-dessus, et par conséquent les observations des équinoxes et des solstices, ce serait par les ascensions droites qu'il faudrait déterminer le moment du solstice. Quant à ceux des équinoxes, il faudrait les déterminer, à l'ordinaire, par les distances méridiennes au zénit.

Pour réduire ce problème en formules générales pour trois points quelconques A, B, C, soit T le centre de la Terre, (fig. 34), F celui de l'excentrique, A, B, C les trois points observés, K l'apogée, N le périgée, $FT = e$ l'excentricité ; les rayons FA, FK, FB, FC = 1.

Les intervalles entre les observations donnent les arcs de moyen mouvement AB, BC, AB + BC, dont la corde est AC. On a les trois cordes

$$AB = 2\sin\tfrac{1}{2}AB, \quad BC = 2\sin\tfrac{1}{2}BC, \quad AC = 2\sin\tfrac{1}{2}(AB + BC)\,;$$

les angles

$$BAC = \tfrac{1}{2}BC,\ BCA = \tfrac{1}{2}AB,\ ABC = \tfrac{1}{2}ANC = \tfrac{1}{2}(360° - AB - BC)$$
$$= 180° - \frac{AB + BC}{2}\,;$$

on connaît les différences observées de longitude ATB, BTC, ATC.

Ce sont là les données du problème ; or les points T, A, B, C forment un quadrilatère, la somme des quatre angles est de 360° ; de ces angles nous en connaissons deux ; nous avons donc la somme des deux autres, c'est-à-dire

$$\text{BCT} + \text{BAT} = 360^\circ - \text{ABC} - \text{ATC}$$

Il faut en chercher la différence, après quoi nous n'aurons plus besoin que de la Trigonométrie ordinaire. C'est une remarque qui avait échappé à tous ceux qui avaient résolu ce problème avant moi, et que j'ai donnée à Cagnoli pour la première édition de sa Trigonométrie.

Le triangle ABT donne AB : BT :: sin ATB : sin BAT.
Le triangle BTC donne BT : BC :: sin BCT : sin BTC.

Multipliant et réduisant AB : BC :: sin BCT sin ATB : sin BAT sin BTC.

$$\frac{\text{BC}}{\text{AB}} = \frac{\sin\text{BAT}\,.\,\sin\text{BTC}}{\sin\text{BCT}\,.\,\sin\text{ATB}},\quad \frac{\text{BC}}{\text{AB}}\,.\,\frac{\sin\text{ATB}}{\sin\text{BTC}} = \frac{\sin\text{BAT}}{\sin\text{BCT}} = \operatorname{tang} x,$$

ou soit

$$\operatorname{tang} x = \frac{\sin\frac{1}{2}\,\text{BFC}}{\sin\frac{1}{2}\,\text{AFB}}\,.\,\frac{\sin\text{ATB}}{\sin\text{BTC}};$$

nous aurons ainsi l'angle subsidiaire x, puis

$$\sin\text{BCT} : \sin\text{BAT} :: 1 : \operatorname{tang} x.$$

$$\begin{aligned}
&\sin\text{BCT} + \sin\text{BAT} : \sin\text{BCT} - \sin\text{BAT} :: 1 + \operatorname{tang} x : 1 - \operatorname{tang} x,\\
&\operatorname{tang}\tfrac{1}{2}(\text{BCT} + \text{BAT}) : \operatorname{tang}\tfrac{1}{2}(\text{BCT} - \text{BAT}) :: 1 + \operatorname{tang} x : 1 - \operatorname{tang} x\\
&:: \cos x + \sin x : \cos x - \sin x :: \cos x \cos 45^\circ + \sin x \sin 45^\circ\\
&: \cos x \cos 45^\circ - \sin x \sin 45^\circ :: \cos(x - 45^\circ) : \cos(x + 45^\circ)\\
&: \sin(x + 45^\circ) : \sin(x - 45^\circ) :: 1 : \cot(x + 45^\circ);
\end{aligned}$$

d'où

$$\begin{aligned}
\operatorname{tang}\tfrac{1}{2} d &= \operatorname{tang}\tfrac{1}{2}(\text{BCT} - \text{BAT}) = \cot(x + 45^\circ) \operatorname{tang}\tfrac{1}{2}(\text{BCT} + \text{BAT})\\
&= \cot(x + 45^\circ) \operatorname{tang}(180^\circ - \tfrac{1}{2}\,\text{ATC} - \tfrac{1}{2}\,\text{ABC})\\
&= \cot(x + 45^\circ) \operatorname{tang}(180^\circ - \tfrac{1}{2}\,\text{ATC} - \tfrac{1}{2}\,\text{ABC}).
\end{aligned}$$

Nous pouvons écrire

$$\begin{aligned}
\operatorname{tang}\tfrac{1}{2} d &= \cot(x + 45^\circ) \operatorname{tang}[180^\circ - \tfrac{1}{2}\,\text{ATC} - 90^\circ + \tfrac{1}{4}(\text{AB} + \text{BC})]\\
&= \cot(x + 45^\circ) \operatorname{tang}[\,90^\circ - \tfrac{1}{2}\,\text{ATC} + \tfrac{1}{4}(\text{AB} + \text{AC})]\\
&= \cot(x + 45^\circ) \cot[\tfrac{1}{2}\,\text{ATC} - \tfrac{1}{4}(\text{AB} + \text{AC})]\\
&= \cot(x + 45^\circ) \cot(\tfrac{1}{2}\,\text{ATC} - \tfrac{1}{4}\,\text{AFC})\\
&= \cot(x + 45^\circ) \cot(\tfrac{1}{2}\text{mouv. observ.} - \tfrac{1}{2}\text{mouv. moy. calculé}).
\end{aligned}$$

$\frac{1}{2}d$ sera négative si les deux cotangentes sont de signe différent; en général, d étant positif,

$$BCT = 90^\circ - (\tfrac{1}{2}v - \tfrac{1}{4}m) + \tfrac{1}{2}d, \quad BAT = 90^\circ - (\tfrac{1}{2}v - \tfrac{1}{4}m) - \tfrac{1}{2}d,$$

v est le mouvement vrai observé, m le mouvement moyen calculé.

$$\begin{aligned}
TAC &= TAB - BAC = 90^\circ - \tfrac{1}{2}v + \tfrac{1}{4}m - \tfrac{1}{2}d - \tfrac{1}{2}BFC \\
&= 90^\circ - \tfrac{1}{2}v - \tfrac{1}{2}d + \tfrac{1}{4}AFB + \tfrac{1}{4}BFC - \tfrac{1}{2}BFC \\
&= 90^\circ - \tfrac{1}{2}v - \tfrac{1}{2}d + (\tfrac{1}{4}AFB - \tfrac{1}{4}BFC) \\
&= 90^\circ - \tfrac{1}{2}v - \tfrac{1}{2}d + \tfrac{1}{4}(AFB - BFC), \\
TCA &= TCB - BCA = 90^\circ - \tfrac{1}{2}v + \tfrac{1}{2}d + \tfrac{1}{4}m - \tfrac{1}{2}AFB \\
&= 90^\circ - \tfrac{1}{2}v + \tfrac{1}{2}d + \tfrac{1}{4}AFB + \tfrac{1}{4}BFC - \tfrac{1}{2}AFB \\
&= 90^\circ - \tfrac{1}{2}v + \tfrac{1}{2}d - \tfrac{1}{4}(AFB - BFC).
\end{aligned}$$

Ces deux angles, dans les équinoxes et les solstices, se réduisent à zéro, $\frac{1}{2}v = 90^\circ$ et $-\frac{1}{2}d = \frac{1}{4}(AFB - BFC)$; alors on a $d = \frac{1}{2}(AFB - BFC)$; on n'a donc alors aucun besoin de calculer x, dont l'expression devient $\text{tang}\, x = \frac{\sin \frac{1}{2} BFC}{\sin \frac{1}{2} AFB}$.

$$\begin{aligned}
TBA &= 180^\circ - BTA - BAT = 180^\circ - BTA - 90^\circ + \tfrac{1}{2}v - \tfrac{1}{4}m + \tfrac{1}{2}d \\
&= 90^\circ - BTA + \tfrac{1}{2}v + \tfrac{1}{2}d - \tfrac{1}{4}AFC = 90^\circ + \tfrac{1}{2}v + \tfrac{1}{2}d - \tfrac{1}{4}AFC - ATB \\
&= 90^\circ + \tfrac{1}{2}d - \tfrac{1}{4}AFC + \tfrac{1}{2}ATB + \tfrac{1}{2}BTC - ATB \\
&= 90^\circ + \tfrac{1}{2}d - \tfrac{1}{4}AFC - \tfrac{1}{2}(ATB - BTC) \\
&= 90^\circ + \tfrac{1}{2}d - \tfrac{1}{4}m - \tfrac{1}{2}(ATB - BTC) \\
&= 90^\circ - (\tfrac{1}{4}m - \tfrac{1}{2}d) - \tfrac{1}{2}(ATB - BTC), \\
TBC &= 180^\circ - BTC - BCT = 180^\circ - BTC - 90^\circ + \tfrac{1}{2}v - \tfrac{1}{4}m - \tfrac{1}{2}d \\
&= 90^\circ + \tfrac{1}{2}v - \tfrac{1}{2}d - \tfrac{1}{4}m - BTC \\
&= 90^\circ - \tfrac{1}{4}m - \tfrac{1}{2}d + \tfrac{1}{2}ATB + \tfrac{1}{2}BTC - BTC \\
&= 90^\circ - \tfrac{1}{4}m - \tfrac{1}{2}d + \tfrac{1}{2}(ATB - BTC) \\
&= 90^\circ - \tfrac{1}{2}d - \tfrac{1}{4}m + \tfrac{1}{2}(v' - v'').
\end{aligned}$$

Dans les équinoxes et les solstices,

$$BAT = 90^\circ - \tfrac{1}{2}v + \tfrac{1}{4}m - \tfrac{1}{2}d = \tfrac{1}{4}m - \tfrac{1}{2}d.$$

TBA devient $90^\circ - (\frac{1}{4}m - \frac{1}{2}d)$; ces deux angles sont complémens l'un de l'autre;

BCT devient $= 90^\circ - \frac{1}{2}v + \frac{1}{4}m + \frac{1}{2}d = \frac{1}{4}m + \frac{1}{2}d$; car $\frac{1}{2}v = 90^\circ$.

TBC devient $90^\circ - (\frac{1}{4}m + \frac{1}{2}d)$; ces deux derniers angles sont encore complémens l'un de l'autre.

Connaissant ainsi tous les angles, il reste encore à calculer les côtés.

Le triangle ABT donne

$$\sin ATB : AB :: \sin BAT : BT = \frac{AB \sin BAT}{\sin ATB} = \frac{2\sin\frac{1}{2}AFB \sin BAT}{\sin ATB}$$
$$= \frac{2\sin\frac{1}{2}AFB}{\sin ATB}\cos\left(\tfrac{1}{2}v - \tfrac{1}{4}m + \tfrac{1}{2}d\right).$$

Dans les équinoxes et les solstices,

$$\begin{aligned} BT &= 2\sin\tfrac{1}{2}AFB\sin\left(\tfrac{1}{4}m - \tfrac{1}{2}d\right) \\ &= 2\sin\tfrac{1}{2}AFB\sin\left[\tfrac{1}{4}(m' + m'') - \tfrac{1}{4}(m' - m'')\right] \\ &= 2\sin\tfrac{1}{2}AFB\sin\left(\tfrac{1}{4}m' + \tfrac{1}{4}m'' - \tfrac{1}{4}m' + \tfrac{1}{4}m''\right) \\ &= 2\sin\tfrac{1}{2}AFB\sin\tfrac{1}{2}BFC. \end{aligned}$$

Le triangle BTC donne

$$\sin BTC : BC :: \sin BCT : BT = \frac{BC \sin BCT}{\sin BTC} = \frac{2\sin\frac{1}{2}BFC\cos\left(\frac{1}{2}v - \frac{1}{4}m - \frac{1}{2}d\right)}{\sin ATB}.$$

Dans les équinoxes et les solstices,

$$\begin{aligned} BT &= 2\sin\tfrac{1}{2}BFC\sin\left(\tfrac{1}{4}m + \tfrac{1}{2}d\right) = 2\sin\tfrac{1}{2}BFC\sin\left[\tfrac{1}{4}m + \tfrac{1}{4}(m' - m'')\right] \\ &= 2\sin\tfrac{1}{2}BFC\sin\tfrac{1}{2}AFB. \end{aligned}$$

Ces deux expressions sont identiques. On n'a jamais un besoin réel des côtés TA et TC. On les trouverait comme il suit

Le triangle ABT donne

$$\sin ATB : AB :: \sin ABT : AT = \frac{AB \sin ABT}{\sin ATB} = \frac{2\sin\frac{1}{2}AFB \sin ABT}{\sin ATB}$$
$$= \frac{2\sin\frac{1}{2}AFB}{\sin ATB}\cos\left[\tfrac{1}{2}(v' - v'') + \left(\tfrac{1}{4}m - \tfrac{1}{2}d\right)\right].$$

Dans les équinoxes et les solstices,

$$\begin{aligned} AT &= 2\sin AFB\sin\left(\tfrac{1}{4}m - \tfrac{1}{2}d\right) = 2\sin\tfrac{1}{2}AFB\sin\left[\tfrac{1}{4}(m' + m'') - \tfrac{1}{4}(m' - m'')\right] \\ &= 2\sin\tfrac{1}{2}AFB\cos\tfrac{1}{2}BC. \end{aligned}$$

Le triangle ACT donne

$$\sin ATC : AC :: \sin ACT : AT = \frac{AC \sin ACT}{\sin ATC} = \frac{2\sin\frac{1}{2}AFC \sin ACT}{\sin ATC}$$
$$= \frac{2\sin\frac{1}{2}AFC}{\sin ATC}\cos\left[\left(\tfrac{1}{2}v - \tfrac{1}{2}d\right) + \tfrac{1}{4}(m' - m'')\right].$$

Dans les équinoxes, les sinus des angles ATC, ACT deviennent o, et la formule n'apprend plus rien.

Le triangle TBC donne

$$\sin BTC : BC :: \sin TBC : TC = \frac{BC \sin TBC}{\sin BTC} = \frac{2\sin\frac{1}{2}BFC \sin TBC}{\sin BTC}$$
$$= \frac{2\sin\frac{1}{2}BFC}{\sin BTC}\cos[(\tfrac{1}{4}m + \tfrac{1}{2}d) - \tfrac{1}{4}(v' - v'')],$$
$$\sin ATC : AC :: \sin TAC : TC = \frac{AC \sin TAC}{\sin ATC}$$
$$= \frac{AC}{\sin ATC}\cos[(\tfrac{1}{2}v + \tfrac{1}{2}d) - \tfrac{1}{4}(m' - m'')].$$

Dans les équinoxes et les solstices,

$$TC = 2\sin\tfrac{1}{2}BFC\cos[\tfrac{1}{4}m + \tfrac{1}{4}(m' - m'')] = 2\sin\tfrac{1}{2}BFC\cos\tfrac{1}{2}m'$$
$$= 2\sin\tfrac{1}{2}BFC\cos\tfrac{1}{2}AFB\,;$$

dans les équinoxes,

$$AT - TC = 2\sin\tfrac{1}{2}AFB\cos\tfrac{1}{2}BFC - 2\cos\tfrac{1}{2}AFB\sin\tfrac{1}{2}BFC$$
$$= 2\sin\tfrac{1}{2}(AFB - BFC),$$
$$\tfrac{1}{2}(AT - TC) = \sin\tfrac{1}{2}(AFB - BFC),$$
$$\tfrac{1}{2}(AT + TC) = \sin\tfrac{1}{2}(AFB + BFC).$$

Nous connaissons tous les côtés dont nous avons de doubles expressions; déterminons les trois équations du centre.

$$FBT = FBC - TBC = 90^\circ - \tfrac{1}{2}BFC - 90^\circ + \tfrac{1}{4}m + \tfrac{1}{2}d - \tfrac{1}{2}(ATB - BTC)$$
$$= \tfrac{1}{4}m + \tfrac{1}{2}d - \tfrac{1}{2}m'' - \tfrac{1}{2}(v' - v'') = \tfrac{1}{4}m' + \tfrac{1}{4}m'' - \tfrac{1}{2}m'' + \tfrac{1}{2}d - \tfrac{1}{2}(v' - v'')$$
$$= \tfrac{1}{4}(m' - m'') - \tfrac{1}{2}(v' - v'') + \tfrac{1}{2}d,$$
$$TAF = TAB - FAB = 90^\circ - \tfrac{1}{2}v + \tfrac{1}{4}m - \tfrac{1}{2}d - 90^\circ + \tfrac{1}{2}AFB$$
$$= \tfrac{1}{4}m - \tfrac{1}{2}v - \tfrac{1}{2}d + \tfrac{1}{2}m' = \tfrac{1}{4}m' + \tfrac{1}{4}m'' - \tfrac{1}{2}v - \tfrac{1}{2}d + \tfrac{1}{2}m'$$
$$= \tfrac{3}{4}m' + \tfrac{1}{4}m'' - \tfrac{1}{2}v - \tfrac{1}{2}d,$$
$$FCT = BCT - BCF = 90^\circ - \tfrac{1}{2}v + \tfrac{1}{4}m + \tfrac{1}{2}d - 90^\circ + \tfrac{1}{2}BFC$$
$$= \tfrac{1}{4}m + \tfrac{1}{2}d - \tfrac{1}{2}v + \tfrac{1}{2}m'' = \tfrac{1}{4}m' + \tfrac{3}{4}m'' - \tfrac{1}{2}v + \tfrac{1}{2}d,$$
$$FCT - TAF = \tfrac{1}{4}m' + \tfrac{3}{4}m'' - \tfrac{1}{2}v + \tfrac{1}{2}d - \tfrac{3}{4}m' - \tfrac{1}{4}m'' + \tfrac{1}{2}v + \tfrac{1}{2}d$$
$$= -\tfrac{1}{2}m' + \tfrac{1}{2}m'' + d = d - \tfrac{1}{2}(m' - m'').$$

$$FCT + TAF = \tfrac{1}{4}m' + \tfrac{3}{4}m'' - \tfrac{1}{2}v + \tfrac{1}{2}d$$
$$+ \tfrac{3}{4}m' + \tfrac{1}{4}m'' - \tfrac{1}{2}v - \tfrac{1}{2}d$$
$$= m' + m'' - v = m - v.$$

Mais $\frac{FT}{AF} = \frac{FT}{CF} = \frac{\sin TAF}{\sin ATF} = \frac{\sin FCT}{\sin CTF}$ ou $\frac{\sin TAF}{\sin FCT} = \frac{\sin ATF}{\sin CTF}$;

d'où $$\frac{\text{tang}\,\frac{1}{2}(FCT - TAF)}{\text{tang}\,\frac{1}{2}(FCT + TAF)} = \frac{\text{tang}\,\frac{1}{2}(CTF - ATF)}{\text{tang}\,\frac{1}{2}(CTF + ATF)} = \frac{\text{tang}\,\frac{1}{2}(CTF - ATF)}{\text{tang}\,\frac{1}{2}ATC},$$

$$\text{tang}\,\tfrac{1}{2}(CTF - ATF) = \text{tang}\,\tfrac{1}{2}(FCT - TAF)\cot\tfrac{1}{2}(FCT + TAF)\,\text{tang}\,\tfrac{1}{2}ATC,$$
$$\text{tang}\,\tfrac{1}{2}(CTK - ATK) = \text{tang}\left[\tfrac{1}{2}d - \tfrac{1}{4}(m' - m'')\right]\cot\tfrac{1}{2}(m - \nu)\,\text{tang}\,\tfrac{1}{2}\nu;$$

or CTC + ATK = ATC. On aura donc les deux distances angulaires à l'apogée, c'est-à-dire CTK et ATK.

A l'équinoxe $\text{tang}\,\frac{1}{2}\nu = \infty$, $\text{tang}\left[\frac{1}{2}d - \frac{1}{4}(m' - m'')\right] = 0$; l'équation ne peut être d'aucune utilité.

Avec les angles FBT, TAF, FCT, et les côtés qui renferment ces angles, on aura les deux angles inconnus dans chaque triangle, c'est-à-dire les six distances à l'apogée et l'excentricité, par trois moyens différens.

Appliquons ces formules aux exemples de Ptolémée.

Équinoxes et Solstices.

$$\begin{aligned}
ABC &= \nu = 180°. \\
AB &= m' = 93°\ 9' \\
BC &= m'' = 91.11 \\
AB + BC &= m = 184.20 \\
\tfrac{1}{2}m &= 92.10 \\
\tfrac{1}{4}m &= 46.\ 5 \\
m' - m'' &= 1.58 \\
\tfrac{1}{2}(m' - m'') &= 0.59 \\
\tfrac{1}{4}(m' - m'') &= 0.29.30.
\end{aligned}$$

$$\begin{aligned}
\nu' &= \nu'' = 90°. \\
\tfrac{1}{2}m' &= 46°\,34'\,30'' \\
\tfrac{1}{2}m'' &= 45.35.30 \\
\tfrac{1}{2}\nu &= 90 \\
\tfrac{1}{4}m &= 46.\ 5 \\
\tfrac{1}{2}\nu - \tfrac{1}{4}m &= 43.55
\end{aligned}$$

$$\begin{aligned}
\text{Sin}\,\tfrac{1}{2}m'' &= 45.35.30\ldots\ 9.8559238 \\
\text{C. sin}\,\tfrac{1}{2}m' &= 46.34.30\ldots\ 0.1388990 \\
\text{tang}\,x &= 44.31.56\ldots\ 9.9928228 \\
&\ 45 \\
\cot(x + 45°) &= 89.31.56\ldots\ 7.9170545 \\
\cot(\tfrac{1}{2}\nu - \tfrac{1}{4}m) &= 43.55.\ 0\ldots\ 0.0164270 \\
\text{tang}\,\tfrac{1}{2}d &= 0.29.30\ldots\ 7.9334815.
\end{aligned}$$

On voit en effet que $\frac{1}{2}d = 0^\circ\,29'\,30'' = \frac{1}{2}(m' - m'')$, et ce calcul préparatoire est inutile en ce cas.

$$\begin{aligned}
\tfrac{1}{2}m &= 46.\ 5.\ 0 \\
\tfrac{1}{2}d &= \underline{\ 0.29.30} \\
\tfrac{1}{2}m - \tfrac{1}{2}d &= 45.35.30 = \mathrm{BAT} \\
90^\circ - \mathrm{BAT} &= 44.24.30 = \mathrm{TBA} \\
\tfrac{1}{2}m + \tfrac{1}{2}d &= 46.54.30 = \mathrm{BCT} \\
90^\circ - \mathrm{BCT} &= 43.25.30 = \mathrm{TBC}.
\end{aligned}$$

$$\begin{aligned}
\tfrac{1}{2}(m' - m'') &= 0^\circ\,29'\,30'' \\
\tfrac{1}{2}d &= \underline{0.29.30} \\
& \ 0.59.\ 0 \\
\tfrac{1}{2}(v' - v'') &= \underline{0.\ 0.\ 0} \\
\mathrm{FBT} &= 0.59.\ 0.
\end{aligned}$$

$$\begin{aligned}
2 \ldots\ & 0.3010300 \\
\sin\tfrac{1}{2}m' \ldots\ & 9.8611010 \\
\sin\tfrac{1}{2}m'' \ldots\ & \underline{9.8539238} \\
\mathrm{BT} = 1.037659 \ldots\ & 0.0160548.
\end{aligned}$$

$$\begin{aligned}
2\sin\tfrac{1}{2}m' \ldots\ & 0.1621310 \\
\cos\tfrac{1}{2}m'' \ldots\ & \underline{9.8449536} \\
\mathrm{AT} = 1.016446 \ldots\ & 0.0070846.
\end{aligned}$$

$$\begin{aligned}
2\sin\tfrac{1}{2}m'' \ldots\ldots\ & 0.1549538 \\
\cos\tfrac{1}{2}m' \ldots\ldots\ & \underline{9.8372124} \\
\mathrm{CT} = 0.9821255 \ldots\ldots\ & 9.9921662 \\
\mathrm{AT} = \underline{1.016446}\ & \\
\mathrm{AT} - \mathrm{CT} = 0.0343225 \ldots\ldots\ & 8.5355790 \\
\mathrm{C.}\ l.\,2 \ldots\ldots\ & \underline{9.6985700} \\
\sin 0^\circ\,59'\,0'' \ldots\ldots\ & 8.2341490, \\
\text{ou } \sin\tfrac{1}{2}(m' - m'').\ &
\end{aligned}$$

$$\begin{aligned}
\mathrm{AT} &= 1.016446 \\
\mathrm{TC} &= \underline{0.9821255} \\
\mathrm{AT} + \mathrm{TC} &= 1.9985695 \\
\tfrac{1}{2}(\mathrm{AT} + \mathrm{TC}) &= 0.9992848 \ldots\ldots\ 9.9996893 \\
\sin\tfrac{1}{2}(m' + m'') &= \tfrac{1}{2}(\mathrm{AT} + \mathrm{TC}) = \sin 92^\circ\,10'.
\end{aligned}$$

Tous ces calculs nous sont inutiles; ils ne sont bons qu'à vérifier les formules générales.

$$\begin{array}{rl} \frac{1}{2}m'+\frac{1}{2}m'' = & 46^\circ\ 5' \\ \frac{1}{2}m' = & 46.34.30'' \\ - & 90 \\ \hline & 2.39.30 \\ \frac{1}{2}d = & 0.29.30 \\ \hline \mathrm{TAF} = & 2.10.\ 0 \\ d = & 0.59.\ 0 \\ \frac{1}{2}(m'-m'') = & 0.59.\ 0 \\ \hline & 0.\ 0.\ 0. \end{array} \qquad \begin{array}{rl} \frac{1}{2}m'+\frac{1}{2}m'' = & 46^\circ\ 5'\ 0'' \\ \frac{1}{2}m' = & 45.35.30 \\ - & 90 \\ \hline & 1.40.30 \\ \frac{1}{2}d = & 29.30 \\ \hline \mathrm{TAF} = & 2.10.\ 0 \end{array}$$

Dans les équinoxes et les solstices, AT et TC ne font qu'une même droite et deviennent A'T et TC'. Abaissez la perpendiculaire FP du centre F sur A'C', vous aurez $TP = \frac{1}{2}(A'T - TC')$.

Nous avons

$$A'P = PC' = \tfrac{1}{2}(A'T + TC') = \sin\tfrac{1}{2}(A'FB + BFC') = \sin DFA',$$

en continuant PF en D; si A'P est le sinus de $\frac{1}{2}(A'FC + BFC')$, FP en sera le cosinus.

$$\begin{aligned} \operatorname{Cot} FTP = \operatorname{tang} PFT = \frac{PT}{FP} &= \frac{\sin\frac{1}{2}(A'FB - BFC')}{\cos\frac{1}{2}(A'FB + BFC')} = \frac{\sin\frac{1}{2}(m'-m'')}{\cos\frac{1}{2}(m'+m'')} \\ &= \frac{\sin 0^\circ\, 59'\, 0''}{\cos 92^\circ\, 10'} = \frac{\sin 0^\circ\, 59'\, 0''}{\sin 2^\circ\, 10'}. \end{aligned}$$

C'est la formule de Ptolémée, et ce n'est qu'un cas particulier de la solution générale.

Enfin

$$e = FT = \frac{PF}{\cos PFT} = \frac{\cos\frac{1}{2}(A'FB + BFC')}{\cos PFT} = \frac{\sin 2^\circ\, 10'}{\cos PFT} = \frac{\sin 2^\circ\, 10'}{\sin PTF}.$$

La solution, dans ce cas, se réduit à ces deux dernières formules, au lieu qu'il faudrait quatre ou cinq formules ou 14 logarithmes pour la solution générale.

Appliquons maintenant nos formules générales, en nous créant un exemple. Supposons trois longitudes vraies ☉′, ☉″, ☉‴, et de plus, $e = 2^\circ\, 24'$; apogée $= 5^s\, 10^\circ$ ou $8^s\, 20^\circ$.

$$\begin{array}{l|r|l|l}
\odot' = 50^\circ 0' 0'' & +\ 8' 20'' & A' = 9' 20'' & e\sin A' = -\ 2^\circ 15' 19'' \\
\odot'' = 110.0.0 & 8.20 & A'' = 0.10 & e\sin A'' = +\ 0.25.\ 0 \\
\odot''' = 176.0.0 & 8.20 & A''' = 2.16 & e\sin A''' = +\ 2.19.45
\end{array}$$

$$\begin{array}{l|l l}
\odot'' - \odot' = v' = 80^\circ\ 0'\ 0'' & L' = \odot' + e\sin A' = 27^\circ 44' 41'' & \tfrac{1}{2}m = 75^\circ 17' 51'' \\
\odot''' - \odot'' = v'' = 66.\ 0.\ 0 & L'' = \odot'' + e\sin A'' = 110.25.\ 0 & m' - m'' = 14.45.36 \\
\odot''' - \odot' = v = 146.\ 0.\ 0 & L''' = \odot''' + e\sin A''' = 178.19.43 & \tfrac{1}{2}(m' - m'') = 7.22.48
\end{array}$$

$$\begin{array}{rl}
m = 150.35.\ 2 & L'' - L' = m' = 82.40.19 \\
m - v = 4.55.\ 2 & L''' - L'' = m'' = 67.54.43 \\
\tfrac{1}{2}(m - v) = 2.17.31 & L''' - L' = m = 150.35.\ 2.
\end{array}$$

L'observation est censée avoir donné v', v'' et v différences de longitudes observées; le calcul des moyens mouvemens pour les trois intervalles a donné m', m'' et m.

$$\begin{array}{rl}
AFB = m' = 82^\circ 40' 19'' & BCA = \tfrac{1}{2} AFB = \tfrac{1}{2} m' = 41^\circ 20'\ 9''5 \\
BFC = m'' = 67.54.43 & BAC = \tfrac{1}{2} BFC = \tfrac{1}{2} m'' = 33.57.21.5 \\
AFC = m = 150.35.\ 2 & ABC = 180^\circ - \tfrac{1}{2} m = \underline{104.42.29.0} \\
\tfrac{1}{2}m = 75.17.31 & \text{triangle ABC}\ldots\ldots\ 180.\ 0.\ 0.0 \\
180^\circ - \tfrac{1}{2} m = 104.42.29. &
\end{array}$$

$$\begin{array}{rl}
ABC = 104.42.29 & \tfrac{1}{2} ATC = 73.\ 0.\ 0 \\
ATC = \underline{146.\ 0.\ 0} & \tfrac{1}{2} ABC = \underline{52.21.14.5} \\
\text{somme connue} = 250.42.29 & \tfrac{1}{2}(ATC + ABC) = 125.21.14.5 \\
\text{angles inconnus} = 109.17.31 & S = 54.38.45.5 \\
S = 54.38.45.5. &
\end{array}$$

S est la demi-somme des deux angles inconnus.

$$S = 90^\circ - \tfrac{1}{2}v + \tfrac{1}{2}m = 90^\circ - (\tfrac{1}{2}v - \tfrac{1}{2}m)$$
$$= (90^\circ + \tfrac{1}{2}m) - \tfrac{1}{2}v.$$

$$\begin{array}{r}
\tfrac{1}{2}v = 73.\ 0.\ 0 \\
\tfrac{1}{2}m = \underline{37.38.45.5} \\
\tfrac{1}{2}v - \tfrac{1}{2}m = 35.21.14.5 \\
\underline{90} \\
S = 54.38.45.5.
\end{array}$$

Voilà donc trois manières pour calculer S.

Ici finissent les préparatifs, le calcul va commencer.

Log 2...	0.3010300
$\sin \frac{1}{2}$ AFB...	9.8198552
AB...	0.1208852
C. $\sin$ ATB $= v'$...	0.0066485
AB : sin ATB...	0.1275337

$$\frac{AB}{\sin ATB} = \frac{2\sin \frac{1}{2} m'}{\sin v'}$$

log 2...	0.3010300
$\sin \frac{1}{2}$ BFC...	9.7470663
BC...	0.0480963
$\sin$ BTC $= v''$...	0.0392698
BC : sin BTC...	0.0873661

$$\frac{BC}{\sin BTC} = \frac{2\sin \frac{1}{2} m''}{\sin v''}$$

log 2...	0.3010300
$\sin \frac{1}{2}$ AFC $= \frac{1}{2} m$...	9.9855307
AC...	0.2865607
C. $\sin$ ATC $= v$...	0.2524383
AC : sin ATC...	0.5389990

$$\frac{AC}{\sin ATC} = \frac{2\sin \frac{1}{2} m}{\sin v}$$

Ces trois calculs sont symétriques.

BC : sin BTC...	0.0873661
AB : sin ATB...	0.1275337
tang $x = 42° 21' 15''$...	9.9598324

$$\text{tang}\, x = \frac{\left(\frac{2\sin \frac{1}{2} m''}{\sin v''}\right)}{\left(\frac{2\sin \frac{1}{2} m'}{\sin v'}\right)} = \frac{\sin \frac{1}{2} m''}{\sin v''} \cdot \frac{\sin v'}{\sin \frac{1}{2} m'}.$$

45

87.21.15 $= (x + 45°)$.

Cinq log. pour avoir x.

Cot $(x + 45°) = 87° 21' 15''$..... 8.6647487
tang S $=$ 54.38.46...... 0.1490744
tang $d =$ 3.43.36...... 8.8138231
BCT $=$ 58.22.22.0 $=$ S $+ d$
BAT $=$ 50.55.10.0 $=$ S $- d$.

Nous avons ainsi les deux angles inconnus du quadrilatère ABCT.

BCT $=$ 58.22.22
$\frac{1}{2}$ AB $=$ BCA $=$ 41.20.10
TCA $=$ 17. 2.12 $=$ S $+ d - \frac{1}{2} m'$.

$$BAT = 50.55.10$$
$$\tfrac{1}{2}BC = BAC = 33.57.22$$
$$TAC = 16.57.48 = S - d - \tfrac{1}{4}m''$$
$$TCA = 17.\ 2.12 = S + d - \tfrac{1}{4}m'$$
$$TAC + TCA = 34.\ 0.\ 0 = 2S - \tfrac{1}{4}(m' + m'') = 2S - \tfrac{1}{2}m.$$

$$2S = 109.17.31 = \text{somme des angles inconnus}$$
$$\tfrac{1}{2}m = 75.17.31 = \text{demi-mouvement moyen}$$
$$TAC + TCA = 34.\ 0.\ 0.$$

$$ATB = v' = 80.\ 0.\ 0 \qquad BTC = v'' = 66^\circ\ 0'\ 0''$$
$$BAT = S - d = 50.55.10 \qquad BCT = S + d = 58.22.22$$
$$v' + S - d = 130.55.10 \qquad v'' + S + d = 124.22.22$$
$$ABT = 180^\circ - (v' + S - d) = 49.\ 4.50. \qquad TBC = 55.37.38 = 180^\circ - (v'' + S + d)$$

$$FBC = 90^\circ - \tfrac{1}{2}BFC = 56^\circ\ 2'\ 38''$$
$$TBC = 55.37.38$$
$$2^e \text{ équation} = FBT = 0.25.\ 0$$

$$BAT = 50.55.10$$
$$BAF = 90^\circ - \tfrac{1}{2}AFB = 48.39.50$$
$$1^{re} \text{ équation} = FAT = 2.15.20.$$

$$BCT = 58.22.22$$
$$BCF = 90^\circ - \tfrac{1}{2}BFC = 56.\ 2.38$$
$$3^e \text{ équation} = FCT = 2.19.44.$$

Nous retrouvons ainsi nos trois équations du centre.

On aurait

$$FAT = \tfrac{1}{4}(m' + m'') + \tfrac{1}{4}m' - \tfrac{1}{4}v - d = \tfrac{1}{4}m + \tfrac{1}{4}m' - \tfrac{1}{4}v - d,$$
$$FCT = \tfrac{1}{4}(m' + m'') + \tfrac{1}{4}m'' - \tfrac{1}{4}v + d = \tfrac{1}{4}m + \tfrac{1}{4}m'' - \tfrac{1}{4}v + d,$$
$$FBT = \tfrac{1}{4}(m' - m'') + d - \tfrac{1}{2}(v' - v'').$$

Après avoir déterminé tous les angles, qui ne dépendent que de d et des données, on va passer au calcul des côtés.

AB:sinATB...	0.1275337	$BT=\left(\frac{AB}{\sin ATB}\right)\sin BAT$
sinBAT...	9.8900074	
BT...	0.0175411	$=\left(\frac{AB}{\sin ATB}\right)\cos(d+\frac{1}{2}v-\frac{1}{4}m)$
BC:sinBTC...	0.0873661	$=\left(\frac{BC}{\sin BTC}\right)\sin BCT$
sinBCT...	9.9301734	
BT...	0.0175395	$=\left(\frac{BC}{\sin BTC}\right)\cos(\frac{1}{2}v-\frac{1}{4}m-d)$

AB:sinATB...	0.1275337	$AT=\left(\frac{AB}{\sin ATB}\right)\sin ABT$
sinABT...	9.8783099	
AT...	0.0058436	$=\left(\frac{AB}{\sin ATB}\right)\cos[\frac{1}{4}m+\frac{1}{2}(v'-v'')-d]$
AC:sinATC...	0.5389990	$=\left(\frac{AC}{\sin ATC}\right)\sin ACT$
sin ACT...	9.4668433	
AT...	0.0058423	$=\left(\frac{AC}{\sin ATC}\right)\cos[\frac{1}{4}m+\frac{1}{2}d-\frac{1}{4}(v'-v'')]$

BC:sinBTC...	0.0873661	$CT=\left(\frac{BC}{\sin BTC}\right)\sin TBC$
sinTBC...	9.9166549	
CT...	0.0040210	$=\left(\frac{BC}{\sin BTC}\right)\cos[\frac{1}{4}m+d-\frac{1}{2}(v'-v'')]$
AC:sinATC...	0.5389990	$=\left(\frac{AC}{\sin ATC}\right)\sin TAC$
sin TAC...	9.4650252	
CT...	0.0040242	$=\left(\frac{AC}{\sin ATC}\right)\cos[\frac{1}{2}v+\frac{1}{2}d-\frac{1}{4}(m'-m'')]$.

Il ne reste plus à calculer que l'apogée et l'équation.

BT...	0.0175411		0.0175411
cosFBT...	9.9999885	sinFBT...	7.8616625
1.04119...	0.0175296	C. 0.04119...	1.3852082
— 1		tangKB= 10° 24′ 58″...	9.2644116
0.04119...	8.6147918	L″=110. 25. 0	
C. cos KB...	0.0071166	apogée=100. 0. 2=longit. du point K	
sine=2° 23′ 59...	8.6219084	=100. 0. 0=apogée supposé	
2. 24. 0 = équation supposée		2″ différence.	
1″ différence.			

AT...	0.0058450..........................		0.0058450
cos FAT...	9.9996654	sin FAT...	8.5950187
1.01276...	0.0055064	C. 0.01276...	1.8941493
1.		tang KA = 72° 15′ 41″...	0.4950110
0.01276...	8.1058507	L′ =	27.44.41
C. cos KA...	0.5161632	apogée =	100. 0.22
sin 2° 24′ 1″...	8.6220139		100. 0. 0 = apog. suppos.
			0. 0.22 = différence.

CT...	0.0040226..........................		0.0040226
cos FCT...	9.9996411	sin FCT...	8.6089065
1.008472...	0.0036637	C. 0.00842...	2.0720141
1		tang CK = 78° 19′ 46″...	0.6849452
0.00842....	7.9279859	L‴ =	178.19.43
C. cos CK...	0.6939772		99.59.57 = apogée.
sin 2° 24′ 0″...	8.6219631.		

Nous avons donc pour l'apogée	100° 0′ 2″
	100. 0.22
	99.59.57
	0.21
Milieu....	100. 0. 7
Apogée supposé....	100. 0. 0
Erreur moyenne....	7.
Nous avons pour l'équation.....	2° 23′ 59″
	2.24. 1
	2.24. 0
Milieu.....	2.24. 0
Équation supposée.....	2.24. 0.

On voit que tout est bien d'accord; nous avons fait tous les calculs doubles ou triples, pour nous assurer de la justesse des formules générales, mais en se bornant à ce qui est strictement nécessaire, la solution paraîtra facile et courte; car on n'aurait que 17 logarithmes différens à chercher. Tacquet rapporte une méthode d'Hérigone, qui en exige 20. Voyez ses Élémens d'Astronomie, livre VI, page 243 : elle est un peu moins générale, et elle ne fournit pas aussi naturellement les vérifications.

Appliquons cette méthode à notre exemple.

Soient E, D, C les trois lieux du Soleil (fig. 55). Menez les cordes EBG, ED, BC, DG et CG; les rayons KE, KD et KC, et les droites BE, BD et BC.

EBD = 80°	EBD = 80. 0
180° — EBD = DBG = 100	DBC = 66
EKD = 82° 40′ 19″	EBC = 146. 0
DKC = 67.54.43	CBG = 34. 0
EKC = 150.35. 2	BGC = 75.17.31
$\frac{1}{2}$ EKC = EGC = 75.17.31	donc BCG = 70.42.29.
DBG = 100°	$\frac{1}{2}$ DBC = 33°
BGD = 41.20.10	90° — $\frac{1}{2}$ DBC = 57
BDG = 38.39.50.	

Sin BGD : BD :: sin BDG : BG,
sin BCG : BG :: sin CGB : CB;

d'où

$$\frac{CB}{BD} = \frac{\sin BDG}{\sin BGD} \cdot \frac{\sin CGB}{\sin BCG}.$$

C. sin BGD...... 0.1801436
sin BDG...... 9.7957067
C. sin BCG...... 0.0250982
sin CGB...... 9.9855307

BC : BD = 0.969347...... 9.9864792
1.0

1 — BC : BD = 0.030653...... 8.4864730
1 + BC : BD = 1.969347...... 9.7056770
tang (90° — $\frac{1}{2}$ DBC) = 57° 0′ 0″...... 0.1874826
tang $\frac{1}{2}$ (BCD — BDC) = 1.22.23...... 8.3796326

BCD = 58.22.23
BDC = 55.37.57.

$\frac{1}{2}$ DKC = 33.57.21.5
90° — $\frac{1}{2}$ DKC = 56. 2.38.5 = CDK
BDC = 55.37.57
BDK = 0.25. 2
$\frac{1}{2}$ BDK = 0.12.31
90° — $\frac{1}{2}$ BDK = 89.47.29.

Sin DBC : sin BCD :: DC : BD, et DC = 2sin $\frac{1}{2}$ DKC.

C. sin DBC......	0.0392698
sin BCD......	9.9301747
2......	0.3010300
sin $\frac{1}{2}$ DKC......	9.7470665
BD = 1.041216......	0.0175410
KD = 1	
BD — KD = 0.041216......	8.6150196
BD + KD = 2.041216......	9.6901101
tang (90° — $\frac{1}{2}$ BDK) = 89° 47′ 29″......	2.4387853
tang $\frac{1}{2}$ (DKB — DBK) = 79.46.58......	0.7459150
DKB = 169.34. 7	
C. sin DBK = 10. 0.51......	0.7597212
sin BDK = 0.25. 2......	7.8620963
C. sin 1″......................	5.3144251
2° 25′ 54″......	3.9362426.

C'est la plus grande équation.

Longitude du point D.....	110. 0. 0
DBK.....	10. 0.51
apogée.....	99.59. 9.

Voyez l'Astronomie de Tacquet, page 245.

Retournons à Ptolémée (fig. 55).

Nous savons le tems écoulé de A en H, puisque nous connaissons A*b* et *b*H; nous aurons le tems où le Soleil était en H, c'est-à-dire apogée, et combien de tems s'était écoulé depuis l'équinoxe A.

L'excentricité est encore le sinus de la plus grande équation, c'est le sinus de 2° 22′ 46″. Ptolémée trouve 2° 23′ en ne calculant que les minutes; c'est l'angle DBE (fig. 56) : mais DEB = 90° ; ainsi l'angle extérieur ADB = 92° 22′ 46″. Ainsi quand le Soleil nous paraît à 90° de l'apogée, il en est véritablement à 92° 22′ 46″. Nous saurons le tems de la plus grande équation, soit en B, soit en B′.

BDE = 87° 37′ 14″, BDB′ = 175° 14′ 28″ et B′AB = 184° 45′ 32″ : les tems de BGB′ et de B′AB seront proportionnels à ces angles.

Longitude apogée....	2ˢ 5° 55′ 5″
ADB....	3.2.22.46
Longitude du point B....	5.7.57.51
Longitude du point B′...	11.5.12.19.

La plus grande équat. aura donc lieu à $92^\circ\ 23'$ d'an. m., et 90° d'an. vraie.
$267^\circ\ 37'$ d'an. m., et 270° d'an. vraie.

Il faut remarquer que selon le langage moderne, nous appelons *anomalie* la distance à l'apogée ou l'arc qui sert à calculer l'équation, au lieu que les Grecs, avec plus de justesse, désignaient par ce mot *anomalie*, l'inégalité elle-même.

Ptolémée fait ensuite le calcul dans l'hypothèse de l'épicycle, pour démontrer numériquement l'identité des deux hypothèses.

Il enseigne ensuite à calculer l'équation pour tous les degrés d'anomalie, le tout dans les deux hypothèses.

Soit AZ (fig. 57) la distance à l'apogée, ZT la distance moyenne, D la Terre, T le centre du cercle. Sur ZT prolongé, abaissez la perpendiculaire DK.

Dans le triangle DKT, vous connaîtrez l'hypoténuse DT, l'angle T, et vous aurez

$$\mathrm{TK} = \mathrm{DT}\cos \mathrm{T} = e\cos\psi \quad \text{et} \quad \mathrm{DK} = e\sin\psi\,;$$

$$\overline{\mathrm{ZD}}^2 = (\mathrm{ZT}+\mathrm{TK})^2 + \mathrm{KD}^2 = 1 + 2e\cos\psi + e^2\cos^2\psi + e^2\sin^2\psi$$
$$= 1 + 2e\cos\psi + e^2$$

et

$$\sin \mathrm{Z} = \frac{\mathrm{DK}}{\mathrm{DZ}} = \frac{e\sin\psi}{(1+2e\cos\psi+e^2)^{\frac{1}{2}}}\,;$$

vous aurez donc la distance ZD et l'équation DZT.

Nous ferions plus simplement

$$\operatorname{tang} \mathrm{Z} = \frac{e\sin\psi}{1+e\cos\psi} \quad \text{et} \quad \mathrm{ZD} = \frac{1+e\cos\psi}{\cos z},$$

ou

$$\mathrm{Z} = \frac{e\sin\psi}{\sin 1''} - \frac{e^2\sin 2\psi}{\sin 2''} + \frac{e^3\sin 3\psi}{\sin 3''} - \text{etc.}$$

Si l'anomalie vraie ADZ était donnée, nous ferions

$$\mathrm{ZT} : \sin \mathrm{D} :: \mathrm{TD} : \sin \mathrm{Z} = \mathrm{DT}\sin \mathrm{D} = e\sin u.$$

Ptolémée fait l'équivalent avec les cordes, mais il cherche d'abord TL par le triangle TLD, et Z par le triangle TZL; il détermine ensuite DL et ZL, d'où il conclut ZD.

D'après ces règles et après beaucoup de détails qui ne nous apprendraient rien de nouveau, il donne la Table de l'équation pour les distances moyennes à l'apogée de 6 en 6° dans le premier quart, et de 5 en 5° dans le second.

Il reste à déterminer l'époque; il suffit pour cela de calculer l'équation pour l'instant d'un équinoxe observé; on change par là une longitude apparente 0° ou 180° en une longitude moyenne, une anomalie apparente en une anomalie moyenne; après quoi, par les moyens mouvemens, on ramène cette longitude et cette anomalie à l'époque qu'on veut donner à ses Tables.

Ptolémée choisit la première année de Nabonassar.

Cette époque précède la mort d'Alexandre, de..........	424 ans.
De la mort d'Alexandre jusqu'au règne d'Auguste, il compte	294
Le jour de l'observation, 7 d'athyr, 17° d'Antonin, suivait de	161
Ainsi du premier de Nabonassar au jour de l'observation....	879.

Il faut y ajouter 66 jours et 2 heures équinoxiales.

Dans cet intervalle, le mouvement moyen est de...	211° 25′
Retranchez de la distance à l'apogée.............	116.40
Distance à l'apogée pour l'an 1er de Nabonassar...	265.15
Lieu de l'apogée............................	65.30
Longitude moyenne du Soleil pour l'an 1er........	330.45.

Ainsi toutes les fois qu'on voudra calculer le lieu du Soleil pour un instant donné depuis Nabonassar, à l'anomalie 265° 15′, on ajoutera les mouvemens moyens dans l'intervalle; la somme donnera l'anomalie, à laquelle on ajoutera 65° 30′, pour avoir la longitude moyenne. Avec l'anomalie, c'est-à-dire la distance à l'apogée trouvée par le calcul précédent, on cherchera l'équation ou la prostaphérèse qui sera soustractive dans la première moitié de l'argument, et qui sera additive dans la seconde. On aura ainsi la longitude apparente.

Voilà donc des Tables du Soleil tirées en entier des observations de Ptolémée.

Il a déterminé la durée de l'année par ses propres équinoxes comparés à ceux d'Hipparque; et comme ce célèbre astronome, il a trouvé la durée de l'année de $365^j \frac{1}{4} - \frac{1}{300}$; il en a déduit les mouvemens moyens un peu trop faibles, puisque son année était trop longue. Comme Hipparque, il a trouvé $94\frac{1}{2}$ et $92\frac{1}{2}$ pour l'intervalle entre les équinoxes et un solstice; comme lui il a dû trouver l'excentricité $\frac{1}{24}$, et l'équation du centre un peu trop forte; car elle est selon lui de 2° 23′, ce qui ferait environ 28′

de trop, si la diminution continuelle de l'excentricité qui a dû avoir lieu depuis 1700 ans, ne corrigeait une petite partie de l'erreur. Avec son équation et son observation d'équinoxe, il a calculé la longitude moyenne; il a déterminé l'époque de Nabonassar; mais l'erreur des moyens mouvemens qui rendrait cette époque un peu trop forte, n'aurait aucun inconvénient pour l'époque où il a vécu. Les erreurs qu'il pouvait avoir dans ses lieux du Soleil pour en déduire ceux des étoiles, se composaient de l'erreur de son équinoxe et de celle du mouvement dans un petit nombre d'années. L'erreur de l'équation variait et changeait même de signe, suivant les saisons; il n'en résultait donc pas d'erreur constante pour toutes les étoiles, mais une erreur variable pour chacune des étoiles en particulier.

Il a trouvé pour l'apogée la même position relativement aux points solsticiaux et équinoxiaux, ce qui donne à l'apogée le même mouvement qu'aux points équinoxiaux; c'est-à-dire 36″ par an, suivant l'idée de Ptolémée, mais 50″ en effet. Or ce mouvement est plus grand de 11 à 12″ pour l'apogée, ce qui ferait 48′ $\frac{1}{4}$ pour l'intervalle entre Hipparque et Ptolémée. Il n'a pas vu ce mouvement de 48′ $\frac{1}{4}$; il faut donc qu'Hipparque, ou lui, ou tous les deux pour leur part, aient commis cette erreur. Mais de toute manière, les Tables de Ptolémée devaient être bonnes pour son tems, ou bien être affectées d'erreurs qu'il ne pouvait rejeter sur un autre. Il y a un autre malheur à ses trois équinoxes; deux sont en erreur d'un jour, ce qui a fait penser qu'il n'a point observé, que ses Tables ne sont point à lui, et il y a grande apparence qu'on en doit dire autant de son Catalogue. Nous reviendrons sur ce point au Livre *des Etoiles*.

Remarquez en passant que les Grecs n'exprimaient les longitudes des planètes qu'en degrés et non en signes de 30°. Ils n'employaient les caractères symboliques des constellations que pour les étoiles, ce qui était bon au tems d'Hipparque, où les constellations répondaient en effet aux signes auxquels elles donnaient leurs noms; cette notation a cessé d'être juste depuis long-tems.

Pour achever ce qui reste à dire sur la théorie du Soleil, Ptolémée s'occupe de l'inégalité des nychthémères ou *nuit-jours*, car les Tables supposent nécessairement des jours d'égale durée; et dans la réalité, ils ont une inégalité trop sensible pour être négligés.

La révolution du ciel étoilé est uniforme; le même point de l'équateur emploie toujours le même tems à revenir au méridien et même à un horizon quelconque. Le jour égal ou moyen suppose que 360° 59′ 8″ ont passé au méridien. Le jour vrai est le tems du passage au méridien de 360°, plus le mouvement diurne du Soleil en ascension droite, dans l'intervalle entre deux passages consécutifs du Soleil. Ce mouvement est inégal pour deux raisons; d'abord il l'est en lui-même à cause de l'équation du centre, quand on le compte le long de l'écliptique; il l'est encore pour une autre raison, quand on le rapporte à l'équateur, parce que deux arcs égaux de l'écliptique n'emploient pas toujours le même tems à traverser le méridien; la variation serait bien plus grande pour l'horizon. La différence d'un jour quelconque au jour suivant est peu de chose; Ptolémée dit qu'elle est insensible; elle l'était à peu près, puisqu'elle ne surpasse jamais 30″ de tems; mais elle s'accumule, et il n'est pas permis de la négliger.

L'équation étant de 2° 23′ selon Ptolémée, la différence du tems moyen au tems vrai peut aller pour cette raison à 9′ 32″ de tems. Mais voici le calcul de Ptolémée.

L'équation est de................. 2.22.45,
elle est soustractive à 91°, et additive à 269°.

Le double est de................. 4.45.30,
et c'est la différence des mouvemens vrais aux mouvemens moyens, à six mois de distance. Cette différence est de signe contraire pour l'autre partie du cercle. La différence totale entre les deux arcs opposés sera donc le quadruple de l'équation, c'est-à-dire de 9° 31′; Ptolémée dit 9° 30′.

La différence serait bien plus grande si l'on comptait le jour du retour du Soleil à l'horizon, soit oriental, soit occidental; la plus forte aurait lieu aux deux solstices.

L'inégalité des retours au méridien sera la plus sensible pour les tropiques, qui diffèrent peu de l'apogée et du périgée, et pour les équinoxes, où le Soleil est à ses moyennes distances. La différence y sera de 9° comme ci-dessus. On voit que Ptolémée ne donne que des à peu près.

Il choisit les retours au méridien pour avoir une moindre inégalité; et parce que cette inégalité sera la même pour tous les pays, ce choix est judicieux. Hipparque comptait aussi les jours de retour au méridien, mais il les faisait commencer à minuit; Ptolémée les commence à midi, ce qui ne change rien à cette théorie.

L'équation du tems aura donc deux parties; la première qui est l'inégalité propre du Soleil; il la porte à 3° 40′ au plus : l'autre va jusqu'à 4° 40′; la somme est 8° $\frac{1}{3}$, le double 16 $\frac{2}{3}$ qui font $1^h \frac{1}{9}$, c'est-à-dire le quadruple de la plus grande. Ainsi pour convertir les intervalles de tems vrai en intervalles de tems moyen, il prescrit de chercher pour les deux instans des observations, les lieux vrais du Soleil sur l'écliptique et sur l'équateur, d'en conclure le mouvement du Soleil sur l'équateur, de le comparer au mouvement moyen dans l'intervalle, ce qui donnera la différence du tems moyen au tems vrai, quand on aura converti l'arc en tems, à raison de 15° pour une heure.

Cette doctrine est saine et claire; les astronomes qui sont venus depuis sont parvenus à l'embrouiller et même à la rendre défectueuse; Flamsteed les a ramenés aux vrais principes si bien établis par Ptolémée. Nous ne trouvons cette théorie établie dans aucun auteur plus ancien : Ptolémée en l'énonçant, ne fait aucune mention d'Hipparque; on pourrait donc penser qu'elle lui est propre. Cependant quand on songe qu'Hipparque avait calculé en combien de tems les arcs de l'écliptique traversent l'horizon et le méridien, qui est aussi un horizon pour la sphère droite; quand on voit de plus que Ptolémée ne reproche nulle part à Hipparque de l'avoir négligée, on pourrait en induire que Ptolémée n'a fait ici que mettre dans tout son jour une doctrine qu'il avait, comme bien d'autres choses, reçue de ses prédécesseurs.

Cette manière, quoique fort exacte, est cependant longue et incommode. Les modernes l'ont rendue plus facile. D'après les données de Ptolémée, l'équation du tems serait de

$$-\,9'\,31''\ \text{sin anomalie vraie}$$

pour la première partie. La seconde serait

$$\frac{\text{tang}^2\tfrac{1}{2}\omega\,\sin 2\odot}{\sin 1''}-\frac{\text{tang}^4\tfrac{1}{2}\omega\,\sin 4\odot}{\sin 2''}+\frac{\text{tang}^6\tfrac{1}{2}\omega\,\sin 6\odot}{\sin 3''},$$

et si nous supposons $\omega = 23°\,51'\,20''$, nous aurons

$$-\,2°\,33',4\,\sin 2\odot + 3'\,25'',35\,\sin 4\odot - 6'',1\,\sin 6\odot,$$

ou

$$-\,10'\,13'',6\,\sin 2\odot + 13'',69\,\sin 4\odot - 0'',4\,\sin 6\odot \ \text{en tems.}$$

Ces quantités réunies forment la quantité dont le tems vrai diffère du tems moyen. On applique séparément l'équation qui en résulte à chacun des instans donnés, et quand ils sont ainsi réduits en tems moyen, la comparaison qu'on en fait donne l'intervalle en tems moyen.

Théon a développé fort bien la doctrine de Ptolémée (voyez pag. 143

de son Commentaire, et mes Notes sur la traduction de M. Halma). Mais dans tout ce qu'on vient de lire, il n'est question que de convertir un intervalle de tems vrai en un intervalle de tems moyen, et jamais de réduire en tems moyen une date donnée en tems vrai. Il est probable que Ptolémée n'employait l'équation du tems que pour les recherches fondamentales, comme pour le mouvement de la Lune conclu d'éclipses observées à de longs intervalles : il la négligeait apparemment pour les observations du Soleil; mais nous trouverons dans ses Tables manuelles, expliquées par Théon, une équation composée, telle qu'on les fait aujourd'hui. Ainsi il était en possession de la doctrine exacte et entière; il y joignait même la pratique quand il le croyait nécessaire, et quand il la négligeait, c'était volontairement.

Bouillaud reproche à Ptolémée d'avoir négligé l'équation du tems, qui n'était pas la même pour le jour de l'observation et pour l'époque à laquelle il voulait réduire la longitude et l'anomalie moyenne. En effet, il n'en fait aucune mention dans le calcul qu'on a vu page 137. Le reproche de Bouillaud paraît donc fondé, mais l'équation du tems ne va pas à 16′, et pour un quart d'heure, le mouvement du Soleil ne passe pas 40″. Or, quand on songe à l'incertitude des solstices et même des équinoxes, on est forcé d'avouer que la correction du tems vrai eût été une précaution bien illusoire; elle serait moins inutile pour la Lune, dont le mouvement, en un quart d'heure, est d'environ 8′, ce qui n'est pas encore bien important pour des Tables fondées sur trois éclipses dont les tems ne sont marqués qu'en heures, sans aucune fraction. Nous verrons bientôt que Ptolémée a soin d'exprimer en tems moyen les intervalles entre ces éclipses; mais au chapitre VII, pour réduire à la première année de Nabonassar la longitude et l'anomalie moyenne tirées de la seconde de ces éclipses, il se contente de calculer les mouvemens moyens pour 27 années 17 jours 11 heures et $\frac{1}{4}$ *de tems vrai ou de tems moyen; ce qui est ici la même chose*, ἁπλῶς τε καὶ ἀκριβῶς. Il est donc évident qu'il a négligé l'équation du tems, qui, pour l'éclipse, était de 13′ $\frac{1}{2}$ additives au tems vrai; car le Soleil était en $11^s\ 13^o\ 45'$. Nous reviendrons sur ce point dans l'explication des *Tables manuelles*.

CHAPITRE IV,

Ou Livre IV. De la Lune.

Les éclipses de Lune sont les seules observations qui donnent immédiatement les lieux vrais de la Lune, sans qu'on soit obligé de calculer aucune parallaxe. Le rayon de l'orbite lunaire n'est pas hors de proportion avec le rayon du globe terrestre; il en résulte que les lignes menées du centre de la Terre et de l'œil de l'observateur au centre de la Lune, y forment un angle sensible, et quand on les prolonge jusqu'au cercle du zodiaque, ces lignes arrivent nécessairement à des points différens, dont l'un est le lieu vrai, l'autre le lieu affecté de la parallaxe. Il faut excepter cependant le cas où la Lune serait au zénit; la parallaxe alors serait nulle. Ainsi dans les éclipses de Soleil, il arrive que pour différens observateurs, la distance angulaire entre les centres du Soleil et de la Lune est plus ou moins grande, que les éclipses ne sont pas de la même quantité et ne s'observent pas aux mêmes heures. Il n'en est pas de même pour la Lune, qui, entrant dans l'ombre de la Terre, y perd sa lumière pour tous, et au même instant. C'est donc par les éclipses de Lune qu'il faut commencer toutes les recherches qui concernent la Lune. Les autres observations viendront ensuite pour compléter la théorie. Il faut remarquer cependant que pour avoir le lieu vrai de la Lune, il faut savoir calculer le lieu du Soleil, qui en diffère alors de 180°; il faudrait de plus que la Lune fût sans latitude à l'instant du milieu de l'éclipse, ce qui arrive bien rarement, ou plutôt n'est probablement jamais arrivé.

Le mouvement de la Lune est inégal, tant en longitude qu'en latitude; elle n'emploie pas toujours le même tems à parcourir les 360° du zodiaque; on ne peut donc connaître ses mouvemens moyens sans une connaissance préalable de la période de ses anomalies. Les points où le mouvement est le plus lent et le plus rapide, ceux où elle a la plus grande latitude, soit boréale, soit australe, répondent successivement à toutes les parties du zodiaque. C'est donc avec beaucoup de raison que les anciens mathématiciens cherchèrent la découverte d'un tems pendant lequel elle aurait toujours un mouvement égal en longitude; ce tems devant être, exclusivement à tout autre, celui de la restitution de son inégalité. Comparant donc entr'elles différentes éclipses de Lune, ils cherchèrent en quel nombre de mois on retrouverait toujours et le même tems et les mêmes intervalles entre les éclipses; et le même nombre de cercles, soit entier, soit fractionnaire, pour le mouvement en longitude.

D'autres auteurs plus anciens avaient estimé que ce tems était de $6585^j \frac{1}{3}$; car dans cet intervalle ils trouvaient 223 lunaisons, 239 *restitutions d'anomalie*, 242 de latitude, 241 révolutions de longitude, à quoi il faut ajouter ce que le Soleil a fait au-delà de 18 cercles, c'est-à-dire $10^s\ 40'$. Ils appelèrent ce tems *période*, parce qu'il était le plus court qui ramenât les différences de mouvement; et pour qu'il fût d'un nombre entier de jours, ils triplèrent tous les nombres ci-dessus, ils eurent 19756; c'est ce qu'ils appelèrent *révolution* ou *dégagement*, ἐξελιγμὸν; le nombre des mois était de 669, celui des retours anomalistiques de 717, celui des latitudes 726, celui des longitudes 723, et 32^s par delà les cinquante-quatre cercles décrits par le Soleil.

Voilà donc la révolution de 54 ans. On l'a attribuée aux Chaldéens; il se peut en effet qu'ils l'aient connue : ils avaient du moins plus qu'aucun peuple connu, les élémens de ce calcul; mais l'ont-ils fait avec ce détail? Ils avaient la période de 18 ans et 11 jours qui leur était indiquée par le retour des éclipses; il n'y a aucun doute à cet égard. Ils ont pu remarquer très-facilement que chaque période de 18 ans ne ramenait pas les éclipses aux mêmes points du ciel ou dans les mêmes signes; ils ont donc pu remarquer que les nœuds de la Lune rétrogradaient : il n'était pas encore bien difficile de compter le nombre de retours aux latitudes nulles ou aux passages de la Lune par l'écliptique; on pourrait donc encore accorder cette connaissance aux Chaldéens, quoique rien ne nous l'atteste. Nous ne parlons pas des Egyptiens dont nous ne savons rien. Mais les Chaldéens ont-ils aperçu les périodes de mouvement lent et rapide; Géminus parait le supposer, mais il écrivait après Hipparque, dont il n'était probablement pas en état de bien entendre les écrits, peut-être même ne connaissait-il ces écrits que par quelques extraits insuffisans; la question parait donc indécise. Si les Chaldéens connaissaient les retours anomalistiques, pourquoi Ptolémée ne les nomme-t-il pas, au lieu de citer seulement *des auteurs plus anciens*. Il les nomme en d'autres endroits comme observateurs, mais nulle part comme calculateurs ou *mathématiciens*. Il parait donc que ces auteurs plus anciens étaient Grecs, ce devait être Méton et ses contemporains; mais ils n'avaient fait qu'*estimer* la longueur de ce tems qu'ils crurent de $6585^j \frac{1}{3}$. D'autres vinrent ensuite, et ces mathématiciens *cherchèrent* la découverte d'une période, il ne dit pas qu'ils l'aient trouvée. Hipparque vint enfin et prouva par les observations des *Chaldéens*, comparées aux siennes, que rien de tout cela n'était assez exact. Il trouva que la plus courte période était de 126007 jours et 1 heure équinoxiale, formant 4267 mois, 4573 restitutions d'anomalie, 4612 cercles moins $7^s \frac{1}{2}$ environ. C'est aussi ce qui manque aux 345 circonférences que décrit le Soleil relativement aux fixes. Il en conclut le mois lunaire de $29^j\, 31'\, 50''\, 8'''\, 20^{iv}$ à fort peu près. Ce tems était le seul qui ramenât les éclipses dans le même ordre et aux mêmes intervalles.

Pour changer ces fractions de jour en fractions d'heure, il faut les multiplier par $\frac{24}{60} = \frac{6.4}{60}$; il faut donc les multiplier successivement par 6 et par 4, et les descendre d'un ordre. On trouvera donc d'abord $3'\, 11''\, 0'''\, 50^{iv}\, 0^{v}$; enfin multipliant par 4 on aura pour le mois lunaire $29^j\, 12^h\, 44'\, 3''\, 20'''$.

Il résultait de là que la restitution d'anomalie avait eu lieu, puisque le nombre des mois était le même et qu'on trouvait toujours 4611 cercles et $352^s\, 30'$ (c'est-à-dire même mouvement dans le même tems).

Si l'on ne tient pas à retrouver le même nombre de mois entre deux éclipses, on aura une période plus courte; car en employant le diviseur commun 17, on trouvera 251 mois et 269 retours d'anomalie: mais alors on n'aura plus le rétablissement en latitude qui est nécessaire pour que les éclipses soient de même grandeur.

Après avoir fixé les retours d'anomalie, Hipparque cherche le tems qui ramène les éclipses de même grandeur et de même durée, dans lesquelles, par conséquent, il n'y avait aucune différence provenant ni de l'anomalie, ni de la latitude; il trouva 5458 mois et 5923 retours de latitude.

Voilà donc la méthode suivie par *ceux* qui se sont occupés de ces recherches avant nous, dit Ptolémée; mais de tous ces auteurs il ne nomme que le seul Hipparque. Ceux qui avaient travaillé avant lui n'avaient probablement pas fait aussi bien; ceux qui ont pu travailler depuis n'avaient pas mieux fait sûrement, puisqu'il rapporte les résultats d'Hipparque sans rien dire des leurs. Ainsi, jusqu'ici, nous ne connaissons qu'Hipparque et nous le voyons partout.

Cette méthode, reprend Ptolémée, n'était ni simple, ni facile à trouver, et elle exigeait des connaissances peu communes (et voilà pourquoi nous la refusons aux Chaldéens); car quand même on retrouverait les mêmes intervalles de tems, cela ne suffirait pas encore, à moins que le Soleil n'eût aucune inégalité ou qu'il n'eût la même inégalité aux deux époques. Car sans cela, si l'inégalité du soleil était différente, il s'ensuivrait que le Soleil n'aurait pas eu le même mouvement, ni la Lune non plus. La différence de mouvement pourrait aller à $9^{\circ}\frac{1}{2}$ d'après ce que nous avons dit de l'inégalité des nychthémères. Il faut donc, ou que le Soleil ait décrit des cercles entiers, ou qu'il y ait ajouté des demi-cercles commençant l'un à l'apogée et l'autre au périgée, ou tous les deux au même point; ou que les distances aient été les mêmes de part et d'autre du périgée ou de l'apogée; car alors ou l'inégalité eût été nulle, ou elle aurait été la même.

Il faut avoir la même attention pour la Lune, et la raison en est la même.

Si les intervalles ne satisfaisaient pas entièrement à ces conditions, il fallait au contraire qu'ils s'en écartassent le plus possible pour mieux déterminer l'inégalité; ce qui suppose pourtant qu'on aurait commencé par y satisfaire.

Nous voyons qu'Hipparque n'a pas observé rigoureusement toutes ces conditions (il était encore plus aisé de sentir combien ces conditions étaient nécessaires, que de trouver des observations placées exactement dans les circonstances requises, et il est évident qu'Hipparque ne les a pas rencontrées; car indubitablement il les eût préférées pour la simplicité des calculs et la sûreté des conséquences); mais il a corrigé l'erreur par le calcul, et cela était indispensable. Il y a réussi en effet pour la période des mois, mais non pas tout-à-fait aussi bien pour la période de l'anomalie, et pour celle de la latitude. Nous nous en sommes convaincus par une méthode plus simple que nous allons exposer.

Le mouvement diurne du Soleil est $0^{s}\,59'\,8''\,17'''\,13^{iv}\,12^{v}\,51^{vi}$; multiplions-le par le nombre des jours du mois lunaire $29^{j}\,31'\,50''\,8'''\,20^{iv}$; au produit ajoutons 360°, nous aurons $389^{\circ}\,6'\,23''\,1'''\,24^{iv}\,2^{v}\,30^{vi}\,57^{vii}$ environ; divisons ce mouvement par les jours du mois, nous aurons pour le mouvement diurne........................ $13^{\circ}\,10'\,34''\,58'''\,33^{iv}\,30^{v}\,30^{vi}$.

Multiplions par 360 les 269 cercles d'anomalie, le produit sera 96840°; divisons ce nombre par celui des jours de 5251 mois, nous aurons le mouvement diurne d'anomalie............... 13.3.53.56.29.38.38

et pour le mouvement diurne de l'apogée...... 0.6.41. 2. 3.61.52

Multiplions encore les 360° du cercle par 5923 retours de la latitude, nous aurons 2132280; divisons par le nombre des jours de 5458 mois, ou $161177^{j}58'58''3'''20^{\text{iv}}$, nous aurons

Mouvement diurne de l'argument de latitude 13.13.45.39.40.17.19
Retranchons le mouvem. moyen de longitude 13.10.34.58.33.30.30

nous aurons le mouvement diurne du nœud... 0. 3.10.41. 6.46.49

Les Grecs n'en faisaient aucun usage, si ce n'est implicitement.

Mouvement diurne de la Lune............. 13.10.34.58.33.30.30
du Soleil.............. 0.59. 8.17.13.12.31

Mouv. diurne relatif ou synodique de la Lune 12.11.26.41.20.17.59

Par les moyens que Ptolémée se réserve de developper dans la suite, il a trouvé,

Mouvement diurne de la Lune........... 13.10.34.58.33.30.30; comme Hipparque.

Celui d'anomalie....................... 13. 3.53 56.17.51.59; plus faible de $11^{\text{iv}}46^{\text{v}}39^{\text{vi}}$.

Celui de l'argument de latitude........... 13.13.45.39.48.56.37; plus fort de $8^{\text{iv}}39^{\text{v}}18^{\text{vi}}$.

La plus forte de ces corrections est de $11^{\text{iv}}46^{\text{v}}39^{\text{vi}}$ ou de $11'''46^{\text{iv}}39^{\text{v}}$ en 60 jours, de $11''46'''39^{\text{iv}}$ en 3600 jours. Je ne crois pas qu'il pût répondre de 1",3 en un an. Nous n'en pouvons répondre aujourd'hui et c'est là une de ces corrections comme on en fait quelquefois pour se faire valoir en s'emparant du travail d'autrui. Il aurait dû dire : par de nouveaux calculs faits peut-être encore avec plus de soin, j'ai trouvé 1",3 de moins par an, et la correction est si faible que je n'en puis répondre; mais comme c'est le résultat que j'ai trouvé moi-même, il est tout naturel que je m'en serve pour mes Tables. Il est donc assez douteux qu'il ait amélioré la théorie d'Hipparque en ce qui concerne les mouvemens de l'apogée et du nœud; il est plus étonnant sans doute que venant 265 ans après Hipparque, il n'ait pas trouvé de correction plus considérable. Nous examinerons en son lieu le calcul nouveau de Ptolémée. Avec ces derniers nombres, il a calculé des Tables de moyens mouvemens dans la même forme que les Tables du Soleil.

Tous nos prédécesseurs, *sans exception*, dit ensuite Ptolémée, ont donné à la Lune une inégalité simple et unique; nous montrerons bientôt qu'elle en a une seconde qui est au *maximum* dans les deux dichotomies, et qui se rétablit deux fois dans le cours d'un mois. (Cette découverte importante suffirait seule pour placer son auteur parmi les astronomes de première ligne.) Nous les considérerons l'une après l'autre, parce que la seconde ne peut se comprendre sans la première, au lieu que celle-ci peut se déterminer sans la seconde, qui s'évanouit dans les éclipses. *Nous suivrons la méthode d'Hipparque*; nous prendrons trois éclipses de Lune, nous en déduirons la plus grande inégalité, ainsi que le lieu de l'apogée. Nous pourrions y employer la méthode de l'excentrique aussi bien que celle de l'épicycle; mais nous réservons la première pour l'autre inégalité qui dépend du Soleil. Quand il s'agissait du Soleil, la révolution de longitude était la même que celle de l'anomalie : il n'en est pas de même pour la Lune; mais il suffit que le rapport entre ces deux restitutions demeure le même. Si la révolution par rapport à l'apogée est plus lente que celle de longitude, il suffira de faire mouvoir la Lune sur son épicycle avec plus de lenteur que le centre de l'épicycle ne s'avance le long du zodiaque. Dans l'hypothèse de l'excentrique, la Lune conservera un mouvement égal à celui du centre de l'épicycle; mais l'excentrique aura un mouvement dans le même sens que la Lune et qui sera égal au mouvement de l'apogée, qui est l'excès du mouvement en longitude sur celui d'anomalie.

Cela supposé,

Soit ABG (fig. 38) l'écliptique, G le centre de l'épicycle : quand l'épicycle est en A, la Lune est en E. Dans un tems donné, le centre de l'épicycle a décrit l'arc AG, et la Lune l'arc EZ. Joignons ED, GZ; AG est un arc plus grand que EZ. Soit $BG = EZ$, et joignons BD, le centre de l'excentrique sera venu en H, et l'apogée sera sur DB en T, et $GZ = DH$. Joignons ZH; du centre H et de $HT = DB$, décrivons le cercle TZ, nous aurons $\frac{DH}{ZH} = \frac{GZ}{DG}$: la Lune sera au même point Z dans les deux hypothèses. Il n'est pas même nécessaire que les lignes soient égales, il suffit que les deux rapports soient égaux, et que les triangles DHZ et DGZ soient semblables sans être parfaitement égaux. Ainsi l'on pourrait prolonger arbitrairement DG et DZ, comme nous l'avons déjà dit; et d'un point pris à volonté, mener sur le prolongement de DG une parallèle à GZ, la Lune serait sur cette parallèle et sur le prolongement de DZ : cette démonstration plus courte nous dispensera de celle de Ptolémée.

Ptolémée cherche ensuite la première inégalité de la Lune par trois éclipses anciennes, les plus exactement observées.

Imaginons dans la sphère de la Lune un cercle homocentrique couché sur le plan de l'écliptique, et sur ce cercle un autre cercle incliné d'une quantité égale à la plus grande latitude, porté d'un mouvement rétrograde, εἰς τὰ προηγούμενα, autour du centre du zodiaque, avec une vitesse égale à l'excès du mouvement de l'argument de latitude sur celui de longitude, c'est-à-dire avec le mouvement du nœud. Sur ce cercle oblique nous supposerons l'épicycle avançant selon l'ordre des signes proportionnellement à la restitution en latitude. Ce mouvement rapporté à l'écliptique, sera le mouvement en longitude; et sur cet épicycle, la Lune avancera d'un mouvement égal à celui d'anomalie.

Pour la recherche présente, nous pouvons négliger l'inclinaison, il n'en résultera aucune erreur sensible en longitude.

La première des trois éclipses anciennes a été observée à Babylone, la première année de Mardocempade, la nuit du 29 au 30 de Thoth, suivant les Egyptiens. Elle commença *une bonne heure* après le lever de la Lune, et elle fut totale. (Remarquons que pour une pareille observation il ne fallait que des yeux.) Le Soleil, dit Ptolémée, était dans les derniers degrés des Poissons, la nuit était de 12 heures équinoxiales environ; le commencement de l'éclipse arriva donc $4^h \frac{1}{2}$ avant minuit, le milieu $2^h \frac{1}{2}$ avant minuit. La différence des méridiens entre Babylone et Alexandrie est de 50′ environ (entre Alexandrie et Bagdad on compte aujourd'hui 58′). Ainsi le milieu de l'éclipse était à 3^h 20′ avant minuit, le Soleil étant en $11^s 24^\circ \frac{1}{2}$. La deuxième éclipse est arrivée la seconde année de Mardocempade, du 18 au 19 de Thoth, à minuit. L'éclipse fut de trois doigts dans la partie australe. Il était donc 0^h 50′ avant minuit à Alexandrie, et le Soleil était en $11^s 13^\circ 45'$.

La troisième éclipse arriva la seconde année de Mardocempade, du 15 au 16 de phamenoth; elle commença après le lever de la Lune: la quantité fut d'un peu plus de six doigts dans la partie boréale. Le Soleil était au commencement de la Vierge; la longueur de la nuit, à Babylone, était d'environ 11 heures équinoxiales, la demi-durée de la nuit de $5^h 30'$; le commencement de l'éclipse fut à 5 heures avant minuit, le milieu à $5^h \frac{1}{2}$ avant minuit; car la durée d'une éclipse pareille dut être de 5 heures environ. Au méridien d'Alexandrie, le milieu de l'éclipse répond à 4 heures $\frac{1}{2}$ avant minuit, le Soleil étant en $5^s 5^\circ 15'$ à fort peu près.

Ces trois éclipses donnent lieu aux mêmes remarques. *Une bonne heure après le lever, après le lever, à minuit.* Cette manière d'indiquer le tems, et celle dont on donne la quantité de l'éclipse, *elle fut de trois doigts* ou *d'un quart au sud, d'un peu plus de moitié;* tout cela n'indique pas une Astronomie savante. Les Chaldéens ont eu des yeux, un ciel serein; voilà tout ce qu'on peut conclure : rien ne nous assure qu'ils aient fait aucun calcul, si ce n'est ceux d'un genre qui ne suppose que l'Arithmétique vulgaire.

Le mouvement du Soleil, et par conséquent celui de la Lune, entre les deux premières éclipses, a été de $349° 15'$; de la seconde à la troisième de $169° 30'$. Le premier intervalle est de $354^j\, 2^h \frac{1}{2}$ équinoxiales; mais en tenant compte de l'inégalité des nychthémères, il est de $354^j\, 2^h \frac{1}{2} \cdot \frac{1}{15}$; le second de 176 jours $20\frac{1}{2}$ heures, ou plus exactement $20\frac{1}{5}$. Le mouvement d'anomalie pour le premier intervalle est de $306° 25'$; celui de la longitude de $345° 51'$: pour le second intervalle $150° 25'$ en anomalie, et $170° 7'$ en longitude, à peu près. La première anomalie avait ajouté $3° 24'$ au mouvement moyen, la seconde l'avait diminué de $37'$.

Soit AGB (fig. 39) l'épicycle de la Lune, A le point où elle se trouvait au milieu de la première éclipse, B celui où elle se trouvait au milieu de la seconde; et G le lieu de la troisième éclipse. L'arc AGB sera de $306° 25'$, et par conséquent l'arc BA de $53° 35'$; ADB sera de $3° 24'$, puisque, par le mouvement de $306° 25'$ le lieu vrai a paru plus avancé que lieu moyen de $3° 24'$.

Le mouvement de BAG, qui est de $150° 26'$, a retranché du mouvement moyen $0° 37'$;

$$AG = BAG - BA = 150° 26' - 53° 35' = 96° 51';$$

il ajoutera

$$3° 24' - 0° 37' = 2° 47' = ADG, \quad \text{puisque} \quad BDG = 0° 37'.$$

Ptolémée remarque d'abord que le périgée de l'épicycle ne peut être sur l'arc BAG, parce que cet arc est plus petit que la demi-circonférence et qu'il est soustractif. En effet AGB avait ajouté; achevez le cercle, la Lune revenue en A aura même équation qu'à la première éclipse. Du point A avancez encore de $96° 51'$ jusqu'en G, l'avance se sera changée en retard; donc nous n'aurons point passé par le périgée, où nous aurions eu de l'avance. Donc le périgée n'est pas dans arc AG de 96° 51′.

Avant de résoudre le problème par mes formules, je suivrai pas à pas la marche de Ptolémée, c'est-à-dire celle d'Hipparque dont Ptolémée nous dit lui-même qu'il emploie la méthode.

Soit D le lieu de la Terre, K le centre de l'épicycle ou le lieu moyen de la Lune dans la première éclipse; ADK sera l'équation inconnue de la Lune pour le premier instant; B le lieu de la Lune dans la seconde, BDK sera l'équation inconnue dans le second instant : la différence de ces équations sera l'excès du mouvement apparent sur le tems moyen, et cet excès a été trouvé de 3° 24′; l'arc AGB de 306° 25′ est le mouvement anomalistique de la Lune, et ce mouvement l'a portée en avant de 3° 24′; l'arc AB est de 53° 35′, complément de 306° 25′ à 360°; G est le lieu de la troisième observation, l'arc est BAG, et la Lune en G se montrait moins avancée qu'en B de 0° 37′ = BDG; G est entre A et B, d'où l'on conclut ADG = 2° 47′. Menez donc les droites DEB, DG, DA; les cordes AB, AG, AE et EG. Ptolémée qui ne calcule jamais que des triangles rectangles, abaisse en outre les trois perpendiculaires GT sur DB, EH sur DG et EZ sur DA.

Ces perpendiculaires nous seraient inutiles; Ptolémée lui-même aurait pu s'en passer.

L'arc BA étant de 53° 35′, l'angle AEB à la circonférence $= \frac{1}{2}$ AB $= 26° 47′ 30″$. Considéré comme extérieur au triangle AED, il est égal à la somme des intérieurs opposés DAE + ADE.

$$\begin{aligned} ADE &= 3° 24′ \\ AEB &= \underline{26.47.30″} \\ DAE &= 23.23.30, \end{aligned}$$

or,

$$\sin DAE : \sin ADE :: DE : AE = \left(\frac{\sin ADE}{\sin DAE}\right) DE = 0.149381\ DE.$$

$$\begin{aligned} C.\ \sin DAE &= 23° 23′ 30″ \ldots\ldots\ 0.4011937 \\ \sin ADE &= \ 3.24.\ 0 \ldots\ldots\ \underline{8.7731014} \\ AE &= 0.149381\ DE \ldots\ldots\ 9.1742951 \\ DE &= 120′ \ldots\ldots\ldots\ldots\ \underline{3.8573325} \\ \text{ou } AE &= 17° 55′,452 \qquad\qquad 3.0316276 \\ AE &= 17.55.32.52. \end{aligned}$$

Si donc nous supposons avec Ptolémée DE = 120^p, nous aurons

$$AE = 17^p\ 55'\ 32'',52.$$

Ptolémée trouve 0″,52 de moins, par une opération beaucoup plus longue.

A présent,

$$\begin{array}{llll} & \text{l'arc BAG} = 150^\circ\,26' & & \\ BEG = \tfrac{1}{2}BAG = & 75.15\ldots\ldots\ldots & BEG = & 75^\circ\,15' \\ \tfrac{1}{2}AB = BEA = & 26.47.30 & GDE = & 0.37 \\ \tfrac{1}{2}AG = AEG = & 48.25.30 & EGD = & \overline{74.38.} \end{array}$$

Car BEG extérieur au triangle est égal à la somme des deux angles intérieurs opposés GDE et EGD; EDG sera donc de 74° 38′.

$$\sin DGE : \sin GDE :: DE : GE = \left(\frac{\sin GDE}{\sin DGE}\right) DE.$$

$$\begin{array}{rl} C \sin DGE = 74^\circ\,38'\ldots\ldots & 0.0158800 \\ \sin GDE = \quad 0.37\ldots\ldots & \underline{8.0319165} \\ GE = 0.01116348\ DE\ldots\ldots & \overline{8.0477995} \\ DE = 120'\ldots\ldots\ldots\ldots\ldots\ldots & \underline{3.8573325} \\ 1'\ 20''\ 377 & 1,9051320 \\ GE = 1^p\ 20'\ 22'',62 & \\ \text{Ptolémée}\ldots\ 1.20.25. & \end{array}$$

Maintenant dans le triangle AEG, nous connaissons

$$\begin{array}{rl} AE = & 0.149581\ DE \\ GE = & 0.01116348\ DE \\ \text{et l'angle}\ AEG = & 48.25.30. \end{array}$$

Nous ferons

$$\text{tang}\ GAE = \frac{GT}{AT} = \frac{GE \sin AEG}{AE - GE \cos AEG} = \frac{\left(\frac{GE}{AE}\right)\sin AEG}{1 - \left(\frac{GE}{AE}\right)\cos AEG}$$

$$= \frac{\left(\frac{0.01116348}{0.149361}\right)\sin AEG}{1 - \left(\frac{0.01116348}{0.149581}\right)\cos AEG},$$

où l'on voit que DE disparaît dans la division.

log GE...	8.0477995		
C log AE...	0.8257049		
GE : AE...	8.8735044	....	8.8735044
sin AEG...	9.8739525	cos AEG...	9.8219063
log numérateur...	8.7474569	1.049592...	8.6954107
C. log dénominateur...	0.0220899	0.950408 =	dénominateur.
tang GAE = 3° 21′ 59″	8.7695468		
arc GE = 6.43.58 = 2GAE.			

log dénominateur....	9.9779101
C. cos GAE....	0.0007501
	9.9786602
AE....	9.1742951
AG = 0.1422182 DE....	9.1529553
DE = 120′.............	3.8573325
AG = 17′ 3″,971	3.0102878
= 17.3.58,26.	

Ptolémée calcule avec une grande exactitude AE et GE; puis EH, dont nous n'avons pas besoin, et qu'il trouve de 1° 17′ 30″, ensuite ET, TH, AT enfin $\overline{AG}^2 = \overline{AT}^2 + \overline{TH}^2$; et il trouve

$$AG = 17^p\ 3'\ 57''.$$

Nous trouvons 1″,26 de plus, par une voie plus courte et plus simple. Il calcule l'angle GAE, dont le sinus $= \frac{GT}{AG}$. Par ses cordes il trouve

$$GAE = 6°\ 44'\ 1'',$$

avec un excès de 3″ seulement sur notre GAE.

Nous avons donc

$$AG = 0.1422182\ DE.$$

Mais soit r le rayon de l'épicycle,

$$AG = 2r \sin \tfrac{1}{2} \text{ arc } AG = 2r \sin 48°\ 25'\ 30'' = 0.1422182\ DE;$$

donc

$$DE = \frac{2r \sin 48^\circ 25' 30''}{0.1422182}\text{ ; d'où } DE = 10{,}52028r;$$

et si comme Ptolémée nous supposons $r = 60'$, nous aurons

$$DE = 631^p\ 13'\ 0'';$$

Ptolémée trouve 58″ de plus.

2....	0.3010300
C. 0.1422112....	0.8470447
sin 48.25.30....	9.8739525
DE = 10.52028r....	1.0220272
r = 60'..........	3.5563025
DE = 10° 31' 13″...	4.5783297
= 631.13. 0	

arc BG =	150° 26′
arc GE =	6.43.58″
arc BE =	157. 9.58.

Cet arc étant moindre que la demi-circonférence, il est évident que le centre n'est pas dans le segment BAGEB, ce qui rend inutiles les raisonnemens métaphysiques que Ptolémée a mis en avant de son calcul.

La corde $BE = 2r \sin 78^\circ 34' 59'' = 2r \sin \frac{1}{2} BE$.

2...	0.3010300
sin ½ BE...	9.9913203
BE = 1.9604255r...	0.2923503
r = 60'..........	3.5563025
BE = 117° 37′,53	3.8486528
= 117.37.31,8	
Ptolémée trouve 117.37.32	

BE =	1.9604255r
DE =	10.52028 r
DB =	12.4807055r.

Soit maintenant K le centre de l'épicycle, à droite de BE; la droite

DKL marquera en L le lieu de l'apogée. Nous aurons par un théorème connu,

$$\mathrm{DB.DE} = \mathrm{DL.DM} = (\mathrm{DK}+r)(\mathrm{DK}-r) = \overline{\mathrm{DK}}^2 - r^2,$$

$$12.4807055r \times 10.52028r = \overline{\mathrm{DK}}^2 - r^2,$$

$$\overline{\mathrm{DK}}^2 = 12.4807055 \times 10.52028r^2 + r^2 = 131.3223r^2 + r^2 = 132,3223r^2,$$

$$\frac{\overline{\mathrm{DK}}^2}{r^2} = 132,3223, \quad \frac{\mathrm{DK}}{r} = 11,50314,$$

$$\frac{r}{\mathrm{DK}} = \sin 4^\circ 59' 14'' = 5^p\, 12'\, 57'',48.$$

Ptolémée trouve..................... 5^p 13′ presque.

En voici le calcul.

12.4807055......	1.0962390
10.52028........	1.0220994
131.3223........	2.1183384
132.3223........	2.1216331
$\frac{\mathrm{DK}}{r} = (132,3223)^{\frac{1}{2}} = 11.50314$	1.0608165
$\frac{r}{\mathrm{DK}} = \sin 4^\circ 59' 14''$............	8.9391835
60′.....	3.5563025
5^p 12′ 958....	2.4954860
5.12.57″,48	

$$\mathrm{DE} = 10.52028r$$

$$\tfrac{1}{2}\mathrm{BE} = \mathrm{EN} = 0.98021r$$

$$\mathrm{DN} = 11.50049r$$

$$\mathrm{DK} = 11.50314r$$

$$\sin \mathrm{DKN} = \sin \mathrm{DKX} = \frac{\mathrm{DN}}{\mathrm{DK}} = \frac{11.50049}{11.50314} \quad \begin{array}{r} 1.0607164 \\ 8.9391835 \end{array}$$

$$\sin \mathrm{DKX} = 88^\circ 46' 12'' \ldots\ldots\ 9.9998999$$

$$\mathrm{BX} = \tfrac{1}{2}\,\mathrm{BE} = 78.34.59$$

$$\mathrm{MXB} = 167.21.11$$

$$\mathrm{BL} = 12.38.49.$$

C'est la distance à l'apogée dans la seconde éclipse. Ptolémée ne trouve que 12° 24′, parce qu'il fait DKX = 89° 1′. Un arc aussi grand ne peut se conclure avec sûreté d'après son sinus.

$$KN = r \cos BX = r \cos 78° 34' 59''.$$

$$\sin KDN = \frac{KN}{KD} = \frac{r.\cos 78° 34' 59'' \ldots\ldots 9.2965494}{r.11.50314 \ \ldots\ldots 8.9591835}$$

$$\sin KDN = 0° 59' 10'' \ldots\ldots\ldots\ldots \overline{8.2357329}.$$

L'équation de la Lune était donc.... 0° 59′ 10″
Le lieu vrai ☉ + 180°............. 5ˢ 13.45

Longitude moyenne ☾ = 5.14.44.10,

car l'équation faisait paraître la Lune trop peu avancée.

Ptolémée fait DKN = 89° 1′
BX = 78.35
MXB = 167.36
BL = 12.24.

Il résulte que le mouvement de la Lune sur son épicycle, est rétrograde, pour que l'équation soit soustractive dans la première moitié. L'équation la plus grande est d'environ 5° ou 4° 59′ 14″. C'est ce qu'Hipparque avait aussi trouvé, et tout ce calcul pourrait avoir été pris dans ses ouvrages.

Voilà donc un calcul très-long et très-compliqué de Trigonométrie rectiligne, fait, suivant le témoignage de Ptolémée, d'après la méthode d'Hipparque. Cette méthode n'est pas la plus courte qu'on puisse imaginer. Avec nos moyens, cette opération n'emploie en tout que 26 logarithmes différens.

La première de ces éclipses, suivant Riccioli, répond au 19 mars de l'an 721 avant notre ère, ou plutôt 720, suivant la méthode de Cassini, adoptée aujourd'hui par tous les astronomes.

Mais le premier jour de l'an 27 de Nabonassar répond à l'an.. — 720 20 février.
Du premier de thoth au 29 il y a 28 jours; ajoutez..... 28
Le 29 thoth répond donc au... 48 février.
L'année était bissextile, février avait............... 29
Ainsi l'éclipse est arrivée le... 19 mars.

La seconde éclipse est du 18 de thoth de l'an 28.
L'an 28 commence en...................... — 719 19 février.
Pour le 18 thoth ajoutez 18 — 1..................... 17
L'éclipse est donc du... 36 février,

L'année était commune, février avait.............. 28

L'éclipse est donc du... 8 mars.

La troisième éclipse est du 15 phamenoth, an 28.

L'an 28 commence en.................... — 719 19 février.

Du 1er au 30 de thoth, il y a 29, ajoutez donc pour thoth 29 et pour février retranchez 28 ; 29 — 28......= + 1

20 mars.

Pour phaophi ajoutez 30, et retranchez 31 pour mars... — 1

vous aurez... 19 avril.

Pour athyr + 30 et pour avril — 30.............. 0

vous aurez... 19 mai.

Pour choeac + 30 et pour mai — 31.............. — 1

vous aurez... 18 juin.

Pour tybi + 30 et pour juin — 30............... 0

vous aurez... 18 juillet.

Pour méchir + 30 et pour juillet — 31........... — 1

vous aurez... 17 août.

Pour le 15 phamenoth + 15 et pour août — 31..... —16

L'éclipse du 15 phamenoth est du... 1 sept.

Ces trois éclipses sont les plus anciennes ; il paraît donc que l'on ne connaissait en Grèce aucune éclipse qui remontât plus haut que l'an 27 de Nabonassar, ou l'an — 720.

Nous trouverons plus loin quatre autres éclipses de Lune dont nous allons de même chercher la date julienne.

La quatrième éclipse est du 27 athyr, an 127.

127 commence en.......................... — 620 26 janvier.

29 pour thoth et — 31 pour janvier............... — 2

24 février.

30 de phaophi et — 29 de février................ + 1

25 mars.

27 d'athyr et — 31 de mars...................... — 4

21 avril.

L'éclipse est donc du 21 avril, plus de 5 heures après minuit ; Riccioli dit le 22. Il compte en tems civil.

La cinquième éclipse est du 17 phamenoth, an 225.

225 commence en	— 522	1 janvier.
29 de thoth		29
		30 janvier.
30 pour phaophi et — 31 pour janvier		— 1
		29 février.
— 28 pour février		28
		1 mars.
30 pour athyr		+ 30
		31 mars.
30 pour choeac et — 31 pour mars		— 1
		30 avril.
30 pour tybi et — 30 pour avril		0
		30 mai.
30 pour méchir et — 31 pour mai		1
		29 juin.
17 pour phamenoth et — 30 pour juin		— 13
		16 juillet.

Riccioli dit en effet le 16 juillet.

La sixième est du 28 épiphi, an 246.

246 commence en	— 502	27 déc.
29 pour thoth et — 31 pour décembre		— 2
	— 501	25 janvier.
30 pour phaophi et — 31 pour janvier		— 1
		24 février.
30 pour athyr et — 28 pour février		+ 2
		26 mars.
30 pour choeac et — 31 pour mars		— 1
		25 avril.
30 pour tybi et — 30 pour avril		0
		25 mai.
30 pour méchir et — 31 pour mai		— 1
		24 juin.

30 pour phamenoth et — 30 pour juin.............	0
	24 juillet.
30 pour pharmouti et — 31 pour juillet............	— 1
	23 août.
30 pour pachon et — 31 pour août................	— 1
	22 sept.
30 de payni et — 30 pour septembre..............	0
	22 octob.
28 d'épiphi et — 31 pour octobre.................	— 3
L'éclipse est du....	19 nov.,

ce qui s'accorde avec Riccioli.

La septième éclipse est du 3 tybi, l'an 257 de Nabonassar.

257 commence en........................ — 491	24 déc.
29 pour thoth et — 31 pour décembre..............	— 2
30 de thoth répond au......	22 janvier.
30 pour phaophi et — 31 pour janvier............	1
30 de phaophi répond au...	21 février.
30 pour athyr et — 28 pour février................	+ 2
30 d'athyr répond au.......	23 mars.
30 pour choeac et — 31 pour mars................	— 1
30 choeac répond au.......	22 avril.
3 de tybi.....................................	3
L'éclipse est donc du...	25 avril.

On ne compte jamais que 29 pour thoth, 30 pour chacun des mois suivans; enfin pour le mois où est arrivé le phénomène, on prend simplement la date ou le nombre des jours de ce dernier mois.

Quand on tombe sur le premier d'un mois qui a 31 jours, on ajoute 30 pour le mois égyptien, sans rien retrancher.

Quand on tombe sur le 29 février dans une année commune, on retranche 28, sans rien ajouter.

Quand on tombe sur le 29 février d'une année bissextile, il n'y a rien à faire, et pour le mois suivant on ajoute 30 sans rien retrancher; on arrive au 30 mars.

Ces quatre dernières éclipses n'offrent pas plus de précision que les trois premières.

Ptolémée en calcule ensuite trois autres qu'il a observées lui-même.

La première est de la 17ᵉ année d'Adrien, du 20 au 21 payni. Trois quarts d'heure avant minuit, elle était totale, le Soleil en $1^s\ 13^\circ\ 15'$ à peu près.

La deuxième est de la 19ᵉ année d'Adrien, du 2 au 3 de chocac, une heure avant minuit. L'éclipse fut de $\frac{1}{2}.\frac{1}{3}=\frac{5}{6}$ du diamètre vers l'Ourse. Le Soleil en $7^s\ 25^\circ\ 10'$ à peu près.

La troisième est de la 20ᵉ année d'Adrien, du 19 au 20 pharmonthi. Quatre heures après minuit, l'éclipse fut de la moitié vers le nord. Le Soleil en $11^s\ 14^\circ\ 12'$ environ.

Ces observations n'annoncent pas plus de précision que celles des Chaldéens. Il est singulier que le tems des deux dernières soit en heures sans autres fractions ; la première au moins donnait les quarts d'heure.

Le mouvement de longitude du premier intervalle est de $161^\circ\ 55'$, celui d'anomalie $158^\circ\ 55'$; le premier intervalle réduit en tems moyen est de $1^{an}\ 166^j\ 23^h\ 37'\ \frac{1}{4}$; le second est de $1^{an}\ 137^j\ 5^h\ 30'$.

Le moyen mouvement du premier intervalle est de $169^\circ\ 37'$ pour la longitude, de $110^\circ\ 21'$ pour l'anomalie, l'inégalité $-7^\circ\ 42'$.

Dans le second, le mouvement de longitude est de $137^\circ\ 54'$, celui d'anomalie de $81^\circ\ 36'$, l'inégalité $+1^\circ\ 21'$.

Soient encore A, B, G les trois lieux de la Lune sur son épicycle (fig. 40), la Lune allant toujours de A en B et en G, ensorte que

$$AB = 110^\circ\ 21',\quad ADB = 7^\circ\ 42',\quad BG = 81^\circ\ 36',\quad BDG = 1^\circ\ 21'.$$

Menons les droites DEA, DG, DB ; les cordes EB, EG, GB.

$$\begin{aligned} AEB &= \tfrac{1}{2}\,AB = 55^\circ\ 10'\ 30'' \\ BDE &= 7.42 \\ EBD &= 47.28.30 \end{aligned}$$

$$\begin{aligned} AEB &= \tfrac{1}{2}\,AB = 55.10.30 \\ BEG &= \tfrac{1}{2}\,BG = 40.48 \\ AEG &= 95.58.30 \end{aligned}$$

$$BG = 81.36$$

$$GDA = BDE - BDG = 7^\circ\ 42' - 1^\circ\ 21' = 6^\circ\ 21'$$

GDA = 6° 21′
AEG = 95.58.30
EGD = 89.37.20

$$\sin EBD : \sin EDB :: DE : BE = DE\left(\frac{\sin EDB}{\sin EBD}\right);$$

$$\sin EGD : \sin EDG :: DE : GE = DE\left(\frac{\sin EDG}{\sin EGD}\right).$$

Dans le triangle BEG, nous avons BE, GE et BEG, = AEG — AEB;

$$\text{tang } GBE = \frac{\left(\frac{GE}{BE}\right)\sin BEG}{1-\left(\frac{GE}{BE}\right)\cos BEG},\quad GB = BE\left(\frac{1-\left(\frac{GE}{BE}\right)\cos BEG}{\cos GBE}\right).$$

Ptolémée calcule comme ci-dessus ET, GT, BT, $\overline{BG}^2 = \overline{BT}^2 + \overline{GT}^2$ et $\sin GBE = \frac{TG}{BG}$.

AB = 110.21
BG = 81.36
GE = 72.46.10
264.43.10
AE = 95.16.50
½ AE = 47.38.25
DKN = 86.38.30
AKX = 47.38.25
DKA = 134.16.55
KDA = 3.21.30
AKL = 45.43. 5.

EA = 120° sin 47° 38′ 25 = 88.40.17
½ EA = 44.20. 8,5
DE = 120
DN = 164.20. 8,5

$$DA.DE + \overline{KM}^2 = \overline{DK}^2.$$

Pour tous ces calculs DE = 120 ne fait qu'embarrasser; il serait plus simple de faire DE = 1.

C. sin EBD =	47.28.30....	0.1325428
sin EDB =	7.42.......	9.1270600
BE =	0.181804....	9.2596028
	120	3.8573225
	21′ 49″ 01	5.1169353
	21′ 49′ 6″	
Ptolémée	21.48.59	différence 7″.

C. sin EGD =	89.37.30....	0.0000093
sin EDG =	6.21.......	9.0437617
GE =	0.110604....	9.0437710
	120....	3.8573325
	13.16,35	2.9011035
	13.16.21″	
Ptolémée	13.16.20	différence 1″.

Cette manière de calculer d'abord en décimales qui se convertissent ensuite en sexagésimales, montre le fond de la méthode débarrassée de toutes les longueurs qui tenaient au système de numération des Grecs.

Dans le troisième triangle AEG où nous connaissons deux côtés et l'angle compris, nous pouvons calculer comme Ptolémée les deux triangles partiels; mais la formule qui exprime la tangente de l'angle inconnue, sera plus commode, et ce petit changement dans le détail ne fait rien au fond de la méthode.

GE....	9.0437710		
C. BE....	0.7403972		
GE : BE....	9.7841682	....	9.7841682
sin BEG....	9.8151928	cos BEG...	9.8790930
C. dénominateur....	0.2680351	0.460533	9.6632612
tang EBG = 36° 25′ 9″	9.8673961	1	
		0.53946	9.7319649
		BE....	9.2596028
		C. cos EBG....	0.0941822
	BG =	0.121829......	9.0857499
		120....	3.8573325
	BG =	14′ 37″,17	2.9430824
	ou	14p 37′ 10″,2	
Ptolémée		14.37.10.	

Nous avons

BE = 0.181804 DE,
GE = 0.110604 DE,
GB = 0.121829 DE.

Mais nous avons encore

$$BG = 2KM \sin \tfrac{1}{2} \text{arc } BG = 2KM \sin 40^\circ 48' = 1.30684\ KM,$$

égalant ces deux valeurs, nous avons

$$0.121829\ DE = 1.30684\ KM.$$

	2....	0.3010300
	sin 40° 48'....	9.8151928
BG =	1.30684 KM....	0.1162228
	C. log 0.121829....	0.9142501
DE =	10.72686 KM....	1.0304729
	60'....	3.5563025
DE =	10° 43' 36",72....	4.5867754
	= 643.36.43",2	
Ptolémée	643.36.39	
	DE....	4.5867754
	GE ci-dessus....	9.0437710
	71' 11",16....	3.6305464
GE =	71° 11' 9",96	
Ptolémée	71.11.4	différence 6" environ.
	DE....	4.5867754
	BG, ci-dessus....	9.0857499
	78' 24",29	3.6725253
	78° 24' 17",4 = BG	
Ptolémée	78.24.37	différence 20".

corde AE = 2KM sin 47.38.21

EBG =	56°23" 9"
arc GE =	72.46.18
arc BG =	81.36. 0
arc BE =	154.22.18
AB =	110.21. 0
ABGE =	264.43.18
AE =	95.16.42
AE =	47.38.21.

	2....	0.3010300
	sin 47° 38' 21"....	9.8685951
AE =	1.47783....	0.1696251
	60....	3.5563025
AE =	88' 40",2....	3.7259276
	= 88° 40' 12"	

Ptolémée fait GE = 72° 46′ 10″, l'erreur n'est que de 8″

AE = 95.16.50 8

corde AE = 88.40.17 5

DE = 10.72686 KM ci-dessus... 1.0304729

AE = 1.47983 KM

DA = 12.20469 KM 1.0865268

DA.DE = 150.9181.$\overline{\text{KM}}^2$ 2.1169997

$\overline{\text{DK}}^2 = 150.9181.\overline{\text{KM}}^2 + \overline{\text{KM}}^2$

131.9181... 2.1203045

$\left(\frac{\text{KM}}{\text{DK}}\right)^2 = \frac{1}{131.9181}$ moitié... 1.0601522

$\frac{\text{KM}}{\text{DK}}$ = sin 4° 59′ 42″ 8.9398478

60.... 3.5563025

5′ 13″,44 2.4961308

5° 14′ 26″,4

Ptolémée 5.14

DE = 10.72686 KM DN... 1.0594035

½ AE = 0.73891 KM C. DK... 8.9398478

DN = 11.46577 KM sin DKN... 9.9992513

DK = 11.48556 KM

$\frac{\text{DN}}{\text{DK}} = \frac{11.46577}{11.48556}$ = sin DKN = 86.38.12

AKX = 47.38.21

AXM = 134.16.33

AKL = 45.43.27

AKB = 110.21

LB = 64.37.33

Ptolémée { LB = 64.38
{ AKL = 45.43

DKN = 86.38.12

90° — DKN = 3.21.48

ADB = 7.42

LDB = 4.20.12,

c'est la différence entre la longitude moyenne et celle de l'apogée. En la retranchant de la longitude moyenne de la seconde éclipse, on aura

$$0^s\, 29^\circ\, 30' - 4^\circ\, 20'\, 12'' = 25^\circ\, 9'\, 48''.$$

Ptolémée dit 25° 10', à 180° juste du Soleil.

Cette solution me paraît extrêmement curieuse; les calculs de Ptolémée ont toute l'exactitude qu'on peut attendre des méthodes pénibles qu'il employait. Si, comme on n'en peut douter, Hipparque avait fait avant lui des calculs tout semblables, il sera prouvé qu'Hipparque avait une Trigonométrie rectiligne complète; ce qui est d'ailleurs extrêmement probable, puisqu'il avait même une Trigonométrie sphérique.

La solution qu'on vient de voir n'est ni longue ni difficile; on peut l'abréger encore en la mettant en formules analytiques que je me suis faites il y a 25 ans, pour un problème géodésique dans lequel il s'agit de déterminer un point D, d'où l'on a observé les angles entre trois objets donnés de position.

Méthode générale pour le Problème d'Hipparque.

Trouver le rayon de l'épicycle et l'apogée d'une planète, ou les élémens de la première inégalité.

Soit l'épicycle ABC autour du centre K (fig. 41).

Au point A, pris arbitrairement sur l'épicycle, marquez le premier lieu de la planète; du point A, en descendant par AEFC, prenez un arc ACB = au mouvement sur l'épicycle dans l'intervalle entre la première et la deuxième observation : B sera le second lieu de la planète. De B, en allant toujours dans le même sens, prenez un arc BAC égal au mouvement sur l'épicycle dans le second intervalle : C sera le troisième lieu.

Le mouvement est rétrograde dans la partie supérieure de l'épicycle; ainsi elle va de B en A, pendant que le centre K s'avance de gauche à droite de son mouvement moyen de longitude. Le mouvement sur l'épicycle est le mouvement d'anomalie moyenne, suivant l'expression moderne.

Il suit de là que dans la seconde observation, B sera plus avancé que A, c'est-à-dire que le mouvement apparent aura surpassé le mouvement moyen d'un angle ADB, D étant le centre de la Terre ou du zodiaque. En effet il est évident que si la planète était restée immobile sur son épicycle, elle aurait eu pour la Terre D le même mouvement que le centre de l'écliptique. La différence entre la longitude vraie et la longitude moyenne aurait toujours été la même, au lieu qu'étant parvenue en B, ADB est évidemment l'excès du mouvement apparent sur le mouvement moyen; et cet angle sera connu.

Par la même raison le point C, dans notre figure, sera plus avancé que le point B, et l'angle connu BDC sera l'excès du mouvement observé sur le mouvement moyen dans ce second intervalle.

Menez les cordes AB, BC, AC, et les rayons visuels DA, DB, DC; enfin DKL qui passera par le centre K, et le lieu L de l'apogée.

Pour plus de simplicité, nous avons supposé les deux excès positifs, et le mouvement apparent plus grand que le mouvement moyen.

Il n'y a aucune difficulté pour trouver les points A, B, C, d'après les mouvemens moyens d'anomalie qu'on suppose connus par les méthodes exposées ci-dessus.

Les points ABC de la Lune et le point D de la Terre formeront toujours un quadrilatère, et la distance entre la Terre et le point de l'épicycle qui sera vu entre les deux autres, c'est-à-dire DB dans notre figure, sera la diagonale du quadrilatère. Les deux excès étant positifs, le second lieu se trouvait entre les deux autres; mais il peut arriver que ce soit A qui paraisse tenir le milieu; il peut arriver que ce soit C, ce qu'on reconnaitra facilement par les signes et les quantités numériques de l'excès du mouvement apparent; nous en donnerons des exemples.

Cela posé, cherchons la valeur de la diagonale BD.

Le triangle BAD donne

$$\sin BAD : \sin BDA :: DB : AB,$$

$$\text{ou} \quad \sin M : \sin m :: DB : AB,$$

$$\text{et} \quad DB = \frac{AB \sin M}{\sin m} = \frac{a \sin M}{\sin m};$$

en faisant $a = 2 \sin \frac{1}{2}$ arc AB et le rayon de l'épicycle $= 1$, le triangle BCD donne de même

$$\sin BCD : \sin BDC :: DB : BC,$$

$$\sin N : \sin n :: DB : BC,$$

$$\text{et} \quad DB = \frac{BC \sin N}{\sin n} = \frac{b \sin N}{\sin n} = \frac{2 \sin \frac{1}{2} BC \sin N}{\sin n},$$

m est toujours l'angle géocentrique entre la position qui est à gauche et celle du milieu.

n est l'angle géocentrique entre la position à droite et celle du milieu.

M l'angle à la gauche du quadrilatère, N l'angle à la droite.

On aura donc

$$DB = \frac{a \sin M}{\sin m} = \frac{b \sin N}{\sin n} = \Delta,$$

d'où

$$\sin M : \sin N :: \frac{b}{\sin n} : \frac{a}{\sin m} :: b \sin m : a \sin n,$$

$$\sin M + \sin N : \sin M - \sin N :: b \sin m + a \sin n : b \sin m - a \sin n;$$
$$\text{tang} \tfrac{1}{2}(M+N) : \text{tang} \tfrac{1}{2}(M-N) :: b \sin m + a \sin n : b \sin m - a \sin n,$$

$$\text{tang} \tfrac{1}{2}(M-N) = \left(\frac{b \sin m - a \sin n}{b \sin m + a \sin n}\right) \text{tang} \tfrac{1}{2}(M+N)$$
$$= \left(\frac{1 - \frac{a \sin n}{b \sin m}}{1 + \frac{a \sin n}{b \sin m}}\right) \text{tang} \tfrac{1}{2}(360° - ABC - m - m)$$
$$= \left(\frac{1 - \text{tang}\,\varphi}{1 + \text{tang}\,\varphi}\right) \text{tang}\left(180 - \frac{ABC + m + n}{2}\right);$$

l'angle $ABC = \tfrac{1}{2} AC$ est connu par les mouvemens d'anomalie de la Lune, $(m+n)$ par les deux excès auxquels on donnera leurs signes algébriques. On aura donc toujours $\tfrac{1}{2}(M+N)$, $\tfrac{1}{2}(M-N)$, M et N; et par conséquent Δ dont au reste on n'a aucun besoin.

Le triangle DAB, à gauche, donnera

$$\sin m : \sin ABD :: AB : AD = D$$
$$= \frac{AB \sin ABD}{\sin m} = \frac{a \sin(180° - M - m)}{\sin m} = \frac{a \sin(M+m)}{\sin m};$$

le triangle BCD, à droite,

$$\sin n : \sin CBD :: BC : CD$$
$$= \frac{BC \sin CBD}{\sin n} = \frac{b \sin(180° - N - n)}{\sin n} = \frac{b \sin(N+n)}{\sin n};$$

on n'a besoin que de l'une ou de l'autre de ces distances.

Soit maintenant KA = rayon de l'épicycle, DKL marquera le lieu de l'apogée L.

$$\text{tang ADK} = \frac{Kp}{Dp} = \frac{\sin \text{KAD}}{\text{DA} - \text{A}p} = \frac{\sin \text{KAD}}{\text{D} - \cos \text{KAD}} = \frac{\sin(\text{BAD} - \text{BAK})}{\text{D} - \cos(\text{BAD} - \text{BAK})}$$

$$= \frac{\sin(\text{M} - 90° + \frac{1}{2}\text{AB})}{\text{D} - \cos(\text{M} - 90° + \frac{1}{2}\text{AB})},$$

$$\text{tang}\, \chi = \frac{\sin(\text{M} + \frac{1}{2}\text{AB} - 90°)}{\text{D} - \cos(\text{M} + \frac{1}{2}\text{AB} - 90°)} = \frac{-\sin(90° - \text{M} - \frac{1}{2}\text{AB})}{\text{D} - \cos(90° - \text{M} - \frac{1}{2}\text{AB})}$$

$$= \frac{-\cos(\text{M} + \frac{1}{2}\text{AB})}{\text{D} - \sin(\text{M} + \frac{1}{2}\text{AB})},$$

$$\frac{\text{AK}}{\text{KD}} = \frac{\sin \text{ADK}}{\sin \text{KAD}} = \frac{\sin \chi}{-\cos(\text{M} + \frac{1}{2}\text{AB})} = \sin \text{ plus grande équation.}$$

On aura de même,

$$\text{tang BDL} = \frac{Kp'}{Dp'} = \frac{Kp'}{\Delta - \text{B}p'} = \frac{\sin \text{KBD}}{\Delta - \cos \text{KBD}} = \frac{\sin(\text{KBA} - \text{ABD})}{\Delta - \cos(\text{KBA} - \text{ABD})}$$

$$= \frac{\sin(90° - \frac{1}{2}\text{AB} - 180° + \text{M} + m)}{\Delta - \cos(90° - \frac{1}{2}\text{AB} - 180° + \text{M} + m)} = \frac{\sin(\text{M} + m - \frac{1}{2}\text{AB} - 90°)}{\Delta - \cos(\text{M} + m - \frac{1}{2}\text{AB} - 90°)}$$

$$= \frac{-\cos(\text{M} + m - \frac{1}{2}\text{AB})}{\Delta - \sin(\text{M} + m - \frac{1}{2}\text{AB})} = \text{tang}\, \chi',$$

$$\frac{\text{BK}}{\text{KD}} = \frac{\sin \text{BDK}}{\sin \text{KBD}} = \frac{\sin \chi'}{-\cos(\text{M} + m - \frac{1}{2}\text{AB})},$$

ou bien encore

$$\text{tang BDK} = \frac{Kp'}{Dp'} = \frac{Kp'}{\Delta - \text{B}p'} = \frac{\sin \text{KBD}}{\Delta - \cos \text{KBD}} = \frac{\sin(\text{CBD} - \text{CBK})}{\Delta - \cos(\text{CBD} - \text{CBK})}$$

$$= \frac{\sin(180° - \text{N} - n - 90° + \frac{1}{2}\text{BC})}{\Delta - \cos(180° - \text{N} - n - 90° + \frac{1}{2}\text{BC})},$$

$$\text{tang}\, \chi' = \frac{\sin(90° - \text{N} - n + \frac{1}{2}\text{BC})}{\Delta - \cos(90° - \text{N} - n + \frac{1}{2}\text{BC})} = \frac{\cos(\text{N} + n - \frac{1}{2}\text{BC})}{\Delta - \cos(\text{N} + n - \frac{1}{2}\text{BC})},$$

$$\frac{\text{BK}}{\text{KD}} = \frac{\sin \text{BDK}}{\sin \text{KBD}} = \frac{\sin \chi'}{\cos(\text{N} + n - \frac{1}{2}\text{BC})};$$

enfin,

$$\text{tang CDK} = \frac{Kq}{Dq} = \frac{\sin \text{KCD}}{\text{DC} - \text{C}q} = \frac{\sin \text{KCD}}{\text{DC} - \cos \text{KCD}} = \frac{\sin(\text{BCD} - \text{BCK})}{\text{D}' - \cos(\text{BCD} - \text{BCK})},$$

$$\text{tang}\, \chi'' = \frac{\sin(\text{N} - 90° + \frac{1}{2}\text{BC})}{\text{D}' - \cos(\text{N} - 90° + \frac{1}{2}\text{BC})} = \frac{\sin(\text{N} + \frac{1}{2}\text{BC} - 90°)}{\text{D}' - \cos(\text{N} + \frac{1}{2}\text{BC} - 90°)}$$

$$= \frac{-\cos(\text{N} + \frac{1}{2}\text{BC})}{\text{D}' - \sin(\text{N} + \frac{1}{2}\text{BC})},$$

$$\frac{\text{KC}}{\text{KD}} = \frac{\sin \text{KDC}}{\sin \text{KCD}} = \frac{\sin \chi''}{-\cos(\text{N} + \frac{1}{2}\text{BC})}.$$

Voilà donc quatre manières de trouver le lieu de l'apogée et la plus grande équation.

On remarquera que χ, χ' et χ'' sont nécessairement moindres que la plus grande équation de l'épicycle ; si leurs tangentes sont négatives, on fera ces angles négatifs.

Appliquons ces formules aux deux exemples de Ptolémée (fig. 42).

A pris arbitrairement sur l'épicycle, prenons en descendant un arc ACB de 306° 25', ou en remontant, de 53° 35' ; A et B seront les deux premiers lieux de la Lune. De B en allant vers C, toujours dans le même sens BAC, prenons un arc de 150° 26', et nous aurons le point C ou le troisième de la Lune sur son épicycle. Il ne s'agit plus que de placer la Terre en D. Or il faut que, vu de D, le point C se trouve entre A et B ; plus avancé que A en longitude, et moins avancé que B. Je mène donc AD à la gauche de C, et BD à la droite de C ; D sera le lieu de la Terre.

Menons la diagonale $DC = \Delta$ du parallélogramme ACBD, l'angle en C sera rentrant ;

$$AB = 53^{\circ}\,35', \quad ACB = \tfrac{1}{2}\,AB = 26^{\circ}\,47'\,30''.$$

L'angle rentrant ACB du parallélogramme...........	333.12.30
Le premier excès ADB, angle connu du parallélogramme.	3.24
Somme des deux angles connus................	336.36.30
Somme des deux angles inconnus (M + N).....	23.23.30
$\frac{1}{2}S = \frac{1}{2}(M+N)$.....	11.41.45

ABD = 3° 24'			
BDC = 0.37 = n	M = CAD	BAC =	150.26. 0
2.47 = m	N = CBD	BA =	53.35
		AC =	96.51. 0
		$\frac{1}{2}$ AC	48.25.30.

Voilà donc les données et les inconnues du problème.

2...	0.3010300		0.3010300
sin 48.25.30 = $\frac{1}{2}$ AC	9.8739525	sin 75° 13' = $\frac{1}{2}$ BAC	9.9853805
log a...	0.1749825	log b...	0.2864105
C. sin m...	1.3137282	C. sin n...	1.9680805
a : sin m...	1.4887107	b : sin n...	2.2544910
C. (b : sin n)...	7.7455090		
tang φ = 9° 43' 30"….	9.2342197		

$\tang \varphi =$ 9.43.50...
45

cot 54.43.50... 9.8495663

$\tang \frac{1}{2} S =$ 11.41.45... 9.3160001

$\tang \frac{1}{2} d =$ 8.19.46... 9.1655664

M = 20. 1.51 = $\frac{1}{2}$ EC

N = 5.21.59

$m =$ 2.47. 0

M + m = 22.48.31

$n =$ 0.39. 0

N + n = 5.58.59

BCD = 176. 1. 1

$\frac{1}{2}$ AC = 48.25.50

$\frac{1}{2}$ EC = 20. 1.51 = M

$\frac{1}{2}$ AE = 28.23.59 = AKp

KAD = 61.36. 1 = KAp

a : sin m... 1.4887107
sin M... 9.5345778

Δ = 10.55087... 1.0232885

b : sin n... 2.2544910
sin N... 8.7687918

Δ = 10.55074 1.0232828

Δ = 10.55080

a : sin m... 1.4887107
sin (M + m)... 9.5884444

D = 11.94414... 1.0771551

b : sin n... 2.2544910
sin (N + n)... 8.8417439

D′ = 12.48058... 1.0962349

cos KAD = sin AKp = 0.47562... 9.6772601
D = 11.94414

dénominateur = 11.46852

C. dénominateur = 11.46852... 8.9404924
sin KAD = cos ($\frac{1}{2}$ AC — M)... 9.9444103

tang χ = 4° 23′ 10″... 8.8849027

sin χ... 8.8855327
C. cos ($\frac{1}{2}$ AC — M)... 0.0556897

sin plus grande équation = sin 40° 59′ 15″,5... 8.9392224

χ = ADK = 4° 23′ 10″................ 4° 23′ 10″

ADB = 3.24. 0

BDL = 0.59.10

KAD = 61.36. 1

AKL = 65.59.11 = AL

AB = 53.35

BL = 12.24.11

BC = 150.26. 0

CL = 162.50.11.

Ainsi avec dix-sept logarithmes différens, le problème est entièrement résolu.

$$\begin{array}{rlll}
\tfrac{1}{2}\,BC = & 75^\circ\,13' & & \\
N = & 3.21.59 & & \\
(\tfrac{1}{2}\,BC + N) = & 78.34.59 & \sin = 0.98021 & 9.9913203 \\
& & D' = 12.40058 & \\
& & \text{dénominateur} = 13.46079\ldots & 8.9392882 \\
& & \cos(\tfrac{1}{2}\,BC + N)\ldots & 9.2965404 \\
& & \text{tang}\,BDL = \text{tang}\,\chi'' = 0^\circ\,59'\,10'' & 8.2358286 \\
& & \sin\chi''\ldots & 8.2357818 \\
& & C.\cos(\tfrac{1}{2}\,BC + N)\ldots & 0.7034596 \\
& & \sin 4^\circ\,59'\,16''\ldots & 8.9392414.
\end{array}$$

Cette nouvelle solution confirme la première. Nous en trouverons une autre confirmation par Δ.

$$\begin{array}{rlll}
\tfrac{1}{2}\,BC = & 75^\circ\,13'\;\;0 & & \\
N + n = & 3.58.59 & & \\
\tfrac{1}{2}BC - (N+n) = & 71.14.\;1 & \sin = 0.94684 & 9.9762757 \\
& & \Delta = 10.55080 & \\
& & C.\ \text{dénominateur} = 11.49764 & 8.9393913 \\
& & \cos(\tfrac{1}{2}\,BC - N - n) & 9.5074650 \\
\chi' = & 1.36.10 & \text{tang}\,\chi' = 1^\circ\,36'\,10'' & 8.4468563 \\
& 37.\;0 & & \\
BDL = & 0.59.10 & \sin\chi'\ldots & 8.4466940 \\
\chi' = & CDL & C.\cos(\tfrac{1}{2}\,BC - N - n)\ldots & 0.4925350 \\
& & \sin 4^\circ\,59'\,16''\ldots & 8.9392290.
\end{array}$$

On voit que la solution est triple ; ainsi l'on n'aura jamais à craindre les erreurs de calcul. Appliquons les mêmes formules aux trois éclipses de Ptolémée.

Soit A (fig. 43) pris arbitrairement pour le lieu dans la première éclipse ; AB = 110° 21', B sera le second ; BC = 81° 36', C sera le troisième ; ADB = − 7° 42', BDC = + 11° 21' ; ainsi le point C tiendra encore le milieu entre les deux autres points ; A sera à droite, B à gauche, ce qui importe fort peu.

AB =	110.21	Angle rentrant...	304° 49′ 30″
BC =	81.36	ADB...	7.42
arc ABC =	191.57	somme S =	312.31.30
AC =	168. 3	M + N =	47.28.30
½ AC =	84. 1.30	½ (M + N) =	23.44.15
½ BC =	40.48		
90 − ½ BC =	49.12	ADB =	7.42 = $m + n$
90 − ½ AC =	5.58.30	BDC =	1.21 = n
		ADC =	6.21 = m.

2...	0.5010300....................		0.5010300
sin 48.1.30...	9.9970342	sin 40° 48′...	9.8151928
log a...	0.2986642	log b:...	0.1162228
C. sin m = 6° 21′...	0.9562383	C. sin = 1° 21′...	1.6278290
a : sin m...	1.2549025	b : sin n...	1.7440518
C.(b : sin n)...	8.2559482		
tang φ = 17.57.51...	9.5108507	a : sin m...	1.2549025
45		sin M...	9.7752157
cot 62.57.51	9.7078370	Δ = 10.66886...	1.0281182
tang 23.44.15	9.6432060		
tang 12.38.54	9.4510430	b : sin n...	1.7440518
M = 36.23. 9		sin N...	9.2840615
N = 11. 5.21		Δ = 10.66764	1.0281133
m = 6.21. 0		50	
M + m = 42.44. 9		Δ = 10.66825	
n = 1.21. 0			
N + n = 12.26.21		a : sin m...	1.2549025
		sin (M + m)...	9.8316261
		AD = D = 12.20474...	1.0865286
		b : sin n...	1.7440518
		sin (N + n)...	9.3332516
		BD = D′ = 11.94823	1.0773034

Prolongeons DC en C′,

ACC′ = M + m =	42.44. 9		
AC′ = 2(M + m) =	85.28.18	BC′ = 2(N + n) =	24° 52′ 42″
AC =	168. 3. 0	BC =	81.36
C′AC =	253.31.18	C′BC =	106.28.42.

Donc le centre est dans le secteur C'AC quelque part en K. Menons DKL.

$$ACC' = 42^\circ 44' \; 9'' \qquad \text{tang CDK} = \frac{\sin C'CK}{\Delta + \cos C'CK}.$$
$$ACK = 5.58.30$$
$$C'CK = 36.45.39$$

cos 36.45.39 = 0.80114... 9.9037086
10.66825
C. dénominateur = 11.46939... 8.9404592
sin 36.45.39... 9.7770468
tang χ = CDK = 2° 59' 15"... 8.7175060

sin χ... 8.7169078
C sin 36.45.39... 0.2229532
sin ϵ = sin 4° 59' 41"... 8.9398610

C'CK = 36° 45' 39"
CDK = 2.59.15
CKD = 33.46.26
CKL = 146.13.34,

c'est l'anomalie à la troisième éclipse, et le problème est résolu.

$$90^\circ - \tfrac{1}{2}\,AC = 5.58.30 \qquad \text{tang KDA} = \frac{\sin KAD}{D - \cos KAD}$$
$$M = 36.23.\;9$$

KAD = 42.21.39....... cos = 0.738916
D = 12.20474

8.7683620... dénom. = 11.465824
1.1714706
sin ϵ... 8.9398326 ϵ = 4° 59' 41"
sin KAD... 9.8285294
C. 11.46582... 8.9405949
tang χ' = 3° 21' 47"... 8.7691243
KDC = 2.59.15
m = 6.21. 0.

Voilà une première vérification.

$90° - \frac{1}{2}\,BC = 49°\,12'$ $\qquad$ $\tang KDB = \frac{\sin KDB}{D' - \cos KBD}$

$N = 11.\ 5.21$

$KBD = 60.17.21$

cos KBD = 0.495623............ 9.6951514

11.94823

dénominateur = 11.452607............ 8.9410956

sin KBD... 9.9587887

tang $\chi'' = 4°\,20'\,15''$ 8.8798843

5.21.47

$m + n = 7.42.00$

sin χ''... 8.8786464

C. sin KBD... 0.0612115

sin $\varepsilon = 4°\,59'\,42''$... 8.9398577

seconde vérification.

Les trois éclipses des Chaldéens ont donné... 4° 59′ 16″

Les trois éclipses de Ptolémée............... 4.59.42

Milieu..... 4.59.29.

Si nous comparons ces deux solutions particulières à la solution générale, nous verrons qu'il n'y a aucune différence pour le calcul de la diagonale, non plus que pour celui des deux autres distances; les angles m et n sont toujours les angles géocentriques entre le lieu intermédiaire et les deux lieux extrêmes.

Dans ces deux cas particuliers, le troisième lieu était entre les deux autres. Il en est résulté quelque changement de signe dans les calculs.

Dans tous les cas on connaîtra toujours tous les arcs différens entre lesquels se partage la circonférence de l'épicycle; on aura donc tous les angles autour du point K, et par conséquent les angles KAD, KBD et KCD.

Il n'y a que deux cas essentiellement différens; ou le quadrilatère aura tous les angles saillans, et dans ce cas on connaîtra AB, BC, CF = 2N, FE = 2M et AE complément à 360°.

$KAD = M - 90° - \frac{1}{2}\,AB$,

$KBD = KBC - 90° + \frac{1}{2}\,AB = \frac{1}{2}(360° - AB - BC) - 90° + \frac{1}{2}\,AB = 90° - \frac{1}{2}\,BC$

$KCD = BCD - BCK = N - 90° + \frac{1}{2}\,BC = N + \frac{1}{2}\,BC - 90°$.

Si le quadrilatère a un angle rentrant,

$$KAD = 90^\circ - \tfrac{1}{2}AC + M, \quad KBD = 90^\circ - \tfrac{1}{2}BC + N,$$
$$PCB = N + n + 90^\circ - \tfrac{1}{2}BC,$$

ou bien

$$90^\circ - \tfrac{1}{2}AC + M = KAD, \quad KBD = 90^\circ - \tfrac{1}{2}BC + N,$$
$$C'CK = 90^\circ - \tfrac{1}{2}BC - (N + n).$$

Nous avons vu que dans la seconde éclipse des Chaldéens, la longitude moyenne de la Lune était de $5^s\,14^\circ\,44'$; que son anomalie ou sa distance à l'apogée dans l'épicycle était de $12^\circ\,24'$.

Que dans la seconde des éclipses de Ptolémée, la longitude moyenne était de $0^s\,29^\circ\,30'$, et l'anomalie moyenne $2^s\,4^\circ\,38'$. Dans l'intervalle, la Lune avait donc parcouru en longitude $224^\circ\,46'$ par delà les cercles entiers, et $52^\circ\,14'$ en anomalie moyenne.

L'intervalle est de 854 années égyptiennes 73 jours 23 heures $\frac{1}{2}$, ou $311783^j\,23^h\,\frac{1}{2}$.

Pour cet intervalle les Tables du mouvement moyen tirées du calcul d'Hipparque, donnent $224^\circ\,46'$ du mouvement en longitude, et $52^\circ\,51'$ en anomalie. C'est $17'$ de trop.

Ptolémée a bien fait d'adopter cette correction qu'un intervalle augmenté d'un tiers lui indiquait : il n'en est pas moins remarquable qu'Hipparque ait pu arriver si près. Mais ces $17'$ qui renferment les erreurs des deux calculs, pouvaient s'imputer aux observations.

Divisant donc ces $17'$ par le nombre de jours, il a trouvé...... $0^\circ\,0'\,0''\,0'''\,11^{iv}\,46^{v}\,59^{vi}$ à retrancher du mouvement diurne d'anomalie qui se trouve ainsi de $13^\circ\,3'\,53''\,56'''\,17^{iv}\,51^{v}\,59^{vi}$.

Mais quelque confiance qu'on veuille accorder à cette correction, il est à regretter qu'elle ne soit appuyée que sur trois éclipses, et qu'elle ne soit pas au moins confirmée par son accord avec d'autres observations.

On remarque comme une chose singulière que ces deux calculs, faits sur des observations différentes, aient donné pour l'équation du centre des quantités qui ne diffèrent pas d'une demi-minute. Cet accord pourrait faire penser que les deux positions de l'apogée pourraient avoir à peu près la même exactitude.

Le mouvement d'anomalie pour un jour est,
suivant les Tables de M. Bürg................. $13^{\circ}\ 3'\ 53''\ 58'''\ 12^{iv}$.

Il est un peu plus semblable à celui d'Hipparque. Il serait donc permis de douter que la correction de Ptolémée fût très-heureuse.

Pour établir les époques de la longitude et de l'anomalie, il ne s'agit que de réduire à la première année de Nabonassar les longitudes et les anomalies trouvées ci-dessus. Ainsi de la seconde année de Mardocempade à l'époque de Nabonassar, on a 27 années $17^{j}\ 11^{h}\frac{1}{2}$, pour lesquelles les mouvemens moyens donnent $123^{\circ}\ 22'$ en longitude, et $103^{\circ}\ 55'$ d'anomalie à retrancher, et il restera pour l'époque de Nabonassar, longit., $1^{s}\ 11^{\circ}\ 22'$; anomalie, $8^{s}\ 28^{\circ}\ 49'$. Différence de longitude entre la Lune et le Soleil, $2^{s}\ 10^{\circ}\ 37'$.

Cette élongation est nommée *apoque* ἀποχὴ, distance; époque ἐποχὴ, *point occupé*, désigne en général le lieu occupé par un astre, à un instant donné.

Avec ces données, on est en état de construire des Tables qui donneront en tout tems les longitudes, les anomalies, les *apoques* moyennes; avec la plus grande inégalité, $4^{\circ}\ 59'\frac{1}{2}$ environ, qui résulte des calculs précédens, on peut trouver la correction, qui changera le lieu moyen en un lieu vrai, du moins en faisant abstraction des autres inégalités que peut avoir la Lune.

Nous avons trouvé ci-dessus le rapport $\frac{\text{rayon épicycle}}{\text{distance moyenne}} = \sin 4^{\circ}\ 59'\ 29''$, par un milieu. Soit $60'$ la distance moyenne, le rayon de l'épicycle $= 60' \sin 4^{\circ}\ 59'\ 29'' = 5^{\circ}\ 13'\ 13''$. Ptolémée dit environ $5^{\circ}\frac{1}{4}$; nous aurons

$$\text{tang équat.} = \frac{5^{\circ}\ 15' \sin \text{anomalie moyenne}}{60 + 5.15 \cos \text{anomalie moyenne}} = \frac{\left(\frac{5^{\circ}\ 15'}{60.0}\right) \sin \psi}{1 + \frac{5.15}{60.0} \cos \psi}.$$

Soit $\psi = 84^{\circ}$; nous aurons $\epsilon = 4^{\circ}\ 55'\ 29''$. Ptolémée donne $4^{\circ}\ 56'$
$= 96$..................5. 1. 9.................. 5. 1.

Ptolémée néglige les secondes. J'ai refait la Table par cette formule, et j'ai trouvé ce qu'on voit dans le Tableau suivant :

ψ	ε	Différenc.	ψ	ε	Différenc.
0	0. 0. 0	0 0″	90	5. 0. 2	− 2″
6	0.28.56	+ 4	96	5. 1. 9	− 9
12	0.57.36	− 56	102	4.58.56	+ 4
18	1.25.48	− 48	108	4.53.19	− 19
24	1.53.15	− 15	114	4.44.23	− 23
30	2.19.44	− 44	120	4.31.51	− 51
36	2.44.59	− 59	126	4.16. 4	− 4
42	3. 8.48	− 48	132	3.57. 3	− 3
48	3.30.55	+ 5	138	3.35. 0	+ 0
54	3.51. 6	− 6	144	3.10. 5	+ 0
60	4. 9. 9	− 69	150	2.42.37	+ 23
66	4.24.45	− 45	156	2.12.55	+ 5
72	4.37.56	+ 4	162	1.41.22	− 22
78	4. 8.18	+ 42	168	1. 8.23	+ 37
84	4.55.39	+ 31	174	0.34.26	+ 34
			180	0. 0. 0	0

J'ai mis dans la dernière colonne les différences entre mes nombres et ceux de Ptolémée. On ne doit compter que celles qui passent 30; on aura donc

− 56″	+ 42″
− 48	+ 31
− 44	+ 37
− 59	+ 34
− 48	
− 69	
− 45	
− 51.	

On voit en général que les nombres de Ptolémée sont un peu moindres, et cependant il faisait la constante plus forte. Pour calculer cette équation, il faisait

$$\rho^2 = 1 + 2e\cos\psi + e^2 = (1 + 2e + e^2) - 4e\sin^2\tfrac{1}{2}\psi$$
$$= (1+e)^2 - 4e\sin^2\tfrac{1}{2}\psi = (a^2 - b^2) = (a+b)(a-b),$$

ou l'équivalent. Alors il avait $\varepsilon = \frac{e\sin\psi}{\rho}$; il ne faisait ensuite aucun usage du rayon vecteur, qui n'était pour lui qu'une quantité subsidiaire; nous ferions $\rho = \frac{1 + e \cos \psi}{\cos \text{équat.}}$.

Ptolémée passe ensuite aux mouvemens et à l'époque de l'argument de latitude. Il avait d'abord supposé, avec Hipparque, que le diamètre de la Lune, ou plutôt que celui de son disque apparent est la 650ᵉ partie de son propre cercle, ou de 33′ 30″, et qu'il était contenu deux fois et demie dans le cercle de l'ombre quand les éclipses arrivent dans les moyennes distances, ce qui donnerait 83′ 45″ pour le diamètre de l'ombre, et 41′ 52″,5 pour le rayon de cette ombre. Le diamètre de l'ombre et celui de la Lune sont en effet ce qui sert à trouver la quantité de l'éclipse; et la quantité donnée, le plus ou le moins de tems qu'elle dure dépend du mouvement horaire vrai. Ces mêmes quantités décident des termes écliptiques, c'est-à-dire de la distance au nœud, qui réduit l'éclipse à un simple contact, d'où résulte aussi la quantité de l'inclinaison. Ce sont ces différentes recherches que Ptolémée entreprend, par des méthodes qu'il juge et plus sûres et plus indépendantes que celles de ses prédécesseurs. Il avait sur eux de grands avantages, puisqu'il venait 265 ans après Hipparque; mais il avait à ce dernier l'obligation de trouver la voie préparée, et il devait avoir à sa disposition des observations plus exactes et surtout plus nombreuses.

Il cherche parmi les éclipses les mieux observées et les plus distantes qu'il a pu rencontrer, celles dans lesquelles la partie obscurcie s'est trouvée du même nombre de doigts et du même côté, soit au nord, soit au sud, et dans lesquelles la Lune était à une même distance. Avec ces attentions, il était sûr qu'au tems du milieu de chacune de ces éclipses la Lune était à une même distance du nœud, et qu'ainsi dans l'intervalle l'argument de latitude avait fait un nombre exact de révolutions.

La première de ces éclipses a été observée à Babylone, la 31ᵉ année du règne de Darius I, du 3 au 4 de tybi, au milieu de la sixième heure. L'éclipse avait été de deux doigts dans la partie sud. C'est la septième des éclipses rapportées ci-dessus.

La deuxième est celle qui fut observée à Alexandrie, la neuvième année d'Adrien, du 17 au 18 pachon, $3^h \frac{3}{5}$ avant minuit. L'éclipse était pareillement de deux doigts ou $\frac{1}{6}$ et au midi. L'éclipse avait eu lieu vers le nœud descendant, la distance était à peu près la même, et un peu moindre que la distance moyenne, ce qui était suffisamment connu par ce que nous avons exposé des mouvemens d'anomalie.

Quand la partie éclipsée est au sud, c'est que le centre de la Lune est au nord de l'écliptique ; la Lune était donc également éloignée en-deçà du nœud descendant ; sa longitude était moindre que celle de ce nœud.

Dans la première éclipse, la distance à l'apogée était de $100^s\ 19'$, car le milieu était une demi-heure avant minuit, tems de Babylone, ou $1^h \frac{1}{3}$ avant minuit à Alexandrie.

L'intervalle écoulé depuis l'époque de Nabonassar était de 256 ans, $122^j\ 10^h \frac{1}{4}$; la longitude vraie était donc de 5^s plus petite que la longitude moyenne.

Dans la seconde éclipse, la Lune était à $251^s\ 53'$ d'anomalie, le tems depuis l'époque, 871 ans 256 jours 8 heures $\frac{1}{12}$. La longitude vraie plus grande de $4^s\ 53'$ que la moyenne. La somme des deux équations $9^s\ 53'$ qu'il faut ajouter au mouvement anomalistique ou au nombre des cercles du mouvement de l'argument de latitude. Hipparque supposait $10^s\ 2'$ environ, ce qui fait $9'$ d'erreur à ajouter au mouvement assigné par Hipparque à l'argument de latitude, en 615 ann. égyptiennes $135^s\ 21^s\ 50'$ en supposant toutefois les équations de Ptolémée préférables à celles d'Hipparque.

Divisant les $9'$ par le nombre de jours, il trouve $8^{iv}\ 59^{v}\ 18^{vi}$ à ajouter au mouvement établi par Hipparque, ce qui fera

	$13^{\circ}\ 13'\ 45''\ 59'''\ 48^{iv}\ 56^{v}\ 37^{vi}$;
nous faisons aujourd'hui.	13. 13. 45. 38. 24
le mouvem. de Ptolémée était donc trop fort de	1. 24,

surtout en ce tems où la Lune avait un mouvement en longitude moins fort qu'aujourd'hui; et il se pourrait encore que Ptolémée, en voulant corriger Hipparque, eût augmenté l'erreur. D'ailleurs, quelle confiance peut-on accorder à une correction qui ne porte que sur une comparaison de deux éclipses médiocrement observées? Ptolémée voulait faire de nouvelles Tables, il fallait donc quelques petits changemens.

Pour déterminer aussi l'époque, il cherche encore deux éclipses où toutes les conditions ci-dessus fussent observées, c'est-à-dire égalité de rayon vecteur, de doigts éclipsés du même côté, égalité de distance, mais à un nœud différent.

La première de ces éclipses est celle de la deuxième année de Mardocempade, du 18 au 19 toth, à minuit, tems de Babylone, 50′ avant minuit à Alexandrie. L'éclipse était de 3 doigts sud.

La deuxième, employée déjà par Hipparque, observée la vingtième année de Darius, successeur de Cambyse, du 28 au 29 epiphi, à $6^h \frac{1}{2}$ de la nuit, où la Lune fut éclipsée de 3 doigts ou de $\frac{1}{4}$ de son diamètre, $\frac{2}{3}$ d'heure avant minuit à Babylone, ou $1^h \frac{1}{4}$ avant minuit à Alexandrie; c'est notre sixième ci-dessus.

Dans chacune de ces deux éclipses, la Lune était apogée; mais la première était près du nœud ascendant, la deuxième près du nœud descendant, et le centre de la Lune était également élevé vers le nord au-dessus de l'écliptique.

Soit ABC (fig. 44) l'orbite de la Lune, AC l'écliptique, B la limite boréale; prenez deux arcs égaux BE et BD; les distances AD au nœud ascendant et CE au nœud descendant seront égales, D sera le lieu de la première éclipse, E celui de la seconde; la Lune était en D, à $12° 24'$ de son apogée, et l'équation était $+ 59'$; au tems de la seconde éclipse, la Lune était éloignée de l'apogée de $2° 44'$, et l'équation $+ 13'$; l'intervalle des tems, 218 années égyptiennes 309 jours 23 heures $\frac{1}{12}$, qui font $160° 4'$ de l'argument de latitude; total avec les équations, $160° 50'$; donc $AD + CE = 19° 10'$; donc $AC = CE = 9° 35'$ dont la Lune était plus avancée que le nœud A, lorsqu'elle était en D, et moins avancée que le nœud C, lorsqu'elle était en E. La distance de la Lune au nœud étant $10° 34' = 9° 35' + 59'$. La distance au terme boréal B était $- 79° 26'$ ou $280° 34'$.

Le mouvement moyen de l'argument de latitude était $286° 19'$ depuis l'époque; retranchons cet arc de l'argument de latitude de la première éclipse, nous aurons pour la première année de Nabonassar, le 1er octobre à midi, $354° 15'$ de distance à la limite boréale. Au moyen de cette époque et des mouvemens moyens, nous aurons l'argument de latitude en tout tems. Nous corrigerons cet argument moyen de latitude, en y appliquant la prostaphérèse ou équation du centre, et nous aurons l'argument vrai de latitude.

Cette méthode est simple et exacte, du moins si l'on suppose les deux équations bien calculées, le mouvement moyen certain, et s'il est sûr que les deux quantités éclipsées aient été parfaitement égales, ce dont il est permis de douter.

Hipparque, en calculant la première inégalité dans l'hypothèse de l'excentrique, avait trouvé le rapport $\frac{327\frac{1}{3}}{3144} = \frac{6.15}{60.0}$, par l'épicycle... $\frac{247.5}{3122\frac{1}{2}} = \frac{4.48}{60.0}$.

Le premier rapport donnerait 5° 49′ d'équation, l'autre 4° 34′; le milieu serait 5° 11′ 50″.

En recommençant les calculs, Ptolémée assure, et cela ne peut faire aucun doute, qu'il a trouvé les mêmes résultats dans les deux hypothèses, quand il employait les mêmes éclipses, et non des éclipses différentes, comme avait fait Hipparque. Il est donc bien évident qu'Hipparque savait que les deux hypothèses étaient également bonnes; il employait indifféremment l'une ou l'autre, la différence des résultats ne peut donc venir que d'une erreur numérique dans les calculs, ou des erreurs des observations, ce qui est bien plus probable. Ptolémée reconnaît lui-même la possibilité de l'erreur provenant de la dernière cause. Il rejette la faute sur les intervalles, qui avaient été mal calculés. Il trouve les syzygies bien déterminées, et il entre dans de grands détails, en commençant par les trois éclipses les plus anciennes; elles étaient de celles qui avaient été apportées de Babylone, ἀπὸ τῶν ἐκ Βαβυλῶνος διακομισθεισῶν, ὡς ἐκεῖ τετηρημένας. Il est donc bien certain que des éclipses avaient été apportées de Babylone; mais par qui, en quel tems, en quel nombre? Il n'en dit rien, et si elles étaient si nombreuses, il a eu tort de ne l'avoir pas dit, et surtout de n'en avoir calculé et rapporté que si peu.

La première était arrivée pendant l'archontat de Phanostrate à Athènes, au mois de posidéon; la Lune avait souffert une petite éclipse vers le levant d'été, lorsqu'il restait environ une demi-heure de nuit; Hipparque ajoute que la Lune s'était couchée éclipsée. C'était l'an 366 de Nabonassar, du 26 au 27 toth (La plus ancienne rapportée ci-dessus était de l'an 27; l'intervalle serait de 339 ans, et il y aurait encore loin de là aux 1903 de Simplicius.), $5\frac{1}{2}$ heures temporaires après minuit, le Soleil étant vers la fin du Sagittaire; l'heure temporaire, à Babylone, était de 18 tems ou degrés, car la nuit était de $14^h\frac{2}{5}$; les $5\frac{1}{2}$ font $6^h\frac{3}{5}$ équinoxiales. L'éclipse commença donc à $18^h\frac{3}{5}$ équinoxiales après le midi du 26.

Puisqu'une très-petite partie de la Lune fut éclipsée, la durée entière n'a pas dû être de plus de $1^h\frac{1}{2}$, le milieu par conséquent à $19^h\frac{2}{5}$. $18^h 36' + 45' = 19^h 21'$, ce qui ne ferait que $19\frac{1}{3}$; et en effet, en retranchant 50′ pour la différence des méridiens, Ptolémée trouve $18\frac{1}{2}$.

Le tems depuis Nabonassar était de 365 années égyptiennes 25 jours 18 heures $\frac{1}{4}$, le Soleil étant à 28° 18′ du Sagittaire, le lieu moyen de la Lune 24° 20′ des Gémeaux, le lieu vrai est 28° 17′, car la distance à l'apogée de l'épicycle était 227° 43′.

L'éclipse a été très-petite; donc la durée n'était guère que $1^h \frac{1}{2}$; il y a là-dedans bien du vague, le milieu était sans doute assez grossièrement déterminé, ce qui au reste ne ferait guère qu'une minute d'incertitude sur le lieu de la Lune, en supposant qu'on ait pu se tromper de demi-heure sur la durée, ou de 15′ de tems sur le milieu. Si nous entrons dans ces détails, c'est moins pour justifier Hipparque que pour exposer tout ce qui concerne ces anciennes observations, dont il paraît bien difficile de tirer quelque chose de bien précis.

La seconde éclipse est arrivée pendant l'archontat de Phanostrate à Athènes, au mois de skirophorion, ou du 24 au 25 phamenoth. La Lune s'éclipsa du côté du levant d'été, la première heure de la nuit étant déjà passée. C'était l'an 366 de Nabonassar, du 24 au 25 phamenoth, $5\frac{1}{2}$ heures temporaires avant minuit. Or le Soleil étant vers la fin des Gémeaux, l'heure de la nuit à Babylone était de 12 tems; les $5\frac{1}{2}$ heures ne valent que $4\frac{2}{5}$ d'heures équinoxiales. L'éclipse commença donc le 24 à $7^h \frac{3}{5}$; la durée entière fut de 3^h, le milieu fut donc à 9^h; il était à Alexandrie $8^h \frac{1}{4}$ environ. Il néglige une minute de tems, et avec une durée de 3^h sans fraction, il est évident qu'il ne faut point compter sur les unités de minutes. C'est beaucoup si l'on peut compter sur un quart d'heure.

Le tems depuis Nabonassar est donc 365 ans $203^j\ 7^h\ 50'$; le Soleil était en 21° 46′ ♊; la longitude moyenne de la Lune, 23° 58′ ♐; la longitude vraie, 21° 48′ (Pourquoi pas 46′, comme le Soleil ?); elle était sur son épicycle, à 27° 37′ de l'apogée.

L'intervalle des deux éclipses est de $177^j\ 13^h \frac{2}{3}$; le Soleil avait avancé de 173° 28′. Hipparque n'a supposé que $173° - \frac{1}{8}$, ou 172° 52′ 30″, et l'intervalle $177^j\ 13^h \frac{3}{4}$; de $13^h\ 56'$ à $13^h\ 45'$, la différence n'est que 9′. Mais le mouvement du Soleil offre $35' \frac{1}{2}$ de différence; il y aurait donc de l'incohérence dans les calculs d'Hipparque, s'il n'y a pas ici quelque faute d'impression; car la différence d'équation ne peut être que de quelques minutes, vu la position du Soleil dans les deux éclipses.

La troisième éclipse est arrivée, selon lui, durant l'archontat d'Evandre, le premier mois posidéon, du 16 au 17 de toth; l'éclipse fut totale et commença vers le levant d'été, 4 heures de la nuit étant déjà passées.

C'était donc l'an 567 de Nabonassar, $2\frac{1}{2}$ heures avant minuit, le Soleil étant en 2° ♐. L'heure de la nuit à Babylone était de 18 tems à fort peu près, et les $2^{h}\frac{1}{2}$ font 3^{h} équinoxiales, ainsi l'éclipse commença le 16 à 9^{h}; elle fut totale; la durée devait être de 4^{h}, le milieu à 11^{h} ou pour Alexandrie $10^{h}\frac{1}{6}$ du 16; le tems depuis Nabonassar 566 ans $15^{j}\,9^{h}\,50'$, le Soleil en $17^{\circ}\,50'$ du Sagittaire. La longitude moyenne de la Lune $17^{\circ}\,21'$ des Gémeaux; la longitude vraie, $17^{\circ}\,28'$; la distance à l'apogée de l'épicycle, $181^{\circ}\,12'$.

L'intervalle de la seconde à la troisième éclipse est de $177^{j}\,2^{h}$; le mouvement, $175^{\circ}\,44'$. Hipparque a supposé $177^{j}\,1^{h}\frac{2}{3}$, et le mouvement $175^{\circ}\,8'$. Il paraît donc qu'il s'est trompé de $\frac{1}{3}$ d'heure sur le tems, et de $\frac{3}{5}$ sur les degrés, ce qui a pu altérer sensiblement le rapport qu'il cherchait.

Il est évident qu'il ne pouvait répondre d'un tiers d'heure, ni par conséquent de $10'$ du mouvement de la Lune; les $26'$ d'erreur qui resteraient sur le mouvement s'expliqueraient difficilement par l'équation.

Hipparque avait encore calculé trois éclipses, qu'il donnait comme observées à Alexandrie.

La première était de la cinquante-quatrième année de la deuxième période calippique, le 16 mesoré. Elle avait commencé une demi-heure avant le lever, et fini au milieu de la troisième heure; le milieu était au commencement de la deuxième heure, 5 heures avant minuit. Le Soleil était à l'extrémité de la Vierge, il n'y avait aucune différence entre l'heure temporaire et l'heure équinoxiale. C'était donc le 16 à 7^{h}. Le tems depuis Nabonassar, 546 ans 345 jours $6\frac{1}{2}$ heures équinoxiales, le Soleil en $5^{s}\,26^{\circ}\,6'$; longitude moyenne de la Lune, $11^{s}\,20^{\circ}$; longitude vraie, $11^{s}\,26^{\circ}\,7'$; anomalie, $300^{\circ}\,17'$

La seconde éclipse, la cinquante-cinquième année de la seconde période de Calippe, 9 méchir, commencement $5^{h}\frac{3}{4}$ de la nuit. Eclipse totale, commencement le 9 à $11^{h}\frac{1}{3}$ de la nuit. Le Soleil à la fin des Poissons, le milieu à $13^{h}\frac{1}{2}$. Tems depuis Nabonassar, 547 ans $348^{j}\,13^{h}\frac{1}{2}$. Le Soleil en $11^{s}\,26^{\circ}\,17'$; longitude moyenne de la Lune, $6^{s}\,1^{\circ}\,7'$; longitude vraie, $5^{s}\,26^{\circ}\,16'$; anomalie, $108^{\circ}\,28'$.

Intervalle de la première à la seconde éclipse, $178^{j}\,6^{h}\,50'$; mouvement, $180^{\circ}\,11'$. Hipparque dit $178^{j}\,6^{h}$ et $180^{\circ}\,20'$.

. Troisième éclipse, cinquante-cinquième année de la deuxième période, 5 mesoré, commencement à $6^{h}\frac{2}{3}$ de nuit. Eclipse totale, milieu à $8^{h}\frac{1}{3}$, c'est-à-dire $2^{h}\frac{1}{3}$ après minuit. Le Soleil au milieu du signe de la

Vierge, l'heure de la nuit à Alexandrie était de $14\frac{2}{3}$ tems; les $2^h\frac{1}{3}$ font $2^h\frac{1}{4}$, ainsi le milieu le 5 à $14\frac{3}{4}$ heures.

Tems depuis Nabonassar, 547 ans $334^j\ 13^h\frac{3}{4}$; ☉ $5^s\ 15^\circ\ 12'$; ☾ moy., $11^s\ 10^\circ\ 24'$; ☾ vraie, $11^s\ 15^\circ\ 13'$; anomalie, $249^\circ\ 9'$. Intervalle de la deuxième à la troisième, $175^j\ \frac{3}{4}$ heure; mouvement, $160^\circ\ 55'$. Hipparque dit $176^j\ 0\frac{1}{3}$ et $168^\circ\ 33'$; ensorte qu'il s'est encore trompé de $\frac{1}{5}$ et $\frac{1}{6}$ de degré, et de $\frac{1}{2}.\frac{1}{3}.\frac{1}{10}$ d'heure, ce qui a pu altérer le rapport cherché.

Il n'est pas impossible, en effet, que ces erreurs, ces différences aient produit des changemens assez considérables; mais en supposant qu'il eût raison, Ptolémée aurait dû nous dire ce qui résultait de ses corrections, et dans quelles limites étaient renfermées les deux excentricités qui résultaient de ces nouveaux calculs. On pourrait, à la vérité, recommencer tous les calculs, si les observations en valaient la peine; après tout, le milieu entre les deux résultats d'Hipparque ne s'écarte pas de $12'$ de ceux de Ptolémée, pour la plus grande équation. Si la différence avait pu venir de la méthode de calcul suivie par Hipparque, Ptolémée n'eût pas manqué de le dire; il est donc fort probable que la méthode était la même, ou tout au moins que les deux méthodes, si tant est qu'il y en eût deux, étaient équivalentes.

CHAPITRE V,

Ou Livre V de la Syntaxe.

La première inégalité est la seule qu'on puisse apercevoir dans les syzygies; mais il en existe une autre qui se fait remarquer surtout dans les quadratures ou les dichotomies.

Ptolémée s'en est aperçu en comparant les lieux de la Lune observés par Hipparque, et les lieux qu'il avait observés lui-même avec un instrument qu'il avait construit tout exprès, et dont il donne la description suivante :

Prenant deux cercles faits au tour, dont les surfaces étaient entr'elles à angles droits, de dimensions correspondantes et parfaitement égales, nous les avons assemblés à angles droits, de sorte que l'un représentait l'écliptique et l'autre le colure des solstices, puisqu'il passait nécessairement par les pôles de l'équateur et ceux du cercle oblique. Prenant sur l'épaisseur du colure les points où répondaient les pôles de l'écliptique, nous y avons planté des cylindres qui débordaient tant au-dedans qu'au-dehors. A ces cylindres nous avons adapté à l'extérieur un autre cercle dont la surface concave et intérieure embrassait exactement la surface convexe et extérieure du colure, et qui pouvait tourner autour des deux pôles du zodiaque, ce qui formait un cercle de latitude mobile qu'on pouvait conduire à tous les degrés de longitude du zodiaque.

Aux cylindres intérieurs nous avons adapté de même un autre cercle qui était exactement embrassé par la surface concave du colure, et qui était un autre cercle de latitude mobile comme le premier.

Divisant tous ces cercles en leurs 360° et autant de parties qu'ils en étaient susceptibles, nous avons placé dans le cercle intérieur un autre cercle plus mince, garni de deux pinnules saillantes, diamétralement opposées, lequel pouvait tourner dans le plan du cercle intérieur, vers l'un ou l'autre pôle, pour l'observation des latitudes.

A la distance qui existe entre les pôles de l'oblique et de l'équateur, nous avons fait passer deux cylindres. Nous avons fixé dans le plan du méridien et à la hauteur convenable, les deux pôles de l'équateur, ensorte que la machine pût tourner autour de ces pôles.

L'instrument ainsi placé, toutes les fois qu'on pouvait apercevoir à-la-fois le Soleil et la Lune, nous avons placé le cercle extérieur sur la partie de l'écliptique que devait alors occuper le Soleil; nous avons tourné ce cercle vers le Soleil, jusqu'à ce que l'oblique et le cercle de latitude se fissent ombre à eux-mêmes. Si c'était une étoile qu'on voulait observer, comme elle ne produisait aucune ombre, après avoir placé le cercle extérieur à la longitude de l'astre, on dirigeait le cercle extérieur en bornoyant à cet astre, qui paraissait alors collé aux deux points opposés de la surface.

Le cercle intérieur se dirigeait alors à la Lune ou à l'astre qu'on voulait comparer au premier, et qu'on observait à travers des pinnules, pour obtenir tout-à-la-fois et la latitude et la différence de longitude.

Les lieux de la Lune observés de cette manière par Hipparque et Ptolémée, s'accordaient quelquefois avec les hypothèses précédentes; d'autres fois ils s'en écartaient; il résulte d'abord de cette phrase, que l'instrument d'Hipparque ne différait pas essentiellement de celui de Ptolémée, et que celui-ci avait pu faire construire le sien d'après celui qu'Hipparque avait employé à Rhodes, ainsi que nous le verrons par la suite. On en déduit encore qu'Hipparque avait reconnu l'insuffisance d'une inégalité simple pour représenter les observations de la Lune; il sentait une inégalité dont il n'avait pas eu le tems de reconnaître la loi, et qui était indiquée par les observations qu'il laissait à ses successeurs. Ayant continué ces observations avec soin pour découvrir la loi de l'anomalie, Ptolémée reconnut qu'elle était nulle dans les syzygies; la petite erreur qu'on pouvait y remarquer pouvait être produite par les parallaxes, ou plus simplement encore par les erreurs possibles des observations; vers la dichotomie l'erreur était encore nulle ou peu importante, si la Lune était à l'apogée ou au périgée de son épicycle; mais elle était la plus grande, si la Lune se trouvait dans la position également éloignée de l'apogée et du périgée, et que la prostaphérèse fût par conséquent la plus grande.

La longitude se trouvait moindre que par le calcul, si la prostaphérèse était soustractive; elle se trouvait plus grande si la prostaphérèse était additive; l'erreur était proportionnelle à la prostaphérèse : d'où Ptolémée conclut que l'épicycle de la Lune doit être porté sur un excentrique; que cet épicycle est à sa plus grande distance de la

Terre dans les deux syzyzies, et à la plus petite dans les deux dichotomies. C'est ce qui arrivera si l'on fait à la première hypothèse les modifications suivantes :

Imaginons un cercle homocentrique au zodiaque, tournant dans le plan incliné de l'orbite d'un mouvement rétrograde égal à celui du nœud, et la Lune parcourant son épicycle avec son mouvement anomalistique qui est direct. Dans ce plan incliné concevons deux mouvemens uniformes et opposés autour du centre du zodiaque, l'un qui porte le centre de l'épicycle *en avant* d'une quantité égale au mouvement de l'argument de latitude; et l'autre qui porte *en arrière* le centre et l'apogée de l'excentrique d'une quantité égale à l'excès du double mouvement synodique sur le mouvement de l'argument de latitude; ensorte que dans un jour, par exemple, l'argument de latitude augmentant de 13° 14′ environ, il paraisse avoir avancé de 13° 11′, parce que le cercle excentrique a rétrogradé des trois autres minutes; que l'apogée ait tourné de 11° 9′ = 2(☾ — ☉) — *d* arg. latitude = 24° 23′ — 13° 14′ ; de cette manière, la somme des deux mouvemens égalera 2(☾ — ☉). Par là, deux fois dans un même mois l'épicycle parcourra l'excentrique, et l'apocatastase (restitution) s'opérera à chaque syzygie moyenne.

Pour rendre plus sensible cette explication, encore assez obscure, soit ABGD (fig. 45) l'homocentrique, E le centre du zodiaque, AEG le diamètre. Que A soit tout à la fois l'apogée de l'excentrique, le centre de l'épicycle, la limite boréale, le commencement du Bélier, et enfin le lieu moyen du Soleil; Z le centre de l'excentrique.

Par le mouvement d'un jour, tout le plan tournera d'un mouvement rétrograde vers D, autour de E, de 3′ environ. Le point A sera donc en 11ˢ 29° 57′. Une droite égale à EA portera le centre de l'excentrique de Z en Z′ sur la ligne ED, l'apogée arrivera en D.

A, déjà dérangé de 3′, fera de plus, par son mouvement propre et dans le même sens, 11° 9′; total, 11° 12′; et il arrivera en D.

Pendant le même tems, une autre droite pareille à EA portera le centre de l'épicycle suivant l'ordre des signes, de A en H, de sorte que l'angle AEH soit de 13° 11′ de longitude.

Le mouvement DB étant double du mouvement synodique, la restitution se fera deux fois dans l'espace d'un mois lunaire, ou une fois à chaque demi-mois. Après un quart de mois, les points D et B se trouveront diamétralement opposés; Z sera en Z″.

Le centre de l'excentrique étant en Z″, à 180° de Z, celui de l'épicycle sera périgée en A′ ; lorsqu'il sera en Z‴, le centre de l'épicycle sera encore périgée en A″; la première inégalité sera augmentée pareillement dans les deux positions contraires, parce que l'épicycle étant également rapproché de la Terre, son rayon soutendra un angle plus grand que dans les syzygies.

Dans les syzygies, et par conséquent dans les éclipses, le centre de l'excentrique est en Z ou en Z‴, celui de l'épicycle est en A ou en G ; la distance EA ou EG est la plus grande.

Dans les quadratures, le centre de l'excentrique est en Z″ ou Z‴, celui de l'épicycle est en A′ ou en A″, la distance EA′ = EA″ est la plus petite.

Dans les positions intermédiaires, comme en H, la distance EH est moindre que EA ; elle est plus grande que EA′.

Nous avons suivi Ptolémée d'aussi près qu'il nous a été possible, mais son explication n'est pas bien claire, et nous avons été obligés de changer la figure et d'ajouter quelques détails, en supprimant ce qui ne faisait qu'allonger et obscurcir. Il semble que Ptolémée a fort inutilement compliqué sa théorie, en y faisant entrer le mouvement du nœud. Il suffisait de faire

$$AD = AB = \text{mouvement synodique},$$

d'où

$$AEZ' = AEB = AEH \quad \text{et} \quad Z'EH = 2(☾ - ☉).$$

Dans les syzygies $2(☾ - ☉) = Z'EH = 0$, le centre Z de l'excentrique et le centre A de l'épicycle sont en conjonction. La distance

$$EA = EZ + ZA = ZA + EZ.$$

Dans les quadratures,

$$2(☾ - ☉) = 180°, \quad EA' = Z''A' - EZ'' = ZA - EZ.$$

Dans les positions intermédiaires comme H,

$$\overline{EH}^2 = \overline{Z'H}^2 + \overline{Z'E}^2 - 2Z'H.Z'E \cos EZ'H.$$

Dans les syzygies $EZ'H = 180°$,

$$\overline{EH}^2 = \overline{Z'H}^2 + \overline{Z'E}^2 + 2Z'H.Z'E = (Z'H + Z'E)^2 = (ZA + ZE)^2.$$

Dans les quadratures $EZ'H = 0$,

$$\overline{EH}^2 = \overline{Z'H}^2 + \overline{Z'E}^2 - 2Z'H.Z'E = (Z'H - Z'E)^2 = (ZA - ZE)^2.$$

Le centre de l'excentrique décrit un petit cercle autour de E ; dans les syzygies, ce centre se trouve placé entre celui de la Terre et celui de l'épicycle ; dans les quadratures, le centre de la Terre est au contraire placé entre les centres de l'excentrique et de l'épicycle ; dans les quadratures comme dans les syzygies, les trois centres sont sur une même ligne. Dans les positions intermédiaires, les trois centres forment un triangle dont deux côtés sont constans. Ces côtés constans sont le rayon de l'excentrique et le rayon du petit cercle décrit par le centre de l'excentrique, le troisième côté EH est variable. Dans ce triangle on connaît toujours l'angle opposé au plus grand côté ; on peut calculer l'angle opposé au petit côté, ou l'angle H, on aura donc le troisième angle, et par suite le troisième côté ; on aura donc toujours la position du centre de l'épicycle et sa distance à la Terre. On aura par le mouvement anomalistique la position de la Lune sur son épicycle ; on aura la position de l'excentrique mobile : on en déduirait la longitude apparente ; mais nous verrons plus loin ce que Ptolémée ajoute encore à ces suppositions.

Les deux inégalités ainsi expliquées indépendamment de l'inclinaison, on peut ensuite considérer la latitude à part, comme Ptolémée l'a fait dans le Livre précédent.

Pour observer à quoi peut aller la seconde inégalité, Ptolémée a choisi les quadratures où la Lune était vers la tangente à l'épicycle, et la première inégalité au *maximum*. Il fallait en outre que la parallaxe en longitude fût nulle, c'est-à-dire que la Lune fût au nonagésime. Ainsi dans la seconde année d'Antonin, le 25 phamenoth, après le lever du Soleil, $5^h \frac{1}{4}$ avant midi, le Soleil étant en $10^s\ 18^\circ \frac{1}{2}\cdot\frac{1}{3}$, le quatrième degré du Sagittaire étant au méridien, la Lune paraissant en $9^\circ \frac{2}{3}$ du Scorpion, la parallaxe de longitude était nulle. Le tems depuis Nabonassar, 885 ans $205^j\ 18^h \frac{3}{4}$; la longitude moyenne du Soleil était $10^s\ 16^\circ\ 27'$; la longitude vraie, $18^\circ\ 50'$, et *c'est ainsi qu'il a été placé dans l'astrolabe.* La Lune au même instant, suivant cette hypothèse, avait de longitude moyenne $7^s\ 17^\circ\ 20'$; de sorte qu'elle était à très-peu près en quadrature, son anomalie étant de $87^\circ\ 19'$. La longitude apparente était donc de $7^\circ \frac{2}{3}$ plus petite que la vraie ; au lieu que l'équation première n'était que 5°.

De même, Hipparque rapporte que la cinquante-deuxième année de la troisième période de Calippe, le 16 épiphi, les deux tiers de la première heure étant déjà passés, le Soleil *placé* en $8^{\circ}\frac{1}{2}.\frac{1}{3}$ du Lion, la Lune parut en $12^{\circ}\frac{1}{2}$ du Taureau; l'élongation était de $86^{\circ}\ 15'$; l'heure temporaire était de 17 tems $\frac{1}{2}$, les $5\frac{1}{2}$ valaient $6^{t}\ \frac{1}{2}$. Le neuvième degré du Taureau était au méridien; le tems depuis Nabonassar était de 619 ans $314^{j}\ 17^{h}\ \frac{1}{2}$. *Le méridien de Rhodes est le même que celui d'Alexandrie;* le lieu moyen du Soleil était $4^{s}\ 10^{\circ}\ 27'$; *le lieu vrai* en $8^{\circ}\ 20'$; la longitude de la Lune $1^{s}\ 4^{\circ}\ 25'$; l'élongation différait peu de 90°; l'anomalie était de $257^{\circ}47'$, l'équation presque la plus grande; car du lieu moyen de la Lune au lieu vrai du Soleil, il y a $93^{\circ}\ 55'$ au lieu de $86^{\circ}\ 15'$, la différence est encore de $7^{\circ}\ 40'$, au lieu de 5°. Dans les deux observations, la Lune était dans la seconde dichotomie; la plus grande équation différait de $2^{\circ}\ \frac{2}{3}$ de celle de l'hypothèse d'une simple inégalité. La différence était additive dans l'observation d'Hipparque, négative dans celle de Ptolémée. Celui-ci ajoute que par plusieurs comparaisons semblables il a trouvé $7^{\circ}\ \frac{2}{3}$. (On voit qu'Hipparque observait à Rhodes.)

Voilà donc deux observations d'un genre que nous n'avons pas encore rencontré; elles sont données avec d'assez grands détails et vont nous fournir quelques remarques.

Les observations paraissent faites de la même manière et avec des instrumens tout semblables. L'instrument donne la différence de longitude entre la Lune et le Soleil. La Lune est observée au nonagésime, pour éviter la parallaxe; ainsi l'instrument et la méthode d'observation paraissent appartenir à Hipparque. Ce n'est probablement pas par hasard qu'on fait une observation de la Lune en quadrature, au tems de la plus grande équation et au nonagésime. Si les observations étaient faites sans aucun plan, il faudrait en avoir un très-grand nombre pour en trouver une qui satisfît à toutes ces conditions. Ainsi Hipparque avait au moins préparé les voies à Ptolémée, pour sa belle découverte.

Le Soleil était en $10^{s}\ 18^{\circ}\frac{1}{2}.\frac{1}{3}$; pourquoi pas $10^{s}\ 18^{\circ}50'$, puisque les Tables le donnent ainsi? c'est qu'il fallait placer à cette longitude le cercle mobile qu'on avait à diriger au Soleil. L'instrument ne donnait que des sixièmes de degré, on a mis $\frac{1}{2}+\frac{1}{3}=\frac{3}{6}+\frac{2}{6}=\frac{5}{6}$; peut-être même l'instrument ne donnait-il que des tiers ou $20'$, et l'on estimait les sixièmes quand l'alidade tombait entre deux divisions voisines.

Le quatrième degré du Sagittaire était au méridien; cette indication ne sert qu'au calcul du nonagésime. Cependant l'instrument étant dirigé au Soleil, on pouvait voir quel point de l'écliptique répondait au méridien; on ne cite pas l'équateur, parce que l'astrolabe n'avait pas d'équateur. L'heure est $5\frac{1}{4}$ après le lever du Soleil; il paraît que ces heures étaient temporaires; mais pourquoi ce détour, puisque les heures temporaires ne peuvent entrer dans aucun calcul sans être préalablement converties en heures équinoxiales? Le point de l'écliptique au méridien aurait donné le milieu du ciel, et l'ascension droite du Soleil, comparée à ce milieu du ciel, donnait le tems vrai; donc si l'heure est donnée en tems temporaire, c'est que les astronomes, s'étaient réglés sur un cadran solaire ou sur une clepsydre, qui ne marquaient jamais que les heures temporaires.

Dans l'observation d'Hipparque à Rhodes, le Soleil était de même en $8^\circ\frac{1}{2}, \frac{1}{12} = 8^\circ\frac{7}{12} = 8\frac{6}{12}$ et $\frac{1}{12}$. L'instrument d'Hipparque était donc divisé en sixièmes et on estimait les douzièmes, ou bien en tiers et on estimait les quarts de tiers. Rarement on voit $\frac{1}{12}$, et je ne sais s'il y en a un autre exemple, et c'est le calcul sur les Tables qui devait l'avoir donné. On donne de même le point culminant de l'écliptique; les $5^h\frac{1}{3}$ étaient temporaires, puisqu'elles valaient $6^h\frac{1}{2}$. Tous les détails sont donc de même genre; la méthode et les moyens d'observation absolument les mêmes. Revenons à Ptolémée.

Pour trouver la grandeur de l'inégalité, Ptolémée prend d'abord, ci-dessus pag. 188, la différence entre le lieu observé de la Lune et la longitude moyenne calculée. Il fait ainsi

$$\text{inégalité} = ☾\ \text{observée} - ☾\ \text{calculée} = 7^s\,9^\circ\,40' - 7^s\,17^\circ\,20' = -7^\circ\,40'.$$

Mais ce calcul suppose que pour prendre la distance de la Lune au Soleil, on a dirigé au Soleil le point de l'astrolabe qui marque la véritable longitude du Soleil pour le moment; c'est ce que Ptolémée paraît avoir fait dans la première observation. Il avait placé le Soleil sur $10^s\,18^\circ 50'$ de son astrolabe, et l'on voit en effet quatre lignes plus bas, que la longitude vraie du Soleil était de $1^s\,18^\circ\,50'$. L'observation avait été bien faite; elle n'avait besoin d'aucune correction; il a pu calculer l'inégalité par la formule ci-dessus. Il n'en est pas de même dans la seconde observation.

Le Soleil avait été placé sur l'astrolabe en.............. $4^s\ 8^\circ\,35'$
c'est le point de l'astrolabe dirigé au Soleil dans l'observation.

Mais cinq lignes plus bas on voit que la longitude vraie était.. 4. 8.20

Erreur de l'observation........................ = + 0. 0.15.

La longitude vraie de la Lune conclue de sa distance au Soleil, avait donc la même erreur, elle était trop forte de 15′, on l'avait trouvée de....................................	1.12.20
La véritable longitude était donc seulement de.........	1.12. 5
Mais pour cet instant la longitude calculée était.........	1. 7.25
L'inégalité était donc............................. +	7.40.

Ce n'est point ainsi que Ptolémée fait son calcul ; il fait

$$(\odot\text{ obs.} - ☾\text{ moy.}) - (\odot\text{ obs.} - ☾\text{ obs.}) = (☾\text{ obs} - ☾\text{ moy. calculée})$$
$$= 93^{\circ}55' - 86^{\circ}15' = +7^{\circ}40',\ \text{pag. } 189,$$

ce qui revient au même. De cette manière il a corrigé l'erreur, mais sans en avertir, au lieu que dans son premier calcul, après avoir rapporté la longitude vraie d'après ses Tables, il avait ajouté *καθὼς καὶ ἐν τῷ ἀστρολάβῳ διωπτεύετο*, *et c'est sur ce point en effet qu'il a été vu sur l'astrolabe*, ou *c'est ainsi qu'il était placé sur l'astrolabe.*

Dans la seconde observation, Hipparque aurait dû présenter au Soleil le point qui marquait la véritable longitude du Soleil, ou...	4ˢ 8° 20′
La distance réellement observée était de...............	2.26.15
Donc longitude vraie de la Lune......................	1.12. 5.

Comme ci-dessus, Ptolémée a négligé cette explication, qui n'est pourtant pas inutile; j'en avais fait l'objet de deux Notes indiquées par les lettres (*g*) et (*h*), pag. 296, tom. I de la traduction de M. Halma ; mais ces Notes ont été omises par inadvertance, pag. 53, à la fin du volume.

Le silence de Ptolémée peut faire penser que l'usage des astronomes était de diriger au Soleil le point de l'astrolabe qui répondait à fort peu près à la longitude réelle du Soleil; mais si l'on observait plusieurs astres le même jour, en les comparant immédiatement au Soleil, toutes les distances observées se rapportaient toujours au même point de l'astrolabe, on en était quitte pour tenir compte de l'erreur et du mouvement que le Soleil pouvait avoir eu dans l'intervalle, ce qui se réduisait à calculer la longitude vraie du Soleil pour l'instant de chaque observation, et à comparer chacun de ces lieux vrais à la distance réellement mesurée.

La petite erreur commise sur le lieu du Soleil faisait à la vérité qu'on n'avait pas dirigé au Soleil le point convenable, l'écliptique de l'astrolabe ne se trouvait pas très-exactement dans le plan de l'écliptique céleste, l'arc de l'instrument intercepté entre les pinnules à travers lesquelles on avait visé au Soleil et à l'astre, n'était pas véritablement l'arc de l'écliptique céleste; mais la différence était légère, surtout pour les Planètes qui ne s'écartent guères de l'écliptique. Elle pouvait être fort sensible pour les étoiles dont la latitude est fort grande, et c'est là probablement une des causes des erreurs que nous remarquerons ci-après dans le Catalogue des Étoiles. Mais c'était à la Lune que l'on comparait les Étoiles.

Si la Lune était bien placée sur l'astrolabe, l'instrument indiquait directement la longitude vraie de l'Étoile. S'il y avait une erreur sur la manière dont on avait placé la Lune, ou si dans l'intervalle la Lune avait eu un mouvement, cette erreur et ce mouvement affectaient la longitude observée; alors le plus simple est de prendre la distance telle qu'elle est indiquée par l'instrument, et de l'appliquer à la longitude de la Lune calculée pour le moment de chaque observation.

Soit maintenant (fig. 46) ABG l'excentrique, A l'apogée, G le périgée, ZHT l'épicycle, la tangente ET et le rayon GT; $GET = 7° 40'$, $EG = \frac{GT}{\sin 7° 40'} = \frac{5° 15'}{7.40} = 39^p 21' 9''$.

Ptolémée dit $39^p 22'$

$$\begin{aligned} EA &= 60 \\ AG &= 99.22 \\ DG = AD &= 49.41 \\ ED &= 10.19. \end{aligned}$$

Puisque l'équation est ici $7° 40'$, le point G du périgée est donc celui de la quadrature. L'apogée étant en Z sera vu sur la même ligne, soit de E, lieu de la Terre, soit de D, centre de l'excentrique; mais il n'en sera plus de même si E n'est plus sur le diamètre ADG; ZH ne sera dirigé ni vers E, ni vers D, mais vers un point de AG, qui est toujours le même. Ce point sera N, ensorte que $ND = DE = 10° 19'$, et l'effet qui en résultera sera le plus grand, quand le centre de l'épicycle sera à égales distances de A et de G d'un côté ou de l'autre du diamètre AG.

Pour le prouver :

L'an 197 de la mort d'Alexandre, le 11 pharmouthi, au commencement de la seconde heure, Hipparque dit qu'à Rhodes il observa le Soleil en 1° 7° $\frac{3}{4}$, et la Lune en 11° 21° $\frac{1}{3}$; mais son lieu vrai corrigé de la parallaxe était 21° $\frac{1}{2}\frac{1}{3}$; l'élongation vraie était de 313° 42′. Le tems depuis Nabonassar était de 620 ans 219ʲ 18ʰ équinox.; le Soleil moyen 1° 6° 41′; le soleil vrai, 1° 7° 45′; la longitude moyenne de la Lune, 11° 22° 13′; l'anomalie comptée de l'apogée moyen de l'épicycle, 185° 30′; l'élongation moyenne, 314° 28′. Voilà encore une observation d'Hipparque à Rhodes, et à l'astrolabe; tous les détails ressemblent à ceux des deux autres observations.

Soit ABG (fig. 47) l'excentrique de la Lune, D le centre, E celui du zodiaque; B le centre de l'épicycle. Le mouvement de ce centre se fait de B vers A, et celui de la Lune sur son épicycle, de Z vers H.

L'élongation moyenne était 315° 32′; le double, 631° 4′, ou 271° 4′, dont le complément à 360° est 88° 56′ = AEB.

AEB = 88° 56′, DB = 49ᵖ 11′, DE = 10ᵖ 19′.
DB : DE :: sin DEB : sin DBE = 11ᵖ 58′ 57″.

C. DB =	49ᵖ 11′	6.5256580
DE =	10.19.....	2.7916906
	log constant.....	9.3175286
	sin DEB.....	9.9999247
sin DBE =	11° 58′ 57″....	9.3172533
AEB =	88.56	BEG = 91° 4′
ADB =	100.54.57	
EDB =	79. 5. 3.	

Sin DEB : sin EDB :: DB : EB = 48° 47′ 54″,2.

	C. sin DEB.....	0.0000753
	sin EDB.....	9.9920701
		9.9921454
	DB.....	3.4743620
BE =	48′ 47″ 57.....	3.4665074
	48° 47.34.2.	

Ptolémée, par une autre voie, trouve 48° 48′.

Le lieu moyen de la Lune est en B, BEH est l'inégalité que l'ob-

servation a donnée, de 0°46′ = BEH, puisque l'élongation était 314° 28′
et la moyenne 313.42;
donc, équation..... BEH..... 0.46.

BH : BE :: sin BEH : sin BHE = sin (180° — BHR).

C. BH = 5′ 15″.... 7.5016895
BE = 48.47.57.. 3.4665074
sin BEH = 0°46........ 8.1264710
sin BHR = sin BHE = 7. 8.46..... 9.0946679
BEH = 0.46. 0

ML = HT = MBL = EBH = 6.22.46....... 6.22.46
Ptolémée.... 6.21
LBH = 180° — EBH = 173.37.14
Dist. à l'apogée moyen = MBH = 185.30. 0

ML = MBL = EBN = 11.52.46
BEN = 180° — AEB = 91. 4. 0
donc le troisième angle ENB = 75. 3.14

Sin N : BE :: sin EBN : EN.

C. sin N..... 0.0111820
BE..... 3.4665074
sin EBN..... 9.3135574

EN = 10° 18′,37..... 2.7912468
EN = 10.18.22.2 } quantités sensiblement égales.
DE = 10.19. 0 }

Ptolémée en conclut que le point N, auquel se dirige la ligne de l'apogée moyen MBN, est au-dessous de E autant que E est au-dessous de D.

Pour prouver la même chose dans une situation opposée, Ptolémée prend encore une observation d'Hipparque à Rhodes, la même année 197 de la mort d'Alexandre, le 17 payni $9^h \frac{1}{3}$. Le Soleil étant en 3^s 10° 54′, la Lune paraissant en 4^s 29°. La parallaxe était nulle. (Il paraît qu'Hipparque s'appliquait à observer la Lune au nonagésime, pour se rendre indépendant de la parallaxe, et c'est réellement ce qu'il y avait de mieux à faire.) L'élongation vraie était 48° 6′ = 4^s 29° — 3^s 10° 54′. Les $9^h \frac{1}{3}$ font $3^h \frac{1}{3}$ après midi, qui valent 4 heures équinoxiales. Le tems depuis Nabonassar, 620 ans 286^j 3^h 40′. Le Soleil moyen, 3^s 12° 5′; le Soleil vrai, $3^s\ 10^\circ 40'$; anomalie de l'apogée moyen, $335^\circ\ 12'$; supplément, $-26^\circ 48' =$ HBM (fig. 48).

Lune moyenne	4.27.20	☉ moyen..	3.12. 5
☉ vrai.......	3.10.40	☾ moyenne	4.27.20
Élongation....	1.16.40	Élong. moy.	1.15.15
Observée.....	1.18. 6	Double....	$90^\circ 30' =$ AEB = DEB.
BEH.........	$1^\circ 26'$.		

DB : DE :: sin DEB : sin DBE.

$\frac{DE}{DB}$ (ci-dessus)...... 9.3175286

sin DEB...... 9.9999835

sin DBE = $11^\circ 59'\ 3''$..... 9.3175121

DEB = 90.30. 0

EDB = 77.30.57

180. 0. 0.

Sin DEB : sin EDB :: DB : BE.

C. sin DEB...... 0.0000165

sin EDB...... 9.9896081

DB...... 3.4743620

BE = $48' 30'',63$...... 3.4639866

$48' 30' 58'',8$.

BH : sin BEH :: BE : sin BHE.

C. BH..... 7.5016895

BE...... 3.4639866

sin BEH = $1^\circ 26'$........ 8.3981793

sin BHE = $13.21.49''$..... 9.3638554

BEH = 1.26. 0

ZBH = 14.47.49

HBM = 26.48

EBN = ZBM = ZM = 12. 0.11....sin 9.3179879

DEB = 90.30. 0

C. sin ENB = 78.29.49...... 0.0088120

BE................. 3.4639866

EN = $10' 17'',71$...... 2.7907865

EN = $10' 17' 42'',6$.

Ptolémée trouve 10.20.

L'opération, ainsi dégagée de la Trigonométrie et de l'Arithmétique des Grecs, devient beaucoup plus facile à saisir. Elle consiste à chercher la distance angulaire de la Lune moyenne au Soleil vrai; à la comparer à l'élongation vraie observée; la différence est l'équation de la Lune. C'est l'angle BEH entre le centre de l'épicycle et celui de la Lune (fig. 49).

On calcule le double de l'élongation moyenne, et l'on a l'angle AEB ou DEB, qui sert à placer sur la figure le centre de l'épicycle. Dans le triangle BED on a deux côtés et un angle opposé; on calcule l'angle DBE opposé au petit côté ou à l'excentricité DE; on en conclut le troisième angle et le troisième côté BE, distance du centre de l'épicycle à la Terre. Alors dans le triangle EBH vous avez EB, BH et l'angle opposé BEH = équation de la Lune. Vous calculez l'angle à la Lune opposé à la distance BE; vous en concluez le troisième angle EBH et son supplément ZBH, distance à l'apogée apparent; vous comparez cette distance à l'anomalie moyenne calculée MBH; la différence ZBM = ZM vous donne le lieu de l'apogée moyen; le rayon MB de l'épicycle, prolongé jusqu'au diamètre AG y marque le point N où se dirige le rayon apogée; MZ = EBN. Vous avez donc les trois angles du triangle NBE; vous calculez EN, qui se trouve constamment au-dessous de E d'une quantité égale à DE.

Pour vérifier cette théorie, il aurait fallu de plus calculer EH, distance vraie de la Lune à la Terre, et voir si le diamètre apparent suivait la raison inverse de cette distance. C'est une épreuve que Ptolémée a négligée, ou dont il n'a pas publié les résultats qui lui auraient prouvé l'insuffisance de son hypothèse.

Il est remarquable que pour montrer l'accord de sa théorie avec les observations, Ptolémée n'ait produit que deux observations d'Hipparque. Il est vrai qu'il ajoute qu'un grand nombre d'autres observations lui ont donné les mêmes rapports, sans spécifier pourtant de qui sont ces observations. D'où il se croit en droit de conclure cette propriété de la direction de l'épicycle de la Lune qui fait que le rayon mené à l'apogée moyen, par son prolongement, va toujours couper le diamètre de l'excentrique en un point dont la distance à la Terre est égale à l'excentricité, et dans une position contraire; ensorte que l'apogée apparent de l'épicycle diffère de l'apogée moyen d'une quantité qui, dans ce dernier exemple, était de 12° 0′ 11″, qui dans le précédent était de 11° 52′ 26″, dont le *maximum* doit peu différer de 13°; nous en donnerons ci-après l'expression trigonométrique et analytique.

D'après cette théorie, le moyen de trouver en tout tems l'équation de la Lune est fort aisé; avec la double distance moyenne angulaire, vous aurez

$$AEB = 2(☾\ \text{moy.} - ☉\ \text{moy.}) = DEB.$$

$$\sin DEB = \frac{DE \sin DEB}{DB} = \left(\frac{DE}{DB}\right) \sin 2(☾ - ☉) = e \sin 2(☾ - ☉) = \sin \varphi,$$

$$BE = \frac{DB \sin(DEB + DBE)}{\sin DEB} = \rho = \frac{\sin(2☾ - 2☉ + \varphi)}{\sin(2☾ - 2☉)}$$

$$= \cos\varphi + \sin\varphi \cot 2(☾ - ☉),$$

$$\text{tang}\, EBN = \frac{EN \sin DEB}{BE + EN \cos DEB} = \frac{\left(\frac{EN}{BE}\right) \sin DEB}{1 + \left(\frac{EN}{BE}\right) \cos DEB} = \frac{\left(\frac{e}{\rho}\right) \sin 2(☾ - ☉)}{1 + \left(\frac{e}{\rho}\right) \cos 2(☾ - ☉)},$$

ou

$$\text{tang}\, MZ = \text{tang}\, \chi = \frac{\left(\frac{e}{\rho}\right) \sin 2(☾ - ☉)}{1 + \left(\frac{e}{\rho}\right) \cos 2(☾ - ☉)};$$

$$\chi = \left(\frac{e}{\rho}\right) \frac{\sin 2(☾ - ☉)}{\sin 1''} - \left(\frac{e}{\rho}\right)^2 \frac{\sin 4(☾ - ☉)}{\sin 2''} + \left(\frac{e}{\rho}\right)^3 \frac{\sin 6(☾ - ☉)}{\sin 3''} - \text{etc.}$$

Mais à cause de ρ variable et de la grandeur de $\left(\frac{e}{\rho}\right)$, la série est peu convergente; il vaut mieux s'en tenir à l'équation trigonométrique.

Soit H le lieu de la Lune sur son épicycle; on connait MH par les Tables du mouvement moyen d'anomalie, on aura

$$ZH = (HM + ZM) = (a + \chi),$$

$$\text{tang}\, \epsilon = \text{tang}\, HEB = \frac{BH \sin HBZ}{BE + BH \cos HBZ} = \frac{\left(\frac{r}{\rho}\right) \sin(a + \chi)}{1 + \left(\frac{r}{\rho}\right) \cos(a + \chi)},$$

et $$EH = \rho' = \rho \left(\frac{1 + \left(\frac{r}{\rho}\right) \cos(a + \chi)}{\cos \epsilon}\right).$$

Pour exemple de l'usage de nos formules, soit $(☾ - ☉) = 30°$, $2(☾ - ☉) = 60°$, HBM = 30°.

$e = \left(\frac{DE}{DB}\right)$ ci-dessus...	9.5175286		
sin 2(☾—☉) = 60°...	9.9375306		
sin DEB = φ = 10°21'35	9.2548592		
2(☾—☉) = 60			
sin[2(☾—☉)+φ] = 70.21.35	9.9739685	BE = 1.875815...	0.0364379
C. sin 2(☾—☉)...	0.0624694		
DB = 49' 11"...	3.4743620		
BE = 54' 1",9...	3.5107999	C. BE..	6.4892001
EN =	2.7916906	BH = 5°15'	2.4983105
$\left(\frac{EN}{BE}\right)$...	9.2808907	(BH : BE)	8.9875106
cos 2(☾—☉)...	9.6989700	cos (a+χ)	9.8930378
0.095469	8.9798607	0.075954...	8.8805484
		1	
C. 1.095469	9.9604007	1.075954...	9.9682261
sin 2(☾—☉)...	9.9375306	sin (a+χ)	9.7949478
EN : BE...	9.2808906	(BH : BE)	8.9875106
tang χ = 8°35' 2"	9.1788219		
a = 30		tang ε = tang HEB = 3°13'25"	8.7506845
a+χ = 38.35.2			
		1.075954...	0.0317759
La Table de Ptolémée pour 120° = 2(☾—☉)		C. cos ε.o.	0.0006877
donne χ = 8°36'.		1.07761....	0.0324616
		BE...	0.0364379
		EH... 1.171924...	0.0688995

Ces formules, commodes à calculer, ne le sont point du tout à mettre en Tables. Voici le moyen approximatif employé par Ptolémée.

Soit (☾—☉) = 60°, 2(☾—☉) = 120°.

		C. 2'39"...	7.7988629
(DE : DB) ci-dessus...	9.5175286	60...	3.5563025
sin 120°...	9.9375306	1.5289...	2.0525400
sin DBE = sin φ = 10° 21' 35"	9.2548592	42' 56",8	3.4077054
2(☾—☉) = 120		42.58...	Ptolémée.
sin... 130.21.35...	9.8819514		
C. sin (☾—☉)...	0.0624694		
DB...	3.4743620		
BE = 43' 42",9	3.4187828		
BH = 5' 15	2.4983106		
sin plus gr. équat. 6° 53' 51",5	9.0795278.		

Avec cette valeur de BE le sin. de la plus gr. équat. $= \frac{BH}{BE} = 6^\circ\, 53'\, 51'',5$
Ptolémée dit $6^\circ\, 54'$.

Mais la plus grande équation apogée n'est que de........	5. 1
Cette équation surpasse donc l'équation apogée de.....	1.52.51'',5.
L'équation périgée surpasse l'équation apogée de......	2.59

$$2^\circ\, 59' : 60' :: 1^\circ\, 53'\, 86'' : 42'\, 36'',8\ ;$$

Ptolémée trouve 41′ 38″, et c'est ce que donne sa Table, colonne 6ᵉ. C'est la fraction sexagésimale de la différence totale entre l'équation périgée et apogée à $120^\circ = 2(☾ - ☉)$.

C. BE...	6.5812172		
EN...	2.7916906		
	9.3729078	....	9.3729078
cos 120 —	9.6989700	sin 120...	9.9375306
— 0.117999 —	9.0718778	C. 0.882001	0.0545509
0.882001			9.3649693

tang $\chi = 15^\circ\, 2'\, 47''$
Ptolémée............ 15.4.

C'est la correction de la distance à l'apogée 60° qui deviendra $75^\circ\, 2'\, 47''$.

C'est par des moyens équivalens à peu près que Ptolémée a calculé la prostaphérèse de l'apogée de l'excentrique qui fait la colonne γ de sa Table. La colonne α et β sont en même tems la distance moyenne à l'apogée qu'il s'agit de corriger et le double de la distance moyenne. Ainsi la double élongation moyenne étant ici de 120°, avec ce nombre la Table donne $15^\circ\, 4'$ à ajouter à la distance à l'apogée, quelle qu'on la suppose ou qu'elle se rencontre. (*V*. le Ptolémée d'Halma, tom. I, pag. 316.)

La colonne δ est l'équation simple pour la distance apogée, la plus grande étant de $5^\circ\, 1'$.

Pour trouver l'équation actuelle, nous avons BE : BH. Soit $\alpha = 60^\circ$,

BH : BE...	9.0795278	....	9.0795278
cos $(\alpha + \chi)$...	9.4647855	sin $(\alpha + \chi)$...	9.9807043
0.03502...	8.5443133	Compl. log d ...	9.9850513
1.03502 = dén. = d.		tang $z = 6^\circ 20' 0''$	9.0452834.

Cherchons maintenant dans la Table de Ptolémée l'équation à 60° d'anomalie quand la double distance = 120°.

Nous trouverons d'abord pour 60° l'équation apogée 4° 38′ 30″, et dans la colonne suivante la différence provenant de l'apogée 2° 18′; enfin avec 120° la fraction sexagésimale 42′ 38″.

Nous dirons

$$60^\circ : 42' 38'' :: 2^\circ 3' : x = \frac{42' 38'' \times 2^\circ 18'}{60^\circ}.$$

	C. 60°...	6.4436975
	42.38...	5.4079005
	2° 18...	3.9180303
	1° 38′ 3″4	
	4.38.30	
Equation...	6.16.34	
Nous trouvons...	6.20. 0	
Diff...	3.26.	

Nous avons ci-dessus calculé la Table d'équation pour les distances apogées; nous calculerions de même la Table des distances périgées en substituant le rapport $\frac{5.15}{59.22}$ au rapport $\frac{5.15}{60.0}$; nous aurions ainsi la différence des deux équations dans les points extrêmes. J'en ai calculé quelques exemples qui m'ont prouvé que les quantités (équat. périgée — équat. apogée), ou différences de l'épicycle, colonne 5, ne sont quelquefois exactes qu'à 2′ près. Plus souvent l'erreur est de 1′ ou moindre encore. Ainsi l'on ne doit pas espérer que la Table donne les équations vraies à 3′ près. Essayons pourtant encore quelques comparaisons.

Soit $a = 50^\circ$, $(a + \chi) = 43^\circ 2' 47'$.

	9.0795278	....	9.0795278
$\cos(a+\chi)$...	9.8637997	$\sin(a+\chi)$...	9.8341602
0.08776	8.9433275	C. 1.08776	9.9634668
1.08776		$\tan \varepsilon = 4^\circ 18' 35''$	8.8771548

$\frac{42.38}{60.\ 0}$...	9.8515980
1.37	3.7649230
1. 8.55	3.6165210

Équation pour 43° 3′....... 3.12

Équation d'après la Table... 4.20.55 au lieu de 4° 18′ 35″.

9.0795278 .... 9.0795278

cos 33° 2′ 47″ ... 9.9233628 sin 9.7366527

0.100668 9.0028906 C. log d 9.9583436

1.100668 = d tang ε = 3° 24′ 10″ 8.7745241.

42′ 38″ : 60′ 0″ ... 9.8515980

Table a = 33° 3′ ..... 1.16.50 ... 3.6618127

54.21 3.5134107

2.51.30

Equation ... 3.25.51 au lieu de 3° 24′ 10″.

à 76° 57′ 13″, $a + \chi = 90°$, tang équation ... 9.0795278

6° 50′ 53″

9.8515980

2.35 3.9684829

1.50. 8 3.8200809

4.59

6.49 au lieu de 6° 51′.

$a = 80°$, $a + \chi = 93° 2′ 47″$.

9.0795278 .... 9.0795278

cos $(a + \chi)$ − 8.7254581 sin $(a + \chi)$ 9.9993858

− 0.0063814 7.8049859 9.0789136

0.9936176 .... 0.0027805

tang 6° 52′ 55″ 9.0816941

à 93° 5° 0′ 9.8515980

1.51.34 2′ 57″ 3.9740509

6.51.34 2.8256489.

L'erreur n'est guère que d'une minute.

On voit par ces exemples que l'usage de la Table de Ptolémée n'offre aucune difficulté pour trouver, à 2 ou 3′ près, l'équation du centre.

1°. Avec la double élongation moyenne, on entre dans la Table et l'on y prend la correction de l'anomalie moyenne, colonne 7 ou 3ᵉ, et la fraction sexagésimale, colonne 6 ou 6ᵉ; on ajoute la correction à l'anomalie dans la première moitié de l'argument; on la retranche dans l'autre moitié.

2°. Avec l'anomalie corrigée on prend dans la même Table l'équation apogée, colonne δ ou 4e, et la différence de l'épicycle, colonne ε ou 5e.

3°. Soit ε la correction prise dans la colonne ε ou 5e, F la fraction sexagésimale prise dans la colonne 6e. Correction de l'équation $\frac{\varepsilon . F}{60' \, 0''}$.

4°. La prostaphérèse ou équation du centre corrigée, se retranche de la longitude, tant que l'anomalie ne passe pas 180°; elle s'ajoute dans le cas contraire. On l'applique de même à l'argument de latitude.

5°. Avec l'argument de latitude corrigé, on prend dans la colonne ζ ou 7e, la latitude qui est boréale de 270° à 90°, australe de 90° à 270°.

Il était difficile de faire des Tables vraiment commodes sur des formules où entrent tant de variables; mais il était possible d'en faire de plus exactes et de plus complètes.

La formule $\sin \varphi = \left(\frac{\text{DE}}{\text{DB}}\right) \sin 2(\leftmoon - \odot)$ pouvait fournir une Table commode.

$$\text{BE} = \frac{\text{DB} \sin(2\leftmoon - \odot + \varphi)}{\sin 2(\leftmoon - \odot)} = \frac{\text{DB}\left[\sin(2\leftmoon - \odot)\cos\varphi + \cos 2(\leftmoon - \odot)\sin\varphi\right]}{\sin 2(\leftmoon - \odot)}$$

$$= \text{DB} \cos\varphi + \frac{\text{DB} \sin\varphi \cos 2(\leftmoon - \odot)}{\sin 2(\leftmoon - \odot)},$$

ou

$$\text{V}' = \text{R} \cos\varphi + \frac{\text{DE} \sin 2(\leftmoon - \odot) \cos 2(\leftmoon - \odot)}{\sin 2(\leftmoon - \odot)}$$

$$= \text{R} \cos\varphi + \text{DE} \cos 2(\leftmoon - \odot) = \text{R} \cos\varphi + e \cos 2(\leftmoon - \odot).$$

φ ne va jamais à 12°; R cos φ varie peu; DE cos 2 $(\leftmoon - \odot)$ peut changer de signe, mais ce terme ne passe pas 10° 19'. On pouvait faire une Table de V', où les deux termes auraient été réunis;

$$\text{tang}\, \chi = \frac{\left(\frac{e}{\text{V}'}\right) \sin 2(\leftmoon - \odot)}{1 + \left(\frac{e}{\text{V}'}\right) \cos 2(\leftmoon - \odot)}$$

aurait fourni une Table dépendante de 2 $(\leftmoon - \odot)$ ou de $(\leftmoon - \odot)$.

Cette correction peut aller à $\pm$ 13° 8'. Ptolémée a donné cette Table; je l'ai refaite avec plus d'étendue : on la verra page 202.

Soit A l'anomalie moyenne, $\text{A}' = \text{A} + \chi =$ anomalie corrigée; E l'équation du centre; $\text{tang}\,\text{E} = \frac{\left(\frac{e'}{\text{V}'}\right) \sin \text{A}'}{1 + \left(\frac{e'}{\text{V}'}\right) \cos \text{A}'}$, qu'on pourrait réduire en série : e' est le rayon de l'épicycle.

Il resterait à calculer le rayon vecteur vrai

$$=V=V'\left(\frac{1+\left(\frac{e'}{V'}\right)\cos A'}{\cos E}\right)=\frac{V'}{\cos E}\left[1+\left(\frac{e'}{V'}\right)\cos A'\right].$$

La variable V′ fait l'embarras de ces formules ; on pourrait y mettre sa valeur analytique et développer ; la formule serait très-compliquée, mais le travail une fois achevé, il n'y paraîtrait plus dans l'usage habituel.

Au moyen de la Table suivante, on trouvera χ et V, $A'=A+\chi$; e et e' sont des constantes. Il ne restera plus à calculer que E et V pour la parallaxe et le demi-diamètre ; mais à cet égard la théorie est imparfaite : elle est au contraire singulièrement exacte pour les longitudes vers les syzygies et les quadratures ; et quoique cette exactitude ne soit même alors qu'à quelques minutes près, elle fait beaucoup d'honneur à Ptolémée quand on examine les observations d'où il a su la tirer.

Les nombres χ de Ptolémée, comparés à ceux de notre Table, sont en général exacts à moins d'une minute près : il y a des erreurs de 1 à 2′ ; à 126 elle est de 4′.

J'ai changé en série la formule de la correction χ, et j'ai trouvé

$$\begin{aligned}\chi=&+12^\circ\,51'\,14'',27\sin 2(☾-☉)-2^\circ\,42'\,19'',3\sin 4(☾-☉)\\&+0^\circ\,53'\,45'',0\ \sin 6(☾-☉)-7'\,59'',0\sin 8(☾-☉)\\&+1'\,59'',66\sin 10(☾-☉)-52'',3\sin 12(☾-☉)\\&+14'',6\sin 14(☾-☉)-2'',32\sin 16(☾-☉).\end{aligned}$$

J'avais réduit en séries les équations du centre apogée et périgée ; mais tout cela devient très-inutile ; personne ne sera tenté de faire aucun calcul dans l'hypothèse de Ptolémée. Il suffit de la comprendre pour voir où l'on a pu arriver avec des observations très-médiocres.

2(☾ − ⊙)		x +	x +	V	V′
0	180°	0° 0′ 0″	0° 0′ 0″	60′ 0″0	39′ 22″0
2	178	0.17.36	0.42.36	59.59.5	39.22.3
4	176	0.35.12	1.25. 2	59.58.2	39.23.2
6	174	0.52.49	2. 7.19	59.55.9	39.24.7
8	172	1.10.25	2.48.48	59.52.7	39.26.8
10	170	1.28. 1	3.29.48	59.48.7	39.29.5
12	168	1.45.36	4.10. 0	59.43.7	39.32.7
14	166	2. 3.10	4.49.17	59.37.9	39.36.8
16	164	2.20.44	5.27.45	59.30.1	39.42.1
18	162	2.38.17	6. 4.36	59.23.6	39.46.2
20	160	2.55.49	6.40.24	59.15.2	39.51.8
22	158	3.13.21	7.14.42	59. 5.8	39.58.1
24	156	3.30.48	7.47.49	58.55.8	40. 4.8
26	154	3.48.16	8.19.17	58.45.0	40.12.3
28	152	4. 5.42	8.49. 9	58.33.3	40.20.3
30	150	4.23. 5	9.17.25	58.21.0	40.28.8
32	148	4.40.27	9.43.55	58. 7.8	40.38.0
34	146	4.57.45	10. 8.54	57.54.0	40.47.7
36	144	5.15. 0	10.32. 5	57.39.5	40.58.0
38	142	5.32.12	10.53.55	57.24.3	41. 8.8
40	140	5.49.20	11.13.22	57. 8.5	41.20.2
42	138	6. 6.24	11.31.28	56.52.2	41.32.1
44	136	6.23.25	11.47.54	56.35.1	41.44.6
46	134	6.40.17	12. 2.40	56.17.5	41.57.6
48	132	6.57. 4	12.15.49	55.59.5	42.11.1
50	130	7.13.46	12.27.24	55.40.9	42.25.1
52	128	7.30.19	12.37.26	55.21.9	42.39.7
54	126	7.46.45	12.45.58	55. 2.5	42.54.8
56	124	8. 2.58	12.53. 1	54.42.6	43.10.3
58	122	8.19.10	12.58.42	54.22.4	43.26.6
60	120	8.35. 6	13. 3. 3	54. 1.9	43.42.9
62	118	8.50.53	13. 6. 1	53.41.1	43.59.9
64	116	9. 6.28	13. 7.45	53.20.0	44.17.3
66	114	9.21.45	13. 8.18	52.58.6	44.35.1
68	112	9.36.52	13. 7.42	52.37.1	44.53.3
70	110	9.51.36	13. 6. 0	52.15.8	45.12.0
72	108	10. 6. 8	13. 3.14	51.53.6	45.31.0
74	106	10.20.20	12.59.29	51.31.6	45.50.4
76	104	10.34.12	12.54.46	51. 9.6	46.10.1
78	102	10.47.42	12.49.10	50.47.6	46.30.2
80	100	11. 0.46	12.42.43	50.25.5	46.50.5
82	98	11.13.26	12.35.26	50. 3.5	47.11.1
84	96	11.25.40	12.27.27	49.41.4	47.32.0
86	94	11.37.23	12.18.42	49.19.5	47.53.2
88	92	11.48.35	12. 9.17	48.57.7	48.14.5
90	90	11.59.14	11.59.14	48.36.0	48.36.0

Si l'argument passe 180°, on en prend le supplément à 360°, et la correction x devient négative.

La figure 50 représente l'hypothèse de Ptolémée. L'épicycle est apogée deux fois à chaque révolution en A et C; périgée deux fois en B et D.

Le centre de l'excentrique va de Z en Z', Z'' et Z''', tandis que le centre de l'épicycle va de A en B, C et D.

Partout la distance $\zeta a = ZA$.

Les deux centres partis de la même ligne EA ayant fait chacun 90° de divers côtés, se trouvent en opposition en Z' et en B; après un autre mouvement de 90°, ils se trouvent en conjonction en Z'' et C, puis en opposition en Z''' et D.

$M\downarrow = \chi$ est additif à M dans la première moitié, soustractif dans la seconde.

Au reste les formules établies pour le premier quart, satisferont à tout, si l'on observe la règle algébrique des signes.

E est la Terre ou le centre du zodiaque.

Z'' le point constant où se dirige la ligne de l'apogée moyen M; $Ma\downarrow = EaZ'' = \chi$.

Ptolémée faisait l'équation apogée.......	5° 1'
l'équation périgée.......	7.40
Différence....	2.39
Milieu.......	6.20.30
Evection.....	1.19.30
On fait aujourd'hui l'équation moyenne...	6.18
et l'évection..	1.20.

Hipparque avait trouvé l'équation qui satisfait aux syzygies; il aperçut la nécessité d'une autre équation pour les quadratures. Il fit des observations qui suffisaient pour trouver cette seconde équation; mais il n'eut pas le tems de les combiner assez pour en découvrir la loi. Ptolémée eut ce mérite, et c'est sans contredit la plus belle de ses découvertes; il a satisfait aux quadratures d'une manière fort heureuse, mais il n'a rien fait pour les octans; il a laissé cette gloire à Tycho qui a découvert la variation dont la loi est bien plus simple que celle de l'évection; mais une équation de 36' se perdait dans les erreurs des observations grecques: il n'est pas étonnant qu'elle ait échappé aux recherches de Ptolémée.

On peut remarquer que EZ = 2 rayon de l'épicycle à fort peu près; qu'en se tenant plus près des résultats de l'observation, l'équation serait à fort peu près

$$-4^\circ 59',6 \sin A' + 11' \sin 2A' - 0',8 \sin 3A',$$

A' est l'anomalie augmentée de l'arc χ ; ou faisant $D = (☾ - ☉)$,

$$A' = A + 12^\circ 51',2 \sin 2D - 2^\circ 42'5 \sin 4D + 33',7 \sin 6D - 7',6 \sin 8D + 2' \sin 10D - \text{etc.}$$

L'équation ramenée à l'argument A sera, en négligeant quelques petits termes,

$$-4^\circ 56',0 \sin A + 11' \sin 2A - 0',8 \sin 3A - 31',6 \sin (2D + A) - 53',2 \sin (2D - A) + 3',3 \sin (4D + A).$$

Cette équation est calculée pour la distance apogée $(1 + 2e) = EA$.

Pour la réduire à la distance $1 + 2e \cos 2D - 2e^2 \sin^2 2D$, il faut la multiplier par $\frac{1 + 2e}{1 + 2e \cos 2D - 2e^2 \sin^2 2D}$, ce qui donnera à peu près

$$-6^\circ 3' \sin A + 16',5 \sin 2A - 7',8 \sin (2D - A) - 7',7 \sin (4D + A) + 5',6 \sin (4D - A) - 3',5 \sin (6D + A) - 5',6 \sin (4D - 2A) - 2 \sin (6D - A).$$

Mais les Tables modernes donnent à très-peu près,

$$-6^\circ 18' \sin [A - 80',5 \sin (2D - A)] + 13' \sin 2A - 0',6 \sin 3A - 80',5 \sin (2D - A),$$

ou

$$-6^\circ 18' \sin A + 13' \sin 2A - 0',6 \sin 3A + 4',42 \sin 2D + 4',42 \sin (2D - 2A) - 80',5 \sin (2D - A).$$

Ptolémée était donc à cet égard en erreur de

$$+15' \sin A + 3',5 \sin 2A - 2',5 \sin (2D - A) + 4',42 \sin 2D + 4',42 \sin (2D - A).$$

Mais dans les conjonctions où $2D = 0$, l'erreur devenait

$$+17',5 \sin A - 0',7 \sin 2A,$$

et dans les oppositions où $D = 180^\circ$,

$$+12',5 \sin A + 7',7 \sin 2A.$$

C'est d'après les moyens mouvemens que Ptolémée déterminait l'élongation, la position du centre de l'épicycle et la correction du centre d'anomalie; mais les syzygies écliptiques se règlent sur les mouvemens vrais. Quand la Lune est en conjonction ou en opposition vraie, les lieux moyens peuvent différer de la somme des équations, qui peut aller à 9°; supposons 10° en ajoutant toutes les erreurs des Tables de ce tems: 10° en font 20° pour la double distance angulaire; la correction χ ne sera pas de 3° pour les éclipses de Lune; elle passera 6° pour les éclipses de Soleil que Ptolémée n'osait pas employer, parce que lui-même, apparemment, doutait de ses distances et de ses parallaxes: 5° feront un effet médiocre si l'équation est grande, et nul à peu près si elle est très-près du *maximum*. Vers les syzygies, on voit que la distance des centres de la Terre et de l'épicycle varie lentement: l'erreur sur la distance produite par 5° sur l'anomalie corrigée, affectera donc peu l'équation.

Il résulte de ces réflexions, qu'on a pu déterminer la première inégalité par les éclipses, sans avoir égard à la seconde et à la correction de l'apogée; mais il en résulte aussi qu'on ne devrait pas s'étonner si toutes les éclipses, combinées trois à trois, ne donnaient pas toujours la même équation, ni le lieu vrai de l'apogée; et à cet égard les calculs d'Hipparque, qui n'offrent pas ce grand accord, méritent peut-être un peu plus de confiance que ceux de Ptolémée qu'on pourrait soupçonner d'avoir un peu modifié quelques-unes des données, pour obtenir plus d'uniformité.

Les parallaxes n'ont aucun effet sur les éclipses de Lune; mais les éclipses de Soleil ne peuvent se calculer sans la connaissance des parallaxes; il est vrai qu'elles peuvent aussi conduire vers cette connaissance, au moins approximativement. Hipparque l'avait senti, il voyait que la parallaxe de la Lune devait être considérable. Pour la déterminer, il calcula des éclipses de Soleil dans diverses hypothèses de parallaxe solaire, il tâchait d'en déduire celle de la Lune. Mais malgré tous ses soins, il ne put s'assurer si la parallaxe du Soleil était sensible, ou si l'on pouvait la supposer nulle. On entrevoit qu'Hipparque la croyait au moins très-petite, mais que n'osant sans preuve s'écarter trop des idées reçues, il n'osait pas la réduire autant qu'il aurait voulu. Il supposa donc au Soleil une parallaxe d'environ 3'; et faisant, comme Aristarque, la distance du Soleil 19 fois aussi grande, il dut donner à la Lune une parallaxe moyenne de 57' environ, qui était plus vraie qu'il ne pouvait s'en flatter lui-même.

Pour lever ces doutes, Ptolémée observa des distances au zénit; il en fit la comparaison aux distances calculées d'après les Tables, pour en conclure la parallaxe dans le vertical. Les instrumens en usage avant lui ne lui donnaient pas les hauteurs avec assez de précision, ce qui nous prouve en passant, la petitesse des armilles et des astrolabes, et combien peu l'on doit compter sur l'exactitude avec laquelle Eratosthène, Hipparque et Ptolémée avaient pu mesurer l'obliquité de l'écliptique, la hauteur du pôle, toutes leurs déclinaisons et les latitudes des étoiles. L'instrument que Ptolémée fit construire tout exprès (fig. 51), était un triangle isoscèle, dont un côté AB était fixe et verticalement porté sur un pied; le côté AC = AB était mobile autour d'un cylindre ou boulon qui assemblait les deux côtés égaux et marquait le sommet du triangle; le troisième côté d'une longueur indéterminée tournait de même autour de B; il traversait d'autre part le côté AC, de manière qu'on pouvait à son gré rendre plus ouvert l'angle au sommet, en dirigeant le côté mobile CA vers l'astre qu'on voulait observer. La partie interceptée de la base BC indiquait par ses divisions l'ouverture de l'angle A ou la distance au zénit. En effet, imaginez la perpendiculaire AM, et vous aurez

$$BC = 2AB \sin \tfrac{1}{2} BAC = AB \text{ corde } BAC.$$

Ptolémée affecte encore de nous taire quelles étaient les divisions de la ligne BC. Il dit seulement que BA = AC était de quatre coudées. Il n'avait pas fait ces deux règles plus grandes pour qu'elles ne fussent pas exposées à se fausser; mais en supposant deux mètres à la règle AB, dix minutes n'occuperaient sur le limbe que 0^m0058, c'est-à-dire un peu moins de six millimètres, même vers le point B, ou pour un astre tout près du zénit; en effet, pour un rayon d'un mètre, la corde de 10′ ou deux fois le sinus de 5 minutes, n'est que de $0^m0029088$; et pour un rayon de deux mètres elle sera de $0^m0058176$, ce qui ne fait guère que deux lignes et demie. Pour une distance moins considérable, cette longueur diminuerait comme le cosinus de la distance zénitale; ensorte qu'à 60° les dix minutes ne vaudraient plus que $0^m005037$. Ajoutez les erreurs de la division, les imperfections de l'instrument, qui sans doute était en bois, car s'il eût été de cuivre, Ptolémée n'eût pas manqué de le dire, la difficulté de viser bien juste à la Lune par les trous ronds des deux pinnules, dont l'un était plus grand qu'il ne fallait pour contenir le diamètre de la Lune périgée, et l'autre, quoique plus petit, n'excluait pas toute parallaxe optique, et vous conviendrez aisément qu'il n'était pas impossible qu'en visant à la Lune par les trous ronds des deux pinnules, on pût se tromper de 10′ sur la hauteur, et par conséquent sur la parallaxe, et nous verrons en effet que Ptolémée s'y est trompé de plus encore.

Ptolémée choisit les tems où la Lune était vers les tropiques, afin que le cercle de latitude se confondît à fort peu près avec le méridien, et que la parallaxe de hauteur fût la même que celle de latitude. Dans le récit de son observation, dont il ne donne aucun détail, il nous apprend que la règle AC était de 60 parties, c'est-à-dire qu'elle représentait le rayon du cercle; mais il nous laisse ignorer les divisions de BC, et en combien de parties se divisait le 60ᵉ du rayon.

Il prit le tems où la Lune était vers le tropique d'été et à sa limite boréale.

La distance de la Lune au zénit était de $2^\circ \frac{1}{8}$ =		$2^\circ\ 7'\ 30''$
Il suppose la latitude d'Alexandrie..........		30.58. 0
La déclinaison de la Lune était donc de......		28.50.30
L'obliquité est de.......	$23^\circ 51'\ 20''$	28.51.20
La plus grande latitude..	5. 0	
La parallèle de latitude et de hauteur........		50.

Cette parallaxe de hauteur donnerait une parallaxe horizontale de 22′28″ seulement; mais nous sommes encore heureux qu'elle n'ait pas donné une parallaxe négative.

Ptolémée observa de même la Lune au tropique d'hiver pour avoir une parallaxe plus grande; entre plusieurs observations de ce genre, il en choisit une pour exemple de calcul.

La 20ᵉ année d'Adrien, le 13 athyr, $5^h \frac{1}{2} \frac{1}{3}$ ou $5^h\ 50'$ après midi, le Soleil étant près de se coucher.

Le centre de la Lune (qui devait être presque dichotome) était éloigné du zénit de $50^\circ \frac{1}{2} \frac{1}{3} \frac{1}{12}$; car la règle marquait $51^\circ \frac{1}{4} \frac{1}{3} \frac{1}{12}$. Il paraît en résulter que la règle marquait au plus $\frac{1}{12}$ de degré, c'est-à-dire cinq minutes, peut-être aussi les sixièmes de degré que l'estime pouvait partager en douzièmes.

Cette date répond à 882 ans depuis Nabonassar $72^j\ 5^h \frac{1}{3}$; le Soleil moyen était en $6^s\ 7^\circ\ 31'$; le Soleil vrai en $6^s\ 5^\circ\ 28'$; le lieu moyen de la Lune $8^s\ 25^\circ\ 44'$; la distance angulaire $78^\circ\ 15'$; la distance à l'apogée de l'épicycle $262^\circ\ 20'$; la distance à la limite boréale était de $354^\circ\ 40'$; d'où il résulte 7° 26′ à ajouter à la position moyenne : la Lune était donc en 9ˢ 3° 10′, à 2° 6′ de sa limite boréale, la latitude 4° 59′; la déclinaison du point de l'écliptique 23° 49′.

Latitude d'Alexandrie.	30° 58′	31.13	31.13	C. sin 50° 55′... 0.12001
Déclinaison de l'éclip.	23.49	23.49	23.43	log 52′... 3.49415
Dist. zén. du point culm.	54.47	55. 2	54.56	log 68′ 35″... 3.61416
Latitude boréale.....	4.59	4.59	5.15	
Distance vraie au zénit	49.48	50. 3	49.41	
Distance observée....	50.55	50.55	50.55	
Parallaxe de hauteur..	1. 7	52	1.14	

parallaxe excessive, et qui serait plus grande encore si nous supposions qu'il faisait l'obliquité trop grande de quelques minutes. Cette parallaxe donne 86′ 19″ de parallaxe horizontale.

Si nous supposons la véritable latitude, la parallaxe sera de 52′ seulement, et la parallaxe horizontale de 68′, beaucoup trop forte encore, et l'erreur serait tolérable. Mais comment le disculper de n'avoir pas avant tout vérifié sa latitude par les étoiles circompolaires observées avec ses *règles parallactiques* ?

Le double de la distance angulaire était de 156° 26′; la distance des centres de la Terre et de l'épicycle, suivant la Table, était de 40° 3′, c'est-à-dire assez près de la plus courte distance qui est de 39° 22′; la distance à l'apogée de l'épicycle 262° 20′ + 7° 40′ = 270°. L'équation du centre devait être au *maximum*; la distance des centres de la Lune à la Terre peu différente de la distance du centre de l'épicycle.

L'argument de latitude, suivant notre manière, était... 5ˢ 2° 6′
2 (☾ — ☉)... 5.9.26
Argument II de latitude... 2.4.20
Equation de latitude + 8′.

La parallaxe se réduirait à 59′ et la parallaxe horizontale à 76′, trop forte encore de 14′; mais Ptolémée suppose la latitude moyenne trop faible d'environ 8′. Portons toutes ces corrections dans le calcul, nous aurons 74′ pour la parallaxe de hauteur. Quel que soit le parti que nous prenions, nous aurons toujours des erreurs considérables, dans une observation choisie sans doute parmi les meilleures qu'il eût faites avec un instrument construit tout exprès pour obtenir plus de précision.

Jugeons par là des observations faites avec des instrumens plus petits et moins simples.

Cette observation, la seule que Ptolémée cite avec quelque détail et comme d'élite, prouve qu'il se trompait de 15′ sur la hauteur du pôle; de plusieurs minutes sur l'obliquité, et que les parallaxes ont dû lui paraître beaucoup plus fortes qu'elles ne sont.

La distance du centre de la Terre à celui de l'épicycle, qui devait être au *minimum* de 39ᵖ 22′, pouvait encore, en certaines circonstances, être diminuée du rayon de l'épicycle 5ᵖ 15′; dans son système, la distance de la Lune à la Terre pouvait se réduire à 34ᵖ 7′.

34ᵖ 7′ : 39ᵖ 22′ :: la parall. de 86′ 19″ : la parall. la plus grande = 1° 39′ 36″.

Ainsi, d'après cette observation, il a dû trouver que la plus grande parallaxe était de 1° 40′ à fort peu près; c'est 38′ de trop; c'est plus que la somme des demi-diamètres. Il avait raison de se défier de ses calculs pour les éclipses de Soleil; il est vrai que cette grande parallaxe ne peut avoir lieu dans les syzygies.

Soit Z (fig. 52) le zénit, T le centre de la Terre, O l'observateur à sa surface, OLT la parallaxe observée, OTL = 49° 48′, ZOL = 50° 55′, OL′ parallèle à TL, VL′ = VN = parallaxe. La différence est insensible, dit Ptolémée, et cela est vrai. Mais nous n'avons pas besoin de savoir si VN est la mesure de l'angle en L, OLT sera toujours la différence entre la distance observée ZOL et la distance ZTL, calculée pour le centre de la Terre.

Ptolémée abaisse la perpendiculaire Op, ce qui donnerait

$$\text{tang}\, L = \frac{OT \sin T}{LT - OT \cos T} = \frac{\left(\frac{OT}{LT}\right) \sin T}{1 - \left(\frac{OT}{LT}\right) \cos T}.$$

C'est notre formule pour avoir la parallaxe de hauteur par la distance vraie au zénit. Mais cette perpendiculaire était même inutile, car en supposant le triangle OTL inscrit au cercle, les trois côtés devenaient les cordes des arcs doubles des trois angles.

Or, $\quad \text{corde}\, TOL : \text{corde}\, OLT :: LT : OT;$

d'où $\quad \text{corde}\, OLT = \left(\frac{OT}{TL}\right) \text{corde}\, TOL.$

Il est singulier que jamais Ptolémée n'ait employé cette analogie; il paraîtrait qu'il ne savait pas résoudre un triangle obliquangle, sans le résoudre en deux triangles rectangles. Sa méthode revient à ceci : $Op = OT \sin T$, $\sin L = \frac{Op}{OL} = \frac{OT \sin T}{LT - Tp}$, sans erreur sensible, nous dit-il, et la distance $TL = OL + Tp = OL + OT \cos T$.

Il trouvait ainsi $TL = 39° 45'$ pour le tems de l'observation, ou $TL = 39,75$ (demi-diamètre de la Terre); réellement, ... $\frac{\sin 50.55}{\sin 1° 7'} = 39.8306.OT$.

La négligence avec laquelle il fait ces calculs prouve qu'il ne comptait guère lui-même sur les observations. Nous avons vu qu'en commençant il réduit à 23° 51' l'obliquité, que partout ailleurs il fait de 20″ plus forte, et qu'il prend la hauteur du pôle en minutes seulement.

Cela posé, Ptolémée fait à sa manière le calcul suivant, que nous allons abréger.

Soit L le lieu de la Lune sur son épicycle, (fig. 53)

$\frac{10.19}{49.41}$...	9.3173286	10.19...	2.7916906
sin2(☾—☉)...	9.6018600	C. BE...	6.6191848
$\sin \phi = 4° 45' 44''$...	8.9191886		9.4108754
		cos 23° 54'...	9.9621777
cos φ...	9.9984981	0.236073...	9.3730551
49′ 41″...	3.4745620	1.0	
$R \cos \phi = 49' 30'',71$...	3.4728601	0.763927	
			9.4108754
10.19...	2.7916906	sin 23.34...	9.6018600
cos 156.26 —	9.9621777	C. 0.763927...	0.1169487
— 9.27.37...	2.7538683	tang χ...	9.1296841
BE = 40. 3.34		χ =	7° 40′ 38″ = HK′
Ptolémée trouve 40. 4			172.19.22 = HK
		Ptolémée trouve χ =	7.40 à peu près.

Distance moyenne apogée = HK... 262° 20′
χ... 7.40.38″
Anomalie corrigée, HK′TL = 270. 0.58
TKL = 89.59.22.

Ptolémée dit que TKL est un arc de 90°, et en effet, il ne s'en manque que de 38″, d'où $\overline{EL}^2 = \overline{BE}^2 + \overline{BL}^2$. Dans la même hypothèse, je fais $\tang BEL = \frac{BL}{BE} = 7° 28' 2''$.

BL = 5ᵖ 15′	2.4983105
C. BE....	6.6191848
tang = BEL = 7° 28′ 2″....	9.1174953
C. cos BEL....	0.0036987
BE....	3.3808152
EL = 40′ 23″,9....	3.3845139
39.45........	3.3774884
$\log n = \left(\frac{39.45}{40.23,9}\right)$....	9.9929745
60....	3.5563025
EA = 59′ 2″,2....	3.5492770
log n....	9.9929745
39.22....	3.3734637
EG = 38.45....	3.3664582
log n....	9.9929745
5.15....	2.4983105
BL = 5ᵖ 9′,94....	2.4912850

$EL = \frac{BE}{\cos BEL} = 40^p\, 23'\, 54''$.

Ptolémée 40. 25. 0.

Ceci suppose BL = 5ᵖ 15′, EA = 60′; mais nous avons trouvé ci-dessus EL = 39ᵖ 45′ du rayon de la Terre = 1ᵖ. Nous aurons donc $EA = \left(\frac{39.45}{40.23.9}\right) 60^p = 59'\, 2'',2$ du rayon de la Terre.

Ptolémée trouve 59′ 0″

Je trouve de même EG = 38.45

Ptolémée...... 38.45

BL = 5. 9.94

Ptolémée...... 5.10. 0.

Ainsi toutes les parties de l'orbite de la Lune nous sont données en parties du rayon terrestre, et l'on voit la commodité des Tables de Callet, (2ᵉ édition), pour la vérification des calculs de Ptolémée.

Pour arriver à la distance du Soleil à la Terre en parties du même rayon, cherchez les diamètres du Soleil, de la Lune et de l'ombre dans les syzygies.

Quant aux diamètres du Soleil et de la Lune, il annonce qu'il a cru devoir rejeter, comme trop incertains, tous les moyens employés anciennement, tels que les horloges d'eau et les tems des levers; il ne dit pas un mot des tems des passages au méridien, qui probablement n'ont pas été observés. A l'exemple d'Hipparque, il a fait construire une dioptre de quatre coudées, au moyen de laquelle il dit avoir trouvé le diametre du Soleil sensiblement le même en toute saison, ce qui prouve qu'il ne pouvait avec cet instrument répondre d'une minute, puisque de l'apogée au périgée la variation du diamètre est de 65″, et que ses hypothèses de l'excentrique et de l'épicycle indiquaient une variation double de celle qui a lieu réellement. Il aurait dû sans doute prendre pour le diamètre moyen le résultat de ses observations, et faire ensuite varier ce diamètre en raison inverse de la distance. Cette dioptre est représentée dans l'Almageste de M. Halma, vignette du premier Livre. C'est une règle droite avec trois pinnules.

Le diamètre de la Lune lui parut le même que celui du Soleil, lorsque dans les oppositions elle est à l'apogée de son épicycle, et non quand elle est dans ses moyennes distances, comme l'avaient cru faussement ses prédécesseurs. Cette idée de Ptolémée aurait démontré l'impossibilité des éclipses annulaires du Soleil; puisque le diamètre de la Lune, quand il est le plus petit, aurait égalé le diamètre du Soleil que Ptolémée supposait constant. Aussi dans l'éclipse centrale, la Lune aurait toujours couvert le Soleil tout entier, sans parler même de l'augmentation du diamètre de la Lune à diverses hauteurs, dont en effet on ne trouve aucune mention dans les écrits des Grecs. Dans les autres positions il trouvait des différences qu'il n'a pas espéré déterminer avec son instrument; il a préféré quelques éclipses de Lune, autre preuve qu'il se défiait de ses théories aussi bien que de sa dioptre, puisqu'avec le diamètre apogée et sa théorie, il avait tout ce qui était nécessaire pour établir au moins les variations du diamètre, comme celles de la parallaxe. Il n'a réellement constaté par la dioptre que l'égalité des deux diamètres et non leurs valeurs absolues, au lieu qu'en choisissant les éclipses dans lesquelles les deux diamètres étaient égaux, il était possible de connaître les valeurs absolues, qui étaient alors les mêmes pour les deux astres. Ptolémée donne deux exemples de ces calculs.

La 5e année de Nabopolassar, c'est-à-dire la 127e de Nabonassar, à la fin de la onzième heure, du 27 au 28 athyr, on vit à Babylone la Lune qui commençait à s'éclipser, et l'éclipse fut du quart de son diamètre dans la partie sud. L'éclipse ayant commencé 5^h temporaires après minuit à Babylone, le milieu a dû arriver à 6^h, qui n'en valaient que $5\frac{1}{2}\frac{1}{3}$, le lieu vrai du Soleil étant $0^s\,27°\,3'$, ce qui, pour Alexandrie, ne fait que 5^h; le tems depuis l'époque étant 126 ans $86^j\,17^h$ équinoxiales, ou $16\frac{3}{4}$ de tems moyen. La Lune était alors dans les Serres, ou en $6^s\,25°\,52'$, mais le lieu vrai était $6^s\,27°\,5'$; l'anom. moyenne, $340°\,7'$; la distance à la limite boréale, $80°\,40'$; la distance au nœud, $9°\,20'$. La Lune était vers sa plus grande distance, et à l'instant où elle était dans son cercle de latitude en opposition avec le Soleil, ce qui détermine la plus grande éclipse, on la vit éclipsée de quatre doigts. (C'est notre quatrième éclipse réduite ci-dessus p. 156.)

Ensuite, la 7ᵉ année de Cambyse, c'est-à-dire la 225ᵉ de Nabonassar, du 17 au 18 phamenoth, une heure avant minuit à Babylone, la Lune fut éclipsée de six doigts dans la partie boréale. Le tems de cette éclipse, pour Alexandrie, était $1^h\,50'$ avant minuit. Le tems écoulé depuis l'époque, 224 ans $196^j\,10^h\frac{1}{2}$, ou en tems moyen, $9^h\,50'$; le Soleil étant en $18^s\,12'$ du Cancer, la longitude moyenne, $9^s\,20^\circ\,22'$; le lieu vrai, $9^s\,18^\circ\,14'$; la distance à l'apogée de l'épicycle, $28^\circ\,5'$; la distance à la limite boréale, $262^\circ\,12'$; la distance au nœud, $7^\circ\frac{4}{5}$. La Lune était presque à sa plus grande distance, lorsque la moitié de son disque a été éclipsée.

A $9^\circ\,20'$ du nœud, sur l'orbite inclinée, la latitude est de $48'\,50''$. (C'est $49'$, suivant nos Tables, sans compter $1'\,26''$ de plus pour la seconde équation.)

L'excès d'une éclipse sur l'autre était du quart du diamètre, la différence des latitudes est de $7'\,50''$. Le diamètre était donc de $31'\,20''$.

Il faut supposer que les quantités des deux éclipses étaient rigoureusement $\frac{1}{2}$ et $\frac{1}{4}$. On ne voit pas comment se prenaient ces mesures, qui paraissent encore plus incertaines que celles de la dioptre.

De là il est aisé de conclure que le rayon de l'ombre à la plus grande distance est de $40\frac{2}{3}$; car la moitié de la Lune étant éclipsée, le centre était au bord de l'ombre, et le rayon égal à la latitude. Or dans la première éclipse, la latitude $= 48'\,50''$; ôtez-en $7'\,50''$ pour le quart du diamètre éclipsé, il restera $40'\,40''$; ainsi le rayon de l'ombre est sensiblement égal à deux fois plus $\frac{3}{5}$ le demi-diamètre de la Lune. Or ce demi-diamètre est de $15'\,40''$, le diamètre est donc de............ $31'\,20''$

Les trois cinquièmes du rayon ou les trois dixièmes du diamètre sont.. 9.24

Et le demi-diamètre de l'ombre est...................... 40.44.

Le rayon de la Lune et celui de l'ombre doivent être en effet en raison à peu près constante, puisque le rayon de l'ombre est celui de la section du cône à l'endroit où le traverse la Lune, et que cette section s'éloignant ou se rapprochant comme la Lune, et ne diminuant pas sensiblement par ce changement de distance, il doit soutendre un angle qui diminue ou augmente comme le rayon de la Lune, ce qui suppose pourtant que le Soleil est toujours à la même distance de la Terre, et n'est pas très-exact. On voit au reste qu'on ne doit compter qu'à 2′ près sur ces diamètres, puisque les latitudes ne sont pas sûres à cette quantité près.

Par plusieurs comparaisons semblables, Ptolémée dit avoir trouvé des quantités à peu près les mêmes; il va en conclure la distance du Soleil, qui se trouvera la même que celle d'Hipparque, en supposant, comme lui, que la limite de la lumière et de l'ombre est sensiblement un grand cercle pour la Terre comme pour la Lune.

Quoique tous ces raisonnemens portent sur des données incertaines, on voit cependant avec plaisir ces applications de la Géométrie à l'Astronomie, dont Ptolémée nous a conservé les exemples les plus anciens, qu'il avait puisés dans les écrits d'Hipparque.

Nous avons trouvé ci-dessus que la distance apogée de l'épicycle est de 59 demi-diamètres de la Terre. Le rayon de l'épicycle $5^p\ 10'$, la distance la plus apogée sera donc de $64^p\ 10'$ du rayon de la Terre. Pour en conclure la distance du Soleil à la Terre, soit ABG le Soleil (fig. 54), AXG le cône de lumière et d'ombre, LTH la Lune quand elle paraît égale au Soleil, c'est-à-dire que NT soit de $64^p\ 10'$, BTNX l'axe du cône; AG, LH, KM sont parallèles et égales aux trois diamètres respectivement, OPR le diamètre de l'ombre, ensorte que $NT = NP = 64^p\ 10'$ et $NM = 1$; il faut trouver le rapport de NM à NB; prolongeons EH en S; $GNA = 31'\ 20'' = HNL$, $TNH = 15'\ 40''$, $THN = 89°\ 44'\ 20''$, $PR = 2{,}6\ HT$ (ci-dessus), $TH = 64^p 10'$, $TH = 17'\ 32'',7$; Ptolémée dit $17'\ 32''$. $PR = 45'\ 37'',08$; Ptolémée dit $45'\ 38''$. $TH + PR = 63'\ 9''.78$; Ptolémée dit $63'\ 11''$.

$$
\begin{array}{rl}
2MN = & 2^p\ 0'\ 0'' \\
PR = & \underline{\quad 45.37} \\
2MN - PR = ST = & 1.14.23 \\
TH = & \underline{\quad 17.32.7} \\
SH = & 0.56.50.3 \\
NM = & \underline{1 \qquad\qquad} \\
NM - HS = & 0.\ 3.\ 9.7 \\
MN = & 1.\ 0.\ 0 \\
PR = & \underline{\quad 45.37} \\
MN - PR = & 0.14.23.
\end{array}
$$

$$NM : SH :: GM : GS,$$

$$NM - SH : SH :: GM - GS : GS,$$

$$5'\,9'',7 : 56.50,5 :: 64.10 : BT = 1153,32$$

$$NT = \underline{\;64,10\;}$$

Ptolémée dit 1210............... $NT = 1217,42$

$$MN : PR :: NX : PX,$$

$$MN - PR : PR :: NX - PX : PX,$$

$$14.23 : 45.37 :: 64'\,10'' : 203'\,30'',2$$

$$PN = \underline{\;64.10\;}$$

Ptolémée 268 à peu près $NX = 267.40,2.$

Ainsi, d'après Ptolémée, le rayon de la Terre étant 1^p, la moyenne distance de la Lune est 59^p; celle du Soleil 1210; celle de la Terre au sommet du cône d'ombre, 268. Au lieu de 1210, la distance du Soleil est 23984, c'est-à-dire 19,81 fois plus grande.

En prenant le diamètre du Soleil de Ptolémée et la parallaxe solaire 9″, nous aurons pour l'axe du cône d'ombre 221,55 au lieu de 268, ce qui ne diffère pas beaucoup.

Ptolémée conclut de ses calculs les grandeurs relatives du Soleil, de la Terre et de la Lune.

$$NT : TH :: DN : DG, \text{ ou } 64'\,10'' : 17'\,37'',7 :: 1292,23 : 5.53,39.$$

Ptolémée, avec son nombre 1210, ne trouve que..... 5.30.

En prenant pour unité le rayon de la Lune, celui de la Terre sera 3,41197; Ptolémée dit $3\frac{2}{5}$ à peu près. Celui du Soleil, 20,141; Ptolémée, $18\frac{4}{5}$, toujours en partant de 1210. En prenant les cubes de ces nombres, il calcule les volumes; mais tout cela, pour lui surtout, était de pure curiosité, puisque les volumes ne sont que l'un des deux élémens des masses, et que les masses n'entraient pour rien dans les calculs de l'ancienne Astronomie.

Ces distances supposées, il procède aux calculs des parallaxes. Celle du Soleil n'aura que de petites variations; celle de la Lune aura des variations beaucoup plus sensibles.

Il ne calcule la parallaxe du Soleil que pour le seul rapport $\frac{1}{1210}$ = sin 2′ 51″.

Pour la Lune, il choisit quatre points principaux; les deux premiers sont les distances $59' \pm 5'\,10''$, $64^p\,10'$ et $53^p\,50'$, c'est-à-dire l'apogée de l'excentrique, plus et moins le rayon de l'épicycle. Les deux autres sont pour le périgée de l'excentrique, c'est-à-dire 38′ 43″ ± 5′ 10″, c'est-à-dire 43′ 53″, ou 33′ 33″.

Je trouve pour les quatre termes :

		90° de dist. vraie.	Ptolémée.
$\frac{1}{64.10}$....sin	54′ 49″,5	54′ 49″,5	53′ 34″
$\frac{1}{53.50}$....sin	63.52	63.51	63.41
$\frac{1}{43.53}$....sin	78.21	78.19	79. 0
$\frac{1}{33.33}$....sin	102.29	102.26	104. 0

Ainsi l'erreur des parallaxes de Ptolémée est encore plus grande que nous ne l'avons dit ci-dessus.

Ptolémée calcule pour les distances vraies et non pour les distances apparentes au zénit; la formule est $\tang p = \frac{\sin \varpi \sin N}{1 - \sin \varpi \cos N}$; il se contente de $p = \varpi \sin N$, et même il paraît avoir commis quelques négligences dans ses calculs. Sa Table procède de 2 en 2° de distance zénitale; il donne pour chacun de ces degrés les parallaxes de hauteur du premier et du troisième terme, accompagnées des différences du premier au second et du troisième au quatrième, après quoi viennent trois colonnes de soixantièmes, pour étendre les Tables aux termes intermédiaires par des parties proportionnelles.

Soit E le centre de l'épicycle AB (fig. 55), Z le centre du zodiaque; la parallaxe pour le point A est ce qu'il appelle parallaxe du premier terme; celle du point O est la parallaxe du second terme. Il s'agit de trouver ZB; il calcule encore ses deux triangles rectangles. Nous ferons

$$\text{tang}\, Z = \frac{\left(\frac{BE}{ZE}\right) \sin AB}{1 + \left(\frac{BE}{ZE}\right) \cos AB} \quad \text{et} \quad ZB = ZE\left(1 + \frac{BE \cos AB}{ZC}\right) \text{séc}\, Z\,;$$

chaque calcul nous donnera deux valeurs, en changeant le signe de cos AB.

Pour exemple, il suppose AB = 60 et $\frac{BE}{ZE} = \frac{5.15}{60.0}$; car il reprend les valeurs primitives et abandonne celles qui sont fonctions du diamètre de la Terre, ce qui est en effet pour le moins aussi simple et aussi exact.

5.15.....	2.4983106		
60.0.....	6.4436965		
	8.9420071		
cos 60.....	9.6989700		
0.04375.....	8.6409771		
1.04375			
0.95625.			

	8.9420071	....	8.9420071
sin 60...	9.9375306	....	9.9375306
C. 1.04375...	9.9814035	C. 0.95625...	0.0194286
Z = 4° 9′ 9″...	8.8609412	Z = 4° 31′ 51...	8.8989663
séc Z...	0.0011416	séc Z...	0.0013593
ZE...	3.5563025	....	3.5563025
1.04375...	0.0185965	0.95615...	9.9805714
ZB = 62′ 47″ 4...	3.5760406	ZB = 57′ 33″ 3...	3.5582332

Ptolémée... 62.48	....	57.53	
65.15		65.15	
2.27.....	2.1673173	7.42.....	2.6646420
C. 10.30.....	7.2006595 }	....	0.7569620
60. 0.....	3.5563025 }		
pour 60... 14. 0.....	2.9242793	pour 120... 44′ 0″...	3.4216040
Ptolémée... 14. 0	....	44.4.	

Un calcul semblable donnera deux à deux les quarante-quatre lignes de la Table de Ptolémée, septième colonne. Les deux termes que nous venons de calculer répondent, dans la Table de Ptolémée, l'un à 30 et l'autre à 60, parce que les autres colonnes devant dépendre de la double distance (☾ — ☉), Ptolémée cependant n'a pris que la distance simple; et la quantité que nous venons de calculer dépendant de l'anomalie simple, il a de même dédoublé l'argument, 60 et 120 se sont par là réduits à 30 et 60.

Pour former la huitième colonne, on suivra le même procédé; on se souviendra, de plus, qu'au périgée de l'excentrique, c'est-à-dire dans les quadratures, le rapport $\frac{EZ}{BE} = \frac{5.15}{59.22} = \frac{8.11}{60.0} \cos\left(\frac{5.15}{59.22}\right) 60.0 = 8'11''$;

Ptolémée dit 8′, par abréviation apparemment; mais peu importe; ZA sera de 8′ 11″. Du reste, la marche est entièrement la même; les nombres de la huitième colonne diffèrent assez peu de ceux de la seconde.

Quant à la neuvième colonne, il enseigne à trouver les V′ que nous avons ci-dessus mis en Tables. Ainsi pour 60 et 120, il trouve 54′ 3″ et 43′ 43″; nous avons eu 54′ 2″ et 43′ 43″ : les extrêmes diffèrent de 20′ 38″ = 2 (10′ 19″). La différence de V′ à 60 est 5′ 57″ pour le premier V′, et 16′ 17″ pour le second.

$$\left(\frac{5.57}{20.38}\right) 60 = 17' \, 18'', \quad \left(\frac{16.17}{20.38}\right) 60 = 47' \, 21'',$$

c'est ce qu'il place dans sa Table à 30 et 60, pour la raison que nous avons déjà exposée.

Les Tables de Ptolémée sont très-courtes, et l'usage en est fort incommode.

Il donne les parallaxes pour les distances vraies, sa formule est peu exacte; la véritable expression sera

$$p = \frac{\sin \varpi \sin N}{\sin 1''} + \frac{\sin^2 \varpi \sin 2N}{\sin 2''} + \frac{\sin^3 \varpi \sin 3N}{\sin 3''} + \text{etc.}$$

C'est à 45° que le second terme est le plus fort et que l'erreur de Ptolémée qui le néglige est la plus grande; elle peut aller à une demi-minute.

Pour se servir de ces Tables et calculer la parallaxe, déterminez d'abord l'angle horaire de l'astre, et dans la Table du climat, cherchez la distance zénitale. Ce calcul était embarrassant et peu sûr, vu le peu d'étendue des Tables et les doubles ou triples parties proportionnelles qu'il fallait prendre.

Avec la distance zénitale, entrez dans la Table des parallaxes; si c'est le Soleil, vous trouverez la parallaxe facilement et sans erreur bien sensible.

Si c'est la Lune, cherchez la parallaxe du premier ou troisième terme avec les différences annexées; cherchez l'anomalie corrigée de la Lune, ou son supplément à 360° s'il passe 180°; prenez la moitié de cette anomalie ou de son supplément pour argument de la Table, et prenez-y la différence de la septième à la huitième colonne.

Multipliez la différence trouvée dans la quatrième colonne par la fraction trouvée dans la septième.

Multipliez la différence trouvée dans la sixième colonne par la fraction trouvée dans la huitième.

Ajoutez ces parties proportionnelles aux parallaxes de la troisième et de la cinquième colonne.

Vous aurez ainsi deux parallaxes dont vous prendrez la différence.

Calculez la distance angulaire de la Lune au Soleil ou au point diamétralement opposé, et avec cet argument prenez la fraction de la neuvième colonne, par laquelle vous multiplierez la différence des parallaxes trouvées et le produit étant ajouté à la plus petite des deux parallaxes, la somme donnera enfin la parallaxe vraie.

Ce précepte est si compliqué que nous aurions aussitôt fait aujourd'hui de calculer la distance zénitale par le triangle sphérique et la parallaxe par les formules.

L'argument commun de la Table n'allant qu'à 90°, Ptolémée a eu besoin de prendre des supplémens dans certains cas, de prendre la moitié de l'anomalie au lieu de l'anomalie véritable qui aurait été souvent plus grande que 90°; ce qui complique encore le précepte. Il eût été plus commode de multiplier les Tables : Ptolémée sans doute a craint la longueur du travail.

Cette première parallaxe trouvée, on peut en conclure celle de longitude et de latitude en la multipliant par le cosinus et puis par le sinus de l'angle de l'écliptique avec le vertical, angle qui se prend dans la Table du climat en même tems que la distance zénitale. On fera attention aux signes du cosinus et du sinus.

L'auteur néglige les variations de la distance du Soleil, qui influent sur les parallaxes; il a négligé la latitude de la Lune qui est peu de chose dans les éclipses de Soleil.

Hipparque avait tenté de corriger cette dernière erreur; Ptolémée le critique assez durement d'avoir confondu le lieu vrai avec le lieu apparent, et l'angle vrai avec l'angle apparent.

Soit, dit-il, l'écliptique ABG (fig. 56), DBE le cercle de latitude; on a par ce qui précède, le lieu B, sa distance au zénit et l'angle du vertical avec l'écliptique ou ZBA : on demande les distances et l'angle pour le point D ou E.

Si Z est le zénit et que le cercle de latitude se confonde avec le vertical, l'angle en D ou en E différera peu de l'angle en B; cependant si le nœud est voisin, comme dans les éclipses, l'angle différera considérablement; mais la parallaxe de longitude est nulle, la parallaxe de latitude se confond avec celle de hauteur, l'angle devient inutile. Ainsi dans cette première supposition, l'erreur est nulle pour Hipparque, comme pour Ptolémée.

Si l'écliptique se confond avec le vertical (fig. 57), ce sera la parallaxe de latitude qui sera nulle ou à peu près; on connaîtra ZB et l'angle B, on connaîtra BD et BE; ZD ou ZE différeront peu de AB (et l'on pourra calculer la différence); on aura aussi les angles.

Mais si le zodiaque a une position inclinée ABG par rapport au vertical ZB, on aura ZB, ZBA et ZBG (fig. 58).

La Lune E répond au point B de l'écliptique; on a la latitude EB : la Table donne ZB distance zénitale du point B de l'écliptique, et l'angle ZBA du vertical avec l'écliptique. On a donc

$$EBZ = 90^\circ - ZBA\,;$$

on a les côtés BZ et BE qui comprennent cet angle; on aura ZE distance zénitale de la Lune, et l'angle ZEB. On calculera la parallaxe de hauteur EE', GEB = 180° — ZEB; on aura facilement

$$Eq = EE' \cos GEB\,;$$

ce sera la parallaxe de latitude à fort peu près; on aura

$$E'q = EE' \sin GEB\,, \quad \frac{E'q}{\sin Pq} = \frac{E'q}{\cos Bq} = \text{parall. de longit.}$$

Ceci vaudrait mieux que le moyen de Ptolémée, qui est de calculer EL pour arriver à la connaissance de G, c'est-à-dire de corriger l'angle de l'écliptique pour avoir celui qu'elle fait avec le vertical de la Lune; de sorte que cette méthode, meilleure que celle d'Hipparque, est encore assez médiocrement exacte ou commode; elle n'offre d'ailleurs rien de remarquable. Nos formules modernes de parallaxe n'ont point cet embarras et sont à tous égards bien préférables.

Après cette théorie fort imparfaite des parallaxes, qui termine le cinquième Livre, Ptolémée va commencer le sixième par la recherche des syzygies vraies.

CHAPITRE VI.

Livre VI de la Syntaxe.

L'ÉPOQUE, ou distance angulaire de la Lune au Soleil, a été trouvée de 70° 37′ pour la première année de Nabonassar. Cette distance divisée par le mouvement diurne relatif à la Lune, donne 5^j 47′ 33″ pour le tems écoulé depuis la nouvelle Lune qui avait précédé l'ère de Nabonassar. La première néoménie moyenne a donc eu lieu 23^j 44′ 17″; après, c'est-à-dire le 24 de thoth, et 44′ 17″ sexagésimales de jour après le midi du 24. Mais en 23^j 44′ 17″, le Soleil avance de 23° 23′ 50″, l'anomalie de la Lune de 310° 8′ 15″, l'argument de latitude de 314° 2′ 21″; le lieu du Soleil était donc de 11^s 0° 45, à 265° 15′ de son apogée. L'anomalie de la Lune comptée sur l'épicycle 268° 49′, l'argument de latitude à 354° 15′ de la limite boréale.

Ainsi à la première conjonction moyenne, le Soleil moyen et la Lune moyenne étaient éloignés de 288° 38′ 50″ de l'apogée du Soleil qui est 65° 30′; la Lune était à 218° 57′ 15″ d'anomalie, et à 308° 17′ 21 de la limite boréale. Toutes ces quantités se trouvent en ajoutant aux époques de Nabonassar les mouvemens ci-dessus pour 23^j 44′ 17″.

De toutes ces quantités qui forment la première ligne de sa Table pour le 24 thoth, 44′ 17″, Ptolémée retranche pour une demi-lunaison, 14^j 45′ 55″; pour le Soleil 14° 33′ 12″, pour l'anomalie 192° 54′ 30″, et pour l'argument de latitude 195° 20′ 6″, afin d'avoir la première ligne de la Table des pleines Lunes.

A ces deux premières lignes il ajoute les mouvemens pour 25 ans, et forme ainsi, par des additions continuelles, les Tables des nouvelles et des pleines Lunes pour le mois de thoth, de 25 en 25 ans. A ces Tables il en ajoute une des changemens des syzygies pour chaque année, depuis 1 jusqu'à 24, c'est-à-dire pour les années simples qui remplissent les lacunes des premières Tables.

On aura donc, par ces moyens, les deux premières syzygies de chaque année pendant un espace de 1125 ans. Il donne ensuite les changemens pour les mois : on aura donc toutes les syzygies pendant ces 1125 ans.

Ces Tables sont simples, faciles à imaginer et à construire ; c'est ce qu'on appelle ajourd'hui *Tables des Épactes astronomiques*.

Il faut ensuite changer les syzygies moyennes en syzygies vraies.

Les argumens qui accompagnent les épactes du jour donneront les moyens de connaître les inégalités que l'on convertira en tems, et ce tems s'ajoutera ou se retranchera de celui de la syzygie moyenne, pour avoir la syzygie vraie, selon que le Soleil vrai se trouvera plus ou moins avancé que la Lune vraie. Mais pour cette conversion il faut connaître le mouvement vrai de la Lune. On prendra dans les Tables les changemens des prostaphérèses relatifs au mouvement moyen, et les appliquant selon leur signe à ce mouvement moyen, on aura le mouvement horaire vrai. Il eût été facile de donner une Table des mouvemens vrais pour tous les degrés d'anomalie moyenne.

Les tems des syzygies vraies étant ainsi trouvés, seront pour le méridien d'Alexandrie ; on les rapportera ensuite au tems d'un autre lieu quelconque en y appliquant la différence des méridiens en heures et fractions d'heure. Tout ceci est si simple et si clair que tout commentaire serait superflu. Parmi ces syzygies il faudra distinguer celles qui peuvent être écliptiques ; ce qui se fera au moyen des *termes* ou *limites écliptiques*, car ce sont ces syzygies seulement qu'il importe de calculer.

Le diamètre de la Lune est de 31′ 20″ dans l'apogée ; mais pour les limites écliptiques il faut employer le diamètre périgée. Pour le connaître il emploie encore deux éclipses, mais périgées.

La septième année de Philométor, c'est-à-dire l'an 574 de Nabonassar, du 27 au 28 phamenoth, depuis le commencement de la huitième heure jusqu'à la fin de la dixième, la Lune fut éclipsée dans sa partie boréale, et la plus grande quantité de l'éclipse a été de sept doigts. L'observation en fut faite à Alexandrie ; le milieu arriva à $2^h \frac{1}{2}$ temporaires après minuit, ou à $2^h \frac{1}{3}$ équinoxiales, car le Soleil était en $1^s\ 6^\circ\ 4'$. Ainsi à l'instant de l'éclipse, il s'était écoulé depuis Nabonassar, 573 ans 206 jours 14 heures $\frac{1}{3}$, ou 14 heures de tems moyen. La longitude moyenne de la Lune était de $7^s\ 7^\circ\ 49'$, l'anomalie moyenne $165^\circ\ 40'$, l'argument de latitude $98^\circ\ 20'$, la distance au nœud $8^\circ\ 20'$, la distance à la Terre, la plus petite, et l'éclipse $\frac{1}{2} \cdot \frac{1}{12}$ ou 7 doigts du diamètre.

La 37e année de la troisième période de Calippe ou la 607e de Nabonassar, du 2 au 3 tybi, au commencement de la cinquième heure, la Lune commença à s'éclipser à Rhodes, et l'éclipse fut de trois doigts seulement dans la partie australe, 2 heures temporaires avant minuit, ou

2 ½ heures équinoxiales, à Rhodes comme à Alexandrie; le Soleil était en 5° 8′ du Verseau; le milieu 1^h 50′ équinoxiale avant minuit; le tems écoulé depuis Nabonassar 606 ans 121 jours 10 heures et demie tant équinoxiales que temporaires; la longitude moyenne de la Lune 4^s 5° 16′, la longitude vraie 4^s 5° 8′; la distance à l'apogée de l'épicycle 178° 46′; la distance à la limite boréale 280° 36′; la distance au nœud 10° 36′.

Sur la première de ces éclipses, remarquons d'abord qu'ayant commencé avec la huitième heure et fini près de la onzième, le milieu était $\frac{8+11}{2} = 9^h \frac{1}{2}$, ou $2^h \frac{1}{2}$ *avant* minuit. Or Ptolémée dit *après minuit.* Il ajoute que le lieu moyen de la Lune était 7^s 7° 49′. Calculons cette longitude par les Tables de Ptolémée, Livre IV.

Epoque de Nabonassar...	1^s 11° 22′ 0″
Mouvement pour 558 ans...	6.13.45.57
15 ans...	4.20.41.33
573	
Epoque de la 574ᵉ année...	0.15.49.50
180 jours...	7. 1.44.56
26 jours...	11.12.55. 9
574ᵉ année 206 jours...	7. 0. 9.35
14 heures..	0. 7.43. 2
Longitude moyenne...	7. 7.52.37
Ptolémée donne...	7. 7.49
La différence n'est que de...	3.27

Ptolémée aurait donc calculé réellement pour 13^h 54′ et non pour 14 heures. Il peut avoir dit 14^h par abréviation pour 13^h 54′. Il paraît donc certain que Ptolémée a supposé 2 heures *après* et non *avant* minuit; $9^h \frac{1}{2}$ ne peut cependant d'aucune manière signifier $2^h \frac{1}{2}$ après minuit. Est-ce une inadvertance de Ptolémée? est-ce une faute de copie? Faudrait-il lire *depuis* 13 *heures jusqu'à* $15^h \frac{2}{3}$, pour avoir le milieu $14 \frac{1}{3}$, valant 14 heures de tems moyen? C'est ce qui paraît peu probable et que nous n'entreprendrons pas de décider.

Quand la distance au nœud est de 8° 3′, la latitude est de...	43° 3′
Quand la distance au nœud est de 10.36, la latitude est de...	54.50
La différence des deux éclipses est de ½ de diamètre........	11.47
Ainsi le diamètre périgée sera de........................	35.21

Ptolémée a trouvé pour la distance apogée 31′ 20″. Ce diamètre multiplié par le rapport des deux extrêmes $\frac{65.15}{54.50}$, deviendra 37′ 20″. Plus haut Ptolémée fait la distance moyenne 59, les distances apogée et périgée 64.10 et 53.50, ce qui donne 57′ 20″.

Il y a donc beaucoup d'incohérence dans sa théorie qui donne des variations trop fortes, ainsi que nous l'avons déjà remarqué pour le Soleil.

Ptolémée trouve ainsi le rayon de l'ombre, 2.6 fois le rayon de la Lune; et en effet,

$$2.6 \times 17\tfrac{2}{3} = 45' 56'',$$

ce qui ne diffère que de 4″ de ce qu'il a trouvé directement.

Le rayon de la Lune étant supposé de......	17′ 40″
Celui du Soleil, constamment de...........	15.40
La somme de ces deux rayons sera de.......	33.20

et ce sera la latitude qui donnera un simple contact.

Mais le climat de Méroé, où le plus long jour est de 13 heures équinoxiales, et celui des bouches du Borysthène, où le plus long jour est de 16 heures, sont à peu près les limites du monde connu de son tems; il calcule les parallaxes pour ces deux lieux. Soit D (fig. 59) le centre de la Lune, DE la parallaxe qui le porte en E, DG sera la parallaxe de longitude, GE la parallaxe de latitude, AEG sera de 1° 31′ à peu près, ce qui suppose GE = 58′.

La distance au nœud sera 17° 26′, et en y joignant DG = 15′, la distance au nœud sera 17° 41′; mais si la Lune est au midi du Soleil et que la parallaxe la porte vers le nord, DG sera de 30′, AEG de 41′, la distance au nœud de 7° 52′, et DG de 8° 22′.

Ainsi à 17° 41′ du nœud vers le nord, ou 8° 22′ vers le midi dans les climats désignés, et qui ne sont qu'une médiocre portion du globe, le contact deviendra possible.

Mais l'équation du Soleil est de 2° 23′, celle de la Lune dans les syzygies de 5° 1′, la somme 7° 24′. Pendant que la Lune parcourt ces 7° 24′, le Soleil en parcourt la treizième partie, c'est-à-dire 3′ environ. Le douzième de 7° 24′ est 37′; ajoutons-y les 2° 23′ de l'équation solaire, la somme 3° dont les lieux vrais pourront différer des lieux moyens, les limites seront 20° 41′ et 11° 22′; les distances à la limite seront

69° 19′ et 101° 22 pour les climats désignés,
ou 290.41 et 258.

Pour les éclipses de Lune, le demi-diamètre de la Lune est...	17°40′
Celui de l'ombre...	45.56
la somme.........	63.36

A la distance au nœud 12° 12′, la Lune pourra toucher l'ombre, et pour les inégalités, suivant le calcul précédent, nous ajouterons 3°, ce qui fera 15° 12′,

ou de 74° 48′ à 105° 12′
et de 285.12 à 254.48.

Tel est le calcul d'après lequel Ptolémée a donné les limites écliptiques dans ses Tables de syzygies.

Ces calculs ont été refaits par les modernes avec plus de soin, et pour tout le globe.

Pour le Soleil, selon Cassini, l'éclipse est sûre jusqu'à 15° de distance au nœud, et impossible à 21° ½.

Selon moi, l'éclipse est sûre pour le Soleil jusqu'à 15° 33′ de distance au nœud, et impossible à 19° 44′.

Ainsi entre 15 et 20° il reste un doute qui ne peut être levé que par un calcul plus exact.

Pour la Lune, suivant Cassini, les limites sont...	7.30	et	14.30
Suivant moi...	7.47	et	13.21

Ptolémée entreprend ensuite une recherche qui tient à la précédente et qui pouvait épargner quelques calculs; c'est celle de l'intervalle entre une éclipse et la suivante. Les modernes ont négligé cette considération; nos épactes écliptiques et les moyens que nous fournissent les Tables actuelles du Soleil, résolvent le problème d'une manière à-la-fois plus facile et plus sûre.

Il est visible que les éclipses peuvent revenir au bout de six mois; en six mois l'argument de latitude change de 184° 1′ 25″; les intervalles entre les limites écliptiques sont les uns moindres et les autres plus grands. Pour le Soleil on a 20° 41′ et 11° 22′; le double sera 41° 22 et 22° 44′. Les espaces où l'éclipse est impossible sont 138° 38′ et 157° 16′; pour la Lune le double de 15° 12′ est 30° 24′, l'espace sans éclipse est 149° 36′.

En cinq mois moyens, les mouvemens des deux astres sont de 145° 32′, le changement d'anomalie de 129° 5′; le mouvement vrai du Soleil peut surpasser le moyen de 4° 38′, le mouvement de la Lune peut être diminué de 8° 40′, la somme est 13° 18′ dont le douzième est 1° 6′ à peu près; donc le Soleil avancera avant que la Lune ne l'atteigne. Ajoutons les 4° 38′ de son inégalité propre, la somme sera 5° 44; ajoutons-la aux mouvemens de l'argument de latitude 153° 21′, nous aurons 159° 5′ pour l'argument corrigé.

L'espace sans éclipse est 157°, ce qui est moins que 159°, de 2° 5′; on pourra donc, dans ces circonstances qui sont les plus favorables, avoir une éclipse de Lune à la première opposition, et une autre à la dernière, vers le nœud opposé et de même côté de l'écliptique; on aura donc deux éclipses de Lune en cinq mois, si le mouvement du Soleil est plus rapide et celui de la Lune plus lent.

Cela est impossible en 7 mois, quand on donnerait au Soleil le mouvement le plus lent et à la Lune le plus rapide, car le mouvement moyen est de 203° 45′; celui d'anomalie 180° 43′; l'équation solaire peut produire 4° 42′ de moins, celle de la Lune 9° 58′ de plus, la somme est 14° 40′; le douzième est 1° 13′; réuni aux 4° 42′, il fera 5° 55′, dont le mouvement sera diminué en sept mois; le mouvement de l'argument de latitude moyen 214° 42′ sera diminué d'autant, et deviendra 208° 47′ plus grand que 203° 45′.

On n'aura donc jamais deux éclipses de Lune à sept mois d'intervalle.

Le Soleil pourra s'éclipser deux fois en cinq mois. Le mouvement de l'argument de latitude est de 159° 5′. L'espace sans éclipse est de 167° 36′, supplément de deux fois 6° 12′ ou de 12° 24′ de distance au nœud. Ainsi sans l'effet de la parallaxe, l'espace *anécliptique* ou sans éclipse serait de 8° 31′ (= 167° 36′ — 159° 5′) plus grand que le mouvement de l'argument; la latitude serait de 45′ trop forte, mais partout où la parallaxe surpassera 45′, la seconde éclipse sera possible en cinq mois.

Ptolémée fait alors le calcul de la parallaxe. Dans la partie connue de la Terre, la parallaxe, quand elle porte vers le nord, ne peut jamais être aussi forte; mais à commencer de l'équateur en allant vers le nord, la parallaxe peut porter la Lune vers le midi, d'une quantité plus que suffisante; ainsi plus le lieu sera boréal, plus la chose sera possible, quand dans la première éclipse la Lune s'éloignera du nœud ascendant, et qu'elle se rapprochera du nœud descendant dans la seconde.

Au contraire, il est possible que le Soleil s'éclipse deux fois en sept mois, même dans les circonstances les moins favorables; car l'argument de latitude a un mouvement de 208° 47′. Le mouvement du Soleil étant de 192° 24′, l'excès de l'argument de latitude sera de 16° 25′, et celui de la latitude de 1° 25′ ; mais si la somme des deux parallaxes peut surpasser 1° 25′, la chose deviendra possible, la Lune s'approchant de son nœud descendant dans la première éclipse, et s'éloignant du nœud descendant au tems de la seconde ; ce qui peut avoir lieu à Rhodes, et à plus forte raison dans les pays plus septentrionaux.

Le Soleil ne s'éclipsera jamais deux fois dans le même mois, quand, par impossible, toutes les circonstances favorables conspireraient ensemble.

Toute cette théorie est plus ancienne que Ptolémée ; il l'expose d'une manière plus sûre qu'on n'était en état de le faire avant Hipparque, qui peut-être avait fait des recherches semblables sur les limites écliptiques. Nous ne sommes entrés dans ces détails que pour indiquer tous les objets traités par Ptolémée. Du reste tous ses calculs ne sont que des applications de ce qui précède et ne fournissent aucune connaissance nouvelle ; mais il était curieux de se faire des règles pour savoir plus précisément les syzygies qui pourraient mériter qu'on en entreprît le calcul plus exact quand elles arrivaient près des limites ; mais ces règles supposent une première éclipse observée ou du moins calculée.

Il passe ensuite à la construction de ses Tables écliptiques ; ces Tables sont doubles ; la première est pour l'apogée, et l'autre pour le périgée de l'épicycle.

L'argument est la distance de la Lune à la limite boréale ou son supplément à 360°.

Pour les éclipses de Soleil l'argument précède de $0°\frac{1}{2}$ en $0°\frac{1}{2}$. On voit à côté les parties éclipsées, qui sont toujours d'un nombre rond de doigts, et en progression arithmétique, de 0^d à 12^d, et ensuite de 12^d à 0^d ; ce qui n'annonce pas une précision bien grande.

Les deux diamètres étant égaux, leur somme apogée sera de 31′ 20″ ; pour les latitudes $\sin \lambda = \sin 5° 1' \cos$ argument de latitude ; le doigt $\frac{1}{12} = \frac{5}{60} = 2' 36'' 40'''$.

La plus grande distance au nœud 84°, la plus grande latitude 31′ 25″ ; il s'en faut de 5″ qu'il n'y ait contact : Ptolémée fait l'éclipse = 0. Divisant les 6° de distance au nœud en douze parties, il en a conclu que l'éclipse augmentait d'un doigt pour 30′ régulièrement.

A 87°, la latitude est de 15′ 44″, la demi-somme des diamètres 15′ 40″ ; il a négligé 4″.

A 85° 30′, la latitude est de 23′ 55″, partie éclipsée 7′ 25″; mais trois doigts éclipsés valent 7′ 50″.

A 88°, la latitude est de 6′ 15″, partie éclipsée 25′ 5″; mais neuf doigts valent 23′ 30′.

On voit donc que la Table n'est pas d'une exactitude bien rigoureuse, ainsi qu'il était aisé de le prévoir; au reste elle n'est pas très-utile, puisqu'elle ne serait bonne que pour le centre de la Terre.

La colonne suivante, intitulée *parties d'incidence*, est la demi-corde décrite par le centre de la Lune; elle est calculée par la formule

$$\text{parties d'incidence} = [(\text{somme des demi-diamètres})^2 - (\text{latitude})]^{\frac{1}{2}}$$

$$= [(\text{somme des demi-diam.} + \text{latit.})(\text{somme des demi-diam.} - \text{latit.})]^{\frac{1}{2}}.$$

Cette colonne ne peut encore être qu'approximative, puisque Ptolémée y néglige aussi l'inclinaison. Au reste, par un calcul exact, j'ai trouvé qu'à 87° l'erreur de Ptolémée n'est que de 3″,6 en admettant ses suppositions.

Il est plus exact de dire que Ptolémée prend pour donnée le nombre des doigts; il en conclut la latitude et la distance au nœud : il ne donne ces distances qu'en minutes, et elles ne sont qu'approximatives.

Comme les observations ne donnent jamais les éclipses qu'en nombre rond de doigts, et qu'on peut même douter de ces parties à un doigt près, il a voulu probablement que la Table servît à calculer la distance au nœud et la demi-durée; les doigts seraient alors l'argument véritable de la Table, et il aurait dû les mettre à la première colonne.

Pour les éclipses de Lune il faut savoir qu'il suppose

Le rayon de l'ombre	40° 44″
Le rayon lunaire	15.40
Rayon de l'ombre plus le demi-diamètre de la Lune...	56.24
Rayon de l'ombre moins le demi-diamètre de la Lune...	25. 4

La somme des deux rayons donne un simple contact. La latitude est alors de 56′ 24″; or,

$$\sin \text{latit.} = \sin 5° 1' \cos \text{dist. à la limite},$$

$$\text{ou} \qquad \cos \text{distance limite} = \frac{\sin \text{latitude}}{\sin 5° 1'}.$$

Par cette formule j'ai calculé bien facilement la petite Table ci-jointe; on y voit que l'erreur de Ptolémée ne passe guère une minute.

Doigts.	Dist. Limite.	Doigts.	Dist. Limite.
0	79° 11′ 11″	11	84° 42′ 55″
1	79.41.37	12	85.13. 0
2	80.11.42	13	85.43. 7
3	80.42. 9	14	86.12.50
4	81.12.27	15	86.42.48
5	81.42.31	16	87.12.46
6	82.12.45	17	87.42.32
7	82.42.55	18	88.12.29
8	83.12.53	19	88.42.25
9	83.43. 0	20	89.12.10
10	84.13.10	21	89.42. 5

La Table pour la moindre distance est toute pareille; je me suis borné au calcul de quelques exemples.

$$\begin{aligned} \text{Rayon de l'ombre} = R &= 46' \ 0'' \\ \text{Rayon de la Lune} = r &= 17.40 \\ R + r &= 63.40 \\ R - r &= 28.20 \end{aligned}$$

$\frac{\sin 63' 40''}{\sin 5° 1'} = \sin 77° 45' 15''$; Ptolémée donne 46′; erreur 0′ 45″.

Pour 1 doigt ôtez 2′ 56″,57;

$\frac{\sin 60' 43'',30}{\sin 5° 1'} = \sin 78° 20' 50''$; Ptolémée 78° 22′; erreur 1′ 10″.

Pour 15 doigts = Lune + 1 doigt,

$\frac{\sin 25' 23'',3}{\sin 5° 1'} = \sin 85° 9' 19''$; Ptolémée 85′ 10″; erreur 41″.

La latitude est donc de... 25′ 23″

La demi-corde sera...... 58.23.

A l'entrée du centre,

$R = 46$, $R + r = 71' 23''$, $R - r = 20' 37''$, $\frac{1}{2}$ corde $= 38' 22''$;

à l'immersion,

$R + r = 53' 43''$, $R - r = 2' 57''$, $\frac{1}{2}$ corde $= 12' 35''$.

Pour l'immersion, la demi-corde de Ptolémée......... 12.34.

Mais de la demi-corde de la durée entière... 58′ 23″

ôtez la demi-corde de l'éclipse totale......... 12.35

il restera pour l'éclipse partielle............. 45.48

Ptolémée donne... 45.47

On ne peut desirer un accord plus grand. Ces Tables construites pour l'apogée et le périgée, s'étendent aux distances intermédiaires à l'aide d'une Table des soixantièmes, calculée d'après les principes exposés déjà plusieurs fois.

Dans ces Tables, Ptolémée estime la grandeur de l'éclipse par les parties du diamètre. Les observateurs l'estimaient, pour la plupart, par le rapport de la partie obscure au disque entier. On ne voit pas trop comment ils s'assuraient de cette quantité qui ne pouvait être que conjecturale et plus incertaine de beaucoup que la largeur du fuseau éclipsé.

Ptolémée donne une Table de ces doigts de surface, qui sont encore des douzièmes. Il la donne seulement pour les distances moyennes. Il suppose le rapport de la circonférence au diamètre $\frac{3^\circ 8' 30''}{1.0.0}$ qui tombe entre $3\frac{10}{70}$ et $3\frac{10}{71}$: c'est le rapport d'Archimède.

J'ai donné des formules pour la solution de ce problème (*Astron.* Tom. II, pag. 340). La solution de Ptolémée est curieuse; il commence par les éclipses de Soleil (fig. 60).

Soit ABGD le disque du Soleil, AZGH celui de la Lune dans sa moyenne distance, AZGD est la partie éclipsée, AKG la ligne des cornes. Supposons que le quart du diamètre ait été éclipsé, $DZ = \frac{3}{12}$.

Pour avoir le diamètre de la Lune en parties semblables, nous ferons

$$31' 20'' : 33' 20'' :: 12 : 12{,}766 = 12^d 46';$$

Ptolémée, j'ignore pourquoi, dit............ 12.20.

Il aurait donc

$$\begin{array}{rl} TZ = & 6.10 \ldots\ldots \text{ j'aurais} \ldots\ 6.23' \\ ED - DZ = EZ = & \underline{3.\ 0.} \ldots\ldots\ldots\ldots\ldots\ \underline{3} \\ ET = & 9.10 \ldots\ldots\ldots\ldots\ldots\ 9.23 \end{array}$$

$$\begin{array}{l} 1^\circ 0' 0'' : 3^\circ 8' 30'' :: 12 : 37.70 = 37^p 42' = \tfrac{1}{2} \text{ périmètre du Soleil.} \\ \qquad :: 12{,}766 : 40.106 = 40.\ 6.42 \text{ suivant moi.} \\ \qquad :: 12{,}333 : 38.747 = 38^p 45' = \text{périmètre } ☾. \\ \qquad \text{Ptolémée trouve} \ldots 38.46 \end{array}$$

Les aires entières sont $\frac{1}{2}$ rayon circonférence.
Celle du disque du Soleil sera

$$37{,}7 \times 3 = 113.1 = 113^p 6'.$$

Celle du disque lunaire sera

$$38{,}747 \times 3\tfrac{1}{12} = 118^p 28'. \text{ Ptolémée dit } 119^p 32'.$$

Jusqu'ici nous ne voyons rien qui ne fût bien connu depuis Archimède. La suite est remarquable et plus nouvelle chez les Grecs.

$$\overline{TK}^2 = \overline{AT}^2 - \overline{AK}^2$$
$$\overline{EK}^2 = \overline{AE}^2 - \overline{AK}^2$$
$$\overline{TK}^2 - \overline{EK}^2 = \overline{AT}^2 - \overline{AE}^2.$$
$$(TK+EK)(TK-EK) = (AT+AE)(AT-AE)$$
$$TK - EK = \frac{(AT+AE)(AT-AE)}{TK+EK=ET}$$

$$\begin{aligned} ET &= 9.10 \\ AE &= 6. \\ AT &= 6.10 \\ AT + AE &= 12.10 \\ AT - AE &= 0.10 \\ TK - EK &= 6.56 \end{aligned}$$

$$\text{Diff. des segmens de la base} = \frac{\text{somme des deux côtés. Diff. des deux côtés.}}{\text{somme des segmens} = \text{base.}}$$

$$\begin{aligned} \tfrac{1}{2}ET = \tfrac{1}{2}(TK + EK) &= 4^p 35' \\ \tfrac{1}{2}(TK - EK) &= 6.636 \\ TK &= 4.41.636 \\ EK &= 4.28.364. \end{aligned}$$

L'expression que nous venons de trouver pour (TK — EK) est un théorème aujourd'hui très-connu. Ptolémée ne l'énonce pas précisément; il a presque l'air d'ignorer que ce soit un théorème général de Trigonométrie : il dit seulement que pour avoir TK — EK, il faut diviser par ET l'excès du carré de AT sur le carré de AE. Quoi qu'il en soit, sa construction et son précepte fournissent une démonstration fort naturelle et fort simple du théorème que les auteurs modernes démontrent d'une manière plus détournée et moins facile.

Des valeurs de (TK—EK) et de ET, Ptolémée conclut, sans dire comment, celle de TK qu'il fait de $4^p\,42'$, et celle de EK qu'il fait de $4^p\,28'$. Il fait

$$AK = (\overline{AE}^2 - \overline{EK}^2)^{\frac{1}{2}} = 4^p.$$

La surface du triangle AEG = AH.KE = 4.28 × 4 = $17^p\,52'$.

La surface du triangle ATG = 4.42 × 4 = 18.48.

$$\begin{aligned} \sin AED &= \tfrac{4}{6} = \tfrac{2}{3} = \sin 41^\circ 48' 37'' \\ \text{l'arc } ADG &= 2AED = 83.37.14 \\ \sin ATD &= \frac{4}{6{,}1667} = \sin 40.26.30 \\ \text{l'arc } AZG &= 2ATD = 80.53.\ 0. \end{aligned}$$

Les secteurs sont entr'eux comme les arcs;

$$\text{secteur AEG} = \left(\frac{83.37.14}{360}\right) 113,1 = 26.2680$$

$$\text{triangle AEG} = 17.8667$$

$$\text{segment ADG}\ldots\ 8.4013$$

$$\text{secteur ATG} = \left(\frac{80.55}{360.0}\right) 118,28 = 26.575$$

$$\text{triangle ATG} = 18.8$$

$$\text{segment AZG}\ldots\ 7.775$$

$$\text{ADG}\ldots\ 8.401$$

$$\text{partie éclipsée}\ldots\ 16.176$$

$$\text{Doigts de surface} = 12\left(\frac{16.176}{113.1}\right) = 1.7166 = 1^d\,43'.$$

Ptolémée dit $1^d\,45'$ à peu près.

On voit que Ptolémée ne fait que réduire les doigts du diamètre aux doigts du disque ou doigts de surface.

Le problème inverse serait transcendant, comme celui de Képler et par la même raison. Ainsi en estimant le nombre des doigts linéaires de l'éclipse, on en conclura par sa Table le nombre des doigts du disque. Au reste il paraît que toutes les éclipses rapportées par Ptolémée sont en doigts linéaires, et cette méthode a prévalu.

Pour les éclipses de Lune, le procédé est le même, en substituant le rayon de l'ombre à celui de la Lune, et le rayon de la Lune à celui du Soleil.

Il résulte de cette solution de Ptolémée, que les Grecs savaient résoudre un triangle rectiligne dont les trois côtés sont donnés. Je n'en ai pas vu d'autre exemple.

Remarquons à l'occasion de ces Tables et des diamètres qu'elles supposent, que les Anciens n'avaient jamais observé d'éclipse annulaire du Soleil, ce qui serait peut-être singulier si les Chaldéens eussent tenu registre de toutes les éclipses pendant 1903 ans, mais qui se conçoit mieux si les Grecs n'ont connu qu'une partie des éclipses de Babylone, et s'ils n'ont eu d'ailleurs que celles qu'ils avaient pu observer eux-mêmes. Les éclipses annulaires étaient même impossibles d'après leurs idées, puisqu'ils supposaient le diamètre apogée de la Lune égal au diamètre constant qu'ils donnaient au Soleil. L'éclipse ne pouvait donc, suivant eux, être que totale avec plus ou moins de demeure dans l'ombre. Remarquons encore qu'ils n'ont pas songé à l'augmentation du diamètre à mesure que la Lune se rapproche du zénit; et cependant cette augmentation était plus grande pour les Grecs qui voyaient la Lune à des hauteurs plus grandes que celles qu'on observe dans les climats septentrionaux. Si la distance solsticiale du Soleil, à Alexandrie, était de 7° 12′, la Lune dans sa limite boréale pouvait n'être qu'à 2° du zénit, et l'augmentation du diamètre était de 37″. Il est vrai que l'observation ne pouvait leur donner une inégalité qui n'était que d'une demi-minute; ils n'avaient point aperçu le changement de diamètre du Soleil, qu'ils devaient croire d'un vingt-quatrième ou de 80″, d'après l'excentricité du Soleil. Ainsi ils durent négliger une variation plus petite dans le diamètre lunaire; et comme ils ne parlent en aucun endroit de cette inégalité, on peut croire qu'ils n'y ont pas même songé.

D'après tout ce qu'on vient de lire, le calcul des éclipses, s'il ne promettait pas des déterminations bien précises, n'offrait du moins aucune difficulté théorique. Les données seules du problème avaient besoin d'être mieux connues. Les diamètres apogée et périgée de la Lune, tels qu'ils les avaient tirés de l'observation, n'offraient pas la différence qui devait résulter de la théorie de Ptolémée pour l'équation du centre, combinée avec l'évection. Les parallaxes surtout avaient besoin de correction.

Pour la Lune, on commençait par déterminer le tems de l'opposition vraie, l'anomalie comptée de l'apogée de l'épicycle et la distance à la limite boréale, puis la prostaphérèse qui changeait le lieu moyen en lieu vrai. Avec l'argument de latitude on entrait dans la Table du périgée et de l'apogée, où l'on trouvait la quantité de l'éclipse avec les parties d'incidence et de demeure dans l'ombre, ce qui donnait les tems de l'éclipse partielle et totale.

On avait ainsi l'éclipse apogée et l'éclipse périgée, d'où, par les fractions sexagésimales prises avec l'anomalie moyenne, on déterminait ce qu'il fallait ajouter à l'éclipse apogée. Mais la Table apogée ne s'étend que de 79 à 100°; l'autre s'étend de 77° 12′ à 102° 48′. Il peut donc arriver que l'argument de latitude ne se trouve que dans l'une des deux Tables. On n'aura donc alors que l'éclipse périgée. La correction calculée à l'ordinaire, sera donc elle-même la quantité de l'éclipse, puisqu'elle s'ajoute à la quantité de l'éclipse apogée qui alors est zéro.

Aux parties d'incidence trouvées par la correction, nous ajouterons le douzième pour le mouvement du Soleil. Alors divisant par le mouvement horaire moyen de la Lune, nous aurons le tems de la demi-durée. Il faudrait diviser par le mouvement vrai; mais ce scrupule aurait été assez inutile dans un calcul si peu susceptible de précision, et dans lequel plusieurs choses déjà sont négligées.

Dans les éclipses totales de Lune, on appellait tems d'incidence tout le tems de l'éclipse partielle jusqu'à l'immersion totale, tems de *remplissement* (ἀναπληρώσεως), l'éclipse partielle de la fin. Le premier et le dernier instant de l'éclipse totale, *termes* ou fin des *embases* (ἐμβάσεων), *entrées* ou *immersions*, et des anacatharses (ἀνακαθάρσεων), *purgations*.

Portant ensuite les doigts dans la petite Table des doigts en parties du disque, on changeait les doigts linéaires en doigts de surface, ce qui ne pouvait être au reste qu'un objet de curiosité.

Ptolémée ajoute que les deux demi-durées ne sont pas toujours égales, à cause des variations qu'éprouvent les mouvemens du soleil et de la Lune; mais il assure que la différence est toujours insensible, et il a raison. Il a commis bien d'autres inexactitudes; d'abord il néglige la différence entre la conjonction et le milieu, entre la plus courte distance et la latitude en conjonction; il n'avait aucune idée de ce qu'on appelle orbite relative, il n'emploie que les mouvemens moyens pour calculer le tems, et tout cela causait des erreurs bien plus graves; il eût été contradictoire d'employer les mouvemens moyens et de faire les demi-durées inégales, quand on négligeait l'inclinaison.

Il montre ensuite qu'Hipparque s'était trompé dans sa période de latitude, en la faisant trop courte; la cause de l'erreur est qu'il avait comparé une éclipse apogée avec une éclipse périgée, en supposant que l'anomalie n'y produisait aucune différence, tandis que le lieu moyen était d'un degré plus fort que le lieu vrai, et que dans l'autre l'excès n'était que de $\frac{1}{8}$ de degré; ensorte que la différence est de $\frac{7}{8}$ de degré ou de $\frac{4}{8}+\frac{2}{8}+\frac{1}{8}=\frac{1}{2}.\frac{1}{4}.\frac{1}{8}$. On voit que les Grecs aimaient à dépecer une fraction. Il n'était donc pas vrai que la Lune fût κατὰ τὸ ἀπογειότατον et κατὰ τὸ περιγειότατον, *au plus apogée* et *au plus périgée*.

Hipparque n'a pas songé non plus que la différence des distances en causait une sensible dans la quantité de l'éclipse. Or elle était d'un quart; ce qui suppose, dit Ptolémée, une moindre distance au nœud dans l'éclipse apogée, et une plus grande dans l'éclipse périgée. En plaçant, comme nous faisons, la ligne des nœuds au centre de la Terre, la distance en ligne droite ne change rien à la latitude; mais cette distance change l'angle sous lequel paraissent à nos yeux la section de l'ombre et le demi-diametre de la Lune. Dans l'apogée, la somme des deux demi-diamètres est moindre, le contact ou une éclipse d'une quantité donnée supposent une moindre latitude et une moindre distance au nœud.

Ptolémée avait trouvé précédemment une erreur de $1^{\circ}\frac{1}{2}$ dans la période; pour cette seconde cause il la trouve de près de $\frac{4}{5}$; ensorte que la somme des deux erreurs serait de 2' ; mais elles agissent en sens différent, l'une allonge et l'autre accourcit la période. La résultante des deux erreurs n'est que de ½. Hipparque a cru probablement la compensation plus parfaite, et il a trouvé un résultat un peu plus fort que la véritable période. Ptolémée a raison, et Hipparque n'a pas eu un très-grand tort; l'erreur qu'il négligeait lui a paru pouvoir se confondre avec les incertitudes inévitables de problème, et nous avons déjà dit ce qu'il faut penser des deux corrections que Ptolémée a faites aux mouvemens d'Hipparque.

Dans les éclipses de Soleil, la parallaxe ajoute à la difficulté du calcul. On cherche d'abord tout de même la conjonction et les divers argumens; on convertit le tems en tems du méridien du lieu pour lequel on calcule, on cherche la parallaxe, et l'effet qu'elle produit sur le tems de la conjonction; on cherche d'abord la parallaxe de hauteur pour la Lune et pour le Soleil; la différence de ces deux parallaxes est la parallaxe relative dont il faut se servir. Avec l'angle du vertical et la parallaxe relative, on détermine les parallaxes de longitude et de latitude; à la parallaxe de longitude, on ajoute un douzième avant de la convertir en tems, par les mouvemens horaires apparens; il faut distinguer les tems où cette parallaxe est additive et ceux où elle est soustractive. On corrige de même la latitude; on a le lieu et le tems de la conjonction apparente. On multipliera par 12° le tems de ces parallaxes de longitude, on aura la correction de l'argument de latitude. Avec cet argument corrigé, on prendra la quantité de l'éclipse et les parties d'incidence; on fera le calcul pour l'apogée et le périgée; on corrigera en multipliant la différence par les soixantièmes, pris avec l'anomalie.

La parallaxe introduit dans les mouvemens apparens des inégalités plus sensibles que celles qui viennent de l'anomalie; elles peuvent rendre la Lune stationnaire et même rétrograde. La Lune approchant du zénit, la parallaxe diminuera et rendra plus lent le mouvement en longitude. Si elle redescend après le passage au méridien, sa parallaxe augmentera et diminuera encore le mouvement en longitude; si le milieu de l'éclipse arrive au méridien, les deux demi-durées seront égales à peu près. Il n'en sera pas de même si la conjonction a lieu à l'orient ou à l'occident. On pourrait ne regarder le commencement et la fin trouvés par les Tables, que comme une première approximation; calculer les parallaxes pour ces instans et chercher les différences apparentes de longitude et de latitude, ce qui formerait une seconde approximation, et ainsi de suite.

Ptolémée s'y prend à peu près de cette manière, il en donne même un exemple où la différence entre les demi-durées n'est qu'un neuvième d'heure. Mais l'erreur de ses parallaxes était bien autrement importante, et il paraît lui-même n'avoir pas une grande confiance en ces calculs, puisqu'il ne nous a laissé aucun modèle complet d'éclipse de Soleil, soit annoncée d'après les Tables, soit calculée d'après l'observation pour perfectionner ses hypothèses.

Ptolémée ne dit pas même si l'on était dans l'usage de faire ces prédictions et de les joindre aux Calendriers qui annonçaient les levers et les couchers des étoiles. Il est cependant fort probable que ces annonces avaient lieu en effet; mais il est également probable qu'elles n'étaient jamais fort détaillées, et que pour les éclipses de Soleil qui étaient les plus curieuses et en même tems les plus incertaines, on se contentaitde prédire vaguement qu'un tel jour il pouvait arriver une éclipse de Soleil. On avait moins d'incertitude pour les éclipses de Lune; on ne pouvait guère s'y tromper, à moins que la quantité éclipsée ne dût être très-petite. Tout au plus devait-on se tromper sur l'heure précise; mais comme personne n'avait l'heure exactement, l'erreur n'était point aperçue. Au reste le public était sans doute moins exigeant qu'il ne le serait aujourd'hui, il ne chicanait pas pour quelques heures ou quelques doigts de plus ou de moins; il n'y aurait que le cas où une éclipse annoncée ne se serait pas réalisée, ou celui où l'on aurait observé une éclipse qui n'aurait pas été annoncée, qui aurait pu compromettre l'auteur du calcul; mais comme l'éclipse non annoncée aurait été petite, elle aurait pu n'être pas remarquée; des nuages pouvaient la dérober aux yeux. Mais il ne reste aucun vestige de ces annonces, aucun récit des effets qu'elles ont pu produire.

Ptolémée passe ensuite à une recherche moins importante et négligée depuis par les modernes; c'est celle de la direction de la partie éclipsée soit par rapport à l'écliptique, soit par rapport aux différens points de l'horizon. Cette direction change à chaque instant, il se borne à la déterminer pour les points les plus importans, comme le commencement, la fin, le milieu, l'immersion et l'émersion. Il fait passer un grand cercle par les deux centres, et prolonge cet arc jusqu'à l'écliptique et jusqu'à l'horizon. Le problème est donc purement trigonométrique. Il y néglige l'inclinaison de l'orbite. Nous ne le suivrons pas dans ses calculs qui ne nous apprendraient rien de nouveau; il ne fait guère lui-même que les indiquer, et il les a fait suivre d'une Carte où l'on voit pour les différens climats, depuis celui de Meroé jusqu'à celui des bouches du Borysthène, l'horizon divisé en seize parties égales qui équivalent chacune à un de nos rhumbs modernes. A chacun de ces rayons, il place le nom du vent qui souffle dans cette direction. Voici ces noms avec les azimuts auxquels ils correspondent

AZIMUTS.	VENTS.	NOMS MODERNES.
0	νότος.......	sud.
22 ½	....	levant d'hiver, sud-sud-est.
45	εὐρό νοτος....	sud-est.
67 ½	εὖρος	est-sud-est.
90	ἀπηλιώτης...	est.
112 ½	καικίας.....	est-nord-est.
135	βορέας......	nord-est.
157 ½	....	levant d'été, nord-nord-est.
180	ἀπαρκτίας...	nord.
202 ½	....	couchant d'été, nord-nord-ouest.
225	θρασκίας....	nord-ouest.
247 ½	ἰάπυξ	ouest-nord-ouest.
270	ζέφυρος.....	ouest.
292 ½	λίψ........	ouest-sud-ouest.
315	λιβόνοτος....	sud-ouest.
337 ½	....	couchant d'hiver, sud-sud-ouest.
360	νότος.......	sud.

Cette Carte, au reste, est peut-être une addition des copistes, car Ptolémée n'en parle pas ; il nous dit lui-même qu'on ne calcule ces directions que grossièrement. Les vents ne sont point ici placés comme ils l'étaient à Athènes, sur la tour des vents. La tour n'en offrait que huit ; ici on en attend seize ; il en manque quatre. On n'y voit pas le σκίρρων. (Voyez ci-après article *Gnomonique.*)

Cette Table nous explique quelques indications qu'on trouve dans les éclipses anciennes, comme éclipses de tant doigts vers le levant d'été, ou telle autre direction.

Nous nous bornons aujourd'hui à désigner le point du disque solaire par lequel commencera l'éclipse, pour en faciliter l'observation. Les Grecs ne tenaient pas à connaître le commencement et la fin, à quelques minutes près. Ils estimaient le commencement quand ils voyaient une échancrure déjà sensible, et la fin quand l'échancrure devenait imperceptible.

Il est encore assez singulier que Ptolémée ne dise pas un mot de la manière dont on observait les éclipses de Soleil ; il paraît, par quelques passages extraits ci-dessus, qu'on regardait l'éclipse dans un vase rempli d'eau, d'huile, ou de quelque liqueur épaisse.

CHAPITRE VII.

Livre VII.

Le septième Livre est consacré aux étoiles fixes. On les appelle ainsi parce qu'elles conservent entr'elles les mêmes distances sans la moindre variation, du moins qui soit sensible. Cependant elles ont un mouvement commun autour des pôles de l'écliptique qui les fait avancer parallèlement à ce cercle, suivant l'ordre des signes, et en sens contraire du mouvement diurne. Hipparque en fit le premier la remarque; mais s'il en eut l'idée, il ne put l'établir sur des preuves assez convaincantes. Il ne pouvait l'appuyer que sur la comparaison qu'il avait faite de ses observations avec celles d'Aristylle et de Timocharis, et ces anciennes observations étaient grossières et peu sûres. Ptolémée venu 265 après Hipparque, eut la gloire de constater ce que son prédécesseur avait annoncé. Il est étonnant que pendant un si long intervalle, la *divine Ecole d'Alexandrie*, c'est ainsi que la nomme Synesius dans sa Lettre sur l'Astrolabe, n'ait produit aucun astronome qui se soit empressé de vérifier un point aussi important, ou qui ait eu assez d'habileté pour y réussir. Ce mouvement, qui est d'un degré en 72 ans, ne devait pas échapper si long-tems à des observateurs attentifs. Il en résulterait que pendant près de 300 ans, on n'aurait fait, à Alexandrie, aucune observation précise, et que la Grèce n'aurait en effet que deux astronomes dont elle pût se glorifier; Hipparque, homme de génie, ami du *travail et de la vérité*, qui a véritablement créé la science, et Ptolémée qui a du moins eu le mérite de continuer et de perfectionner en quelques points les observations et les théories d'Hipparque; à moins qu'on ne dise que les prédécesseurs de Ptolémée avaient pu vérifier le mouvement des étoiles; mais que pour le déterminer à son tour, Ptolémée s'était servi des observations d'Hipparque comme plus anciennes et plus exactes; mais dans cette hypothèse que rien n'appuie, il serait bien singulier que Ptolémée n'eût trouvé aucune occasion de nommer ces astronomes, ou d'en citer une idée ou une observation.

Les configurations des astérismes n'ont point changé. Hipparque avait remarqué que la pince australe du Cancer, l'étoile brillante de la même constellation qui précède la tête de l'Hydre, et la belle étoile du Chien précurseur (Procyon), étaient à fort peu près sur la même ligne droite, ou dans un arc de grand cercle (ces étoiles sont α et β de l'Ecrevisse et Procyon). L'étoile du milieu ne s'écarte de la ligne droite que d'un doigt et demi vers les Ourses et l'orient, et les intervalles entre cette étoile et les deux autres sont égaux.

Dans le Lion, les deux étoiles orientales de la tête (μ et ϵ) et l'étoile du cou de l'Hydre (θ) sont également en ligne droite. Ces étoiles n'étant pas très-remarquables, je soupçonnais qu'il fallait entendre γ et α du Lion et α de l'Hydre. En me servant d'un globe de Messier, j'ai vu qu'un fil tendu sur μ du Lion et θ de l'Hydre, laissait ϵ du Lion un degré au nord et à l'orient; qu'un fil tendu sur γ du Lion et α de l'Hydre, laissait Régulus $1^{\circ} \frac{1}{2}$ au nord et à l'orient; qu'un fil tendu sur γ du Lion et α de l'Hydre laissait Régulus $1^{\circ} \frac{1}{2}$ au nord et à l'orient. Mais il faut se souvenir que les alignemens ne peuvent être observés avec une extrême précision, et que les étoiles peuvent n'être pas placées sur le globe avec une exactitude bien rigoureuse.

La ligne menée de la queue du Lion à la dernière de la queue de la grande Ourse....... *brillante à un doigt près*. Il manque ici quelque chose au texte; lisez *passe à un doigt près sur une étoile brillante* qui sera le Cœur de Charles ou la brillante des Chiens de chasse. L'alignement m'a paru plus exact que ne dit Hipparque. Le Cœur était couvert par le fil, mais non pas centralement. Le même alignement joint les précédentes de la Chevelure. J'ai trouvé qu'il laissait au nord deux étoiles de sixième grandeur, et au sud le reste de la constellation.

Entre le pied boréal de la Vierge et le pied droit du Bouvier sont deux étoiles dont la plus brillante et la plus australe qui ressemble au pied du Bouvier, reste à l'orient de la ligne menée par les deux pieds. La plus boréale qui est à demi-brillante, est sur la ligne des deux pieds.

Le pied boréal de la Vierge est μ de quatrième grandeur; le pied du Bouvier est ζ de troisième; mais il y a un peu d'incertitude sur ces estimations de grandeur. Le fil m'a paru passer sur une étoile de cinquième grandeur qui serait la *demi-brillante*. L'étoile australe et plus brillante est de quatrième grandeur.

L'étoile demi-brillante de cinquième grandeur forme un triangle isoscèle avec deux étoiles de cinquième grandeur qui sont du Mont-Ménale, elles sont moins avancées en longitude.

Ces deux étoiles sont sur la ligne menée du pied austral de la Vierge (λ) à Arcturus, cette ligne laisse ces deux étoiles au moins deux degrés à l'orient : ainsi le mouvement propre d'Arcturus ne peut expliquer ce qui s'en manque aujourd'hui. Si nous substituons le pied boréal (μ), les deux étoiles resteront à l'occident et à distance inégale. De toute manière le renseignement est inexact. Montignot dit que ces deux étoiles sont vers la Vierge. Mais le passage de Ptolémée serait bien plus inexact encore.

Entre l'Epi et la seconde de la queue de l'Hydre (γ) sont trois étoiles en ligne droite, et celle du milieu est sur la ligne droite qui joint l'Epi et γ de l'Hydre. Celle du milieu est de quatrième grandeur, les deux autres de sixième ; mais la ligne ne passe pas sur l'étoile du milieu, elle passe entre l'étoile de quatrième grandeur et l'étoile de cinquième qui est plus boréale et plus orientale.

En ligne droite avec les deux brillantes des Serres (α et β de la Balance), vers les Ourses, est une étoile brillante et triple. Cette ligne passe sur A du Serpent de sixième grandeur, laquelle avec *b* du Serpent de sixième grandeur et μ de quatrième, forme un assemblage qui, à la vue, pouvait en ce tems être nommé étoile triple ; mais la plus remarquable (μ) n'est pas sur l'alignement.

La ligne menée de la suivante de la queue du Sorpion (λ) et par le genou droit d'Ophiuchus, partage en deux l'intervalle entre deux des précédentes du pied droit d'Ophiuchus (θ et B) ; le cinquième et le sixième nœud de la queue du Scorpion sont en ligne droite avec le milieu de l'Autel (α). Ce que je vois, c'est que le fil placé sur θ du Scorpion et α de l'Autel, passe entre plusieurs étoiles de la queue du Scorpion, tout près et au nord de κ, entre λ et υ, et fort près d'une étoile de sixième grandeur ; mais il n'y a dans tout cela rien de bien précis.

La plus boréale de la base de l'Autel est en ligne droite avec le cinquième nœud et α de l'Autel dont elle est également éloignée. En effet α et σ boréal de l'Autel sont en ligne droite avec κ et une étoile de sixième grandeur du Scorpion, et presqu'avec θ, cinquième nœud de la queue : σ de l'Autel est à égale distance de α de l'Autel et de θ du Scorpion.

A l'orient et au midi du cercle qui est sous le Sagittaire (Couronne australe), sont deux étoiles brillantes sensiblement éloignées l'une de l'autre, comme de trois coudées ; la plus australe est aussi la plus brillante (on y voit α et β du Sagittaire ; la seconde qui est double a pu paraître la plus belle ; l'intervalle entre α et le milieu des deux autres est de 4° qui ne doivent pas faire trois coudées : 4° font 240′ dont le tiers 80′ ou 1° ⅓ serait donc une coudée. Montignot dit que la coudée est de 3° et le doigt 1°. Il est peu probable que la coudée ne valût que trois doigts. Si l'on prenait la longueur du doigt au lieu d'un travers de doigt, le tiers de la coudée ou de l'avant-bras de l'homme serait triple du doigt du milieu ; mais il faut avouer que ces désignations vagues que l'on ne prend pas la peine de définir, sont aujourd'hui tout-à-fait inintelligibles.)

Au pied du Sagittaire......... Il paraît que le texte est altéré ; il ne suffirait pas de lire que l'étoile au pied du Sagittaire est en ligne droite avec le milieu du cercle. Deux points sont toujours sur une ligne droite. Le milieu des trois étoiles orientales du cercle paraîtrait indiquer β de la Couronne australe. La ligne menée par β du pied ou de la jambe du Sagittaire et β de la Couronne passe par φ du Sagittaire, la plus occidentale de l'espèce de quadrilatère formé par les étoiles ζ, σ, τ, φ du Sagittaire ; φ serait la suivante ou la plus occidentale du quadrilatère et tout irait bien jusqu'ici ; mais Ptolémée ajoute que cette étoile est brillante, et elle est la plus faible du quadrilatère, car elle n'est que de cinquième grandeur. Il ajoute que les deux distances sont à peu près égales, et l'inégalité est très-grande ; mais β de la Couronne est à égales distances de α et δ de la même Couronne, c'est ce que Ptolémée a voulu dire apparemment. Montignot mène l'alignement du pied du Centaure à l'étoile δ du milieu de l'arc du Sagittaire. Cette traduction du mot κυκλος qui vient d'être appliqué à la Couronne sous le Sagittaire, me paraît peu naturelle, mais le passage est fort obscur et ne mérite guère l'honneur d'un commentaire.

Ptolémée ajoute enfin : Et la boréale est en ligne droite avec les deux brillantes de la diagonale du quadrilatère. En effet un fil tendu sur β du Centaure et σ du quadrilatère, laisse à l'orient ζ du quadrilatère, et un peu à l'occident α de la Couronne ; ensorte qu'à la grandeur près de φ du quadrilatère, mon explication rend raison de tous les détails de ce passage que Montignot a rendu tout-à-fait inintelligible. Au reste cette constellation ne fournit aucun autre alignement, si ce n'est α du genou, ζ et σ du quadrilatère ; τ du quadrilatère, δ du milieu de l'Arc et γ de la Flèche ; mais ces alignemens ne conviennent en aucune manière au passage de Ptolémée.

Les deux étoiles contiguës de la tête du Cheval (θ et ν suivant Montignot) et l'épaule suivante (α) du Verseau, sont presque en ligne droite, et cette ligne est parallèle à celle qui va de l'épaule précédente (β) à l'étoile de la joue du Cheval (ε). Ensuite l'étoile précédente du Verseau et la brillante des deux (ζ et ξ) du cou du cheval avec l'étoile brillante au cou du Cheval (α) et l'étoile au nombril du Cheval (α d'Andromède), sont en ligne droite, et les distances sont égales.

α du Verseau et θ du Cheval donnent une ligne parallèle à celle qui va de β du Verseau à ε du Cheval; mais ν n'est pas sur la ligne de α à θ, il s'en faut d'un degré dont elle est à l'occident; β, ν et θ sont en ligne droite à fort peu près. La ligne qui va de l'épaule précédente β du Verseau à la tête d'Andromède, qui est aussi le nombril du Cheval, laisse un peu à l'orient ζ, ξ et α.

L'étoile ε de la bouche du Cheval et la plus orientale (η) des quatre de l'Urne, sont sur une ligne qui coupe par la moitié, et à angles à peu près droits, la ligne menée par les deux contiguës θ et ν de la tête du Cheval; réellement elle passe près de ν. Montignot avait rendu ce passage inintelligible.

L'étoile (β) de la gueule du Poisson austral, la brillante (α) de l'épaule du Cheval et la brillante (β) de la poitrine sont en ligne droite. Au lieu de β ou de l'australe des deux Poissons de cinquième grandeur, Montignot met Fomalhaut du Poisson austral, qui est une constellation toute différente, que pour éviter l'équivoque on devrait appeler le *grand Poisson*, à l'imitation de quelques auteurs, et qui est au bas de l'eau du Verseau. Le passage était donc entièrement altéré; il voyait deux étoiles dans ces mots: *καὶ τοῦ ἵππου ὅτε ἐν τοῖς ὤμοις λαμπρός* qui n'indiquent que la brillante de l'épaule ou α de Pégase.

L'étoile (θ) à la bouche du Bélier, la précédente de la base du triangle (β) et le pied gauche d'Andromède (γ) sont, à un doigt près, dans une ligne droite; il s'en faut à peine d'un doigt, si un doigt est un degré. Les mots *ὁ ἡγούμενος πρὸς ἀνατολάς*, *précédente à l'orient*, paraissent une contradiction; mais β est bien la précédente, et la base est la partie orientale du triangle, quand on prend pour base $\beta\delta\gamma$ du triangle isoscèle dont le sommet est en α, ce qui d'ailleurs est prouvé par le Catalogue de Ptolémée.

La ligne menée par les deux précédentes (β, λ) de la tête du Bélier, coupe en deux la base ($\beta\delta$) du triangle. Montignot prend pour base $\kappa\eta$, et la remarque serait fausse; il est vrai que les deux premières étoiles du Bélier sont γ et β; mais Ptolémée dit de la tête, et γ est de la corne.

Les étoiles orientales des Hyades et la sixième de la peau que tient Orion dans sa main gauche, en comptant du midi, sont en ligne droite. Il semble indiquer ϵ, α du Taureau et π d'Orion.

La droite menée par l'œil précédent (ϵ) du Taureau et la septième de la peau d'Orion laisse un doigt au nord, la brillante des Hyades. Il serait plus juste de dire laisse au sud ou passe au nord.

En droite ligne des têtes des Gémeaux est une étoile plus avancée en longitude (ὑπολειπόμενος) que la tête suivante, à une distance triple de celle des deux têtes; (α et β des Gémeaux et ζ du Cancer, β est un peu au sud). La même étoile est en ligne droite avec la plus australe des quatre autour de la Nébuleuse. Cela paraît assez juste.

Ces remarques sur toutes les parties du ciel étoilé suffisent pour prouver, nous dit Ptolémée, que le mouvement est le même pour toutes les étoiles qui tournent uniformément autour de pôles communs qui sont ceux de l'écliptique; que ce mouvement n'est point particulier aux étoiles du zodiaque; car en 265 ans qui s'étaient écoulés depuis Hipparque, les changemens auraient été assez sensibles pour déranger la plupart des alignemens. Pour fournir à la postérité de plus nombreux moyens qui pussent confirmer son assertion, Ptolémée ajoute aux remarques d'Hipparque d'autres remarques de même genre faites par lui-même, et qui n'avaient encore été consignées dans aucun ouvrage.

β, α du Bélier, ϵ au genou de Persée et la Chèvre sont en ligne droite, ce qui est vrai sensiblement.

La ligne menée de la Chèvre à la luisante des Hyades (α) laisse un peu à l'orient le pied précédent du Cocher; on peut ajouter que cette ligne passe sur η du Cocher.

La Chèvre, β du Taureau ou du Cocher, c'est la même étoile, et l'épaule précédente d'Orion (γ) sont sur une même ligne droite. Cela me paraît peu exact; cette ligne passe fort au-dessous de γ et par ζ du Baudrier.

Les têtes des Gémeaux et la brillante du cou de l'Hydre sont presque en ligne droite. Cela n'est vrai qu'à peu près; la ligne menée de α des Gémeaux à α de l'Hydre passe un degré au-dessous de β des Gémeaux.

Les deux étoiles contiguës au pied de devant de l'Ourse, l'extrémité de la Serre boréale du Cancer et l'Ane boréal sont en ligne droite. Il est difficile de savoir où Ptolémée faisait passer l'extrémité de la Serre ; son Catalogue ne place qu'une étoile sur cette Serre, et elle n'a que 11° 50′ de latitude.

Pareillement Procyon, l'Ane austral (δ) et la belle étoile du Cancer (β) qui précède la tête de l'Hydre sont presqu'en ligne droite. *Presque* en dit beaucoup trop.

Le milieu du cou du Lion (γ), la brillante de l'Hydre (α) sont dans une ligne qui *prend* à l'orient le cœur du Lion. Il parait que le mot *prend*, ἀπολαμβάνει, signifie pour nous *laisse de côté*. L'alignement passe entre ν et α du Lion. (J'ajouterai que γ de l'Ourse, γ du Lion et α de l'Hydre sont en ligne droite.)

L'étoile australe suivante du carré de l'Ourse (γ), l'étoile sur les reins du Lion (δ) laissent un peu au couchant les deux contiguës de la patte de derrière de l'Ourse, ν et ξ. Au lieu de (δ) Montignot met ϑ qui est sur la cuisse plutôt que sur les reins.

La ligne menée de l'extrémité de la cuisse de la Vierge (ζ) à la seconde de la queue de l'Hydre (γ), *prend* un peu à l'occident l'épi de la Vierge ; c'est-à-dire *laisse*. Montignot donne un sens contraire au mot *prend*.

La ligne de l'Epi à la tête du Bouvier *prend* un peu à l'orient Arcturus. On pourrait dire passe sur Arcturus.

L'Epi et les étoiles des ailes du Corbeau (η et γ) sont en ligne droite.

L'Epi, l'extrémité de la cuisse de la Vierge (ζ) sont en ligne droite avec la boréale des trois de la jambe précédente du Bouvier (η) : η me paraît un peu plus oriental.

Les brillantes des Serres (α et β de la Balance) sont en ligne droite avec le bout de la queue de l'Hydre (π) : π est un peu à l'orient.

La Serre australe (α), Arcturus et l'étoile du milieu de la queue de l'Ourse (ζ) sont en ligne droite : ζ me paraît un peu plus oriental.

La Serre boréale (β), Arcturus et l'extrémité de la cuisse de l'Ourse (γ) sont en ligne droite. Je trouve Arcturus un peu à l'orient.

L'avant-cuisse suivante d'Ophiuchus (η), le cinquième nœud du Scorpion (ϑ) et la précédente de la queue (υ) sont en ligne droite.

Les deux genoux d'Ophiuchus (η et ζ) forment un triangle isoscèle dont le sommet est à la poitrine du Scorpion (α ou G).

La cheville du pied de devant et australe du Sagittaire, qui est de deuxième grandeur (β), la pointe de la Flèche (γ) et le genou suivant (η) sont en ligne droite. (On pourrait ajouter ε de l'Arc.)

Le genou de la même jambe du Sagittaire (α), voisin de la Couronne, la pointe de la Flèche (γ) et le genou précédent d'Ophiuchus (ζ) sont en ligne droite. (J'aurais ajouté et le genou ρ d'Ophiuchus.)

La luisante de la Lyre, la corne (β) du Capricorne font une ligne qui *prend* un peu à l'orient, la brillante (α) du Capricorne.

La ligne menée de la luisante (α) du Capricorne à la bouche du Poisson austral (Fomalhaut) de première grandeur, coupe à peu près également l'intervalle entre les deux brillantes de la queue du Capricorne; ce qui parait très-peu exact. Il faut que le texte soit altéré. La ligne menée de Fomalhaut à la bouche du Cheval, laisse un peu à l'orient la brillante de l'épaule suivante du Verseau.

La ligne menée par Fomalhaut et la bouche de l'autre Poisson austral, passe sur les deux étoiles du côté précédent du quadrilatère du Cheval.

Nous avons rapporté tout avec les détails dans lesquels l'auteur est entré pour satisfaire à l'obligation que nous nous sommes imposée de reproduire textuellement toutes ces observations anciennes, afin que le lecteur soit dispensé de recourir aux originaux, qu'on n'a pas toujours les moyens de se procurer. Car tout alignement de sa nature est grossier, il est difficile d'en tirer quelque chose de précis, les paroles du texte sont quelquefois fort équivoques, et nous avons aujourd'hui des moyens bien plus sûrs pour démontrer la constance des distances mutuelles des étoiles.

Si les étoiles conservent entr'elles les mêmes distances, il n'en est pas de même si on les compare aux points équinoxiaux ou solsticiaux. Hipparque, dans son Livre de *la Rétrogradation des Points équinoxiaux*, rapporte des éclipses de Lune observées exactement par lui-même, et d'autres éclipses plus anciennes, observées par Timocharis, et il en conclut que l'Epi qui était moins avancé que l'équinoxe d'automne de 6° en son tems, en était éloigné de 8 environ au tems de Timocharis. Hipparque ajoute : Si donc l'Epi précédait alors l'équinoxe d'automne de 8°, réduits maintenant à 6°, etc. Il trouve la même chose à peu près par les autres étoiles dont il a pu faire la comparaison. Il est difficile de conjecturer par quels moyens il a pu faire ces comparaisons. Weidler (VI. 2) rapporte les observations de Timocharis aux années 295 et suivantes avant J. C ; Hipparque observait 122 ans plus tard. Deux degrés ou 7200″ de précession, à raison de 50″ par an, indiqueraient un espace de 144 ans entre Hipparque et Timocharis, ce qui approcherait fort de la vérité. (Voyez ci-après.) Si nous ne comptons que 122, la précession sera de 59″. Les deux nombres ronds 6 et 8° n'indiquent pas une grande précision; on peut bien réduire le mouvement à $1^{\circ}\,40'$, on n'est pas sûr de l'intervalle à 10 ans près. Ainsi l'erreur sur la précession est dans les limites de l'erreur possible dans les observations, et il y faudrait des erreurs plus considérables pour ramener la précession de 50 ou 59″ qui en résulte, à la précession de 36″ trouvée par Ptolémée.

Ptolémée, de son côté, comparant ses propres observations à celles d'Hipparque, trouva un avancement proportionnel en longitude; pour ces observations, il se servait de l'astrolabe dont il dirigeait un des cercles à la Lune et l'autre à l'étoile. Il dit, par exemple, que la seconde année d'Antonin, le 9 pharmouthi, le Soleil était près de se coucher, la dernière division du Taureau étant au méridien, c'est-à-dire $5^{h}\,\frac{1}{2}$ équinoxiales après midi du 9, la Lune parut en 3° des Poissons par la distance au Soleil, qui était de $92^{\circ}\,8'$; et qu'une demi-heure après, le Soleil étant déjà couché et le quart des Gémeaux étant au méridien, la Lune vue dans la même position, le cœur du Lion parut par l'autre cercle de l'astrolabe, de $57^{\circ}\,\frac{1}{2}$ ou $\frac{1}{4}$ plus avancé en longitude. Le lieu vrai du Soleil était $11^{s}\,3^{\circ}\,\frac{1}{10}$; de sorte que le lieu apparent de la Lune, plus avancé de $92^{\circ}\,8'$, était en $2^{s}\,9^{\circ}\,\frac{1}{3}$ à peu près, lieu qu'elle devait occuper suivant nos hypothèses. Une demi-heure après, la Lune devait être plus avancée de $\frac{1}{4}$ de degré; sa parallaxe était de $\frac{1}{12}$ environ, *εἰς τα προηγούμενα*. Le lieu apparent était donc $5^{\circ}\,5'$ environ; Régulus qui était plus avancé de $57^{\circ}\,\frac{1}{2}$ ou $\frac{1}{6}$, devait être en $4^{s}\,2^{\circ}\,30'$, et sa distance au tropique $1^{s}\,2^{\circ}\,30'$.

Examinons les diverses circonstances de cette observation.

A $5^{h}\,\frac{1}{2}$ après midi, le *Soleil étant près de se coucher, le dernier degré du Taureau était au méridien*. Le Soleil étant encore sur l'horizon, on ne pouvait apercevoir aucune étoile au méridien; ainsi le point culminant est tiré du calcul d'après l'heure trouvée on ne sait comment; *une demi-heure après, le quart des Gémeaux, c'est-à-dire $2^{s}\,7^{\circ}\,30'$ étant au méridien*, les deux points culminans sont déduits l'un de l'autre, et sans doute d'après le lieu calculé du Soleil.

Le lieu du Soleil était............................	$11^{s}\,3^{\circ}\,3'$
Le lieu de la Lune plus avancé de..................	5.2. 8
Le lieu apparent de la Lune aurait donc été de.......	2.5.11
Mais on n'avait pas changé le cercle dirigé à la Lune, et la Lune s'était avancée de..........................	15
Ainsi le lieu apparent de la Lune était réellement.....	2.5.26
La parallaxe diminuait ce lieu de $\frac{1}{12}$..................	5
Le lieu vrai de la Lune était donc....................	2.5.31

Ptolémée dit $2^s\ 5^\circ\ \frac{1}{4}$ à peu près, *lieu qu'elle devait occuper suivant nos hypothèses.*

Régulus était plus avancé de $57^\circ\ \frac{1}{2}$ ou $57\ \frac{1}{6}$.......... 1.27.30 ou 6

Lieu de Régulus, tiré du lieu apparent de la Lune... 4. 2.56 ou 32'.

Ptolémée dit $4^s\ 2^\circ\ 30'$, et nous devons le croire. Il n'avait aucun besoin de calculer la parallaxe, si ce n'est pour vérifier, par occasion, ses hypothèses. Nous lirons donc $\frac{1}{12}$ et non 20' pour le lieu du Soleil, $\frac{1}{6}$ et non $\frac{1}{2}$ pour la distance de Régulus. La mauvaise habitude de varier sans cesse dans l'expression des fractions, les signes équivoques qui servent à les désigner, font qu'on ne peut jamais compter sur rien. Ce qu'il y a de plus certain, c'est la longitude de Régulus............. $4^s\ 2^\circ\ 30'$, en négligeant les 2'.

Mais, ajoute Ptolémée, la cinquantième année de la troisième période calippique, Hipparque avait trouvé pour cette distance 3.29.50

Il était donc avancé dans l'intervalle de $9600'' = 160'$...= 2.40

Ce nombre divisé par 265 ans donne 36'' de précession au lieu de 50'' qu'il nous faudrait, et au lieu de 59'' qui paraissent résulter des observations d'Hipparque et de Timocharis.

$$265 \times 50'' = 132{,}5 \times 100 = 13250'' = 3^\circ\ 40'\ 50'';$$

il y a donc erreur de $1^\circ\ 0'\ 50''$.

Ptolémée dit enfin que son résultat s'accorde avec ce qu'Hipparque parait avoir *soupçonné* dans son Livre de *la longueur de l'Année*, où il s'exprime en ces termes :

« Car si pour cette cause les tropiques et les équinoxes ont rétrogradé » le long du zodiaque, en un an, d'une quantité qui ne soit pas moindre » que $\frac{1}{100}$ de degré, il faut qu'en 300 ans la rétrogradation ne soit pas » moindre que de 3°. »

Il ne s'agit donc ici que d'un soupçon, non d'une détermination précise, mais bien plutôt d'une limite au-dessous de laquelle on ne peut avoir la véritable quantité du mouvement. Ainsi Hipparque qui avait trouvé 59'' par les observations de Timocharis, de 42 à 46 par d'autres comparaisons, dit ici que le moins qu'on puisse supposer serait 36''.

La conclusion de Ptolémée est exprimée en ces termes :

« Ayant observé de la même manière l'Epi, et par cette étoile plu-

» sieurs autres, nous avons trouvé leurs distances à fort peu près les » mêmes que celles qui leur sont assignées par Hipparque, au lieu que » leurs distances aux points équinoxiaux ont augmenté dans la proportion » énoncée dans l'écrit d'Hipparque. »

Il résulte de tout ceci que Ptolémée n'a comparé que Régulus et l'Epi directement avec le Soleil; qu'il a pris les distances respectives des autres étoiles, soit entr'elles, soit à Régulus ou à l'Epi; que les longitudes doivent être affectées des erreurs des longitudes solaires. Il a calculé ces longitudes par des Tables entièrement conformes à celles d'Hipparque; l'erreur devrait donc s'attribuer à Hipparque, si Ptolémée ne nous disait aussi qu'il a observé lui-même le Soleil; qu'il a trouvé les mêmes quantités pour les distances en tems entre les équinoxes et les solstices; qu'il en a conclu la même excentricité, le même lieu de l'apogée, par conséquent la même équation, la même longitude moyenne. Il avait d'ailleurs le même mouvement moyen, puisqu'il donnait à l'année la même longueur, $365^j \frac{1}{4} - \frac{1}{300}$. Ses Tables avaient donc les mêmes erreurs. Observant les étoiles et le Soleil 265 ans après Hipparque, il a donc commis des erreurs de 1° sur le lieu de l'apogée et de la longitude moyenne, ces erreurs ne peuvent s'excuser. On expliquerait tout d'une manière moins favorable, mais plus simple, en disant qu'il n'a observé ni étoiles, ni équinoxes, et qu'il a tout tiré d'Hipparque en partant du *minimum* qu'il avait assigné à la précession. Ptolémée a observé trois équinoxes, et un hasard malheureux fait qu'il s'est trompé d'un jour sur les deux premiers (voyez Cassini); c'est ce qui a fait soupçonner que Ptolémée n'a rien observé, si ce n'est les alignemens rapportés dans le chapitre précédent; que tous les exemples qu'il rapporte sont supposés, et que les données en sont tirées des Tables. Ce soupçon est grave, mais il est assez général; nous chercherons dans ce qui nous reste à examiner de son ouvrage, tout ce qui pourra le laver de cette tache, ou confirmer l'opinion répandue parmi les astronomes.

Ptolémée cherche ensuite à expliquer ce mouvement rétrograde des équinoxes, ou cette augmentation progressive des longitudes.

Si le mouvement se fait autour des pôles de l'écliptique, les latitudes seront constantes et les déclinaisons variables; si c'est autour des pôles de l'équateur, les latitudes seront variables et les déclinaisons constantes. Il n'ajoute pas que si les unes et les autres étaient variables, il faudrait chercher d'autres pôles que ceux de l'écliptique et de l'équateur. Mais les latitudes sont constantes; Hipparque l'avait déjà prouvé par la latitude de l'Epi qui lui parut la même que celle qui résultait des observations de Timocharis. Mais comme les observations de Timocharis étaient grossières et peu dignes de confiance, et que l'intervalle des tems était peu considérable, Hipparque n'osait rien décider. Un plus long intervalle pouvait rendre Ptolémée plus hardi. Il trouva, nous dit-il, les mêmes latitudes qu'Hipparque : ici on doit lui pardonner d'avoir trouvé les mêmes choses ; cependant quand on songe aux incertitudes des latitudes observées avec l'astrolabe, on est encore étonné d'un accord si constant. Il ajoute pourtant qu'il ne voyait de différences que celles qui pouvaient s'attribuer aux observations. Il aurait dû dire à quoi elles montaient ; il est probable qu'il croyait l'incertitude beaucoup moindre qu'elle n'était en effet, puisqu'il ignorait l'erreur de l'instrument, produite par une fausse latitude et une fausse obliquité. L'erreur des latitudes variait suivant l'angle horaire de l'étoile au moment de l'observation ; les tems des observations n'étaient sans doute pas les mêmes ; les erreurs de Rhodes ne devaient pas être les mêmes que celles d'Alexandrie ; enfin il reste encore bien des doutes.

Ptolémée trouve au contraire des différences notables dans les déclinaisons. Dans le quatrième et le premier quart de l'équateur, les déclinaisons boréales avaient augmenté, les déclinaisons australes avaient diminué ; les différences étaient plus grandes vers les équinoxes, moindres vers les solstices. Il en rapporte quelques exemples. Avant de les rapporter, cherchons les moyens d'en tirer parti.

Le mouvement de déclinaison est

$$n.20'' \cos Æ = \frac{n.20'' \cos\lambda \cos L}{\cos D},$$

n étant le nombre des années de l'intervalle, ou si l'on veut,

$$dD = \frac{n.m \sin\omega \cos\lambda \cos L}{\cos D},$$

m étant le mouvement en longitude ; d'où

$$m = \frac{dD \cos D}{n \sin\omega \cos\lambda \cos L} = \frac{dD \cos(D + \frac{1}{2} dD)}{n \sin\omega \cos\lambda \cos(L + \frac{1}{2} dL)} = \frac{(D' - D) \cos\frac{1}{2}(D' + D)}{n \sin\omega \cos\lambda \cos\frac{1}{2}(L' + L)}.$$

Ainsi les mouvemens en déclinaison entre Timocharis et Hipparque, entre Hipparque et Ptolémée, peuvent nous donner la précession. Les observations nous donnent $(D' - D)$, $(D' + D)$; l'intervalle écoulé est n ; $\omega = 23^\circ 51'$, λ et $(L' + L)$ nous seront donnés par le Catalogue de

Ptolémée, en y ajoutant 1° 1′ pour son tems, — 2° 40′ pour le tems d'Hipparque.

Nous pouvons donc déterminer *m* par *d*D ou *d*D par *m*, en donnant une valeur à *m*.

Entre Hipparque et Ptolémée $n = 265$. Entre Timocharis et Hipparque, on pourrait supposer 132, ou 142, ou 152; car Timocharis observait un peu après le milieu de la première période calippique, Hipparque vers le milieu de la troisième; l'intervalle serait de deux périodes environ, ou 152 ans, ce qui est trop fort peut-être de dix ans.

Nous nous arrêterons à 144 ans, et pour avoir les L pour les demi-intervalles entre les observations avec plus d'exactitude, nous supposerons d'abord, avec tous les astronomes, que la précession annuelle est de 50″, comme nous l'avons trouvé déjà par les observations d'Hipparque, et comme nous le prouverons encore de plusieurs manières. Il en résulte que la précession pour 265 ans sera

$$265 \times 50 = 13250'' = 3^{\circ}\ 40'\ 50''.$$

Mais Ptolémée, pour faire son Catalogue, n'a ajouté que 2° 40′; toutes ses longitudes sont donc trop faibles de 1°; ce qui fait que son Catalogue n'est exact que pour l'an 50 de notre ère, et non pour 122. Il faudrait donc ajouter d'abord 1°, puis retrancher pour le demi-intervalle 1° 50′; ce qui se réduit à retrancher 50′ des longitudes de Ptolémée, pour avoir $\frac{1}{2}(L' + L)$ qui doit servir pour les observations d'Hipparque et de Ptolémée.

Entre Timocharis et Hipparque, il y a 144 ans qui donnent 2° de précession.

Total 5° 40′ 50″ entre Ptolémée et Timocharis, et 4° 40′ 50″ à retrancher pour le tems de Timocharis.

Pour le ramener ensuite au tems moyen entre Timocharis et Hipparque, il faudrait ajouter 1°; il reste donc à retrancher 5° 40′ 50″ pour $\frac{1}{2}(L' + L)$ entre Hipparque et Timocharis.

Entre Timocharis et Ptolémée, la précession 5° 40′ 50″ donnerait à retrancher 2° 50′; mais il faut ajouter d'abord 1°, reste à retrancher 1° 50′.

Soit P la longitude de Ptolémée;

$$(P - 50') = \tfrac{1}{2}(L' + L) \text{ entre Hipparque et Ptolémée};$$
$$(P - 5^{\circ}\ 40') = \tfrac{1}{2}(L' + L) \text{ entre Timocharis et Hipparque};$$
$$(P - 1^{\circ}\ 50') = \tfrac{1}{2}(L' + L) \text{ entre Timocharis et Ptolémée}.$$

α de l'Aigle, par exemple, suivant Ptolémée, est.............. $9^s\ 5^\circ 50'$

La longitude véritable est..... $9.\ 4.50$ au tems de Ptolémée.

Otons $5^\circ 40'$ 5.40

nous aurons. .... $9.\ 1.10$ au tems d'Hipparque.

Otons encore.................. $2.\ 0$

il restera...................... $8.29.10$ pour le tems de Timocharis.

Entre Hipparque et Timocharis... $\frac{1}{2}(L'+L) = 9.0.10$

Entre Ptolémée et Hipparque..... $\frac{1}{2}(L'+L) = 9.3.\ 0$

Entre Ptolémée et Timocharis..... $\frac{1}{2}(L'+L) = 9.2.\ 0$

Nous aurons plus directement de l'autre manière.

Entre Hipparque et Timocharis.... $9^s 5^\circ 50' - 5^\circ 40' = 9^s 0^\circ 10'$

Entre Hipparque et Ptolémée...... $9.5.50 - \quad 50 = 9.3.\ 0$

Entre Ptolémée et Timocharis..... $9.5.50 - 1.50 = 9.2.\ 0$

Entre Ptolémée et Hipparque... $n = 265$ C. log($n \sin \omega$) 8.25489

Entre Ptolémée et Timocharis.. $n = 409$.............. 7.97000

Entre Hipparque et Timocharis. $n = 144$.............. 7.78153

Or Timocharis a trouvé pour l'Aigle... $D = 5^\circ 48'$

Hipparque....................... $D = 5.48$

Ptolémée........................ $D' = 5.50$

Entre Hipparque et Ptolémée.... $D' - D = \quad 2$

Nous n'avons ici que deux calculs à faire; car entre Timocharis et Hipparque, nous ne trouverions point de précession; $\frac{1}{2}(D'+D) = 5^\circ 49'$. Nous aurons $\lambda = 29^\circ 30'$; et par ce qui précède,

Pour Hipparque et Ptolémée.... $\frac{1}{2}(L'+L) = 9^s 3^\circ$

Pour Timocharis et Ptolémée.... $= 9.2$

Hipparque et Ptolémée.		Timocharis et Ptolémée.	
$dD = 2'$...	2.07918	....	2.07918
C. sin ω...	0.39325	....	0.39325
C. $n = 285$...	7.57675	C. $n = 409$...	7.38828
cos $\frac{1}{2}(D'+D)$...	9.99776	....	9.99776
C. cos λ...	0.06030	....	0.06030
C. cos $\frac{1}{2}(L'+L)$...	1.28120	....	1.45718
24″ 46	1.38844	23″ 77	1.37595

La précession serait donc peu différente de 24″, ce qui n'est pas moitié de la vraie valeur; mais on sent qu'une différence de deux minutes entre deux observations dont aucune n'a cette précision à beaucoup près, ne prouve rien du tout. Le milieu de la Pléiade qui vient ensuite n'offre pas encore une grande espérance. Au reste nous allons présenter le Tableau de ces observations avec les valeurs qu'elles donnent pour la précession en longitude, quand on y applique la formule ci-dessus.

ETOILES.	Déclinaison de Timocharis.	Déclinaison d'Hipparque.	Déclinaison de Ptolémée.	Précession Timocharis, Hipparque.	Précession Hipparque, Ptolémée.	Précession Timocharis, Ptolémée.	REMARQUE.
L'Aigle......	5°48′ B.	5°48′ B.	5°50′ B.	0″	24″46	23″77	Mouv. en déc. trop petit.
Pléiade......	14.30	15.30	16.15	68.47	27.40	43.00	
Aldébaran ..	8.45	9.45	11. 0	78.89	54.85	63.13	
La Chèvre...	40. 0	40.24	41.30	33.38	51.61	44.63	
Orion, ép. pr.	1 12	1.48	2.30	80.80	41.03	48.26	
—— ép. suiv.	3.50 B.	4.20 B.	5.15 B.	61.22	66.37	64.45	
Sirius......	16.20 A.	16. 0 A.	15.45 A.	92.63	45.75	51.09	
Castor......	33. 0 B.	33.10 B.	33.24 B.	48.80	50.91	49.98	
Pollux......	30. 0	30. 0	30.10	0.	62.12	52.95	
Régulus.....	21.20	20.40	19.50 B.	79.79	50.03	59.93	
Epi........	1.24 B.	0.36 B.	0.30 A.	49.86	37.08	41.56	
γ de l'Ourse.	61.30	60.45	59.40 B.	45.88	35.88	39.32	
2ᵉ de la queue	67.15	66.30	65. 0	46.22	50.03	48.74	
3ᵉ de la queue	68.30	67.36	66.15	56.17	45.24	33.06	
Arcturus....	31.30	31. 0	29.50	31.10	39.59	36.61	
α Balance ...	5. 0	5.36	7.30	38.13	66.51	56.63	
β Balance ...	1.40 B.	0.24 B.	1. 0 A.	83.50	51.11	64.11	
Antarès.....	18.20 A.	19. 0 A.	20.15 A.	50.38	53.22	52.18	
Milieu entre les dix-huit résultats...				51.39	47.45	47.41	
Milieu entre les trois moyennes....				....	48.75		

Hipparque qui ne connaissait que ses propres observations et celles de Timocharis, ne pouvait donc tirer de ses calculs d'autres résultats que la précession de 51″,39. Nous avons vu précédemment que, par les longitudes de l'Epi, il aurait dû trouver 50″,0 à très-peu près.

Ptolémée avait le choix entre les observations d'Hipparque et celles de Timocharis. Celles d'Hipparque devaient lui inspirer plus de confiance, et elles devaient lui donner........................ 47″45

En comparant ensuite ses observations à celles de Timocharis, il aurait dû trouver.................................. 47.41

Recommençant ensuite les calculs d'Hipparque, il aurait trouvé 51.39

Par un milieu entre les trois déterminations, il aurait eu..... 48.75

d'où il devait conclure que la précession différait peu de........ 49

Il a préféré 36″, on ne voit pas bien pourquoi; il s'en est tenu à la limite inférieure posée par Hipparque, qui avait trouvé des quantités entre 43 et 59″, et qui a dit en passant, dans un autre ouvrage, que la précession ne pouvait être au-dessous de 36″, et qu'elle ne saurait être moindre.

Ptolémée n'avait pas de formule aussi expéditive ni aussi exacte; le calcul trigonométrique aurait exigé de plus l'ascension droite qu'il n'avait probablement pas ou qu'il n'avait pas avec assez d'exactitude. Le moyen qu'il a pris était plus court, mais bien imparfait, ainsi que nous allons nous en convaincre en examinant les notes de Ptolémée sur ces observations.

Il commence par affirmer fort légèrement que ces variations, dans les déclinaisons observées, sont conformes à la précession de 36″ par an, tandis que dans la réalité, il n'est pas possible d'en tirer autre chose que de 47 à 49″. Par exemple, nous dit-il aussitôt, le milieu de la Pléiade a changé sa déclinaison de 45′ en 265 ans; ce qui est la variation en déclinaison pour une précession de 2° 40′ en longitude. Il est démontré par là que Ptolémée ne savait pas calculer la précession en déclinaison, et il nous en fournit lui-même la preuve en disant que ce mouvement de 45′ est celui dont la déclinaison de l'écliptique varie en cet endroit pour 2° 40′. La longitude de la Pléiade était de son tems de 1ˢ 2°. Or de 1ˢ à 1ˢ 2°, les déclinaisons de l'écliptique, d'après sa Table, sont 11° 39′ 59″ et 12° 22′ 30″, dont la différence 49′ 25″ pour 2°; pour 2° $\frac{2}{3}$, elle serait 65′ 51″. L'angle de l'écliptique avec le cercle de déclinaison est 69° 5′, et 2° 40′ cos 69° 5′ = 57′ 12″. Il fallait donc au moins 57′ au lieu de 45′.

La Chèvre s'est éloignée de l'équateur de 66′. Ptolémée, d'après les déclinaisons rapportées ci-dessus, dit que le mouvement est de 1° $\frac{4}{5}$ ou 1° 48′. Peut-être au lieu de 41° 30′ il faudrait lire 41° $\frac{1}{6}$ ou 41° 10′; alors le mouvement serait de 46′ et non 1° 48′; mais le mouvement 66′ ne nous a donné que 51″,6, et 46′ donneraient une précession beaucoup trop faible.

L'étoile précédente d'Orion s'est approchée du pôle de 42′; Ptolémée dit 40: il doit en déduire une précession trop petite, mais elle surpasserait encore 36″ de 3 à 4″.

Il dit que l'Epi a changé sa déclinaison de 1°; la différence des déclinaisons est cependant de 66′, et cette variation donne en effet 57″. Si elle n'était que de 1°, la précession ne serait guère que de 53″, quantité évidemment trop faible.

La queue de l'Ourse s'est éloignée du pôle de 65', et c'est ce qui convient à 2° 40' de précession : ici il a complètement raison pour la première fois.

Arcturus est devenu plus austral de 1° 10'. Ptolémée trouve que c'est 5' de trop, et cela est vrai dans son hypothèse ; mais cette hypothèse est inadmissible : il y a donc erreur dans ces observations, mais elle n'est pas dans le sens qu'il imagine.

On voit que Ptolémée ayant son système arrêté, cherche moins à le démontrer rigoureusement qu'à s'attacher aux observations qui s'en écartent le moins, et qu'il passe sur les autres sans y faire la moindre remarque. Il ne fait aucun usage des déclinaisons de Timocharis et d'Aristylle, qui en général donneraient une précession trop forte ; mais au lieu de ces calculs plus simples, il va chercher d'autres observations dont le calcul est beaucoup plus long et plus incertain. Ainsi l'an 47 de la première période de Calippe, ou hexebdomécontaétéride, le 8 d'anthestérion, ou le 29 d'athyr, à la fin de la troisième heure, Timocharis avait observé à Alexandrie la moitié australe de la Lune, qui paraissait sur la partie suivante de la Pléiade, c'est-à-dire sur $\frac{1}{3}$ ou $\frac{1}{2}$. Cette date répond à l'an 465 de Nabonassar, du 29 au 30 d'athyr, avant $5^h \frac{1}{2}$, parce que le Soleil était vers 7° du Verseau, ce qui fait $3^h \frac{1}{3}$ avant minuit. En ce moment le lieu vrai de la Lune était, selon ses hypothèses, en $1^s\,0°\,20'$; sa latitude boréale était de 3° 45'. Mais à Alexandrie, elle paraissait en $0^s\,29°\,20'$ avec une latitude de 3° 35'.

Il résulte de là d'abord que la parallaxe de longitude était de 1°, celle de latitude de 10' ; que la parallaxe de hauteur était

$$(\overline{60}^2 + \overline{10}^2)^{\frac{1}{2}} = (3700')^{\frac{1}{2}};$$

donc la parallaxe de hauteur surpassait 1°, quoique la distance zénitale ne fût guère que de 33 à 36, ce qui supposerait une parallaxe horizontale singulièrement exagérée. En effet le point culminant était $2^s\,20°$; la partie suivante des Pléiades était à $29° \frac{1}{4}$ de l'équinoxe ; car le centre de la Lune la précédait ; la latitude était de $3° \frac{2}{3}$ environ, car l'étoile était un peu plus boréale que le centre de la Lune. D'ailleurs on n'était pas assez sûr des Tables de la Lune pour remonter à une pareille époque, et se servir de la Lune pour déterminer le lieu de l'étoile. Aujourd'hui que la précession est mieux connue, on pourrait avec plus d'apparence de succès, employer cette observation à déterminer le lieu de la Lune, en employant une parallaxe plus exacte.

Agrippa qui observait en Bithynie, écrit que la douzième année de Domitien, le 7 métroon, au commencement de la troisième heure de la nuit, la Lune couvrit de sa corne australe la partie australe et suivante de la Pléiade. Cette date répond à la 840ᵉ année de Nabonassar, du 2 au 3 tybi. Quatre heures temporaires ou cinq heures équinoxiales avant minuit, parce que le Soleil était vers 5° du Sagittaire; mais réduite au méridien d'Alexandrie, cette observation est de $5^{h}\,\frac{2}{3}$ équinoxiales avant minuit, ou $5^{h}\,50'$ de tems moyen. Le centre de la Lune était en $1^{s}\,3^{\circ}\,7'$ et sa latitude $4^{\circ}\,50'$; mais elle paraissait en Bithynie en $1^{s}\,3^{\circ}\,15'$ de longitude avec 4° de latitude nord (ce qui ferait $8'$ de parallaxe en longitude et 50 en latitude, quoique la distance zénitale ne passât guère 40°). Ainsi la partie suivante de la Pléiade était à $33^{\circ}\,\frac{1}{4}$ de l'équinoxe, avec une latitude $3^{\circ}\,\frac{2}{3}$. La latitude de l'étoile était donc la même alors et à présent (on serait tenté de tirer une conclusion toute contraire en voyant à la Lune $10'$ de parallaxe de latitude dans la première observation, et $50'$ dans la seconde. Des parallaxes aussi différentes, calculées dans une hypothèse très-défectueuse, devaient avoir des erreurs sensiblement différentes); mais la longitude a augmenté de $3^{\circ}\,45'$ en 375 ans, ce qui ferait juste un degré pour 100 ans. (D'abord on peut dire que les deux longitudes de la Lune, corrigées de parallaxes très-différentes et mal calculées, sont affectées d'erreurs très-différentes, et de plus, le mouvement tabulaire de la Lune renfermant déjà la précession des équinoxes, ne peut servir à trouver cette précession. Le retour de la Lune à l'étoile, si les parallaxes étaient bonnes, ne pourrait donner que le mouvement sidéral de la Lune. Ainsi le calcul de Ptolémée ne prouve ni la constance des latitudes, ni l'exactitude de la précession supposée.) Nous ne donnons ces observations avec tous leurs détails, que pour mettre le lecteur en état d'en faire un calcul plus rigoureux, s'il croit pouvoir en tirer quelque conséquence utile, ce qui nous paraît assez douteux. Les indications sont trop vagues. Au lieu d'un amas d'étoiles comme la Pléiade, il vaudrait mieux qu'on eût observé l'éclipse de quelque belle étoile, comme Aldébaran ou Régulus; mais on remarquait plus aisément l'éclipse de la Pléiade, parce qu'elle était partielle. Cependant Timocharis écrit encore qu'à Alexandrie, la trente-sixième année de la première période calippique, le 15 d'élaphébolion ou le 5 tybi, au commencement de la troisième heure, le milieu du bord de la Lune, tourné vers le levant équinoxial, atteignit l'Epi, et que l'étoile passa sous la Lune, retranchant exactement $\frac{1}{3}$ du diamètre vers le nord (décrivant la corde ES, (fig. 61). Cette date répond à l'an 454 de Nabonassar, du 5 au 6 tybi, quatre heures temporaires et équinoxiales avant minuit, le Soleil étant vers $11^s\ 15°$. Ce tems est sensiblement le même que le tems moyen. Le centre de la Lune était exactement en $5^s\ 21°\ 21'$, la latitude australe $4°\ 50'$. La distance vraie au solstice était $81°\ 20'$, et la distance apparente $81°\ 21'$; la parallaxe de longitude $+ 51'$, la latitude $2°$ à peu près. (Comment une latitude vraie de $4°\ 50'$ peut-elle devenir une latitude apparente de $2°$? le milieu M du Cancer étant au méridien, on voit par la figure 62, que la parallaxe a dû augmenter la longitude, mais on ne voit pas qu'elle ait pu diminuer la latitude et de $2°\ 50'$. (Il y a sûrement faute de copie.) La longitude de l'Epi était donc $5^s\ 22°\ \frac{1}{3}$, et sa latitude environ $2°$.

Mais l'an 48 de la même période, Timocharis dit encore que le 6 de pyanepsion finissant, ou le 7 de thoth, au milieu de la dixième heure, la Lune ayant paru sur l'horizon, l'étoile de l'Epi y paraissait collée au nord. La date répond à l'an 466 de Nabonassar, du 7 au 8 de thoth, $3\frac{1}{2}$ heures temporaires après minuit, ou $3\frac{2}{3}$ heures équinoxiales, le Soleil étant vers le milieu du Scorpion, et par conséquent $2^h\frac{1}{4}$ équinoxiales après minuit, $2^s\ 22°\ \frac{1}{2}$ étant au méridien, $5^s\ 22°\ \frac{1}{2}$ était à l'horizon à fort peu près : c'était le lieu apparent de la Lune. En tems moyen, il n'était que deux heures après minuit. Le centre de la Lune était alors à $81°\ 30'$ du tropique, avec une latitude de $2°\ \frac{1}{2}$ australe. Mais la distance apparente était $82°\ 30'$ avec une latitude australe de $2°$; ainsi l'Epi était au sud de l'écliptique à $82°\ \frac{1}{2}$ du tropique; en 12 années l'étoile a avancé de $\frac{1}{2} - \frac{1}{3} = \frac{1}{6} = 10'$. Au lieu de $\frac{1}{6}$ le traducteur latin dit $6'$ de degré; mais le rapprochement des deux longitudes de l'Epi $22\frac{1}{3}$ et $22\frac{1}{2}$ ne laisse aucun doute; $10'$ ou $600''$ en 12 ans, font $50''$ par an, au lieu que $6'$ ou $360''$ en 12 ans, ne donneraient que $30''$. Nous avons déjà déploré cette manière d'exprimer les fractions de degré par une notation qui expose à prendre $6'$ pour $\frac{1}{6}$ de degré, $3'$ pour $\frac{1}{3}$, et ainsi des autres; ensorte qu'on ne sait jamais sur quoi compter, et qu'il n'y a que le calcul qui puisse quelquefois avertir de la méprise, et rétablir le vrai sens qui trop souvent reste douteux. Ce dernier exemple n'est en aucun sens favorable aux $36''$ de Ptolémée, qui a l'air de n'y pas prendre garde.

Le géomètre Ménélaus, à Rome, la première année de Trajan (serait-ce le Millæus à qui Riccius attribue un Catalogue fait à Rome vers le même tems, et que Ptolémée aurait copié en y ajoutant $25'$? Serait-ce le Manlius de Pline, celui qui plaça une boule sur le gnomon?), observa du 15 au 16 méchir, à 10 heures complètes, que l'Epi de la Vierge était invisible. Mais à la fin de la onzième heure, l'étoile précédait le centre de la Lune, moins que d'un diamètre, et elle était à égales distances des deux cornes. Il ne revit donc l'étoile qu'à une distance du bord moindre qu'un demi-diamètre, l'heure n'est pas marquée bien exactement, et la distance paraît estimée à vue plutôt que réellement mesurée.

La date répond à la 845e année de Nabonassar, du 15 au 16 méchir, 4^h temporaires après minuit, lorsque le centre de la Lune atteignit l'étoile, car le Soleil était vers $9^s\ 20^\circ$; il était $6^h \frac{1}{3}$ à Alexandrie, c'est-à-dire $6^h \frac{1}{2}$ de tems moyen ou un peu plus. Le centre de la Lune était à $85^\circ \frac{1}{2}\frac{1}{4}$ du tropique, $1^\circ \frac{1}{2}$ au sud de l'écliptique. La longitude apparente, $86^\circ \frac{1}{4}$, la latitude australe, 2°; $86^\circ 15' - 85^\circ 45'$ donne $30'$ de parallaxe en longitude.

La parallaxe de latitude était $2^\circ - 1^\circ \frac{1}{3} = \frac{2}{3} = 40'$. Le quart de la Balance était au méridien. Telle était donc la position de l'Epi. Ainsi, de notre tems, comme au tems de Timocharis, la latitude était de 2°, et la longitude, en 391 ans d'intervalle, avait augmenté de $3^\circ\ 55'$, depuis l'an 36; mais en comptant de l'an 48, l'augmentation est de $3^\circ\ 45'$ en 375 ans. On ne voit pas bien comment 391 — 12 font 375; mais peu importe, Ptolémée est décidé à trouver partout 1° en 100 ans. Cette conclusion erronée prouverait seule l'inexactitude de ses calculs.

L'an 36 de la période de Calippe, le 25 posidéon ou le 16 phaophi, au commencement de la dixième heure, le bord boréal de la Lune paraissait toucher l'étoile boréale du front du Scorpion. Cette date répond à l'an 454 de Nabonassar, du 16 au 17 phaophi, 5 heures temporaires après minuit, ou $3 \frac{3}{5}$ heures équinoxiales; car le Soleil était en $8^s\ 26^\circ$; le tems moyen est $5^h \frac{1}{4}$. Le centre de la Lune était à la distance de $31^\circ \frac{1}{4}$ de l'équinoxe d'automne, $1^\circ \frac{1}{3}$ au nord de l'écliptique. La longitude apparente était de 32°, et la latitude $1^\circ\ 12'$. Le milieu du Lion était au méridien. La Lune était donc plus boréale que l'étoile, la longitude apparente était la même ou 32°, et la latitude $1^\circ \frac{1}{3}$ environ.

De même Ménélaus, à Rome, l'an 1er de Trajan, du 18 au 19 méchir, à la fin de la onzième heure, vit la corne australe de la Lune qui paraissait en ligne droite avec l'étoile du milieu et l'étoile australe du front du Scorpion; le centre était plus avancé en longitude que cet alignement (ὑπελείπετο), et la distance à l'étoile du milieu était égale à la distance de l'étoile du milieu à l'étoile australe (On voit que toutes ces distances étaient simplement estimées; c'est toujours la même méthode d'observation, qui prouve la privation d'instrumens propres à la circonstance.); l'étoile boréale était cachée par la Lune, ou du moins on ne put l'apercevoir. La date répond à l'année 845 de Nabonassar, du 18 au 19 méchir, 5 heures temporaires après minuit, ou $6^h \frac{1}{2}$ équinoxiales, le Soleil étant en $9^s\ 23^o$; il était donc $7 \frac{1}{2}$ heures de tems vrai et de tems moyen à Alexandrie. Le centre vrai de la Lune était à $35^o \frac{1}{3}$ de l'équinoxe d'automne, avec une latitude boréale de $2^o \frac{1}{2}$; la longitude apparente, $35^o 55'$; la latitude, $1^o \frac{1}{3}$; la fin des Serres était au méridien; la plus boréale du front du Scorpion devait avoir la même position; la latitude de l'étoile n'avait donc éprouvé aucun changement. Le mouvement en longitude avait été de $3^o 55'$ en 391 ans, ce qui donne encore 1° en 100 ans.

On voit que Ptolémée arrive toujours au même résultat avec une exactitude qui suffirait pour le rendre suspect; on ne trouverait certainement pas le même accord, si l'on soumettait ces observations à des calculs plus rigoureux.

En conséquence de ce mouvement en longitude autour des pôles de l'écliptique, Ptolémée a senti la nécessité de faire la description du ciel étoilé, et de déterminer pour chacune des étoiles la position qu'elle avait de son tems. Il devait déterminer ces positions relativement à l'écliptique et non à l'équateur, puisque les latitudes sont constantes et que les longitudes augmentent proportionnellement au tems, ou bien que les changemens en ascension droite et en déclinaison sont très-inégaux et plus difficiles à calculer. Pour cet effet, il s'est servi de l'astrolabe qui donnait directement les latitudes et les différences de longitude. Il a donc observé toutes les étoiles auxquelles il pouvait pointer, et qu'il pouvait apercevoir à travers les trous de son alidade (διὰ τῆς ὀπῆς), c'est-à-dire jusqu'à la sixième grandeur inclusivement; il comparait la Lune au Soleil et ensuite à l'étoile inconnue, ou à celle qu'il prit pour fondement de son Catalogue. Celle-ci une fois bien déterminée lui eût donné toutes les autres; mais il ne paraît pas avoir senti l'avantage qu'il trouverait à répéter pendant une grande partie de l'année les observations d'une même étoile, ou bien à comparer entr'elles les étoiles dont il aurait établi directement les positions, par la comparaison avec le Soleil. Il indique de la manière la plus vague la manière dont il a procédé à la formation de ce Catalogue, et ses réticences à cet égard contrastent fortement avec la prolixité qu'on trouve dans tous les détails de la manipulation, qui était déjà suffisamment expliquée par la description de l'instrument. Il a placé ces étoiles suivant leurs positions respectives sur une sphère solide. Il y a marqué les longitudes pour le commencement du règne d'Antonin. La précession de 36″ donnera pour un tems quelconque, en avant ou en arrière, la longitude de chaque étoile.

Dans ce Catalogue, les constellations sont placées suivant l'ordre de leurs longitudes; mais chaque constellation forme un Catalogue partiel dont toutes les parties sont rapportées les unes aux autres, sans aucune relation exprimée avec le reste du ciel. Les mots *précédente* ou *suivante* qu'on y rencontre continuellement, doivent s'entendre de la constellation même et n'ont aucun rapport à aucune autre constellation plus *boréale* ou plus *australe*. Ces deux autres mots se rapportent aussi particulièrement aux étoiles désignées. Quant aux figures, Ptolémée ne s'est pas imposé la loi de les conserver telles qu'elles étaient chez ses prédécesseurs; ceux-ci s'étaient déjà permis quelques changemens; il a fait, à leur exemple, ceux qui lui ont paru plus conformes à l'ordre et à la bonne disposition des figures. Ainsi les étoiles qu'Hipparque avait rapportées aux épaules de la Vierge, Ptolémée les a placées sur les côtés (ἐπὶ τῶν πλευρῶν), parce que les distances à la tête paraissent plus grandes que les distances aux mains. Au reste, ajoute-t-il, on reconnaîtra ces changemens en comparant les longitudes et les latitudes des deux Catalogues. Il aurait bien dû mettre les deux Catalogues en regard et nous conserver toutes les positions d'Hipparque. S'il a véritablement observé, il n'a pu retrouver exactement toutes les mêmes latitudes, le changement en longitude ne pouvait être exactement le même pour toutes. Le plus ou moins d'accord nous eût montré quel degré de confiance on peut accorder aux observations de ce tems. Flamsteed, en publiant un nouveau Catalogue, a réuni tous ceux qui avaient été composés avant le sien; il est bien à regretter que Ptolémée n'ait pas pris le même soin, qui aurait décidé la question du plagiat dont on le soupçonne. On ne voit pas qu'il ait ajouté aucune étoile de celles qui avaient pu échapper à Hipparque. Celui-ci en avait observé 1080, on n'en compte ordinairement que 1022 dans le Catalogue de Ptolémée; mais il y a des nébuleuses et quelques étoiles obscures qui ne paraissent pas comprises dans les 1022, et peut-être n'y a-t-il aucune différence à cet égard entre les deux Catalogues.

Entre Hipparque et Ptolémée il s'est écoulé 265 ans, qui, à 36″ par an, font 2° 39′. Ptolémée dit qu'en général il a trouvé 2° $\frac{2}{3}$ environ, et l'on suppose généralement qu'il n'a fait qu'ajouter 2° 40′ à toutes les longitudes d'Hipparque, en conservant les latitudes.

En 265 ans, la précession 50″,1 devait avoir augmenté les longitudes de 3° 41′ 16″; ce serait 26″,5 de moins si la précession n'était que de 50″. On peut supposer 3° 41′; toutes les longitudes de Ptolémée seraient donc trop faibles de 1° 1′.

De Ptolémée à Flamsteed il y a 1555 ans, qui, à 50″,1, feraient	21° 36′ 45″
Ajoutez pour l'erreur de Ptolémée sur la précession...	1. 1.16
La réduction de Ptolémée à Flamsteed, 1690........+	22.38. 1
De 1690 à 1800, 110 ans à 50″,1 produisent..........	1.31.41
Réduction de Ptolémée au Catalogue des Tables de Berlin.	24. 9.42
De 1690 à 1750, 60 ans à 50″,1.....................	50. 6
Réduction de Ptolémée à La Caille.................	23.28. 7.

On peut supposer en nombres ronds 22° 38′, 23° 28′ et 24° 10′. Plus de scrupule serait fort inutile.

Ainsi : petite Ourse, extrémité de la queue...	2ˢ 0° 10′	66° bor. 3ᵉ gr.
	22.38	
1690...	2.22.48	
Flamsteed...	2.24.15	66.4
Différence...	1° 27′	0.4′.

La différence 1° 27′ se réduirait à 1° 7′, si on lisait, comme dans l'édition d'Oxford, 2ˢ 0° 30′. La latitude s'accorde mieux qu'on ne pouvait espérer; quant à la longitude, il n'est pas étonnant qu'on y trouve une erreur de plus d'un degré; une étoile si voisine du pôle n'était pas facile à observer avec plus de précision. L'erreur serait de 2° $\frac{1}{2}$, si l'on s'en tenait à la longitude de Ptolémée sans aucune correction.

Nous comparerons ce Catalogue à celui de Flamsteed, où nous retrouverons presque toutes les étoiles de Ptolémée, avantage que nous ne trouverions dans aucun autre. Les erreurs de Flamsteed disparaissent dans un aussi long intervalle, et parmi les erreurs bien plus graves du Catalogue ancien.

Dans le Catalogue qui suit, nous avons mis dans la première colonne la désignation de l'étoile, traduite fidèlement de Ptolémée, mais abrégée de quelques détails qui sont inutiles quand il n'y a aucun doute sur l'étoile.

Dans la seconde colonne, on trouvera la grandeur assignée par Ptolémée.

Dans la troisième, la longitude de Ptolémée; mais entre l'édition de Bâle, l'édition d'Oxford et les traductions de Lichtenstein, de Georges de Trébisonde et de Flamsteed, nous avons souvent choisi la longitude qui s'éloigne le moins des Catalogues modernes.

Dans la colonne variante de longitude, on trouve un nombre, soit additif, soit soustractif, qu'il faut ajouter à la longitude de la colonne précédente pour avoir la variante de longitude.

Nous dirons les mêmes choses de la colonne des latitudes et de ses variantes.

Nous donnons ensuite la longitude réduite à 1690.

On voit ensuite ce qu'il faut ajouter à la longitude et à la latitude de 1690, pour retrouver les nombres de Flamsteed.

Nous donnons enfin dans la dernière colonne la lettre grecque ou latine qui désigne l'étoile dans les Catalogues modernes. Nous avons été souvent embarrassés pour distinguer cette étoile. Quand l'erreur de Ptolémée est assez considérable pour rendre l'étoile méconnaissable, toutes les conjectures devienent assez inutiles; on ne tirera jamais rien d'une étoile mal observée ou transcrite infidèlement. A défaut de lettre propre, nous avons donné le numéro de l'étoile dans la constellation où Flamsteed l'a placée.

Entre Hipparque et Flamsteed, l'intervalle est de 1818 ans. Nous connaissons la précession, à 0",1 près; on ne peut donc soupçonner dans notre réduction que 182" ou 3' d'erreur. Toutes les fois que le lieu réduit diffère de plus de 3' du lieu de Flamsteed, l'étoile n'a pas été bien observée et ne peut véritablement rien nous apprendre. Ajoutez si vous voulez 1' pour les erreurs de Flamsteed; nous serions encore obligés de rejeter toutes les étoiles où la correction de longitude passe 4', c'est-à dire presque toutes.

Mais en 18 siècles l'obliquité a changé de 900" ou de 15'; les latitudes vers les tropiques ont dû diminuer ou augmenter de 15'. C'est encore une considération qu'il ne faudrait pas négliger pour juger les latitudes de Ptolémée; mais si on diminue par là quelques erreurs, on en augmente beaucoup d'autres, ce qui dispense des calculs aussi longs qu'incertains qu'on serait tenté de faire à cet égard. Tous les essais que j'ai pu faire ont été si malheureux, que je n'en rapporterai aucun. Ce Catalogue ne peut donc avoir d'utilité qu'en masse, en ce qu'il donne une précession de 50″,1 à très-peu près. Dans le grand nombre des comparaisons, les erreurs ont pu se compenser.

Dans les détails, ce Catalogue est un monument précieux pour l'histoire de la science; on y voit ce que les Grecs avaient fait pour l'exactitude des observations. Cette exactitude est beaucoup moindre qu'on ne l'aurait imaginé; et si les Grecs, bons géomètres, n'ont pas mieux réussi dans un art qu'ils ont exercé pendant plus de 300 ans, que devons-nous penser de ce qu'auront pu faire des peuples à qui rien ne nous autorise à accorder les moindres notions de Géométrie?

Mais est-il vrai que les Grecs aient réellement observé pendant un intervalle de 300 ans? De toutes les observations rapportées dans ce Livre, on ne voit que celles d'Hipparque et de Ptolémée qui puissent mériter ce nom, en ce qu'elles supposent un instrument propre à mesurer les distances et les latitudes. Avant Hipparque on ne trouve aucune mention de l'astrolabe. Ptolémée nous dit en avoir fait construire un tout semblable : on se défie un peu de ses assertions; mais en les adoptant comme certaines, les Grecs n'auraient encore eu que deux observateurs, ou trois tout au plus en comptant Eratosthène pour ses deux distances solsticiales du Soleil au zénit. Ce Ménélaus à qui quelques auteurs attribuent un Catalogue que Ptolémée aurait copié en entier en ajoutant 25′ à toutes les longitudes; ce Ménélaus lui-même n'est cité que pour une observation faite à la vue simple, et Ptolémée ne dit pas un mot du prétendu Catalogue qui pourrait bien encore n'avoir été qu'une copie de celui d'Hipparque. Quel que soit l'auteur véritable, le Catalogue est unique et ne convient pas à l'âge où vivait Ptolémée; en retranchant 2°40′ de toutes les longitudes, il convient à l'âge d'Hipparque; voilà tout ce qu'il y a de certain.

Désignation des Étoiles.	Grandeur.	Longit.	Variant.	Latitud.	Variant.	Longit. en 1690.	Corr. de longit.	Corr. de latit.	Lettres.
1re. Petite Ourse. Nombre total, 7 et 1 informe, 8.									(8)
Extrémité de la queue	3	2s 0° 10′	+ 20′	66° 0′ B		2s 22° 48′	+ 8′	+ 5′	α
Suivante sur la queue	4	2. 2.30		70. 0		2.25. 8	+ 101	— 7	δ
Après la naissance de la queue	4	2.10.30	+ 6° 0	74. 0	+ 20′	3. 3. 8	+ 105	— 6	ε
Australe du côté précédent du carré	4	2.29.20	+ 20	75.20	+ 20	3.21.58	+ 144	— 13	ζ
Boréale du même côté	4	3. 3.20	+ 20	77.20	+ 20	3.25.58	+ 19	+ 4	η
Australe du côté suivant	2	3.17.20	+ 10	72.50		4. 9.58	— 63	+ 8	β
Boréale du même côté	2	3.26.10		74.50		4.18.48	— 98	+ 23	γ
Informe austr. dans le prolong. du même côté	4	3.13. 0		71.10		4. 5.38	— 97	+ 15	a
2e. Grande Ourse. 27 étoiles et 8 informes, 35.									(43)
Extrémité du museau	4	2.25.10	+ 20	39.50		3.17.48	+ 52	+ 25	ο
Précédente des deux yeux	5	2.25.50		43. 0	+ 10	3.18.28	+ 2	+ 60	2π
Suivante	5	2.26.20		43. 0		3.18.58	— 57	+ 96	1π
Précédente des 2 du front	5	2.26.10	+ 10	47.30	— 20	3.18.48	+ 51	+ 25	ρ
Suivante	5	2.27.40	— 80	47. 0	+ 10	3.20.18	+ 35	+ 20	σ
Bout de l'oreille précédente	5	2.28.30	— 20	50.30		3.21. 8	+ 54	+ 44	d
Précédente des 2 du cou	4	3. 0.30		43.50	+ 4°	3.23. 8	+ 6	+ 43	τ
Suivante	4	3. 2.30		44.20		3.25. 8	+ 80	+ 17	h
Boréale des 2 de la poitrine	4	3. 9. 0		42. 0	+ 2.	4. 1.38	+ 19	+ 39	υ
Australe des 2	4	3.11. 0		40.15	+ 3. 45	4. 3.38	+ 84	— 121	φ
Genou gauche	3	3.10.20	+ 20	35. 0		4. 2.58	+ 2	— 4	θ
Boréale de la patte gauche de devant	3	3. 5.30		29.20		3.28. 8	+ 23	+ 15	ι
Australe	3	3. 6.20		28.20	+ 20	3.28.58	+ 39	+ 37	κ
Au-dessus du genou droit	4	3. 5.40		36. 0	— 5. 50	3.28.18	+ 40	+ 4	e
Au-dessous du genou droit	4	3. 5.50		33.20	— 20	3.28.28	+ 20	+ 6	f
Dans le carré, sur le dos	2	3.17.40	— 20	49. 0		4.10.18	+ 32	+ 40	α
Sur le flanc	2	3.20.10	+ 20	44.30		4.14.48	+ 16	+ 38	β
Naissance de la queue	3	4. 3.30	— 20	51. 0		4.26. 8	+ 30	+ 40	δ
Restante de la cuisse gauche de derrière	2	4. 3. 0		46.30		4.25.38	+ 27	+ 37	γ
Précédente, pied gauche de derrière	3	3.22.20	+ 20	29.20		4.14.58	+ 18	+ 32	λ
Suivante	3	3.24.10	— 3. 0	28.15		4.16.48	+ 7	+ 44	μ
Pli du genou gauche	4	4. 1.20	+ 20	35.15		4.23.58	+ 31	+ 16	ψ
La plus boréale du pied de derrière	3	4. 9.30		25.30	+ 20	5. 2. 8	+ 11	+ 18	ν
La plus australe	3	4.10.20		25. 0		5. 2.58	+ 3	— 14	ξ
Première des 3 de la queue	2	4.12.10		53.30	+ 4. 0	5. 4.48	— 15	+ 56	ε
Milieu de la queue	2	4.18. 0		55.40	— 20	5.10.38	+ 40	+ 3	ζ
Bout de la queue	2	4.29.50		54. 0		5.22.28	+ 6	+ 24	η
Sous la queue, loin au sud. Informe	3	4.27.50		39.45		5.20.28	— 15	+ 22	C. C.
Précédente plus obscure	5	4.20.30	— 20	41.20		5.12.48	+ 38	— 47	2Hevel.
Austr. entre les pieds de l'O. et la tête du Lion	4	3.15. 0		17.15		4. 7.38			Can. ven.
Au nord de la précédente	4	3.13.20	+ 20	19.30	— 20	4. 5.58			
Suivante des 3 obscures restantes	obsc.	3.16.10		20. 0		4. 8.48	+ 41	+ 43	3e posit.
Précédente des 3 obscures	obsc.	3.12.30	— 20	22.30	— 2. 0	4. 5. 8			
Première des trois	obsc.	3.11.30	— 20	23. 0		4. 4. 8			
Entre les pieds de devant et 27	obsc.	3. 0. 0		22.15		3.22.38			
3e. Dragon. 31 étoiles.									(74)
Sur la langue	4	6.26.20	+ 20	76.30		7.18.58	+ 90	— 13	μ
Dans la gueule	4	7.11.50		78.30		8. 4.28	+ 63	— 18	ν
Au-dessus de l'œil	3	7.13.10	+ 20	75.30	+ 20	8. 5.48	— 118	0	β
Sur la joue	4	7.27.20		80.20		8.19.58	+ 31	0	ξ
Au-dessus de la tête	3	7.29.20	+ 20	75.30		8.21.58	+ 105	— 32	γ
Premier pli du cou, boréale des 3 en lig. dr.	4	8.24.40	— 20	82.20		9.17.18	+ 44	— 31	b
Australe	4	9. 2.20		78.15		9.24.58	+ 46	— 21	c
Celle du milieu	4	8.28.50		80.20		9.21.28		— 35	d
Suivante à l'orient	4	9.19.30		81.10		10.12. 8	— 85	— 20	e
Pli suiv. quadril. austr. du côté précédent	4	11. 8. 0		81.40	— 20	0. 0.38	— 75	+ 28	π
Boréale du même côté	4	11.20.30		83. 0		0.13. 8	— 3	— 7	δ
Boréale du côté suivant	4	0. 7.20	+ 20	78.50		0.29.58	— 86	+ 38	ε
Australe	4	11.22.50		77.50		0.15.28	+ 46	— 42	ρ

Désignation des Étoiles.	Grandeur.	Longit.	Variant.	Latitud.	Variant.	Longit. en 1690.	Corr. de longit.	Corr. de latit.	Lettres.
Suite du Dragon.									
Pli suivant austral du triangle	5	0ˢ 6° 20′	+4° 0′	80° 30′ B		0ˢ 28° 58′	−112′	+ 27	σ
Précédente des 2 autres du triangle	5	0.21.20	+ 20	80. 3		1.13.58	− 20	− 59	Après σ
Suivante	5	0.26.10	−1. 40	80.15	+ 5′	1.18.48	+116	+ 25	τ
La suivante des 3 du triangle précédent	4	2.13.20		84.10		3. 5.58	+184	− 2	14
Australe des 2 autres	4	1.20.20		83.30	+4° 0	2.12.58	− 41	+ 1	χ
Boréale des deux	4	1.11.50		84.50		2. 4.28	+150	+ 1	φ
Suivante des 2 du triangle à l'occident	6	3.28.40	− 20	87.30		4.21.18	+ 42	− 39	f
Précéd. (voisine du pôle de l'écliptique)	6	3.21.20		86.50		4.13.58	−344	+ 2	e
Australe des 3 en ligne droite	5	5. 9. 0		81.15		6. 1.38	−162	+ 22	g
Celle du milieu	5	5. 9.20	+ 20	83. 0	−2. 40	6. 1.58	− 55	+ 19	h
Boréale des trois	3	5. 8.20	+ 20	84.50		6. 0.58	− 50	− 92	k
Boréale des 2 au couchant	3	5.20. 0		78. 0		6.12.38	−164	+ 26	η
Australe des 2 au couchant	4	5.13. 0	−2. 40	74.20		6. 5.38	+406	+ 6	θ
Pli près de la queue au couchant	3	5.12.20	+ 20	70. 0		6. 4.58	−266	+ 64	ι
Précédente de 2 assez éloignées	4	4. 7.40	− 20	64.40	− 20	5. 0.18	+ 13	+ 42	i
Suivante	3	4.11.10		65.30		5. 3.48	− 45	+ 51	α
Voisine à côté de la queue	3	3.19.10	+ 20	61.15		4.11.48	+ 4	+ 28	κ
Bout de la queue	3	3.13.10	+ 20	56.15		4. 5.44	+ 14	+ 58	λ
4ᵉ. Céphée. 11 étoiles et 2 informes, 13.									(87)
Pied droit	4	1. 9. 0		75.20	+ 20	2. 1.38	−167	+ 8	κ
Pied gauche	4	1. 3. 0		64.15		1.25.38	+ 11	+ 21	γ
Ceinture, côté droit	4	0. 7.20	+ 20	71.10		0.29.58	+ 80	− 1	β
Épaule droite	3	11.16.20	+ 20	69. 0		0. 8.58	− 27	− 4	α
Coude droit	4	11. 9.20		72. 0		0. 1.58	−105	− 14	η
Au-dessous du coude droit	4	11.10. 0		74. 0		0. 2.38	+ 0	− 2	θ
Sur la poitrine	5	11.28.30		65.30		0.21. 8	− 73	+ 16	ξ
Bras gauche	4	0. 7.30		62.30		1. 0. 8	− 70	+ 7	ι
Australe de la Tiare	5	11.16.20		60.15		0. 8.58	− 17	− 16	ε
Milieu des trois	4	11.17.20		61.15		0. 9.58	− 18	− 5	ζ
Boréale	5	11.19. 0		61.20	+ 20	0.11.38	+ 3	+ 35	λ
Qui précède la Tiare. Informe	5	11.13.20	+ 20	64. 0		0. 5.58	......	......	μ
Qui suit la Tiare. Informe	4	11.21.20		59.30		0.13.38	− 39	+ 3	δ
5ᵉ. Bouvier. 22 étoiles et 1 informe, 23.									(110)
Précédente des 3 de la main gauche	5	5. 2.20	+ 20	58.20	+ 20	5.24.58	+ 39	+ 15	κ
Celle du milieu	5	5. 4.10		58.40	− 20	5.26.48	− 2	+ 12	ι
Suivante des trois	5	5. 6. 0		60.10		5.28.38	+ 24	0	θ
Coude gauche	5	5. 9.40	− 20	54.40		6. 2. 8	+ 30	− 1	λ
Épaule gauche	3	5.10.20	+ 20	49. 0		6.11.58	+ 80	+ 33	γ
Sur la tête	4	5.26.40		53.50		6.19. 8	+ 40	+ 21	β
Épaule droite	4	6. 5.20	+ 20	48.40	− 20	6.27.58	+ 50	+ 20	δ
Au nord sur la Massue	4	6. 5.40	− 20	53.15		6.28.18	+ 33	+ 12	μ
Plus boréale sur la Massue	4	6. 5. 0		53.15		6.27.38	+ 44	− 0	ν
Au-dessous de l'épaule dans la Massue	4	6. 7.20	+2 20	46.30		6.29.58	+ 53	− 86	χ
Australe de la poignée	5	6. 8.30		45.30		7. 1. 8	− 17	− 26	χ
Extrémité de la main droite	5	6. 8.10		41.20	+ 20	7. 0.48	− 14	+ 35	b
Précédente des 2 de la main	5	6. 6.20	+ 20	41.20	+ 20	6.28.58	+ 29	− 68	φ
Suivante	5	6. 7. 0		42.30	− 20	6.29.38	− 28	− 18	ψ
Bout du manche	5	6. 7.40		40.20		7. 0.18	− 51	− 8	ω
Cuisse droite, ceinture	3	6. 0. 0		40.15		6.22.38	+ 67	+ 23	ε
Suivante des 2 de la ceinture	4	5.25.20	+ 20	41.20	+ 20	6.17.58	+ 28	+ 68	ρ
Précédente	4	5.25. 0		42.10		6.17.38	+ 48	+ 18	σ
Jambe droite	3	6. 5.20		28. 0		6.27.58	+ 42	− 6	ζ
Jambe gauche, boréale des trois	4	5.21.40	− 20	28. 0		6.14.18	+ 40	+ 8	η
Milieu des trois	4	5.20.30		26.30		6.13. 8	+ 30	+ 2	τ
Australe des trois	4	5.21.20	+ 20	25. 0		6.13.58	+ 54	+ 13	υ
Arcturus. Informe	1	5.27. 0		31.30	− 20	6.19.38	+ 16	− 33	α

Désignation des Étoiles.	Grandeur.	Longit.	Variant.	Latitud.	Variant.	Longit. en 1690.	Corr. de longit.	Corr. de latit.	Lettres.
6e. Couronne boréale. 8 étoiles.									(118)
La luisante	2	6s 14° 20′	+ 20′	44° 30′ B		7s 6° 58′	+ 56′	— 9′	α
Précédente	4	6.11.20	+ 20	46.10	+ 20′	7. 8.58	+ 48	— 8	β
Suivante plus boréale	5	6.11.50		48. 0		7. 4.28	+ 37	+ 35	θ
Encore plus boréale	6	6.13.40	— 20	50.30		7. 5.58	—113	0	π
Celle qui suit la luisante au sud	4	6.17.10		44.45		7. 9.48	+ 44	— 13	γ
Suivante de très-près	4	6.19.30		44.50		7.12. 8	+ 36	+ 3	δ
Celle qui vient après	4	6.21.20		46.10		7.13.58	+ 48	— 4	ε
Dernière	4	6.21.40		49.20		7.14.18	+ 22	— 0	ι
7e. L'Homme à genoux. 29 étoiles et 1 informe, 30.									(148)
Tête	3	7.17.40		37.30		8.10.18	+ 91	— 11	α
Epaule droite, aisselle	3	7. 3.40		43. 0		7.26.18	+ 27	— 17	β
Bras droit	3	7. 1.20	+ 20	40.10	+ 20	7.23.58	+ 54	— 8	γ
Coude droit	4	6.28. 0		37.10		7.20.38	+ 43	+ 5	κ
Epaule gauche	3	7.16.40		48. 0		8. 9.18	+ 66	— 16	δ
Bras gauche	4	7.22. 0		49.30		8.14.38	+ 53	— 10	λ
Coude gauche	4	7.27.40	— 20	52. 0		8.20.18	+ 36	— 47	μ
Main gauche, suivante de trois	4	8. 5.30		52.50		8.28. 8	+ 13	— 36	ο
Boréale des 2 autres	4	8. 1.20	+ 20	54. 0		8.23.58	+ 68	— 20	ν
Australe	4	8. 1.30		53. 0		8.24. 8	+ 41	— 16	ξ
Côté droit	4	7. 3.50		53. 0		7.26.28	+ 31	+ 5	ζ
Côté gauche	3	7.10.10		53.30		8. 2.48	+ 69	— 11	ε
Plus au nord, fesse gauche	5	7.10. 0		56.30		8. 2.38	+ 60	— 34	d
Naissance de la cuisse	3	7.11.10		58.10		8. 3.48	+ 39	— 12	c
Cuisse gauche, précédente des trois	4	7.14. 0		59.50		8. 6.38	+ 63	— 15	π
Suivante	4	7.15.20		60.20		8. 7.58	+ 38	— 11	η
Autre suivante	4	7.16.40		60. 1	+1° 0	8. 9.18	+104	— 4	σ
Genou gauche	4	8. 0.30		61. 0		8.23.28	+ 38	— 15	θ
Jambe gauche	4	7.22.10		69.20		8.14.48	+ 43	— 1	ι
Pied gauche, précédente de trois	6	7.15.20		71. 0	+3. 0	8. 7.58	+ 34	+ 14	τ
Seconde	6	7.16.50		71.15		8. 9.28	+131	+ 34	φ
Troisième	4	7.19.40	— 20	72.15		8.12.18	+491	— 25	χ
Naissance de la cuisse droite	4	7. 0.30	— 10	60.15	+3. 45	7.23. 8	+ 74	+ 5	ε
Boréale, cuisse droite	4	6.25.20		63. 0		7.17.58	— 45	— 39	g
Genou droit	4	6.15.40	— 20	65.30		7. 8.18	+106	+ 23	τ
Genou droit, australe de deux	4	6.13.20		63.20	+ 20	7. 5.58	—115	+ 62	ο
Boréale de deux	4	6.10.30		64.15		7. 2.48	+270	— 25	ρ
Jambe droite (du Bouvier.)	4	6.11.10		60. 0		7. 3.48	+ 1	+ 16	χ
Bout du pied dr., ou extrém. de la houlette	4	6. 5. 0		57.10		6.27.38	+ 41	— 1	17
Australe du bras droit. Informe	5	7. 3.40	— 80	15.30	+2. 40	7.26.18	+ 57	— 17	ω
8e. La Lyre. 10 étoiles.									(158)
La luisante	1	8.17.20		62. 0		9. 9.58	+ 59	— 14	α
Boréale des 2 contiguës voisines	4	8.20.20		62.20	+ 20	9.12.58	+ 80	+ 6	ε
Australe	4	8.20.20		61. 0		9.12.58	+ 49	— 37	ζ
Suivante, naissance des cornes	4	8.23.40	— 20	60. 0		9.16.18	+ 55	— 36	1.2δ
Boréale des 2 contiguës de la Coquille	4	9. 2. 0		61.20		9.24.38	+ 68	— 37	η
Australe	4	9. 1.40	— 20	60.20		9.24.18	+116	— 44	θ
Boréale des 2 précédentes du Joug	3	8.21. 0		56.10		9.13.38	+ 55	— 8	β
Australe	4	8.20.50	— 10	55. 0		9.13.28	+ 52	+ 30	1.2ν
Boréale des 2 suivantes du Joug	3	8.24.10		55.20		9.16.48	+ 40	— 17	γ
Australe	4	8.24.20	— 100	54.45	-	9.18.58	+ 53	— 17	λ
9e. L'Oiseau ou la Poule. 17 étoiles et 2 informes, 19.									(177)
Au bec	3	9. 4.30		49. 0		9.27. 8	— 12	+ 1	β
Suivante sur la tête	5	9. 9. 0		50.40		10. 1.38	— 66	0	φ
Milieu du cou	4	9.16.30		54.30		10. 8.58	— 21	— 11	η
Poitrine	3	9.28.30		57.20		10.21. 8	— 35	— 11	γ
Luisante de la queue	2	10. 9.10		60. 0		11. 1.48	— 46	— 3	α
Aile droite, coude	3	9.19.20		64.20	+ 20	10.11.58	— 1	+ 7	δ

Désignation des Étoiles.	Grandeur.	Longit.	Variant.	Latitud.	Variant.	Longit. en 1690.	Corr. de longit.	Corr. de latit.	Lettres.
Suite de l'Oiseau.									
Australe du tarse droit	4	9ˢ22°30′		69°20′ B	+ 20′	10ˢ15° 8′	— 45′	+ 18′	g
Milieu entre les trois	4	9.21.10	+ 20	71.30		10.13.48	— 5	— 1	ι
Boréale, bout du tarse	4	9.16.20	+ 20	74. 0		10. 8.58	......	+ 10	κ
Aile gauche, coude	3	10. 2.50		49.30	— 20	10.23.28	— 5	— 4	ε
Milieu de l'aile	4	10. 3.50		52.10		10.26.28	— 61	— 31	λ
Bout de l'aile	3	10. 6.20	+ 20	44. 0		10.28.58	— 13	— 17	ζ
Pied gauche	4	10.10. 0		55.10		11. 2.38	— 47	— 14	υ
Genou gauche	4	10.14.30		57. 0		11. 7. 8	— 36	— 24	ξ
Pied droit, précédente	4	10. 1.10		64. 0		10.23.48	+ 0	— 22	29
Suivante	4	10. 3. 0	— 20′	64.30		10.25.38	+ 5	— 11	31
Genou droit. Nébuleuse	Neb.	10.12.10	— 240	64.40		11. 4.48	—137	— 30	32
Australe, près l'aile gauche. Informe	......	10.10.20		49.20		11. 2.58	— 1	—111	ν
Boréale. Informe	4	10.13.50		51.40		11. 6.28	— 24	— 9	σ
10ᵉ. Cassiopée. 13 étoiles. (190)									
A la tête	4	0. 7.50		45.20		1. 0.28	+ 20	— 38	ζ
Sur la poitrine	3	0.10.50		46.45		1. 3.28	+ 2	— 9	α
Boréale de la ceinture	4	0.13. 0		47.30	+ 20	1. 5.38	+ 15	— 26	η
Sur la chaise, près des cuisses	3	0.16.20	+ 20	49. 0		1. 8.58	+ 41	— 12	γ
Genou	3	0.20.20	+ 20	45.30	— 60	1.12.58	+ 39	— 7	δ
Jambe	4	0.27. 0		47.45		1.19.38	+ 49	— 13	ι
Pied	4	1. 4.20		49.20		1.26.58	— 97	— 37	dernière
Bras gauche	4	0.14.40	— 20	43.20		1. 7.18	+ 10	— 15	θ
Au-dessous du coude gauche	5	0.17.20	+ 20	45. 0		1. 9.58	+ 75	+ 4	34
Coude droit	6	0. 2.20		50. 0		0.24.58	+ 53	— 36	ε
Au-dessus du marchepied	4	0.15. 0		52.20	+ 20	1. 7.38	+ 42	— 5	κ
Sur le dossier	3	0. 7.50		51.20	+ 20	1. 0.28	+ 20	— 6	β
Haut du dossier	6	0. 3.20		51.20	+ 20	0.25.58	+ 48	— 11	ι
11ᵉ. Persée. 26 étoiles et 3 informes, 29. (219)									
Main droite. Nébuleuse	Neb.	0.26.40	— 20	40.30	+7° 0	1.19.18	+ 39	+ 13	χ
Coude droit	4	1. 1.10		37.45		1.23.48	+ 36	— 18	η
Epaule droite	3	1. 2.40		34.30		1.25.18	+ 24	— 6	γ
Epaule gauche	4	0.27.30		32.20		1.20. 8	— 11	— 44	θ
A la tête	4	1. 0.40	— 20	34.30	—2. 0	1.23.18	— 18	— 10	τ
Sur le dos	4	1. 1.30		31.10		1.24. 8	+ 43	— 33	ι
Brillante au côté droit	2	1. 4.50		30. 0		1.27.28	+ 18	+ 5	α
Première des 3 du côté	4	1. 5.20		27.50		1.27.58	+ 20	+ 10	ψ
Seconde	4	1. 7. 0		27.20	+ 20	1.29.38	— 12	+ 35	σ
Troisième	3	1. 7.20	+ 20	27.20		1.29.58	+ 31	— 3	δ
Sur le coude gauche	4	1. 0.30		26.20		1.23. 8	+ 13	— 16	κ
Brillante de la Gorgone	2	0.29.20	+ 20	23. 0		1.21.58	— 7	— 38	β
Suivante	4	0.29.10	+ 40	21. 0		1.21.48	+ 14	— 4	ω
Précédente de β	4	0.27.20	+ 20	21. 0		1.19.58	+ 36	— 27	ρ
Après celle-ci	4	0.26.50		22.15		1.19.28	+ 8	— 35	π
Genou droit	4	1.14.50		28. 0		2. 7.28	+ 1	+ 23	41 Hev.
Précédente au-dessus du genou	4	1.13. 0	— 160	28.40	— 30	2. 5.38	— 12	+ 11	λ
Coude précédent	4	1.13. 0		25.10		2. 5.38	— 27	+ 2	c
Coude suivant	4	1.14.20		26.15	— 30	2. 6.58	— 29	— 5	μ
Malléole	5	1.14.50	— 40	24.30		2. 7.28	— 10	+ 3	d
Talon droit	5	1.16.40		18.45		2. 9.18	— 2	+ 13	e
Cuisse gauche	4	1. 6.50		21.30	+3. 0	1.29.28	+ 3	+ 17	ν
Genou gauche	3	1. 8.40	— 20	19.15		2. 1.18	+ 3	— 10	ε
Jambe gauche	4	1. 8.20		14.45		2. 0.58	— 19	+ 9	ξ
Talon gauche	3	1. 4.10		12. 0		1.26.48	—102	+ 23	ο
Pied gauche	3	1. 6.20		11. 0		1.28.58	— 10	+ 18	ζ
A l'est du genou gauche. Informe	5	1.11.50		18. 0		2. 4.28	+ 21	+ 53	f
Au nord du genou droit. Informe	5	1.15. 0		31. 0		2. 7.38	+259	— 3	2. Giraffe
Précédente de la Gorgone	obsc.	0.24.40		20.40		1.17.18	+ 11	+ 16	1p

Désignation des Étoiles.	Grandeur.	Longit.	Variant.	Latitud.	Variant.	Longit. en 1690.	Corr. de longit.	Corr. de latit.	Lettres.
12e. Cocher. 14 étoiles. (233)									
A la tête	4	2s 2° 30′		30° 0′ B		2s 23° 8′	+ 28′	+ 49′	δ
Au nord de la tête	4	2. 2.20		31.50		2.24.58	— 8	+ 24	ξ
Epaule gauche, la Chèvre	1	1.25. 0		22.30		2.17.38	— 6	+ 22	α
Epaule droite	2	2. 2.50		21. 0	— 60′	2.25.28	+ 8	+ 28	β
Coude droit	4	2. 1.10		15.15		2.23.48	+ 10	+ 26	ν
Main droite	4	2. 2.50		13.20		2.26.28	+ 9	+ 24	θ
Coude gauche	4	1.22. 0		20.40	— 20	2.14.38	— 7	+ 14	ι
Main gauche, Chevreau	4	1.22.40	— 30′	18. 0		2.15.18	— 11	+ 13	ε
Précédente	4	1.22. 0		18. 0		2.14.38	— 19	+ 16	ζ
Cheville gauche	3	1.19.50		10.10		2.12.28	— 9	+ 15	ι
Cheville droite, corne du Taureau	3	1.25.40		5. 0	+ 1°	2.18.18	— 4	+ 22	γ
Boréale de l'enveloppe du pied	5	1.26.30	— 30	8.30		2.19. 8	+ 42	+ 21	χ
Plus boréale, sur la fesse	5	1.26. 0	+ 20	11.10	+ 6	2.18.38	+ 16	+ 1	φ
Sur le pied gauche	6	1.20.40	— 20	14.50	+ 90	2.13.18	+ 1	+ 14	ω
13e. Ophiuchus. 24 étoiles et 5 informes, 29. (262)									
A la tête	3	7.24.50		36. 0	+ 30	8.17.28	+ 38	— 7	α
Epaule droite précédente	4	7.28. 0		27.15		8.20.38	+ 23	+ 43	β
Suivante	4	7.29. 0		26. 0	+ 30	8.21.38	+ 41	+ 9	γ
Epaule gauche précédente	4	7.13.20		33. 0		8. 5.58	+ 20	— 88	ι
Suivante	4	7.14.40		31.50	+ 30	8. 7.18	+ 12	+ 2	κ
Coude gauche	4	7. 8.20	+ 10°	25. 0	+ 10. 0	8. 0.58	+ 16	+ 36	λ
Main gauche précédente	3	7. 5. 0		17. 0		7.27.38	+ 20	+ 17	δ
Suivante	3	7. 6. 0		16.30		7.28.38	+ 33	— 2	ε
Coude droit	4	7.26.40		15. 0		8.19.18	+ 56	+ 15	μ
Main droite précédente	4	8. 2.20		13.20		8.24.58	+ 27	+ 23	ν
Suivante	4	8. 3.20		15. 0	— 1. 0	8.25.58	+ 29	+ 18	τ
Genou droit	3	7.21.10	+ 20	7.30		8.13.48	— 9	— 26	η
Jambe droite	4	7.24. 0	+ 140	2.15 B		8.16.38	— 4	— 10	ξ
Pied droit, précédente	3	7.23. 0		3.15 A		8.15.38	+ 4	+ 9	A
Suivante	3	7.24.20		1.30 A		8.16.58	+ 5	+ 18	θ
Autre suivante	3	7.25.15		0.40 A		8.17.53	+ 7	+ 14	B
Quatrième	5	7.26.15	— 25	0.30 A		8.18.53	+ 19	+ 5	1.2.e
Près du talon	5	7.27.30	+ 20	1.10 B	— 10	8.20. 8	— 16	+ 10	24
Genou gauche	3	7.12.30	— 20	11.50		8. 5. 8	— 14	— 25	ζ
Jambe gauche, boréale des trois	5	7.11.20		5.20		8. 3.58	+ 23	— 5	φ
Celle du milieu	5	7.10.40	— 20	3.10		8. 3.18	+ 22	+ 7	χ
La plus australe des trois	5	7. 9.50		1.40	— 20	8. 2.28	+ 46	— 4	ψ
Talon gauche	5	7.12.20		0.20 B		8. 4.58	+ 22	+ 9	ω
Voisine du creux du pied droit	4	7.10.50		0.45 A		8. 3.18	+ 50	+ 58	ρ
Boréale des 3 à l'est de l'ép. dr. Informe	4	8. 2. 0		28.10 B	+ 20	8.24.38	+ 66	— 19	n
Celle du milieu. Informe	4	8. 2.20		26.20	+ 20	8.24.58	+ 53	+ 4	o
Australe des trois. Informe	4	8. 3. 0		25. 0		8.25.38	+ 31	— 13	k
Au-dessus de celle du milieu. Informe	4	8. 3.50	— 20	26.15	+ 45	8.26.28	+ 41	— 11	p
Boréale des quatre, solitaire. Informe	4	8. 4.30	+ 10	33. 0		8.27. 8	+ 40	+ 1	S
14e. Serpent d'Ophiuchus. 18 étoiles. (260)									
Quadril. de la tête, extrémité de la joue	4	6.18.30		38. 0		7.11.28	+ 83	+ 8	ι
Près des narines	4	6.21.20	—3. 20	40. 0		7.13.58	+ 73	+ 3	ρ
Haut de la tête	3	6.24.40		35.30	+ 30	7.17.18	+ 65	— 10	γ
Naissance du cou	3	6.22. 0		34.20	— 5	7.15.38	— 1	+ 1	β
Milieu du quadril., gueule	4	6.21.20		37.15		7.13.58	+ 89	— 6	κ
Sixième au nord de la tête	4	6.23.10		42.30		7.15.48	+ 120	— 1	ν
Après le premier pli du cou	3	6.21.20	+ 20	29.15		7.13.58	+ 3	— 21	δ
Boréale des trois suivantes	4	6.24.50		26.30		7.17.28	+ 37	+ 5	λ
Celle du milieu	3	6.24.20		25.20		7.16.58	+ 43	+ 12	α
Australe des trois	3	6.26.20		24. 0		7.18.58	+ 61	+ 2	ε
Après le deuxième pli, avant la main gauch.	4	6.28.50		16.20		7.21.28	+ 29	+ 21	h
Suivante de celles de la main	4.5	7. 8.10		13.15	+ 3.10	8. 0.48	+ 10	— 15	ν Oph.
Après la cuisse	4	7.23.20		10.30		8.15.58	+ 0	— 12	ξ

Désignation des Étoiles.	Grandeur.	Longit.	Variant.	Latitud.	Variant.	Longit. en 1690.	Corr. de longit.	Corr. de latit.	Lettres.
Suite du Serpent d'Ophiuchus.									
Australe des deux suivantes	4	7s 27°		8°10' B	+ 20'	8s 19°38'	+ 35'	− 11'	ξ
Boréale	4	7.27.50'		10.40	+ 10	8.20.28	+ 39	− 6	ο
Après la main droite, pli de la queue	4	8. 3.20		20. 0		8.25.58	− 10	− 12	ζ
Suivante sur la queue	4	8. 8.40	− 20'	21.10		9. 1.18	+ 13	− 38	η
Bout de la queue	4	8.18.20		27. 0		9.10.58	+ 28	− 5	θ
15e. La Flèche. 5 étoiles.									(285)
Sur la pointe, solitaire	4	9.10.10	+ 310	39.20		10. 2.48	− 5	− 6	γ
Suivante des trois, sur le bois	6	9. 6.50	− 30	39.40	− 30	9.29.28	+ 16	− 13	ζ
Celle du milieu	5	9. 6. 0	− 10	39.10	+ 40	9.28.38	− 27	− 13	δ
Précédente	5	9. 4.20		39. 0		9.26.58	− 13	− 10	α
A la coche	5	9. 4.30	− 70	38.30	− 70	9.27. 8	− 15	− 15	β
16e. L'Aigle. 9 étoiles et 6 informes, 15.									(300)
Au milieu de la tête	4	9. 7.20	− 10	26.50		9.29.58	+ 41	+ 13	τ
Précédente et sur le cou	3	9. 4.50		27.10		9.27.28	+ 39	− 26	β
Luisante, sur le dos, l'Aigle	2	9. 3.50		29.10	+ 20	9.26.28	+ 55	+ 9	α
Voisine boréale	5	9. 4.20	+ 20	31. 0	− 60	9.26.58	+ 55	− 9	ο
Précédente des deux de l'épaule gauche	3	9. 3.10		31.30		9.25.48	+ 40	− 13	γ
Suivante	5	9. 6. 0		31.30		9.28.38	+ 59	+ 2	ε
Précédente des deux sur l'épaule gauche	5	8.29.40	− 20	28.40	− 20	9.22.18	+ 10	+ 2	μ
Suivante	5	9. 1.10		26.20		9.23.48	− 19	+ 11	σ
Sous la queue, à distance près de la V. lactée	3	8.22.10		36.20		9.14.48	+ 41	− 6	ζ
Informes, parmi lesquelles Antinoüs.									
Précédente des deux au midi de la tête	3	9. 3.40	− 20	21.40	− 20	9.26.18	− 11	− 7	η
Suivante	3	9. 8.10	+1 40	19.10		10. 0.48	− 12	− 24	θ
Au libonotus de l'épaule droite	4	8.26. 0		25. 0		9.18.38	+ 39	− 9	δ
Au midi de celle-ci	3	8.28.10		20. 0		9.20.48	+ 13	+ 3	ι
Encore plus au midi	5	8.27. 0	+2 40	15.10	+ 20	9.19.38	+ 54	− 47	κ
Première de toutes	3	8.21.10	+ 20	18.10		9.13.48	− 46	− 36	λ
17e. Le Dauphin. 10 étoiles.									(310)
Précédente des trois de la queue	3	9.17.20	+ 20	29.10		10. 9.58	− 14	− 4	ε
Boréale des deux autres	4	9.18.20	+ 20	29. 0		10.10.58	+ 2	− 9	ι
Australe	4	9.18.20	+ 20	27.45		10.10.58	− 4	− 13	κ
Australe du côté près du quadril	3	9.20.20		32. 0		10.12.58	− 57	− 3	β
Boréale	3	9.21.10	+ 290	33.20		10.13.48	− 45	− 17	α
Australe du côté suivant	3	9.21.50	− 30	32. 0		10.14.28	− 40	− 2	δ
Boréale	3	9.23.10		33.10		10.15.48	− 44	− 35	γ
Australe des trois de la queue	6	9.17.30		30.15		10.10. 8	+ 23	+ 27	η
Précédente des deux boréales	6	9.17.20		31.50	− 20	10. 9.58	+ 89	+ 20	ζ
Dernière		9.19. 0		31.20	+ 10	10.11.38	+ 16	+ 42	θ
18e. Le Buste de Cheval (petit Cheval), 4 étoiles.									(314)
Précédente des deux de la tête	obsc.	9.25.50	+ 30	20.30		10.18.28	+ 20	− 21	α
Suivante	obsc.	9.28. 0		21.29	− 60	10.20.38	+ 29	− 17	β
Précédente des deux de la bouche	obsc.	9.26.20		25.10	+ 20	10.18.58	+ 8	+ 3	γ
Suivante	obsc.	9.27.20	+ 20	25. 0		10.19.58	+ 10	− 12	δ
Ces quatre étoiles, désignées comme obscures, sont de la quatrième grandeur dans nos Catalogues.									
19e. Le Cheval (Pégase). 20 étoiles.									(314)
Nombril, et tête d'Andromède	2	11.17.50		26. 0		0. 10.28	− 29	− 19	α Andr.
Extrémité de l'aile	2	11.12.10		12.30		0. 4.48	+ 2	+ 5	γ
Epaule droite	2	11. 2.10		31. 0		11.24.28	+ 14	+ 8	β
Epaule et aile	2	10.26.10	+ 20	19.20		11.18.48	+ 21	+ 5	α
Boréale des deux sous l'aile	4	11. 4.30		25.30		11.26. 8	− 24	+ 4	τ
Australe	4	11. 5.20	− 20	25. 0		11.27.58	− 20	− 12	υ
Boréale des deux du genou droit	3	10.29. 0		35. 0		11.21.38	− 14	+ 7	ν

Désignation des Étoiles.	Grandeur.	Longit.	Variant.	Latitud.	Variant.	Longit. en 1690.	Corr. de longit.	Corr. de latit.	Lettres.
				Suite du Cheval Pégase.					
Australe des deux côtés de la crinière.....	5	10ˢ 28° 30′	— 20′	34° 20′ B	+ 10′	11ˢ 21° 8′	— 32′	+ 6′	ο
Précédente des deux de la poitrine......	4	10.26.30	— 20	29. 0		11.19. 8	— 24	— 12	λ
Suivante..............	4	10.27.30	— 30	29.30		11.20. 8	— 5	— 6	μ
Précédente des deux du cou............	3	10.18.50		18. 0		11.11.28	+ 4	— 18	ζ
Suivante.................	4	10.20.30		19. 0		11.13. 8	+ 29	— 33	ξ
Australe des deux de la crinière.........	5	10.21.20		15. 0		11.13.58	+ 16	— 30	ρ
Boréale..................	5	10.21. 0	— 30	16. 0		11.13.38	+ 19	— 16	σ
Boréale des deux de la tête............	3	10. 9.30	— 20	16.50	— 70	11. 2. 8	+ 21	— 28	θ
Australe..................	4	10. 8. 0		16. 0		11. 0.38	+ 20	— 18	ν
A la bouche..................	3	10. 5.20		22.30		10.27.58	— 34	— 23	ε
Cheville droite.................	4	10.23.20	+ 20	41.10		11.15.58	— 43	— 10	π
Genou gauche.................	4	10.17.40	— 20	34.15		11.10.18	— 14	+ 2	ι
Cheville gauche.................	4	10.12.20	— 20	36.50		11. 4.58	— 21	— 11	κ
				20ᵉ. Andromède. 23 étoiles.					(357)
Au dos, *ἐν τῷ μεταφρένῳ*.............	3	11.25.20		24.30		0.17.58	— 30	— 10	δ
Épaule droite.................	4	11.26.20		27. 0		0.18.58	— 38	+ 8	π
Épaule gauche.................	4	11.24.20		23. 0		0.16.48	— 11	+ 1	ε
Australe des trois du bras droit.........	4	11.23.40		32. 0		0.15.58	+ 6	— 24	σ
Boréale.................	4	11.24.40	— 20	33.30		0.17.18	— 26	— 7	θ
Celle du milieu.................	5	11.25. 0		32.20	+ 10	0.17.58	— 41	+ 3	ρ
Australe de la main droite.............	4	11.19.20		41. 0		0.11.58	— 11	+ 1	ι
Celle du milieu.................	4	11.20.40	— 20	42. 0		0.13.18	— 18	— 17	κ
Boréale.................	4	11.21.40	— 10	44. 0		0.14.18	— 17	— 21	λ
Bras gauche.................	4	11.24.10	+ 20	17.30		0.16.48	— 35	+ 6	ζ
Coude gauche.................	3	11.26.40	— 20	15.50		0.18.18	— 12	+ 5	η
Australe des trois de la ceinture.........	3	0.23.50	+ 17° 0	25.40	— 20	0.26.28	— 25	+ 16	β
Moyenne.................	4	0. 1.50		30. 0		0.24.28	+ 21	— 21	μ
Boréale.................	4	0. 2. 0		32.30		0.24.38	+ 11	+ 3	ν
Au-dessus du pied gauche.............	3	0.16.50		28. 0		1. 9.28	+ 28	— 14	γ
Pied droit.................	4	0.17.10		37.20		1. 9.48	+ 30	— 31	φ
Au sud du pied.................	4	0.15.10		35.20	+ 20	1. 7.48	+ 21	+ 4	υ Persée.
Boréale des deux du jarret gauche.........	4	0.12.20		29. 0		1. 4.58	— 42	— 2	ν
Australe.................	4	0.12.40	— 40	28. 0		1. 5.18	— 42	— 6	τ
Genou droit.................	5	0.10.10	+ 350	36.20	— 50	1. 2.48	— 40	0	ο
Boréale des deux de la robe.............	5	0.12.40	— 20	34.30		1. 5.18	+ 31	+ 1	ξ
Australe.................	5	0.14.30	— 20	32.10	+ 20	1. 7. 8	— 57	— 42	λ
En avant de la main droite.............	3	11.11.40	— 20	44. 0	— 180	0. 4.18	— 40	— 14	ι
				21ᵉ. Le Triangle. 4 étoiles.					(361)
Sommet.................	3	0.11. 0		16.30		1. 3.28	— 57	+ 18	α
Précédente des trois de la base.........	3	0.16. 0		20.40	+ 140	1. 8.38	— 38	— 6	β
Moyenne.................	4	0.16.50	— 30	19.20	+ 20	1. 9.28	— 18	+ 2	δ
Troisième.................	3	0.16.50		19. 0	+ 10	1. 9.28	— 18	— 4	γ
				ZODIAQUE. 22ᵉ. Le Bélier. 13 étoiles et 5 informes, 18.					(18)
Précédente des deux de la corne.........	3	0. 6.40		7.20.0		0.29.18	— 27	— 11	γ
Suivante.................	3	0. 7.20	+ 20	8.20.0		0.29.58	— 20	+ 8	β
Boréale du museau.................	5	0.11. 0		7.20.0	+ 20	1. 3.38	+ 9	+ 3	η
Australe.................	5	0.11.30		6. 0.0		1. 4. 8	+ 24	— 16	18
Sur le cou.................	5	0. 6.30		5.30.0		0.29. 8	+ 3	— 4	ι
Sur les reins.................	6	0.17.20	+ 20	6. 0.0		1. 9.58	— 6	+ 8	τ
Naissance de la queue.............	5	0.21.20		4.20.0	+ 30	1.13.58	+ 12	— 12	ι
Précédente des trois de la queue.........	4	0.23.50		1.40.0		1.16.28	+ 2	+ 8	δ
Seconde.................	4	0.25.20		2.50.0		1.17.58	— 21	+ 1	ζ
Troisième.................	4	0.27. 0		1.50.0	+ 40	1.19.58	— 39	+ 15	27
Sur la cuisse de derrière.............	5	0.19.40	— 20	1.30 B		1.12.18	+ 14	— 1	39
Jarret.................	5	0.18. 0		1.30 A		1.10.38	— 2	— 10	π
Bout du pied de derrière.............	4	0.15.		5.15 A		1. 7.38	— 3	— 21	μ Bal.
Au-dessus de la tête, Hipparque, au museau	3	0.10.40		10. 0 B		1. 3.18	+ 1	— 3	α

Désignation des Étoiles.	Grandeur.	Longit.	Variant.	Latitud.	Variant.	Longit. en 1690.	Corr. de longit.	Corr. de latit.	Lettres.
Suite du Bélier.									
La plus belle des 4 au-dessus des reins (Mouc.)	4	0s21°40'	+ 160'	10°10' B	+ 20'	1s14°18'	— 26'	+ 16'	41
Boréale des trois autres.......(Mouche).	4	0.21.20		12.20	— 50	1.13.58	+ 3	+ 8	39
Celle du milieu..............(Mouche).	4	0.19.40	— 20	11.10	+ 20	1.12.18	+ 18	+ 7	35
Australe....................(Mouche).	4	0.19.10	+ 30	10.40 B	— 20	1.11.48	0	+ 12	33
23e. Le Taureau. 33 étoiles et 11 informes, 44.									(62)
Boréale des quatre de la section.........	4	0.26.20		6. 0 A		1.18.58	+ 17	— 3	1
Contiguë..............................	4	0.26. 0		7.15		1.18.38	+ 7	+ 13	s
Autre contiguë........................	4	0.24.40	— 20	8.30		1.17.18	+ 16	+ 20	ξ
Australe des quatre...................	4	0.24.20	— 180	9.15		1.16.58	— 8	+ 7	o
Omoplate droite.......................	5	0.20.40		9.30		1.22.18	—210	6	t
Poitrine..............................	3	1. 3.40		8. 0		1.26.18	0	0	λ
Genou droit...........................	4	1. 6.40	— 20	12.20	+ 20	1.29.18	— 4	— 7	μ
Malléole droite, σφυρόν................	4	1. 3. 0		14.50		1.25.38	— 3	— 20	ν
Genou gauche..........................	4	1.13. 0	— 50	10. 0		2. 5.38	— 12	— 5	2c
Jambe gauche..........................	4	1.12.10	+ 50	12.20	+ 40	2. 4.48	— 21	— 33	d
Hyades. Narine........................	3	1. 9. 0		5.45		2. 1.38	— 10	+ 1	γ
Entre la précédente et l'œil boréal......	3	1.10.20	+ 160	4.15		2. 2.58	— 26	— 14	δ
Entre la précédente et l'œil austral.....	3	1.10.50		5.50		2. 3.28	+ 9	0	1.28
Luisante des Hyades....................	1	1.12.40	— 20	5.30	— 20	2. 5.18	+ 9	0	α
Œil boréal............................	3	1.11.20	+ 40	3. 0		2. 3.58	+ 9	— 24	ε
Oreille australe.......................	4	1.17.30		4. 0		2.10. 8	— 43	— 19	i
Australe des deux de la corne australe....	5	1.20.40	— 20	5. 0		2.13.18	— 9	— 41	m.
Boréale...............................	5	1.20.20	— 20	3.30		2.12.58	+ 40	— 24	l
Corne australe........................	3	1.27.40	— 20	2.30 A		2.19.18	+ 9	— 16	ζ
Corne boréale, naissance................	4	1.15.20	+ 20	0.15 B		2. 7.58	— 9	+ 25	τ
Corne boréale, pied du Cocher...........	2	1.25.40		5. 0		2.18.18	— 4	+ 23	β
Boréale des deux de l'oreille boréale......	5	1.12. 0		0.50	— 20	2. 4.38	— 28	+ 14	12
Australe..............................	5	1.11.20	+ 20	0.15		2. 3.58	— 6	+ 20	κ
Précédente des deux petites du cou......	5	1. 7. 0		6.20 B	+ 20	1.29.38	+ 3	—104	1a
Suivante..............................	6	1. 9. 0		1. 0 A		2. 1.38	+ 6	— 13	2a
Carré du cou, australe du côté précédent..	5	1. 8.30	— 30	5. 0 B		2. 1. 8	+ 12	+ 17	p
Boréale....................	5	1. 8. 0	+ 30	7.20	— 20	2. 1. 8	— 11	+ 33	ψ
Australe du côté suivant................	5	1.11.40		3.40		2. 4.18	— 31	+ 19	λ
Boréale...............................	5	1.11.20		5.20	— 20	2. 3.58	— 25	+ 26	φ
Pléiade (*), côté précédent, boréale.....	5	1. 2.10		4.30		1.24.48	+ 19	— 10	g
Australe.....	5	1. 2.20		3.40	— 20	1.24.58	+ 24	+ 15	d
Extrémité suivante et étroite de la Pléiade...	5	1. 3.20		3.40	— 20	1.25.58	+ 4	+ 13	f
Petite et 6e de la Pléiade, comptée de l'Ourse.	6	1. 3.20	+ 20	5. 0 B		1.25.58	— 43	— 31	e
Sous le pied droit. Informe..............	4	0.25. 0		18.30 A	— 60	1.17.38	+ 1	— 2	10e
Première des 3 au-dessus de la corne australe.	5	1.20. 0		1.40		2.12.38	— 10	— 25	ι
La seconde............................	5	1.21. 0	+ 180	1.30		2.13.38	+ 3	+ 13	105
La troisième...........................	5	1.26. 0		1.40	+ 20	2.18.38	— 28	— 20	ς
Boréale de 2 au-dessous de la corne australe..	5	1.28. 0	+ 60	6.40		2.20.38	+ 31	+ 13	126
Australe..............................	5	1.29. 0		7.20 A	+ 20	2.21.38	+ 21	+ 1	128
1ère des 5 au-dessous de la corne boréale....	5	1.27. 0		0.30 B	+ 70	2.19.38	+ 26	+ 11	131
Deuxième...............................	5	1.29. 0		2.20		2.21.38	— 32	+ 9	135
Troisième..............................	5	2. 1. 0		1. 0	+ 20	2.23.38	— 28	+ 7	132
Quatrième..............................	5	2. 2.20		3.40	— 20	2.24.58	— 47	+ 28	136
Cinquième..............................	5	2. 3.20		2.15	— 60	2.25.58	— 46	+ 13	139
24e. Les Gémeaux. 18 étoiles et 7 informes, 25.									(87)
Tête du Gémeau précédent................	2	2.23.20		9.30		3.15.58	— 3	+ 34	α
Tête du Gémeau suivant..................	2	2.26.20	+ 20	6.15		3.18.58	— 2	+ 24	β
Coude gauche du premier.................	4	2.14.20	+ 120	10.30	— 30	3. 6.58	— 10	+ 29	δ
Au bras................................	4	2.18.40	— 20	7.20		3.10.58	+ 11	+ 23	τ
Suivante...............................	4	2.22. 0		5.30		3.14.38	0	+ 14	ι

(*) Il serait singulier que la luisante de la Pléiade ne fût pas dans ce Catalogue ; il faut que les erreurs l'aient rendue méconnaissable.

Désignation des Étoiles.	Grandeur.	Longit.	Variant.	Latitud.	Variant.	Longit. en 1690.	Corr. de longit.	Corr. de latit.	Lettres.
Suite des Gémeaux.									
paule droite	4	2ˢ 24° 0′		4°50′ B		3ˢ 16° 38′	+ 23′	+ 21′	ν
paule suivante du second Gémeau	4	2. 26. 20		2. 40		3. 18. 58	+ 22	+ 22	κ
ôté droit du premier	5	2. 21. 40	— 20′	2. 40 B	— 20′	3. 14. 18	+ 13	+ 16	A
ôté gauche du second	5	2. 23. 10	+ 180	0. 50 A	+ 160	3. 15. 48	+ 13	+ 21	p
enou gauche du premier	3	2. 13. 0		1. 30 B		3. 5. 38	— 1	+ 31	ι
ine gauche du second	3	2. 21. 20		0. 30 A		3. 13. 58	+ 15	— 17	δ
enou gauche du second	3	2. 18. 15		2. 30		3. 10. 53	— 13	— 25	ζ
u-dessus du jarret droit	3	2. 21. 40	— 20	6. 0		3. 14. 18	+ 13	— 19	λ
vant-pied du premier	4	2. 6. 30		1. 15	+ 15	2. 29. 8	— 1	— 17	ν
uivante sur le même pied	4	2. 8. 30		1. 10	+ 5	3. 1. 8	— 10	— 19	μ
out du pied droit du premier	4	2. 10. 10	+ 350	3. 30		3. 2. 48	— 20	— 21	τ
ied gauche du second	3	2. 12. 0		7. 30		3. 4. 38	+ 8	— 43	γ
out du pied droit du second	4	2. 14. 20	— 20	10. 30		3. 6. 58	— 5	— 22	25
vant le 1ᵉʳ pied dr. du 1ᵉʳ Gém... Inform.	4	2. 4. 10		0. 20 A	+ 20	2. 26. 48	— 21	— 8	Propus.
uisante avant le genou précédent.. *Idem.*	4	2. 6. 30		5. 50 B		2. 29. 8	— 6	+ 15	a Cocher.
vant le genou gauche du second.. *Idem.*	5	2. 15. 10	+ 30	2. 0 A	+ 5	3. 7. 48	— 10	— 40	d
oy. des 3 en lig. dr. après la m. dr.. *Idem.*	5	2. 28. 20	+ 20	1. 20		3. 20. 58	— 12	+ 80	g
oréale des trois *Idem.*	5	2. 26. 20	+ 20	3. 20		3. 18. 58	+ 23	+ 27	f
ustrale près du coude *Idem.*	5	2. 26. 0		4. 30		3. 18. 38	+ 42	— 43	f
uivante après les 3 susdites, brill.. *Idem.*	4	3. 0. 20		2. 20 A		3. 22. 58	— 14	— 85	l
25ᵉ. Le Cancer. 9 étoiles et 4 informes, 13.									(100)
ilieu de la crèche	Néb.	3. 10. 20		0. 40 B	— 20	4. 2. 58	— 7	+ 38	ε
oréale des 2, côté précéd. du quadril.	4	3. 7. 20		1. 15 B		3. 29. 58	+ 7	+ 18	η
ustrale	4	3. 8. 0		1. 10 A	+ 10	4. 0. 38	— 71	— 7	d
ne boréal	4	3. 10. 40		2. 40 B	— 20	4. 3. 18	— 5	+ 30	γ
ne austral (*)	4	3. 11. 20		0. 10 A		4. 3. 58	+ 26	+ 14	δ
ince australe	4	3. 16. 30		5. 30 A		4. 9. 8	+ 11	— 24	α
ince boréale	4	3. 8. 40	— 20	10. 50 B	+ 60	4. 1. 18	+ 43	— 26	ι
ied de derrière boréal	5	3. 2. 40	— 20	1. 0 B		3. 25. 18	— 9	+ 19	μ
ied austral	4	3. 3. 30				3. 25. 58	+ 21	— 25	β
u-dessus du coude de la pince australe	4	3. 15. 10	+ 240	2. 30 A		4. 7. 48	+ 15	— 27	1. 2
elle qui suit la pince australe	4	3. 19. 10	+ 120	5. 40 A	— 20	4. 11. 48	+ 3	— 4	κ
récédente des 2 au-dessus du nuage	5	3. 14. 0		7. 15 B	— 135	4. 6. 38	+ 4	0	ν
uivante	5	3. 17. 0		4. 50 B	+ 145	4. 9. 38	— 46	+ 33	ξ
26ᵉ. Le Lion. 27 étoiles et 8 informes, 35.									(135)
useau	4	3. 18. 20		10. 0		4. 10. 58	— 1	+ 24	κ
ans la gueule	4	3. 21. 10	+ 20	7. 30		4. 13. 38	— 6	+ 21	λ
ustrale des deux de la tête	3	3. 24. 10		9. 30		4. 16. 48	— 26	+ 11	ε
oréale	3	3. 24. 40	— 20	12. 0		4. 17. 18	— 2	+ 19	μ
oréale des trois du cou	3	4. 0. 10		11. 30	— 30	4. 22. 48	+ 26	+ 20	ζ
oyenne des trois	2	4. 2. 30	— 20	8. 30		4. 25. 8	+ 7	+ 17	γ
ustrale des trois	3	4. 0. 40	— 20	4. 30		4. 23. 18	+ 16	+ 20	η
égulus, cœur du Lion	1	4. 2. 30		0. 10 B		4. 25. 8	+ 23	+ 17	α
u sud de Régulus	4	4. 3. 30	— 20	1. 50 A		4. 26. 8	— 2	— 24	A
n peu avant Régulus	5	4. 0. 0		0. 15	+ 225	4. 22. 38	+ 23	+ 16	ν
enou droit	5	3. 26. 20	+ 60	0. 0		4. 18. 58	+ 12	+ 19	ψ
riffe droite de devant	6	3. 24. 10		3. 20	+ 20	4. 16. 48	+ 32	— 9	ξ
riffe gauche	4	3. 27. 20		4. 10		4. 19. 58	— 2	— 23	ο
enou gauche	4	4. 2. 30	— 20	4. 15		4. 25. 8	— 9	— 19	π
isselle gauche	4	4. 9. 10		0. 10 A		5. 1. 48	+ 16	+ 18	ρ
récédente des trois du ventre	6	4. 7. 0		4. 0 B	— 225	4. 29. 38	+ 30	+ 33	i
uivante boréale	6	4. 10. 20		5. 20		5. 2. 58	+ 21	+ 35	k
Australe	6	4. 12. 10		3. 20		5. 4. 48	+ 31	+ 28	l
récédente des deux sur les reins	6	4. 11. 20		12. 15		5. 3. 58	+ 33	+ 39	b
uivante	2	4. 14. 10		13. 40	— 20	5. 6. 48	+ 9	+ 39	δ

(*) L'Ane austral de Ptolémée ressemble beaucoup plus, pour la position, à la 44ᵉ du Cancer de Flamsteed.

Désignation des Étoiles.	Grandeur.	Longit.	Variant.	Latitud.	Variant.	Longit. en 1690.	Corr. de longit.	Corr. de latit.	Lettres.
				Suite du Lion.					
Boréale des deux sur la croupe........	5	4ˢ15°40′	— 80′	11°10′ B		5ˢ 8°18′	+ 9′	+ 25′	71
Australe.....................	3	4.16.20		9.20		5. 8.58	+ 8	+ 20	θ
Cuisse de derrière...............	3	4.20.20		5.50		5.12.58	+ 15	+ 15	ι
Jarret de derrière................	4	4.21.40	— 20	1.15 B		5.14.18	+ 5	+ 26	σ
Au sud de la précédente...........	4	4.24.20	— 180	0.50 A		5.16.58	+ 13	— 16	π
Griffe de derrière................	5	4.27.30		3.15 A	— 3′	5.20. 8	+ 35	— 12	υ
Queue (bout de la)...............	1	4.24.30		11.50 B		5.17. 8	+ 11	+ 27	β
Précédente des 2 au-dessus du dos. Informe.	5	4. 6. 0		13.20		4.28.38	+ 31	+ 37	p. Lion.
Suivante......................	5	4. 8.10		15.30		5. 0.48	+ 22	+ 59	Queue.
Boréale des trois sous le flanc........	4	4.17.30		1.10 B		5.10. 8	+ 4	+ 10	χ
Moyenne......................	5	4.17.10	— 10	0.30 A		5. 9.48	— 7	— 17	c
Australe.....................	5	4.18. 0		2.40 A		5.10.38	— 2	— 8	d
Boréale de la chevelure (boucle) (*)....	obsc.	4.24.50		30. 0 B		5.17.28	+124	— 96	e
Précédente de l'extrémité australe.......	obsc.	4.24.20		25. 0		6.16.58	+140	— 92	h
Suivante, feuille de lierre............	obsc.	4.28.30		25.30		5.21. 8	+ 70	— 1	g
				27ᵉ. La Vierge. 26 étoiles et 6 informes, 32.					(167)
Australe des deux du crâne...........	5	4.26.20	+ 60	4.15	— 180	5.18.58	+ 51	+ 20	ν
Boréale......................	5	4.27. 0		5.40	— 20	5.19.38	+ 22	+ 28	ξ
Boréale des deux de la face..........	5	5. 0.40	— 20	8. 0		5.23.18	+ 5	+ 31	ο
Australe.....................	5	5. 0.30	— 20	5.40	— 10	5.23. 8	+ 5	+ 29	π
Bout de l'aile gauche...............	3	4.29.40		0.10	+ 350	5.22.18	+ 28	+ 31	β
Précédente de l'aile gauche...........	3	5. 8.15		1.10		6. 0.53	— 22	+ 12	η
Suivante.....................	3	5.13.30	— 20	2.50		6. 6. 8	— 16	— 1	γ
Autre suivante..................	5	5.17.10		2.50		6. 9.48	+ 65	— 28	ζ
Dernière des quatre...............	4	5.21. 0		1.40	— 20	6.13.38	+ 16	+ 5	θ
Côté droit, sous la ceinture...........	3	5.14.20		8.30		6. 6.58	+ 12	+ 8	δ
Précédente des trois de l'aile droite.....	5	5. 8.30	— 20	13.50		6. 1. 8	— 5	— 8	ρ
Australe des deux autres............	6	5.10.20	+ 340	11.40	— 20	6. 2.58	+ 8	— 6	d
La Vendangeuse.................	5	5.12.30	— 30	16. 0 B	+ 246	6. 5. 8	+ 30	+ 13	ε
L'Epi.......................	1	5.26.40	— 20	2. 0 A		6.19.18	+ 13	+ 2	α
Sous la ceinture, fesse droite.........	3	5.24.50		8.40 B		6.17.28	+ 20	— 1	ζ
Cuisse gauch., bor. du côté préced. du quadr.	5	5.26.20		3.20		6.18.58	+ 18	— 11	l
Australe..............	6	5.27.15	— 240	0.10		6.19.53	+ 3	— 34	h
Boréale des 2, côté suivant..	4	6. 0. 0		1.30 B		6.22.38	— 14	+ 14	m
Australe..............	5	5.28. 0		0.20 A	+ 160	6.20.38	— 16	+ 4	h
Genou gauche...................	5	6. 1.40	— 20	1.30 A		6.24.18	+ 25	— 8	86
Cuisse droite....................	5	5.29. 0	— 60	9.30 B	+ 60	6.21.38	+ 74	+ 7	p
Milieu des trois du bord du vêtement....	4	6. 6.20		7.30		6.28.58	+ 30	— 14	ι
Australe des trois................	4	6. 7.20		2.40	— 20	6.29.58	+ 13	+ 15	κ
Boréale des trois................	4	6. 8.20	+12°	11.40	— 20	7. 0.58	+ 10	+ 7	φ
Pied gauche et austral..............	4	6.10. 0	+ 10	0.30		7. 2.38	0	+ 1	λ
Pied droit et boréal...............	3	6.12.40	— 20	9.50 B	+ 9°	7. 5.18	+ 29	— 7	μ
Coude gauche, précéd. des 3 en lig. droite..	5	5.14.40	— 20	3.30 A		6. 7.18	+ 31	— 3	χ
Celle du milieu..................	5	5.19. 0		3.30		6.11.38	+ 14	— 5	ψ
Dernière.....................	5	5.22.15		3.20		6.14.53	+ 32	— 5	g
Précéd. des 3 en ligne droite sous l'Epi....	6	5.27.10		7.10		6.19.48	— 80	+ 43	53
Seconde......................	5	5.28.10		8.20		6.20.48	+ 44	0	61
Troisième.....................	6	6. 5. 0		7.50 A		6.27.38	+ 2	— 89	89
				28ᵉ. Les Serres. 17 étoiles.					(184)
Brillante de la serre australe..........	2	6.18. 0		0.20 B	+ 20	7.10.38	+ 9	+ 3	α
Au nord de la précédente............	5	6.17. 0		2.30		7. 9.38	+ 14	— 26	μ
Brillante de la serre boréale..........	2	6.22.30	— 20	8.50		7.15. 8	— 1	— 18	β
Précédente obscure...............	5	6.17.40	— 20	8.30 B		7.10.18	+ 41	— 13	δ
Milieu de la serre australe..........	4	6.24. 0		1.40 A	— 20	7.16.38	+ 4	+ 8	ι

(*) On voit que si Conon avait observé la chevelure, il ne l'aurait pas trouvée si brillante que dit Callimaque, ou son imitateur Catulle, *fulgentem clarè.*

Désignation des Étoiles.	Grandeur.	Longit.	Variant.	Latitud.	Variant.	Longit. en 1690.	Corr. de longit.	Corr. de latit.	Lettres.
Suite des Serres.									
Précédente sur la même serre	4	6ˢ 21° 40′	— 20′	1° 15′ B		7ˢ 14° 18′	+ 10′	— 1′	ι
Milieu de la serre boréale	4	6. 27. 50		4. 45	+ 5′	7. 20. 28	+ 21	— 20	γ
Suivante de la même serre	4	7. 3. 0		3. 30		7. 25. 38	— 5	0	θ
Précédente des 3 au-dessus de la serre bor.	5	6. 26. 10		9. 0		7. 18. 48	+ 32	— 3	37 ♎
Australe des deux suivantes	4	7. 3. 20	+ 20	6. 20	+ 20	7. 25. 58	+ 6	— 14	ψ
Boréale des deux	4	7. 4. 20		9. 15		7. 26. 58	+ 1	+ 2	ξ
Suivante des trois entre les serres	5	7. 3. 30		0. 30		7. 26. 8	+ 15	— 21	λ
Boréale et précédente des deux autres	5	7. 0. 20		0. 20 B		7. 22. 58	+ 25	— 18	κ
Australe	4	7. 1. 10		1. 30 A		7. 23. 48			
Précédente des 3 autres de la serre australe	3	6. 23. 0		7. 30		7. 15. 38	+ 45	+ 6	3 ♏
Boréale des deux suivantes	4	7. 1. 10		8. 30	— 20	7. 23. 48	+ 29	— 2	39 ♎
Australe	4	7. 2. 0		9. 40 A		7. 24. 38	+ 22	+ 17	40 ♎
29ᵉ. Le Scorpion. 21 étoiles et 3 informes, 24.									(208)
Boréale des trois brillantes du front	3	7. 6. 20		1. 20 B		7. 28. 58	— 5	— 17	β
Seconde	3	7. 5. 40	— 20	1. 40 A	— 20	7. 28. 18	— 3	+ 17	δ
Australe et troisième	3	7. 5. 40	— 20	5. 0		7. 28. 18	+ 19	+ 26	π
Au sud sur l'un des pieds	3	7. 6. 0		7. 50 A		7. 28. 38	— 37	+ 15	11 ♏
Boréale des 2 brill. voisines de la luisante	4	7. 7. 40	— 20	1. 40 B	— 20	8. 0. 18	+ 2	+ 1	ν
Australe	4	7. 6. 50	— 30	0. 30 B		7. 29. 28	— 6	— 14	19
Précédente des trois brillantes sur le corps	3	7. 10. 40		3. 45 A		8. 3. 18	+ 21	+ 14	σ
Antarès. Luisante sur le corps	2	7. 12. 40	— 20	4. 0		8. 5. 18	+ 31	+ 31	α
Suivante	3	7. 14. 30		5. 30		8. 7. 8	0	+ 34	τ
Précédente des deux du dernier pied	5	7. 9. 20		6. 30		8. 1. 58	— 2	+ 8	20
Suivante	5	7. 10. 20	+ 20	6. 40		8. 2. 58	— 57	+ 37	16
Premier nœud	3	7. 18. 30	— 20	11. 0		8. 11. 8	— 5	+ 40	ε
Second	3	7. 18. 50		15. 0		8. 11. 28	+ 40	+ 23	μ
Troisième, boréal	4	7. 20. 0		18. 20	+ 20	8. 12. 38	+ 16	— 470	27
Austral	4	7. 20. 10		19. 10	— 70	8. 12. 48	+ 20	— 5	ζ Hallei.
Quatrième nœud	3	7. 23. 30	— 20	18. 30		8. 16. 8	+ 45	+ 28	η Idem.
Cinquième nœud	3	7. 28. 10		18. 50		8. 20. 48	+ 57	+ 48	θ Idem.
Sixième nœud	3	8. 0. 30	— 20	16. 20	— 20	8. 23. 8	+ 32	+ 21	ι Idem.
Septième nœud, près du dard	3	7. 29. 30	— 30	15. 30	— 20	8. 22. 8	+ 29	+ 7	κ Idem.
Suivante du dard	3	7. 27. 30		13. 20		8. 20. 8	+ 7	+ 24	υ
Précédente	4	7. 27. 0		13. 30		8. 19. 38	+ 3	+ 27	λ
Nébuleuse suivant le dard	Neb.	8. 1. 10		13. 15		8. 23. 48	+ 15	+ 22	
Précédente des deux au nord du dard	5	7. 25. 30		6. 10		8. 18. 8			
Suivante	5	7. 29. 30	— 240	1. 10	+ 180	8. 22. 8			
30ᵉ. Le Sagittaire. 31 étoiles.									(239)
Pointe de la flèche	3	8. 4. 30	+ 300	6. 40	— 20	8. 27. 8	— 12	+ 16	γ
A la main gauche	3	8. 7. 40	— 20	6. 10	+ 20	9. 0. 18	— 4	+ 13	δ
Partie australe de l'arc	3	8. 8. 0		10. 40	+ 500	9. 0. 38	+ 8	+ 20	ε
Australe de la partie boréale de l'arc	3	8. 9. 0		1. 50 A	— 40	9. 1. 38	+ 27	+ 14	λ
Boréale à l'extrémité de l'arc	4	8. 6. 20		2. 50 B		8. 28. 58	— 4	— 27	μ
Épaule gauche	3	8. 15. 20		3. 10 A		9. 7. 58	+ 5	+ 14	σ
Précédente sur la flèche	4	8. 13. 0		3. 30 A		9. 5. 38	+ 13	+ 25	φ
Nébuleuse double de l'œil	Neb.	8. 15. 30	— 20	0. 30 B	+ 15	9. 8. 8	+ 1	— 21	ν
Précédente des trois de la tête	4	8. 15. 0	+ 20	2. 10		9. 7. 38	— 18	+ 9	29
Seconde	4	8. 17. 40	— 20	1. 20		9. 10. 18	— 23	— 25	ξ
Dernière des trois de la tête	4	8. 19. 10		2. 0		9. 11. 48	+ 9	— 34	π
Australe des trois du voile	5	8. 21. 20		2. 50	+ 60	9. 13. 58	+ 4	+ 28	d
Celle du milieu	4	8. 22. 20		4. 30		9. 14. 58	+ 10	— 14	ψ
Boréale	4	8. 22. 50		6. 30		9. 15. 28	— 6	— 21	ο
Suivante obscure	6	8. 25. 20	+ 20	5. 30		9. 17. 58	— 4	— 24	10
Boréale des deux du voile austral	5	8. 29. 30		5. 50		9. 22. 8	+ 120	— 42	g
Australe	6	8. 27. 40	— 20	2. 0 B		9. 20. 18	+ 18	— 35	f
Épaule droite	5	8. 22. 20	+ 20	1. 50 A		9. 14. 58	+ 2	+ 36	15
Coude droit	4	8. 24. 50		2. 50		9. 17. 28	— 4	+ 12	18
Milieu du dos	5	8. 20. 0		2. 30		9. 12. 38	+ 5	+ 23	ψ

Désignation des Étoiles.	Grandeur.	Longit.	Variant.	Latitud.	Variant.	Longit. en 1690.	Corr. de longit.	Corr. de latit.	Lettres.
Suite du Sagittaire.									
Moyenne des trois de l'omoplate	4	8ˢ17°40′	— 20′	4°30′ A		9ˢ10°18′	+ 12′	+ 31′	τ
Dernière sous l'aisselle	3	8.16.40	— 20	6.45		9. 9.18	— 1	+ 23	ζ
Cheville gauche de devant	2	8.18.40	— 80	22. 0		9.11.18	+ 50	+ 7	β
Genou de la même jambe	2	8.19.20	— 140	18. 0		9.11.58	+ 70	+ 20	α
Cheville droite de devant	3	8. 6.40		13. 0		8.29.18	+ 51	+ 20	ι
Cuisse gauche	3	8.27.20		13.30		9.19.58			
Coude droit de derrière	3	8.24.50	+ 60	20.10		9.17.28			
Préced. du côté bor., naissance de la queue	5	8.28.20		4.50		9.20.58	+ 21	+ 33	ω
Suivante du côté boréal	5	8.29.10	— 10	4.50		9.21.48	+ 25	+ 35	a
Précédente du côté austral	5	8.28.50		5.50		9.21.28	+ 7	+ 26	h
Suivante	5	8.29.40		6.30 A		9.22.18	+ 25	+ 34	c
31ᵉ. Le Capricorne. 28 étoiles.									(267)
Boréale des trois de la corne suivante	3	9. 7.20		7.20 B		9.29.58	+ 34	— 22	2α
Moyenne	6	9. 7.40		6.40		10. 0.18	— 10	— 3	ν
Australe des trois	3	9. 7.20		5. 0		9.29.58	— 15	— 23	β
Extrémité de la corne précédente	6	9. 5. 0	+ 230	8. 0		9.27.38	+ 32	— 47	ξ
Australe des trois du museau	6	9. 9. 0		0.45		10. 1.38	— 75	+ 11	π
Précédente des deux autres	6	9. 8.40		1.10	+ 35	10. 1.18	— 27	+ 4	ρ
Suivante	6	9. 8.50		1.30		10. 1.28	— 34	— 64	ο
Précédente des trois sous l'œil droit	5	9. 6.30		0.40		9.29. 8	— 46	— 11	σ
Boréale des deux du cou	6	9.11.40		3.50		10. 4.18	— 20	— 27	τ
Australe	5	9.11.30		0.40 B		10. 4. 8	— 47	— 24	υ
Sous le genou droit	4	9.10.50		6.30 A		10. 3.28	— 38	+ 28	ψ
Genou gauche plié	4	9.11.20	+ 20	8.40		10. 3.58	— 21	+ 15	ω
Epaule gauche	4	9.15.40		7.40		10. 8.18	— 48	+ 24	A
Précédente des 2 contiguës sous le ventre	4	9.20.10		6.30	+ 80	10.12.48	— 11	+ 28	ζ
Suivante	5	9.20.40		6. 0		10.13.18	— 3	+ 32	]
Suivante des trois du milieu du corps	5	9.18.40		4.15	+ 30	10.11.18	— 35	+ 15	φ
Australe des deux autres	5	9.16.40		4.15		10. 9.18	— 20	+ 16	1χ
Boréale	5	9.16.20	+ 20	2.50		10. 8.58	— 32	+ 8	χ
Précédente des deux sur le dos	4	9.17.20	— 40	0.10		10. 9.58	— 26	+ 23	θ
Suivante	4	9.21. 0		0.50		10.13.38	— 16	+ 30	ι
Précédente des deux sur l'épine	4	9.23.20	+ 10	4.45		10.15.58	— 5	+ 12	ε
Suivante	4	9.25. 0		4.30		10.17.38	— 19	+ 18	κ
Précédente des deux vers la queue	3	9.24.50	— 180	2.10		10.17.28	0	+ 21	γ
Suivante	3	9.26.40	— 20	2. 0		10.19.18	— 5	+ 32	δ
Préced. des 4 de la partie bor. de la queue	4	9.26.30	+ 20	0.20		10.19. 8	— 28	— 11	1d
Australe des trois autres	5	9.28.40	— 480	0. 0 A		10.21.18	+ 11	+ 39	μ
Moyenne	5	9.27.40		2.20 B	+ 30	10.20.18	+ 19	— 42	λ
Boréale à l'extrémité de la queue	5	9.28.40		4.20		10.21.18	— 12	— 6	1c
32ᵉ. Le Verseau. 42 étoiles et 3 informes, 45.									(312)
Sur la tête	5	10. 0.20		15.45		10.22.58	+ 40	— 27	d
Brillante des deux de l'épaule	3	10. 6.20	— 330	11. 0		10.28.58	+ 4	— 15	α
Obscure sous la précédente	5	10. 5.10		9.40		10.27.48	— 1	— 29	o.31
Epaule gauche	3	9.26.30		8.50		10.19. 8	— 4	— 11	β
Sous l'aisselle	5	9.27.20		6.15		10.19.58	— 11	— 16	ξ
Suivante des 3 de la main ganc., sur le vêtem.	3	9.19.40		5.10		10.12.18	— 4	— 23	ν
Celle du milieu	4	9.16.10		8.30		10. 8.48	— 4	— 14	μ
Précédente des trois	3	9.14.40		8.20		10. 7.18	+ 6	— 13	ε
Coude droit	3	10. 9.30		8.45		11. 2. 8	+ 15	— 30	γ
Boréale des trois de la main droite	3	10.11.40		10.45		11. 4.18	— 1	— 16	π
Suivante des deux autres	3	10.13.20	— 80	8.30	+ 30	11. 5.58	+ 7	— 21	ζ
Précédente	3	10.12. 0		9. 0		11. 4.38			
Précédente des deux dans le côté droit	4	10. 6.10		3. 0		10.28.48	+ 8	— 16	θ
Suivante	5	10. 7. 0		2.40 B	+ 30	10.29.38	+ 4	— 17	ρ
Fesse droite	4	10. 8.40	— 20	0.30 A		11. 1.18	— 12	+ 23	σ
Australe des deux de la fesse gauche	4	10. 1.40		1.40		10.24.18	+ 6	+ 23	ι
Boréale	6	10. 3.30		0.10		10.26. 8	+ 2	+ 6	c

Désignation des Étoiles.	Grandeur.	Longit.	Variant.	Latitud.	Variant.	Longit. en 1690.	Corr. de longit.	Corr. de latit.	Lettres.
Suite du Verseau.									
Australe des deux de la jambe droite....	3	10ˢ11°40′		2°30′ A		11ˢ 4°18′	— 38′	+ 95′	δ
Boréale des deux vers le jarret........	4	10.20. 0		5. 0	+ 10′	11.12.38	— 10	— 4	2ψ
Cuisse gauche............	5	10. 4.40		5.40		10.27.18	+ 35	+ 48	τ
Australe des deux de la jambe gauche....	5	10. 5.20	+ 180′	10. 0		10.27.58	+ 14	+ 52	υ
Boréale............	5	10. 7.50		9. 0 A		11. 0.28	+ 27	+ 58	12
Précédente de l'eau près de la main....	4	10.12.20	+ 180	4.20 B	— 140	11. 4.58	+ 8	— 12	κ
Australe près de la précédente........	4	10.14.50		0.10 B		11. 7.28	— 13	— 33	λ
Suivante........	4	10.17.40	+ 140	1.10 A		11.10.18	— 14	+ 30	1ψ
Autre suivante........	4	10.20. 0		0.30		11.12.38	+ 11	+ 31	φ
Au sud de la précédente........	4	10.20.10		2.40	— 60	11.12.48	— 4	+ 10	χ
Boréale de deux au sud........	4	10.19. 0		3.30		11.11.38	+ 19	+ 28	1ψ
Australe........	4	10.19.30		4.20	— 10	11.12. 8	+ 16	— 5	ψ
Solitaire, éloignée vers le midi........	5	10.18. 0		8.15		11.10.38	+ 20	+ 3	94
Précédente des deux voisines........	5	10.22.20	+ 20	10.40	+ 20	11.14.58	+ 24	— 32	1ω
Suivante........	5	10.23.10		11.20	— 30	11.15.48	— 28	— 18	2ω
Boréale des trois dans le détour suivant...	5	10.21.40		14. 0		11.14.18	— 8	+ 41	1A
Seconde des trois........	5	10.22.10		14.45		11.14.48	0	+ 25	3A
Troisième........	5	10.23.10		15.40		11.15.48	— 56	+ 3	4A
Boréale des trois suivantes........	4	10.17. 0		14.10		11. 9.38	— 29	+ 36	1.b
Seconde des trois........	4	10.17.30		15. 0		11.10. 8	— 33	+ 34	2.b
Australe........	4	10.18.20	+ 20	15.50	— 5	11.10.58	— 27	+ 56	3.b
Précédente des trois du dernier pli........	4	10.11.50		14.45	+ 65	11. 4.28	+ 63	— 16	1.c
Australe des deux autres........	4	10.12.20	+ 40	15.20	— 30	11. 4.58	— 17	+ 22	3.c
Boréale........	4	10.13.10	+ 20	14. 0		11. 5.48	— 7	+ 29	2.c
Dernière et gueule du Poisson austral....	1	10. 7. 0		20.40	+ 140	11.29.38	— 7	+ 26	α
Précédente des trois après la courbure....		10.22.40	+ 240	15.30		11.15.18	— 30	— 20	3A
Boréale des deux autres........		10.29.40		14.40		11.22.18	— 21	+ 36	f Bal
Australe........		10.29. 0		18.15 A		11.21.38	— 26	+ 31	h Bal
33ᵉ. Les Poissons. 34 étoiles et 4 informes, 38. (35α)									
Bouche du Poisson précédent........	4	10.21.40		9.15 B		11.14.18	— 2	— 12	β
Australe des deux du crâne........	4	10.24.30	— 20	7.30		11.17. 8	— 4	— 14	γ
Boréale........	4	10.26. 0		9.20		11.18.38	+ 4	— 27	b
Précédente des deux sur le dos........	4	10.28.10		9.30		11.20.48	+ 4	— 28	θ
Suivante........	4	11. 0.40		7.30		11.23.18	+ 1	— 18	ι
Précédente des deux sur le ventre........	4	10.26. 0		4.30		11.18.38	— 3	— 4	14
Suivante........	4	10.29.40		3.30		11.22.18	— 1	— 5	λ
Queue du même........	4	11. 6. 0		6.20		11.28.38	+ 23	+ 2	ω
Sur le lien, première après la queue....	6	11.11. 0		5.45		0. 3.38	+ 1	— 18	d
Seconde........	6	11.13. 0		3.30	+ 15	0. 5.38	+ 11	— 19	51
Précédente des trois brillantes qui suivent..	4	11.17.10		2.15		0. 9.48	+ 1	— 5	δ
Seconde........	4	11.20.30	— 20	1.10 B		0.13. 8	— 7	— 1	ε
Troisième........	4	11.23. 0		0.10 A	+ 350	0.15.38	— 6	+ 3	ζ
Boréale de deux petites dans la courbure..	6	11.21.20	+ 70	2. 0		0.13.58	— 21	— 30	c
Australe........	6	11.23.40		5. 0		0.15.18	+ 25	+ 30	f
Précédente des trois après la courbure....	4	11.26.30		2.30	— 20	0.19. 8	— 21	+ 24	μ
Seconde........	4	11.28.40	— 20	4.40		0.21.18	— 7	+ 3	ν
Troisième........	4	0. 0.40		7.45		0.23.18	— 7	+ 11	ξ
Nœud des liens........	3	0. 2.30		8.30		0.25. 8	— 6	+ 15	α
Précédente près du nœud........	4	0. 0.30		1.40 A		0.23. 8	+ 16	— 1	ο
Australe des trois de suite........	5	0. 0.10		1.50 B		0.22.48	— 13	+ 9	π
Seconde........	3	0. 0.40	— 30	5.20		0.23.18	+ 85	+ 17	105
Troisième, extrémité de la queue........	4	0. 0.30		9. 0		0.23. 8	— 23	+ 22	ρ
Boréale des deux, bouche du Poisson suiv.	5	0. 2. 0		21.45		0.24.38	— 10	+ 14	σ
Australe........	5	0. 1.40		20.30	+ 70	0.24.18	— 20	+ 12	τ
Suivante des trois petites à la tête........	6	11.28.40		20.30	— 30	0.21.18	— 41	+ 27	1h
Celle du milieu........	6	11.27.40		19.20	+ 30	0.20.18	— 55	+ 10	k
Précédente........	6	11.26.30	+ 30	20.20		0.19. 8	— 50	+ 11	ι
Précédente des trois sur l'épine du dos....	4	11.26.20	— 40	13.20	+ 60	0.18.58	+ 8	+ 1	1ψ
Celle du milieu........	4	11.26.40		12.15	+ 60	0.19.18	— 0	+ 14	2ψ

Désignation des Étoiles.	Grandeur.	Longit.	Variant.	Latitud.	Variant.	Longit. en 1690.	Corr. de longit.	Corr. de latit.	Lettres.
Suite des Poissons.									
Troisième	4	11ˢ27° 0′	+ 40′	11° 0′ B	+ 60′	0ˢ19°38′	− 20′	+ 18′	34
Boréale des deux au ventre	4	0. 2.10	+ 30	17. 0		0.21.48	− 21	+ 27	ο
Australe	4	11.29.50		15.20		0.22.28	− 19	+ 9	ε
Epine, vers la queue	4	0. 0. 0		11.45 B		0.22.38	−146	+ 40	χ
Précédente des deux boréales du quadrilatèr.	4	11. 1.10		2.40 A		11.23.48	+ 10	+ 28	27 X
Suivante	4	11. 2.15		2.30		11.24.53	0	+ 28	28
Précédente du côté austral	4	11. 0.40		5.30		11.23.18	+ 25	+ 12	30
Suivante	4	11. 2.20		5.30		11.24.58	− 21	+ 17	33
CONSTELLATIONS AUSTRALES. 34ᵉ. La Baleine. 22 étoiles.									(22)
Bout du museau	4	0.17.40		7.45		1.10.18	+ 27	+ 4	λ
Suivante des trois, extrémité de la joue	3	0.17.40	− 20	12.20	+ 20	1.10.18	− 13	+ 3	α
Au milieu de la gueule	3	0.12.40	− 20	11.50	− 20	1. 5.18	− 11	+ 11	γ
Précédente des trois sur la joue	3	0.10.30		14.15	− 240	1. 3. 8	+ 6	+ 15	δ
Sur l'œil	4	0.11.10	− 60	9.10	− 60	1. 3.48	+ 15	+ 2	ν
Plus boréale, sur la crinière	4	0.10.10		6.20		1. 2.48	+ 20	− 27	ξ²
Précédente sur la crinière	4	0. 7.20		4.10		0.29.58	− 15	+ 7	ξ¹
Bor. du côté précéd. du quadril., poitrine	4	0. 3. 0		24.50	− 20	0.25.38	− 16	+ 26	ρ
Australe du même côté	4	0. 3.20		28. 0		0.25.58	− 12	+ 33	σ
Boréale du côté suivant	4	0. 6.40		25.30	− 20	0.29.18	− 18	+ 30	ε
Australe	3	0. 7. 0		27.30		0.29.38	− 13	+ 47	π
Celle du milieu des trois sur le corps	3	11.21.40	+ 20	24.40	+ 40	0.14.18	− 42	+ 18	τ
Australe des trois	4	11.23. 0		30.50	− 20	0.15.38	− 29	+ 18	υ
Boréale des trois	3	11.25. 0		20. 0		0.17.38	− 1	+ 21	ζ
Suivante des deux vers la queue	3	11.19.40		15.40	− 40	0.12.18	− 24	+ 6	θ
Précédente	5	11.15. 0		15.40		0. 7.38	− 13	+ 27	η
Boréale du côté suivant	5	11.11. 0		13.40		0. 3.38	+ 63	− 16	21
Australe	5	11.10.40		14.40		0. 3.18	− 21	+ 4	22
Boréale du côté précédent	5	11. 9.20		13. 0		0. 1.58	− 24	+ 67	19
Australe	5	11. 9. 0		14. 0		0. 1.38	− 4	+ 8	19
Boréale des deux de la queue	3	11. 4.20	+ 20	9.40		0.26.58	− 23	+ 21	ι
Bout de la queue	3	11. 5.40		20.20		11.28.18	− 5	+ 27	β
35ᵉ. Orion. 38 étoiles.									(60)
Nébuleuse à la tête d'Orion	Néb.	1.27. 0		14.30	+ 120	2.19.38	− 16	+ 65	λ
Epaule droite, luisante rougeâtre	1	2. 2. 0		16.30	+ 30	2.24.38	− 13	− 26	α
Epaule gauche	2	1.24. 0		17.10	+ 20	2.16.38	0	− 19	γ
Suivante	4	1.25.30	− 30	18. 0		2.18. 8	− 5	− 40	A
Coude droit	4	2. 4.20		14.10	+ 20	2.26.58	− 42	− 20	μ
Avant-bras droit	6	2. 6.40	− 20	11.30	+ 20	2.29.18	+ 27	− 20	2k
Suiv. doub. du c. austr. du quadril. de la m.	4	2. 6. 0	+ 30	10. 0		2.28.38	− 4	− 45	ξ
Précédente	4	2. 5.30	+ 30	9.45	− 15	2.28. 8	− 37	− 3	ν
Suivante du côté nord du quadrilatère	6	2. 7. 0	+ 20	8. 0	+ 15	2.29.38	+ 46	− 22	2f
Précédente	6	2. 6.20	+ 20	8. 0	+ 15	2.28.58	− 34	− 41	1f
Précédente, sur la massue	5	2. 1.40		3.45		2.24.18	+ 11	− 1	2χ
Suivante	5	2. 4. 0	− 80	4. 0	− 40	1.26.38	− 2	− 40	3χ
Suivante des 4 en ligne droite sur le dos	4	1.27.50		19.40		2.20.28	− 18	− 24	ω
Précédente	6	1.26.20		20. 0		2.18.58	− 57	0	n
Autre précédente	6	1.25.20		20.10		2.17.58	+ 3	− 17	n
Première des quatre	5	1.24.10	− 180	20.40		2.16.48	+ 3	− 32	4
Boréale et première sur la peau	4	1.16.30	+ 240	8.30		2. 9. 8	+ 1	− 11	1 π
Seconde	4	1.17.20	+ 120	9.20	− 60	2. 9.58	+ 3	− 13	2 π
Troisième	4	1.16.30	+ 90	11.30	− 75	2. 9. 8	+ 14	− 21	π
Quatrième	4	1.16.20		12.50		2. 8.58	+ 17	− 26	2 π
Cinquième en descendant de la plus boréale	4	1.15.10		14. 0	+ 15	2. 7.48	+ 13	− 29	1r
Sixième	3	1.14.50		15.50		2. 7.28	+ 5	− 25	1ere
Septième	3	1.14.50		17.10		2. 7.28	+ 18	− 21	3e
Huitième	3	1.13.20		20.20		2. 7.58	− 3	− 23	8e
Neuvième et plus australe	3	1.16.20		21.10	+ 20	2. 8.58	+ 14	− 16	10e

Désignation des Étoiles.	Grandeur.	Longit.	Variant.	Latitud.	Variant.	Longit. en 1690.	Corr. de longit.	Corr. de latit.	Lettres.
Suite d'Orion.									
Précédente des trois de la ceinture.....	2	1ˢ 25° 20′	+ 30′	24° 10′ A		2ˢ 17° 58′	+ 4′	− 34′	δ
Seconde des trois..........	2	1.27. 0	+ 20	24.50		2.19.38	− 30	− 17	ε
Troisième..........	2	1.28.10		25.40		2.20.48	− 26	− 16	ζ
Poignée de l'épée..........	3	1.13.50		25.50		2.16.28	− 38	− 15	ι
Boréale des trois du bout de l'épée......	4	1.26.30	+ 20	28.20		2.19. 8	− 30	+ 22	19
Milieu des trois..........	3	1.26.50	− 210	29. 0	+ 10′	2.19.28	+ 41	− 48	20
Australe des trois..........	3	1.26.50	+ 10	29.40	− 10	2.19.28	− 49	− 25	ι
Suivante des deux sous la pointe.........	4	1.27.40		30.40	− 20″	2.20.18	− 44	− 5	υ
Précédente..........	4	1.26.30		30.50	− 25.	2.19. 8	+ 27	− 15	d
Pied gauche, commune de l'eau.......	1	1.20.50		31.30	− 20	2.13.28	− 50	− 20	β
Boréale au-dessus de la cheville.........	4	1.21. 0	+ 60	30.15		2.13.38	− 8	− 22	τ
Au gras de la jambe, en dehors.........	4	1.23.20		31.10		2.15.58	− 41	− 12	ο
Sous le genou droit et suivant.........	3	2. 0.10		33.30		2.22.48	− 11	− 23	κ
36ᵉ. Le Fleuve. 35 étoiles.									(95)
Près du pied d'Orion..........	4	1.18.50		31.50		2.10.58	− 5	− 16	λ
Plus boréale..........	4	1.18.30		28.15		2.11. 8	− 11	− 21	b
Suivante des deux qui viennent après....	4	1.16.20	+ 80	29.50		2. 8.58	− 5	− 2	ψ
Précédente..........	4	1.14.40		27.30		2. 7.18	+ 26	− 45	b
Suivante de deux autres..........	4	1.13.10		25.50		2. 5.48	− 47	− 26	μ
Précédente..........	4	1.10.30	+ 330	25.20	+ 10	2. 3. 8	− 39	− 11	ν
Suivante de trois autres..........	5	1. 6.20		25.20	+ 40	1.28.58	+ 2	− 19	ξ
Celle du milieu..........	4	1. 3.30	+ 120	28.30	− 90	1.26. 8	0	− 17	d
Précédente des trois..........	4	1. 2.50		27.50	− 20	1.25.28	− 22	− 20	ε
Suivante de quatre plus éloignées......	3	0.27. 0		33.10	− 20	1.19.38	− 6	+ 4	γ
Précédente ou troisième..........	4	0.24.20		31. 0		1.16.58	− 21	+ 9	π
Encore précédente ou seconde..........	3	0.24.10		28.50		1.16.48	− 17	− 4	δ
Première des quatre..........	3	0.22. 0		28. 0		1.14.38	− 43	− 14	ε
Suivante de quatre autres..........	3	0.17.10		26. 0	− 30	1. 9.48	− 19	− 3	ζ
Précédente ou troisième..........	4	0.14.30	+ 20	23.50		1. 7. 8	− 16	+ 7	ι
Précédente ou deuxième..........	3	0.12.10		24.30	− 60	1. 4.48	− 23	− 4	ε
Précédente ou première des quatre......	4	0.10.30		23.15		1. 3. 8	....	....	....
Au détour du Fleuve près de la Baleine.....	4	0. 5.10		32.30	− 20	0.27.48	− 4	− 16	14
Suivante..........	4	0. 5.50		35.30	− 40	0.28.28	− 10	+ 3	27
Précédente de trois autres..........	4	0. 8.50		38.30		1. 1.28	− 63	− 10	11*
Seconde des trois..........	4	0.13.50		38.10		1. 6.28	− 23	+ 22	16
Troisième..........	4	0.17.30	+ 20	39. 0		1.10. 8	− 16	+ 28	19
Boréale du côté précédent du trapèze......	4	0.21.20		41.40	− 20	1.13.58	− 54	+ 13	27
Australe..........	5	0.21.20	+ 10	42.30		1.13.58	− 57	+ 5	28
Précédente du côté suivant..........	4	0.22.10	+ 30	43.40	− 25	1.14.48	− 17	+ 1	33
Suivante du côté suivant et reste desquatre.	4	0.24.40		43.20		1.17.18	− 31	+ 1	36
Boréale de deux contiguës à l'est.........	4	1. 4.10		50.40	+ 150	1.26.48	− 56	+ 71	29
Australe..........	4	1. 5. 0		51.45		1.27.38	− 150	− 6	12
Suivante de deux après le détour.........	4	0.28.10		53.50		1.20.48	− 41	+ 43	43*
Précédente..........	4	0.25.50		53.10		1.18.28	− 21	+ 40	41
Suivante des trois après un intervalle....	4	0.17.50		53. 0		1.10.28	− 19	+ 15	1 Halley.
Celle du milieu..........	4	0.14.50	− 20	55.20	− 10	1. 7.28	+ 28	+ 59	2
Première des trois..........	4	0.12.50	− 50	54.30	− 150	1. 5.28	+ 31	+ 20	θ
Dernière du Fleuve, brillante (*).........	1	11.27.30		53.30		0.20. 8	+ 49	+ 15	Halley.
Première du Poisson austral..........	1	10. 7. 0		20.40		10.29.38	− 9	+ 24	α
37ᵉ. Le Lièvre. 12 étoiles.									(107)
Quadril. aux oreilles, bor. du côté précéd...	5	1.19.40		35. 0		2.12.18	− 51	+ 41	ι
Australe du côté précédent..........	5	1.19.50		36.10	+ 20	2.12.28	− 52	− 20	κ
Boréale du côté suivant..........	5	1.21.20		35.40		2.13.58	− 17	− 17	ν

(*) La dernière brillante du Fleuve ne peut être que la dernière de l'eau du Verseau, qui s'appelle aussi le Fleuve ou le Nil. Achernar, dont on fait aujourd'hui la dernière de l'Éridan, n'était visible ni à Alexandrie, ni à Rhodes surtout.

Désignation des Étoiles.	Grandeur.	Longit.	Variant.	Latitud.	Variant.	Longit. en 1690.	Corr. de longit.	Corr. de latit.	Lettres.
Suite du Lièvre.									
Australe	5	1ˢ21°20'	— 10'	36°30' A	+ 10'	2ˢ13°58'	— 30'	— 27	λ
Au menton	4	1.19.10		39.15		2.11.48	— 43	— 10	μ
Bout du pied gauche de devant	4	1.16.10		45.15		2. 8.48	— 63	— 15	ι
Milieu du corps	3	1.25.30	+ 20	41.30		2.18. 8	— 63	— 21	α
Sous le ventre	3	1.23.50	+ 60	44.20		2.16.28	+ 61	+ 13	β
Boréale des deux pieds de derrière	4	2. 1. 0	+ 180	44.30		2.23.38	— 47	— 13	δ
Australe	4	1.29. 0		45.50		2.21.38	— 62	0	γ
Sur les reins	4	2. 0. 0		38.20	+ 20	2.22.38	— 58	— 5	ζ
Bout de la queue	4	2. 2.40		38.10		2.25.18	— 42	— 31	η
38e. Le Chien, 18 étoiles et 11 informes, 29.									(138)
Luisante de la gueule, Sirius	1	2.17.40		39.10		3.10.18	— 29	+ 21	α
Sur les oreilles	4	2.19.40		35. 0		3.12.18	— 25	— 15	θ
Sur la tête	5	2.21.20		36.30		3.13.58	— 74	+ 12	μ
Boréale des deux du cou	4	2.23.10	+ 10	37.45		3.15.48	— 50	— 17	γ
Australe	4	2.20.20		40. 0		3.12.58	+ 16	— 18	ι
Sur la poitrine	5	2.20.30		42.40		3.13. 8	— 13	+ 14	π
Boréale des deux du genou droit	6	2.16.10		41.15		3. 8.48	— 66	+ 4	3ν
Australe	5	2.16. 0		42.30		3. 8.38	— 72	— 9	2ν
Bout du pied de devant	3	2.11. 0		41.20		3. 3.38	— 45	— 2	β
Précédente des deux du genou gauche	5	2.14.40		46.30		3. 7.18	— 24	— 24	1ξ
Suivante	5	2.16. 0		45.50		3. 8.38	— 77	+ 16	2ξ
Suivante des deux de l'épaule	4	2.24.40		46.10		3.17.18	— 52	0	2ο
Précédente de l'épaule gauche	5	2.21.40		47. 0		3.14.18	— 27	— 11	1ο
Naissance de la cuisse gauche	3	2.26.40		48.45		3.19.18	— 15	— 16	δ
Sous le ventre	3	2.23.40		51.30		3.16.18	+ 7	— 6	ε
Jarret droit	4	2.21.20	+ 100	55.10		3.13.58	+ 7	+ 2	2κ
Patte droite	3	2. 9.40		53.45		3. 2.18	+ 40	— 21	ζ
Sur la queue	3	3. 2.30		50.40		3.25. 8	+ 4	— 1	η
Au nord de la tête. Informe	4	2.10.30		25.15		3.12. 8			
Plus austr. des 4 en lig. dr. des pat. de derr.	4	2. 8. 0		61. 0	— 30	3. 0.38			
Plus boréale	4	2.11.20		58.45		3. 3.38			
Encore plus boréale	4	2.13. 0		57. 0		3. 5.38			
La plus boréale de quatre en ligne droite	4	2.14.50		56. 0		3. 7.28			
Précédente des trois en ligne droite à l'ouest	4	1.28. 0		55.30		2.29.38			
Celle du milieu	4	2. 0.40		57.40		2.23.18			
Suivante des trois	4	2. 2.20		59.50		2.24.58			
Suivante au-dessus des deux, brillante	2	1.29. 0		59.40		2.21.38			
Précédente	2	1.26. 0		57.40		2.18.38			
Dernière et plus australe	4	1.22.10		59. 0	+ 30	2.14.48			
39e. Procyon, 2 étoiles.									(138)
Sur le cou		2.25. 0		14. 0		3.17.38	+ 14	— 29	β
Procyon		2.29.10		16.10		3.21.48	— 18	— 2	
40e. Argo, 45 étoiles.									(153)
Précédente des deux de l'acrostole	4	3.10.40	+ 220	42.30		4. 3.18	+ 3	+ 7	ε
Suivante	3	2.14.20		43.20		4. 6.58	+ 8	— 2	ι
Bor. de 2 contiguës du bouclier de la proue	4	3. 8.50	— 480	45. 0		4. 1.28	+ 16	— 1	ξ
Australe	5	3. 8.50	+ 710	46. 0		4. 1.28	— 50	+ 46	1ere
Précédente	5	3. 5.20		45.30	+ 20	3.27.58	— 32	+ 62	2e
Brillante au milieu du bouclier, [illegible]	3	3. 6.20		47.15		3.28.58	+ 85	— 526	σ
Précédente des trois au-dessous du bouclier	5	3. 5.20		49.45	— 15	3.27.58			
Suivante	4	3. 9.20		49.40	+ 10	4. 1.58	— 24	— 25	
Milieu des trois	5	3. 8.30		49.15	— 5	4. 1. 8	+ 26	0	τ
Sur l'oye, χηνίσκος	4	3.14. 0		49.50		4. 6.38	+ 31	+ 9	Hallei.
Boréale des deux de la proue, ἐν τῷ [illegible]	5	3. 4. 0		53. 0		3.26.38			
Australe	3	3. 4. 0		58.40		3.26.38	— 37	— 8	π
Boréale des deux du toit de la proue	5	3.10.10		55.30		4. 2.48			

Désignation des Étoiles.	Grandeur.	Longit.	Variant.	Latitud.	Variant.	Longit. en 1690.	Corr. de longit.	Corr. de latit.	Lettres.
Suite d'Argo.									
récédente de trois qui se suivent	5	3ˢ 13°10′		58°40′ A		4ˢ 4°48′	+ 30′	− 14′	Hallei.
elle du milieu	4	3.13.40		57.15		4. 6.18	+ 52	+ 29	*Idem.*
uivante des trois	4	3.16.50	+ 20′	57.45		4. 9.28	+ 48	+ 19	*Idem.*
uisante sur le pont, καταστρώμα	2	3.21.30	− 20	58.40		4.14. 8	+ 18	− 19	m
récédente des deux obscures sous la brill.	5	3.18.10		60. 0		4.10.48	0	− 17	a
uivante	5	3.21. 0		59.20		4.13.38	+ 37	− 58	ζ
récédente des deux au-dessus de la brill.	5	3.23.10		58.40		4.15.48			
uivante	5	3.24.40	− 20	57.20	+ 20′	4.17.18			
oréale des trois sur les aspidisques du mât	0	4. 5.40		52.30	− 60	4.28.18			
elle du milieu	5	4. 6.10		56.40	− 60	4.28.48			
ustrale	5	4. 4. 0		57.10		4.26.38			
oréale de deux contiguës au-dessus	5	4. 9.10		60. 0		5. 1.48			
ustrale	5	4. 9. 0		61.15		5. 1.38			
ustrale de deux sur le milieu du mât	4	4. 0.10		51.30	+ 10	4.22.48	+ 10	− 21	Hallei.
oréale	3	3.29.40	− 10	49. 0		4.22.18	+ 24	− 5	*Idem.*
récédente des deux au haut du mât	4	3.29. 0	− 60	43.40	− 20	4.21.38	+ 2	− 22	*Idem.*
uivante	4	3.29.50	− 50	43.10	+ 20	4.22.28	− 48	− 8	*Idem.*
u-dessous du 3ᵉ bouclier, suivante	2	4.14.10		55.30		5. 6.48	+ 4	+ 22	*Idem.*
ur l'apotome du catastrome	3	4.17.30		51.15		5.10. 8	+ 48	+ 6	*Idem.*
u milieu des rames, ἐν τῷ πτέρυγι	4	3.11.10		63. 0		4. 3.48	+ 38	+ 48	e
uivante obscure	6	3.19. 0		64.30	− 20	4.11.38	+ 28	+ 39	γ
uivante, brillante sur le catastrome	2	4. 0. 0		63.50		4.22.38	+ 56	+ 37	Hallei.
u sud, brillante au-dessous de la carène	2	4. 3.30	+ 300	69.40		4.26. 8	+ 51	+ 37	*Idem.*
récédente des trois qui suivent	4	4.16.30	− 80	65.40		5. 9. 8			
elle du milieu	2	4.21.20		66.40	− 50	5.13.58	+ 43	+ 32	θ
roisième	2	4.26. 0		72. 0	− 280	5.18.38	+ 17	+ 41	ι
réced. de deux qui suiv. près de l'apotome	3	5. 1. 0		62.50		5.23.38	+ 60	+ 53	χ
uivante	3	5. 8. 0		66.15	− 240	6. 0.38	+ 27	+ 52	ι
récédente de deux dans la rame précéd.	4	2. 4. 0		65.50		2.26.38	− 47	+ 20	Hallei.
uivante	3	2.20. 0	− 710	65.40		3.12.38	+ 50	+ 26	τ
réced. de 2 sur la dern. rame, Canobus	1	2.17.10		75. 0		3. 9.48	+ 53	+ 51	
uivante et dernière	3	2.29. 0		71.45		3.21.38			
41ᵉ. Hydre. 25 étoiles et 2 informes, 27.									(210)
ustrale des 2 précédentes des 5 de la tête	4	3.14. 0		15. 0		4. 6.38	+ 15	− 21	σ
oréale au-dessus de l'œil	4	3.13.20		13.50		4. 5.58	+ 1	− 84	δ
oréale des deux suivantes sur le crâne	4	3.15.20		11.30		4. 7.58	− 10	+ 28	16ᵉ
ustrale dans la gueule	4	3.15.30		14.15		4. 8. 8	− 9	+ 2	ε
ernière des cinq sur la joue	4	3.17.50		11.15	+ 180	4.10.28	− 13	− 15	ζ
récédente de deux, naissance du cou	5	3.20.40	+ 140	11.20	+ 30	4.13.18	− 14	− 16	ω
uivante	4	3.23.20		13.20	+ 20	4.15.58	− 1	− 17	θ
oyenne des trois au pli du cou	4	3.28.50		15.20		4.21.28	− 2	− 20	31ᵉ
uivante des trois	4	4. 0.40		14.50		4.23.18	+ 1	− 32	τ
a plus australe	4	3.28.30		17.10		4.21. 8	+ 8	− 26	17ᵉ
u sud, boréale et obsc. de 2 contiguës	6	3.29.10		19.45		4.21.48	− 34	− 30	A
rillante des deux contiguës	2	4. 0. 0		22.40	− 130	4.22.38	+ 27	+ 18	α
récédente des trois après le pli	4	4. 6. 0		26.30		4.28.38	− 18	+ 7	κ
elle du milieu	4	4. 8.40		26. 0	+ 15	5. 1.18	+ 6	+ 5	12ᵉ
uivante des trois	4	4.11.30	− 30	22.30	+ 225	5. 4. 8	+ 56	− 29	λ
récédente de 3 qui suivent en ligne droite	3	4.18. 0		24.40	+ 30	5.10.38	+ 7	0	μ
elle du milieu	4	4.20. 0		23. 0		5.12.38	+ 20	+ 14	22ᵉ
uivante des trois	3	4.23. 0		22.10		5.15.38	+ 26	− 21	ν
oréale des deux après la base de la Coupe	4	5. 1.30		25.45		5.24. 8	+ 8	− 7	ι
ustrale des deux	4	5. 2.20		30.10	+ 290	5.24.58	+ 4	+ 7	χ
récédente dans le triangle qui suit	4	5.11.30	+ 60	31.40		6. 4. 8	− 30	− 4	ξ
elle du milieu et plus australe	4	5.14.30	− 180	33.30	+ 20	6. 7. 8	− 20	− 3	ο
uivante des trois	3	5.16.30	− 20	31.20	+ 20	6. 9. 8	+ 3	+ 8	β
près le Corbeau, vers la queue	4	6. 0. 0		13.40	− 1200	6.22.38	+ 4	+ 3	γ
out de la queue	4	6.13.30	− 10	17.40	− 20	7. 6. 8	− 113	− 276	π
u milieu de la tête. Informe	3	3.12.30		23.15		4. 5. 8	+ 5	− 50	1ʳᵉ
près le cou, à distance	3	4.11. 0	− 165	16. 0	− 300	5. 3.38			

Désignation des Étoiles.	Grandeur.	Longit.	Variant.	Latitud.	Variant.	Longit. en 1790.	Corr. de longit.	Corr. de latit.	Lettres.
42e La Coupe. 7 étoiles.									(217)
Base, commune à l'Hydre	4	4s26°20′		23° 0′ A		5s18°58′	— 92′	+ 45′	ab
Australe des deux du milieu de la Coupe	4	5. 2.30		19.30		5.25. 8	— 12	+ 9	γ
Boréale des deux	4	5. 0. 0		18. 0		5.22.38	— 14	— 25	δ
Bord austral	4	5. 7. 0		18.30		5.29.38	+ 8	— 13	ζ
Bord boréal	4	4.29.20		1[illegible].40		5.21.58	— 2	— 12	ε
Oreille australe	4	5. 9.10		16.10		6. 1.48	0	— 5	η
Oreille boréale	4	5. 1.40	+ 690′	11.30	+ 20′	5.24.18	— 1	— 19	θ
43e. Le Corbeau. 7 étoiles.									(224)
Bec, commune à l'Hydre	3	5.15.20		21.40		6. 7.58	— 4	+ 4	α
Cou, près de la tête	3	5.14.40	— 20	19.40		6. 7.18	+ 4	0	ι
Poitrine	5	5.16.40		18.10		6. 9.18	+ 12	+ 7	ζ
Aile droite et précédente	3	5.13.30		14.40	+ 10	6. 6. 8	+ 18	— 11	γ
Précédente des deux de l'aile suivante	3	5.16.40	— 20	12.30		6. 9.18	— 9	— 20	δ
Suivante	4	5.17. 0		11.45		6. 9.38	— 7	— 5	ε
Bout du pied, commune à l'Hydre		5.20.30		18.10		6.13. 8	— 5	— 8	β
44e. Le Centaure. 37 étoiles.									(261)
Plus australe des quatre de la tête	5	6.10.30		21.40		7. 3. 8	+ 34	— 5	g
Plus boréale	5	6.10. 0		18.50		7. 2.38	+ 50	+ 7	h
Précédente des deux du milieu	4	6. 9.10		20.30		7. 1.48	+ 34	+ 4	i
Suivante et dernière des quatre	5	6.10.10	— 10	20. 0		7. 2.48	+ 48	+ 3	k
Epaule gauche et précédente	3	6. 6.30	— 20	25.40		6.29. 8	....	....	....
Epaule droite	3	6.15.30	+ 10	22.20	+ 10	7. 8. 8	— 18	— 21	θ
Omoplate gauche	4	6. 9.10		27.30		7. 1.48	+ 54	+ 5	Hallei.
Boréale des 2 précédentes des 4 du thyrse	4	6.18.10		22.20		7.10.48	+ 67	+ 7	*Idem.*
Australe	4	6.19.10		23.45	— 15	7.11.48	+ 73	+ 2	*Idem.*
Bout du thyrse, l'une des deux restantes	5	6.22. 0		18.15		7.14.38	+ 64	+ 4	*Idem.*
Dernière et plus australe	4	6.22.30		20.50		7.15. 8	+ 61	+ 6	*Idem.*
Précédente des trois du côté droit	4	6.13.20		28.20		7. 5.58	+ 80	— 7	*Idem.*
Celle du milieu	4	6.14. 0		29.20		7. 6.38	+ 66	+ 31	*Idem.*
Troisième	4	6.15.10	+ 20	28. 0		7. 7.48	— 4	+ 55	*Idem.*
Bras droit	4	6.16.20		26.30		7. 8.58			
Avant-bras droit	3	6.22.50		25.15		7.15.28	+ 28	+ 14	ε
Bout de la main droite	4	6.27.30		24. 0		7.20. 8	+ 35	+ 109	μ
Naissance du corps humain, brillante	3	6.18. 0		33.30	— 20	7.10.38	+ 31	— 41	
Suivante de deux plus boréales obscures	5	6.17.40		31. 0		7.10.18			
Précédente	5	6.16.50		30.20	+ 160	7. 9.28			
Naissance du dos	5	6.12.10		34.50		7. 4.48			
Précédente, sur le dos du cheval	5	6. 9. 0		37.40		7. 1.38			
Suivante des trois sur les reins	3	6. 5.50		40. 0		6.28.28	+ 6	+ 6	Hallei.
Celle du milieu	4	6. 5. 0		40.20	+ 160	6.27.38	+ 24	— 12	γ
Première des trois	5	6. 3.40	— 60	41.40	— 40	6.26.18	— 31	+ 42	
Précédente de 2 contiguës, cuisse gauche	3	6. 0.40	+ 120	44.30	+ 100	6.23.18	— 7	— 1	δ
Suivante	4	6. 2.30	+ 60	45.45		6.25. 8	+ 28	— 74	
Poitrine, sous l'aisselle du cheval	4	6.18.20	+ 120	40.45		7.11.58			
Précédente des deux sous le ventre	2	6.15.20	+ 120	43. 0	— 160	7.10.58			
Suivante	4	6.19.40	— 120	43.45	— 120	7.12.18			
Coude du pied droit	2	6.10. 0		[illegible].10	— 100	7. 2.38			
Cheville du pied droit	2	6.15.20		48.40	+ 180	7. 7.58	— 30	— 3	β croix
Coude du pied gauche	3	6. 8.40	— 140	50.30	+ 280	7. 1.18	+ 5	— 6	δ croix
Sabot du même pied	2	6.14.30	— 200	55. 0	+ 140	7. 7. 8	— 33	— 9	α croix
Bout du pied de devant et droit	1	7. 3. 0	+ 320	42.20	— 70	7.25.38	— 8	+ 10	α
Au genou du pied droit	2	6.27. 0	— 150	43.50	+ 90	7.19.38	— 9	+ 16	β
En dehors, au-dessus du pied dr. de derrière	4	6.14.40		[illegible]9.10		7. 7.18	+ 3	— 33	β croix
45e. La Bête sauvage. (le Loup) 19 étoiles.									(280)
Bout du pied de devant, à la main du Cent.	3	6.28. 0		24.50		7.20.38	+ 5	+ 11	β
Au coude du même pied	3	6.26.30		29.30	— 20	7.19. 8	+ 40	+ 30	α
Précédente des deux à l'omoplate	4	7. 1. 0		21.15		7.23.38	+ 42	+ 9	

Désignation des Étoiles.	Grandeur.	Longit.	Variant.	Latitud.	Variant.	Longit. en 1690.	Corr. de longit.	Corr. de latit.	Lettres.
Suite de la Bête sauvage.									
Suivante	4	7ˢ 4°10′		21° 0′ A		7ˢ26°48′	+ 23′	+ 13′	γ la Cail.
Milieu du corps	4	7. 3. 0		25.10		7.25.38	+ 10	+ 3	ε
Au ventre, sous le flanc	5	7. 0.10	+ 20′	27. 0		7.22.48			
A la cuisse	5	7. 0.30	+ 10	29. 0		7.23. 8	+ 11	— 38	
Boréale de deux à la naissance de la cuisse	5	7. 4.40		28.30		7.27.18	+ 33	— 15	Hallei.
Australe	5	7. 3.40		30.10	+ 35′	7.26.18	+ 28	— 35	*Idem.*
Au bout des reins	5	7. 5.40	— 20	33.10		7.28.18			
Australe des trois du bout de la queue	5	6.22. 0		31.20		7.14.38			
Au milieu des trois	4	6.24.50		30.30		7.17.28			
Boréale des trois	4	6.23. 0		20.20		7.15.38	+ 18	+ 50	ι
Australe des deux sur le cou	4	7. 8.50		17. 0		8. 1.28	+ 16	+ 21	Hallei.
Boréale	4	7. 9.20		15.20		8. 1.58	+ 46	+ 10	*Idem.*
Précédente des deux du museau	4	7. 4.40	+ 60	13.20		7.27.18	— 57	+ 66	3 Flamst.
Suivante	4	7. 6.40		12.50	— 60	7.29.18	— 48	+ 18	λ
Australe des deux du pied de devant	4	6.27.10		12.40	— 50	7.19.48	+ 33	+ 18	1re Flam.
Boréale	4	6.27.30	— 60	11.20	— 80	7.20. 8	+ 31	+ 8	δ
46ᵉ. Autel. 7 étoiles. (287)									
Boréale des deux de la base	5	7.27.40		22.40		8.20.18	+ 77	+ 25	Hallei.
Australe	4	8. 3. 0		25.45		8.25.38	+ 100	+ 51	*Idem.*
Milieu de l'Autel	4	7.28.20	— 120	26.30		8.20.58	+ 29	+ 1	α
Boréale des trois du foyer	5	7.22. 0	— 80	30.20	— 29°	8.14.38	+ 35	— 6	ι
Australe des deux contiguës restantes	4	7.25.30	— 20	34.10		8.18. 8			
Boréale des deux	4	7.25.20		33.20		8.17.58	— 148	— 17	ζ
Bout de la flamme	4	7.20.50		33.15	+ 60	8.13.28			
47ᵉ. Couronne australe. 13 étoiles. (300)									
Précédente du bord austral en dehors	4	8. 9.10		21.30	+ 40	9. 1.48	— 30	+ 66	Hallei.
Suivante	5	8.11.40		21. 0		9. 4.18	+ 73	+ 25	*Idem.*
Autre suivante	5	8.13.10		23. 0	— 160	9. 5.48			
Autre	5	8.14.50		20. 0		9. 7.28	— 60	— 44	*Elem.*
Autre, près du genou du Sagittaire	5	8.16.30	— 10	18.30		9. 9. 8	+ 30	— [illegible]	*Idem.*
Suiv. et plus boréale que la brill. du genou	4	8.17. 0		16. 0	+ 70	9. 9.38	+ 32	+ 42	*Idem.*
Plus boréale	4	8.17. 0		15.20		9. 9.38			*Idem.*
Plus boréale encore	6	8.16.30		14.20	+ 50	9. 9. 8	+ 36	— 5	α
Suivante sur la courbe boréale	6	8.15.10		13.50	+ 90	9. 7.48			γ
Précédente de deux obscures	6	8.14.40		14. 0	+ 50	9. 7.18			1551
Précédente de beaucoup	5	8.11.50		11.40	+ 180	9. 4.28			λ
Précédente	5	8. 9.40		15.30		9. 2.18			ζ
Dernière et plus australe	5	8. 9.30	— 20	18.30		9. 2. 8	+ 30	+ 31	θ Hallei.
48ᵉ. Poisson austral. 12 étoiles et 6 informes, 18. (318)									
Bouche, ou commune de l'Eau	1	10. 7. 0		20.40	+ 140	10.29.38	— 7	+ 26	α
Précédente des 3 de la tête, à la circonfér	4	10. 0.40		22.40	— 20	10.23.18	— 28	+ 38	β
Seconde	4	10. 4.30	— 20	22.15		10.27. 8	— 10	+ 81	γ
Troisième	4	10. 5.20		22.30		10.27.58	— 62	+ 66	δ
A la branchie	4	10. 4.20		16.45	— 30	10.26.58	+ 1	+ 29	ε
Sur l'épine australe du dos	5	9.25.10		19.30		8.17.48	— 2	+ 32	μ
Suivante des deux du ventre	5	10. 2.10	— 60	15.15		10.24.48			ξ
Précédente	4	9.28.50		14.40		10.21.28	— 25	+ 61	λ
Suivante des trois de l'épine boréale	4	9.25.10	+ 20	15. 0		10.17.48	+ 7	+ 14	κ
Seconde	4	9.21.50	+ 180	16.30		10.14.28	— [illegible]	— 9	θ
Première des trois	4	9.21. 0		18.10		10.13.38	— 44	+ 7	ι
Bout de la queue	4	9.20.10		22.25		10.12.48			
Précédente des brill. qui précéd. le Poisson	3	9. 8. 0		22.20		10. 0.38			1691
Seconde	3	9.11.10		22.10		10. 3.48			1717
Suivante des trois	3	9.14. 0		21.10		10. 6.38			
Précédente obscure	5	9.12. 0		20.50		10. 4.38			
Australe des deux vers les Ourses	4	9.13.50		17. 0		10. 6.28			
Boréale	4	9.13.50		14.50		10. 6.28			1713

Les 21 constellations boréales sont composées de	361 étoiles.
Les 12 du zodiaque, de.....................	350
Les 15 constellations australes, de.............	318
Les 48 constellations font au total............	1029 étoiles.

On dit communément que ce Catalogue n'en renferme que 1022; il y a quelques doubles emplois, comme la corne du Taureau et le pied du Cocher, la tête d'Andromède et le nombril de Pégase, la dernière de l'Eau et la bouche du Poisson austral.

On dit que le Catalogue d'Hipparque en contenait 1080. Ptolémée vivant à Alexandrie, où la hauteur du pôle était moindre de 5° qu'à Rhodes, aurait dû ajouter plutôt que retrancher; il voyait des étoiles que ne pouvait observer Hipparque. Je ne vois, dans son Catalogue, aucune étoile qui ne fût également visible à Rhodes, et l'on voit au-dessous du Centaure et du Poisson austral, plusieurs belles étoiles dont Ptolémée aurait dû enrichir son Catalogue. Au reste, il est peu à regretter qu'il s'en soit dispensé. La partie australe de son Catalogue offre encore plus d'incertitude et moins de précision que la partie boréale.

En jetant les yeux sur les longitudes et les latitudes de ce Catalogue, où l'on ne voit jamais de fraction de degré qui soit au-dessous de 10', ou de $\frac{1}{6}$, on doit se convaincre que l'astrolabe ne donnait en effet que les sixièmes; très-rarement on voit $\frac{1}{12}$ ou 5', et jamais autre chose, à moins que la fraction ne soit $\frac{1}{4}$ ou $\frac{3}{4}$, qu'on n'avait probablement que par estime. Ainsi quand l'instrument eût été parfait et parfaitement rectifié, on ne devrait compter qu'à 5' près sur aucun des lieux observés; mais les erreurs devaient être bien plus considérables.

Les Grecs d'Alexandrie se trompaient de 15' sur la hauteur du pôle. Nous ignorons quelle était l'erreur d'Hipparque. On suppose partout Rhodes sur le parallèle 36° en nombre rond; mais il ne nous reste aucun calcul où cet élément eût besoin d'une extrême précision. Suivant les cartes modernes, Rhodes s'étendrait de 36° à 36° 33' de latitude.

Ptolémée avait dû diriger l'axe de son instrument 15' trop bas, et il avait pu se tromper encore de quelques minutes. Soit e l'erreur totale de son axe, P l'angle horaire, M l'ascension droite du milieu du ciel;

L'erreur des déclinaisons sera $dD = e\cos P = e\cos(M - Æ)$;
l'erreur de P sera $dP = e\sin P \operatorname{tang} D$;
l'erreur de l'ascension droite sera $dÆ = -e \operatorname{tang} D \sin(M - Æ)$.

Ainsi pour corriger l'erreur il faudrait connaître l'angle horaire de l'étoile à l'instant de l'observation, ce qui est impossible. On ne peut donc tout au plus que déterminer les limites de ces différentes erreurs. Si des formules précédentes on voulait déduire des formules pour corriger les longitudes et les latitudes, les mêmes difficultés se retrouveraient et les formules seraient bien plus compliquées. Ce serait encore pis si l'on y faisait entrer l'erreur de l'obliquité ou l'erreur de la distance entre les pôles de l'écliptique et de l'équateur. Mais s'il est impossible de corriger ces longitudes et ces latitudes, il est aisé de voir qu'il doit y avoir des erreurs de plus de 15', soit en plus, soit en moins; que les erreurs d'ascension droite et de longitude doivent être bien plus fortes encore pour les étoiles voisines du pôle de l'équateur.

Quand toutes ces causes d'incertitude n'existeraient pas, il serait encore impossible d'établir une comparaison exacte et directe entre ce Catalogue et nos Catalogues modernes. Les calculs seraient excessivement longs, et qui plus est, fort incertains, à cause des mouvemens de l'écliptique, qui ont fait varier inégalement les longitudes et les latitudes des étoiles. Les formules qui servent à calculer ces variations supposent la connaissance exacte de la précession et de ses inégalités, celle de l'obliquité et de sa diminution, tous élémens sur lesquels on n'a rien d'absolument certain. Mais quelle qu'ait été autrefois l'écliptique, quels qu'aient été ses mouvemens, il n'en doit rien résulter pour les distances réciproques des étoiles, qui n'auraient pu changer que par les mouvemens propres, que nous regarderons comme nuls, parce qu'ils sont en général fort petits et mal connus. De toutes les épreuves auxquelles on peut soumettre le Catalogue de Ptolémée, celle des distances, malgré son imperfection, est encore la plus facile et la plus sûre. Les différences de longitude et de latitude entre les diverses étoiles ont dû changer depuis Hipparque jusqu'à nous; il rapportait certainement ses étoiles à un plan qui n'est pas celui auquel on les rapporte aujourd'hui; mais si le plan a changé, les étoiles ont été immobiles, et ces distances tirées des observations modernes, doivent s'accorder avec celles qui se déduisent du Catalogue d'Hipparque, si les observations anciennes ont une certaine exactitude, si les instrumens étaient bons et bien placés, et si les copies qui nous ont été transmises sont fidèles. Nous en avons quatre principales; celle de l'édition grecque de Bâle, celle qui a paru à Oxford en 1812, à la suite des *Geographiæ veteris scriptores græci minores*, in-12; la traduction de Lichtenstein, faite sur l'arabe, et qui a paru à Venise en 1515; enfin celle de Georges de Trébisonde, plusieurs fois réimprimée. Je ne parle pas d'une édition grecque et française assez peu exacte, donnée par Montignot, ni même de celle de Flamsteed, parce que j'ignore quelles sont les autorités d'après lesquelles il a produit les variantes que l'on y remarque. Les manuscrits nous ont été à cet égard d'une ressource assez médiocre. On trouvera dans la traduction de M. Halma celles d'entre les variantes qui lui ont paru dignes de voir le jour. Nous avons eu entre les mains un de ces manuscrits grecs où toutes les longitudes de Ptolémée sont augmentées de 17°, ce qui suppose un intervalle de 1216 ans, en admettant la précession de 50″ par an, et semblerait prouver par conséquent que le manuscrit est du quatorzième siècle, où l'on ne croyait plus à la précession de Ptolémée, qui donnerait le dix-neuvième siècle pour la date du manuscrit. Dans l'incertitude où nous sommes sur le choix des variantes, j'ai pris partout celles qui s'approchent le plus de nos Catalogues modernes, non que j'y aie plus de confiance qu'aux autres, mais pour avoir des erreurs moindres et faire le choix le plus favorable aux anciens.

J'avais tenté de diminuer encore ces erreurs, en calculant, du moins approximativement, les variations de longitude et de latitude; mais si je diminuais par là quelques erreurs, j'en augmentais d'autres en aussi grand nombre, et je vis que c'était peine perdue. J'avais tenté de déterminer la diminution d'obliquité par les étoiles situées vers les deux tropiques, et je n'ai pas été plus heureux; je me suis enfin borné aux distances. Si nous y trouvons des différences notables, elles ne pourront venir que des erreurs des anciens, et fixeront enfin nos idées sur le degré de confiance que nous pouvons accorder aux anciennes observations.

C'est Régulus que j'ai choisi pour étoile fondamentale. Les quatre éditions que j'ai citées s'accordent pour faire la longitude de cette étoile $4^s\ 2°\ 30'$, et la distance polaire $89°\ 50'$. Cette étoile est l'une de celles qui ont fait reconnaître à Hipparque la précession des équinoxes, qui devait être d'environ 2° en 144 ans. Cette étoile est brillante et fort voisine de l'écliptique; elle était de toute manière plus facile à observer, et elle a dû être observée plus fréquemment; c'est encore une de celles qui a principalement attiré l'attention de Ptolémée.

α de la Vierge, ou l'Epi, est encore une de celles dont Hipparque s'est servi pour prouver la précession; mais elle me paraît moins sûre.

Les deux éditions grecques different de 20′ sur la longitude; les deux traductions s'accordent avec l'édition d'Oxford, qui donne $5^s\ 26^\circ\ 40'$; ôtez-en $2^\circ\ 40'$ pour la précession supposée par Ptolémée, vous aurez $5^s\ 24^\circ$ au tems d'Hipparque, c'est-à-dire 6° de distance à l'équinoxe voisin, ce qui s'accorde avec ce qui nous est rapporté d'Hipparque même. Quant à la latitude, elle est de $2^\circ\ 10'$ dans l'édition de Bâle; mais de $2^\circ\ 0'$ dans les trois autres; c'est à quoi je me suis arrêté. Il y a pourtant moins de certitude; j'ai donc préféré Régulus.

On peut remarquer, en passant, qu'une grande partie des variantes les plus fortes que nous offre le Catalogue de Ptolémée, provient de fautes de copie causées par la manière équivoque dont les Grecs exprimaient leurs fractions; ainsi il est arrivé qu'une latitude de $10^\circ\,\frac{1}{6}$ a été changée, par le copiste, en $16^\circ\ 0$, parce qu'il a confondu $\frac{1}{6}$ avec 6°; l'un se notait $\bar{\varsigma}$, et l'autre $\acute{\varsigma}$. Il en est ainsi de plusieurs autres, que nous pourrions rapporter, mais cet exemple suffira.

Pour calculer les distances, je me suis servi de la formule

$$\cos \text{distance} = \cos\Delta \cos\Delta' + \sin\Delta \sin\Delta' \cos(L' - L).$$

Δ et Δ' sont les deux distances au pôle de l'écliptique, L et L′ les deux longitudes.

J'ai compté les distances suivant l'ordre des signes, de 0° à 360°, espérant ainsi trouver plus d'uniformité dans le signe des erreurs; mais ce signe, aussi bien que la quantité des erreurs, change brusquement et sans loi pour des étoiles assez voisines.

J'ai pris d'abord, pour les comparer à Régulus, 21 étoiles voisines de l'écliptique, afin que l'erreur de la distance vînt principalement de l'erreur en longitude; la somme des 21 erreurs s'est trouvée $+301^\circ\ 24' - 21^\circ\ 36' = 323^\circ$, si l'on n'a aucun égard à la différence des signes, et $279^\circ\ 48'$, si l'on tient compte de cette différence. L'erreur moyenne sera donc $+15'\ 23''$, ou $+13'\ 48''$; mais puisqu'il ne s'agit point ici de corriger les erreurs, mais de savoir à quoi elles peuvent monter, il me semble qu'il ne faut avoir aucun égard au signe. L'erreur moyenne sera donc 15′ ou $\frac{1}{4}$ de degré. C'est l'erreur de deux étoiles; on peut donc au moins supposer 8′ pour chacune. On peut même dire avec beaucoup de vraisemblance qu'aucune n'est sûre à 10′ ou même 15′, et l'on trouvera fréquemment des erreurs bien plus considérables.

Si je prends ensuite toutes les étoiles dont la distance polaire est de moins de $23^\circ \frac{1}{2}$, on en trouvera 14 dans le Tableau suivant ; la somme des erreurs est $+ 130' 28'' - 109' 33''$; la somme $240' 1''$, qui donne pour erreur moyenne $17' 10''$; ainsi les étoiles voisines du pôle ne paraissent pas plus sûres que les autres. Ici l'erreur tient principalement aux distances polaires.

Si je prends sans distinction la somme des 97 distances calculées, j'aurai $1318' 27''$ et $652' 31''$, ou $1970' 58''$, et pour erreur moyenne $20' 19''$. On ne peut donc compter qu'à $20'$ près sur une distance tirée de ce Catalogue, ce qui fait certainement plus de $10'$ pour chaque étoile ; et si quelquefois on trouve moins, ce n'est probablement que par une compensation d'erreurs.

Quoique ces calculs me laissassent bien peu de doute sur un résultat que j'avais prévu, j'ai pourtant voulu essayer d'autres comparaisons.

Soient $d\mathrm{E}$ le mouvement des points équinoxiaux, $d\omega$ la diminution d'obliquité, $d\mathrm{L}$ et $d\lambda$ les variations de longitude, on aura

$$d\lambda = d\mathrm{E} \tang \omega \cos \mathrm{L} + d\omega \sin \mathrm{L},$$

et

$$d\mathrm{L} = d\mathrm{E} - d\mathrm{E} \tang \omega \tang \lambda \sin \mathrm{L} - d\omega \tang \lambda \cos \mathrm{L}.$$

On voit que les mouvemens de latitude ne dépendent que de la longitude ; mais ceux de longitude dépendent à-la-fois de la latitude et de la longitude. On aura pour une seconde étoile

$$d\lambda' = d\mathrm{E} \tang \omega \cos \mathrm{L}' + d\omega \sin \mathrm{L}',$$

$$d\lambda + d\lambda' = d\mathrm{E} \tang \omega (\cos \mathrm{L} + \cos \mathrm{L}') + d\omega(\sin \mathrm{L} + \sin \mathrm{L}');$$

donc, si les deux longitudes sont égales ou à peu près,

$$d\lambda + d\lambda' = 2d\mathrm{E} \tang \omega \cos \mathrm{L} + 2d\omega \sin \mathrm{L};$$

ainsi la somme des latitudes, dans les Catalogues modernes, doit être augmentée des deux mouvemens, qui sont égaux, ce qui, vu les incertitudes des anciennes observations, ne nous apprendra rien de bien précis sur $d\mathrm{E}$ ni $d\omega$; mais nous aurons

$$d\lambda - d\lambda' = d\mathrm{E} \tang \omega (\cos \mathrm{L} - \cos \mathrm{L}') + d\omega(\sin \mathrm{L} - \sin \mathrm{L}') = 0,$$

lorsque $\mathrm{L} = \mathrm{L}'$ ou à peu près. La variation produite par le mouvement de l'écliptique disparaîtra donc dans la différence des latitudes entre deux étoiles qui auront même longitude.

J'ai donc essayé cette nouvelle vérification par les distances polaires, où les variations doivent également disparaître. Mais les étoiles qui ont précisément même longitude sont assez rares ; il est vrai que des variations peu sensibles, comme les $d\lambda$, ne peuvent pas changer considérablement pour 1 ou 2° de différence en longitude. J'ai donc supposé la longitude exactement la même, quand elle ne différait que de 1 ou 2°.

Soit maintenant $L' = 180° + L$, on aura

$$\begin{aligned} d\lambda + d\lambda' &= dE \tang\omega(\cos L + \cos L') + d\omega(\sin L + \sin L') \\ &= dE \tang\omega(\cos L - \cos L) + d\omega(\sin L - \sin L) = 0. \end{aligned}$$

J'ai donc pris pareillement les sommes des distances polaires des étoiles éloignées de 178 à 182° en longitude. Les variations doivent encore disparaître.

Dans ce même cas,

$$\begin{aligned} d\lambda - d\lambda' &= dE \tang\omega(\cos L + \cos L') + d\omega(\sin L + \sin L') \\ &= 2dE \tang\omega \cos L + 2d\omega \sin L, \end{aligned}$$

ce qui pourrait nous donner les variations dE et $d\omega$, si les observations étaient moins inexactes.

Cent cinquante-cinq différences de distances polaires entre des étoiles ayant même longitude, ont donné pour somme des erreurs $-1938' 47''$ $+1115' 17''$, ce qui fait $3054' 4''$, en négligeant les signes, ou $19' 42''$ d'erreur moyenne. On remarquera que les erreurs négatives sont en plus grand nombre et font une somme plus forte.

Cent soixante sommes de distances polaires opposées de 178 à 182° en longitude, ont donné $+1435' 23'' - 2065' 57''$, ou $3501'$ d'erreur, ce qui fait une erreur moyenne de $21' 53''$. On peut remarquer que les erreurs négatives sont encore en plus grand nombre.

Les 160 différences de ces mêmes étoiles, qui devraient être affectées de la somme des variations des 320 étoiles, donnent $2469' 24''$ $- 2212' 46''$, ou $4681' 50''$, et pour erreur moyenne, $29' 15''$, plus forte que la précédente, comme on devait s'y attendre.

J'ai jugé inutile de prendre les sommes pour les étoiles de même longitude, vu le peu de lumière qu'on peut tirer de ces calculs. Il est assez évident que les erreurs des anciennes observations sont très-considérables, puisque nos différences moyennes vont de 15 à 30'. Nous en avions eu déjà une preuve très-sensible dans la difficulté que nous avons trouvée souvent à reconnaître dans les Catalogues modernes, qui sont beaucoup plus étendus, quelle était précisément l'étoile observée par Hipparque ou Ptolémée.

Nous joignons ici les trois Tables où sont renfermées toutes ces comparaisons.

Dans la première on trouve d'abord la différence de longitude entre Régulus et chacune des étoiles, d'après Ptolémée; ensuite d'après les modernes, avec la différence entre ces deux premières colonnes.

On voit ensuite les distances polaires comparées de la même manière, et enfin les distances réciproques des étoiles, suivant Ptolémée et les modernes, et enfin les erreurs de Ptolémée sur ces distances, car l'erreur moderne est sensiblement nulle.

Dans la seconde, nous avons compris les étoiles qui ont même longitude; on y voit la différence des latitudes suivant les anciens et les modernes; la différence des deux colonnes peut passer pour l'erreur de Ptolémée.

Dans la troisième, nous avons comparé les étoiles opposées de 180° en longitude. On y voit la somme et la différence des latitudes, suivant les modernes et les anciens; la différence des colonnes analogues peut encore passer pour l'erreur de Ptolémée.

Nous n'avons parlé que des erreurs moyennes; on verra dans ces Tableaux des erreurs qui vont à 90′, 96′ et 108′ : la simple inspection de ces Tableaux suffira pour démontrer tout ce que nous avons avancé de l'imperfection de toutes ces observations anciennes.

On dira peut-être qu'une partie de ces différences tient à des fautes de copie; mais les fautes de copie n'agissent pas toujours dans le même sens, elles peuvent atténuer les fautes d'observation, comme elles peuvent les rendre plus sensibles; et l'erreur moyenne ne sera guère moins certaine. Nous avons, dans les nombreuses variantes du Catalogue, une preuve que les fautes de copie ne sont que trop fréquentes et trop réelles; mais elles sont pour la plupart d'un tiers de degré, et partout nous avons choisi la leçon qui rend l'erreur moindre. Nous consentons très-volontiers qu'on regarde comme fautes de copie toutes celles qui passent un degré, si ce n'est pourtant quand l'étoile est très-voisine du pôle, mais pour celles qui ne sont que de 20 à 30′, nous croyons avoir démontré qu'elles étaient inévitables avec un instrument aussi compliqué que l'astrolabe, et avec une erreur de 15′ sur la hauteur du pôle, c'est-à-dire du point et de l'axe autour duquel on fait tourner l'instrument pour faire ces observations.

TABLE I.

Distances de Régulus aux principales Étoiles, d'après Ptolémée et les modernes.

ÉTOILES.	Différences longitude ancienne.	Différences longitude moderne.	Excès de Ptolémée.	Dist. polaire Ptolém.	Distance polaire moderne.	Excès de Ptolémée.	Distance de Ptolémée.	Distance moderne.	Excès de Ptolémée.
β ♌	0ˢ 22° 0'	0ˢ 21° 27' 41"	+ 12' 19"	78° 10'	77° 47' 50"	+ 22° 10'	24° 45' 33"	24° 38' 33"	+ 7' 2"
β ♍	0.27.10	0.27.15.57	− 5.57	89.50	89.18.25	+ 31.35	27. 9.48	27.15.52	− 6. 4
ε ♍	1.10. 0	1.12. 4.20	− 124.20	74. 0	73.46.47	+ 13.13	42.30.34	44.21.35	− 111. 1
γ ♍	1.10.40	1.10.19.50	+ 20.10	87.10	87.11. 4	− 1. 4	40.44. 6	40.26.29	+ 17.37
α ♍	1.24.10	1.23.59.46	+ 10.14	92. 0	92. 2. 8	− 2. 8	53.55. 4	54. 2.37	− 7.33
α ♎	2.15.30	2.15.14.40	+ 15.20	89.20	89.37. 8	− 17. 8	75.30.56	75.14.29	+ 16.27
β ♎	2.19.40	2.19.31.52	− 8. 8	81.10	81.28.28	− 18.28	79.45.52	79.34.46	+ 11. 6
β ♏	3. 3.50	3. 3.20.48	+ 29.12	88.40	88.56.40	− 16.40	93.19.42	93.20.15	+ 29.27
α ♏	3. 9.50	3. 9.55.15	− 5.15	94. 0	94.32.10	− 32.10	99.46.15	99.55.35	− 6.20
γ ♐	4. 2. 0	4. 1.25.18	+ 34.42	96.40	96.56.45	− 16.45	121.31.46	121.12.45	+ 39. 1
δ ♐	4. 5.10	4. 4.43.57	+ 26. 3	96.30	96.26.25	− 3.35	124.55.50	124.32.36	+ 23.14
β ♑	5. 4.50	5. 4.12. 9	+ 37.51	85. 0	85.22.10	− 22.10	134.22.23	133.43.51	+ 38.32
β ♒	5.24. 0	5.23.33.22	+ 26.38	81.10	81.22. 4	− 12. 4	169.11.45	168.52.15	+ 19.30
α ♒	6. 3.50	6. 3.30.51	+ 19. 9	79. 0	79.19.33	− 19.33	191.47.45	191.39.55	+ 7.50
δ ♒	6. 9.10	6. 9. 1.46	+ 8.14	97.30	98.10.55	− 40.55	191.43. 5	191.44.43	− 1.38
α ♓	8. 0. 0	7.29.31.47	+ 28.13	98.30	99. 4.40	− 14.40	240.21.44	239.52. 7	+ 29.37
α ♈	8. 8.10	8. 7.48.51	+ 21. 9	80. 0	80. 2.30	− 2.30	248.32.46	248.30.53	+ 1.53
α Baleine	8.14.50	8.14.28.28	+ 21.32	102.40	102.36.16	+ 3.44	255.10.24	254.45.16	− 25. 8
α ♉	9.10.10	9. 9.56.33	+ 13.27	95.30	95.29. 1	+ 0.59	280. 6.11	279.51. 7	+ 15. 4
γ ♊	10. 9.30	10. 9.15.30	+ 14.30	97.30	96.46.13	+ 43.47	309. 4. 8	308.51.43	+ 12.25
α ♊	10.20.50	10.20.26.21	+ 25.39	80.30	79.55.46	+ 34.14	319.54.47	319.28.17	+ 26.30
β ♊	10.23.50	10.23.44.46	+ 5.14	83.45	83.20. 2	+ 24.58	323.24. 0	323.18.28	+ 5.32
α Corbeau	1.12.50	1.12.24.29	+ 25.31	68.20	68.15.39	+ 4.21	46.37.13	46.27.57	+ 29.16
α Centaure	8.29.30	9. 0. 0.34	− 30.34	132.20	132.30.19	− 10.19	240.31. 5	240.42. 5	− 11. 0
β Centaure	9. 5.30	9. 6. 1.56	− 31.56	133.50	134. 6.20	− 16.20	273.50.37	274. 0.39	− 10. 2
Canobus	10.14.40	10.15.10.28	− 30.28	165. 0	165.51.21	− 51.21	280.19.10	279.31.35	− 47.35
ζ Chien	8. 7.10	8. 7.33. 0	− 23. 0	143.45	143.24.28	+ 20.32	290.47.15	290.54.29	− 7.14
Procyon	10.26.40	10.25.59. 0	+ 41. 0	106.10	105.58. 8	+ 11.52	323.17.13	322.37.25	+ 39.47
Sirius	10.15.10	10.14.17. 3	+ 52.57	129.10	129.32.57	− 22.57	303. 3.33	302.13.35	+ 49.57
α Orion	9.29.30	9.28.54.46	+ 35.14	105.30	106. 3.31	− 33.31	258.16.37	257.32.28	+ 44. 9
β Orion	9.17.40	9.17. 1. 5	+ 38.55	121.30	121. 9.19	− 20.41	294.54.21	294.15.35	+ 38.46
Fomalhaut	6. 4.30	6. 3.59.20	+ 30.40	110.40	111. 6.16	− 26.16	200.58. 0	201. 0.37	− 2.37
β Baleine	7. 3.10	7. 2.42.45	+ 27.15	110.20	110.47. 4	− 27. 4	218.11.36	217.51.57	+ 19.39
α Hydre	11.27.30	11.27.27. 4	+ 2.56	112.40	112.23.50	+ 16.10	337. 4. 0	337. 0.57	+ 3. 3
γ ♌	11.29.40	11.29.44.32	− 4.32	81.30	81.11.46	+ 18.14	351.39.37	351.39. 0	+ 0.37
Arcturus	1.24.30	1.24.23.34	+ 6.26	58.30	59. 5.45	− 35.45	60.13.18	59.45.30	+ 27.48
η Bouvier	1.18.50	1.19.28. 0	− 38. 0	62. 0	61.53. 3	− 6.57	54.22. 8	54.20.29	+ 1.39
ζ Bouvier	2. 2.50	2. 3.10.25	− 20.25	62. 0	62. 6. 3	− 6. 3	66. 8. 4	66.15.41	− 7.37
δ Bouvier	2. 3.10	2. 3.16.12	− 6.12	41.20	41. 0.31	+ 19.29	72.31.27	72.28.31	+ 2.56
λ Bouvier	1. 7.10	1. 7. 7. 5	+ 2.55	35.20	35.20.40	− 0.40	62.24.16	62. 6.36	+ 17.40
α Ourse	0.27.30	0.27. 3.25	+ 16.35	36. 0	35.36.14	+ 23.46	58.21.53	58.20. 7	+ 1.46
C. Charles	0.25.20	0.24.42.53	+ 42.27	50.15	49.52.27	+ 22.33	45.52.14	45.35.43	+ 16.31
ζ Ourse	0.15.30	0.15.47. 0	− 17. 0	34.20	33.37.53	+ 42. 7	56.54.51	57.20.35	− 25.44
ι Ourse	0. 9.40	0. 9. 2.18	+ 37.42	36.30	35.41.44	+ 48.16	53.55. 4	54.15.54	− 19.50
δ Ourse	0. 1. 0	0. 1.10.17	− 10.17	39. 0	38.21.40	+ 38.20	50.50.26	51.11.24	− 20.58
γ Ourse	0. 0.30	0. 0.35.50	− 5.50	43.30	42.52.35	+ 37.25	46.20. 0	46.40. 6	− 20. 6
β Ourse	11.19.40	11.19.33.34	+ 6.26	45.30	44.53.33	+ 36.27	314.43.34	314.24.29	− 19. 5
α Ourse	11.15.10	11.15.19.50	− 9.50	41. 0	40.19.52	+ 40. 8	309.31.23	309.12.41	+ 18.42
ε Ourse	10.23. 0	10.23. 9.30	− 9.30	50.10	49.47.30	+ 22.30	307.57.43	308. 2.53	− 5.10
κ Ourse	11.20.10	11.19.42.50	+ 27.10	60.40	60. 7.40	+ 32.20	329.39. 0	328.59.58	+ 39. 2

SUITE DE LA TABLE I.

Distances de Régulus aux principales Étoiles, d'après Ptolémée et les modernes.

ÉTOILES.	Différences longitude ancienne.	Différences longitude moderne.	Excès de Ptolémée.	Dist. polaire Ptolém.	Distance polaire moderne.	Excès de Ptolémée.	Distance de Ptolémée.	Distance moderne.	Excès de Ptolémée.
μ Ourse	11ˢ21°40′	11ˢ21°22′56″	+ 17′ 4″	61°45′	61° 1′ 4″	+43′ 56″	330°48′18″	330°18′46″	+ 29′ 32″
Polaire	9.28. 0	9.28.43. 0	− 43. 0	24. 0	23.55.40	+ 4.20	281. 9.48	281.39.52	− 30. 4
δ petite Ourse	10. 0. 0	10. 1.18.37	− 78.37	20. 0	20. 5.50	− 5.50	260. 0. 0	260.43.22	− 43.22
β petite Ourse	11.14.50	11.13.23. 5	+ 86.45	17.10	17. 1.55	+ 8. 5	296.43. 2	296.50.33	− 7.31
γ petite Ourse	11.23.40	11.21. 9. 5	+150.55	15.10	14.46.40	+23.20	295.14.33	295. 4.33	+ 10. 0
λ Dragon	11.11. 0	11.10.28.36	+ 31.24	33.15	32.46.47	+28.13	301.23.22	301.28. 0	+ 4.38
κ Dragon	11.16.40	11.16.22.25	+ 17.35	28.45	28.15.13	+29.47	298. 4.17	297.50.32	+ 13.45
α Dragon	11.21.20	11.22.27. 2	− 67. 2	24.30	23.38.45	+51.15	294.22. 7	293.53.10	+ 28.57
ι Dragon	11.24.50	11.24.59.44	− 9.44	25.40	24.38.22	+ 1.38	295.43.17	294.56.51	+ 46.26
f Dragon	11.25.50	11.26.28.57	− 38.57	2.50	3. 9.15	+19.15	292.59.33	293.36.24	+ 36.51
δ Dragon	5.17. 0	5.14.59.54	+120. 6	8.50	9.10.55	−20.55	91.48.53	91.54.50	− 5.57
ε Dragon	11.15. 1	11.13.59. 7	+121.53	3.10	3. 7.50	+ 2.10	273.16.24	273.29. 2	− 12.38
g Dragon	1. 6.30	1. 4.15.35	+134.25	8.45	8.22.50	+22.10	82.48.42	82.37.28	+ 11.14
h Dragon	1. 7.10	1. 4.36.50	+153.10	7. 0	6.40.46	+19.14	84.15.37	83.56. 3	+ 19.34
ζ Dragon	1. 6. 0	1. 2.21.26	+218.34	5.10	5.13. 0	− 3. 0	85.36.11	85. 8.14	+ 27.57
ι Dragon	1. 9.50	1. 4.59.43	+290.17	20. 0	18.54. 7	+65.53	74.36.39	74. 9.27	+ 27.12
δ Dragon	1.20.50	1.16.49.46	+240.14	25.40	25.33. 0	+ 7. 0	73.55.12	72.24.13	+ 90.59
β Dragon	3.11. 0	3.12. 5.56	− 65.56	14.20	14.41.30	−21.30	92.32.45	92.36.11	− 3.25
γ Dragon	3.27.10	3.28. 7.36	− 57.36	14.30	15. 2.34	−32.34	96.24.53	96.34.32	− 9.39
α Persée	9. 2.20	9. 2.14.44	+ 5.16	60. 0	59.54. 5	+ 5.55	272. 6.14	272.10.21	− 4. 7
γ Andromède	8.14.20	8.14.23.27	− 3.27	62. 0	62.12.46	−12.46	253.17.12	253.26.57	− 9.45
β Andromède	8. 1.20	8. 0.34. 1	+ 45.59	64.20	64. 3.46	+16.14	244.27.40	243.59.55	+ 27.45
α Andromède	7.15.20	7.14.28.27	+ 51.33	64. 0	64.20. 0	−20. 0	230.54.33	230.13.58	+ 40.35
γ Pégase	7. 9.40	7. 9.19. 9	+ 20.51	77.30	77.24.24	+ 5.36	221.19.57	221. 7.39	+ 12.18
β Pégase	6.29.40	6.29.31.52	+ 8. 8	56. 0	55.51.51	+ 8. 9	221.59.10	222.18.36	− 19.26
α Pégase	6.23.50	6.23.39. 0	+ 11. 0	70.40	70.35.18	+ 4.42	210.26.18	210.32.32	− 6.14
α Cassiopée	8. 8.20	8. 7.57.44	+ 22.16	43.45	43.23.40	+21.20	255. 0.56	255.24.23	− 23.27
α Céphée	7.13.50	7.12.59.28	+ 50.32	21. 0	21. 5.15	+ 5.15	255.10.45	255.11. 5	− 0.20
β Céphée	8. 5.10	8. 5.46.30	− 36.30	18.50	18.52. 0	− 2. 0	262.22. 2	262.48.47	− 26.45
γ Céphée	9. 0.30	9. 0.15.20	+ 14.40	25.45	25.22. 4	+22.56	270.22. 2	270.31.25	− 9.23
α Cygne	5.23.20	5.24.27.52	− 67.52	30. 0	30. 4.58	− 4.58	119.36.36	119.28.13	+ 8.23
β Cygne	5. 2. 0	5. 1.25.43	+ 34.17	41. 0	41. 0.16	− 0.16	125.14.40	124.45.42	+ 28.58
α Lyre	4.14.50	4.15.27.25	− 37.25	28. 0	28.15.15	−15.15	109.17.26	108.57.55	+ 19.31
α Dauphin	5.17.50	5.17.32.55	+ 17. 5	56.40	56.57.20	−17.20	144.35.57	144.30.10	+ 5.47
α Aigle	5. 1.20	5. 1.53.49	+ 33.49	60. 0	60.41.19	+ 8.41	139.53. 3	139.55.38	− 2.35
λ Antinoüs	4.18.50	4.17.29.41	+ 80.19	71.50	72.23.52	−33.52	135.35.28	134.26.51	+ 68.37
α Ophiuchus	3.22.30	3.22.35.32	− 15.32	54. 0	54. 7. 4	− 7. 4	107.48. 4	107.51. 9	− 3. 5
ε Serpent	4. 6.10	4. 5.52.56	+ 17. 4	68.50	69.29. 8	−39. 8	123.13.49	123. 6. 7	+ 7.42
β Ophiuchus	3.18.40	3.18. 7.24	+ 32.36	82.30	82.46.37	−16.37	108.28.41	107.54.48	+ 33.53
ι Ophiuchus	3. 3.30	3. 3.39.30	− 9.30	73.30	73.31.54	− 1.54	93.18.30	93.22.40	− 4.10
α Serpent	2.21.50	2.22.12.55	− 22.55	64.40	64.28.11	+11.49	82.31.14	82.46.50	− 15.36
β Serpent	2.19.30	2.20. 5. 3	− 35. 3	55.40	55.18.39	+ 1.21	81.15. 0	81.33.57	− 18.57
α Couronne	2.12.10	2.12.25. 3	− 15. 3	45.30	45.38.58	− 8.58	77.15.48	77.11.48	+ 4. 0
α Hercule	3.15.10	3.16.17.58	− 67.58	52.30	52.41. 4	−11. 4	101.52.33	102.36.51	− 44.18
β Hercule	3. 1.10	3. 1.14.29	− 4.29	47. 0	47.15.50	−15.50	90.44.22	90.36. 2	+ 8.20
α Hercule	2.28.10	2.28.54. 4	− 44. 4	29.45	29.40.25	+ 4.35	88.36.45	89. 3.36	− 26.51
α Chèvre	9.22.30	9.22. 0.40	+ 29.20	67.30	67. 8.15	+21.45	290.46.22	290.23.31	+ 22.51

TABLE II.

Comparaison des Étoiles qui ont même longitude.

ÉTOILES	Différence latitude moderne.	Différ. latitude anc.	Excès de Ptolémée.	ÉTOILES	Différence latitude moderne.	Différ. latitude anc.	Excès de Ptolémée.
γ Pégase. ι Baleine...	28°44′22″	27°30′	— 74′22″	Polaire. δ Lièvre....	110°21′29″	110°30′	+ 8′31″
β Androm. γ ♈........	18.47. 0	18.20	— 27. 0	δ Lièvre. α Orion....	28.13.38	28. 0	— 13.38
β Androm. β ♈........	15.27.34	15.20	— 7.34	α Orion. β Cocher...	37.31.52	37.30	— 1.52
γ ♈. ι Baleine...	33. 9.25	32.50	— 19.25	α ♊. μ ♊........	— 4.28	+0.35	+ 39.28
α Triangle. α Cassiopée.	29.48.33	29.45	— 3.33	ζ gr. Chien. β gr. Chien	12. 7. 5	12.25	+ 18.55
α Triangle. δ Baleine...	31.16.42	30.45	— 31.42	γ ♊. ι ♊........	8.58.32	9.10	+ 11.28
α Triangle. α ♈........	6.50.14	6.30	— 20.14	Sirius. ι Vaisseau...	26.33.19	27. 5	+ 31.41
α Triangle. γ Baleine...	28.48.24	28.20	— 28.24	ζ ♊. ι Vaisseau...	64. 2.11	63.45	— 17.11
α Cassiopée. γ Baleine...	61. 3.43	60.30	— 33.43	δ ♊. γ gr. Chien...	37.48.56	37.15	— 33.56
α Cassiopée. α ♈........	36.38.47	36.15	— 23.47	γ gr. Chien. ι gr. Chien..	13.22. 6	13.45	+ 22.54
α Cassiopée. γ Baleine...	58.36.57	58.15	— 21.57	ι g. Chien. β p. Chien...	37.52.58	37.30	— 22.58
β Triangle. γ Cassiopée..	28.13.41	28.20	+ 6.19	β p. Chien. α ♊........	23.35.10	23.30	— 5.10
β Triangle. γ Androm...	7.13.23	7.20	+ 6.37	α ♊. ι Ourse....	10.29.47	10.50	+ 20.13
β Triangle. γ Triangle...	1.38. 5	1.40	+ 1.55	ι Ourse. β Chien....	78. 3.21	78. 5	+ 1.39
β Triangle. α Baleine...	33.10. 8	33.20	+ 9.52	ι Ourse. β ♊........	22.54.20	23. 5	+ 10.40
β Triangle. ζ Eridan....	46.30.50	46.40	+ 9.10	β ♊. Procyon....	22.38. 9	22.25	— 13. 9
γ Cassiopée. γ Androm...	21. 0.18	21. 0	— 0.18	κ Ourse. ξ Vaisseau...	73.55.26	73.40	— 15.26
γ Cassiopée. γ Triangle...	29.51.46	30. 0	+ 8.14	ρ Vaisseau. α ♋........	38.11.51	37.50	— 21.51
γ Cassiopée. α Baleine...	61.23.49	61.40	+ 16.11	α ♋. ζ Hydre....	5.53. 4	6. 0	+ 6.56
γ Cassiopée. ζ Eridan....	74.44.31	75. 0	+ 15.29	α Hydre. γ Vaisseau...	42. 4.50	41.10	— 54.50
α Baleine. ζ Eridan....	13.20.42	13.20	— 0.42	α Hydre. κ ♌........	27.14.57	27.10	— 4.57
ζ Eridan. ι Cassiopée..	101.21.53	100.55	— 26.53	κ Hydre. ζ ♌........	34.14.45	34.10	— 4.45
ι Cassiopée. β Persée....	25. 7.10	24.45	— 22.10	γ Vaisseau. κ ♌........	69.19.47	68.20	— 59.47
β Persée. ι Eridan....	49.53.27	50.50	+ 56.33	ζ ♌. α ♌........	11.23.54	11.20	— 3.54
ι Eridan. ν Eridan....	24.21.35	23.55	— 26.35	α ♌. γ ♌........	8.20.41	8.20	— 0.41
ν Eridan. γ Persée....	86.20.56	86.15	— 5.56	γ ♌. γ gr. Ourse..	38.20.10	38. 0	— 20.10
γ Persée. α Persée....	4.24.16	4.30	+ 5.44	γ gr. Ourse. δ gr. Ourse..	4.30.52	4.30	— 0.52
α Persée. ζ Persée....	18.47.43	19. 0	+ 12.17	δ gr. Ourse. ρ ♌........	51.29.46	51.10	— 19.46
ι Eridan. γ Persée....	61.59.21	62.20	+ 20.39	ρ ♌. ε gr. Ourse..	54. 9.46	53.40	— 29.46
α Baleine. γ Androm...	40.23.31	40.40	+ 16.29	ε Vaisseau. ζ Ourse....	122.58.53	121.20	— 78.53
δ Persée. ι Persée....	8.11.18	8.35	+ 24.42	α Coupe. C. Charles...	62.50.18	62.45	— 5.18
ε Persée. γ ♉........	24.50.44	25. 0	+ 9.16	ι ♍. δ ♍........	7.34.44	7.30	— 4.44
ι Persée. δ ♉........	23. 9.13	23.30	+ 20.47	ε Centaure. ε Bouvier...	86.12.18	85.55	— 17.18
δ ♉. ι ♉........	1.28.26	1.15	— 13.26	ζ Bouvier. ι Centaure..	53.52.45	53.40	— 12.45
ι ♉. α ♉........	2.53.26	2.30	— 23.26	κ ♍. λ ♍........	2.25. 3	2.10	— 15. 3
ι ♉. Rigel........	29.55.33	29.50	— 5.33	λ ♍. λ Centaure..	57.16.30	58.40	— 96.30
γ Orion. δ Orion....	6.44. 9	7. 0	+ 15.51	λ Centaure. γ Croix....	8.58. 8	7.10	—108. 8
Chèvre. β ♉........	17.29.47	17.30	+ 0.13	γ Croix. ι Croix....	3.23.25	3.10	— 13.25
β ♉. α Lièvre....	46.27.26	46.30	+ 2.34	ι Croix. α Croix....	1.40.52	1.50	+ 9. 8
α Lièvre. α Orion....	15.31.31	15.40	+ 8.29	α Croix. β Croix....	4.15.17	5. 0	+ 44.43
ι Orion. ι Orion....	4.41.38	4.50	+ 8.22	α Cour. bor. θ Centaure..	42.34.21	43. 0	+ 25.39
ε Orion. ζ ♉........	22.18.47	22.20	+ 1.13	θ Centaure. ζ Centaure..	10.54.18	10.50	— 4.18
ζ ♉. ζ Orion....	23. 6. 1	23.10	+ 3.59	κ Centaure. γ ♏ ♎....	29.53.43	30. 5	+ 11.17
ζ Orion. γ Lièvre....	20.30. 5	19.35	— 55. 5	ζ Centaure. α ♎........	33.16.42	33.50	+ 33.18
ζ ♉. γ Lièvre....	43.36. 6	42.45	— 51. 6	ι Serpent. γ Serpent...	11.16.30	11.30	+ 13.30
ζ Orion. β Lièvre....	18.36.58	18.40	+ 3. 2	γ Serpent. μ Serpent...	19. 2. 0	19. 0	— 2. 0
ζ ♉. β Lièvre....	41.42.59	41.50	+ 7. 1	μ Serpent. δ Loup....	37.39.53	37.45	+ 5. 7
ζ Orion. α Orion....	7.46.34	7.50	+ 3.26	δ Loup. ι Loup....	3.49. 0	3.57	+ 8. 0
Polaire. α Orion....	82. 7.53	82.30	+ 22. 7	ε Loup. α Centaure..	17.17.46	17. 8	— 9.46
Polaire. α Orion....	99.10.27	99.30	+ 19.33	α Centaure. σ ♏........	37. 3.55	37.20	+ 16. 5

SUITE DE LA TABLE II.

Comparaison des Étoiles qui ont même longitude.

ÉTOILES.		Différence latitude moderne.	Differ. latitude anc.	Excès de Ptolémée.	ÉTOILES.		Différence latitude moderne.	Differ. latitude anc.	Excès de Ptolémée.
π ♏.	δ ♏	3°29′18″	3°20′	− 9′18″	ι ♏.	γ Dragon ...	91°38′10″	91°30′	− 8′10″
δ ♏.	β ♏	2.59.39	3. 0	+ 0.21	θ Hercule.	ζ Serpent...	40.55.52	41. 0	+ 4. 8
β ♏.	β Hercule...	41.41.46	41.40	− 1.46	γ ♐.	μ ♐	9.19. 7	9.30	+ 10.53
β Hercule.	ζ Hercule...	10.23.10	10. 0	− 23.10	μ ♐.	δ ♐	8.48.47	9. 0	+ 11.13
ζ Hercule.	η Hercule...	13. 5.12	12.30	− 35.12	δ ♐.	ε ♐	4.34. 2	4.30	− 4. 2
κ Hercule.	γ Loup.....	81.32.10	81.15	− 17.10	ε ♐.	α Serpent...	31.31.17	30.40	− 51.17
γ Loup.	β Loup.....	3.48. 3	3.45	− 3. 3	α Serpent.	λ ♐	22.36.19	21.50	− 46.19
γ ♎.	κ Centaure..	29.53.43	30. 5	+ 11.17	θ Serpent.	α Lyre.....	1.20.40	1. 0	− 20.40
κ Centaure.	β Centaure..	18.37.24	18.35	− 2.24	ε ♐.	θ Serpent...	49. 1. 6	49. 0	− 1. 6
β Centaure.	α Loup.....	14.12.42	14.20	+ 7.18	β ♐.	σ ♐	18.11.17	18.30	+ 18.43
β ♎.	δ Serpent...	20.22.55	20.25	+ 2. 5	φ ♐.	ζ ♐	8. 2.31	7.15	− 47.31
δ Serpent.	ν Centaure..	57. 9. 1	57.35	+ 25.59	π ♐.	α Lyre......	60.16.43	60.40	+ 23.17
ν Centaure.	μ Centaure..	0.42.42	1. 0	+ 17.18	β Lyre.	ζ Aigle.....	19.47.38	19.25	− 22.38
ν ♏.	κ Hercule...	51.36.24	52.10	+ 33.36	ζ Aigle.	δ Lyre.....	23. 7.28	23.40	+ 32.32
ι Hercule.	α ♏	57.48.28	57.30	− 18.28	δ Aigle.	ι Antinoüs..	4.48.15	5. 0	+ 11.45
α ♏.	π ♏	1.32.55	1.30	− 2.55	α ♐.	π ♐	19.48.32	19.20	− 28.32
τ ♏.	ζ Ophiuch..	17.30.25	17.20	− 10.25	γ Aigle.	α Flèche....	7.33. 0	7.50	+ 17. 0
ε ♏.	θ Ophiuch..	18.19.20	18. 7	− 12.20	α Aigle.	β Cygne....	18.40.58	19.30	− 10.58
θ Ophiuch.	α Ophiuch..	37.41.31	37.40	− 1.31	α ♑.	β Aigle.....	19.45.52	19.50	+ 4. 8
β Autel.	α Autel.....	5.42.24	6.45	+ 62.36	β ♑.	ε Dauphin..	24.29. 3	24.10	− 19. 3
β Autel.	κ ♏	12. 5.53	13.28	+ 82. 7	γ Dauphin.	α Dauphin..	0.18.40	0.10	− 8.40
α Autel.	ν ♏	6.23.29	6.43	+ 19.31	δ Dauphin.	δ Cygne....	32.28. 7	32.40	+ 11.53
κ ♏.	υ ♏	6.19.27	6.17	− 2.27	ι Pégase.	ζ Cygne....	21.25.48	21.30	+ 4.12
α ♏.	β Dragon ...	79.50.56	79.40	− 10.56	α ♒.	ζ Cygne....	33. 2.16	33. 0	− 2.16
υ ♏.	λ ♏	0.13. 9	0.10	− 3. 9	γ ♒.	α Cygne....	51.40.11	51.15	− 25.11
λ ♏.	θ ♏	5.51.31	5.30	− 21.31					
κ ♏.	β Ophiuch..	43.34.33	42.25	− 69.33					
κ ♏.	μ Hercule...	68.48. 6	67.10	− 98. 6					
γ Ophiuch.	θ Hercule...	34.34. 1	35. 0	+ 25.59					
θ Hercule.	ι ♏	77.23.50	77. 0	− 23.50					

Remarquons en passant, que nous avons réuni, dans un seul Chapitre, tout ce qui concerne les étoiles, quoique le Catalogue de Ptolémée soit partagé, dans le texte grec, entre le septième Livre, qui contient toutes les constellations boréales, et le Livre VIII où sont rejetées, on ne voit pas trop pourquoi, toutes les constellations australes. Le reste du Livre VIII traite de la voie Lactée, de la sphère, des levers et des couchers des étoiles : il fera la matière de notre Chapitre VIII.

TABLE III.

Comparaison des Étoiles opposées en longitude.

ÉTOILES OPPOSÉES.		Longitudes.		Somme des dist. pol. modernes.	Somme des dist. anciennes.	Différence des distances modernes.	Différence des dist. anciennes.	Excès de Ptolémée.	Excès de Ptolémée.
γ Pégase.	ε ♍	0ˢ 6°	6ˢ 6°	151°11′ 9″	151°30′	3°37′35″	3°30′	+ 18′51″	— 7′35″
ε Baleine.	δ ♍	0. 8	6. 8	187.28.15	187.10	24.45.13	24.10	— 18.15	— 35.13
δ Androm.	ζ ♍	0.18	6.19	146.59.49	146.50	15.41.28	15.50	— 9.49	+ 8.32
β Androm.	ι Centaure...	0.26	6.25	199.37.21	200. 0	71.29.59	71.20	+ 22.39	— 9.59
γ ♈.	ζ Bouvier....	0.29½	6.29	144.56.44	144.40	20.34.38	20.40	— 16.44	— 4.40
β Androm.	ι Bouvier....	0.26	6.24	113.25. 3	114. 5	14.42.19	14.35	+ 39.57	— 7.19
β ♈.	ι Centaure...	1. 0	7. 0	197.30. 3	197.20	34.27.33	34. 0	— 10. 3	— 27.33
ε Baleine.	ι Centaure...	1. 0	7. 0	231.58.54	231.10	+ 0. 1.18	— 10. 0	— 48.54	— 11.18
α Triang. bor.	κ ♍	1. 3	7. 1	160.16.38	160.50	13.52. 8	+ 13.50	+ 33.22	— 2. 8
α Triang. bor.	λ ♍	1. 3	7. 3	162.41.35	163. 0	16.17.11	16. 0	+ 18.25	— 17.11
α Triang. bor.	λ Centaure...	1. 3	7. 1	219.58.11	218.40	73.33.41	71.40	— 78.11	—113.41
α Cassiopée.	γ Croix......	1. 4	7. 3	181.11.30	181.45	94.24. 6	94.15	+ 33.30	— 9. 6
β Baleine.	ι Croix......	1. 4	7. 5	245.40.10	245.25	36.42.16	36.55	— 15.10	+ 12.44
α ♈.	α Croix......	1. 4	7. 8	222.53.34	223. 0	62.48.36	63. 0	+ 6.26	+ 11.24
α ♈.	β Croix......	1. 4	7. 8	218.39.17	218. 0	58.34.19	58. 0	— 39.17	— 34.19
γ Baleine.	α Croix......	1. 5	7. 8	244.51.44	244.50	40.50.26	41.10	— 1.44	+ 19.34
β Triang. bor.	α Cour. bor...	1. 9	7. 8	115. 5. 4	114.50	23.47.12	23.50	— 15. 4	+ 2.48
β Triang. bor.	δ Centaure...	1. 9	7. 9	181.26.37	181.40	42.34.21	43. 0	+ 13.23	+ 25.39
γ Cassiopée.	ζ Centaure...	1.10	7.11	164. 7.14	164.10	81.42.20	82.10	+ 2.46	+ 27.40
γ Androm.	ζ Centaure...	1.10	7.11	185. 7.32	185.10	60.42. 2	61.10	+ 2.28	+ 27.58
γ Triang. bor.	ζ Centaure...	1.10	7.11	193.59. 0	194.10	51.50.34	52.10	+ 11. 0	+ 19.26
α Baleine.	ζ Centaure...	1.10	7.11	225.38. 3	225.50	20.18.31	20.30	+ 11.57	+ 11.29
ε Éridan.	ζ Centaure...	1.10	7.11	238.51.45	239.10	6.57.49	7.10	+ 18.15	+ 12.11
δ Éridan.	κ Centaure...	1.17	7.17	234.14.10	234. 5	3.16.18	2.45	— 9.10	+ 18.42
δ Éridan.	γ ♎ ♏	1.17	7.17	204.20.58	204. 0	33.10. 2	33.40	— 20.58	+ 29.58
δ Éridan.	α Serpent....	1.17	7.18	183.13.20	183.30	54.17. 8	54.10	+ 16.40	— 7. 8
ι Éridan.	β Serpent....	1.14	7.16	174.23.54	173.40	63. 6.36	62.20	— 43.54	— 46.36
ξ Éridan.	ι Serpent....	1.19	7.20	209.48.44	209.10	77.52.16	77.10	— 38.44	— 42.16
α Baleine.	α ♎	1.10	7.12	192.14.21	192. 0	12.58.11	13.20	— 14.21	+ 21.49
ζ Éridan.	α ♎	1.10	7.12	205.35. 3	205.20	26.18.53	26.40	— 15. 3	+ 21. 7
ι Cassiopée.	γ Serpent....	1.21	7.19	97.10.21	96.45	12.13. 7	12.15	— 25.21	+ 1.53
β Persée.	μ Serpent....	1.23	7.22	141.19.41	140.30	6. 7.47	6.30	— 49.41	+ 22.13
ο Éridan.	δ Loup......	1.25	7.25	228.52.51	229. 5	6. 5.37	6.35	+ 12. 9	+ 29.23
υ Éridan.	ι Loup......	1.26	7.26	257. 3.31	256.57	26.38. 7	26.33	— 6.31	— 5. 7
γ Persée.	α Centaure...	1.27	7.26	188. 0.21	187.50	77. 0.33	76.50	+ 9.39	— 9.27
α Persée.	α ♏	1.29	7.29	155.20.42	155. 0	35.32.24	35. 0	— 20.42	— 32.24
ζ Persée.	δ ♏	1.29	7.29	170.38.57	170.40	13.15.33	12.40	+ 1. 3	— 35.33
α Persée.	β ♏	1.29	7.29	148.51.45	148.40	29. 3.27	28.40	— 11.45	— 23.27
α Persée.	β Hercule....	1.29	7.28	107. 9.59	107. 0	12.38.19	13. 0	— 9.59	+ 21.41
α Persée.	ζ Hercule....	1.30	7.28	96.46.49	97. 0	23. 1.29	23. 0	+ 13.11	— 1.29
α Persée.	γ Hercule....	1.29	7.25	109.52. 1	109.30	9.56.17	10.30	— 22. 1	+ 33.43
ο Éridan.	ι Hercule....	1.25	7.25	147. 9.43	147.35	87.48.45	88. 5	+ 25.17	+ 16.15
γ Persée.	γ Loup......	1.26	7.28	166.42.32	166.30	55.42.46	56.30	— 12.32	+ 47.14
ι Cassiopée.	β Loup......	1.21	7.21	157.29.19	157. 0	72.32. 5	72.30	— 29.19	— 2. 5
ε Cassiopée.	γ ♎	1.21	7.21	128. 3.50	127.25	43. 6.36	42.55	— 38.50	— 11.36
ι Cassiopée.	α Centaure...	1.21	7.21	157.57.33	157.30	73. 0.19	73. 0	— 27.33	— 0.19
ι Cassiopée.	β Centaure...	1.21	7.20	176.34.57	176. 5	91.37.43	91.35	— 29.57	— 2.43
ι Cassiopée.	α Loup......	1.21	7.20	162.28.15	161.45	77.31. 1	77.15	— 43.15	— 16. 1
α Baleine.	β ♎	1.10	7.15	184. 4.40	183.50	21. 7.52	21.30	— 14.40	+ 22. 8
γ Androm.	δ Serpent....	1.19	7.14	123.18.14	122.45	1. 7.16	1.15	— 33.14	+ 8.44
γ Androm.	ι Centaure...	1.10	7. 8	180.27.15	180.20	56. 1.45	56.20	— 7.15	+ 18.15
γ Cassiopée.	μ Centaure...	1.10	7. 8	160. 9.39	160.20	77.45.45	78.20	— 10.21	+ 34.15
δ Persée.	ν ♏	2. 1	8. 1	151. 3.37	150.50	25.36.39	26.30	— 13.37	+ 53.21
ι Persée.	ν ♏	2. 2	8. 1	159.14.55	159.25	17.25.21	17.55	+ 10. 5	+ 29.39
γ ♉.	ε ♏	2. 2	8. 1	184. 5.39	184.25	7.25.23	7. 5	+ 19.21	— 20.23

SUITE DE LA TABLE III.

Comparaison des Étoiles opposées en longitude.

ÉTOILES OPPOSÉES.		Longitudes.		Somme des dist. pol. modernes.	Somme des dist. anciennes.	Différence des distances modernes.	Différence des dist. anciennes.	Excès de Ptolémée.	Excès de Ptolémée.
δ ♉.	ν ♏	2ˢ 3°	8ˢ 1°	182° 24′ 8″	182° 55′	5° 43′ 52″	5° 35′	+ 30′ 52″	− 8′ 52″
ε ♉.	ι Hercule	2. 5	8. 5	129. 19. 18	129. 30	55. 51. 50	56. 30	+ 10. 42	+ 38. 10
α ♉.	α ♏	2. 6	8. 6	190. 1. 12	189. 30	0. 56. 48	1. 30	− 31. 12	+ 33. 12
β Éridan.	δ Hercule	2.12	8.12	160. 9. 33	160. 15	75. 37. 5	76. 15	+ 5. 27	+ 37. 55
ι ♉.	μ ♏	2.13	8.13	196. 36. 56	196. 40	14. 9. 36	13. 20	+ 3. 4	− 49. 36
α ♉.	τ ♏	2. 8	8. 8	191. 34. 7	191. 0	0. 36. 7	0. 0	− 34. 7	− 36. 7
α ♉.	ζ Ophiuchus	2. 6	8. 6	174. 3. 42	173. 40	16. 54. 18	17. 20	− 23. 42	+ 25. 42
ι ♉.	α Hercule	2.13	8.13	143. 54. 40	144. 10	38. 32. 40	39. 10	+ 15. 20	+ 37. 20
Rigel.	ν Ophiuchus	2.13	8.14	203. 55. 50	204. 0	38. 22. 36	39. 0	+ 4. 10	+ 37. 24
γ Orion.	ε ♏	2.17	8.17	216. 58. 42	216. 40	3. 16. 56	2. 20	− 18. 42	− 56. 56
δ Orion.	ν ♏	2.17	8.17	224. 40. 7	224. 20	4. 24. 29	5. 20	− 20. 7	+ 55. 31
Chèvre.	θ Ophiuchus	2.18	8.18	158. 56. 46	159. 10	24. 40. 12	24. 10	+ 13. 14	− 30. 12
β ♉.	α Ophiuchus	2.19	8.19	138. 45. 2	139. 0	30. 31. 6	31. 0	+ 14. 58	+ 28. 54
α Lièvre.	θ Ophiuchus	2.18	8.18	222. 53. 59	223. 10	39. 17. 1	39. 50	+ 43. 49	+ 32. 59
ε Orion.	ε ♏	2.16	8.17	225. 41. 48	225. 20	3. 26. 10	6. 20	− 21. 48	+ 53. 50
ι Orion.	β Autel	2.20	8.20	241. 27. 38	242. 35	3. 59. 46	3. 35	+ 87. 22	+ 35. 14
ν Orion.	β Autel	2.20	8.20	238. 46. 0	238. 5	7. 41. 24	8. 25	+ 79. 0	+ 43. 36
ι Orion.	α Autel	2.20	8.21	231. 3. 36	231. 20	1. 59. 0	1. 40	+ 16. 24	− 19. 0
ζ ♉.	α Autel	2.21	8.21	208. 44. 49	209. 0	24. 17. 47	24. 0	+ 15. 11	− 17. 47
ζ Orion.	α Autel	2.21	8.21	231. 50. 50	232. 10	1. 11. 46	0. 50	+ 19. 10	− 21. 46
γ Lièvre.	α Autel	2.21	8.21	252. 20. 55	251. 45	19. 18. 19	18. 45	− 35. 55	− 33. 19
δ Lièvre.	ε ♏	2.21	8.17	244. 4. 19	243. 50	23. 48. 41	24. 50	− 14. 19	+ 61. 19
ζ ♉.	ω ♏	2.21	8.21	196. 11. 53	196. 0	11. 44. 41	11. 0	− 11. 53	− 44. 41
ζ ♉.	λ ♏	2.21	8.21	195. 58. 44	195. 50	11. 31. 42	10. 50	− 8. 44	− 41. 32
ζ Orion.	θ ♏	2.21	8.22	224. 56. 16	224. 30	5. 42. 48	6. 50	− 26. 16	+ 67. 12
α ♉.	β Dragon	2. 6	8. 8	110. 10. 16	109. 50	80. 47. 44	81. 10	− 20. 16	+ 22. 16
ζ Orion.	κ ♏	2.21	8.22	220. 56. 9	220. 50	9. 42. 55	10. 30	− 6. 9	+ 47. 5
ζ ♉.	ζ Ophiuc. (a)	2.21	8.22	154. 15. 35	155. 15	30. 11. 27	29. 45	+ 59. 25	− 26. 27
ζ Orion.	β Ophiuchus	2.21	8.22	177. 21. 36	178. 25	53. 17. 28	52. 55	+ 63. 24	− 22. 28
ζ ♉.	μ Hercule. (b)	2.21	8.22	131. 2. 2	130. 30	53. 25. 0	54. 30	− 32. 2	+ 65. 0
ζ Orion.	μ Hercule	2.21	8.22	154. 8. 3	153. 40	76. 31. 1	77. 40	− 28. 3	+ 68. 59
κ Orion.	γ Ophiuchus	2.23	8.23	186. 57. 3	187. 30	59. 15. 9	59. 30	+ 32. 57	+ 14. 51
Polaire.	θ Hercule	2.25	8.25	53. 12. 35	53. 0	5. 28. 17	5. 0	− 12. 35	− 21. 17
Polaire.	ι ♏	2.25	8.24	130. 36. 25	130. 0	82. 45. 7	82. 0	− 36. 25	− 45. 7
Polaire.	γ Dragon	2.25	8.24	38. 58. 15	38. 30	8. 53. 3	9. 30	− 28. 15	+ 36. 57
δ Lièvre.	γ Ophiuchus	2.23	8.23	198. 8. 5	198. 30	70. 26. 11	70. 30	+ 21. 55	+ 3. 49
α Orion.	θ Hercule	2.25	8.25	135. 20. 28	135. 30	76. 46. 36	77. 30	+ 9. 32	+ 43. 24
β Cocher.	θ Hercule	2.26	8.25	97. 48. 36	98. 0	39. 14. 44	40. 0	+ 11. 24	+ 45. 16
β Cocher.	ζ Serpent	2.26	8.27	138. 44. 28	139. 0	1. 41. 8	1. 0	+ 15. 32	− 41. 8
θ Cocher.	θ Hercule	2.26	8.25	105. 32. 11	105. 40	46. 58. 19	47. 40	+ 7. 49	+ 41. 41
θ Cocher.	ζ Serpent	2.26	8.27	146. 28. 3	146. 40	6. 2. 27	6. 40	+ 11. 57	+ 37. 33
η ♊.	γ ♐	2.29	8.28	187. 51. 48	187. 20	6. 1. 38	6. 0	− 31. 48	+ 1. 38
ν ♊.	μ ♐	2.29	8.30	178. 32. 41	177. 50	3. 17. 29	3. 30	− 42. 41	+ 12. 31
μ ♊.	δ ♐	3. 1	9. 1	187. 17. 0	187. 25	5. 35. 46	4. 55	+ 8. 0	− 40. 46
μ ♊.	ε ♐	3. 1	9. 2	191. 51. 2	191. 55	10. 9. 46	9. 25	+ 3. 58	− 44. 46
μ ♊.	α Serpent	3. 1	9. 2	160. 19. 45	161. 15	21. 21. 29	21. 15	+ 55. 15	− 6. 14
ζ gr. Chien.	χ ♐	3. 4	9. 3	235. 29. 45	235. 35	51. 18. 51	51. 55	+ 5. 15	+ 36. 9
β gr. Chien.	λ ♐	3. 4	9. 3	223. 22. 40	223. 10	39. 11. 46	39. 30	− 12. 40	+ 18. 14
Canobus (c).	Lyre	3.12	9.12	194. 6. 31	193. 0	137. 36. 11	137. 0	− 66. 31	− 36. 11
Canobus.	θ Serpent	3.12	9.12	228. 56. 51	228. 0	102. 45. 51	102. 0	− 56. 51	− 45. 51

(a) ζ Ophiuchus en erreur de 1°.
(b) μ de Hercule en erreur de − 1°.
(c) Canobus paraît en erreur de 30 à 60′.

SUITE DE LA TABLE III.

Comparaison des Étoiles opposées en longitude.

ÉTOILES OPPOSÉES.		Longitudes.		Somme des dist. pol. modernes.	Somme des dist. anciennes.	Différence des distances modernes.	Différence des dist. anciennes.	Excès de Ptolémée.	Excès de Ptolémée.
Canobus.	β ♐	3ˢ 13°	9ˢ 13°	277° 57′ 57″	277° 0′	53° 44′ 17″	53° 0′	− 57′ 57″	− 44′ 45″
γ ♊.	ε ♐	3. 6	9. 7	190. 41. 32	191. 0	4. 30. 14	4. 0	+ 18. 28	+ 6. 6
δ ♊.	φ ♐	3. 6	9. 7	181. 53. 0	182. 0	5. 57. 38	5. 0	+ 7. 0	− 57. 38
Sirius.	δ ♐	3. 11	9. 11	218. 39. 20	218. 40	40. 36. 37	39. 40	+ 0. 40	− 46. 36
[illegible]	ζ ♐	3. 11	9. 10	226. 41. 51	226. 55	35. 24. 3	35. 25	− 46. 51	+ 0. 57
[illegible]	ε ♐	3. 11	9. 9	222. 37. 52	222. 20	30. 8. 4	30. 0	− 37. 52	− 8. 4
Vaisseau.	τ ♐	3. 13	9. 17	244. 38. 10	244. 55	67. 34. 24	67. 35	+ 16. 50	+ 0. 36
♊.	α Lyre	3. 11	9. 12	120. 19. 16	120. 30	63. 48. 56	63. 30	+ 10. 44	+ 4. 4
♊.	β Lyre	3. 15	9. 15	124. 11. 21	124. 45	56. 13. 15	56. 15	+ 33. 39	+ 1. 35
gr. Chien.	ζ Aigle	3. 16	9. 16	181. 47. 55	181. 25	74. 14. 13	74. 5	− 22. 55	− 9. 13
gr. Chien.	δ Lyre	3. 17	9. 18	172. 2. 33	171. 30	110. 44. 17	111. 30	− 32. 33	+ 45. 43
pet. Chien.	γ Lyre	3. 18	9. 18	134. 9. 45	134. 0	72. 51. 29	74. 0	− 9. 45	+ 68. 31
♊.	ζ Aigle	3. 17	9. 16	133. 42. 3	134. 10	26. 8. 51	26. 50	+ 27. 57	+ 41. 9
Ourse.	δ Aigle	3. 19	9. 20	125. 35. 0	125. 40	4. 43. 40	4. 20	+ 5. 0	− 23. 40
Vaisseau.	α ♐	3. 18	9. 13	284. 26. 42	284. 15	47. 45. 52	48. 26	− 11. 42	+ 39. 8
Chien.	δ Aigle	3. 20	9. 20	204. 38. 21	204. 45	73. 19. 41	73. 45	+ 6. 39	+ 25. 19
♊.	θ Aigle	3. 20	9. 20	148. 29. 30	148. 45	18. 18. 50	18. 45	+ 15. 30	+ 34. 20
Procyon.	ι Antinoüs	3. 22	9. 22	175. 55. 44	176. 10	36. 0. 34	36. 10	+ 14. 16	+ 9. 26
gr. Chien.	γ Aigle	3. 26	9. 27	199. 21. 35	199. 10	81. 54. 29	82. 10	− 11. 35	+ 15. 31
gr. Chien.	α Flèche	3. 26	9. 27	191. 48. 55	191. 20	89. 37. 29	90. 0	− 28. 55	+ 32. 31
gr. Chien.	α Aigle	3. 26	9. 28	201. 19. 26	201. 10	79. 56. 58	80. 10	− 9. 26	+ 14. 2
gr. Chien.	β Cygne	3. 26	9. 28	181. 32. 28	181. 30	19. 37. 56	19. 30	− 8. 28	− 7. 56
gr. Chien.	β Aigle	3. 26	9. 29	203. 35. 1	203. 30	77. 21. 23	77. 50	− 25. 1	+ 28. 37
gr. Ourse.	α ♑	4. 0	10. 0	122. 17. 14	122. 10	− 0. 12. 18	0. 30	− 7. 14	− 42. 18
gr. Ourse.	β ♑	4. 0	10. 0	146. 25. 35	146. 20	24. 20. 39	23. 40	− 5. 35	− 40. 39
Vaisseau.	β ♑	4. 2	10. 2	220. 21. 1	220. 0	49. 34. 17	50. 0	− 21. 1	+ 25. 43
Vaisseau.	α Dauphin	4. 8	10. 10	164. 11. 51	164. 10	72. 23. 43	72. 26	− 1. 51	+ 2. 17
♋.	ε Dauphin	4. 10	10. 10	136. 0. 0	136. 20	34. 11. 52	34. 40	+ 20. 0	+ 28. 8
Hydre.	β Dauphin	4. 11	10. 12	159. 2. 24	159. 30	43. 53. 36	43. 30	+ 27. 36	+ 34. 24
Ourse.	γ Dauphin	4. 15	10. 15	102. 9. 27	102. 20	12. 22. 15	11. 20	+ 10. 33	− 62. 15
Ourse.	α Dauphin	4. 15	10. 14	101. 50. 45	102. 10	12. 8. 47	11. 10	+ 19. 15	− 51. 47
Ourse.	δ Dauphin	4. 15	10. 14	102. 55. 28	103. 30	13. 8. 36	12. 30	+ 34. 32	− 38. 36
Ourse.	δ Cygne	4. 16	10. 15	70. 27. 21	70. 50	19. 19. 37	20. 10	+ 22. 39	+ 50. 23
pet. Ourse.	γ ♑	4. 18	10. 18	107. 18. 42	106. 50	77. 45. 29	77. 30	− 28. 42	− 15. 29
♌.	γ Cygne	4. 21	10. 21	126. 37. 23	126. 20	60. 54. 37	61. 0	− 17. 23	+ 5. 23
Hydre.	ε Cygne	4. 23	10. 23	152. 58. 4	153. 10	71. 49. 32	72. 10	+ 11. 56	+ 20. 28
Vaisseau.	ε Cygne	4. 23	10. 23	195. 2. 54	194. 20	113. 54. 22	113. 20	− 42. 54	− 34. 22
♌.	ε Cygne	4. 24	10. 24	125. 43. 7	126. 0	44. 34. 35	45. 0	+ 16. 53	+ 25. 25
♌.	ε Cygne	4. 24	10. 24	118. 43. 19	119. 0	37. 34. 47	38. 0	+ 16. 41	+ 25. 13
♌.	ε Cygne	4. 26	10. 24	130. 6. 43	130. 20	48. 58. 11	49. 20	+ 13. 17	+ 21. 49
♌.	ε Pégase	4. 26	10. 28	149. 4. 48	149. 0	13. 18. 41	14. 0	− 4. 48	+ 41. 19
gr. Ourse.	ι Pégase	4. 27	10. 28	110. 45. 38	111. 0	23. 8. 36	24. 0	+ 14. 22	− 60. 36
gr. Ourse.	ζ Cygne	4. 27	10. 29	84. 38. 58	85. 0	7. 33. 30	7. 0	+ 21. 2	− 33. 30
gr. Ourse.	α ♒	4. 27	10. 30	117. 41. 14	118. 0	40. 57. 46	40. 0	+ 18. 46	− 57. 46
♌.	γ ♒	5. 3	11. 3	171. 36. 35	171. 25	8. 6. 35	8. 35	− 11. 35	+ 28. 25
♌.	α Cygne	5. 3	11. 2	119. 56. 24	120. 10	59. 46. 36	60. 10	+ 13. 36	+ 23. 24
gr. Ourse.	β ♒	5. 5	11. 5	133. 52. 37	134. 0	62. 50. 9	61. 0	+ 7. 23	− 89. 9
♌.	Fomalhaut	5. 3	11. 0	200. 57. 42	200. 50	21. 14. 43	20. 30	− 7. 42	− 44. 43
♌.	λ ♒	5. 8	11. 8	166. 3. 4	166. 10	14. 42. 50	13. 30	+ 6. 56	− 72. 40
♌.	λ ♒	5. 8	11. 8	236. 15. 34	235. 20	35. 29. 50	35. 40	− 55. 34	+ 10. 10
Vaisseau.	ζ Pégase	5. 11	11. 12	228. 35. 18	227. 40	83. 53. 20	83. 40	− 55. 18	− 13. 20
Ourse.	ζ Pégase	5. 12	11. 12	105. 58. 25	105. 30	38. 49. 33	38. 40	− 28. 25	− 9. 33
Coupe.	α Pégase	5. 21	11. 20	183. 17. 59	183. 40	42. 7. 31	42. 20	+ 22. 1	+ 12. 29
C. Charles.	α Pégase	5. 21	11. 20	120. 27. 41	120. 55	20. 42. 47	21. 25	+ 27. 19	− 17. 47
Vaisseau.	β Pégase	5. 25	11. 25	212. 34. 50	211. 50	94. 51. 14	93. 50	− 44. 50	− 61. 14

CHAPITRE VIII.

Livre VIII. Voie lactée, ou Galaxias.

A l'occasion des étoiles, il était naturel de parler de la voie lactée. Ptolémée la décrit en détail; il en trace le cours, sans se faire une seule question sur la matière dont elle est composée. Nous avons vu que les philosophes grecs avaient à cet égard les mêmes opinions à peu près que les modernes. Nous avons encore vu qu'Aratus et Eratosthène mettaient la voie lactée au nombre des grands cercles de la sphère. Aratus la comparait au zodiaque, en ce qu'elle a une largeur sensible. Ptolémée dit de même qu'elle est une zone qui a partout une couleur presque semblable à celle du *lait*. Elle n'est uniforme ni dans sa figure, ni dans sa largeur, ni dans sa densité. Elle se divise en deux branches vers l'Autel, d'une part, et de l'autre vers le Cygne. La branche occidentale une fois séparée ne se réunit plus à l'orientale; mais il n'y a dans celle-ci aucune interruption; elle forme une zone presque régulière, dont le milieu diffère peu d'un grand cercle; elle passe par les pieds du Centaure, où elle est moins dense et plus obscure, si ce n'est vers les pieds de derrière; elle couvre ensuite la moitié de l'Autel, passe près des reins du Loup, sur le dard du Scorpion et sur trois de ses nœuds, sur l'arc et la pointe de la flèche du Sagittaire; là elle est plus dense et ressemble à de la fumée; elle diminue ensuite d'épaisseur, elle en recouvre ensuite vers l'Aigle; la flèche y est comprise toute entière; elle va sur le Cygne, à la tiare de Céphée, sur la partie droite de Persée, passe auprès de la Chèvre, par le pied gauche du Cocher, par les pieds des Gémeaux, par la massue d'Orion, auprès de la tête du grand Chien et de Procyon; elle arrive au Vaisseau et rejoint le Centaure, où elle a commencé.

La branche occidentale passe par la jambe droite d'Ophiuchus, où elle est à peine visible; elle recommence à l'épaule droite, passe à quelque distance de la queue de l'Aigle; là elle commence à devenir plus rare et plus étroite; passe par le bec du Cygne, après quoi on y remarque une interruption jusqu'à la luisante.

Ptolémée décrit ensuite la sphère solide ou globe céleste. Il lui donne un fond obscur, imitant la couleur du ciel pendant la nuit. Il y choisit deux points diamétralement opposés, qui seront les pôles de l'écliptique. De l'un de ces pôles il décrit ce grand cercle; perpendiculairement à l'écliptique il trace un autre grand cercle qui passe par les deux pôles, et qu'il divise en 360°. Il y place des chiffres de distance en distance; il fait ensuite deux cercles bien tournés, dont l'un embrasse exactement la surface de la sphère, l'autre est un peu plus grand. Une circonférence sera tracée par le milieu de la largeur de ces cercles, et chacune sera divisée en deux fois 180°. Le premier de ces cercles passera toujours par les pôles de l'écliptique et de l'équateur, et sera par conséquent le colure des solstices; il tiendra à la sphère solide par des boulons qui passeront par les pôles de l'écliptique, autour desquels ce cercle pourra faire une révolution entière. (Cette construction donne un moyen d'avoir égard à la précession des équinoxes et de faire tourner les pôles de l'équateur autour de ceux de l'écliptique.) Mais comme les points équinoxiaux et solsticiaux n'ont pas une position stable, on ne les marquera pas sur la sphère; on peut sans cela y placer toutes les étoiles suivant leur position relative. On prendra donc Sirius pour origine, et on placera cette étoile à une distance convenable de l'écliptique, sur le cercle de latitude. Pour placer ensuite les autres étoiles, on fera tourner le cercle mobile de latitude de manière qu'il fasse avec le cercle de latitude passant par Sirius, l'angle égale à la différence de longitude; alors les divisions du cercle mobile de latitude serviront à placer l'étoile à la distance qui conviendra à sa latitude. La place de l'étoile ainsi trouvée, on la marquera d'une couleur qui se rapprochera autant que possible de la couleur propre de l'étoile, dont on indiquera aussi la grandeur; on tracera les formes et les limites des constellations légèrement et par de simples traits, pour prévenir la confusion; on marquera la voie lactée avec tous ses détours, ses interruptions et ses variétés. Le second cercle servira de méridien; on l'attachera au premier par les points qui sont les pôles de l'équateur; on placera ces pôles, par rapport à l'horizon, à la hauteur convenable, suivant la latitude du lieu. D'autres boulons passeront par les pôles de l'équateur. On fixera le cercle intérieur à une distance de Sirius égale à la distance actuelle de l'étoile au tropique. Ce cercle intérieur tournera dans le méridien et entraînera dans sa révolution le globe étoilé. Il est inutile de dire que le méridien sera perpendiculaire à l'horizon, qui le coupera en deux parties égales. Le méridien sera enchâssé dans l'horizon, de manière à pouvoir y tourner dans son plan, pour élever le pôle à la hauteur convenable, suivant le climat. Le méridien sera divisé en quatre fois 90°, de l'équateur au pôle; ces divisions dispenseront de tracer l'équateur; car tout point qui sera à 90° du pôle sera nécessairement dans l'équateur. Tout point à 23° 51′ de l'équateur appartiendra à un tropique. Par cette construction, qui n'est pas exposée dans le texte grec avec toute la clarté desirable, on voit que la sphère solide de Ptolémée avait tous les avantages des sphères à pôles mobiles, que Dupuis a fait construire de nos jours; la construction de Ptolémée paraît même un peu plus commode. Dupuis avait supprimé la plus grande partie du cercle mobile qui passe par les pôles de l'écliptique et de l'équateur; il n'en avait conservé que deux arcs de 23° ½, tournant autour des pôles de l'écliptique et portant les pôles de l'équateur. En faisant tourner le globe autour des pôles de l'écliptique, on amenait le pôle de l'équateur à la position convenable, selon l'époque; alors, par une vis de pression, on fixait les pôles en cette position; par ce moyen le globe ne pouvait plus tourner qu'autour des pôles de l'équateur, suivant le mouvement diurne, et c'était alors le pôle de l'écliptique qui tournait autour du pôle de l'équateur, de manière à montrer les levers et les couchers des astres, et à placer le globe dans une position analogue à celle de la sphère céleste, pour le moment choisi.

Ce chapitre est curieux pour l'histoire de l'Astronomie ancienne, qui, en ce point, n'a laissé rien à faire à l'Astronomie moderne. Le suivant n'est guère que de curiosité; il traite des configurations des étoiles, soit entr'elles, soit par rapport aux planètes, à l'horizon, aux cercles de la sphère et à la Terre; il y traite des aspects, des conjonctions, des oppositions, des levers, des couchers, des tems où une étoile est perdue dans les rayons *des luminaires*. Ce tems où l'étoile est invisible est désigné par le mot *crypse* (κρύψις), occultation. La conjonction arrive quand les deux astres sont sur une même ligne droite menée à la Terre.

Epitole, ou lever héliaque; c'est l'instant où un astre se dégage des rayons du Soleil et redevient visible à son lever.

Par rapport à la Terre, Ptolémée divise les configurations en levers, couchers, passages au méridien, soit supérieur, soit inférieur. Ces quatre phénomènes étaient compris sous la dénomination générique de *centres*, κέντρα ou κεντρώσεις, positions centrales ou fondamentales.

Si l'équateur passe par le zénit, les pôles sont dans l'horizon, tous les astres se lèvent et se couchent, ils passent au méridien supérieur et inférieur, le tout dans la même journée.

Si les pôles sont au zénit ou au nadir, aucune étoile ne se lève ni ne se couche, l'équateur se confond avec l'horizon, les passages au méridien sont tous deux supérieurs à l'horizon, ou tous deux inférieurs; mais le méridien devient une chose arbitraire ou indéterminée.

Dans la sphère inclinée, il y a toujours des cercles toujours visibles, et d'autres qui sont toujours invisibles. Il n'y a ni lever, ni coucher pour les astres compris dans ces cercles; les passages au méridien sont tous deux visibles ou tous deux invisibles. Pour les astres qui se lèvent et se couchent, le passage supérieur est le seul visible.

Dans la sphère inclinée, les astres qui passent ensemble au méridien ne se lèvent ni ne se couchent pas pour cela à la même heure; cela ne pourrait avoir lieu que dans la sphère droite.

Par rapport à la Terre, aux planètes et aux points de l'écliptique, Ptolémée distingue plusieurs sortes de levers.

Le lever du matin, apéliote, quand l'astre est vers l'horizon le matin avec le Soleil. Il se divise en épanatole orientale invisible, quand l'astre, commençant à se plonger dans les rayons du Soleil, se lève immédiatement après le Soleil;

Synanatole orientale vraie, quand l'astre accompagne le Soleil et se trouve au même instant à l'horizon;

Proanatole orientale visible, quand l'astre, commençant à se dégager des rayons solaires, se lève un instant avant le Soleil.

La deuxième configuration s'appelle *médiation* du matin, quand l'astre étant au méridien, le Soleil au même instant se trouve à l'horizon.

Celle-ci se divise encore en médiation orientale invisible, quand l'astre passe au méridien immédiatement après le lever du Soleil;

Médiation simultanée vraie, quand l'astre médie à l'instant même où le Soleil se lève;

Pré-médiation orientale, quand l'astre venant de passer au méridien, le Soleil se lève aussitôt; et si le passage est au méridien supérieur, il est visible: ceci pourrait se contester.

La troisième configuration s'appelle *libs* ou *lips* du matin, quand le Soleil étant vers l'horizon oriental, l'astre est vers son coucher; elle se divise en

Coucher suivant oriental invisible, quand le Soleil se levant, l'astre se couche l'instant d'après;

Coucher simultané vrai, quand l'astre se couche à l'instant même où le Soleil se lève ;

Enfin coucher précédent oriental visible, quand l'astre se couchant, le Soleil se lève aussitôt après.

La quatrième configuration s'appelle *méridien apéliote ;* elle a lieu quand le Soleil étant au méridien, l'astre est à l'horizon ; elle est ou de jour et invisible, quand l'étoile se lève à midi, ou de nuit et visible, quand l'étoile se lève à minuit.

La cinquième configuration s'appelle *médiation du méridien,* lorsque l'étoile et le Soleil sont ensemble au méridien. Elle se divise en quatre cas; deux de jour et invisibles, quand l'astre passe à midi au méridien, soit supérieur, soit inférieur ; deux de nuit, quand l'étoile passe au méridien supérieur à minuit, et alors il est visible ; enfin quand il passe à minuit au méridien inférieur, et alors il est invisible.

La sixième configuration s'appelle *méridien lips,* quand le Soleil étant au méridien, l'étoile est vers l'horizon occidental. Si elle arrive de jour, elle est invisible ; si elle arrive de nuit, elle est visible, parce que l'étoile se couche à minuit.

La septième s'appelle *apéliote du soir,* quand le Soleil étant à l'horizon occidental, l'astre est à l'horizon oriental. Elle se divise en *épanatole visible du soir,* quand le Soleil venant de se coucher, l'astre se lève aussitôt ; en *synanatole vraie du soir,* quand le Soleil se couchant, l'étoile se lève ; enfin en *proanatole du soir et invisible,* quand l'astre venant de se lever, le Soleil se couche.

La huitième configuration s'appelle *médiation du soir,* quand le Soleil étant à l'horizon occidental, l'astre est au méridien supérieur ou inférieur. Elle se divise en

Médiation suivante du soir et visible, quand le Soleil venant de se coucher, l'étoile aussitôt après passe au méridien ; puis en

Médiation simultanée vraie du soir, quand l'astre passe au méridien à l'instant même du coucher du Soleil ; enfin en

Médiation précédente invisible du soir, quand l'astre venant de passer au méridien, le Soleil se couche aussitôt après.

La neuvième configuration est le *lips* du soir, quand l'astre est à l'horizon occidental avec le Soleil ; elle se divise en

Coucher suivant et invisible du soir, quand l'astre étant près de se perdre dans les rayons du Soleil, se couche tout aussitôt après le Soleil ; puis en

Coucher simultané vrai du soir, quand l'étoile et le Soleil se couchent en même tems ;

Coucher précédent et invisible du soir, quand l'astre commençant à sortir des rayons solaires, se couche un peu avant le Soleil.

Tout ce fatras scolastique est de l'invention de professeurs qui veulent parler d'une science qui n'est pas faite. Il est d'une inutilité absolue pour l'Astronomie ; à quoi bon classer si méthodiquement une foule de circonstances la plupart inobservables, et qui n'auraient en aucun cas aucun usage ? On a déjà vu cette doctrine exposée dans Géminus. Ptolémée n'y donne aucune suite ; il ne l'a exposée sans doute que parce qu'elle subsistait encore dans les écoles, et nous n'en avons présenté le tableau que pour ne pas rendre incomplète l'Histoire de l'Astronomie ancienne.

Des Levers, des Couchers et des Passages simultanés.

Ptolémée passe au calcul trigonométrique de ces phénomènes ; il commence par les passages (fig. 63).

Soit ECPO le colure des solstices, P le pôle de l'équateur, O celui de l'écliptique, EQ l'équateur, CL l'écliptique, A un astre quelconque ; menez le cercle de latitude OAD, le cercle de déclinaison PANM ; il est évident que l'astre A passe au méridien avec les points M de l'équateur et N de l'écliptique.

On connaîtra PO, distance des deux pôles, $POA = 90° - \text{longitude}$, $OA = 90° - \text{latitude}$. On peut calculer l'angle A par sa tangente; alors $\text{tang déclin. } AN = \frac{\text{tang lat. } AD}{\cos A}$, $\text{tang } DN = \sin AD \text{ tang } A$; on aura donc DN à retrancher de la longitude ♈D ; il restera ♈N, longitude du point qui culmine avec l'étoile A, et l'ascension droite ♈M pour l'instant de la culmination de l'étoile.

Avec l'ascension droite ♈M, qui sera celle du milieu du ciel à l'instant du passage, on calculera le point orient de l'écliptique, et le point couchant, qui est toujours à 180° du point orient.

Si l'étoile est à l'horizon en A′, outre l'ascension droite on calcule la déclinaison, puis la différence ascensionnelle, le milieu du ciel, le point culminant, le point orient et couchant. On a vu comment les Grecs résolvaient tous ces problèmes. Le point orient, couchant ou culminant donnait le jour où le phénomène arrivait.

Remarquez que parmi tant de levers et de couchers parfaitement inutiles, puisque plus de la moitié sera nécessairement invisible, et le reste presqu'impossible à bien observer, il ne parle que des lieux vrais, *ἀληθιναὶ συγκεντρώσεις*, nom générique de ces phénomènes, et qu'il ne dit pas un mot des levers, ni des couchers apparens affectés de la réfraction, quoiqu'ils soient d'une importance bien plus réelle; preuve que Ptolémée n'avait alors aucune connaissance de la réfraction, ou tout au moins qu'il ne la connaissait que d'une manière trop vague pour en déterminer la valeur absolue, même à l'horizon. Nous verrons dans son Optique, qu'il a connu toute cette théorie; qu'il a fort bien déterminé la réfraction du rayon lumineux qui passe de l'air dans l'eau ou dans le verre, mais qu'il a cru impossible de déterminer par observation la réfraction que ce rayon subit en entrant dans notre atmosphère. Mais sans en assigner la véritable quantité, il aurait pu, et même il aurait dû dire en cet endroit, que tous ces levers étaient accélérés par la réfraction, et que tous les couchers étaient retardés : ainsi il est probable qu'au tems où il écrivait sa *Syntaxe mathématique*, il n'avait pas encore composé son Optique, et qu'il pouvait ignorer totalement et les effets, et jusqu'à l'existence de la réfraction. Nous serons confirmés dans cette idée par le chapitre suivant, où il traite des apparitions et disparitions des étoiles. Il remarque que pour ces derniers phénomènes, la Trigonométrie seule ne suffit pas; qu'elle ne peut nous apprendre bien sûrement quel doit être l'abaissement du Soleil sous l'horizon, pour qu'une étoile devienne visible, puisque cet abaissement ne saurait être le même en tout climat, et qu'il diffère suivant la grandeur des étoiles.

En effet, les étoiles les plus brillantes seront vues nonobstant un crépuscule plus fort, et les plus faibles auront besoin d'un plus grand abaissement et d'un crépuscule plus approchant de l'obscurité totale. L'arc de distance du Soleil à l'horizon, le long de l'écliptique, variera suivant la lumière et l'éclat des étoiles, suivant leurs latitudes, suivant les différens angles que l'écliptique fait avec l'horizon, et ces angles varieront avec la hauteur du pôle. Il aurait pu ajouter que l'abaissement variera selon que l'étoile se lève en un point de l'horizon plus ou moins éloigné de celui au-dessous duquel se trouve le Soleil.

En effet, soit Z le zénit (fig. 64), H le point de l'écliptique à l'horizon, E le lieu du Soleil, OE son abaissement, afin que la lumière du crépuscule soit assez faible; que plusieurs étoiles a, a', a'' soient en même tems à l'horizon. L'étoile a, dont la latitude la sera la plus grande, sera par là même plus éloignée du point O auquel répond perpendiculairement le Soleil; le point O sera de tous les points celui qui sera le plus vivement éclairé ; le point a sera moins éclairé que a', et a' moins que a'', a'' moins que H, et H moins que O ; ainsi quand on verra l'étoile a, qui est dans des circonstances plus favorables, il se pourra très-bien que a', a'' et H soient invisibles, quoiqu'en elles-mêmes elles soient aussi brillantes.

Si les étoiles sont également brillantes et à même distance horizontale du point O, plus le pôle sera élevé, plus petits seront les angles H de l'écliptique avec l'horizon, et il faudra que l'arc oblique HE soit plus considérable pour comporter l'abaissement OE et pour que ces étoiles commencent à paraître.

Il faut donc recourir à l'observation pour savoir à quelle distance du Soleil chaque étoile devient visible pour la première fois. Mais si l'abaissement OE n'est pas le même dans tous les climats à cause du plus ou moins de pureté et de limpidité de l'atmosphère, non-seulement il faudra une observation particulière pour chaque étoile, mais il faudra que cette expérience soit répétée dans tous les climats, puisque l'air est plus épais dans les régions septentrionales.

Ce qui suit est loin d'avoir toute la clarté desirable. Suivons Ptolémée pas à pas.

Si l'on suppose que pour les mêmes astres l'arc semblable à OE, c'est-à-dire l'abaissement soit *le même partout, comme il est vraisemblable* (ce serait plutôt le contraire qui serait vraisemblable, par les raisons qu'il vient de donner lui-même); *car il fera nécessairement le même effet sur l'éclat des astres en raison de la différence des airs : il nous suffira des distances observées dans un seul climat pour calculer tous les autres d'après la figure*, soit que l'inclinaison de l'écliptique vienne à changer avec la hauteur du pôle, soit que le mouvement des étoiles en longitude ait changé le point de l'écliptique auquel elles répondent.

Pour raisonner juste, Ptolémée aurait dû ce semble nous dire : Supposons que, malgré la différence de l'air, l'abaissement qui permet à une étoile donnée d'être aperçue soit le même partout, alors il suffira des observations d'un seul climat pour en conclure trigonométriquement ce qui pourra résulter d'un changement soit dans la hauteur du pôle, soit dans la longitude des astres ; car il peut paraître assez douteux que l'effet soit le même pour affaiblir l'éclat du Soleil et celui de l'étoile.

Au reste, pour voir ce que suppose le calcul de Ptolémée, examinons-le dans toutes ses parties ; nous démêlerons bien les quantités qu'il aura regardées comme constantes.

Dans les arcs de grand cercle $\eta\beta$, $\eta\zeta$ (fig. 65) ont été menés des arcs $\beta\theta$ et $\zeta\alpha$:

$$\frac{\text{corde } 2\alpha\beta}{\text{corde } 2\beta\eta} = \frac{\text{corde } 2\alpha\epsilon}{\text{corde } 2\epsilon\zeta} \cdot \frac{\text{corde } 2\zeta\theta}{\text{corde } 2\theta\eta},$$

ϵ est le point de l'écliptique qui se lève avec l'astre, α le point culminant donné, car $\epsilon\zeta$ est donné par l'observation faite dans un climat quelconque, $\alpha\eta$ est donné par la déclinaison du point α et par la distance de l'équateur au zénit. Connaissant ainsi $\alpha\beta$, et $\alpha\epsilon$ étant donné, il ne restera d'inconnu que $\zeta\theta$ qui sera connu par l'équation

$$\text{corde } 2\zeta\theta = \frac{\text{corde } 2\alpha\beta \text{ corde } 2\epsilon\zeta}{\text{corde } 2\alpha\epsilon};$$

$\beta\eta$ et $\theta\eta$ disparaissent parce qu'ils sont égaux et de 90° chacun;

$$\text{corde } 2\zeta\theta = \frac{\text{corde } 2 \text{ (hauteur du point culminant) corde } 2 \text{ (distance observée)}}{\text{corde } 2 \text{ (arc de l'écliptique entre le méridien et l'horizon)}},$$

nous aurions

$$\sin \zeta\theta = \sin \epsilon\zeta \sin \epsilon = \sin \epsilon\zeta \left(\frac{\sin \alpha\beta}{\sin \alpha\epsilon}\right).$$

Les deux équations sont donc identiques ; il est d'ailleurs évident que Ptolémée suppose donnée, par observation, la distance du Soleil à l'horizon dans le vertical et non sur l'écliptique. De deux choses l'une, ou l'on veut déterminer $\theta\zeta$ par observation, ou $\theta\zeta$ étant déjà connu, on veut calculer quel jour une étoile donnée sera visible.

Dans le premier cas, on observera une étoile ν à l'horizon ; on aura l'heure de l'observation, par conséquent l'ascension droite du milieu du ciel, le point culminant, sa hauteur, l'angle de l'écliptique avec le méridien, la longitude du point orient ϵ ; on la retranchera de la longitude calculée du Soleil, le reste sera $\zeta\epsilon$; on en déduira la valeur de $\theta\zeta$, qui est la constante la plus naturelle ; au reste on les aurait toutes deux, c'est-à-dire $\zeta\epsilon$ et $\theta\zeta$: la même observation donnera tout-à-la-fois ces deux arcs.

Veut-on supposer $\epsilon\zeta$ connu ? on aura à déterminer le jour où une étoile sera visible à l'horizon. L'étoile, par sa différence ascensionnelle et son ascension oblique, donnera le milieu du ciel, le point culminant et le point orient ; à la longitude de ce point on ajoutera $\epsilon\zeta$, et le jour du lever de l'étoile sera connu.

Mais si l'on suppose $\theta\zeta$ constant, on aura, comme ci-dessus, la longitude du point orient ε; et de l'angle en ε de cet angle ε et de la perpendiculaire $\theta\zeta$, on conclura $\varepsilon\zeta$ et le jour du phénomène; car $\sin \varepsilon\zeta = \frac{\sin \zeta\theta}{\sin \varepsilon}$.

Le choix de la constante est donc assez indifférent pour le calcul trigonométrique. Il n'en est pas de même pour la possibilité de voir l'étoile; $\varepsilon\zeta$ étant constant, il arrivera que, dans les climats où l'écliptique peut se confondre ou à peu près avec l'horizon, l'angle ε sera souvent fort petit, et $\sin \theta\zeta = \sin \varepsilon \sin \varepsilon\zeta$ une quantité très-petite et très-variable; le Soleil pourra être très-voisin de l'horizon, le crépuscule très-fort et les étoiles invisibles pour ces climats, tandis que pour d'autres climats cet arc $\varepsilon\zeta$ donnerait un crépuscule beaucoup moins fort, parce que $\theta\zeta$ serait considérable. Aussi voit-on ensuite que Ptolémée suppose $\theta\zeta$, et qu'il en déduit $\varepsilon\zeta$ et le jour de l'observation; d'ailleurs il est évident, par la formule $\sin \varepsilon\zeta = \frac{\sin \theta\zeta}{\sin \varepsilon}$, que $\varepsilon\zeta$ est une quantité qui doit varier avec la latitude et le point orient.

Au reste Ptolémée convient lui-même, en terminant ce chapitre et le livre, que ces calculs sont pénibles et incertains. Il aurait pu convenir aussi qu'il a exposé cette doctrine d'une manière bien prolixe et bien obscure. Il est quelquefois difficile de saisir sa pensée et de le mettre bien d'accord avec lui-même. Il est à remarquer enfin qu'il ne donne pas cette quantité $\theta\zeta$, qu'il suppose d'abord la même pour tous les pays, et qu'il dit ensuite nécessairement variable. Il termine par quelques réflexions sur les prédictions qu'on voudrait faire des changemens de tems qui pourraient suivre ces apparitions; il pense qu'on ne peut avoir en ce genre que des aperçus qui ne seront jamais suffisamment confirmés: il les croit moins sûrs de beaucoup que les conjectures qu'on pourrait tirer des autres aspects des étoiles comparées au Soleil ou à la Lune.

Tout ce que nous avons dit des levers s'applique tout naturellement aux couchers, qui se calculeront d'une manière analogue. Nous avons donné, tome I, pag. 53, à l'article d'Autolycus, les formules générales de ce problème, ce qui nous dispense d'en dire davantage.

CHAPITRE IX.

Livre IX.

Le reste de l'ouvrage est consacré aux planètes. Ce neuvième Livre commence par ce qui les concerne toutes en général.

Les planètes sont beaucoup plus près de la Terre que ne sont les étoiles, et moins voisines que la Lune. Saturne ou Κρόνος est la dernière de toutes dans l'ordre des distances. Jupiter est plus près, et Mars encore plus. Ces trois planètes sont à une distance plus grande que celle du Soleil. (Cela est vrai des distances moyennes ; mais on sait aujourd'hui que Mars en opposition, est plus voisin de nous que le Soleil.) Jusqu'ici tous les anciens mathématiciens sont du même avis ; il n'en est pas de même par rapport à Vénus et à Mercure, que les plus anciens plaçaient entre le Soleil et la Terre, au lieu que quelques auteurs plus modernes les avaient rejetées au-delà du Soleil, par la raison que jamais on ne les avait vues sur le Soleil. Ptolémée trouve cette raison insuffisante ; il croit possible qu'elles soient entre le Soleil et la Terre, mais dans des plans différens, ce qui les empêche de produire aucune éclipse : il s'en faut de beaucoup, en effet, que toutes les syzygies de la Lune soient écliptiques. Il se range donc à l'avis des anciens, et place le Soleil entre les deux planètes, qui ne s'écartent guère de lui que d'un petit nombre de degrés, et celles qu'on observe à toutes les distances angulaires possibles. Seulement il avertit qu'il ne faut pas les placer assez près de la Terre pour qu'elles aient une parallaxe sensible ; car le défaut de parallaxe est ce qui empêche de déterminer exactement la distance de ces planètes. Il serait bien singulier que Ptolémée n'eût pas vu que les deux opinions contraires pouvaient se réunir en une seule, qui aurait placé ces planètes tantôt au-dessus et tantôt au-dessous, en les faisant circuler autour du Soleil. Cette inadvertance deviendrait plus singulière encore, s'il était vrai que cette idée, plus ancienne que Ptolémée, puisqu'elle est rapportée par Cicéron, eût été celle des Egyptiens ; il ne devait pas l'ignorer ; elle avait dû être examinée par l'école d'Alexandrie, et elle méritait au moins qu'il la discutât. Mais elle pouvait donner lieu à quelqu'objection embarrassante, à quelques doutes sur le système qu'il a voulu défendre, et c'est peut-être là le vrai motif de ce silence. Peut-être ne voulait-il pas admettre de planètes du second ordre; et puisqu'il faisait du Soleil une planète qui tournait autour de la Terre, il n'a pas voulu que Vénus et Mercure devinssent de simples satellites du Soleil; peut-être aussi n'avait-il aucune idée d'un satellite, c'est-à-dire d'une planète circulant autour d'une autre, quoique les épicycles menassent tout naturellement à cette supposition. Il n'est pas impossible enfin que l'idée appartînt à Cicéron, ou qu'il la tînt de quelque philosophe grec, dont la conjecture n'aurait pas été assez répandue pour pénétrer en Egypte.

Ptolémée se propose d'expliquer la marche de toutes les planètes par des mouvemens uniformes et circulaires, comme ceux du Soleil et de la Lune; car *cette perfection est de l'essence des choses célestes, qui n'admettent ni désordre ni inégalités;* mais il annonce en même tems que cette théorie planétaire est d'une extrême difficulté, et que personne encore n'a pu y réussir complètement.

Il semble que Ptolémée aurait pu se dispenser de recourir à cette idée aristotélicienne de perfection des choses célestes, et dire simplement qu'on ne devait admettre aucun effet sans cause, au moins probable; qu'on ne voyait aucun moyen d'expliquer physiquement ces inégalités, et qu'ainsi on devait les croire simplement apparentes, surtout si l'on parvenait en effet à les représenter par des cercles parcourus uniformément. Le mot *réussir*, qu'il emploie pour rendre son idée (κατωρθωμένοι), ne signifie pas qu'on n'eût fait aucune tentative pour ébaucher au moins cette théorie, mais il veut dire seulement qu'on ne l'avait pas encore assez avancée pour avoir de bonnes Tables.

Dans la recherche des mouvemens périodiques, l'erreur des observations que l'on compare est d'autant plus nuisible, que l'intervalle est moins grand. Or l'intervalle qui séparait alors les plus anciennes observations était trop peu considérable pour que l'on pût en déduire avec sûreté les mouvemens pour un tems un peu long.

Ce qui ajoute à la difficulté, c'est que les planètes ont deux inégalités différentes, soit pour les quantités, soit pour les périodes, dont l'une paraît se rapporter au Soleil et l'autre au lieu du zodiaque. Ces inégalités sont tellement mêlées, qu'il est bien difficile de les séparer, d'autant plus que les observations anciennes ont été transmises avec trop peu de détails, et faites avec trop peu de soin.

Les plus communes sont les stations et les apparitions; et ces observations, de leur nature, sont les plus incertaines; car vers la station le mouvement étant insensible, il est impossible de marquer le tems avec précision. Les apparitions sont également douteuses, pour les raisons rapportées dans le Livre précédent. Il ne resterait que les appulses, mais ils ne donnent exactement ni les lieux des planètes, ni l'instant du phénomène. Une autre difficulté tient à l'inclinaison des orbites. Enfin les distances réciproques des astres paraissent plus grandes à l'horizon qu'au méridien, ce qui est une autre source d'erreur.

Quelques personnes ont cru que par ce passage Ptolémée voulait indiquer l'effet des réfractions; mais cet effet serait précisément le contraire. Ptolémée avait remarqué que le Soleil et la Lune à l'horizon, paraissent beaucoup plus grands que vers le zénit; cette augmentation des diamètres était attribuée aux vapeurs humides de l'horizon; on la comparait à celle qu'on avait pareillement remarquée aux objets vus dans l'eau; elle n'a aucun rapport avec la réfraction astronomique, dont Ptolémée n'a parlé que dans son Optique, et dont il n'avait probablement encore aucune idée quand il composa son Traité d'Astronomie.

C'est sans doute à cause de toutes ces difficultés, ajoute Ptolémée, qu'Hipparque, qui aimait la vérité par dessus tout, et qui d'ailleurs n'avait pas trouvé chez ses prédécesseurs des observations aussi nombreuses ni aussi précises que celles qu'il a laissées, avait bien réussi, autant que possible, à représenter par des cercles les mouvemens du Soleil et ceux de la Lune, mais qu'il n'avait pas même commencé la théorie des cinq planètes, du moins dans les écrits qui nous restent de lui, et qu'il s'était contenté de réunir les observations dans un ordre méthodique, et de montrer qu'elles ne s'accordaient pas avec les hypothèses des mathématiciens d'alors. Il fit voir en effet que chaque planète a deux inégalités qui sont différentes pour chacune d'elles; que les rétrogradations sont aussi fort différentes, tandis que les autres mathématiciens n'admettaient qu'une seule inégalité et qu'une même rétrogradation; que leurs mouvemens ne pouvaient s'expliquer par des excentriques, ni par des épicycles portés sur des homocentriques; *et que sans doute il fallait réunir les deux hypothèses*, ἢ καὶ ἐν δία κατὰ τὸ συναμφότερον ἀποτελεῖσθαι συμβέβηκεν. C'est par ces moyens imparfaits qu'on avait tenté, mais sans succès, de démontrer le mouvement uniforme et circulaire dans la construction des Tables qu'on nommait *séculaires* ou *perpétuelles* (αἰωνίους). Il pensa qu'après les succès qu'il avait obtenus dans toutes les parties des Mathématiques, et toutes les preuves qu'il avait données de son amour pour la vérité, il ne lui convenait pas de ne pas faire mieux que les autres, comme s'il ne leur eût pas été supérieur ; mais qu'il devait se prouver à lui-même comme aux autres, la quantité précise des anomalies et les tems de leurs restitutions, en appuyant le tout sur les phénomènes les plus évidens et les moins susceptibles d'être contestés; qu'il fallait mêler ensemble et l'ordre et la position des cercles, de manière à trouver la loi des mouvemens, et ajuster les explications aux phénomènes. Or c'est là sans doute ce qu'il a trouvé difficile.

Ce passage doit faire honneur à Ptolémée et nous donner une haute idée de son caractère. Il aimait la gloire sans doute, mais celle des autres ne lui inspirait aucune jalousie; pour établir la sienne il n'ôte rien à celle d'Hipparque ; avec les observations de ce grand astronome, en y ajoutant celles qu'on avait pu faire dans un intervalle de près de 300 ans, il pouvait se flatter de perfectionner ce qui était resté imparfait entre les mains d'Hipparque ; mais il lui rend la justice qu'il a préparé les voies, rangé les observations dans un ordre plus méthodique; qu'il en a laissé de plus exactes et de plus sûres ; qu'il a fait tout ce qui était possible de son tems; qu'il n'a voulu rien hasarder, et qu'il s'est contenté d'indiquer les moyens et de faciliter le travail à ceux qui viendraient après lui. Par cet hommage il se montre digne de voir son nom associé à celui de l'homme vraiment supérieur qui conservera toujours le premier rang.

L'objet de tous ses raisonnemens est de prévenir une objection. Si pour satisfaire aux phénomènes et en faciliter les calculs, il est obligé de faire quelques suppositions qui paraissent extraordinaires, comme de faire mouvoir les planètes dans de simples cercles décrits dans leurs sphères, et dans le même plan que celui de l'écliptique, ce sera uniquement pour simplifier les explications et les rendre plus faciles à suivre. S'il suppose des choses dont on ne peut assigner aucune cause évidente et dont on n'a d'autre preuve que l'expérience; s'il ne donne pas à toutes les planètes un genre invariable de mouvemens ou d'inclinaison, c'est parce qu'il n'en résultera aucune erreur sensible, et qu'enfin il importe surtout et il suffit de satisfaire aux phénomènes. En général il est impossible d'assigner les premiers principes ; il ne sera donc pas étonnant si les phénomènes ne s'accordent pas toujours parfaitement avec les hypothèses circulaires.

Ces raisons sont sans réplique, puisque malgré tout il fallait des hypothèses pour établir les calculs ; tout ce qu'on pourrait objecter à Ptolémée, c'est que s'il est impossible de remonter aux causes premières, il est dangereux et imprudent de poser comme axiomes des principes fort incertains en tout tems, et dont le tems même a démontré l'erreur, tels que la circularité, l'uniformité des mouvemens et l'immobilité de la Terre. On peut lui pardonner de n'avoir pas même songé à substituer l'ellipse au cercle, les calculs seraient devenus incomparablement plus difficiles; mais pourquoi soutenir si opiniâtrement le mouvement de la Terre, nié déjà par quelques philosophes; pourquoi ne pas chercher dans ce mouvement la cause de la seconde inégalité? pourquoi ne pas mettre le Soleil au centre des orbites de Mercure et de Vénus, suivant l'idée que Cicéron avait exprimée sans le moindre doute et comme une chose constante? De là il n'y avait plus qu'un pas au système de Tycho; et si l'on ne pouvait se familiariser à l'idée de faire de la Terre une planète intermédiaire entre Vénus et Mars, pourquoi ne pas placer dans le Soleil le centre de tous les mouvemens qu'on observait dans ces planètes, et qui devaient être singulièrement affectés par la position excentrique de l'observateur? A tout cela il n'y a qu'une bonne réponse; ces idées étaient au moins fort extraordinaires; il a fallu un long tems et des observations irrécusables pour y amener par degré quelques bons esprits, qui ont eux-mêmes éprouvé toute la résistance que devaient produire des préjugés si fortement enracinés.

Pour toutes ses recherches, Ptolémée emploie les observations les plus sûres, les conjonctions et les appulses de la Lune aux planètes, et surtout les longitudes et les latitudes mesurées avec l'astrolabe. C'est en effet ce qu'il y avait de mieux; on sera seulement étonné que, pour établir ses théories, il n'ait guère rapporté que des appulses, et qu'on ne trouve aucune de ces observations faites par Hipparque, et rangées dans un meilleur ordre.

Après ce préambule il expose, d'après Hipparque, les mouvemens périodiques des cinq planètes principales, avec les tems les plus courts de leurs restitutions, auxquels cependant il a fait quelques légères corrections après avoir déterminé les inégalités.

Par *mouvement en longitude,* il faut entendre le mouvement du centre de l'épicycle autour d'un point de l'excentrique; par *anomalie,* le mouvement de l'astre sur son épicycle.

Les anomalies de Saturne se rétablissent en 59 années tropiques 1 jour et $\frac{3}{4}$ à fort peu près. Quant au mouvement propre de l'astre, il est de 2 cercles $1^{\circ}\,\frac{2}{3}\,\frac{1}{20}$; car pendant l'année synodique des trois planètes supérieures, le Soleil a décrit autant de cercles qu'en donnent le mouvement observé de l'astre et les restitutions d'anomalie.

En effet, c'est par son mouvement relatif que le Soleil atteint Saturne; Saturne a fait 57 restitutions d'anomalie, c'est-à-dire 57 circonférences de son épicycle; il avance sur l'épicycle par son mouvement relatif : le mouvement relatif est donc de 57 circonférences; ajoutez le mouvement de l'astre ou du centre de l'épicycle, vous aurez $59^c\ 1^\circ\ \frac{5}{3}\ \frac{1}{20}$.

Ce mouvement relatif sur l'épicycle est une chose dont il serait difficile de rendre raison; ce mouvement est celui de l'angle au Soleil qu'on appelle aujourd'hui *commutation*. Que d'embarras on se serait épargnés si l'on eût fait ce rapprochement qui conduisait au système de Copernic, ou tout au moins à celui de Tycho !

Les anomalies de Jupiter se rétablissent 65 fois en 71 ans moins $4^j\ \frac{1}{2}\ \frac{1}{3}\ \frac{1}{15}$, et la planète a fait six révolutions tropiques moins $4^\circ\ \frac{1}{2}\ \frac{1}{3}$.

Les anomalies de Mars se restituent 57 fois en 79 ans $3^j\ \frac{1}{2}\ \frac{1}{20}$; Mars fait en ce tems 42 révol. $3^\circ\ \frac{1}{6}$.

Les anomalies de Vénus, 5 fois en 8 ans moins $2^j\ \frac{1}{4}$; Vénus fait en ce tems 8 révolutions moins $2^\circ\ \frac{1}{4}$.

Les anomalies de Mercure, 145 fois en 46 ans $1^j\ \frac{1}{30}$; Mercure fait en ce tems 46 révolutions et 1°.

Réduisant le tems de l'apocastase en jours, et le nombre des rétablissemens en degrés, nous formerons la Table suivante.

Plan.	Jours et heures.	Degrés d'anomal.	Mouv. diurne d'anomalie.	Mouv. propre en un jour.
♄	21551,18	20520	0°57′ 7″43‴41ⁱᵛ43ᵛ40ᵛⁱ	0° 2′ 0″33‴21ⁱᵛ28ᵛ51ᵛⁱ
♃	25927,37	23400	0.54. 9. 2.46.26. 0	0. 4.57.14.26.46.31
♂	28857,53	13320	0.27.41.40.19.20.58	0.31.26.36.53.51.33
♀	2919,40	1800	0.36.59.25.53.11.28	0.59. 8.17.13.12.31 } mouv.
☿	16802,24	52200	3. 6.24. 6.59.35.50	0.59. 8.17.13.12.31 } ☉

Les mouvemens diurnes se trouvent en divisant les degrés d'anomalie par le nombre des jours. Ptolémée les divise encore par 24 pour avoir les mouvemens horaires, et composer de tout cela les Tables des mouvemens moyens pour les années, les jours et les heures.

Au mouvement d'anomalie de Saturne....... 0.57.7.43.41.43.40
ajoutez le mouvement propre............... 0. 2.0.33.31.28.51

et vous aurez le mouvement diurne du Soleil... 0.59.8.17.13.12.31

Vous retrouverez encore ce mouvement en faisant la même opération pour Jupiter et pour Mars.

Au mouvement du Soleil..................	0.59. 8.17.13.12.51
ajoutez le mouvement d'anomalie............	0.36.59.25.53.11.28
vous aurez le mouvement propre de Vénus....	1.36. 7.43. 6.23.59
Ajoutez le mouv. d'anomalie de Mercure.....	3. 6.24. 6.59.55.50
vous aurez pour le mouv. propre de Mercure...	4. 5.32.24.12.48.21

Si l'on veut comparer ces mouvemens à ceux de nos Tables modernes, on prendra dans les unes et les autres le mouvement pour 365 jours.

On trouvera ainsi pour Saturne,	12° 13′ 25″ 57‴	... — 12″51‴
Suivant nos Tables..........	12.13.36.48	
Pour Jupiter.....	30.20.22.53	.... — 1′ 8.49
	30.21.31.42	
Pour Mars.......	191.16.54	.... — 16
	191.17.10	
Pour Vénus.....	584.46.57	.... — 33
	584.47.30	
Pour Mercure....	1493.43.13	.... + 1. 6
	1493.42. 7	

On voit que ces mouvemens moyens étaient passablement connus d'Hipparque. Ils serviront dans toutes les recherches suivantes. Ils étaient faciles à déterminer par les oppositions des planètes supérieures; mais pour les deux autres, on n'avait guère alors que la ressource des plus grandes élongations.

Pour déterminer les inégalités et la manière la plus naturelle de les représenter, Ptolémée fait remarquer que dans celle qui dépend du Soleil, l'intervalle de tems entre le mouvement le plus rapide et le mouvement moyen est plus grand que l'intervalle entre le mouvement moyen et le plus lent : l'hypothèse de l'excentrique donnerait un résultat contraire. En effet, dans l'ellipse AMPM (fig. 66), nous voyons que le secteur PFM est plus petit que le secteur AFM; le mouvement moyen étant en M, il faudrait donc mettre le mouvement le plus rapide à l'apogée et le plus lent au périgée, ce qui est impossible. L'ellipse ou l'excentrique qui en tenait lieu chez les Anciens, ne serait pas propre à représenter l'inégalité solaire. Dans l'épicycle, qui pouvait se substituer à l'excentrique, on faisait rétrograder la planète pour rendre le mouvement plus lent dans l'apogée; si l'on veut au contraire que le mouvement apogée soit plus rapide, il suffira de changer le sens du mouvement sur l'épicycle en le rendant direct. Le mouvement moyen aura lieu sur la tangente à l'orbite, et par conséquent un peu après le quart de la révolution; il y aura donc plus qu'un quart de révolution entre le mouvement le plus rapide, qui a lieu à l'apogée, jusqu'au mouvement moyen, et moins qu'un quart entre le mouvement moyen et le mouvement périgée, qui est le plus lent. On pourra donc représenter la première inégalité par un épicycle; on ne le pourrait pas par un excentrique.

Nous avons donc la démonstration de la première remarque de Ptolémée, et la raison du choix qu'il a fait de l'épicycle pour la première inégalité. Elle devait en effet s'expliquer par un épicycle pour Vénus et Mercure, qui réellement tournent autour du Soleil. L'épicycle est donc l'orbite propre des planètes inférieures, et elles doivent se mouvoir sur cet épicycle avec leur mouvement relatif, tandis que le centre de l'épicycle a même mouvement que le Soleil. Tout serait parfaitement exact, s'il avait donné au centre de l'épicycle le mouvement vrai du Soleil au lieu du mouvement moyen, et s'il avait donné à la planète une ellipse au lieu d'épicycle; s'il avait donné sur cette ellipse le mouvement vrai de la planète, dont il aurait ensuite retranché le mouvement de la Terre pour avoir l'élongation qui règle la seconde inégalité, ou l'inégalité solaire.

Pour les planètes supérieures, il a donné au centre de l'épicycle le mouvement moyen de la planète; il fallait lui donner le mouvement vrai; pour rendre la Terre immobile, il a transporté à la planète le cercle décrit par la Terre; il aurait fallu lui transporter l'ellipse de la Terre, y faire mouvoir la planète du mouvement de la Terre, en retrancher le mouvement de la planète pour en conclure la parallaxe annuelle, qui fait ici la seconde inégalité.

L'inégalité zodiacale ou propre de la planète est dans la réalité son équation du centre elliptique; elle peut donc se représenter par un excentrique.

Ainsi les deux hypothèses réunies expliqueront les mouvemens apparens, du moins en gros. En examinant de plus près toutes les circonstances de ces mouvemens, Ptolémée a remarqué que ces deux suppositions ne suffisaient pas encore, et que le plan de l'excentrique n'était pas immobile, mais qu'il avait le même mouvement de précession que les étoiles; ce qui doit être en effet, si ce mouvement apparent des étoiles est produit, suivant l'idée d'Hipparque, par la rétrogradation réelle des points équinoxiaux; enfin que le centre de l'épicycle ne tournait pas dans le cercle où les mouvemens apparens, vus du centre, paraîtraient uniformes, mais dans un cercle égal et placé un peu différemment.

Ce sont là ces suppositions dont Ptolémée nous a prévenus qu'on n'apercevait pas la cause *à priori*, mais qui sont confirmées par la série des observations.

Voici les suppositions de Ptolémée.

Soit E (fig. 67) le centre du zodiaque et de la Terre, AEK la ligne de l'apogée et du périgée, laquelle a un mouvement angulaire autour de E; ce mouvement est la précession; D le centre du cercle excentrique, DE l'excentricité entière $= 2e$,

$$DZ = \tfrac{1}{2} DE = ZE = e,$$

T le centre de l'épicycle qui tourne sur le cercle dont le rayon est ZT, tandis que la ligne LM des apsides de l'épicycle se dirige constamment vers D, centre du cercle dont le rayon est DH. Ce cercle est l'équant ou celui des angles égaux et proportionnels aux tems. La distance DT change à chaque instant, puisque ZT est constant; le centre des mouvemens égaux est en D, le centre des distances égales est en Z, l'inégalité propre est proportionnelle à $2e = DE$, l'inégalité de distance est proportionnelle à $DZ = e$, comme dans l'hypothèse elliptique simple à peu près. Ce rapprochement suffit pour montrer la légitimité de la supposition à laquelle les observations ont conduit Ptolémée, et dont il n'avait pu imaginer la cause, parce qu'il n'avait aucune idée du mouvement elliptique, et qu'il s'était imposé la loi de n'employer que des cercles. Il était cependant forcé, à son insu, de se rapprocher de l'ellipse; l'excentrique remplaçait l'ellipse de la planète, l'épicycle LT remplaçait le mouvement de la Terre. Cette hypothèse était suffisante alors pour toutes les planètes, excepté Mercure.

Pour Mercure, le centre des distances égales n'était pas fixe en D; mais il tournait, contre l'ordre des signes, dans le cercle dont le diamètre est HDZ. Nous tâcherons de trouver ce qui a pu engager Ptolémée à cette exception pour Mercure; remarquons seulement ici que Z, centre des distances, est d'abord en H (fig. 67) au-dessus de D, et qu'il tourne en sens contraire au rayon vecteur DT, avec une vitesse égale; en sorte que DH et DT se trouveront ensemble en Z, après un mouvement de 180° chacun; qu'ils se retrouveront ensuite ensemble en H, puis en Z, et ainsi à l'infini, c'est-à-dire deux fois à chaque révolution.

Remarquons encore, pour ce qui va suivre, que si la longitude moyenne est égale de part et d'autre de l'apogée, le centre de l'épicycle sera semblablement placé des deux côtés de l'apogée, à égale distance de l'apogée et à égale distance rectiligne de la Terre, ce que Ptolémée prouve assez longuement, et ce qui était d'une vérité évidente. La première inégalité, ou l'inégalité zodiacale, sera la même dans les deux positions; la plus grande inégalité solaire sera aussi la même, enfin l'apogée sera sur la ligne qui partagera en deux l'angle à la Terre, entre les deux positions du centre de l'épicycle.

Ainsi pour trouver l'apogée de Mercure, Ptolémée choisit deux digressions égales de Mercure, l'une orientale et l'autre occidentale; il en résulte que l'apogée tenait le milieu entre les deux longitudes observées de Mercure. On sent que la réunion de ces diverses circonstances doit rendre ces observations assez rares.

La seizième année d'Adrien, du 16 au 17 phamenoth, le soir, il observa à l'astrolabe Mercure dans sa plus grande digression, c'est-à-dire à sa plus grande distance angulaire du lieu moyen du Soleil; car il était persuadé que le centre de l'épicycle avait toujours pour longitude le lieu moyen du Soleil. L'angle de cette distance a son sommet au centre D.

Mercure, comparé à la brillante des Hyades, parut en	$11^s\ 1^\circ\ 0'$
Le lieu moyen du Soleil était en....................	10. 9.45
La digression était donc orientale et de............	0.21.15

Mais cette digression n'est pas observée directement; elle n'est pas même observable, puisque le lieu moyen du Soleil est invisible.

La dix-huitième année d'Adrien, du 18 au 19 épiphi, Mercure étant à sa plus grande digression, parut fort petit et obscur. Comparé de même à la luisante des Hyades, il parut en $18^\circ\ 45'$ du

Taureau, ou....................................	$1^s 18^\circ 45'$
Le Soleil moyen était en 10° ♊, ou..............	2.10. 0
L'élongation était donc occidentale et de.........	21.15
Somme des deux longitudes moyennes du Soleil...	0.19.45
Longitude de l'apogée..........................	0. 9.52.30''

La première année d'Antonin, du 20 au 21 épiphi, Mercure comparé à Régulus, était en

paré à Régulus, était en.........................	$5^s\ 7^\circ\ 0'$
Le Soleil moyen était en.......................	2.10.30
Elongation orientale..............................	0.26.30

La quatrième année d'Antonin, du 18 au 19 phamenoth, Mercure comparé à Antarès, était en.......................... 9ˢ 15° 30′
Le Soleil moyen en.......................... 10.10. 0

Elongation occidentale.......................... 26.30
Milieu entre les deux lieux moyens du Soleil, ou apogée de Mercure.......................... 0.10.15
Ci-dessus.......................... 0. 9.52.30″

Apogée par un milieu.......................... 10. 3.45
Anciennement on l'avait trouvée en.......................... 6

Mouvement en 400 ans.......................... 4. 3.45

Ptolémée ajoute que c'est le mouvement des fixes dans l'intervalle, ce qui suppose que l'intervalle était de 400 ans. Voilà donc quatre observations faites à l'astrolabe par Ptolémée; les élongations prises deux à deux sont parfaitement égales, ce qui pourrait paraître un peu suspect. Le mouvement de 4° en 400 ans, qui s'accorde encore si bien avec sa précession de 36″, est une autre circonstance également singulière. Voici les anciennes observations.

L'an 23, selon Denys, le 29 d'hydron, Mercure était éloigné de 3 lunes vers le nord de la queue du Capricorne. L'époque est l'an 496 de Nabonassar, le 17 choeac, le matin; l'angle d'élongation était de 25° 50′. On n'a pas trouvé d'élongation pareille dans les observations postérieures. L'étoile comparée avait alors de longitude... 9ˢ 22° 20′
Le Soleil moyen... 10.18.10

Elongation occidentale... 25.50

La même année, le 4 tauron, le soir, Mercure était plus avancé de 3 lunes en longitude que la ligne droite menée par les cornes du Taureau; il parut 3 lunes au sud de la corne, qui est aussi le pied du Cocher, ensorte qu'il était alors en.......................... 1ˢ 25° 40′
c'était l'an 496 de Nabonassar, le 30 de phamenoth, soir, le Soleil moyen.......................... 0.29.30

Elongation orientale.......................... 24.10

L'an vingt-septième, selon Denys, le 7 didymon, le soir, Mercure était en ligne droite avec les têtes des Gémeaux, éloigné de la plus australe d'un tiers de lune moins que le double de la distance des deux

têtes, ensorte que Mercure était alors en................	2ˢ 29° 20′
c'était l'an 491 de Nabonassar, du 5 au 6 pharmouthi (*), le soir; le Soleil était en................................	2. 2.50
La plus grande élongation orientale..................	+ 26.50
La précédente..	24.10
Milieu entre les deux................................	25.20
Milieu entre les deux lieux moyens du Soleil..........	1.16. 5
Ptolémée en conclut, par une règle de trois, que la plus grande digression 25.50 aurait lieu en..................	1.25.50
Mais l'élongation pareille du matin avait eu lieu en.....	10.18.10
La différence est donc................................	3. 5.20
La demi-différence....................................	1.17.40
Ajoutez-la à la première longitude, ou retranchez-la de la deuxième, elle donnera................................	0. 5.50
Ce sera l'apogée de Mercure; mais par les observations de Ptolémée..	10.11
Mouvement de l'apogée................................	4.21

Au lieu de ces nombres, Ptolémée met en gros 6° et 10°, dont la différence est 4°.

On voit que ces anciennes observations étaient bien grossières, et qu'elles étaient faites à la vue simple; que l'on se contentait d'estimer les distances de Mercure aux étoiles en diamètres de la Lune. Du moins les observations de Ptolémée ont été faites à l'astrolabe; or nous voyons, par le Catalogue, qu'on ne peut compter sur l'astrolabe qu'à $\frac{1}{4}$ ou $\frac{1}{3}$ degré près; que sera-ce des anciennes digressions? On voit bien que l'apogée a eu un mouvement peu différent si l'on veut de celui qu'on supposait aux étoiles; mais ces conséquences ont bien peu de précision. Nous

(*) Le Catalogue de Ptolémée a pour époque l'an 137, ou l'an 885 de Nabonassar, otez en 491, il restera 394 pour l'intervalle; supposons 400 ans, nous aurons 4° de précession.

β ♊ Ptolémée.......	2ˢ 26° 30′	ou	2ˢ 28° 30′	Il faut que Ptolémée ait compté 7° pour la double distance parallèlement à l'écliptique.
otez............	− 4		− 4	
Double distance	+ 8.24		+ 7.00	
otez pour $\frac{1}{2}$ ☾...	− 11		− 11	
☿............	3. 1.27	.....	2.29.19	
au lieu de..........	2.29.20	.....	2.29.20	
Différence......	+ 2.7		− 1	

voyons que Mercure est à une distance qui était de $\frac{1}{2}$ de lune moindre que le double de la distance des Gémeaux. Cette distance est de $4^{\circ}\,24'\,10''$; le double serait $8^{\circ}\,48'\,20''$ ou $8^{\circ}\,37'$ en retranchant $\frac{1}{3}$ de lune. Parallèlement à l'écliptique la distance ne serait plus que de $6^{\circ}\,38'$, et le lieu de Mercure $2^{s}\,29^{\circ}\,8'$.

L'an 24, selon Denys, le 28 de léonton, au soir, Mercure précédait l'Épi d'un peu moins de 3°, suivant le calcul d'Hipparque, ensorte qu'il était en.. $5^{s}\,19^{\circ}\,30'$

C'était l'an 496 de Nabonassar, le 30 payni, soir; le Soleil moyen était en.................................... 4.27.30

L'élongation était donc orientale et de.............. 21.40

Pour trouver une digression égale, Ptolémée en compare encore deux autres.

L'an 75, suivant les Chaldéens, le 14 du mois dios ou de Jupiter, Mercure était d'une coudée au-dessus du joug austral de la Balance; ensorte que, selon nous, il devait être en 14° 10′ des Serres, ou en.. $6^{s}\,14^{\circ}\,10'$

C'était l'an 512 de Nabonassar, suivant les Egyptiens, du 9 au 10 de thoth, le matin; le Soleil moyen était en....... 7. 5.10

Elongation occidentale................................ 21. 0

Remarquons en passant, *la Balance, suivant les Chaldéens*, et *les Serres, suivant les Grecs.*

L'an 67, suivant les Chaldéens, le 5 d'apellaius, Mercure oriental était d'une coudée au-dessus de la boréale du front du Scorpion; de sorte qu'il était, *suivant nous*, en........................ $7^{s}\,2^{\circ}\,20'$

L'an 504 de Nabonassar, du 27 au 28 de thoth, au matin, le Soleil moyen était en................................ 7.24.50

Elongation occidentale................................ 0.22.30

19° 40′ de changement dans la longitude moyenne du Soleil ont produit 1° 30′ dans l'élongation; pour 40′ de plus dans la première, il faudra $\left(\frac{40}{90}\right)\,19^{\circ}\,40' = \frac{4}{9}(1180') = \frac{4720'}{9} = 524' = 8^{\circ}\,44'$. Ajoutez-les à la première longitude, qui deviendra $71^{s}\,3^{\circ}\,54'$

La première était..................... 4.27.50

Milieu.............................. 6. 5.52

ou 6° à peu près. Remarquons que vers la plus grande élongation, il n'est guère permis de supposer que l'élongation croisse proportionnellement au tems et au mouvement moyen des 20 jours précédens.

De ces comparaisons Ptolémée conclut le mouvement de 1° en 100 ans, parce qu'il y a 400 ans d'intervalle. Ce mouvement serait de 1° 58′ suivant Lalande. Ptolémée faisait donc le mouvement de l'apogée trop petit de moitié.

La ligne des apsides de Merc. était alors en	0ˢ 10°	et 6ˢ 10°
Suivant les Tables de Lalande........ en	2.14.32′	8.14.32′
Mouvement en 1663....................	2. 4.32	2. 4.32

ce qui ferait 5° 53′ 9″ par siècle.

Ainsi Ptolémée s'était trompé considérablement sur le lieu de l'apogée en son tems.

Il veut prouver, dans le chapitre suivant, que Mercure est deux fois périgée dans une révolution; ce qui est évidemment contraire au système de Copernic. En effet, la révolution synodique de Mercure est de 116 jours. Trois révolutions synodiques font 348 jours; ainsi Mercure est périgée trois fois en un an, c'est-à-dire à chacune des conjonctions inférieures; mais Ptolémée ne considère que les digressions.

Il voulait déterminer quelle était la plus grande digression apogée, et la plus grande dans la position diamétralement opposée; il n'a trouvé aucun secours dans les anciennes observations; il a donc observé lui-même. Avant l'invention de l'astrolabe il fallait, pour observer les digressions, que Mercure se trouvât très-près d'une belle étoile, et l'on sent combien cela devait être rare. Avec l'astrolabe, on pouvait le comparer à une étoile assez éloignée; on pouvait observer en même tems la latitude et la longitude.

La dix-neuvième année d'Adrien, le 15 athyr, au matin, ☿ comparé à Régulus était en....................................	5ˢ 20° 12′
Le Soleil moyen....................................	6. 9.15
Elongation occidentale....................................	19. 3
La même année, le 19 pachon, au soir, ☿ comparé à Aldébaran était en....................................	1ˢ 4° 20′
Le Soleil moyen en....................................	0.11.15
Elongation orientale....................................	0.23. 5

Dans ces deux observations, l'équation zodiacale était nulle, parce qu'elles sont à peu près dans la ligne des apsides qui est en 0ˢ 10°.

De là Ptolémée conclut d'abord que vers la Balance Mercure est plus loin de la Terre que dans le Bélier; il en juge d'après l'élongation, et en supposant l'épicycle un cercle parfait; mais l'orbite est elliptique, le rayon vecteur devait être différent dans les deux élongations, et produire une partie de la différence; ainsi le calcul qu'il va faire pèche par les fondemens; il est cependant simple et remarquable.

Soit ABC (fig. 68) la ligne de l'apogée ou des apsides, B le lieu de l'œil, A l'apogée.

Longitude du point $A = 6^s\ 10^\circ$, longitude du point $C = 0^s\ 10^\circ$. Ces longitudes sont celles de l'apogée et du périgée, d'après ce qui précède.

Des rayons égaux AD et CE décrivons l'épicycle de Mercure; menons les rayons et les tangentes BE, BD; les angles D et E sont de 90° dans l'épicycle; dans une ellipse aussi excentrique que celle de Mercure, ils seraient assez inégaux et pourraient aller à $90^\circ \pm 11^\circ\ 34'$.

$$ABD = 19^\circ\ 3', \qquad CBE = 23^\circ\ 15';$$

$$BA = \text{coséc}\,ABD = \frac{AD}{\sin 19^\circ\ 3'} = 3.06379AD$$

$$BC = \text{coséc}\,CBE = \frac{AD}{\sin 23^\circ\ 15'} = 2.53329AD$$

$$\text{Somme} = 5.59708\,AD$$

$$AZ = CZ = \tfrac{1}{2}AC = 2.79854AD$$

$$BZ = CZ - CB = BA - AZ = 0.26525AD.$$

Le point Z est le centre des distances égales pour le centre de l'épicycle; il est au-dessus de B, ou du centre du zodiaque.

Les deux observations sont, à moins de 2° près, diamétralement opposées; le rayon de l'excentrique est donc la moyenne entre les deux distances à fort peu près.

$$\frac{BZ}{AZ} = \frac{0.26525AD}{2.79854AD} = \frac{0.26525}{2.79854} = 0.09479.$$

L'excentricité serait donc de près d'un dixième de la distance moyenne; suivant nos Tables, elle est 0.20551494. Les deux élongations sont 19° 3′ et 23° 15′; la somme 42° 18′; la demi-somme 21° 9′ serait l'élongation moyenne; le rayon de l'épicycle serait

$$\text{Dist. moy.}\ \sin 21^\circ\ 9' = 0.3608108\ \text{dist. moy.}$$

Ptolémée n'a pas tiré ces conséquences; et nous verrons plus loin qu'il a fait l'excentricité $= 0.1$, et le rayon de l'épicycle 0.375, par conséquent un peu faible; car la distance moyenne de ☿ est 0.3871.

Mais dans les Gémeaux, l'élongation a paru de 26° 30′ et de 21° 15′; la même chose a eu lieu dans le Verseau, ce qui prouverait que l'épicycle n'était pas rond; et c'est pour corriger cette supposition, qu'il a été obligé de rendre mobile le centre des distances.

En supposant le rayon constant et l'angle de contingence de 90°, on en conclurait, comme ci-dessus,

$$\begin{aligned} \text{dist.} &= 2.24116\text{AD} \\ &= 2.75009\text{AD} \end{aligned} \quad \text{diff.} = 0.50893, \ \text{moitié} = 0.254865.$$

Cette quantité est un peu plus faible que celle qui était tirée du calcul précédent, et l'on doit peu s'en étonner.

Dans les deux observations en $10^s\ 10°$, le Soleil était à la même distance de la Terre; le foyer de l'ellipse de Mercure était donc à même distance; et si l'élongation a paru différente de 5° 15′, il fallait que les deux rayons vecteurs fussent très-inégaux. Ptolémée les suppose égaux; il suppose de 90° chacun des deux angles à la planète, qui devaient être assez différens; il a dû faire varier la distance du centre de l'épicycle à la Terre; pour satisfaire à l'angle d'élongation, il en a fallu rendre le centre mobile. La même erreur se trouvait dans les deux observations en $2^s\ 10°$; le Soleil était alors apogée; le foyer de l'ellipse était donc à la distance apogée; l'élongation y a cependant été observée de 26° 30′ et de 21° 15′; il a de nouveau été obligé de faire varier la distance du centre de l'épicycle à la Terre; sans le plus grand des basards, il ne pouvait trouver pour l'excentricité BZ des valeurs absolument égales.

L'équation du Soleil, qu'il négligeait, puisqu'il mesurait l'élongation par la distance au Soleil moyen, était nulle en $2^s\ 10°$; elle était ensuite de 1° 41′, qui aurait réduit l'élongation de 21° 15′ à 19° 51′, et porté l'élongation 28° 30′ à 28° 11′.

La plus grande élongation qui aurait lieu à l'apogée de Mercure, le Soleil étant périgée, aurait pour sinus $\frac{0.46665}{0.98322} = \sin 28°\ 20'$; mais en $2^s\ 10°$, le Soleil étant apogée, le sinus de la plus grande élongation est $\frac{0.46665}{1.01678} = 27°\ 17'$; l'élongation 28° 15′ était donc trop forte de 1°. Les digressions 19° 55′, 21° 15′, 26° 30′, 28° 10′, dont les deux extrêmes étaient affectées de l'erreur sur le lieu du Soleil, n'offrent donc plus deux à deux cette égalité que Ptolémée prend pour base de ses calculs. Ces calculs ne pouvaient donc le conduire qu'à une fausse théorie, et les observations ne sont pas assez sûres pour mériter d'être calculées sérieusement. Il ne nous reste donc qu'à adopter les suppositions hasardées de Ptolémée, pour voir au moins s'il a bien raisonné dans ses hypothèses.

En	$10^s 10°$	l'élongation a été observée de............	26° 30′
En	10.18.10′	elle a été observée de....................	25.40
	+ 8.10	variat. dans le lieu du ⊙ produit une variat. de	— 50
En	2.10	....	26.40
En	2. 2.50	....	26.50
	— 7.10	....	— 0.10
En	7. 5.10	....	21. 0
En	7.24.50	....	22.30
	+ 19.40	....	1.30

Il résulte de ces comparaisons, qu'on ne peut guère, par une simple règle de trois, trouver à quelle longitude du Soleil aurait répondu une élongation donnée, et par conséquent que le lieu de l'apogée ne peut être déterminé avec une grande précision, et que le mouvement en 400 ans devient extrêmement incertain.

Quand l'élongation avait été observée de 19° 5′, le centre mobile Z a été supposé sur la ligne de l'apogée. (Dix-neuvième année d'Adrien.)

Quant à 2^s 10°, c'est-à-dire à 2^s du périgée, l'observation lui a donné l'élongation 26° 50′ et 21° 15′; il a attribué la différence à l'excentricité du cercle des moyens mouvemens; et comme l'équation devait être la même, au signe près, il a pris la demi-somme 23° 52′ 30″, qu'il s'est contenté de représenter à peu près; il a fait de même à 10^s 10°, ou 2^s en-deçà du périgée.

Au périgée même, à 0^s 10°, il avait observé 23° 15′; pour avoir 23° 52′ en 2^s 10° et en 10^s 10°, il a senti le besoin de rapprocher Mercure; il a placé le centre mobile Z de l'autre côté de la ligne de l'apogée. Ce moyen n'a pas toute l'exactitude qu'on aurait pu desirer; il aurait fallu voir ce qui en serait résulté dans toutes les parties de l'orbite; mais on n'observait guère que les digressions.

En faisant tourner le centre mobile Z des distances constantes, il s'imposait l'obligation de déterminer le centre de ce mouvement. Pour cet effet, il choisit deux digressions à 90° de l'apogée, parce que c'est dans cette position que l'équation zodiacale de la planète est plus sensible, tandis qu'elle est nulle au périgée et à l'apogée. Nous voyons que pour connaître les deux inégalités il a choisi habilement les circonstances où l'une était la plus forte et l'autre nulle, et réciproquement.

L'an 14 d'Adrien, 18 mesori soir, suivant une observation de Théon, Mercure était plus avancé que le cœur du Lion de 3° 50′;

il était donc en	4ˢ 6° 20′
Le Soleil moyen était en	3.10. 5
L'élongation était donc, suivant lui, de	26.15

La deuxième année d'Antonin, le 24 mesori, au matin, Ptolémée comparant Mercure à la luisante des Hyades, le trouva en 2ˢ 20° 5′

Le Soleil était en	3.10.20
L'élongation était	20.15
Somme des deux élongations	46.30
Demi-somme	0.23.15

Soit α (fig. 69) l'apogée, γ le périgée, β le lieu de la Terre, $\alpha\beta\theta = 90°$, θ le centre de l'épicycle, βx et $\beta\lambda$ les tangentes ou rayons visuels de la digression moyenne entre les deux qui ont été réellement observées. La différence des deux digressions est de 6°; il l'attribue à l'inégalité zodiacale ou propre de la planète : cette inégalité sera de 3°. Menez $\theta\varkappa$, ensorte que $\beta\theta\varkappa = 3°$; $\varkappa$ sera le centre des mouvemens moyens;

$$\beta\varkappa = \beta\theta \text{ tang } 3° = \frac{x\theta \text{ tang } 3°}{\sin 23° 15'} = 0.15276.$$

Soit ζ le centre des distances constantes.

Nous avons trouvé ci-dessus .... $\beta\zeta = 0.26525$

dont la moitié 0.132625;

donc

$$\beta\varkappa = \tfrac{1}{2}\beta\zeta = \varkappa\zeta;$$

c'est donc autour de ζ que nous ferons tourner le centre des distances constantes, au lieu de le laisser immobile en ζ; et le cercle dans lequel il tournera aura pour rayon

$$\zeta\varkappa = \beta\varkappa = 0.1326.x\theta;$$

et ce mouvement sera rétrograde pour qu'il puisse rapprocher de la Terre le centre de l'épicycle, et faire que l'élongation moyenne en 2ˢ 10′ et 10ˢ 10′ puisse être à peu près la même qu'au périgée.

Il suit de là que

$$\text{tang}\,\beta\theta\zeta = \frac{2\beta\eta}{\beta\theta} = \frac{2x\theta\,\text{tang}\,3^\circ}{\beta\theta\,\sin 23^\circ 15'} = \frac{2x\theta\,\text{tang}\,3^\circ \sin 23^\circ 15'}{x\theta \sin 23^\circ 15'} = 2\,\text{tang}\,3^\circ = \text{tang}\,5^\circ 59' 1'',$$

$$\theta\zeta = \frac{\beta\theta}{\cos 5^\circ 59' 1''} = \frac{x\theta}{\sin 23^\circ 15' \cos 5^\circ 59' 1''},$$

et

$$x\theta = \theta\zeta \sin 23^\circ 15' \cos 5^\circ 59' 1'' = 0.39259,$$

en prenant $\zeta\theta$ pour unité, puisque c'est la distance moyenne ; tel est donc le rayon de l'épicycle.

Nous avons trouvé ci-dessus.......................... 0.375

Le milieu entre ces deux calculs sera donc.............. 0.383795

Dans la théorie moderne, le demi-grand axe de Mercure est 0.3871 de la distance moyenne du Soleil à la Terre.

Ainsi malgré toutes ses fausses suppositions, Ptolémée, par la force des choses, avait été conduit à donner à l'épicycle de Mercure un rayon à peu près égal au demi-grand axe de son orbite réelle. Nous trouverons des approximations semblables pour les autres planètes.

$\theta\eta$ est le rayon de l'excentrique, et si nous le prenons pour le rayon des distances constantes,

$$x\theta = \theta\eta \sin 23^\circ 15' \cos 3^\circ = 0.3942.$$

Enfin si nous prenons $\beta\theta$ pour rayon des distances constantes,

$$x\theta = \beta\theta \sin 23^\circ 15' = 0.3974.$$

Nous allons voir que Ptolémée ne s'arrête à aucune de ces trois quantités pour son épicycle, qu'il fera un peu trop petit.

En prenant $\zeta\theta$ pour unité,

$$\zeta\beta = \sin 5^\circ 59' 1'' = 0.10424 \quad \text{et} \quad \beta\eta = 0.05212\,;$$

il diminuera de même un peu ces trois quantités.

En conservant les dénominations précédentes, soit θ le centre de l'épicycle (fig. 70), μ le centre des distances constantes, qui aura fait un mouvement rétrograde $\alpha\zeta\mu = 90^\circ = \alpha\eta\theta$ = mouvement moyen direct du centre de l'épicycle ; $\mu\zeta\theta$ différera peu de la ligne droite $\mu\theta$; ainsi $\theta\mu = 1.05212$.

En prenant $\theta\mu$ pour unité, nous aurons

$$\begin{array}{rl} \text{C. } \theta\mu \ldots\ldots & 9.9779347 \\ 0.05212\ldots\ldots & \underline{8.717044} \\ \zeta\mu = \zeta n = \beta n = 0.049538\ldots\ldots & 8.694981 \\ \beta\zeta = 0.099076 & \\ \text{C. } \zeta\mu \ldots\ldots & 9.9779347 \\ 0.39259\ldots\ldots & \underline{9.5939392} \\ \theta x = 0.37314\ldots\ldots & 9.5718739 \end{array}$$

Multiplions tout par 60,

$$\begin{aligned} \theta x &= 2.2.3884 \\ & \quad\ 23.304 \\ &= 22.23.\ 18 \end{aligned}$$

$$\beta\zeta = 5.94456 = 5^{p}\,56'\,6736 = 5^{\circ}\,56'\,40''\,516.$$

Ptolémée fait

$$\beta n = 3^{p},\ \ \beta\zeta = 6^{p} \ \text{ et } \ \theta x = 22^{p}\,30',$$

ou, divisant par 60,

$$\beta n = 0.05,\ \ \beta\zeta = 0.10 \ \text{ et } \ \theta x = 0.375.$$

Tout cela diffère peu; et si l'on songe à l'inexactitude des lieux observés, nous aurions tort de chicaner Ptolémée sur ces minuties. Nous nous arrêterons donc à ces dernières quantités.

Il calcule ensuite les deux élongations observées, ou plutôt la somme des deux pour montrer qu'elle sera reproduite par le calcul.

Soit δ le centre du zodiaque (fig. 71), ζ celui du petit cercle, n le centre mobile des distances constantes, ensorte que $\alpha\zeta n = \alpha\gamma\theta$ mouvement moyen de l'épicycle $= 120°$.

$$\gamma\zeta n = 60° = \zeta\gamma n = \zeta n\gamma,\ \ \zeta n = 0.05 = \zeta\gamma = \gamma n = \gamma\delta,$$

$$n\zeta = 0.10;\ \ \text{donc}\ \ \gamma\theta = 0.95.$$

Dans le triangle $\gamma\delta\theta$,

$$\text{tang}\,\gamma\theta\delta = \frac{\gamma\delta \sin\gamma}{\gamma\theta - \gamma\delta\cos\gamma} = \frac{\left(\frac{\gamma\delta}{\gamma\theta}\right)\sin\gamma}{1-\left(\frac{\gamma\delta}{\gamma\theta}\right)\cos\gamma} = \frac{\frac{1}{19}\sin 60}{1-\frac{1}{19}\cos 60}$$

$$= \text{tang}\,2°\,40'\,49'',$$

$$\frac{\theta x}{\theta\delta} = \sin x\delta\theta = \sin\,23°\,53'\,20''$$

$$2x\delta\theta = \qquad 47.46.40$$

L'observation a donné .... $\qquad 47.45$

La demi-somme des deux élongations est donc...	23° 53′ 20″
La demi-différence γθδ vient d'être trouvée.....	2.40.49
La plus grande serait $x\omega\theta = \gamma\omega\delta$..............	26.34. 9
La plus petite serait = ...	21.12.31

Ces deux élongations seraient à fort peu près celles qu'on aurait pu observer du point γ : la première serait plus petite de 16′, et l'autre de 2′ ½ qu'on ne les a calculées pour δ.

L'une de ces erreurs serait de plus de ¼ de degré.

Ptolémée passe ensuite à la détermination des moyens mouvemens de Mercure, et compare une de ses observations à une observation plus ancienne.

La deuxième année d'Antonin, c'est-à-dire l'an 886 de Nabonassar, du 2 au 3 d'épiphi, Ptolémée observa Mercure à l'astrolabe un peu avant la plus grande digression du soir; et le comparant à Régulus, il trouva la longitude $2^s\ 17°\ 30'$.

Mercure était 1° 10′ plus avancé que la Lune; le douzième degré de la Vierge était au méridien à $4^h \frac{1}{2}$ équinoxiales avant minuit; le lieu du Soleil était en $1^s\ 23°$; celui de la Lune en $2^s\ 12°\ 14'$; l'anomalie sur l'épicycle était 28° 20′. D'où il suit que le lieu vrai de la Lune était $2^s\ 17°\ 10'$, le lieu apparent $2^s\ 16°\ 20'$; la parallaxe serait de 50′ (fig. 72).

Lieu apparent de la Lune...	$2^s\ 16°\ 20'$
ajoutez...	1.10
Longitude de Mercure...	2.17.30
Lieu moyen du Soleil...	1.22.34
L'élongation...	0.24.56
Périgée de Mercure...	0.10
Distance de Mercure au périgée...	2. 7.30
Le Soleil moyen était en...	1.22.34
Le périgée de Mercure en...	0.10
$\epsilon\gamma\zeta = \delta\gamma\zeta = \epsilon\beta\eta = \gamma\beta\eta =$	1.12.34
$6^s - \gamma\beta\eta =$ somme des angles γ et $\eta =$	4.17.26
$\beta\gamma\eta = \frac{1}{2}$ somme =	2. 8.43
$\eta\gamma\epsilon = 6^s - \gamma\beta\eta =$	3.21.17
$\epsilon\gamma\zeta =$	1.12.34
$\eta\gamma\zeta =$	5. 5.51

Mercure, qui était plus avancé que le Soleil moyen, devait être quelque part en λ (fig. 72).

$2 \ldots\ldots 0.3010300$

$\gamma\kappa = 2\beta\gamma \cos \beta\gamma\kappa.$ $\quad \gamma\beta \ldots\ldots 8.6989700$

$\cos \beta\gamma\kappa \ldots\ldots 9.5598829$

$\gamma\kappa \ldots\ldots 8.5598829$

$\sin \kappa\gamma\zeta \ldots\ldots 9.6441654$

$\sin \gamma\zeta\kappa = 0^\circ 55' \quad 8.2040483$

$\kappa\gamma\zeta = 153.51$

$\gamma\zeta\kappa + \kappa\gamma\zeta = 154.46$; donc $\gamma\kappa\zeta = 25^\circ 14'$.

$\sin \gamma\kappa\zeta = 25^\circ 14' \ldots\ldots 9.6297211$

$C. \sin \kappa\gamma\zeta = 153.51 \ldots\ldots 0.3558346$

$\log \gamma\zeta \ldots\ldots 9.9855557$

$\log \gamma\delta \ldots\ldots 8.6989700$

$\log \gamma\delta : \gamma\zeta \ldots\ldots 8.7134143 \ldots\ldots\ldots\ldots\ldots\ldots 8.7134143$

$\cos \delta\gamma\zeta = 42.54 \ldots\ldots 9.8671653 \qquad \sin \delta\gamma\zeta \ldots 9.8302542$

$0.03807 \ldots\ldots 8.5805796 \qquad C.\ 0.96193 \ldots 0.0168565$

$\tan \gamma\zeta\delta \ldots\ldots\ldots 8.5605050$

$\frac{1}{0.96193} \ldots 9.9831435$

$C. \cos \gamma\zeta\delta \ldots 0.0002867 \qquad \gamma\zeta\delta = 2^\circ\ 4'\ 54''$

$\gamma\zeta \ldots 9.9855557 \qquad \varepsilon\gamma\zeta = 42.54.\ 0$

$\zeta\delta = 0.95108 \ldots 9.9689859 \qquad \varepsilon\delta\zeta = 44.58.54$

$\varepsilon\delta\lambda = 67.30.\ 0$

$\zeta\delta\lambda = 22.51.\ 6$

Menez donc la droite $\delta\lambda$, formant avec $\delta\zeta$ l'angle $\zeta\delta\lambda = 22^\circ 51' 6''$, vous aurez le lieu de Mercure sur son épicycle. On voit que Mercure n'était pas en digression. Il n'y était pas encore arrivé, dit Ptolémée ; il était donc en λ et non en λ'.

$\log \zeta\delta \ldots\ldots 9.9689859$

$\zeta\lambda = 0.475 \ldots\ldots C. \log \zeta\lambda \ldots\ldots 0.4259687$

$\sin \zeta\delta\lambda \ldots\ldots 9.5892197$

$\sin \lambda = 74^\circ 57' 23'' \quad 9.9841743$

$\zeta\delta\lambda = 22.51.\ 6$

$\lambda\zeta\kappa = 97.28.29$

$\kappa\zeta\theta = \gamma\zeta\delta = 2.\ 4.54$

$\lambda\zeta\theta = \lambda\theta = 99.33.23 =$ dist. ☿ à son apogée.

Ptolémée trouve 99° 27′ par un calcul tout sexagésimal, et par conséquent fort long. La figure de Ptolémée est assez mal faite.

La distance $\zeta\delta$ du centre de l'épicycle est 0.95108 ; la distance périgée vers $\epsilon = 1 - 0.05 = 0.95$. Ainsi l'épicycle est ici plus périgée qu'au périgée même ; et il le sera deux fois à chaque révolution synodique, comme le dit Ptolémée, qui se sert du superlatif περιγειότατος.

Remarquons en outre que....... $\gamma\zeta\delta = 22°\,51'\,\,6''$
augmenté de l'équation zodiacale... $\gamma\delta\zeta = 2.\,\,4.54$
donnera................. $\lambda\omega\zeta = \gamma\omega\delta = 24.56.\,\,0$

ce qui serait précisément l'élongation calculée ci-dessus, et qui est en effet la différence entre le lieu apparent de Mercure et la distance à l'apogée pour le centre des mouvemens moyens δ ; $\gamma\omega\delta$ est la somme des deux inégalités.

Nous connaissons donc le lieu de Mercure sur son épicycle pour le jour de l'observation ; mais il n'est pas sûr à un degré près. Voici maintenant l'observation ancienne, que nous allons calculer par des formules générales tirées de la construction précédente.

L'an 21, selon Denis, ou l'an 484 de Nabonassar, le 22 du mois scorpion, ou du 18 au 19 de thoth, le *Brillant* (c'est-à-dire Mercure) oriental était éloigné d'une lune de la ligne menée par la boréale et le milieu du front du Scorpion, et de deux lunes au nord du front boréal ; la longitude de l'étoile du milieu était alors $7^s\,1°\,40'$; la latitude $1°\,40'$ sud; la boréale était en $7^s\,2°\,20'$, et la latitude $1°\,5'$ ou $\frac{1}{3}$ de degré. Ainsi, conclut Ptolémée, Mercure était en $7^s\,5°\,20'$. Adoptons cette longitude et calculons l'anomalie sur l'épicycle.

Longitude ☿.... $7^s\,\,5°\,20'$
Longitude moyenne ☉.... 7.20.50
L'apogée était alors en... 6. 6. 0 = ↓

$$\odot - \downarrow = 44.50$$
$$\tfrac{1}{2}(\odot - \downarrow) = 22.25$$
$$\tfrac{3}{2}(\odot - \downarrow) = 67.15$$
$$\odot - ☿ = 17.50$$

Soit

$$\sin A = 2e \cos \tfrac{1}{2}(\odot - \downarrow) \sin \tfrac{3}{2}(\odot - \downarrow) = \sin \gamma\zeta\kappa$$

$2e = 0.10 \ldots\ 9.0000000$

$B = \frac{\sin[\frac{3}{2}(\odot-\downarrow)+A]}{\sin\frac{3}{2}(\odot-\downarrow)} = \gamma\zeta$ $\quad \cos\frac{1}{2}(\odot-\downarrow) \ldots\ 9.9658760$

$\sin\frac{3}{2}(\odot-\downarrow) \ldots\ \underline{9.9648256}$

$\sin A = 4°\,53'\,16'' \ldots\ 8.9307016$

$\frac{3}{2}(\odot-\downarrow) = \underline{67.15.\ 0}$

$\sin[\frac{3}{2}(\odot-\downarrow)+A] = 72.\ 8.16 \ldots\ 9.9785511$

$C.\ \sin\frac{3}{2}(\odot-\downarrow) \ldots\ \underline{0.0351744}$

$B \ldots\ 0.0137255$

$\tang C = \frac{\left(\frac{e}{B}\right)\sin(\odot-\downarrow)}{1+\left(\frac{e}{B}\right)\cos(\odot-\downarrow)} = \tang \gamma\zeta\delta$ $\quad e = 0.05 \ldots\ \underline{8.6989700}$

$\log\left(\frac{e}{B}\right) \ldots\ 8.6852445$

$\cos(\odot-\downarrow) \ldots\ \underline{9.8507446}$

$D = \frac{B\sin(\odot-\downarrow)}{\sin(\odot-\downarrow-C)} = \delta\zeta$ $\quad N = 0.054555 \ldots\ 8.5359891$

$\tang.(\odot-\downarrow) \ldots\ 9.9974734$

$C.\ (1+N)\ \ 1.054355 \quad \underline{9.9853302}$

$\tang C = 1°\,53'\,29'' \ldots\ 8.5187927$

$\odot-\downarrow = \underline{44.50}$

$C.\ \sin(\odot-\downarrow-C) = 42.56.31 \ldots\ 0.1666890$

$\odot-\downarrow-C = 42.56.31$ $\quad B \ldots\ 0.0137255$

$\text{☿}-\downarrow = \underline{27.10}$ $\quad \sin(\odot-\downarrow) = \underline{9.8482180}$

$G = 15.46.31$ $\quad D \ldots\ 0.0286325$

$C.\ \log 0.375 \ldots\ 0.4259687$

$\sin G \ldots\ \underline{9.4298567}$

$G = (\odot-\downarrow-C)-(\text{☿}-\downarrow)$ $\quad \sin E = 50°\ 1'\,56'' \ldots\ 9.8844579$

$= \odot-\text{☿}-C.$ $\quad \odot-\text{☿} = \underline{17.30}$

$F = E-(\odot-\text{☿}) = 52.31.56$

	180	suiv. Ptolémée.
Distance de Mercure à l'apogée....	212.31.56....	212°34′
Par l'observation de Ptolémée......	99.33.23....	99.27
Mouvement en 402 ans....	247. 1.27	246.53
et....	246.53	
Différence....	8.27	

L'intervalle était 402 ans 283 jours 13 $\frac{1}{2}$ heures. Ce tems contient

1266 restitutions d'anomalie; car 20 années égyptiennes font environ 63 périodes, les 400 ans en font 1260, le deux ans avec les jours font le reste. Il résulterait de là que le tems de la période serait 115,87 jours.

En retranchant de la plus ancienne des deux anomalies le mouvement pour 483 ans $17^s\ 18'\ 30''$, il trouve pour l'anomalie, la première année de Nabonassar, $0^s\ 21^\circ\ 55'$; pour la longitude du centre de l'épicycle, la même que pour le Soleil, ou $11^s\ 0^\circ\ 45'$; l'apogée de l'excentrique était en $6^s\ 1^\circ\ 10'$.

Telle est la théorie de Mercure suivant Ptolémée; elle ne satisfait qu'à un quart de degré près aux observations qu'il a prises pour fondemens de ses calculs. On peut juger ce qu'elle sera devenue par la suite des tems. On peut remarquer de plus, que pour en établir les points principaux il n'emploie que le nombre d'observations strictement nécessaires, et dans ce nombre on n'en voit aucune d'Hipparque.

Les formules de la page précédente sont disposées pour le premier quart de la distance $\alpha\gamma\zeta$ à l'apogée; elles serviront pour les trois autres quarts, en observant la règle algébrique des signes. Mais dans les exemples calculés, la longitude apparente de Mercure était donnée; il fallait en déduire sa distance à l'apogée de son épicycle. A l'ordinaire cette distance se calcule par les Tables, et l'on en déduit la seconde inégalité $\zeta\delta\lambda$; ce qui exige un calcul différent. On a par les Tables l'anomalie moyenne $\theta\lambda$; on en retranche $\varkappa\theta = \varkappa\zeta\theta = \delta\zeta\gamma = C$; il reste $\varkappa\zeta\lambda =$ anomalie corrigée; on fait

$$\text{tang}\,\zeta\delta\lambda = \frac{\zeta\lambda \sin \varkappa\zeta\lambda}{\delta\zeta + \zeta\lambda \cos \varkappa\zeta\lambda} = \frac{\left(\frac{r}{D}\right) \sin \varkappa\zeta\lambda}{1 + \left(\frac{r}{D}\right) \cos \varkappa\zeta\lambda} = \text{tang}\, F,$$

alors

$$\text{Long. Merc.} = \text{long.}\ \zeta - F = \odot\ \text{moy.} - C - F;$$

C et F sont les deux inégalités. Il ne reste plus à calculer que la distance $\delta\lambda$ de Mercure à la Terre : or

$$\delta\lambda = \frac{\delta\zeta \sin \varepsilon\zeta\lambda}{(\sin \varepsilon\zeta\lambda - \lambda\delta\lambda)}.$$

Ptolémée a négligé de donner ces règles. Nous verrons plus loin les Tables qu'il a faites pour abréger ces calculs.

CHAPITRE X.

Livre X.

L'ORBITE de Vénus, presque circulaire, donnait plus de facilité et des erreurs moindres. Ptolémée en détermine d'abord l'apogée par la méthode qui lui a servi pour Mercure. Les observations anciennes ne lui ont pas fourni ce dont il avait besoin, c'est-à-dire des élongations égales du même côté de l'apogée. Mais de son tems à peu près, Théon le mathématicien, la seizième année d'Adrien, du 21 au 22 pharmouthi, avait observé Vénus en digression du soir, lorsqu'elle était moins avancée en longitude que le milieu de la Pléiade, de la demi-largeur de cette petite constellation. Elle paraissait aussi un peu plus australe. Or le milieu de la Pléiade était alors en $1^s 5^\circ 0'$ avec une latitude de $1^\circ \frac{1}{2}$.

Ainsi la longitude de la Lune... $1^s 5^\circ 0' - 1^\circ 30' = 1^s 1^\circ 30'$
La longitude moyenne du Soleil était................. 11.14.15
La digression orientale de Vénus.................. 47.15

L'an 14 d'Antonin, du 11 au 12 de thoth, Ptolémée observa Vénus en digression, et elle était éloignée d'une demi-lune du genou moyen des Gémeaux, vers l'Ourse et vers l'orient.

L'étoile était alors en $2^s 18^\circ 15'$, et Vénus en... $2^s 18^\circ 30'$
Le Soleil moyen en...................... 4. 5.45
La digression orientale..................... 47.15

On remarquera que cette observation de Ptolémée et celle de Théon ont été faites à la vue simple. On n'en sera que plus surpris de voir des digressions opposées et cependant si parfaitement égales.

Parmi les observations de Théon, il trouve encore que la douzième année d'Adrien, du 21 au 22 athyr, Vénus orientale en digression était plus avancée en longitude que l'extrémité de l'aile australe de la Vierge, de la longueur de la Pléiade ou de cette longueur moins le diamètre de Vénus; elle paraissait plus boréale d'une lune.

Or l'étoile était alors en.............. $4^s 28^\circ 55'$
Ensorte que Vénus était alors en........ 5. 0.20
Le Soleil moyen était alors en......... 6.17.52
La digression occidentale était donc... 47.32

Remarquez que Théon dit ici Ζυγοῦ pour le signe des Serres, et que la longueur de la Pléiade est estimée $1^\circ 25'$; que suivant le Catalogue de Ptolémée, la différence en longitude entre les extrémités de la Pléiade est de $1^\circ 30'$, et qu'en la réduisant à $1^\circ 25'$, il donne $5'$ au diamètre de Vénus. Remarquez encore par quelle singularité il estime la distance à une étoile de la Vierge par la longueur de la Pléiade, qui était alors éloignée de Vénus de 117°. On voit quel fonds on peut faire sur de pareilles observations et sur la théorie qui en est déduite.

La vingt-unième année d'Adrien, du 9 au 10 de méchir, au soir, Ptolémée observa la digression de Vénus. La planète était moins avancée que la boréale des quatre du quadrilatère, après l'étoile suivante qui se trouve en ligne droite avec l'aine du Verseau, de deux tiers d'une lune dichotome, et paraissait couvrir l'étoile de ses rayons; et comme cette étoile était alors en $10^s 20^\circ$,

Vénus était en.............. $10^s 19^\circ 36'$
Le Soleil moyen était en..... $9.\ 2.\ 5$
L'élongation orientale était... 47.31

Ces deux observations sont du genre des précédentes, et faites sans instrumens; elles s'accordent d'une manière non moins étonnante.

Or, entre...... $6^s 17^\circ 52'$
et.............. $9.\ 2.\ 5$
$15.19.57$
le milieu est..... $7.24.58.30$;
le périgée et l'apogée seront donc en $7^s 25^\circ$ et $1^s 25^\circ$.

Par les deux précéd., le centre de l'épicycle était en $11^s 14^\circ 15'$
et... $4.\ 5.45$
$15.20.\ 0$
$7.25.\ 0$ et $1^s 25^\circ$.

On ne peut desirer plus d'accord, et l'on aimerait peut-être mieux en trouver un peu moins.

Pour trouver la grandeur de l'épicycle, il choisit des observations dans lesquelles le Soleil moyen était en $1^s 25^\circ$ ou en $7^s 25^\circ$, c'est-à-dire à l'apogée et au périgée de Vénus.

L'an 13 d'Adrien, du 2 au 3 d'épiphi, Vénus était le matin en digression, et moins avancée de $1^\circ 24'$ que la ligne menée par la précédente des trois de la tête du Bélier et de la jambe de derrière, et la distance à l'étoile de la tête était double de la distance à la jambe.

L'étoile précéd. de la tête était en	$0^s\ 6°\ 36'$	avec une lat. bor. de $7°\ 20'$
L'étoile de la jambe en........	0.14.45	Latitude australe.. 5.16
Vénus était en................	0.10.36	Latitude australe.. 1.30
Le Soleil moyen en............	1.25.24	
Digression occidentale........	44.48	(Observation de Théon).

L'an 21 d'Adrien, du 2 au 5 tybi, le soir, Ptolémée observa Vénus en digression.

Comparée à l'étoile des cornes du Capricorne, elle parut en	$9^s\ 12°\ 50'$
Le Soleil moyen........	7.25.30
Digression orientale.....	47.20

On voit d'abord que le Soleil était au périgée.

On en conclut ensuite que le cercle qui porte l'épicycle de Vénus est fixe, puisque jamais la somme des deux élongations n'est plus petite que les deux qui ont lieu dans le Taureau ni plus grande que les deux du Scorpion. Il faut ici en croire Ptolémée sur sa parole, car cette conséquence ne résulte pas de ce qu'il vient d'exposer. La figure 73 représente les deux élongations apogée et périgée.

$$\alpha\zeta = \alpha\varepsilon \sin \alpha\varepsilon\zeta = \eta\gamma = \varepsilon\gamma \sin \gamma\varepsilon\eta,$$
$$\alpha\varepsilon : \varepsilon\gamma :: \sin \gamma\varepsilon\eta : \sin \alpha\varepsilon\zeta,$$
$$\alpha\varepsilon + \varepsilon\gamma : \alpha\varepsilon - \varepsilon\gamma :: \sin \gamma\varepsilon\eta + \sin \alpha\varepsilon\zeta : \sin \gamma\varepsilon\eta - \sin \alpha\varepsilon\zeta$$
$$:: \text{tang}\ \tfrac{1}{2}(\gamma\varepsilon\eta + \alpha\varepsilon\zeta) : \text{tang}\ \tfrac{1}{2}(\gamma\varepsilon\eta - \alpha\varepsilon\zeta)$$
$$:: \text{tang}\ 46°\ 4' : \text{tang}\ 1°\ 16',$$
$$\varepsilon - \varepsilon\gamma = \text{tang}\ 1°\ 16' \cot 46°\ 4' (\alpha\varepsilon + \varepsilon\gamma)$$
$$= 2\ \text{tang}\ 1°\ 16' \cot 46°\ 4', \text{ en prenant } \tfrac{1}{2}(\alpha\varepsilon + \varepsilon\gamma) \text{ pour unité},$$
$$\tfrac{1}{2}(\alpha\varepsilon - \varepsilon\gamma) = \text{tang}\ 1°\ 16' \cot 46°\ 4' = 0.021303$$
$$= 1°27818 = 1°16'6908 = 1°\ 16'\ 41''\ 4,$$

ensorte que

$$\alpha\varepsilon = 1.021303 \quad \text{et} \quad \gamma\varepsilon = 0.978697,$$
$$\left.\begin{aligned} \alpha\zeta &= 1.021303 \sin 44°\ 48' = 0.71963 \\ \eta\gamma &= 0.978697 \sin 47°\ 20' = 0.71967 \end{aligned}\right\} 0.71965 \text{ ou } 0{,}72 = 43°\ 12'.$$

Cette valeur du rayon de l'épicycle est un peu plus faible qu'elle ne devrait être, puisque le demi-grand axe de Vénus est

$$0.72333 = 43°\ 20'\ 24''.$$

L'excentricité

$$\epsilon\delta = \frac{1}{2}(\alpha\epsilon - \epsilon\gamma) = 0.021303 = 1^{\circ}\,16'\,41''.$$

L'excentricité du Soleil = 0.041512.

La moitié............ = 0.020756.

$\epsilon\delta$, vu de la Terre, sous-tend un angle de 1° 41′ 50″.

Ptolémée, par l'ancienne Trigonométrie, trouve 43° 12′ et 1° 15′ environ.

Pour savoir quand $\delta\epsilon$ produit la plus grande inégalité, il choisit des digressions observées à 90° de l'apogée. C'est exactement la même marche que pour Mercure, si ce n'est que le calcul est un peu plus court.

L'an 18 d'Adrien, du 2 au 3 pharmouthi, à la plus grande digression du matin,

Vénus comparée à Antarès, était en..................	9ˢ 11° 55′
Le Soleil moyen, à 90° de l'apogée, en......	10.25.30
Digression occidentale......................	43.35

L'an 3 d'Antonin, du 4 au 5 pharmouthi, le soir,

Vénus en digress. comp. à la luisante des Hyades, était en	0ˢ 13° 50′
Le Soleil moyen était encore en....	10.25.30
Digression	48.20

Ces deux observations sont de Ptolémée; la première n'est postérieure que de deux ans à une observation de Vénus par Théon; d'où l'on voit que ces deux astronomes ont pu se connaître, ou tout au moins que Ptolémée fut le successeur immédiat de Théon dans l'observatoire d'Alexandrie.

Dans les deux observations la longitude du Soleil était la même; en supposant l'orbite circulaire, Ptolémée en conclut que la différence ne peut venir que de l'équation de l'excentrique, qui s'ajoutait dans l'une des deux digressions et se retranchait dans l'autre, ainsi que nous l'avons déjà vu dans la théorie de Mercure.

De 43° 35′ à 48° 20′ la différence est 4° 45′, dont la moitié 2° 22′ 30″ sera la plus grande équation de l'excentrique. L'excentricité sera donc la tangente de 2° 22′ 30″ = 0.04143997, dont la moitié 0.02072 ne différera guère de $\delta\epsilon$ = 0.021303 trouvée ci-dessus pour la distance du centre du zodiaque à celui des distances moyennes. Le centre sera placé entre les deux centres δ et ϵ, et sur le milieu de $\delta\epsilon$. Ainsi Ptolémée conclut que la distance moyenne étant 60ᵖ, le centre des distances moyennes sera à la distance de $1^p\,15'$ sur la ligne de l'apogée, et celui des mouvemens moyens à $2^p\,30'$; enfin le rayon de l'épicycle $43^p\,10'$.

Si nous divisons tous ces nombres par 60 pour les convertir en décimales, nous aurons

$$0.020833, \quad 0.041666 \quad \text{et} \quad 0.719444;$$

ce qui diffère peu de ce que nous avons trouvé ci-dessus par des calculs plus courts et plus précis.

Pour Mercure l'arrangement était contraire, le centre des distances moyennes était au-dessus du centre des mouvemens moyens; mais il était mobile, et pouvait momentanément coincider avec celui des mouvemens moyens.

Pour corriger les mouvemens périodiques, Ptolémée choisit encore une de ses observations qu'il compare à une observation plus ancienne.

L'an 2 d'Antonin, du 29 au 30 tybi, Vénus en digression fut comparée à l'Épi, et la longitude observée fut $7^s\,6^\circ\,30'$. Elle était sur la ligne menée de la boréale du front du Scorpion au centre apparent de la Lune, et entre les deux. Elle était moins avancée que le centre de la Lune d'une fois et demie, ce dont elle était plus avancée que l'étoile. Il faut ici songer au sens des mots προηγῦιτο, ὑπελείπετο, que nous avons déjà déterminé plusieurs fois, et sur lesquels se sont mépris plusieurs astronomes.

Or l'étoile était alors en $7^s\,6^\circ\,20'$ avec une latitude boréale de $1^\circ\,20'$. Il était $4\frac{3}{4}$ heures équinoxiales après minuit. Le Soleil était en $8^s\,25^\circ$, le deuxième degré de la Vierge étant au méridien de l'astrolabe.

Le lieu moyen du Soleil était en.... $8^s\,22^\circ\,9'$
Vénus en........ 7. 6.30 Latit., $2^\circ\,40'$ B.
L'élongation..... 45.39

Le lieu moyen de la Lune en $7^s\,11^\circ\,24'$, l'anomalie $87^\circ\,30'$, la distance à la limite boréale $12^\circ\,22'$; le centre de la Lune était en $7^s\,5^\circ\,45'$, avec une latitude de 5°, la longitude apparente $7^s\,6^\circ\,45'$. (La parallaxe de longitude était de 1°, ce qui est probablement un peu fort : l'arc de l'écliptique entre le point culminant et le lieu de la Lune étant de 63°, et la latitude de la Lune étant de 5° boréale, la parallaxe de hauteur ne pouvait pas être d'un degré.)

Soit α (fig. 74) l'apogée ou le 25ᵉ degré du Taureau, β le centre des mouvemens moyens, γ celui des distances constantes, δ celui du zodiaque, ζ celui de l'épicycle; menez $\delta\zeta\eta$, $\beta\zeta\theta$ et $\gamma\zeta$;

ε est le périgée ou.... $7^{s}\,25^{\circ}\,0'$
Le Soleil moyen ou ζ.... $8.22.9$
$\delta\beta\zeta = \gamma\beta\zeta = \varepsilon\beta\zeta$.... 27.9

$$\gamma\zeta = 1, \quad \gamma\zeta : \sin\gamma\beta\zeta :: \beta\gamma : \sin\beta\zeta\gamma = \frac{\beta\gamma \sin\gamma\beta\zeta}{\gamma\zeta = 1}.$$

Ci-dessus... $\beta\gamma = 0.020833$.. 8.3187588
$\sin\gamma\beta\zeta = 27^{\circ}\,9'$...... 9.6592710
$\sin\beta\zeta\gamma = 0.32.41$... 7.9780298
$\sin\varepsilon\gamma\zeta = 27.41.41$... 9.6672292
C. $\sin\gamma\beta\zeta$............... 0.3407290
$\beta\zeta = 1.018493$... 0.0079582
3.5563025
$= 1^{\circ}\,1'\,6'',6$ 3.5642601

car $\sin\beta : \sin\gamma :: 1 : \beta\zeta = 1.018493$.

Cherchons $\delta\zeta\beta$, première inégalité.

$$\tang\delta\zeta\beta = \frac{\beta\delta \sin\beta}{\beta\zeta - \beta\delta\cos\beta} = \frac{\beta\delta\cos\beta\tang\beta}{\beta\zeta - \beta\delta\cos\beta}.$$

$\beta\delta = 0.041666$.... 8.6197881
$\cos\beta = 27^{\circ}\,9'$........ 9.9492997
$\beta\delta\cos\beta = 0.037075$ 8.5690878
$\beta\zeta = 1.018493$ 9.7099713... tang β.
C. $(\beta\zeta - \beta\delta\cos\beta) = 0.981418$ 0.0081459
tang $\delta\beta\zeta = 1^{\circ}\,6'\,35''\,5$ 8.2872050
Ptolémée trouve... 1.6 par sa méthode.

C. $\cos\delta\beta\zeta$.... 0.0000815
$(\beta\zeta - \beta\delta\cos\beta)$.... 9.9918541
$\delta\zeta = 0.981602$ 9.9919356

Vénus a été observée en..... $7^{s}\,6^{\circ}\,30'$
Le périgée ε est en......... $7.25.\,0$
donc $\varepsilon\delta x$.... 18.30

$\varepsilon\beta\zeta = 27°\ 9'$	$\delta\zeta \ldots\ 9.9919356$
$\delta\zeta\beta = 1.\ 6.36''$	$C.\ \zeta\varkappa \ldots\ 0.1430030$
$\varepsilon\delta\zeta = 28.15.36$	$\sin \zeta\delta\varkappa \ldots\ 9.8624240$
$\varepsilon\delta\varkappa = 18.30.\ 0$	$\sin \delta\varkappa\zeta = 85°\ 41'\ 27'' \ldots\ 9.9973626$
$\zeta\delta\varkappa = 46.45.36$	$\zeta\delta\varkappa = 46.45.36$
Ptolémée... 46.45	$\varkappa\zeta\pi = 130.27.\ 5$ Ptolémée 130° 34'.
$\zeta\pi = 0.719444$	$\theta\pi = \delta\zeta\beta = 1.\ 6.36$
	$\theta\varkappa = 129.20.27$ Ptolémée 129° 28'.
	Supplément = 230.39.33

En supposant que la planète tourne de θ en ω et en $\varkappa$, elle aura décrit 230° 39′ 33″; il ne lui restera plus que 129° 20′ 27″ à faire pour achever le tour de son épicycle.

Le centre ζ est en 8^s 22°; il a passé le périgée, qui est en 7^s 25°. Vénus, qui est en 7^s 6°, n'a pas encore atteint ce périgée.

Le centre ζ va de ζ en ζ'; Vénus de θ en ω, par les raisons exposées au commencement du septième Livre; c'est-à-dire qu'elle est directe sur son épicycle, et non pas rétrograde comme le Soleil.

La figure de Ptolémée n'est pas faite pour l'exemple qu'il calcule, en ce que Vénus n'y est pas assez près de la digression, et que $\varkappa\zeta\pi$ est aigu, au lieu que le calcul le donne obtus.

Parmi les anciennes observations, Ptolémée choisit la suivante, qui est de Timocharis.

La treizième année de Philadelphe, du 17 au 18 mésori, à 12 heures, Vénus avait atteint l'étoile opposée à la Vendangeuse, c'est-à-dire (β), la dernière de l'aile australe de la Vierge.

La première année d'Antonin, cette étoile était en.. 5^s 8° 15′
L'année de l'observation était la 476 de Nabonassar.
La première d'Antonin en est la 883
L'intervalle est de........... 407 ans ou 408.

La précession $4° \frac{1}{12}$............................	4. 5
Vénus était donc en............................	5. 4.10
Le périgée de l'excentrique est en................	7.20.55
La distance au périgée............................	2.16.45
Vénus avait passé la digression; car quatre jours après elle était en............................	5. 8.50
Le Soleil en...........	6.20.55
Élongation............	42. 5

au lieu que le jour de l'observation, ♀ 5. 4.10
⊙ m.......... 6.17. 3

L'élongation était....... 42.55

Ainsi l'élongation était décroissante. Calculons de même cette observation (fig. 75).

Perigée $\epsilon = 7^s\, 20^\circ\, 55'$ $\beta\gamma$.... 8.5187588
Sol. m. = 6.17. 3 $\sin \gamma\beta\zeta = 53^\circ\, 52'\ 0''$ 9.7460595
$\epsilon\beta\zeta =$ 53.52 $\sin \beta\zeta\gamma =$ 0.59.55 8.0648183
$\epsilon\beta\zeta = \gamma\beta\zeta = \delta\beta\zeta$. $\sin \epsilon\gamma\zeta =$ 54.51.55 9.7534861
C. $\sin \gamma\beta\zeta$................ 0.2539405
$\beta\zeta = 1.017252$ 0.0074206
$\beta\delta = 2\beta\gamma$.... 8.6197881.................. 8.6197881
$\cos \delta\beta\zeta$.... 9.9192542.............. sin.... 9.7460595
$\beta\mu = 0.034597$ 8.5390423 C. $\mu\zeta$.... 0.0076077
$\beta\zeta = 1.017232$ $\tan \delta\zeta\beta = 1^\circ\, 21'\, 15''$.... 8.3754553
$\mu\zeta = 0.982635$.
C. $\cos \delta\zeta\beta$.... 0.0001212
$\mu\zeta$.... 9.9923925
$\epsilon\beta\zeta = 53^\circ\, 52'\ 0''$ $\delta\zeta = 0.98291$ 9.9925135
$\delta\zeta\beta =$ 1.21.13
$\epsilon\delta\zeta =$ 55.13.13
$\epsilon\delta\kappa =$ 76.45. 0 = dist. au périgée donnée par observ. ci-dessus.
$\zeta\delta\kappa =$ 41.31.47 $\delta\zeta$.... 9.9925135
C. $\zeta\kappa$.... 0.1430030
$\sin \zeta\delta\kappa$.... 9.8215191
$\sin \zeta\kappa\delta = 64^\circ\, 56'\ 0''$ 9.9570356
$\zeta\delta\kappa =$ 41.31.47
$\kappa\zeta\theta =$ 106.27.47
$\theta\zeta\eta =$ 1.21.13
$\kappa\zeta\eta =$ 107.49. 0 dist. Vénus à l'ap. de son épicycle.
donc $\eta\omega\kappa =$ 252.11. 0 = 8.12.11. 0
Par l'observation de Ptolémée.... 250.39.35 = 7.20.39.53
Mouvement en 409 ans 167 jours; 255 cercles entiers...+ 11. 8.28.33
Ptolémée par son calcul trouve......................... 11. 8.25. 0

Différence..... 3.33

Divisez les 255 cercles $11^s\,8^\circ\,28'\,33''$ par le nombre de jours, vous aurez le mouvement diurne, au moyen duquel vous construirez les Tables des mouvemens moyens, et vous réduirez l'une des deux anomalies à l'époque de Nabonassar. La première des deux observations avait été faite en 475 et $346^j\,5^h$; prenez dans les Tables le mouvement pour cet intervalle; retranchez-le de l'anomalie trouvée par Ptolémée, ou de $252^\circ 7'$, il restera $71^\circ 7'$ pour l'époque de l'anomalie.

L'époque de la longitude sera celle du Soleil, comme pour Mercure, ou $11^s\,0^\circ\,33'$. Quant à l'apogée, vous le trouverez en retranchant de l'apogée de la première observation le mouvement de précession pour 476 ans, ou $4^\circ\,45'$; il restera $1^s\,16^\circ\,10'$.

Pour calculer un lieu apparent de Vénus d'après cette théorie, vous chercherez par les Tables le lieu moyen ζ, ou l'angle que le rayon vecteur $\beta\zeta$ fait avec la ligne des apsides $\alpha\epsilon$. Si cet angle est moindre que 180°, ζ sera à droite de $\alpha\epsilon$; si, comme dans la figure, l'angle surpasse 180°, l'excédant sur 180° sera l'angle $\epsilon\beta\zeta =$ distance angulaire au périgée.

Vous ferez, comme dans l'exemple,

$$\sin \beta\zeta\gamma = \frac{\beta\gamma \sin \gamma\beta\zeta}{\gamma\zeta = 1};$$

vous en conclurez

$$\delta\gamma\zeta = \gamma\beta\zeta + \beta\zeta\gamma;$$

vous ferez

$$\beta\zeta = \frac{\gamma\zeta \sin \gamma}{\sin \beta} = \frac{\sin \gamma}{\sin \beta}.$$

Alors dans le triangle $\delta\beta\zeta$, vous aurez les côtés $\delta\beta$ et $\beta\zeta$ avec l'angle compris β; vous calculerez l'angle $\delta\zeta\beta = \theta\nu$ et le troisième côté $\delta\zeta$.

Les Tables vous ont donné l'anomalie moyenne $\nu\omega\kappa$, ou son supplément $\nu\kappa$,

$$\nu\omega\kappa + \theta\nu = \theta\nu\omega\kappa \quad \text{et} \quad \theta\kappa = 360^\circ - \theta\nu\omega\kappa.$$

Connaissant $\kappa\zeta\theta$, vous aurez son supplément $\kappa\zeta\delta$.

Dans le triangle $\kappa\zeta\delta$, vous aurez $\kappa\zeta$, $\delta\zeta$ et l'angle compris; vous calculerez $\zeta\delta\kappa$, que vous ajouterez ici à la longitude de ζ, et vous aurez la longitude apparente de Vénus $\epsilon\delta\kappa$ depuis le périgée.

L'angle υ sous lequel se croisent le rayon vecteur vrai $\delta\kappa$ et le rayon vecteur de l'épicycle $\beta\zeta$, sera la différence du lieu vrai au lieu moyen, ou la somme des deux inégalités; $\beta\zeta\gamma$ est la première, $\zeta\delta\kappa$ la seconde;

l'angle $\beta\upsilon\delta$ extérieur au triangle $= \upsilon\zeta\delta + \zeta\delta\upsilon =$ première $+$ seconde inégalité.

En construisant la figure pour le premier quart, on aurait des formules générales qui dispenseraient de faire une figure.

On pourrait varier la solution de plusieurs manières. Nous n'entrerons pas dans ce détail pour un problème qui est aujourd'hui de simple curiosité, et qu'aucun astronome ne sera tenté de résoudre qu'une fois en sa vie ; alors il aimera mieux construire une figure qui lui mette sous les yeux la marche et l'esprit de la solution.

Cette solution est un simple problème de Trigonométrie rectiligne ; elle est facile à calculer, et assez incommode à mettre en Tables.

Nous répéterons ici la remarque déjà faite pour Mercure. Ptolémée n'emploie que le nombre d'observations strictement nécessaires ; on n'en voit aucune d'Hipparque.

Pour Mercure la solution est un peu moins simple, vu la mobilité du centre des distances moyennes et constantes. Nous allons donner les formules générales du lieu géocentrique.

Mercure va de α en ζ (fig. 76), et l'angle

$$\begin{aligned}\alpha\gamma\zeta &= \text{mouvement moyen } \odot \text{, compté de l'apogée,}\\ &= (\odot - \downarrow).\end{aligned}$$

Le centre mobile des distances moyennes va de H en η du même mouvement ; ensorte que

$$\alpha\beta\eta = (\odot - \downarrow).$$

Le triangle $\gamma\beta\eta$ est isoscèle.

$$\begin{aligned}\beta\gamma\eta = \beta\eta\gamma &= \tfrac{1}{2}\,\alpha\beta\eta\\ &= \tfrac{1}{2}(\odot - \downarrow),\\ \zeta\gamma\eta &= \tfrac{3}{2}(\odot - \downarrow),\end{aligned}$$

$$\gamma\eta = 2\beta\gamma \cos\beta\gamma\eta = 2e\cos\tfrac{1}{2}(\odot - \downarrow),$$

$$\zeta\eta : \gamma\eta :: \sin\zeta\gamma\eta : \sin\gamma\zeta\eta = \frac{\gamma\eta\sin\zeta\gamma\eta}{\zeta\eta},$$

$$\sin A = \sin\gamma\zeta\eta = \frac{2e\cos\frac{1}{2}(\odot - \downarrow)\sin\frac{3}{2}(\odot - \downarrow)}{1},$$

$$\begin{aligned}\gamma\eta\zeta &= 180^\circ - (\zeta\gamma\eta + \gamma\zeta\eta)\\ &= 180^\circ - \left[\tfrac{3}{2}(\odot - \downarrow) + A\right],\end{aligned}$$

$$\sin\gamma\eta\zeta = \sin\left[\tfrac{3}{2}(\odot - \downarrow) + A\right],$$

$$\sin\zeta\gamma\eta : \sin\zeta\eta\gamma :: \zeta\eta : \zeta\gamma = \frac{\zeta\eta\sin\zeta\eta\gamma}{\sin\zeta\gamma\eta},$$

$$B = \frac{\sin\left[\frac{3}{2}(\odot - \downarrow) + A\right]}{\sin\frac{3}{2}(\odot - \downarrow)}.$$

Dans le triangle $\gamma\delta\zeta$ nous avons alors

$$\operatorname{tang}\delta\zeta\gamma = \frac{\gamma\delta \sin \delta\gamma\zeta}{\zeta\gamma + \gamma\delta \cos \delta\gamma\zeta} = \frac{\left(\frac{\gamma\delta}{\zeta\gamma}\right)\sin(\odot - \psi)}{1 + \left(\frac{\gamma\delta}{\gamma\zeta}\right)\cos(\odot - \psi)} = \operatorname{tang} C,$$

$$\theta\zeta\varkappa = \delta\zeta\eta = \delta\zeta\gamma + \gamma\zeta\eta = (C + A) = (A + C).$$

Les Tables donnent l'anomalie de Mercure sur son épicycle $= \theta\zeta\text{☿} = \varphi$; d'où

$$\varkappa\text{☿} = \varkappa\theta + \theta\text{☿} = (A + C + \varphi)$$

et

$$\operatorname{tang}\zeta\delta\text{☿} = \frac{\zeta\text{☿} \sin \varkappa\text{☿}}{\zeta\delta + \zeta\text{☿} \cos \varkappa\text{☿}} = \frac{r \sin (A + C + \varphi)}{D + r \cos (A + C + \varphi)}.$$

Or,

$$\zeta\delta = \frac{\zeta\gamma\left(1 + \frac{\gamma\delta}{\gamma\zeta}\cos\psi\right)}{\cos C} = D;$$

donc

$$\operatorname{tang}\zeta\delta\text{☿} = \operatorname{tang}E = \frac{\left(\frac{r}{D}\right)\sin(A + C + \varphi)}{1 + \left(\frac{r}{D}\right)\operatorname{tang}(A + C + \varphi)},$$

$$\begin{aligned} \alpha\delta\text{☿} &= \text{dist. angul. appar. de ☿ à son apogée} = \alpha\delta\zeta + E \\ &= \alpha\gamma\zeta - \gamma\zeta\delta + E = (\odot - \psi) - C + E. \end{aligned}$$

C est la première inégalité, E la seconde.

Il nous resterait à calculer la distance $\delta\text{☿}$ de Mercure à la Terre;

$$\begin{aligned} \sin\delta\text{☿}\zeta : \sin\delta\zeta\text{☿} :: \delta\zeta : \delta\text{☿} &= \frac{\delta\zeta \sin\delta\zeta\text{☿}}{\sin\delta\text{☿}\zeta} = \frac{D.\sin\delta\zeta\text{☿}}{\sin(\delta\zeta\text{☿} + \zeta\delta\text{☿})} = \frac{D\sin(180^\circ - \varkappa\varphi)}{\sin(180^\circ - \varkappa\varphi + E)} \\ &= \frac{D\sin\varkappa\varphi}{\sin(\varkappa\varphi - E)} = \frac{D\sin(A + C + \varphi)}{\sin(A + C + \varphi - E)}. \end{aligned}$$

Résumé.

$e = \delta\gamma = \gamma\beta$, $r = \zeta\text{☿}$, $\psi =$ apogée de l'excentrique,
$\varphi =$ anomalie de l'épicycle,

$\sin A = 2e\cos\frac{1}{2}(\odot - \psi)\sin\frac{1}{2}(\odot - \psi)$; A devient négatif si le second membre est négatif, car A sera toujours un petit angle.

$$\begin{aligned} B &= \frac{\sin\left[\frac{1}{2}(\odot - \psi) + A\right]}{\sin\frac{1}{2}(\odot - \psi)} = \frac{\sin\frac{1}{2}(\odot - \psi)\cos A + \cos\frac{1}{2}(\odot - \psi)\sin A}{\sin\frac{1}{2}(\odot - \psi)} \\ &= \cos A + \sin A \cot\tfrac{1}{2}(\odot - \psi) = \cos A + 2e\cos\tfrac{1}{2}(\odot - \psi)\cos\tfrac{1}{2}(\odot - \psi), \end{aligned}$$

$$\operatorname{tang} C = \frac{\left(\frac{e}{B}\right)\sin(\odot - \downarrow)}{1 + \left(\frac{e}{B}\right)\cos(\odot - \downarrow)};$$ si le second membre est négatif, C sera négatif, car C sera toujours un angle de peu de degrés; c'est la première inégalité.

$$D = \frac{B\left(1 + \frac{e}{B}\cos(\odot - \downarrow)\right)}{\cos C} = \text{dist. du centre de l'épicyc. à la Terre},$$

$$\operatorname{tang} E = \frac{\left(\frac{r}{D}\right)\sin(A + C + \varphi)}{1 + \left(\frac{r}{D}\right)\cos(A + C + \varphi)} = \text{deuxième inégalité},$$

$$F = \frac{D\left(1 + \frac{r}{D}\cos(A + C + \varphi)\right)}{\cos E} = \frac{D\sin(A + C + \varphi)}{\sin(A + C + \varphi - E)}$$
$$= \text{dist. de Mercure à la Terre.}$$

Soit $\odot - \downarrow = 90°$, $B = \cos A + 2e\cos\frac{1}{2}(\odot - \downarrow)\cos\frac{3}{2}(\odot - \downarrow)$
$= \cos A + 2e\cos 45 \cos 135 = \cos A - 2e\cos^2 45$
$= \cos A - e.$

Soit $\odot - \downarrow = 270°$, $B = \cos A + 2e\cos 135 \cos 405 = \cos A - 2e\cos^2 45$
$= \cos A - e.$

Mercure sera très-périgée deux fois dans chaque révolution; cosA est alors le plus petit possible, et l'on en retranche encore l'excentricité.

En général, le facteur $\cos\frac{1}{2}(\odot - \downarrow)\cos\frac{3}{2}(\odot - \downarrow)$, ou $\cos A \cos 3A$, est au *maximum* quand $A = 180° - 3A$; en effet, $d(\cos A \cos 3A) = -dA \sin A \cos 3A - 3dA \sin 3A \cos A = 0$, donne $-\sin A \cos 3A = +3\sin 3A \cos A$, ou bien

$$-\operatorname{tang} A = 3\operatorname{tang} 3A = 3\left(\frac{\operatorname{tang} 2A + \operatorname{tang} A}{1 - \operatorname{tang} A \operatorname{tang} 2A}\right) = 3\left(\frac{\frac{2\operatorname{tang} A}{1 - \operatorname{tang}^2 A} + \operatorname{tang} A}{1 - \frac{2\operatorname{tang} A \operatorname{tang} A}{1 - \operatorname{tang}^2 A}}\right)$$

$$-1 = \frac{\frac{2}{1 - \operatorname{tang}^2 A} + 1}{1 - \frac{2\operatorname{tang}^2 A}{1 - \operatorname{tang}^2 A}} = \frac{2 + 1 - \operatorname{tang}^2 A}{1 - \operatorname{tang}^2 A - 2\operatorname{tang}^2 A} = \frac{3 - \operatorname{tang}^2 A}{1 - 3\operatorname{tang}^2 A}$$

$$-1 + 3\operatorname{tang}^2 A = 3 - \operatorname{tang}^2 A,\ 4\operatorname{tang}^2 A = 4,\ \operatorname{tang}^2 A = 1°,\ \operatorname{tang} A = 45°;$$

donc le *maximum* de $2e\cos\frac{1}{2}(\odot - \downarrow)\cos\frac{3}{2}(\odot - \downarrow) = e$.

Ainsi Mercure est περιγειότατος quand $\odot - \downarrow = 90°$ ou $270°$.

On voit que cette théorie, quelqu'imparfaite qu'elle soit, a exigé beaucoup de sagacité, de soins et d'attention.

Ces formules générales, jusqu'à D inclusivement, sont celles dont nous nous sommes servis (page 457). Les dernières changent, parce que les données ne sont pas les mêmes, et que la solution se renverse quand on veut passer de l'observation aux élémens, et non plus calculer le lieu géocentrique par les élémens.

Pour Vénus, dont le centre des mouvemens égaux est en β, celui des distances constantes en γ, la Terre étant en δ, nous aurons (fig. 75)

$$\alpha\beta\zeta = (\odot - \downarrow),$$

$$\gamma\zeta : \sin\alpha\beta\zeta :: \beta\gamma : \sin\beta\zeta\gamma = \sin A = \frac{\beta\gamma \sin\alpha\beta\zeta}{\gamma\zeta} = \frac{e\sin(\odot-\downarrow)}{1} = e\sin(\odot-\downarrow),$$

$$\beta\gamma\zeta = (\odot - \downarrow) - A = (\odot - \downarrow - A),$$

$$\sin\alpha\beta\zeta : \zeta\gamma :: \sin\beta\gamma\zeta : \beta\zeta = B = \frac{\sin\beta\gamma\zeta}{\sin\alpha\beta\zeta} = \frac{\sin(\odot - \downarrow - A)}{\sin(\odot-\downarrow)}$$

$$= \cos A - \sin A \cot(\odot-\downarrow) = \cos A - e\cos(\odot-\downarrow),$$

$$\operatorname{tang}\varkappa\theta = \operatorname{tang}\beta\zeta\delta = \operatorname{tang} K = \frac{\beta\delta \sin(\odot-\downarrow)}{\beta\zeta + \beta\delta\cos(\odot-\downarrow)} = \frac{\left(\frac{\beta\delta}{\beta\zeta}\right)\sin(\odot-\downarrow)}{1 + \frac{\beta\delta}{\beta\zeta}\cos(\odot-\downarrow)}$$

$$= \frac{\left(\frac{2e}{B}\right)\sin(\odot-\downarrow)}{+\left(\frac{2e}{B}\right)\cos(\odot-\downarrow)},$$

$$\delta\zeta = D = \frac{B}{\cos K}\left[1 + \left(\frac{2e}{B}\right)\cos(\odot-\downarrow)\right],$$

$$\theta\text{♀} = (\phi + K),\quad \operatorname{tang}\zeta\delta\text{♀} = \frac{\left(\frac{r}{D}\right)\sin(\phi+K)}{1+\left(\frac{r}{D}\right)\cos(\phi+K)} = \operatorname{tang} E,$$

$$\alpha\delta\text{♀} = (\odot - \downarrow - A + E),\ \text{et}\ \delta\text{♀} = \frac{D\left[1 + \frac{r}{D}\sin(\phi+K)\right]}{\cos E}.$$

Il était aisé de faire une Table de $\sin A = e\sin(\odot - \downarrow)$; une seconde colonne aurait donné B; cette Table aurait dépendu de l'argument $(\odot - \downarrow)$.

$$\operatorname{Tang} K = \frac{\beta\delta\sin(\odot-\downarrow)}{\beta\zeta + \beta\delta\cos(\odot-\downarrow)} = \frac{2e\sin(\odot-\downarrow)}{\cos A - e\cos(\odot-\downarrow) + e\cos(\odot-\downarrow)}$$

$$= \frac{2e\sin(\odot-\downarrow)}{\cos A} = \frac{2\sin A}{\cos A} = 2\operatorname{tang} A;$$

la valeur de K aurait fait la troisième colonne de la Table.

$$\delta\zeta = D = \frac{B}{\cos K}\left(1 + \frac{2e\cos(\odot-\downarrow)}{B}\right) = \frac{B}{\cos K} + \frac{2e\cos(\odot-\downarrow)}{\cos K}$$

$$= \frac{\cos A - e\cos(\odot-\downarrow) + 2e\cos(\odot-\downarrow)}{\cos K} = \frac{\cos A + e\cos(\odot-\downarrow)}{\cos K}.$$

On voit que B devient inutile.

Cette valeur de D aurait formé la quatrième colonne; on aurait eu $(\varphi + K)$.

Cette Table à quatre colonnes dépendant d'un argument unique, aurait fourni, comme nos Tables elliptiques, tout ce qui était nécessaire au calcul de l'élongation E et de la distance de la Terre ♂♀.

Pour Mercure, la Table donnerait de même A et B.

On ne pourrait calculer l'angle total K comme pour Vénus; mais la Table, quoique plus longue à calculer, aurait cependant fourni tout ce qui est nécessaire pour le calcul de l'élongation et de la distance de Mercure à la Terre.

Mars.

La théorie de Vénus, avec quelques changemens légers, va nous servir pour les trois planètes supérieures. Le centre des distances constantes sera de même entre celui des mouvemens moyens et celui du zodiaque, et à égale distance de chacun d'eux; ainsi les quantités A, B, K, D formeront de même les quatre colonnes, et B sera de même inutile dans la pratique. Il ne restera de même à calculer que l'élongation et la distance.

Pour trouver l'apogée, on n'aura plus le secours des digressions, mais on aura celui des oppositions, qui sont plus sûres et plus commodes. Comme les élongations peuvent avoir toutes les valeurs possibles, depuis 0 jusqu'à 360°, on a toute facilité pour suivre ces planètes dans la totalité de leurs révolutions, sauf le tems où elles sont perdues dans les rayons du Soleil; mais c'est un avantage dont nous ne verrons pas qu'on ait beaucoup profité.

C'est donc au moyen des oppositions, que Ptolémée a déterminé les apogées et les excentricités. L'avantage particulier de ces observations est que la seconde inégalité s'y trouve nulle. L'opposition arrive quand la planète est à 180° du Soleil. Mais au lieu d'employer le lieu vrai du Soleil, comme les modernes, Ptolémée se sert du lieu moyen.

Soit δ le centre des distances constantes (fig. 77), $\alpha\beta\gamma\mu$ le cercle décrit autour de δ, et qui portera toujours le centre de l'épicycle, $\alpha\gamma$ la ligne de l'apogée et du périgée, ϵ le centre du zodiaque, ζ le centre du mouvement uniforme, β le centre de l'épicycle, $\zeta\beta\theta$ déterminera l'apogée θ de l'épicycle, $\eta\beta\kappa\epsilon\mu$ déterminera en μ la longitude que doit avoir le Soleil moyen pour que la planète soit en opposition.

Ptolémée dit d'abord que si l'astre est vu au même point que le centre

β de son épicycle, c'est-à-dire sur la droite $\varepsilon\varkappa\beta\pi$, le lieu moyen du Soleil sera toujours sur cette même droite; mais il faudrait pour cela que la Terre ε fût le centre des mouvemens moyens du Soleil; or ce centre est éloigné de $\frac{1}{24}$; il faut donc entendre simplement que $\varepsilon\beta$ est parallèle au rayon mené au Soleil en partant du centre de son excentrique.

La planète en π aura la même longitude que le Soleil moyen, qui sera aussi vu en π; si au contraire elle est en $\varkappa$, elle sera diamétralement opposée au Soleil moyen, qui sera alors en μ; mais on voit que ce Soleil moyen est un Soleil fictif, qui tournerait uniformément autour de ε.

Le point π est celui qu'occupe la planète en conjonction; le point $\varkappa$, celui qu'elle occupe à l'opposition.

Soit l'astre en conjonction en α' à l'apogée α de son épicycle et de son excentrique; que le centre de l'épicycle soit ensuite transporté en β, en tournant uniformément autour de ζ, mais dans le cercle dont le centre est δ, le centre β sera vu de ζ en θ, et de ε il sera vu en π; θ sera le lieu de l'apogée sur l'épicycle.

$$\theta\pi = \pi\beta\theta = \zeta\beta\varepsilon = \alpha\zeta\beta - \alpha\varepsilon\beta = \text{mouv. moy. planète} - \text{mouv. moy.} \odot.$$

Si le Soleil moyen est encore vu sur le rayon $\varepsilon\beta$, $\alpha\varepsilon\pi$ sera le mouvement moyen du Soleil,

$$\begin{aligned}\theta\pi &= \alpha\zeta\beta - \alpha\varepsilon\beta = \text{mouvement moyen planète} - \text{mouvement moyen } \odot \\ &= -(\text{mouvement moyen } \odot - \text{mouvement moyen planète});\end{aligned}$$

ainsi, pour retrouver la planète en conjonction avec le Soleil et à l'apogée, il faudra donner à la planète sur son épicycle un mouvement rétrograde égal à la différence des moyens mouvemens du Soleil et de la planète.

Si la planète a été en opposition avec le Soleil moyen et sur son épicycle en ϖ, et que le centre ait été de α en β, l'apogée α' sera transporté en θ, et si la planète se retrouve en opposition, en π,

$$\theta\pi = \zeta\beta\varepsilon = \alpha\zeta\beta - \alpha\varepsilon\beta = -(\text{mouv. moy. } \odot - \text{mouv. moy. planète});$$

ainsi pour retrouver la planète en opposition, il faut donner à la planète sur son épicycle un mouvement rétrograde égal au mouvement relatif de la planète au Soleil, c'est-à-dire égal au mouvement de notre angle de commutation. Ainsi par cette supposition, conforme d'ailleurs à ce que nous avons fait pour Vénus, nous satisfaisons aux oppositions et aux conjonctions. Mais le mouvement sur l'épicycle est uniforme, il sera donc en tout tems égal au mouvement relatif.

Il résulte encore de cette supposition, que la planète en conjonction et en opposition sera vue sur la même droite que le Soleil moyen (fictif), et qu'il n'y aura pas de seconde inégalité; mais lors des syzygies il y aura une seconde inégalité, parce que la planète ne sera pas vue sur la même ligne que le centre.

Supposons, par exemple (fig. 78), que depuis l'opposition en π le centre de l'épicycle ait été porté de γ en β; que dans le même tems le Soleil ait parcouru l'angle $\alpha\zeta S = \gamma\zeta S'$; $S'\zeta\beta = \gamma\zeta S' - \gamma\zeta\beta =$ mouv. ☉ — mouv. pl. sera le chemin rétrograde de la planète sur son épicycle; menez $\beta\lambda$ parallèle à ζS, vous aurez $\lambda\beta\pi' = S'\zeta\beta$; $\pi'\lambda$ sera le mouvement relatif rétrograde sur l'épicycle, et la planète sera en λ, et de la Terre elle sera vue en λ sur le rayon $\epsilon\lambda$, différent de $\epsilon\beta$, et l'angle $\beta\epsilon\lambda$ sera la seconde inégalité; la première sera l'angle $\epsilon\beta\zeta$.

Ainsi pour trouver le lieu de la planète en un tems quelconque, après la conjonction ou après l'opposition, on prendra, à partir du lieu de la conjonction ou de l'opposition, un angle égal au mouvement de la planète; on aura le lieu de l'épicycle; on mènera la ligne ζS qui fasse l'angle du mouvement du Soleil, et l'on mènera dans l'épicycle le rayon $\beta\lambda$ parallèle à ζS. Les lieux du Soleil et de la planète seront sur les deux parallèles; et quand ces parallèles se confondront, la planète sera en syzygie.

Ces suppositions sont celles de Ptolémée. Quant à la démonstration qu'il en donne, ou à l'exposition qu'il en fait, je n'ai jamais pu m'assurer que je la comprisse bien nettement.

Il dit que les distances de longitude et d'anomalie de chacun des deux astres à leur apogée, mises ensemble, font toujours le mouvement du Soleil depuis le principe des mouvemens. Le traducteur dit que le mouvement moyen de la planète + anomalie moyenne = mouvement moyen du Soleil, ce qui revient à l'équation

$$\text{mouv. longit. moy.} + (\text{mouv. moy.} \odot - \text{mouv. moy. pl.}) = \text{mouv.} \odot,$$

et se réduit à

$$\text{mouvement moyen} \odot = \text{mouvement moyen} \odot\,;$$

cela est incontestable, mais c'est une supposition et non une démonstration. Cette supposition serait arbitraire, si Ptolémée n'y eût pas été conduit par les observations.

Ptolémée ajoute que l'angle $\alpha\zeta\beta$ ou l'arc $\alpha S\beta$ est toujours le mouvement moyen de la planète depuis son apogée; l'angle $\alpha\iota\beta$ correspondant le mouvement apparent dans l'excentrique, la différence de ces mouvemens est $\zeta\beta\epsilon = \theta\beta\kappa = \theta\kappa$; cet arc à la conjonction est le mouvement d'anomalie, puisque κ est le lieu de la planète. Le reste, sans être tout-à-fait inintelligible, est long et entortillé; mais $\gamma\zeta\beta =$ mouvement apparent depuis le périgée $= \gamma\iota\beta - \iota\beta\zeta =$ mouvement apparent $- \kappa\beta\theta =$ mouvement apparent — (mouvement moyen ⊙ — mouvement moyen plan.) = mouvement apparent — mouvement ⊙ + mouvement moyen plan.; donc o = mouvement apparent — mouvement moyen ⊙; donc mouvement apparent de la plan. depuis le périgée = mouvement moyen ⊙ depuis le périgée; lieu apparent de la pl. = lieu moyen du ⊙; donc la planète est en conjonction; et si la planète est en κ' à 180° de κ, elle sera à 180° du Soleil.

La longitude moyenne $\alpha\zeta\beta$ de la planète (fig. 77), combinée avec $\kappa\beta\theta$, donne toujours la longitude moyenne du Soleil,

$$\gamma\epsilon\mu = \alpha\epsilon\beta = \alpha\zeta\beta - \kappa\beta\theta = 180^\circ - \alpha\epsilon\mu,$$
$$\gamma\epsilon\mu = \alpha\iota\beta = \alpha\zeta\beta - \zeta\beta\kappa = 180^\circ - \alpha\epsilon\mu.$$

Si μ est le lieu moyen du Soleil, la planète κ sera en opposition ou acronyque, $\alpha\iota\beta$ sera la longitude vraie de la planète $= \mu\epsilon\gamma =$ longitude moyenne ⊙ — longitude du périgée.

L'épicycle se meut du mouvement moyen de la planète; pour les planètes inférieures, il se meut du mouvement moyen du Soleil. En général, le mouvement du centre de l'épicycle est le mouvement de celle des deux planètes qui est la plus éloignée du Soleil.

Le mouvement sur l'épicycle est toujours = mouvement moyen de la planète — mouvement moyen ⊙; ainsi, pour les planètes inférieures, ce mouvement est direct; il est rétrograde pour les planètes supérieures.

Supposons que l'épicycle de la planète se meuve de A vers B autour de Z (fig. 79), ensorte que AZB $= p =$ mouvement moyen de la planète depuis l'apogée A;

Que la planète aille de T en N, ensorte que TBN = mouvem. ⊙ — mouv. moy. $p = S - p$;

Je dis que si la planète est en H sur son épicycle, le point H ou l'angle AEH marquera le lieu moyen du Soleil, et qu'on aura AEH = S.

$$AEH = AEB = \text{dist. vraie de la planète à son apogée} = AZB - ZBE$$
$$= AZB - LBK = AZB - TBH = p - (360° - S + p)$$
$$= p - 360° + S - p = S - 360° = S.$$

Ainsi le lieu géocentrique de la planète, ou sa distance apparente à l'apogée, sera égale à la distance apparente du Soleil à ce même apogée; longit. moy. ☉ — longit. apogée = dist. appar. de la planète à son apogée.

C'est ce que Ptolémée appelle conjonction. Aujourd'hui on dit que la planète est en conjonction, lorsque sa longitude géocentrique est la même que la longitude vraie du Soleil.

Si la planète est en K,

$$AEB = AZB - ZBE = AZB - LBK = AZB - (180° - TBK)$$
$$= AZB + (TBK - 180°),$$
$$AEK = \text{dist. appar. à l'apogée} = p + (S - p - 180°) = S - 180°$$
$$= S + 180°;$$

le lieu apparent de la planète est donc opposé diamétralement au lieu moyen du Soleil; c'est ce que Ptolémée appelle opposition. Aujourd'hui l'opposition se rapporte au Soleil vrai, comme la conjonction.

Dans toute autre position de la planète sur son épicycle, comme en N, je dis que si l'on mène une droite EX parallèle au rayon vecteur BN, on aura AEX = S.

En effet, par la construction

$$HEX = HBN = HBT + TBN = ZBE + TBN = AZB - AEB + TBN$$
$$= p - AEB + S - p = S - AEB,$$
$$HEX + AEB = AEX = S.$$

Formez donc l'angle AEX = S; menez BN parallèle à EX, vous aurez le lieu N de la planète sur son épicycle.

Ainsi les règles obscures de Ptolémée, dont quelques-unes paraissent arbitraires, découlent naturellement et nécessairement des deux suppositions fondamentales, que le centre de l'épicycle avance inégalement sur son excentrique, en formant autour de Z des angles proportionnels au tems et égaux au mouvement moyen de la planète, et que la planète elle-même fait sur son épicycle autour du point B les angles $(S - p)$ proportionnels au tems, et qui sont le mouvement relatif du Soleil à la planète.

En suivant la figure de Ptolémée, qui place l'épicycle dans le dernier quart, on aurait

$$GEH = GZB + EBZ = GZB + TBH = p + S - p = S,$$

p et S désignant les mouvemens depuis le périgée.

Mais si la planète est en K,

$$GEK = GEB = GZB + ZBE = GZB + LBK = GZB + TBH = p + S - p = S.$$

L'angle est le même que dans le premier cas, mais la planète est en K diamétralement opposée au Soleil, qui est censé être en Z.

Ajoutez 180° à p et S, vous aurez les distances apogées au lieu des distances périgées.

Page 212 de l'édition d'Halma :

$$AEH = AEB = AZB - ZBE = 360^\circ - p - (S - p) = 360^\circ - p - S + p = S,$$
$$AEH = AEB = AZB - ZBE = AZB - (S - p) = AZB - S + p,$$
$$\text{et}\quad 360^\circ - \text{lieu vrai} = 360^\circ - p - S + p = 360^\circ - S,\quad \text{lieu appar.} = S,$$
$$AEK = AEB = AZB - LBK = AZB - (THLK - 180^\circ)$$
$$= AZB - (S - p - 180^\circ) = 360^\circ - p - S + p + 180^\circ = 180^\circ - S,$$

$$360^\circ - \text{lieu appar.} = 180^\circ - S = \text{lieu appar.} = S - 180^\circ = S + 180^\circ.$$

Chaque planète doit attribuer au Soleil le mouvement qui lui est propre et qui la fait circuler autour du Soleil. Chaque planète doit voir les orbites des planètes inférieures se mouvoir de ce mouvement. Ces planètes paraîtront se mouvoir sur leur épicycle, du mouvement relatif. La Terre se mouvant sur son épicycle, du mouvement relatif, devancera les planètes supérieures, qui sont plus lentes; elle croira que ces planètes rétrogradent sur l'épicycle qu'elle leur attribue.

La Terre a vu les planètes supérieures faire le tour du ciel en un nombre plus ou moins grand de jours; mais ce tour du ciel n'employait pas toujours le même tems; il a donc fallu supposer un mouvement moyen et une inégalité zodiacale, parce que l'apogée étant à peu près fixe, l'inégalité revenait à peu près la même aux mêmes points du zodiaque.

Ainsi l'on a vu Mars revenir en opposition avec une longitude augmentée d'une opposition à l'autre, de 37, 36, 39, 43, 50, 38, 54, 55, 41, 59, 77 et 42°, depuis 1760 jusqu'en 1788. Les intervalles de tems varient ainsi que les arcs; Ptolémée a dû attribuer au centre de l'épicycle un mouvement égal au mouvement moyen de la planète; l'inégalité des arcs s'expliquait alors par l'inégalité zodiacale.

Jupiter est revenu en opposition avec des longitudes croissantes de 37, 34, 34, 32, 30, 30, 30, 31, 33, 33, 37, 34, 33, 33, 31, 31, 30, 32, 33, 35, 37, 37, et 35°, de 1761 à 1787.

Saturne, avec des différences de 13, 13, 14, 14, 14, 14, 16, 14, 13, 13, 13, 12, 12, 12, 12, 11, 11, 11 et 11", de 1760 à 1781.

Pour déterminer à-la-fois l'excentricité et l'apogée des planètes supérieures, Ptolémée emploie un procédé très-remarquable; les calculs sont un peu longs, mais la méthode est extrêmement curieuse. Nous allons l'éclaircir et l'abréger, en y appliquant les formules de la Trigonométrie moderne, mais sans rien changer ni à la marche, ni à l'esprit de la solution.

Ce procédé suppose trois oppositions, c'est-à-dire trois longitudes exemptes de la seconde inégalité. Pour Mars, Ptolémée en observa trois.

La première est de la quinzième année d'Adrien, du 26 au 27 tybi, une heure équinoxiale après minuit, en................ $2^s 21^\circ 0'$

La deuxième, la dix-neuvième année d'Adrien, du 6 au 7 pharmouthi, 3 heures avant minuit, en................ 4.28.50

La troisième, la deuxième année d'Antonin, du 12 au 13 épiphi, 2 heures avant minuit, en.................... 8. 2.34

Les interval. en tems sont, de la 1ère à la 2e, 4 ann. égypt. 69^j 20^h équin.
de la 2e à la 3e, 4.......... 96. 1

Ces intervalles donnent, outre les cercles entiers, un mouvement en longitude, de $81^\circ 34'$,
et de 95.28.

Les données seront

Longit. observée.	Mouv. observé.	Mouv. calculé.
$2^s 21^\circ 0'$		
4.28.50	$67^\circ 50'$	$81^\circ 44' = C$
8. 2.34	93.44	$95.28 = C'$
		$177.12 = C + C'$
		$88.36 = \frac{1}{2}(C + C')$.

Soient (fig. 80) α, β, γ les trois lieux observés de Mars sur le cercle des distances moyennes dont le centre est δ. Ces longitudes ont été vues de la Terre, qui est en ε.

On connaît donc l'angle $\alpha\varepsilon\beta = 67^\circ 50'$,
l'angle $\beta\varepsilon\gamma = 93.44$,
leur somme $\alpha\varepsilon\gamma = 161.34$.

A ces deux données de l'observation on en joint deux autres tirées du calcul des moyens mouvemens, qui ont pour mesure les arcs $\varepsilon\zeta$ et $\zeta\kappa$. Il s'agit, au moyen de ces arcs et de ces angles, de déterminer l'excentricité $\nu\theta$, et la position $\nu\theta\xi$ de la ligne de l'apogée. Le problème n'aurait aucune difficulté, si l'on connaissait les angles $\varepsilon\nu\zeta$, $\zeta\nu\eta$; mais on ne connaît que les angles $\alpha\nu\beta$ et $\beta\nu\gamma$, qui heureusement en diffèrent peu; et dans une première approximation, on néglige la petite différence. Supposons donc, pour commencer, que l'angle $\zeta\nu\varepsilon$ ne diffère pas de l'angle observé $\beta\nu\alpha$, ni $\zeta\nu\eta$ de $\beta\nu\gamma$; que ε, ζ, η soient les lieux observés de Mars; et pour plus de clarté, transportons dans une figure à part le cercle $\varepsilon\xi\zeta\eta$ avec son centre θ, et le lieu de la Terre ou de l'œil ν (fig. 81).

Des trois lieux observés ε, ζ, η, menez à la Terre ν les trois rayons $\varepsilon\nu$, $\zeta\nu$ et $\eta\nu$; prolongez l'une de ces droites, $\eta\nu$ par exemple, jusqu'à la circonférence en π; menez de plus les cordes $\pi\varepsilon$, $\pi\zeta$ et $\zeta\varepsilon$, et de ε sur $\zeta\pi$, la perpendiculaire $\varepsilon\rho$.

On voit déjà que cette construction nous ramène à celle d'Hipparque pour l'apogée et l'excentricité du Soleil calculés dans l'excentrique. Nous pourrions appliquer ici les formules générales que nous avons données pour la solution d'un problème géodésique; nous voyons un quadrilatère dont l'un des angles est à l'œil de l'observateur; toute la différence est que le lieu de l'œil, au lieu d'être hors du cercle, est dans l'intérieur; mais ce cas est compris dans nos formules, qui abrégeraient la solution d'un quart; mais pour suivre de plus près Ptolémée, nous n'emploierons que les formules ordinaires de la Trigonométrie.

Nous connaissons l'angle observé $\varepsilon\nu\zeta = A = 67^\circ 50'$,
l'angle observé $\zeta\nu\eta = A' = 93.44$;

$$\varepsilon\nu\eta = A + A' = 161.34,$$
$$\varepsilon\nu\pi = 180^\circ - (A' + A) = 18.26.$$

$$\varepsilon\nu\zeta = A = 67^\circ 50' \qquad A' = \zeta\nu\eta = 93^\circ 44'$$
$$\varepsilon\nu\pi = 18.26 \qquad \tfrac{1}{2} C' = \tfrac{1}{2}\zeta\eta = 47.44 = \zeta\pi\eta$$
$$\zeta\nu\pi = 180^\circ - A' = 86.16 \qquad A' - \tfrac{1}{2} C' = \nu\zeta\pi = 46.\ 0.$$

En effet, l'angle extérieur $\zeta\nu\eta$ est égal à la somme des angles intérieurs $\nu\pi\zeta$ et $\zeta\pi\nu$.

Nous connaissons encore l'arc calculé $\varepsilon\zeta = C = 81^\circ 44'$; donc

$$\varepsilon\pi\zeta = \tfrac{1}{2}\varepsilon\zeta = \tfrac{1}{2} C = 40^\circ 52';$$

l'angle $\zeta\nu\pi = \zeta\nu\varepsilon + \varepsilon\nu\pi = 86°\ 16'$;
l'angle $\nu\zeta\pi = \zeta\nu\eta - \zeta\pi\nu = 93.44 - 47°\,44' = 46°\,0' = A' - \frac{1}{2}C'$;

$$\sin : \nu\zeta\pi : \nu\pi :: \sin\zeta\nu\pi : \zeta\pi = \frac{\nu\pi \sin\zeta\nu\pi}{\sin\nu\zeta\pi} = \frac{\nu\pi \sin 86°\ 16'}{\sin 46°\ 0'} = 1{,}38713\,\nu\pi.$$

sin 86° 16′	9.9990774
C. sin 46. 0.....	0.1430659
1.387213.....	0.1421433

sin 18° 26′	9.4999633
C. sin 72,58.....	0.0194810
0,330708.....	9.5194443

Dans le triangle $\varepsilon\varpi\pi$ nous avons $\varepsilon\varpi\pi = 18°\ 26' = 180° - A - A$

$\varepsilon\pi\nu = \varepsilon\pi\zeta + \zeta\pi\nu = \frac{1}{2}(\varepsilon\zeta + \zeta\eta) = \frac{1}{2}(C + C') = 88.36$

donc, $\pi\varpi\nu = A + A' - \frac{1}{2}(C + C') = 72.58$

$180.\ 0$

$$\text{Sin}\,\pi\varpi : \nu\pi :: \sin\varepsilon\varpi\pi : \varepsilon\pi = \frac{\nu\pi \sin\varepsilon\varpi\nu}{\sin\pi\varpi\nu} = \frac{\nu\pi \sin 18°\ 26'}{\sin 72°\ 58'},$$

ou

$$\varepsilon\pi = 0.330708\,\nu\pi.$$

$$\frac{\varepsilon\pi}{\zeta\pi} = \frac{\nu\pi \sin\varepsilon\nu\pi}{\sin\pi\varepsilon\nu} \cdot \frac{\sin\nu\zeta\pi}{\nu\pi \sin\zeta\nu\pi} = \frac{\sin(A + A')}{\sin\left(A + A' - \frac{C + C'}{2}\right)} \cdot \frac{\sin(A' - \frac{1}{2}C')}{\sin(A + 180° - A - A')}$$

$$= \frac{\sin(A + A')\sin(A' - \frac{1}{2}C')}{\sin\left(A + A' - \frac{C + C'}{2}\right)\sin A'},$$

$$\text{tang}\,\varepsilon\zeta\pi = \frac{\iota\varepsilon}{\zeta\varepsilon} = \frac{\varepsilon\pi \sin\varepsilon\pi\zeta}{\zeta\pi - \varepsilon\pi\cos\varepsilon\pi\zeta} = \frac{\left(\frac{\varepsilon\pi}{\zeta\pi}\right)\sin\varepsilon\pi\zeta}{1 - \left(\frac{\varepsilon\pi}{\zeta\pi}\right)\cos\varepsilon\pi\zeta} \ldots (B),$$

$$= \frac{\dfrac{\sin(A + A')\sin(A' - \frac{1}{2}C')}{\sin\left(A + A' - \frac{C + C'}{2}\right)\sin A'}\sin\tfrac{1}{2}C'}{1 - \dfrac{\sin(A + A')\sin(A' - \frac{1}{2}C')}{\sin\left(A + A' - \frac{C + C'}{2}\right)\sin A'}\cos\tfrac{1}{2}C};$$

équation qui, comme on voit, ne contient que les données de l'observation et du calcul; mais comme nous avons ci-dessus trouvé les logarithmes de $\varepsilon\pi$ et $\zeta\pi$, nous calculerons simplement l'équation (B).

$$\log \varepsilon\pi = 9.5194443 + \log \nu\pi$$

$$\text{C.} \log \zeta\pi = \underline{9.8578577} + \text{C.} \log \nu\pi$$

$$\log \varepsilon\pi : \zeta\pi = 9.3773020 \ldots\ldots\ldots\ldots\ldots\ldots \; 9.3773020$$

$$\cos \tfrac{1}{2}\,\text{C.} = 40^\circ\, 52' \ldots \; \underline{9.8786553} \qquad \sin \tfrac{1}{2}\,\text{C.} \ldots \; 9.8157776$$

$$0.180284 \ldots \; 9.2559573 \qquad \text{C.} \log 0.819716 \ldots \; \underline{0.0863366}$$

$$\underline{1.} \qquad \text{tang}\, \varepsilon\zeta\pi = 10^\circ\, 46'\, 26'' \ldots\ldots \; 9.2794162$$

$$0.819716 \qquad 2\varepsilon\zeta\pi = \text{arc}\, \varepsilon\pi = 21.32.52 = \text{C}''.$$

Nous avons d'ailleurs

$$\zeta\pi = \frac{\nu\pi \sin \text{A}'}{\sin(\text{A}' - \tfrac{1}{2}\text{C}')}$$

et

$$\nu\pi = \frac{\zeta\pi \sin(\text{A}' - \tfrac{1}{2}\text{C}')}{\sin \text{A}'} = \frac{2 \sin \tfrac{1}{2} \text{arc}\, \zeta\varepsilon\pi \sin(\text{A}' - \tfrac{1}{2}\text{C}')}{\sin \text{A}'} = \frac{2 \sin \tfrac{1}{2}(\text{C} + \text{C}'') \sin(\text{A}' - \tfrac{1}{2}\text{C}')}{\sin \text{A}'},$$

et ci-dessus,

$$\varepsilon\pi = \frac{\nu\pi \sin(\text{A} + \text{A}')}{\sin\left(\text{A} + \text{A}' - \frac{\text{C} + \text{C}'}{2}\right)},$$

d'où

$$\nu\pi = \frac{\varepsilon\pi \sin\left(\text{A} + \text{A}' - \frac{\text{C} + \text{C}'}{2}\right)}{\sin(\text{A} + \text{A}')} = \frac{2 \sin \tfrac{1}{2} \text{C}'' \sin\left(\text{A} + \text{A}' - \frac{\text{C} + \text{C}'}{2}\right)}{\sin(\text{A} + \text{A}')}.$$

$$\begin{array}{rl}
2 \ldots & 0.3010300 \\
\sin \tfrac{1}{2}(\text{C} + \text{C}'') \ldots & 9.8943897 \\
\sin(\text{A}' - \tfrac{1}{2}\text{C}') \ldots & 9.8569341 \\
\text{C.} \sin \text{A}' \ldots & \underline{0.0009226} \\
\nu\pi = 1.13052 & 0.0532764
\end{array}
\qquad
\begin{array}{rl}
\tfrac{1}{2}\text{C} = & 40^\circ\, 52'\;\; 0'' \\
\tfrac{1}{2}\text{C}'' = & \underline{10.46.26} \\
\tfrac{1}{2}(\text{C} + \text{C}'') = & 51.38.26
\end{array}$$

$$\begin{array}{rl}
2 \ldots & 0.3010300 \\
\sin \tfrac{1}{2}\text{C}'' \ldots & 9.2716924 \\
\text{C.} \sin(\text{A} + \text{A}') \ldots & 0.5000367 \\
\sin\left(\text{A} + \text{A}' - \frac{\text{C} + \text{C}'}{2}\right) \ldots & \underline{9.9805190} \\
\nu\pi = 1.13052 \ldots & 0.0532781
\end{array}
\qquad
\begin{array}{rl}
\text{C} = & 81^\circ\, 44' \\
\text{C}' = & 95.28 \\
\text{C}'' = & \underline{21.32.52''} \\
\text{arc}\, \nu\zeta\varepsilon\pi = & 198.44.52 \\
\text{arc}\, \nu\phi\pi = & 161.15.\;\, 8 \\
\nu o = o\pi = & 80.37.54
\end{array}$$

Ces deux valeurs sont bien d'accord.

$$\sin \nu o = 0.986647 \ldots \log 9.9941616 \qquad
\begin{array}{rl}
\mu\pi = & 0.986647 \\
\nu\pi = & \underline{1.130520} \\
\nu\mu = & 0.143873
\end{array}$$

log $\nu\mu$...	9.1579702		
C. cos $\varkappa o$...	0.7880480	cos $\varkappa o = \theta\mu$...	9.2119520
tang $\nu\theta\mu = 41^\circ 26' 53''$	9.9460182	C. cos $\iota\theta\mu$...	0.1251958
$o\pi = 80.37.34$		$\theta\nu = 0.217344$	9.3371478
$o\varphi = 39.10.41 = 1^s\ 9^\circ 10' 41''$			3.5563025
longitude du point $\varkappa$ = 8. 2.34. 0		$\theta\nu$ en sexagés...	2.8934503
périgée... 9.11.44.41			$13' 2'' 44$
apogée... 3.11.44.41			$\theta\nu = 13' 2' 26''$
		Ptolémée...	13.7

en décimales... $e = 0.217344$

$$\tfrac{1}{2}e = 0.108672 = \nu\delta = \delta\theta \text{ (fig. 80)}.$$

Tout se réduit, comme on voit, à calculer tang $\frac{1}{2}C'' = \frac{1}{2}\iota\pi$; alors $C' + C + C''$ donne l'arc $\varkappa\xi\pi$ et sa moitié; on a la corde $\nu\pi$ ou sa moitié $\mu\pi$; on calcule $\iota\pi$, on a $\iota\mu = \iota\pi - \mu\pi$, $\theta\mu = \cos\frac{1}{2}\varkappa\xi\pi$; on calcule tang $\nu\theta\mu = \xi\omega = \varphi o$ = distance de l'apogée et du périgée au milieu des arcs connus, long. apogée = long. $\omega - \xi\omega$, long. périgée = log $o - o\varphi$ (fig. 81).

Pour la Lune la solution était rigoureuse; ici elle n'est qu'approximative, car $\varpi\zeta$, $\zeta\nu\varkappa$ diffèrent des angles observés : mais les valeurs approchées de l'apogée et de l'excentricité vont servir à calculer les différences négligées. Cette partie de la solution appartient probablement à Ptolémée.

Du milieu δ de $\nu\theta$ (fig. 80) menons $\delta\alpha$ qui sera la distance moyenne $= \theta\iota = \theta\xi = \theta\varkappa$.

1re long...	$2^s 21^\circ 0'$	2e long...	$4^s 28^\circ 50'$	3e long...	$8^s 2^\circ 54'$
apogée...	3.11.44.40″		3.11.44.40″		3.11.44.40″
$\xi\theta\alpha =$	20.44.40	$\xi\theta\beta =$	1.17. 5.20	$\xi\theta\varkappa =$	4.20.49.20

le triangle $\theta\delta\alpha$ donne

$$\delta\alpha : \sin\theta :: \delta\theta : \sin\theta\alpha\delta = \delta\theta\sin\theta = \tfrac{1}{2}e\sin\xi\theta\alpha,\quad \xi\delta\alpha = \xi\theta\alpha - \theta\alpha\delta,$$

$$\sin\xi\theta\alpha : \delta\alpha :: \sin\xi\delta\alpha : \theta\alpha = \frac{\delta\alpha\sin\xi\delta\alpha}{\sin\xi\theta\alpha} = \frac{\sin(\xi\theta\alpha - \theta\alpha\delta)}{\sin\xi\theta\alpha},\quad \alpha\iota = 1 - \theta\alpha.$$

Le triangle $\theta\alpha\nu$ donne

$$\text{tang}\,\theta\alpha\nu = \frac{\left(\frac{\theta\nu}{\theta\alpha}\right)\sin\theta}{1 + \left(\frac{\theta\nu}{\theta\alpha}\right)\cos\theta},\quad \theta\nu\alpha = \xi\theta\alpha - \theta\alpha\nu,\quad \alpha\nu = \frac{\sin(\xi\theta\alpha - \theta\alpha\nu)}{\sin\xi\theta\alpha};$$

enfin,

$$\text{tang}\,\alpha\nu\varepsilon = \frac{\left(\frac{\alpha\varepsilon}{\alpha\nu}\right)\sin\varepsilon\alpha\nu}{1+\left(\frac{\alpha\varepsilon}{\alpha\nu}\right)\cos\varepsilon\alpha\nu} \quad \text{et} \quad \xi\nu\varepsilon = \xi\nu\alpha + \alpha\nu\varepsilon\,;$$

$\alpha\nu\varepsilon$ est donc la correction à faire à la première longitude pour la réduire au point ε; ici elle est soustractive. Un calcul tout semblable donne $\zeta\nu\beta$, de sorte que $(\alpha\nu\varepsilon + \zeta\nu\beta)$ sera la correction additive à l'angle $\alpha\nu\beta$, pour le changer en $\varpi\zeta$, que nous avons fait par approximation $= \alpha\nu\beta$, au lieu que véritablement on a $\varpi\zeta = \alpha\nu\beta + \alpha\nu\varepsilon + \zeta\nu\beta$.

Le triangle $\theta\delta\gamma$ donne

$$\delta\gamma : \sin\xi\theta\gamma :: \delta\theta : \sin\delta\gamma\theta = \frac{\delta\theta\sin\xi\theta\gamma}{\delta\gamma} = \tfrac{1}{2}\,e\sin\xi\theta\eta,$$

$$\theta\gamma = \frac{\sin(\xi\theta\eta - \delta\gamma\theta)}{\sin\xi\theta\eta}, \quad \eta\gamma = \theta\gamma - \theta\eta = \theta\gamma - 1.$$

Le triangle $\theta\nu\gamma$ donne

$$\text{tang}\,\theta\gamma\nu = \frac{\left(\frac{\theta\nu}{\theta\gamma}\right)\sin\gamma\theta\nu}{1-\left(\frac{\theta\nu}{\theta\gamma}\right)\cos\gamma\theta\nu} = \frac{\left(\frac{\theta\nu}{\theta\gamma}\right)\sin\xi\theta\eta}{1+\left(\frac{\theta\nu}{\theta\gamma}\right)\cos\xi\theta\eta}, \quad \theta\nu\gamma = \gamma\theta\nu - \theta\gamma\nu,$$

$$\nu\gamma = \frac{\theta\gamma\sin\theta}{\sin\theta\nu\gamma} = \frac{\theta\gamma\sin\gamma\theta\nu}{\sin(\gamma\theta\nu - \theta\gamma\nu)}, \quad \text{tang}\,\eta\gamma\nu = \frac{\left(\frac{\gamma\eta}{\nu\eta}\right)\sin\theta\gamma\nu}{1-\left(\frac{\gamma\eta}{\nu\eta}\right)\cos\theta\gamma\nu}\,;$$

enfin,

$$\zeta\nu\eta = \beta\nu\gamma - \beta\nu\zeta - \eta\nu\gamma.$$

On a donc trois corrections pareilles à calculer; celle du milieu sert deux fois, mais avec des signes contraires. Il sera bon de se guider dans le calcul par une figure. Ptolémée donne tous ces calculs avec le plus grand détail; nous ne le suivrons pas; il nous suffit de voir la marche et les formules qui l'abrègent : elles ressemblent à des formules déjà calculées plus d'une fois, ensorte que nous n'avons rien à y apprendre.

Ptolémée trouve ainsi l'excentricité de Mars $\frac{12^p}{60} = 0{,}2$; nous ne trouvons aujourd'hui que 0.186174 pour la double excentricité; l'approximation donnait $\theta\nu = 0.21733$, $\frac{1}{2}\,\theta\nu = 0.108665$: il trouve l'apogée en $3^s\,25^\circ\,50'$; l'approximation nous a donné $3^s\,11^\circ\,45'$.

Si l'on craignait que les corrections calculées ne fussent pas assez exactes, on recommencerait avec les nouvelles valeurs de l'excentricité et de l'apogée.

Il reste à trouver le rayon de l'épicycle.

Ptolémée choisit une observation qu'il avait faite trois jours après la dernière opposition rapportée ci-dessus, c'est-à-dire la deuxième année d'Antonin, du 15 au 16 épiphi, 3 heures équinoxiales après minuit. Le vingt-huitième degré des Serres étant au méridien, le lieu moyen du Soleil était $2^s\ 5^\circ\ 27'$.

Mars, comparé à l'épi de la Vierge, avait paru en $8^s\ 1^\circ\ 36'$; trois jours avant il était en $8^s\ 2^\circ\ 34'$: il avait rétrogradé de $58'$ depuis l'opposition. Au même moment il paraissait plus avancé que la Lune de $1^\circ\ 36'$. Le lieu moyen de la Lune était en $8^s\ 4^\circ\ 20'$; le lieu vrai en $7^s\ 29^\circ\ 20'$; l'anomalie sur l'épicycle 92°; la longitude apparente, au commencement du Sagittaire : d'où il résulte que le lieu de Mars était en $8^s\ 1^\circ\ 36'$, comme nous venons de dire, ou $53^\circ\ 54'$ à l'occident du périgée. Dans l'intervalle de la troisième opposition à cette observation, la longitude avait augmenté de $1^\circ\ 32'$, et l'anomalie de $1^\circ\ 21'$ à peu près. Ajoutons ces quantités à celles de la troisième opposition, nous aurons $137^\circ\ 11'$ pour distance à l'apogée de l'excentrique, et $170^\circ 46'$ de distance à l'apogée de l'épicycle.

Cela posé, soit (fig. 82) $\alpha\zeta\beta = 137^\circ\ 11'$ ou $\gamma\zeta\beta = 42^\circ\ 49'$;

$$\beta\delta : \sin\zeta :: \zeta\delta : \sin\zeta\beta\delta = \frac{\zeta\delta \sin\zeta}{\beta\delta} = \tfrac{1}{2} e \sin\zeta, \quad \zeta\delta\beta = \alpha\zeta\beta - \zeta\beta\delta.$$

Dans le triangle $\beta\delta\varepsilon$ vous avez $\delta\varepsilon = \frac{1}{2} e$, $\delta\beta = 1$ et l'angle $\beta\delta\varepsilon$; vous aurez

$$\text{tang}\,\delta\beta\varepsilon = \frac{\frac{1}{2} e \sin\delta}{1 - \frac{1}{2} e \cos\delta}, \quad \nu\beta\nu' = \zeta\beta\varepsilon = \zeta\beta\delta + \delta\beta\varepsilon.$$

Vous avez l'anomalie de l'épicycle $\nu\mu\lambda$, vous aurez

$$\nu'\mu\lambda = \nu\mu\lambda + \nu\nu', \quad \lambda\beta\varepsilon = \nu'\mu\lambda - 180^\circ.$$

Vous avez par observation $\gamma\varepsilon\lambda$, vous avez calculé $\gamma\varepsilon\beta$, vous aurez

$$\beta\varepsilon\lambda = \gamma\varepsilon\lambda - \gamma\varepsilon\beta.$$

Vous avez les angles $\lambda\beta\varepsilon$ et $\beta\varepsilon\lambda$, et leur somme $= 180^\circ - \beta\lambda\varepsilon$; vous avez le côté $\beta\varepsilon = \frac{1 - \delta\pi}{\cos\delta\beta\varepsilon} = \frac{1 - \frac{1}{2} e \cos\delta}{\cos\beta\delta\varepsilon}$, vous aurez enfin

$$\sin\lambda : \beta\varepsilon :: \sin\beta\varepsilon\lambda : \beta\lambda = \frac{\beta\varepsilon \sin\beta\varepsilon\lambda}{\sin\lambda} = \text{rayon de l'épicycle}.$$

Nous avons déjà fait bien des calculs trigonométriques semblables;

nous ne donnerons ici que les résultats des calculs.

$$\sin \zeta\beta\delta = \tfrac{1}{2} e \sin 42°\, 9' = \quad 3°\, 53'\, 53''$$
$$\gamma\zeta\beta = \quad 42.49.\ 0$$
$$\gamma\delta\beta = \varepsilon\delta\beta = \quad 46.42.53$$
$$\text{tang}\ \delta\beta\varepsilon = \frac{\tfrac{1}{2} e \sin 46°\, 42'\, 53''}{1 - \tfrac{1}{2} e \cos 46°\, 42'\, 53''} \ldots \delta\beta\varepsilon = \quad 4.28.\ 8$$
$$\gamma\varepsilon\beta = \quad 51.11.\ 1$$
$$\text{angle observé} = \gamma\varepsilon\lambda = \quad 53.54.\ 0$$
$$\beta\varepsilon\lambda = \quad 2.42.59$$
$$\text{ci-dessus}\ \delta\beta\varepsilon = \quad 4.28.\ 8$$
$$\text{et}\ \zeta\beta\delta = \quad 3.53.53$$
$$\eta\eta' = \eta\beta\eta' = \quad 8.22.\ 1$$
$$\eta\mu\lambda = \quad 172.46.\ 0$$
$$\eta'\mu\lambda = \quad 181.\ 8.\ 1$$
$$\eta'\mu\lambda - 180° = \lambda\beta\varepsilon = \quad 1.\ 8.\ 1$$
$$\beta\varepsilon\lambda = \quad 2.42.59$$
$$180° - \beta\lambda\varepsilon = (\lambda\beta\varepsilon + \beta\varepsilon\lambda) = \quad 3.51.\ 0$$
$$\log \beta\varepsilon = 9.9704811$$
$$\beta\lambda = 0.65895 = 39'\, 32'\, 13''$$

On peut être étonné que Ptolémée ait imaginé de choisir, pour déterminer le rayon de cet épicycle, une observation dans laquelle il était vu si obliquement, qu'il ne produisait qu'une inégalité de 2° 42′ 59″. Le rayon de cet épicycle est donc 0.6579 de la moyenne distance; mais cette moyenne distance, qu'il prend pour unité, est 1.52 et $\frac{1}{1.52} = 0.6579$ au lieu de 0.65895. Ainsi, sans le savoir, Ptolémée donnait au rayon de l'épicycle la valeur

$$\frac{\text{distance moyenne de la Terre au Soleil}}{\text{distance moyenne de Mars au Soleil}} = \frac{\text{distance moyenne de la planète inférieure}}{\text{distance moyenne de la planète supérieure}}.$$

Nous trouverons la même chose pour Jupiter et Saturne.

Remarquons que c'était le cas ou jamais de dire qu'il avait trouvé les mêmes quantités par d'autres observations.

Pour rectifier les mouvemens périodiques, Ptolémée fait choix des deux observations suivantes.

L'an 13, selon Denis, le 25 du mois aigon, Mars oriental paraissait joint à la boréale du front du Scorpion. Cette année répond à la 52e depuis la mort d'Alexandre, ou à la 476e de Nabonassar, du 20 au 21 athyr, le matin. Le lieu moyen du Soleil était en $9^s\,23°\,54'$; l'étoile du Scorpion, au tems de Ptolémée, était en $7^s\,6°\,20'$; et comme du jour de l'observation jusqu'au règne d'Antonin il s'était écoulé 409 ans, il y avait $4°\,5'$ de précession. Ainsi la longitude avait été en $7^s\,2°\,15'$: c'est aussi la longitude de Mars.

En la première année d'Antonin, l'apogée était en $3^s\,25°\,30'$; il devait donc être alors en $3^s\,21°\,25'$. Le Soleil paraissait à $182°\,29'$ de son apogée, ou $2°\,29'$ de son périgée.

L'apogée étaut en... $3^s\,21°\,25'$ 3.21.25
et la planète en... $\underline{7.\ 2.15}$ ⊙ moy... $\underline{9.23.54}$
(fig. 83)... l'angle $\alpha\varepsilon\theta = 5.10.50$ $\alpha\beta\lambda = 6.\ 2.29$
ou $\gamma\varepsilon\theta = 2.19.10$ $\gamma\varepsilon\lambda = 0.\ 2.29$
$\gamma\varepsilon\lambda = \underline{\quad 2.29}$
$\beta\theta\varepsilon = \lambda\varepsilon\theta = 2.21.39$

θ est le lieu de Mars sur son épicycle. Menez $\varepsilon\lambda$ parallèle à $\beta\theta$, λ indiquera le lieu moyen du Soleil ; menez $\varepsilon\theta$, et sur $\varepsilon\theta$ les perpendiculaires $\beta\nu$ et $\delta\mu$, et sur $\beta\nu$ la perpendiculaire $\delta\xi$; $\delta\mu\nu\xi$ sera donc un parallélogramme. A cause des parallèles $\beta\theta$ et $\varepsilon\lambda$, nous aurons

$$\beta\theta\varepsilon = \lambda\varepsilon\theta,\quad \beta\nu = \beta\theta \sin\beta\theta\nu = \beta\theta\sin\beta\theta\varepsilon = \left(\frac{39.30}{60.\ 0}\right)\sin 81°\,39'.$$

39.30... 3.3747483
C. 60. 0... $\underline{6.4436975}$
0.658333... 9.8184458
sin 81.39... $\underline{9.9953717}$
$\beta\nu = 0.6513546$... 9.8138175
$\delta\varepsilon$... 9.0000000
sin $\gamma\varepsilon\theta = 79.10$... $\underline{9.9921902}$
$\nu\xi = \delta\mu = 0.098218$ 8.9921902
$\beta\nu = \underline{0.651355}$
sin $\beta\delta\xi = \beta\xi = 0.553137$... 9.7428337
sin $33°\,34'\,57''$

$$\delta\mu = \nu\xi = \delta\varepsilon \sin\alpha\varepsilon\theta = 0.1 \sin 79°\,10' = 0.098218$$
$$\text{et } \beta\xi = \beta\nu - \nu\xi = \sin 33°\,34'\,57''$$

$\sin \beta\delta\xi = \frac{\beta\xi}{\beta\delta} = \sin 53^\circ 34' 57''$ $\qquad \beta\delta\xi = 53^\circ 34' 57''$

$\zeta\delta\varepsilon = \quad 79.10$ $\qquad \delta\beta\xi = 56.25.\ 3$

$\beta\delta\varepsilon = \beta\delta\gamma = \quad 112.44.57$

$\zeta\delta\beta = \alpha\beta\delta = \quad 67.15.\ 3$

$$\text{tang } \zeta\beta\delta = \frac{\zeta\delta \sin \zeta\beta\delta}{\beta\delta - \zeta\delta \cos \zeta\beta\delta} = \frac{0.1 \sin 67.15.3}{1 - 0.1 \cos 67.15.3} = \text{tang } 5^\circ 28' 47''.$$

0.1...	9.0000000	
cos 67.15.3...	9.5873714	
0.03867	8.5873714	
0.96133		
	9.0000000	$\delta\beta\zeta = 5^\circ 28' 47''$
sin...	9.9648282	$\zeta\delta\beta = 67.15.\ 5$
C. 0.96133	0.0171275	$\alpha\zeta\beta = 72.43.50$
tang $\delta\beta\zeta$...	8.9819557; anomalie de l'excentrique.	

Ptolémée trouve... 72.47

$\delta\beta\zeta = \quad 5^\circ 28' 47''$ $\qquad \theta\beta\nu = 90^\circ - \beta\theta\nu$

$\delta\beta\xi = \quad 56.25.\ 3$ $\qquad = 90^\circ - 81.39$

$\theta\beta\nu = \quad 8.21$ $\qquad = \quad 8.21$

$\zeta\beta\theta = \quad 70.14.50 = 2^s\, 10^\circ\, 14'\, 50''$

$\kappa\beta\theta = 109.45.10 = 3.19.45.10$; anomalie de Mars sur son épicycle.

Ptolémée trouve...... 3.19.42

il avait de son tems.... 5.21.25

mouv.... 192 cercles + 2. 1.43 en 410 ans 31 jours $\frac{1}{3}$ à peu près.

Il en conclut le mouvement diurne.

Il trouve l'anomalie de l'excentrique...........	2.12.47
Le lieu de l'apogée...........................	5.21.25
Longitude de Mars..........................	6. 4.12
Le mouv. de 475 ans 79^j $\frac{1}{4}$ depuis Nabonassar...	6. 0.40
Epoque de Mars en longitude...............	0. 3.32
Le mouvement d'anomalie....................	4.22.29
Il le retranche de l'anomalie..................	3.19.42
Epoque de l'anomalie de Mars................	10.27.13
Le mouvement de l'apogée pour le tems........	4.45
Il le retranche du lieu de l'apogée.............	5.21.25
Epoque de l'apogée de Mars..................	5.16.40

Le calcul sexagésimal de Ptolémée est en erreur de 3' environ; mais peu nous importe; il suffit de remarquer comment, avec l'angle observé $\gamma\varepsilon\theta$, la distance du Soleil au périgée $\gamma\varepsilon\lambda$, il forme $\theta\varepsilon\lambda = \beta\theta\varepsilon$, à cause du parallélisme. $\beta\theta\varepsilon$ lui donne $\beta\nu$, puisque le rayon $\beta\theta$ est connu; l'angle observé $\gamma\varepsilon\theta = \delta\varepsilon\mu$ lui donne $\delta\mu = \xi\nu$ et $\beta\xi = \beta\nu - \xi\nu$; l'angle $\beta\delta\xi$ et son complément $\delta\beta\xi = \delta\beta\nu$. Il y ajoute $\nu\beta\theta$, complément de $\beta\theta\nu$; il a $\delta\beta\theta$ et $\zeta\beta\theta = \zeta\beta\delta + \delta\beta\theta$; enfin $\nu\beta\theta = 180^\circ - \zeta\beta\theta$; car il a tout ce qui est nécessaire pour le calcul de $\zeta\beta\delta$. Il a donc l'anomalie sur l'épicycle. Il la compare à celle qu'il avait tirée de sa propre observation, et il en conclut ce mouvement.

Avec $\gamma\delta\xi = \gamma\varepsilon\theta$ et $\beta\delta\xi$ il trouve $\gamma\delta\beta$, puis $\gamma\zeta\beta = \gamma\delta\beta - \delta\beta\zeta$ et le supplément $\alpha\zeta\beta$, anomalie de l'excentrique; de là les mouvemens et les époques.

Avec le mouvement de la planète, supposé connu, il aurait pu calculer $\alpha\zeta\beta$, $\zeta\beta\delta$, $\beta\delta\varepsilon$, $\beta\varepsilon$ et l'angle $\beta\varepsilon\gamma$; $\beta\varepsilon\gamma - \theta\varepsilon\gamma = \beta\varepsilon\theta$. Cet angle et les deux côtés connus lui auraient donné θ, $\theta\beta\varepsilon$, d'où $\varepsilon\beta\zeta$, $\theta\beta\zeta$ et $\theta\beta\nu$; mais outre le rayon vecteur et le lieu de l'apogée, c'était supposer aussi le mouvement de la planète bien connu; il a évité adroitement cette supposition, qui, comme on voit, n'était pas indispensable. Mais d'un autre côté, c'était substituer les erreurs des observations à celles du moyen mouvement de la planète et du lieu de son apogée qui avaient été trouvés déjà d'une autre manière.

Dans tout ceci l'on ne voit, comme pour Mercure et Vénus, que le nombre d'observations indispensable et aucune d'Hipparque; aucune mention que les résultats aient été vérifiés par d'autres observations, ce qui est surtout très-singulier pour le rayon de l'épicycle $59^p \frac{1}{2}$, qu'il conclut d'une quantité observée de moins de 3°; ensorte que l'erreur de l'observation devenait 13 fois plus forte sur le rayon, qui, malgré tout, n'est pas trop mal déterminé.

CHAPITRE XI.

Livre XI. Jupiter.

C'EST encore la même théorie ; mais il entre dans notre plan de recueillir toutes les observations anciennes avec tous leurs détails ; et d'ailleurs la manière de les employer peut jeter plus de jour sur les méthodes.

Il prend de même trois oppositions pour l'apogée et l'excentricité.

La première a été observée par lui avec l'astrolabe, l'an 17 d'Adrien, du premier au 2 épiphi, une heure avant minuit, en $7^s\,23^\circ\,11'$.

La seconde, la 21ᵉ année, du 13 au 14 phaophi, deux heures avant minuit, en $11^s\,7^\circ\,54'$.

La troisième, la 1ʳᵉ année d'Antonin, du 20 au 21 athyr, cinq heures après minuit, en $0^s\,14^\circ\,23'$.

L'intervalle des deux premières est de trois années égyptiennes $106^j\,23^h$, avec un mouvement en longitude de $3^s\,14^\circ\,43'$.

Le second intervalle n'est que d'une année égyptienne, $37^j\,7^h$; le mouvement, $1^s\,6^\circ\,29$.

Soient, comme pour Mars, α, β, γ les trois lieux observés; du centre de l'épicycle menez $\alpha\delta$, $\beta\delta$, $\gamma\delta$; prolongez $\gamma\delta$ en ε (fig. 84).

mouv. appar.

$$\begin{array}{lll}
\alpha = 7^s\,23^\circ\,11' & & \\
\beta = 11.\ 7.54 & 3^s\,14^\circ\,43' = A & 99.55 = C \\
\gamma = 0.14.23 & 1.\ 6.29 = A' & 33.26 = C' \\
\end{array}$$

$$\alpha\delta\gamma = 4.21.12 = A + A' \qquad 133.21 = C + C'$$

$$\alpha\delta\varepsilon = 1.\ 8.48 = 180^\circ - (A + A').$$

$$\begin{array}{rll}
A' = \beta\delta\gamma = & 36^\circ\,29' & \\
\beta\delta\varepsilon = & 143.31 & \tfrac{1}{2}C = 49^\circ\,57'\,30'' \\
\beta\varepsilon\delta = \tfrac{1}{2}C' = & 16.43 & \tfrac{1}{2}C' = 16.43.\ 0 \\
\delta\beta\varepsilon = & 19.46 & \tfrac{1}{2}(C + C') = 66.40.30 \\
\beta\delta\varepsilon \ldots\ 1^{er}\ \text{triangle} = & 180.\ 0. &
\end{array}$$

Ce premier triangle donne... $\beta\varepsilon = 105^\circ\,20'\,54''$

Ptolémée trouve.............. 105.29.

Il prend $\delta\varepsilon$ pour unité, c'est-à-dire qu'il suppose $\delta\varepsilon = 60$.

$$\alpha\varepsilon\delta = 66°40'30'' = \tfrac{1}{2}(C+C')$$
$$\alpha\delta\varepsilon = 38.48.\ 0 = 180 - (A'+A)$$
$$\delta\alpha\varepsilon = \underline{74.51.30}$$
$$2^{e}\ \text{triangle} = 180.\ 0.\ 0.$$

Ce second triangle m'a donné... $\alpha\varepsilon = 59°0'30''$.

Ptolémée trouve.............. 59.1 en négligeant les secondes.

Avec $\alpha\varepsilon$, $\beta\varepsilon$ et l'angle compris $\alpha\varepsilon\beta = 49°57'30'' = \frac{1}{2}C$, je trouve

$$\alpha\beta\varepsilon = 20°22'54'' = \tfrac{1}{2}\alpha\varepsilon = \tfrac{1}{2}C'' = 20°22'54''$$

Mais $\frac{1}{2}C = \alpha\varepsilon\beta = 49.57.30$ $\qquad \frac{1}{2}(C+C') = 66.40.30$

donc $\beta\alpha\varepsilon = \underline{109.39.56}$ $\qquad \frac{1}{2}(C+C'+C'') = 87.\ 3.24$

3e triangle $= 180.\ 0.\ 0.$ $\qquad C+C'+C'' = 174.\ 6.48$

Ce triangle donne..... $\alpha\beta = 85°45'15''$.

Ptolémée trouve....... 85.45.

Mais en prenant pour unité le rayon de l'excentrique,

$$\alpha\beta = 2\sin\tfrac{1}{2}\alpha\beta = 2\sin 49°57'30'' = 91^{p}51'30'';$$

or en supposant $\delta\varepsilon = 60^{p}$, nous ne trouvons que $85°45'15''$; donc

$$\delta\varepsilon = \left(\frac{91.51.30}{85.45.15}\right)60 = 64°16'18'';$$

mais ci-dessus, $\quad C' + C + C'' = \gamma\beta\alpha\varepsilon = 174°6'48'' < 180°$;

le centre est donc hors du segment $\varepsilon\alpha\beta\gamma$.

Soit $\varkappa$ ce centre; de ce centre abaissons la perpendiculaire $\varkappa\nu\xi$ sur le milieu de la corde $\varepsilon\gamma$ de l'arc $\gamma\beta\alpha\varepsilon$, nous aurons

$$\varepsilon\nu = \nu\gamma = \sin 87°3'24'', \quad \varkappa\nu = \cos 87°3'24'';$$
$$\nu\delta = \delta\varepsilon - \varepsilon\nu = 64.16.16 - 60^{p}\sin 87.3.24,$$
$$\frac{\nu\delta}{\nu\varkappa} = \text{tang}\,\nu\varkappa\delta = \mu\xi = 54°12';$$
$$\xi\varkappa\lambda = 180° - \mu\xi = 125.48;$$
$$\frac{\nu\varkappa}{\cos\mu\xi} = \text{double excentricité} = 5^{p}16;\quad \text{Ptolémée trouve } 5°23'.$$

$\xi\varepsilon = \varkappa\gamma = 87°\ 3'\ 24''$ $\qquad \frac{5.23}{60.\ 0} = 0.0901365 = \delta\varkappa$

$\xi\varepsilon\lambda = \underline{125.48}$ $\qquad \frac{1}{2}\delta\varkappa = 0.0450682 5$

$\varepsilon\lambda = 38.44.36$ $\qquad$ Nous trouvons aujourd'hui

$\alpha\varepsilon = \underline{40.45.48}$ $\qquad e = 0.0481784.$

$\alpha\lambda = 79.30.24$ = dist. apogée pour la première observ.

Ces quantités ne sont qu'approximatives ; on les corrige comme nous avons dit pour Mars. Ensuite avec l'excentricité corrigée $\frac{1}{2}(5°30') = 165'$, on a

$$e = \frac{165}{3600} = \frac{1.65}{36} = \frac{0.825}{18} = \frac{0.4125}{9} = 0.0458333.$$

Nous avons refait les trois calculs de Ptolémée; nous avons trouvé pour les trois corrections les mêmes quantités que lui, à quelques secondes près. Suivant lui elles sont 0° 3′, 0° 2′, 0° 7′. Avec ces corrections il recommence le calcul, et trouve 5° 30′ pour la double excentricité, 2° 45′ pour la simple, ou 0.0458333, ce qui est un peu trop faible.

La distance à l'apogée devient 77° 15′ au lieu de 79° 30′.

Enfin Ptolémée montre, par un nouveau calcul, que ces trois corrections satisfont aux observations.

Passant ensuite à la recherche du rayon de l'épicycle, il choisit l'observation suivante.

La deuxième année d'Antonin, du 26 au 27 mésori, avant le lever du Soleil, c'est-à-dire cinq heures équinoxiales après minuit, le lieu moyen du Soleil étant 3ˢ 16° 11′, le deuxième degré du Bélier étant au méridien, Jupiter comparé à la luisante des Hyades, parut en 11ˢ 15° 45′, et à la même longitude que la Lune, qui était plus australe.

Le lieu moyen de la Lune était 11ˢ 9°; l'anomalie de l'épicycle 272° 15′, le lieu vrai était 11ˢ 14° 50′; le lieu apparent 11ˢ 15° 45′ : c'était donc le lieu de Jupiter.

Il y avait donc 55′ de parallaxe de longitude; ce qui paraît un peu fort, car 0ˢ 2° étant au méridien la distance de la Lune au nonagésime n'était que de 30° ½; la parallaxe de longitude ne pouvait guère surpasser 28′ : l'erreur serait de 27′.

Le tems écoulé depuis la dernière opposition est d'une année égyptienne et 276 jours; le mouvement en longitude pour cet intervalle est de 57° 17′; celui de l'anomalie de 218° 31′. Ainsi la distance à l'apogée, au tems de l'observation, sera de 265° 53′; l'anomalie de l'écliptique 41° 18′; la distance de Jupiter au périgée sera de 83° 53′ $= \gamma\zeta\beta$ (fig. 85).

On peut calculer à l'ordinaire $\delta\beta\zeta$, $\beta\zeta$, $\zeta\beta\varepsilon$, $\beta\varepsilon$, $\zeta\varepsilon\beta$, $\gamma\varepsilon\beta$ qui, comparé à $\gamma\varepsilon\kappa$ donné par l'observation, fera connaître $\beta\varepsilon\kappa$. On a par les Tables $\kappa\beta\kappa$; par le calcul précédent, $\kappa\theta = \zeta\beta\varepsilon$; on aura $\theta\beta\kappa$, d'où $\beta\kappa\varepsilon = \theta\beta\kappa - \beta\varepsilon\kappa$, et enfin,

$$\sin \kappa : \beta\varepsilon :: \sin \beta\varepsilon\kappa : \beta\kappa = \text{rayon de l'épicycle.}$$

Ainsi le périgée était en...	11ˢ 11°	$\kappa\beta\kappa =$	41.18
Jupiter en..........	2.15.45′	$\kappa\beta\theta = \zeta\beta\varepsilon$	5.15
$\gamma\varepsilon\kappa$..................	5. 4.45	$\kappa\beta\theta =$	56. 3
$\gamma\varepsilon\beta$..................	2.29. 8	$\beta\varepsilon\kappa =$	5.37
$\kappa\varepsilon\beta$..................	0. 5.37	$\varepsilon\kappa\beta =$	50.26

d'où....... $\beta\kappa$ = 11° 34′ 2″

Ptolémée... = 11.30;

d'où résulterait

$$\frac{\beta\varkappa}{\delta\beta}=\frac{11.30}{60.\ 0}=\frac{23}{120}=\frac{2.3}{12.0}=\frac{1.15}{6}=\frac{0.574}{3}=0.191666;$$

et la distance moyenne, 5.2174 $\beta\varkappa$; nous la faisons aujourd'hui de 5.2027911.

Cet épicycle était vu sous un angle de $5^\circ 37'$; l'observation était donc médiocrement concluante. Pourquoi n'en a-t-il pas choisi une autre où Jupiter fût dans la tangente à l'épicycle, ou du moins plus près de la quadrature dans l'épicycle?

Pour corriger les mouvemens périodiques, il choisit une des observations anciennes les plus sûres. L'an 45, selon Denis, le 10 du mois parthénon, Jupiter au matin éclipsa l'Ane austral. C'était la 83e année depuis la mort d'Alexandre, du 17 au 18 épiphi, le matin; le Soleil moyen était en $5^s 9^\circ 56'$: or l'Ane austral, près de la nébuleuse du Cancer, était, du tems de Ptolémée, en $5^s 11^\circ \frac{1}{3}$; on aura donc, au tems de l'observation, $5^s 7^\circ 33'$, puisqu'en 378 ans la précession est de $3^\circ 47'$; Jupiter était donc en $5^s 7^\circ 33'$.

L'apogée, du tems de Ptolémée, était en $5^s 11^\circ$
ôtez-en la précession... $3.47'$

$5.\ 7.13$ .... $5^s 7^\circ 13'$
♃ ... $5.\ 7.33$ ☉ ... $5.9.56$

Dist. à l'apogée de l'excentrique pour ♃ $10.\ 0.20$ pour ☉.. $0.2.43$

(fig. 86) Supplément $= \alpha\varepsilon\theta = 1.29.40 = 59^\circ 40'$

$$\alpha\varepsilon\lambda = 2.43 = 2.43$$

$$\beta\theta\varepsilon = \lambda\varepsilon\theta = 62.23$$

$$\delta\mu = \nu\xi = \varepsilon\delta \sin \alpha\varepsilon\theta = 2^p 45' \sin 59^\circ 40' = 2.23$$
$$\beta\nu = \beta\theta \sin \beta\theta\varepsilon = 11.30 \sin 62.23 = 10.12$$
$$\beta\xi = \beta\nu + \nu\xi = \beta\nu + \delta\mu = 12.35$$
$$\sin \beta\delta\xi = \frac{\beta\xi}{\delta\beta} = \frac{12.35}{60} = 12^\circ\ 6'\ 20''$$

Ptolémée dit $= 12^\circ\ 7'$

$$\alpha\delta\xi = \alpha\varepsilon\theta = 59.40$$
$$\alpha\delta\xi + \beta\delta\xi = \alpha\delta\beta = 71.47$$
$$\delta\beta\zeta = 2.32$$
$$\alpha\zeta\beta = 74.19$$
$$\alpha\varepsilon\lambda = 2.43$$
$$\theta\beta\lambda = 77.\ 2$$

car $$\operatorname{tang} \delta\beta\zeta = \frac{\delta \sin \alpha\delta\beta}{\beta\delta - \delta\zeta \cos \alpha\delta\beta}.$$

Prolongez $\beta\zeta$ en ζ',

$$\lambda\zeta'\beta = \zeta'\zeta\epsilon + \alpha\epsilon\lambda = \alpha\zeta\beta + \alpha\epsilon\lambda = \theta\beta\kappa,$$

puisque $\theta\beta$ est parallèle à $\lambda\epsilon$.

Ainsi, pour le jour de l'observation, l'anomalie sur l'épicycle sera.................................... $\theta\beta\kappa = 2^s\, 17^\circ\ 2'$
Le jour de la troisième opposition elle était............. 6. 2.49
Mouv. moyen dans l'intervalle, 345 cercles entiers, plus... 3.15.47

$\alpha\zeta\kappa = 74^\circ\ 19'$, ou plutôt $285^\circ\ 41'$, ou $9^s\, 15^\circ\ 41'$
Apogee.......... 5. 7.13
Longitude de ♃... 2.22.54

L'intervalle est de 377 ans 128 jours moins une heure : c'est par ce nombre qu'il faut diviser les 345 cercles et $105^\circ\ 47'$ d'anomalie pour en avoir le mouvement diurne.

L'observation avait été faite 506 ans 316 $\frac{3}{4}$ jours après la première de Nabonassar.

Le mouv. de longitude qui convient à cet intervalle est $8^s\, 18^\circ\ 13'$
ôtez cet arc de la longitude........................... 2.22.54
il restera pour l'époque de la longitude de Jupiter..... 6. 4.41

Le mouvement d'anomalie pour le même tems est de 9.20.58
ôtez-le de l'anomalie observée........................ 2.17. 2
il restera pour l'époque de l'anomalie............... 4.26. 4

L'apogée était le jour de l'observation en......... 5. 7.13
ôtez-en la précession................................ 5. 4
il restera pour l'époque de l'apogée................. 5. 2. 9

La marche de Ptolémée est uniforme pour toutes les planètes ; il n'emploie que ses observations, et n'en emploie que ce qui est absolument nécessaire, et elles ne sont pas toujours dans des circonstances assez favorables ; ce qui semblerait indiquer qu'il n'en avait pas d'autres : il les compare à des observations anciennes pour obtenir les moyens mouvemens, et dans tout cela on ne trouve aucune de ces observations qu'Hipparque avait faites et réduites dans un ordre plus méthodique que ses prédécesseurs.

Saturne.

La théorie de cette planète est toute semblable à celle de Jupiter. Nous n'en extrairons que les particularités qui méritent d'être connues.

Ptolémée choisit les trois oppositions suivantes.

Il avait observé la première la 11ᵉ année d'Adrien, du 7 au 8 pachon, en $6^s\ 1^\circ\ 13'$.

La seconde la 17ᵉ d'Adrien, le 18 d'épiphi, vers la fin du jour; il avait conclu l'heure et le lieu de l'opposition d'après les observations; ce tems était 4 heures après midi, du 18, en $8^s\ 9^\circ\ 40'$.

La troisième opposition était de la 20ᵉ année d'Adrien, le 24 mésori; l'opposition avait été conclue pour midi même du 24, en $9^s\ 14^\circ\ 14'$.

Le premier intervalle est de 6 années égyptiennes 70 jours et 22 heures.

Le second est de 3 années égyptiennes 25 jours et 20 heures.

$$\text{Angle}\quad \alpha\beta\gamma = 123^\circ\ 12'\ 30''.$$

$$\begin{array}{llll}
 & & \text{mouv. obs.} & \text{mouv. calc.} \\
\text{Longitudes} & 6^s\ 1^\circ\ 13' & & \\
 & 8.\ 9.40 & 2.\ 8.27 = A & 75.43 = C \\
 & 9.14.14 & 1.\ 4.34 = A' & 37.52 = C' \\
 & A + A' = & 3.13.\ 1 & 113.35 = C + C' \\
 & & 2\alpha\beta\gamma = & 246.25 = 360 - C - C'.
\end{array}$$

Il suppose, comme pour Mars et Jupiter, que les deux cercles excentriques se confondent (fig. 87).

Le calcul donne les arcs $\alpha\beta = 75^\circ\ 43'$ et $\beta\gamma = 37^\circ\ 52'$.

La Terre était quelque part en δ, de sorte que $\beta\delta\gamma = 34^\circ\ 34'$ et $\alpha\delta\beta = 68^\circ\ 27'$.

$$\begin{array}{rlrl}
\beta\delta\gamma = \epsilon\delta\eta = & 34^\circ\ 34' & \alpha\delta\gamma = & 103^\circ\ 1' \\
\beta\delta\epsilon = & 145.26 & \alpha\delta\epsilon = & 76.59 \\
\beta\epsilon\delta = \tfrac{1}{2}C' = & 18.56 & \alpha\epsilon\delta = & 56.47.30 = \tfrac{1}{2}(C + C') \\
\delta\beta\epsilon = & 15.38 & \delta\alpha\epsilon = & 46.13.30 \\
1^{\text{er}}\ \text{triangle} = & 180.\ 0 & 2^{\text{e}}\ \text{triangle} = & 180.\ 0.\ 0
\end{array}$$

$$\sin\delta\beta\epsilon : \delta\epsilon :: \sin\beta\delta\epsilon : \beta\epsilon = \frac{\delta\epsilon \sin\beta\delta\epsilon}{\sin\delta\beta\epsilon},$$

$$\sin\delta\alpha\epsilon : \delta\epsilon :: \sin\alpha\delta\epsilon : \alpha\epsilon = \frac{\delta\epsilon \sin\alpha\delta\epsilon}{\sin\delta\alpha\epsilon},$$

$$\frac{\alpha\epsilon}{\beta\epsilon} = \frac{\delta\epsilon \sin\alpha\delta\epsilon}{\sin\delta\alpha\epsilon} \cdot \frac{\sin\delta\beta\epsilon}{\delta\epsilon \sin\beta\delta\epsilon} = \frac{\sin\alpha\delta\epsilon}{\sin\delta\alpha\epsilon} \cdot \frac{\sin\delta\beta\epsilon}{\sin\beta\delta\epsilon};$$

dans le triangle $\beta\alpha\varepsilon$,

$$\text{tang}\,\alpha\beta\varepsilon = \frac{\alpha\varepsilon \sin \alpha\varepsilon\beta}{\beta\varepsilon - \alpha\varepsilon \cos \alpha\varepsilon\beta} = \frac{\frac{\alpha\varepsilon}{\beta\varepsilon} \sin \alpha\varepsilon\beta}{1 - \left(\frac{\alpha\varepsilon}{\alpha\varepsilon}\right) \cos \alpha\varepsilon\beta} = \frac{m \sin \frac{1}{2} C}{1 - m \cos \frac{1}{2} C},$$

$$\beta\alpha\varepsilon = 180° - (\alpha\varepsilon\beta + \alpha\beta\varepsilon), \quad \text{arc } \beta\gamma\varepsilon = 2\beta\alpha\varepsilon,$$

$$\text{corde } \beta\varepsilon = 2 \sin \beta\alpha\varepsilon, \quad \delta\varepsilon = \frac{\text{corde } \beta\varepsilon \sin \delta\beta\varepsilon}{\sin \beta\delta\varepsilon}, \quad \delta\nu = \nu\varepsilon - \delta\varepsilon,$$

$$\frac{\sin \frac{1}{2}\gamma\varepsilon - \delta\varepsilon}{\cos \frac{1}{2}\gamma\varepsilon} = \text{tang}\, \phi = \text{tang}\, \nu\kappa\delta;$$

ϕ sera la distance du milieu μ de l'arc $\gamma\varepsilon$ au périgée ξ;

$$\text{excentricité} = \delta\kappa = \frac{\cos \frac{1}{2}\gamma\varepsilon}{\cos \phi}.$$

Ptolémée trouve, par des moyens équivalens, excentricité $= \frac{7^p\, 8'}{60.0}$; mais en recommençant le calcul, après les corrections qu'il a trouvées 9′, 6′ et 10′, il trouve l'excentricité $\frac{6.50}{60.0}$ seulement, et la distance apogée 57° 5′ dans la première opposition, et pour la troisième opposition 56° 50′.

Il trouve ensuite qu'avec ces élémens on satisfait aux trois oppositions; le calcul est si simple que nous n'en dirons pas davantage.

Pour trouver ensuite le rayon de l'épicycle, il prend une observation de la seconde année d'Antonin, du 6 au 7 mésori, 4 heures équinoxiales avant minuit, le dernier degré du Bélier étant au méridien. Le Soleil moyen était en 8ˢ 28° 41′; Saturne comparé à l'Hyade luisante, parut en 10ˢ 9° 15′, plus avancé que le centre de la Lune de 30′ environ, car il était à cette distance de la corne boréale. Le lieu moyen de la Lune était 10ˢ 8° 55′; son anomalie sur l'épicycle 174° 15′; la longitude vraie 10ˢ 9° 40′; la longitude apparente, à Alexandrie, 10ˢ 8° 34′ : la parallaxe de longitude est donc de 66′, par conséquent beaucoup trop forte.

Ainsi Saturne, plus avancé de 50′, était en 10ˢ 9° 4′, à 76° 4′ de l'apogée. Il en déduit le rayon de l'épicycle $\frac{6.30}{60.0} = 0.108333$, et la distance moyenne $= 9.230766$, rayon de l'épicycle. Nous la faisons aujourd'hui de 9.53877.

Ici c'est par un angle de 4° qu'il détermine l'épicycle 6° 30′ : ce n'est pas encore une position bien avantageuse; et c'est encore une observation unique.

Pour corriger les mouvemens périodiques, il choisit, parmi les observations anciennes, celle qui lui paraît une des plus sûres. L'an 82, suivant les Chaldéens, le 5 du mois xantique, au soir, Saturne parut de deux doigts au-dessous de l'épaule australe de la Vierge : c'était l'an 519 de Nabonassar, le 14 tybi, au soir. Le Soleil moyen était en $11^s 6° 10'$. Suivant le Catalogue de Ptolémée, l'étoile est en $5^s 13° 10'$; ôtez $3° 40'$ pour 366 ans, il restera $5^s 9° 30'$; ce sera la longitude de Saturne qui était plus austral de deux doigts.

Apogée de Saturne........	$7^s 19° 20'$	....	$7^s 19° 20'$
Long. observ. de Saturne...	5. 9.30	Soleil moyen......	11. 6.10
Dist. Saturne à l'ap. $= \alpha\epsilon\theta =$	2. 9.50	$\odot$ — ap. $= \alpha\epsilon\lambda =$	3.16.50

θ est Saturne (fig. 88).

Par le centre de la Terre ϵ menez une droite $\epsilon\theta\omega$ qui fasse l'angle $\alpha\epsilon\theta = 69° 50'$; ce sera le rayon visuel sur lequel a été observé Saturne en θ, dans la partie inférieure de son épicycle ; car il était près de l'opposition.

Menez $\epsilon\lambda$ qui fasse l'angle $\alpha\epsilon\lambda = 106° 50'$; ce sera le lieu du Soleil.

Saturne en θ sera placé de manière que son rayon vecteur $\beta\theta$, prolongé en $\upsilon\phi$ ou $\beta\theta\upsilon\phi$, sera parallèle à $\epsilon\lambda$.

Il s'agit donc de mener parallèlement à $\epsilon\lambda$ une ligne $\phi\upsilon\theta\beta$ qui, passant par le point de Saturne, traverse l'épicycle au point de centre β. Les lignes $\epsilon\upsilon$, $\upsilon\theta$ et $\epsilon\theta$ formeront un triangle où l'on aura

$$\begin{aligned} \epsilon\upsilon\theta &= \alpha\epsilon\lambda = 3^s 16° 50' \\ \upsilon\epsilon\theta &= \alpha\epsilon\theta = 2.\ 9.50 \\ \epsilon\theta\upsilon &= 0.\ 3.20 \\ \text{Somme} &= 6.\ 0.\ 0 \end{aligned}$$

Menez de β sur $\epsilon\theta\omega$ la perpendiculaire indéfinie $\beta\pi$; menez sur $\beta\pi$ la perpendiculaire $\delta\xi$ qui sera parallèle à $\epsilon\theta$.

Sur $\epsilon\theta$ abaissez les perpendiculaires $\delta\mu = \nu\xi$, $\beta\xi = \beta\nu + \nu\xi = \beta\nu + \delta\mu$, vous aurez

$$\beta\nu = \beta\theta \sin \epsilon\theta\upsilon = 0.10833 \sin 3° 20' = 0.006299.$$

$$\begin{aligned} \delta\mu &= \delta\epsilon \sin \delta\epsilon\mu = \delta\epsilon \sin \alpha\delta\xi \\ &= 0.0569445 \sin 69° 50' = 0.053453 \\ \beta\nu &+ = 0.006299 \\ \beta\xi &= 0.059752 \end{aligned}$$

$$\frac{\beta\xi}{\beta\delta} = \sin \beta\delta\xi = \sin 3^\circ\, 25'\, 32''$$

$$\alpha\delta\xi = \alpha\epsilon\theta = \quad 69.50$$

$$\alpha\delta\beta = \zeta\delta\beta = \quad 73.15.32$$

$$\text{tang}\ \zeta\beta\delta = \frac{\zeta\delta \sin \zeta\delta\beta}{1 - \zeta\delta \cos \zeta\delta\beta} = \frac{0.0569445 \sin 73.15.32}{1 - 0.0569445 \cos 73.15.32}.$$

$$\zeta\beta\delta = \quad 3^\circ\, 10'\, 24''$$

$$\alpha\delta\beta = \quad 73.15.32$$

$$\alpha\zeta\beta = \quad 76.25.56$$

$$\text{Supplément} = 283.34.\ 4$$

C'est l'anomalie de l'excentrique.

Anomalie excentrique..................	9.13.34.4
Longitude de l'apogée..................	7.19.20
Long. moyenne du centre de l'épicycle...	5. 2.54.4
Ptolémée trouve...	5. 2.55

$$\alpha\zeta\beta = \quad 76.25.56''$$

$$180^\circ - \epsilon\upsilon\theta = \alpha\upsilon\beta = \quad 73.10.\ 0$$

$$\zeta\beta\theta = \quad 3.15.56$$

$$\eta\omega\eta' = 180$$

$$\text{Anomalie de l'épicycle} = 183.15.56 = \eta\omega\theta.$$

$$\text{Ptolémée}\ldots\ 183.17:$$

c'est de part et d'autre une minute de différence entre son calcul et le nôtre.

Le tems de l'observation était l'an 519 de Nabonassar, le 14 tybi soir.

L'anomalie de l'épicycle était..........	183° 17' =	6. 3.17
Dans la troisième opposition elle était...	174.44 =	5.24.43
	Différence...	11.21.27

L'intervalle était de 364 années égyptiennes 215 jours $\frac{3}{4}$; Saturne avait avancé de 351 cercles entiers, plus 21^s 11° 27'; ce qui est à très-peu près ce que donnent les Tables, dit Ptolémée. On aura donc le mouvement diurne en divisant les degrés de mouvement par le nombre des jours.

Mais du premier jour de Nabonassar, à midi, jusqu'au tems de l'ancienne observation, on compte 518 années égyptiennes et 113 $\frac{1}{4}$ jours: à ce tems répondent 216° de mouvement en longitude et 149° 15' d'anomalie. En retranchant ces mouvemens des nombres de l'ancienne observation, nous aurons pour l'époque de Nabonassar, longit. $5^s\,26^\circ\,43'$, et anomalie de l'épicycle, $54^\circ\,2'$; enfin l'anomalie de l'excentrique, $7^s\,14^\circ\,10'$.

Avant de suivre Ptolémée dans un autre chapitre, mettons en formules générales cette solution par laquelle il vient de déterminer les mouvemens et les époques; et pour cela, plaçons le centre β de l'épicycle dans le premier quart de distance à l'apogée, et la planète sur son épicycle, dans le premier quart de l'anomalie ou de la distance à l'apogée $\varkappa$ de cet épicycle en θ, le mouvement étant direct de gauche à droite, de α en β et de $\varkappa$ en θ (fig. 89).

Menez $\theta\beta\upsilon$, vous aurez

$$\alpha\upsilon\beta = \alpha\zeta\beta + \zeta\beta\upsilon = \alpha\zeta\beta + \varkappa\beta\theta = \text{mouv. plan.} + (\text{mouv. } \odot - \text{mouv. plan.})$$
$$= \text{mouv. du Soleil depuis l'apogée};$$
$$\alpha\upsilon\beta = (\odot - \text{apogée de l'excentrique}).$$

Si vous avez observé l'angle $\alpha\varepsilon\theta$ = dist. plan. à l'apogée de l'excentrique, vous aurez

$$\upsilon\theta\varepsilon = \alpha\upsilon\theta - \alpha\varepsilon\theta = (\odot - \text{apog. exc.}) - (\text{plan.} - \text{apog. exc.}) = \odot - \text{plan.}$$

Ainsi l'angle $\upsilon\theta\varepsilon$ est l'excès de la longitude moyenne du Soleil sur la longitude géocentrique observée de la planète.

Du centre β de l'épicycle abaissez sur la ligne des centres de la Terre et de Saturne, ou sur $\varepsilon\theta$, la perpendiculaire indéfinie $\beta\nu\xi$, vous aurez

$$\beta\xi = \beta\theta \sin \upsilon\theta\varepsilon = r \sin(\odot - \text{plan.}) \ldots\ldots\ldots\ldots (1);$$

du centre de l'excentrique abaissez la perpendiculaire,

$$\delta\mu = \delta\varepsilon \sin \delta\varepsilon\theta = \tfrac{1}{2} e \sin \alpha\varepsilon\theta = \tfrac{1}{2} e \sin(\text{plan.} - \text{apogée}) \ldots\ldots\ldots (2);$$

$$\beta\nu = \beta\xi - \xi\nu;\quad \frac{\beta\nu}{1} = \frac{\beta\nu}{\beta\delta} = \sin \beta\delta\nu = \sin \varphi \ldots\ldots\ldots (3),$$

$$\alpha\delta\beta = \alpha\delta\nu - \beta\delta\nu = \alpha\varepsilon\theta - \beta\delta\nu = (\text{plan.} - \text{apog.} - \varphi) \ldots\ldots (4),$$

$$\text{tang}\, \zeta\beta\delta = \frac{\zeta\delta \sin \alpha\delta\beta}{1 - \zeta\delta \cos \alpha\delta\beta} = \frac{\frac{1}{2} e \sin(\text{plan.} - \text{ap.} - \varphi)}{1 - \frac{1}{2} e \cos(\text{plan.} - \text{ap.} - \varphi)} = \text{tang}\, \omega \ldots\ldots (5),$$

$$\alpha\zeta\beta = \alpha\delta\beta + \zeta\beta\delta = (\text{plan.} - \text{ap.} - \varphi) + \omega = (\text{plan.} - \text{ap.} - \varphi + \omega)$$
$$= \text{longit. du centre de l'épicycle} \ldots\ldots\ldots\ldots (6),$$

$$\varkappa\beta\theta = \text{anom. de l'ép.} = \upsilon\beta\zeta = \alpha\upsilon\beta - \alpha\zeta\beta = (\odot - \text{ap.}) - (\text{pl.} - \text{ap.} - \varphi + \omega)$$
$$= \odot - \text{ap.} - \text{plan.} + \text{ap.} + \varphi - \omega = \odot - \text{plan.} + \varphi - \omega \ldots\ldots\ldots (7).$$

Appliquons d'abord ces formules générales aux trois planètes supérieures, et d'abord pour Saturne.

Apog. de l'exc. de ♄ ... $7^s 19^\circ 20'$ .... $7^s 19^\circ 20'$

♄ ... 5. 9.30 | ⊙ moyen ... 11. 6.10

(♄ — apog.) = 9.20.10 | (⊙ — apog.) = 5.16.50

(♄ — apog.) = 9.20.10

⊙ = 11. 6.10 | (⊙ — ap.) — (♄ — ap.) = 5.26.40

♄ = 5. 9.30

⊙ — plan. = 5.26.40

r.... 9.0347616 formule (1)

sin (⊙ — plan.).... 8.7645111

$\beta\xi = +$ 0.006299..... 7.7992727

$- r\xi = +$ 0.053453

$\beta r = +$ 0.059752..... 8.7763524

$\frac{1}{2}e$.... 8.7554514 formule (2)

sin (plan. — apog.) — 9.9725239

$r\xi = -$ 0.053453 — 8.7279753

sin $\beta\delta\xi$ = sin φ = sin $5^\circ 25' 32''$ formule (3).

planète — apogée = 9.20.10

(plan. — apog. — φ) = $\alpha\delta\beta$ = 9.16.44.28 formule (4).

$\frac{1}{2}e$... 8.7554514 .... 8.7554514

cos (plan. — apog. — φ)... 9.4594644 | sin — 9.9811915

0.016403.... 8.2149158 | C. 0.983597... 0.0071827

1.0 | tang $\omega = -$ 3.10.24 | — 8.7438256

0.983597

(plan. — apog. — φ)... $9^s 16^\circ 44' 28''$

(plan. — apog. — $\varphi + \omega$) = 9.13.34. 4 formule (5).

Cet angle est l'anomalie de l'excentrique.

⊙ — apog. = 5.16.50. 0

anom. de l'épicycle = 6. 3.15.56 formule (6).

⊙ — plan. = 5.26.40. 0

$+ \varphi = -$ 3.25.32

$- \omega = +$ 3.10.24

anom. de l'épicycle = 6. 3.15.56 (onze logarithmes).

Ainsi nos formules générales s'appliquent très-bien à l'exemple de Ptolémée, pour Saturne, quoique rien n'y soit dans le premier quart, et ces formules ont tous les avantages possibles sur les méthodes anciennes.

Reprenons de même l'exemple rapporté ci-dessus pour Jupiter.

Ap. de l'exc. ♃ = 5ˢ 7° 13′ .... = 5ˢ 7° 13′
♃ = 3.7.33 ☉ moyen = 5.9.56.... ☉ = 5ˢ 9° 56′
(♃ — apog.) = 10.0.20 (☉ — ap.) = 0.2.43 ♃ = 3.7.23
(♃ — ap.) = 10.0.20 ☉ — ♃ = 2.2.23
(☉ — ap.) — (♃ — ap.) = 2.2.23 = (☉ — plan.).
r... 9.2825466 $\frac{1}{2}e$ + 8.6611814
sin (☉ — plan.)... 9.9474674 sin (plan. — ap.) — 9.9360621
$\beta\xi$ = + 0.169830... 9.2300140 — 0.039559....... 8.5972435
— $\gamma\xi$ = + 0.039559
+ 0.209389... 9.3209338... sin ϕ = sin 12° 5′ 12″
(plan. — apog.) = 10ˢ 0.20. 0
(plan. — apog. — ϕ) = 9.18.14.48
$\frac{1}{2}e$... 8.6611814..................... 8.6611814
cos ($p - a - \phi$) + 9.4956949 sin ($p - a - \phi$) — 9.9775944
0.0143507........ 8.1568763 C. D... 0.0062776
1.0 tang ω = — 2° 31′ 43″ ... 8.6450534
0.9856493 = D
($p - a - \phi$) = 9.18.14.48
($p - a - \phi + \omega$) = 9.15.43. 5 = long. du centre de l'épicycle.
(☉ — apog.) = 0. 2.43. 0
anomalie moy. de l'épicycle... 2.16.59.55

Ces formules ne vont pas moins bien que pour Saturne. Passons à Mars.

Apogée... 5ˢ 21° 25′ .... 5ˢ 21° 25′
Mars..... 7. 2.15 ☉ moyen... 9.23.54
($p - a$) = 3.10.50 (☉ — a) = 6. 2.29
($p - a$) = 3.10.50
(☉ — p) = 2.21.39

$r \ldots\ 9.8184458 \qquad \frac{1}{2}e = \delta\varepsilon \ldots\ 9.0000000$

$\sin(\odot - p) \ldots\ \underline{9.9953717} \qquad \sin(p - a) \ldots\ \underline{9.9921902}$

$+\ 0.651355 \ldots\ 9.8138175 \qquad 0.098218 \ldots\ 8.9921902$

$-\ \underline{0.098218}$

$+\ 0.553137 \ldots\ 9.7428237 \qquad \sin\phi = 1^s\ 5^\circ 34' 56''$

$p - a = \underline{3.10.50}$

$(p - a - \phi) = 2.\ 7.15.\ 4.$

$\frac{1}{2}e \ldots\ 9.0000000 \ldots\ldots\ldots\ldots\ 9.0000000$

$\cos(p - a - \phi) \ldots\ \underline{9.5873664} \qquad \sin(p - a - \phi) \ldots\ 9.9648281$

$0.0386693 \qquad 8.5873664 \qquad \mathrm{C.D.} \ldots\ \underline{0.0171272}$

$0.9613307 = \mathrm{D} \qquad \tang\ \omega = 5^\circ 28' 47'' \ldots\ 8.9819553$

$p - a - \phi = \underline{2.\ 7.15.\ 4}$

$(p - a - \phi + \omega) = 2.12.43.51$ anom. de l'excent.

$(\odot - a) = \underline{6.\ 2.29}$

anom. de l'épicycle $= 3.19.45.\ 9$

Les formules vont donc également bien pour les trois planètes ; on voit qu'elles sont de la plus grande simplicité. Quand on a l'anomalie de l'excentrique, on y ajoute la longitude de l'apogée pour avoir la longitude moyenne.

Tous ces élémens donnés, on peut calculer la position géocentrique de la planète. Ptolémée en indique en abrégé les moyens; nous les avons déjà réduits en formules : ces formules, quoique fort simples, sont assez difficiles à mettre en tables. Pour construire les siennes, Ptolémée s'est vu forcé à négliger quelques quantités pour abréger un calcul dans lequel il était bien inutile de chercher une précision à laquelle ne répondaient ni les observations, ni les méthodes.

Sa première Table, page 274, donne la première inégalité, ou la prostaphérèse de longitude dans un cercle simplement excentrique, par un calcul qui revient à la formule

$$\tang\ \mathrm{E} = \frac{e \sin \zeta}{1 + e \cos \zeta},\ e \text{ est l'excentricité entière;}$$

mais dans le fait, le centre de l'épicycle est alternativement plus près et plus loin de nous : la Table a donc besoin de correction. Pour cela, il cherche de combien l'équation augmente dans le périgée, et de combien elle diminue dans l'apogée.

Prenons pour exemple Saturne et 60° d'anomalie, et commençons par le calcul exact pour le comparer à la formule approximative de Ptolémée (fig. 89).

$\frac{1}{2}e$...	8.7554514		8.7554514
sin 60. 0. 0...	9.9375306	sin ζ'...	9.7340789
$\frac{1}{2}e\sin\zeta$ = 2.49.36	8.6929820	0.0308695...	8.4895303
ζ' = 57.10.24		1.0	
		D = 1.0308685	
			8.7554514
		sin ζ'...	9.9244418
		C. 1.0308695 = D...	9.9867965
tang 2ᵉ partie... 2.39.28 = β			8.6666895
1ʳᵉ partie... 2.49.36			
équation entière... 5.29. 4		D...	0.0132037
		C. cos β...	0.0004674
Dist. à la Terre... 1.03198			0.0136711

excès sur la dist. moy. = 0.03198.

Tel serait le calcul pour chaque valeur de ζ. Voyons celui de Ptolémée.

e...	9.0564814	....	9.0564814
cos 60...	9.6989700		9.9375306
0.056945	8.7554514	C. D...	9.9769475
1		tang 5° 20′ 37″...	8.9709595
1.056945 = D.			

La Table de Ptolémée donne... 5.20... colonne 2ᵉ,
et...... + 9... colonne 3ᵉ.

Equation totale................ 5.29

Nous avons trouvé........... 5.29.4″; l'erreur est insensible.

Ptolémée avertit qu'on peut réunir les termes en un seul.

Pour la seconde inégalité, soit l'anomalie moyenne sur l'épic. 49° 11′ 52″; la planète sera en θ, ensorte que $\varkappa\theta$ = 49° 11′ 52″; mais l'équation $\zeta\beta\varepsilon = \varkappa\varkappa$ = 5° 29′ 4″ augmentera l'anomalie de.................................. $\varkappa\varkappa$ = 5.29. 4

$\varkappa\beta\theta$ = 54.40.56.

L'équation soustractive $\zeta\beta\varepsilon$ augmentera donc l'anomalie.

Dans le triangle $\varepsilon\beta\theta$, nous avons l'angle extérieur $\varkappa\beta\theta$, la distance $\beta\varepsilon$ calculée ci-dessus et le rayon de l'épicycle $\beta\theta$.

$$\text{tang}\ \beta\iota\theta = \frac{\beta\theta \sin \varkappa\beta\theta}{\beta\iota + \beta\theta \cos \varkappa\beta\theta}.$$

$\beta\theta = r$...	9.0347616	....	9.0347616
$\cos \varkappa\beta\theta$...	9.7620111	$\sin \varkappa\beta\theta$...	9.9116680
0.06263	8.7967729	C. D...	9.9607406
$\beta\iota$ = 1.03198	tang = 4° 37′ 1″....		8.9071702
D = 1.09461	$\alpha\iota\beta$ = 54.30.56		
	$\alpha\iota\theta$ = 59. 7.57	D..	0.0392594
			0.0014116
	$\iota\theta$ = 1.0982		0.0406710

Les mouvemens sont directs de α en β et de $\varkappa$ en θ. Telle est la seconde inégalité, en donnant à $\beta\iota$ sa véritable valeur; mais supposons avec Ptolémée $\beta\iota = 1$, il n'y aura que deux logarithmes à changer dans le calcul précédent; D sera 1.06263.

r...	9.0347616
$\varkappa\beta\theta$...	9.9116680
C. D...	9.9736179
tang $\iota\beta\theta$ = 4° 45′ 19″	8.9200475
au lieu de... 4.37. 1	
trop forte par conséquent de... 8.18	

Mais $\frac{1}{2}\,e = 0.056944$.

$\iota\beta$ aura pour valeurs extrêmes..........	0.943056	et	1.05694
ajoutons-y $r \cos \varkappa\beta\theta$....................	0.06263		0.06263
les valeurs extrêmes du dénominateur seront	1.00569		1.11957

La valeur moyenne étant 1.06263, employée ci-dessus dans le calcul exact, faisons le calcul des deux suppositions extrêmes.

$r.\sin \varkappa\beta\theta$...	8.9464296	....	8.9464296
C. 1.00569...	9.9975359	C. 1.11957...	9.9509487
tang $\iota\beta\theta$ = 5° 1′ 20″	8.9439655	4° 30′ 52″	8.8973783

Les valeurs extrêmes de $\beta\iota\theta$, pour notre exemple, seront donc

5° 1′ 20″ et 4° 30′ 52″.

La Table de Ptolémée donne

4° 43′ + 19′ et − 14′ ou 5° 2′ et 4° 29′.

Entre ces nombres il faut intercaler celui qui convient à l'anomalie de l'excentrique 60° ; car les valeurs extrêmes sont pour 180° et 0°.

Je trouve dans la Table, à la dernière colonne, 34' 30', c'est-à-dire $\frac{34.30}{60.\ 0} = 0.575$. Ainsi du nombre moyen de la Table 4° 43', il faut retrancher $14 \times 0.575 = 8'$. L'équation sera donc $4° 43' - 8' = 4° 35'$. Nous avons trouvé directement 4° 37'.

L'exactitude de la Table approximative est donc plus que suffisante pour les observations qu'on pouvait faire alors.

Développons la méthode en série.

1re partie $= \frac{1}{2} e \sin\zeta$.

2e partie $= \frac{1}{2} e \sin(\zeta - \frac{1}{2} e \sin\zeta) - \frac{1}{2}(\frac{1}{2}e)^2 \sin 2(\zeta - \frac{1}{2} e \sin\zeta)$
$+ \frac{1}{3}(\frac{1}{2}e)^3 \sin 3(\zeta - \frac{1}{2} e \sin\zeta)$
$= \frac{1}{2} e \sin\zeta \cos(\frac{1}{2} e \sin\zeta) - \frac{1}{2} e \cos\zeta \sin(\frac{1}{2} e \sin\zeta) - \frac{1}{8} e^2 \sin 2\zeta$
$+ \frac{1}{8} e^2 \cos 2\zeta \sin(e \sin\zeta) + \frac{1}{24} e^3 \sin 3\zeta$
$= \frac{1}{2} e \sin\zeta - e \sin\zeta \sin^2(\frac{1}{2} e \sin\zeta) - \frac{1}{4} e^2 \sin\zeta \cos\zeta - \frac{1}{8} e^2 \sin 2\zeta$
$+ \frac{1}{8} e^3 \sin\zeta \cos 2\zeta + \frac{1}{24} e^3 \sin 3\zeta$
$= \frac{1}{2} e \sin\zeta - \frac{1}{4} e^2 \sin 2\zeta + \frac{1}{16} e^3 \sin 3\zeta + \frac{1}{16} e^3 \sin\zeta + \frac{1}{24} e^3 \sin 3\zeta.$

Eq. totale $= e \sin\zeta - \frac{1}{4} e^2 \sin 2\zeta + \frac{5}{48} e^3 \sin 3\zeta + \frac{1}{16} e^3 \sin\zeta.$

Ptol. calc. $= e \sin\zeta - \frac{1}{2} e^2 \sin 2\zeta + \frac{1}{3} e^3 \sin 3\zeta.$

Il est trop faible de

$$\frac{1}{4} e^2 \sin 2\zeta - \frac{11}{48} e^3 \sin 3\zeta + \frac{1}{16} e^3 \sin \zeta,$$

ou pour Saturne, de

$$11' 7'' \sin 2\zeta - 70'' \sin 3\zeta + 19'' \sin\zeta.$$

Cette équation peut aller à 11' vers 45°, et à 12' vers 135° ; et c'est en effet ce qu'on trouve dans la Table de Ptolémée, colonne 4 : la colonne 3 donne l'équation pour $\beta\varepsilon = 1$.

On voit donc comment on pourrait mettre en Table l'équation totale, et comment on pourrait calculer la Table de correction par l'inégalité calculée avec la distance moyenne.

Pour l'équation de l'épicycle ou la seconde inégalité,

Soient r le rayon de l'épicycle ;

γ la plus grande équation ;

A la plus grande équation à la distance moyenne ;

B la plus grande équation apogée ;

C la plus grande périgée ;

A — B et C — A les différences de ces équations ;

Nous aurons pour les cinq planètes les quantités que présente le tableau suivant.

Plan.	n.	γ.	A.	B.	C.	A—B.	C—A.	A—γ.	Dist. moy.	Distance apogée.	Distance périgée.
♄	6°30′	5°59′30″	6°13′	5°53′	6°36′	0°20′	0°23′	0°17′½	60°	63°25′	56°35′
♃	11.30	10.56.30	11. 3	10.34	11.35	0.29	0.32	0.26.½	60	62.45	57.15
♂	39.30	37. 9. 9	41.10	36.45	47. 1	4.25	5.51	4. 1	60	66. 0	54. 0
♀	43.10	44.56.30	46. 1	44.48	47.17	1.12	1.17	1. 4	60	61.15	58.45
☿	22.30	19.45. 0	22. 1	19. 2	23.53	3. 0	1.51	2.17	60	69. 0	56.34

(A — B) donne une idée de la colonne 5 de la Table de Ptolémée.

(C — A) donne une idée de la colonne 7.

A donne une idée de la colonne 6.

Ce sont les *maxima* des différentes colonnes. Ptolémée a supprimé les colonnes γ, B, C, (A — γ). Les trois dernières colonnes de notre tableau donnent les quantités qui ont servi à calculer A, B et C, (A—B) et (C—A).

Si l'on compare nos nombres A, (A — B), (C — A) aux nombres des colonnes 6, 5 et 7 de Ptolémée, on y trouvera de légères différences, qui viennent probablement des petites erreurs de ses calculs ou de fautes de copie.

Ptolémée a donné seulement l'équation A pour la distance moyenne, colonne 6.

Dans la colonne 5 il a mis l'excès sur l'équation apogée, ou ce qu'on doit retrancher de A pour avoir l'équation apogée.

Dans la colonne 7 il a mis ce qu'il fallait ajouter à l'équation A pour avoir l'équation périgée.

Ces différences extrêmes se multiplient, dans les cas particuliers, par la fraction de la colonne 8, dont l'argument est l'anomalie moyenne de l'épicycle.

L'équation de longitude, qui est dans la seconde colonne, se retranche de la longitude et s'ajoute à l'anomalie dans la première moitié de l'argument : c'est le contraire dans l'autre moitié.

L'anomalie ainsi corrigée sert à trouver la seconde équation, qui est additive dans la première moitié de l'anomalie, et soustractive dans la deuxième.

La correction de la seconde équation, ou le produit de la différence par la fraction de la colonne 8, se retranche de 270 à 90°, parce que cette partie de l'orbite est plus éloignée; elle s'ajoute dans l'autre moitié, de 90 à 270°, parce que cette moitié est plus voisine.

Le nombre 8, qui sert à corriger la première équation ou celle de la colonne 3, se prend en même tems que la première équation, et avec le même argument.

Cette méthode approximative par les Tables, exige plus d'attention, pour être bien comprise, que n'en demande la solution rigoureuse, et je trouve l'usage de nos formules bien préférable à celui des Tables approximatives.

Partout, dans ce Livre, et en général dans notre extrait de la Syntaxe mathématique, en refaisant les figures du Livre de Ptolémée, en tâchant de les rendre plus claires, plus exactes et plus adaptées à la question traitée, nous nous sommes fait une loi de conserver les lettres par lesquelles Ptolémée désigne toutes les parties de la figure; sans quoi la comparaison de nos calculs avec ceux de l'auteur grec eût été trop difficile, ou pour mieux dire presqu'impossible. Sans la nécessité de cette précaution, nous aurions substitué partout les lettres majuscules de l'alphabet romain aux lettres grecques; nous aurions pu désigner constamment les centres, soit de l'excentrique, de l'équant, de la Terre ou de l'épicycle, toujours par les mêmes lettres; ce qui aurait rendu les démonstrations plus claires, et nous aurait permis de diminuer le nombre des figures, car la même pouvait servir à plusieurs démonstrations: mais il semble que Ptolémée se soit fait un jeu de changer les lettres, comme pour ajouter aux embarras de ses longues explications.

CHAPITRE XII.

Livre XII. Des Rétrogradations.

Pour terminer tout ce qui regarde les mouvemens en longitude, Ptolémée consacre son douzième Livre aux stations et aux rétrogradations de toutes les planètes, et aux plus grandes digressions de Mercure et de Vénus.

Divers mathématiciens, et entr'autres Apollonius de Perge, avaient donné des théorèmes remarquables pour déterminer les stations et les rétrogradations; ce qui prouve que la théorie mathématique des mouvemens des planètes était assez avancée bien long-tems avant Ptolémée, à qui l'on ne doit probablement que la détermination plus exacte des rayons des épicycles, des excentricités et des apogées, et sans doute aussi le mouvement circulaire qu'il a donné au centre des distances constantes de Mercure. Cette addition lui a été suggérée par la grande ellipticité de l'orbite, qu'il supposait un cercle. Pour diminuer la distance à la Terre, et voir le rayon de l'épicycle sous un plus grand angle, il a dû mettre le centre des distances constantes en arrière de la Terre. C'était diminuer la largeur de la courbe décrite par la planète autour de la Terre; c'était se rapprocher en effet de l'ellipse; car le lieu de la Terre et le centre des mouvemens angulaires uniformes représentent les deux foyers de l'ellipse dans l'hypothèse de Bouillaud. Il ne restait qu'à diminuer la largeur de la courbe, ou, comme dit Képler, à trouver une courbe qui rentrât par les côtés, *ingrediens ad latera, hujus generis quam ovalem appellitant*. Il est permis de croire que cette hypothèse de Ptolémée a guidé Képler vers l'ellipse. Ptolémée n'avait senti cette nécessité que pour Mercure; Képler, qui travaillait sur des observations beaucoup moins défectueuses, la sentit pour Mars, dont l'excentricité est beaucoup moindre.

Ainsi Ptolémée, par ses recherches sur la Lune et Mercure, par ses hypothèses compliquées, mais ingénieuses, aurait eu la gloire de préparer les voies à Képler, qui les a préparées à Newton. Cette réflexion, qui n'avait encore été faite par aucun astronome, que je sache, prouvera que si nous avons quelquefois l'air de vouloir dépouiller Ptolémée d'une partie de sa gloire pour la rendre à Hipparque, nous lui rendons, d'un autre côté, toute la justice qui nous paraît lui être due, et que notre seul but est de faire une Histoire exacte de l'Astronomie.

Ptolémée ne change rien aux théorèmes d'Apollonius; il en promet seulement des démonstrations plus claires et plus faciles. Celle d'Apollonius était donc bien obscure. L'énoncé même des théorèmes n'est pas facile à saisir; on les comprendra mieux après la démonstration.

Soit d'abord (fig. 90) l'épicycle $\alpha\beta\gamma\delta$ dont le centre est en ε; $\alpha\varepsilon\gamma\zeta$ le diamètre dirigé à la Terre en ζ : prenez de part et d'autre les arcs égaux $\gamma\eta$ et $\gamma\theta$; par ces points menez les droites $\zeta\eta\beta$ et $\zeta\theta\delta$; joignez $\eta\delta$ et $\theta\beta$, qui se couperont en $\varkappa$, sur le diamètre $\alpha\varepsilon\gamma$, vous aurez

$$\alpha\zeta : \zeta\gamma :: \alpha\varkappa : \varkappa\gamma.$$

Car soit $\lambda\gamma\mu$ parallèle à $\alpha\delta$, c'est-à-dire à angles droits sur $\delta\gamma$, vous aurez

$$\gamma\delta\eta = \gamma\delta\theta; \quad \text{donc} \quad \frac{\alpha\delta}{\gamma\lambda} = \frac{\alpha\delta}{\gamma\mu};$$

donc

$$\alpha\delta : \gamma\lambda :: \alpha\delta : \gamma\mu :: \alpha\zeta : \zeta\gamma;$$

car les triangles $\alpha\delta\zeta$ et $\gamma\mu\zeta$ sont semblables, puisqu'ils sont rectangles, et qu'ils ont en outre un angle commun.

Mais les triangles $\alpha\varkappa\delta$, $\gamma\varkappa\lambda$ ont l'angle en $\varkappa$ égal, puisque ce sont des angles opposés au sommet; les angles en α et en γ sont égaux à cause des parallèles $\alpha\delta$, $\lambda\mu$; donc

$$\alpha\delta : \gamma\lambda :: \alpha\delta : \gamma\mu :: \alpha\zeta : \zeta\gamma :: \text{distance apogée} : \text{distance périgée}.$$

Cette construction est générale et suppose seulement $\alpha\beta = \alpha\delta$, ou $\gamma\eta = \gamma\theta$, ce qui est la même chose. Il en résulte encore que les cordes $\beta\theta$ et $\delta\eta$ couperont $\alpha\varepsilon\gamma$ au même point $\varkappa$, et que le point $\varkappa$ sera toujours le même pour les deux cordes, quels que soient les arcs $\alpha\beta$ et $\alpha\delta$; seulement le point $\varkappa$ descendra vers γ à mesure que $\alpha\beta$ et $\alpha\delta$ grandiront.

En conséquence, dans la figure 91, prenez $\alpha\beta = \alpha\delta$; menez la corde $\beta\nu\delta$, le diamètre $\alpha\varepsilon\gamma\zeta$, les droites $\beta\delta$, $\delta\zeta$, $\beta\zeta$, $\beta\varkappa\theta$, les perpendiculaires $\varepsilon\pi$, εo, $\theta\xi$, vous aurez, comme ci-dessus,

$$\alpha\varkappa : \gamma\varkappa :: \alpha\zeta : \zeta\gamma;$$

et de plus,

$$\delta\nu : \theta\xi :: \delta\zeta : \zeta\theta,$$

$$\beta\nu : \theta\xi :: \beta\varkappa : \varkappa\theta :: \delta\zeta : \zeta\theta,$$

d'où

$$\delta\zeta - \zeta\theta : \zeta\theta :: \beta\kappa - \kappa\theta : \kappa\theta,$$

$$\delta\theta : \zeta\theta :: \beta\pi + \pi\kappa - (\pi\theta - \pi\kappa) : \kappa\theta,$$

$$2\theta o : \zeta\theta :: \beta\pi + \pi\kappa - \pi\theta + \pi\kappa : \kappa\theta,$$

$$:: 2\pi\kappa : \kappa\theta,$$

$$\theta o : \zeta\theta :: \pi\kappa : \kappa\theta \ldots\ldots\ldots\ldots\ldots (A),$$

et

$$\theta o + \zeta\theta : \zeta\theta :: \pi\kappa + \kappa\theta : \kappa\theta,$$

$$o\zeta : \zeta\theta :: \pi\theta : \kappa\theta :: \beta\pi : \kappa\theta \ldots\ldots (B).$$

Tout cela est également vrai dès que $\alpha\beta = \alpha\delta$, ou, ce qui revient au même, dès que $\gamma\nu = \gamma\theta$.

$\alpha\beta\gamma$ est l'épicycle de la planète, et ζ le centre du zodiaque.

Mais si nous prenons $\alpha\beta\gamma$ pour l'excentrique, $\alpha\kappa$ et $\gamma\kappa$ étant dans le rapport des distances apogée et périgée, ne pourront être que ces distances elles-mêmes : ainsi κ sera le centre du zodiaque, et $\kappa\epsilon$ l'excentricité.

Si dans l'épicycle on mène $\delta\zeta$, tel que l'on ait

$o\theta : \zeta\theta ::$ vitesse de l'épicycle : vitesse de la planète,

on aura dans l'excentrique,

$\pi\kappa : \kappa\theta ::$ vitesse de l'épicycle : vitesse de la planète ;

$\kappa\theta$ représentant la vitesse de la planète, $\pi\kappa$ sera celle du centre de l'épicycle, et $\pi\theta$, qui est la somme des deux, représentera la vitesse du Soleil.

C'est pour se ménager la possibilité d'envisager le problème de deux manières, qu'il a fallu arriver aux deux analogies (A) et (B). Cela ne suffit pas encore : Apollonius établit le théorème suivant.

Soit un triangle $\alpha\beta\gamma$, dans lequel $\beta\gamma$ surpasse $\alpha\gamma$; prenez $\gamma\delta$ qui ne soit pas plus petit que $\alpha\gamma$, c'est-à-dire ou plus grand, ou au moins égal, vous aurez $\frac{\gamma\delta}{\beta\delta} > \frac{\alpha\beta\gamma}{\beta\gamma\alpha}$.

Menez $\alpha\delta$ et $\gamma\epsilon\zeta$ parallèlement à $\alpha\delta$, et $\alpha\epsilon$ parallèlement à $\gamma\delta$; prolongez $\beta\alpha$ en ζ, et du rayon $\alpha\epsilon$, au moins égal à $\alpha\gamma$, décrivez l'arc de cercle $\nu\epsilon\theta$.

On voit que $\gamma\alpha$ sera la distance à la Terre à l'instant de la conjonction, $\gamma\delta$ une distance plus grande avant ou après la conjonction.

Le triangle $\alpha\epsilon\zeta >$ secteur $\epsilon\alpha\nu =$ secteur $\epsilon\alpha\nu + \omega$,

Le triangle $\alpha\epsilon\gamma <$ secteur $\epsilon\alpha\theta =$ secteur $\epsilon\alpha\theta - \omega'$,

$$\frac{\text{triang. } \alpha\epsilon\zeta}{\text{triang. } \alpha\epsilon\gamma}=\frac{\text{sect. } \epsilon\alpha\eta+\omega}{\text{sect. } \epsilon\alpha\theta-\omega}=\frac{\frac{\text{sect. } \epsilon\alpha\eta}{\text{sect. } \epsilon\alpha\theta}+\frac{\omega}{\text{sect. } \epsilon\alpha\theta}}{1-\frac{\omega}{\text{sect. } \epsilon\alpha\theta}}>\frac{\text{sect. } \epsilon\alpha\eta}{\text{sect. } \epsilon\alpha\theta}>\frac{\alpha\delta\gamma}{\alpha\gamma\beta}.$$

Mais

$$\frac{\text{triangle } \alpha\epsilon\zeta}{\text{triangle } \alpha\epsilon\gamma}=\frac{\epsilon\zeta}{\epsilon\gamma}=\frac{\epsilon\zeta}{\alpha\delta}=\frac{\alpha\epsilon}{\beta\delta}=\frac{\delta\gamma}{\beta\delta}; \quad \text{donc} \quad \frac{\delta\gamma}{\beta\delta}>\frac{\alpha\beta\gamma}{\alpha\gamma\beta}.$$

Nous avons déjà vu une démonstration de ce genre au Livre premier de la Syntaxe : Apollonius en est donc le premier auteur.

Soit l'épicycle $\alpha\beta\gamma$ (fig. 93) autour du centre ϵ sur le diamètre $\alpha\gamma$, ζ le lieu de l'œil, ensorte que $\frac{\epsilon\gamma}{\gamma\zeta}>\frac{\text{vitesse de l'épicycle}}{\text{vitesse sur l'épicycle}}$; c'est ce que l'observation donne en effet pour toutes les planètes : alors il sera possible de mener une ligne $\zeta\pi\beta$ telle que $\frac{\pi\kappa}{\kappa\zeta}=\frac{\text{vitesse de l'épicycle}}{\text{vitesse sur l'épicycle}}$.

En effet, plus vous augmenterez $\alpha\beta$, plus $\pi\kappa$ diminuera, jusqu'à ce qu'il devienne enfin zéro, si $\zeta\beta$ est tangent à l'orbite ; mais à mesure que $\pi\kappa$ diminue, $\kappa\zeta$ augmente : le rapport $\frac{\pi\kappa}{\kappa\zeta}$ va donc diminuant jusqu'à devenir zéro après avoir commencé par être $>\frac{\text{vitesse de l'épicycle}}{\text{vitesse sur l'épicycle}}$; il y aura donc nécessairement une valeur de $\alpha\beta$ et de $\gamma\kappa$ qui donnera

$$\frac{\pi\kappa}{\kappa\zeta}=\frac{\text{vitesse de l'épicycle}}{\text{vitesse sur l'épicycle}}.$$

Le point κ qui donnera cette valeur sera celui de la station; sur $\kappa\gamma$ la planète sera rétrograde; sur $\alpha\kappa$ elle sera directe : il en sera de même dans l'autre moitié de l'épicycle; la planète sera rétrograde de κ' en γ, et directe de α en κ'.

L'égalité des deux vitesses doit produire la station; car elles sont en des sens opposés : par la vitesse de l'épicycle, la planète avance; par la vitesse sur l'épicycle, elle rétrograde dans la partie inférieure. En γ on a

$$\text{vitesse de l'épicycle}<\frac{\epsilon\gamma \text{ vitesse sur l'épicycle}}{\gamma\zeta},$$

ou

mouv. angulaire vu du centre $<$ mouv. angulaire vu de la Terre.

Donc la planète est rétrograde en γ; elle est stationnaire en κ et en κ'; l'arc de rétrogradation est $\kappa\gamma\kappa'$.

Les Grecs ne trouvaient ces points κ et κ' que par tâtonnement. On peut cependant les trouver par une formule directe. Prouvons que partout, sur $\alpha\nu$, la planète est directe, et qu'elle est rétrograde sur $\nu\gamma$. Il en sera de même si $\alpha\beta\gamma$ est l'excentrique.

Soit κ pris au hasard sur $\alpha\nu$; menez $\zeta\kappa\lambda$ et $\kappa\theta\mu$, $\beta\kappa$ et $\delta\kappa$, enfin $\epsilon\nu$.

Dans le triangle $\beta\kappa\zeta$, $\beta\nu > \beta\kappa$; donc

$$\frac{\beta\nu}{\zeta\nu} > \frac{\beta\zeta\kappa}{\zeta\beta\kappa}, \quad \text{ainsi} \quad \frac{\frac{1}{2}\beta\nu}{\nu\zeta} > \frac{\beta\zeta\kappa}{2\zeta\beta\kappa}, \quad \text{ou} \quad \frac{\frac{1}{2}\beta\nu}{\nu\zeta} > \frac{\nu\zeta\kappa}{\kappa\epsilon\nu}.$$

Mais par la supposition et la formule (A),

$$\frac{\frac{1}{2}\beta\nu}{\nu\zeta} = \frac{\text{vitesse épicycle}}{\text{vitesse sur l'épicycle}}; \quad \text{donc} \quad \frac{\text{vitesse épicycle}}{\text{vitesse sur l'épicycle}} > \frac{\nu\zeta\kappa}{\kappa\epsilon\nu},$$

ou

$$\frac{\text{vitesse de l'épicycle}}{\text{vitesse sur l'épicycle}} = \frac{\nu\zeta\kappa + \omega}{\kappa\epsilon\nu}.$$

Il faudrait donc augmenter $\nu\zeta\kappa$ d'une quantité $\kappa\zeta\nu = \omega$ pour établir l'égalité des numérateurs; car les dénominateurs sont identiques, puisque $\kappa\epsilon\nu$ est la vitesse sur l'épicycle.

$\nu\zeta\kappa$ est l'angle sous lequel est vu l'arc rétrograde $\kappa\nu$ de l'épicycle. Soit $\kappa\zeta\nu = \omega$, nous aurons $\nu\zeta\nu$ mouvement de l'épicycle. Pendant le tems que la planète décrira $\kappa\nu$, l'arc rétrogradera de $\kappa\zeta\nu$, et il avancera de $\nu\zeta\nu$. Il restera donc un excédant $\kappa\zeta\nu = \omega$ de mouvement direct; la planète sera donc directe.

Supposons maintenant que $\alpha\beta\gamma$ soit l'excentrique, $\theta\alpha$, $\theta\gamma$ les distances apogée et périgée, nous aurons

$$\frac{\beta\nu}{\nu\zeta} > \frac{\beta\zeta\nu}{\zeta\beta\kappa} \quad \text{ou} \quad \frac{\beta\nu}{\nu\zeta} > \frac{\nu\zeta\kappa}{\nu\beta\kappa};$$

car ces quantités sont encore les mêmes. Donc

$$\frac{\beta\nu + \nu\zeta}{\nu\zeta} > \frac{\beta\zeta\kappa + \zeta\beta\kappa}{\zeta\beta\kappa} \quad \text{ou} \quad \frac{\beta\zeta}{\nu\zeta} > \frac{\lambda\kappa\beta}{\nu\beta\kappa};$$

de plus,

$$\beta\zeta : \nu\zeta :: \delta\theta : \theta\nu, \quad \frac{\beta\zeta}{\nu\zeta} = \frac{\delta\theta}{\theta\nu}, \quad \frac{\beta\zeta + \nu\zeta}{\nu\zeta} = \frac{\delta\theta + \theta\nu}{\theta\nu}, \quad \frac{\beta\nu}{\nu\zeta} = \frac{\delta\nu}{\theta\nu},$$

$$\frac{\frac{1}{2}\beta\nu}{\nu\zeta} = \frac{\frac{1}{2}\delta\nu}{\theta\nu} > \frac{\lambda\kappa\beta}{2\kappa\beta\kappa}, \quad \frac{\frac{1}{2}\delta\nu}{\theta\nu} = \frac{\text{vitesse de l'excentrique}}{\text{vitesse de la planète}} > \frac{\lambda\kappa\beta + \omega}{\kappa\epsilon\nu};$$

les dénominateurs sont encore identiques. La vitesse de l'excentrique est donc $\lambda\kappa\beta + \omega$; la planète est donc directe comme ci-dessus.

Au contraire, prenez κ' sur l'arc $\nu\gamma$; menez $\beta\kappa'$, $\epsilon\kappa'$, $\zeta\kappa'\lambda'$,

Le triangle $\beta\kappa\zeta$ sera rétourné, et dans $\beta\kappa'\zeta$ vous aurez $\zeta\nu > \zeta\kappa'$.

$$\frac{\zeta\nu}{\nu\beta} > \frac{\nu\beta\kappa'}{\nu\zeta\kappa'}; \quad \text{donc} \quad \frac{\nu\beta}{\zeta\nu} < \frac{\nu\zeta\kappa'}{\nu\beta\kappa'}; \quad \frac{\frac{1}{2}\beta\nu}{\zeta\nu} < \frac{\nu\zeta\kappa'}{2\nu\beta\kappa'} \quad \text{ou} \quad < \frac{\nu\zeta\kappa'}{\kappa'\epsilon\nu}.$$

Or, formule (A),

$$\frac{\frac{1}{2}\beta\kappa}{\zeta\kappa} = \frac{\text{vitesse de l'épicycle}}{\text{vitesse sur l'épicycle}} < \frac{\kappa\zeta\kappa'}{\kappa'\iota\eta} \quad \text{ou} \quad = \frac{\kappa\zeta\kappa' - \omega}{\kappa'\iota\eta};$$

les dénominateurs seront encore les mêmes. Donc

$$\text{vitesse de l'épicycle} = \kappa\zeta\kappa' - \omega';$$

ainsi la planète sera rétrograde.

Soit maintenant $\alpha\beta\gamma$ l'excentrique, nous aurons encore

$$\frac{\kappa\beta}{\kappa\zeta} < \frac{\kappa\gamma\kappa'}{\kappa\beta\kappa'}, \text{ puisque rien n'est changé à cet égard;}$$

$$\frac{\zeta\kappa + \kappa\beta}{\kappa\zeta} < \frac{\kappa\zeta\kappa' + \kappa\beta\kappa'}{\kappa\beta\kappa'}, \quad \frac{\frac{1}{2}\zeta\beta}{\zeta\kappa} < \frac{\beta\kappa'\kappa'}{2\kappa\beta\kappa'},$$

$$\frac{\frac{1}{2}\zeta\beta}{\zeta\kappa} < \frac{\kappa\zeta\kappa' + \kappa\beta\kappa'}{2\kappa\beta\kappa'} < \frac{\kappa\zeta\kappa' + \kappa\beta\kappa}{\kappa'\iota\eta} = \frac{\kappa\beta\kappa' + \kappa\beta\kappa' - \omega}{\kappa'\iota\eta} = \frac{\text{vitesse de l'excent.}}{\text{vitesse plan.}}.$$

Les dénominateurs sont encore les mêmes ; il faudra diminuer $\kappa\zeta\kappa' + \kappa\beta\kappa'$ pour avoir le mouvement de l'excentrique : pour cela il faudra prendre un point entre κ et κ'; le mouvement sur l'excentrique, qui tend à augmenter la longitude, sera donc moindre que le mouvement $\kappa\kappa'$, qui tend à la diminuer, et la planète sera encore rétrograde.

Dans le système qui fait le Soleil le foyer commun de toutes les planètes, il est inutile de démontrer ces théorèmes pour l'excentrique. Voyez dans mon Astronomie comment j'ai démontré ces théorèmes, et leur identité avec ceux de Keill.

Nous avons supposé en commençant, comme une vérité d'observation, que $\frac{\iota\kappa}{\iota\zeta} > \frac{\text{vitesse de l'épicycle}}{\text{vitesse sur l'épicycle}}$; si ces quantités étaient égales, la station serait en γ, et il n'y aurait pas de rétrogradation ; si le premier membre était le plus petit, il n'y aurait ni station ni rétrogradation, puisque $\frac{\iota\gamma}{\iota\zeta}$ est le plus grand de tous les rapports, et que ces rapports vont toujours en diminuant à mesure que le point κ s'éloigne de γ.

Abaissez la perpendiculaire $\iota\pi$ sur $\zeta\kappa\beta$, κ est le point de la station ; vous aurez

$$\pi\iota = \zeta\pi \text{ tang } \iota\zeta\pi = \kappa\pi \text{ tang } \iota\kappa\pi, \quad \frac{\text{tang } \iota\zeta\pi}{\text{tang } \iota\kappa\pi} = \frac{\kappa\pi}{\zeta\pi} = \frac{d\odot}{d\pi},$$

$$d\pi : d\odot :: \zeta\pi : \kappa\pi :: \text{tang P} : \text{tang } \tau;$$

d'où l'on tire le théorème d'Apollonius ; ce n'est qu'une équation de condition qui se trouve satisfaite à la station.

$$d\pi - d\odot : d\odot :: \zeta\pi - \varkappa\pi : \varkappa\pi :: \zeta\varkappa : \varkappa\pi :: \text{tang P} - \text{tang T} : \text{tang T}$$

$$:: \frac{\sin(\text{P}-\text{T})}{\cos \text{P} \cos \text{T}} : \text{tang T} :: \frac{\sin(\text{P}-\text{T})}{\cos \text{P}} : \sin \text{T} :: \sin(\text{P}-\text{T}) : \sin \text{T} \cos \text{P},$$

$$:: \sin \text{P} \cos \text{T} - \cos \text{P} \sin \text{T} : \sin \text{T} \cos \text{P};$$

d'où

$$\frac{d\pi - d\odot}{d\odot} = \sin \text{P} \cos \text{T} - \cos \text{P} \sin \text{T} = \sin(\text{P}-\text{T}).$$

Il nous reste à montrer comment les Grecs calculaient les stations d'après ces théorèmes, qui n'étaient pas assez développés pour fournir une solution commode et directe.

Soit $\delta\varepsilon\varkappa$ l'épicycle de Saturne (fig. 94), γ le centre du zodiaque; menez $\gamma\zeta\varepsilon$, telle que $\frac{\frac{1}{2}\varepsilon\zeta}{\zeta\gamma} = \frac{\text{vitesse de l'épicycle}}{\text{vitesse sur l'épicycle}}$; ζ sera le point de la station.

La propriété du cercle donne

$$\gamma\delta.\gamma\varkappa = \gamma\varepsilon.\gamma\zeta = (\gamma\zeta + 2\zeta\theta)\gamma\zeta = 2\zeta\theta.\gamma\zeta + \overline{\gamma\zeta}^{2},$$

$$\gamma\delta.\gamma\varkappa - \overline{\gamma\zeta}^{2} = 2\zeta\theta.\gamma\zeta,$$

$$\frac{\gamma\delta.\gamma\varkappa - \overline{\gamma\zeta}^{2}}{\gamma\zeta} = 2\zeta\theta = \zeta\varepsilon \quad \text{ou} \quad \frac{\gamma\delta.\gamma\varkappa}{\gamma\zeta} - \gamma\zeta = \zeta\varepsilon.$$

Nous avons, suivant Ptolémée,

$$\begin{aligned}
\gamma\alpha &= 60^{p} \\
\alpha\delta &= \underline{6.30} \\
\gamma\delta &= 66.30 \ldots\ldots 5.6009729 \\
\gamma\varkappa &= 53.30 \ldots\ldots \underline{5.5065050} \\
\gamma\delta.\gamma\varkappa &= \qquad\qquad\quad 7.1074779
\end{aligned}$$

or,

$$\gamma\zeta : \zeta\theta :: (\Pi - \pi) : \pi :: 28^{\circ}\,45'\,46'' : 1^{\circ}.$$

Soit $\gamma\zeta = n.28^{\circ}\,45'\,46''$,

nous aurons $\zeta\theta = \underline{n.\ 1}$

$$\begin{aligned}
\gamma\theta = \zeta\gamma + \zeta\theta &= n.29.45.46 \\
\gamma\varepsilon = \zeta\gamma + 2\zeta\theta &= n.30.45.46 \\
\zeta\gamma &= n.28.45.46 \\
(2\zeta\theta + \zeta\gamma)\zeta\gamma &= n^{2}.30.45.46 \times 28.45.46
\end{aligned}$$

ou $\gamma\delta.\gamma\varkappa = n^{2}.30.45.46 \times 28.45.46$

et $n^{2} = \frac{\gamma\delta.\gamma\varkappa}{30.45.46 \times 28.45.46}$.

n connu, nous connaîtrons

$$\gamma\zeta = n.28^\circ 45' 46''$$
$$\zeta\theta = n.1^\circ$$
$$\gamma\epsilon = n.30.45.46$$
$$\gamma\theta = n.29.45.46$$
$$\sin \zeta\alpha\theta = \frac{\zeta\theta}{\alpha\zeta}$$
$$\alpha\zeta\gamma = 90^\circ + \zeta\alpha\theta$$
$$\sin \alpha\gamma\zeta = \left(\frac{\alpha\zeta}{\alpha\gamma}\right) \sin \alpha\zeta\gamma$$
$$\zeta\alpha\gamma = 180^\circ - \alpha\zeta\gamma - \alpha\gamma\zeta.$$

Ci-dessus, log $\gamma\delta.\gamma n$...	7.1074779
C. log 30.45.46...	6.7385569
C. log 28.45.46...	6.7680828
log n^2...	0.6141176
n....	0.3070588
28.45.46	3.2319172
$\gamma\zeta = 57.39,2$	3.5389760
n...	0.3070588
30.45.46	3.2614431
$\gamma\epsilon = 61.42,6$	3.5685019
$\gamma\epsilon - \gamma\zeta = \zeta\epsilon = 4.\ 3,4$	
$\zeta\theta = 2.\ 1,7$	2.0852906
C. $\alpha\zeta = \alpha\delta = 6.30$	7.4088354
$\sin \zeta\alpha\theta = 18^\circ 10' 43''$.......	9.4941266
$\alpha\zeta\theta = 71.49.17$	
$\alpha\zeta\gamma = 108.10.43$ sin...	9.9777641
C. $\gamma\alpha = 60$...	6.4436975
$\alpha\zeta$...	2.5911646
$\sin \alpha\gamma\zeta = 5^\circ 54' 52''$	9.0126262
$\alpha\zeta\theta = 71.49.17$	
$\zeta\alpha\gamma = 65.54.45$	

Cet angle donnera le tems de la demi-rétrogradation; car c'est l'angle traversé par la planète sur son épicycle, pendant la demi-rétrogradation; $\alpha\gamma\zeta$ est l'angle à la Terre, ou l'élongation à l'instant de la station : ainsi le problème est résolu d'une manière adroite et complète.

Les anciens, qui n'avaient pas l'usage des équations, ne pouvaient exposer leur solution d'une manière aussi simple : Diophante paraît avoir été le seul qui ait exprimé l'inconnue par un caractère particulier, comme nous avons fait ici pour n ; mais au fond la solution de Ptolémée revient au calcul que nous venons de faire.

On peut s'y prendre d'une manière plus facile encore à imaginer.

$$\gamma\zeta = 28{,}42912\,\zeta\theta,\quad \gamma\zeta.\gamma\epsilon = \gamma\zeta(\gamma\zeta + 2\zeta\theta) = \overline{\gamma\zeta}^2 + 2\zeta\theta.\gamma\zeta$$

$$\gamma\delta.\gamma n = \overline{\gamma\zeta}^2 + 2\zeta\theta.\gamma\zeta,$$

$$\gamma\delta.\gamma n = (28{,}42912)^2\,\overline{\zeta\theta}^2 + 2\overline{\zeta\theta}^2 .\ 28{,}42912,$$

$$\overline{\zeta\theta}^2 = \frac{\gamma\delta.\gamma n}{(28.42912)^2 + 56.85824} = \frac{\frac{\gamma\delta.\gamma n}{(28.42912)^2}}{1 + \frac{2}{28.42912}},$$

$$\zeta\theta = \frac{\frac{\sqrt{\gamma\delta.\gamma n}}{28.42912}}{\left(1 + \frac{2}{28.42912}\right)^{\frac{1}{2}}}.$$

J'ai trouvé la même chose de cette manière, ainsi qu'en suivant de très-près la marche de Ptolémée.

Ptolémée cependant trouve

$$\alpha\gamma\zeta = 5^\circ 58' 11'',\quad \zeta\alpha\gamma = 67^\circ 1' 15'',\quad \alpha\zeta\gamma = 107^\circ 20' 34''.$$

Ces erreurs sont peu importantes : $\zeta\alpha\gamma$ est le mouvement relatif ou d'anomalie.

Ces calculs sont pour la distance apogée du centre de l'épicycle; ils donnent 142 jours de rétrogradation.

Dans le périgée on ne trouve que... $6.12.35 = \alpha\gamma\zeta$
$64.51.10 = \zeta\alpha\gamma$
$108.56.17 = \alpha\zeta\gamma$

Les calculs sont tout pareils pour les autres planètes. Nous ne suivrons pas Ptoléméedans ces détails, qui ne nous apprendraient rien de nouveau. J'ai prouvé, dans mon Astronomie, que la solution d'Apollonius est identique à celle de Keill. Le calcul de Keill est moins incommode; je l'ai rendu beaucoup plus facile encore. Si les anciens n'ont pas déterminé les stations et tout ce qui s'y rapporte, aussi exactement que nous pouvons le faire, cela vient donc des seules données qu'ils n'avaient que d'une manière approximative.

Nous avons donc les moyens de refaire la Table de Ptolémée avec plus d'exactitude. On peut voir celle que j'ai donnée dans mon Astronomie. La forme, chez Ptolémée, est un peu différente.

Ptolémée prend pour argument de sa Table la longitude moyenne du centre de l'épicycle ; cette longitude détermine la distance du centre de l'épicycle à la Terre.

Avec cet argument on trouve les deux anomalies de l'épicycle qui produisent la station.

Soit $180^\circ - A$ l'anomalie qui produit la première station ou le commencement de la rétrogradation; $180^\circ + A$ sera l'anomalie qui produira la seconde station ou la fin de la rétrogradation, ensorte que la somme des deux nombres est toujours de 360°.

La différence des deux nombres, ou $(180^\circ + A) - (180^\circ - A) = 2A$, est le mouvement dans l'épicycle ou le mouvement d'anomalie pendant la rétrogradation, d'où l'on peut conclure la durée ; mais il faudrait pour cela que la longitude du centre de l'épicycle n'eût pas changé dans l'intervalle. Il est vrai que ce changement ne produit pas d'effet bien sensible; en le supposant de 180°, ce qui est impossible, l'anomalie qui donne la station ne pourrait changer.

Il n'est pour Saturne que de $2^\circ\, 44'$, pour Jupiter de $3^\circ\, 6'$, pour Mars de $11^\circ\, 41'$, pour Vénus de $2^\circ\, 51'$, et pour la Terre de $2^\circ\, 54'$.

La solution n'est cependant qu'approximative, et nous n'en demandons pas davantage aujourd'hui même. La seule solution exacte se trouve à la seule inspection d'une éphéméride, où l'on trouve pour chaque jour la longitude géocentrique de la planète. On voit d'un coup-d'œil si la planète est directe, stationnaire ou rétrograde. On y trouve de même la station en latitude, dont les anciens n'ont point parlé, et dont les modernes ne se sont pas occupés davantage.

Ce Livre est terminé par un chapitre sur les digressions de Vénus et de Mercure pour le commencement de chaque signe, et en supposant les apogées et les périgées tels qu'ils étaient au tems de Ptolémée.

Soient (fig. 95) β, γ, δ les trois centres, α l'apogée, ε le périgée, ζ le centre de l'épicycle, θ la planète en digression. Si l'on prend pour donnée l'angle $\alpha\delta\theta$, distance géocentrique de la planète à son apogée, on aura

$$\gamma x = \gamma\delta \sin \alpha\delta\theta = \theta\lambda,$$

$\gamma\lambda$ étant menée parallèle à $\delta\theta$, ensorte que $\alpha\gamma\lambda = \alpha\delta\theta$.

$$\zeta\lambda = \zeta\theta - \lambda\theta, \quad \sin \zeta\gamma\lambda = \frac{\zeta\lambda}{\gamma\zeta} = \zeta\lambda,$$

$$\alpha\gamma\zeta = \alpha\gamma\lambda - \zeta\gamma\lambda = \alpha\delta\theta - \zeta\gamma\lambda,$$
$$\gamma\lambda = \gamma\zeta \cos\zeta\gamma\lambda = \cos\zeta\gamma\lambda,$$
$$\delta\theta = \delta\varkappa + \varkappa\theta = \gamma\delta \cos\alpha\delta\theta + \cos\zeta\gamma\lambda,$$
$$\text{tang}\,\zeta\delta\theta = \frac{\zeta\theta}{\delta\theta},$$
$$\varkappa\zeta\theta = 90^\circ + \zeta\delta\theta,$$
$$\begin{aligned}\varkappa\theta = \varkappa\zeta\theta - \varkappa\eta &= \varkappa\zeta\theta - \beta\zeta\delta \\ &= \varkappa\zeta\theta - (\beta\zeta\gamma + \gamma\zeta\delta) \\ &= \varkappa\zeta\theta - \beta\zeta\gamma - \gamma\zeta\delta\end{aligned}$$
$$\alpha\beta\zeta = \alpha\delta\zeta + \beta\zeta\delta.$$

On aura donc la digression, la distance, l'anomalie de l'épicycle et celle de l'excentrique; car on a les données nécessaires pour résoudre les triangles $\gamma\delta\zeta$ et $\gamma\beta\zeta$. On pourra donc calculer la Table pour l'argument $\alpha\delta\theta$.

Si c'est $\alpha\delta\theta'$ qui est donné, on calculera $\lambda'\theta'$ comme $\lambda\theta$; mais $\lambda'\theta'$ est additif, au lieu que $\lambda\theta$ était soustractif; on aura $\zeta\lambda'$, $\gamma\lambda'$, $\zeta\delta\theta'$, $\delta\theta'$ et le reste; les angles $\zeta\delta\theta$, $\zeta\delta\theta'$ sont les distances angulaires au Soleil moyen; on en pourrait conclure les distances au Soleil vrai.

Pour Mercure, le calcul est un peu différent, puisque le centre des distances constantes est mobile. Le problème devient indirect; on le résout par deux suppositions successives et une règle de trois.

Supposons, par exemple, que l'on demande la plus grande digression qui puisse avoir lieu au commencement du Scorpion, ou en 7^s.

Soit (fig. 96) γ le centre du zodiaque, β et θ les deux autres; imaginons d'abord que le centre de l'épicycle soit à l'apogée même de l'excentrique, afin que le lieu moyen du Soleil soit en $6^s\,10^\circ$ et le lieu vrai en $6^s\,8^\circ$; autour de α décrivez l'épicycle avec sa tangente $\gamma\eta$, qui marque la digression du soir; menez le rayon au point de contingence $\alpha\eta$,

$$\sin\alpha\gamma\eta = \frac{\alpha\eta}{\alpha\gamma} = \frac{22.30}{69.\ 0} = 19^\circ\,2'.$$

La longitude de α =	$6^s\,10^\circ$
$\alpha\gamma\eta$ =	19.2
Longitude de η =	6.29.2
Soleil vrai =	6. 8
Distance angulaire au Soleil vrai =	21.2

Supposons en second lieu que le Soleil soit 5° plus loin, c'est-à-dire en $6^s\,15^\circ$, et le Soleil vrai en $6^s\,11^\circ\,4'$. Soit ε (fig. 97) le centre de l'épicycle ; menez $\epsilon\beta$, $\epsilon\gamma$, $\epsilon\eta$ et $\gamma\eta$; $\alpha\beta\epsilon = 5^\circ$; $\alpha\gamma\epsilon$ sera $= 2^\circ 52'$; $\gamma\epsilon$ sera de $68^p 58'$;

$$\sin \epsilon\gamma\eta = \frac{22.30}{68.58} = 19^\circ\ 2'\ 28''$$

$$\alpha\gamma\epsilon = \underline{\ 2.52\ }$$

$$\alpha\gamma\eta = 21.54$$

$$\begin{aligned}
\text{Apogée} &= 6^s\ 10^\circ \\
\alpha\gamma\eta &= \underline{\quad 21.54} \\
\text{Longitude de Mercure} &= 7.\ \ 1.54 \\
\text{Soleil vrai} &= \underline{6.11.\ \ 4} \\
\text{Elongation} &= \quad 20.50 \\
\text{Ci-dessus} &= \underline{\quad 21.\ \ 2} \\
\text{Différence} &= \quad\ 0.12
\end{aligned}$$

Cette différence a été produite par 5° de changement dans le lieu du Soleil moyen, qui ont changé de 2° 52′ la distance du centre de l'épicycle à l'apogée, au moment de la digression, et de 1° 54′ la longitude de Mercure, qui avait d'abord été supposée de $7^s\ 0^\circ$. Nous dirons

$$2^\circ\ 52' : 1^\circ\ 54' :: 12' : 8'.$$

Ainsi pour $7^s\ 0^\circ$ l'élongation sera

$$20^\circ\ 50' + 8' = 20^\circ\ 58'.$$

C'est par ces moyens bien simples que Ptolémée a calculé sa petite Table des digressions de Vénus et de Mercure, qui termine le Livre douzième.

CHAPITRE XIII.

Livre XIII.

Ce dernier Livre renferme la théorie des latitudes des planètes.

Les planètes ont deux inégalités en latitude aussi bien qu'en longitude; l'une est zodiacale et tient à l'excentrique; l'autre solaire, et elle dépend de l'épicycle.

Ptolémée suppose l'excentrique incliné à l'écliptique, et l'épicycle incliné à l'excentrique; il n'en résulte aucune équation sensible pour la longitude, parce que les inclinaisons sont peu de chose.

Quand la longitude corrigée est à 90° de la ligne des trois centres, et qu'en même tems l'anomalie vraie est à 90° de l'apogée sur l'épicycle, les planètes sont dans l'écliptique.

C'est au centre du zodiaque qu'est l'inclinaison de l'excentrique, c'est-à-dire que la ligne des nœuds passe par la Terre; et l'inclinaison est l'angle que fait sur la ligne des trois centres, l'apside apparente de l'épicycle, c'est-à-dire la ligne menée de la Terre au centre de l'épicycle.

Pour les trois planètes supérieures, on a observé que dans l'apogée de l'excentrique elles sont boréales le plus souvent, et que cette latitude boréale est la plus grande, si la planète est dans le périgée de son épicycle. Quand elles sont au périgée de l'excentrique, elles sont au sud de l'écliptique.

Pour Saturne et Jupiter, les limites boréales de l'excentrique sont vers le commencement de la Balance; pour Mars elles sont dans les derniers degrés du Cancer et tout près de l'apogée.

Il suit de là que les latitudes boréales sont égales aux latitudes australes dans l'excentrique, et que les périgées des épicycles sont inclinés du même côté que l'excentrique, les diamètres perpendiculaires à la ligne apogée-périgée restant toujours parallèles à l'écliptique.

Pour Vénus et Mercure, on a observé qu'à l'apogée et au périgée de l'excentrique, les latitudes sont les mêmes pour l'apogée et le périgée de l'épicycle; boréales pour Vénus, australes pour Mercure : mais dans ces mêmes positions, les digressions orientales diffèrent le plus des digressions occidentales; ce qui aurait dû faire soupçonner que l'épicycle n'était pas un cercle véritable.

Quand les longitudes vraies sont dans les nœuds, les deux points qui sont à 90° des apogées et des périgées, sont tous deux dans le plan de l'écliptique; les différences les plus grandes ont lieu dans les périgées et les apogées. Pour Vénus, l'inclinaison porte la planète au midi, dans la moitié soustractive du cercle, à partir du nœud. Il résulte de là que les inclinaisons des excentriques se meuvent et se rétablissent avec les périodes des épicycles, puisqu'ils se trouvent dans le plan de l'écliptique, lorsqu'ils sont dans les nœuds; que dans les apogées et les périgées, l'épicycle de Vénus est boréal et celui de Mercure austral.

Les épicycles produisent deux différences : ils inclinent les diamètres apogée-périgée vers les nœuds des excentriques; ils donnent une obliquité aux diamètres qui sont à angles droits avec les diamètres apogée-périgée. Ptolémée se sert ici du mot *obliquité* pour distinguer cet effet de celui que produit l'excentrique, auquel il réserve le mot *inclinaison;* mais, ces derniers diamètres sont dans le plan de l'excentrique aux apogées et aux périgées, tandis que les premiers ne sont dans le plan de l'écliptique que dans les nœuds.

Ces remarques, tirées d'une longue suite d'observations, ont pu guider Ptolémée dans la recherche d'une théorie : elles se comprendront et se retiendront mieux quand nous les aurons renfermées dans des formules générales.

Aux apogées et aux périgées, la ligne des apsides de l'épicycle est dans le plan de l'excentrique et *inclinée* sur l'écliptique; les diamètres 90°— 270° de l'épicycle, parallèles à l'écliptique dans les apogées et périgées de l'épicycle, sont *obliques* à l'écliptique quand les premiers sont dans son plan.

Tous les excentriques sont inclinés sur le zodiaque; ceux des planètes supérieures le sont d'une manière constante; ensorte que dans les positions diamétralement opposées de l'épicycle, les latitudes sont de dénomination contraire.

Dans les planètes inférieures, le point périgée de l'apside de l'épicycle tourne dans un petit cercle perpendiculaire à l'écliptique. (Quand ce petit cercle a fait un quart de révolution, la ligne périgée, qui était inclinée à l'écliptique, est toute entière dans le plan; quand il a fait un second quart, elle est inclinée en sens contraire.)

Le diamètre perpendiculaire à celui de l'apside, tourne de même dans un petit cercle attaché à l'extrémité orientale de ce diamètre, et qui est perpendiculaire au plan du zodiaque; dans la position moyenne, le diamètre est parallèle à l'écliptique; au bout d'un quart de révolution, il est oblique.

Tout cela est loin d'être simple et clairement exposé; Ptolémée paraît l'avoir senti lui-même, car il tâche de s'en justifier par des raisons aussi entortillées et aussi obscures que sa Mécanique. Que personne, nous dit-il, n'imagine que ces hypothèses soient difficiles, en voyant les embarras de nos machines; car il ne faut pas comparer les choses humaines aux divines, ni chercher dans des choses entièrement différentes, des raisons pour rejeter ou admettre nos systèmes. Car qu'y a-t-il de plus différent que ce qui est toujours le même et ce qui change sans cesse? ce qui n'éprouve aucun obstacle et ce qui en éprouve de continuels? Il faut imaginer les hypothèses les plus simples qui puissent s'accorder avec les mouvemens célestes; et si l'on ne peut y parvenir, y faire au moins son possible : car si une fois on arrive à sauver les apparences, qui pourra s'étonner alors qu'une pareille complication ait lieu dans les mouvemens célestes, qui n'ont dans leur nature rien qui les empêche, et qui, par leur essence, se prêtent à tous les mouvemens naturels, bien qu'ils paraissent opposés, au point de traverser tous les milieux sans cesser d'être aperçus? Et ce n'est pas seulement de leurs cercles qu'il faut entendre cette possibilité, mais de leurs sphères, de leurs axes, qui ont la même complication et la même opposition dans leurs mouvemens. Ce n'est pas d'après nos idées de simplicité que nous devons juger la simplicité des choses célestes; car parmi nous-mêmes ces idées ne sont pas bien fixes; et à considérer ainsi la chose, on ne trouvera rien de simple, pas même la constance du premier mouvement. Il serait, je ne dis pas difficile, mais tout-à-fait impossible de trouver rien de semblable ici bas. Ce n'est donc pas d'après la Terre, mais d'après le ciel même et l'immutabilité de ses mouvemens, que nous devons raisonner. Alors tout nous paraîtra plus simple que ce qui le paraît le plus parmi nous, parce qu'il sera impossible d'y soupçonner le moindre travail ni la moindre difficulté.

Ptolémée aurait pu s'épargner ce galimatias, et se contenter de mettre sa théorie en Tables. Aujourd'hui nous ne prenons pas la peine d'imaginer ni épicycles, ni roulettes pour représenter mécaniquement les différentes équations dont se composent nos Tables de perturbations.

Pour Vénus, l'apogée et le périgée fait, dans les latitudes, une différence d'un sixième de degré; pour Mercure la différence est de trois quarts: c'est l'inclinaison de leur excentrique.

Dans les digressions, la latitude paraît de 5° plus boréale et plus australe que dans la digression opposée. Pour Vénus, c'est toujours la même chose à peu près. Pour Mercure, il peut y avoir une différence de $\frac{1}{2}$ degré, et leur obliquité est par un milieu $2^{\circ}\,\frac{1}{2}$.

Dans les nœuds et les digressions moyennes,

La latitude de Vénus apogée est de...	1° 0′
La latitude périgée................	6.20
Double différence.................	5.20
Inclinaison......................	2.40
Mercure apogée...................	1. 2
périgée...................	6.22
Double différence.................	5.20
Inclinaison......................	2.40
A 90° de l'apogée................	1.46
périgée..............	4. 5
Double...........................	2.19
Inclinaison......................	1. 9.30

Pour les planètes supérieures, les effets de l'inclinaison sont toujours mêlés à ceux de l'obliquité, de manière à ne se séparer que difficilement; on y parviendra cependant de la manière suivante.

Soit (fig. 98) $\alpha\beta$ l'intersection d'un cercle de latitude et l'écliptique;

$\gamma\delta$ l'intersection d'un cercle de latitude et de l'excentrique;

ε le centre du zodiaque, γ l'apogée de l'excentrique, δ le périgée;

Décrivez les cercles égaux $\zeta\eta\theta\kappa$, $\lambda\mu\nu\xi$, passant par les pôles de l'épicycle;

$\varepsilon\eta$, $\varepsilon\mu$ distances apogées;

$\varepsilon\kappa$, $\varepsilon\xi$ distances périgées;

$\alpha\beta$ est un diamètre de l'écliptique;

$\gamma\delta$ un diamètre de l'excentrique;

$\kappa\eta$ et $\mu\xi$ des diamètres de l'épicycle;

$\gamma\varepsilon\beta = \alpha\varepsilon\lambda =$ inclinaison de l'excentrique;

$\zeta\gamma\eta$ celle de l'épicycle $= \mu\delta\lambda$.

Dans l'apogée on a observé la latitude...... $\beta\varepsilon\kappa = \lambda$;

Dans le périgée on a observé la latitude.... $\alpha\varepsilon\xi = \lambda'$.

On demande l'inclinaison $\beta\varepsilon\gamma$ de l'excentrique, et l'inclinaison $\kappa\gamma\varepsilon = \xi\delta\varepsilon$ de l'épicycle.

$$\lambda = \beta\varepsilon\gamma + \gamma\varepsilon\kappa$$
$$\lambda' = \alpha\varepsilon\delta + \delta\varepsilon\xi$$
$$\lambda' - \lambda = \alpha\varepsilon\delta - \beta\varepsilon\gamma + \delta\varepsilon\xi - \gamma\varepsilon\kappa$$
$$= \delta\varepsilon\xi - \gamma\varepsilon\kappa$$

$$\gamma\kappa \sin\gamma = \varepsilon\kappa \sin\gamma\varepsilon\kappa, \quad \sin\gamma\varepsilon\kappa = \frac{\gamma\kappa}{\varepsilon\kappa}\sin\gamma,$$
$$\delta\xi \sin\delta = \varepsilon\xi \sin\delta\varepsilon\xi,$$
$$\sin\delta\varepsilon\xi = \frac{\delta\xi}{\varepsilon\xi}\sin\delta = \frac{\gamma\kappa}{\varepsilon\xi}\sin\delta,$$
$$\sin\delta\varepsilon\xi : \sin\gamma\varepsilon\kappa :: \frac{\gamma\kappa}{\varepsilon\xi}\sin\delta : \frac{\gamma\kappa}{\varepsilon\kappa}\sin\delta :: \frac{1}{\varepsilon\xi} : \frac{1}{\varepsilon\kappa} :: \varepsilon\kappa : \varepsilon\xi,$$
$$\sin\delta\varepsilon\xi + \sin\gamma\varepsilon\kappa : \sin\delta\varepsilon\xi - \gamma\varepsilon\kappa :: \varepsilon\kappa + \varepsilon\xi : \varepsilon\kappa - \varepsilon\xi,$$
$$\operatorname{tang}\tfrac{1}{2}(\delta\varepsilon\xi + \gamma\varepsilon\kappa) : \operatorname{tang}\tfrac{1}{2}(\delta\varepsilon\xi - \gamma\varepsilon\kappa) :: (\varepsilon\kappa + \varepsilon\xi) : (\varepsilon\kappa - \varepsilon\xi);$$
$$\operatorname{tang}\tfrac{1}{2}(\delta\varepsilon\xi + \gamma\varepsilon\kappa) = \operatorname{tang}\tfrac{1}{2}(\lambda' - \lambda)\left(\frac{\varepsilon\kappa + \varepsilon\xi}{\varepsilon\kappa - \varepsilon\xi}\right).$$

On aura donc $\delta\varepsilon\xi$ et $\gamma\varepsilon\kappa$ par leur demi-somme et leur demi-différence. Mais

$$\lambda' + \lambda = (\alpha\varepsilon\delta + \beta\varepsilon\gamma) + (\delta\varepsilon\xi + \gamma\varepsilon\kappa) = 2\beta\varepsilon\gamma + (\delta\varepsilon\xi + \gamma\varepsilon\kappa),$$
$$2\beta\varepsilon\gamma = (\lambda' + \lambda) - (\delta\varepsilon\xi + \gamma\varepsilon\kappa),$$
$$\beta\varepsilon\gamma = \tfrac{1}{2}(\lambda' + \lambda) - \tfrac{1}{2}(\delta\varepsilon\xi + \gamma\varepsilon\kappa),$$

$\gamma\kappa : \kappa\varepsilon :: \sin\gamma\varepsilon\kappa : \sin\kappa\gamma\varepsilon = \frac{\varepsilon\kappa \sin\gamma\varepsilon\kappa}{\gamma\kappa} = 2^\circ 15'$, suivant Ptolémée.

$$\delta\xi : \varepsilon\xi :: \sin\delta\varepsilon\xi : \sin\varepsilon\delta\xi = \frac{\varepsilon\xi \sin\delta\varepsilon\xi}{\delta\xi}.$$

Pour Mars.... $\lambda = 4^\circ 20'$

$\lambda' = 7.\ 0$

$\lambda' + \lambda = 11.20$

$\lambda' - \lambda = 2.40$

$\tfrac{1}{2}(\lambda' + \lambda) = 5.40$ .... $5^\circ 40'$

$\tfrac{1}{2}(\lambda' - \lambda) = 1.20$ $\quad \tfrac{1}{2}(\delta\varepsilon\xi + \gamma\varepsilon\kappa) = 4.39.26''$

$\beta\varepsilon\alpha = 1.\ 0.34$

car $\quad \frac{\varepsilon\xi + \varepsilon\kappa}{\varepsilon\xi - \varepsilon\kappa} = \frac{9+5}{9-5} = \frac{14}{4} = \frac{7}{2} = 3.5\ldots$ 0.5440680

$\operatorname{tang}\tfrac{1}{2}(\lambda' - \lambda) = 1^\circ 20'$...... 8.3668945

$\operatorname{tang}\tfrac{1}{2}(\delta\varepsilon\xi + \gamma\varepsilon\kappa) = 4.39.26$ $\quad$ 8.9109625

$\delta\varepsilon\xi = 5.59.26$

$\gamma\varepsilon\kappa = 3.19.26$

Avec ces valeurs on peut calculer $\varkappa\gamma\varepsilon$ et $\varepsilon\delta\xi$, qu'on doit trouver égaux.

Pour Saturne et Jupiter, il n'a pas trouvé de différence sensible entre le périgée et l'apogée.

Il a trouvé pour Saturne... $\beta\varepsilon\varkappa = 2^\circ$

$$\beta\varepsilon\eta = 3$$

$$\varkappa\varepsilon\eta = 1.0$$

$$\zeta\varepsilon\varkappa : \zeta\varepsilon\eta :: 18 : 23,$$

$$\zeta\varepsilon\varkappa + \zeta\varepsilon\eta = \zeta\varepsilon\varkappa :: 41 : 18,$$

$$\zeta\varepsilon\varkappa = \frac{18}{41}.\varkappa\varepsilon = \frac{18.60}{41} = \frac{1080}{41} = 26'$$

et par conséquent $\zeta\varepsilon\eta = 34$

$$\beta\varepsilon\varkappa = 3^\circ\ 0$$

en conséquence $\beta\varepsilon\zeta = 2.26$

Pour Jupiter............. $\beta\eta\varkappa = 1^\circ\, 0'$

$$\beta\varepsilon\eta = 2.0$$

$$\varkappa\varepsilon\eta = 1.0$$

$$\zeta\varepsilon\varkappa : \zeta\varepsilon\eta :: 29 : 43,$$

$$\zeta\varepsilon\varkappa + \zeta\varepsilon\eta : \zeta\varepsilon\varkappa :: 72 : 29;$$

$$\zeta\varepsilon\varkappa = \left(\frac{29}{72}\right) 60 = \frac{1740}{72} = 24'$$

donc $\zeta\varepsilon\eta = 36$

$$\varkappa\varepsilon\eta = 2.\ 0$$

$$\beta\varepsilon\zeta = 1.24$$

Pour plus de facilité Ptolémée suppose pour Jupiter $\beta\varepsilon\zeta = 1^\circ\, 30'$; pour Saturne $\beta\varepsilon\zeta = 2^\circ\, 30'$: ce qui prouve qu'il ne cherchait pas une grande précision.

D'après cette théorie, Ptolémée passe à la construction des Tables de latitude; et c'est-là véritablement ce que ce treizième Livre offre d'intéressant. Pour juger de ce système, on n'ira pas combiner les effets des deux inclinaisons, et celui des roulettes au moyen desquelles il fait lever ou baisser un des diamètres de ses épicycles; mais on calculera la latitude par les Tables, et on la comparera à quelques observations. C'est à cela que Ptolémée aurait dû se borner; retrancher ses deux premiers chapitres, ou du moins les réduire à quelques lignes de principes, de définitions et de remarques tirées des observations.

Soit $\alpha\beta\gamma$ (fig. 99) la section de l'épicycle par le cercle de latitude qui passe par le centre de l'épicycle ; $\beta\iota$ la commune section de ce même cercle de latitude et de l'épicycle, et en même tems le rayon de cet épicycle, dont le centre est β, et $\zeta\kappa$ le diamètre perpendiculaire à $\beta\gamma$. Soit la planète en θ au point de son épicycle $\zeta\theta\kappa$, vous aurez

$$\theta\pi = \iota\beta \sin \kappa\theta = r \sin y = \kappa\beta,$$
$$\beta\pi = \iota\beta \cos \kappa\theta = r \cos y = \kappa\theta.$$

Imaginez maintenant que l'épicycle, que nous avons couché sur l'écliptique, tournant autour de $\zeta\kappa$, arrive à faire un angle égal à l'inclinaison I, le sin $\theta\pi$ se projettera sur l'écliptique, et deviendra

$$r \sin y \cos I = \iota\pi = \beta\iota\,;$$

$\kappa\theta = \beta\pi$ deviendra

$$\iota\mu = r \cos y.$$

$$\text{tang}\ \iota\gamma\mu = \frac{\iota\mu}{\gamma\iota} = \frac{\kappa\theta}{\gamma\beta - \beta\iota} = \frac{r \cos y}{\gamma\beta - r \cos I \sin y} = \frac{\left(\frac{r}{\gamma\beta}\right)\cos I}{1 - \left(\frac{r}{\gamma\beta}\right)\cos I \sin y},$$

$$\gamma\mu = \frac{\gamma\iota}{\cos \iota\gamma\mu} = \frac{\gamma\beta - r\cos I \sin y}{\cos \iota\gamma\mu} = \frac{\gamma\beta\left(1 - \frac{r}{\gamma\beta}\cos I \sin y\right)}{\cos \iota\gamma\mu}.$$

Le point θ se projettera en μ, et sa hauteur au-dessus de μ sera $r \sin I \sin y$; enfin la latitude se trouvera par la formule

$$\text{tang}\,\lambda = \frac{r\sin I \sin y}{\gamma\mu} = \frac{r \sin I \sin y \cos \iota\gamma\mu}{\gamma\beta\left(1 - \frac{r}{\gamma\beta}\cos I \sin y\right)} = \frac{\left(\frac{r}{\gamma\beta}\right)\sin I \sin y \cos \iota\gamma\mu}{1 - \left(\frac{r}{\gamma\beta}\right)\cos I \sin y}.$$

Soit $\varphi = \iota\theta = 90° - y$,

$$\text{tang}\,A = \text{tang}\,\iota\gamma\mu = \frac{\left(\frac{r}{\gamma\beta}\right)\sin\varphi}{1 - \left(\frac{r}{\gamma\beta}\right)\cos I \cos\varphi},$$

$$\text{tang}\,\lambda = \frac{\left(\frac{r}{\gamma\beta}\right)\sin I \cos\varphi \cos A}{1 - \left(\frac{r}{\gamma\beta}\right)\cos I \cos\varphi} = \frac{\left(\frac{r}{\gamma\beta}\right)\sin\varphi \sin I \cot\varphi \cos A}{1 - \left(\frac{r}{\gamma\beta}\right)\cos I \cos\varphi},$$

$$\text{tang}\,\lambda = \text{tang}\,A \sin I \cot\varphi \cos A = \sin I \cot\varphi \sin A,$$

$$\cos A \cos\lambda = \cos\text{élong. obliq.} = \cos E = \cos A - 2\sin^2 \tfrac{1}{2}\lambda \cos A,$$

$$\cos A - \cos E = 2\sin^2 \tfrac{1}{2}\lambda \cos A;$$

ou bien soit $\text{tang}\,A = \dfrac{\left(\frac{r}{R}\right)\sin\varphi}{1 - \left(\frac{r}{R}\right)\cos I \cos\varphi}$,

$$\tang \lambda = \sin I \cot \phi \sin A, \qquad \cos A \cos \lambda = \cos E,$$

$$2\sin \tfrac{1}{2}(E-A) = \frac{2\sin^2 \frac{1}{2}\lambda \cos A}{\sin \frac{1}{2}(E+A)} = \frac{2\sin^2 \frac{1}{2}\lambda \cos A}{\sin A} = 2 \sin^2 \tfrac{1}{2}\lambda \cot A;$$

cette formule donne l'erreur de la longitude provenant de la réduction négligée.

Appliquons ces formules à l'exemple calculé par Ptolémée pour $\phi = 45°$ et 135°.

$\frac{r}{R} = \frac{43.10}{60.\ 0}$...	3.4152998 6.4436975	....	9.8569973
cos I = 2° 30′ ...	9.9996865	sin φ ...	9.8494850
cos φ = 45. 0	9.8494850	C. 0.491643	0.5085501
0.508357 ...	9.7061688	tang A = 45° 58′ 42″ ...	0.0148324
1.			
0.491643 = D			9.8569973
1.508357 = D′		sin φ ...	9.8494850
		C. 1.508357 ...	9.8214958
		tang A′ = 18° 58′ 16″ ...	9.5279781
sin A ...	9.8567754	sin A′ ...	9.5045852
sin I ...	8.6396796	sin I ...	8.6396796
cot φ ...	0.0000000	cot φ ...	0.0000000
tang λ = 1° 47′ 48″ ...	8.4964550	tang λ′ = 0° 45′ 55″ ...	8.1442648
1.48	Ptolémée	0.48	à 135°
	à 45°.		

Le calcul trigonométrique de Ptolémée est horriblement long, et par là plus sujet à erreur.

½ λ = 0° 53′ 54″ ...	3.50297	½ λ′ = 0° 24′ ...	3.15761
sin λ ...	8.49627	sin λ′ ...	8.14420
cot A ...	9.98517	cot A′ ...	0.47202
erreur de longitude, 1′ 36″ ...	1.98441	59″,4 ...	1.77583

Ptolémée trouve ici 2′ par la comparaison des prostaphérèses calculées avec et sans l'inclinaison; mais aucun de ses calculs n'est sûr à la minute; on ne s'étonnera donc pas de la différence de 24″ qui est entre notre calcul et le sien.

Nos formules supposent l'inclinaison en avant et vers la Terre; celle de Vénus est en arrière; ainsi le calcul fait pour 45° appartient à 135°, et réciproquement.

Nos formules donnent les deux calculs à-la-fois pour B et (180°—B); il ne faut que 12 logarithmes pour les deux latitudes.

Cette théorie suppose jusqu'ici que l'excentrique soit dans le même plan que l'écliptique, et que l'épicycle soit seul incliné. Cela était bon pour Vénus et Mercure, dont les orbites sont des épicycles dont le Soleil est le centre; mais il n'en est pas de même des autres planètes, dont les deux inclinaisons sont toujours mêlées ensemble.

Voulons-nous maintenant que l'excentrique soit incliné à l'écliptique, d'un angle i? Au lieu de chercher $A = \nu\gamma\mu$, cherchons l'élévation du point x au-dessus de la ligne $\gamma\nu$, c'est-à-dire l'angle $x\gamma\nu = A'$. Nous aurons

$$\text{tang } A' = \frac{x\nu}{\gamma\nu} = \frac{r \sin y \sin I}{\gamma\delta - r\cos I \sin y} = \frac{r \sin I \cos\varphi}{R - r\cos I \cos\varphi} = \frac{\left(\frac{r}{R}\right)\sin I \cos\varphi}{1 - \left(\frac{r}{R}\right)\cos I \cos\varphi} \text{ (fig. 99 et 100).}$$

Cet angle est autre que A, mais il n'est pas plus difficile à calculer.

A l'élévation A' ajoutons $i = \nu\gamma\pi$ = angle au centre de la Terre, entre l'excentrique $\gamma\nu$ et l'écliptique $\gamma\pi$; $(A' + i) = x\gamma\pi$ sera l'élévation du point x au-dessus de l'écliptique.

La distance du point x au centre de la Terre sera γx et

$$\gamma x = \frac{\gamma\nu}{\cos A'} = \frac{R\left(1 - \frac{r}{R}\cos I \cos\varphi\right)}{\cos A'}.$$

Du point x abaissez la perpendiculaire $x\pi$ sur l'écliptique; la distance du pied π de cette perpendiculaire au centre de la Terre sera $\gamma\pi$ et

$$\gamma\pi = \gamma x \cos x\gamma\pi = \frac{R\left(1 - \frac{r}{R}\cos I \cos\varphi\right)\cos(A' + i)}{\cos A'}.$$

Par le point θ de la planète (fig. 99), imaginez une autre perpendiculaire $\theta\pi'$ à l'écliptique, π' étant le pied de cette autre perpendiculaire. $\pi\pi'$ distance des deux pieds sera $\theta x = r \sin\varphi$.

$\frac{\theta x}{\gamma\pi}$ = tang angle sous lequel est vue la distance $\pi\pi'$ = tang B,

$$\text{tang}\, B = \frac{r \sin\varphi \cos A'}{R\left(1 - \frac{r}{R}\cos I \cos\varphi\right)\cos(A'+i)} = \frac{\left(\frac{r}{R}\right)\sin\varphi\cos A'}{\left(1 - \frac{r}{R}\cos I\cos\varphi\right)\cos(A'+i)}$$

$$= \frac{\left(\frac{r}{R}\right)\sin I\cos\varphi\,\text{tang}\,\varphi\cos A'}{\sin I\left[1 - \left(\frac{r}{R}\right)\cos I\cos\varphi\right]\cos(A'+i)}$$

$$= \frac{\text{tang}\, A'\,\text{tang}\,\varphi\cos A'}{\sin I\cos(A'+i)} = \frac{\sin A'\,\text{tang}\,\varphi}{\sin I\cos(A'+i)};$$

alors

$$\cos B\,\text{tang}\,(A'+i) = \text{tang latitude.}$$

Ce qui suppose qu'un grand cercle mené par les points $\varkappa$ et θ de la figure ira couper l'écliptique à 90° de $\varkappa$ et de π, ce qui est évident.

Résumant, nous aurons

$$\text{tang}\, A = \frac{\left(\frac{r}{R}\right)\sin I\cos\varphi}{1 - \left(\frac{r}{R}\right)\cos I\cos\varphi},\quad \text{tang}\, B = \frac{\sin A}{\sin I}\cdot\frac{\text{tang}\,\varphi}{\cos(A+i)},$$

$$\text{tang}\,\lambda = \cos B\,\text{tang}\,(A+i).$$

Si $\varphi = 90°$, $A = 0$, $B = 0$, $\lambda = i$; A, $(A+i)$ et B sont trois angles auxiliaires.

B devient zéro quand $\varphi = 0$ ou 180°; alors $\text{tang}\,\lambda = \text{tang}\,(A+i)$, ou $\lambda = (A+i)$; ce qui suffit souvent.

Ces formules serviront pour les planètes supérieures, en donnant à R les valeurs convenables, c'est-à-dire les deux valeurs extrêmes; car ces formules ne sont que pour le cas où les trois centres (de la Terre, de l'excentrique et de l'écliptique) sont dans un même cercle de latitude, c'est-à-dire dans les apogées et les périgées. Alors l'angle $\zeta\beta\gamma$ de notre figure 99 est un angle droit; dans toute autre position, cet angle est oblique. Ptolémée suppose que la latitude diminuera comme le sinus de l'angle, et il multiplie les latitudes par ce sinus; ce qui n'est exact qu'à peu près.

Comparons cette formule de latitude à la formule moderne.

Soit S, T, P le Soleil, la Terre et la planète (fig. 101). Abaissez Pp perpendiculaire sur l'écliptique,

$$Sp = r\cos h,\quad Pp = r\sin h.$$

Abaissez la perpendiculaire pu sur ST,

$$\text{tang}\,p\text{TS} = \text{tang T} = \frac{pu}{\text{T}u} = \frac{r\cos h\sin \text{S}}{\text{TS} - r\cos h\cos \text{S}} = \frac{\left(\frac{r\cos h}{\text{R}}\right)\sin \text{S}}{1 - \left(\frac{r\cos h}{\text{R}}\right)\cos \text{S}},$$

$$\text{tang G} = \text{tang PT}p = \frac{\text{P}p}{\text{T}p} = \frac{r\sin h}{\text{T}u\,\text{séc T}} = \frac{r\sin h\cos \text{T}}{\text{R} - r\cos h\cos \text{S}}$$

$$= \frac{\left(\frac{r}{\text{R}}\right)\sin h\cos \text{T}}{1 - \left(\frac{r}{\text{R}}\right)\cos h\cos \text{S}} = \frac{\frac{r}{\text{R}}\cos h\,\text{tang}\,h\cos \text{T}\sin \text{S}}{\sin \text{S}\left(1 - \frac{r}{\text{R}}\cos h\cos \text{S}\right)}$$

$$= \frac{\left(\frac{r}{\text{R}}\right)\cos h\sin \text{S}\,\text{tang}\,h\cos \text{T}}{\left(1 - \frac{r}{\text{R}}\cos h\cos \text{S}\right)\sin \text{S}} = \frac{\text{tang T tang}\,h\cos \text{T}}{\sin \text{S}} = \frac{\sin \text{T}}{\sin \text{S}}\,\text{tang}\,h$$

$$= \text{tang I}\sin \text{T}\,\frac{\sin(\pi - \Omega)}{\sin(\pi - \odot)} = \frac{\text{tang I}\sin \text{T}\sin(\pi - \Omega)}{\sin \text{S}}.$$

Pour les planètes inférieures, Ptolémée fait l'équivalent de

$$\text{tang A} = \frac{\left(\frac{r}{\text{R}}\right)\sin \text{I}\cos \varphi}{1 - \left(\frac{r}{\text{R}}\right)\cos \text{I}\cos \varphi};$$

au dénominateur, cos I ne diffère guère de cos h; cos I, substitué à cos h au dénominateur, fait A > T; mais la différence n'est pas grande.

Il fait

$$\text{tang G} = \text{tang}\,\lambda = \sin \text{I}\cot \varphi\sin \text{A}$$
$$= \sin \text{I}\cos \varphi.\frac{\sin \text{A}}{\sin \varphi} = \frac{\sin h\sin \text{T}}{\sin \text{S}} = \left(\frac{\sin \text{I}\sin \text{T}}{\sin \text{S}}\right)\sin(\pi - \Omega).$$

Il met donc sin h au lieu de tang h, ce qui diminue G; mais d'un autre côté, il fait A > T. Au total, et vu la petitesse des latitudes, ces inexactitudes sont bien peu importantes.

Il reste à considérer ce que Ptolémée appelle l'*obliquité* ou l'*obliquation* des planètes inférieures. Si le diamètre (90° — 270) de l'épicycle cesse d'être parallèle à l'écliptique, et qu'il vienne à s'incliner d'une quantité ω, toutes les ordonnées parallèles à ce diamètre auront la même inclinaison; la projection du demi-diamètre $\epsilon x = r$ (fig. 102) sera $r\cos\omega$; la distance perpendiculaire de ϵ au plan de l'écliptique sera $r\sin\omega$.

La projection d'une ordonnée quelconque $6\delta = r \sin \gamma\delta = r \sin \phi$ sera $r \sin \phi \cos \omega$, et la hauteur du point δ sera $r \sin \phi \sin \omega$.

Cette hauteur, vue de la distance accourcie $\alpha\delta$, sous-tendra un angle λ'' tel que

$$\operatorname{tang} \lambda'' = \frac{r \sin \phi \sin \omega}{\alpha\delta};$$

$\frac{r \sin \phi \cos \omega}{\alpha\delta}$ sera la prostaphérèse réduite à l'épicycle ;

$$\alpha\delta = \frac{\alpha\theta}{\text{cos prostaphérèse}} = \frac{\alpha\varepsilon + \cos \phi}{\text{cos prostaphérèse}},$$

$$\operatorname{tang} \lambda'' = \frac{r \sin \phi \sin \omega \cos \text{ prostaphérèse}}{\alpha\varepsilon + r \cos \phi} = \frac{\left(\frac{r}{R}\right) \sin \phi \sin \omega \cos \pi}{1 + \left(\frac{r}{R}\right) \cos \phi}$$

$$= \text{tang prostaph. } \sin \omega \text{ cos prostaph.} = \text{sin prostaph. } \sin \omega.$$

Soit $\phi = 18°$ et $162°$:

$\left(\frac{r}{R}\right) = \frac{43.10}{60.\ 0}$ ...	9.8569975		9.8569975
$\cos \phi = 18°$ ...	9.9782065	$\sin \phi$ ...	9.4899824
0,68425 ...	9.8352036	C. D ...	0.5006291
D = 0.31577		tang prost. = π = 35° 5′ 52″	9.8476088
D′ = 1.68425			
		$\left(\frac{r}{R}\right) \sin \phi$ ...	9.3469797
		C. D′ ...	9.7735986
		tang π' = 7° 31′ 1″ ...	9.1205783
$\sin \omega$ =	8.7856753	$\cos \pi'$ ...	9.9962488
$\sin \pi$ =	9.7602166	$\sin \omega$ ...	8.7856753
λ'' = 2. 0.47	8.5458919	0° 27′ 28″	7.9025024
1.55 ... Ptol. à 162°		à 18° 0.25 .... Ptolémée.	

Ainsi Ptolémée compte les angles ϕ de ν, et non de ε (fig. 99).

Il reste à déterminer l'angle ω. On a trouvé que la différence des latitudes due à cette *obliquation* est de 5° environ, dont la moitié sera 2° 30′; ce sera la seconde latitude λ'' qui répondra à la plus grande prostaphérèse ou seconde inégalité.

On a donc

$$\operatorname{tang} 2° 30' = \sin \omega \sin \text{ plus grande prostaphérèse},$$

ou

$$\sin \omega = \frac{\text{tang } 2^\circ 30'}{\text{sin plus grande prostaphérèse}} = \frac{\text{tang } 2^\circ 30'}{\left(\frac{r}{R}\right)} = \sin 3^\circ 28' 45''.$$

Ptolémée fait 3° 30′; c'est trop de 1′ 15″.

Par des moyens semblables il trouve $\omega = 7^\circ$ pour Mercure.

Ainsi nous avons ramené à des formules faciles cette théorie des latitudes, que Ptolémée avait annoncée comme si compliquée, qu'on ne pouvait s'en faire aucune idée, ni la rendre sensible par aucun mécanisme. Lui-même, après cette annonce effrayante, s'était borné à des constructions qui n'exigeaient que la Trigonométrie plane. Il est vrai que ses calculs étaient singulièrement prolixes; mais les Tables une fois construites, l'usage en était assez expéditif. On prenait deux nombres, on les multipliait par un facteur pris dans une Table commune à toutes les planètes, et qui n'était que la Table des sinus.

Pour m'assurer de la bonté de mes formules, et montrer qu'elles sont réellement équivalentes aux longues méthodes de Ptolémée, je m'en suis servi pour calculer la Table des latitudes avec une étendue suffisante, non pour l'usage, mais pour démontrer l'accord des deux méthodes, et pour savoir à quelle précision Ptolémée avait pu arriver par des voies si longues et si détournées.

Table des latitudes des Planètes.

	SATURNE.		JUPITER.		MARS.		VÉNUS.		MERCURE.		VÉNUS.
	Limite boréale.	Limite australe.	Limite boréale.	Limite australe.	Limite boréale.	Limite australe.	Inclinaison.	Obliquation (a).	Inclinaison.	Obliquation.	Obliquation (a).
0°	2° 4′ 28″	2° 2′ 40″	1° 6′ 41″	1° 5′ 0″	0° 9′ 27″	0° 2′ 50″	1° 2′ 25″	0° 0′ 0″	1° 46′ 31″	0° 0′ 0″	0° 0′ 0″
18	2. 5.33	2. 3.50	1. 7.40	1. 6.20	0.10.57	0. 4.35	1. 0.25	0.27.28	1.42.16	0.34.24	0.26.10
36	2. 8.45	2. 7.13	1.10.24	1. 8.46	0.15.43	0. 9.33	0.53.19	0.54.12	1.29.43	1. 7.21	0.51.37
54	2.13.58	2.10.45	1.14.12	1.13.27	0.23.20	0.17.50	0.41.15	1.19.29	1. 8.36	1.35.24	1.15.41
72	2.21.54	2.20.10	1.21.58	1.22. 0	0.35. 6	0.35.33	0.23.48	1.42.32	0.38.47	2. 2.25	1.39.39
90	2.30. 0	2.30. 0	1.30. 0	1.30. 0	1. 0. 0	1. 0. 0	0. 0. 0	2. 2.35	0. 0. 0	2.20.56	1.56.43
108	2.38.13	2.38.47	1.37.22	1.37.54	1. 7.50	1. 6.24	0.32.11	2.18.40	0.48. 1	2.29.33	2.12. 7
126	2.46.56	2.48.20	1.46.42	1.48.10	1.40.44	1.52.14	1.17.19	2.29. 5	1.54.51	2.23.56	2.21.51
144	2.54.32	2.56.35	1.55.18	1.57.17	2.24.10	2.55.54	2.26.37	2.32.19	[illegible]	1.58.36	2.22.13
162	2.56.39	3. 2.15	2. 1.12	2. 5.15	3.38.41	4.55.10	4.24.48	2. 0.51	3.41.49	1. 9. 4	1.55. 8
180	3. 1.37	3. 4.15	2. 3.48	2. 7.29	4.20.40	7. 4. 0	6.21.58	0. 0. 0	4. 5. 5	0. 0. 0	0. 0. 0

Entre tous ces nombres et ceux des Tables de Ptolémée, je ne vois que les petites différences qu'on peut attribuer aux erreurs des anciens calculs; seulement pour Mars, à 90 et 108°, je trouve des différences qui vont de 8 à 10′. Si c'est une erreur de calcul, elle est un peu forte; si c'est une correction empirique faite à sa Table, il aurait dû en avertir. Ainsi pour l'obliquation de Mercure, il avertit qu'ayant trouvé dans sa Table, des erreurs — 15′ et + 16′, il avait corrigé sa Table à raison de ½ de degré, pour se rapprocher des observations. Cependant ses nombres cadrent avec les miens; il n'a donc point exécuté ce changement qu'il annonce.

Pour l'obliquité de Vénus, voyant que mes nombres étaient toujours de quelques minutes plus forts que ceux de Ptolémée, j'ai supposé qu'il avait pu diminuer la constante 3° 30′, qui ne devait être, suivant les calculs ci-dessus, que de 3° 29′ au plus. J'ai donc supposé 3° 20′, et j'ai trouvé les nombres mis à la droite de la Table ci-dessus; ils s'accordent mieux avec ceux de Ptolémée dans la première moitié, et plus mal dans la seconde : ainsi il y a incohérence dans ses calculs. Il avertit qu'il a trouvé 5′ de moins dans les plus grandes distances, et 4′ de plus dans les plus petites; mais il ajoute qu'on ne peut répondre de ces quantités.

Il ajoute que pour les obliquations de Vénus et de Mercure, il lui a été facile de les calculer par le rapport constant qu'elles ont avec les prostaphérèses d'anomalie : nous avons fait voir ci-dessus que ce rapport est le sinus de l'obliquation ω. En conséquence, j'ai recommencé les calculs de Mercure et de Vénus, en me servant des prostaphérèses de Ptolémée. J'ai trouvé les quantités suivantes, qui, pour Vénus, sont les mêmes que j'avais trouvées d'abord avec la constante 3° 30′. Pour Mercure j'ai trouvé des quantités plus fortes que celles de Ptolémée, au lieu qu'auparavant nous nous accordions fort bien.

Obliquations de Mercure et de Vénus d'après les prostaphérèses d'anomalie de Ptolémée.

	VÉNUS.	MERCURE.
0°	0° 0′ 0″	0° 0′ 0″
18	0.27.27	0.35.40
36	0.54.12	1. 9.53
54	1.19.38	1.41. 8
72	1.42.31	2. 7.31
90	2. 2.36	2.27.27
108	2.18.32	2.36.53
126	2.29. 3	2.31.34
144	2.29.19	2. 6.15
162	2. 0.45	1.14.16
180	0. 0. 0	0. 0. 0

Comparaison des inclinaisons des planètes, adoptées aujourd'hui, avec les inclin. i de Ptolémée.

	Inclinaison.	i
Saturne.....	2° 30′	2° 30′
Jupiter......	1.19	1.30
Mars.......	1.50	1. 0
Vénus......	3.23 $\frac{1}{13}$	3.30
Mercure....	7. 0	7. 0

Pour Saturne, Ptolémée avait trouvé 2° 26′; il a préféré le nombre rond 2° 30′.

Pour Jupiter, il avait trouvé 1° 24′; il a préféré 1° 30′.

Pour Mars, le calcul nous avait donné 1° 0′ 34″; Ptolémée ne trouvait que 1°.

Pour Vénus, nous trouvions 3° 28′ 45″; Ptolémée 3° 30′.

Pour Mercure, son *i* est exactement l'inclinaison moderne.

Ptolémée explique ainsi l'usage de ses Tables.

Pour Mars, prenez sa longitude sans correction.

Pour Jupiter, sa longitude — 20°.

Pour Saturne, sa longitude + 50°.

Avec ces argumens, prenez dans la dernière colonne la fraction sexagésimale, qui est le sinus de l'argument de latitude.

Prenez ensuite pour argument l'anomalie vraie, c'est-à-dire corrigée, et vous trouverez la latitude,

Dans la 3° colonne, si l'argument est dans les 15 premières lignes;

Dans la 4° colonne pour le reste de l'argument.

Vous multiplierez cette latitude par la fraction de la cinquième colonne: le produit sera la latitude, qui sera boréale si vous l'avez prise dans la troisième colonne, et australe si vous la prenez dans la quatrième. Il eût été plus commode, pour l'usage, de supprimer dans ces deux colonnes la partie qui ne doit jamais servir; par ce moyen, des deux colonnes on n'en aurait fait qu'une. La latitude change de signe à 90°, parce qu'elle passe par zéro.

Pour Vénus et Mercure, le précepte est extrêmement compliqué; il faut prendre les deux parties de la latitude, les multiplier chacune par le sinus pris dans la cinquième colonne. Ces deux produits auront des signes qui changeront suivant les cas, et la réunion des deux sera la latitude. En donnant à la Table plus d'étendue, on aurait simplifié ces règles, qu'il serait bien superflu de rapporter ici; on aura plutôt fait si l'on calcule la latitude par nos formules.

Terminons ce chapitre des latitudes par une réflexion générale sur la théorie planétaire de Ptolémée. Il trouva d'abord qu'à même longitude zodiacale, la digression orientale différait sensiblement de la digression occidentale; au lieu d'y voir l'ellipticité ou l'ovalité de l'épicycle, et pour conserver la circularité, il imagina de faire varier la distance; mais ce changement, qui augmentait ou diminuait l'élongation, devait aussi augmenter ou diminuer, en même raison, la latitude géocentrique; ce qui était contraire aux phénomènes. Pour corriger l'erreur de la latitude dans son hypothèse, il imagina de rendre oblique à l'excentrique le diamètre perpendiculaire au rayon vecteur, qui, dans les conjonctions, était parallèle. L'effet de cette obliquation devait donc être proportionnel à l'élongation. Pour l'obtenir, il multiplia la prostaphérèse ou l'élongation par le sinus de l'obliquité qu'il donnait à son diamètre. L'erreur de l'hypothèse circulaire le força donc à introduire dans la latitude une équation dont l'explication mécanique lui parut difficile, et lui fit imaginer ces roulettes attachées à l'extrémité du diamètre qu'il voulait incliner.

Cette correction était moins nécessaire pour les planètes supérieures; il la négligea. L'ellipticité des orbites produisait des effets moins sensibles sur les latitudes, qui sont plus petites. Il ne voulait pas compliquer ses Tables, dont il ne se dissimulait pas les imperfections, puisqu'il avait arbitrairement augmenté de 4 et de 6' les constantes tirées de l'observation. Nous voyons au reste que sa formule se rapproche des nôtres, ce qui peut nous dispenser d'approfondir ses suppositions chimériques.

Les quantités qu'il fait retrancher des anomalies pour avoir l'argument de latitude, indiquent les positions qu'il donnait à la limite boréale. Pour Mars, dont le nœud et l'aphélie diffèrent de 51' à peu près, il n'y avait rien à changer; l'apogée coïncidait avec la limite. Pour Jupiter, elle en différait de 20° suivant Ptolémée; l'erreur est de quelques degrés. Pour Saturne, elle en différait de 50°; et en effet l'aphélie et le nœud diffèrent de $4^s\,20°$; ôtez-en 3^s pour la limite, il restera $1^s\,20°$ ou 50°, comme le dit Ptolémée.

Pour Vénus, il prescrit d'ajouter 90°; pour Mercure 270°; ce qui revient à retrancher 90°. L'erreur était plus forte, car...

	$9^s\,15° - 2^s = 7^s\,15°$	$7^s\,18° - 0^s\,25° = 6^s\,23°$
retranchez..........	5	5
	4.15	5.23

mais on n'observait guère ces planètes que dans les digressions, où l'erreur sur le nœud était moins sensible.

Apparitions et disparitions des Planètes.

La connaissance des latitudes était une donnée nécessaire pour les calculs de ces phénomènes; mais ces apparitions, comme celles des étoiles, peuvent dépendre de bien des causes : la première est la grandeur et la lumière différentes des planètes ; la seconde est la différence des angles que les divers points de l'écliptique font avec l'horizon ; la troisième, enfin, la latitude différente des planètes.

Soit (fig. 105) αβ l'horizon, γεδ l'écliptique, ε l'angle qu'elle fait avec l'horizon, δ le lieu du Soleil, ζκδ le vertical, λ ou μ la planète à l'horizon, sa latitude θλ ou μν, κδ l'abaissement du Soleil qui permettra de voir la planète en λ ou en μ.

Soit ε le premier degré du Cancer. Ptolémée dit que l'angle avec l'horizon et la transparence de l'air faciliteront la vue des planètes. Or, dans ces circonstances, on a observé que la distance au Soleil est pour Saturne de 14°, pour Jupiter 12 $\frac{3}{4}$, pour Mars 14 $\frac{1}{2}$, pour Vénus 5 $\frac{2}{3}$, enfin pour Mercure 11 $\frac{1}{2}$.

Pour calculer ces phénomènes, Ptolémée choisit le climat de Phénicie, où le plus long jour est de 14° $\frac{1}{4}$, parce que c'est sur ce parallèle qu'ont été faites les observations les plus exactes, celles de Chaldée, d'Egypte et de Grèce.

Il résulte de ce passage que les Chaldéens, les Egyptiens et les anciens Grecs avaient beaucoup observé les apparitions et les disparitions des planètes. Nous savions déjà qu'ils avaient fait des observations pareilles sur les étoiles.

ε étant fixé, la hauteur du pôle donne l'angle ε vers le commencement du Cancer. On pourra supposer Saturne et Jupiter sans latitude, et par conséquent en ε même ; Mars sera de 12′ au-dessous de l'écliptique, εδ sera donc à fort peu près la distance de la planète au Soleil : en tout cas, ε et λθ ou μν donneront εδ, et le problème sera résolu, en supposant pour Saturne 11°, pour Jupiter 10° et pour Mars 11° $\frac{1}{2}$.

Si c'est Mercure ou Vénus qui se couche en ε, on aura εδ = 11° $\frac{1}{2}$ ou 5° $\frac{2}{3}$; on aura de même, à fort peu près, la longitude de la planète, et par conséquent sa latitude, et δν ou δθ qui, pour Vénus, sera de 5°, et de 10° pour Mercure.

Tout cela n'est qu'un problème trigonométrique absolument oublié aujourd'hui, et qui n'a jamais dû être d'un intérêt bien grand.

L'auteur donne aussi, pour les trois planètes supérieures, leurs distances au Soleil, au lever du matin et au coucher du soir, et pour les deux inférieures, les levers et les couchers tant du soir que du matin, pour le commencement de chaque signe et pour le climat moyen ; après quoi il dit à Cyrus qu'il va terminer ici son ouvrage, où il a fait entrer tout ce qui, selon lui, doit composer un Traité d'Astronomie, du moins à l'époque où il est écrit et d'après l'état de la science, soit relativement aux découvertes, soit relativement aux améliorations qu'ont reçues les théories.

La grande Syntaxe contient donc tout ce que Ptolémée savait à l'époque où il écrivait cette phrase; il a fait depuis une découverte astronomique fort importante, dont il n'avait alors aucune idée, c'est celle de la réfraction : il n'a pu ou n'a pas eu le tems d'en faire l'application à la pratique; mais il en établit la théorie physique dans l'ouvrage que nous allons analyser au chapitre suivant.

L'ouvrage que nous venons d'extraire est plus généralement connu sous le nom d'*Almageste*, c'est-à-dire le *très-grand*, que lui ont donné les Arabes. Otez l'article *al*, et vous reconnaitrez *μεγίστη*, *la très-grande.* En effet, à l'exemple de Théon, quelques auteurs ont écrit *μεγάλη σύνταξις*, *grande composition*, au lieu de *μαθηματικὴ σύνταξις*, *composition mathématique*, qui en est le titre primitif. Les Arabes, grands admirateurs de Ptolémée, ont mis au superlatif l'épithète donnée par Théon; pour nous, dans la vue de nous rapprocher du véritable titre, nous avons dit simplement *la Syntaxe.*

La première traduction latine de l'Astronomie de Ptolémée porte le titre suivant : *Almagesti Cl. Ptolemæi Pheludiensis Alexandrini, astronomorum principis, opus ingens ac nobile, omnes Cælorum motus continens. Felicibus astris eat in lucem, ductu Petri Liechtenstein, Coloniensis Germani, anno virginei partûs* 1515, *die* 10 *ja. Venetiis ex officinâ ejusdem litterariâ.*

Cette traduction en latin barbare, parsemé de mots et de locutions arabes, a conservé le titre d'*Almageste.*

George de Trébizonde, auteur de la seconde traduction, qu'il fit sur le texte grec et non sur l'arabe, rétablit le titre de *Grande Composition* que lui avait donné Théon; mais les éditeurs y joignirent en tête de chaque page le titre arabe Almageste, auquel on était habitué.

Cette traduction, moins inintelligible et moins défectueuse, fit oublier la première; elle parut à Bâle en 1541 et 1551. L'édition du texte grec est de Bâle, année 1538.

CHAPITRE XIV.

De l'Optique de Ptolémée, comparée à celle qui porte le nom d'Euclide et à celles d'Alhazen et de Vitellon.

Montucla, dans son *Histoire des Mathématiques* (2ᵉ édit., t. I, p. 312), fait mention de l'Optique de Ptolémée comme du *Traité le plus complet et le plus étendu qu'aient eu les anciens dans ce genre. Quoiqu'il ne nous soit pas parvenu*, ajoute-t-il, *quelques auteurs nous en ont transmis divers traits fort remarquables.*

Il cite d'abord la réfraction astronomique, et il tire sa preuve de Roger Bacon, et de l'opticien arabe Alhazen, *qu'on soupçonne avec justice, quoiqu'il s'en défende, de devoir à Ptolémée presque toute son Optique.*

Nous jetterons quelque jour sur cette question; ce que nous dirons sera également avantageux aux deux auteurs, dont les droits étaient fort incertains. Nous aurons la mesure plus précise des connaissances des Grecs, et en particulier de Ptolémée, à qui nous restituerons ce qui lui appartient véritablement, comme ce qui regarde la réfraction astronomique, sur laquelle il en dit plus qu'Alhazen, et la réfraction dans le verre et dans l'eau, dont il a donné des Tables fort exactes, qu'on ne trouve pas dans Alhazen. Ce dernier, en parlant de ces deux réfractions, se contente d'indiquer les moyens de les observer, sans en donner la quantité précise. Nous rendrons à Alhazen l'honneur d'avoir établi, le premier, des connaissances curieuses, et d'avoir réfuté l'erreur des Grecs sur un principe fondamental. Nous verrons qu'il est loin d'*avoir emprunté presque toute son Optique de Ptolémée*, et qu'il pourrait même ne l'avoir jamais lue.

Nous n'avons pu découvrir non plus sur quel fondement Montucla prétend qu'Alhazen s'est défendu d'avoir rien pris à Ptolémée, qu'il ne nomme pas une seule fois dans tout son ouvrage. Nous voyons seulement que Vitellon, après avoir assuré qu'il n'avait eu aucune connaissance du livre d'Alhazen, avait enfin cédé au cri de sa conscience, et s'était reconnu disciple de l'auteur arabe; et c'est probablement ce qui a causé la méprise de Montucla. Quant à Alhazen, il ne nomme personne, pas même ceux dont il réfute les opinions, et qu'il désigne par le nom général de *physiciens*. Quand deux auteurs écrivent sur la même science, il est difficile qu'ils ne se rencontrent pas quelquefois sur quelques points tout-à-fait élémentaires, et l'on n'est pas en droit d'en conclure que l'un ait dérobé à l'autre. Les endroits qui leur sont communs constituaient le fonds de la doctrine au tems où le second a écrit; rien ne prouve qu'Alhazen les ait puisés dans Ptolémée, quand même ce dernier en serait primitivement l'auteur : ces notions ont pu passer d'auteurs en auteurs jusqu'à Alhazen, qui n'en aura pas connu la première source. On peut au moins, avec autant de vraisemblance, dire qu'Alhazen ne connaissait pas l'Optique de Ptolémée, puisque, parlant long-tems après lui de la réfraction dans l'air et dans le verre, il ne lui a pas emprunté ses deux Tables, et que parlant de la réfraction astronomique, il en a donné une idée moins complète. Le plan de son ouvrage est tout différent; il y parle un langage moins métaphysique et plus géométrique; il traite une multitude de questions, résout quantité de problèmes dont Ptolémée ne dit pas un mot. On trouve une ressemblance bien plus grande, pour le plan et les détails, entre Alhazen et Vitellon, qui pourrait avec bien plus de justice être taxé de plagiat, car son Traité paraît calqué sur celui d'Alhazen.

Montucla, toujours d'après Bacon, fait honneur à Ptolémée d'*une assez bonne raison de l'augmentation des astres à l'horizon. Il ne le faisait pas dépendre*, nous dit-il, *de la réfraction qu'ils y éprouvent; car il démontre, au contraire, que l'effet de la réfraction devait être de diminuer le diamètre vertical. Il donne pour raison le jugement tacite de l'ame sur la grandeur apparente de l'astre, jugement excité par le grand nombre d'objets interposés, qui font naître l'idée d'une plus grande distance, quand l'astre est à l'horizon.* Nous ne voyons rien de tout cela dans Ptolémée, mais bien dans Alhazen, à fort peu près.

Ces deux traits de lumière échappés de l'Optique de Ptolémée, donnent lieu de penser que c'était un ouvrage fort estimable, quoique, à en juger par celui d'Alhazen, on puisse assurer qu'il contenait beaucoup de mauvaise physique.

Nous pouvons ajouter que la physique de Ptolémée était encore bien plus défectueuse que celle d'Alhazen. Quant à la partie purement géométrique de ce même ouvrage, nous serons obligés de rabattre un peu de l'idée avantageuse que Montucla veut nous inspirer. Cette partie est beaucoup moins étendue dans Ptolémée. Pour en juger, il suffit de parcourir des yeux l'un et l'autre Traité. Il est plus difficile de juger du mérite réel des démonstrations. L'exemplaire latin que nous avons eu entre les mains, et qui est un des deux que possède la Bibliothèque royale, est fort défectueux. Outre le premier Livre, qui manquait entièrement dans les deux exemplaires arabes qui ont servi à la traduction, et la fin du cinquième, qui paraît avoir manqué de même, il manque dans le manuscrit latin une multitude de mots que le copiste, apparemment, n'a pu lire, qu'il a laissés en blanc, et qui le plus souvent sont difficiles à suppléer. Trop souvent les figures et les lettres qui en désignent les lignes et les angles ne sont pas conformes à ce qui est indiqué dans le texte; ensorte que si l'autre manuscrit de la Bibliothèque royale n'est pas plus correct, il sera presqu'impossible d'en avoir une bonne version française sans recourir aux manuscrits arabes, s'il en existe encore.

Les théorèmes, pour la plupart, ne sont ni bien simples, ni bien clairement énoncés; les démonstrations en sont toutes élémentaires, et fondées uniquement sur la Trigonométrie rectiligne, et sur ce principe bien connu de Ptolémée, que l'angle de reflexion est toujours égal à l'angle d'incidence. C'est aussi la première proposition de la Catoptrique d'Euclide. On doute que cette Optique, imprimée avec les autres ouvrages d'Euclide, dans l'édition d'Oxford, soit en effet de l'auteur des Elémens. On y trouve des principes d'une fausseté évidente, et des démonstrations de principes plus vrais, qui ne sont ni bien exactes ni bien rigoureuses; mais malgré ces défauts, l'ouvrage qui porte le nom d'Euclide est bien plus clair, plus méthodique et plus géométrique que celui de Ptolémée, dont les premiers Livres, surtout, offrent des difficultés propres à décourager le traducteur, qui d'ailleurs ne sera pas suffisamment animé par l'intérêt et l'importance des théorèmes qu'il aura à débrouiller.

Montucla remarque enfin que l'ouvrage de Ptolémée n'est probablement pas entièrement perdu; il cite le Catalogue de la Bibliothèque Bodleyenne, où l'on voit, pag. 300: *Ptolemæi Opticorum sermones quinque ex arabico latine versi*. Si ce titre est exact, la traduction bodleyenne pourrait être différente de celle de la Bibliothèque royale, qui ne contient que les quatre derniers.

Bailly, dans son *Histoire de l'Astronomie*, ne fait qu'extraire en partie ce qu'avait dit Montucla; Lalande en fait de même. Riccioli, en citant tous les auteurs qui ont parlé de la réfraction astronomique, garde le silence sur l'Optique de Ptolémée, et ne parle que d'un passage de l'Almageste, dont il donne une interprétation fausse; nous y reviendrons. Kirker, en reproduisant les Tables de réfraction de Vitellon, pour le verre et l'eau, ne fait aucune mention de celles de Ptolémée.

Depuis Bacon jusqu'à nous, M. Laplace est le seul qui paraisse avoir eu connaissance de l'Optique de Ptolémée. Il dit expressément que la Bibliothèque royale en possède une traduction latine. (Cette phrase, qui se lit dans la seconde édition de l'*Exposition du Système du Monde*, a été retranchée de la troisième, pag. 347.) Il ajoute que *Ptolémée y expose avec étendue le phénomène des réfractions astronomiques*.

Ce passage de M. Laplace a donné à M. de Humboldt le desir de connaître par lui-même la traduction latine de l'Optique. Après l'avoir lue, il a eu la complaisance de me la communiquer, et c'est ce qui a occasionné l'examen dont je vais rendre compte.

Le manuscrit que j'ai lu est composé de 106 feuillets, ou 211 pages format in-4°. Les numéros de la Bibliothèque sont : cod. Colbert 1604, Regius 5456, et au bas de la page, 7310.

La dernière page finit au milieu d'un raisonnement ; il est difficile de conjecturer ce qui peut y manquer. Au bas de cette page, on lit, d'une autre main, ces mots : *Explicit liber Ptolemæi de Opticis sive de Aspectibus*.

A la première page on lit d'abord : *Incipit liber Pthelemæi de Opticis sive Aspectibus translatus ab Ammiraco* (ou *Ammirato*) *Eugenio siculo*.

La lettre *h* qui suit le *t* dans le mot *Ptholemæi*, a fait demander si l'auteur est bien le même que l'astronome d'Alexandrie ; mais il est aisé de répondre que cet *h* ne se trouve pas dans la première ligne de la préface ; d'ailleurs le *th* ou *t* aspiré, en grec, ne suit jamais le π, mais le φ ; ainsi c'est tout simplement une faute du copiste, et elle ne doit pas étonner dans un manuscrit où il y en a bien d'autres. Par exemple, le mot *cylindrus* est toujours écrit *chylindrus* : on doit donc n'avoir aucun scrupule à cet égard. On pourrait m'objecter qu'en aucun endroit de cette Optique il n'est fait mention de la *Syntaxe ;* mais on en dirait autant de la Géographie et des autres ouvrages de Ptolémée, dont aucun n'en rappelle un autre. Et en effet, avant l'invention de l'imprimerie, ces renvois à un ouvrage précédent devaient être beaucoup plus rares, surtout quand les sujets des Livres avaient peu de ressemblance. On pourrait s'étonner avec plus de raison que l'auteur, qui explique si complètement la réfraction astronomique dans son Optique, n'en ait pas dit un seul mot dans son Astronomie, où la mention en était pour le moins aussi nécessaire ; mais on peut répondre que cette apparente contradiction s'explique naturellement, en disant que l'Optique est postérieure à la Syntaxe, et qu'en composant ce Traité d'Astronomie, Ptolémée n'avait pas encore réfléchi sur la réfraction, et qu'il n'en avait encore aucune connaissance; que d'ailleurs la théorie générale de la réfraction n'était que d'une utilité médiocre pour la pratique de l'Astronomie, tant qu'on n'en connaîtrait pas la quantité : or cette quantité paraît encore inconnue à l'auteur de l'Optique; il la dit peu sensible au méridien, où l'on observe principalement les astres. Enfin, quoique Ptolémée explique parfaitement la cause de la réfraction, qui est la différente densité des milieux que traverse la lumière; quoiqu'il connût très-bien l'effet principal, qui est de rapprocher l'astre du zénit, et souvent aussi du pôle élevé, il n'a pas senti qu'un autre effet nécessaire devait être d'accélérer le lever et de retarder le coucher des astres; du moins il n'en dit pas un mot, et la première mention qu'on en trouve chez les anciens, est dans un passage de Sextus Empiricus, qui m'a été indiqué par M. de Humboldt. Nous avons une preuve bien forte qu'il ignorait cet effet, au moins quand il composait la Syntaxe : c'est le chapitre où il explique si longuement 18 ou 20 espèces de levers et couchers vrais ou apparens, visibles ou invisibles, sans dire un seul mot des levers accélérés par la réfraction.

Nous ne savons rien du traducteur Ammiratus Eugenius Siculus; ces mots signifient-ils *Amirato, noble sicilien*, ou *Ammirat Eugène de Sicile*, ou enfin *Eugène, amiral de Sicile?* Peu nous importe, puisque nous n'avons aucune autre connaissance de ce qui le regarde. Moréri et les Dictionnaires biographiques parlent d'un Ammirato, gentilhomme de Naples et chanoine de Lecce, qui vivait dans le seizième siècle; mais parmi les ouvrages connus de ce savant, on ne cite pas sa traduction de l'Optique, qui n'a jamais vu le jour; on ne dit pas même qu'Ammirato eût la connaissance de l'arabe ou des mathématiques.

L'Optique de Ptolémée est divisée en cinq discours, c'est-à-dire *livres*. Le mot grec était sans doute βιβλίον, à en juger par la Syntaxe et la Géographie, qui l'une et l'autre sont composées de plusieurs βιβλία. Mais peut-être le mot arabe signifiait-il plus littéralement *discours*; et nous voyons en effet que le premier traducteur de la Syntaxe, qui a fait sa version d'après l'arabe, substitue partout le mot de *dictio* à celui de βιβλίον qu'offre l'original grec; l'Amiral traduit ce mot par celui de *sermo*.

Le premier livre manque, ainsi que nous l'avons déjà dit; mais comme chacun des livres commence par un résumé de ce qui est expliqué dans le précédent, nous savons, par les premières phrases du second, que le premier traitait des rapports entre la lumière et la vue, de leur ressemblanche et de leur différence : ainsi nous n'avons perdu probablement qu'une dissertation philosophique à la manière d'Aristote ou des écoles du tems.

Avant d'aller plus loin, il faut exposer l'idée que les Grecs se faisaient de la vision; peut-être Ptolémée l'avait-il expliquée dans son premier livre. On la trouve bien détaillée dans Cléomède, à la fin de sa théorie cyclique des météores, c'est-à-dire des astres.

Les physiciens grecs étaient partagés à cet égard. Les uns, et c'était le petit nombre si l'on en juge par les écrits qui nous sont parvenus, quoique ce fût le plus grand si nous nous en rapportons à Euclide, disaient, comme nous, que de tous les points d'un objet quelconque, il part continuellement des rayons qui, venant à tomber sur l'œil, excitent en nous le sentiment de la vision. Euclide, ou l'auteur qui a pris son nom, entreprend de les réfuter dans son premier chapitre.

Les autres prétendaient que le rayon visuel partait de l'œil et suivait une ligne droite, tant qu'il ne rencontrait aucun obstable. S'il rencontrait un corps impénétrable, il se réfléchissait en formant des angles égaux de part et d'autre avec la perpendiculaire : dans cette nouvelle direction, il saisissait l'objet qui se trouvait sur son passage, et c'était ainsi, suivant eux, que s'opérait en nous la vision; mais ils ne disaient pas ce que devenait ce rayon parti de l'œil, ni comment l'œil nous avertissait de la présence de l'objet, sans nous donner le sentiment du miroir qui avait opéré la réflexion du rayon visuel. Si le corps était pénétrable, le rayon visuel passait à travers, en prenant la teinte du milieu pénétrable qu'ils appelaient *diaphane*. Si le rayon visuel passait d'un *diaphane* plus rare, tel que l'air, dans un *diaphane* plus dense, tel que l'eau ou le verre, il s'inclinait vers la perpendiculaire, et saisissait l'objet qui se rencontrait dans cette nouvelle direction. Si au contraire le second *diaphane* était plus rare que le premier, le rayon visuel s'inclinait vers l'autre partie ou vers le prolongement de la perpendiculaire; c'est-à-dire qu'au lieu de s'approcher de la première perpendiculaire, il s'en éloignait.

Ces idées étaient plus anciennes que Ptolémée; car elles se trouvent pour la plupart dans Cléomède, qui vivait plus de cent ans plutôt. A la vérité, Cléomède ne parle pas des angles de réflexion égaux aux angles d'incidence; mais ce principe est exposé clairement dans l'Optique qui porte le nom d'Euclide. Quand on penserait que cette Optique n'est pas l'ouvrage de l'auteur des Elémens, on ne peut au moins disconvenir qu'elle ne soit extraite d'un Traité composé sur ce sujet par Euclide, et c'est ce qui paraît démontré par les premières lignes du premier chapitre. Si l'on prétendait que ce principe de l'égalité des angles est plus moderne qu'Euclide, je demanderais quelle raison aurait pu engager l'auteur de cette Optique à en attribuer l'honneur à Euclide, plutôt qu'à s'en faire un mérite à lui-même ?

Ptolémée suppose partout ces notions; il les prend pour base de toutes ses démonstrations; il en parle comme on fait des choses reçues qui n'ont plus besoin d'être démontrées.

Il suppose que la vision se fait au moyen d'une pyramide de rayons visuels, dont le sommet est à l'œil et la base à l'objet visible. La vision par l'axe de la pyramide est plus juste et plus parfaite que par les rayons obliques. Euclide avait dit que les rayons visuels formaient un cône dont le sommet est à l'œil et la base sur l'objet.

La vue, dit Ptolémée dans son second livre, fait connaître le corps, sa grandeur, sa couleur, sa figure, enfin le mouvement et le repos; mais rien de tout cela sans un *lucide*, et sans quelque chose qui empêche la pénétration. Il distingue les choses qu'on voit *vraies* ou non *vraies*. Les premières sont les corps lumineux; celles qu'on voit *d'abord* ou *par suite* (*primò aut sequenter*); les premières sont les couleurs, les autres tout ce qui n'est pas couleur. Si les choses n'ont ni densité ni couleurs, la vue ne nous les fait pas connaître comme des corps.

Les ténèbres ne se voient pas; on ne les connaît que par privation (*per vacationem*).

On voit mieux avec deux yeux qu'avec un seul : avec un seul on ne voit pas l'objet précisément à la même place qu'avec deux; on voit l'objet simple, si les deux axes des pyramides sont dirigées de la même manière sur l'objet; on le voit double, si les axes ne sont pas dirigés d'une manière naturelle, et si la distance est un peu moindre que l'intervalle entre les deux yeux.

Jusqu'ici Ptolémée n'a raisonné qu'en métaphysicien; il commence en cet endroit à chercher, géométriquement, les circonstances qui produisent l'unité ou la duplicité d'images; il emploie jusqu'à sept figures différentes. On ne voit rien de tout cela dans Euclide. Alhazen a traité ce sujet avec plus d'ordre et d'une manière assez différente. Ptolémée disserte ensuite, en métaphysicien, sur les causes qui font qu'un objet devient invisible, telles que le trop grand éloignement, la petitesse de l'angle au sommet de la pyramide, le peu de rayons qui peuvent arriver de l'œil à l'objet.

La grandeur de l'angle est la cause principale de la grandeur qu'on attribue à l'objet; la distance réelle ou présumée peut modifier le jugement que nous portons.

Ptolémée explique ensuite comment on a la perception d'une ligne droite, d'une surface plane, concave ou convexe; c'est par le rapport des longueurs entre le rayon droit ou l'axe de la pyramide et les rayons obliques dirigés aux bords de l'objet.

Il passe aux circonstances qui font paraître un objet immobile ou en mouvement, aux incertitudes et aux erreurs de la vision.

Ce qui fait que certaines personnes voient mieux que d'autres, c'est l'abondant de la *vertu visuelle*, qui, comme toutes les facultés, est moindre chez les vieillards.

Ceux qui ont les yeux *concaves* voient d'une moindre distance que ceux qui n'ont pas de tels yeux. J'ai souligné *concaves* pour qu'on ne m'attribue pas cette faute de copie.

L'humidité rapproche en apparence les objets.

La Lune a une couleur qui lui est propre, et qu'on ne peut apercevoir que dans les éclipses. On trouve la même assertion dans la Syntaxe et dans le Commentaire de Théon.

La rapidité du mouvement confond les couleurs dans une roue. Si la couleur est dans la direction d'un rayon, la roue paraîtra toute entière de cette couleur; si les diverses couleurs sont à des distances différentes du centre, on verra sur la roue autant de cercles concentriques différemment colorés. Quand nous avons long-tems considéré une chose fortement colorée, et que nous dirigeons la vue sur un autre objet, nous lui attribuons la couleur du premier.

La coloration est une privation de pureté; la fraction (ou réfraction) une privation de voir la chose directement; la révolution est la privation de similitude ou de coordination.

Ptolémée sous-divise ensuite ces trois *passions* de la vue, comme il les appelle.

La noirceur (*nigredo*) est pour lui une chose aussi réelle que la blancheur; il dit : *Nigredo est quod denigrat, albedo quod dealbat.*

Les choses qu'on voit par réflexion participent de la couleur du miroir, comme celles qu'on voit par pénétration à travers un *diaphane*, prennent de la couleur de ce *diaphane*.

Si vous apercevez un feu ou une lumière à l'horizon, au-delà d'un étang, vous verrez une longue traînée lumineuse qui suivra votre mouvement.

Les îles paraissent plus basses qu'elles ne sont réellement, surtout si elles sont surmontées d'un nuage rouge; car un nuage rouge tout semblable paraîtra sous l'île. La réverbération peut faire voir une chose en plusieurs lieux, comme il arrive dans les miroirs concaves ou à facettes.

Une voile, vue de loin, paraît courbe, non que le vent l'enfle en effet, mais parce que le milieu, qui est vu plus directement, s'aperçoit mieux que les bords, qui paraissent fuir. Les peintres, quand ils veulent nous donner l'idée d'une chose concave, donnent une teinte moins vive au milieu qu'aux bords; ils font le contraire pour nous donner l'idée de la convexité.

L'air dans lequel nous sommes est plus coloré que l'air supérieur, à cause des exhalaisons qui s'élèvent de la terre : il est plus perméable à la lumière que l'eau; notre vue le pénètre plus facilement. De là vient que nous croyons voir le ciel comme ayant la couleur qui lui est commune avec les exhalaisons. Il en est de même pour toutes les choses étendues, et dans les *humides* qui ont peu de densité, et qui sont plus éloignés que l'air dans lequel nous sommes. La grande ténuité en affaiblit la perception, quoique la lumière interposée n'empêche pas de les apercevoir, comme elle fait pour les étoiles qu'on voit lorsque l'œil est dans un lieu ténébreux, et qu'on n'aperçoit auprès aucune chose étendue. Mais quand l'œil est dans un lieu éclairé, il ne voit plus les étoiles, à cause de la lumière interposée.

L'air qu'on voit de jour est estimé plus éloigné que toute chose, parce qu'on ne voit rien au-dessus.

Le Soleil et la Lune paraissent voisins à cause de leur clarté; mais l'esprit voit que le ciel est plus élevé que les autres lieux. Il fait un raisonnement faux, et croit vraie une chose qui n'est qu'apparente; il pense qu'une chose qui lui paraît la dernière est plus grande que celle qui est réellement plus éloignée et plus grande.

Par ce passage, que nous avons tâché d'éclaircir en supprimant quelques longueurs, on pourra juger du style et des raisonnemens de Ptolémée. Tout ce second livre est de même genre : nous en avons tiré ce qui nous a paru de plus curieux et de plus clair, sans nous flatter pourtant d'entendre tout ce que nous avons extrait.

Dans le troisième livre, qui traite des miroirs, on voit que dans le miroir plan l'objet est vu dans la perpendiculaire menée de l'objet même sur le plan du miroir, et prolongée derrière le miroir. Euclide avait dit la même chose, en ajoutant que le prolongement était égal à la perpendiculaire même (propos. 7). Ptolémée le fait aussi entendre, mais d'une manière entortillée.

La réverbération se fait à angles *droits égaux; droits* est de trop, ou bien il faut supposer quelques lignes omises dans le manuscrit. On a lieu de soupçonner, par ce qui suit, que Ptolémée a voulu exprimer que la réverbération se fait à angles égaux avec la perpendiculaire, et dans un plan qui est à angles droits avec la surface réfléchissante.

La démonstration de Ptolémée est fort embrouillée; celle d'Euclide est et plus courte et plus claire.

Ici Ptolémée revient aux objets qui paraissent en plusieurs lieux à la fois, quoique simples, et à ceux qui, étant au nombre de deux au plus, sont vus dans un même lieu; mais on ne peut donner une idée de sa doctrine sans entrer dans des détails fastidieux : je me bornerai à la traduction d'un passage qui a rapport à l'Astronomie.

« De ce qui précède il paraît résulter que des choses qui sont dans le » ciel, et sous-tendent des angles égaux, celles qui sont voisines du zénit » doivent paraître moindres. Celles qui sont près de l'horizon paraissent » autrement (c'est-à-dire plus grandes), parce qu'on les regarde d'une » manière à laquelle nous sommes plus accoutumés. Les choses élevées » sont vues d'une manière peu familière et avec difficulté d'action. »

Ainsi, suivant Ptolémée, la Lune, au zénit, paraît plus petite, parce que l'observateur qui vise au zénit est dans une position moins naturelle et plus gênée. Ce n'est pas là tout-à-fait l'explication que Montucla lui attribue de ce phénomène.

Il revient ensuite aux miroirs plans. Dans ces miroirs, les objets ne sont pas défigurés, seulement la droite devient la gauche, et réciproquement.

Dans les miroirs concaves, les objets paraissent concaves; ils semblent convexes dans les miroirs convexes. C'est la vingt-troisième proposition de la Catoptrique d'Euclide.

Ce qui suit est plein de lacunes. Le lieu de l'image n'est pas toujours entre la surface du miroir et le centre de la sphère dont le miroir fait partie; car l'image se voit au point d'intersection du rayon réfléchi et de la ligne menée de l'objet au centre de la sphère. C'est l'objet des propositions 17 et 18 d'Euclide.

Euclide avait prouvé, proposition 21 et 22, que les objets paraissent diminués dans les miroirs convexes. On entrevoit que Ptolémée a voulu aussi démontrer les mêmes propositions.

Dans un miroir concave, une ligne courbe pourra, suivant les circonstances, paraître courbe, c'est-dire convexe; elle pourra paraître concave et même droite. Dans les miroirs convexes, les objets paraissent du côté où ils sont réellement; la droite, cependant, semblera la gauche, et réciproquement, par l'habitude que nous avons de juger les choses qui sont en face de nous. C'est la vingtième proposition d'Euclide.

Le quatrième Livre traite des miroirs concaves.

Dans ces miroirs, un même objet peut être réfléchi et rendu visible par toutes les parties du miroir, ou par trois points, ou par deux seulement, et quelquefois par un seul. La démonstration est très-prolixe, et repose sur l'égalité des angles d'incidence et de réflexion.

L'auteur parle ensuite du lieu de l'image, des cas où elle est sur la surface du miroir, en avant de cette surface, ou derrière l'œil, ou derrière le miroir. Il parle aussi de réverbérations virtuelles qui n'ont aucune réalité, *in potentiâ tantum.*

Quand l'image est derrière le miroir, la distance de l'objet au miroir est moindre que celle de l'image.

Quand l'image est en avant, entre l'œil et le miroir, la distance de l'objet à l'œil sera quelquefois plus grande que la distance de l'image au miroir, quelquefois elle sera égale ou plus petite.

Quand l'objet est entre le miroir et l'œil, on le voit dans une autre partie que celle où il est réellement, et si on lui donne un mouvement dans un sens, il paraîtra se mouvoir dans le sens opposé.

On ne voit rien de tout cela dans Euclide, si ce n'est la proposition 11, sur la position droite ou renversée des images; mais presque tout se retrouve dans un meilleur ordre dans Alhazen. On n'en doit pas conclure, ce me semble, qu'il ait eu connaissance du livre de Ptolémée : en tout cas, on devra dire qu'il l'a refait, et beaucoup mieux.

Ptolémée passe ensuite aux miroirs composés d'un plan et d'un concave, ou d'un convexe et d'un concave; il expose les cas où l'image est droite ou renversée, agrandie ou diminuée; il ne fait qu'énoncer les propositions. Il passe ensuite au miroir pyramidal à base circulaire ou polygone. Si l'œil se place dans l'axe de la pyramide, au-dessus du sommet, il aperçoit un cercle ou couronne étroite décrite autour de la base, qu'on aura faite d'une couleur brillante.

Il résulte de cet examen, que dans les premiers livres, l'Optique de

Ptolémée est de beaucoup inférieure à celle d'Alhazen, qui a traité un bien plus grand nombre de questions : quoiqu'il ne soit pas exempt d'erreur, il est certainement plus riche, plus savant et plus géomètre que Ptolémée. Il faut aussi lui rendre la solution du problème qui consiste à déterminer, sur un miroir sphérique, le point de réflexion, quand on connaît le lieu de l'œil et celui de l'image. Montucla dit que probablement cette solution est de Ptolémée; mais sa conjecture n'était nullement fondée. Ptolémée n'a donné aucune solution de ce genre; il s'est contenté de marquer en général si l'image est en avant ou en arrière de l'œil ou du miroir, sans jamais déterminer le point précis où elle se trouve.

Il nous reste à examiner le cinquième livre, qui est certainement le plus curieux et le moins inintelligible de tout l'ouvrage.

Après un préambule assez obscur, Ptolémée expose l'expérience de la pièce de monnaie que les bords d'un vase empêchent d'apercevoir, et qui devient visible dès que le vase est plein d'eau. La réfraction qu'éprouve le rayon visuel en pénétrant dans l'eau, nous fait voir la pièce de monnaie hors de son lieu véritable et sur le prolongement de la direction primitive du rayon. Pour mesurer la flexion du rayon, Ptolémée se sert d'un cercle divisé en ses 360°, et dont la moitié inférieure est plongée dans l'eau, tandis que l'autre moitié est dehors; ensorte que la surface où se fait la flexion couvre un des diamètres du cercle divisé qu'il désigne, je ne sais pourquoi, par le mot de *planta*. Le centre est marqué par un petit corps coloré. Un autre corps pareil et mobile s'adapte à l'un des quarts de la circonférence qui est dans l'air et à une distance donnée du diamètre perpendiculaire. Un autre corps coloré glisse dans la partie inférieure qui est plongée dans l'eau. On le pousse avec une baguette, jusqu'à ce que l'œil, placé sur le corps qui est dans l'air, les voie tous trois en ligne droite. Alors on mesure les deux distances au diamètre perpendiculaire. C'est ainsi que Ptolémée a formé sa Table des angles rompus dans l'eau, pour tous les degrés d'incidence, de dix en dix, jusqu'à 80°.

L'instrument de Ptolémée n'étant divisé qu'en degrés, on s'attend bien que les angles rompus ne peuvent être de la dernière précision; aussi ne les donne-t-il qu'en degrés et demi-degrés au plus. Il annonce que si on répète ces expériences, on retrouvera les angles de sa Table, parce que l'eau est toujours de la même densité, au moins sensiblement.

Si nous pouvions placer l'œil dans l'eau pour observer un corps qui serait placé dans un milieu moins dense, nous trouverions des quantités différentes pour les augmentations qu'éprouverait l'angle d'incidence (*a*); mais comme cette expérience est impossible, et que nous ne saurions observer la flexion du rayon au passage d'un liquide plus dense dans un plus rare, nous l'avons observée au passage du verre dans l'air. Soit pour cet effet un demi-cylindre d'un verre bien pur. Faites coïncider le diamètre de ce cylindre avec le diamètre horizontal du cercle décrit ci-dessus, dont le cylindre de verre couvrira la partie inférieure : si nous faisons l'observation comme dans l'expérience précédente, nous trouverons de même qu'il n'y a aucune réfraction pour le rayon perpendiculaire; mais pour toute autre position, l'angle dans l'air sera plus grand que l'angle dans le verre, et la réfraction sera plus considérable que dans l'eau; mais quand les trois corps colorés seront en apparence sur une même ligne droite, ils y resteront, soit que l'œil se place au-dessus du verre, soit qu'il se place au-dessous. Ptolémée donne ensuite, pour tous les angles dans l'air, de 10 en 10°, les angles correspondans dans le verre.

Si vous placez le demi-cylindre sur la surface de l'eau, vous trouverez moins de différence entre les angles dans les deux milieux, parce que la différence de densité est moindre entre l'eau et le verre qu'entre l'eau et l'air. Ptolémée en donne une Table toute semblable aux précédentes pour la forme et l'étendue. Il passe ensuite à la réfraction astronomique, qu'il attribue à la densité différente de l'éther et de l'air.

Si le rayon visuel est arrêté par un corps impénétrable, il ne pourra nous faire voir un corps qui serait caché derrière le premier; et si le second devient visible, ce ne peut être qu'à raison de la flexion du rayon visuel; flexion qui a lieu au passage dans un milieu de densité différente : or, la possibilité de cette flexion paraît prouvée par les phénomènes suivans.

Nous avons trouvé que les astres qui se lèvent ou se couchent sont alors plus près du pôle septentrional, ce dont on peut s'assurer en les observant avec l'instrument qui sert à mesurer les astres (l'astrolabe, sans doute). Quand ils sont à l'orient ou à l'occident, les parallèles qu'on ferait passer par leur lieu apparent sont plus voisins du septentrion que les parallèles qu'on ferait passer par leur lieu apparent au méridien. Plus ils sont voisins de l'horizon, plus grand est ce rapprochement du pôle.

(*a*) *Si verò aspexerimus à grossitudine naturalis aquæ ad subtilius corpus apparebit multa diversitas de augmento quod fit in angulis, et in quantitate flexionis quæ fit in transitu radii ab aquâ quæ spissior est ad id quod est subtilius.*

Observez une étoile circompolaire, vous la trouverez plus voisine du pôle dans son passage inférieur ; mais lorsqu'elle sera voisine du zénit, son parallèle devient plus grand en apparence, au lieu que dans le premier cas, il devient plus petit. Cette circonstance n'a pas été saisie par Alhazen, qui paraîtrait avoir imité ou extrait ce qui précède. A Alexandrie, les étoiles circompolaires passaient toutes au méridien, entre le zénit et le pôle; la réfraction qui diminuait leur distance polaire au passage inférieur, l'augmentait dans le passage supérieur. Ainsi l'une des deux distances était plus petite et l'autre plus grande que la distance réelle. Alhazen dit seulement que l'une des deux distances est plus grande que l'autre : la différence est essentielle. Des paroles de Ptolémée il résulte que c'est vers le zénit que la réfraction porte l'étoile; celles d'Alhazen pourraient laisser croire que c'est vers le pôle. Ptolémée ajoute : Cela vient de la flexion du rayon visuel au passage par la surface qui est la limite de l'air et de l'éther. Cette surface doit être sphérique et avoir pour centre le centre de tous les élémens, le centre de la Terre.

Alhazen ne parle pas d'une étoile circompolaire, mais d'une étoile qui passerait au zénit; il prescrit d'observer avec l'armille la distance polaire de l'étoile à l'horizon, et la distance polaire au passage par le méridien. On trouvera cette seconde distance plus grande que la première ; ce qui est juste, mais présente une idée moins complète du phénomène. L'étoile, ajoute-t-il, se meut invariablement sur le même parallèle ; si on la voyait par un rayon droit et non brisé, on la verrait toujours à la même distance du pôle. Cette explication n'est pas parfaitement juste; car si le rayon était toujours brisé de la même quantité, l'étoile serait toujours dans un même parallèle : elle en change, non parce qu'il y a une réfraction, mais parce que cette réfraction varie à chaque instant. Il ajoute avec plus de justesse : La distance change; donc il y a une réfraction; donc le corps dans lequel sont placées les fixes diffère de l'air en diaphanéité. Alhazen propose ensuite une expérience bonne en elle-même, mais qui pouvait alors avoir un succès fort équivoque, ou même induire en erreur.

Prenez un instrument divisé en degrés, minutes, et fractions plus petites encore, s'il est possible ; calculez le lieu vrai de la Lune pour tous les instans, c'est-à-dire sa distance au pôle dont la hauteur vous est connue; observez cette distance à tous les instans de la nuit, pour la comparer à la distance calculée pour le même instant ; attendez le lever de la Lune, vous trouverez sa distance au zénit moindre que sa distance calculée. Alhazen parle encore, d'une manière obscure, de placer l'instrument des heures et d'attendre que l'horloge marque la minute de l'heure de la Lune, et d'observer alors la hauteur de la Lune. Il paraît ne pas voir que la réfraction doit changer l'angle horaire; mais Ptolémée lui-même n'en fait aucune mention.

Pour expliquer la manière dont s'opère la réfraction, Ptolémée fait la même figure sur laquelle Cassini a fondé depuis toute sa théorie; il fait à peu près les mêmes raisonnemens pour déterminer la quantité de la réfraction. Il dit qu'il faudrait observer les distances au zénit d'un astre dont on saurait en tout tems calculer les lieux vrais, tels que le Soleil ou la Lune; mais une étoile aurait été beaucoup plus sûre : pour la Lune, surtout, on dépendait de la parallaxe, que Ptolémée connaissait trop mal. Sa plus grande parallaxe horizontale était trop grande de 40′, quantité qui surpasse la plus grande réfraction. L'erreur de 15′ qu'il commettait sur la hauteur du pôle, aurait eu des effets moins fâcheux, mais encore très-sensibles. Alhazen et Ptolémée parlent comme des savans qui voient à peu près ce qu'il faudrait faire, mais qui se bornent à des raisonnemens vagues, sans avoir jamais tenté d'observation réelle. Mais en supposant la hauteur du pôle et la distance polaire de l'astre bien connues, Ptolémée voit que, pour faire une Table de réfraction, il faudrait connaître la hauteur de l'atmosphère. C'est aussi ce que remarquait Cassini. Mais Ptolémée déclare qu'il est impossible de déterminer cette hauteur, au lieu que Cassini, en choisissant deux réfractions observées, en déduit, par différens essais, la hauteur de l'atmosphère propre à représenter ces deux réfractions et à donner toutes les autres. Ptolémée suppose, comme Cassini, qu'il doit exister une règle constante, un rapport quelconque entre l'angle d'incidence et l'angle rompu; mais il n'a pas été plus loin, et l'on n'en doit pas être surpris, puisqu'avec des observations bien faites sur la réfraction dans l'eau et dans le verre, il n'a pas imaginé de comparer les cordes des angles de sa Table, et qu'il a laissé échapper une conséquence qui se déduisait tout naturellement de ses Tables. En effet, ayant comparé entr'eux les sinus de ces angles de Ptolémée et de Vitellon, j'ai trouvé pour le rapport des sinus de l'air dans l'eau, par la Table de Ptolémée, 4 : 3,06936; par celle de Vitellon, 4 : 3,05656, rapport qui, suivant Newton, est celui 4 : 2,99432. Observons que Newton avait choisi l'eau de pluie, et que Ptolémée se contente de remarquer que l'eau est toujours à peu près de même densité.

De l'air dans le verre, suivant Ptolémée, je trouve 3 : 2,02158 ; suivant Vitellon, 3 : 2,00928 ; suivant Newton, 3 : 1,95048. Newton a choisi le verre commun ; mais le verre commun, de son tems, pouvait n'être pas tout-à-fait ce que Ptolémée appelle le verre le plus pur.

Les rapports de l'eau au verre sont, suivant Ptolémée et Vitellon, de 9 : 8,11710, et ces rapports sont composés des rapports précédens ; mais ils sont déterminés par des expériences directes.

Vitellon a fait ses Tables doubles ; c'est-à-dire qu'après avoir donné les angles dans le milieu plus dense, de 10 en 10° d'incidence, dans le milieu plus rare, il a voulu donner aussi, pour toutes les dixaines de degré d'incidence dans le milieu plus dense, tous les angles rompus dans le milieu plus rare : il avait reconnu que la réfraction n'est pas proportionnelle à l'angle d'incidence.

Mais il a supposé faussement que l'angle d'incidence étant le même pour les deux milieux, l'angle rompu dans le milieu plus rare joint à l'angle rompu dans le plus dense, devait faire une somme double de l'angle d'incidence, ou que cet angle d'incidence était moyen arithmétique entre les deux angles rompus ; ou, si l'on veut, que pour un angle d'incidence donné, la réfraction est la même, numériquement, dans les deux milieux, et ne diffère que par le signe.

Ainsi ayant trouvé pour 20° d'incidence dans l'air l'angle 15° 30′ dans l'eau, et la réfraction $-4^\circ \frac{1}{2}$, il en a conclu qu'elle serait $+4^\circ \frac{1}{2}$, et l'angle rompu $24^\circ \frac{1}{2}$ dans l'air, au lieu de 26° 35′ qui résulterait du rapport des sinus.

De cette manière il a trouvé que pour 80° d'incidence dans l'eau, l'angle dans l'air devra être de 110°, sans faire aucune réflexion sur ces angles obtus qui se trouvent à la fin de ses trois Tables.

En continuant ses recherches sur la réfraction astronomique, Ptolémée dit expressément que plus l'astre sera élevé, moindre sera la différence entre le lieu vrai et le lieu apparent, et que cette différence sera nulle au zénit, parce que le rayon perpendiculaire n'éprouve aucune flexion. Il le démontre par une figure où l'on voit que dans tous les cas la réfraction porte l'astre vers le zénit ; que dans certaines circonstances elle le porte aussi vers le pôle élevé, dont elle l'éloigne dans des circonstances contraires.

On ignore la hauteur de l'atmosphère, c'est-à-dire la hauteur de la surface où se fait la flexion du rayon ; on sait seulement qu'elle est au-dessous de la sphère de la Lune.

Dans le passage d'un milieu plus rare, tel que l'éther, dans un milieu plus dense, tel que l'air, le rayon s'approche de la perpendiculaire; il s'en éloigne, au contraire, en entrant dans un milieu plus rare. Ici l'explication et la démonstration cessent d'avoir la même clarté. Mais on y voit, sans aucun doute, une proposition dont nous avons déjà parlé, c'est qu'il doit y avoir un rapport entre les angles d'incidence et de réfraction, du genre de celui qui a été observé dans le verre; mais ce rapport, dont il supposait l'existence, n'était connu de lui que d'une manière extrêmement vague.

La réfraction astronomique est moindre que celle qui s'opère dans l'eau ou dans le verre, ce qui nous prouve que la différence de densité est peu considérable.

Ptolémée propose ensuite des expériences avec trois vases d'un verre bien pur; l'un est cubique, l'autre cylindrique, le troisième est un parallélipipède dont une des faces seulement est creusée en demi-cylindre. Il parle de remplir ces corps d'eau pure, de placer l'œil perpendiculairement à la surface du cube, d'enfoncer dans ce vase une règle d'une largeur médiocre, perpendiculairement à la base. La partie plongée paraîtra plus proche et plus grande, mais de figure semblable.

Il conclut qu'une chose dans l'eau doit toujours paraître plus grande que si on la voyait à terre, dans la même distance et dans la même position; il assure que ce serait le contraire si l'œil était placé dans le milieu plus dense et la règle dans le milieu plus rare. Il éprouve ensuite la même règle dans les deux autres corps, mais cette partie est incomplète; le reste du livre manque.

Ce dernier livre est sans comparaison le plus curieux de tous; on y voit des expériences de physique bien faites, ce qui est sans exemple chez les anciens.

On y voit une théorie de la réfraction plus complète que celle d'aucun autre jusqu'à Cassini. Tycho croyait que les réfractions étaient uniquement causées par les vapeurs de l'atmosphère et qu'elles cessaient à 45°.

Notre dessein n'est pas de donner une idée plus complète de l'Optique d'Alhasen, qui est imprimée dans un même volume que celle de Vitellon, que tous les auteurs nomment Vitellion. Mais nous devons dire, 1°. qu'il a réfuté le système que les Grecs s'étaient fait de la vision; qu'il pense au contraire que les rayons qui opèrent la vision viennent tous de l'objet à l'œil; 2°. qu'il a donné la description anatomique de l'œil; qu'il explique la fonction de chacune de ses parties différentes dans la vision, et qu'il a pu, en conséquence, bien mieux que Ptolémée, expliquer l'unité d'image quand l'objet est vu des deux yeux.

Ptolémée n'avait considéré que trois espèces de miroirs; Alhasen en décrit sept.

Son instrument pour mesurer la réfraction est bien plus composé que celui de Ptolémée; il prescrit de mesurer la réfraction pour tous les degrés, de 10 en 10 ou de 5 en 5°, ou même de degré en degré; mais s'il avait en effet mis à contribution l'Optique de Ptolémée, il serait bien étonnant qu'il n'eût pas copié ses trois Tables, et qu'il eût même omis de parler de la quantité de la réfraction dans l'eau et dans le verre. Nous avons déjà vu qu'il s'était beaucoup moins étendu sur la réfraction astronomique.

On nous a fait espérer que le traducteur d'Ebn-Junis nous donnerait la traduction de l'Optique de Ptolémée; mais depuis que avons lu l'ouvrage, nous craignons bien que M. Caussin ne soit détourné de son projet par les difficultés de tout genre qu'offre ce travail, à moins qu'on ne vienne à découvrir quelque manuscrit arabe ou grec qui ait échappé jusqu'ici à toutes les recherches.

Le manuscrit de l'Optique que nous venons d'analyser, renferme un petit Traité *De Ponderibus,* attribué à Euclide. Il est difficile à lire, parce que les figures manquent presque toutes. Le style diffus et entortillé nous fait douter que l'ouvrage soit vraiment d'Euclide. Il traite des poids et des leviers, mais il est fort superficiel. Il n'a que 22 pages.

A la suite on trouve un Traité sous le même titre, et qui porte le nom d'Eratosthènes; c'est une espèce de commentaire du précédent. L'auteur commence par démontrer que des arcs semblables de deux cercles sont entr'eux comme leurs rayons; que dans l'équilibre, les poids sont en raison inverse des distances au point de suspension. L'ouvrage ne renferme guère que le développement de cette proposition; les figures n'y manquent pas, mais il y a beaucoup de lacunes dans le texte, et la lecture en est plus difficile que profitable.

On trouve enfin le livre des Crépuscules, *Abhomadii Malfegeir.*

Le crépuscule du matin est de figure semblable à celui du soir; l'un est produit par la lumière du Soleil qui monte, l'autre par celle du Soleil qui descend; ils diffèrent de couleur en raison des différentes parties de l'horizon auxquelles répond le Soleil. La couleur à l'orient est blanche, elle est rougeâtre à l'occident.

Le tems qui s'écoule entre le commencement du crépuscule et le lever du Soleil est beaucoup plus considérable que celui qui s'écoule entre le lever du Soleil en plaine et sur une montagne.

Le crépuscule commence quand le Soleil est à 18° sous l'horizon. Rien de plus qui mérite d'être extrait.

Tables de réfractions, tirées de l'Optique de Ptolémée.

De l'air dans l'eau.			De l'air dans le verre.			De l'eau dans le verre.	
Angle d'incid.	Angle rompu.	Rapport des sinus.	Angle d'incid.	Angle rompu.	Rapport des sinus.	Angle rompu.	Rapport des sinus.
0° 0′	0° 0′	....	0° 0′	0° 0′	....	0° 0′	....
10	8. 0	0.80143	10	7. 0	0.70179	9.30	0.95044
20	15.30	0.78136	20	13.30	0.68255	18.30	0.92774
30	22.30	0.76537	30	20.30	0.70041	27. 0	0.90798
40	28. 0	0.73057	40	25. 0	0.65748	35. 0	0.89233
50	35. 0	0.74875	50	30. 0	0.65270	42.30	0.88192
60	40.30	0.74992	60	34.30	0.65403	49.30	0.87804
70	45. 0	0.75249	70	38.30	0.66247	56. 0	0.88422
80	50. 0	0.77786	80	42. 0	0.67946	62. 0	0.89657
Rapport moyen...		0.76736			0.67386		0.90190
= sin 50° 7′ 3″,			= sin 42° 21′ 56″,			= sin 64° 24′ 32″,	
	ou :: 4 : 3.06936			:: 3 : 2.02158		:: 9 : 8.11710	

Tables de Réfractions, tirées de l'Optique de Vitellon.

	De l'air dans l'eau.		De l'eau dans l'air.		De l'air dans le verre.		Du verre dans l'air.		De l'eau dans le verre.		Du verre dans l'eau.	
Angle d'incid.	Angle rompu.		Angle rompu. Vitell.	Angle réel.	Angle rompu.	Rapport des sinus.	Angle rompu. Vitell.	Angle réel.	Angle rompu.	Rapport des sinus.	Angle rompu.	Angle réel.
0°	0° 0′	....	0° 0′	0° 0′	0° 0′	....	0° 0′	0° 0′	0° 0′	....	0° 0′	0° 0′
10	7.45	0.77658	12.15	16.37	7. 0	0.70178	13. 0	15. 2	9.30	0.95043	10.30	11. 6
20	15.30	0.78135	24.30	26.35	13.30	0.68255	26.30	30.42	18.30	0.92773	21.30	22.17
30	22.30	0.76337	37.30	40.52	19.30	0.66761	40.30	48.17	27. 0	0.90798	33. 0	33.40
40	29. 0	0.75423	51. 0	57.16	25. 0	0.65748	55. 0	73.41	35. 0	0.89233	45. 0	45.27
50	35. 0	0.74875	65. 0	....	30. 0	0.65270	70. 0	....	42.30	0.88192	52.30	58. 9
60	40.30	0.74992	79.30	....	34.30	0.65403	85.50	....	49.30	0.87804	70.30	73.47
70	45.30	0.76924	94.30	....	38.30	0.66247	101.30	....	56. 0	0.88424	84. 0	....
80	50. 0	0.77787	110. 0	....	42. 0	0.67946	118. 0	....	62. 0	0.89657	98. 0	....
sin 49° 49′ 50″ = 0.76414 :: 4 : 3.05656					sin 42° 2′ 56″ = 0.66976 :: 3 : 2.00928				sin 64° 24′ 34″ = 0.90190 :: 9 : 8.11710			

Rapports tirés de l'Optique de Newton.

Proportio sinuum incidentiæ et refractionis luminis flavi

Aqua pluvia, 529 : 396; $\frac{396}{529} = 0{,}74858 = \sin 48°\,28'\,\;5''$,

4 : 2,99432.

Vitrum commune,

31 : 20; $\frac{20}{31} = 0{,}64516 = \sin 40°\,10'\,40''$,

3 : 1,93048.

Les angles de Vitellon sont à fort peu près ceux de Ptolémée; et comme leurs instrumens n'étaient divisés qu'en degrés, puisqu'on ne voit d'autre fraction que des demi-degrés, on doit être peu surpris de cette ressemblance.

Quant aux angles du rayon lumineux, quand il passe d'un milieu plus dense dans un milieu plus rare, Vitellon les a conclus de l'expérience, qui lui a prouvé, dit-il, que les angles de réfraction sont les mêmes, soit que le rayon passe *d'un diaphane rare quelconque à un diaphane plus dense, soit qu'il passe du plus dense au plus rare;* et c'est d'après cette remarque qu'il a fait ses Tables, en supposant l'angle d'incidence égal dans les deux cas, et moyen arithmétique entre les deux angles rompus, ou la somme des deux angles rompus différens égale au double de l'angle d'incidence; ainsi pour 20° d'incidence, dont le double est 40°, il donne l'angle rompu dans l'eau...... 15° 30′ } = 40°;
dans l'air....... 24.30 }

ou bien angle rompu dans l'air = 2 fois l'angle d'incid. — l'angle rompu dans l'eau = $40° - 15°\,30' = 24°\,30'$.

Il est évident que c'est d'après cette règle qu'il a calculé tous ses angles rompus dans le milieu plus rare; il n'y a que le premier de tous qui parait s'écarter de la règle. En effet, pour 10° d'incidence, on aurait $20° - 7°\,45' = 12°\,15'$; la Table donne 12° 5′; mais il est clair que c'est une faute de copie, et je l'ai corrigée.

Il résulte de cette règle fausse, qu'il donne des angles obtus tels que 94° 30′ et 110° dans l'air au sortir de l'eau, 101° 30′ et 118° à la sortie du verre dans l'air, et 98° à la sortie du verre dans l'eau.

A côté des angles de Vitellon, j'ai mis ceux que donne le rapport des sinus conclus de la totalité des angles de Vitellon, dans le cas du passage dans le milieu plus dense.

On voit que les rapports moyens diffèrent très-peu de ceux de Newton; la petite différence peut venir d'abord de la difficulté des observations, de la grossièreté de ces observations, et ensuite de ce que Newton n'a observé que la lumière jaune, et qu'il a employé l'eau de pluie et un verre peut-être d'une densité un peu différente.

Je suppose que les Tables de Ptolémée et celles de Vitellon, de 10 en 10°, ont été tirées d'observations effectives de passages dans un milieu plus dense, et cela ne peut guère être autrement, puisqu'ils n'avaient aucune règle pour calculer leurs Tables. Il est singulier que Ptolémée voyant par le fait que la réfraction n'était pas dans le rapport des angles, n'ait pas examiné les rapports des cordes des angles doubles.

Ptolémée est encore auteur d'un petit ouvrage métaphysique publié en grec, avec la traduction latine par Bouillaud, qui l'a tiré d'un manuscrit de la Bibliothèque du Roi. En voici le titre :

Κλαυδίου Πτολεμαίου περὶ κριτηρίου καὶ ἡγεμονικοῦ.

Du jugement et de l'empire de l'ame. Paris, 1663.

Ce traité ne nous concerne en aucune manière.

Bouillaud a joint à son édition les opuscules suivans :

De Claudii Ptolomæi patriâ, inscriptio ab eo Canobi dedicata.

Olympiodori philosophi et Theodori Meliteniotæ de Ptolemæo testimonia.

Olympiodore, dans ses Commentaires sur le Phædon, compare Ptolémée à Endymion. On a dit que ce dernier dormait toujours, parce qu'il vivait dans la solitude et tout occupé de l'Astronomie; de là vient la fable de ses amours avec Diane. Ptolémée demeura de même pendant quarante ans dans les ptères de Canobe, occupé tout entier de l'Astronomie. Il y grava sur des colonnes les résultats de ses travaux.

On croit que le temple dont il est question était sur le bord de la mer, à la deuxième pierre de la ville. Suivant Strabon, la ville de Canobe était à 120 stades d'Alexandrie; il ne dit rien de Ptolémée. Ptolémée a pu aller à Alexandrie pour y observer ses équinoxes aux armilles (supposé qu'il les ait réellement observés, ce qui est au moins douteux); son quart de cercle et ses règles parallactiques pouvaient être à Canobe.

120 stades $= \left(\frac{12}{50}\right)$ de degré $= 14' \, 24''$; si nous les ajoutions à la latitude de 30° 58′, qu'il emploie pour son observation prétendue de parallaxe, nous aurions pour Alexandrie 31° 12′ 24″, ce qui nous accommoderait fort; mais la Géographie de Ptolémée ne donne que 31° 0′ pour Alexandrie, et elle donne 30° 12′ pour Canobe; il faut donc rejeter cette explication, puisque Canobe est au nord d'Alexandrie.

Les Arabes ont dit que Ptolémée était de Pélud ou Phélud; d'autres disent qu'il était d'Alexandrie. Théodore le réclame pour Ptolémaïs d'Hermius. Ἑρμίου Πτολεμαΐς. Longit. 61° 50′, latit. 27° 10′.

L'opuscule suivant a pour titre : *Θεοδώρου μελιτηνιώτου καὶ μεγάλου Σακελλαρίου τῆς μεγάλης ἐκκλησίας προοίμιον εἰς τὴν ἀστρονομίαν.*

L'auteur cite avec confiance l'éclipse miraculeuse de la Passion, qui fut totale et *dura trois heures* dans la pleine Lune. Il donne comme une vérité qu'un ange révéla l'Astronomie aux descendans de Seth, fils de Noé. Ainsi Dieu n'avait pas accordé une si longue vie aux patriarches, pour qu'ils pussent devenir astronomes, et c'est l'ange probablement qui révéla cette fameuse période de 600 ans. On peut opposer cette fable à celle de Josephe et de Bailly. En récompense, Théodore ne parle qu'avec mépris et indignation de l'astrologie, qu'il regarde ou comme une grande folie, ou comme une espèce de magie.

Il se propose de faciliter les calculs indiqués dans la Syntaxe mathématique, et de donner des exemples calculés sur les Tables manuelles; enfin il parle des Tables manuelles des Perses; des colonnes de pierre et de briques sur lesquelles les enfans de Seth avaient gravé leurs connaissances astronomiques. Ils avaient donné des noms aux étoiles et aux planètes, déterminé les solstices, imaginé les semaines. La colonne de pierre subsiste encore en Syrie; les Chaldéens la trouvèrent et la copièrent; Abraham s'instruisit à leur école, et instruisit à son tour les Egyptiens, de chez lesquels la science passa en Grèce. Voilà tout ce que contient cet avant-propos: on regrette de n'y pas trouver la copie de la colonne qui subsistait encore.

On trouve enfin dans ce volume l'inscription de Canobe.

Inscriptio a Claudio Ptolemæo Canobi in Serapidis templo consecrata anno Antonini Pii decimo.

Θεῷ σωτῆρι Κλαύδιος Πτολημαῖος *ἀρχὰς καὶ ὑποθέσεις μαθηματικάς.*

Au Dieu sauveur, Claude Ptolémée (consacre) ses élémens et ses hypothèses mathématiques.

Cette inscription pourrait être curieuse, si elle était vraie et correcte. Mais on peut soupçonner qu'elle est une fable; et elle est si inexacte, que Bouillaud a cru devoir la corriger en nombre d'endroits pour la faire accorder avec ce qu'on trouve dans la *Syntaxe;* corrigée, elle ne nous apprend plus rien; avec ses fautes palpables, elle ne pourrait que nous induire en erreur. Nous nous dispenserons donc de la transcrire, et nous renverrons ceux qui en seraient curieux, à l'édition donnée et commentée par Bouillaud.

CHAPITRE XV.

Planisphère de Ptolémée.

Nous n'avons pas le texte grec de cet ouvrage, mais seulement une traduction latine faite sur une traduction arabe dont l'auteur se nommait *Maslem*, et sur lequel d'ailleurs nous n'avons aucun renseignement. Ptolémée s'adresse au même Syrus à qui il parle en commençant et finissant la composition ou Syntaxe mathématique.

Il est possible, et même nécessaire, de représenter sur un plan tous les cercles de la sphère ; mais pour y parvenir par des moyens exacts et fondés sur les principes de la science, il faut savoir décrire le cercle oblique, l'équateur et ses parallèles, enfin tous les cercles de la sphère. Le méridien sera représenté par une ligne droite ; l'oblique touchera les deux tropiques. Voici la manière de tracer ces différens cercles.

Décrivons le cercle équinoxial ABGD (fig. 103) autour du centre E, avec deux diamètres AG, BD, qui se coupent à angles droits : E représentera le pôle septentrional ; le diamètre AG représentera le méridien et le colure des solstices ; BD celui des équinoxes (le plan de projection sera le cercle ABGD, et l'œil sera placé au pôle austral du monde. Cette projection a reçu des modernes le nom de projection stéréographique). Cela fait, pour placer les deux tropiques, nous prolongeons le diamètre AG de part et d'autre ; nous prenons de part et d'autre du point G les arcs GN et $GH = 23° 51' = \omega$; il en résulte que si l'on fait $DZ = DH = 90° - \omega$, on aura $DZ + DH = 180° - 2\omega$, $GH + GN = 2\omega$ et $NDH = \frac{1}{2}(2\omega) = \omega$; nous menons DN, qui coupe en C le diamètre AG, et DZM, qui coupe en M ce même diamètre.

Du point E, avec le rayon EC, traçons le cercle LOCI, et du même centre, avec le rayon EM, traçons le cercle MQTR ; ces deux cercles représenteront les tropiques sur le plan de l'équateur ABGD.

Partageons en deux parties égales en K la ligne CM, et du rayon $KM = KC$, décrivons un cercle MDCBM ; il sera la représentation du cercle oblique ou de l'écliptique.

Ptolémée suppose, dans cette construction très-simple, que les deux tropiques et l'équateur seront des cercles, ce qui est facile à démontrer ;

mais il suppose de plus, que l'écliptique sera de même représentée par un cercle, ce qui ne se voit pas aussi facilement. Il ajoute : NGDZ $=$ NG $+$ GDA $-$ AZ $=$ GDA $= 180°$. Donc ZAN $= 180°$; donc ZDN, angle à la circonférence, sera un angle droit; donc un cercle décrit sur le diamètre CM passera par le point D; il passera par les points CBMD, il coupera l'équateur en deux également, il touchera aux deux tropiques; il sera l'écliptique.

Albategnius, dit le traducteur arabe Maslem, a remarqué que cette démonstration de Ptolémée laissait beaucoup à desirer : Alchoarism a été du même avis. Le traducteur latin partage ce sentiment; et pour compléter la démonstration, il renvoie à un ouvrage que nous n'avons pas.

Ptolémée dit ensuite que l'on marquera sur le cercle CDMB les commencemens des signes, et tous les degrés si l'on veut; mais que ces signes et ces degrés, qui sont égaux sur la sphère, seront très-inégaux sur CDMB. Ici Maslem avait mis une note pour développer la proposition; mais cette note n'est pas traduite; elle est devenue inutile, car toute cette construction résulte des formules que j'ai données pour la projection stéréographique (Astron., XXXVII). Mais il eût été curieux de voir comment les anciens étaient arrivés à reconnaître que tous les cercles de la sphère qu'ils ont voulu mettre sur leur planisphère, y sont en effet représentés par d'autres cercles. Ils virent aisément que toutes les cordes, telles que P'B et P'D (fig. 104), menées du pôle austral à tous les points de l'équateur, devaient former un cône droit dont la hauteur serait EP', rayon de la sphère; dont le côté P'B serait la corde de 90°, et dont l'angle au sommet BP'D serait de 90°. L'équateur serait lui-même la base de ce cône. Ainsi Ptolémée commence (fig. 103) par décrire son équateur d'un rayon arbitraire, mais qui sera celui de la sphère. Ce rayon BE $=$ tang $\frac{1}{2}$ angle au sommet $=$ tang $45° = 1$.

De même, toutes les cordes menées de P' sur le tropique du Cancer formeront un cône droit dont la hauteur sera GEP' $= 1 + \sin\omega = 1 + \cos \text{PH} = 2\cos^2 \frac{1}{2}\text{PH} = 2\cos^2 \frac{1}{2}(90° - \omega) = 2\cos^2(45° - \frac{1}{2}\omega) = 2\sin^2(45° + \frac{1}{2}\omega)$; le côté P'H $=$ corde $(90° + \omega) = 2\sin(45° + \frac{1}{2}\omega)$.

Dans le cône HP'F, imaginons la section *hf* parallèle à la base; puisqu'elle est dans le plan de l'équateur, il est évident que le cercle décrit sur *hEf* comme diamètre, représentera le tropique HGF; ainsi le tropique sera représenté par le cercle dont le rayon sera $hE = \text{tang}\,\frac{1}{2}\text{PH} = \text{tang}\,\frac{1}{2}(90° - \omega) = \text{tang}\,(45° - \frac{1}{2}\omega)$.

Ptolémée dit : Prenez $BH = \omega$; menez P'H, qui coupera BD en h, et Eh sera le rayon de votre cercle.

Pour l'autre tropique, vous aurez de même un cône dont la base mn, parallèle à MN, aura pour rayon $Em = \text{tang}\,\frac{1}{2}\,PM = \text{tang}\,\frac{1}{2}\,(90° + \omega) =$ $\text{tang}\,(45° + \frac{1}{2}\,\omega) = \cot\,(45° - \frac{1}{2}\,\omega)$.

Ptolémée fait prendre BM = HB, et tirer P'Mm, qui va rencontrer EB prolongé en m. Em sera donc le rayon du cercle qui représentera le tropique du Capricorne; et ce cercle sera plus grand que l'équateur, puisque $mB = \text{tang}(45° + \frac{1}{2}\,\omega) - \text{tang}\,45° = \frac{\sin\frac{1}{2}\,\omega}{\cos 45°\cos(45° + \frac{1}{2}\,\omega)}$, quantité positive. Tout cela était bien aisé et indépendant du théorème général de cette projection.

L'écliptique touche en H le tropique du Cancer, et en N celui du Capricorne ; HN est le diamètre de l'écliptique dans la sphère; sur la projection, ce diamètre devient hn; on voit aisément encore que......
$hn = hE + En = \text{tang}\,(45° - \frac{1}{2}\,\omega) + \text{tang}(45° + \frac{1}{2}\,\omega) = \text{tang}(45° - \frac{1}{2}\omega)$ $+ \cot(45° - \frac{1}{2}\,\omega) = \frac{\sin(45° - \frac{1}{2}\omega)}{\cos(45° - \frac{1}{2}\omega)} + \frac{\cos(45° - \frac{1}{2}\omega)}{\sin(45° - \frac{1}{2}\omega)} = \frac{\sin^2(45° - \frac{1}{2}\omega) + \cos^2(45° - \frac{1}{2}\omega)}{\sin(45° - \frac{1}{2}\omega)\cos(45° - \frac{1}{2}\omega)}$ $= \frac{1}{\frac{1}{2}\sin(90° - \omega)} = \frac{2}{\cos\omega} = 2\,\text{séc}\,\omega$ et $\frac{1}{2}\,hn = \text{séc}\,\omega$.

On verrait aisément que le rayon du cercle de la projection de l'écliptique est séc ω, si l'on savait que cette projection est un cercle. Mais les Grecs, qui savaient déterminer graphiquement hn, savaient-ils que tout cercle est représenté par un cercle? S'ils ont connu ce théorème, pourquoi Ptolémée ne l'énonce-t-il pas une seule fois? Il dit que tout ce qu'on fait pour les tropiques, on peut le faire pour tous les parallèles que le Soleil paraît décrire, et cela est évident. On pourrait donc décrire par points la projection de l'écliptique, en prenant pour chaque point sa déclinaison, le rayon de son parallèle, et faisant faire à ce rayon un angle égal à sa distance au tropique sur l'équateur. On sait, d'ailleurs, que la projection doit passer par les points B et D de l'équateur, qui appartiennent également à l'écliptique. Ayant ainsi marqué plusieurs points, on se sera aperçu qu'ils étaient dans la circonférence d'un cercle décrit sur CM comme diamètre (fig. 103). Mais suivons Ptolémée, qui jusqu'ici ne démontre rien.

On décrira ensuite tout horizon comme on a tracé l'écliptique, car tout horizon coupe l'équateur en deux parties égales ; il coupe aussi à chaque instant l'écliptique en deux arcs *égaux en puissance*, c'est-à-dire représentant des arcs égaux de l'écliptique.

Il aurait pu ajouter que tout horizon touche deux parallèles, l'arctique et l'antarctique, également éloignés de l'équateur, comme l'écliptique touche les tropiques. Dans le fait, l'écliptique est elle-même l'horizon d'un point dont la latitude est $= 90° - \omega$.

Après cette remarque, il donne la construction suivante pour la projection de l'écliptique.

Soit donc l'équateur ABGD autour du centre E (fig. 105), et l'écliptique ZBHD, qui coupe l'équateur en B et en D ; par le centre E nous mènerons le diamètre arbitraire ZAEHG, qui nous représentera un méridien.

Ainsi Ptolémée savait que, dans cette projection, tous les méridiens sont représentés par des diamètres de l'équateur.

Les points ZH seront diamétralement opposés dans la sphère, et ces points retrancheront de l'équateur des arcs égaux BA et DH. Il aurait pu ajouter que le point A marque l'ascension droite du point Z, G celle du point H, et que ces ascensions droites diffèrent de 180°, comme les longitudes des points Z et G de l'écliptique.

Ptolémée élève ET perpendiculairement sur AG ; il mène TKZ et TA, THL et TG ; $ATG = 90°$, puisque c'est un angle à la circonférence qui est appuyé sur un diamètre. $ZE.EH = ED.EB = \overline{ED}^2 = \overline{ET}^2$; donc $ZE : ET :: ET : EH$; admettons cette analogie :

$$ZE : ZE \operatorname{tang} TZE :: 1 : \operatorname{tang} TZE :: ZE \operatorname{tang} TZE : TE \operatorname{tang} ETH,$$

d'où

$$TE \operatorname{tang} ETH = ZE \operatorname{tang}^2 TZE,$$

$$\operatorname{tang} ETH = \frac{ZE}{TE} . \operatorname{tang}^2 TZE = \cot TZE . \operatorname{tang}^2 TZE = \operatorname{tang} TZE;$$

donc $TZE = ETH = 90° - EHT$; donc $TZE + EHT = 90°$; donc $ZTH = 90°$; donc $ZTH = ATG$. Otez la partie commune ATH, il reste $ZTA = HTG$ et $AK = GL$; or $AB = DG$; donc $BK = DL$: K et L sont diamétralement opposés. En effet,

Imaginez le triangle ATH relevé perpendiculairement sur le plan ABG ; T sera le lieu de l'œil, ATH le plan d'un cercle de déclinaison ; deux points opposés de l'écliptique ont des déclinaisons égales, mais de signe contraire ; les distances polaires sont supplémens l'une de l'autre ; ces distances polaires sont celles des points H et Z de l'écliptique ; si Δ est l'une de ces distances, $180° - \Delta$ sera l'autre ; $EH = \operatorname{tang} \frac{1}{2}\Delta$; $EZ = \operatorname{tang}(90° - \frac{1}{2}\Delta) = \cot \frac{1}{2}\Delta$; $EZ.EH = \operatorname{tang} \frac{1}{2}\Delta \cot \frac{1}{2}\Delta = 1 = \overline{ET}^2$; c'est l'équation de Ptolémée. Ce produit est constant, quel que soit le diamètre AG et le diamètre ZH ; tous ces diamètres, tels que ZH, seront donc des droites qui se couperont réciproquement en segmens dont le produit sera constant; ces lignes seront donc les cordes d'un même cercle; donc l'écliptique aura un cercle pour projection; donc tous les grands cercles de la sphère auront un cercle pour projection; le diamètre de ce cercle pourra changer suivant l'inclinaison de ce cercle. Pour l'écliptique, nous avons vu que ce diamètre est 2 séc ω = 2 séc inclinaison de l'écliptique; donc ce théorème se démontre pour les grands cercles, sans faire usage du théorème d'Apollonius pour les sections subcontraires. C'est ainsi que Ptolémée l'a démontré, non pas en général, mais en particulier, pour l'écliptique et pour chacun des grands cercles qu'il considère par la suite.

L'horizon est incliné à l'équateur d'une quantité = $(90° - H)$. On pourra donc décrire l'horizon comme on a décrit l'écliptique, en traçant le cercle arctique et antarctique au lieu des deux tropiques, et en prenant l'intervalle MC (*fig.* 103) pour le diamètre de l'horizon.

Ptolémée s'y prend d'une manière moins simple, que voici :

Soit l'équinoxial ABG (*fig.* 106), l'écliptique HBTD, BED l'intersection de l'écliptique et de l'équateur, l'horizon HATG, qui coupe en deux également l'équinoxial; H et T seront les intersections du zodiaque et de l'horizon, HE un cercle horaire; prolongé en T, il détermine sur l'écliptique le point T diamétralement opposé à H; car dans le cercle HTG, AG et HT se coupent en E; on a donc

$$AE.EG = HE.ET = BE.ED = \overline{BE}^2;$$

ainsi B, D, H et T sont sur la circonférence d'un même cercle. Mais T est un point de l'horizon, et le zodiaque et l'horizon se coupent en des points diamétralement opposés. Ceci, quoique fort vrai, ne compose pas une démonstration bien claire, et l'on pourrait faire à Ptolémée le reproche d'obscurité que Synesius adresse à Hipparque, premier auteur de cette théorie; cependant on voit clairement que la marche de Ptolémée, pour prouver que l'horizon a un cercle pour projection, est d'établir que dans le cercle de l'écliptique BHD on a BE.ED = HE.ET; dans le cercle BADG on a BE.ED = AE.EG = HE.ET; donc H, A, T, G sont dans une même circonférence; donc la courbe de projection HATG est un cercle. C'est par cette propriété du cercle qu'il démontre le théorème, non pas en général, mais dans chacun des cas particuliers dont il a besoin. Après l'avoir démontré pour un horizon quelconque, il pouvait le conclure d'un grand cercle quelconque, car tous les grands cercles de la sphère peuvent être des horizons; tout grand cercle qui n'est ni l'équateur, ni un cercle horaire, est oblique à l'équateur; il se décrira comme l'écliptique.

Cette solution de Ptolémée, ou plutôt d'Hipparque, est pénible et entortillée ; mais on peut l'exposer d'une manière très-simple et très-claire.

Tous les diamètres de la sphère s'entrecoupent au centre de la sphère.

Ce centre est en même temps celui de la projection.

Tous les diamètres de la sphère ont pour projection des droites qui s'entrecoupent au centre de la projection. Ces droites sont toutes composées de deux tangentes, c'est-à-dire $\text{tang}\,\frac{1}{2}\Delta + \cot\frac{1}{2}\Delta = \frac{2}{\sin(\Delta)} = \frac{2}{\cos D} = 2\,\text{séc}\,D = 2\,\text{séc}$ déclinaison des extrémités du diamètre.

Le produit des deux segmens de chaque droite est $\text{tang}\,\frac{1}{2}\Delta\cot\frac{1}{2}\Delta = 1$ = constante = carré du rayon de la sphère.

La demi-somme des deux segmens est $\frac{1}{2}(2\,\text{séc}\,D) = \text{séc}\,D$.

La demi-différence est

$$\frac{\cot\frac{1}{2}\Delta - \text{tang}\,\frac{1}{2}\Delta}{2} = \frac{\cos\frac{1}{2}\Delta}{2\sin\frac{1}{2}\Delta} - \frac{\sin\frac{1}{2}\Delta}{2\cos\frac{1}{2}\Delta} = \frac{\cos^2\frac{1}{2}\Delta - \sin^2\frac{1}{2}\Delta}{2\sin\frac{1}{2}\Delta\cos\frac{1}{2}\Delta} = \frac{1 - 2\sin^2\frac{1}{2}\Delta}{\sin\Delta}$$

$$= \frac{\cos\Delta}{\sin\Delta} = \cot\Delta = \text{tang}\,D.$$

La demi-différence tang D est la distance du milieu de la projection du diamètre au centre de la projection.

Appliquons à l'écliptique ces théorèmes généraux.

Tous les diamètres de l'écliptique auront pour projection une droite $= 2\,\text{séc}\,D$.

Toutes les projections de diamètres seront coupées au centre de la projection en deux segmens, $\text{tang}\,\frac{1}{2}\Delta$ et $\cot\frac{1}{2}\Delta$, dont le produit est constant; c'est la propriété des cordes qui s'entrecoupent dans un cercle. Les extrémités des projections des diamètres de l'écliptique appartiennent donc à un cercle. La plus grande de ces cordes sera celle dont la déclinaison est la plus grande; la plus grande des déclinaisons de l'écliptique est ω; la plus grande de ces projections sera $2\,\text{séc}\,\omega$; ce sera le diamètre du cercle, puisque le diamètre est la plus grande des cordes; ainsi l'écliptique a pour projection le cercle dont le rayon est séc obliquité.

La distance du centre de ce cercle au centre de projection sera $\text{tang}\,\omega$.

Ce centre sera sur le rayon de l'équateur qui marque l'ascension droite du point qui a la plus grande déclinaison.

La corde la plus petite sera celle dont la déclinaison est 0; le rayon sera 1, la tangente 0, la distance au centre nulle; toutes les cordes feront au centre de la projection des angles égaux aux différences d'ascension droite des diamètres qu'elles représentent.

Tout ce que nous avons dit de l'écliptique dont l'inclinaison sur l'équateur $= \omega$, peut s'appliquer à tout autre grand cercle qui fait avec l'équateur un angle quelconque ω. Ce cercle sera représenté par un cercle dont le rayon sera séc ω, la distance des centres $=$ tang ω, cette distance étant prise sur le rayon de l'équateur qui marque l'ascension droite du point dont la déclinaison est la plus grande, ou égale à l'inclinaison ω.

Ainsi, nous avons démontré la propriété des grands cercles, sans faire usage des sections subcontraires d'Apollonius. Hipparque aurait pu ignorer ce théorème d'Apollonius; il ne l'a fait entrer pour rien dans ses constructions pour les cercles du planisphère.

Les parallèles à un grand cercle sont les bases circulaires d'un cône dont le prolongement indique sur le plan de l'équateur la projection du parallèle. Cette projection est un cercle comme la base du cône; elle est seulement plus grande si le parallèle est plus près de l'œil, plus petite s'il est plus loin. Le parallélisme des bases et la similitude de ces bases subsistent toujours, et la propriété générale est démontrée.

Le pôle d'un grand cercle quelconque sera projeté en un point éloigné de tang $\frac{1}{2}\,\omega$ du centre de la projection; l'autre point sera à une distance cot $\frac{1}{2}\,\omega$ de l'autre côté du centre; cette distance sera prise sur le rayon de l'équateur qui marque l'ascension droite du pôle, et ce rayon fera un angle droit avec celui qui passe par le nœud du cercle avec l'équateur.

Un horizon quelconque fait avec l'équateur un angle $= (90° - H)$; le rayon de la projection sera séc $(90° - H) =$ coséc H, la distance des centres est tang $(90° - H) =$ cot H.

Le zénit ou le pôle de cet horizon est à une distance du centre qui est tang $\frac{1}{2}\,(90° - H) = (45° - \frac{1}{2}\,H)$ sur le rayon qui va à 90° du point orient de l'équateur. L'horizon est donc mobile sur la projection, puisque le point orient de l'équateur change à chaque instant.

Le centre de l'horizon varie de même à chaque instant, puisqu'il se prend à chaque instant à la distance $45° - \frac{1}{2}\,H$ sur le point de l'équateur qui est au méridien ou à 90° du point orient.

Ptolémée passe ensuite à la description des petits cercles, qu'on peut toujours considérer comme des parallèles au grand cercle, qui a les mêmes pôles. Il va déterminer les projections des deux tropiques et celles de l'écliptique (fig. 107).

Soit ABGD le cercle équinoxial, c'est-à-dire la projection de l'équateur, avec ses deux diamètres perpendiculaires AG et BD qui se croisent à angles droits au centre E, prolongeons indéfiniment AG vers Z; prenons de part et d'autre de G les arcs $GH = GT$. Menons DKH et BKT et DTZ; $DT = 90^\circ - GT = 90^\circ - GH = BH$.

L'angle $DTB = 90^\circ$; donc $DBT + BDT = 90^\circ = DBT + EBK = EDK + EKD$; le triangle EBK est le même que EDK; ils sont parfaitement égaux; EDK est semblable à EBK, qui est semblable à KTZ et à DEZ; donc $ZE : DE :: DE : EK ::$ corde 2DKE : corde 2EDK.

Si T est le tropique d'été, EK en sera le rayon de projection; si H est le tropique d'hiver, EZ en sera le rayon de projection. En continuant cette analogie de Ptolémée, nous dirons $:: 2\sin DKE : 2\sin EDK :: 2\sin\tfrac{1}{2}(DA + TG) : 2\sin\tfrac{1}{2}(BH) :: \sin\tfrac{1}{2}BT : \sin\tfrac{1}{2}TD :: \sin\tfrac{1}{2}(90^\circ + TG) : \sin\tfrac{1}{2}(90^\circ - TG) :: 1 : \frac{\sin\frac{1}{2}(90^\circ - TG)}{\sin\frac{1}{2}(90^\circ + TG)} = \frac{\sin(45^\circ - \frac{1}{2}TG)}{\sin(45^\circ + \frac{1}{2}TG)} = \frac{\sin(45^\circ - \frac{1}{2}TG)}{\cos(45^\circ - \frac{1}{2}TG)} :: 1 : \operatorname{tang}(45^\circ - \tfrac{1}{2}TG) :: DE : EK :: 1 : \frac{EK}{DE}$; donc $\operatorname{tang}(45^\circ - \tfrac{1}{2}TG) = \frac{EK}{DE} = \frac{DE}{ZE}$, et $ZE = \cot(45^\circ - \tfrac{1}{2}GT)$; mais la première analogie donne $ZE.EK = \overline{DE}^2$; donc $ZE = \frac{\overline{DE}^2}{EK} = \frac{1}{\operatorname{tang}\frac{1}{2}BH} = \frac{1}{\operatorname{tang}\frac{1}{2}(90^\circ - GT)} = \frac{1}{\operatorname{tang}(45^\circ - \frac{1}{2}GT)} = \cot(45^\circ - \tfrac{1}{2}GT) = \operatorname{tang}(45^\circ + \tfrac{1}{2}GT)$.

$$ZE - EK = \cot(45^\circ - \tfrac{1}{2}GT) - \operatorname{tang}(45^\circ - \tfrac{1}{2}GT) = \frac{\cos(45^\circ - \frac{1}{2}GT)}{\sin(45^\circ - \frac{1}{2}GT)}$$
$$- \frac{\sin(45^\circ - \frac{1}{2}GT)}{\cos(45^\circ - \frac{1}{2}GT)} = \frac{\cos^2(45^\circ - \frac{1}{2}GT) - \sin^2(45^\circ - \frac{1}{2}GT)}{\sin(45^\circ - \frac{}{}GT)\cos(45^\circ - \frac{1}{2}GT)}$$
$$= \frac{1 - 2\sin^2(45^\circ - \frac{1}{2}GT)}{\frac{1}{2}\sin(90^\circ - GT)} = \frac{\cos(90^\circ - GT)}{\frac{1}{2}\cos GT} = \frac{2\sin GT}{\cos GT} = 2\operatorname{tang} GT,$$

$\tfrac{1}{2}(ZE - EK) = \operatorname{tang} GT = \tfrac{1}{2}KZ =$ rayon du cercle projection du parallèle qui est à la distance GT de son pôle G,

$$ZE + EK = \frac{\cos^2(45^\circ - \frac{1}{2}GT) + \sin^2(45^\circ - \frac{1}{2}GT)}{\sin(45^\circ - \frac{1}{2}GT)\cos(45^\circ - \frac{1}{2}GT)} = \frac{2}{\sin(90^\circ - GT)}$$
$$= \frac{2}{\cos GT} = 2\operatorname{s\acute{e}c} GT,$$

$\tfrac{1}{2}(ZE + EK) = \operatorname{s\acute{e}c} GT =$ distance des centres,

$$KZ = \tfrac{1}{2}(ZE + EK) + \tfrac{1}{2}(ZE - EK) = \operatorname{s\acute{e}c} GT + \operatorname{tang} GT$$
$$= \frac{1}{\cos GT} + \frac{\sin GT}{\cos GT} = \frac{1 + \sin GT}{\cos GT} = \frac{2\sin^2(45^\circ - \frac{1}{2}GT)}{\cos GT},$$
$$\tfrac{1}{2}KZ = \frac{1 + \sin GT}{\cos GT} = \frac{1 + \cos DT}{\sin DT} = \frac{2\cos^2\frac{1}{2}DT}{2\sin\frac{1}{2}DT\cos\frac{1}{2}DT} = \cot\tfrac{1}{2}DT,$$

$$\begin{aligned} EK &= \tfrac{1}{2}(ZE+EK)-\tfrac{1}{2}(ZE-EK)=\text{séc}\,GT-\text{tang}\,GT \\ &= \frac{1}{\cos GT}-\frac{\sin GT}{\cos GT}=\frac{1-\sin GT}{\cos GT}=\frac{1-\cos DT}{\sin DT} \\ &= \frac{2\sin^2\frac{1}{2}DT}{2\sin\frac{1}{2}DT\cos\frac{1}{2}DT}=\text{tang}\,\tfrac{1}{2}DT. \end{aligned}$$

Il est évident que cette construction de Ptolémée donnerait en K la projection du point T, et en Z la projection du point H; KZ sera la projection du diamètre TH du cercle dont le pôle est en G, et dont la distance polaire est GT. Les lignes ponctuées TH et BHZ ne sont pas dans la figure de Ptolémée; mais ce n'est pas à quoi il en veut venir; et après l'analogie ci-dessus, il donne un exemple de calcul dans lequel il fait...

$GT = 23°\,51'\,20'' = \omega$, $BT = 113°\,51'\,20''$, $DT = 66°\,8'\,40''$, $\frac{DT}{BT} = \frac{\text{corde } 66°\,8'\,40''}{\text{corde } 113.51.20}$, ce qui équivaut à $\frac{\sin 33°\,4'\,20''}{\sin 65.55.40} = \frac{\sin 33°\,4'\,20''}{\cos 33.4.20} = \text{tang}\,33°\,4'\,20''$ $= EK$; c'est ce que la figure nous donnerait immédiatement.

Nous en tirerons $ZE = \frac{1}{\text{tang}\,\frac{1}{2}DT} = \cot 33°\,4'\,20''$.

Dans ce calcul, Ptolémée cite la Syntaxe; ainsi son Planisphère est moins ancien que sa grande *composition*. EZ est, dit-il, le demi-diamètre du tropique d'hiver, EK celui du tropique d'été; c'est ce que nous avions trouvé plus simplement (fig. 104, p. 435).

Il ajoute : Ces deux lignes réunies font le diamètre du zodiaque ou de l'écliptique;

$$\begin{aligned} &\cot 33°\,4'\,20'' + \text{tang}\,33°\,4'\,20'' = \frac{\cos 33°\,4'\,20''}{\sin 33.4.20} + \frac{\sin 33°\,4'\,20''}{\cos 33.4.20} \\ &= \frac{\cos^2 33°\,4'\,20'' + \sin^2 33°\,4'\,20''}{\sin 33°\,4'\,20''\cos 33°\,4'\,20''} = \frac{1}{\frac{1}{2}\sin 66°\,8'\,40''} = \frac{2}{\cos 23°\,51'\,20''} = \frac{2}{\cos\omega} \\ &= 2\,\text{séc}\,\omega. \end{aligned}$$

Il ne connaissait pas cette expression; mais (fig. 104, p. 435) il était aisé de voir que hn = diam. proj. de l'écliptique = $hE + En$ = demi-diam. du trop. d'été + demi-diam. du trop. d'hiver.

Ainsi, le *diamètre d'un grand cercle oblique sur la projection = somme des demi-diamètres des parallèles que touche le cercle oblique*. Le diamètre de l'horizon sera donc la somme des demi-diamètres des cercles arctique et antarctique, et les demi-diamètres de ces parallèles extrêmes sont faciles à trouver.

Il dit encore que le centre du cercle de projection de l'écliptique est à une distance de 26°51'58". Notre formule $60°\,\text{tang}\,\omega$ donne $60°\,\text{tang}\,23°\,51'\,20''$

$= 26° 31' 57'' 6$. Le calcul de Ptolémée s'accorde donc avec nos formules. Il calcule les rayons des deux tropiques; il en conclut le diamètre de l'écliptique et la distance du centre au centre de la projection, par une formule équivalante à tang ω, comme il a trouvé le diamètre de projection de l'écliptique par une formule équivalente à 2séc ω.

Il calcule ensuite les demi-diamètres des deux parallèles qui passent à 2^s et 8^s de longitude, puis ceux qui passent à 1^s et 7^s de longitude.

Il cherche ensuite l'horizon de Rhodes, qui est incliné à l'équateur de 54°, puisque la latitude est 36°. Nos formules tang(45° ± 27°) nous donneront de même

$$\begin{aligned} \text{diamètre de l'horizon} &= \text{tang}(45°+27°) + \text{tang}(45°-27°) \\ &= \text{tang}\,72 + \text{tang}\,18 = 2\text{séc}\,54°, \\ \text{distance des centres} &= \text{tang}(45°+27°) - \text{tang}(45°-27°) \\ &= \text{tang}\,72 - \text{tang}\,18 = 2\text{tang}\,54°. \end{aligned}$$

Diamètre = 102° 4' 51'' et distance des centres = 82° 34' 57'',
Ptolémée = 102.4.42 82.35. 3,

les diff. ne sont que de... — 9............. et .... + 6.

Cette méthode ne vaut certainement pas nos formules séc ω = rayon et tang ω = dist. des centres, mais elle est singulièrement remarquable.

Voici encore un exemple calculé pour le climat de Rhodes, et emprunté probablement du livre d'Hipparque.

Nous venons de voir comment on trace sur la projection les parallèles à l'équateur et tous les grands cercles qui sont obliques à l'équateur, au moyen des parallèles, qu'ils ne font que toucher. Ptolémée passe ensuite au lever et au coucher des signes de l'écliptique, c'est-à-dire au tems que les différens arcs emploient à traverser l'horizon.

Soit ABGD l'équateur (fig. 108), BHDZ l'écliptique autour du centre T, ZATG le méridien, DB le diamètre de l'équateur, GH et AZ = dist. des tropiques à l'équateur. Le méridien ZATEG peut être considéré comme un horizon dans la sphère droite.

ZB et HD, qui sont opposés, sont des arcs de 90° *en puissance*, c'est-à-dire qu'ils représentent des arcs de 90° de l'écliptique; ils passeront au méridien en tems égaux. En effet, quand D sera arrivé en H, B sera en Z, car ils sont toujours diamétralement opposés. Ils passent au méridien et à l'horizon avec les arcs BA et DG.

LK est parallèle à BD; nous aurons LD = KB.

Menons KMEN et LCEY; les cercles de déclinaison EK, EL étant également éloignés des points équinoxiaux, le point K représente un point éloigné de 180° de N; le point L, un point éloigné de 180° de Y.

Si BK est le signe des Poissons, LD sera celui de la Balance, BY le signe du Bélier, DN celui de la Vierge. Les triangles KTE et LTE sont parfaitement égaux; KET = LET, KEB = LED; ces arcs passent donc en même tems. Il suffit donc d'en calculer un seul, BM, par exemple.

Abaissez la perpendiculaire TF; $TE = \mathrm{tang}\,\omega$, $TK = \mathrm{séc}\,\omega$.

Ne supposons aucune valeur particulière à BM, mais que BM soit en général une ascension droite comptée de l'équinoxe voisin; l'angle ETK ne sera plus droit qu'accidentellement. Nous aurons TK : TE :: sin TEK : sin TKE, ou $\mathrm{séc}\,\omega : \mathrm{tang}\,\omega :: 1 : \sin\omega :: \cos \text{Æ} : \sin TKE = \sin\omega \cos \text{Æ} =$ sin angle écliptique avec le parallèle = cos angle écliptique avec le méridien = cos TEK.

C'est l'expression que donne la Trigonométrie sphérique. Ainsi, l'écliptique et le méridien font, sur la projection, le même angle que sur la sphère; propriété générale de cette projection; mais cette propriété paraît avoir été inconnue aux anciens.

$$\sin TEK : TK :: \sin ETK : EK = \frac{TK \sin ETK}{\sin TEK} = \frac{\mathrm{séc}\,\omega \sin(TEK + TKE)}{\cos \text{Æ}}$$
$$= \frac{\sin(90° - \text{Æ} + K)}{\cos\omega \cos \text{Æ}} = \frac{\cos(\text{Æ} - K)}{\cos\omega \cos \text{Æ}}.$$

$EF = \mathrm{tang}\,\omega \sin \text{Æ} =$ tang déclin. du point de l'éclipt. qui a l'asc. dr. Æ; EMK étant un cercle horaire, le point M de l'équateur et le point K de l'écliptique passent ensemble au méridien; EM représente un arc de 90°; MK représente la déclinaison du point de l'écliptique projeté en K; BK représente sa longitude comptée de l'équinoxe le plus voisin; $EF = \mathrm{tang}\,\omega \sin \text{Æ} = \mathrm{tang}\,D$,

$TF = \mathrm{tang}\,\omega \cos \text{Æ}$,

$FK = TK \cos K = \mathrm{séc}\,\omega \cos K = \frac{\cos K}{\cos\omega} = \mathrm{séc}\,D$,

car $\cos D$ sin angle éclipt. et mérid. $= \cos\omega$,

et $\cos K =$ sin angle éclipt. et mérid. $= \frac{\cos\omega}{\cos D}$,

$\sin K = \sin\omega \cos \text{Æ}$;

donc

$$\mathrm{tang}\,K = \frac{\sin K}{\cos K} = \frac{\sin\omega \cos \text{Æ} \cos D}{\cos\omega} = \mathrm{tang}\,\omega \cos \text{Æ} \cos D = \mathrm{tang}\,\omega \cos \text{longit.}$$

Toutes ces valeurs sont celles que donne la Trigonométrie sphérique; on les trouve de même par la projection. Ainsi, les constructions de

Ptolémée sur le planisphère sont en parfaite harmonie avec les formules connues de la Trigonométrie.

Ptolémée donne ici plusieurs exemples numériques. Je les ai tous calculés par nos formules, et les ai trouvés toujours exacts à très-peu de secondes près.

Il ajoute que $KE.EN = EB.ED = \overline{EB}^2$,

$$EN = \frac{\overline{EB}^2}{EK} = \frac{1}{EK} = \frac{1}{\text{tang}\,\frac{1}{2}(90° + MK)} = \frac{1}{\text{tang}\,\frac{1}{2}(90° + D)} = \cot(45° + \tfrac{1}{2}D),$$

$EN = \cot(45° + \frac{1}{2}D)$ et $EK = \text{tang}(45° + \frac{1}{2}D)$, $NE = EK - 2FE$, $2FE = EK - EN$; on aura donc FE, ensuite $\frac{FE}{TE} = \sin ETF = \sin KEB = \sin MB$; MB sera donc connu. $EK = \text{tang}(45° + \frac{1}{2}D)$.

On peut donc donner à BK une valeur quelconque, et l'on aura l'arc BM, avec lequel il passe au méridien dans la sphère droite; c'est-à-dire l'ascension droite du point K.

Il passe ensuite à la sphère oblique; il prend encore son exemple sur le parallèle de Rhodes, et refait un calcul de la Syntaxe.

ABGD (fig. 109) est l'équateur; ZBHD l'écliptique, dont le centre est T; le mouvement de la sphère se fait autour de E, de D en G, de G en B et en A.

ZKHL, l'horizon qui passe par les tropiques Z et H;

ZMHN, un autre horizon passant par les mêmes points.

Dans la première position, Z et K se lèveront ensemble, H et L se coucheront; mais dans la position ZMHN, au contraire, H et N se lèveront, M et Z se coucheront.

KL et MN passent par le centre de projection E; MN = KL, AM = GN; et pour faire AM = AK, nous chercherons les centres C et Y des deux arcs de l'horizon; nous mènerons CT et TY, EC et EY; CTY ne fera qu'une seule et même droite; CE sera perpendiculaire à KL, et YE à MN; les triangles ETC, ETY seront parfaitement égaux.

CET = YET, YEM = CEK = 90°, AEM = AEK, et par conséquent AM = AK, et LG = GN.

HB se lève avec BN, et BZ avec BK = BN;

ZD se lève avec KD, et DH avec DN.

On voit d'abord que des arcs égaux de l'oblique, comptés de l'équinoxe, se lèvent dans le même espace de tems; mais que BZ a son ascension droite diminuée de l'arc AK = diff. ascensionnelle; l'arc opposé DH a l'ascension droite augmentée de GL = AK; et qu'ainsi le plus long jour surpasse autant le jour moyen, que le jour moyen surpasse le plus court. Il s'agit de calculer cette différence.

$$\text{TE} = \text{tang obliquité}, \quad \text{EC} = \text{tang}(90° - 36°) = 54° = \cot H,$$

$$\sin \text{KA} = \sin \text{AEK} = \sin \text{CED} = \sin \text{ECT} = \frac{\text{ET}}{\text{EC}} = \frac{\text{tang}\,\omega}{\cot H} = \text{tang}\,\omega\,\text{tang}\,H$$
$$= \text{sin differ. ascensionnelle.}$$

C'est la formule que donne la Trigonométrie sphérique.

Pour calculer les durées des levers pour le même climat, soit ABGD l'équateur (fig. 110) et son centre E; l'écliptique HDZB, et soit l'arc de l'écliptique BT, compté d'un équinoxe; menez TEL, l'arc d'horizon TMLN; menez le diamètre MEN; soit C le centre de l'horizon, CE sera la distance des centres et CT le rayon; menez la perpendiculaire CY sur TL; AM sera la différence ascensionnelle. Vous calculerez ET comme ci-dessus EK dans un triangle rectiligne obliquangle, c'est-à-dire $\text{EK} = \frac{\cos(\text{AR} - \text{K})}{\cos\omega \cos \text{AR}}$; $\text{tang}\,\text{K} = \text{tang}\,\omega \cos \text{longitude}$, vous aurez $\text{CE} = \cot H$ = cot haut. du pôle et CT = coséc H. Ptolémée n'avait pas ces formules, mais nous avons vu qu'il en avait les équivalens. $\text{ET} = (45° + \frac{1}{2}\text{D})$, puisque $\text{EA} = 90°$ et AT = déclin. du point de l'écliptique.

$$\text{EY} = \tfrac{1}{2}(\text{TY}+\text{YE}) - \tfrac{1}{2}(\text{TY}-\text{YE}) = \text{tang}(45°+\tfrac{1}{2}\text{D}) - \text{tang}(45°-\tfrac{1}{2}\text{D})$$
$$= \frac{\sin \text{D}}{2\cos(45°+\frac{1}{2}\text{D})\cos(45°-\frac{1}{2}\text{D})} = \frac{\sin \text{D}}{2\sin(45°-\frac{1}{2}\text{D})\cos(45°-\frac{1}{2}\text{D})}$$
$$= \frac{\sin \text{D}}{\sin(90°-\text{D})} = \frac{\sin \text{D}}{\cos \text{D}} = \text{tang}\,\text{D}, \text{ comme ci-dessus.}$$
$$\sin \text{YCE} = \frac{\text{EY}}{\text{CE}} = \frac{\text{tang}\,\text{D}}{\cot H} = \text{tang}\,\text{D}\,\text{tang}\,H.$$

C'est le sinus de la différence ascensionnelle du point dont la déclinaison est D; BT donne le point T; BA en est l'ascension droite; TBA est l'obliquité de l'écliptique. De ces trois quantités, il n'y a que BT qui soit défigurée sur la projection; TA l'est aussi, c'est la distance du point représenté par T à l'équateur; dans TBA considéré comme sphérique, nous aurons $\text{tang BA} = \cos\omega\,\text{tang BT}$; $\cot \text{BTA} = \cos \text{BT}\,\text{tang}\,\omega$; $\sin \text{TA} = \sin\omega \sin \text{BT}$; ou $\text{tang TA} = \text{tang}\,\omega \sin \text{BA}$; BTA sera le même sur la sphère et sur la projection; TM est un arc de l'horizon, M le point de l'équateur qui se lève, T le point de l'écliptique qui se lève en même tems; MET sera donc l'angle au pôle E entre les deux points; dans la sphère droite, T se lèverait avec A; mais dans la sphère oblique, il se lève avec M; CE est perpendiculaire sur MN, CY sur TL; l'angle

ECY est donc le même que MET ; il sera donc la différence ascensionnelle cherchée. TME est le triangle entre le pôle, le point levant de l'écliptique et le point levant de l'équateur. EM $= 90° =$ dist. équat. au pôle ; ET la distance polaire du point de l'écliptique ; TM l'arc de l'horizon ; l'angle T est l'angle du cercle de déclinaison avec l'horizon ; TME est l'angle de l'horizon avec l'arc de 90°, mené du pôle à l'horizon au point est ; EML est donc la hauteur du pôle ; TMA $= 180° - H - 90° = 90° - H$; le triangle TMA donne $\sin MA \tang M = \tang D$ et $\sin MA = \tang D \tang H$.

Ptolémée substitue à ce triangle sphérique le triangle rectiligne CEY.

Aucune de ces comparaisons des parties de la projection aux parties correspondantes de la sphère ne se trouve dans Ptolémée, qui s'arrête après le calcul de la différence ascensionnelle YCE. Ptolémée donne quelques exemples numériques que j'ai trouvés bien calculés. Son but, apparemment, a été, en appliquant la Trigonométrie rectiligne à ses constructions, de montrer que le planisphère pouvait résoudre avec exactitude les problèmes d'Astronomie sphérique. L'avantage du planisphère est de dispenser des calculs ; sans cela, il était plus simple de beaucoup de s'en tenir à la sphère.

La seconde partie a pour objet les cercles parallèles à l'écliptique, et la construction de cette pièce du planisphère qui est connue sous le nom d'*araignée*.

De tous les cercles ci-dessus décrits, dit Ptolémée, prenons celui qui renferme tous les autres (c'est-à-dire le tropique du Capricorne), ABGD (fig. 111). Tracez les deux diamètres AG, DB qui se coupent à angles droits ; prenons un arc GZ obliquité de l'écliptique ; menons GH parallèle à DE et qui aille rencontrer la corde DZ prolongée en H ; menons HT perpendiculaire à DE ; joignons DG qui coupera DH en K ; du rayon EL $=$ TK décrivons le cercle MNLC, ce sera l'équateur ; joignons GM qui coupera ce cercle en N ; MN est semblable à DZ, et NL à ZG ; car $DE : EG :: DT : TK$; or $DE = EG$; donc $DT = TK$; $DT - TM = EM - TM$; car $DT = TK = EL = EM$; $DM = ET = GH$; donc $MG = DH$, et ces lignes sont parallèles ; $EMN = EMG = EDH = EDZ = \frac{1}{2} BZ = \frac{1}{2}(90° + GZ) = (45° + \frac{1}{2}\omega)$; $MGE = (45° - \frac{1}{2}\omega)$; $ME = \tang(45° - \frac{1}{2}\omega)$.

Dans la construction ordinaire, en prenant ME pour unité, $DE = ME \tang(45° + \frac{1}{2}\omega)$; donc $ME = DE \cot(45° + \frac{1}{2}\omega) = DE \tang(45° - \frac{1}{2}\omega)$. Il serait bien plus simple de prendre $DZ' = \omega$, de mener GZ' ; alors $EM = EG \tang \frac{1}{2} AZ' = EG \tang(45° - \frac{1}{2}\omega)$.

Cette nouvelle construction est donc très-inutilement compliquée, et ne valait pas celle qui commence par décrire l'équateur. Au reste, en retournant les formules de la première construction, on peut commencer à volonté par l'un ou l'autre tropique.

Soit ABGD l'équateur (fig. 112), BHDL l'écliptique; prenez BT $=\omega$, et menez DT, qui coupe en K le diamètre AH; K sera la projection du pôle de l'écliptique.

(En effet, EK $=$ tang $\frac{1}{2}$ BT $=$ tang $\frac{1}{2}\omega$, ainsi que nous l'avons dit ci-dessus.)

Tout cercle passant par ce point, passera par deux points diamétralement opposés tant du zodiaque que de l'équateur; car ce cercle sera un cercle de latitude qui passera par les longitudes L et $180° + L$, dont les ascensions droites seront Æ et $180° +$ Æ.

Ptolémée, dans cette exposition, néglige quelques éclaircissemens qu'il n'a pas jugés indispensables, mais qui n'étaient pourtant pas inutiles.

Soit maintenant ABGD (fig. 113) le cercle méridien ou le colure des solstices passant par les pôles de l'équateur et de l'écliptique; D le pôle austral ou le lieu de l'œil, AG le diamètre de l'équateur, ZHT le diamètre du petit cercle qu'il s'agit de projeter. Par le point H menez KQHR, puis DMZ qui coupe KR au point Q; menez DR; MN sera la projection de ZT; car il touchera deux cercles parallèles à l'équateur, passant l'un par Z, et l'autre par T. Tirez BZ et BQ, et les autres lignes que j'ajoute à la figure.

AG équateur, D pôle austral, B pôle boréal, λO cercle oblique incliné de 24°. GO $=$ Aλ $=$ 24°, OT $=$ λZ $=$ 35°; ZT parallèle de 35° à l'oblique, GT $=$ AT′ $=$ 11°, TT′ parallèle à l'équateur touché par le parallèle de l'oblique, ZZ′ parallèle à l'équateur à 59°.

$$A\lambda = 24°$$
$$\lambda Z = 35$$
$$AZ = 59$$
$$BZ = 31$$
$$BDZ = 15\ 30'.$$

KQHR parallèle à l'équateur mené par l'intersection H de ZT avec DB.

$$GEO = 24° = RHT = HEm$$
$$EHT = 66 = ZHB$$
$$GT = 11$$
$$BT = 79$$
$$BDT = \tfrac{1}{2}BT = 39\ 30'$$
$$BZ'Z = \tfrac{1}{2}BZ = BRH = BDZ.$$

$DZB = 90° = BHQ$; ces deux angles étant droits, la circonférence du cercle décrit sur BQ passera par Z, H, B et Q; donc $BQH = BZH$, puisque ces angles s'appuient sur la même corde BH.

(On aurait de même $QBZ = QHZ =$ inclinaison du diamètre ZT sur celui du parallèle KL, et par conséquent sur l'équateur. Donc $QBZ = QHZ = I$; donc $ZHB = 90° - I = ZQB$, puisqu'ils s'appuient sur la même corde BZ.

$QZH = QZB - HZB = 90° - HZB = 90° - HZZ' - Z'ZB$, ou
$HBQ = 90° - I - \frac{1}{2}BZ = 90° - (\frac{1}{2}BZ + I)$,
$ZQB = ZHB = 90° - I$; donc $DQB = 180° - (90° - I) = (90° + I)$,

$$\begin{aligned} 180° &= HQZ + HBZ = HQB + BQZ + HBQ + QBZ \\ &= HZB + (90° - I) + (90° - \tfrac{1}{2}BZ - I) + I \\ &= \tfrac{1}{2}BT + 90° - I + 90° - I - \tfrac{1}{2}BZ + I = 180° - I + \tfrac{1}{2}BT - \tfrac{1}{2}BZ; \end{aligned}$$

donc

$$\tfrac{1}{2}BT = \tfrac{1}{2}BZ + I, \quad BT = BZ + 2I,$$

ou

$$BT - BZ = 2I = BT - BZ' = TZ';$$

et en effet soit Δ la distance polaire du parallèle, $BT = \Delta + I$ et $BZ = \Delta - I$; donc $BT - BZ = 2I$. Ptolémée ne donne pas ces développemens, qui éclairciraient cependant sa démonstration.

Il est à remarquer surtout, que $BQD = 90° + I$ est un des angles du second quadrilatère BQDR, et que les quatre angles du premier quadrilatère BHQZ sont des fonctions assez simples de Δ et de I.) Il ajoute seulement que $BZH = BZT = BDT = BDR = BQH = BQR$; d'où il conclut que B, Q, D et R sont sur la circonférence d'un même cercle. Cette dernière conclusion a besoin d'être prouvée.

Pour qu'un quadrilatère soit inscriptible au cercle, il faut que les deux angles, appuyés sur une même diagonale, forment une somme de 180°. Il faudra donc que $DQB + DRB = 180°$, ou que $QDR + QBR = 180°$. Il suffit de l'une de ces deux conditions; l'autre en sera une conséquence, puisque la somme des quatre angles d'un quadrilatère est toujours de 360°.

Nous avons déjà $BQD = 90° + I$,

$$\begin{aligned} DRB &= DRK + KRB = (\tfrac{1}{2}DK - \tfrac{1}{2}TL) + ZZ'B = \tfrac{1}{2}DL - \tfrac{1}{2}TL + \tfrac{1}{2}BZ \\ &= \tfrac{1}{2}DT + \tfrac{1}{2}BZ = \tfrac{1}{2}(180° - BT) + \tfrac{1}{2}BZ = 90° - \tfrac{1}{2}BT + \tfrac{1}{2}BZ \\ &= 90° - \tfrac{1}{2}(BT - BZ) = 90° - \tfrac{1}{2}(BT - BZ') = 90° - \tfrac{1}{2}TZ' = 90° - I; \end{aligned}$$

donc

$$BQD + DRB = 90° + I + 90° - I = 180°.$$

Mais $360° = DQB + DRB + QDR + QBR$,
$180° = BQD + DRB$

donc $180° = QDR + QBR$;

donc le quadrilatère BQDR est inscriptible à un cercle, ainsi que l'avance Ptolémée, qui n'a pas tracé ce cercle sur la figure.

Nous connaissons déjà l'un des angles de ce quadrilatère $BQD = 90° + I$;
$BRD = 180° - BQD = 180° - (90° + I) = 90° - I$; c'est le second angle, ou l'angle opposé au premier.
$QDR = QDT = \frac{1}{2} ZB + \frac{1}{2} BT = \frac{1}{2}(\Delta - I) + \frac{1}{2}(\Delta + I) = \Delta =$ distance du parallèle à son pôle.
$RBQ = 180° - QDR = 180° - \Delta$.

Nos quatre angles sont donc Δ, $(180° - \Delta)$, $(90° + I)$ et $(90° - I)$. Ces fonctions sont d'une simplicité qui méritait que Ptolémée la fît remarquer, s'il l'avait aperçue lui-même. Ce n'est pas tout; ce cercle auquel le quadrilatère est inscriptible n'est rien autre chose que la projection du grand cercle, auquel est parallèle le petit cercle qu'on veut projeter. C'est ce que nous démontrerons tout-à-l'heure.

Faites passer un cercle par les trois points Q, D, R, il passera par le point B.

Ce cercle donnera $BH.HD = QH.QR$. Le cercle ABGD donne $BH.HD = \overline{HL}^2$; donc $BH.HD = QH.QR = \overline{HL}^2$; mais QR est parallèle à MN. Donc $ME:QH :: DE:DH :: EC:HL$,
$EN:HR :: DE:DH :: EC:HL$;

donc $ME.EN:QH.HR :: \overline{DE}^2:\overline{DH}^2 :: \overline{EC}^2:\overline{HL}^2$;

Or, $QH.HR = \overline{HL}^2$; donc $ME.EN = \overline{EC}^2 = \overline{FE}^2 = \overline{EY}^2$, FCY étant la projection du parallèle KL; donc les points FNYM sont dans un même cercle; ce cercle a pour diamètre MN, projection de ZT; donc le petit cercle oblique qui a ZT pour diamètre sera projeté en un cercle FNYM. (Donc tout petit cercle oblique a pour projection un cercle; donc aussi, tout grand cercle aura pour projection un autre cercle, car le grand cercle pourra différer aussi peu qu'on voudra d'un de ses parallèles.)

Ptolémée ne tire pas ces deux dernières conséquences; mais sa démonstration sert à mettre hors de doute la propriété générale et fondamentale, et cette démonstration est tout-à-fait indépendante du théorème d'Apollonius sur les sections subcontraires du cône. C'est ce qui la rend curieuse malgré sa longueur, et c'est ce qui justifiera les détails avec lesquels nous l'avons exposée ; car celle de Ptolémée est difficile à suivre, et nous avons été obligés d'ajouter plusieurs lignes à sa figure.

Maintenant, imaginez que le diamètre du cercle oblique se rapproche continuellement de λO, diamètre du grand cercle auquel il est parallèle, la démonstration subsistera ; elle subsistera encore quand ils se confondront ; le grand cercle dont le diamètre est λO aura pour projection un cercle dont le diamètre sera μν, mais ce cercle est évidemment celui autour duquel le quadrilatère BQDR est inscriptible. Ce cercle sera toujours le même, quel que soit l'éloignement du petit cercle ZT, et tous les cercles parallèles à λO auront pour projection des cercles contenus en entier dans l'intérieur du cercle DμQBRν. Il est d'ailleurs évident que ces projections des différens parallèles auront des centres différens comme des diamètres différens, ce dont Ptolémée a donné ci-devant une démonstration que nous avons omise.

Pour éclaircir ceci par un exemple numérique, soit le grand cercle λO incliné de 24° à l'équateur (nous choisissons ce nombre rond de degrés, au lieu de prendre 23° 51′ 20″, obliquité de l'écliptique), nous aurons OG = OEG = AEλ = Aλ = 24° = I ; soit OT = λZ = 35°, c'est-à-dire cherchons la projection du petit cercle éloigné de 35° de son grand cercle, ou éloigné de son pôle de 55° = Δ,

D'après ce que nous avons démontré ci-dessus, nous aurons

$$QDR = \Delta = 55°, \quad QBR = 180° - \Delta = 125°,$$
$$BQD = 90° + I = 90° + 24° = 114°, \quad BRD = 90° - I = 90° - 24° = 66°.$$
$$OT = 35°, \quad OG = 24°, \quad GT = OT - OG = 55° - 24° = 11°,$$
$$BT = 90° - GT = 79°, \quad BZ = BT - 2I = 79° - 48° = 31°.$$
$$BDZ = \tfrac{1}{2}BZ = \frac{31°}{2} = 15°\,30' = BRH = \tfrac{1}{2}BK - \tfrac{1}{2}LZ' = \tfrac{1}{2}BK - \tfrac{1}{2}KZ$$
$$= \tfrac{1}{2}(BK - KZ) = \tfrac{1}{2}BZ = \frac{31°}{2} = 15°\,30'.$$

Dans le quadrilatère BHQZ, nous aurons

$$HBZ = 90° - BDZ = 90° - \tfrac{1}{2}BZ = 90° - 15°\,30' = 74°\,30' ;$$

donc

$$HQZ = 105°\,30' = 180° - HBZ, \quad QHB = 90° = QZB.$$

Ainsi toutes les parties de notre figure sont déterminées d'après la démonstration générale : voyons si nous trouverons les mêmes choses par une autre voie.

Abaissons la perpendiculaire $\mathrm{E}m = \sin \lambda\mathrm{Z} = \sin \mathrm{OT} = \sin 35°$;

$$\mathrm{EH} = \frac{\mathrm{E}m}{\cos \mathrm{HE}m} = \frac{\mathrm{E}m}{\cos \mathrm{I}} = \frac{\sin 35°}{\cos 24°} = 0.6278576,\ \mathrm{DE} = 1,\ \mathrm{DH} = 1.6278576,$$

$$\begin{array}{l}
\mathrm{HB} = 1 - \mathrm{EH} = \ldots\ldots\ldots\ldots\ 0.3721424 \\
m\mathrm{H} = \mathrm{E}m \,\mathrm{tang}\, \mathrm{HE}m = \sin 35° \,\mathrm{tang}\, 24° = 0.255296 \\
m\mathrm{T} = m\mathrm{Z} = \cos 35° = \ldots\ldots\ldots\ldots\ 0.819152 \\
\qquad m\mathrm{T} + m\mathrm{H} = \mathrm{HT} = 1.074448 \\
\qquad m\mathrm{T} - m\mathrm{H} = \mathrm{HZ} = 0.563856
\end{array}$$

$$\begin{aligned}
\mathrm{HR} &= \mathrm{DH} \,\mathrm{tang}\, \mathrm{HDR} = \mathrm{DH} \,\mathrm{tang}\, \mathrm{HDT} = \mathrm{DH} \,\mathrm{tang}\, \tfrac{1}{2}\mathrm{BT} = \mathrm{DH} . \mathrm{tang}\, 39° 30' \\
&= \mathrm{HD} \,\mathrm{tang}\, \tfrac{1}{2}(\mathrm{BT}) = \mathrm{DH} \,\mathrm{tang}\, \tfrac{1}{2}(\Delta - \mathrm{I} + \Delta + \mathrm{I}) = \mathrm{DH} \,\mathrm{tang}\, \Delta \\
&= \frac{\mathrm{tang}\,\Delta}{1 + \mathrm{EH}} = \mathrm{tang}\, \mathrm{HRB} = \frac{\mathrm{HB}}{\mathrm{HR}} = \frac{0.3721424}{\mathrm{DH} \,\mathrm{tang}\, 39° 30'} = \mathrm{tang}\, 15° 30' \\
&= \mathrm{tang}\, \tfrac{1}{2}\mathrm{BZ} = \mathrm{tang}\left(\frac{31°}{2}\right);
\end{aligned}$$

ainsi il est clair que BRH = BDZ, ainsi que nous l'avons trouvé à *priori*; donc HBR = 74° 30'.

$2\mathrm{HBR} = 149° 0' = \mathrm{DZ}'$; donc $\mathrm{BZ}' = \mathrm{BZ} = 180° - \mathrm{DZ}' = 31°$; comme ci-dessus $\mathrm{GZ}' = 59°$;

$$\begin{array}{l}
\mathrm{QH} = \mathrm{DH} \,\mathrm{tang}\, \tfrac{1}{2}\mathrm{BZ} = \mathrm{DH} \,\mathrm{tang}\, 15° 30' = \\
\dfrac{\mathrm{QH}}{\mathrm{HB}} = \dfrac{\mathrm{DH} \,\mathrm{tang}\, \frac{1}{2}\mathrm{BZ}}{0.3721424} = \mathrm{tang}\, \mathrm{QBH} = \ 50° 30' 0'' \\
\qquad\qquad\qquad \mathrm{HBR} = \ 74.30.0 \\
\qquad\qquad\qquad \mathrm{QBR} = 125.\ 0.0
\end{array}$$

comme ci-dessus = 90° + latitude du parallèle.

$$\begin{array}{lll}
\mathrm{DQH} = & 74° 30' & \mathrm{HDR} = 39° 30' \\
\mathrm{BQH} = & 39.30 & \mathrm{DRH} = 50.30 \\
\mathrm{DQB} = & 114.\ 0 = 90° + \mathrm{I}; & \mathrm{HRB} = 15.30 \\
\mathrm{RDH} = & 39.30 & \mathrm{BRD} = 66.\ 0 \\
\mathrm{QDH} = \tfrac{1}{2}\mathrm{BZ} = & 15.30 & \\
\mathrm{RDQ} = & 55.\ 0 &
\end{array}$$

Voilà nos quatre angles retrouvés dans le grand quadrilatère; ce quadrilatère nous fournira le cercle BQμD R, et ce cercle sera la projection du grand cercle dont le diamètre est λO; en effet, menons Dλ et DO.

A mesure que ZT se rapprochera de E, les segmens se rapprocheront de l'égalité, QH et HR augmenteront; enfin en E on aura

$$BH = BE,\ DH = DE,\ BH.DH = BE.DE = \overline{DE}^2 = 1 = E\mu.E\nu$$
$$= \overline{DE}^2 \operatorname{tang} \tfrac{1}{2} D\mu \operatorname{tang} \tfrac{1}{2} D\nu = \overline{DE}^2 . \operatorname{tang} \tfrac{1}{2} B\lambda \operatorname{tang} \tfrac{1}{2} BO$$
$$= \overline{DE}^2 . \operatorname{tang} \tfrac{1}{2}(90^\circ + I) \operatorname{tang} \tfrac{1}{2}(90^\circ - I) = \overline{DE}^2 (\operatorname{tang} 45^\circ + \tfrac{1}{2} I) \operatorname{tang}(45^\circ - \tfrac{1}{2} I)$$
$$= \overline{DE}^2 \operatorname{tang}(45^\circ - \tfrac{1}{2} I) \cot(45^\circ - \tfrac{1}{2} I) = 1.$$

Z se confondra avec λ et T avec O; Dλ et DO passent donc par les points μ et ν; les quatre angles du quadrilatère seront D et B $= 90^\circ$ chacun; $Q = 90^\circ + I$ et $R = 90^\circ - I$; l'arc $\mu D = 90^\circ - I$ et $\nu D = 90^\circ + I$; ces angles sont constans, parce que leurs cordes sont constantes.

Cette démonstration de Ptolémée est longue et embarrassée. Il est évident qu'il se la serait épargnée, s'il avait connu la propriété générale. Il l'a démontrée en particulier pour l'équateur et ses parallèles, pour l'écliptique et ses parallèles; il annonce qu'elle s'étend aux horizons et à leurs parallèles. Il devait en conclure qu'elle est commune à tous les cercles de la sphère; il ne l'a pas fait; il ne l'a peut-être pas osé, d'après trois cas particuliers, ou bien il aura cru cette proposition inutile. Cependant elle était au moins assez curieuse pour être énoncée. On peut dire que la démonstration de Ptolémée ne peut s'appliquer qu'aux parallèles qui sont à une distance $< 90^\circ - I$ de leur grand cercle; mais les autres parallèles, tels que serait XV, qui n'embrassent pas le lieu opposé à celui de l'œil, ne pouvant être d'aucun usage, il ne s'en est pas occupé.

Le traducteur Maslem ajoute qu'on peut décrire de la même manière tous les parallèles à l'horizon, que les Arabes appellent des *ponts* (*pontes*); on les nomme ordinairement almicantarats; ces deux mots auraient-ils la même signification?

La figure représente des parallèles septentrionaux; s'ils étaient dans l'autre hémisphère et fort voisins du pôle austral, ils pourraient excéder les bornes du plan; on n'aurait qu'une des limites du diamètre, et la construction deviendrait impossible. Cet inconvénient est beaucoup moindre par nos formules, qui donnent le rayon et le centre du cercle à décrire. Ptolémée, dans ce cas, décrit un parallèle à l'équateur, qui coupe en deux points le parallèle à l'écliptique; il détermine ces deux points communs, qui lui en donnent un troisième; mais on a toujours la ressource de placer ces points sur la projection, par leurs déclinaisons et leurs ascensions droites; les ascensions droites donnent les rayons sur lesquels se trouvent ces points, et la distance du point au centre de la projection $=$ tang ($45^\circ + \tfrac{1}{2}$ déclin. australe).

C'est à ces problèmes que se borne Ptolémée. Il enseigne à décrire graphiquement le planisphère; il y place l'équateur et ses parallèles, l'écliptique et l'horizon avec leurs parallèles; il démontre que ce planisphère donnera les différences ascensionnelles, les levers et les couchers, aussi bien que la sphère même; il montre comment on doit placer les étoiles par leurs longitudes et leurs latitudes, sur un cercle évidé dont il ne conservait que les parties nécessaires pour porter les étoiles. Toutes ses constructions se réduisent à trouver le centre et le diamètre du cercle à décrire; il démontre, dans trois cas particuliers, que la projection est un cercle; il n'en déduit pas la propriété générale. Ce qui est vraiment remarquable, c'est qu'en aucun endroit il ne fait usage du théorème d'Apollonius pour les sections subcontraires du cône. Il paraît que les Grecs qui ont traité de la projection stéréographique n'ont rien emprunté à Apollonius pour cette théorie; et il n'existe aucun prétexte pour en faire honneur *au grand géomètre*.

Ptolémée ne dit pas un mot qui puisse faire soupçonner qu'il ait eu la moindre idée de cette autre propriété générale, que les angles sur la projection sont les mêmes que sur la sphère.

Il est à remarquer encore que Ptolémée ne cite Hipparque en aucun endroit; et cependant Hipparque est le véritable inventeur, ce qui nous est attesté par Synésius et Proclus Diadochus. Le premier dit expressément que le *vieil* Hipparque s'avisa le premier de cette explication, c'est-à-dire du problème dans lequel on se propose de représenter sur un plan une surface sphérique. Il ajoute qu'Hipparque en a parlé d'une manière assez obscure, et que la gloire d'en avoir perfectionné la solution lui appartient en propre à lui, Synésius. « Car dans ce grand intervalle qui s'est » écoulé depuis Hipparque jusqu'à nos jours, nous dit-il, personne ne » s'était occupé sérieusement de ces recherches. Le *grand* Ptolémée et » ses successeurs dans la *divine* école d'Alexandrie, s'étaient contentés » d'employer le planisphère à connaître les heures de la nuit, service » qu'on tire aisément des seize étoiles figurées seules sur le planisphère » d'Hipparque. »

On ne voit pas ce qu'on pourrait dire pour infirmer un témoignage aussi positif et aussi détaillé. Synésius était élève de la célèbre Hypatia, fille de Théon, commentateur de la Syntaxe mathématique. Il pouvait savoir par une tradition certaine, ou par quelque ouvrage existant alors et perdu pour nous, quel était l'auteur de cette découverte; et s'il en fait honneur à Hipparque, il faut l'en croire, car il ne paraît pas disposé à flatter celui qu'il désigne par l'épithète de *tout vieux* (παμπάλαιος), et à qui il reproche son obscurité, tandis qu'il donne à Ptolémée le nom de grand, et celui de *divine* à l'école d'Alexandrie. Il était élève de cette école ; et, d'après ses expressions, on pourrait croire qu'on y était un peu jaloux de la gloire d'Hipparque, qui était de l'école de Rhodes. Bailly, après avoir cru au témoignage de Synésius, pag. 173, paraît ensuite le révoquer en doute, pag. 565 ; après avoir donné cette invention à Apollonius, pag. 48, il l'attribue successivement à Hipparque et à Ptolémée. Il montre lui-même trop d'incertitude, pour que son opinion puisse balancer l'assertion positive de deux auteurs anciens. Proclus, au chapitre V de l'Hypotypose, donne la description et l'usage de l'astrolabe. « Nous allons, dit-il, » expliquer ce que publièrent jadis *Ptolémée après Hipparque*, et depuis, » Amonius, Proclus, Philoponus et Nicephore, dont les écrits ont grand » besoin d'être éclaircis. » Ce passage, ignoré sans doute de Bailly et de ceux qui ont donné leurs conjectures sur l'inventeur du planisphère, pourrait nous faire penser que l'ouvrage de Ptolémée pourrait bien être une nouvelle édition de l'ouvrage d'Hipparque, avec quelques modifications légères. Proclus, comme on voit, nomme Hipparque comme le premier qui ait traité du planisphère ; mais en lui rendant cette justice, il lui reproche son obscurité, comme avait déjà fait Synésius, auquel ce Proclus Diadochus est postérieur d'une centaine d'années. Remarquons qu'il ne cite nullement Synésius au nombre des auteurs qui ont écrit sur le planisphère. Et en effet, malgré tous les éloges qu'il se donne à lui-même, on ne voit dans la description de son bel astrolabe d'argent, rien qui lui appartienne et qui ne fût dans Ptolémée.

Hipparque avait placé sur son planisphère seize étoiles qui servaient à *trouver l'heure pendant la nuit*. Il savait donc décrire l'équateur et ses parallèles ; il y avait aussi, sans doute, placé l'écliptique et ses parallèles, l'horizon et les almicantarats, sans quoi il n'eût pas résolu complètement le problème qui sert à trouver l'heure. On ne voit pas clairement ce que Ptolémée aurait ajouté à ces découvertes d'Hipparque.

Quant à Proclus, après avoir promis d'éclaircir tout ce qui avait été publié avant lui, il se borne à donner des détails organiques sur les pièces qui composent l'instrument, sans faire aucune mention de la théorie.

Il est assez extraordinaire que Synésius, en annonçant un nouveau Traité du Planisphère, ou de l'Astrolabe plan, ne fasse aucune mention de celui que Ptolémée avait composé sur cette matière ; au contraire, il nous assure que depuis Hipparque jusqu'à lui, personne ne s'était occupé sérieusement de cette théorie. Supposait-il, comme nous serions tentés de le croire, qu'il fallait rendre l'écrit de Ptolémée à son véritable auteur ?

Synésius, en terminant la description de son astrolabe, dit que les positions des étoiles y sont rapportées à l'équateur, parce que, dans cette construction, il est impossible de les rapporter à l'écliptique. La lettre de Synésius annonce donc beaucoup moins qu'on ne trouve dans l'ouvrage qui porte le nom de Ptolémée ; et cependant il se vante d'avoir ajouté considérablement à ce dont Ptolémée et ses successeurs s'étaient contentés. Nous n'avons aujourd'hui que la lettre qu'il écrivait à Pæonius, en lui envoyant un astrolabe d'*argent*. Si nous ajoutions foi à ses expressions un peu avantageuses, nous regretterions beaucoup la perte de son ouvrage. « Pardonnons, dit-il, à ces personnages, d'avoir négligé » cette matière dans un temps où les connaissances étaient imparfaites, et » la Géométrie encore au berceau. Pour nous, qui avons donné un *beau* » *corps* à la science, nous remercions bien les grands hommes qui nous » en ont fourni l'idée. Le problème de la projection des corps sphé- » riques nous ayant donc paru très-digne d'attention, nous y avons pro- » fondément réfléchi ; et l'écrit que nous avons composé sur ce sujet, » nous l'avons rempli de théorèmes aussi nombreux et variés que né- » cessaires : Πλήθει τε ἀναγκαίῳ καὶ ποικιλίᾳ τῶν θεωρημάτων καταπυκ- » νώσαντες. » Ce nombre de théorèmes indique assez que Synésius ignorait le théorème général, qui aurait beaucoup diminué le nombre des propositions nécessaires.

La lettre est terminée par huit vers où Synésius a rassemblé tous les usages et la composition de son astrolabe. Ils promettent les lieux des astres par rapport à l'équateur, les ascensions droites des points de l'écliptique et leurs passages au méridien. Il n'y avait aucun besoin, pour tout cela, de cette grande variété de théorèmes nouveaux que Synésius annonçait avec tant d'emphase ; les constructions graphiques de Ptolémée étaient plus que suffisantes. Tout l'avantage de cet astrolabe sur celui d'Hipparque, était d'offrir les étoiles de toute grandeur jusqu'à la sixième, c'est-à-dire mille étoiles peut-être au lieu de seize qu'on voyait sur le planisphère d'Hipparque. Ce grand nombre pouvait offrir quelque confusion, si le diamètre n'était pas bien grand.

Le planisphère de Ptolémée n'est pas compris dans la collection des œuvres de Ptolémée, imprimée à Bâle en 1541 ; et il n'y a rien d'étonnant, si la traduction latine n'a été terminée qu'en 1544, à Toulouse. Cette collection porte pour titre : *Cl. Ptolemæi omnia quæ extant opera.*

Proclus, au chapitre X de son Hypotypose, dit que Ptolémée, cherchant en tout la clarté et la facilité, avait placé les lignes horaires et les parallèles en deux parties différentes de l'instrument, pour éviter la confusion. Il est assez singulier que Ptolémée, dans son ouvrage, ne dise pas un seul mot de ces lignes horaires.

Une autre singularité assez remarquable, c'est que Ptolémée, dans sa Géographie, ne fait aucun usage de la projection d'Hipparque, et que pour la description du méridien et des parallèles, il donne des moyens assez grossiers, qui n'ont pas même l'avantage d'égaler en facilité les procédés qu'il aurait pu emprunter de sa théorie du planisphère, en représentant le globe sur l'horizon de Rhodes, dont il regarde le parallèle comme celui qui divise également la partie habitée de la Terre.

Commandin, qui a commenté le planisphère, nous dit que le texte est perdu, que la traduction latine faite sur l'arabe est si mal écrite, qu'on a peine souvent à saisir le sens de l'auteur. Ptolémée avait omis quelques démonstrations ; il tâche d'y suppléer. Son commentaire commence par un Traité général de Perspective ; il y rapporte le théorème d'Apollonius sur les sections subcontraires ; mais il n'en fait aucune application aux théorèmes de Ptolémée ; il ne démontre en aucun endroit le théorème général, tout au plus on pourrait croire qu'il le suppose. L'édition de Commandin, quoique sortie des presses des Aldes, n'est pourtant exempte ni de fautes ni d'erreurs. Les lettres des figures sont italiques et peu lisibles.

La traduction latine a été terminée à Toulouse, le 1er juin 1544, par Rodolphe de Bruges (Brughensis). Le traducteur paraît avoir été aidé par Robert de Catane. Les fautes y sont bien plus nombreuses, mais les figures plus aisées à lire. Ce qu'il y a de singulier, c'est que la traduction, qui n'a été finie qu'en 1544, paraît avoir été publiée en 1536 ; c'est ce que porte le frontispice de l'ouvrage, qui a pour titre général : *Sphæræ atque Astrorum cœlestium ratio, natura et motus, ad totius mundi fabricationis cognitionem fundamenta,* 1536, Valderus. C'est une collection de différens ouvrages dont les principaux sont les Phénomènes d'Aratus avec le commentaire de Théon, le Planisphère de Ptolémée et celui de Jordan. C'est dans ce dernier traité que j'ai vu pour la première fois énoncé le théorème général. Voici les propres termes de l'auteur : *Quilibet circulus qui est in sphærâ, in plano repræsentatur vel per circulum, vel per lineam rectam.* Jordanus, au lieu de projeter la sphère sur l'équateur, la projette sur un plan parallèle à l'équateur, et tangent à la sphère au pôle boréal du monde.

Il paraît que cette collection aura été commencée en 1536, mais terminée quelques années plus tard, et que le frontispice aura été imprimé d'abord avec la date de l'année courante, car toutes les signatures des feuilles, tous les chiffres des pages se suivent sans interruption, et aucun des ouvrages particuliers ne commence avec une feuille; on ne peut donc pas supposer que le traité ait été depuis réuni dans ce volume.

La dénomination qui sert à distinguer cette projection de toute autre, quoique tirée du grec, est cependant assez moderne. Le mot *stéréographique* a été proposé et employé pour la première fois par Aguilon, dans son Optique, Anvers, 1613, pag. 573. Le motif qui l'a déterminé est, comme il le dit lui-même, *quod universam corporis objecti profunditatem et peripheriam ipsam unico prospectu explanet.* Ce qui est ou trop vague, ou trop inexact : on ne peut représenter les cercles trop voisins de l'œil, et la *profondeur* a disparu dans la représentation. Cette projection s'est long-tems appelée l'astrolabe ou le planisphère de Ptolémée ; il eût été plus juste de dire le planisphère ou la projection d'Hipparque.

Nous avons dit ci-dessus qu'Amonius, Proclus, Philoponus et Nicephore avaient composé des traités sur l'astrolabe. Aucun de ces ouvrages n'a été publié; mais nous avons trouvé ceux de Philoponus et de Nicephore Grégoras dans le manuscrit 2397 de la Bibliothèque du Roi. Ces traités ressemblent en un point à celui de Proclus Diadochus; on n'y parle que de la construction et des usages de l'instrument, et nullement de théorie. Les constructions sont celles de Ptolémée, ou n'en diffèrent que très peu. Les usages ne supposent rien autre chose que les théorèmes démontrés par Ptolémée. On peut donc assurer que cette doctrine, inventée par Hipparque, n'a reçu aucune amélioration entre les mains des Grecs; elle est toute dans le livre du Planisphère; elle n'y a pas toute la clarté qu'on aurait pu desirer, mais on y voit la marche de l'inventeur, et cette marche ne ressemble en rien à celle qu'ont suivie les modernes; le principe fondamental est tout différent et peut être plus naturel. C'est une production tout-à-fait originale.

CHAPITRE XVI.

De l'Analemme.

C'est encore un ouvrage de Ptolémée dont l'original est perdu. La traduction latine publiée par Commandin paraît avoir été plus défectueuse que celle du Planisphère, car il s'en plaint avec amertume. Il manquait des mots et des phrases entières; d'autres passages étaient défigurés au point d'être inintelligibles. Il y a grande apparence que cette traduction était comme celle que nous avons de l'Optique; mais le remède était plus facile. Le mal est que souvent Ptolémée néglige de démontrer ce qui est connu avant lui; ensorte qu'on se trouve parfois très-embarrassé. Commandin a fait tout son possible pour restituer, compléter et commenter les endroits altérés ou obscurs. Son édition est de Rome, 1562, chez Paul Manuce, fils d'Alde. Mon exemplaire vient de la bibliothèque des Jésuites de Paris.

L'ouvrage est adressé à Syrus, comme la Syntaxe mathématique et le Planisphère.

L'analemme est la description de la sphère sur un plan. On y trace les sections des différens cercles, tels que les parallèles diurnes et tout ce qui peut faciliter la science des ombres et des cadrans. Cette description se fait par des perpendiculaires abaissées sur le plan; ce qui lui a fait donner par les modernes le nom de projection orthographique. Le mot *analemme* signifie à peu près la même chose que *lemme*; l'analemme est pour les constructions graphiques, ce que le *lemme* est pour les démonstrations géométriques; c'est une figure subsidiaire où l'on *prend* ce qui peut abréger et faciliter la construction de la figure principale.

Les cercles principaux de l'analemme sont l'horizon, le premier vertical et le méridien; les trois axes sont la méridienne, axe du premier vertical, la verticale, qui s'appelle aussi *gnomon*, et le diamètre du premier vertical, qu'on appelle aussi *équinoxial*, et qui est l'axe du méridien. Voilà la première mention que je trouve de ces trois axes orthogonaux dans les écrits des Grecs.

Quelle que soit la position d'un astre au-dessus de l'horizon, par le lieu qu'il occupe, on peut toujours concevoir trois grands cercles qui s'entrecoupent à son centre, et qui ont chacun un des trois axes pour diamètre. Ainsi, par l'astre Z (fig. 114), on peut mener l'arc BZA, qui passe par les points nord et sud de l'horizon; HZE, qui passe par les points est et ouest de l'horizon; enfin le vertical GZL, qui passe par le zénit et le nadir. AZB s'appelle assez improprement cercle horaire; GZL s'appelait descensif, ou d'ascension et de descension; HZE s'appelait hectémorie, ou de six parties, parce qu'il peut prendre six positions principales autour de l'horizon. On ne dit pas quelles sont ces six positions; ce sont probablement les positions relatives aux six heures temporaires, soit du matin, soit du soir.

L'arc AZ s'appelait horaire; au lieu de ZG distance au zénit, on employait plus ordinairement ZL, qu'ils appelaient descensif; AH s'appelait aussi hectémorie, du moins chez les anciens mathématiciens, qui ne faisaient aucun usage de AZB; GH s'appelait *dans le plan du vertical;* au lieu de EL, on employait le complément AL, qu'on appelait *antiscien,* parce qu'il était dans le prolongement de la direction de l'ombre.

L'origine des arcs de l'hectémorie est en E au point levant ou au point opposé; celle de l'horaire est au sud ou au nord de l'horizon; celle du descensif au zénit.

Ajoutons à la figure de Ptolémée le pôle P, et menons PZ = distance polaire du Soleil, et PE = 90°, de la figure 117.

$\cos ZE = \cos ZPE \sin PZ \sin PE + \cos PZ \cos PE = \cos ZPE \sin PZ$;
puisque $\cos PE = 0$ et $\sin PE = 1$, $\cos ZE = \cos D \sin P$, d'où il résulte que l'arc ZE change à chaque instant avec l'angle horaire.

L'auteur démontre cette formule très-simple par une figure très-compliquée. $\cos D \sin P$ est la hauteur perpendiculaire de l'astre sur le plan du méridien. Pour une même heure du jour, cette hauteur varie avec la déclinaison.

Par une autre figure non moins compliquée, il détermine ensuite $\cos D \cos P$ = distance au cercle de six heures. Ces préparations longues et incommodes sont destinées à épargner des calculs; mais elles rendent l'opération difficile, et certainement moins exacte. Ptolémée en convient lui-même.

A ces explications en succèdent d'autres plus compliquées, et dont on ne voit pas l'utilité; si bien qu'elles sont tombées dans l'oubli le plus profond, et qu'aucun auteur ne paraît en avoir rien tiré ni avant ni depuis l'édition de Commandin. Ainsi, nous n'en dirons rien, d'autant plus qu'elles exigeraient un grand nombre de figures difficiles à tracer, et difficiles à suivre quand on lit le texte. Une raison plus décisive encore, c'est que Ptolémée semble y renoncer lui-même par la construction d'un analemme particulier qui paraît de son invention.

Cet analemme est composé de deux pièces. La principale est une planche de pierre, de bois ou de métal sur laquelle sont tracés plusieurs cercles, dont les uns sont divisés et les autres non. La seconde est une équerre très-mince, dont les deux grands côtés autour de l'angle droit sont au moins de la longueur du rayon du plus grand des cercles de l'analemme. Cette équerre dispensera de tracer réellement les perpendiculaires dont on aura besoin ; on les aura de longueur et de position, en promenant l'équerre sur les lignes droites de la figure. Dans les opérations, on s'aidera aussi d'un compas pour connaître la longueur des lignes et des cordes, et par suite la valeur des angles.

Soit AB (fig. 115) le diamètre du plus grand cercle, G le centre ; ce cercle décrit, retranchez du rayon le tiers AD de sa longueur, et avec le reste GD, et du centre G, décrivez le cercle méridien sur le diamètre DGE, que vous prendrez pour le diamètre de l'équateur ; diminuez encore GD de son tiers GZ et du centre Z, et de l'intervalle ZT = GD décrivez l'arc de 90° HTK d'un cercle égal au méridien, ensorte que ce quart de cercle soit divisé en deux arcs de 45° par le diamètre AGB. Ainsi TK = TH = 45°. Divisez cet arc en ses 90° avec soin.

Ensuite du centre G et du rayon GL, L étant le milieu entre les points A et T, décrivez le cercle LMNX, dont vous diviserez un quart seulement en ses 90°. Vous y marquerez les latitudes des différens climats, en mettant à côté du chiffre qui indiquera cette latitude, le nombre d'heures du plus long jour. Ainsi, vis-à-vis 36° de latitude de Rhodes, vous mettrez $14^h\,\frac{1}{2}$ durée du jour au solstice d'été. Prenez DP = EQ = 23° 51′, et tracez PQ, diamètre du tropique; prenez de l'autre côté DR = ES = 20° $\frac{1}{4}$, et tirez RS, diamètre du parallèle, qui passe par 2^s et 4^s de longitude ; prenez DC = EY = 11° 40′, et tirez CY ; ce sera le diamètre du parallèle qui passe par 1^s et 5^s. Sur ces trois demi-diamètres décrivez les demi-cercles PRQ, RVS, et CZY, que vous ne diviserez pas. Mais pour les demi-cercles du méridien, tracés sur le diamètre de l'équateur, vous les diviserez chacun en 12^h égales de 15° chacun. De chacun de ces arcs vous abaisserez sur le diamètre des perpendiculaires occultes qui le diviseront en douze parties, que vous marquerez ; car toutes ces choses sont communes à tous les climats. On voit que les parties du diamètre sont des sinus et des sinus verses.

Si la planche est de cuivre ou de pierre, il ne sera pas nécessaire d'effacer les traits gravés; car les choses qui varient avec les climats, c'est-à-dire les deux diamètres et les divisions des heures, seront sur le vernis qui recouvrira le tout. Si le tambour ou la planche est de bois, il faudra recouvrir tous les traits d'une couleur noire, à l'exception des deux diamètres avec les signes, qu'on peindra en rouge; on étendra sur tout le tambour une cire, comme on le pratique sur les sphères, pour ne pas recouvrir à la fois ce qui doit rester et ce qui doit varier.

Cela fait, il sera facile de prendre sur la figure tout ce qu'elle peut nous donner, quand nous aurons tracé les diamètres comme il convient pour la hauteur du pôle (ces diamètres sont ceux de l'horizon et du vertical), et ensuite la section qui indique la partie du tropique qui est sur l'horizon et celle qui est sous terre.

La figure 115 offre donc tout ce qui est constant; il ne reste plus qu'à y tracer le diamètre de l'horizon, qui doit faire avec l'équateur un angle égal au complément de latitude. On y mettra ensuite le diamètre du vertical perpendiculaire au diamètre de l'horizon. Nous diviserons ces diamètres comme nous avons divisé celui du méridien, en sinus d'arcs croissant uniformément. Ces divisions des diamètres étant faites, nous effacerons les divisions des cercles qui ont servi.

Commandin développe ces règles. Si l'instrument est de cuivre ou de pierre, on y gravera tout ce qui est invariable; mais ce qui est propre à une latitude particulière, comme le diamètre de l'horizon et du vertical, et les divisions horaires sur les demi-cercles, sera marqué d'une couleur qu'on pourra effacer au moyen d'une éponge mouillée. Si l'instrument est de bois, on marquera les choses invariables et les variables d'une couleur différente, et l'on recouvrira celle-ci d'une cire qu'on pourra faire disparaître, si l'on veut adapter l'instrument à une autre latitude.

Ptolémée passe alors à l'usage de l'instrument. Soit AGBD le méridien (fig. 116), AB le diamètre de l'horizon, GD celui du vertical, ZEH celui de l'équateur, T le pôle, ZT le quart de cercle au-dessus de la Terre. L'équateur est divisé en sections horaires sur l'analemme. Imaginons ces sections sur ZH. Soit LK la perpendiculaire à l'une de ces divisions; TK sera l'arc de l'hectémorie qui répond à la division horaire EL. Prenant avec un compas l'arc TK, et le portant sur le quart de cercle divisé de l'analemme, nous aurons sa valeur en degrés (EL sur l'équateur serait pour nous le cosinus de l'angle horaire et le sinus de TK).

Pour trouver l'arc horaire, nous ferons glisser sur l'horizon AB une équerre; et quand le côté sera en L, il marquera le point M, et AM sera l'arc du cercle horaire (pour nous $PE = \cos P \cos AZ = \cos P \sin H = \sin GM = \cos AM$).

Si nous faisons glisser l'équerre sur EG, la branche perpendiculaire, arrivée en L, marquera N sur le méridien. GN sera l'arc du descensif, ou la distance zénitale (pour nous $LP = LE \cos H = \cos P \cos H = \sin AN = \cos GN = \cos$ dist. zénitale $= \cos$ descensif. C'est à cela que se réduit notre formule $\cos N = \cos P \cos D \cos H + \sin H \sin D$ quand $D = 0$. AZ serait sans préparation l'arc du méridien).

Plaçons le compas sur les points K et L; plaçons un des côtés de l'équerre sur L, et l'autre le long de GE (ensorte que notre équerre ait la position NQE); portons alors une des pointes sur le point Q, et de l'autre, marquons sur QL le point K', et donnons à l'un des côtés de notre équerre la position de EK'; il nous indiquera sur le méridien le point x, et Gx sera l'arc du vertical.

Plaçons de même une branche de l'équerre sur AE, ensorte que l'autre passe par L; portons notre compas de P en K'', ensorte que $PK'' = KL$; marquons de même dans la direction EK'' le point O; GO sera l'arc de l'horizon. Tous nos arcs seront trouvés; nous porterons tous ces arcs sur le quart de cercle divisé, pour avoir en degrés la valeur de ces arcs.

Tout cela est tout simplement une construction graphique où l'on trouve les arcs par leurs sinus avec la règle et le compas; et ce qu'il y a d'extraordinaire, c'est cet emploi des sinus au lieu des cordes; et ce qui donne à l'opération un air étrange, ce sont ces dénominations insolites des trois différens arcs.

Pour x nous aurions

$$\frac{EQ}{QK'} = \text{tang}\, EK'Q = \text{tang}\, Ax = \frac{LE \cos H}{LK} = \frac{\cos P \cos H}{\sin P} = \cos H \cot P.$$

Pour O,

$$\frac{PK''}{PE} = \text{tang}\, AO = \cot GO = \frac{\sin P}{LE \sin H} = \frac{\sin P}{\cos P \sin H} = \frac{\text{tang}\, P}{\sin H},$$

et

$$\text{tang}\, GO = \sin H \cot P.$$

Par notre Trigonométrie, le Soleil étant en S dans l'équateur EQ, à la distance angulaire ZPS du méridien, et SPQ du cercle de 6ʰ, $ZPS + SPQ = 90°$ (fig. 117).

$$\sin SR = \sin SQ \sin SQR = \cos P \cos H = \cos ZS, \text{ comme Ptolémée.}$$
$$\tang RQ = \tang SQ \cos SQR = \cot P \sin H = \cot OR, \text{ comme Ptolémée.}$$
$$\tang SR = \sin RQ \tang SQR = \sin OR \tang QOS,$$
$$\tang QOS = \frac{\sin RQ}{\sin OR} \tang SQR = \tang RQ \cot H = \cot P \sin H \cot H$$
$$= \cos H \cot P = \tang (\text{A}x \text{ de Ptolémée}),$$
$$OE = OQE = 90° - H.$$
$$\cos OR : \cos RQ :: \cos OS : \cos SQ,$$
$$\cos OS = \frac{\cos OR \cos SQ}{\cos RQ} = \frac{\sin RQ}{\cos RQ} \sin P = \sin P \tang RQ = \sin P \cot P \sin H$$
$$= \cos P \sin H = \sin GM \text{ de Ptolémée.}$$
$$\cot QSR = \cos SQ \tang SQR = \sin P \cot H = \cot ZSE,$$
$$SO' = 90° - OS = \text{distance au premier vertical},$$
$$\cot OSE = \cos SO \tang EOS = \cos SO \cot SOR = \frac{\cos P \sin H}{\tang RQ \cot H}$$
$$= \frac{\cos P \sin H}{\cot P \sin H \cot H} = \frac{\sin P}{\cot H} = \sin P \tang H,$$
$$OSE + OSR + RSQ = 180°, \quad OSR = 180° - OSE - SRQ.$$

Nous avons ainsi tous les côtés et tous les angles des triangles rectangles SQR, RSO, OSE;

L'arc GM de Ptolémée est OS', distance perpendiculaire du Soleil au premier vertical;

L'arc GO est l'arc de l'horizon compris entre le premier vertical et le vertical du Soleil;

L'arc GZ est la latitude, l'arc AZ la hauteur de l'équateur;

L'arc Ax est l'angle que fait avec l'horizon l'arc mené du Soleil au point midi de l'horizon = QOS = QO' (fig. 117);

L'arc GN est la distance zénitale (fig. 116);

L'arc SQ est le complément de l'angle horaire (fig. 117).

Pour toutes ces quantités, nous retrouvons, par notre Trigonométrie sphérique, les mêmes valeurs que par les constructions de Ptolémée. Il est incroyable qu'en faisant cet usage de nos sinus, il n'ait pas songé à les substituer aux cordes de sa Trigonométrie sphérique.

Tout cela était facile, parce que la déclinaison était nulle.

Soit maintenant un parallèle austral du Soleil, ZTK (fig. 118), et sur ce parallèle, le demi-cercle ZLK ; ZL la portion au-dessus de la Terre, LK la partie au-dessous ; L se trouve en plaçant l'équerre sur ZK, de sorte que l'angle droit soit à l'horizon en H.

Divisez ce demi-cercle en 12^h, et par les points de division, en promenant l'équerre, divisez ZK en sinus horaires. Supposez le Soleil en M ; la perpendiculaire MN marquera l'heure sur ZK ; vous aurez $MN = \sin ZM = \cos D \sin P$; $ZN = \cos D\,(1 - \cos P) = 2 \sin^2 \tfrac{1}{2} P \cos D$.

On voit que l'heure étant donnée ainsi que la déclinaison, on aura ZM, MN et ZN, le sinus NQ de la hauteur du Soleil, et par suite toutes les parties de la figure; ou que M étant pris à volonté, on connaîtrait l'heure, MZ et tout le reste.

Du centre N et de l'intervalle MN, marquez sur le méridien un point X, et menez ENO, c'est-à-dire marquez le point O, XO sera le complément de l'hectémorie; portez donc un quart de cercle de X en x, Ox sera l'hectémorie.

Vous pourrez faire cette opération, en mettant en E l'angle de l'équerre et une branche en X; l'autre branche marquera le point x.

Toute cette opération est bien simple ; et l'on voit qu'elle n'emploie encore que des sinus, quoique ce mot ne soit pas dans l'original. Mais pour mieux comprendre toutes les pratiques de Ptolémée, cherchons d'abord par notre Trigonométrie, les quantités qu'il cherche par l'analemme ; et pour plus de généralité, supposons la déclinaison boréale.

Soit donc SS′ la déclinaison boréale $= D$ (fig. 119) ; OSV devient OS′V, ZS devient ZS′, QSE devient QS′E′, OE devient OE′.

(1) $\cos S'Q = \cos QS \cos SS' = \cos D \sin P$, qui se réduit à $\sin P$ si $D = 0$,

$\cos VS' = \cos VPS' \sin PV \sin PS' + \cos PV \cos PS' = -\cos P \sin H \cos D + \cos H \sin D$;

(2) $\cos OS' = -\cos VS' = +\cos P \sin H \cos D - \cos H \sin D$, qui se réduit à $\cos P \sin H$, si $D = 0$,

$\cos OS' : \cos S'Q :: \cos OR' : \cos R'Q :: \sin R'Q : \cos R'Q :: 1 : \cot R'Q = \frac{\cos S'Q}{\cos OS'}$;

(3) $\cot OR' = \operatorname{tang} R'Q = \frac{\cos OS'}{\cos S'Q} = \frac{\cos P \sin H \cos D - \cos H \sin D}{\cos D \sin P} = \cot P \sin H - \frac{\operatorname{tang} D \cos H}{\sin P}$;

(4) $\cos ZS' = \cos P \cos H \cos D + \sin H \sin D = \sin SR'$;

$$(5)\quad \cot PVS' = \cot POS' = \tan S'OV = \frac{\tan D \sin H - \cos H \cos(180^\circ - P)}{\sin(180^\circ - P)}$$
$$= \frac{\tan D \sin D + \cos H \cos P}{\sin P},$$
$$\sin R'Q : \sin OR' :: \tan S'OR' : \tan S'QR',$$
$$\sin R'Q : \cos R'Q :: \tan R'Q : 1 :: \tan S'OR' : \tan S'QR'$$
$$= \frac{\tan S'OR'}{\tan R'Q} = \frac{\tan D \sin H + \cos H \cos P}{\sin P} \cdot \frac{\sin P}{\cos P \sin H - \tan D \cos H};$$
$$(6)\quad \tan S'QR' = \frac{\tan D \sin H + \cos H \cos P}{\cos P \sin H - \tan D \cos H} = \frac{\tan D \tan H + \cos P}{\cos P \tan H - \tan D}$$
$$= \frac{\sin D \sin H + \cos H \cos D \cos P}{\cos D \sin H \cos P - \sin D \cos H} = \frac{\tan H + \cot D \cos P}{\cot D \tan H \cos P - 1},$$
$$\tan S'QR' = \tan(90^\circ - H + S'QS) = \frac{\tan(90^\circ - H) + \tan S'QS}{1 - \tan(90^\circ - H)\tan S'QS}$$
$$= \frac{\cot H + \frac{\tan SS'}{\sin SQ}}{1 - \cot H \frac{\tan SS'}{\sin SQ}} = \frac{\cot H + \frac{\tan D}{\cos P}}{1 - \cot H \frac{\tan D}{\cos P}} = \frac{\cot H \cos P + \tan D}{\cos P - \tan D \cot H}$$
$$= \frac{\cos P + \tan D \tan H}{\cos P \tan H - \tan D} = \frac{\cos P \cos D \cos H + \sin D \sin H}{\cos P \cos D \sin H - \sin D \cos H}$$
$$= \frac{\cos ZS'}{\cos OS'} = \frac{\sin S'R'}{\sin O'S'};$$
$$(7)\quad \tan EE' = \tan SQS' = \frac{\tan SS'}{\sin SQ} = \frac{\tan D}{\cos P}, \text{ qui devient o avec D},$$
$$\cos OS'Q = \cos OQ \sin QOS' \sin OQS' - \cos QOS' \cos OQS'$$
$$= -\cos QOS' \cos OQS' = -\cos VOS' \cos S'QR';$$
$$(8)\quad \sin ZS' : \sin PVS' :: \sin ZV : \sin ZS'V = \frac{\sin ZV}{\sin ZS'} \sin PVS' = \frac{\sin PVS'}{\sin ZS'}$$
$$= \sin ZS'O = \sin OS'R';$$
$$(9)\quad \cot OS'R' = \cos OS' \tan S'OV; \quad (10)\quad \cot QS'R' = \cos QS' . \tan S'QO;$$
$$(11)\quad S'QO = SQO + EQE'.$$

Dans la figure de Ptolémée, le triangle rectiligne NXE donne

$$\overline{NX}^2 = \overline{NE}^2 + \overline{XE}^2 - 2NE.XE \cos E,$$
$$\cos^2 D \sin^2 P = \sin^2 QS' + 1 - 2\sin QS' \cos E,$$

car NE, de la figure 118 est le sinus de QS' de la figure 119,

$$\cos E = \frac{\sin^2 QS' + 1 - \cos^2 D \sin^2 P}{2\sin QS'} = \frac{\sin^2 QS' + 1 - \cos^2 QS'}{2\sin QS'}$$
$$= \frac{\sin^2 QS' + 1 - 1 + \sin^2 QS'}{2\sin QS'} = \frac{2\sin^2 QS'}{2\sin QS'} = \sin QS'.$$

$E = 90^\circ - QS' = E'S' = NEX = XO = 90^\circ - Ox$; donc $Ox = QS' = 90^\circ - E'S'$; ainsi la construction de Ptolémée donnera S'E, ou l'arc de distance du

Soleil au méridien. Mais sans cette construction, prenez avec un compas l'hypothénuse NE, qui est le sinus de QS', ou le cosinus de S'E, vous connaîtrez cette distance; ou bien doublez NE, vous aurez la corde de 2QS'; vous porterez cette corde sur le quart de cercle divisé, vous aurez 2QS' et QS'.

Du centre H (fig. 118) et de l'intervalle HM, marquez le point P' sur le méridien; menez P'E = 1.

$$\begin{aligned} HP' = HM, \quad \overline{HM}^2 &= \overline{MN}^2 + \overline{NH}^2 = \cos^2 D \sin^2 P + (Nu - uH)^2 \\ &= \cos^2 D \sin^2 P + (\cos D \cos P - \sin D \operatorname{tang} H)^2, \\ \overline{HP'}^2 &= \cos^2 D \sin^2 P + \cos^2 D \cos^2 P + \sin^2 D \operatorname{tang}^2 H \\ &\quad - 2\cos D \cos P \sin D \operatorname{tang} H = \cos^2 D + \sin^2 D \operatorname{tang}^2 H \\ &\quad - 2\sin D \cos D \cos P \operatorname{tang} H; \end{aligned}$$

mais le triangle HP'E donne

$$\overline{HP'}^2 = \overline{P'E}^2 + \overline{HE}^2 - 2P'E.HE \cos P'EH = 1 + \overline{HE}^2 - 2HE \cos P'EH,$$

$$\begin{aligned} \overline{HP'}^2 &= \cos^2 D + \sin^2 D \operatorname{tang}^2 H - 2\sin D \cos D \cos P \operatorname{tang} H \\ &= 1 + \frac{\sin^2 D}{\cos^2 H} - \frac{2\sin D}{\cos H} \cos P'EH; \end{aligned}$$

d'où

$$\begin{aligned} &\cos^2 D \cos^2 H + \sin^2 D \sin^2 H - 2\sin D \cos D \cos P \sin H \cos H = \cos^2 H + \sin^2 D \\ &\qquad - 2\sin D \cos H \cos P'EH, \\ &2\sin D \cos H \cos P'EH = \cos^2 H + \sin^2 D - \cos^2 H \cos^2 D - \sin^2 D \sin^2 H \\ &\qquad + 2\sin D \cos D \cos P \sin H \cos H \\ &\qquad = \cos^2 H \sin^2 D + \sin^2 D \cos^2 H + 2\sin D \cos D \sin H \cos H \cos P \\ &\qquad = 2\cos^2 H \sin^2 D + 2\sin D \cos D \sin H \cos H \cos P, \\ &\cos P'EH = \frac{2\cos^2 H \sin^2 D + 2\sin D \cos D \sin H \cos H \cos P}{2\sin D \cos H} \\ &\qquad = \sin D \cos H + \cos D \sin H \cos P \text{ pour la déclin. australe,} \\ &\text{et} \qquad = \cos P \sin H \cos D - \cos H \sin D \text{ pour la déclin. boréale.} \end{aligned}$$

C'est notre valeur pour cos OS' (form. 2); ainsi cette seconde pratique de Ptolémée s'accorde aussi bien que la première avec nos formules.

Le triangle ETM donnera

$$\begin{aligned} \overline{TM}^2 &= \overline{EM}^2 + \overline{ET}^2 - 2EM.ET \cos MET \\ &= 1 + \frac{\sin^2 D}{\sin^2 H} - 2\frac{\sin D}{\sin H} \cos MET; \end{aligned}$$

mais

$$\overline{TM}^2 = \overline{MN}^2 + \overline{NT}^2 = \cos^2 D \sin^2 P + (Nu + uT)^2$$
$$= \cos^2 D \sin^2 P + (\cos D \cos P + \sin D \cot H)$$
$$= \cos^2 D \sin^2 P + \cos^2 D \cos^2 P + \sin^2 D \cot^2 H + 2 \sin D \cos D \cos P \cot H$$
$$= \cos^2 D + \sin^2 D \cot^2 H + 2 \sin D \cos D \cos P \cot H$$
$$= 1 + \frac{\sin^2 D}{\sin^2 H} - 2 \frac{\sin D}{\sin H} \cos MET\,;$$

d'où

$$\cos^2 D \sin^2 H + \sin^2 D \cos^2 H + 2 \sin D \cos D \cos P \cos H \sin H$$
$$= \sin^2 H + \sin^2 D - 2 \sin D \sin H \cos MET,$$
$$2 \sin D \sin H \cos MET = \sin^2 H + \sin^2 D - \cos^2 D \sin^2 H - \sin^2 D \cos^2 H$$
$$- 2 \sin D \cos D \sin H \cos H \cos P$$
$$= \sin^2 H \sin^2 D + \sin^2 H \sin^2 D - 2 \sin D \cos D \sin H \cos H \cos P$$
$$= 2 \sin^2 D \sin^2 H - 2 \sin D \cos D \sin H \cos H \cos P,$$
$$\cos MET = \frac{\sin^2 D \sin^2 H - \sin D \cos D \sin H \cos H \cos P}{\sin D \sin H}$$
$$= \sin D \sin H - \cos D \cos H \cos P;$$

MET est la distance au nadir ; cos dist. zénitale $= \cos P \cos D \cos H - \sin D \sin H$, la déclinaison étant australe ; si elle est boréale, cos dist. zén. $= \cos P \cos D \cos H + \sin D \sin H$.

C'est notre formule (4) ci-dessus ; c'est le théorème fondamental de notre Trigonométrie moderne. Il était donc dans la construction de Ptolémée, qui aurait pu le découvrir, puisque sa construction n'emploie que des sinus ; mais il aurait fallu mettre le problème en équations et développer, ce que les anciens n'ont jamais su pratiquer, et ce qui a mis un obstacle presque insurmontable à leurs progrès.

Jusqu'ici, Ptolémée a résolu graphiquement ENM, EHM, ETM, qui lui ont donné la distance QS' du Soleil au point levant de l'équateur, ou S'E' au méridien ; la distance OS' au point sud de l'horizon, et ZS', distance au zénit. Sa construction lui donne directement AO, ou l'angle que fait avec l'horizon le cercle qu'il appelle horaire, et qui est mené du point est de l'horizon au méridien, en passant par le centre du soleil. C'est notre arc OE' ; nous le trouvons par notre formule, qui donne EE' à ajouter à la hauteur de l'équateur, en supposant la déclinaison boréale, et à retrancher si elle est australe. Nous avons donc déjà quatre des six quantités qui étaient à déterminer. Ptolémée continue (fig. 118).

Placez l'équerre le long de GE, ensorte que l'équerre ait la position NFE ; portez la distance NM de F vers N en *n* ; par le point *n* menez la droite E*n*S. Le point S sera au-dessus ou au-dessous de O, selon que MN sera plus court ou plus long que FN; l'arc GS sera l'arc du vertical, ou la moindre distance zénitale de l'hectémorie, ou l'arc $ZO' = 90^{\circ} - VOS'$.

Représentez-vous MN relevé perpendiculairement sur le plan de la figure; MN sera parallèle au plan de l'horizon; soit H'Q l'horizon (fig. 120), la droite MN qui lui est parallèle; menez les perpendiculaires $NQ = MH'$ et la diagonale MQ;

$$\text{tang}\, H'QM = \frac{HM}{QH'} = \frac{NQ}{MN} = \frac{\text{sin hauteur}}{MN} = \frac{\text{cos dist. zénit.}}{MN},$$

$$\text{tang inclinaison} = \frac{\cos P \cos H \cos D + \sin D \sin H}{\cos D \sin P} = \cot P \cos H + \frac{\text{tang} D \sin H}{\sin P}.$$

C'est notre formule (5) ci-dessus, ou tang S'OV, qui donne un angle du triangle par deux côtés et le supplément de l'angle compris; en remettant l'angle intérieur,

$$\text{tang}\, QMN = \frac{\text{tang}\, D \sin H}{\sin P} - \cot P \cos H;$$

c'est notre formule (5), ou le troisième de nos théorèmes fondamentaux. Voilà donc la cinquième des quantités et deux de nos théorèmes généraux; il en est un autre, celui des sinus des angles proportionnels aux sinus des côtés opposés, qui est aussi le même pour les quatre cordes. Les Grecs le connaissaient sans doute, mais ne l'employaient jamais, parce qu'ils ne résolvaient que des triangles rectangles.

Ptolémée cherche enfin S'ZO, ou l'angle au zénit PZS', ou son supplément OR'; il le trouve en prenant QE au lieu de NF; il porte MN de Q en x', il tire Ex', il a le triangle QEx' et

$$\text{tang}\, Qx'E = \frac{QE}{Qx'} = \frac{EH + HQ}{MN} = \frac{\frac{\sin D}{\cos H} + HN \sin H}{\cos D \sin P}$$

$$= \frac{\frac{\sin D'}{\cos H} + \sin H (\cos D \cos P - \sin D\, \text{tang}\, H)}{\cos D \sin P}$$

$$= \frac{\sin D + \cos D \cos P \sin H \cos H - \sin D \sin^2 H}{\cos D \cos H \sin P} = \frac{\sin D \cos^2 H + \cos D \cos P \sin H \cos H}{\cos D \cos H \sin P}$$

$$= \frac{\text{tang}\, D \cos H}{\sin P} + \cot P \sin H, \text{ en supposant la déclinais. australe,}$$

$$= \cot P \sin H - \frac{\text{tang}\, D \cos H}{\sin P} = \text{tang}\, R'Q = \cot OR', \text{ formule (5),}$$

et

$$\cot PZS = \frac{\text{tang}\, D \cos H}{\sin P} - \cot P \sin H = -\cot OR'.$$

C'est encore notre troisième théorème moderne, mais appliqué à l'angle au zénit. Il résulte encore de cette construction de Ptolémée, qu'il a manqué cette seconde occasion de le découvrir. Il y avait, à la vérité, les mêmes difficultés que la première fois.

Ptolémée terminait toute cette doctrine par des tables où il donnait toutes ces six quantités pour le commencement de chaque signe, pour les sept climats principaux, et enfin pour chaque heure. Il n'en reste qu'un échantillon pour le commencement du signe du Cancer et le climat de 15^h.

Pour ce climat, le demi-jour est de $6^h\ 30' = 97°\ 30'$; la différence ascensionnelle $= 7°\ 30'$; $\sin 7°\ 30' = \tang \omega \tang H$ et $\tang H = \sin 7°\ 30' \cot \omega = 16°\ 26'\ 40''$. Ptolémée a dit plus haut $16°\ 26'$, en supposant $\omega = 23°\ 50'$.

$\frac{6^h\ 30'}{6} = 1^h\ 5'$; c'est l'heure temporaire; car Ptolémée, quoiqu'il n'en dise rien, a calculé sa Table pour les heures temporaires, les seules qui fussent en usage dans la Gnomonique.

L'angle horaire au lever est de $97°\ 30'$, dont le sixième est $16°\ 5'$. C'est ainsi que j'ai formé les trois premières colonnes de la table suivante; elles serviront au calcul de nos formules.

La colonne suivante donne les hectémories ou les distances aux pôles du méridien, c'est-à-dire aux points est et ouest de l'horizon. La formule est $\cos QS = \cos D \sin P$ (fig. 117).

$h \tang QS$ est la longueur de l'ombre sur le cadran oriental ou occidental, h étant la hauteur du gnomon.

La colonne des horaires ou distances aux pôles du premier vertical, c'est-à-dire aux points nord et sud de l'horizon, se calcule en faisant $\cos VS = \cos H \sin D - \sin H \cos D \cos P$.

$h \tang VS$ est la longueur de l'ombre pour le cadran du nord ou du sud.

La colonne des descensifs ou distances au zénit ou au pôle de l'horizon se calcule par la formule

$$\cos ZS = \sin H \sin D + \cos H \cos D \cos P;$$

$h \tang ZS$ est la longueur de l'ombre sur le cadran horizontal.

La colonne des arcs du méridien VE ou OE se calcule en faisant

$$\cot PE = \tang \phi = \frac{\tang D}{\cos P}, \quad \text{et} \quad OE = 90° - H + \phi.$$

On donne à φ son signe algébrique. Si OE passe 90°, le point E est entre le zénit et le nord, et l'on en prend le supplément VE. Cet angle est celui que fait l'ombre avec l'horizontale dans les cadrans orientaux et occidentaux.

Les colonnes des arcs verticaux $ZO' = ZVO' =$ angle de l'hectémorie VS avec le méridien ; c'est l'angle de l'ombre avec la verticale dans les cadrans du nord et du sud. La formule est $\cot ZO'x$ ou tang angle de l'ombre avec l'horizontale $= \frac{\text{tang D} \sin \text{H}}{\sin \text{P}} + \cos \text{H} \cot \text{P}$.

Enfin, la colonne des horizontales ou complémens d'azimut QR, dont la tangente $= \cot \text{P} \sin \text{H} - \frac{\text{tang D} \cos \text{H}}{\sin \text{P}}$; ce sont les angles des ombres avec la ligne est et ouest sur le cadran horizontal.

Ainsi, pour les cadrans verticaux du sud et du nord, de l'est et de l'ouest, et pour les cadrans horizontaux, nous avons les longueurs de l'ombre et les angles que font les ombres avec des lignes déterminées ; nous avons, par conséquent, tout ce qui est nécessaire pour la construction de tous ces cadrans.

C'est ainsi que j'ai calculé ma table, pour m'assurer que j'avais bien saisi le sens de l'auteur. En la comparant à celle qui termine son livre, on voit une conformité assez grande, pour qu'il soit permis d'attribuer les différences à la différence des méthodes, et surtout à l'imperfection des opérations graphiques. Il peut y avoir des fautes de copie et des fautes de calcul. Nous attribuerons à la méthode les erreurs ordinaires et moins considérables. Mais à la colonne *verticale* à 1^h on lit 69° 50′ où j'ai 79° 10′. L'erreur est environ de 10° ; ce ne peut être qu'une faute de copie. Les autres ne sont que de quelques minutes, excepté dans la colonne des horizontales, qui vers la fin varie avec autant d'irrégularité que de rapidité.

Ce qu'il y a de plus extraordinaire, c'est la colonne des heures *depuis l'horizon* ; il n'y a qu'un seul nombre qui soit juste, et ils augmentent avec une irrégularité dont on ne peut imaginer la cause, si elle n'est pas une erreur de copiste. Voici les deux tables.

Table pour le commencement du Cancer, climat de 13 heures.

Heures temporair. depuis le lever.	Heures équinox. depuis le lever.	Angles horaires de midi.	Hectémor. Dist. au pôle du méridien.	Horaires. Distance au pôle du 1er vertical.	Descensif. Distance au pôle de l'horizon.	Arcs du méridien comptés du sud.	Arcs vert. Angle au pôle du méridien.	Horizontaux. Complément d'azimut.
0h	0h 0'	97°30'	24°56'	65° 4'	90° 0'	0° 0'	90° 0'	24° 56'
1	1. 5	81.15	25.19	69.36	75.58	35.26	79.10	21. 5
2	2.10	65. 0	33.56	73.30	60.58	60. 9	60. 0	18.33
3	3.15	48.45	46.33	77.27	46. 9	72.36	44.47	17.32
4	4.20	32.30	60.34	80.14	31.15	78.47	29.54'	19. 8
5	5.25	16.15	75. 0	82. 3	16.56	81.43	14.59	28.34
6	6.30	0. 0	90. 0	82.33	7.25	82.35	0. 0	90. 0

Table de Ptolémée.

Heures depuis l'horizon.	Hectémorie.	Horaires.	Descensifs.	Arcs du méridien.	Verticaux.	Horizontaux.
0h 0'	24° 15'	65° 5'	90° 0'	0° 0'	90° 0'	24° 15'
1.11	25.15	69.15	75.10	35.15	69.30	20. 0
2.10	34.20	73. 0	60.55	60.45	60. 0	18.50
3. 9	46.50	77.30	46. 5	72.10	45. 5	17.15
4. 8	60.10	79.10	31. 0	78.30	30.10	18. 0
5. 7	75. 0	81.20	17.30	81.30	15.10	27. 0
midi.	90. 0	82.35	7.25	82.35	0. 0	90. 0

Le reste des tables est perdu; et probablement le traité est incomplet, car il y manque les applications à la pratique. Peut-être aussi Ptolémée a-t-il cru qu'il était inutile d'en dire davantage, parce que cette théorie était établie avant lui, et peut-être par Hipparque. C'est, du moins, l'idée de Commandin, qui a suppléé à ce qui manque aujourd'hui au livre de Ptolémée, et à cette partie de la science mathématique; car il ne nous reste d'ailleurs aucun ouvrage de Gnomonique, ni des Grecs ni des Latins. Nous n'extrairons du Commentaire de Commandin que ce qui indique l'usage des tables pour la description des cadrans réguliers, les seuls dont Ptolémée nous ait donné la théorie.

Voulez-vous un cadran horizontal, vous vous servirez des deux colonnes *descensifs* et *horizontaux*. On sait que l'ombre d'un gnomon perpendiculaire à un plan a pour longueur la tangente de la distance du Soleil au zénit du plan, quand la hauteur du gnomon est prise pour unité. Il ne reste donc plus qu'à trouver la direction de l'ombre dont cette tangente nous donne la longueur, et dont l'origine est au pied même du gnomon; or, l'horizontal vous donnera l'amplitude de cette ombre, ou l'angle qu'elle fait avec la ligne est et ouest. La Table donnait ces deux quantités pour chacun des cadrans réguliers: on avait pour chaque heure et pour le commencement de chaque signe, les points qui appartenaient à la fois et à la ligne horaire et à l'arc du signe; on n'avait que le point extrême de chaque ligne horaire, mais tous ces points étaient sensiblement en lignes droites, ainsi que nous le démontrerons bientôt; ces lignes droites se terminaient à l'arc du Cancer et à celui du Capricorne. On n'avait qu'un certain nombre de ces points; on les joignait par une courbe; l'ombre dans toute sa longueur était une ligne azimutale.

Voulez-vous un cadran vertical non déclinant, c'est-à-dire sur l'une des faces d'un mur bâti verticalement dans la direction est et ouest, prenez dans la table les *horaires*, qui sont les distances au zénit du plan, et les *verticaux*, c'est-à-dire les angles que fait l'ombre avec la méridienne, qui, dans ces cadrans, est toujours verticale.

Voulez-vous un cadran oriental ou occidental, vous prendrez l'hectémorie ou les distances au zénit du plan, et les arcs *méridionaux* ou les angles de l'ombre avec l'horizontale.

Tout cela est d'une grande simplicité; mais cette forme de cadran est tombée en désuétude, depuis qu'on a cessé de diviser le jour en heures temporaires. La théorie de Ptolémée nous serait donc aujourd'hui parfaitement inutile, si ses constructions ne pouvaient s'adapter également au système nouveau; mais le Traité de l'Analemme sera toujours curieux, soit pour l'histoire de la science dont il nous a conservé une partie, dont il ne reste aucun autre monument, et qu'on croyait entièrement perdue; soit par cette autre considération, qu'il contient le germe de notre Trigonométrie actuelle et des sinus substitués aux cordes.

Quand le livre de l'Analemme fut publié pour la première fois par Commandin, en 1562, la Gnomonique était déjà fondée sur des principes tout différens. Voyez l'Horologiographie de Munster, dont la première édition est de 1531, et la seconde de 1533, Bâle.

Les anciens faisaient marquer l'heure par l'extrémité de l'ombre d'un gnomon; leurs cadrans n'avaient ni centres ni axes, et à quelques égards c'était un avantage. L'usage des heures variables suivant la saison, leur imposait la nécessité de donner une autre direction aux lignes horaires, qui ne pouvaient plus concourir en un point unique. Ils se contentaient d'en déterminer trois points; deux auraient suffi, car ces lignes étaient sensiblement des droites dans tous les cadrans plans; les points d'un même jour formaient des hyperboles dont les intersections avec l'horizontale étaient les points de lever et de coucher. Rien n'aurait empêché de multiplier ces courbes; on les traçait quelquefois, comme aujourd'hui, pour l'entrée en chaque signe; on se bornait le plus souvent aux arcs du Cancer et du Capricorne. La ligne ♈ et ♎ était toujours une ligne droite, et fournissait un troisième point vers le milieu de la ligne horaire. En multipliant les arcs des signes, on n'avait plus besoin de supposer les lignes parfaitement droites, ce qui n'était vrai qu'à peu près.

Les constructions de Ptolémée, et les formules que nous y avons substituées, suffisent pour les cadrans réguliers; il est aisé d'en déduire les formules de tous les autres cadrans dont Ptolémée n'a rien dit. Il est certain, cependant, que les anciens construisaient des verticaux déclinans; il en existe encore huit à Athènes, à la *Tour des Vents*. Cette omission de Ptolémée, et la manière brusque dont se termine son livre de l'Analemme, autorisent à penser que nous ne possédons pas cet ouvrage en entier. Il est bien singulier, en effet, qu'après avoir annoncé en commençant qu'il se proposait de faciliter la description des cadrans, il ne dise pas un seul mot des applications qu'on peut faire de ces méthodes obscures et de ces opérations graphiques, dont on a peine à reconnaître le but et à retrouver les principes.

Soit RZV (fig. 121) le plan du méridien, ZNL celui du cadran déclinant, qui fait avec le premier vertical l'angle $QZL = D =$ déclinaison du plan; prenez $LO = 90°$; le point O sera le pôle du plan ZNL, le point de l'horizon où se dirigera le gnomon perpendiculaire au mur; P le pôle de l'équateur; S le lieu du Soleil; PS la distance polaire $= 90° - \delta$, δ étant la déclinaison boréale; l'ombre du gnomon sera dans le plan OSM, perpendiculaire en M au plan ZNL; la longueur de cette ombre sera $a \tang OS$, a désignant la hauteur du gnomon; prenez $OS' = OS$ sur le prolongement de MSO; $a \tang OS'$ indiquera la longueur et la direction de l'ombre, qui fera un angle ROS' avec l'horizontale du plan et au-dessous de cette ligne. Le problème se réduit donc à chercher l'angle $ROS' = VOS$ et l'arc OS distance du soleil au zénit du plan. $ROS' = MOV = SOP + POV = \Pi + \psi$; ONP est l'arc mené du pôle O au pôle du monde P; $OM = ON = OL = 90°$. Tous ces arcs égaux sont perpendiculaires au plan ZMNL.

$OP = PN + NO = PN + 90° = 90° +$ hauteur du pôle sur le plan,

$$\cos PO = \cos PV \cos VO = \cos H \cos(90° - D + 90°)$$
$$= + \cos H \cos(180° - D) = \cos \varphi,$$

car $VL = 90° - D$ et $LO = 90°$;

vous ferez donc

$$\cos\varphi = \cos H \cos(180° - D), \quad \sin PN = + \cos H \cos(180° - D),$$

$$\text{tang} POV = \frac{\text{tang} PV}{\sin VO} = \frac{\text{tang} H}{\sin(180° - D)} = \frac{\text{tang} H}{\sin D} = \text{tang}\,\psi.$$

Par le pied du gnomon menez dans le plan ONP une droite indéfinie $\alpha \,\text{tang}\, OP = \alpha \,\text{tang}\, \varphi$, la projection du pôle serait sur cette ligne, mais $\varphi > 90°$, la tangente est négative ; prolongez donc PO jusqu'à 180° en P′, P′ sera le pôle austral, $\alpha \,\text{tang}\, P'O = \alpha \,\text{tang}(180° - \varphi)$ marquera par son extrémité le lieu du pôle P′. Cette ligne fait avec l'horizontale du plan un angle $ROP' = POV = \psi$. Cette ligne nous sera utile ; les anciens n'en faisaient aucun usage.

Nous avons déjà l'horizontale qui passe par le pied du style ; la ligne polaire, qui passera aussi par le pied du style, et formera l'angle ψ avec l'horizontale ; nous aurons

$$\text{tang} OPV = \frac{\text{tang} VO}{\sin PV} = \frac{\text{tang}(180° - D)}{\sin PV} = -\frac{\text{tang} D}{\sin H} = \text{tang}\,\chi;$$

$180° - \chi$ sera la différence des méridiens $= ZPO = \chi'$.

$$\text{Cos} OS = \cos PS \cos PO + \sin PS \sin PO \cos SPO$$
$$= \sin\delta \cos\varphi + \cos\delta \sin\varphi \cos(SPV - OPV),$$
$$\cos N = \sin\delta \cos\varphi + \cos\delta \sin\varphi \cos(180° - P - \chi)$$
$$= \sin\delta \cos\varphi + \cos\delta \sin\varphi \cos(\chi' - P) \ldots\ldots \text{(A)}$$
$$= \sin\delta \cos\varphi - \cos\delta \sin\varphi \cos P \cos\chi + \cos\delta \sin\varphi \sin P \sin\chi$$
$$= - \sin\delta \cos H \cos D - \cos\delta \sin\varphi \cos P \sin\chi \cot\chi$$
$$+ \cos\delta \sin\varphi \sin P \sin\chi;$$

mais $\sin\varphi \sin\chi = \sin VO = \sin D$,

$$\cos N = - \sin\delta \cos H \cos D - \cos\delta \cos P \sin D \cot\chi + \cos\delta \sin D \sin P$$
$$= \cos\delta \sin D \sin P - \sin\delta \cos H \cos D - \cos\delta \cos P \sin D \times - \sin H \cot D$$
$$= \cos\delta \sin D \sin P + \cos\delta \cos D \sin H \cos P - \sin\delta \cos H \cos D \ldots\ldots \text{(B)};$$

c'est la formule que j'ai donnée dans mon Astronomie, tom. I, p. 279.

$$\text{Cot}\,\Pi = \cot POS = \frac{\cot PS \sin PO - \cos PO \cos OPS}{\sin OPS} = \frac{\text{tang}\,\delta \sin\varphi}{\sin(\chi' - P)}$$
$$- \cos\varphi \cot(\chi' - P) \ldots\ldots \text{(C)};$$

Π est l'angle $P'OS'$ que fait l'ombre avec la ligne polaire OP'.

Au lieu de la formule $\cot \Pi = \frac{\tang \delta \sin \varphi}{\sin(180^\circ - P - \chi)} - \cos\varphi \cot(180^\circ - P - \chi)$, on peut employer

$$\cos \Pi = \frac{\cos PS - \cos OP \cos OS}{\sin OP \sin OS} = \frac{\sin\delta - \cos\varphi \cos OS}{\sin\varphi \sin OS} = \frac{\sin\delta}{\sin\varphi \sin OS} - \cot\varphi \cot OS$$

$$= \frac{\sin\delta + \cos H \cos\delta (\cos\delta \sin D \sin P + \cos\delta \cos D \sin H \cos P - \sin\delta \cos H \cos D)}{\sin\varphi \sin OS}$$

$$= \frac{\sin\delta + \cos^2\delta \cos H \sin D \sin P + \sin H \cos H \cos^2\delta \cos P - \sin\delta \cos^2 H \cos\delta \cos D}{\sin\varphi \sin OS}$$

$$= \frac{\sin\delta - \sin\delta \cos\delta \cos^2 H \cos D + \cos^2\delta \cos H (\sin H \cos P + \cos H \sin P)}{\sin\varphi \sin OS}$$

$$= \frac{\sin\delta - \sin\delta \cos\delta \cos^2 H \cos D + \cos^2\delta \cos H \sin(H + P)}{\sin\varphi \sin OS};$$

on a, de plus,

$$\sin ST = \cos ZS = \cos\delta \cos H \cos P + \sin\delta \sin H,$$

$$\sin ROS' = \sin SOT = \frac{\sin TS}{\sin OS} = \frac{\sin\delta \sin H + \cos\delta \cos H \cos P}{\sin OS};$$

le problème se réduit donc aux formules suivantes :

(1) $\cos\varphi = \cos H \cos(180^\circ - D) = -\cos H \cos D,$

(2) $\tang \psi = \frac{\tang H}{\sin(180^\circ - D)} = \frac{\tang H}{\sin D},$

(3) $\tang \chi = \frac{\tang(180^\circ - D)}{\sin H} = -\frac{\tang D}{\sin H},$

(4) $\cos N = \sin\delta \cos\varphi + \cos\delta \sin\varphi \cos(180^\circ - \chi - P)$
$\quad = \sin\delta \cos\varphi + \cos\delta \sin\varphi \cos(\chi' - P),$

(5) $\cot \Pi = \frac{\tang\delta \sin\varphi}{\sin(180^\circ - \chi - P)} - \cos\varphi \cot(180^\circ - \chi - P)$
$\quad = \frac{\tang\delta \sin\varphi}{\sin(\chi' - P)} - \cos\varphi \cot(\chi' - P),$

(6) $\text{angle} = \psi + \Pi,$

(7) $\text{ombre} = a \tang N,$

(8) $\cos \Pi = \frac{\sin\delta}{\sin\varphi \sin N} - \cot\varphi \cot N,$

(9) $\sin \text{angle} = \frac{\sin\delta \sin H + \cos\delta \cos H \cos P}{\sin N};$

cet angle sera droit quand le Soleil sera dans le vertical du lieu de l'œil ou du pôle du cadran. On a de plus (fig. 122)

$$\cot ZPx = \cos ZP \tang PZx = \sin H \tang RO = \sin H \tang D,$$
$$\tang Px = \tang PZ \cos ZPx = \tang PS \cos SPx,$$
$$\cos SPx = \tang PZ \cot PS \cos ZPx = \cot H \tang\delta \cos SPx,$$
$$SPZ = SPx - ZPx.$$

Soit $\cot v' = \sin H \tang D$, $\cos v'' = \cot H \tang \delta \cos v'$,

$$P = v'' - v'.$$

Au moyen de ces formules, on déterminerait autant de points qu'on jugerait à propos sur les lignes horaires, sur l'équinoxiale et sur les arcs des signes; mais on peut abréger, par la considération que l'équinoxiale et les lignes horaires sont toujours des lignes droites; il suffirait donc de tracer deux points de chacune, et de faire passer par tous ces points deux courbes, c'est-à-dire les arcs du Cancer et de l'Ecrevisse.

Voyons maintenant s'il est vrai que les lignes des heures temporaires sont toujours des lignes droites, ou, ce qui revient au même, si les courbes horaires sur la sphère sont toujours des arcs du grand cercle, ainsi que tous les auteurs le supposent tacitement.

Soient PS et PS′ (fig. 123) deux distances polaires correspondantes, c'est-à-dire soit $PS = 90° - \delta$ et $PS' = 90° + \delta$, $QS = QS'$ seront les amplitudes du Soleil levant pour ces deux déclinaisons.

$\sin QS = \frac{\sin \delta}{\cos H}$, et $\sin QS' = -\frac{\sin \delta}{\cos H}$; ainsi les deux amplitudes sont égales et ne diffèrent que par le signe. Le point Q de l'équateur sera le point Est de l'horizon.

$$EPQ = 90° = QPV; \quad EPS = EPQ + QPS = 90° + u$$
$$= 90° + \text{différence ascensionnelle},$$
$$EPS = EPQ - QPS' = 90° - u,$$

$\sin u = \tang H \tang \delta$.

L'angle d'une heure équinoxiale sera $\frac{90°}{6} = 15°$.

L'angle d'une heure temporaire d'été sera $\frac{90°}{6} + \frac{u}{6}$.

L'angle d'une heure temporaire d'hiver sera $\frac{90°}{6} - \frac{u}{6}$.

Les angles d'un nombre n d'heures, comptées du méridien, seront $n.15°$, $n.15° + \frac{nu}{6}$ et $n.15° - \frac{nu}{6}$.

Quelle que soit la déclinaison, $PQV = H$ et $PQR = 180° - H$; $\sin PSV = \frac{\sin PV}{\sin PS} = \frac{\sin H}{\cos \delta}$, $\sin PS'V = \frac{\sin PV}{\sin PS'} = \frac{\sin H}{\cos \delta}$; ainsi $PS'V = PSV$.

Si $\delta = \omega = 23° \frac{1}{2}$, l'arc S′QS sera la double amplitude solstitiale; il sera le lieu du lever pour toute l'année. Il est bien évident que l'arc S′QS est un arc de grand cercle, puisqu'il fait partie de l'horizon; ainsi, la ligne du lever et celle du coucher seront évidemment des lignes droites.

L'arc de 6^h ou de midi est évidemment tout entier dans le méridien; il est la différence des distances solstitiales du Soleil au zénit; la ligne de 6^h sur le cadran sera donc aussi une ligne droite.

Supposons maintenant que la sphère ait tourné, que le Soleil se soit approché du méridien, de sorte que l'angle horaire équinoxial soit de n heures ou de $n.15^\circ$ (fig. 124).

Menez d'un côté le cercle horaire $PS = 90^\circ - \delta$, et de l'autre le cercle $PS' = 90^\circ + \delta$, de manière que $Q'PS = Q'PS' = \left(\frac{nu}{6}\right)$; alors $EPS = n.15^\circ + \frac{nu}{6}$ sera l'angle temporaire d'été; $EPS' = n.15^\circ - \frac{nu}{6}$ sera l'angle temporaire d'hiver. Menez enfin les arcs de grand cercle $Q'S$ et $Q'S'$, vous aurez

$$\cos Q'S = \cos\left(\frac{nu}{6}\right)\sin PS \sin PQ' + \cos PS \cos PQ' = \cos\left(\frac{nu}{6}\right)\cos\delta,$$

$$\cos Q'S' = \cos\left(\frac{nu}{6}\right)\sin PS' \sin PQ' + \cos PS' \cos PQ' = \cos\left(\frac{nu}{6}\right)\cos\delta;$$

donc $Q'S' = Q'S$;

$$\operatorname{tang} SQ'a = \frac{\operatorname{tang} Sa}{\sin Q'a} = \frac{\operatorname{tang}\delta}{\sin\left(\frac{nu}{6}\right)}, \quad \text{ou} \quad \cot PQ'S = \frac{\operatorname{tang}\delta}{\sin\left(\frac{nu}{6}\right)},$$

ou enfin

$$\operatorname{tang} PQ'S = \sin\left(\frac{nu}{6}\right)\cot\delta = \operatorname{tang} Px;$$

Px est la hauteur du pôle sur le cercle $Q'ST$.

On aura de même $\operatorname{tang} S'Q'a' = \frac{\operatorname{tang}\delta}{\sin\left(\frac{nu}{6}\right)}$; donc $S'Q'a' = SQ'a$; les angles sont égaux et opposés au sommet, l'arc $S'Q'S$ est tout entier dans un même plan; $S'Q'ST$ est un horizon sur lequel le pôle est élevé de $Px = PQT$.

Ainsi, pour deux déclinaisons égales et de signe contraire, un même arc renferme les points horaires $n.15^\circ$, $n.15^\circ \pm \left(\frac{nu}{6}\right)$; et sur le cadran, ces trois points, qui appartiennent à la même heure, seront sur une même droite; mais cette droite et cet arc de grand cercle passent-ils également par les points de la même heure pour les autres déclinaisons? Suffira-t-il de prolonger cet arc ou cette ligne pour avoir la ligne horaire toute entière? Il faudrait pour cela que l'angle $PQ'S$ fût le même pour toutes les déclinaisons. Or, c'est ce qui est au moins fort douteux, car $\text{tang}\,PQ'S = \sin\left(\frac{nu}{6}\right)\cot\delta$; $\cot\delta$ variant, ce serait un grand hasard que $\sin\left(\frac{nu}{6}\right)$ variât de la même quantité en sens contraire. Ce hasard n'a pas lieu; en effet,

$$\sin u = \text{tang}\,H\,\text{tang}\,\delta,\quad du\cos u = \frac{d\delta\,\text{tang}\,H}{\cos^2\delta},\quad du = \frac{d\delta\,\text{tang}\,H}{\cos u\cos^2\delta},$$

$$\text{tang}\,PQ'S = \text{tang}\,A = \sin\left(\frac{nu}{6}\right)\cot\delta = \sin pu\cot\delta;$$

donc

$$\frac{dA}{\cos^2 A} = dpu\cos pu\cot\delta - \frac{d\delta\sin pu}{\sin^2\delta} = pdu\cos pu\cot\delta - \frac{d\delta\sin pu}{\sin^2\delta},$$

$$\frac{dA}{\cos^2 A} = \frac{pd\delta\,\text{tang}\,H\cos pu\cot\delta}{\cos u\cos^2\delta} - \frac{cd\delta\sin pu}{\sin^2\delta} = \frac{pd\delta\,\text{tang}\,H\,\text{tang}\,\delta\cos pu\cot^2\delta}{\cos u\cos^2\delta} - \frac{d\delta\sin pu}{\sin^2\delta}$$

$$= \frac{d\delta.p\sin u\cos pu}{\cos u\sin^2\delta} - \frac{d\delta\sin pu}{\sin^2\delta} = \frac{d\delta.p\,\text{tang}\,u\cos pu - d\delta\sin pu}{\sin^2\delta},$$

et

$$\frac{dA}{d\delta} = \frac{\cos^2 A}{\sin^2\delta}(p\,\text{tang}\,u\cos pu - \sin pu).$$

$$= \frac{\cos^2 A\cos pu}{\sin^2\delta}(p\,\text{tang}\,u - \text{tang}\,pu).$$

p est une fraction, ainsi $p\,\text{tang}\,u > \text{tang}\,u$. L'angle A ou PQ'S croît ou décroît avec la déclinaison δ.

Pour que $dA = 0$, il faut donc que l'on ait $p\,\text{tang}\,u = \text{tang}\,pu$, ce qui ne peut arriver qu'à l'horizon ou au méridien.

Si $p = 1$, $p\,\text{tang}\,u - \text{tang}\,pu = \text{tang}\,u - \text{tang}\,u = 0$; c'est ce qui arrive à l'horizon.

Si $p = 0$, $p\,\text{tang}\,u - \text{tang}\,pu = 0 - 0 = 0$; c'est ce qui arrive au méridien.

$$\text{Tang}\,A = \sin\left(\frac{nu}{6}\right)\cot\delta = \sin pu\cot\delta = \frac{\sin pu\,\text{tang}\,H}{\sin u} = \left(\frac{\sin pu}{\sin u}\right)\text{tang}\,A.$$

A sera donc variable, puisque tang A varie comme $\left(\frac{\sin pu}{\sin u}\right)$

$$= \frac{pu - \frac{1}{6}p^3u^3 + \text{etc.}}{u - \frac{1}{6}u^3 + \text{etc.}} = \frac{p - \frac{1}{6}p^3u^2}{1 - \frac{1}{6}u^2}$$

$$= p + \tfrac{1}{6}pu^2 + \tfrac{1}{36}pu^4 + \text{etc.} - \tfrac{1}{6}p^3u^2 - \tfrac{1}{36}p^3u^4 - \text{etc.}$$

$$= p + \tfrac{1}{6}pu^2(1 - p^2) + \tfrac{1}{36}pu^4(1 - p^2) + \text{etc.},$$

quantité nécessairement variable; A sera donc variable.

Pour nous en assurer par le fait, soit $H = 66° 32' = 90° - \omega$. C'est la plus grande valeur qui soit possible; car dans la zone glaciale il n'y a plus d'heures temporaires; et cherchons PQ'S pour toutes les heures et différentes déclinaisons; nous formerons le tableau suivant.

Latitude 66° 32', valeurs de PQ'S *pour les heures et les diverses déclinaisons.*

Déclin.	u	0h	1h	2h	3h	4h	5h	6h
23° 28'	90° 0' 0"	66° 32'	65° 47' 56"	63° 22' 35"	58° 27' 10"	49° 2' 2"	30° 48' 11"	0° 0'
19. 0	52.28.54	66.32	63.31.24	59. 0.54	52. 5.32	44. 7.15	25.49.41	0.0
15. 0	38. 6.46	66.32	63. 1.18	58. 0.55	50.37.30	39.22.38	22.26.12	0.0
12. 0	29.18.54	66.32	62.47.55	57.34. 4	49.58.10	38.56.24	21.50. 9	0.0
9. 0	21.23.54	66.32	62.39. 5	57.16. 9	49.31.54	38. 5.44	21.26.32	0.0
6. 0	14. 0.36	66.32	62.33. 1	57. 4.20	49.14.40	37.45.44	21.11.17	0.0
3. 0	6.56. 2	66.32	62.30. 1	56.57.51	49. 5.12	37.34.36	21. 2.50	0.0

On voit donc, à toutes les heures quelconques, que PQ'S diminue avec la déclinaison, rapidement d'abord, mais la variation devient ensuite de plus en plus lente; les variations les plus sensibles sont à la ligne de trois heures. Il est donc clair que PQ'S n'est rien moins que constant pour une même heure, si ce n'est pour l'horizon et pour midi.

A 0^h l'angle $= H$, ainsi qu'il est démontré ci-dessus.

Supposons maintenant $H = 60°$, nous aurons la table suivante.

Déclin.	u	0h	1h	2h	3h	4h	5h	6h
23° 38'	48° 45' 25"	60° 0'	56° 18' 36"	51° 4' 0"	43° 39' 19"	32° 48' 10"	18° 2' 9"	0° 0'
19. 0	36.36.12	60.0	55.51.15	50.11.55	42.22.14	31.32.50	17. 9.23	0.0
15. 0	27.39. 8	60.0	55.36.25	49.43.27	41.43.48	30.52.17	16.41.35	0.0
12. 0	21.36. 5	60.0	55.28.46	49.28.51	41.23.50	30.31.39	16.27.31	0.0
9. 0	15.55.18	60.0	55.23.25	49.18.34	41.10.12	30.16.59	16.17.40	0.0
6. 0	10.29.19	60.0	55.19.36	49.11.35	41. 0.39	30. 7.20	16.11. 5	0.0
3. 0	5.12.26	60.0	55.17.30	49. 7.30	40.55.15	30. 1.40	16. 7.24	0.0
1. 0	1.43.57	60.0	55.17.10	49. 6.51	40.53.47	30. 0.11	16. 7. 5	0.0

L'angle diminue toujours avec la déclinaison, et à mesure que le Soleil approche du méridien; mais les variations diminuent avec la latitude. Soit H = 50°.

Déclin.	u	0^h	1^h	2^h	3^h	4^h	5^h	6^h
23° 28′	31° 4′ 34″	50° 0′	45° 10′ 22″	39° 10′ 34″	31° 40′ 38″	22° 29′ 58″	11° 44′ 50″	0° 0′
19. 0	24.13.36	50.0	45. 3.55	38.56. 0	31.21.35	22.11.40	11.33.26	0.0
15. 0	18.37.21	50.0	44.55.40	38.44.32	31. 7.30	21.58. 3	11.25.26	0.0
10. 0	12.20.24	50.0	44.52.12	38.35.15	30.56.10	21.48. 4	11.19. 0	0.0
5. 0	6.59. 5	50.0	44.49.10	38.29.46	30.49.30	21.41.54	11.15.14	0.0

Rien de remarquable, sinon que les variations sont beaucoup moindres.

H = 40°.

Déclin.	u	0^h	1^h	2^h	3^h	4^h	5^h	6^h
23° 28′	21° 21′ 48″	40° 0′	35° 9′ 22″	29° 32′ 27″	23° 7′ 14″	15° 46′ 14″	8° 8′ 28″	0° 0′
19. 0	16. 6.54	40.0	35. 4.52	29.25. 4	23. 0.37	15.49. 0	8. 4.17	0.0
15. 0	12.59.36	40.0	35. 2. 2	29.20.22	22.53.36	15.44.24	8. 1.37	0.0
10. 0	8.30.30	40.0	34.59.36	29.16.20	22.49. 0	15.40.30	7.59.21	0.0
5. 0	4.12.36	40.0	34.58.19	29.14. 5	22.46.28	15.38.16	7.58. 5	0.0

H = 30°.

Déclin.	u	0^h	1^h	2^h	3^h	4^h	5^h	6^h
23° 28′	14° 31′ 54″	30° 0′	25° 47′ 30″	21° 11′ 16″	16° 14′ 32″	11° 0′ 28″	5° 33′ 36″	0° 0′
19. 0	11.28. 0	30.0	25.44.21	21. 7.24	16.10.42	10.57.24	5.31.55	0.0
15. 0	8.53.54	30.0	25.43. 5	21. 5.30	16. 8.47	10.55.48	5.31. 2	0.0
10. 0	5.50.36	30.0	25.42.28	21. 4.17	16. 7.22	10.54.37	5.30.22	0.0
5. 0	2.53.42	30.0	25.41.38	21. 3.15	16. 6.19	10.53.47	5.29.54	0.0

Ici les variations sont si faibles, qu'il serait inutile de pousser plus loin les calculs. Quand la latitude est élevée, les différences ascensionnelles u sont fortes; les $\sin\left(\frac{nu}{6}\right)$ varient plus sensiblement, et en raison différente de $\sin u$. Quand les latitudes sont faibles, les u sont petits, les sinus $\left(\frac{nu}{6}\right)$ sont proportionnels aux arcs, et par conséquent à $\sin u$, et les variations de l'angle deviennent insensibles. Ce raisonnement aurait suffi, mais le calcul a mis la chose en évidence.

Il est donc invinciblement prouvé que les arcs horaires ne sont pas toujours des arcs de grand cercle, et que les lignes horaires ne sont pas exactement des lignes droites. Il reste à voir si la différence est assez grande pour nuire à l'exactitude du cadran.

Soient (fig. 125) PS et PS′ deux dist. polaires telles, que $PS+PS'=180°$; PO et PO′ des distances intermédiaires, moins inégales par conséquent, mais telles, que $PO'+PO=180°$.

L'arc de grand cercle OO′, qui joint les trois points O′, Q′, O, fera avec PQ′ un angle moindre que PQ′S.

Prenez sur Q′S un point R tel que $PR=PO$, et prolongez PO et PR jusqu'à l'équateur en a et b.

En augmentant l'angle PQ′O et le faisant égal à PQ′S, on a porté le point O et R, car on n'a pas changé la déclinaison;

$$Q'Pa=Q'a=\left(\frac{nu}{6}\right),\ \text{et}\ Q'b=Q'PR=Q'Pb;$$

ab sera l'erreur du cadran.

$$\sin Q'b=\text{tang}\,Ob\cot bQ'R=\text{tang}\,\delta\ \text{tang}\,PQ'S=\text{tang}\,\delta\ \text{tang}\,A',$$
$$\sin Q'a=\text{tang}\,Oa\cot aQ'O=\text{tang}\,\delta\ \text{tang}\,PQ'O=\text{tang}\,\delta\ \text{tang}\,A,$$
$$\sin Q'b-\sin Q'a=2\sin\tfrac{1}{2}(Q'b-Q'a)\cos\tfrac{1}{2}(Q'b+Q'a)$$
$$=\text{tang}\,\delta\,(\text{tang}\,A'-\text{tang}\,A)=\frac{\text{tang}\,\delta\sin(A'-A)}{\cos A'\cos A},$$

$\cos\frac{1}{2}(Q'b+Q'a)=\cos\left(\frac{nu}{6}\right)$ sans erreur sensible;

donc

$$2\sin\tfrac{1}{2}(Q'b-Q'a)=\frac{\text{tang}\,\delta\sin(A'-A)}{\cos A'\cos A\cos\left(\frac{nu}{6}\right)}=2\sin\tfrac{1}{2}(\text{erreur du cadran}).$$

Nous connaissons δ, nous connaissons A′, l'angle trop fort supposé dans la construction du cadran. Nous connaissons l'angle véritable A que devait faire l'arc PQ′O′; nous connaissons $\left(\frac{nu}{6}\right)$; nous avons donc ce qu'il faut pour estimer l'erreur. Pour en trouver le *maximum* à peu près, il faut choisir dans la ligne de 3ʰ, où les variations sont plus sensibles; il faut faire ensorte que tang δ sin $(A'-A)$ soit le plus grand possible. Nous ne choisirons donc pas une déclinaison trop petite. Les A varient, surtout vers le commencement de la Table, comme de 25° 28′ à 15°.

Supposons donc qu'on ait pris, comme faisaient les Grecs, l'angle solstitial PQ′S, et voyons ce que nous donnera le parallèle de 50°.

La première ligne de 3^h nous donne $A' = 31°40'58''$
la même colonne, à 15° de déclin., donne $A = 31.\ 7.50$

$$\sin(A'-A) = \quad 33.\ 8 \ldots\ldots 7.98598$$
$$C.\ \cos A' \ldots\ldots 0.07006$$
$$C.\ \cos A \ldots\ldots 0.06751$$
$$\text{tang}\ \delta = 15° \ldots\ldots 9.42803$$
$$C.\ \cos\left(\frac{nu}{6}\right) = 9°18' \ldots 0.00575$$
$$2\sin\tfrac{1}{2}(Q'b - Qa) = \sin(Q'b - Q'a) = \quad 12'22'' \quad 7.55533$$
$$\text{ou en tems de l'équateur} = \quad 49''28'''.$$

Ainsi, à 50° de latitude, l'erreur ne va pas à une minute de tems équinoxial; elle serait beaucoup moindre à 40°, et surtout à 30°, qui était à peu près la latitude d'Alexandrie.

Table des erreurs du cadran rectiligne, pour 50° de latitude.

Déclinais.	0^h	1^h	2^h	3^h	4^h	5^h	6^h
23° 28'	0	0''0	0''0	0''0	0''0	0''0	0
19. 0	0	21,3	34,6	36,9	29,8	16,4	0
15. 0	0	32,8	47,2	49,4	40,6	21,7	0
10. 0	0	20,4	41,5	42,7	34,5	19,0	0
5. 0	0	14,8	23,6	21,2	19,6	10,8	0
0. 0	0	0,0	0,0	0,0	0,0	0,0	0

On verra, par ce tableau, qu'on a pu sans scrupule supposer, jusqu'à 50° de latitude, que les arcs horaires étaient toujours des arcs de grand cercle, et que toutes les lignes horaires étaient des lignes droites.

C'est ce qu'ont supposé les Grecs, au moins tacitement, autant qu'on en peut juger par les monumens qui nous restent d'eux; c'est ce qu'ont supposé tous les auteurs de Gnomonique. Commandin et Clavius ont essayé de démontrer qu'en effet les arcs horaires appartiennent à des grands cercles. Clavius s'est réformé au lemme 39 de son Astrolabe. Montucla a dit, et Lalande a répété d'après lui, que les lignes horaires sont des courbes assez bizarres, et qu'on ne peut décrire exactement qu'en déterminant un grand nombre de points. On voit qu'il n'en faut que deux. Par exemple, on pourrait joindre ensemble les points de 15° de déclinaison australe et boréale, et prolonger les droites indéfiniment. En tout cas, avec les sept arcs des signes on aurait sept points de chaque ligne, et l'on ferait passer par tous ces points une courbe qui ne serait nullement bizarre, puisqu'elle différerait très-peu d'une ligne droite. Nous supposons qu'on n'a jamais tracé de cadran pour le cercle polaire, et qu'on n'en tracera jamais de ce genre, c'est-à-dire pour les heures temporaires. La question de la ligne droite ou courbe est donc de pure spéculation; elle n'entre pour rien dans les méthodes de ces cadrans, qui se déterminent par des points. Si l'on s'aperçoit que la courbe se contourne, on multipliera les points selon les cas.

Le triangle quadrantal Q'PT donne

$$\text{tang PT} = \frac{\sin\left(\frac{nu}{6}\right)\cot \delta}{\sin n.15^\circ} \text{ (fig. 124)};$$

car PQ'T est le même que PQ'S ci-dessus, et $Q'PT = (180^\circ - n.15^\circ)$. $\text{Sin}\left(\frac{nu}{6}\right) < \sin(n.15^\circ)$ diminue plus rapidement; ainsi PT ira toujours en diminuant depuis l'horizon, où PT = H; PT ne peut devenir négatif; ainsi l'arc QST coupe toujours le méridien entre le pôle boréal et l'horizon; et à 180° de là, entre l'horizon et le pôle austral. Jamais PT n'est 0; au méridien $n = 0$, T est indéterminé. De l'autre côté du méridien, les PT reviennent les mêmes avec les angles horaires; ainsi des heures également éloignées de midi coupent la méridienne en un point commun; mais ce point varie pour chaque heure différemment éloignée de midi. Ces cadrans n'avaient pas de centre unique, ils en avaient autant que d'heures différentes.

Nous avons déterminé l'erreur du cadran et les angles des arcs Q'O sur Q'S; nous pouvons déterminer sur la sphère la position du point O relativement à Q'S.

Du point O abaissons sur Q'S l'arc perpendiculaire Ox, nous aurons

$$\text{tang } Q'x = \text{tang } Q'O \cos OQ'x, \quad \text{et} \quad \sin Ox = \sin Q'O \sin OQ'x;$$

mais

$$\sin PO : \sin PQ'O :: \sin OPQ' : \sin Q'O = \frac{\sin OPQ' \sin PQ'O}{\sin PO} = \frac{\sin\left(\frac{nu}{6}\right)\sin A}{\cos \delta}.$$

Donc

$$(1) \qquad \sin Ox = \frac{\sin\left(\frac{nu}{6}\right)\sin A \sin(A' - A)}{\cos \delta};$$

d'ailleurs,

$$\cos Q'O = \cos Qa \cos Oa = \cos\left(\frac{nu}{6}\right)\cos\delta,$$

$$\operatorname{tang} Q'O = \frac{\sin Q'O}{\cos Q'O} = \frac{\sin\left(\frac{nu}{6}\right)\sin A}{\cos\delta\cos\left(\frac{nu}{6}\right)\cos\delta} = \frac{\operatorname{tang}\left(\frac{nu}{6}\right)\sin A}{\cos^2\delta},$$

$$(2)\quad \operatorname{tang} Q'x = \frac{\operatorname{tang}\left(\frac{nu}{6}\right)\sin A\cos(A'-A)}{\cos^2\delta},\quad A' = PQ'S,\quad A = PQ'O$$

$$= \frac{\sin\left(\frac{nu}{6}\right)\sin A\sin(A'-A)\cot(A'-A)}{\cos\left(\frac{nu}{6}\right)\cos\delta\cos\delta} = \frac{\sin Ox\cot(A'-A)}{\cos\left(\frac{nu}{6}\right)\cos\delta}.$$

Au moyen des formules (1) et (2), nous aurons la position du point O sur l'horizon Q'ST. Nous avons eu l'erreur horaire par la formule

$$(3)\quad 2\sin\tfrac{1}{2}(\text{angle de l'erreur}) = \frac{\operatorname{tang}\delta\sin(A'-A)}{\cos A'\cos A\cos\left(\frac{nu}{6}\right)},$$

$$(4)\qquad \text{erreur en tems} = \frac{4}{60}\cdot\frac{\operatorname{tang}\delta\sin(A'-A)}{\cos A'\cos A\cos\left(\frac{nu}{6}\right)}.$$

Tout dépend donc des angles A', A, $\left(\frac{nu}{6}\right)$, que nous connaissons par δ et H; avec les Tables précédentes, nous aurons u et $\left(\frac{nu}{6}\right)$; la première ligne de la colonne donne A', les lignes suivantes donnent A.

Après cette digression, revenons à la construction du cadran. On pourra toujours déterminer l'angle qu'une ligne horaire, supposée droite, fera avec l'horizontale du cadran. Soit S'S une ligne quelconque (fig. 126), OS' et OS les deux distances zénitales extrêmes, Ox la perpendiculaire. L'arc S'S, prolongé jusqu'à l'horizon, ira le couper en u. Je suppose connus les arcs OS et OS' avec les angles yOS et yOS'.

Le triangle sphérique OS'S donne

$$\operatorname{tang} OSS' = \frac{\sin S'OS}{\cot OS'\sin OS - \cos OS\cos SOS'},$$

$$\cot SOx = \cos OS\operatorname{tang} OSS' = \frac{\sin S'OS}{\cot OS'\operatorname{tang} OS - \cos SOS'},$$

$$\operatorname{tang} SOx = \frac{\cot OS'\operatorname{tang} OS}{\sin S'OS} - \cot SOS',$$

$$\operatorname{tang} Ox = \operatorname{tang} OS\cos SOx,$$

$$uOx = uOS + SOx = 180^\circ - yOS + SOx.$$

uOx est donc l'angle au pôle O du cadran entre l'arc perpendiculaire au cercle horaire et l'horizon; le triangle rectangle uOx sera représenté sur le cadran par un triangle rectiligne rectangle dont les côtés seront α tang Ox et α tang Ou, l'angle oblique compris sera uOx, comme dans le ciel; le second angle oblique, ou l'angle u, sera sur le cadran $u = 90° - uOx = 90° - 180° + yOS - SOx = yOS - SOx - 90°$.

On aura donc sur le cadran la distance Ou du point d'intersection sur l'horizontale, l'angle en u, les droites OS, Ox, OS', dont les extrémités u, S, x, S' sont sur la même ligne horaire. On déterminera la position de cette ligne par deux de ces quatre points les mieux placés, c'est-à-dire par ceux d'entre les quatre qui ne sont ni à des distances trop grandes, ni à des distances trop petites. Au lieu de calculer l'angle au pôle SOx par le côté OS, nous aurions pu de même calculer l'angle $S'Ox$ par le côté OS'. Les formules seraient toutes pareilles, à quelques signes près.

Nos formules générales pour la description des cadrans, pour les intersections des cercles horaires avec la méridienne et l'horizontale, mettent au plus grand jour la théorie pénible et obscure des anciens. Ces notions précises n'ont été données nulle part; elles ont été entrevues par les anciens, qu'elles ont guidés; mais ils n'ont pas su les présenter d'une manière assez claire; c'est ce qui les a fait tomber dans un oubli si profond, que Montucla n'a pas balancé à dire qu'on n'avait plus aucune idée de la Gnomonique des anciens. Il résulte cependant de nos recherches, que les Grecs avaient imaginé et réduit en pratique les trois espèces de projections usitées en Astronomie, et qu'ils ont eu l'idée de rapporter un point quelconque de la sphère céleste à trois axes orthogonaux. Ce but est celui que se propose Ptolémée en commençant son Analemme; il y emploie véritablement les sinus au lieu des cordes; il y enseigne à diviser un diamètre en sinus et en sinus verses; au moyen de ces sinus, il apprend à trouver la situation de l'astre sur son parallèle; les constructions lui donnent la solution graphique du problème qui sert à déterminer les angles que le rayon mené du centre de la sphère au point occupé par l'astre fait avec trois cercles ou trois plans orthogonaux.

Les trois espèces de projections connues des Grecs sont donc :

1°. La projection orthographique, où tout arc est représenté par son sinus ou son sinus verse, selon qu'il a pour origine le milieu ou le nœud de ce cercle avec le plan de projection. Ces deux propriétés générales sont supposées partout dans le Traité de l'Analemme, sans être formellement énoncées nulle part. Il est donc certain que les Grecs avaient deux espèces de Trigonométrie, l'une simplement graphique, et qui se servait des sinus; l'autre pour le calcul, et celle-là ne se servait que des cordes des angles ou arcs doubles.

2°. La projection gnomonique, où chaque distance au pôle, ou tous les arcs de grand cercle qui ont leur origine au pôle, sont représentés par leurs tangentes, qui font entre eux des angles égaux à ceux sous lesquels les arcs s'entrecoupent au pôle. Ces deux propriétés sont également supposées dans le Traité de l'Analemme; celle des angles y est très-visible; l'autre est moins apparente, parce que les Grecs n'ayant aucune idée des tangentes, étaient obligés de les remplacer par leur équivalent, c'est-à-dire le rapport du sinus au cosinus.

3°. La projection stéréographique, où tous les cercles de la sphère, grands ou petits, sont représentés par des cercles qui s'y entrecoupent sous les mêmes angles qu'à la surface de la sphère. La première de ces propriétés est démontrée dans le planisphère pour tous les cas particuliers, et d'une manière assez uniforme, qui ne fait aucun usage du théorème d'Apollonius. Le théorème général n'est énoncé nulle part; mais on doit croire qu'il a été au moins entrevu; et s'ils n'ont pas osé tirer la conclusion générale des cas particuliers qu'ils ont considérés, on doit l'attribuer d'abord à la rigueur géométrique dont ils se faisaient une loi impérieuse, et ensuite à ce que jamais ils ne mettaient un théorème ni une solution en formules ou en équations, ce qui les a empêchés de tirer des corollaires souvent très-importans et qui s'offraient comme d'eux-mêmes. Quant à la propriété des angles de la projection égaux à ceux de la sphère, elle résulte bien de leurs constructions, mais elle n'est énoncée nulle part, et l'on peut croire qu'ils ne l'ont pas même entrevue.

Ce que nous avons dit de l'angle que fait avec l'horizon une ligne horaire quelconque, et de la perpendiculaire Ox, qui est l'ombre la plus courte de cette heure, s'applique tout naturellement à la ligne équinoxiale sur laquelle Ox donne l'ombre la plus courte ou l'ombre méridienne du plan. Cette ombre fait toujours avec l'horizontale l'angle que nous avons nommé ψ. Cette ombre donne donc la soustylaire, la projection des deux pôles $\pm a \tang \varphi$, et par conséquent le centre du cadran des heures équinoxiales.

En effet, remarquez que l'équinoxiale étant divisée en heures équinoxiales et toujours égales, telles qu'on les compte aujourd'hui, cette ligne est la même que sur les cadrans modernes; d'ailleurs P' étant le centre, pour avoir un cadran moderne, il suffira de mener des lignes droites de ce centre à tous les points de division de l'équinoxiale; ce seront les lignes horaires modernes. On peut donc avoir sur le même cadran les heures antiques et modernes; mais au lieu du simple gnomon, il vaudrait mieux planter sur la soustylaire, comme base, un triangle dont le gnomon serait la perpendiculaire, et dont l'hypoténuse serait l'axe. Le sommet de ce triangle donnerait les heures temporaires; l'hypoténuse marquerait les heures uniformes.

Pour essayer ces méthodes et ces formules, j'ai calculé un cadran pour la latitude 31° et la déclinaison — 94° et le gnomon $\alpha = 12^d$, et j'ai retrouvé toutes les dimensions d'un cadran trouvé à Délos, dont j'ai donné tous les détails dans l'Histoire de la Classe des Sciences mathématiques de l'Institut pour 1814.

Un monument bien plus vaste, plus varié, plus intéressant de l'ancienne Gnomonique, et que le savant M. Visconti m'a indiqué à l'occasion du travail dont je viens de parler, est la Tour des Vents, qui existe encore à Athènes, et dont tous les plans se trouvent dans les *Antiquités d'Athènes* de Stuard, nouvellement traduites en français; Paris, Firmin-Didot, 1808. Ce monument est connu sous le nom de *Tour des Vents;* c'est un octogone régulier, sur les faces duquel sont représentés les huit vents principaux, au-dessous desquels se voient huit cadrans différens, quatre réguliers, qui sont les verticaux du midi, du nord, de l'est et de l'ouest; les quatre autres sont sur les faces intermédiaires, c'est-à-dire qu'ils ont 45°, 135°, 225° et 315° de déclinaison.

Les noms des huit vents sont: Borée ou le nord, Cæcias le nord-est, Apeliotes l'est, Eurus le sud-est, Notus le sud, Lips le sud-ouest, Zéphire l'ouest, et Skiron le nord-ouest. Vitruve, qui a décrit cette Tour des Vents au chapitre VI de son premier livre, ne dit pas un mot de ces huit cadrans; ce qu'il y a de singulier, c'est qu'à l'endroit de son ouvrage où il parle de tous les cadrans connus de son temps, il garde le même silence sur les huit cadrans d'Athènes, quoique plus importans à tous égards que ceux dont il nomme les inventeurs. On serait, ce me semble, en droit de conclure de ce silence, que ces cadrans ont été ajoutés après coup; qu'ils seraient par conséquent d'une date postérieure à l'âge de Vitruve, et surtout au temps d'Andronicus Cyrresthes, auteur de ce monument.

Stuard, qui se fait lui-même cette objection, tâche d'y répondre par un passage de Varron, qui, parlant de cette tour, la désigne par les mots *Tour de l'Horloge*. Cette réponse, qui n'est rien moins que péremptoire, le devient encore moins par les efforts que fait Stuard pour prouver que la tour renfermait une horloge d'eau, dont les vestiges existent encore dans des conduits qu'il a décrits avec soin, et dont il a donné les figures dans deux de ses planches.

Si la tour renfermait une clepsydre, Varron a pu la nommer la Tour de l'Horloge ; il l'eût nommée Tour des Horloges, si, outre cette clepsydre, elle eût offert huit autres horloges ou cadrans solaires ; et cette clepsydre même pour laquelle on aurait construit la tour, aurait pu donner depuis l'idée d'ajouter encore à l'utilité du monument, en y traçant des cadrans propres à donner bien plus exactement toutes les heures de la journée en toutes saisons.

Cette particularité, si curieuse pour l'histoire de la Gnomonique, était une chose assez remarquable pour Varron et Vitruve ; et l'on ne conçoit guère plus l'expression incomplète de l'un, que la réticence absolue de l'autre.

Les auteurs du Dictionnaire historique, en parlant de l'architecte Andronicus, ne disent rien du temps où il a vécu. Ceux de la Biographie universelle disent qu'*on juge par le style déjà corrompu de l'architecture de ce monument, et par la médiocrité des bas-reliefs*, qu'il est postérieur au temps de Périclès.

Du temps de Périclès et d'Anaxagore, la science gnomonique était trop peu avancée chez les Grecs, pour qu'on eût tracé ces huit cadrans à Athènes. Les historiens en auraient parlé comme ils l'ont fait du gnomon établi par Anaximandre à Lacédémone. Il y avait loin encore de ce gnomon, qui peut-être ne donnait que le midi, aux cadrans déclinans de diverses figures que nous offre la Tour des Vents. Il paraît donc très-probable que cet Andronicus, ou l'auteur des huit cadrans, quel qu'il soit, vivait assez long-temps après Périclès, mort l'an 429 avant notre ère. M. Visconti pense qu'il devait être un macédonien plus moderne qu'Alexandre. Rien ne s'oppose à ce qu'on le regarde comme contemporain d'Hipparque ; et alors les cadrans d'Athènes ne supposeront rien qui ne pût être connu par les ouvrages des anciens mathématiciens dont Ptolémée a rédigé et complété la doctrine dans son livre de l'Analemme. S'il n'y a pas de preuves contraires, j'inclinerais fort pour l'opinion qui lui assignerait pour époque l'un des premiers siècles de notre ère. La question paraît de nature à n'être jamais parfaitement résolue; ce qui est certain, ou du moins très-probable, c'est que ces huit cadrans supposent des principes de Gnomonique, et par conséquent une Trigonométrie, à moins qu'on ne dise qu'ils ont été tracés empiriquement, à l'aide de l'hémisphère concave de Bérose.

Ces cadrans sont d'une forme pareille à ceux qu'on trouve dans le Commentaire de Commandin sur l'Analemme. La théorie en est parfaitement connue par ce qui précède ; il restait à savoir avec quelle précision ils avaient été tracés.

Partout le style manque ; on voit seulement dans le marbre les trous où il avait été enfoncé, mais son sommet était rarement dans l'axe de ces trous, pas même dans les cadrans réguliers, qui sont ici au nombre de quatre. Au reste, la hauteur et le pied du style ne sont pas des données indispensables ; on peut les conclure d'après les dimensions principales du cadran. Stuart a eu soin de marquer sur ses planches les longueurs en pouces anglais, d'un assez grand nombre de ces lignes. Le choix qu'il a fait n'est pas toujours heureux ; et une fois ou deux j'ai douté si ses chiffres avaient été transcrits ou gravés avec toute l'exactitude requise.

L'exposition du cadran étant connue, comme elle l'est sans aucune ambiguité dans les cadrans d'Athènes, rien de plus facile que de calculer par nos formules toutes les parties du cadran, en prenant la hauteur du gnomon pour unité; d'en comparer toutes les distances réciproques avec les parties analogues des planches de Stuart ; chacune de ces comparaisons fournit un moyen simple pour trouver la hauteur du style ; en multipliant ensuite toutes nos lignes par cette hauteur, on aura la longueur véritable de toutes les distances au pied du style, et tous les points, pris deux à deux, formeront autant de combinaisons qui, par des intersections d'arcs, donneront le pied du style.

Par ces moyens réunis et différemment combinés, nous avons pu nous assurer d'abord que le cadran du midi, le plus important de tous, était dans toutes ses parties d'une exactitude remarquable, et que la hauteur du style était de 10 $\frac{1}{2}$ pouces anglais. Les heures n'y sont point numérotées, mais elles sont temporaires ; elles sont d'heure en heure depuis le lever jusqu'à midi, et depuis midi jusqu'au coucher.

Le cadran boréal n'est qu'un supplément du premier ; il est sur la même échelle, et il avait le même style. On n'y voit que deux lignes du soir et deux du matin ; et même ces lignes, au lieu d'être horaires, ne sont véritablement qu'azimutales, elles n'indiquent que la direction des ombres. Deux de ces quatre lignes sont même un peu trop longues, parce qu'au lieu de l'arc hyperbolique qui devait les terminer, on s'est contenté de tracer une ligne droite. Ces légers défauts ne sont de nulle importance réelle.

Le cadran de l'est n'est pas moins exact que celui du midi; il est assez étroit, quoiqu'on ait donné au style une longueur presque double, c'est-à-dire de $19\frac{1}{2}$ pouces anglais. Cette longueur a été vérifiée par nombre d'épreuves particulières, et par tout l'ensemble du cadran.

Le cadran de l'Eurus, ou du sud-ouest, offre le même accord dans toutes ses parties. La hauteur du style devait être de $25\frac{1}{4}$ pouces; l'inclinaison de l'équinoxiale avec l'horizontale y est de 42° 40', telle que la donne le calcul.

Le cadran de Cæcias, ou du nord-est, ne paraît pas avoir été tracé avec autant de soin, ou, du moins, de succès. Le style n'était que de $6\frac{1}{4}$ pouces; les lignes horaires, qui sont au nombre de trois seulement, sont très-obliques. La moindre erreur dans les opérations graphiques pouvait altérer sensiblement les longueurs, et ces considérations excusent l'artiste. D'ailleurs, ce cadran est le moins important de tous; on n'y voit rien qu'on ne pût observer avec plus de sûreté sur l'un des cadrans voisins.

Les trois autres cadrans, ceux du sud-onest, de l'ouest et du nord-ouest, n'auraient offert que la contre-épreuve des cadrans opposés. L'auteur des *Antiquités* ne les a point figurés sur les planches; il avait fait tout ce qu'on pouvait exiger de lui, en nous donnant les dimensions exactes des cinq cadrans qui offraient quelque chose de particulier. Ces cadrans ne nous apprennent réellement rien qu'on n'eût pu conclure tout aussi bien du cadran de Délos; mais ils sont plus grands, mieux exécutés; ils sont en place; et à tous les égards, ils forment le monument le plus curieux et le plus complet de la Gnomonique pratique des anciens.

Quoique nos formules, substituées aux constructions toujours un peu incertaines des Grecs, aient répandu sur cette théorie une clarté qu'on chercherait inutilement dans l'écrit de Ptolémée, dans le Commentaire de Commandin, dans Kirker, Clavius, et dans tous les auteurs qui ont parlé des heures temporaires, nous croyons qu'il ne sera pas inutile d'appliquer nos formules à la construction des cinq cadrans d'Athènes.

La latitude du lieu nous est donnée directement par le cadran oriental (Apéliotes, *subsolanus*); on y voit que l'équinoxiale fait avec l'horizontale un angle de 52° 30'; c'est la hauteur de l'équateur, d'où résulte une latitude de 37° 30'. Suivant les observations modernes, la latitude d'Athènes serait de 37° 58', plus forte de 28'. Hipparque l'estimait de 37°; mais quelques minutes d'incertitude ne produisent pas un effet bien sensible sur la figure du cadran. On sait qu'en général les latitudes anciennes déterminées au gnomon sont trop faibles d'un quart de degré; il ne serait donc pas bien étonnant que l'artiste eût pris un nombre rond 37° ½; et nous nous en tiendrons à cette latitude, qui, d'après plusieurs essais, a paru donner plus exactement les dimensions des cadrans gravés.

Avec la latitude, on a l'amplitude du Soleil levant aux deux solstices, par la formule

$$\sin \text{amplitude} = \frac{\sin \text{déclinaison}}{\cos \text{haut. du pôle}} = \frac{\sin 23^\circ 51'}{\cos 37.30} = \sin 30^\circ 38' 30''.$$

Pour trouver les angles des heures temporaires, on fera

$$\sin u = \operatorname{tang} \delta \operatorname{tang} H = \operatorname{tang} \omega \operatorname{tang} H = \operatorname{tang} 23^\circ 51' \operatorname{tang} 37^\circ 30'$$
$$= \sin 19^\circ 49' 50'';$$

l'angle d'une heure au solstice d'été $= 15^\circ + \frac{1}{6} u = 15^\circ + 3^\circ 18' 18''$
$= 18.18.18$,

l'angle d'une heure au solstice d'hiver $= 15^\circ - \frac{1}{6} u = 15 - 3.18.18$
$= 11.41.42$.

On forme ainsi la table suivante des angles horaires, pour les six heures comptées du lever au méridien, et du méridien au coucher.

Heures.		Angles d'été.	Angles d'hiver.	Angl. d'été. Cadran boréal.	Angle équin.
6ʰ	6ʰ	0° 0' 0"	0° 0' 0"	180° 0' 0"	0°
5	7	18.18.18	11.41.42	161.41.42	15
4	8	36.36.36	23.23.24	143.23.24	30
3	9	54.54.54	35. 5. 6	125. 5. 6	45
2	10	73.13.12	46.46.48	106.46.48	50
1	11	91.31.30	58.28.30	88.28.30	75
0	12	109.49.50	70.10.10	70.10.10	90

L'heure 0 est le lever du Soleil, l'heure 6ᵉ est midi, l'heure 12ᵉ est celle du coucher. Les angles horaires sont ceux du cercle de déclinaison avec le méridien supérieur; mais pour le cadran boréal, on prend les angles comptés du méridien inférieur, en été seulement, car en hiver ce cadran ne marque jamais; et il n'y a que les trois derniers angles qui peuvent servir.

On aurait de la même manière les u et les $\left(\frac{n.u}{6}\right)$ pour toute autre déclinaison δ.

Pour achever nos préparatifs, il faut déterminer les trois constantes ϕ, χ, ψ, pour nos huit cadrans.

Dans la formule (1) $\cos\phi = \cos H \cos(180^\circ - D)$ supposons D= 0°, 45°, 90°, 135°, 180°, 225°, 270° et 315°; nous aurons, pour nos huit cadrans, les angles, les cosinus et les sinus que nous avons réunis dans le tableau suivant.

La formule (2) $\tang \psi = \frac{\tang H}{\sin(180^\circ - D)}$ nous donnera la colonne des ψ dans les mêmes suppositions.

La formule (3) $\tang \chi = \frac{\tang(180^\circ - D)}{\sin H}$ nous donnera de même les χ.

Tableau préparatoire des arcs subsidiaires pour les huit cadrans.

D	ϕ	$\cos\phi$	$\sin\phi$	ψ	χ	$\chi' = 180^\circ - \chi$
0°	142°30′ 0″	−9.89947	9.78445	90° 0′ 0″	180° 0′ 0″	0° 0′ 0″
45	124. 7.28	−9.74895	9.91794	47.20.20	121.19.53	58.40. 7
90	90. 0. 0	zéro ...	0.00000	37.30. 0	90. 0. 0	90. 0. 0
135	55.52.32	+9.74896	9.91794	47.20.20	58.40. 7	121.19.53
180	37.30. 0	+9.89947	9.78445	90. 0. 0	0. 0. 0	180. 0. 0
225	55.52.32	+9.74895	9.91794	132.39.40	− 58.40. 7	238.20.11
270	90. 0. 0	zéro ...	0.00000	142.30. 0	− 90. 0. 0	270. 0. 0
315	124. 7.28	−9.74895	9.91794	132.39.40	−121.19.53	301.19.53

Commençons nos calculs par le cadran du midi ou Notos.

Dans ce cadran, nous pouvons déterminer directement la hauteur et le pied du style.

Ombre mérid. au solstice d'été $= \alpha \tang(90^\circ - H + \omega) = \alpha \cot(H - \omega)$.

Ombre mérid. au solstice d'hiver $= \alpha \tang(90^\circ - H - \omega) = \alpha \cot(H + \omega)$.

La différence de ces deux ombres $= d = \alpha[\cot(H - \omega) - \cot(H + \omega)]$

$$= \frac{\alpha \sin 2\omega}{\sin(H - \omega)\sin(H + \omega)};$$

d'où

$$\alpha = \frac{d \sin(H - \omega)\sin(H + \omega)}{\sin 2\omega} = \frac{37,525 \sin 13^\circ 30' \sin 61^\circ 21'}{\sin 47^\circ 42'} = 10'',507;$$

car ce cadran nous donne, sur la planche de Stuart, $d = 37^{p},525$; nous avons $H = 37°\ 30'$ et $\omega = 23°\ 51'$.

$$\text{Ombre d'été} = 10.507 \cot 13°\ 39' = 43^{p},265$$
$$\text{Ombre d'hiver} = 10.507 \cot 61.21 = 5\ ,740$$
$$\text{La différence est en effet} \ldots\ldots\ldots = 37\ ,525$$
$$\text{Ombre équinoxiale} = 10.507 \cot 37.30 = 13\ ,693.$$

Nous avons donc sur la méridienne trois distances au pied du style; ce pied sera donc bien déterminé.

En portant dans les formules générales les différentes valeurs de δ, c'est-à-dire $+\omega$, 0 et $-\omega$, on aura les distances $OS = N$, les ombres $\alpha \tan N$, et les angles que ces ombres font avec l'horizontale du cadran au pied du style.

Cadran du midi, ou ΝΟΤΟΣ.

Heures depuis le lever.		Ligne équinoxiale.				Courbe d'hiver.				Courbe d'été.			
		P	N	Ombr.	Angle.	P	N	Ombr.	Angle.	P	N	Ombre.	Angle.
0h	12h	90°	90° 0' 0"	∞	0° 0'	70° 10' 10"	59° 21' 30"	17p,82	0° 0'	109° 40' 50"	126° 38' 30"	172p,82	0° 0'
1	11	75	80.36. 5	65p,88	12. 0	58.28.30	52.16.20	13 ,81	9.42	91.31.30	109.38.33	29 ,63	13.56
2	10	60	72.16.44	32 ,88	24.37	46.46.48	45.24.20	10 ,71	20.37	73.13.12	99.12.37	65 ,11	27.30
3	9	45	64.30.20	22 ,58	38.26	35. 5. 6	36. 4. 0	8 ,57	33.26	54.54.54	90. 2.36	139 ,46	41.33
4	8	30	58.11. 0	16 ,92	53.57	23.23.24	33.43. 0	7 ,04	49. 9	36.36.36	82.45.10	83 ,02	56.39
5	7	15	53.54. 0	14 ,45	71.20	11. 1.42	30. 0.10	6 ,10	68.14	18.18.18	78. 0.23	49 ,69	78.55
6	6	0	52.30. 0	13 ,69	90. 0	0. 0. 0	28.39. 0	5 ,70	90. 0	0. 0. 0	76.21. 0	43 ,26	90. 0

Pour tracer le cadran d'après ces nombres, tirez (fig. 127) deux lignes AM et QER à angles droits; QER sera l'équinoxiale, AM la méridienne. Prenez $ES = 13,69$ sur la méridienne, S sera le pied du style. Par le point S menez BSC parallèle à l'équinoxiale, BSC sera l'horizontale. Au point S concevez ST relevé perpendiculairement sur le plan de la figure, et que $ST = 10^{p},507$, ST sera le style.

Du centre S et du rayon $SB = SC$, décrivez un cercle occulte sur lequel vous prendrez avec un compas et une ligne des cordes, les angles que l'ombre doit faire avec l'horizontale. De l'extrémité de l'un de ces arcs comme D, menez une ligne occulte DS qui divisera l'équinoxiale et y marquera le point horaire. Marquez ainsi les points 1, 2, 3 .... 12.

Faites une opération pareille pour chaque point de la courbe d'été. Tracez, au moyen de l'angle, une ligne occulte sur laquelle vous prendrez la longueur de l'ombre. Par les points correspondans de l'équinoxiale et de la courbe d'été, menez des lignes droites qui seront les lignes horaires; sur le prolongement de ces lignes, vous prendrez les longueurs des ombres d'hiver, à partir du pied du style, et vous aurez tous les points horaires de la courbe d'hiver, et le cadran sera construit.

Les N font voir qu'au printemps et en hiver l'ombre sera sur le cadran depuis le lever jusqu'au coucher; mais en été, au solstice, depuis 9^h jusjusqu'à 12^h, la distance N surpasse 90°, ce qui prouve que le soleil est derrière le plan. Ces heures serviront pour le cadran opposé ΒΟΡΕΑΣ ou du nord (fig. 129).

En effet, soit CA (fig. 128) le plan du cadran; O le pôle de ce plan; O′ le pôle opposé, et S le lieu du Soleil. Le Soleil sera visible, et jettera son ombre sur la surface antérieure du cadran; cette ombre sera α tang OS; elle fera avec l'horizontale un angle SOAO′.

Si le cadran était diaphane, le pôle O′ verrait le Soleil dans le plan O′SO, qui fait avec l'horizon l'angle SO′AO = SOAO′; l'ombre serait α tang O′S = $-\alpha$ tang OS; les ombres seront égales, et feront des angles égaux; mais la direction étant opposée à cause du signe —, l'ombre du cadran nord fera véritablement l'angle SO′CO = 180° — SOAO′. Ainsi, pour un même instant, les distances OS et O′S sont supplémens l'une de l'autre; les angles à l'horizon sont supplémens l'un de l'autre, et les ombres sont égales; mais l'ombre visible sur un plan est invisible sur l'autre, et réciproquement. Ce qui nous serait inutile sur le cadran du midi, nous servira pour le cadran du nord. Pour construire ce dernier, nous diviserons l'horizontale comme pour le cadran du midi; ou, pour plus de facilité, nous piquerons sur le papier tous les points de l'équinoxiale et de l'arc d'hiver, qui deviendra l'arc d'été du cadran boréal. En effet, les points O′ et O sont éloignés de 180° dans le ciel; si l'un est le zénit d'un point de l'hémisphère boréal, l'autre sera le zénit du point opposé dans l'hémisphère austral; l'été de l'un sera l'hiver de l'autre.

Ce que nous disons des cadrans du midi et du nord, s'applique également à deux cadrans opposés quelconques, comme ceux de l'est et de l'ouest, et, en général, du cadran dont la déclinaison est D, et de son opposé, dont la déclinaison est 180° + D.

A 3^h et 9^h, le Soleil est à 90° 2′ 36″ de l'un des pôles; ainsi, il ne s'en faut que de 2′ ½ que le centre du Soleil ne soit dans le plan du cadran. Les deux cadrans marqueront donc 3^h et 9^h le jour du solstice, car l'un des bords sera levé sur un cadran, et l'autre bord sur l'autre cadran. On marquera donc les 12^h sur le cadran du midi; mais sur le cadran du nord on ne marquera que les heures 0, 1, 2, 3; 9, 10, 11 et 12 (fig. 129).

Les nombres du Tableau précédent s'accordent aussi bien qu'on puisse le desirer avec les longueurs et les angles du cadran notus d'Athènes. Seulement il m'a paru, par un grand nombre de comparaisons, que l'accord serait encore plus grand si l'on faisait la hauteur du style 10.557 au lieu de 10.507; c'est-à-dire si l'on augmentait toutes les ombres équinoxiales de $\frac{0.05}{10.507}$ ou $\frac{1}{201.4}$, environ $\frac{1}{200}$ de chacune, ce qui est presque insensible, et c'est avec ce dernier style que j'ai calculé les courbes d'hiver et d'été; la correction du 200e ne sera sensible que sur la plus grande des ombres, qu'elle augmentera de $0^{m},3$; cette ombre sera donc 66,15 au lieu de $65^{m},85$; la suivante serait 33,03 au lieu de 32,88. Les autres ombres équinoxiales peuvent rester comme elles sont.

On peut remarquer que les lignes horaires convergent vers différens points de la méridienne; que le point de concours est au-dessus du style, et qu'elles concourrent deux à deux sur le prolongement de la méridienne. En effet, les heures horaires correspondantes du matin et du soir sont des obliques égales formant des angles égaux avec l'horizontale, et à égales distances de la méridienne; elles doivent concourir en un point commun, qui sera le sommet d'un triangle isoscèle. Nous avons donné la formule qui sert à trouver ce point de concours T (fig. 124).

Prenez au-dessus du style, sur la méridienne, une ombre a tang H; elle vous fera trouver en K la projection du pôle, ou le centre du cadran moderne. De ce centre menez des droites à toutes les divisions de l'équinoxiale, ce seront les lignes horaires du cadran moderne du midi.

Dans le cadran du nord, le centre est au-dessous de l'horizontale, voilà toute la différence.

Dans le cadran du midi, les ombres de quelques heures sont trop longues pour que le cadran marque en tout temps; elles sortiront des bornes du plan, dont la largeur ne pouvait excéder celle d'un des pans de la tour. Les cadrans est et ouest suppléeront à ce défaut.

Dans le cadran boréal d'Athènes, on n'a marqué que deux lignes du soir et deux lignes du matin; ces lignes même ne sont qu'azimutales; elles partent toutes également du pied du style; mais l'inexactitude n'est pas bien grande. Ce cadran a le même style et le même pied que le cadran du midi (fig. 129).

Après ces deux cadrans, dont la construction ne coûte pas plus que celle d'un seul, et dont il suffit même de décrire la moitié orientale, puisque l'occidentale en est le simple renversement, les plus simples, parmi les autres, sont l'oriental et l'occidental, qui se servent de complément l'un à l'autre, et ne sont que le même cadran vu successivement de deux faces opposées, et comme en transparent.

On voit en effet, dans le tableau préparatoire, que toutes les données sont les mêmes pour le calcul des deux cadrans; et d'ailleurs leurs déclinaisons sont D et 180°+D, c'est-à-dire 90 et 270°; ainsi, il nous suffira de tracer l'un des deux, et de retourner le papier.

Nous avons déjà dit que sur le cadran oriental, l'équinoxiale fait avec l'horizontale un angle égal à la hauteur de l'équateur ou au complément de latitude. Cet angle, dans les cadrans d'Athènes, est en effet de 52° 30′. Ces cadrans sont Apéliotes et Zéphire (fig. 130 et 131).

Les distances des points horaires sur l'équinoxiale sont α cot P. Ainsi, à 3ʰ, à cause de cot P = 1, l'ombre sera égale à la longueur du style α. Soit σ l'ombre, nous aurons $\sigma = \alpha \cot P$ et $\alpha = \sigma \tan P$. Ainsi, chacune des divisions de l'équinoxiale nous donnera une valeur de la hauteur du style.

Heures.	α
1	18,847
2	19,659
3	19,200
4	19,197
5	18,824
Milieu....	19,1454

D'après les longueurs marquées sur la planche de Stuart, j'ai trouvé, par les cinq heures du cadran oriental, les cinq valeurs ci-dessus, dont la moyenne ne diffère pas sensiblement de 19,20, que la troisième heure donne sans aucun calcul. La première et la cinquième donneraient environ 0ᵖᵒ,4 de moins; la seconde donne 0ᵖᵒ,4 de plus; on peut en inférer que les longueurs des ombres sur ces cadrans ne sont pas sûres à 0ᵖᵒ,4 ou 4 lignes $\frac{4}{5}$ près, ou cinq lignes environ. Soit que l'artiste grec n'y ait pas mis plus de précision, soit que l'état actuel du monument n'ait permis de mesurer les distances qu'avec ces petites erreurs. Ce cadran, d'ailleurs, est le seul où le pied du style soit réellement marqué, puisqu'il est l'intersection de l'équinoxiale avec l'horizontale. Ainsi, tout point horaire doit donner un moyen assez sûr de trouver la hauteur du style. Nous la supposerons 19ᵖᵒ, 2.

Les longueurs des ombres, au lever et au coucher, sont α tang amplitude solstitiale $= \alpha$ tang 50° 38′ 50″. Soit d la distance horizontale des arcs d'hiver et d'été, nous aurons $d = 2\alpha$ tang 50° 38′ 50″, et $\alpha = \frac{1}{2} d$ cot 50° 38′ 31″.

$D = 90°$ donne $\cos\phi = 0$, $\sin\phi = 1$, $\psi = H = 37° 30'$, $\chi = 90° = \chi'$; ce qui simplifie le calcul.

Le cadran oriental marquera les heures en tout temps, depuis le lever jusqu'à midi; et le cadran occidental, depuis midi jusqu'au coucher.

Dans la courbe d'hiver, qui est à droite dans le cadran oriental, le sommet de l'hyperbole manque, et les ombres vont toujours en augmentant. Dans la courbe d'été, les ombres vont en diminuant depuis le lever jusqu'au sommet de l'hyperbole, qui est un peu au-dessous de 1h sur une ligne qui fait un angle de 37° 30′ avec l'horizontale. L'ombre la plus courte serait 19,2 tang ω = 8,488. Le sommet de l'autre hyperbole serait sur le prolongement de l'ombre la plus courte, de l'autre côté, et à même distance du pied du style.

Ces deux hyperboles sont égales, mais placées obliquement à l'horizontale (fig. 130 et 131).

Cadrans ΑΠΗΛΙΩΤΗΣ *et* ΖΕΦΥΡΟΣ, *ou oriental et occidental.*

Oriental.	Occidental.	Ligne équinoxiale.				Courbe d'hiver.				Courbe d'été.			
		P	N	Ombr.	Angle.	P	N	Ombre.	Angle.	P	N	Angle.	ou
0h	12h	90°	0°	0,00	52°30′	70°10′ 10″	30°28′ 30″	11,37	0° 0′	109°49′ 50″	11,37	0° 0′	180° 0′
1	11	75	15	5,06	52.30	58.28.30	38.48.30	15,42	12.17	91.31.30	8,34	34. 3	145.57
2	10	60	30	11,35	52.30	46.46.48	48.12.10	21,48	19.39	73.13.12	10,59	79.39	100.21
3	9	45	45	19,20	52.30	35. 5. 6	58.17. 5	31, 7	24.07	54.54.54	17,02	89.56	90. 4
4	8	30	60	33,30	52.30	23.23.24	68.41.30	49,27	26.47	36.36.36	29,50	98.36	81.24
5	7	15	75	70,27	52.30	11.41.42	79.18.57	101,72	28.12	18.18.18	64,09	102.32	77.28
6	6	0	90	∞	52.30	0. 0. 0	90. 0. 0	∞	28.39	0. 0. 0	∞	103.39	76.21

En hiver, les angles des lignes d'ombre sont ouverts à droite et du même côté que l'angle de l'équinoxiale. En été, ils sont à gauche, et tous les points de la courbe sont dans l'angle obtus, supplément de l'angle 52° 30′ de l'équinoxiale. Pour les ouvrir du même côté, il faudrait prendre les supplémens marqués à côté dans la dernière colonne.

Le cadran occidental est le renversement de l'oriental, ou l'oriental vu par derrière et en transparent (fig. 130 et 131).

Nous avons maintenant à calculer le cadran Eurus, dont la déclinaison est 45°. Nous aurons en même temps son opposé Skiron, dont la déclinaison est 225°. Mais ces deux cadrans calculés nous donneront aussitôt le Cæcias et son opposé Lips, dont les déclinaisons sont 135° et 315°. Ainsi, le calcul de trois cadrans différens, mais complets, nous donnera les huit cadrans d'Athènes. En effet, les sinus et cosinus de 45, 135, 225 et 315 étant les mêmes, on sent qu'il doit y avoir des rapports marqués entre ces quatre cadrans.

Dans ces quatre cadrans, les formules n'admettent aucune simplification. L'angle de l'ombre peut, comme dans les autres cadrans, se déterminer de deux manières, soit par la combinaison des formules 5 et 6, qui donnent cet angle en deux parties; soit par la formule 9, qui le donne directement par son sinus. Mais ce sinus ne détermine pas l'espèce de l'angle, qui peut être obtus tout aussi bien qu'aigu, et qui sera successivement $> 90°, = 90°$ et $< 90°$.

Nous indiquons ci-après un moyen très-sûr pour lever le doute, dans les cas assez rares où la marche de ces angles ne suffirait pas pour déterminer l'espèce.

Tang $\psi = \frac{\text{tang}\,\text{H}}{\sin(180° - 45°)} = \frac{\text{tang}\,\text{H}}{\sin 45°} = \text{tang}\, 47°\, 20'\, 20''$. Le complément $90° - \psi = 42°\, 39'\, 40''$ sera l'angle de l'équinoxiale avec l'horizontale. Le cadran d'Athènes donne en effet $42°\, 40'$.

Pour le prouver, on considérera que la soustylaire ou la projection de ϕ étant une droite qui fait un angle ψ avec l'horizontale, et l'équinoxiale étant une droite perpendiculaire à la soustylaire, il suit nécessairement que l'angle de l'équinoxiale sera $(90° - \psi)$.

Dans ce cadran, on n'a guère, pour trouver la hauteur du style, que la distance d entre les deux hyperboles sur l'horizontale. Le cadran d'Athènes donne $d = 93,2$. Ainsi,

$$\begin{aligned} 93''',2 &= \alpha[\text{tang}(45° + \text{amplitude}) - \text{tang}(45° - \text{amplitude})] \\ &= \alpha[\text{tang}(45° + 30.38.30) - \text{tang}(45° - 30.38.30)] \\ &= \alpha(\text{tang}\, 75.38.30 - \text{tang}\, 14.21.30) \\ &= \frac{\alpha \sin 61°\, 17'}{\cos 75.38.30 \cos 14.21.30} = \frac{\alpha \sin 61°\, 17'}{\sin 14.21.30 \cos 14.21.30} \\ &= \frac{\alpha \sin 61°\, 17'}{\frac{1}{2} \sin 28.43.0} = \frac{2\alpha \sin 61°\, 17'}{\cos 61°\, 17'} = 2\alpha\, \text{tang}\, 61°\, 17', \end{aligned}$$

et $$\alpha = \tfrac{1}{2}.93''',2 \cot 61°\, 17' = 46,6\, \text{tang}\, 28°\, 43' = 25,531.$$

Ce style est plus grand qu'aucun des deux précédens.

La plus grande des deux ombres horizontales sera donc

$$25{,}531 \operatorname{tang} 75^\circ 38' 30'' = 99{,}737$$

La plus petite, $25{,}531 \cot 75.38.30 = 6{,}537$

$$\text{Différence} = d = 93{,}200$$

La distance équinoxiale, $25{,}531 \operatorname{tang} 45^\circ = 25{,}531$.

Voilà donc trois longueurs qui, chacune en particulier, nous donneront le pied du style.

Dans les trois saisons, l'ombre, au lever, sera couchée sur l'horizontale du même côté. Les trois angles seront également 0° 0′ 0″.

Calculons ce cadran par nos formules générales, nous formerons le tableau suivant (fig. 152 et 153).

Cadran ΕΥΡΟΣ, *sud-est, et son opposé* ΣΚΙΡΩΝ, *nord-ouest.*

Heures.	Ligne équinoxiale.				Courbe d'hiver.				Courbe d'été.			
	P	N	Ombre.	Angle.	P	N	Ombre.	Angle.	P	N	Ombre.	Angle.
0	90°	45° 0′ 0″	25p,53	0° 0′	70°10′ 10″	14°21′ 30″	6p,54	0° 0′	109°49′ 50″	75°38′ 30″	99p,74	0° 0′
1	75	37.23.30	19,51	19.46	58.28.30	10.34. 5	4,76	48.21	91.31.30	68.50.36	50,93	14.24
2	60	34. 8.30	17,31	45.38	46.46.48	14.33.40	6,64	93.44	73.13.10	59.35.50	43,51	31.53
3	45	36.36.30	18,85	70.46	35. 5. 6	22.57.30	10,86	117. 1	54.54.54	58. 4.43	40,98	51.23
4	30	43.24.50	24,15	91.36	23.23.24	32.19.46	16,16	128.17	36.36.36	61.40.35	47,37	70.18
5	15	53.12.43	34,14	106.54	11.41.42	41.58.10	22,97	136. 1	18.18.18	69.29.53	68,28	86.33
6	0	64.30. 5	53,53	118.29	0. 0. 0	51.38.38	32,26	142.18	0. 0. 0	80.23.34	150,84	99.44
7	−15	76.32.24	106,67	128. 0	11.41.42	61.12.56	46,41	148. 1	18.18.18	93.14.33	451,65	110.32
8	30	88.53.54	1327,70	136.35	23.23.24	70.38.38	72,78	153.34	36.36.36	107.14.50	−82,24	119.49
9	45	101.18.50	−138,00	145. 6	35. 5. 6	79.47.25	141,76	158.49	54.54.54	121.59.25	−40,88	128.33
10	−60	113.24.10	−58,98	154.23	46.46.48	88.33.38	1016,04	165.29	73.13.12	137. 5.20	−23,73	138. 0
11	−75	124.52. 0	−36,63	165.30	58.28.30	96.48.40	−213,70	172. 9	91.31.30	152.10.30	−13,47	151. 0
12	−90	135. 0. 0	−25,53	180. 0	70.10.10	104.21.48	−99,74	180. 0	109.49.50	165.38.25	−6,54	180. 0

Nous avons suivi exactement les formules. L'ombre équinoxiale la plus courte est $a \cot \varphi = 17{,}30$; la plus courte de notre Tableau est 17,51 ; l'ombre la plus courte a lieu vers 2 heures. L'angle de l'ombre sera droit quand on aura $\cot P = \frac{\operatorname{tang}(90^\circ - D)}{\sin H}$, ou $P = 31^\circ 20'$, c'est-à-dire un peu avant 4 heures.

En effet, soit $OP = \varphi$ (fig. 154), $OM = (\varphi - 90^\circ)$, $a \operatorname{tang} OM = a \operatorname{tang}(\varphi - 90^\circ) =$ ombre la plus courte, $OPZ = 180^\circ - \chi = 58^\circ 40' 7''$; donc un peu après 2 heures.

Le triangle SOQ, rectangle en O, donne

$$\text{tang}\,QS = \cot P = \frac{\text{tang}\,QO}{\cos OQS} = \frac{\text{tang}(90^\circ - D)}{\sin H} = 51^\circ\,20';$$

ainsi l'angle sera obtus quand l'angle horaire sera $< 51^\circ\,20'$.

A 8 heures le Soleil est bien près de se coucher pour le plan sud-ouest; les heures équinoxiales suivantes appartiennent au cadran nord-ouest ou Skiron (fig. 137).

En hiver, l'angle sera droit quand le Soleil sera en S', et l'azimut $PZS' = PZO = 135^\circ = (180^\circ - D)$.

$$\begin{array}{rl}
\sin H \ldots\ldots & 9.78445 \\
\text{tang}\,D = 45^\circ \ldots\ldots & 0 \\ \hline
\cot \nu' = 58^\circ\,40' \ldots\ldots & 9.78445 \\
\cos \nu' \ldots\ldots & 9.71602 \\
\cot H \ldots\ldots & 0.11502 \\
\text{tang}\,\omega \ldots - & 9.64552 \\ \hline
\cos \nu'' = 107^\circ\,26' \ldots - & 9.47656
\end{array}$$

$$\begin{array}{rl}
\nu' = & 58.40 \\ \hline
P = & 48.46 \\
\nu' = & 58.40 \\
\nu'' = & 72.34 \\ \hline
 & 13.54.
\end{array}$$

$$\begin{array}{rl}
\cot \nu' = \sin H\,\text{tang}\,D = & 58^\circ\,40' \\
\cos \nu'' = \cos \nu' \cot H\,\text{tang}\,\delta = & 107.26 \\ \hline
P = \nu'' - \nu' = & 48.48.
\end{array}$$

Ainsi en hiver l'angle est droit quand l'angle horaire $= 48^\circ\,48'$, par conséquent avant 2 heures; il est donc obtus à 2 heures.

A 10 heures d'hiver, le Soleil est près de se coucher pour le plan; il est couché à 11 heures; les deux dernières lignes d'hiver sont pour le cadran Skiron.

En été,
$$\begin{array}{rl}
\cot \nu' = \sin H\,\text{tang}\,D = & 58^\circ\,40' \\
\cos \nu'' = \cos \nu' \cot H\,\text{tang}\,\delta = & 72.34 \\ \hline
P = \nu'' - \nu' = & 13.54.
\end{array}$$

L'angle sera droit après midi, ou entre 5 et 6 heures; il sera obtus à midi.

Ainsi, un seul calcul donne les trois angles horaires qui font l'angle de l'ombre $= 90°$; à l'équinoxe tang $\delta = 0$, le second vertical $\nu'' = 90°$, puisque son cosinus $= 0$.

Il suffit donc du premier angle vertical ν', qui est l'angle horaire lui-même. En hiver, le second angle vertical est obtus, à cause de $\delta = -\omega$; en été il est aigu.

A 7^h, l'arc $N > 90°$; le soleil est derrière le plan; les six dernières heures appartiennent au cadran Skiron.

Nous pouvons, à l'aide de ce tableau, construire le cadran.

On voit qu'il marquera les six premières toute l'année.

Il marquerait 7^h en hiver, et même au printemps, mais non tout l'été.

Il marquerait 8^h en hiver; mais au printemps, il faudrait que le plan fût considérablement plus grand.

Il marquerait 9^h et même 10^h une partie de l'hiver, si le plan était beaucoup plus grand.

Il n'offre de commode et de vraiment utile, que les six heures du matin. C'est à cela qu'on s'est borné à Athènes, et l'on a eu grande raison; si le cadran eût été isolé, on aurait pu y joindre la ligne de 7^h, qui aurait servi une partie de l'année.

Pour les heures qui appartiennent à Skiron, il faut, dans notre tableau, changer les angles obtus en leurs supplémens, et conserver les ombres. On aura sur l'équinoxiale les points de 9, 10, 11 et 12^h; sur l'arc d'hiver, on n'aura que 11 et 12^h; sur l'arc d'été, 8, 9, 10, 11 et 12^h. *Voyez* la figure du supplément d'Eurus ou Skiron (fig. 132 et 137).

Le pied du style, dans ces deux cadrans, est hors du cadran. Dans le premier, l'ombre marche de gauche à droite de l'observateur; dans le second, elle marche de droite à gauche; ce qui est suffisamment indiqué par les angles modifiés, comme nous avons dit.

Maintenant, pour avoir Lips et Cæcias, il suffit de retourner la feuille d'Eurus et celle de Skiron, les regarder au jour, en transparent, ou en tracer la contre-épreuve (fig. 135 et 136).

Pour le démontrer par le fait, nous allons supposer $D = 135°$ dans les formules, et elles nous donneront le tableau suivant.

Cos D changera de signe sans changer de valeur numérique; φ, qui était $124° 7' 28''$, deviendra $55° 52' 32''$.

Tang D changera de signe; χ deviendra aigu et $58° 40' 10''$.

Sin D conservera le même signe, et ψ sera toujours $47° 20' 20''$; l'angle de l'équinoxiale sera de même $90° - \psi = 42° 39' 40''$.

Nous n'avons, pour déterminer le style, que la distance des tropiques, qui est ici de 24.15, au lieu de 93.2; le style sera donc plus petit que celui d'Eurus, dans la proportion $\frac{24.15}{\cos 3.20} = 0.251912$, c'est-à-dire un peu plus que le quart. Ainsi, au lieu de 25,531, nous aurons $\alpha = 6{,}6156$; le quart eût été 6,38275.

On pourrait soupçonner que l'auteur des cadrans aura voulu prendre le quart juste, pour faire servir à la description de ce dernier cadran ce qu'il avait de calculs et d'opérations graphiques pour Eurus. Quoi qu'il en soit de cette conjoncture, difficile à vérifier vu le petit nombre et l'obliquité des lignes du cadran Cæcias, nous adopterons la valeur $\alpha = 6{,}6156$. La petitesse de l'échelle rendra le cadran plus facile à construire quand les ombres seront longues, et plus difficile quand elles seront petites.

Cadran Cœcias, *nord-est, et son opposé* Lips, *sud-ouest.*

Heures.	Ligne équinoxiale.				Courbe d'hiver.				Courbe d'été.			
	P	N	Ombre.	Angle.	P	N	Ombre.	Angle.	P	N	Ombre.	Angle.
0	90°	45° 0' 0"	6°,62	180° 0'	70°10' 10"	75°38' 42"	26°,21	180° 0"	109°49' 50"	14°21' 7"	1°,69	180° 00
1	75	55. 8.23	9,50	165.30	58.28.30	83.11.32	55,40	172. 5	91.31.30	27.53.36	[illegible],50	150.59
2	60	66.35. 2	15,29	154.23	46.46.48	91.26.35	—262,51	165.29	73.13.12	42.54.40	6,15	138.37
3	45	78.43.38	33,16	145. 6	35. 5. 6	100.11.45	—38,72	159.19	54.54.54	58. 0.30	10,59	128.13
4	30	91. 0. 1	—344,40	136.36	23.23.24	109.21.58	—18,83	153.55	36.36.36	72.45. 0	21,30	119.49
5	15	103.27.36	—27,64	128. 0	11.41.42	118.46.15	—12,04	148. 1	18.18.18	86.46.33	117,47	110.31
6	0	115.29.43	—13,87	118.29	0. 0. 0	128.21.25	—8,36	140.29	0. 0. 0	99.25.50	—39,14	99.44
7	—15	126.40. 0	—8,85	106.54	11.41.42	138. 1.50	—5,95	136. 1	18.18.18	110.29.15	—17,71	86.35
8	30	136.34.50	—6,26	91.36	22.23.24	147.40.13	—4,19	128.17	36.36.36	118.20. 0	—12,27	70.17
9	45	143.32.56	—4,80	70.47	35. 5. 6	157. 2.50	—2,86	116.59	54.54.54	121.54.40	—10,65	51.19
10	—60	145.51.40	—4,16	44.58	46.46.48	165.24.30	—1,72	95.44	73.13.12	120.33.45	—11,28	31.53
11	75	143.36.10	—5,6	19.46	58.28.30	169.35.50	—1,21	47.37	91.31.30	114. 8.57	—14,76	14.24
12	90	135. 0. 0	—6,62	0. 0	70.10.10	165.38.50	—1,69	0. 0	109.49.50	104.21.18	—25,85	0. 0

En comparant ce tableau à celui d'Eurus et Skiron, on remarque d'abord que les angles de l'ombre sont les mêmes dans un ordre renversé, ce qui montre que les ombres, au lieu de se diriger de droite à gauche, commencent par se diriger de gauche à droite.

Que les N sont de même les supplémens, et dans un ordre renversé.

Les ombres seraient les mêmes, si la hauteur du style n'était changée.

Nos quatre cadrans existaient donc dans le tableau d'Eurus et Skiron, et ils existent de même dans celui de Cæcias et Lips. Cæcias est moins important que son supplément Lips.

Pour Cæcias, nous n'aurons que deux lignes en hiver, quatre au printemps, et cinq en été. Pour la cinquième, ou la ligne de 4 heures, nous n'aurons qu'un point; il y a plusieurs moyens de s'en procurer d'autres.

Ce cadran est, comme on voit, fort oblique et fort borné; il est impossible d'y conserver toute leur longueur aux lignes horaires. Au reste, il s'accorde assez bien avec celui d'Athènes, et avec celui que nous avons tiré du tableau d'Eurus; mais celui d'Eurus supposait un style plus grand.

Maintenant, le supplément de Cæcias va nous donner Lips, mais dans des dimensions assez petites et proportionnelles au style, ce qui en rend la description difficile. En quadruplant les dimensions, on aurait Lips tel, à fort peu près, qu'il nous a été donné par le tableau d'Eurus.

On peut tracer sur une seule figure le cadran Eurus avec son complément Cæcias, avec les angles des 12 heures, en observant de donner aux ombres le signe — quand elles sont à côté d'un arc N plus grand que 90°. Tout ce qui sera au-dessous de l'horizontale appartiendra au cadran Eurus; le reste formera Cæcias; il suffira de retourner le papier de haut en bas. Les heures du premier seront 0, 1, 2, 3, 4, etc., en partant du lever; les heures du second, 0, 1, 2, 3, etc., en partant du coucher, en rétrogradant.

Eurus, vu en transparent, donnera Lips; mais les heures seront 12, 11, 10, 9, etc., en rétrogradant depuis le coucher. Le complément, vu de même en transparent, donnera Skiron, dont les heures seront 12, 11, 10, 9, etc.

Un avantage marqué de cette construction des quatre cadrans d'après un seul tableau, c'est qu'on a toujours deux points de chaque ligne. Ainsi, la huitième heure équinoxiale d'Eurus ne pouvait se marquer, à cause de la longueur 1327,70 de l'ombre; mais le point d'hiver est déterminé; le point d'été l'est également par son angle 119° 49′ et son ombre — 82° 24′; la ligne qui passe par les deux points est la ligne cherchée, dont on ne décrira que les deux parties extérieures à l'arc hyperbolique.

La ligne 10ʰ ne peut se marquer sur la courbe d'hiver; mais on a deux points déterminés par les ombres — 58° 98′ et — 13° 73′ de printemps et d'été.

La ligne 7ʰ ne peut se marquer sur l'hyperbole d'été; mais on a deux points, l'un de printemps et l'autre d'été. Ainsi, les quatre cadrans sont complets, sans recourir aux intersections avec l'horizontale, qui deviendraient nécessaires pour un cadran isolé.

CHAPITRE XVII.

Cadrans de Phædre à Athènes.

C'est à M. Visconti que je dois la connaissance et les dessins de ces cadrans. Ils sont au nombre de quatre, et sont tracés sur un même bloc de marbre pentélique. On lit au bas l'inscription suivante : *Φαιδρος ζωιλου παιανιευς εποιει.* A la forme des caractères, M. Visconti estime que ce monument peut être du second ou troisième siècle de l'ère vulgaire.

ACFGHEDMNA (fig. 139) représente la surface supérieure du marbre. La partie antérieure, désignée par les droites CE, EF, FG, GH a été taillée de manière à recevoir quatre cadrans, deux pour les heures du matin, et les deux autres pour les heures du soir; mais pour ne pas trop affaiblir le marbre vers le milieu F, on a laissé en arrière une épaisseur semi-circulaire DMN de 3^{po} 5^{lig} environ de rayon. L'épaisseur AC = BH = 3^{po} environ.

Les parties *feg*, *pqr*, *mno*, ont été creusées pour recevoir les styles ou leurs supports. Le même style était commun aux deux cadrans intérieurs; il devait être perpendiculaire à la méridienne, qui était marquée à la commune intersection des deux plans. Il s'ensuit que ce style était oblique aux deux cadrans, et que le style particulier à chacun des deux était la perpendiculaire abaissée du sommet du style oblique.

Le style du cadran extérieur CE ne pouvait être dans la direction RS de l'excavation pratiquée pour le recevoir; car alors le style droit eût été la perpendiculaire SV, et le pied V eût tombé hors du plan. Il fallait qu'il fût replié en équerre comme *f*XT; alors le style droit était CT. C'est ce dernier qui doit servir au calcul du cadran; et nous verrons qu'il n'était pas même CT, mais une parallèle C'T', dont le pied tombait en C' à 4^{po} environ de C ou du bord du plan. Il faut en dire autant du style du cadran HG.

Les quatre faces des cadrans sont représentées par les quatre plans qui sont dans le prolongement de la figure; c'est-à-dire le cadran CE par le plan C''*f*'', FE par F*f*'', FG par F'*g*', HG par H'*g*'. On voit que la méridienne *no* n'a que 15^{po} de hauteur; *n*F' est de 1^{po} 6^{lig}. Ainsi, au-dessous de F' il reste un espace F'*n* de 1^{po} 6^{lig}.

La hauteur totale est de 18^{po} = *onh*.

La ligne CH est de 36^{po}; elle est divisée également au point F et CF = FH = 18^{po}.

Les cadrans extérieurs CE et HG ont chacun 12^{po} 6^{lig} de largeur.

Les cadrans intérieurs FE = FG ont chacun 14^{po}.

En supposant ces dimensions exactes, les deux triangles CFE, HFG sont parfaitement égaux et semblables.

Les angles en E et en G sont de	85° 22′ 14″
Les angles en C et en H sont de	50.49.36
Les angles intérieurs en F sont de	43.48.10
	180. 0. 0.

Il est assez singulier qu'on n'ait pas fait les deux triangles isoscèles et rectangles, à moins qu'il n'y eût dans l'intérieur du marbre un défaut qui ait forcé de s'arrêter en F, et d'augmenter par là l'angle GFE aux dépens des angles adjacens; mais rien n'empêchait de conserver aux angles C et H leur valeur de 45°. Cette disposition peu naturelle a de beaucoup augmenté le travail des cadrans. Peut-être aussi l'artiste a-t-il recherché tout exprès cette variété; ou bien, enfin, que le marbre avait été ainsi taillé pour d'autres usages difficiles à imaginer.

L'idée qui se présente naturellement, c'est que la ligne CH, ou la longueur du bloc, était exactement placée dans le premier vertical; il en résultera que l'angle GFE sera partagé en deux également par le plan du méridien; que les cadrans FG et FE, qui ont la même méridienne, auront aussi la même déclinaison; qu'ils seront parfaitement égaux; qu'ils pourront se superposer, et qu'ils seront la contre-épreuve l'un de l'autre.

Les cadrans CE et HG seront égaux; ils pourront de même se superposer. Ainsi, on n'aura véritablement que deux cadrans à calculer.

La déclinaison du plan FE sera de	46° 11′ 50″	à droite de la méridienne.
son azim., compté du point nord,	133.48.10	
l'azimut de son style droit....	223.48.10	
La déclin. du cadran FG sera aussi de	46.11.50,	mais à gauche de la mérid.
son azimut sera...............	226.11.50	
et l'azimut de son style........	136.11.50	
La somme de ces azimuts est de..	360. 0	
leur différence, de...........	87.36.20	
La déclin. du plan CE = 90° − C =	39.10.24	du midi vers l'ouest;
son azimut, compté du nord....	219.10.24	
et l'azimut de son style........	129.10.24	

La déclin. du plan GH de $90^\circ - H =$ $39^\circ\ 10'\ 24''$ du sud à l'est;
son azimut.................... 140.49.36
et l'azimut de son style...... 230.49.36
Les sommes sont encore de.... 360
et les différences............ 101.39.12.

L'angle GFE des deux plans intérieurs $= 180^\circ - 2F = 92^\circ\ 23'\ 40''$. Cet angle ne dépend nullement des azimuts que nous venons de déterminer hypothétiquement; il résulte des dimensions primitives.

La ligne méridienne, qui a son sommet en F, est en effet coupée aux mêmes points par les deux arcs d'hiver et par les deux équinoxiales; mais les deux arcs d'été n'arrivent pas jusqu'à la méridienne. Ainsi, dans ces deux cadrans, ce n'était pas l'extrémité du style qui marquait midi toute l'année, l'ombre eût été trop longue, et serait sortie du plan vers le solstice; mais le style étant tout entier dans le plan du méridien, devenait une espèce d'axe, et montrait le midi par son ombre toute entière. C'est comme si le style s'était raccourci à mesure que l'ombre augmentait.

Ces cadrans n'ont point de ligne horizontale, ou de ligne de lever, ou de ligne 0^h. Les arêtes supérieures CE, FE, FG, HG pouvaient servir d'horizontales; mais comme ni les hyperboles, ni l'équinoxiale ne sont prolongées jusqu'au haut dans aucun de ces cadrans, ces horizontales ne peuvent nous servir à trouver ni la longueur, ni le pied du style droit, ni la déclinaison enfin, s'il y en a une.

Pour le style commun des deux plans intérieurs, nous avons du moins l'intervalle entre l'équinoxiale et l'hyperbole d'hiver sur la méridienne. Cet intervalle est de $52^{lig},70$, et le style oblique sera

$$= \frac{52^{lig},70 \cos 52^\circ\ 30' \cos 28^\circ\ 29'}{\sin 23^\circ\ 51'} = 69,629,$$

en supposant, comme pour la Tour des Vents, $H = 37^\circ\ 30'$, et $\omega = 23^\circ\ 51'$. L'ombre à l'équinoxe sera $90^{lig},74$
L'ombre d'hiver......... 38 ,04
L'intervalle.............. 52 ,70.

L'ombre d'été serait $286^{lig},72 = 23^{po}\ 10^{lig},72$, tandis que la hauteur n'est que de 216 lignes; l'ombre 216 répond à une déclinaison de $17^\circ\ 52'$, qui avait lieu 40 jours avant et après le solstice. La partie utile du style oblique diminuait de jour en jour jusqu'au solstice, où elle se réduisait à 52,46.

Le style 69^{lig},629 est droit sur la méridienne, mais oblique sur les cadrans; le style droit sera 69^{lig},629 sin $46^{\circ}\,11'\,50'' = 50^{lig}$,253; le pied de ce style sera à une distance de la méridienne de 48^{lig},196, mesurée sur l'horizontale. Tout cela suppose que la déclinaison de CH soit nulle; mais ces valeurs seront au moins approchées.

Il ne faut pas oublier que nous ne sommes pas sûrs à un demi-degré près, de la latitude que Phædre a pu supposer dans la construction de ses cadrans; que nous ne sommes pas certains de l'obliquité qu'il a adoptée; que sur ces cadrans, on ne peut mesurer aucune distance à une ligne près. On peut douter encore que les deux arcs hyperboliques aient été décrits avec une extrême précision; et l'équinoxiale même, quoique plus facile à tracer, n'est peut-être pas exempte de défauts. Enfin, on se rappellera que les Grecs n'avaient, pour décrire les cadrans, que l'analemme et des constructions graphiques, qui ne peuvent jamais donner la même précision que le calcul. On ne peut donc, avec les données que nous avons, se flatter de retrouver exactement toutes les dimensions des cadrans de Phædre.

Pour ne rien négliger, j'avais voulu me servir, pour trouver la déclinaison, ou en général l'azimut des styles, de l'angle que l'équinoxiale fait avec la méridienne. Nous avons vu que cet angle se trouve par la formule suivante :

tang angl. $=$ cot H sin Z', d'où sin Z' $=$ tang H . tang angl. de l'équin. à la mérid.

Mais cet angle est fort difficile à mesurer exactement; les valeurs qu'il m'a données pour la différence d'azimut entre deux cadrans voisins, ne s'accordent nullement avec la différence de ces azimuts, telle que nous l'avons déterminée ci-dessus, d'après les dimensions du marbre, et j'en suis revenu à supposer la déclinaison nulle. Les calculs faits dans cette hypothèse s'accordent en général avec le style trouvé, autant qu'on peut l'espérer; mais pour vérifier encore ce résultat, j'ai cherché à vérifier isolément chaque ligne et chaque partie du cadran, les lignes horaires et leurs parties, l'équinoxiale et ses divisions, enfin les cordes des arcs hyperboliques. Pour y parvenir plus aisément, j'ai renoncé aux formules données ci-dessus.

Soit ZL le plan du cadran (fig. 140), O son pôle, VO l'azimut de ce pôle, et $VO = Z'$; soit S le Soleil et $PZS = Z =$ azimut du Soleil; $OT = OV - VT = (Z' - Z)$; calculez l'angle Z par la formule

$$\cot Z = \frac{\tan g\, \delta \cos H}{\sin P} - \sin H \cot P\,;$$

la hauteur ST par la formule

$$\sin ST = \sin h = \cos P \cos H \cos \delta + \sin H \sin \delta, \text{ ou } \cos h = \frac{\cos \delta \sin P}{\sin Z};$$

OS est la distance du Soleil au zénit du plan, et l'ombre $= \alpha$ tang OS.

Cette ombre fera sur le plan, avec la ligne horizontale, un angle égal à SOT.

De l'extrémité de cette ombre, abaissez sur l'horizontale une droite y, vous aurez

$$y = \alpha \tang OS . \sin SOT = \frac{\alpha \sin OS \sin SOT}{\cos OS} = \frac{\alpha \sin ST}{\cos OT \cos ST} = \frac{\alpha \tang ST}{\cos OT}$$
$$= \frac{\alpha \tang h}{\cos(Z' - Z)};$$

la distance de cette perpendiculaire au pied du style sur l'horizontale, sera

$$x = \alpha \tang OS \cos SOT = \alpha \tang OT = \alpha \tang (Z' - Z),$$

enfin

$$\tang SOT = \frac{y}{x} = \frac{\alpha \tang h}{\cos(Z' - Z) \alpha \tang (Z' - Z)} = \frac{\tang h}{\sin(Z' - Z)} = \frac{\tang ST}{\sin OT}.$$

Ces formules serviront également pour les cadrans des heures équinoxiales ou modernes, et pour les cadrans des heures antiques ou temporaires; elles ont un grand avantage, c'est que si l'on a calculé d'avance pour chaque heure l'azimut Z et la hauteur h du Soleil, il ne reste que deux formules bien simples pour avoir tous les x et les y d'un cadran quelconque, quand on a l'azimut Z' du style droit. On est ainsi dispensé des trois constantes du plan et du calcul de l'angle Π; mais dans le cas où l'ombre est trop longue, et qu'on veut au moins en marquer la direction, on peut trouver SOT $= (O + \Pi)$ par la formule ci-dessus.

Maintenant, pour vérifier une ligne quelconque du cadran, soient x et x' les abscisses de ses deux extrémités, y et y' les ordonnées;

$$\frac{y - y'}{x - x'} = \tang \varphi = \frac{\sin \varphi}{\cos \varphi}, \qquad (y - y') \cos \varphi = (x - x') \sin \varphi;$$

$\frac{y - y'}{\sin \varphi} = \frac{x - x'}{\cos \varphi} =$ longueur de la ligne droite ou de la corde qu'on veut vérifier; avec $(y - y')$ et $(x - x')$ on aura donc tang φ, après quoi on aura deux formules pour la longueur cherchée.

C'est ainsi que j'ai vérifié toutes les parties des quatre cadrans de Phædre; et j'ai trouvé partout, sinon toute la conformité que j'aurais desirée, toute celle au moins que je pouvais espérer.

Ces cadrans, par eux-mêmes, ne nous apprennent rien de nouveau; nous savions déjà, par la Tour des Vents et l'Analemme de Ptolémée, que les Grecs avaient des méthodes géométriques pour les cadrans verticaux, même déclinans. Ce qu'il y avait de curieux, c'est que l'horizontale manquant sur tous ces cadrans, et la méridienne sur les deux cadrans extérieurs, nous n'avions aucun moyen de vérifier ni les x ni les y dont les axes nous manquaient; nous ne pouvions donc vérifier que les distances réciproques des divers points. Pour cela, calculez x et y, en supposant le style $=1$ et la déclinaison nulle; vous aurez φ, qui est indépendant du style. Les x et les y y seront exprimés en parties du rayon; pour les avoir en parties du style, il faudrait les multiplier par α, qui est inconnu. Mais soit L la longueur de la ligne;

$$L=\frac{\alpha(x-x')}{\cos\varphi}=\frac{\alpha(y-y')}{\sin\varphi}, \quad \text{et} \quad \alpha=\frac{L\cos\varphi}{(x-x')}=\frac{L\sin\varphi}{(y-y')}.$$

Par ces moyens, j'ai trouvé pour le cadran CE du levant $\alpha=50{,}05$, au lieu de 50,265 que nous avons pour les deux cadrans intérieurs.

Pour le cadran HG, j'ai trouvé $51^{lig},0$; mais ce résultat est un peu moins sûr; l'accord est moins grand; et nous pouvons supposer que les quatre styles droits sont égaux et $50^{lig},265$ chacun.

Ces styles droits pouvaient être accompagnés d'un style oblique qui aurait servi à marquer midi en tout temps, malgré le peu de hauteur du plan.

Ainsi CT′ étant le style oblique,

$$C'C=C'T'\,\text{tang}\,T'=C'T'\,\text{tang}(180°-Z')=C'T'\,\text{tang}\,Z'$$

aurait été la distance à la méridienne, et $\frac{C'T'}{\cos Z'}=CT'$.

L'ombre de CT′ aurait été sur le plan une grande partie de l'année; mais en tout temps, une partie plus ou moins longue de CT′ aurait couvert de son ombre la ligne de 6^h, c'est-à-dire de midi, qui est toujours verticale dans les cadrans verticaux. Au reste, cette ligne était inutile dans les cadrans extérieurs, puisque la méridienne des cadrans intérieurs marquait en tout temps.

Le style droit a, pour l'horizontale, les mêmes avantages à l'instant du lever ou du coucher ; l'ombre de C'T' couvre l'horizontale, quelle que soit la largeur du plan. Ainsi, il suffit que C'T' ne soit pas à l'une des extrémités, pour que son ombre marque le lever et le coucher. On a donc pu se dispenser de diviser l'horizontale ; il suffisait qu'on traçât les lignes de 1^h et de 11^h. Il est vrai qu'entre 0^h et 1^h, entre 11^h et 12^h, sur un plan trop étroit, on aurait mal jugé la fraction d'heure ; mais cette fraction était rarement utile ; et les Grecs, qui, même en Astronomie, ne divisaient les heures qu'en quarts, s'embarrassaient fort peu des sous-divisions plus petites.

Après ces exemples, qui ne laissent rien à desirer pour les cadrans vraiment utiles, puisque le cadran horizontal est de même forme que le cadran vertical, et qu'il n'y a rien à changer, sinon la hauteur du pôle, nous devons parler des cadrans moins usités ou tout-à-fait tombés en désuétude. Les anciens ne nous ont rien transmis sur les cadrans inclinés ; on n'en fait guère aujourd'hui de ce genre, et la construction peut s'en ramener à celle des cadrans verticaux ou horizontaux.

On a souvent parlé de l'hémicycle ou plutôt de l'hémisphère de Bérose. Ce cadran est le plus simple et le plus naturel de tous ; il doit avoir précédé tous les autres. Il a été le plus répandu ; mais il ne pouvait jamais être que de très-petite dimension, et n'était susceptible que d'une exactitude très-médiocre. Il ne pouvait guère être exposé à la vue du public ; c'était un cadran que les curieux plaçaient dans leurs maisons de campagne ou dans leurs cabinets. Ce qui le distingue, c'est qu'il ne suppose aucune théorie mathématique ; pour l'imaginer et le décrire, il a suffi d'avoir une idée nette du mouvement sphérique du ciel.

En effet, supposez un hémisphère concave placé bien horizontalement dans un lieu découvert, et la partie concave tournée vers le zénit. Imaginez qu'un globule y soit suspendu d'une manière quelconque au centre même de l'hémisphère. Dès que le centre du Soleil se montrera à l'horizon, l'ombre du globule entrera dans la concavité de l'hémisphère, et y tracera, dans une situation renversée, le parallèle diurne du Soleil. Marquez la route de l'ombre aux jours solstitiaux et équinoxiaux, et dans les intervalles, autant d'autres parallèles que vous jugerez à propos ; mais dans la réalité, il suffirait des deux tropiques. Divisez ensuite chacune de ces routes en douze parties égales ; par tous les points correspondans de ces divisions tracez des courbes qui seront sensiblement de grands cercles, qui deux à deux iront se couper en des points du méridien plus ou moins éloignés. Votre cadran sera tracé, et il marquera les heures temporaires.

On a demandé ce qui pouvait avoir engagé les anciens à préférer ces heures inégales, qui varient sans cesse de durée, et qui presque jamais ne sont les mêmes pour le jour et pour la nuit suivante. On peut répondre que c'est le défaut absolu de machine propre à diviser le temps d'une manière toujours uniforme, joint à une ignorance totale des règles de la Gnomonique et de la Trigonométrie. La différence des heures équinoxiales aux heures temporaires a pu être ignorée d'abord, et long-temps négligée par des peuples qui habitaient des climats où la hauteur du pôle est peu considérable, et qui d'ailleurs n'observaient que des levers et des couchers, ou tout au plus les passages au méridien, qui, en toute saison, partagent le jour en deux moitiés sensiblement égales. On aura subdivisé ces moitiés en deux quarts, comme on aura pu; chacun de ces quarts aura, par la suite, été divisé en trois douzièmes, par estime et d'une manière inexacte, mais dont on se sera contenté faute de mieux. Un chaldéen plus ingénieux, Bérose, si l'on veut, eut l'idée de chercher une mesure moins arbitraire, en suivant la marche de l'ombre dans un hémisphère concave. Il aura multiplié ces observations dans les saisons opposées. Cette idée, née de celle du mouvement sphérique des astres, aura servi à confirmer cette sphéricité. C'est ainsi que, sans beaucoup de peine ou de science, Bérose aura procuré à ses compatriotes une mesure qu'ils auront adoptée d'autant plus volontiers, qu'elle s'accordait mieux avec leur manière de compter les divisions du jour, en prenant pour termes les deux phénomènes les plus frappans du cours du Soleil, c'est-à-dire le lever et le coucher.

Ce n'est pas qu'il fût bien difficile de passer des heures temporaires aux heures égales; ces dernières étaient marquées par les parties égales de l'équateur. Il suffisait de faire passer par ces points de division, des demi-cercles qui se seraient entrecoupés aux pôles du monde. On aurait vu tout aussitôt que les parallèles se trouvaient eux-mêmes divisés en arcs de 15° chacun; on eût continué ces divisions en 15° sur le tropique d'été, depuis le cercle de 6h jusqu'aux points du lever et du coucher. On aurait eu, par là même, l'excès du plus long jour sur le jour équinoxial, et l'excès de celui-ci sur le jour le plus court; on aurait eu une idée plus exacte de la longueur du jour et de la nuit dans toutes les saisons. Mais on s'en avisa trop tard; l'autre méthode était généralement en usage; et l'on sait avec quelle opiniâtreté le peuple, et parfois aussi les personnes instruites, tiennent à leurs anciennes habitudes. Celle-ci subsista donc long-temps encore après Hipparque et Ptolémée; nous la retrouvons vers l'an 900 chez les Arabes, qui la suivaient dans la construction de leurs cadrans, ainsi qu'on le voit par l'ouvrage d'Albategnius ; elle n'a totalement disparu que depuis l'invention des horloges.

Il est au moins douteux que les Chaldéens aient jamais eu la théorie mathématique de leur cadran, quoique cette théorie soit de la plus grande simplicité. Ces cadrans, les premiers inventés à raison de cette facilité même, sont aussi ceux qui étaient les mieux connus. On en a retrouvé quatre. L'un en 1746, à Tivoli. On a cru même qu'il a pu appartenir à Cicéron, qui, dans une de ses lettres, annonce qu'il en envoie un de cette espèce à sa maison de Tusculum. Le P. Zuzzeri, jésuite, en a fait la matière d'une dissertation publiée à Venise. Le second et le troisième furent trouvés en 1751, l'un à Castel-Nuovo, l'autre à Rignano. Un quatrième fut trouvé en 1762, à Pompéia. Il diffère des précédens, en ce que les tropiques n'y sont point marqués expressément ; on n'y voit que l'équateur. G. H. Martini, auteur d'une dissertation allemande sur les cadrans des anciens, en conclut que ce quatrième doit être plus ancien que les trois autres, et qu'il est probablement le cadran primitif, tel que Bérose l'a conçu. Je serais bien plus tenté d'en tirer une conséquence toute contraire. Sans les tropiques, la construction du cadran devient bien plus difficile. Pour y marquer les heures temporaires, il faudrait une théorie qui n'a pris naissance que chez les Grecs, au temps d'Hipparque, avant qui l'on ne trouve dans les annales d'aucune nation, pas la moindre idée, pas la moindre indication d'aucun calcul trigonométrique. Mais si le tropique d'hiver manque en effet au cadran de Pompéia, on n'en saurait dire autant du tropique d'été, qui fait l'arête inférieure de la section conservée de l'hémisphère. Or, il suffit de ce tropique avec l'équateur, pour décrire toutes les lignes horaires qu'on aura prolongées sans nécessité par delà le tropique d'hiver : ainsi, le raisonnement de Martini tombe de lui-même.

Il nous dit encore que ce cadran a été fait pour la latitude de Memphis. Il pourrait donc être l'ouvrage des Égyptiens, s'il n'est pas celui de l'école d'Alexandrie. Nous pouvons le donner aux Égyptiens, sans leur supposer des connaissances bien relevées. Un globe terrestre, dont on élève le pôle à la hauteur convenable, fournira tout ce qui est nécessaire à la description de ce cadran. On peut, pour plus de facilité, supposer l'équateur et les deux tropiques divisés en leurs 360 degrés. Coupez ce globe en deux hémisphères, suivant l'horizon, et vous aurez deux calottes hémisphériques sur lesquelles vous pourrez tracer deux cadrans pareils, en menant des arcs de grand cercle par les points correspondans des deux tropiques, et vous aurez en bosse deux modèles du cadran, dont vous pourrez tirer en creux autant de copies que vous voudrez pour la même latitude. Ou bien encore, et pour ne conserver que ce qui est absolument nécessaire, retranchez d'un globe terrestre les deux zones tempérées et les deux zones glaciales. Coupez la zone restante suivant un plan qui passe d'une part par les points de lever et de coucher d'été, et de l'autre par les points de lever et de coucher d'hiver. Il ne vous restera plus qu'à diviser chacun des tropiques en douze parties égales, à mener les arcs horaires par les points correspondans, et vous aurez deux cadrans en bosse, dont vous ferez le même usage que ci-dessus. Vous remarquerez que le plan qui passe par les points de lever et de coucher est l'horizon du lieu; et que pour faire usage de votre cadran, il faudra que ce plan de section soit placé dans une situation bien horizontale, et qu'il vous restera à conduire le sommet d'un style au centre de l'équateur et de la section horizontale, pour que l'ombre de ce sommet marque les heures temporaires.

Ces moyens, purement mécaniques, ont dû être employés de préférence par les artistes, quand même on prétendrait, malgré toute apparence, que les savans de Chaldée ou d'Égypte ont été en possession des méthodes géométriques. Dans notre supposition que tous ces cadrans ont été construits graphiquement, on voit que la suppression des tropiques supposerait un modèle qui pût guider l'artiste; et alors, en effet, on pouvait se dispenser de tracer les deux tropiques. Il suffisait de marquer sur chacun les douze points horaires, si l'on consentait à laisser des parties qui ne faisaient qu'ajouter au poids de l'instrument.

Ce premier cadran, tracé empiriquement d'après un premier soupçon du mouvement sphérique, avait pu démontrer aux yeux la nature de ce mouvement. L'espace entre les deux tropiques faisait connaître la double obliquité; les distances égales des tropiques à l'équateur montraient, avec la même évidence, que la route annuelle du Soleil était un grand cercle; enfin, l'espace entre l'équateur et l'horizon donnait la hauteur du pôle; et cette origine est certainement la plus simple et la plus naturelle qu'on puisse assigner aux notions d'Astronomie qu'on retrouve dans les annales des peuples les plus anciens.

Ce premier cadran imaginé, tous les autres s'en déduisent par la simple observation, et sans la moindre théorie. Il pouvait servir à reconnaître les irrégularités des clepsydres. On pouvait mesurer de combien l'eau avait baissé au bout d'une heure temporaire, au bout de deux, de trois, et ainsi jusqu'à douze; on avait ainsi une clepsydre propre à marquer les heures temporaires exactes de la nuit dans la saison opposée. On pouvait répéter l'expérience de semaine en semaine, et tracer la courbe de l'abaissement de l'eau pour les heures temporaires. Ces observations, continuées pendant six mois, auraient fourni des clepsydres beaucoup moins irrégulières.

A côté de l'hémisphère chaldéen, placez dans une situation arbitraire, mais constante, un plan quelconque avec un gnomon perpendiculaire. Marquez sur ce plan la marche de l'ombre d'heure en heure, aux jours solstitiaux et équinoxiaux. Joignez les points horaires correspondans par des lignes. Vous verrez que les trois points analogues seront toujours sur une même droite; et vous aurez ainsi, sans aucune théorie, les cadrans temporaires de toute espèce.

Vous tracerez ainsi tous les cadrans horizontaux, verticaux, déclinans ou inclinés, à volonté.

Nous avons encore un cadran dont la construction nous est parfaitement connue; c'est celui qui a la figure d'un jambon, qui fut trouvé à Portici en 1755, et décrit par les académiciens de Naples. Il est composé de sept lignes verticales, traversées par autant de lignes brisées, mais presque horizontales, qui sont les lignes horaires. La théorie en est extrêmement simple. Les lignes verticales servent pour l'entrée du Soleil dans les différens signes. On pourrait multiplier ces lignes indéfiniment, et les tracer pour tous les degrés de longitude, au moins de dix en dix. Les points horaires y sont déterminés par les tangentes des hauteurs du Soleil, en prenant pour rayon la distance rectiligne et horizontale du sommet du style à la verticale du jour.

Soit α la hauteur du gnomon, dont le pied tombe sur l'horizontale qui passe par tous les sommets des verticales. Soit E la partie de l'horizontale comprise entre le pied du style et la verticale du jour; $\tang A = \frac{E}{\alpha}$; $\frac{\alpha}{\cos A}$ sera la distance du sommet du style au sommet de la verticale; $\left(\frac{\alpha}{\cos A}\right)$ tang hauteur $\odot$ sera la distance du point horaire au sommet de sa verticale.

Sin haut $\odot = \sin H \sin D + \cos H \cos D \cos$ (angle horaire de l'heure temporaire).

Au moyen de ces formules, dont les Grecs avaient des équivalens, à la vérité moins commodes, on déterminera sur chaque verticale l'abaissement du point horaire au-dessous de l'horizontale. Le cadran de Portici donne les lignes d'heure en heure, depuis le lever du Soleil jusqu'à six heures, c'est-à-dire jusqu'à midi. Il suffit des heures du matin, parce que les mêmes hauteurs reviennent le soir à égales distances du méridien. Pour observer l'heure, on suspend le cadran verticalement à un crochet; on le tourne vers le Soleil, jusqu'à ce que l'ombre du gnomon tombe sur la verticale du jour; la position du point d'ombre entre les lignes horaires indique les heures écoulées, et l'on estime comme on peut la fraction de l'heure courante. Pour les jours intermédiaires entre les entrées aux différens signes, on devrait faire passer une courbe par tout les points d'une même heure sur les différentes verticales; mais il paraît qu'on se contentait de joindre ces points par autant de lignes droites; d'où il suit qu'on n'y cherchait pas une précision plus grande que celle d'un quart d'heure.

Malgré la simplicité de cette théorie, on voit que le calcul de tant de points devait être bien long et bien fatigant, surtout pour les Grecs, qui n'avaient l'usage ni des tangentes, ni des sécantes, ni des logarithmes. Ils pouvaient trouver les hauteurs par l'analemme; la longueur du rayon et celle de l'ombre, par la solution graphique de deux triangles. Nous ignorons l'époque de ce cadran, dont Vitruve ne fait aucune mention. On peut soupçonner qu'il a été décrit par observation, à l'aide du cadran de Bérose. On pouvait ainsi déterminer par expérience, et sans calcul, autant de points qu'on jugeait à propos; mais l'ouvrage exigeait le travail de six matinées à un mois d'intervalle. On conçoit qu'un amateur peu géomètre a pu préférer cette méthode. Un calculateur n'aurait pas eu cette patience; il aurait préféré le calcul, malgré ses longueurs. Aujourd'hui nous trouverions des secours dans les Tables, qui donnent de dix minutes en dix minutes les hauteurs du Soleil pour tous les degrés de déclinaison.

Voilà tous les cadrans anciens qui nous sont pleinement connus; nous n'avons sur les autres que des notions fort vagues et très-imparfaites, et nous les devons à Vitruve.

Il attribue d'abord au chaldéen Bérose l'hémicycle creusé dans un carré coupé suivant l'inclinaison du lieu. Il y a dans cette explication deux petites inexactitudes. Le mot *hémicycle* est impropre; il n'y a dans ce cadran que l'arc équinoxial qui soit un demi-cercle. Dans un *carré* n'est pas une expression plus juste, à moins qu'on n'entende pierre carrée ou parallélépipède. *Coupé suivant l'inclinaison* est moins inexact; il fallait ajouter *de l'équateur et des tropiques*. Après tout ce que nous avons exposé ci-dessus, il ne reste aucune obscurité sur la forme de cet instrument.

Vitruve ajoute qu'Aristarque de Samos a inventé l'horloge nommée *Scaphé, bateau*, ou l'*Hémisphère*. Ce ne peut être que l'hémisphère de Bérose, dont Aristarque aura donné connaissance aux Grecs. Il lui attribue encore le *disque dans une plaine*. Veut-il dire le cadran équinoxial, qui est un disque plan, ou bien un cadran horizontal tracé sur un disque? C'est ce qui est difficile à décider; mais peu nous importe. Les Grecs ont pu trouver la théorie de l'un comme de l'autre, et même les exécuter l'un et l'autre graphiquement et sans calcul.

Vitruve paraît en vouloir enseigner la construction, et il donne les préceptes suivans.

Pour décrire le cadran horizontal d'un lieu donné, Rome, par exemple, mesurez l'ombre (méridienne) au moment de l'équinoxe; vous trouverez qu'à Rome elle est de $\frac{8}{9}$ du gnomon. Tracez une ligne sur un plan; sur le milieu de cette ligne élevez perpendiculairement le gnomon, et donnez-lui neuf parties de hauteur. Prenez pour centre le sommet de ce gnomon, et pour rayon la hauteur du gnomon; de ce centre décrivez un cercle qui touchera la ligne du plan, ce sera le méridien. Du pied du style comptez huit parties, vous aurez l'ombre équinoxiale. Joignez les extrémités du gnomon et de l'ombre équinoxiale par une hypoténuse, qui sera le rayon du Soleil à l'équinoxe. Du point où elle coupera le cercle, prenez en dessus et en dessous un arc égal à l'obliquité de l'écliptique; par ces points menez deux autres sécantes, qui détermineront les ombres d'hiver et d'été. Vitruve fait cette obliquité de $\frac{1}{15}$ de la circonférence, c'est-à-dire de 24°.

Vitruve mène encore par le sommet du style une ligne parallèle à l'horizontale; il lui donne le nom d'horizon. Il trace les diamètres de l'équateur et des deux tropiques; il les partage tous trois en deux également, par un diamètre qu'il appelle axe.

Il décrit dans le plan du cercle vertical les deux parallèles d'hiver et d'été, ou tropiques; il marque les intersections de leurs diamètres et de l'horizontale. Il tire la corde de la double obliquité qui est parallèle à l'axe, et lui donne le nom de *Lacotomus;* sur cette corde, comme diamètre, il décrit un petit cercle qu'il appelle *Monacus.* Alors l'analemme sera tracé, et l'on aura tout ce qui est nécessaire à la construction du cadran. Il n'ajoute rien, sinon qu'on peut faire ainsi divers cadrans, dont l'effet commun sera de donner les heures temporaires. Il s'arrête précisément à l'endroit qui eût été vraiment curieux ; car ce qu'on vient de lire ne nous apprend rien que nous ne sussions d'ailleurs, excepté les dénominations de *Lacotomus* et de *Monacus*, dont il n'est pas aisé de deviner l'origine ou la signification. *Ce n'est pas la paresse* qui lui fait retrancher les détails qu'il omet, c'est uniquement pour éviter les longueurs. *Il ne saurait inventer d'autres cadrans*, ni donner comme de lui les inventions des autres.

En continuant sa nomenclature, il dit que l'*Araignée* est due à l'astrologue Eudoxe, ou à Apollonius suivant d'autres. On appelait de ce nom, dans l'Astrolabe, la projection de l'écliptique accompagnée de quelques cercles de latitude qui portaient les plus belles étoiles. On a dit que l'*Araignée* était un cadran horizontal sur lequel étaient représentés les cercles des hauteurs. On a dit que l'Araignée était ainsi nommée, parce qu'on y voyait des lignes qui allaient du centre à la circonférence. Les verticaux seraient donc ces lignes, qui auraient été des droites menées du pied du style ; la circonférence aurait été celle de l'horizon. Cette explication ne manque pas de vraisemblance.

Scopas de Syracuse inventa le *Plinthe* ou *Lambris* (Lacunar), tel qu'on en voit un dans le cirque Flaminien. Il est difficile de deviner ce que ce pouvait être.

Parménion est l'auteur du πρὸς τὰ ἱστορούμενα, *cadran pour tous les lieux connus*. Ce devait être un équinoxial auquel on pouvait donner diverses inclinaisons entre certaines limites. Le πρὸς πᾶν κλίμα de Théodose et André devait être susceptible de toutes les inclinaisons, comme les cadrans équinoxiaux universels que l'on fabrique encore aujourd'hui.

On ne devine pas aussi facilement ce que pouvait être le πελέκινον ou πελέκινος de Patrocle. Lalande a cru que ce pouvait être le cadran horizontal ou vertical terminé par les deux hyperboles des tropiques, lesquelles ressemblent assez à la hache que les Latins appelaient *bipennis*, et les Grecs πέλεκυς. Cette conjecture, quoique très-vraisemblable, paraîtrait contredite par un dessin publié par Lambecius, et depuis par Zuzzeri et Martini. Mais ce dessin, donné sans aucune explication, est fort équivoque ; et l'on ne voit pas trop suivant quels principes il pouvait avoir été construit, ni comment il pouvait marquer les heures. Le pied sur lequel il est posé paraît indiquer un cadran vertical ; une ligne droite qui le partage par le milieu paraît être la méridienne. A la manière dont est ombrée la partie droite, on dirait que le cadran était composé de deux surfaces planes, dont la méridienne serait l'arête commune. Au sommet de cette méridienne, on voit quatre courbes qui s'entrecoupent et devaient marquer quatre heures, tant du matin que du soir. Mais de ces huit courbes, six sont assez courtes, et ne s'étendent pas jusqu'aux limites du cadran; les deux supérieures atteignent seules ces limites, qui paraissent deux arcs de cercle ou d'ellipse, qui par la partie inférieure tombent perpendiculairement sur la base à distances égales de la verticale du milieu. Des lignes horaires courbes indiquent nécessairement une surface courbe, et le dessin paraît indiquer des surfaces planes. Où était le pied du style? Ce ne pouvait être au sommet de la verticale, car l'ombre se serait élevée au-dessus du pied du style; il ne pouvait être plus haut; les courbes d'ombres tournant toujours leur convexité au style, seraient inexplicables. La figure ressemblerait bien plutôt à deux faux adossées, qu'à une hache à deux tranchans. Enfin, est-il bien sûr que ce dessin représente un cadran? Pour lever tous ces doutes, un dessin est insuffisant; il faudrait avoir entre les mains l'objet lui-même, en mesurer exactement toutes les dimensions, les angles et les courbures; sans quoi il est impossible d'établir aucun calcul, aucun raisonnement tant soit peu vraisemblable.

Vitruve nous dit encore que Dionysodore inventa le cône, Apollonius le carquois; que d'autres auteurs trouvèrent un grand nombre de cadrans, tels que le Gonarque, l'Engonate et l'Antiborée. Ces indications vagues laissent un vaste champ aux conjectures. L'Engonate paraît un Hercule à genoux, portant sur ses épaules un hémisphère creux qui marquait les heures. Martini nous en présente un de ce genre dans sa figure VIII. Et ce qu'il y a de remarquable, c'est qu'on voit dans ce cadran sept heures après midi et sept heures avant; que toutes les lignes horaires se coupent en un même point qui doit être le pôle; que ces heures devaient être des heures équinoxiales, dont cependant aucun auteur ancien ne fait mention en Gnomonique. Ces heures sont, en outre, assez mal espacées; mais ce peut être la faute du dessinateur.

Le Gonarque tire-t-il son nom de γόνυ, *genou*, ou de γωνία, *angle?* On saurait à quoi s'en tenir, si Vitruve eût écrit ce mot en grec.

L'Antiborée pourrait être le cadran vertical du nord; mais il était inutile la moitié de l'année, et de peu d'usage le reste du tems.

Vitruve indique, en passant, des cadrans qu'on suspendait, qui étaient destinés aux voyageurs, et qui devaient ressembler plus ou moins à nos anneaux astronomiques; mais il n'entre dans aucun détail. Voilà tout ce que nous savons des cadrans anciens. Remarquons ces mots par lesquels fissi Vitruve, que *pour comprendre la théorie de ces cadrans, il faut savoir celle de l'analemme*. Nous ne le suivrons pas dans l'explication fort obscure des horloges mécaniques de Ctésibius ; cet objet est entièrement étranger à l'Astronomie, qui n'a jamais fait aucun usage de ces machines nécessairement fort imparfaites.

L'astronome Van Beek Calkoen fit paraître à Amsterdam, en 1797, une dissertation latine sur les horloges sciathériques des anciens. On y voit qu'avant la guerre de Troye, les Grecs ne divisaient le jour qu'en deux parties, le matin et le soir. 447 ans avant notre ère, les Romains partageaient la nuit en huit veilles; le licteur annonçait les quarts de jour dans le *Forum*. Pour connaître le midi, on observait l'instant où l'ombre du Soleil était entre le siége du préteur et le lieu nommé *Græcostasis*.

Les anciens parlent souvent d'ombres qui sont d'un certain nombre de pieds, ce qui dépend de la hauteur du pôle, de la déclinaison et de la hauteur du style ; mais souvent on prenait pour style la taille ordinaire de l'homme. L'observateur se plaçait en un point marqué ; il examinait en quel endroit se terminait l'ombre de sa tête; il mesurait avec ses pieds la longueur de cette ombre : c'est ce qui nous est attesté par un passage de Théodore.

Calkoen nous dit encore que le premier cadran fut placé à Athènes dans le Pnyx, en l'an — 434.

A Rome, le premier cadran est de l'an — 290. Papirius Cursor l'avait enlevé aux Samnites. En — 261, Valerius Messala plaça dans le *Forum* un cadran qu'il avait pris à Catane, dont la latitude est plus faible de 5° que celle de Rome. En — 164, Q. Marcius Philippus fit construire le premier cadran qui eût été fait pour Rome : il était probablement l'ouvrage d'un artiste étranger, car on ne connaît aucun romain qui ait écrit sur la Gnomonique. Nous avons vu page 512, que le cadran trouvé à Pompeia paraissait fait pour la latitude de Memphis, moins propre par conséquent à bien marquer l'heure, et surtout l'heure temporaire, que le cadran apporté de Catane; il en résulte que les connaissances mathématiques n'ont jamais été ni bien cultivées, ni fort répandues à Rome, ou dans le reste de l'Italie.

CHAPITRE XVIII.

Géographie de Ptolémée.

Un ouvrage de Ptolémée plus répandu de beaucoup que tous les précédens, sans en excepter même la Syntaxe mathématique, est sa Géographie en huit livres. Elle est en général trop étrangère à notre objet, pour que nous en fassions une analyse complète. Nous ne l'envisagerons que sous le point de vue mathématique.

L'édition que je suis est celle de Bâle, 1533, petit in-4°, tout grec, dont le titre est :

ΚΛΑΥΔΙΟΥ ΠΤΟΛΕΜΑΙΟΥ ΑΛΕΞΑΝΔΡΕΩΣ,
Φιλοσόφου ἐν τοῖς μάλιστα πεπαιδευμένου περὶ τῆς Γεωγραφίας βιβλί ὀκτὼ μετὰ πάσης ἀκριβείας ἐκτυπωθέντα.

La Géographie n'est dédiée à personne; l'auteur entre en matière sans préambule.

La Géographie suppose des recherches faites par des voyageurs qui ont mesuré les distances des lieux et leurs positions respectives. Elle suppose des observations faites avec des instrumens tels que l'astrolabe et les sciothères, ou bien les gnomons et les horloges solaires. Il faut qu'on ait déterminé la direction des distances qu'on a mesurées sur terre ou sur mer, si elles vont vers les Ourses, vers l'orient et autres points ou cardinaux ou intermédiaires, ce qui serait impossible sans les instrumens que nous avons indiqués, et sans lesquels on ne connaîtrait ni la méridienne ni aucun autre azimut. Il faut réduire à une ligne droite les distances mesurées sur des routes qui font des détours continuels. Dans les voyages de mer, les mesures et les directions sont encore bien plus incertaines, puisqu'elles dépendent de la force variable des vents. (Il aurait pu ajouter *et des courans*. Mais il paraît que les anciens n'avaient aucune idée de cette difficulté; et l'on ne voit nulle part que pour estimer la longueur d'une route, ils eussent d'autre moyen que le tems qu'ils avaient employé à la parcourir.)

Les mesures géodésiques ne suffisent pas encore; il faut les comparer aux arcs célestes auxquels elles correspondent. Pour bien placer un lieu sur la terre, il en faut connaître la latitude et l'angle au pôle entre son méridien et celui d'un lieu déjà connu. La mesure en stades serait moins indispensable ; les arcs célestes donneraient du moins le rapport de l'arc compris entre deux lieux à la circonférence de la Terre. Mais la longueur des degrés en stades étant connue, l'arc terrestre donnera l'arc céleste correspondant, et réciproquement. En effet, la Terre est sphérique ; elle n'est qu'un point en comparaison de la sphère céleste. L'arc de distance entre deux lieux est toujours un arc de grand cercle, et cet arc est la mesure de l'angle au centre de la Terre.

Nos prédécesseurs, dit Ptolémée, pour déterminer le rapport des distances à la circonférence entière du grand cercle, ont exigé que l'arc, mesuré dans une direction constante, fût tout entier dans un méridien. Observant aux sciothères la position des zénits de deux lieux, ils en ont conclu l'arc du méridien compris entre les deux. Mais nous avons montré que l'arc terrestre pouvait se mesurer dans le plan d'un grand cercle quelconque, pourvu qu'à l'observation de la hauteur du pôle aux deux extrémités de l'arc, on joignît celle de l'angle au zénit entre cet arc et le méridien de l'un des deux lieux. Nous avons enseigné la construction d'un instrument propre à ce genre d'observations. Outre beaucoup d'autres usages importans, cet instrument peut servir à prendre chaque nuit la hauteur du pôle, et à toute heure la position de la méridienne et les angles azimutaux. Par ces moyens, on peut encore connaître l'angle au pôle entre les deux méridiens, ou, ce qui revient au même, l'arc de l'équateur qui mesure cet angle.

Il nous suffit donc d'un arc mesuré dans une direction quelconque, pour trouver le nombre de stades de la circonférence entière.

Tout ce que dit ici Ptolémée est géométriquement vrai ; mais dans la pratique, le moyen serait à la fois et plus long et plus incertain. A moins que l'arc mesuré ne fût d'une petitesse extrême, les deux stations seraient invisibles l'une pour l'autre ; on ne pourrait juger de la direction que par celle du commencement de l'arc. Il faudrait déterminer l'angle avec la plus grande exactitude, ce qui n'est jamais aisé, et l'était bien moins encore pour les anciens ; il faudrait être bien sûr qu'on ne s'est pas écarté de la ligne, ce qui n'est pas non plus si facile qu'on le pense.

Le calcul trigonométrique n'est pas bien long, mais un peu indirect. Le triangle à résoudre est dans le cas douteux ; il est vrai qu'on ne peut guère s'y tromper.

Soient ZP et VP (fig. 141) les distances observées du pôle aux deux zénits, PZV l'azimut également observé.

$$\cos PV = \cos Z \sin PZ \sin ZV + \cos PZ \cos ZV,$$

$$\frac{\cos PV}{\cos PZ} = \cos Z \,\text{tang}\, PZ \sin ZV + \cos ZV = \text{tang}\varphi \sin ZV + \cos ZV,$$

$$\frac{\cos\varphi \cos PV}{\cos PZ} = \sin\varphi \sin ZV + \cos\varphi \cos ZV = \cos(\varphi - ZV),$$

$$ZV = \varphi - (\varphi - ZV), \quad \sin Z : \sin PV :: \sin P : \sin ZV, \quad \sin P = \frac{\sin ZV \sin Z}{\sin PV},$$

ZV en degré : ZV en stades :: 1° : nombre de stades du degré.

On voit que Ptolémée garde ici le plus profond silence sur l'opération même. Il ne dit pas même qu'elle ait été tentée ni par lui ni par qui que ce soit; et suivant toute apparence, elle n'a jamais été faite.

Si les voyageurs eussent employé plus souvent tous ces moyens, la description de la Terre aurait aujourd'hui l'exactitude qu'on pourrait desirer. Mais *Hipparque seul*, jusqu'ici, a donné la hauteur du pôle pour un petit nombre de villes; il y a joint la position de quelques lieux placés sur les mêmes parallèles. Quelques-uns de ses successeurs y ont ajouté quelques lieux placés sur les mêmes méridiens, d'après des navigations faites par un vent du sud ou du nord; ensorte que la plupart des distances, et surtout celles qui se dirigent à l'est ou à l'ouest, ne sont rapportées que très-grossièrement, soit par la négligence des auteurs, soit par leur peu de connaissances mathématiques, soit enfin parce qu'ils n'ont pu se procurer un assez grand nombre d'éclipses de lune observées en différens lieux. Telle a été l'éclipse observée à Arbelles à cinq heures, et à Carthage, où l'on ne comptait que deux heures au même instant. Il n'y a pourtant aucun autre moyen pour connaître exactement les distances est et ouest des lieux éloignés l'un de l'autre. Il convient donc que le géographe prenne ces positions certaines pour bases de ses opérations et de ses cartes, et qu'il coordonne ensuite ses autres matériaux en les rapportant à ces points fondamentaux.

On voit que cette éclipse, citée par Ptolémée comme un modèle trop rare, ne donne cependant la différence des méridiens qu'en heures, sans aucune fraction, ce qui suffirait pour la rendre suspecte; car rien n'assure que les tems aient été déterminés mieux qu'à un quart d'heure près, et que la différence de longitude ne soit ou trop faible ou trop forte de 3 à 4°; or si telle est l'incertitude des points déterminés par l'Astronomie, quelle ne doit pas être celle des points secondaires, déterminés par des moyens encore plus douteux! On peut juger, par l'exemple d'Eratosthène et celui de Posidonius, à quel point on peut compter sur la direction et la justesse de l'arc mesuré.

Le géographe a donc un besoin indispensable de consulter les journaux des voyageurs. Il doit même s'attacher de préférence aux mémoires les plus récens; car il est de la nature de toute connaissance de se perfectionner avec le tems; et dans la Géographie en particulier, il peut arriver des changemens importans. Ptolémée n'ajoute rien qui nous apprenne de quels changemens il a voulu parler.

Marin de Tyr était le dernier qui eût entrepris de rectifier et d'étendre la Géographie. Il avait employé avec discernement tous les matériaux amassés avant lui. On trouvait dans ses cartes des améliorations sensibles; mais il était impossible qu'il ne laissât rien à desirer. Le but de Ptolémée est d'ajouter à ce que Marin avait fait, et de rectifier les erreurs qu'il n'avait pu éviter.

La partie connue de la Terre était plus étendue de l'ouest à l'est que du sud au nord. La direction ouest et est a reçu le nom de *longueur* ou longitude; la direction sud et nord a reçu le nom de *largeur* ou de latitude. Ces expressions sont synonymes en grec. Remarquons encore que c'est Hipparque qui le premier a imaginé de fixer la position d'un lieu par sa latitude et sa longitude, c'est-à-dire par un arc de l'équateur et par la distance perpendiculaire à ce grand cercle.

L'île de Thulé était le point le plus boréal de la Terre connue. Le parallèle de Thulé était éloigné de l'équateur de 63°, ou de 31,500 stades de 500 au degré. Sur le parallèle le plus austral, Marin plaçait la contrée de l'Ethiopie connue sous le nom d'Agisymba, et le cap Prason. Ce parallèle était le tropique d'hiver, selon Marin; ensorte que, selon lui, la distance de Thulé à l'équateur était de 87° ou 43,500 stades. On peut remarquer que ces stades de 500 au degré étaient bien plus commodes pour la pratique, que celui d'Eratosthène ou tout autre. Il se pourrait que ce stade fût purement astronomique comme nos milles marins. Il faut avouer pourtant qu'un stade de 1000 au degré eût été plus commode encore; et rien n'empêchait, puisque, selon la prétendue mesure d'Aristote, le degré valait 1111 stades.

Marin cherche à prouver ses assertions par divers phénomènes qu'il regarde comme bien concluans, et par les routes parcourues soit sur terre, soit sur mer. Ces phénomènes sont les directions de l'ombre, les étoiles qui deviennent visibles ou invisibles, la longueur des ombres en parties du gnomon. Ptolémée révoque en doute la bonté de ces observations, dont Marin s'appuyait sans les rapporter; et Ptolémée avait raison en cela, bien plus encore qu'il n'imaginait lui-même. Les hauteurs du gnomon donnaient toutes les latitudes trop petites, parce qu'on observait toujours le bord supérieur du Soleil; mais dans deux hémisphères différens on observe deux bords opposés. La somme des latitudes sera donc trop faible d'un diamètre entier; ainsi l'erreur sera d'un demi-degré. Les étoiles de la petite Ourse sont encore visibles quand elles sont un demi-degré au-dessous de l'horizon; on se trompera donc encore d'un demi-degré sur la hauteur du pôle que l'on concluera d'une étoile observée à l'horizon.

Marin employait à la même recherche les étoiles qu'on voyait à l'horizon quand d'autres se montraient au zénit. Ces étoiles étaient le Taureau, la Pléiade, Canobus, qui se nomme aussi le Cheval. On jugeait qu'une étoile était au zénit, quand on la voyait dans la direction du mât du vaisseau. On sent combien tous ces moyens sont grossiers; et Ptolémée conclut avec justesse, qu'aucun de ces phénomènes n'a pu déterminer avec assez de précision les parallèles méridionaux. Quant aux routes parcourues sur terre ou sur mer, Ptolémée n'y montre pas la moindre confiance; les réductions qu'on est obligé d'y apporter sont trop arbitraires, et nous nous abstiendrons de les discuter.

La détermination des longitudes est aujourd'hui même beaucoup plus difficile que celle des latitudes. Avec les faibles moyens qui étaient à la disposition des Grecs, on sent combien cette partie de la Géographie devait être imparfaite. Les reproches que Ptolémée adresse à Marin étaient justes sans doute; mais ses corrections étaient-elles beaucoup meilleures? on peut en douter; étaient-elles suffisantes? on peut assurer que non.

Après cette critique, malheureusement trop fondée, des travaux de ses devanciers, Ptolémée parle des conditions auxquelles doit être assujétie la description de la Terre connue, sur un plan. « Il est bon que les » méridiens soient représentés sur les cartes par des lignes droites; que » les lignes destinées à représenter les parallèles soient des arcs de cercle » concentriques. Ce centre commun tiendra lieu du pôle où tous les méri- » diens se réunissent. Pour conserver toute la ressemblance possible avec la » surface sphérique, il convient encore que tous les méridiens coupent à » angles droits tous les parallèles; mais il sera impossible de conserver » aux arcs des parallèles leurs rapports exacts avec les arcs du méridien. » Il suffira du moins de conserver ce rapport à l'équateur et au parallèle » extrême, qui est celui de Thulé. Quant aux longitudes, il sera bon » que le parallèle de Rhodes, qui tient le milieu entre tous les autres, » soit divisé suivant le rapport exact, ainsi que l'a pratiqué Marin; c'est-

» à-dire que le rapport soit $\frac{4}{5}$ à peu près, afin que la partie la mieux » connue de la Terre conserve ses véritables proportions. »

Tel est le problème que se propose Ptolémée; et voici comme il le résout. Il commence par la description du globe terrestre.

Autour des pôles d'un globe, faites tourner un demi-cercle qui en embrasse la circonférence à la moindre distance possible de la surface, ensorte qu'il puisse faire sa révolution sans aucun frottement. Ce demi-cercle sera étroit, afin qu'il couvre une zone moins grande; l'un de ses côtés passera exactement par les deux pôles, afin qu'il puisse servir à tracer les méridiens. Ce demi-cercle sera divisé en deux fois 90° de l'équateur aux pôles.

Décrivez sur votre globe la moitié de l'équateur, que vous diviserez en 180°; l'autre moitié serait inutile, puisqu'on ne connait au plus que la moitié d'un hémisphère. Au moyen de ces deux demi-cercles, l'un fixe et l'autre mobile, vous pourrez placer sur votre globe tous les lieux dont vous connaîtrez la longitude et la latitude. Vous tracerez autant de méridiens que vous le jugerez convenable. Vos 180° de l'équateur répondront à 12 heures de différence en longitude. Vous prendrez pour parallèles extrêmes, d'une part, celui qui a dans l'hémisphère austral une latitude égale à celle de Méroé dans l'hémisphère boréal, et de l'autre celui qui passe par Thulé à 63° de l'équateur vers les Ourses.

Pour les parallèles intermédiaires, il choisit ceux qui séparent les différens climats. (*Voyez* la Syntaxe mathématique.) Aujourd'hui on ne fait plus aucun usage de ces climats; on place les parallèles à intervalles égaux, comme de dix en dix degrés. Ptolémée trace les méridiens de 5 en 5° de l'équateur, c'est-à-dire en tiers d'heure, puisqu'une heure répond à 15°.

Autant la description de ce globe offre de facilité et d'exactitude, autant on éprouvera de difficulté à représenter passablement la Terre sur une surface plane. Ptolémée pouvait y employer la projection orthographique qu'il a expliquée dans son Analemme, ou la projection stéréographique dont il a donné les règles dans son Planisphère. Il pouvait représenter la partie du monde connue, sur l'horizon de Rhodes, et la partie la plus intéressante et la plus usuelle de sa carte aurait eu toute la précision nécessaire. Il a cru sans doute que ces deux espèces de projection défigurent trop les parties éloignées du centre; il a voulu une carte qui fût à peu près également bonne dans tous ses points, et c'était une tentative louable. Cependant, aujourd'hui même, on emploie encore la projection stéréographique pour les mappemondes que l'on projette sur le plan du premier méridien; on l'emploie même pour deux hémisphères quelconques que l'on projette sur le grand cercle qui leur est commun. Ce qu'il y a de plus singulier, c'est que Ptolémée, en cet endroit, ne fasse aucune mention de ces deux projections, dont il a fait la matière de deux traités particuliers. Celles qu'il leur substitue peuvent avoir quelques avantages, mais elles sont peu géométriques.

Soit (fig. 142) un parallélogramme $\alpha\beta\delta\gamma$, dont le côté $\alpha\beta$ soit double du côté $\alpha\gamma$. Partagez $\alpha\beta$ et $\gamma\delta$ en deux également par la perpendiculaire $\varkappa\varepsilon\zeta$. Faites $\varkappa\varepsilon = 34$ parties, dont $\varepsilon\zeta$ en contienne $131^p\ 3'\ 11''$. De $\varkappa$ comme centre, et de l'intervalle $\varkappa\varkappa = 79$, décrivez $\theta\varkappa\lambda$ qui sera le parallèle de Rhodes. L'équateur sera plus éloigné de 36 parties; il passera par le point σ. Le parallèle de Thulé sera moins éloigné de 27 parties, ensorte que la distance σo qui les sépare soit de 63^p. Ptolémée ne donne pas d'autres renseignemens sur ces nombres; mais on voit que 63 et 36 sont les latitudes de Thulé et de Rhodes, et que 27 est l'arc du méridien compris entre ces deux parallèles. $\varkappa\zeta$ sera donc un arc du méridien étendu en ligne droite sur le plan de la carte. Les degrés du méridien conserveront leur véritable grandeur. Ptolémée ajoute encore que $\varkappa o$ sera de 52 parties, et par conséquent εo sera de 18.

On voit encore qu'il s'agit de trouver sur le méridien $\varkappa\zeta$ un point $\varkappa$ autour duquel on puisse tracer deux cercles concentriques qui soient entre eux comme le rayon de l'équateur au rayon du parallèle de Thulé, ou comme le rayon au cosinus de 63°. Nous aurons donc cette analogie :

$$\varkappa\sigma : \varkappa o :: 1 : \cos 63, \quad \varkappa o + o\sigma : \varkappa o, \quad \text{ou} \quad x + 63 : x :: 1 : \cos 63^\circ,$$

$$x + 63 - x : x :: 1 - \cos 63^\circ : \cos 63^\circ, \quad 63 : x :: 2\sin^2 31^\circ 30' : \cos 63^\circ,$$

et
$$x = \frac{63 \cos 63^\circ}{2\sin^2 31.30} = \frac{31.5 \cos 63^\circ}{\sin^2 31^\circ 30'}.$$

Nous trouverons ainsi

$\varkappa o = x = 52,382$; Ptolémée dit 52.

$o\sigma = 63$

$\varkappa\sigma = 115,382$

$\sigma\zeta = 16,053$

$\varkappa\zeta = 131,435 = 131^p\ 26',10 = 131^p\ 26'\ 6''$.

Il ne reste plus qu'à trouver le nombre $34 = 52 - 18$, et nous aurons démontré tout ce que Ptolémée nous donne sans aucune explication. Par cette construction, tous les arcs tels que sont $\xi\upsilon\pi$ et $\rho\sigma\tau$ décrits du même centre $\varkappa$ avec les rayons $\varkappa\sigma$ et $\varkappa\sigma$, seront entre eux dans le rapport du parallèle de Thulé à l'équateur; mais l'arc $\theta\varkappa\lambda$ destiné à représenter le parallèle de Rhodes sera trop grand. En effet, le rayon du parallèle de 36° $= \varkappa\sigma \cos 36° = \varkappa\sigma \sin 54 = 64{,}221$, tandis que $\varkappa x = 115{,}382 - 36 = 79{,}382$. Pour remédier à ce défaut, voici ce que fait Ptolémée. Pour représenter les 12h de longitude, il faudrait naturellement prendre 180°. Ptolémée y prend seulement $180°.\frac{64{,}221}{79{,}382} = 145{,}62$; six heures seront représentées par 72,81; une heure par l'arc 12°,1; ⅓ d'heure par l'arc de 4°,03; ainsi, à partir de x, il prend sur ce parallèle les arcs 4, 8, 12, 16, 20, 24, 28, 32 et 36, tant à la droite qu'à la gauche, et par tous ces points il mène, du point $\varkappa$, autant de droites qui formeront 9 méridiens de part et d'autres; ces 18 méridiens lui suffisent pour sa carte; il n'en trace que la partie comprise entre l'équateur et le parallèle de Thulé, limite boréale. Ces méridiens partagent en parties égales l'équateur et le parallèle de Thulé, aussi bien que celui de Rhodes. Les rapports naturels sont conservés sur le parallèle de Rhodes, où l'arc de $5° = 5° \sin 54° = 4°{,}045$; mais ils ne le sont pas sur le parallèle de Thulé, où la carte donne $4° \sin 1'' \times 52 = 3{,}63$ au lieu de $5° \cos 63° = 2°{,}27$. Les degrés de longitude seront donc trop grands sur le parallèle; ils seront beaucoup trop grands sur l'équateur, où la carte donne $4° \sin 1'' \times 115 = 8{,}028$ au lieu de 5°. Ainsi la proportion ne subsistera que pour le parallèle de Rhodes.

Si, au lieu des neuf méridiens déterminés pour ce parallèle, on en eût tracé 18 pour six heures, on aurait eu en $\varkappa$ un angle de 72° 48′ 36″. Or, le rayon 115, multiplié par cos 72° 48′ 36″, donne 34°,01; c'est le premier nombre de Ptolémée. Ainsi, nous avons expliqué toute la construction de sa carte. Il ajoute encore que l'on pourra tracer dans l'intervalle tous les parallèles qu'on voudra, en traçant du centre $\varkappa$ un cercle qui passe par le point de $\sigma\sigma$, qui marque la latitude de ce parallèle. Ainsi, pour celui de Méroé, en prenant $\sigma\alpha = 16° 3' 11''$, on tracera le cercle ponctué $\mu\alpha\nu$, qui sera celui de ce parallèle. Prenez $\sigma\zeta = 16° 5' 11''$ au-dessous de l'équateur; et traçant un cercle du rayon $\varkappa\zeta$, vous porterez sur le cercle de ζ en φ et de ζ en χ, les divisions du parallèle de Méroé ou de $\mu\alpha\nu$; et menant de ces divisions à celles de l'équateur les obliques $\alpha\varphi$, $\psi\chi$, etc., vous aurez les arcs du méridien de l'hémisphère austral; mais ils manqueront à la condition qui demande que les méridiens soient perpendiculaires aux parallèles; et cette partie de la carte sera la plus défectueuse, et formera une irrégularité choquante. C'est probablement ce que Ptolémée a senti lui-même, et ce qui lui a fait imaginer une construction toute différente, et que voici :

Le parallèle de Syène a 23° 50′ de latitude boréale; il est donc éloigné de 39° 55′ de la limite australe, dont la latitude est de — 16° 5′; il est éloigné de 29° 10′ du parallèle de Thulé, 63°. Le parallèle de Syène tient donc à très-peu près le milieu de la carte à construire. Placez l'œil dans une droite qui passe par le centre de la sphère et par ce parallèle ; l'équateur et ses parallèles seront inclinés de 23° 50′ au rayon visuel ; ils seront les bases circulaires d'autant de cônes obliques dont le sommet sera à l'œil, et les côtés seront les droites menées à tous les points des circonférences des différentes bases. Il s'agit de tracer ces courbes.

Soit (fig. 143) $\alpha\beta\gamma\delta$ le grand cercle qui séparera l'hémisphère visible de l'invisible. On est obligé de le représenter couché, sur la figure ; il faut se le représenter à angles droits sur le papier, moitié au-dessus et moitié au-dessous.

$\alpha\varepsilon\gamma$, dont le plan passe par l'œil, sera vu comme une ligne droite, et sera le méridien qui tiendra le milieu de la carte. Il faut se le représenter comme une ligne perpendiculaire au rayon visuel.

Soit $\varepsilon\zeta = 23°\ 50'$; ζ sera un point de l'équateur, $\beta\zeta\delta$ sera l'équateur.

Tirez la corde de $\zeta\beta$, ou la droite $\zeta\theta\beta$; sur le milieu θ élevez la perpendiculaire $\theta\varkappa$ qui coupera en $\varkappa$ le plan du méridien tourné directement vers l'observateur.

Que $\beta\varepsilon$ soit un arc de 90° rectifié, $\beta\varepsilon = 90°$ et $\varepsilon\zeta = 23°\ 50'$,

$$\text{tang}\,\varepsilon\beta\zeta = \frac{\varepsilon\zeta}{\beta\varepsilon} = \frac{23°\ 50'}{90.\ 0} = \frac{1430}{5400} = \text{tang}\ 14°\ 49'\ 56'',3,$$

$$\zeta\beta = \frac{\beta\varepsilon}{\cos\varepsilon\beta\zeta} = \frac{5400}{\cos 14°\ 49'\ 55'',3} = 5586',14,$$

$$\theta\zeta = \tfrac{1}{2}\,\zeta\beta = 2793',07,$$

$$\zeta\varkappa = \frac{\theta\zeta}{\cos\varkappa\zeta\theta} = \frac{\theta\zeta}{\sin\varepsilon\beta\zeta} = \frac{2793',07}{\sin 14°\ 49'\ 56'',3} = 10910',81$$

$$= 181°\ 50',81 = 181°\ 50'\ 48'',6.$$

Ptolémée, par les règles de l'ancienne Trigonométrie, trouve 181° 50′ en négligeant les secondes; $\varkappa\zeta$ sera le rayon du cercle $\beta\zeta\delta$ ou de l'équateur.

Pour les autres cercles, on emploiera le rayon 181° 50′ 44″,1 — latitude boréale.

Et pour l'autre hémisphère, le rayon sera 181° 50′ 48″,6 + latitude australe.

Cela posé, voici la manière de tracer les méridiens et les parallèles sur la carte.

Soit (fig. 144) $\varkappa\lambda = 181^{\circ}\,50'\,48'' = 181^{\circ}\,50',8 = 181^{\circ},847$; $\varkappa\lambda$ sera le rayon de l'équateur. Décrivez ce cercle, qui passera par le point $\varkappa$.

Ajoutez $\varkappa\zeta = 16^{\circ}\,3'\,11'' = 16^{\circ}\,3',2 = 16,053$, et décrivez le cercle qui passera par ζ; ce sera le cercle *ἀντὶ διὰ μερόης*.

Prenez $\varkappa\theta = 25^{\circ}\,50'$; il restera $\theta\lambda = 158^{\circ}\,0'\,48''$, et décrivez le cercle, qui sera le parallèle de Syène, ou le tropique.

Otez $\varkappa x = 63^{\circ}$; vous aurez $\lambda x = 118^{\circ}\,50'\,48''$ pour le diamètre du parallèle de Thulé.

Ces parallèles seront inclinés comme il convient; car on doit se représenter l'œil dans une droite perpendiculaire en θ au plan de la figure; mais les lignes $\theta\zeta$, $\theta\varkappa$, θx devraient être non les arcs eux-mêmes, mais leurs tangentes, et les cercles inclinés seraient des ellipses.

Pour diviser ces parallèles, et y marquer leurs intersections avec le méridien, prenez sur $\varepsilon\varkappa$, qu'on suppose divisé en 90 parties, des arcs de 5, 10, 15, 20, etc., et portez-les de part et d'autre de $\varkappa$ sur l'équateur. Il est évident que $\varkappa\varepsilon = 90^{\circ}$, porté de part et d'autre de θ sur le cercle qui représente l'équateur, n'y marquera pas un arc de 90°; il n'y marquera pas même un arc de 45°, puisque le rayon de ce cercle $= 181^{\circ}$, et non 90°. Ce cercle n'a donc pas la courbure nécessaire; et voilà pourquoi la méthode n'est pas rigoureuse. Pour éviter la confusion, au lieu d'arcs de 5° sur l'équateur, j'ai marqué des arcs de 10° ou de $\frac{2}{3}$ d'heure.

Sur le parallèle austral ζ, les arcs, au lieu d'être de 5°, devraient être $5^{\circ} \cos 16^{\circ}\,3'\,11'' = 4^{\circ},8$; en les doublant, j'ai 9,6, 19,2, etc., pour les méridiens de $\frac{2}{3}$ d'heure que je substitue à $\frac{1}{3}$.

Sur le parallèle θ, les arcs seront $5^{\circ} \cos 25^{\circ}\,50' = 4^{\circ},5736$, le double 9,15.

Sur le parallèle de Thulé, les arcs seront $5^{\circ} \cos 63^{\circ} = 2^{\circ},27$, le double 4,54.

Il ne reste plus qu'à faire passer des courbes par les points correspondans de chaque parallèle; ces courbes seront les méridiens. C'est ainsi que j'ai tracé la fig. 144, en prenant sur les parallèles des arcs doubles, sans quoi la figure eût été difficile à tracer dans d'aussi petites dimensions. La figure de Ptolémée est faite à peu près de même.

Ptolémée recommande cette construction, comme moins inexacte que la précédente; mais il avoue qu'elle est plus longue et plus pénible, surtout quand il s'agit de placer sur ce canevas les différens lieux d'après leurs longitudes et leurs latitudes. Nous ne nous arrêterons pas à analyser une construction abandonnée depuis long-temps; nous nous contenterons d'en avoir expliqué tous les procédés d'une manière moins obscure que celle de l'auteur.

Voilà tout ce qu'il y a de remarquable dans ce premier livre. On a cru y trouver la première idée des cartes de Mercator. Mais dans la première construction, les arcs du méridien sont des lignes droites dont tous les degrés sont égaux ; ils sont tous inégaux dans la carte de Mercator. Dans celle-ci tous les degrés des parallèles sont égaux, et ils sont en ligne droite ; ils sont des arcs de cercle dans la carte de Ptolémée. Il n'y a donc aucune ressemblance. Il y en a moins encore dans la seconde, où les parallèles et les méridiens sont des courbes. Dans la carte de Marin, les méridiens et les parallèles étaient des lignes droites formant des angles droits : voilà une ressemblance avec la carte de Mercator ; mais la proportion n'était gardée que pour le trente-sixième parallèle ; elle était violée dans tout le reste. Il est donc bien certain qu'aucune de ces projections anciennes ne contient le germe de celle de Mercator. L'idée de conserver partout le rapport exact entre les arcs du méridien et ceux des parallèles, a dû se présenter à tous les auteurs de cartes. Marin n'y a que fort mal réussi, Ptolémée moins mal, et Mercator parfaitement. Remarquons de plus, que les cartes de Mercator, excellentes pour la navigation moderne, n'auraient été d'aucun usage pour les anciens, qui ne s'assujétissaient pas à couper les méridiens sous un angle toujours le même ; et qu'ainsi leurs géographes n'avaient pas à résoudre le problème que Mercator s'est proposé ; qu'ils n'avaient pas les données nécessaires pour la solution de ce problème ; qu'ils ne l'ont pas résolu ; et que cette solution leur étant tout-à-fait inutile, ils n'ont pu ni dû s'en occuper. Ainsi, le mérite de l'invention reste tout entier à Mercator.

Ptolémée, vers la fin du livre VII, revient encore sur ce sujet ; il se propose de représenter sur un plan la sphère armillaire, en même tems que la partie connue de la Terre. La plupart des auteurs, nous dit-il, se sont occupés de ce problème ; mais leurs constructions paraissent très-peu raisonnables.

Παραλογώτατα δὲ φαίνονται ταύτῃ (τῇ δείξει) κεχρημένοι.

La solution de Ptolémée est elle-même fort obscure. On croit communément que le texte est altéré en plusieurs endroits. Un mathématicien nommé Vernher de Nuremberg a fait d'inutiles efforts pour le restituer. Nous allons essayer de comprendre ce qu'a voulu dire Ptolémée, et d'expliquer la construction qu'il a donnée.

Soit $\alpha\beta\gamma\delta$ (fig. 145) le colure des équinoxes de la sphère armillaire dont le centre est ϵ, $\alpha\epsilon\gamma$ le diamètre, α le pôle boréale, γ le pole austral, $\delta\epsilon$ le diamètre de l'équateur.

$\beta\zeta$, $\delta\eta$, $\beta\theta$ et $\delta\varkappa = \omega$. $\eta\epsilon\zeta$ le diamètre du tropique d'été.

$\alpha\lambda$, $\alpha\mu$, $\gamma\nu$, $\gamma\xi$ = H = distance polaire du cercle arctique et du cercle antarctique.

Il faut que le parallèle de Syène ou le tropique d'été ait sa position entre ϵ et o; mais $\beta\zeta = \omega = 24°$, et $\beta\alpha = 90°$; $\frac{\beta\zeta}{\beta\alpha} = \frac{24°}{90°} = \frac{4}{15}$.

Soit $\epsilon\alpha = 1$, $\frac{1}{2}\epsilon\alpha = 0,5$, $\epsilon o = \sin 24° = 0,4$ à peu près.

$$\tfrac{1}{2}\epsilon\alpha : \epsilon o :: 5 : 4 :: 4 : \tfrac{16}{5} = 5,2;$$ Ptolémée dit 5 environ,

ainsi $\frac{1}{2}\epsilon\alpha = \frac{5}{4}\epsilon o$ environ.

Prenez $\frac{5}{4}\epsilon o$ pour le rayon de la Terre qui occupe le milieu de la sphère armillaire.

Au lieu de prendre $\frac{1}{2}\epsilon\alpha = \frac{5}{4}\epsilon o$ pour le rayon de la Terre, Ptolémée dit $\epsilon\alpha$ = rayon de la Terre. Je lis :

ἤδη ἡμίσεια τῆς εα au lieu de ἡ εα,

leçon qui est confirmée par ce qui suit.

Soit donc $\epsilon\alpha$ le rayon de la Terre (fig. 146); la figure fait $\epsilon\alpha$ un peu trop grand pour plus de netteté; $\epsilon\pi = \frac{3}{4}\epsilon\alpha$.

Du centre ϵ et du rayon $\epsilon\pi$ décrivez le cercle $\pi\rho$ qui doit renfermer la Terre (c'est-à-dire sa partie connue dont on veut faire la carte); partagez $\epsilon\pi$ en 90°.

Prenez $\epsilon\sigma = 23° 50'$ et $\epsilon\tau$ de $16° 3' 12''$, $\epsilon\upsilon$ de 63°.

Menez la perpendiculaire $\phi\sigma\chi$, qui sera dans le plan du parallèle de Syène, τ sera le point par lequel passera le parallèle plus austral de la carte, celui qui est opposé à Meroé; le parallèle de Thulé passera par le point υ. Jusqu'ici nulle difficulté.

Prenez un point un peu plus austral que τ, comme ψ.

Joignez $\psi\delta$ (ce point n'est pas encore connu); prolongez $\psi\delta$ et $\phi\chi$ jusqu'à leur rencontre en O.

Imaginons décrits dans le plan de la figure précédente, les cercles qui doivent passer par μ (c'est-à-dire l'arctique), par η (c'est-à-dire le tropique d'été), par δ (c'est-à-dire l'équateur), par $\varkappa$ (c'est-à-dire le tropique d'hiver), par ξ (c'est-à-dire l'antarctique); ces cercles couperont le diamètre $\alpha\gamma$. C'est donc par ces intersections qu'il faut décrire ces cercles. De même, pour la Terre, nous prendrons sur $\pi\rho$ les distances à l'équateur, comme υ et τ. Tout cela est à peu près inintelligible; mais le problème est bien simple. D'un rayon arbitraire qui sera celui de la Terre, décrivez le cercle ADB (fig. 147). Prenez AD = BE = 16° 5′ 12″; DE sera le diamètre du parallèle le plus austral. Prenez AF = BG = 23° 50′, et tirez la droite indéfinie FG, qui représentera le parallèle de Syène.

Ptolémée suppose l'œil dans le plan FG; il ne dit pas à quelle distance. Soit O ce point. Menez OI; tirez OI. Sur le milieu de OI élevez une perpendiculaire qui coupera en ω l'axe PQ prolongé. De ce centre ω et du rayon ωA décrivez le cercle AMB, qui sera l'équateur. Du même centre, avec le rayon OD, décrivez le cercle DNE, qui sera le parallèle austral.

Prenez Cω′ = Cω; du point ω′ et du rayon ω′F du rayon ωR décrivez RZS parallèle de 63° ou de Thulé.

Tracez les méridiens par la méthode exposée ci-dessus, seconde construction, et la carte sera décrite.

Sur CA′ décrivez un cercle occulte sur lequel vous prendrez AF′ = B′G′ = 23° 50′.

Du centre ω′, avec le rayon ωF′, décrivez le cercle F′G′, qui sera le tropique, et qui enveloppera la carte.

Du centre ω et du rayon ωA′ décrivez le cercle A′NB′, qui sera l'équateur, qui embrassera également la carte.

Prenez A′F″ = B′G″ = B′G′, vous décrirez l'autre tropique. Il ne restera plus qu'à tracer de même l'arctique et l'antarctique suivant la latitude que vous voudrez, 36° par exemple.

La solution exacte ne serait guère plus difficile; mais nous avons suivi les principes de Ptolémée.

Ce problème n'était que de fantaisie; et l'on ne voit pas l'utilité de renfermer ainsi la projection du globe terrestre dans celle des principaux cercles de la sphère céleste.

Voilà tout ce qu'il y a de mathématique dans ce traité de Géographie.

Les livres suivans, jusqu'au septième inclusivement, donnent la description des différentes contrées, les positions des bourgs, des montagnes, des caps, des embouchures, des principaux fleuves. L'auteur avertit qu'il faut prendre pour bases les longitudes et les latitudes des lieux les plus fréquentés, dont les positions, plus souvent vérifiées et mieux observées, sont celles qui doivent le plus approcher de la vérité. Il annonce qu'il donnera ces longitudes et ces latitudes aussi exactes qu'il lui sera possible, et qu'il remplira ensuite les intervalles de son mieux.

Notre dessein ne peut être de le suivre dans ces détails géographiques;

nous en extrairons simplement les positions des lieux les plus célèbres, et dont l'identité avec les lieux connus aujourd'hui sous les mêmes noms ne peut laisser aucune équivoque. Il est assez naturel de penser, quoique Ptolémée n'en dise rien, que toutes ses longitudes dépendent plus ou moins directement de celle d'Alexandrie. Nous commencerons par cette ville, qui peut être considérée comme la métropole de l'ancienne Astronomie.

Suivant Ptolémée, Alexandrie, longit.	60° 30′ lat.	31° 0′
Suivant les modernes...............	27.36	31.13
Différences......................	32.54	0.13.

La différence de longitude doit être celle des premiers méridiens supposés. La différence de latitude est plus exactement 15′; car la latitude, suivant la Syntaxe mathématique, est 30° 58′.

Babylon, Babulis........... longit.	62° 15′ lat.	30° 0′
Le Caire........................	25.25	30. 2
	36.50	0. 2
Diospolis........................	62. 0	25.30
Ruines de Thèbes................	30.19	25.43
	31.41	13
Syène...........................	62. 0	23.50
	30.34	24. 5
	31.26	0.15.

On voit déjà que ces quatre différences de méridiens, prises dans un même pays, s'accordent assez mal; mais on peut entrevoir que pour ramener ces longitudes au méridien de Paris, il en faut retrancher environ 33°; c'est à peu près ce que donne directement Alexandrie.

Londinion, longit.	20° 0′ lat.	54° 0′
	— 2.26	51.31
erreur, 10° ½.......	22.26	2.29
Eboracon.......	20. 0	57.20
York.......	— 3.26	53.58
erreur, 9° ½.......	23.26	3.22

Mediolanion, longit.	16° 45′	lat.	56° 40′
Manchester...........................			
Ὕδατα θερμά.......	17.20		53.40
Bath.......	4.41		51.22
erreur 11°.......	22. 1		2.18.

Ces trois lieux d'Angleterre ne donneraient, par un milieu, que 22° 38′ pour la différence des premiers méridiens. Les latitudes y sont très-défectueuses.

Mons Calpe, longit.	7° 30′	lat.	36° 4′
Gibraltar.......	— 7.40		36. 6
erreur, 18°.......	15.10		0. 2
Malaca.......	8.50		37.30
Malaga.......	— 6.45		36.43
erreur, 18°.......	15.35		0.47
Corduba.......	9.20		38. 5
	— 7. 6		37.52
erreur, 16° ½.......	16.26		0.13
Gadira.......	5.10		36. 6
Cadix.......	— 8.38		36.32
erreur, 19°.......	13.48		0.26
Ὀλιος ἱππών.......	5.10		40.15
Lisbonne.......	—11.28		38.42
erreur 16° ½.......	16.38		1.33
Lancobriga.......	5.45		40.15
	10.45		40.12
erreur, 16° ½.......	16.20		3
Carthago nova.......	12.15		37.55
	— 3.21		37.36
erreur, 17°.......	15.36		19
Barcino.......	17.15		41. 0
Barcelonne.......	— 0.10		41.22
erreur, 15° ½.......	17.25		22

Palma, longit.	16°50′	lat. 39° 15′
	0.19	39.34
	16.11	19
Tarracon.......	16.20	40.40
Tarragone.......	— 1. 5	41. 9
erreur, 15° ½.......	17.25	29
Pompelon.......	15. 0	43.45
Pampelune.......	— 4. 2	42.50
	19. 2	55.

Ainsi, par un milieu entre ces onze longitudes, en Espagne, la différence des premiers méridiens serait 16° 20′, et l'erreur à peu près égale; mais dans la même région elle varie de 4°.

Burdigala, longit.	18° 0′	lat. 45° 0′
Bordeaux.......	— 2.54	44.50
	20.54	10
Meldæ.......	23. 0	47.30
Meaux.......	+ 32	48.58
	22.28	1.28
Lugdunum.......	23.15	45.50
Lyon.......	2.29	45.46
	20.46	4
Σαμαροβρίουα.......	22.15	52.30
Amiens.......	— 2	49.50
	22.15	2.36
Santonum portus.......	16.50	46.45
La Rochelle.......	— 3.50	46. 9
	20. 0	36
Aquæ Augustæ.......	17. 0	44.40
Bayonne... ...	— 3.49	43.29
	20.49	1.11

Divona... longit.	18° 0'	lat. 47° 15'
Cahors........	— 0.53	44.26
	18.53	2.49
Varicum.......	20.15	46.40
Bourges.......	— 4	47. 5
	20.11	0.25
Tasta.......	19. 0	44.45
Dax.......	— 3.25	43.42
	22.25	1. 3
Augusta Nemetum.......	19. 0	45. 0
Nevers.......	0.49	46.59
	18.11	1.59
Λευκοτεκία.......	23.30	48.30
Paris.......	0. 0	48.50
	23.30	20
Augustodunum.......	23.40	46.30
Autun.......	1.58	46.57
	21.42	27
Καισαρόμαγος.......	22.30	51.20
Beauvais.......	— 15	49.26
	22.45	1.54
Ρατόμαγος.......	22.40	50. 0
Rouen.......	— 1.14	49.26
	23.54	0.34
Augustoritum.......	17.50	48.20
Poitiers.......	— 2. 0	46.35
	19.50	1.45
Ratiastum.......	17.40	47.45
Limoges.......	— 1. 5	45.50
	18.45	1.55

Vessuna, longit.	19° 50′	lat. 46° 50′
Périgueux.......	— 1.37	45.11
	21.27	1.39
Aginnum.......	19.50	46.20
Angoulême.......	— 2.11	45.39
	22. 1	0.41
Augusta.......	18. 0	45.30
Auch.......	— 1.45	43.39
	19.45	1.51
Ruessium.......	18. 0	44.30
Saint-Flour.......	45	45. 2
	17.15	32.

Par un milieu entre ces vingt comparaisons, diff. des premiers méridiens, 20° 23′, au lieu de 33°.

Juliobona, longit.	20° 15′	lat. 51° 20′
Honfleur.......	— 2. 6	49.25
	22.21	1.55
Rhothomagus.......	20.10	50.20
Bayeux.......	— 5. 2	49.17
	25.12	1. 3
Condivincum.......	21.15	50. 0
Nantes.......	— 3.53	47.13
	25. 8	2.47
Autricum.......	21.40	48.15
Chartres.......	— 51	48.27
	22.31	12
Atuacutum.......	24.50	52.50
Anvers.......	2. 4	51.13
	22.26	1.37

Augusta Vuessonum, longit.	23° 30′ lat.	48° 50′
Soissons.......	59	45.23
	22.31	0.33
Augusta Trevirorum.......	26. 0	49.10
Trèves.......	5.18	49.47
	21.42	0.37
Toul.......	26.30	47. 0
	3.33	48.41
	22.57	1.41
Colonia.......	27.40	51.30
Cologne.......	4.35	50.55
	23. 5	0.35
Augusta Rauricorum.......	28. 0	47.10
Bâle.......	5.15	47.34
	22.45	24
Agathopolis.......	22.15	42.50
Montpellier.......	1.32	43.36
	20.43	46
Tauro Entium.......	24.50	42.50
Toulon.......	3.35	43. 7
	21.15	17
Tolosa.......	20.30	44.15
Toulouse.......	— 54	43.36
	21.24	0.39
Betitæ.......	21.30	43.30
Beziers.......	0.33	43.21
	20.57	9
Nemausum.......	22. 0	44.30
Nismes.......	2. 1	43.50
	19.59	40

Dariorigum, longit.	17° 20′	lat.	49° 15′
Vannes.......	— 5. 5		47.39
	22.25		1.36
Juliomagus.......	18.50		49.20
Angers.......	— 2.53		47.28
	21.45		1.52
Agendicum.......	21.15		47.10
Sens.......	57		48.12
	20.18		1. 2
Rigiacum.......	22.50		51. 0
Arras.......	26		50.18
	22. 4		0.42
Bagunum.......	25.15		51.40
Tournay.......	1. 3		56.36
	24.12		1. 4
Durocottorum.......	23.45		48.30
Reims.......	1.42		49.15
	22. 3		0.45
Divodurum.......	25.30		47.20
Metz.......	3.50		49. 7
	21.40		1.47
Nasium.......	25.50		46.40
Nancy.......	3.50		48.42
	22. 0		2. 2
Argentoratum.......	27.50		48.45
Strasbourg.......	5.25		48.35
	22.25		0.10
Visontium.......	26. 0		46. 0
Besançon.......	3.42		47.14
	22.18		1.14

Massilia, longit.	24° 30′ lat.	43° 6′
Marseille.......	3. 2	43.18
	21.28	12
Ruscinum.......	20. 0	43. 3
Perpignan.......	— 0.34	42.42
	20.34	0.21
Carcaso.......	21. 0	43.30
Carcassonne.......	1	43.13
	20.59	0.17
Narbonne.......	21. 0	43. 0
	40	43.11
	20.20	0.11
Avignon.......	23. 0	44. 0
	2.28	43.57
	20.32	3
Accusiorum Colonia.......	23. 0	44.40
Grenoble.......	3.24	45.12
	19.36	32
Aix.......	24.30	43.40
	3. 7	43.32
	21.23	8
Nicæa Massiliensium.......	28. 0	43.26
Nice.......	4.56	43.41
	23. 4	15
Ravenne.......	34.30	44. 0
	9.50	44.25
	24.40	0.25
Vérone.......	33. 0	44. 0
	8.41	45.26
	24.19	1.26

	longit.	lat.
Milan, longit.	30° 40′	44° 15′
	6.52	45.28
	23.48	1.13
Parme.......	32. 0	43.30
	8. 6	44.48
	23.54	1.18
Florence.......	33.56	43. 0
	8.56	43.47
	25. 0	0.47
Palerme.......	37. 0	37. 0
	11. 2	38. 7
	25.58	1. 7
Jérusalem.......	66. 0	31.10
	33. 0	31.48
	33. 0	38
Arles.......	22.45	43.20
	2.18	43.41
	20.27	21
Gottingue.......	31.40	52.30
	7.35	51.32
	24. 5	58
Gènes.......	30. 0	42.50
	6.38	44.25
	23.22	1.35
Aquilée.......	34. 0	45. 0
	11. 3	45.46
	22.57	— 46
Mantoue.......	32.45	43.40
	8.28	45. 4
	24.17	1.24

Turin, longit.	30° 30′	lat.	45° 40′
	5.20		45. 4
	25.10		1.24
Bologne.......	33.30		43.30
	9. 1		44.30
	24.29		1. 0
Rome.......	36.40		41.40
	10. 8		41.54
	26.32		0.14
Athènes.......	52.15		37.15
	21.16		37.58
	30.19		0.43.

Par un milieu entre les trente comparaisons, la différence des méridiens est de 21° 15′, elle devrait être de 33° à très-peu près.

En voici plus qu'il ne faut pour convaincre tout lecteur non préveuu, que la Géographie des anciens n'offre aucune position sur laquelle on puisse compter. Les latitudes ne sont pas toujours exactes à un degré près. Les longitudes n'auraient pu être fixées à 2° près, sans un hasard assez extraordinaire. Les erreurs de 3 à 4° ne sont pas rares dans une même contrée, et il y en a de bien plus fortes d'un pays à l'autre. La Chorographie peut retirer quelque fruit de l'étude des anciens; mais pour les positions absolues, il n'y en a pas une seule à laquelle je voulusse accorder la moindre confiance, à moins de la trouver confirmée par les observations modernes; et dans ce cas, une détermination due au hasard ne sera tout au plus qu'un simple objet de curiosité.

CHAPITRE XIX.

Astrologie.

Nous avons extrait tous les ouvrages mathématiques de Ptolémée. Ses Livres de Musique, publiés en grec et en latin par Wallis, que nous avons parcourus rapidement, ne nous ont rien offert de relatif à l'Astronomie. Il nous reste à indiquer quelques autres compositions dont nous desirerions qu'il ne fût pas l'auteur, et qui traitent d'Astrologie judiciaire. Nous avons déjà parlé (à l'article de Geminus) du Livre des Apparitions, ou du Calendrier, dans lequel Ptolémée avait rassemblé les observations des levers et des couchers faites en différens climats, avec des remarques sur les variations de l'atmosphère. Ces prédictions pouvaient du moins avoir une certaine vérité locale; mais il n'y a de vérité d'aucune espèce dans un autre ouvrage intitulé Τετράβιβλος, ou *les Quatre Livres*. La traduction de cet ouvrage, dont l'original grec est en manuscrit à la Bibliothèque royale, a été imprimée à Bâle, dans la collection de toutes les œuvres de Ptolémée que l'on possédait alors. On y a joint en grec et en latin un commentaire anonyme aussi long que les *Quatre Livres*; le *Tetrabible*, ou *Quadripartitum*, est encore intitulé *De Judiciis*. L'auteur nous dit que l'Astronomie se compose de deux parties, l'une mathématique, qu'il a traitée dans la *Syntaxe*, l'autre *judiciaire*, dont il va parler. Il s'efforce de prouver à Syrus la réalité des influences venues des corps célestes, et la possibilité de les connaître et de les prédire. Mais cette partie de la science est bien plus difficile que la première; peu de personnes sont en état d'y faire des progrès, ce qui l'a fait souvent calomnier par ceux qui ne la connaissaient pas. Elle n'a pas encore été portée à sa perfection, ce qui ne l'empêche pas d'être une science; et si la Médecine ne guérit pas toujours, il peut arriver de même à l'Astrologie de se tromper. Cette science serait d'une grande utilité. Les Égyptiens en ont senti l'importance; et ils ont joint des préceptes de médecine à toutes leurs annonces astronomiques.

Ptolémée traite ensuite des qualités des planètes; de celles qui sont du genre masculin et du genre féminin; des planètes nocturnes et diurnes; de leurs effets dans leurs diverses configurations avec le Soleil; des propriétés des principales étoiles; de celles des saisons et des différentes régions de la Terre; des tropiques, des équinoxes, des signes à deux corps, tels que les Gémeaux, *la Vierge*, le Sagittaire et les Poissons; des signes *fermes*, qui sont le Taureau, le Lion, le Scorpion et le Verseau; des signes masculins et féminins; des signes du soir et du matin; des aspects trine, quadrat et sextil; des signes qui commandent et de ceux qui obéissent; de ceux qui sont amis ou ennemis. Il passe aux triangles et aux hauteurs, aux *fins* suivant les Égyptiens et les Chaldéens; il traite des conjonctions et des écoulemens ou influences, περὶ συναφῶν καὶ ἀπορροιῶν.

On peut juger, par cet extrait du premier livre, ce que sont les trois autres. Dans le second, il parle d'observer les comètes et *l'inclinaison de leurs chevelures*: c'est la première fois qu'il nomme les comètes.

Le troisième a pour objet la partie prognostique et généthlialogique: τὸ προγνωστικὸν μέρος καὶ γενεθλιαλογικόν. On y remarque ce passage, qu'on ne peut connaître exactement l'heure de la naissance d'un enfant, à moins de l'observer à l'horoscope des astrolabes. Les cadrans sont sujets à tromper, parce qu'ils sont mal orientés ou mal construits. Les clepsydres ont le même défaut, parce que l'écoulement n'y est pas uniforme. A cela près, on ne trouve pas dans tout l'ouvrage une seule ligne d'astronomie, comme on ne trouve dans la *Syntaxe* aucun mot d'astrologie, et nous aimerions à croire ce traité pseudonyme. Il a cependant été commenté par Porphyre et par Proclus Diadochus, qui a donné à ses notes le titre de Paraphrase. On a fait pour ce Commentaire de Proclus ce qu'on n'a pas jugé à propos de faire pour la Syntaxe. Il en existe une jolie édition sortie des presses d'Elzévir.

Voici le titre de ce commentaire:

Πρόκλου τοῦ διαδόχου παράφρασις εἰς τὴν τοῦ Πτολεμαίου τετράβιβλον.

Procli Diadochi Paraphrasis in Ptolemæi libros IV de siderum effectionibus a Leone Allatio è græco in latinum conversa. Lugd. Batav., ex officinâ Elzevirianâ, 1635.

Nous avons lu en entier cette paraphrase dans l'idée que nous y pourrions trouver quelque point historique; mais notre peine a été assez inutile. Ce que nous y avons trouvé de plus neuf, sont les symboles ☉, ☾, ☿, ♀, ♂, ♃, ♄, que je n'ai vu encore dans aucun texte grec, non plus que les symboles ♈, ♉, ♊, ♋, ♌, ♍, ♎, ♏, ♐, ♑, ♒, ♓, qui se trouvent également dans cette paraphrase. Le sixième signe est toujours désigné par le mot χηλαί, auquel est accolé le signe ♎. On trouve aussi pourtant τὸ τοῦ ♎, c'est-à-dire τὸ τοῦ ζυγοῦ.

A la page 20, j'ai lu avec surprise qu'un aimant frotté d'ail perdait la vertu d'attirer le fer, καὶ γὰρ σκορόδου παρατριβέντος τῇ μαγνήτιδι οὐχ ἑλκυσθήσεται ὁ σίδηρος ὑπὸ αὐτῆς. On trouve dans le premier livre les bornes ou limites, ὅρια, des planètes, selon la doctrine des Égyptiens et celle des Chaldéens, et enfin selon Ptolémée.

Au livre III, on voit une opération trigonométrique dont la marche est longuement exposée au chap. XV.

Prenons pour exemple celui dans lequel le commencement d'Aries est le *précédent*, et le commencement des Gémeaux le *suivant*; que le climat soit celui de 14^h, l'angle d'une heure pour le commencement des Gémeaux sera de 17° environ. Supposons d'abord que o♈ soit à l'horizon, et o♑ au méridien; que o♊ soit à 148 tems équinoxiaux du méridien; puisque o♈ est à 6^h temporaires du méridien, et que l'heure répond à 17°, 6^h vaudront 102 tems. Or, 148 — 102 = 46 tems; ainsi, le lieu *suivant* arrivera à la place du *précédent* après 46 tems (ce sont à peu près les tems d'Aries et de Taurus), puisque le lieu *aphétique*, ἀφετικὸς τόπος, est supposé horoscoper, ὡροσκοπεῖν.

Maintenant que o♈ soit au méridien, ensorte que o♊ soit à 58 tems équinoxiaux du point qui était d'abord au méridien; il faut que o♊ arrive au méridien; on prendra l'excès 58, qui sera le tems que ♈ et ♉ employent à traverser le méridien, parce que le lieu aphétique est encore au méridien.

Que o♈ soit à l'occident, ensorte que o♋ soit au méridien, et que o♊ soit à 32 du méridien; on prendra alors les *descensions* au lieu des *ascensions*. Or, comme o♈ est de nouveau à 6^h temporaires du méridien, nous aurions encore 102 tems équinoxiaux pour distance de ♊ au méridien. Dans la première position, la distance n'était que de 32; la différence est 70 tems : c'est le tems que o♊ mettra pour arriver à l'horizon. C'est la descension de ♈ et ♉ ou de l'ascension des signes opposés ♎ et ♏.

Supposons maintenant que o♈ ne soit dans aucun des *centres*, mais qu'il soit proégoumène du méridien de trois heures temporaires, de sorte que o♉ soit au méridien, et o♊ soit épomène du méridien de 13 tems. Si nous multiplions les 17 tems par trois heures, nous aurons 51; les 13 de la première position et les 51 de la seconde feront une somme de 64°. Le lieu aphétique se levait en 46 tems; au méridien il faisait 58, au couchant il fait 70. Ce nombre diffère donc dans chaque position, et il diffère dans la proportion de 3ʰ. (De 64 à 70 la différence est 6, c'est-à-dire trois fois la différence avec l'heure équinoxiale et temporaire.)

On peut suivre une méthode plus simple: si la partie précédente se lève, nous prendrons les ascensions jusqu'à la suivante. Si elle est au méridien, nous prendrons les ascensions droites. Si elle se couche, nous prendrons les descensions; mais si elle a une position intermédiaire, nous prendrons d'abord les tems propres de chaque centre, c'est-à-dire 58 et 70. Cherchant ensuite, selon le climat, de combien le précédent est éloigné de chacun d'eux, nous prendrons, suivant le rapport des heures temporaires au quart de cercle, une correction additive ou soustractive; ainsi, dans notre exemple, 70 — 58 = 12; les heures sont 3, c'est-à-dire la moitié de 6; nous prendrons 6, moitié de 12, et les ajoutant à 58, nous aurons 64; ou les retranchant de 70, nous aurons de même 64.

L'opération n'a ni grande difficulté ni grand intérêt; c'est pourtant, comme on voit, la seule du livre qui pourrait avoir quelque importance; mais nous trouverons cette doctrine mieux exposée dans Magini et les modernes.

Nous avons encore de Ptolémée un opuscule intitulé *Centiloquium*, ou recueil de cent maximes tirées de ses divers ouvrages; elles sont d'Astrologie judiciaire pour la plupart, aucune ne concerne l'Astronomie.

A la suite de ces Commentaires, est joint un ouvrage du philosophe Hermès sur les *Révolutions de Nativité*. Le titre en donne une idée suffisante. On y voit des chapitres sur la *ferdarie* de chaque planète. La ferdarie du Soleil est une période de dix ans; celle de Vénus est de huit; celle de Mercure de treize; celle de la Lune de neuf; celles de Saturne, de Jupiter et de Mars sont respectivement de onze, douze et sept ans; celle de la tête du Dragon est de trois; celle de la queue de deux; ce qui fait en tout soixante-quinze.

Puisque nous avons mentionné ces traités d'Astrologie judiciaire, c'est l'instant de parler de Sextus Empiricus, qui a écrit contre les astrologues.

On trouve dans son livre une exposition claire et précise du système des Chaldéens: ils divisaient le zodiaque en douze signes, mâles et femelles alternativement, à commencer par le Bélier, qui était mâle. Quatre de ces signes avaient deux corps: les Gémeaux, le Sagittaire, la Vierge et les Poissons. Les signes *tropiques* sont: le Bélier, la Balance, l'Écrevisse et le Capricorne, parce qu'ils indiquaient les changemens de saisons. Ils comptaient quatre signes solides : le Taureau, le Scorpion, le Lion et le Verseau. Ils appelaient *centres*, l'horoscope ou le point orient; le mésouranème, *la médiation*, ou point qui est au milieu du ciel; le couchant et enfin l'hypogée ou anti-mésouranème, c'est le point qui est au méridien inférieur; mais ils comptaient toujours trois signes entre l'horoscope et le mésouranème; ainsi, ils employaient réellement le nonagésime au lieu du point culminant. Les douze signes dominaient chacun sur une partie du corps, suivant la table ci-jointe.

TABLE Ire.

♈ Κεφαλή, la tête.	♎ Λαγόνες, les flancs.
♉ Τράχηλος, le col.	♏ Αἰδοῖον καὶ μήτρα, les parties sexuelles.
♊ Ὦμοι, les épaules.	♐ Μηροί, les cuisses.
♋ Στέρνον, la poitrine.	♑ Γόνατα, les genoux.
♌ Πλευραί, les côtés.	♒ Κνῆμαι, les jambes.
♍ Γλουτοί, les fesses.	♓ Πόδες, les pieds.

Les signes étaient bons, mauvais et communs : ἀγαθοποιοί, κακοποιοί καὶ κοινοί.

TABLE II.

Maisons.	
1	Ὡροσκόπος, l'horoscope.
2	Ἀπόκλιμα κακοῦ δαίμονος, déclinaison du mauvais démon.
3	Ἐπαναφορὰ ἀγαθοῦ δαίμονος, lever du bon démon.
4	Μεσουράνημα, milieu du ciel.
5	Ἀπόκλιμα, καταμερίς, καὶ μονομοιρία καὶ θεός, déclinaison, partie plus basse, partie unique, et dieu.
6	Ἐπαναφορά, ἀρχὴ θανάτου, ἀργόν, lever subséquent, commencement de la mort, maison sans effet.
7	Δύσις, coucher.
8	Ἀπόκλιμα, ποινή, κακὴ τύχη, déclinaison, dommage, mauvaise fortune.
9	Ἐπαναφορά, ἀγαθὴ τύχη, lever subséquent, bonne fortune.
10	Ἀντιμεσουράνημα ἢ ὑπόγειον, médiation inférieure sous terre.
11	Ἀπόκλιμα, θεά, déclinaison, déesse.
12	Ἐπαναφορά, ἀργὸν ζώδιον, lever subséquent, signe oisif.

Ils partageaient le ciel en douze maisons, dont on voit les noms dans la table II, et les positions dans la figure 148.

Pour diviser le zodiaque en douze signes, Sextus rapporte que les Chaldéens avaient observé combien d'eau s'écoulait d'une clepsydre dans l'intervalle entre deux levers d'une même étoile brillante. Quand la même étoile revenait à l'horizon, ils laissaient couler un douzième de cette eau, alors l'étoile qui se trouvait à l'horizon indiquait qu'un signe entier s'était levé. Chacun des douzièmes suivans donnait un des signes restans. Sextus leur objecte que l'écoulement n'est pas uniforme, en ce qu'il dépend de la température de l'eau, de celle de l'air qui fait obstacle à la sortie, de la propreté de l'instrument, enfin de la vitesse de l'eau, qui n'est pas la même quand la clepsydre est pleine, à moitié, ou presque vide. On pouvait obvier à ce dernier inconvénient en tenant toujours la clepsydre pleine; mais de cette manière même on n'aurait eu que les signes de l'équateur et non ceux de l'écliptique.

Quand une femme était près d'accoucher, un chaldéen se tenait sur un lieu élevé, pour observer le point orient; un autre était auprès de la femme en travail; et quand elle était accouchée, il donnait, avec une cymbale, un signal à l'observateur, qui notait l'étoile à l'horizon si c'était la nuit, ou la hauteur du soleil si c'était le jour.

Sextus demande si c'est bien de l'instant de la naissance que doit dépendre le sort de l'enfant, ou bien de l'instant de la conception, ou de celui de l'émission de la semence. Ce dernier est inconnu, on ne peut le faire entrer dans le calcul. La conception suit-elle de près l'émission de la semence? se fait-elle au bout d'un tems plus ou moins long? On n'en sait rien. On a donc pris le moment de la naissance; mais ce moment est-il celui où la tête de l'enfant commence à sortir et à ressentir la première impression de l'air, ou bien celui où il est tout-à-fait sorti? Voilà bien des incertitudes: mais le signal n'a-t-il pas été donné trop tard? ne faut-il pas un tems pour la propagation du son, et pour que ce son arrive à l'oreille de l'observateur? On se trompera donc sur le point orient, l'horoscope ou l'ascendant, et le thème de nativité sera donc entièrement faux. On pourrait aujourd'hui rendre vaines toutes ces objections en supprimant l'observation et se servant d'une bonne montre sidérale, qui donnerait l'ascension droite du milieu du ciel, le point culminant et l'horoscope. Mais voici une objection plus curieuse.

La réfraction élève l'astre: on le voit quand il est encore sous l'horizon; ainsi l'observation est fausse. On y répondrait encore avec la montre qui donnerait l'horoscope vrai; mais les Chaldéens ne connaissaient ni la réfraction ni les garde-tems; ainsi l'objection reste dans toute sa force. Il est vrai que les Chaldéens auraient pu répondre que l'astre commence à verser ses influences, non à l'instant où il est réellement à l'horizon, mais à celui où l'on en aperçoit la lumière. On pourrait demander en général pourquoi l'influence de l'astre à l'horizon décidait seule du sort de l'enfant, et comment les influences que cet astre et tous les autres exerçaient pendant toute la vie de l'individu, ne pouvaient rien pour modifier son sort; mais ce serait attaquer le principe fondamental, et l'on sent bien que nous n'avons pas l'intention de discuter sérieusement cette doctrine. Voici au reste les propres expressions de Sextus Empiricus, qui ajoute encore que les constellations ne sont pas des corps solides, et qu'elles sont composées de points disséminés entre lesquels il y a de grands vides :

Ἐικὸς γὰρ ὅτι παχυμεροῦς αυτοῦ (ἀέρος) καθεστῶθος, κατα ἀνακλασιν τῆς ὄψεως, το ὑπὸ γῆν ἔτι καθεστὸς ζώδιον δοκεῖν ἤδη ὑπὲρ γῆς τυγχανειν ὁποῖοντι καὶ ἐπὶ τῆς ὕδατος ἀντανακλωμένης ἡλιάκης ἀκτῖνος γίνεται. Μη βλέποντες γὰρ τὸν ἥλιον ἄυτον, πολλάκις ὡς ἥλιον δοξάζομεν.

Il y a toute apparence que l'air étant dense, la réfraction qu'éprouve la vue (ou le rayon visuel parti de l'œil), *fait paraître au-dessus de l'horizon l'astre qui est encore au-dessous. Ainsi, quand le rayon solaire est réfléchi par l'eau, nous croyons voir le Soleil même quand nous ne voyons que son image.* On voit que Sextus Empiricus avait sur la vue le système d'Euclide et de Ptolémée, et qu'il croyait à la réalité de la réfraction.

Il parle plus loin d'une longue période qui ramenait les astres à une même position; il la fait de 9977 ans : Ἐπεὶ οὖν ὁ αὐτὸς τῶν ἀστέρων συσχηματισμὸς διὰ μακρῶν ὥσφατιν χρόνων θεωρεῖται. Ἀποκαταστάσεως γινομένης τοῦ μεγάλου ἐνιαυτοῦ δὶ ἐννεακισχιλίων ἐννεακοσίων καὶ ἑβδομήκοντα καὶ ἑπτὰ ἐτῶν.

Il dit, pag. 663, qu'Aristarque faisait mouvoir la Terre; c'est peut-être un témoignage à ajouter à celui d'Archimède, qui a écrit la même chose; mais il vaudrait mieux qu'Aristarque l'eût dit lui-même.

Nous avons vu, page 344, que les cadrans et les clepsydres ne donnaient pas l'heure avec assez d'exactitude pour bien calculer un thème de nativité. D'un autre côté, nous avons vu que toutes les observations étaient données en heures temporaires, ce qui suppose que les astronomes se servaient de ces mêmes cadrans ou de ces clepsydres, pour déterminer le tems du phénomène. Il en résulterait que les Grecs se montraient plus scrupuleux en Astrologie qu'en Astronomie. La raison en est sans doute que le mouvement diurne est considérablement plus rapide que le mouvement propre d'aucun astre, et qu'ainsi l'observation de l'horoscope était celle qui exigeait la plus grande précision.

LIVRE CINQUIÈME.

CHAPITRE PREMIER.

Commentaire sur la composition mathématique de Ptolémée, par Théon d'Alexandrie.

Après les livres de Ptolémée, ce Commentaire est l'ouvrage le plus important et le plus curieux qui nous reste des Grecs, et c'est le dernier qui soit sorti de l'école d'Alexandrie; à ces titres, il mérite un extrait détaillé. Théon était moins ancien que Théodose, qu'il cite en plusieurs endroits.

Théon commence par annoncer qu'il ne suivra pas l'exemple des commentateurs ordinaires, qui se montrent fort diserts sur les passages qui n'offrent aucune difficulté, et passent sous silence tout ce qui peut donner quelque peine à entendre ou à éclaircir. Il n'a pas toujours été bien fidèle à cette promesse: j'ai souvent cherché des éclaircissemens, et je n'ai trouvé que les expressions de Ptolémée ou fidèlement copiées ou légèrement modifiées, et ce Commentaire est le plus souvent une paraphrase qui peut bien rendre les méthodes un peu plus intelligibles, mais qui au fond ne présente rien qu'on ne puisse, avec un peu d'attention, trouver dans le texte même. On n'y voit aucune des traditions aujourd'hui perdues, et qui auraient dû se conserver à l'observatoire d'Alexandrie; aucun détail nouveau sur les instrumens et la manière de s'en servir. Théon a trop souvent l'air de ne connaître que Ptolémée, et de n'avoir lu que la Syntaxe qu'il commente. Ce que nous lui devons, ce sont d'abord quelquelques théorèmes élémentaires, et quelques exemples figurés de calculs. Au reste, nous apprécierons successivement toutes les parties de ce commentaire, qui n'est pas tout ce qu'on aurait pû faire, ni dans ces tems éloignés, ni aujourd'hui même.

Théon reconnait d'abord qu'on ne peut assigner d'autre cause que la volonté d'un Dieu au premier mouvement qui entraîne tout le ciel d'orient en occident. Selon lui, le mouvement circulaire est propre aux substances incorruptibles; les autres ne peuvent aller qu'en ligne droite, de la circonférence au centre, si elles sont pesantes, et du centre à la circonférence, si elles sont légères.

Ptolémée n'a compris ni le Soleil ni la Lune parmi les planètes : la raison qu'en donne Théon, c'est que ces deux astres n'ont ni stations ni rétrogradations. La véritable raison, c'est que Ptolémée en avait traité séparément, parce que leurs théories étaient plus simples, au lieu que celle des planètes est compliquée d'une seconde inégalité et suppose la théorie du Soleil.

Ptolémée a bien dit que le mouvement du ciel est celui d'une sphère; mais il n'a pas dit expressément que le ciel soit sphérique; et en effet, l'Astronomie moderne, qui donne à chaque astre son lieu, sa distance et son mouvement particulier, ne détermine, en aucune manière, la figure du tout; et la sphéricité, supposée au moins tacitement par les astronomes anciens, n'est nullement nécessaire à l'explication des phénomènes.

Si les astres ont un mouvement propre dans un cercle incliné à l'équateur, le mouvement diurne ne se fera pas dans un cercle parallèle à l'équateur, mais les astres décriront des hélices.

C'est au moyen des clepsydres qu'on a pu mesurer le tems que les astres passent soit au-dessus, soit au-dessous de l'horizon. A dire vrai, elles pouvaient prouver que la même étoile emploie toujours le même tems à traverser la partie soit visible, soit invisible du ciel, mais elles ne pouvaient mesurer avec exactitude les rapports des durées pour différentes étoiles.

Les épicuriens pensaient que le mouvement des astres se faisait en ligne droite; Théon les réfute; et il est bien singulier que ces philosophes aient pu soutenir une opinion si contraire à tous les phénomènes.

Héraclite prétendait que les astres s'éteignaient à l'occident et se rallumaient à l'orient; cette idée est plus ridicule encore que la précédente. Pour nos antipodes, l'orient devient l'occident, et réciproquement : les astres se rallumeraient donc pour eux à l'instant où ils s'éteignent pour nous, et s'éteindraient pour eux quand ils se rallument pour nous. Théon croyait donc fermement aux antipodes; il avait raison par le fait, mais il manquait de preuves directes et positives.

Théon se donne la peine de prouver rigoureusement, et par des figures, que la Terre n'est ni cylindrique ni conique.

Les astres à l'horizon nous paraissent plus grands par un effet des vapeurs à travers lesquelles nous les voyons, et qui font subir aux rayons une réfraction qui en augmente le diamètre; il cite le témoignage d'Archimède, dans sa Catoptrique, ἐν τοῖς περὶ κατοπτρικῶν. C'est par la même raison que les corps plongés dans l'eau paraissent d'autant plus grands, qu'ils y sont plongés plus profondément.

Il est singulier que Théon dans cet endroit ni dans aucun autre, ne fasse aucune mention de l'Optique de Ptolémée ni de sa théorie de la réfraction, et qu'il n'en fasse aucune application à l'Astronomie.

Soient (fig. 149) deux corps inégaux AB, CD, vus de l'œil E sous le même angle AEB = CED; ils paraissent égaux si on les voit dans l'air. Versez de l'eau et que la surface de cette eau soit ZH; menez les rayons visuels ETA, EKB, ces rayons se briseront à la surface de l'eau, ensorte que AB sera vu comme LM.

Menez d'autres rayons EX, EN, ils se briseront à la surface pour arriver en D et en C; le corps CD sera vu en OP, car nous jugeons les objets sur la ligne droite; AB vu comme LM, paraîtra augmenté, mais moins que CD, qui paraîtra OP; OP sera plus grand que LM; ainsi, les astres inégaux qui, dans l'air, nous paraissent égaux, nous paraîtront inégaux dans un air plus épais. Cette démonstration de Théon n'a ni la justesse ni la généralité qu'on peut desirer; mais quoique mal présentée, elle prouverait que tous les astres vus à travers un air plus épais paraissent augmentés; AB devient LM, CD devient OP.

Soit (fig. 150) $\alpha\beta$ la Terre autour du centre γ, $\varepsilon\zeta\eta$ la sphère des corps célestes, $\theta\varkappa\delta$ l'atmosphère, $\varepsilon\eta$ l'horizon du point α, $\gamma\alpha\varkappa\zeta$ le vertical; nous aurons $\theta\alpha = \alpha\delta > \alpha\varkappa$; une oblique quelconque $\alpha\lambda$ sera plus grande que $\alpha\varkappa$ et plus petite que $\alpha\theta$; elle augmentera toujours en approchant de θ; il en sera de même de toute autre oblique, comme $\alpha\mu$ entre $\varkappa$ et δ; l'astre à l'horizon en ε ou en η aura plus de vapeurs à traverser qu'un astre vu dans les directions $\alpha\lambda$ ou $\alpha\mu$; ainsi les astres paraîtront d'autant plus grands, qu'ils seront plus voisins de l'horizon.

L'explication paraît spécieuse; elle n'en était pas plus vraie. Un jour que la Lune à l'horizon paraissait excessivement grande, je l'enfermai entre les deux fils parallèles d'un micromètre, et à mesure qu'elle s'élevait plus haut sur l'horizon, elle débordait les fils; le diamètre apparent dans la lunette augmentait donc réellement à mesure qu'à l'œil nu il paraissait diminuer. L'augmentation de la Lune à l'horizon est donc une illusion optique dont il faut chercher une autre explication. On ne peut pas tenter la même expérience sur les étoiles, dont le diamètre échappe à toutes nos mesures.

En preuve du mouvement sphérique du Soleil, Théon cite les cadrans solaires construits dans cette hypothèse, et qui montrent l'heure exactement. Cela prouverait encore que la Terre n'est guère qu'un point en comparaison de la distance du Soleil, puisqu'on prend le sommet du gnomon pour le centre de la sphère; mais cette preuve n'a pas toute la valeur que suppose Théon : le lever du Soleil est accéléré de quelques minutes par la réfraction, et le coucher retardé d'autant. Les cadrans sont donc nécessairement faux à l'horizon; Théon parait l'ignorer; et de plus, on peut dire que les cadrans anciens n'étaient jamais justes à la minute, et il était impossible de s'en apercevoir, puisqu'on n'avait aucun moyen meilleur pour mesurer le tems.

La forme sphérique est d'ailleurs la plus propre au mouvement. Zénodore avait fait un traité des isomètres et des isopérimètres. Théon en donne un extrait. Cet auteur avait prouvé que de toutes les figures isopérimètres, la plus grande était celle qui avait un plus grand nombre d'angles et de côtés; que le cercle était par conséquent la plus grande de toutes. Qu'il en était de même de la sphère comparée aux autres solides. La démonstration de Zénodore est trop longue pour la rapporter ici; d'ailleurs elle ressemble à des choses que nous avons vues dans Ptolémée. Il démontre ensuite que de toutes les figures isopérimètres d'un même nombre de côtés, la plus grande est celle qui a tous ses côtés égaux.

Il démontre encore ce théorème : soient deux triangles rectangles semblables; si les trois côtés du premier sont a, b, c, ceux du second seront na, nb, nc; on aura les deux équations

$$a^2+b^2=c^2;\ n^2a^2+n^2b^2=n^2c^2=n^2(a^2+b^2);$$

ajoutez $$(n^2+1)a^2+(n^2+1)b^2=(n^2+1)c^2.$$

Au lieu de deux triangles, supposez que le nombre en soit indéfini, vous aurez de même

$$(m^2+n^2+q^2+\text{etc.}+1)(a^2+b^2)=(m^2+n^2+q^2+\text{etc.}+1)c^2.$$

Théon démontre synthétiquement et d'une manière assez simple, ce qu'il suffit d'écrire algébriquement pour en apercevoir la vérité.

Si vous avez deux triangles isoscèles semblables sur des bases inégales, et sur les deux mêmes bases deux triangles isoscèles non semblables, mais isopérimètres, la somme des deux triangles isoscèles sera plus grande que celle des deux autres.

On peut démontrer ce théorème de Zénodore par une considération bien simple. Soit $2e$ la base d'un triangle, et $2a$ la somme des deux autres côtés; ce triangle aura nécessairement son sommet à la périphérie d'une ellipse dont e sera l'excentricité, et $2a$ le grand axe. Soit y l'ordonnée menée du sommet sur le grand axe; ey sera la surface, et cette surface augmentera avec y; le *maximum* sera donc eb, b étant le demi-petit axe, ensorte que $b^2 = aa - ee$; ainsi, tout triangle dont la base et le périmètre entier sont constans appartient à une ellipse.

Soit un autre triangle dont la base soit $2ne$, et la somme des deux autres côtés $= 2na$, il appartiendra à une ellipse semblable à la première; l'aire sera $ne.ny$ et le *maximum* $ne.nb$, et ce triangle *maximum* sera isoscèle. On aura $ne.nb + eb > ne.ny + ey$ ou $ab\,(n^2+1) > ey\,(n^2+1)$, car $b > y$: c'est le théorème de Zénodore.

Une sphère qui a sa surface égale à celle d'un solide dont toutes les surfaces sont coniques, a un volume plus grand que celui du solide.

La sphère est plus grande que chacun des cinq polyèdres de Platon.

Après ces théorèmes, qui paraissent aujourd'hui assez étrangers à l'Astronomie, Théon entreprend de prouver la sphéricité de la Terre par les différences des tems où les phases des éclipses de la Lune sont observées en différens pays. Les distances, nous dit-il, sont ce qu'elles doivent être sur une sphère. On peut douter que de son tems les distances terrestres et célestes fussent assez bien connues pour fournir une démonstration bien sûre. Tous ces raisonnemens supposent deux choses qui sont en question : d'abord, la sphéricité même qu'on veut prouver, et ensuite l'uniformité invariable du mouvement diurne, dont on n'a guère encore aujourd'hui que des preuves négatives. En lui passant toutes ses suppositions, la démonstration ne sera bonne que pour l'équateur et ses parallèles. Théon ne dit rien des méridiens, qui fourniraient une preuve bien plus facile par les hauteurs solsticiales comparées aux distances itinéraires; il est assez étrange qu'il n'en dise pas un mot. Quant aux grands cercles qui ne seraient ni l'équateur ni des méridiens, la preuve serait plus difficile; il n'en parle pas. Il est vrai que cette dernière preuve serait superflue s'il avait démontré la circularité des méridiens et celle des parallèles. De toutes les expériences supposées par Théon, il n'y avait que celle des méridiens qui eût été tentée par la mesure des $7^{\circ}\frac{1}{5}$ entre Alexandrie et Syène, et ensuite entre Syène et Méroé. Si l'on eût en effet mesuré deux arcs du méridien de 5000 stades chacun, et répondant chacun à un arc de méridien de $7^{\circ}\,12'$, la circularité des méridien eût été démontrée autant qu'elle peut l'être par les observations. Théon imite en cet endroit le silence de Ptolémée; il en fait de même partout : quand on regrette dans Ptolémée une omission importante, on a de même à la regretter dans le Commentaire. Ne serait-on pas en droit d'en conclure qu'à Alexandrie même on ne faisait pas un grand cas de ces prétendues mesures que les modernes ont voulu nous donner comme si exactes. Théon revient encore sur sa preuve; il applique à un grand cercle quelconque ce qu'il a dit de l'équateur, et prouve fort bien que si la Terre est sphérique, en avançant le long d'un grand cercle, on gagnera d'un côté ce qu'on perdra de l'autre, et qu'on verra toujours une partie égale du ciel. Cette nouvelle démonstration est encore une pétition de principe; elle pose à faux si la Terre est un sphéroïde, soit applati, soit allongé ou irrégulier.

Les montagnes n'empêchent pas que la Terre ne soit sensiblement sphérique. On a trouvé que la circonférence de la Terre est de 180,000 stades; c'est ce que Ptolémée nous dit dans sa Géographie, sans ajouter aucun éclaircissement ni sur l'espèce des stades, ni sur la mesure en elle-même, et Théon montre la même discrétion. Ce rapport si simple de 180,000 stades à 360° n'est-il pas une raison de penser que le stade est purement astronomique, et qu'ainsi il ne signifie rien pour nous tant qu'il ne sera pas comparé avec une mesure linéaire bien connue.

Théon ajoute qu'Eratosthène après avoir mesuré avec le dioptre l'angle de hauteur des différentes montagnes dont il avait déterminé les distances, avait prouvé que la plus haute n'avait pas dix stades; mais les stades d'Eratosthène étaient de 700 au degré, 10 stades valaient............ $\frac{1}{70}$ de degré $=\frac{57000}{70}=\frac{5700}{7}=814$ toises environ. Suivant la mesure de de Ptolémée, 10 stades feraient $\frac{5700}{5}=1140^t$; cela revient à peu près au même pour la conclusion qu'il en veut déduire. Il calcule la solidité de la Terre par les théorèmes d'Archimède; il trouve $98^{mmm}\ 4063^{mm}\ 6446^{m}$ 9497 stades.

Imaginez, nous dit-il, une montagne de 10 stades sur une pareille masse, vous verrez qu'elle n'y fera aucun effet sensible. Il eut été plus juste de comparer les dix stades au rayon de la Terre, ou 10 à 50000, ou 1 à 5000, ou bien de calculer la masse de la montagne pour la comparer au nombre de 98,4 myriades triples de stades.

Théon prouve ensuite que le carré du diamètre est au cercle comme le cube est au cylindre de même hauteur.

$$D^2 : \text{cercle} :: D^2.D : \text{cercle}.D :: \text{cube du diamètre} : \text{cylindre}.$$

La surface de la mer est courbe; Théon le prouve par l'expérience des navigateurs, qui, ne voyant ni terre, ni montagne, ni vaisseau quand ils se tiennent au pied du mât, en aperçoivent du sommet; il ajoute que l'eau cherchant toujours le lieu le plus bas, ne peut prendre que la forme sphérique; il n'y a en effet que la surface sphérique dont tous les points soient à égale distance du centre. Il développe les raisons données par Ptolémée pour démontrer que la Terre est au centre; il en allègue des preuves qui tombent d'elles-mêmes dès qu'on admet, avec Copernic, que le cercle décrit par la Terre, dans son mouvement annuel, n'a aucune proportion assignable avec la sphère des fixes. Il le prouve par l'écliptique, dont on voit toujours la moitié, sans nous dire sur quelles observations il fonde son assertion, qui n'est même pas vraie, puisque, par l'effet de la réfraction, nous voyons toujours 181° de l'écliptique; il s'appuie encore sur les éclipses de Lune, qui n'auraient pas toujours lieu dans les oppositions si la Terre n'était pas au centre; mais il suffit que la Terre soit au centre de l'orbite lunaire.

Le Soleil est 170 fois gros comme la Terre, et il nous paraît de la grandeur d'un pied; la Terre, vue du Soleil, paraîtrait de........ $\frac{1}{170}$ de pied $= \frac{144}{170}$ lignes $= \frac{170-26}{170} =$ 1 ligne $- \frac{26}{170} =$ 1 ligne $- \frac{13}{85}$; ainsi elle paraîtrait moindre que la plus petite étoile.

Les graves abandonnés à eux-mêmes tombent suivant une direction perpendiculaire à la surface de la Terre, ce qui prouve, dit Théon, qu'elle est le centre du ciel sphérique. On le voit encore par les niveaux et les fils à plomb. Sans la résistance de la Terre, les graves descendraient jusqu'au centre. La Terre est immobile à ce centre, parce qu'elle est également pressée de toute part : *ἰσοσθενῶς πανταχόθεν ἀνταθούμενον ἢ ἀντερειδόμενον.*

Dans l'univers ou dans *le tout* sphérique il n'y a ni haut ni bas; les efforts sont égaux de tout côté; la Terre doit donc être immobile. Dans les différens climats on voit le Soleil à différentes hauteurs; il n'y a donc ni haut ni bas; c'est par préjugé que nous appelons haut ce qui est au-dessus de nos têtes, bas ce qui est à nos pieds; cela ne peut être vrai que par rapport à la Terre.

Il examine ensuite la question de la rotation de la Terre autour de son axe. Il expose longuement comment on satisferait aux phénomènes diurnes par le mouvement de la Terre au centre du ciel immobile, ou bien encore en donnant à la Terre et au ciel des mouvemens contraires; il convient que quant aux étoiles tout reviendrait au même; mais il répète les objections de Ptolémée. Il ajoute que les *comètes* et les nuages plus épais que l'air, ne pourraient jamais se mouvoir en sens contraire. On peut remarquer que le mot *comète* ne se trouve pas une seule fois dans la Syntaxe mathématique, et que Théon a l'air ici de les regarder comme des amas de vapeurs, puisqu'il les assimile aux nuages.

Dans le chapitre sur les deux mouvemens du ciel, Théon nous donne d'avance les inclinaisons des orbites des planètes. Pour le Soleil, $23^{\circ}51'20''$; pour la Lune, 5°; pour Mercure, $4^{\circ}32'$; pour Vénus, $9^{\circ}0'$; pour Mars, $7^{\circ}30'$; pour Jupiter, 2°; enfin pour Saturne, $3^{\circ}15'$. Voyez le dernier livre de Ptolémée; il suppose la précession de 1° en cent ans.

On reconnaît que l'écliptique est un grand cercle, en ce qu'elle est également inclinée au-dessus et au-dessous de l'équateur. Si le mouvement propre des astres s'opérait autour des pôles de l'équateur, par un simple retardement, et non par un mouvement réel, le Soleil décrirait en un seul jour 359° de son cercle oblique; s'étant levé au tropique d'été, il se coucherait au tropique d'hiver. Cet argument singulier est de Théon; on n'en voit rien dans Ptolémée.

Hipparque avait composé douze livres sur le calcul des cordes du cercle; Ménélaüs avait traité le même sujet en six livres; Ptolémée a le mérite d'avoir réduit toute cette théorie à un petit nombre de lemmes et de théorèmes faciles. Théon ne dit pas si Ptolémée est véritablement l'auteur de ces propositions, ou s'il a simplement extrait des ouvrages de ses devanciers ce qui lui a paru suffire à la construction de la table. Il est possible qu'un auteur qui compose un traité tout entier *ex professo* sur un sujet, y mette beaucoup de choses qui n'ont pas d'applications fréquentes ou qui ne servent que de vérifications, et que l'auteur qui vient après s'occuper en passant du même objet, pour en faire un chapitre d'un ouvrage où cet objet n'est plus qu'un accessoire, fasse un choix parmi un grand nombre de propositions et de méthodes. Son but était non de calculer la table par les moyens les plus expéditifs, mais de montrer comment elle a pu être construite, afin qu'on puisse l'employer sans scrupule. Mais, d'un autre côté, on peut dire que si Ptolémée n'a composé qu'un extrait, il n'y avait pas lieu à cette admiration que témoigne Théon; *θαυμάσαι δ' ἔστι τὸν ἄνδρα*. On pourra cependant répliquer que Synésius se sert à peu près des mêmes termes à l'occasion du planisphère que Ptolémée avait rédigé d'après le *vieil* Hipparque.

Théon développe ensuite les principes du calcul sexagésimal; il montre quel est l'ordre des quantités qui proviennent de la multiplication et de la division d'un nombre sexagésimal par un autre. 1° est ici l'unité et ne change pas l'ordre de la quantité qu'il multiplie ou divise; mais quand une fraction en multiplie une autre, le produit change d'espèce.

Pour l'exprimer d'une manière abrégée, représentons les fractions sexagésimales comme il suit : 1° $\frac{1}{60}$, $\frac{1}{60^2}$, $\frac{1}{60^3}$, $\frac{1}{60^4}$ etc., nous aurons

$$\frac{1}{60} \times \frac{1}{60} = \frac{1}{60^2}; \; \frac{1}{60} \times \frac{1}{60^2} = \frac{1}{60^3}; \; \frac{1}{60^m} \times \frac{1}{60^n} = \frac{1}{60^{m+n}}.$$

Il démontre tout cela comme on démontre en géométrie la multiplication des lignes.

Vous trouverez les démonstrations de Théon dans l'ouvrage intitulé : *Mauricii Bressii Grationopolitani Regii et Rami, mathematicarum Lutetiæ professoris, metrices astronomicæ libri quatuor. Paris* 1581. Théon est obscur et prolixe. J'ai simplifié tout cet endroit dans mon Arithmétique des Grecs; on y trouvera toutes les opérations que fait ici Théon.

A la démonstration donnée par Ptolémée du théorème des diagonales du quadrilatère inscrit au cercle, Théon ajoute la démonstration particulière du cas où les côtés sont égaux, et par conséquent aussi les diagonales. Il a pris en cela une peine assez superflue. Nous ne le suivrons pas dans ce qu'il dit de la construction, de la vérification et de l'usage de la table des cordes. Voyez notre Trigonométrie des Grecs. Il prouve ensuite que l'arc qui joint les pôles de deux grands cercles est égal à leur inclinaison.

Soit ♈Q♎ l'équateur, ♈C♎ l'écliptique, QCPE le colure des solstices; (fig. 151)

$$PQ = 90^\circ; \; CE = 90;$$

$$PE = CE - CP = CE - (PQ - CQ) = CE - PQ + CQ = 90^\circ - 90^\circ + CQ;$$

donc $PE = CQ$: cette démonstration est simple et naturelle, celle de Théon est obscure et la figure mal faite.

Dans la description de l'instrument propre à mesurer cet angle, Théon répète l'expression vague de Ptolémée : εἰς ὅσα ἐνδέχεται. Nous avons déjà fait nos remarques sur ces mots, et Théon n'éclaircit rien. On ne sait si l'armille équatoriale subsistait encore de son tems. Il parle ensuite des deux petits gnomons dont l'un devait couvrir l'autre de son ombre. Voyez Proclus qui en a donné la figure, qu'il aura composée sans doute d'après le texte de Ptolémée; le fil à plomb portait un poids conique. Dans la longue explication qu'il donne de la manière dont on observait les deux solstices pour en déduire l'obliquité et la hauteur du pôle, il ne dit rien qui ne soit tout aussi clair dans Ptolémée, et pas un mot de ce que Ptolémée s'est permis de passer sous silence.

Dans la description de l'autre instrument ou du quart de cercle que j'ai donnée dans mon Astronomie, Théon nous parle d'un instrument qui servait à reconnaître l'horizontalité d'un plan ; il l'appelle diabète ou alpharion; ἔστι δὲ ὁ διαβήτης ἤτοι τὸ ἀλφάριον εἰκὸς τῷ χαροβάτῃ καρπῷ. Un autre moyen, c'est de répandre de l'eau et de mettre des cales sous le plan pour que l'eau ne coule pas d'un côté plus que de l'autre. Il dit, comme Ptolémée, que l'intervalle solstitial a toujours paru 47°, un peu plus que $\frac{2}{3}$ et moins que $\frac{3}{4}$, ce qui est presque le rapport d'Eratosthène, dont *Hipparque s'est servi comme d'une quantité bien déterminée*, car Eratosthène avait trouvé $\frac{11}{83}$ qui valent 47° 42′ 40″, ou mieux 47° 42′ 39″,4 ; ainsi, l'obliquité serait 23° 51′ 19″,7. Nous n'avons ni les deux distances ni la hauteur du pôle. Voyez notre article d'Eratosthène. Si Théon ne nous apprend rien de ce qu'il nous importait de savoir, c'est qu'il n'en savait pas davantage suivant toute apparence ; c'est qu'il ne restait nulle trace de l'observation de Ptolémée, et peut-être aussi que Ptolémée n'avait rien observé. Théon, qui s'appesantit avec tant de complaisance sur les démonstrations et les développemens les plus inutiles, n'aurait pas manqué de rapporter ce qui aurait pu donner un tout autre prix à son Commentaire ; il passe aux fondemens de la Trigonométrie sphérique.

Pour établir sa démonstration, il donne cette définition de la raison composée, qu'il a fait entrer dans son édition d'Euclide, et qui a été si amèrement critiquée par Robert Simson; il reproduit, en les développant, les démonstrations de Ptolémée. Dans notre Trigonométrie des Grecs, en démontrant ces théorèmes anciens, pour abréger et en même tems épargner les figures, nous avons tout ramené à la règle des sinus des angles et des côtés opposés : ici nous croyons devoir donner les démonstrations de Théon.

Supposons (fig. 152) que l'on ait deux droites $\alpha\beta$, $\alpha\gamma$ formant un angle α, et que l'on mène les droites $\beta\varepsilon$, $\gamma\delta$, qui se coupent en ζ; je dis que la raison de $\alpha\gamma : \alpha\varepsilon$ sera composée des raisons de $\gamma\delta$ à $\delta\zeta$ et de $\zeta\beta$ à $\beta\varepsilon$, c'est-à-dire que l'on aura $\frac{\alpha\varepsilon}{\alpha\gamma} = \frac{\delta\zeta}{\delta\gamma} \cdot \frac{\varepsilon\beta}{\zeta\beta}$; pour le prouver, menons $\varepsilon\eta$ parallèle à $\gamma\delta$; à cause de ces deux parallèles, nous aurons

$$\alpha\gamma : \varepsilon\alpha :: \gamma\delta : \varepsilon\eta;$$

mais $$\gamma\delta : \varepsilon\eta :: \gamma\delta \,.\, \delta\zeta : \varepsilon\eta \,.\, \delta\zeta,$$

donc $$\alpha\gamma : \alpha\varepsilon :: \gamma\delta \,.\, \delta\zeta : \varepsilon\eta \,.\, \delta\zeta; \text{ or, } \delta\zeta : \varepsilon\eta :: \zeta\beta : \beta\varepsilon; \ \frac{\varepsilon\eta}{\delta\zeta} = \frac{\beta\varepsilon}{\beta\zeta};$$

donc $$\frac{\alpha\varepsilon}{\alpha\gamma} = \frac{\varepsilon\eta \,.\, \delta\zeta}{\gamma\delta \,.\, \delta\zeta} = \frac{\delta\zeta}{\delta\gamma} \cdot \frac{\varepsilon\eta}{\delta\zeta} = \frac{\delta\zeta}{\delta\gamma} \cdot \frac{\beta\varepsilon}{\beta\zeta};$$ 1er lemme.

On en conclut $\frac{\beta\zeta}{\beta\epsilon}=\frac{\delta\zeta}{\gamma\delta}\cdot\frac{\alpha\gamma}{\alpha\epsilon}$; lemme qui n'est qu'une transposition du 1er.

Menons $\zeta\kappa'$ parallèle à $\beta\alpha$; $\beta\epsilon:\epsilon\zeta::\beta\alpha:\zeta\kappa'::\beta\alpha.\alpha\delta:\zeta\kappa'.\alpha\delta$;

$$\frac{\beta\epsilon}{\epsilon\zeta}=\frac{\beta\alpha}{\alpha\delta}\cdot\frac{\alpha\delta}{\zeta\kappa'}=\frac{\beta\alpha}{\alpha\delta}\cdot\frac{\gamma\delta}{\gamma\zeta} \text{ ou } \frac{\epsilon\zeta}{\beta\epsilon}=\frac{\alpha\delta}{\alpha\beta}\cdot\frac{\gamma\zeta}{\gamma\delta}; \text{ 2}^{\text{e}} \text{ lemme.}$$

Soient (fig. 155) $\alpha\beta$ et $\alpha\gamma$; menons $\beta\epsilon$ et $\gamma\delta$ qui se coupent en ζ; menons $\alpha\kappa'$ parallèle à $\beta\epsilon$, et prolongeons $\gamma\delta$ jusqu'en κ';

$$\gamma\epsilon:\epsilon\alpha::\gamma\zeta:\zeta\kappa'::\gamma\zeta.\zeta\delta:\zeta\kappa'.\zeta\delta;$$

$$\frac{\epsilon\alpha}{\gamma\epsilon}=\frac{\zeta\kappa'.\zeta\delta}{\gamma\zeta.\zeta\delta}=\frac{\delta\zeta}{\gamma\zeta}\cdot\frac{\zeta\kappa'}{\zeta\delta}=\frac{\delta\zeta}{\gamma\zeta}\cdot\frac{\alpha\beta}{\beta\delta}; \text{ 3}^{\text{e}} \text{ lemme.}$$

Menons $\alpha\kappa$ parallèle à $\gamma\delta$, et prolongeons $\beta\epsilon$ jusqu'en κ,

$$\left.\begin{array}{l}\beta\zeta:\zeta\kappa::\beta\delta:\delta\alpha\\ \zeta\kappa:\zeta\epsilon::\alpha\gamma:\gamma\epsilon\end{array}\right\}\frac{\zeta\epsilon}{\beta\zeta}=\frac{\gamma\epsilon.\delta\alpha}{\beta\delta.\alpha\gamma}, \text{ ou } \frac{\gamma\epsilon}{\alpha\gamma}=\frac{\zeta\epsilon}{\beta\zeta}\cdot\frac{\beta\delta}{\delta\alpha}; \text{ 4}^{\text{e}} \text{ lemme.}$$

Nous nous sommes écartés, dans cette dernière démonstration, de la marche de Théon, pour n'avoir pas à multiplier un rapport par une arbitraire prise en dehors, comme disent les Grecs, telle que $\delta\zeta$ dans la première démonstration, $\alpha\delta$ dans la seconde, et $\zeta\delta$ dans la troisième.

Ces théorèmes ainsi présentés se démontrent facilement et s'oublient de même; ils ne laissent aucune idée dans l'esprit; en les traduisant, on aura :

$$\frac{\text{1}^{\text{er}}\text{ seg. 2}^{\text{e}}\text{ ligne}}{\text{1}^{\text{er}}\text{ seg.}+\text{2}^{\text{e}}\text{ seg.}}=\frac{\text{2}^{\text{e}}\text{ seg. de la 4}^{\text{e}}\text{ ligne}}{\text{2}^{\text{e}}\text{ seg.}+\text{1}^{\text{er}}\text{ s. 4}^{\text{e}}\text{ lig.}}\cdot\frac{\text{1}^{\text{er}}+\text{2}^{\text{e}}\text{ seg. 3}^{\text{e}}\text{ lig.}}{\text{1}^{\text{er}}\text{ seg. 3}^{\text{e}}\text{ lig.}}, \text{ 1}^{\text{er}}\text{ lemme;}$$

$$\frac{\text{1}^{\text{er}}\text{ seg. 3}^{\text{e}}\text{ ligne}}{\text{1}^{\text{er}}+\text{2}^{\text{e}}\text{ seg. 3}^{\text{e}}\text{ lig.}}=\frac{\text{2}^{\text{e}}\text{ seg. 4}^{\text{e}}\text{ ligne}}{\text{2}^{\text{e}}+\text{1}^{\text{er}}\text{ seg. 4}^{\text{e}}\text{ lig.}}\cdot\frac{\text{1}^{\text{er}}+\text{2}^{\text{e}}\text{ seg. 2}^{\text{e}}\text{ lig.}}{\text{1}^{\text{er}}\text{ seg. 2}^{\text{e}}\text{ ligne}}, \text{ renversem. du 1}^{\text{er}}\text{;}$$

$$\frac{\text{2}^{\text{e}}\text{ seg. 3}^{\text{e}}\text{ ligne}}{\text{2}^{\text{e}}+\text{1}^{\text{er}}\text{ seg.}}=\frac{\text{1}^{\text{er}}\text{ seg. 1}^{\text{re}}\text{ ligne}}{\text{1}^{\text{er}}+\text{2}^{\text{e}}\text{ seg. 1}^{\text{re}}\text{ lig.}}\cdot\frac{\text{1}^{\text{er}}\text{ de 4}^{\text{e}}\text{ ligne}}{\text{1}^{\text{er}}+\text{2}^{\text{e}}\text{ 4}^{\text{e}}\text{ ligne}}, \text{ 2}^{\text{e}}\text{ lemme;}$$

$$\frac{\text{1}^{\text{er}}\text{ de 2}^{\text{e}}\text{ ligne}}{\text{2}^{\text{e}}\text{ de 2}^{\text{e}}\text{ ligne}}=\frac{\text{2}^{\text{e}}\text{ de 4}^{\text{e}}\text{ ligne}}{\text{1}^{\text{er}}\text{ de 4}^{\text{e}}\text{ ligne}}\cdot\frac{\text{1}^{\text{er}}+\text{2}^{\text{e}}\text{ de la 1}^{\text{re}}\text{ ligne}}{\text{2}^{\text{e}}\text{ de la 1}^{\text{re}}\text{ ligne}}, \text{ 3}^{\text{e}}\text{ lemme;}$$

$$\frac{\text{2}^{\text{e}}\text{ de 2}^{\text{e}}\text{ ligne}}{\text{1}^{\text{er}}\text{ de 2}^{\text{e}}\text{ ligne}}=\frac{\text{2}^{\text{e}}\text{ de 3}^{\text{e}}\text{ ligne}}{\text{1}^{\text{er}}\text{ de 3}^{\text{e}}\text{ ligne}}\cdot\frac{\text{2}^{\text{e}}\text{ de 1}^{\text{re}}\text{ ligne}}{\text{1}^{\text{er}}\text{ de 1}^{\text{re}}\text{ ligne}}, \text{ 4}^{\text{e}}\text{ lemme;}$$

en nommant, comme on voit, 1re ligne la droite $\alpha\beta$, 2e ligne la droite $\alpha\gamma$, 3e ligne celle qui est menée de la 1re sur la 2e, et 4e celle qui va de la 2e à la 1re; malgré cette traduction, les quatre théorèmes sont encore bien difficiles à retenir. En voici un 5e.

Soient (fig. 154) $\alpha\beta$ et $\beta\gamma$, deux arcs moindres chacun que la demi-circonférence, la corde $\alpha\gamma$ de leur somme sera coupée par le diamètre $\epsilon\zeta$ en deux segmens, tels que

$$\alpha\epsilon:\epsilon\gamma::\alpha\zeta:\gamma\kappa::2\alpha\zeta:2\gamma\kappa::\alpha\theta:\gamma\lambda::\text{corde } 2\alpha\beta:\text{corde } 2\beta\gamma \ (5);$$

ou si l'on veut, comme $\sin \alpha\beta : \sin \beta\gamma$; rapport qui se présente le premier.

Théon passe en revue les suppositions qu'on peut faire sur les espèces des deux arcs ; nous aurions encore

$$\alpha\varepsilon : \varepsilon\gamma :: \zeta\varepsilon : \varepsilon\eta.$$

Cette figure nous donnerait, dans notre Trigonométrie moderne,

$$\begin{aligned}\alpha\gamma \cos \alpha &= \alpha\iota \text{ ou } 2 \sin \tfrac{1}{2} (\alpha\beta + \beta\gamma) \cos \tfrac{1}{2} (\alpha\beta - \beta\gamma)\\ &= \alpha\zeta + \zeta\iota = \sin \alpha\beta + \sin \beta\gamma ;\\ \alpha\gamma \sin \alpha &= \gamma\iota \text{ ou } 2 \sin \tfrac{1}{2} (\alpha\beta + \beta\gamma) \sin \tfrac{1}{2} (\alpha\beta - \beta\gamma)\\ &= \delta\eta + \delta\zeta = \cos \beta\gamma + \cos (180^\circ - \alpha\beta) = \cos \beta\gamma - \cos \alpha\beta.\end{aligned}$$

Ces deux formules sont très-connues ; et par un simple changement du signe de $\beta\gamma$ ou des arcs $\alpha\beta$ et $\beta\gamma$ en $(90^\circ - \alpha\beta)$ et $(90^\circ - \beta\gamma)$,

on aurait $\quad \sin \alpha\beta - \sin \beta\gamma = 2 \sin \tfrac{1}{2} (\alpha\beta - \beta\gamma) \cos \tfrac{1}{2} (\alpha\beta + \beta\gamma)$;
$\quad \cos \beta\gamma + \cos \alpha\beta = 2 \cos \tfrac{1}{2} (\alpha\beta + \beta\gamma) \cos \tfrac{1}{2} (\alpha\beta - \beta\gamma)$.

Si l'on a l'arc $\alpha\beta\gamma$, aussi bien que le rapport $\frac{\text{corde } 2\alpha\beta}{\text{corde } 2\beta\gamma}$, on en pourra déduire les valeurs des arcs partiels $\alpha\beta$ et $\beta\gamma$; soit δ (fig. 155) le centre du cercle, menez le diamètre $\alpha\delta\pi$ et la perpendiculaire $\delta\zeta$ sur $\alpha\gamma$; vous connaissez l'arc $\alpha\beta\gamma$ et sa corde $\alpha\gamma$; vous aurez sa moitié qui mesurera l'angle $\alpha\delta\zeta$; vous connaîtrez donc $\alpha\delta\zeta$ et son complément $\delta\alpha\zeta$; vous aurez $\alpha\zeta$ et $\alpha\delta$, corde de 60°, vous aurez $\overline{\delta\zeta}^2 = \overline{\alpha\delta}^2 - \overline{\alpha\zeta}^2$;

mais $\quad \alpha\varepsilon : \varepsilon\gamma ::$ corde $2\,\alpha\beta$: corde $2\,\beta\gamma :: m : n$;

$$\alpha\varepsilon + \varepsilon\gamma : \alpha\varepsilon :: m + n : m ;\ \alpha\gamma : \alpha\varepsilon :: m + n : m ;\ \alpha\varepsilon = \alpha\gamma \left(\frac{m}{m+n}\right) ;$$

$$\begin{aligned}\varepsilon\zeta = \alpha\varepsilon - \alpha\zeta &= \alpha\gamma \left(\frac{m}{m+n}\right) - \tfrac{1}{2}\, \alpha\gamma = \alpha\gamma \left(\frac{m}{m+n} - \tfrac{1}{2}\right)\\ &= \alpha\gamma \left(\frac{2m - (m+n)}{2(m+n)}\right) = \alpha\gamma \left(\frac{m-n}{2(m+n)}\right).\end{aligned}$$

Ensuite $(\delta\varepsilon)^2 = (\varepsilon\zeta)^2 + (\delta\zeta)^2$; on aura les trois côtés du triangle $\zeta\delta\varepsilon$; on aura donc l'angle $\zeta\delta\varepsilon$, demi-différence des arcs $\alpha\beta$ et $\beta\gamma$, dont on connaît la demi-somme ; on aura donc les deux arcs.

On aura corde $2\zeta\delta\varepsilon = \frac{\varepsilon\zeta \text{ corde } 180^\circ}{\delta\varepsilon} = \frac{\varepsilon\zeta \,.\, 120^p}{\delta\varepsilon}$.

Cette solution est un peu longue ; nous aurions bien plutôt fait avec les tangentes ; mais les Grecs ne les connaissaient pas.

Soient deux arcs $\alpha\beta$, $\beta\gamma$, dont la somme soit moindre que deux droits ;

prolongez la corde $\beta\gamma$ jusqu'à sa rencontre avec le rayon $\alpha\delta$ aussi prolongé; abaissez les perpendiculaires $\beta\zeta$ et $\gamma\eta$ (fig. 156).

$$\gamma\eta : \beta\zeta :: \gamma\varepsilon : \beta\varepsilon :: 2\gamma\eta : 2\beta\zeta :: \text{corde } 2\alpha\beta\gamma : \text{corde } 2\alpha\beta.$$

Si l'on connait l'arc $\beta\gamma$ et le rapport des cordes $2\beta\zeta$ et $2\gamma\eta$, on aura les deux arcs $\alpha\beta$ et $\alpha\beta\gamma$; car $\beta\varepsilon = \gamma\varepsilon + \beta\gamma$,

donc $$\gamma\varepsilon : \gamma\varepsilon + \beta\gamma :: \text{corde } 2\alpha\beta\gamma : \text{corde } 2\alpha\beta;$$

d'où $$\gamma\varepsilon = \frac{\beta\gamma}{\frac{\text{corde } 2\alpha\beta}{\text{corde } 2\alpha\beta\gamma} - 1};$$

$\gamma\varepsilon$ sera connu, donc aussi $\beta\varepsilon$; on aura donc, comme ci-dessus, les deux arcs dont les cordes $\gamma\eta$ et $\beta\zeta$ sont telles, que $\frac{\gamma\eta}{\beta\zeta} = \frac{\gamma\varepsilon}{\beta\varepsilon}$, qui sont maintenant connus.

Il est à remarquer que ni Ptolémée, ni Théon, ni même Euclide, parmi tant de combinaisons, souvent peu naturelles, n'ont jamais fait le moindre usage de $\beta\zeta + \gamma\eta : \beta\zeta - \gamma\eta :: \beta\varepsilon + \gamma\varepsilon : \beta\varepsilon - \gamma\varepsilon$, dont les modernes ont tiré si bon parti.

De cette même figure, en menant $\gamma\nu$ parallèle à $\varepsilon\alpha$, nous tirerions

$$\begin{aligned}\beta\nu = \beta\zeta - \gamma\eta = (\sin\alpha\beta - \sin\gamma\mu) = \gamma\beta\sin\nu\gamma\beta = \gamma\beta\sin\alpha\varepsilon\beta = \gamma\beta\sin\tfrac{1}{2}(\alpha\beta - \gamma\mu)\\ = 2\sin\tfrac{1}{2}(180^\circ - \mu\beta - \gamma\mu)\sin\tfrac{1}{2}(\alpha\beta - \gamma\mu)\\ = 2\sin\tfrac{1}{2}(\alpha\beta - \gamma\mu)\cos\tfrac{1}{2}(\alpha\beta + \gamma\mu),\end{aligned}$$

et $\delta\zeta + \delta\eta = \cos\alpha\beta + \cos\gamma\mu = \gamma\beta\cos\varepsilon\beta\gamma = 2\cos\tfrac{1}{2}(\alpha\beta + \gamma\mu)\cos\tfrac{1}{2}(\alpha\beta - \gamma\mu)$;

les deux constructions de Théon mènent donc à nos quatre formules modernes.

Voyons maintenant les démonstrations des théorèmes de Trigonométrie suivant Ptolémée et Théon.

Soient deux arcs de grand cercle $\alpha\beta$, $\alpha\gamma$, moindres chacun que la demi-circonférence et formant un angle en α (fig. 157).

Soient menés deux autres arcs $\beta\zeta\varepsilon$ et $\gamma\zeta\delta$ qui s'entrecoupent en ζ. Soit η le centre de la sphère, et les rayons $\eta\beta$, $\eta\zeta$ et $\eta\varepsilon$ menés aux intersections. Menez les cordes $\gamma\alpha$, $\gamma\delta$ et $\alpha\delta$ indéfiniment prolongées; prolongez de même le rayon $\eta\beta$, qui rencontrera en θ la corde $\alpha\delta$, car $\alpha\delta$ et $\eta\beta$ sont dans le plan du cercle $\alpha\delta\beta$. La corde $\delta\gamma$ coupera le rayon $\zeta\eta$ en χ, car cette corde et ce rayon sont dans le plan du cercle $\delta\zeta\gamma$.

La corde $\alpha\gamma$ coupera le rayon $\eta\varepsilon$, car les deux lignes sont dans le plan

$\alpha\varepsilon\gamma$. Soit λ l'intersection ; les trois intersections θ, $\varkappa$, λ sont dans une même droite, car elles sont dans un plan qui passe par α, δ et γ ; elles sont de plus dans le plan du cercle $\beta\zeta\varepsilon$; elles sont donc dans la commune intersection de ces deux plans, et par conséquent dans une même droite ; tirez cette droite, qui sera $\theta\varkappa\lambda$; elle sera une transversale qui coupera les trois côtés du triangle $\alpha\delta\gamma$; on aura donc, par ce qui précède,

$$\gamma\lambda : \lambda\alpha :: \gamma\varkappa \,.\, \delta\theta : \varkappa\delta \,.\, \theta\alpha ;$$

or $\quad \gamma\lambda : \lambda\alpha ::$ corde $2\gamma\varepsilon$: corde $2\alpha\varepsilon$ ci-dessus (lemme 5) ;
donc $\quad$ corde $2\gamma\varepsilon$: corde $2\alpha\varepsilon$ $:: \gamma\varkappa \,.\, \delta\theta : \varkappa\delta \,.\, \theta\alpha$.

On a encore par le même lemme,

$$\gamma\varkappa : \varkappa\delta :: \text{corde } 2\gamma\zeta : \text{corde } 2\zeta\delta ;$$
$$\theta\delta : \theta\alpha :: \text{corde } 2\delta\beta : \text{corde } 2\beta\alpha ;$$

et $\quad \gamma\varkappa \,.\, \theta\delta : \varkappa\delta \,.\, \theta\alpha ::$ corde $2\gamma\zeta$. corde $2\delta\beta$: corde $2\zeta\delta$ corde $2\beta\alpha$;
ou $\quad$ corde $2\gamma\varepsilon$: corde $2\alpha\varepsilon$ :: corde $2\gamma\zeta$ corde $2\delta\beta$: corde $2\zeta\delta$ corde $2\beta\alpha$.

Soit $\alpha\beta$ le 1er arc, $\alpha\gamma$ le 2e, $\beta\varepsilon$ le 3e, $\gamma\delta$ le 4e, et 1er segment celui qui est à l'origine de l'arc ;

$$\frac{\text{corde } 2\gamma\varepsilon}{\text{corde } 2\alpha\varepsilon} = \frac{\text{corde } 2\gamma\zeta}{\text{corde } 2\zeta\delta} \cdot \frac{\text{corde } 2\delta\beta}{\text{corde } 2\beta\alpha},$$

ou

$$\frac{\text{corde } 2\,(2^e \text{ seg. } 2^e \text{ arc})}{\text{corde } 2\,(1^{er} \text{ seg. } 2^e \text{ arc})} = \frac{\text{corde } 2\,(1^{er} \text{ seg. du } 4^e \text{ arc})}{\text{corde } 2\,(2^e \text{ seg. du } 4^e \text{ arc})} \cdot \frac{\text{corde } 2\,(2^e \text{ seg. du } 1^{er} \text{ arc})}{\text{corde } (1^{er} \text{ arc entier})}.$$

Nous simplifierons cette expression en mettant les sinus des arcs simples au lieu des cordes des arcs doubles.

Cette démonstration, facile à comprendre, n'a pas dû être aisée à trouver.

Joignez $\quad \gamma\varepsilon$ et $\varkappa\alpha$ qui se rencontreront en $\varkappa$ (fig. 158) ;
$\varepsilon\zeta$ et $\varkappa\beta$ qui se rencontreront en μ ;
$\gamma\zeta$ et $\varkappa\delta$ qui se rencontreront en λ :

$\varkappa$, λ, μ seront dans le plan du triangle $\gamma\zeta\varepsilon$, et dans le plan du cercle $\alpha\delta\beta$.

Ces trois points seront sur la commune intersection $\varkappa\lambda\mu$.

Vous aurez entre les droites $\varkappa\gamma$ et $\varkappa\mu$, deux droites menées $\mu\varepsilon$ et $\gamma\lambda$, qui se couperont en ζ ; et par conséquent par les lemmes 1 et 5 ci-dessus :

$$\gamma\varkappa : \varkappa\varepsilon :: \gamma\lambda \,.\, \zeta\mu : \lambda\zeta \,.\, \mu\varepsilon :: \text{corde } 2\gamma\alpha : \text{corde } 2\alpha\varepsilon ,$$
$$\gamma\lambda : \lambda\zeta :: \text{corde } 2\gamma\delta : \text{corde } 2\chi\zeta ,$$
$$\zeta\mu : \mu\varepsilon :: \text{corde } 2\zeta\beta : \text{corde } 2\beta\varepsilon .$$

$$\gamma\lambda \,.\, \zeta\mu : \lambda\zeta \,.\, \mu\varepsilon :: \text{corde } 2\gamma\delta \,.\, \text{corde } 2\zeta\beta : \text{corde } 2\zeta\delta \,.\, \text{corde } 2\beta\varepsilon$$
$$:: \text{corde } 2\gamma\alpha : \text{corde } 2\alpha\varepsilon ;$$

$$\frac{\text{corde } 2\gamma\varkappa}{\text{corde } 2\alpha\varepsilon} = \frac{\text{corde } 2\gamma\delta}{\text{corde } 2\delta\zeta} \cdot \frac{\text{corde } 2\zeta\beta}{\text{corde } 2\beta\varepsilon}$$

$$\frac{\text{corde } 2\,(2^e \text{ arc})}{\text{corde } 2\,(1^{er} \text{ seg. } 2^e \text{ arc})} = \frac{\text{corde } 2\,(4^e \text{ arc})}{\text{corde } 2\,(2^e \text{ seg. } 4^e \text{ arc})} \cdot \frac{\text{corde } 2\,(1^{er} \text{ seg. } 3^e \text{ arc})}{\text{corde } 2\,(3^e \text{ arc})}.$$

On voit que la démonstration marche tout de même et repose sur les mêmes principes. Ptolémée n'en a donné que deux; Théon considère encore deux cas différens.

Dans la fig. 159 menez $\gamma\varepsilon$ et $\varkappa\alpha$ qui se rencontreront en $\varkappa$,
$\zeta\varepsilon$ et $\beta\varkappa$ qui se rencontreront en λ,
$\zeta\gamma$ et $\delta\varkappa$ qui se rencontreront en μ.

Menez $\varkappa\lambda\mu$ qui joindra ces trois points, puisqu'ils sont en droite ligne.

Dans les droites $\mu\varkappa$ et $\mu\zeta$, vous aurez les droites $\varkappa\gamma$ et $\zeta\lambda$ qui se couperont en ε.

Vous aurez par les lemmes 1 renversé et 5;

$\gamma\varkappa : \varkappa\varepsilon :: \gamma\mu \,.\, \zeta\alpha : \mu\zeta \,.\, \lambda\varepsilon ::$ corde $2\gamma\alpha$: corde $2\alpha\varepsilon$,
$\gamma\mu : \mu\zeta ::$ corde $2\gamma\delta$: corde $2\delta\zeta$;
$\zeta\alpha : \lambda\varepsilon ::$ corde $2\zeta\beta$: corde $2\beta\varepsilon$;

$\gamma\mu \,.\, \zeta\alpha : \mu\zeta \,.\, \lambda\varepsilon ::$ corde $2\gamma\delta$ corde $2\zeta\beta$: corde $2\delta\zeta$. corde $2\beta\varepsilon$
:: corde $2\gamma\alpha$: corde $2\alpha\varepsilon$;

$$\frac{\text{corde } 2\alpha\varepsilon}{\text{corde } 2\gamma\alpha} = \frac{\text{corde } 2\delta\zeta}{\text{corde } 2\gamma\delta} \cdot \frac{\text{corde } 2\beta\varepsilon}{\text{corde } 2\zeta\beta},$$

$$\frac{\text{corde } 2\,(1^{er} \text{ seg. } 2^e \text{ arc})}{\text{corde } 2\,(2^e \text{ arc})} = \frac{\text{corde } 2\,(2^e \text{ seg. } 4^e \text{ arc})}{\text{corde } 2\,(4^e \text{ arc})} \cdot \frac{\text{corde } 2\,(3^e \text{ arc})}{\text{corde } 2\,(1^{er} \text{ seg. } 3^e \text{ arc})}.$$

Enfin, dans la fig. 160 tirez $\gamma\varepsilon$ et $\varkappa\alpha$ qui se couperont en $\varkappa$,
$\gamma\zeta$ et $\varkappa\delta$ qui se couperont en μ,
$\varepsilon\zeta$ et $\varkappa\gamma$ qui se couperont en λ.

Joignez $\varkappa$, μ, λ qui sont sur une même droite, vous aurez entre $\varkappa\gamma$ et $\varkappa\lambda$ les droites $\gamma\mu$ et $\lambda\varepsilon$, qui se couperont en ζ; vous aurez donc par les lemmes 2 et 5 :

$\gamma\varkappa : \varkappa\varepsilon :: \gamma\mu \,.\, \zeta\lambda : \mu\zeta \,.\, \lambda\varepsilon ::$ corde $2\gamma\alpha$: corde $2\alpha\varepsilon$;
$\gamma\mu : \mu\zeta ::$ corde $2\gamma\zeta$: corde $2\delta\zeta$;
$\zeta\gamma : \lambda\varepsilon ::$ corde $2\zeta\beta$: corde $2\beta\varepsilon$.

Corde $2\gamma\alpha$: corde $2\alpha\varepsilon :: \gamma\mu \,.\, \zeta\lambda : \mu\zeta \,.\, \lambda\varepsilon ::$ corde $2\gamma\zeta$. corde $2\zeta\beta$
: corde $2\delta\zeta$. corde $2\beta\varepsilon$;

$$\frac{\text{corde } 2\alpha\varepsilon}{\text{corde } 2\gamma\alpha} = \frac{\text{corde } 2\delta\zeta}{\text{corde } 2\gamma\zeta} \cdot \frac{\text{corde } 2\beta\varepsilon}{\text{corde } 2\zeta\beta},$$

ou $$\frac{\text{corde } 2\,(1^{er} \text{ seg. } 1^{er} \text{ arc})}{\text{corde } 1^{er} \text{ arc}} = \frac{\text{corde } 2\,(2^e \text{ seg. } 3^e \text{ arc})}{\text{corde } 2\,(1^{er} \text{ seg. } 3^e \text{ arc})} \cdot \frac{\text{corde } 2\,(4^e \text{ arc})}{\text{corde } 2\,(2^e \text{ seg. } 4^e \text{ arc})}.$$

C'est ainsi que Théon démontre ces théorèmes obscurs qui se déduisent si facilement de notre théorème des quatre sinus; mais les démonstrations anciennes ne sont pas sans intérêt pour l'histoire de la science.

Nous avons dit que deux de ces théorèmes étant connus, les deux autres se trouvaient par un simple renversement; Théon le démontre à l'aide du lemme suivant.

Soit (fig. 161) le cercle $\alpha\beta\gamma$ sur le diamètre $\alpha\gamma$; prenez un point quelconque β, vous aurez corde $2\alpha\beta =$ corde $2\beta\gamma$; nous disons de même, $\sin A = \sin(180° - A)$.

Achevez les demi-cercles $\gamma\alpha\varkappa$, $\gamma\delta\varkappa$ (fig. 162).

Dans les arcs $\epsilon\varkappa$, $\epsilon\beta$, vous avez deux arcs $\varkappa\delta\zeta$ et $\beta\delta\alpha$, qui se coupent en δ; donc

corde $2\varkappa\alpha$: corde $2\alpha\epsilon$ :: corde $2\varkappa\delta$. corde $2\zeta\beta$: corde $2\delta\zeta$. corde $2\beta\epsilon$;

donc en mettant pour $\varkappa\alpha$ et $\varkappa\delta$ leurs supplémens $\alpha\gamma$ et $\delta\gamma$

corde $2\alpha\gamma$: corde $2\alpha\epsilon$ :: corde $2\delta\gamma$. corde $2\zeta\beta$: corde $2\delta\zeta$. corde $2\beta\epsilon$.

Théon donne un second exemple de ces conversions; ce sont les mêmes principes et la même marche.

Dans le chapitre suivant, Théon donne, sans aucun éclaircissement, l'obliquité 23° 51′ 20″, et passe au calcul des déclinaisons du Soleil.

Nous allons redresser sa figure pour le rendre plus intelligible, fig. 163.

$\alpha\epsilon\beta\gamma$ est l'équateur, $\beta\epsilon\delta$ l'écliptique, $\alpha\zeta\gamma$ le colure des solstices, $\epsilon\varkappa$ la longitude du Soleil; on demande la déclinaison $\varkappa\theta$; ζ est le pôle de l'équateur et $\varkappa\theta$ la déclinaison.

Dans les cercles $\alpha\zeta$ et $\alpha\epsilon$ qui font un angle droit en α, nous avons les arcs $\zeta\theta$ et $\epsilon\beta$ qui se coupent en $\varkappa$.

corde $2\zeta\alpha$: corde $2\alpha\beta$ :: corde $2\zeta\theta$. corde $2\varkappa\epsilon$: corde $2\theta\varkappa$. corde $2\epsilon\beta$;
corde 180° : corde 2 obliq. :: corde 180°. corde 2 long. : corde 2 décl. corde 180°;
corde 180° : corde 2 oblique :: corde 2 longit. : corde 2 déclin.;

sin 90° : sin obliquité :: sin longit. : sin déclin. $=$ sin ω sin L.

Théon devait dire :

$$\text{corde 2 déclin.} = \frac{\text{corde 2 obliq. corde 2 longit.}}{\text{corde } 180° = 120°},$$ ce qui était bien simple.

Il nous dit : du rapport $\frac{\text{corde 2 obliq.}}{\text{corde } 180°}$ retranchons le rapport $\frac{\text{corde } 180°}{\text{corde 2 longit.}}$; c'est-à-dire divisons la première fraction par la seconde, nous aurons

$$\frac{\text{corde 2 obliq.}}{\text{corde } 180°} \cdot \frac{\text{corde 2 longit.}}{\text{corde } 180°} = \frac{\text{corde 2 déclin.}}{\text{corde } 180°};$$

ce qui est moins simple et moins naturel. $\left(\frac{\text{corde 2 obliq.}}{\text{corde } 180^\circ}\right)$ est une quantité constante pour toute la table; il n'y avait donc qu'à déterminer cette constante, et la multiplier successivement par toutes les cordes de double longitude. Pour L $=30^\circ$, exemple qu'il choisit d'après Ptolémée, corde 2 longit. $=$ corde 2 fois $30^\circ =$ corde $60^\circ =$ rayon $=\frac{1}{2}$ diamètre; il suffisait de prendre la moitié de corde 2 obliq. pour avoir corde 2 déclin. Théon multiplie $48^\circ\ 31'\ 55''$ par 60; il a $48^{pp}\ 31^p\ 55' = 2911^p\ 55'$; il divise ensuite par $120 = 2\ .\ 60$; il nous dit que dans ce problème il faut connaître cinq quantités pour obtenir la sixième; mais trois de ces quantités sont la corde de 180°, et deux se détruisent; il n'en reste que deux, nous en concluons la troisième.

L'opération que fait Théon est donc inutilement compliquée; mais ses calculs numériques nous donnent des exemples curieux de l'Arithmétique sexagésimale des Grecs; nous allons les présenter à nos lecteurs dans toute leur étendue. Il s'agit de trouver la déclinaison pour 60° de longitude. Corde $2\ .\ 60 =$ corde $120^\circ = 103^\circ\ 55'\ 23''$; on a donc

$$120^p : 103^p\ 55'\ 23'' :: 48^p\ 31'\ 55'' : 42^p\ 1'\ 48'':$$

ce dernier terme est l'inconnue qu'il s'agit de trouver. Il est évident que

$$\frac{48^p\ 31'\ 55''}{120^p}\ 103^p\ 55'\ 23'' \text{ sera la valeur de l'inconnue} = x;$$

$$\frac{48^p\ 31'\ 55''}{120}\ \frac{103^p\ 55'\ 23''}{120} \text{ sera la valeur de } \frac{x}{120};$$

$103^p \times 48^p = 4944^p$..........	4944^p
$103 \times 31' = 3193'$..........	$53.13'$
$103 \times 55'' = 5655''$..........	$1.34.25''$
$55' \times 48^p = 2640'$..........	$44.\ 0.\ 0$
$55' \times 31' = 1705''$..........	28.25
$55' \times 55'' = 3025'''$..........	$0.50.25'''$
$23'' \times 48^p = 1104''$..........	$18.24.\ 0$
$23'' \times 31' = 713'''$..........	11.53
$23'' \times 55'' = 1265^{iv}$..........	$21.\ 5^{iv}$
Produit total..........	$5043^\circ\ 35'\ 16''\ 39'''\ 5^{iv}$
Divisez par 60..........	$84.\ 3.35.16.39.\ 5^v$
Divisez par 2..........	$42.\ 1.47.38.19.32.30^{vi}$.

Il exécute les opérations partielles qu'on voit dans le tableau précédent, il les réduit et les additionne. La division par 120 se fait plus commodément par 60 et puis par 2. Vous remarquerez que malgré son annonce il cherche véritablement x, et non $\frac{x}{120}$.

Il prouve ensuite de plusieurs manières que les déclinaisons du 1er quart servent également pour les trois autres; il cherche ensuite pourquoi les différeuces entre les déclinaisons sont plus fortes au commencement de la table que vers le milieu ou la fin; il renvoye pour la démonstration au théorème 5 du 3e livre des Sphériques de Théodose. Cette démonstration singulièrement longue, n'offre d'ailleurs rien de remarquable. Le théorème n'est lui-même qu'une spéculation vague, qui ne donne pas la loi de la diminution pour ces différences. Cette loi inconnue aux Grecs paraît avoir été connue dans l'Inde. Cette loi est bien simple : $\sin D = \sin \omega \sin L$, d'où $dD \cos D = \sin \omega \cos L dL$; $dD = \frac{dL \sin \omega \cos L}{\cos D} = dL \sin \omega \cos Æ$ $= dL$ cos angle de l'écliptique avec le méridien $= dL$ sin angle de l'écliptique avec le parallèle. Cette dernière expression met la chose en évidence; l'écliptique inclinée de 23° 51′ à l'équateur aux deux points équinoxiaux lui devient parallèle aux points solstitiaux; l'angle de l'écliptique avec le parallèle va donc diminuant sans cesse depuis 23° 51′ jusqu'à 0. La différence doit diminuer suivant la même loi que le sinus : l'expression $dL \sin \omega$ cos ascension droite peint également bien la chose, mais elle parle plus à l'esprit qu'aux yeux.

Des Ascensions dans la Sphère droite.

Soit PEP′ (fig. 164) le méridien, EQ l'équateur, PQP′ l'horizon; EPQ = 90°; les deux pôles seront dans l'horizon, la sphère sera droite. Soit B♈H l'écliptique, le point ♈ de l'écliptique ne fait qu'un avec le point correspondant de l'équateur, les deux points se lèvent ensemble; le point H de l'écliptique se lève avec le point Q de l'équateur. Ainsi, l'arc ♈H de l'éclitique emploie à se lever le même tems que l'arc ♈Q de l'équateur; l'arc ♈Q mesure le tems du lever pour l'arc ♈H dans la sphère droite; il marque le tems de l'ascension dans la sphère droite; il est ce qu'on appelle aujourd'hui par abréviation, l'*ascension droite* de cet arc.

Le méridien PEP′ est l'horizon d'un point de l'équateur, qui est à 90° du point E; PQP′ est le méridien de ce lieu; ainsi les ascensions droites ou les tems des levers dans la sphère droite indiquent aussi les tems des passages au méridien, et cela non-seulement dans la sphère droite, mais à toutes les inclinaisons possibles de la sphère, car l'équateur est, toujours perpendiculaire au méridien, au lieu qu'il n'est perpendiculaire à l'horizon que dans la sphère droite.

La formule de l'ascension droite, ainsi que nous l'avons vu dans Ptolémée, est

$$\text{corde } 2Æ = \frac{\text{corde } 2D}{(\text{corde } 180^\circ - 2D)} \cdot \frac{\text{corde}(180^\circ - 2\omega)}{\text{corde } (2\omega)}, \text{ ou } \sin Æ = \frac{\sin D}{\cos D} \cdot \frac{\cos \omega}{\sin \omega} = \text{tang } D \cot \omega.$$

Cette formule prouverait seule que les Grecs ignoraient la formule plus directe $\text{tang } Æ = \cos \omega \text{ tang } L$.

Il est bien singulier que cette formule, qui employait à la fois....... $\frac{\text{corde } 2D}{\text{corde } (180^\circ - 2D)}$ et $\frac{\text{corde } (180^\circ - 2\omega)}{\text{corde } 2\omega}$, n'ait pas engagé Ptolémée à calculer des Tables de ces rapports entre les cordes des arcs et les cordes de leurs supplémens ; ces Tables auraient abrégé considérablement les calculs trigonométriques, dont la prolixité est vraiment effrayante, ainsi qu'on peut en juger par le calcul de la déclinaison rapportée page précédente.

Ces cordes AB, BD (fig. 165) forment toujours un angle droit à la circonférence. Ce rapport indiquait nécessairement la valeur de l'angle A, puisqu'il change continuellement avec l'angle. Du rayon AB décrivez un arc BF, BD en sera la tangente; $\frac{\text{tang } BF}{BA} = \frac{\text{tang } BAF}{BA} = \frac{BD}{AB}$.

Du rayon BD décrivez l'arc BE, AB en sera la tangente; et

$$\frac{\text{tang } BE}{BD} = \frac{\text{tang } BDE}{BD} = \frac{BA}{BD}, \; BDE = 90^\circ - BAD, \; \text{tang } D = \frac{1}{\text{tang } A}, \text{ et tang } A = \frac{1}{\text{tang } D}.$$

Théon aurait dû tout au moins déterminer la constante $\frac{\text{corde } (180 - 2\omega)}{\text{corde } 2\omega}$, pour la multiplier ensuite par corde 2D, et diviser le produit par...... corde(180° — 2D); la constante eût été $4^p\,31'21''48'''$, ainsi qu'on le trouvera plus facilement par les logarithmes. Au lieu de ce calcul, Théon fait $48^\circ 31'55'' : 24^p 15'57'' :: 109^p 44'55'' : 54^p 52'26'',5$; il multiplie ce quatrième terme par 120^p et le divise par $117^p 51'15''$, et trouve $56^p 1'25''$ trop faible de 30''; c'est peut-être une faute d'impression. Avec cette corde il cherche dans la Table à quel arc elle appartient. La moitié de cet arc est l'ascension droite demandée. Ces calculs sont horriblement longs; et avec les connaissances qu'ils avaient ils auraient pu les abréger des trois quarts.

Théon prouve ensuite que les ascensions droites des trois autres quarts de l'écliptique sont les mêmes que celles du premier; il ne faut pour s'en convaincre que considérer la formule dont il se servait : la même chose se voit par notre formule tang Æ = cos ω tang L, qui a pris nécessairement toutes les valeurs possibles entre o où elle est o, et 90° où elle est infinie.

Dans le second livre, Théon explique longuement de quelle manière on a reconnu que la partie de la Terre visitée par les voyageurs est toute au nord de l'équateur, et que la plus grande différence de longitude ne surpasse pas une demi-circonférence. On ne trouve en effet, dans la Géographie de Ptolémée, que trois points dont la longitude soit de 180°; l'un est Θῖναι, métropole des Sines; le second est Saraga; le troisième est la source du fleuve Cottiarios, dans le même pays. On y trouve quelques autres points à 179°, aucun par delà 180°; d'un autre côté, il place à 0° de longitude quatre des six îles *des Fortunées*, τῶν μακάρων; ce sont l'île Inaccessible : l'île Plouïtala, l'île Caspiria, enfin l'île Centurie : Canarie est à 1° de longitude.

A l'occasion du problème dans lequel on détermine les amplitudes par la durée du plus long jour, il nous apprend que cette durée se déterminait par les horloges d'eau.

Il ajoute que Ptolémée choisit dans tous ses exemples le parallèle de Rhodes, dont la latitude est de 36°, et ce choix est fondé sur trois raisons : la première est le nombre rond de 36°; mais la latitude d'Alexandrie était de 31°, nombre tout aussi commode pour les calculs; la deuxième est qu'Hipparque a fait sous ce parallèle une longue suite d'observations. Il en résulte au moins qu'Hipparque n'a pas observé à Alexandrie autant qu'à Rhodes; on ne voit pas même bien incontestablement qu'il ait jamais observé ailleurs qu'en Bithynie, où il avait pris naissance, et à Rhodes, où il a passé la plus grande partie de sa vie. La troisième enfin, est que le climat de Rhodes tient le milieu à très-peu près entre tous les climats les plus connus. La raison serait meilleure pour la composition de Tables qu'on voudrait rendre plus utiles; elle est assez futile pour un exemple dans lequel il ne s'agit que de présenter clairement la marche du calcul. Je soupçonne une quatrième raison qui pourrait bien être la véritable, c'est que Ptolémée trouvait ces exemples tout calculés dans les ouvrages d'Hipparque.

Pour en revenir à l'amplitude solsticiale, on demande EB; il est évident que (fig. 166)

$$\cos EB = \cos BA \cos EA = \cos D \cos(QPA - QPE)$$
$$= \cos D \cos(\text{arc semi-diurne} - 90°)$$
$$= \cos D \cos 15(\tfrac{1}{2} \text{ durée du jour} - 6^h);$$

la formule de Ptolémée est

$$\text{corde}(180° - 2EB) = \text{corde}(180° - 2AB)\ \text{corde}(180° - 2EA).$$

Les mêmes choses données, on a

$$\sin EA = \tang\omega \tang H, \text{ d'où } \tang H = \sin EA \cot\omega.$$

Les Grecs faisaient

$$\text{corde}\,2EA = \text{corde}\,30\left(\tfrac{1}{2}\text{durée} - 6^h\right) = \frac{\text{corde}\,2\omega}{(\text{corde}\,180° - 2\omega)} \cdot \frac{\text{corde}\,2H}{(\text{corde}\,180° - 2H)}.$$

Cette équation n'était pas trop incommode pour trouver EA; mais en la renversant, pour avoir $\frac{\text{corde}\,2H}{(\text{corde}\,180° - 2H)} = \frac{\text{corde}\,2EA\ \text{corde}\,(180° - 2\omega)}{\text{corde}\,2\omega}$, on a une équation du second degré à résoudre. Ptolémée se sert de EB, qu'il vient de trouver; il fait corde $2E = \frac{\text{corde}\,2BA}{\text{corde}\,2BE}$, ce qui revient à $\cos H = \frac{\sin\omega}{\sin \text{amplitude}}$. Théon s'y prend d'une manière moins simple, que nous avons déjà exposée.

Sur le chapitre où Ptolémée cherche le rapport du gnomon aux ombres solstitiales et équinoxiales, le Commentaire n'offre rien de remarquable, sinon qu'il n'y est question ni des réfractions, ni du demi-diamètre du Soleil.

Rien à remarquer non plus au chapitre des climats. Quand on arrive aux latitudes plus hautes, Théon prouve que la même augmentation dans la durée du jour en apporte de décroissantes dans la hauteur du pôle; ce qui est évident par la formule $\tang H = \sin d\text{Æ} \cot\omega$, d'où $dH = (\sin d\text{Æ} \cot\omega) \cos^2 H$; $(\sin d\text{Æ} \cot\omega)$, dans ce cas, est une constante, et dH diminue comme le carré du cosinus de H. Cette preuve si simple ne pouvait être connue de Théon; il la remplace par une autre qui est beaucoup plus longue; il y suppose que $\sin 2A < 2 \sin A$; la preuve en est bien simple, c'est que $\sin 2A = 2 \sin A \cos A$; les Grecs avaient l'équivalent de cette formule; au reste, la démonstration de Théon est très-élémentaire, et prouve généralement que les augmentations des cordes vont en diminuant, quoique celle des arcs soit constante.

Soient (fig. 167) deux arcs égaux $\varepsilon\pi$ et $\pi\lambda$; les trois cordes $\lambda\pi$, $\pi\varepsilon$ et $\varepsilon\lambda$; $\varepsilon\nu$, $\pi\xi$, λo perpendiculaires au diamètre.

$\pi\rho\xi$ divise le triangle $\varepsilon\pi\lambda$ en deux triangles $\varepsilon\pi\rho$ et $\rho\pi\lambda$, qui ont un côté commun $\pi\rho$; $\varepsilon\pi = \pi\lambda$; l'angle $\varepsilon\pi\rho > \lambda\pi\rho$; donc $\varepsilon\rho > \rho\lambda$, donc $\pi\mu > \mu\lambda$, donc $\nu\xi > \xi o$; $\kappa\nu$, $\kappa\xi$, κo sont les sinus de $\alpha\varepsilon$, $\alpha\pi$, $\alpha\lambda$; donc les sinus augmentent moins quand les arcs sont plus grands.

Autre lemme.

Soit (fig. 168) un triangle rectangle $o\nu\pi$; prenez $\nu\xi > \xi o$, vous aurez $\xi\pi\nu > o\pi\xi$; menez $\xi\rho$ parallèle à $o\pi$.

$\nu\xi : \xi o :: \nu\rho : \rho\pi$; donc $\nu\rho > \rho\pi$; mais $\xi\rho > \nu\rho$; à plus forte raison $\xi\rho > \rho\pi$; de sorte que $\xi\pi\rho > \pi\xi\rho$; or $\pi\xi\rho = o\pi\xi$; donc $\nu\pi\xi > o\pi\xi$.

Prenant à la suite de $\nu\xi$, ξo des quantités toujours décroissantes, les angles opposés, qui viendraient à la suite de $\nu\pi\xi$, $\xi\pi o$, iraient toujours en décroissant. On pourrait rendre le principe plus général, car il n'est pas nécessaire que ξo soit plus petit que $\nu\xi$, il suffit qu'il soit égal.

En effet, soit

$$\pi\nu = 1,\ \xi\nu = \text{tang}\,\nu\pi\xi,\ \nu o = \text{tang}\,\nu\pi o,$$

$$o\xi = \nu o - \nu\xi = \text{tang}\,\nu\pi o - \text{tang}\,\nu\pi\xi = \frac{\sin(\nu\pi o - \nu\pi\xi)}{\cos\nu\pi o\cos\nu\pi\xi}$$

$$\sin(\nu\pi o - \nu\pi\xi) = o\xi\cos\nu\pi o\cos\nu\pi\xi;$$

ainsi supposant constante l'augmentation $o\xi$ de la base, le sinus de $(\nu\pi o - \nu\pi\xi)$ diminuerait à mesure que les angles en π augmenteraient.

Une démonstration fort longue et fort inutile d'un principe fort évident, est celle par laquelle Théon prouve qu'il suffit de calculer pour le premier quart les ascensions obliques, parce que les autres s'en déduisent aisément. En effet,

$$\text{asc. oblique} = Æ + dÆ = Æ + \text{arc sin} = \text{tang H tang D} = Æ + \text{arc sin}$$
$$= \text{tang H tang}\,\omega \sin Æ;$$

les différences ascensionnelles $dÆ$ reviendront donc les mêmes avec les $\sin Æ$; il n'y a de différence que pour le signe, qui sera négatif dans la dernière moitié.

Cet endroit nous offre cependant une remarque : c'est que Théon emploie le mot *balance* bien plus souvent que Ptolémée; ainsi, l'usage de cette dénomination s'étendait et devenait plus commun. On voit, page 101, les douze signes indiquées par les caractères dont nous nous servons encore; mais c'est-là une preuve très-équivoque de l'ancienneté de ces caractères.

A la fin du chapitre, page 105, on voit que Théon habitait le climat d'Alexandrie.

Il expose ensuite, avec beaucoup de clarté, toute la théorie des heures temporaires et équinoxiales. $\alpha\beta\gamma\delta$ est l'écliptique (fig. 169); $\beta\epsilon\delta$ l'horizon oriental; supposons que le Soleil se lève en β, le mouvement de la sphère le portera de β en δ, où le Soleil se couchera; réciproquement, le point δ aura décrit l'arc inférieur $\delta\gamma\beta$ et sera arrivé à l'orient; la durée du jour sera égale au tems que l'arc $\beta\gamma\delta$ mettra à traverser l'horizon. Or, par les Tables, on connaît l'ascension oblique de β et de δ; la différence de ces ascensions obliques est l'arc de l'équateur, qui passe au méridien entre le lever et le coucher. C'est arc, divisé par 15, donne les heures équatoriales; divisé par 12, il donne les heures temporaires.

D'un autre côté, le tems employé par le Soleil à venir de δ en β, mesure le tems de la nuit, qui sera égal au tems employé par l'arc $\delta\alpha\beta$ à descendre sous l'horizon; et ce tems est égal à celui que cet arc mettrait à se lever. Nous avons les ascensions obliques de δ et de β, la différence sera l'arc de l'équateur, qui passera au méridien; nous aurons les heures de la nuit, soit équinoxiales, soit temporaires, par le même procédé qui nous a donné celles du jour.

Tout cela est fort clair, sans être parfaitement exact. On y suppose que le Soleil reste immobile au même point de l'écliptique.

Prenez donc les ascensions des points de l'écliptique dans la Table du premier climat; prenez les ascensions obliques de ces mêmes points dans celle du climat pour lequel vous calculez. La différence, divisée par 6, s'ajoutera, dans les signes supérieurs à l'équateur, à l'heure équinoxiale pour avoir la valeur de l'heure temporaire; elle se retranchera dans les signes inférieurs. Tout cela est vrai; mais pour l'hémisphère austral, ce serait le contraire.

Pour convertir les heures temporaires en équinoxiales, multipliez le nombre des heures temporaires du jour ou de la nuit, pour le climat donné, par la valeur de l'heure temporaire; le produit, divisé par 15, donnera les heures équinoxiales.

Si les heures équinoxiales sont données, multipliez-les par 15, et divisez le produit par la valeur de l'heure temporaire, vous aurez converti les heures équinoxiales en temporaires. Connaissant le nombre de degrés qui répond à une heure temporaire, pour un climat donné, voulez-vous trouver, pour une heure temporaire donnée, le point de l'écliptique? multipliez le nombre d'heures données par le nombre de degrés de l'heure, vous aurez la différence des ascensions obliques du Soleil et du point orient; ajoutez cette différence à l'ascension oblique du Soleil, vous aurez le point orient de l'équateur. Vous chercherez dans la Table du climat à quel point de l'écliptique répond ce point de l'équateur, vous aurez le point orient de l'écliptique. Vous pourrez avoir le point de l'équateur, qui est au méridien, soit supérieur soit inférieur; alors la Table des ascensions droites vous donnera le point culminant de l'écliptique.

Théon donne l'exemple suivant pour le climat d'Alexandrie. Soit le Soleil au 10e degré du Taureau, à 21h du méridien, on demande le point culminant ζ de l'écliptique.

Pour 10° du Taureau, la table du climat donne..	28° 26′
Pour 10° du Scorpion, diamétralement opposé...	226. 34
Différence ou durée du jour............	198. 8
Supplément à 360°, durée de la nuit...........	161. 52

$\frac{198°\,8'}{12} = 16°\,30'\,40''$. Théon dit 16° 31′ presque.

$\frac{161°52'}{12} = 13.\,29.\,20.$ Théon dit 13. 29. à peu près.

Ce dernier nombre, qui est l'angle d'une heure pour la nuit, se trouve en prenant le complément à 30° du nombre précédent.

9h de jour multipliant 16° 30′ 40″, font...... 148° 36′ 0″.

Théon dit 148° 31′; mais 9 × 16° 31′ font 148° 39′; ainsi il y a faute de copie.

Ajoutez pour la nuit 12h, ou............	161° 52′	
vous aurez........	310. 28	Théon dit 27′.
Ajoutez ascension droite de 10° du Taureau,	37. 30	
vous aurez........	347. 58	ou ♓ 17° 58′.

Les heures sont comptées du coucher du Soleil, puisqu'aux 12h de la nuit on ajoute 9h de jour; pendant ce tems, 310° 28′ de l'équateur ont passé par le méridien; le 10e degré du Taureau passe au méridien avec le point 37° 30′ de l'équateur; ainsi le point de l'équateur au méridien sera 347° 58′. Théon dit 17° des Poissons; mais plus loin il dit 348° presque. C'est l'ascension droite du point culminant, qui sera par conséquent 16° 47′ ♓, dit Théon. Le calcul donne 16° 52′ 48″ ♓; mais Théon calcule ainsi la partie proportionnelle d'après la Table :

♓ 10°	341° 35′		347. 58
		9° 15′	341. 35
20	350. 50		6. 23

$$9^\circ\,15' : 10^\circ :: 6^\circ\,23' : \frac{10^\circ \times 6^\circ\,23'}{9^\circ\,15'} = \frac{10^\circ\,383'}{555} = \frac{600 \times 383}{555} = \frac{229800}{555}$$

$$= \frac{459600}{1110} = \frac{45960}{111} = 414' = 6^\circ\,54' ;$$

ainsi, à ♓. 10°, ou....................	340°
ajoutez..............................	6.54′
point culminant......................	346.54

au lieu de 346°52′48″; la différence n'est que de 1′12″; mais les Tables ne sont qu'en minutes; ainsi on ne peut compter à 1′ près sur la partie proportionnelle.

A partir de ce chapitre, je ne trouve rien qui mérite notre attention jusqu'à la page (210), où l'on trouve ce théorème :

Soient α, β, γ trois quantités quelconques ; on aura $\alpha : \gamma :: \alpha\beta : \gamma\beta$; car le produit des extrêmes et des moyens sera

$$\alpha\gamma\beta = \alpha\gamma\beta, \quad \text{d'où} \quad \alpha : \beta :: \alpha\gamma : \beta\gamma.$$

Il démontre un théorème analogue pour la Trigonométrie sphérique ; mais ce théorème est identique à l'un de ceux qu'il a démontrés plus haut. J'ai d'ailleurs réuni en formules générales tout ce qu'on voit à ce sujet dans Ptolémée et Théon ; il n'y avait de curieux que leurs démonstrations et leur manière d'opérer, et ce que j'ai donné là dessus est plus que suffisant.

Il entre ensuite dans de très-longs détails sur la manière de calculer la hauteur du Soleil et l'angle de l'écliptique avec le vertical. J'ai expliqué ces méthodes dans ma Trigonométrie des Grecs, et j'ai montré comment ils auraient pu les abréger beaucoup avec les connaissances qu'ils possédaient.

Les commentaires de Théon, sur le troisième livre, n'ont point été imprimés; l'éditeur dit qu'on n'en a rien retrouvé. On assure cependant que ce troisième livre est dans un manuscrit de l'une des bibliothèques d'Italie. En attendant que nous ayons pu nous les procurer, suivons Nicolas Cabasillas, qui a rempli la lacune. Cet auteur était archevêque de Thessalonique en 1350. Il commence par la description de l'instrument d'Hipparque, qui a depuis été celui de plusieurs autres astronomes. Suivant Cabasillas, cet instrument était composé d'un équateur, d'un méridien et de deux tropiques. On ne voit pas bien l'avantage de ces deux tropiques, qui auraient été fort gênans en beaucoup d'occasions; cet instrument aurait donné les ascensions droites et les déclinaisons; et c'est en effet ainsi qu'Hipparque observait d'abord. Cabasillas dit plus loin qu'Hipparque avait aussi un astrolabe pour mesurer la différence de longitude entre la Lune *éclipsée* et les étoiles. Il n'était pas nécessaire que la Lune fût *éclipsée* ; et il existe encore des observations d'Hipparque qui sont des différences de longitude entre les étoiles et la Lune au nonagésime ou en d'autres points du ciel. Ce passage paraît prouver qu'Hipparque est l'inventeur de l'astrolabe.

L'*époque* est le lieu d'un astre ; il y en a de deux espèces : l'époque moyenne sur le cercle de l'astre, et l'époque apparente et inégale dans le zodiaque. Il remarque que dans l'hypothèse de l'excentrique il n'y a qu'un mouvement moyen, au lieu qu'il y en a deux dans l'hypothèse de l'épicycle.

Pour que le mouvement apogée soit plus lent, et le mouvement périgée plus rapide, il faut que l'astre se meuve sur son épicycle en sens contraire de celui où se meut le centre de l'épicycle, sans quoi le mouvement apogée sera plus rapide et le mouvement périgée plus lent. La remarque n'est pas neuve ; Cabasillas la démontre bien clairement, mais bien longuement.

Hipparque est le premier auteur de la méthode pour trouver l'excentricité et l'apogée du Soleil. Cabasillas le dit en deux endroits de la page (166) ; Ptolémée venant ensuite, et trouvant pour l'apogée la même position par rapport aux équinoxes, il en conclut que cette position était invariable, et que l'excentrique n'avait aucun mouvement ; il avait dû cependant avancer de $\frac{1}{5}$ de minute par chaque année, ou de $\frac{265}{5} = 53'$ entre Hipparque et Ptolémée. J'ai bien peur que Ptolémée n'ait pas fait cette observation, et qu'il l'ait supposée pour donner un exemple de calcul. Le commentateur ajoute qu'Hipparque divisait le cercle en 83 parties ; il cite pour garant Ptolémée, qui n'a pas dit cette sottise ; c'est Eratosthène qui a donné lieu à la méprise, en disant que la double obliquité est de $\frac{11}{83}$, non que son cercle fût divisé en 83 parties, mais parce qu'il avait réduit à ses moindres termes la fraction $\frac{47° \, 42'}{360}$ pour qu'elle fût plus aisée à retenir, ou pour montrer qu'il ne la donnait pas comme une quantité bien précise ou bien sûre.

Cabasillas montre comment Ptolémée a trouvé les nombres qui lui ont donné l'excentricité et l'apogée.

Il a trouvé l'équinoxe d'automne le 9 d'athyr, après le lever ;

L'équinoxe du printemps le 7 de de pachon, après midi ;

Le solstice d'été le 11 messori, après minuit;

Les intervalles sont..........................	$178\frac{1}{4}$
	$94.\frac{1}{2}$
Il reste pour compléter l'année entière........	$92.\frac{1}{2}$
Somme.......	$365.\frac{1}{4}$

De pareilles observations, dont le tems est marqué en quarts de jour, ne sont difficiles ni à faire ni à supposer. Il est assez mal aisé de croire que Ptolémée ait pu trouver si précisément les mêmes intervalles qu'Hipparque; ces intervalles supposés, il devait trouver les mêmes valeurs pour l'excentricité et l'apogée; je ne vois dans tout cela qu'un exemple numérique de calcul et aucune observation réelle, d'autant plus que les intervalles sont nécessairement inexacts, et qu'ils donnent un excentricité beaucoup trop forte. On peut absolument trouver la même quantité qu'un autre a déjà observée, si cette quantité est vraie à fort peu près; mais si le premier astronome s'est trompé sensiblement, la difficulté de se rencontrer avec lui devient plus grande, et suppose une conformité d'erreurs qui n'est nullement vraisemblable.

Dans le chapitre suivant, page 171, il donne la définition du mot *διακρίνειν*, qui se rencontre si souvent dans Ptolémée. Τὸ *γὰρ τὴν διαφορὰν τῆς ὁμαλῆς κινήσεως καὶ τῆς ἀνωμάλου λαμβάνειν, τὴν ὁμαλὴν ἐστι διαδιακρίνειν τῆς ἀνωμάλου.* Prendre la différence du mouvement égal au mouvement inégal, c'est *distinguer* le mouvement uniforme d'avec le mouvement inégal.

A la page 175, il donne la définition du mot prostaphérèse. Elle est évidente.

A la fin du chapitre il donne deux Tables de la prostaphérèse du Soleil; l'une a pour argument l'anomalie vraie, et l'autre l'anomalie moyenne.

Cabasillas, plus moderne que Théon, emploie toujours *αἱ λίτραι* pour les Serres. Il définit les termes *époque* et *apoque;* ce dernier marque la distance angulaire à un point donné; mais toute *époque* est *apoque;* l'époque est la longitude ou la distance au point o de longitude.

Il enseigne à calculer le lieu du Soleil pour un instant donné; à tenir compte de la différence des méridiens; enfin, à trouver le tems par un lieu vrai donné; avec le lieu vrai vous calculez l'anomalie vraie, l'équation, l'anomalie moyenne, qui vous donnera le tems; mais il faut connaître l'année, car les mêmes lieux reviennent tous les ans.

Soient trois nombres donnés α, γ, δ; $\frac{\alpha}{\gamma}$ et $\frac{\alpha}{\delta} = \zeta$; si $\delta > \gamma$, on aura

$\epsilon > \zeta$, ce qui n'est pas difficile à démontrer. En général ce commentaire, un peu prolixe, du troisième livre de la *Syntaxe*, n'offre rien de bien curieux; quelques détails sur lesquels il ne faut pas trop compter, quelques lemmes d'une si grande simplicité qu'il suffit de les écrire pour se les démontrer, et dont il est inutile de se charger la mémoire, parce qu'on est sûr qu'ils se présenteront d'eux-mêmes aussitôt qu'on en aura besoin.

Le Commentaire de Théon reprend au quatrième livre, qui traite de la Lune. On y voit que c'était au moyen d'une horloge d'eau qu'on mesurait la durée de l'éclipse, et qu'on trouvait le temps du milieu. Nous l'aurions bien imaginé ainsi, sans le témoignage de Théon, et peut-être Théon l'a-t-il conjecturé comme nous. Il fait ensuite de longs raisonnemens sur les parallaxes qui font que les phases d'une éclipse de Soleil ne sont pas les mêmes pour tous les pays.

La Lune a une lumière qui lui est propre, mais trop faible pour être aperçue; mais en ce cas comment a-t-il pu s'en assurer? Mais quand la lumière du Soleil se joint à cette faible lumière elle a assez de force pour éclairer la Terre; la partie éclairée par le Soleil est toujours un peu plus grande qu'un hémisphère. Aristarque l'avait démontré long-temps avant lui. Il passe aux effets de la différence des méridiens sur le tems des éclipses, et fait un petit traité des éclipses, pour expliquer l'usage que Ptolémée se propose d'en tirer pour déterminer les mouvemens moyens; il fait une longue exposition des apocatastases de latitude et d'anomalie.

Le chapitre suivant, pag. 217, nous présente un modèle de division d'un nombre de degrés par le nombre de jours : $7412' 10' 44'' 51''' 40^{iv}$. Il réduit ce nombre en sexagésimales d'un ordre supérieur, en divisant le 1er terme par 60, ce qui lui donne d'abord $123^{iii} 52' 10' 44'' 51''' 40^{iv}$; il divise de nouveau le 1er terme par 60, et il trouve $2^{iv} 3' 52' 10' 44'' 51''' 40^{iv}$.
Il calcule la Table des multiples de ce diviseur.

Table des Multiples.

1	$2^{o}\ 3'\ 52'\ 10'\ 44''\ 51'''\ 40^{iv}$	9	$18^{o}\ 31'\ 49'\ 36'\ 43''\ 45'''\ 0^{iv}$
2	4. 7. 4.21.29.43.20	10	20.35.21.47.28.36.40
3	6.10.36.32.14.35. 0	20	41.10.43.34.57.13.20
4	8.14. 8.40.59.26.42	30	61.46. 5.22.25.50. 0
5	10.17.40.53.44.18.20	40	82.21.27. 9.54.26.40
6	12.21.13. 4.29.10. 0	50	102.56.48.57.23. 3.20
7	14.24.45.15.14. 1.40	60	123.32.10.44.51.40. 0
8	16.28.17.25.58.53.20		

Quotient... $13^{o}\ 3'\ 53'\ 56''\ 29^{iv}\ 38^{v}\ 37^{vi}\ 50^{vii}$.

Il traite de même le nombre............ 96840°;
il divise par 60, et trouve................. 1614′ᵉˢ;
puis par 60, et trouve.................... 26″ 54′ᵉˢ;

c'est-là le nombre qu'il s'agit de diviser.

Au-dessous de........	26°54′ il place le multiple immédiatement inférieur ;	
c'est celui de 10 ou de 10°.	20.35.21.47.28.36.40	
il reste.......	6.18.38.12.31.23.20	(Pour avoir le quotient total, on
puis celui de 3″...	6.10.36.32.14.35. 0	réunira tous les quotiens partiels.)
il reste..........	8. 1.40.16.48.20	
il retranche le mult. 3′.	6.10.36.32.14.35. 0	
il reste..........	1.51. 3.44.33.45. 0	
le multiple 50″......	1.42.56.48.57.23. 3.20	
il reste............	8. 6.55.36.21.56.40	
le multiple 3″.........	6.10.36.32.14.35. 0	
il reste............	1.56.19. 4. 7.21.40	
50‴......	1.42.56.48.57.23. 3.20	
il reste..............	13.22.15. 9.58.36.40	
6‴......	12.21.13. 4.29.10. 0	
	1. 1. 2. 5.29.26.40	
20ⁱᵛ......	41.10.43.34.57.13.20	
	19.51.21.54.29.26.40	
9ⁱᵛ......	18.31.49.36.43.45. 0	
	1.19.32.17.45.41.40	
50ᵛ......	1. 1.46. 5.22.25.50. 0	
	17.46.12.23.15.50. 0	
8ᵛ......	16.28.17.25.58.53.20	
	1.17.54.57.16.56.40	
50ᵛⁱ......	1. 1.46. 5.22.25.50 0	
	16. 8.51.54.30.50. 0	
7ᵛⁱ......	14.24.45.15.14. 1.40	
	1.44. 6.39.16.48.20	
50ᵛⁱⁱ......	1.42.56.48.57.23. 3.20	
	1. 9.50.19.25.16.40	

Des soixantaines du second ordre divisées par des soixantaines du même ordre, donneront des degrés qui sont des unités; le reste va de lui-même. On voit que cette manière de préparer les multiples pour n'avoir plus à faire que des soustractions est déjà fort ancienne; elle n'était pas au reste bien difficile à imaginer.

Page 202, Théon confirme ce que nous avons déjà remarqué plusieurs fois, c'est-à-dire qu'Hipparque avait employé avant Ptolémée la méthode des trois éclipses pour déterminer dans l'hypothèse de l'épicycle, l'excentricité et l'apogée de la Lune.

Théon rapporte d'abord les trois éclipses babyloniennes; il entre dans tous les mêmes détails, et son commentaire est ici précieux, parce qu'il nous garantit des erreurs des copistes. Théon abrège cependant, car il ne donne que des heures entières; Ptolémée y ajoute des fractions. Du reste aucun changement essentiel; il donne 150° 28′ pour le mouvement d'anomalie. Ptolémée donne 150° 26′, et Théon est en cela d'accord avec lui à la page 222; il ne refait pas le calcul de Ptolémée; il montre comment on aurait pu le faire dans l'hypothèse de l'excentrique; et sans parler des éclipses de Ptolémée, il passe aux époques.

Le commentaire de cette fin du 4ᵉ livre est peu satisfaisant; il est beaucoup moins complet et moins instructif que le texte. Le commencement du 5ᵉ livre manque : on le trouve, dit-on, dans le manuscrit de Saint-Marc de Venise. Le Commentaire de Pappus sur ce livre se trouve à Florence dans la bibliothèque de Laurent de Médicis.

La partie imprimée du Commentaire de Pappus commence par la description de l'astrolabe; on y développe quelques expressions de Ptolémée. Pappus suppose le diamètre d'une coudée ou de 12 doigts; il ajoute que l'instrument donnait en même tems le point culminant du zodiaque, d'où l'on pouvait conclure le point levant et le tems de l'observation.

Pappus remarque qu'il fallait observer la Lune au nonagésime où la parallaxe de longitude est nulle. Nous avons la preuve que cette pratique était suivie par Hipparque. L'astrolabe en donnait le moyen, puisqu'il indiquait le point culminant et par suite le point orient; il ajoute qu'Hipparque et Ptolémée avaient cette attention. On avait accusé Ptolémée de s'être servi des parallaxes déterminées par ses prédécesseurs. Pappus le défend de cette inculpation; au reste, ces parallaxes n'étaient pas assez bonnes pour mériter d'être revendiquées. Nous verrons plus loin par quelles mauvaises observations il les avait établies ou appuyées : s'il n'a pas mieux réussi que ses prédécesseurs, ou s'il a trouvé les mêmes choses, il serait injuste de l'accuser de plagiat, à moins qu'il n'ait supposé des observations pour s'attribuer l'honneur de la découverte, et que ces prétendues observations ne soient autre chose que de mauvais calculs.

Il y a quelques lacunes dans ce fragment de Pappus ; il y en a de plus considérables et de plus fréquentes dans ce qui suit, et qui est de Théon. Il s'agit d'exposer le mécanisme des mouvemens qui produisent la seconde inégalité ; mais l'important est de réduire les Tables en formules, et de voir ce qu'elles donnent. On embarrasserait fort les géomètres d'aujourd'hui en les forçant de représenter par des cercles mobiles toutes les inégalités de la Lune. Pappus reprend à la page 245 ; après quelques réflexions géométriques sur les cercles employés par Ptolémée, il calcule avec plus de détail les deux observations dont Ptolémée n'avait fait qu'indiquer le calcul.

Les longues opérations qu'il exécute ne nous apprennent rien de nouveau ; il parle d'une éclipse du Soleil qui était totale dans l'Hellespont, et de $\frac{4}{5}$ du Soleil à Alexandrie. Hipparque en concluait que le rayon de la Terre étant pris pour unité, la plus petite distance de la Lune sera de 71, et la plus grande 83, le milieu serait 77. Dans son livre *des Grandeurs et des Distances*, il dit que la plus petite étant 62, la moyenne 67 $\frac{1}{3}$, la plus grande sera donc 72 $\frac{2}{3}$.

Les premiers aperçus donnent les parallaxes 48′ 25″, 44′ 39″, 41′ 25″.
Les seconds donnent les parallaxes........ 55.27, 51. 3, 47.19.

Toutes ces parallaxes sont trop faibles ; mais les plus mauvaises l'étaient beaucoup moins que celles de Ptolémée.

Dans la description des règles parallactiques, il dit qu'elles étaient jointes et tournaient comme les branches d'un compas ou d'un diabète ; il dit que l'un des côtés était divisé en 60 parties, et chaque partie en autant qu'elle en pourra recevoir, *c'est-à-dire* 12 : ces mots ne sont pas dans Ptolémée ; ainsi ces règles ne donnaient que cinq minutes, ainsi que nous l'avons prouvé. La Lune se voyait toute entière par l'ouverture des pinnules. Cette ouverture devait être circulaire et non longitudinale comme celle des pinnules de Tycho. Le poids du fil à plomb était sphérique, un autre poids était conique, la pointe en bas, et tombait sur une méridienne horizontale. La distance de la Lune au zénit 2 $\frac{1}{8}$ degré, l'inclinaison 5° ;

La distance zénitale de l'équateur...	30° 58′
Celle de la Lune.................	2. 7
Déclinaison de la Lune...........	28.51
Déclinaison du point culminant.....	23.51
Latitude de la Lune..............	5. 0

la parallaxe trouvée par l'instrument était de 1° 7′.

La distance angulaire de la Lune au Soleil était de 39°45′; le rayon de la Terre étant 1°, la distance moyenne dans les syzygies 59°0′; 48°43′ dans la dichotomie; le rayon de l'épicycle 5°10′; la plus grande distance 64°10′, et la plus petite 53°46′; la plus grande distance dans les dichotomies 53°51′, la plus petite 43°35′. Ces théorèmes sont si clairs, dit Pappus, qu'ils n'ont pas besoin de commentaire; mais il suppose que l'on connaisse la théorie de Ptolémée.

Les anciens, pour mesurer le diamètre du Soleil, avaient construit un vase qui laissait couler l'eau par un orifice ménagé au fond. A l'instant où le Soleil commençait à paraître, on recevait l'eau jusqu'au moment où le Soleil était levé tout entier; ensuite on laissait couler l'eau dans un autre vase pendant le reste des 24 heures. Comparant ensuite les eaux des deux vases, on avait le rapport du tems du demi-diamètre à la journée entière. Hipparque dit que cette méthode ne serait bonne que dans la sphère droite.

Pour remplacer ce moyen qui exigerait un calcul, Hipparque imagina la dioptre de 4 pieds.

Pappus expose les erreurs qu'on peut craindre dans l'usage de cet instrument; il se livre ensuite à des calculs fort longs et qui n'offrent rien de remarquable. Théon reparait au 6ᵉ livre, et donne quelques calculs qui sont bons à conserver. Tel est d'abord le calcul d'une conjonction.

Soit proposé de trouver le tems et le lieu de la première conjonction de l'an 1112 de Nabonassar; en voici le tableau:

	Toth.	Apoque.	Anomalie de la Lune.	Distance à la limite de latit.
Pour 1101 ans, Table, pag. 138...	22.41.45	19.11.56	222.53.32	65.41.57
11 ans, pag. 140.........	1. 9.39	358.28.11	271. 4.19	211.12. 3
Somme des mouvemens moyens...	23.51.24	17.40. 7	133.57.51	276.54. 0
	ou 23ʲ 20ʰ 33′ 36″	65.30.	3. 8.48	—3.50. 8
Lieu moyen ⊙ et ☾..............		83.10. 7	+ 15.44	273. 3.52
Équation du ⊙..................		— 41.20	+3.24.32	+3.24.32
Lieu vrai du ⊙..................		82.28.47	82.28.47	276.28.24
Mouvement du ⊙ jusqu'à la conjonction.....		+ 15.44	—3. 8.48	
Lieu vrai de la conjonction...............		82.44.31	79.19.59	
Tems jusqu'à la conjonction.......	5.51.18		Mouv. hor. vrai de ☾ = 34′ 32″.	
Tems de la conjonction........	24ʲ 2ʰ 24′ 54″			
Théon dit..........	24.2. $\frac{1}{2}$. $\frac{1}{12}$			

Ce tems est celui du méridien des Tables; vous le réduirez à celui d'un autre méridien, en ajoutant la différence des méridiens si le lieu est plus oriental, et en la retranchant si le lieu est plus occidental.

Explication du calcul.

Faites la somme des mouvemens moyens.

$0^j\ 5'\ 24'' \times 24^h = 102'\ 48'' \times 12 = \frac{102.48}{5} = 20^h\ 3'\ 36''$ de tems équinoxial. Au lieu de ces minutes, Théon met $20^h\ \frac{1}{2}\ .\ \frac{1}{17}$, manie assez bizarre des Grecs de ne vouloir que des fractions dont le numérateur soit l'unité.

A l'apoque ajoutez le lieu de l'apogée, ou 65° 30′, vous aurez le lieu moyen de la Terre et du ⊙; avec l'apoque, ou l'anomalie moyenne du Soleil, vous trouverez l'équation — 41′ 20″, vous aurez le lieu vrai ⊙.

Avec l'anomalie moyenne 133° 57′ 51″, cherchez l'équation de la Lune, vous trouverez.. 3° 8′ 48″

Prenez-en le 12ᵉ, que vous y ajouterez, vous aurez ainsi.... 15.44

Somme........... 3.24.32.

La Lune vraie est moins avancée que le lieu de la conjonction moyenne de 3° 8′ 48″; pendant qu'elle fera ce chemin, le Soleil en fera le 12ᵉ; la Lune aura donc à faire 3° 24′ 48″.

Le Soleil devant avancer de 15′ 44″, ajoutez ces 15′ 44″ au lieu vrai du ⊙, vous aurez le lieu vrai de la conjonction 82° 44′ 51″.

Le mouvement horaire vrai de la Lune est 34′ 56″; dites 34′ 56″ : $1^h = 3600''$ :: 3° 24′ 32″ : $5^h\ 51'\ 18''$; ajoutez ce tems à celui de la conjonction moyenne, vous aurez celui de la conjonction vraie $24^j\ 2^h\ 24'\ 54'' = 24^j\ 2^h\ \frac{1}{3} + 4'\ 54''$ ou $24^j\ 2^h\ \frac{1}{3} + 5'$ à peu près $= 24^j\ 2^h\ \frac{1}{3} + \frac{1}{12}$ à peu près. Je ne vois pas ce qu'on gagne à ces transformations.

Le lieu de la conjonction vraie est moins avancé que le moyen de l'équation solaire.. — 41′ 20″

Il est plus avancé de 15′ 44″, mouvement du Soleil dans l'intervalle.. + 15.44

Au total il est moins avancé à cause de la somme de ces deux quantités.. — 25.36

La distance moyenne à la limite était................ 276.54. 0

La distance vraie sera donc........................ 276.28.24.

C'est en effet ce que trouve Théon, mais par un autre calcul.

Il retranche..............	3.50. 8	= 3.8.48 +	41′ 20″
Il ajoute ensuite..........	3.24.32	= 3.8.48 +	15.44
Il retranche donc.........	25.36	....	25.36.

La soustraction lui donne la distance vraie à la limite pour le tems de la conjonction moyenne; l'addition lui donne la distance vraie à la limite pour l'instant de la conjonction vraie.

Pour trouver le mouvement horaire vrai, voici le précepte de Théon rendu plus simple et plus clair.

		Équat.	Differ. pour 3°.
L'anomalie moyenne est...........	133.57.51		
L'anomalie de la Table donne pour...	132. 0. 0	— 3° 57′	
	135. 0. 0	— 3.46	+ 11′

La différence de l'équat. pour 3° de changement d'anom. est	+ 11′
Pour 1° elle sera le tiers, c'est-à-dire..................	+ 3.40″
Pour 30′ elle sera..................................	1.50
Pour 2′ 56″..	11
Donc pour 32′56″, mouvement horaire moyen, elle sera..	+ 2. 1
Ajoutez ces 2′ 1″ au mouvement moyen................	32.56
Vous aurez pour le mouvement vrai horaire............	34.57.

Après avoir trouvé les heures de tems moyen, Théon les convertit en heures temporaires, ce que nous nous garderions bien de faire aujourd'hui, à moins que ce ne fût pour une annonce destinée à un public qui compterait les heures à la manière des anciens.

Théon fait ensuite le même calcul par les *Tables manuelles*, διὰ τῶν προχείρων κανονίων.

De l'an de Nabonassar....	1112
il retranche l'année de la mort d'Alexandre..........	424
il reste l'an...............	688 = 675 + 13 = 27 . 25 + 12 + 1.

Nous verrons plus loin que les *Tables manuelles* avaient en effet pour époque la mort d'Alexandre, au lieu que les Tables ordinaires étaient pour l'époque de Nabonassar.

La Table était faite pour toutes les années 1, 1 + 25, 1 + 2.25, 1 + 3.25; on y trouvera directement les époques de l'an 1 + 27.25 = 675 + 1 = 676; il restera à prendre le mouvement pour 12 ans.

	☉ apogée.	Apogée de l'exc. de la Lune.	Centre de l'épic. de la Lune.	Centre de la Lune.	Limite bor. de la Lune.
An 676.	358° 4′	262° 3′	291° 14′ (a)	210° 26′	320° 30′
12 ans.	357. 5	118.23	230. 56	344.37	232. 0
Année 688.	355. 9	20.26	162. 10	196. 3	192.30
23 jours (b).	21.41	246.31	197. 50	287.26	1.10
21 heures..	52	9.48	Sup. à 360°	11.26	
$\frac{1}{12}$.		3		3	3
Anomal. moyenne ☉.	17.42	276.48	176 (c) 24	133.58	193.43
Apogée............	65.30	83.12	21. 26	dist. 3. 8	83.12
☉ moyen..........	83.12	Sup. à 360°	21. 20	½ 15.40	276.55
Équation..........	— 42	— 3. 8 éq. lun.	6	3.23.40″	82.45
Soleil vrai..........	82.30	80. 4			276.28
Mouv. ☉ jusqu'à la ☌.	+ 16	— 42 éq. sol.			
Lieu à la conjonction.	82.46	79.22			
Par les Tables ordin..	82.44½	3.23.40″ éq. lun. + $\frac{1}{12}$.			
		82.45.40 lieu ☾ en conjonction.			

(a) Tables manuelles 13 jours.
(b) Tables manuelles mouvement de 23 jours.
(c) Mouvement de 23 jours des Tables manuelles.

Mouvemens en 12 ans.

☉ — apog.	357° 5′ mouvement d'anomalie ☉.
☾ — 2☉	118.23.
2 (☾ — ☉)	230.56, 2 mouvement d'apoque.
(☾ — apog.)	344.37, mouvement anomalie ☾.
☊	232. 0, mouvement nœud ☾.

Théon prend le complément à 360° de l'anomalie de l'épicycle 162° 10′; ce nombre est 197° 50′. Il cherche ce nombre dans la Table des mouvemens pour les jours; le nombre 197° 50′ ne s'y trouve pas; mais le plus approchant est 176° 24′, qui répond à 23 jours; il porte ce nombre de jours à la première colonne au-dessous de 688 ans. Il retranche 176° 24′ de 197° 50′, le reste est 21° 29′, qu'il cherche dans la Table des heures; il y trouve 21h qu'il porte au-dessous de 22′. Mais en 21h le mouvement n'est que 21° 20′; il reste donc 6′ qui répondent à $\frac{1}{12}$ d'heure.

On voit par là que le nombre de l'épicycle doit être 0° ou 360° à la conjonction. Le premier de thoth ce nombre était 162° 10'; il s'en fallait donc de 197° 50' qu'il ne fût 360°.

Il augmente de 21° 20' en 21ʰ; ajoutez $\frac{1}{7}$ ou 3° 3' au mouvement de 21ʰ, vous aurez 24° 23' pour un jour, la moitié est 12° 11' 30"; mais le mouvement relatif pour un jour est 12° 11' 27"; il est donc clair que le mouvement du centre de l'épicycle est le double du mouvement relatif.

Ainsi, la conjonction moyenne doit arriver le 23 de thoth à 21ʰ; mais il reste encore 6' de double mouvement qui répondent à 6' presque; la conjonction sera donc le 23 thoth à 21ʰ 6'. Les Tables ordinaires nous ont donné le 23 à 20$\frac{1}{4}$. On voit que les Tables manuelles employaient pour trouver le tems de la conjonction l'angle d'élongation de la Lune au Soleil; ce moyen, que j'avais indiqué dans la préface de mes Tables du Soleil, et que je croyais avoir imaginé le premier, avait donc près de 1500 ans d'ancienneté.

En 12 ans, par les Tables de Ptolémée, le mouvement relatif est.. 115ˢ 28° 17' 42"

Le double est.................................. 230.56.35.24

Nous voyons par Théon que les Tables man. donnent 230.56 elles négligent les secondes.

L'apoque de l'an 1 de Nabonassar est...........	2.10.37. 0
Le mouvement pour 810 ans est................	7.24.19.55
288 ans....................	8.11.19. 5
13 ans.....................	8. 5. 5 39
Apoque en........1111 ans....................	2.21.21.39
Double apoque................................	5.12.43.18
ou.......................	162.43.10
Les Tables manuelles donnent..................	162.10
Différence.....................................	33

Cette différence peut être une erreur des Tables manuelles ou une correction faite, soit au mouvement, soit à l'apoque de Nabonassar; elle n'empêche pas que cette colonne ne donne bien certainement la double apoque.

La colonne suivante a 344° 37' pour mouvement en 12 ans; or, suivant la Table de Ptolémée, pag. 89, le mouvement d'anomalie en 12 ans est.. 344° 37' 29" 44"'.

La somme 195° 3' de cette colonne doit donc être l'anomalie de l'an 1112 de Nabonassar, ou de l'an 1111 après Nabonassar.

Époque de Nabonassar	268° 49′ 0″
Mouvement en 810 ans	222.10.57
288 ans	350.59.54
13 ans	73.20.37
1111 ans	915.20.28
	720
Les Tables de Ptolémée donnent	195.20
au lieu de	195. 3
Différence	17

Il est bien constant que cette colonne donne l'anomalie moyenne de la Lune; et en effet Théon se sert du nombre 133° 58′, qui se trouve par le mouvement pour 22ʲ 21ʰ 6′, pour chercher l'équation 3° 8′, dont le 12ᵉ sera le mouvement du ⊙ jusqu'à la conjonction.

La dernière colonne a pour mouvement en 12 ans 232° ; c'est le mouvement de nœud.

En effet, le mouvement de latitude en 12 ans est	344° 33′ 26″ 33‴
Mouvement de longitude en 12 ans	112.33.14.46
Différence ou mouvement du nœud	232. 0.11.47.

Les Tables de Ptolémée en 1111ᵃ donnent pour l'argument de latitude 334° 31′ 12″ ou 11ˢ 4° 31′ 12″ ; pour longitude 4ˢ 22° 0′ 2″.

(⊙—☊)—☾=—☊=192° 30′ 58″.

Cette dernière colonne donne donc le supplément du nœud, qui s'ajoute ensuite à la longitude du ⊙ ou de la ☾ pour avoir l'argument de latitude.

La colonne première n'est rien autre chose que celle de l'anomalie moyenne du Soleil; il ne reste donc que la seconde colonne, qui est à peu près inutile, et qui paraît la plus singulière, et c'est pour cette raison que nous l'avons gardée pour la dernière.

Le mouvement pour 12 ans est	118° 23′
Le mouvement d'apoque pour 12 ans est	115.28.18″
Le mouvement d'anomalie du Soleil	357. 4.57
Mouvement de cette colonne = mouvement d'apoque — mouvement anomalie ⊙	118.23.21

La colonne doit donc donner, apoque — anomalie moyenne ⊙ = ☾ — ⊙ — ⊙ + apogée = ☾ — 2⊙ + apogée.

Le supplément à 360° sera..... 360° — ☾ + 2⊙ — apogée ⊙ ;
ou, s'il y a une constante C ajoutée, 360° + C — apogée ⊙ — ☾ + 2⊙ ;
mais il faut que cette quantité se trouve égale à la longitude ☾.

On a donc 360 + C — apogée ☉ — ☾ + 2☉ = ☾,
ou 360 + C — apogée ☉ = 2☾ — 2☉ = double apoque,
ou constante = double apoque — 360° + apogée ☉
= double apoque — 360 + 65.30 + n.36″
= double apoque — $9^s 24° 30'$ + n.36″.

L'époque de chaque année peut-être ainsi formée : ainsi, pour l'an 676, le double de l'apoque est 5.12.10; ôtez-en 9^s 24° 30′, ou ajoutez-y 2^s 5° 30′, vous aurez 7^s 17° 40′, à quoi vous ajouterez, si vous voulez, le mouvement n.36″ de l'apogée. Cette colonne doit être construite de manière qu'en y ajoutant le mouvement pour les jours et les heures données par le supplément de la colonne de la double apoque, la somme soit le supplément du lieu de la Lune qui est en même tems celui du Soleil ; ici ce supplément est en effet 83° 12′ = Soleil moyen ; mais ce raisonnement même prouve que cette colonne n'est qu'une vérification de la première, et c'est ce qui se voit manifestement par le manuscrit des Tables manuelles dont nous parlerons bientôt.

On voit, par la suite du calcul, que Théon ajoute l'apogée du Soleil à l'anomalie moyenne, ce qui lui donne le lieu moyen du Soleil ; il y applique l'équation donnée par l'anomalie, il a le lieu vrai du Soleil. Il cherche l'équation de la Lune, il en prend le 12e pour le mouvement du Soleil dans l'intervalle à la conjonction ; il a donc le lieu vrai de la conjonction.

Il applique l'équation lunaire au lieu moyen de la Lune, il a le lieu vrai au tems de la conjonction moyenne ; il y applique l'équation solaire ; il a corrigé le lieu moyen de la conjonction moyenne de la somme de deux équations ; il y ajoute $\frac{11}{12}$ de l'équation lunaire ; il détruit par là ce qu'il a fait en appliquant l'équation lunaire, et de plus il ajoute le $\frac{1}{12}$ qu'il a précédemment ajouté au lieu vrai du Soleil. Cette vérification est assez singulière, et au total l'opération n'est qu'approximative.

Enfin, au lieu vrai de la conjonction il ajoute le supplément du nœud, ou plutôt de la limite, et il a l'argument de latitude.

A ces deux calculs de la même conjonction Théon ajoute celui d'une opposition écliptique, c'est-à-dire celui d'une éclipse de Lune arrivée à Alexandrie la 81e année de l'ère de Dioclétien, au mois athyr selon les Égyptiens, et le 6e phamenoth de la même année, qui est la 364e de notre ère.

La conjonction qui avait précédé tombait, suivant les Tables, au

25 méchir, l'an 1112 de Nabonassar. Elle est indiquée à cette époque dans la Table II, qui est celle des pleines lunes; il faut partir de la dernière ligne de la Table, pag. 139.

Années et mois.	Jours de thoth.	Distance du ☉ à son apogée.	Distance de la ☾ à l'apogée de l'épicycl.	Arg. de lat. comptée de la lim. boréale.
1101	7°55′50″	4°38′44″	29°59′2″	230°21′51″
11	1. 9.39	358.28.11	271. 4.19	211.12. 3
6 mois	177.11. 1	174.58.18	154.54. 1	184. 1.25
6 phamen.	186.16.30	177.45.13	95.57.22	265.35.19
16.30 × 24	apogée..........	65.30	éq. ☾ —5. 0	—5. 0
	lieu moyen ☉....	243.15.13	éq. ☉ —0. 7	260.35.19
	équation ☉......	— 7. 0	différ. —4.53	5.17.25
	lieu vrai ☉......	243. 8.13	24.25	265.52.44
	$\frac{1}{12}$(éq. ☾ — éq. ☉)	24.25	diff. + $\frac{1}{12}$ 5.17.25	
		243.32.38	$\frac{5.17.25}{0.32.57}$ =	
			$9\frac{1}{2}\frac{1}{3}\frac{1}{10}\frac{1}{27}$ = $9^h 59'$	

Explication du Calcul.

La première ligne est prise page 139, la deuxième et la troisième page 140 (*édition de Bâle*).

De thoth à phamenoth on compte six mois. On prendra les nombres de la troisième ligne dans la Table des mois.

On fait l'addition des trois lignes. Ajoutez le lieu de l'apogée du Soleil à son anomalie, vous aurez la longitude moyenne; et retranchant 180°, la longitude moyenne de la Lune.

Le tems moyen de l'opposition moyenne sera le 6 phamenoth $16^h 30'$.

Suivant les Égyptiens, ou la manière de compter à Alexandrie, le 29 athyr $16^h 30'$ équinoxiales après midi, ou $7^h 10'$ temporaires.

Avec l'anomalie moyenne 177° 45′ 13″, vous aurez l'équation —0° 7′ pour le Soleil. Le lieu vrai à l'opposition moyenne 243° 8′ 13″, à quoi il faudra ajouter 24′ 25″ pour le douzième de la distance à l'opposition, ce qui fera définitivement 243° 32′ 38″ pour le lieu vrai à l'opposition vraie.

Avec l'anomalie de la Lune 95° 57′ 22″, vous trouverez l'équation — 5° 0′.

La différence des deux équations sera 4° 53′, dont le 12° 24′ 25″ sera le mouvement du Soleil dans l'intervalle entre les oppositions vraie et moyenne.

La distance augmentée de son douzième sera $5^{\circ}17'25''$; vous la diviserez par le mouvement horaire vrai, qui ne différera pas du mouvement moyen $0^{\circ}32'57''$, parce que l'équation du centre est au maximum, et que par conséquent la Lune est dans ses mouvemens moyens. Le quotient sera $9^{h}59'$, que vous ajouterez aux $7^{h}6'$ temporaires, et vous aurez $17^{h}5'$; vous ajouterez à l'argument de latitude les $5^{\circ}17'35''$ du mouvement dans l'intervalle, vous aurez l'argument de latitude qui doit être employé dans le calcul de l'éclipse.

Le mouvement d'anomalie pour $9^{h}59'$ sera $5^{\circ}35'15''$; vous l'ajouterez à l'anomalie moyenne, pour avoir celle du milieu de l'éclipse, et ce sera $101^{\circ}32'57''$.

Ce calcul n'offre aucune difficulté, rien d'obscur, mais aussi rien qu'on n'eût pu imaginer d'après ce qui précède. Il n'est plus question des *Tables manuelles*, qui paraissent n'avoir eu d'autre objet que d'abréger les calculs, par une disposition différente, et par le retranchement des secondes et autres fractions plus petites.

Théon paraphrase ensuite ce que dit Ptolémée sur les limites écliptiques. Dans le calcul, il emploie la parallaxe relative de la Lune au Soleil. Les éclipses peuvent revenir tous les six mois et même au bout de cinq; ce dernier intervalle s'appelle le grand pentamène; il a lieu quand l'arc décrit par le Soleil est coupé en deux par le périgée, et l'arc décrit par la Lune coupé en deux par l'apogée; le mouvement relatif de la Lune est le plus petit possible, le tems d'une syzygie à l'autre est le plus long. Il passe au Soleil, en détermine les limites écliptiques et les intervalles. Il commente la construction des Tables écliptiques, le calcul des doigts écliptiques en parties des surfaces; il démontre de deux manières le théorème que Ptolémée avait employé sans démonstration, probablement comme une chose bien connue avant lui, et qui donne les segmens de la base d'un triangle rectiligne dont on connaît les trois côtés.

$$\left.\begin{array}{l}\overline{\alpha\theta}^2 = \overline{\alpha\kappa}^2 + \overline{\kappa\theta}^2 \\ \overline{\alpha\varepsilon}^2 = \overline{\alpha\kappa}^2 + \overline{\varepsilon\kappa}^2\end{array}\right\} \overline{\alpha\theta}^2 - \overline{\alpha\varepsilon}^2 = \overline{\kappa\theta}^2 - \overline{\varepsilon\kappa}^2 \ldots\ldots \text{(fig. 171).}$$

$$(\alpha\theta + \alpha\varepsilon)(\alpha\theta - \alpha\varepsilon) = (\kappa\theta + \varepsilon\kappa)(\kappa\theta - \varepsilon\kappa)$$

$$\kappa\theta - \varepsilon\kappa = \frac{(\alpha\theta + \alpha\varepsilon)(\alpha\theta - \alpha\varepsilon)}{\varepsilon\theta} = \frac{\text{somme.diff. des côtés}}{\text{base}};$$

nombre d'auteurs modernes ont donné des démonstrations beaucoup plus longues et moins naturelles.

Après ce calcul, il construit ces Tables, et emploie une demi-page in-folio à prouver que les secteurs sont proportionnels aux arcs.

Pour exemple d'un calcul d'éclipse de Lune, il choisit celle de l'an 1112 de Nabonassar, ou la 81e de l'ère de Dioclétien, observée très-exactement à Alexandrie. On suppose que c'est par lui, quoiqu'il n'en dise rien; c'est celle qu'il a déterminée ci-dessus. Elle arriva, suivant le calendrier des Égyptiens, le 9 phamenoth, six heures temporaires après midi, ou $16^h\frac{3}{4}$ de tems équinoxial; mais suivant la manière de compter à Alexandrie, le 29 athyr; or le 1er athyr est le 61e jour de l'année, le 29 est le 89e; le 1er phamenoth est le 181e, le 6e est le 186e; la différence est de 97 jours, dont le commencement de l'année des Alexandrins suivait celui de l'année vulgaire égyptienne.

Commencement de l'éclipse.....	$14^h 54'$;		
Fin de l'éclipse $18\frac{5}{6}\frac{1}{10}$..........	18.56;		
Commencement de l'éclipse totale	16.14′,	ou	$16^h\frac{1}{5}\cdot\frac{1}{60}$;
Commencement d'émersion......	17.16,		$17\cdot\frac{1}{4}\cdot\frac{1}{60}$.

L'anomalie moyenne était $101°\,32'\,47''$; la distance à la limite boréale $265°\,53'$, après l'application de la prostaphérèse. Avec ces données, la Table nous donne $13^d 22'$ d'éclipse, $59'26''$ d'incidence, $12'41''$ de demeure dans l'ombre pour la plus grande distance; $14^d 16'$, $41'\,39''$ et $18'\,9''$ pour la plus petite distance.

La différence de $14^d\,16'$ à $13^d\,22'$ est de $54'$	}	de la plus petite
La différence de $41'\,39''$ à 59.26 est de $2.13''$	}	à la plus grande
La différence de $18.\,9$ à 12.41 est de 5.28	}	distance.

Théon multiplie ces différences par la fraction sexagésimale qui répond à l'anomalie moyenne, c'est-à-dire par $\frac{34'\,38''}{60'\,0''}$; il trouve ainsi $31'$ pour les doigts, $1'\,17''$ pour l'incidence, $3'\,9''$ pour la demeure; il les ajoute aux quantités de la plus grande distance qui deviennent $13^d 53'$, $40'43''$ pour l'incidence, $15'\,50''$ pour la demeure, à quoi il faut ajouter $\frac{1}{12}$ à cause du mouvement du Soleil, car les quantités précédentes ont été calculées sans avoir égard à ce mouvement; par là $40'43''$ deviennent $44'\,6''$, et $15'\,50''$ se changent en $17'\,9''$; la somme est $61'\,15''$, qu'il divise par le mouvement horaire pour le tems du milieu de l'éclipse, ou par $32'56''$; il trouve pour le tems de l'entrée égal à celui de la sortie, c'est-à-dire pour la demi-durée de l'éclipse partielle, $1^h\frac{1}{3}$ équinoxiale, ou $1^h\,20'$ pour la demi-demeure $\frac{1}{2}\cdot\frac{1}{60}$; total, $1\cdot\frac{1}{2}\cdot\frac{1}{3}\cdot\frac{1}{60}$ ou $1^h 51'$.

Le milieu entre le commencement et la fin donne $16^h 45'$ pour le milieu de l'éclipse.

$16^h 45' - 1^h 51' = 14^h 54' = 14^h \frac{1}{2} . \frac{1}{3} \frac{1}{15}$	commencement,	
$16.45 + 1.51 = 18.36 = 18. \frac{1}{2} \frac{1}{10}$	fin,	
$16.45 - 0.31 = 16.14 = 16. \frac{1}{6} \frac{1}{15}$	immersion,	
$16.45 + 0.31 = 17.16 = 17. \frac{1}{4} \frac{1}{60}$	émersion ou commencement de purgation.	

Comme par l'observation, ajoute Théon, et cette conformité si singulière, qu'on n'obtiendrait aujourd'hui même que par le plus grand des hasards, pourrait faire soupçonner que cette prétendue éclipse est arrangée pour les Tables. On ne pouvait alors déterminer l'heure à la minute à beaucoup près; Théon pouvait disposer d'un quart d'heure pour chacune des phases; ainsi l'accord avec les Tables est moins surprenant, et cette éclipse n'aurait d'autre mérite que celui de nous avoir conservé un exemple détaillé de ces sortes de calculs suivant la méthode des anciens.

Théon nous apprend encore que les *Tables manuelles* donnaient des résultats tout pareils; que la forme était seulement un peu différente; qu'au lieu d'avoir pour argument la distance à la limite, elles dépendaient de la latitude même (ce qui devait être un peu plus précis). La raison, dit-il encore, nous apprend que les deux demi-durées ne peuvent être rigoureusement égales, à cause des inégalités du mouvement, mais la différence est insensible.

Après d'assez longs détails, Théon arrive aux éclipses du Soleil; il cherche de combien la parallaxe peut retarder la conjonction ou l'avancer; au lieu de chercher les tems par les mouvemens relatifs vrais, il ajoute $\frac{1}{12}$ à la différence de longitude, c'est-à-dire à la parallaxe. Il donne des règles assez compliquées pour trouver s'il y a retard ou accélération. La parallaxe peut produire, dans les deux moitiés de l'éclipse, des différences plus fortes que celles qui dépendent de l'inégalité des mouvemens. Cela vient de ce qu'avant le passage au nonagésime la parallaxe s'ajoute au mouvement propre en longitude, et qu'après le passage, elle diminue ce mouvement, et de ce que le mouvement diurne diminue d'un côté la parallaxe et l'augmente de l'autre; enfin de ce que les angles des verticaux et du cercle de latitude varient continuellement.

Après avoir éclairci ces différens effets par des figures et des raisonnemens géométriques, Théon ajoute : « Pour démontrer la même chose par des calculs, nous choisirons l'éclipse de Soleil de l'an 1112 de

Nabonassar, pour laquelle nous avons ci-dessus trouvé la conjonction à $2^h 50'$ équinoxales après midi du 24 de thoth, ou suivant le calcul alexandrin, $2^h 50'$ temporaires du 22 payni.

» Le 1er payni est le 271e jour de l'année, le 22 de payni sera le 292e; il reste, jusqu'à 365 jours, 73 jours; $73 + 24 = 97$, que nous avons déjà trouvé ci-dessus.

» Lieu de la conjonction, $2^s\,22^\circ 44' 52''$; anomalie, $137^\circ 9' 27''$; argument de latitude, $276^\circ 28' 45''$; mouvement horaire, $34' 56''$: *nous avons exactement observé* le commencement à $2^h 50'$ équinoxiales après midi, le milieu à $3^h 48'$, ou $3^h \frac{1}{2} \frac{1}{4} \frac{1}{20}$, et la fin à $4^h \frac{1}{2}$ du même jour 22 payni; nous en avons fait ainsi le calcul :

» Avec les $2^h 50'$ équinoxiales de la conjonction vraie, dans la Table du climat d'Alexandrie, nous avons pris l'angle qui répond à $22^\circ 40'$ des Gémeaux; nous avons trouvé dans la seconde colonne $38^\circ 28'$ de distance zénitale et l'angle occidental $17^\circ 47'$, et c'est par une partie proportionnelle entre les deux termes voisins que nous avons obtenu ces quantités.

» Cela supposé, soit $\alpha\beta\gamma$ une partie du méridien (fig. 172), $\alpha\delta\varepsilon$ l'écliptique, les degrés se comptant de ε vers δ, et δ marquant $2^s\,22^\circ 50'$ à $2^h 50'$ du méridien; $\beta\delta\zeta$ le vertical, β le zénit, $\beta\delta = 38^\circ 28'$. Avec cet arc, nous trouverons la parallaxe du Soleil $1' 45''$ (selon nous elle ne serait pas de $6''$). »

Pour la parallaxe de la Lune $33' 58''$ dans le premier terme, et $6' 34''$ de différence. Avec l'anomalie $137^\circ 9' 27''$, dont la moitié est $68^\circ 34' 44''$; nous prendrons dans la cinquième colonne le facteur $0^s 51' 21''$, par lequel multipliant la différence $6' 34''$, nous aurons $5' 47''$ à ajouter à la parallaxe $33' 58''$, qui deviendra........................ $39' 45''$
(Théon dit $39' 35''$) c'est la parallaxe de distance au zénit.

Retranchant pour la parallaxe du Soleil.................. 1.45

il restera pour la parallaxe relative...................... 38. 0

La partie proportionnelle serait $5' 34''$; il faut que Théon ait fait

$$\begin{array}{r} 5.37 \\ +\ 33.58 \\ \hline 39.35 \\ -\ \ 1.45 \\ \hline 57.50 \end{array}$$

car il donne pour parallaxe relative........................ 57.50

Soit $\delta\eta$ la parallaxe de la Lune, $\delta\theta$ celle du Soleil, nous aurons $\eta\theta$.. $= 57.50$

Mais $\alpha\delta\beta = \varepsilon\delta\zeta = 17^\circ 47'$ par la Table.

Menez sur l'écliptique les perpendiculaires θx, $\kappa\lambda$, et par le point θ la parallèle $\theta\mu$ à l'écliptique, δx sera la parallaxe de longitude pour le Soleil, $\delta\lambda$ pour la Lune, $x\lambda$ la parallaxe relative.

La parallaxe de longitude $\theta\mu = x\lambda = 36' 1''$. Cette parallaxe, divisée par le mouvement horaire, donne $1^h \frac{1}{30}$ à ajouter à la conjonction vraie, pour avoir la conjonction apparente.

Or, la conjonction vraie calculée est à... $2^h 50'$

$1^h \frac{1}{30}$.... 1. 2

conjonction apparente.................. 3.52.

Recommençant les calculs ci-dessus, nous aurons $\beta\delta = 51° 48'$ et $\beta\delta\alpha = 18° 38'$ ou $32'$, car Théon dit l'un et l'autre; mais plus loin il répète $32'$, et nous nous y tiendrons.

Il trouve de cette manière, pour parallaxe relative, $47' 3''$, et $45' 3''$ de parallaxe relative en longitude; mais ci-dessus nous n'avions que $36' 1''$, la différence est $9' 2''$, qui sont environ le quart de $36'$; prenons-en le quart $2' 15''$, $9' 2'' + 2' 15'' = 11' 17''$; ajoutons-les à $36' 1''$, nous aurons $47' 18''$; ajoutons-y le $12''$ ou $4'$, nous aurons $51' 18''$ à diviser par le mouvement horaire $34' 18''$ (il a dit ci-dessus $34' 56''$), nous aurons $1^h \frac{1}{2}$ à ajouter à l'heure de la conjonction vraie $2^h 50'$, et nous aurons $4^h 20'$.

Ajoutons la parallaxe de longitude à la longitude, à l'argument de latitude et à l'anomalie, nous aurons

longit.	$2^s 22° 44' 55''$	arg. lat. $276° 28' 45''$	anom. $137° 9' 27''$
	51.18	51.18	51 18
longit. appar...	2.23.36.13	277.20. 3	138. 0.45

ce seront les quantités apparentes à la conjonction apparente $4^h 20'$.

A présent, pour la parallaxe de latitude nous chercherons de nouveau pour $4^h 20'$ la distance au zénit $57° 44'$, l'angle occidental $19° 51'$; nous aurons $50' 51''$ à multiplier par le sinus de $19° 51'$, ce qui fera $17' 17''$ (je ne trouve que $17' 16''$); multipliant ce nombre par le rapport $\frac{0° 11' 30''}{1. 0. 0} = \frac{1}{5}$ environ, nous aurons $3° 19'$ à retrancher de l'argument de latitude qui deviendra $274° 1'$ environ; c'est-à-dire que la parallaxe de latitude ayant diminué la latitude de $17' 17''$, c'est comme si elle eût rapproché le nœud de la Lune de $\frac{17' 17''}{\text{sin inclin.}} = \frac{17' 17''}{\sin 5°} = 3° 18' 11''$. Théon met $19'$ et même $20'$, puisqu'il réduit l'argument de latitude à $274°$.

Avec 274° dans la Table écliptique, pag. 153, on trouve

4^d et 23′ 27″ pour la plus grande distance.
4.48′ et 25. 9 pour la plus petite.
Théon dit... 3.58 et 23.51 plus grande distance,
4.46 et 25.56 plus courte distance.

Peu nous importe l'exactitude absolue des calculs, nous ne cherchons que la méthode ; Théon avait peut-être refait la Table un peu plus exactement.

Pour trouver la partie proportionnelle entre ces nombres, avec l'anomalie 138°0′45″, on trouve le facteur 51′38″, par lequel on multipliera la différence 48′ des doigts ; on trouve 41′ 18″ à ajouter aux doigts 3^d 58′, qui deviendront 4^d39′18″ : c'est la partie du Soleil qui sera éclipsée, ou du moins c'est la largeur de cette partie. Pour avoir la surface, entrez avec le nombre $4\frac{2}{3}$ dans la petite Table de la page 155 de Ptolémée, vous y trouverez 5^d 8′ 18″ de surface.

Par un calcul semblable, nous trouverons pour les parties d'incidence

	25′ 23″ ;	Théon dit......	25′ 34″
Ajoutez-y un douzième......	2. 7		2. 8
	27.30		27.42

qu'il faudra diviser par 34′ 56″ mouvement horaire, ce qui vous donnera

$\frac{1}{2}\cdot\frac{1}{4}\cdot\frac{1}{15} = 0^h\,47'$

Milieu....................	4.20		
Commencement.............	3.53	Théon dit.....	$3\frac{1}{2}\cdot\frac{1}{30}$
Fin....................	5. 7		$5\frac{1}{10}\cdot\frac{1}{15}$.

Quant aux parties d'incidence............	27′ 43″ ou....	27′ 42″
appliquez-les en plus et en moins à la longit.	2^s23° 36.13	138° 0.45
vous aurez pour le commencement.........	2.23. 8.30	137.33. 3
pour la fin...................	2.24. 3.56	138.28.27.

Pour prouver que les demi-durées qu'il a supposées égales ne le sont cependant pas tout-à-fait, il en recommence le calcul séparément pour le commencement et pour la fin. Il trouve des parallaxes un peu différentes, des angles différens ; ce qui n'avait pas besoin d'être prouvé, et qui pour l'être aurait besoin d'être calculé plus rigoureusement et non par des Tables d'une précision très-médiocre. Au reste, à la suite de ce dernier calcul, Théon trouve que les Tables s'accordent avec les observations, sur quoi nous renvoyons à la remarque faite sur l'éclipse de Lune qui a précédé.

Il montre ensuite que l'on trouverait exactement les mêmes résultats par les *Tables manuelles*. Le calcul est assez long et prouve en effet l'assertion de Théon, et fait voir en outre que la marche de l'opération est à peu près la même. On a dans les deux systèmes de Tables des parallaxes pour les principales positions de la Lune; on en déduit des parallaxes pour la position actuelle par des facteurs qui servent à multiplier les différences. Peut-être avec les quantités que fournit cet exemple pourrait-on reconstruire les *Tables manuelles;* mais ce serait une peine bien superflue, puisque ces Tables existent et qu'elles supposent les mêmes élémens que les Tables de Ptolémée, ou du moins que la différence est très-légère. Peu nous importe aujourd'hui qu'elles soient, à quelques égards, plus commodes et plus expéditives, ce qui n'est pas d'ailleurs bien démontré par tout ce qu'on voit dans ce chapitre du Commentaire; si l'on voulait aujourd'hui calculer des Tables écliptiques sur les élémens de Ptolémée, on ne serait pas embarrassé pour les rendre plus faciles et plus conformes à sa théorie.

Au lieu de cette longue comparaison des *Tables manuelles* avec celles de la *Syntaxe*, il est à regretter que Théon ne nous ait pas dit comment il avait observé son éclipse, comment il s'est assuré de l'heure vraie des divers phénomènes, s'il a mesuré réellement ou simplement estimé, comme il est probable, le nombre de doigts éclipsés. S'il avait eu un instrument pour mesurer la ligne des cornes ou le segment resté lumineux, il n'eût pas manqué de le dire. Quelle précaution prenait-il pour que la lumière du Soleil ne lui blessât pas les yeux, et lui permît d'estimer au juste la quantité de l'éclipse? Il n'en dit rien; et c'est une chose assez singulière que tous les auteurs, soit grecs, soit latins, qui ont parlé des éclipses de Soleil, aient imité ce silence. Un auteur dont le nom m'a échappé, dans un passage cité par Schneider dans son premier volume, dit seulement que des astronomes qui ont voulu observer avec plus de soin et trop long-tems une éclipse de Soleil pour en mieux décrire toutes les circonstances, en avaient perdu la vue; ce qui suppose qu'on n'avait aucun moyen artificiel pour considérer le Soleil. Nous voyons qu'Archimède ayant voulu mesurer le diamètre du Soleil, avait choisi les tems où le Soleil était voisin de l'horizon et brillait d'un éclat moins vif. On voit bien quelques passages qui nous indiquent qu'on regardait quelquefois le Soleil éclipsé dans l'eau ou dans quelques liqueurs plus denses et moins susceptibles d'être agitées par l'air; mais dans tout cela on ne démêle rien qui concerne particulièrement les astronomes; et puisque Théon ne nous dit rien, c'est qu'il n'a rien à nous apprendre. Aristote, qui s'est fait à lui-même tant de questions sur le Soleil et sa lumière, n'est pas pour nous plus instructif. De toutes ces questions, celle qui se rapproche le plus de notre sujet est celle-ci, qui se lit dans la section XV de ses Problèmes : « Pourquoi dans les éclipses de Soleil, si on le voit à travers un crible ou à travers le feuillage du platane ou d'autres arbres à larges feuilles ou à travers les doigts des deux mains jointes l'une sur l'autre, voit-on la lumière sous forme ménisque ? » Il semble que la réponse est bien naturelle et bien simple : si le Soleil éclipsé paraît avoir la figure de la Lune, c'est qu'en effet il est alors échancré comme elle. Aristote en apporte une explication qui ne paraît ni bien claire ni bien heureuse ; il la trouve dans deux cônes qui ont un sommet commun, l'un qui vient du Soleil au trou du crible ou aux interstices entre les feuilles, et l'autre qui va du crible à la Terre. Voilà pour le présent tout ce que j'ai pu recueillir sur cette question, et je désespère d'être jamais plus heureux.

Dans le Commentaire sur les directions de la ligne des centres par rapports aux différens points de l'horizon, il cite deux théorèmes démontrés par Ménélaüs dans son Traité des Sphériques que nous avons perdu. Si deux triangles ont un angle égal et entre les autres angles deux côtés respectivement égaux, les deux autres angles seront aussi égaux chacun à chacun si leur somme n'est pas égale à 180°.

Soit $\beta\gamma$ (fig. 175) la base commune des deux triangles, β l'angle commun sur cette base ; prolongez l'arc $\beta\gamma$ jusqu'à 180° en β' ; soit enfin l'autre côté donné $\gamma\alpha$ ou $\gamma\alpha'$, abaissez l'arc perpendiculaire $\gamma\mu$, le côté donné $\gamma\alpha$ est nécessairement plus grand que $\gamma\mu$; vous aurez $\cos\gamma\mu \cos\mu\alpha = \cos\gamma\alpha = \cos\gamma\alpha' = \cos\gamma\mu \cos\mu\alpha'$. Plus $\mu\alpha$ augmentera, plus $\gamma\alpha$ et $\gamma\alpha'$ augmenteront ; mais $\gamma\alpha'$ ne saurait égaler $\gamma\beta$, car il se confondrait avec lui ; il n'y aurait plus de triangle. Il peut encore moins surpasser $\beta\gamma$, car il serait au-dessous de $\gamma\beta$ et hors de l'angle $\gamma\beta\alpha$; mais $\gamma\alpha$ peut augmenter jusqu'à devenir $\gamma\beta' = 180° - \beta\gamma$; $\gamma\alpha$ est donc nécessairement compris entre les valeurs $\gamma\beta$ et $\gamma\beta' = 180° - \beta\gamma$. Si $\gamma\alpha < \beta\gamma$, il y a deux positions possibles $\gamma\alpha$ et $\gamma\alpha'$: dans l'une $\gamma\alpha\beta$ sera aigu, dans l'autre $\gamma\alpha'\beta$ sera obtus, et $180° - \gamma\alpha'\alpha = 180° - \gamma\alpha\alpha'$; les deux valeurs auront une somme de 180°.

Si $\gamma\alpha > \gamma\beta$, tel que serait $\gamma\alpha''$, par exemple, il n'y a qu'une solution possible pour le deuxième côté.

Si $\gamma\alpha$ est perpendiculaire, il sera $\gamma\mu$ et $\gamma\mu$ est unique.

Donc *les triangles qui ont une même base, un angle égal sur cette base et le côté opposé à cet angle pareillement égal, sont absolument identiques ;*

ou bien s'ils ne le sont pas, c'est que les angles opposés à la base sont supplémens l'un de l'autre.

Cet exposé est clair, la démonstration simple et directe; l'énoncé de Ménélaüs est équivoque, sa démonstration indirecte et fort longue.

Vous avez $\sin \alpha\gamma : \sin \beta :: \sin \beta\gamma : \sin \alpha = \sin (180° - \alpha)$; les trois premiers termes sont communs aux deux triangles; le 4e a deux valeurs, mais il faut que l'angle α soit plus grand que β, $\sin \beta\gamma > \gamma\alpha$, ce qui, dans la moitié des cas, donne l'exclusion à l'une des deux solutions: quand elles sont possibles toutes deux vous ne savez si le 3e côté est $\beta\alpha$ ou $\beta\alpha'$, si l'angle est $\beta\alpha\gamma$ ou $\beta\alpha'\gamma = 180° - \beta\alpha\gamma$, si le 3e angle est $\beta\gamma\alpha$ ou $\beta\gamma\alpha'$.

On trouverait la même chose par les formules analytiques pour ce cas, mais d'une manière moins directe et moins simple. Au reste, ces théorèmes métaphysiques ne servent pas réellement au calcul, ils ne sont là que pour la démonstration.

Théon applique ce théorème à la solution plus exacte et plus rigoureuse des problèmes que Ptolémée s'était proposés; mais les solutions de Ptolémée étaient plus que suffisantes, et celles de Théon sont longues. Au reste, c'est de la Trigonométrie toute pure. Nous savons que les Grecs pouvaient résoudre toute sorte de triangles, quoique leurs méthodes fussent souvent longues et détournées. Nous avons d'autant moins d'intérêt à suivre ici Théon, que ces problèmes sont abandonnés depuis longtems, et que pour se préparer à l'observation d'une éclipse de Soleil, il est beaucoup plus commode de déterminer le point de contact par sa distance angulaire au vertical qui passe par le centre du Soleil. Cependant, comme nous y trouverons une application des formules générales de la Trigonométrie grecque, nous allons extraire ce que cette théorie a de plus curieux.

Pour mieux apprécier les méthodes de Théon, voyons comment on pourrait s'y prendre aujourd'hui pour résoudre les mêmes problèmes.

On appelle *prosneuse* le point où l'horizon est coupé par un grand cercle mené du centre de la Lune au centre du Soleil, et prolongé jusqu'à la rencontre avec l'horizon; cette direction est celle que l'on calcule dans les éclipses de Soleil; dans celles de Lune, au contraire, l'origine de l'arc est au centre de l'ombre; on le tire vers le centre de la Lune, et on le conduit de là jusqu'à l'horizon.

On calcule ces points d'intersection pour le commencement, la fin et le milieu d'une éclipse partielle; si l'éclipse est totale, on calcule encore pour les tems de l'immersion et de l'émersion; mais alors on peut se dispenser de calculer la prosneuse pour l'instant du milieu, car l'arc de prosneuse coupe perpendiculairement et par le milieu la ligne des cornes dans une éclipse partielle; mais dans une éclipse totale, il n'y a plus de ligne des cornes; l'arc de prosneuse n'a donc plus d'objet. Cependant, Théon après avoir fait le raisonnement que nous venons de développer, n'en calcule pas moins la prosneuse pour le milieu de l'éclipse ; et même pour les autres instans, il se contente de donner les règles du calcul sans aucun exemple numérique.

Soit (fig. 174) BAQORI l'horizon, BZPR le méridien, P le pôle, PQ le cercle de 6^s, EQ l'équateur, ECO l'écliptique, EM = M = asc. dr. du milieu du ciel, EC la longitude du point culminant, BCO = 180° — ECM = 180° — angle de l'écliptique et du méridien, BC la hauteur du point culminant, ANZPI le vertical qui passe par le zénit et le pôle p de l'écliptique, EN sera la longitude N du nonagésime, NR = O la hauteur du nonagésime ou l'angle de l'écliptique avec l'horizon; vous aurez O = NA = Zp = distance zénitale du pôle de l'écliptique; ZN = distance zénitale du nonagésime = pI = hauteur du pôle de l'écliptique sur l'horizon ; QO = amplitude du point orient de l'écliptique = BA = azimut du nonagésime compté du point sud = RI = azimut du pôle de l'écliptique compté du point nord = BZN = RZI. J'ai donné dans mon Astronomie les formules suivantes : ω est l'obliquité de l'écliptique :

$$\text{tang N} = \text{tang nonagésime} = \cos\omega \text{ tang M} + \sin\omega \text{ tang H séc M} ;$$

$$\text{longit. du point O} = \text{N} + 90° ;$$

$$\cos \text{ O} = \sin \text{haut. pôle de l'écliptique} = \cos\omega \sin \text{H} - \sin\omega \cos \text{H} \sin \text{M};$$

$$\cot \text{ amplitude} = \cot \text{QO} = \cot\omega \cos \text{H séc M} + \sin \text{H tang M}.$$

Soit maintenant S le centre du Soleil, L celui de la Lune, SL la distance apparente des centres, Lu la latitude apparente du centre de la Lune,

$$\text{tang S} = \text{tang LS}u = \frac{\text{tang L}u}{\sin u\text{S}} = \frac{\text{tang }\lambda}{\sin(\odot - ☾)}; \text{ à la conjonction } \odot = ☾ ;$$

$$\text{tang S} = \infty \text{ et S} = 90°.$$

LSV' sera l'arc qui détermine la prosneuse V' sur l'horizon ;

$$\begin{aligned} \cot \text{OV}' &= \cos \text{O} \cot \text{ OS} + \sin \text{O} \cot \text{S coséc OS} \\ &= \cos \text{O tang} (\odot - \text{N}) + \sin \text{O} \cot \text{S séc} (\odot - \text{N}) \\ &= \cos \text{O tang} (\odot - \text{N}) + \sin\omega \cot\lambda \sin(\odot - ☾) \text{ séc} (\odot - \text{N}); \end{aligned}$$

à la conjonction cot S = o, parceque sin (☉ — ☾) = o, la formule se réduit à

$$\cot \text{OV}' = \cos \text{O tang} (\odot - \text{N}) \text{ et tang OV}' = \cot (\odot - \text{N}) \text{ séc O}.$$

Dans les éclipses de Lune on prend le supplément de OV', qui est alors la distance de la prosneuse au point couchant de l'écliptique.

Ces formules sont générales et commodes, et ne causent jamais le moindre embarras; elles renferment la solution complète du problème. Théon démontre que celles de Ptolémée ne sont qu'approximatives; mais quoiqu'il les jugeât suffisamment exactes, il a voulu indiquer des procédés plus sûrs : il y a réussi; mais ses solutions sont longues et il les expose à la manière des Grecs, c'est-à-dire avec une prolixité fatigante qui les rend pénibles à suivre.

Pour exemple, il suppose qu'à l'instant de la conjonction le Soleil éclipsé est en 120° de longitude, 3h équinoxiales avant midi. Il suppose la hauteur du pôle 36°, et l'obliquité 23°51′20″; avec ces données, faisons d'abord le calcul de la prosneuse par nos formules.

Calcul de la prosneuse, exemple de Théon.

H = 36°

L = 4ˢ = 120° = commencement du signe du Lion, P = 45° à l'orient = angle horaire.

Dans cet exemple, qui est pour le milieu de l'éclipse, la ligne des centres est un cercle de latitude qui passe par le Soleil; l'angle au Soleil = 90°, L = ☉ = ☾ = 120° : l'opération exige 24 logarithmes différens.

	cos ω.....	9.96122 (1)	cos ω..... 9.96122...		sin ω..... 9.60685
	tang L....	—0.23856 (2)	tang M... 0.64583 (4)		tang H... 9.86126
tang Æ = 122.15.48		—0.19978 (3)	4.0462	0.60705 (5)	C. cos M.. 0.65665
P = 45			1.3348	1.3348	0.12476
M = 77.15.48,6	tang N =	5.3790...	0.73070 = tang.		79°28′7″
M = (Æ—P)		(6.7)			90
				Point orient.......	169.28.7
					180
				Point couchant.....	349.28.7
sin O = ... 9.98937		cos ω....	9.96122...	— sin ω —	9.60685
tang O 0.65005		sin H....	9.76922 (8)	cos H...	9.90796 (10)
	0.53758..........		9.73044 (9)	sin M...	9.98917 (11)
	0.31914..........			—	9.50398 (12)
	cos O = 0.21844..........		9.33933. O = 77°22′57″		
			(13.14)		
		cot ω....	0.35437 (15)	sin H...	9.76922
		cos H....	9.90796....	tang M...	0.64583
		C. cos M....	0.65665....	2.6004	0.41505 (17)
	8.2981..........		0.91898 (16)		
	2.6004 (18.19)			L =	120
cot ampl.	10.8985..........		1.03737	N =	79.28.7
tang ampl.	....		8.96263	(L—N) =	40.31.53

amplit. = 5° 14′ 33″ de l'est au nord,

azimut du point levant = 84.45.27

latitude de la prosneuse = 73.35.20

cot (L—N)... 0.05802 (20)

C. cos O.... 0.66067

tang prosneuse = 79° 25′ 15″ 0.72869 (21)

prosneuse orientale....... 79.25.15

prosneuse occidentale.... 100.34.45

Théon trouve...... 99.45

et par les Tables manuelles. 100. 0

cos (☾—N)... 9.88083 (22)

tang O... 0.65005 (23)

0.53088 (24)

tang latitude prosneuse orientale = 73° 35′ 20″ australe;

latitude occidentale 106.24.40 boréale.

Ces formules ont toute la simplicité que comporte le problème. Voyons maintenant les règles données par Théon : ces méthodes supposent, comme les nôtres, que l'on ait calculé l'angle horaire, l'ascension droite du milieu du ciel, le point orient, la hauteur du pôle de l'écliptique = 90°—O, et l'amplitude du point orient ou l'azimut du pôle de l'écliptique. A la vérité, il prend toutes ces quantités dans des Tables ; mais rien ne nous empêcherait d'en faire de pareilles et de plus exactes que les siennes. S'il calculait ces quantités par la Trigonométrie des Grecs, le calcul serait prodigieusement long. Mais laissons de côté nos 22 premiers logarithmes, dont la recherche est plus sûre sans être plus pénible que l'usage des *Tables manuelles*, pour n'examiner que ce qu'il met à la place de notre dernière formule, qui ne demande que deux logarithmes nouveaux. En refaisant la figure de Théon qui est mal construite, je conserverai les lettres, avec ce seul changement, que je les présenterai en caractères romains (fig. 175).

Soit donc AMEZA l'horizon, ZHM le méridien, A le point orient de l'équinoxe, D le point couchant de l'équinoxe, K le pôle de l'équateur ARD, IOY le petit cercle que décrit le pôle de l'écliptique, O ce pôle; GOKSTX sera le colure du Cancer, BPSHRE l'écliptique, R le point équinoxial du printems, S le point solstitial du Cancer; RT = 90° = RS. Prenez SP = 30°, le point P sera le 1er point du Lion, et RP = 120°; RN = 122° 15′ 48″; VN = 45° = 3^h équinoxiales; RV = 77° 15′ 48″; VT = 12° 44′ 12″ = 90″ — RV; RB = 169° 28′ 7″ (Théon dit 169 30′); BP = 49° 28′ 7″; AB = 5° 14′ 33″; ABR = 77° 22′ 57″; hauteur du pôle de l'écliptique = 12° 37′ 3″.

Tout cela est censé connu par des calculs préliminaires ou par les Tables, qui ne le donneront pas aussi bien.

Théon remarque qu'entre les deux arcs de grands cercles BH et BG, deux arcs HZ et GS se couperont en K; il en conclut, par l'un des théorèmes généraux de la Trigonométrie grecque, l'équivalent de l'équation

$$\frac{\sin HB}{\sin BS} = \frac{\sin HZ}{\sin ZK} \cdot \frac{\sin KG}{\sin GS}\text{; d'où } \frac{\sin KG}{\sin GS} = \frac{\sin HB}{\sin BS} \cdot \frac{\sin ZK}{\sin HZ};$$

or

$$\frac{\sin KG}{\sin GS} = \frac{\sin KG}{\sin(SK + KG)} = \frac{\sin KG}{\sin SK \cos KG + \cos SK \sin KG}$$

$$= \frac{\text{tang } KG}{\sin SK + \cos SK \text{ tang } KG},$$

d'où

$$\sin SK + \cos SK \text{ tang } KG = \text{tang } KG \frac{\sin BS}{\sin HB} \cdot \frac{\sin HZ}{\sin ZK},$$

$$\sin SK = \text{tang } KG \left(\frac{\sin BS}{\sin HB} \cdot \frac{\sin HZ}{\sin ZK}\right) - \text{tang } KG \cos SK,$$

et

$$\text{tang } SK = \frac{\text{tang } KG}{\cos SK} \cdot \frac{\sin BS \cdot \sin HZ}{\sin HB \sin ZK} - \text{tang } KG,$$

$$\text{tang } KG = \frac{\text{tang } SK}{\frac{\sin BS \sin HZ}{\sin HB \sin ZK \cos SK} - 1} = \frac{\cot \omega}{\frac{\sin 79^\circ 28' 7'' \sin 102^\circ 39' 30''}{\sin 91^\circ 9' 27'' \sin 36^\circ \sin \omega} - 1};$$

car

$SK = KT - ST = SO - KO = 90^\circ - \omega$; $\text{tang } SK = \cot \omega$ et $\cos SK = \sin \omega$;
$BS = BR - RS = 169^\circ 28' 7'' - 90^\circ = 79^\circ 28' 7''$. Théon, $79^\circ 30'$;
$HB = BR - HR = 169.28\ 7$ — point culminant $= 169^\circ 28' 7'' - 78^\circ 18' 40''$
$= 91.\ 9.27$. Théon, $91^\circ 9'$;
$HZ = ZK + KV - VH = 36^\circ + 90^\circ - 23^\circ 20' 30'' = 126^\circ - 23^\circ 20' 30''$
$= 102^\circ 39' 30''$. Théon, $102^\circ 40'$;
$ZK = 36^\circ$.

On voit quelles préparations les Grecs avaient à faire pour employer une de leurs formules générales; ils étaient bien excusables de réduire en Tables tout ce qui en était susceptible pour éviter tous ces préparatifs. Ajoutez que n'ayant point de tangentes, et forcés de doubler tous les angles pour trouver les cordes, ils avaient à résoudre une équation du 2e degré. Avec tous nos moyens, cette formule nous coûte encore 9 logarithmes. Sans tous ces détours, le triangle KZG rectangle en Z donne

$$\text{tang } KG = \frac{\text{tang } ZK}{\cos ZKG} = \frac{\text{tang } 36^\circ}{\cos 12^\circ 44' 12''} = \text{tang } 36^\circ 40' 52'';$$

car

$$ZKG = TKV = TV = RT - RV = 90^\circ - 77^\circ 15' 48'' = 12^\circ 44' 12''.$$

Il est étonnant que Théon n'ait pas aperçu ce triangle bien plus facile à résoudre. Théon par son équation du 2e degré calculée suivant le théorème 13 du livre 1er de la Syntaxe, trouve que KG = 36° bien près, ἔγγιστα. Il est pourtant sensible que l'oblique KG surpasse KZ qui est de 36° ; ainsi, en débutant, il commence par une erreur de 41′, mais c'est probablement une faute de copie. La fin de l'opération numérique de Théon offre aussi quelques obscurités que je n'ai pas tenté d'éclaircir.

C. sin	ω	0.39315
C. sin	36°	0.23078
C. sin	91. 9′ 27″ ..	0.00009
sin	79.28. 7 ...	9.99262
sin	102.39.30 ...	9.98951
	4.03600	0.60595
	1.	
C.	3.03600	9.51770
cot ω	....	0.35437
tang KG =	36° 40′ 50″ ...	9.87207
tang	36	9.86126
C. cos	12.44.12	0.01082
tang KG =	36.40.52	9.87208
KO =	23.51.20	12° 49′ 32″ = GO.

Le même triangle nous donnerait ZG = MX ; en effet, tang ZG = tang K sin ZK et ZG = 7° 34′ 5″ :

sin	36°	9.76922
tang ZKG =	12.44′ 12″ ...	9.35417
tang ZG =	7.34. 5	9.12339.

Au lieu de cela, Théon considère qu'entre AR et AG deux autres arcs VZ et TG se coupent en K ; il en conclut

$$\frac{\sin TV}{\sin TA} = \frac{\sin TK}{\sin KG} \cdot \frac{\sin GZ}{\sin AZ} \quad \text{ou} \quad \frac{\sin GZ}{\sin AZ} = \frac{\sin TV}{\sin TA} \cdot \frac{\sin KG}{\sin TK};$$

or, TV est l'arc qui passe au méridien en même tems que SH ; c'est la différence d'ascension droite entre le point culminant et le tropique S ; RK = 90° ; RV = 77° 15′ 48″ ; TV = 12° 44′ 12″. Théon le suppose 10° 42′ plus petit que HS, et il doit être plus grand.

$AV = 90°$; $AT = 90° - TV = 77° 15' 48''$;

$$\frac{\sin TV}{\sin TA} = \frac{\sin 12° 44' 12''}{\sin 77.15.48} = \frac{\sin 12° 44' 12''}{\cos 12.44.12} = \text{tang } 12° 44' 12'';$$

$TK = 90°$, $KZ = 36°$,

$ZA = 90°$; ainsi

$$\text{tang } 12° 44' 12'' = \frac{\sin 90°}{\sin 36} \cdot \frac{\sin GZ}{\sin 90°} \text{ et } \sin GZ = \text{tang } 12° 44' 12'' \sin 36°;$$

ce qui est précisément notre équation; elle nous donne $ZG = 7° 34' 5''$. Théon ne trouve que $7° 9'$, ce qui ne va pas même à sa supposition de $10° 42'$, qui ne donne que $6° 13' 40''$. Dans tout cet article, pag. 347, il y a des lignes passées, des lettres qui ne s'accordent pas avec la figure, et l'exposé de la méthode pour trouver GZ tient une page entière et dépend encore du théorème 13e.

Nous avons donc $ZG = MX$, nous avons $DM = 90°$, $DE = BA$; nous avons donc EX, il ne s'agit plus que d'avoir XT′ pour en conclure ET′; dans ZKG nous pourrions faire $\cos ZGK = \cos OXT' = \cos ZK \sin ZKG = 79° 45' 31''$ et $OGF = 100° 16' 29''$ angle de suite;

$$\begin{array}{lll} \cos KZ & = 36° \ldots\ldots\ldots & 9.90796 \\ \sin ZKG & = 12.44' 12'' \ldots & 9.34335 \\ \hline \cos ZGK & = 79.45.31 \ldots & 9.25131 \end{array}$$

$GOF = POS = PS = 120 - 90° = 30°$, et $OG = KG - KO = 36° 40' 52'' - 23° 51' 20'' = 12° 49' 32''$; nous avons un côté OG et les deux angles sur ce côté; nous en conclurions $GF = TX$, et le problème serait résolu.

Théon considère qu'entre BS et BF deux arcs SG et FP se croiseront en O, d'où il conclut

$$\frac{\sin SP}{\sin BP} = \frac{\sin SO}{\sin OG} \cdot \frac{\sin GF}{\sin BF} \quad \text{et} \quad \frac{\sin SP}{\sin PB} \cdot \frac{\sin OG}{\sin SO} = \frac{\sin GF}{\sin BF},$$

$SP = 30°$ $\quad PB = RB - RP = 169.28.7 - 120 = 49° 28' 7''$,

$OG = KG - KO = 12° 49' 32''$. Théon dit $12° 45'$;

cependant il fait

$$\begin{array}{rl} KG = & 36 \\ KO = & 23.51.20 \\ \hline \text{donc } OG = & 12.\ 8.40, \end{array}$$

il devrait trouver $OG = 12° 8' 40$; mais si

$$\begin{array}{rl} OG = & 12° 45' \\ \text{et } KO = & 23.51.20 \\ \hline \text{donc } KG = & 36.36.20. \end{array}$$

Je soupçonne qu'il y a faute d'impression, que Théon a fait KG$=36°36'$, et que l'imprimeur aura mis simplement 36°.

$$SO = 90°; \quad \text{ainsi} \quad \frac{\sin 30°}{\sin 49.28.7} \cdot \frac{\sin 12.49.35}{\sin 90°} = \frac{\sin GF}{\sin(BG+GF)},$$

ou

$$\frac{\sin 49.28.7.\ \sin 90}{\sin 30.\ \sin 12.49.32} = \frac{\sin(BG+GF)}{\sin GF} = \sin BG \cot GF + \cos BG;$$

or

$$BG = GZ + ZB = GZ + ZA - AB = GZ + 90° - 5°14'53''.$$ Théon dit 5°38',

ZG =	7.54. 5	7. 9
	90	90
AB =	5.14.33	− 5.38
BG =	92.19.32	91.31;

ainsi mon calcul diffère de celui de Théon de 48' 32", car Théon au lieu de 92°19'32" donne 91°31'. Nous aurons donc

$$\frac{\sin 49.28'7''}{\sin 30 \sin 12.49.32 \sin BG} - \cot BG = \cot GF = \cot 8°15'11''.$$

sin 49° 28' 7"		9.88084	GF = T'X =	8° 15' 11"
C. sin 30. 0. 0		0.30103	ZG = XM =	7.54. 5
C. sin 12.49.32		0.65368	MD =	90
C. sin 92.19.32		0.00036	T'D =	105.49.16
	6.8573	0.83591	DE = AB =	5.14.33
− cot BG +	0.0406	+ 8.60864	T'E =	100.34.43
cot GF =	6.8941	0.83848	TB =	79.25.17
— tang GF =	8° 15' 11"	9.16152.	Nous avons trouvé TB =	79.25.15.

Ainsi la méthode de Théon est exacte, quoiqu'il l'ait mal calculée, puisqu'il trouve.. T'E = 99° 45'
et.. T'B = 80.15

Les Tables manuelles donnaient T'E = 100° et T'B = 80°; l'erreur des Tables était de 35', celle de Théon de 50'. Ce n'était pas la peine de refaire le calcul plus rigoureusement, mais on doit l'excuser. Sa méthode simplifiée par notre Trigonométrie, exige trois pages de calculs et d'explications pour remplacer ce que nous faisons avec la seule formule $\tan OV' = \frac{\cot(\odot - N)}{\cos O}$. Qu'on juge de ce qu'il avait à faire par ses multiplications, ses divisions et ses extractions de racines, de quantités sexagésimales ! Il est vrai encore que cette solution paraît assez mal imaginée, puisque dans le triangle T'BP rectangle en P, il avait... BP = 49°28′7″, et l'angle B du point orient, qui lui donnait tout de suite BT′ = 180° — TE, et par conséquent $\tang BT' = \frac{\tang BP}{\cos PBT'}$; ce qui est précisément notre formule.

tang BP =	49° 28′ 7″	0.06802
C. cos B =	77.22.57	0.66067
tang BT′ =	79.25.15	0.72869
TE =	100.34.45.	

Théon a donc été maladroit, s'il n'a pas pris ce détour pour faire parade de science trigonométrique. Quoi qu'il en soit, la longueur et la complication de la méthode nous font voir comment on calculait à Alexandrie long-tems après Ptolémée. Il paraît que la science du calcul en était restée au point où Hipparque l'avait laissée. Théon nous avertit enfin que par une suite de cette opération, on aurait OF distance oblique du pôle O à l'horizon. Nous dirions

$$\sin B \sin BT' = \sin PT' = \sin(180 - PF) = \sin(90 + OF),$$

ou

$$\sin BP \tang B = \tang PT' = \cot OF.$$

La première formule était plus facile pour les Grecs.

Théon passe au calcul de la prosneuse pour le commencement ou la fin de l'éclipse, ou pour un instant quelconque autre que celui du milieu. Mais la figure est mal faite; il ne donne pas d'exemple numérique; il y a des fautes d'impression dans les lettres qui se rapportent à la figure, mais on voit clairement que le calcul suppose une grande partie du précédent, et qu'il y a, pour trouver deux inconnues, des règles de même genre que celles que nous venons d'exposer; la peine qu'on prendrait pour rétablir l'accord du texte avec la figure serait donc assez inutile. Le reste du livre n'offre aucun intérêt. On dit que Pappus avait aussi commenté ce livre, et que son commentaire est à la bibliothèque de Florence.

Livre septième.

Hipparque s'était assuré de l'immobilité relative des étoiles, en comparant ses observations à celles de ses prédécesseurs. Ptolémée à son tour compare ses propres observations à celles d'Hipparque, beaucoup meilleures que celles des astronomes plus anciens, et il confirme l'assertion d'Hipparque.

Théon refait avec les *Tables manuelles* quelques-uns des calculs de Ptolémée ; car les étoiles étaient comparées au Soleil par une observation intermédiaire de la Lune, et le lieu de la Lune nécessite le calcul des parallaxes. Théon fait voir l'accord des *Tables manuelles* avec les Tables de la grande Syntaxe. On voit ici que les Tables manuelles renfermaient des parallaxes pour différens climats ; l'accord de ces Tables avec celles de Ptolémée prouve que ces parallaxes n'étaient pas meilleures. Le commentaire de ce septième livre n'a guère que cinq pages, et ne nous apprend rien.

Livre huitième.

Dans la description de la sphère solide, on trouve cette phrase : Choisissez un point sur l'écliptique, placez-y l'une des parties du *diabète*, écartez l'autre partie à une distance égale à la distance de l'écliptique à son pôle. On croirait, d'après cette phrase, que le diabète devait être un compas sphérique ou à pointes recourbées, pour pouvoir embrasser une demi-circonférence et même davantage, ou au moins un compas dont les côtés fussent plus grands que le rayon de la sphère ; mais on voit que le diabète était un fil marqué d'une couleur, comme nos ficelles marquées de craie, avec lesquelles on peut tracer une longue ligne droite sur un plan, ou un arc de grand cercle sur une sphère. Malgré cette autorité, je pencherais plutôt pour le compas, soit rectiligne, soit sphérique.

Dans le chapitre des levers, des couchers et des passages au méridien, on voit ce théorème (fig. 176) : Dans les arcs $\alpha\eta$, $\alpha\nu$, moindres que de 180°, menez $\eta\theta\lambda$, $\nu\theta\zeta$ qui se coupent en θ. Du centre ξ de la sphère, menez les rayons $\xi\eta$, $\xi\theta$, $\xi\lambda$; menez la corde $\alpha\zeta$ jusqu'à sa rencontre en κ avec $\xi\eta\kappa$; les cordes $\alpha\nu$, $\eta\zeta$ qui coupent $\xi\lambda$ en ε et $\xi\theta$ en γ ; par le point α menez parallèlement à $\kappa\gamma\varepsilon$, la droite $\alpha\pi$ qui rencontrera en π la corde $\nu\gamma\zeta$.

Les triangles $\alpha\pi\zeta$ et $\kappa\zeta\gamma$ qui ont l'angle ζ opposé au sommet et les côtés opposés parallèles, seront semblables.

$$\alpha\zeta : \zeta\pi :: \zeta\kappa : \zeta\gamma \quad \text{ou} \quad \alpha\zeta : \zeta\kappa :: \zeta\pi : \zeta\gamma ;$$

$$\alpha\zeta + \zeta\kappa : \zeta\kappa :: \zeta\pi + \zeta\gamma : \zeta\gamma ; \ \alpha\kappa : \zeta\kappa :: \pi\gamma : \zeta\gamma ,$$

$$\zeta\kappa : \alpha\kappa :: \zeta\gamma : \pi\gamma :: \zeta\gamma . \gamma\nu : \pi\gamma . \gamma\nu ;$$

donc $$\zeta\kappa : \alpha\kappa :: \zeta\gamma . \frac{\gamma\nu}{\gamma\pi} : \gamma\nu :: \zeta\gamma . \frac{\nu\varepsilon}{\varepsilon\alpha} : \gamma\nu :: \zeta\gamma . \nu\varepsilon : \gamma\nu . \varepsilon\alpha ;$$

mais $$\zeta\kappa : \alpha\kappa :: \text{corde } 2\zeta\eta : \text{corde } 2\eta\alpha$$

$$\zeta\gamma : \gamma\nu :: \text{corde } 2\zeta\theta : \text{corde } 2\theta\nu$$

$$\nu\varepsilon : \varepsilon\alpha :: \text{corde } 2\nu\lambda : \text{corde } 2\lambda\alpha$$

$$\zeta\gamma . \nu\varepsilon : \gamma\nu . \varepsilon\alpha :: \text{corde } 2\zeta\theta . \text{corde } 2\nu\lambda : \text{corde } \theta\nu . \text{corde } 2\lambda\alpha ;$$

donc

$$\text{corde } 2\zeta\kappa : \text{corde } 2\kappa\alpha :: \text{corde } 2\zeta\theta \text{ corde } 2\nu\lambda : \text{corde } 2\theta\nu \text{ corde } 2\lambda\alpha :$$

pour nous $\sin\zeta\kappa : \sin\kappa\alpha :: \sin\zeta\theta . \sin\nu\lambda : \sin\theta\nu . \sin\lambda\alpha$

$$\sin\zeta\kappa . \sin\theta\nu . \sin\lambda\alpha = \sin\zeta\theta . \sin\nu\lambda \sin\kappa\alpha.$$

Cette formule se déduit facilement de notre Trigonométrie moderne; en prenant d'abord les premiers termes de chaque membre, j'ai (fig. 177)

$\sin\zeta\kappa : \sin\zeta\theta :: \sin\theta : \sin\kappa$ par le triangle $\kappa\theta\zeta$;

prenant les seconds.... $\sin\theta\nu : \sin\nu\lambda :: \sin\lambda : \sin\theta$ par le triangle $\nu\theta\lambda$;

prenant les troisièmes.. $\sin\lambda\alpha : \sin\kappa\alpha :: \sin\kappa : \sin\lambda$ par le triangle $\alpha\kappa\lambda$;

d'où

$$\sin\zeta\kappa\sin\theta\nu\sin\lambda\alpha : \sin\zeta\theta\sin\nu\lambda . \sin\kappa\alpha :: \sin\theta\sin\lambda\sin\kappa : \sin\kappa . \sin\theta\sin\lambda :: 1 : 1;$$

si l'on suppose tous les arcs de 90°, ainsi que l'angle α, on aura

$$\zeta\kappa = 90^\circ - \alpha\zeta = 90^\circ - \nu; \quad \sin\zeta\kappa = \cos\nu; \quad \theta\nu = 90^\circ - \zeta\theta; \quad \lambda\alpha = 90^\circ - \lambda\nu,$$

d'où $\cos\nu \sin\theta\nu \cos\lambda\nu = \cos\theta\nu . \sin\nu\lambda . \sin 90^\circ$;

$$\sin\nu\lambda = \frac{\cos\nu \sin\theta\nu \cos\nu\lambda}{\cos\theta\nu}, \quad \text{ou} \quad \frac{\sin\nu\lambda}{\cos\nu\lambda} = \cos\nu \frac{\sin\theta\nu}{\cos\theta\nu},$$

ce qui revient à $\tang\nu\lambda = \cos\nu \tang\theta\nu$, ou

$$\frac{\text{corde } 2\nu\lambda}{\text{corde } (180^\circ - 2\nu\lambda)} = \text{corde } (180^\circ - 2\nu) \frac{\text{corde } 2\theta\nu}{\text{corde } (180^\circ - 2\theta\nu)},$$

équation qui aurait donné l'ascension droite par la longitude et l'obliquité, usage que n'a point aperçu Théon. Au reste, il aurait pu épargner cette nouvelle démonstration, car son théorème est identique au quatrième de ceux qu'il nous a ci-dessus démontrés, et qui conduit à cette même formule, ainsi que je l'ai fait voir dans mon *Astronomie*, tom. I, pag. 283, art. 5. Mais puisque cette équation est le fondement de la doctrine des levers et des couchers simultanés, on sent que notre Trigonométrie nous donnera une solution identique, mais abrégée.

Toutes les fois que plusieurs astres se levent au même instant, ils sont nécessairement dans un même grand cercle, puisqu'ils sont tous à l'horizon; que la sphère tourne, ces astres resteront toujours dans le même grand cercle, à moins que ces astres n'aient un mouvement propre; ils seront toujours dans un horizon qui changera à chaque instant.

QPE est l'arc semi-diurne du point E de l'équateur (fig. 178),

QPA = 90° + EPA est l'arc semi-diurne du point boréal A,

QPB = 90° − EPB est l'arc semi-diurne du point austral B,

Les angles EPA, EPB sont constans pour les étoiles; ils sont variables pour les angles des heures temporaires : c'est une différence essentielle entre les deux théories.

Rien à remarquer dans le reste de ce huitième livre, si ce n'est le silence absolu de Théon sur les réfractions, et leurs effets sur les levers et les couchers. On pouvait croire que Ptolémée n'avait encore aucune idée de cette théorie, quand il écrivait sa Syntaxe mathématique. Mais Théon devait connaître cette Optique; il devait savoir qu'à l'instant où Sirius se voyait pour la première fois à l'horizon en B, un peu avant le lever du Soleil, il était réellement plus bas en B' dans le vertical. On se trompait donc nécessairement sur la position de la sphère et sur l'abaissement du Soleil au-dessous de l'horizon. Il ne reste qu'une chose à dire, c'est qu'on ignorait la valeur de cette réfraction, et qu'on la supposait insensible, quoique l'on sût fort bien que l'horizon était le point du *maximum*; mais cela du moins méritait d'être dit, et c'eût été la partie la plus curieuse de ce livre.

Livre neuvième.

Rien de neuf sur l'ordre des planètes. Ptolémée parle des différentes sphères, sans dire si ce sont des sphères solides qui enchâssent et entraînent les planètes, comme le pensait Aristote, ou si c'étaient des sphères idéales et mathématiques. Théon ne s'explique pas plus clairement.

Pour trouver le mouvement moyen diurne, en divisant un mouvement total et fort grand par le nombre des jours écoulés, il change le diviseur, qui est toujours un grand nombre, en hexécostades ou sexagésimales de degrés supérieurs; il en forme les multiples, et suit en tout le même procédé que pour la Lune.

Pour les trois planètes supérieures, Hipparque avait déjà remarqué que la longitude moyenne du Soleil surpassait celle de l'astre de tout le mouvement, depuis l'apogée de l'épicycle; c'est-à-dire qu'on avait $\odot - P = A$; mouv. $\odot$ — mouv. plan. sur l'épicycle = anomalie; ainsi, quand la différence de longitude entre la planète et le Soleil était revenue la même, on était sûr que l'anomalie était redevenue la même, et qu'une révolution entière était achevée.

Pour Mercure et Vénus, il avait remarqué de même que le mouvement sur l'épicycle est égal à la distance au lieu moyen du Soleil; il s'ensuivait que la distance revenant la même, la planète se retrouvait au même point de son épicycle.

D'après ces remarques, Ptolémée a formé ses hypothèses dont Théon fait l'exposé avec exactitude et sans trop de verbiage. Plus loin il donne le calcul d'une observation ancienne employée par Ptolémée.

Soit $\alpha\beta\gamma$ un arc de l'écliptique (fig. 179), δ et ζ les deux cornes du Taureau, $\delta\varepsilon$ et $\eta\zeta$ les latitudes des deux étoiles, $\delta\zeta$ la droite qui les joint, et à l'orient de laquelle était Mercure en θ à trois Lunes, c'est-à-dire $1°34'$, parce que la Lune étant à la plus grande distance de la Terre, son diamètre était de $31'20''$.

Soient les deux perpendiculaires $\theta\kappa = 1°34'$ et $\theta\xi = 3°45'$ (on voit d'abord que la figure de Théon est mal faite, puisque $\theta\xi$ doit surpasser $\theta\kappa$ de $2°11'$), car la latitude de $\delta\varepsilon$ étant de $5°20'$, Mercure était plus austral de plus de trois Lunes.

Je refais donc la figure; je prends $\delta\varepsilon = 320'$, $\eta\varepsilon = 120' =$ differ. longit., $\eta\zeta = 150$; je tire $\delta\zeta$, je prends $\varepsilon\theta' = \delta\varepsilon - 95' = 225'$; je mène la parallèle ponctuée $\theta'\theta$ sur laquelle doit se trouver Mercure en θ, ensorte que $\theta\kappa = 95' = \delta\theta'$. La figure représentera l'observation

$$\sin\varepsilon\beta \text{ tang } \beta = \text{tang } \delta\varepsilon,$$

$$\sin\eta\beta \text{ tang } \beta = \text{tang } \eta\zeta,$$

$$\sin\varepsilon\beta : \sin\eta\beta :: \text{tang } \delta\varepsilon : \text{tang } \eta\zeta$$

$$\sin\varepsilon\beta + \sin\eta\beta : \sin\varepsilon\beta - \sin\eta\beta :: \text{tang } \delta\varepsilon + \text{tang } \eta\zeta : \text{tang } \delta\varepsilon - \text{tang } \eta\zeta$$

$$\text{tang } \tfrac{1}{2}(\varepsilon\beta + \eta\beta) : \text{tang } \tfrac{1}{2}(\varepsilon\beta - \varepsilon\beta) :: \sin(\delta\varepsilon + \eta\zeta) : \sin(\delta\varepsilon - \varepsilon\zeta),$$

$$\text{tang } \tfrac{1}{2}(\varepsilon\beta - \eta\beta) = \frac{\sin(\delta\varepsilon - \eta\zeta)}{\sin(\delta\varepsilon + \eta\zeta)} \text{ tang } \tfrac{1}{2}(\varepsilon\beta + \eta\beta) = \frac{\sin(\delta\varepsilon - \varepsilon\zeta)}{\sin(\delta\varepsilon + \eta\zeta)} \text{ tang } \tfrac{1}{2}\varepsilon\eta$$

$$= \left(\frac{\sin 2°50'}{\sin 7°50'}\right) \text{tang } 1° = \text{tang } 0°21'46'',$$

$$\varepsilon\beta = 1° + 0°21'46'' = 1°21'46''; \quad \varepsilon\eta = 1° - 21'46'' = 0°58'14'',$$

$$\text{tang } \delta = \frac{\text{tang } \beta\varepsilon}{\sin\delta\varepsilon} = \frac{\text{tang } 1°21'26''}{\sin 5°20'} = \text{tang } 14°21'30'',$$

$$\text{tang } \theta'\lambda = \sin\delta\theta' \text{ tang } \delta = \sin 1°35' \text{ tang } 14°21'30'' = \text{tang } 0°24'19'',$$

$$\cos\lambda = \sin\delta \cos\delta\theta' = \sin 14°21'30'' \cos 1°35' = \cos 75.38.50,$$

$$\sin\lambda\theta = \frac{\sin\theta\kappa}{\sin\lambda} = \frac{\sin 1°35'}{\sin 75.38.56} = \sin 1°37'\ 2'',$$

$\theta\lambda =$ 0.24.19

$\theta'\theta =$ 2. 1.21,

$$\sin\varepsilon\xi = \frac{\sin\theta'\theta}{\cos\theta\xi} = \frac{\sin 2°\ 1'21''}{\cos 5.30} = \sin 2°\ 1'37,$$

Long. $\varepsilon =$ .... 1'21.40. 0

Longitude de Mercure......... 1.23.41.37,

Théon trouve................. 1.23.40.

Nous avons fait le calcul rigoureux des triangles sphériques, Théon se permet de les supposer rectilignes.

Il fait

$$\delta\iota + \eta\zeta : \eta\zeta :: \epsilon\eta : \eta\beta :: 7^\circ 50' : 2^\circ 30'\,;\ \iota\beta = \epsilon\eta - \eta\beta = 2^\circ - 58' = 1^\circ 22'\,;$$

nous avons trouvé $\epsilon\beta = 1^\circ 21' 46''$; il cherche $\overline{\delta\beta} = \overline{\epsilon\beta} + \overline{\delta\iota}$, et il trouve $\delta\beta = 5^\circ 30' 23''$; en recommençant le calcul, je trouve $5^\circ 20' 30''$. Il en conclut $\delta = 14^\circ 20' 30''$; nous avons trouvé l'angle sphérique $\delta = 14^\circ 24' 30''$.

$$
\begin{array}{rl}
\text{Or, } \delta = \theta\kappa\mu, \text{ d'où } \kappa\mu = 1^\circ 32' \text{ et } \theta\mu = & 0^\circ 23' 30'' \\
\text{mais } \theta\xi = & \underline{3.45} \\
\text{donc} \qquad \mu\xi = \beta\nu = & 3.21.30 \text{ Théon dit } 3^\circ 22'. \\
\kappa\nu = \beta\nu \operatorname{tang} \kappa\beta\nu = \beta\nu \operatorname{tang} \delta = & 0.52. \text{ o presque,} \\
\kappa\mu = & \underline{1.32} \\
\beta\xi = \nu\mu = & 0.40 \\
\epsilon\beta = & \underline{1.22} \\
\epsilon\zeta = & 2.\ \ 2. \text{ Nous avons trouvé } 2^\circ 1' 37''.
\end{array}
$$

Le procédé de Théon est donc suffisamment exact, mais le calcul sphérique n'est pas plus long, du moins par nos méthodes. On trouve plus loin un calcul trigonométrique à peu près semblable, et qui ne nous apprendrait rien de plus.

Au chapitre des Planètes supérieures, Théon dit que si l'on mesure les arcs de rétrogradations apogée et périgée, et si l'on en conclut l'excentricité, c'est-à-dire le rapport de la distance des centres au rayon de l'épicycle, en prenant l'excès des plus grandes sur la moyenne, on trouvera une inégalité double de l'inégalité zodiacale. On voit par là que la distance des centres du zodiaque et de l'équant est double de la distance des centres du zodiaque et du déférent.

En observant le tems des deux stations, on peut en conclure le tems de l'opposition, qui tient le milieu entre les deux stations. L'opposition a lieu dans le périgée de l'épicycle.

Dans le chapitre suivant, page 402, on voit le calcul d'une opposition de Mars.

Jours de Pharmouti.	☉ moyen.	Mars.	Différ.
1	24° 4′ ♒	0° 45′ ♍	— 24′
2	25. 3	0.21	25
3	26. 2	29.56 ♌	24
4	27. 1	29.32	24
5	28. 0	29. 8	24
6	28.59	28.44	25
7	29.58	28.19	24
8	0.57 ♓	27 55	24
9	1.56	27.31	25
10	2.55	27. 6	24
11	3.54	26.42 ♌	
0	0	0	

Le premier pharmouti, à 6ʰ de la nuit, Ptolémée avait observé à l'astrolabe le lieu de Mars en 0° 45′ ♍, le Soleil moyen étant au 24° 4′ ♒. Dix jours après, le Soleil moyen étant en 3° 54′ des Poissons, Mars fut observé de même en 26° 42′ du Lion.

Théon calcule le lieu moyen, pour chaque jour, en ajoutant continuellement 59′. Le mouvement de la planète est rétrograde, et de 4° 3′ ou 243′ en dix jours. Ainsi, par de simples additions de 24′,3 par jour, il forme le tableau des longitudes de Mars.

On voit que le 6 l'opposition était déjà passée de 15′; le mouvement relatif est 83′,3; l'opposition est donc passée de $\frac{15.24^h}{83,3} = \frac{360^h}{83,3} = 4^h\ 19'$. Le tems du calcul est pour six heures de la nuit; l'opposition est donc arrivée le 6 à 1ʰ 41′ de la nuit. Théon dit le 6, trois heures avant minuit, le Soleil étant en 28° 50′, et Mars en 28° 48′, ce qui laisserait 2′ de différence.

Les calculs que nous avons donnés sur la méthode curieuse employée par Ptolémée, pour déduire de ces oppositions les élémens de la planète, nous dispensent de suivre ici Théon, qui ne nous apprendrait rien; son Commentaire est d'ailleurs incomplet. Une note nous avertit que Bessarion a fait de vaines recherches pour trouver la fin de ce dixième livre et le onzième en entier. Nous passons donc au livre 12, qui lui-même est acéphale, c'est-à-dire qu'il y manque le commencement; il comprenait la théorie des rétrogradations. Il ne reste de ce chapitre qu'un fragment, c'est un exemple de la station de Mars, dans lequel, après avoir déterminé le tems de l'opposition par les moyens mouvemens, d'après la station observée, Théon emploie ensuite les mouvemens vrais pour corriger l'erreur de son approximation. Du reste, rien de remarquable.

Le treizième livre est complet. On peut être curieux de voir si Théon sera parvenu à débrouiller la théorie des latitudes de Ptolémée, en ce qui concerne le mécanisme des variations d'inclinaison et d'obliquité; car pour les véritables formules, nous les avons données en commentant ce dernier livre de Ptolémée, et nous avons refait le calcul des Tables. Il n'y a dans le fait que ces formules qui présentent quelque intérêt.

Les planètes ont deux inégalités de latitude, l'une zodiacale, qui dépend de l'excentrique; l'autre dépend de l'épicycle et du Soleil. L'excentrique est incliné sur le zodiaque, et l'épicycle sur l'excentrique. Quand la longitude corrigée est à 90° des limites, la planète est sans latitude; quand l'anomalie corrigée est à 90° de l'apogée, il en est de même. L'anomalie est corrigée quand elle est comptée du diamètre dont le prolongement passe par le centre du zodiaque, abstraction faite de l'inclinaison.

Saturne, Jupiter et Mars ont cela de particulier, que dans tous les points de leur épicycle, leur inclinaison ou son plan passent par le centre du zodiaque et par les limites : ils ont cela de commun avec la Lune. Ptolémée a raison pour la Lune, qui a véritablement la Terre pour centre de ses mouvemens; la ligne des nœuds passe en effet par le centre de la Terre; les latitudes boréales sont égales aux latitudes australes opposées, ce qui n'est pas du tout vrai pour les planètes dont la ligne des nœuds passe par le Soleil; mais pour les planètes supérieures, la différence des latitudes diamétralement opposées est moins sensible, parce que les inclinaisons sont peu de chose, que la différence des distances y introduit moins d'irrégularités, et que ces inégalités pouvaient échapper aux observations des Grecs. Il n'en est pas de même pour Mercure et Vénus.

La ligne des apsides, des épicycles, est aussi la ligne des limites; la ligne perpendiculaire à celle des apsides est toujours parallèle au zodiaque, pour les planètes supérieures seulement.

Les inclinaisons des excentriques ont leur mouvement, et se rétablissent avec les mouvemens des épicycles (par inclinaisons il faut entendre les latitudes, ou ce que Ptolémée appelle la première inégalité de latitude); c'est-à-dire que les épicycles étant dans les nœuds, les planètes se trouvent dans le plan du zodiaque ; au lieu que dans les apogées et les périgées, l'épicycle de Vénus se trouve plus boréal, et celui de Mercure plus austral ; ensorte que, pour Vénus, le segment apogée de l'excentrique rend le centre de l'épicycle boréal ; il est dans le plan de l'écliptique aux deux nœuds ; dans le segment périgée tout change, et le centre redevient boréal comme dans l'apogée ; c'est le contraire pour Mercure ; il faut, dans l'explication précédente, mettre *austral* au lieu de *boréal*, et réciproquement.

Dans les nœuds, si l'astre est dans la demi-circonférence où l'équation est soustractive et s'avançant vers son périgée, la latitude va croissant, ce qui a lieu également dans la position contraire, quand la planète va du nœud à l'apogée ; mais de l'apogée et du périgée de l'excentrique au nœud, la latitude diminue.

Ainsi, pour Vénus et Mercure il y a deux mouvemens de latitude ; dans les nœuds, ce sont les lignes des apsides apparentes qui sont les plus inclinées ; dans les apogées et les périgées, ce sont les diamètres coupant à angles droits les lignes des apsides qui reçoivent une obliquité.

Il appelle *inclinaison* l'angle dont les apogées et les périgées des épicycles s'élèvent ou s'abaissent par rapport à l'excentrique ; il appelle *obliquité* l'angle formé par le diamètre perpendiculaire à la ligne des apsides.

Dans l'apogée et le périgée, l'apside de l'épicycle est dans le plan de l'excentrique ; dans les nœuds, c'est le diamètre perpendiculaire qui se trouve dans le plan de l'excentrique.

Dans le système moderne, la latitude héliocentrique ne dépend que de l'inclinaison de l'orbite et de la distance au nœud ; mais cette latitude, vue de la Terre, devient plus grande ou plus petite que la latitude héliocentrique, selon que la planète est plus ou moins rapprochée de la Terre. Nous avons de même deux calculs à faire pour connaître la latitude qu'on observe ; mais la théorie en est simple et claire. Un triangle sphérique et un triangle rectiligne résolvent le problème. La fausse théorie de la position de la ligne des nœuds, qu'il faisait passer par la Terre, devait produire tous les embarras qu'on trouve dans ses explications et ses calculs.

Voici, au reste, comment on peut exposer cette doctrine en simplifiant les figures de Théon.

Soit (fig. 180) $\gamma\kappa\pi$ l'écliptique, $\epsilon\sigma\epsilon'$ le plan de l'excentrique, $\lambda\kappa$ la ligne des apsides, c'est-à-dire de l'apogée et du périgée de l'épicycle ; $\epsilon\pi$

est en même tems la ligne des limites; pour Jupiter et Saturne, la différence n'est pas d'un degré; pour les autres planètes elle est nulle; le diamètre $\lambda\varkappa$, dans la limite, est dans le plan de l'excentrique; le diamètre perpendiculaire $\mu\nu$ est toujours parallèle au plan de l'écliptique (il n'est ici question que des planètes supérieures). Dans les nœuds, ou à 90° des limites, $\lambda\varkappa$ est dans le plan du zodiaque, ainsi que $\mu\nu$, ensorte que l'épicycle tout entier est dans le plan du zodiaque; il en résulte que, quel que soit le lieu de la planète sur son épicycle, la planète est sans latitude.

Au périgée, l'épicycle $\lambda\varkappa$ a pris la position $\lambda'\varkappa'$; $\mu\nu$ a pris la position $\mu'\nu'$; $\mu'\nu'$ est toujours parallèle à l'écliptique; le point λ, qui était au nord de l'écliptique, se trouve au sud; la planète apogée était en $\varkappa$, la planète périgée est en λ'; mais l'angle $\lambda'\eta\gamma = \varkappa\eta\pi$, la latitude est la même.

Pour Mercure et Vénus, il y a un changement de plus; pour Mercure, λ est toujours au sud, et pour Vénus λ est toujours au nord. Ainsi, pour Vénus, quand l'épicycle est au nœud ascendant, l'excentrique est dans le plan du zodiaque; mais pour peu que l'épicycle avance, selon l'ordre des signes, la partie apogée de l'épicycle devient boréale; si l'épicycle est à l'apogée de l'excentrique, alors l'inclinaison de l'excentrique se trouve augmentée de celle de l'épicycle, proportionnellement à la position de la planète sur cet épicycle.

Si l'épicycle part de la limite boréale, la latitude diminue à mesure, jusqu'à devenir nulle au nœud descendant; mais du moment qu'elle a commencé à parcourir l'arc périgée, cet arc change de position et se porte vers le nord, en élevant le centre de l'épicycle. Cette latitude boréale va croissant jusqu'au périgée; elle diminue du périgée au nœud suivant, où elle devient nulle. Ainsi, à la réserve des deux positions dans les nœuds, le centre de l'épicycle est toujours au nord de l'écliptique.

Pour Mercure c'est le contraire, ou plutôt c'est la même chose en lisant *sud* au lieu du *nord*. Voilà pour ce qui regarde l'inclinaison de l'*excentrique*, voyons ce qui regarde l'*épicycle*. Si Vénus est dans les limites, soit en λ, soit en $\varkappa$, elle aura toujours la même latitude $\varkappa\eta\pi$, mais le diamètre perpendiculaire $\mu\nu$, au lieu d'être parallèle à l'écliptique, comme nous l'avons dit pour les planètes supérieures, aura une obliquité sur le plan de l'excentrique, ensorte que le point suivant μ sera au nord de l'excentrique. Alors, si la planète avance vers le nœud, qui est dans la partie soustractive, on verra diminuer la latitude qui dépend de l'*incli-*

naison; mais le diamètre $\lambda\varkappa$, qui était dans le plan de l'excentrique, s'inclinera peu à peu, jusqu'à ce que l'épicycle soit dans le nœud; l'*obliquité* diminuera par degrés, jusqu'à ce que le nœud $\mu\nu$ se trouve dans le plan de l'excentrique et du zodiaque; c'est alors que l'inclinaison de $\lambda\varkappa$ sera au *maximum*, et le point λ au midi de l'écliptique.

Mais quand l'épicycle s'avance vers le périgée et l'autre nœud, alors non-seulement, ainsi que nous l'avons dit, l'arc de l'excentrique se relève vers le nord, mais l'inclinaison de $\lambda\varkappa$ commence à diminuer; elle devient nulle au périgée, $\mu\nu$ prend une obliquité, le point occidental, ou suivant μ, passe au sud. Cette obliquité est la plus grande au périgée, et va ensuite en diminuant jusqu'au nœud, où elle est nulle, et va redevenir boréale; λ s'incline par degrés et se porte vers le nord.

Ainsi $\lambda\varkappa$, qui, à l'apogée, est dans le plan de l'excentrique, descend au sud en allant vers le nœud, où elle a sa plus forte inclinaison; cette inclinaison diminue jusqu'au périgée où elle est nulle, de là elle devient boréale, croissante jusqu'au nœud et décroissante jusqu'à l'apogée.

μ est au nord à l'apogée, et cette obliquité diminue jusqu'au nœud, où elle est nulle; μ passe alors au sud jusqu'au périgée, lieu de la plus grande obliquité australe; l'obliquité australe diminue jusqu'au nœud, après lequel elle redevient boréale, après avoir été zéro dans le nœud.

Pour Mercure c'est la même chose en lisant *australe* pour *boréale*, et réciproquement.

Pour rendre une raison mécanique de ces variations, Ptolémée met en λ, à la ligne des apsides, un petit cercle ou une roulette; ainsi, quand la roulette a fait un quart de tour, λ, qui était dans le plan de l'excentrique, en est écarté du rayon de la roulette; un autre mouvement d'un quart de cercle détruit ce qu'a fait le premier; le point λ se retrouve dans l'écliptique; un troisième quart de révolution fait prendre au point λ une position boréale qui dure pendant une demi-révolution.

Le mouvement de la roulette est égal au mouvement en longitude, une roulette semblable produit les élévations ou les abaissemens du point μ.

Ces roulettes étaient assez inutiles, et l'on peut ou doit même en faire abstraction en réduisant ces mouvemens en formules.

Supposons (fig. 181) $\mu\nu$ relevé du rayon ρ de la roulette, et que la roulette en tournant fasse l'arc μv = mouvement en longitude, le rayon $\mu\nu$ avancera d'un angle = $\mu\nu v$; dans ce cas, l'autre roulette sera tangente en λ au diamètre $\lambda\varkappa$, elle tournera d'un arc $\lambda\iota$ = mouvement en longitude $=\mu\upsilon$; le rayon $r\varkappa$, au lieu d'avancer de l'arc $\lambda\iota$, ne fera que descendre à peu près perpendiculairement ; mais le point λ sera transporté par le mouvement en longitude, et les deux diamètres resteront à très-peu près perpendiculaires l'un à l'autre, comme ils doivent l'être en effet.

Soit ☊ la longitude du nœud, et L celle de la planète sur son épicycle, l'effet de la roulette latérale sera

$$\omega \cos(L - ☊),$$

celui de la roulette λ sera

$$\omega \sin(L - 90° + ☊) = \omega \sin(L + ☊ - 90°) = -\omega \cos(L + ☊),$$

la somme des deux effets

$$\omega \cos ☊ \cos L + \omega \sin ☊ \sin L - \omega \cos ☊ \cos L + \omega \sin ☊ \sin L = 2\omega \sin ☊ \sin L,$$

qui se réduit à une forme fort simple, si le nœud est immobile.

Ces explications de Théon, que nous avons fort abrégées, sont encore bien prolixes et bien difficiles à suivre. Le système pèche par les fondemens. Ptolémée l'a établi comme il a pu sur les digressions et les stations ; s'il eût observé les planètes dans tous les points de leur course, il eût inévitablement senti l'insuffisance de ses hypothèses, qui ne méritent plus aucune attention sérieuse. Cet embarras et cette complication sont des argumens de plus en faveur du véritable système, qui seul peut représenter les mouvemens géocentriques des planètes, qui ont, pour centre de leurs mouvemens, un point situé loin de la Terre.

ΘΕΩΝΟΣ ΑΛΕΞΑΝΔΡΕΩΣ ΚΑΝΟΝΕΣ ΠΡΟΧΕΙΡΟΙ.

Tables manuelles de Théon d'Alexandrie.

Tel est le titre d'un manuscrit de la Bibliothèque du Roi, dont le numéro est 2399. Cet ouvrage est encore inédit. Dodwell en a publié les cinq premières pages, à la suite de ses *Dissertationes Cyprianæ*. Oxford 1684, in-8°. Il n'en a tiré que ce qui pouvait intéresser la chronologie. Nous allons y prendre tout ce qui nous paraîtra neuf, et qui concernera l'Astronomie.

Théon commence par nous dire que dans un autre Traité, composé de cinq livres, il a exposé les principes des *Tables manuelles* ou *expéditives;* il ne donne ici que les Tables précédées d'un discours de 63 pages, qui en explique les usages. Il a composé ce discours en faveur de ceux qui veulent se former aux calculs astronomiques, sans avoir aucune connaissance préliminaire ni du calcul sexagésimal, ni des plus simples élémens de l'Astronomie, ce qui nous annonce des détails plus verbeux et plus prolixes encore que ceux de son Commentaire sur Ptolémée.

Tout mouvement suppose un point de départ et un instant donné. L'auteur des Tables a pris, pour cet instant, la première année de Philippe, successeur d'Alexandre, fondateur d'Alexandrie. La phrase grecque commence par πεποίηται, *il a fait*, sans nommer personne; et Dodwel, dans sa traduction, a rempli la lacune par le nom de Ptolémée. *Ptolémée a pris pour origine*, etc. Ptolémée est donc l'auteur des Tables manuelles, qui d'ailleurs sont évidemment copiées sur celles de la *Syntaxe;* c'est ce qui n'est pas encore bien clair jusqu'ici; mais nous verrons bientôt que Dodwel a eu raison, et qu'il ne doit rester aucun doute sur ce point; d'ailleurs Suidas nous apprend que Ptolémée a composé des Tables manuelles.

L'époque est donc la première année de Philippe, selon les Égyptiens, qui ne donnent à l'année que 365 jours seulement, et la commencent au premier jour de thoth à midi, c'est-à-dire quand six heures temporaires du jour sont déjà écoulées, et que la septième commence. Ces Tables sont pour le méridien d'Alexandrie.

Théon définit les mots particuliers dont il va se servir. Parmi ces définitions généralement connues, on distinguera celle du nombre qui sert d'argument à une Table. Qand la Table a plusieurs colonnes essentiellement différentes, les Grecs désignent l'argument par ces mots : *nombres communs,* parce que chaque colonne a son argument particulier, toujours exprimé en degrés; mais si la Table ne donne à la fois qu'une seule quantité, Théon désigne l'argument unique par le mot ἀκροστίχις, *acrostiche, bout de ligne.*

Le tems donné pour lequel on calcule, se compose le plus souvent de cinq *chefs* différens. Les *icosi-penta-étérides*, ou intervalles de vingt-cinq ans; les années simples, le mois égyptien, les jours et les heures. On ne voit pas de Table de mouvement pour les minutes, on en tient compte à vue et par estime.

L'année Julienne est de 365 $\frac{1}{4}$ jours; ainsi, tous les quatre ans, l'année égyptienne avance d'un jour sur l'année des Alexandrins, des Grecs et des Romains; en 1460 ans elle avance de 365 jours ou d'une année égyptienne. Les deux années commençaient ensemble en la cinquième année de l'empire d'Auguste. En conséquence, pour réduire en tems égyptien une date grecque ou romaine, on compte les années depuis la cinquième d'Auguste, on en prend le quart, on néglige le reste, qui ne peut être que 1, 2 ou 3, on a le nombre de jours dont l'année égyptienne a dû avancer. C'est ce que Théon désigne par le nom de *tetraé-*

térides; on ajoute le nombre des tétraétérides ou des intercalations au nombre des jours donnés, et l'on a les jours égyptiens. Pour exemple de cette opération, Théon suppose la date suivante :

L'an 77 de Dioclétien, le 22 de thoth, 11^h comptées de la première du jour.

De Philippe à Dioclétien, on compte..........	607 ans.
De Dioclétien jusqu'à l'instant donné..........	77 22 toth 11^h
De l'ère de Philippe à l'instant donné..........	684 22^j 11^h.

Ce nombre d'années renferme plusieurs intervalles de 25 ans; mais il faut savoir que la Table est calculée pour les années 1, $1+25$, $1+50$, $1+75$............ $1+n.25$.

Or, $1+27.25=676$; la Table donnera d'abord les mouvemens pour..........................	676
Il restera huit années simples, les jours et les heures,	8^a 22^j 11^h.
Depuis Auguste jusqu'à Dioclétien, on compte....	313 ans
Otez cinq ans d'Auguste..........................	5
il reste....................	308 ans
Ajoutez les années de Dioclétien..................	77
vous aurez la somme.........	385
dont le quart..............	96
Ajoutez les tétraétérides aux jours donnés........	22.11^h
la somme sera............	118.11^h.

118 jours font 3 mois et 28 jours; nous arrivons ainsi au 28ᵉ jour du mois chœac. Si l'heure donnée eût été avant midi, on eût compté un jour de moins, ou le 21 de thoth et non le 22.

C'est ici que se borne la partie publiée par Dodwell.

Les heures données sont temporaires, il faut les convertir en heures équinoxiales; et pour trouver la correction, il faudrait avoir le lieu du Soleil. Or, les Tables de *Ptolémée sont calculées pour le tems moyen équinoxial.* Ce passage paraît décisif, car il ne s'agit pas ici des Tables de la Syntaxe, mais des *Tables manuelles,* dont Théon va se servir pour trouver le lieu du Soleil qui doit servir à la conversion des heures. La différence des heures équinoxiales aux heures temporaires n'étant jamais bien considérable, on peut calculer le lieu du Soleil pour le tems donné, comme s'il était équinoxial; on ne se trompera que de quelques minutes sur le lieu du Soleil, ce qui n'est d'aucune importance pour le calcul que nous avons à faire; un demi-degré d'erreur ne produirait même aucune erreur sensible sur l'arc semi-diurne.

Cherchons donc le lieu du Soleil pour le 28 chœac 684, 5 heures après midi.

Icosi-penta-étérides 676......	358° 4′
8 ans...	358. 5
chœac...	88.42
28 jours...	26.37
5 heures...	0.12
anomalie moyenne ☉...	111.38
équation du centre...	—2.15
anomalie vraie...	109.23
apogée...	65.30
lieu du Soleil...	174.53 ou $5^s 24° 53'$.

On voit, dans le manuscrit, pour désigner la Vierge, qui est le 5ᵉ signe, un μ, à la droite duquel est le signe + attaché au délié qui termine le μ. Ce symbole paraît être l'original du caractère moderne ♍ qui désigne la Vierge.

Maintenant nous pouvons faire au tems donné les corrections nécessaires; elles sont au nombre de trois. La première est la différence des heures temporaires aux équinoxiales; la seconde, la différence des méridiens; la troisième, la différence du tems vrai au tems moyen.

Théon suppose que le tems donné se rapporte au méridien de Rome.

Il cherche dans la Table des longitudes et des latitudes des villes les plus célèbres, quelle est la latitude de Rome; il trouve 41° 3′. Nous trouvons aujourd'hui 41° 53′ 54″. Cette latitude approche beaucoup de celle du cinquième climat, dont la latitude est 40° 56′; celle du sixième serait 45° 1′.

Avec cette latitude et la déclinaison du Soleil, conclue de sa longitude, nous aurons l'arc semi-diurne et la valeur des heures temporaires que Théon suppose observées à l'horoscope, c'est-à-dire au cadran solaire. La Table de chaque climat donne les tems, c'est-à-dire les degrés des heures temporaires pour chaque degré de la longitude du Soleil. Cette longitude est de $5^s 24° 53'$; les tems de l'heure seront 15° 17′; onze heures de jour font 5ʰ depuis midi. Cinq fois 15° 17′ font 76° 25′. Théon les divise par 15; le quotient est $5^h 5' 40''$ équinoxiales. L'heure équinoxiale sera donc $5^h 5' 40''$, méridien de Rome.

Cette opération est fort simple; on la renverserait pour changer les heures égales en heures temporaires, et l'on aurait $5^h 5' 40'' \times \left(\frac{15.\ 0}{15.17}\right) = 5^h\ 0'$.

Pour la réduction au méridien d'Alexandrie, la Table des villes les plus

remarquables donne pour Rome.........	$36^\circ\ 5'$
Pour Alexandrie....................	60.48
Différence des méridiens.............	24.45
dont le 15e ou $\frac{4}{60}$ fait..................	$1^h 39'\ 0''$
Tems de Rome.......................	5. 5.40
Tems d'Alexandrie, qui est plus oriental,	6.44.40 ou $6^h 45'$.

Il reste à changer ce tems vrai en tems moyen. La correction ou l'équation du tems se trouve à côté de l'ascension droite dans la Table de la sphère droite, qui a pour argument le point culminant de l'écliptique où le Soleil est supposé se trouver.

La différence ascensionnelle est nulle pour la sphère droite, puisque la hauteur du pôle est o; il n'y a donc point d'ascension oblique. La colonne de l'ascension oblique de ce climat serait donc vide. L'auteur y a placé la Table d'équation composée du tems pour tous les degrés de la longitude du Soleil. Cette Table donne pour l'équation du tems $6' 55''$; Théon dit $7'$ environ; ajoutez-les au tems vrai $6^h 45'$, vous aurez $6^h 52'$. Théon dit $6^h \frac{1}{2} \frac{1}{3} \frac{1}{30}$, ce qui est la même chose; nous reviendrons plus tard sur cette Table de l'équation du tems, dont tous les nombres sont additifs, ce qui est encore une chose remarquable, parce que c'est le premier exemple que nous en trouvons.

Voilà donc nos trois corrections faites, et nous avons le tems moyen $6^h 52'$ à Alexandrie, qui va nous servir au calcul sur les *Tables manuelles*.

Dans le chapitre suivant, Théon traite de l'horoscope, ce qui donnerait à penser que ces Tables sont destinées aux astrologues qui n'auraient aucune notion d'Astronomie, et peut-être aussi aux calculateurs d'éphémérides, qui n'avaient pas besoin de tenir compte si scrupuleusement des secondes, et qui même pouvaient sans inconvénient négliger quelques minutes.

Les astrologues appellent horoscope le point de l'écliptique qui est à l'horizon oriental. Pour le trouver, quand on connaît l'heure temporaire, prenez dans la Table du climat les *tems* de l'heure donnée qui répondent à la longitude du Soleil, multipliez ces *tems* par le nombre d'heures; nous avons déjà trouvé 15° 17′ pour les tems de l'heure, le nombre des heures est de 11 et 11×15°17′ = 11 × 917′ = 10087′............ = 168° 7′

La Table du même climat, pour le même lieu du Soleil, donne l'ascension oblique.. 173.40

Point de l'équateur à l'horizon au moment du calcul........ 341.47

car le Soleil s'est levé avec 168° 7′ de l'équateur; en 11ʰ temporaires 173° 40′ ont passé par l'horizon; ainsi, le point de l'équateur à l'horizon sera.. 341° 47′

Avec cette ascension oblique, la même Table nous donne 10ˢ 28° 55′ 23″ pour l'horoscope ou le point orient de l'écliptique.

Théon cherche ensuite le point culminant de l'écliptique. Portez les 341° 47′ dans la Table de la sphère droite, vous trouverez que ce nombre répond à 8ˢ 13° 15′ 42″ : c'est le point culminant. Le point au méridien inférieur sera 2ˢ 13° 15′ 42″.

Tous ces calculs sont de la plus grande simplicité par les *Tables manuelles*; il n'y a rien là qui passe les connaissances d'un astrologue.

Il est bon de remarquer que les Tables des climats ont pour argument le point culminant de l'écliptique, l'ascension droite de ce point est de 90° moindre que celle du point de l'équateur qui est à l'orient. La Table de la sphère droite donne le point de l'écliptique qui répond à un point de l'équateur qui est trop fort de 3ˢ, et vous employez en effet un argument trop fort de 3ˢ en vous servant du point de l'équateur à l'horizon; en général, ces Tables sont disposées avec beaucoup d'adresse.

Calcul de la longitude de la Lune.

Nous avons déjà vu comment se calcule la longitude du Soleil; mais cette même longitude entre dans le calcul pour la Lune. On prend tous les mouvemens moyens dans la même Table et sur une même ligne; on verra que la longitude ne diffère que de 5′ de celle qui avait été trouvée par un calcul approximatif.

	Annom. ☉	Apog. exc.	Centre épic.	Centre ☾.	Lim. boréale.
Pour 676 ans...	358° 4′	262° 3′	291.13	210.26	320.30
8 ans...	358 3	318.53	273.57	349.45	154.40
chœac...	88.42	288.28	34.20	96.51	4.46
28 jours...	26.37	302.32	298.18	352.45	1.26
6^h 52′...	17	3.12	6.59	3.44	1
	111.43	95.10	184.47	292.31	121.23

On ne voit pas l'avantage que trouvaient les Grecs à donner tous les mouvemens en degrés pour les convertir ensuite en signes. C'est une opération de plus, et les additions sont plus difficiles par l'embarras des cercles à rejeter; toutes les Tables des Grecs sont ainsi faites.

Avec l'argument 184° 47′ inégalité............ — 1° 45′ fact. sex. 60,
Centre corrigé........ 290.46
Avec le centre corrigé, même Table, col. 5ᵉ..... 4.32 6ᵉ col. 2° 14′.
$2° 14' \times 60 =$ 2.14 60 est l'unité.
\+ 6° 46′ 6.46
Centre corrigé de l'épicycle........ 191.53
ôtez l'apogée........................ 95.10
Vrai lieu de la Lune............... 96.23 = 3ˢ 6° 23′ = ♋ 6° 23′.

La première équation est soustractive, parce que l'argument surpasse 180°; la seconde est additive, parce que l'argument passe 180°.

Ce calcul est fort simple et fort clair quand on a l'exemple sous les yeux; toute explication serait superflue.

Vérification des moyens mouvemens du calcul précédent.

Il a été démontré dans la *Syntaxe* que si l'on fait une somme de l'apogée de l'excentrique, de l'anomalie moyenne du Soleil et des 65° 30′ de son apogée, cette somme étant doublée devra égaler le nombre centre de l'épicycle de la Lune.

Ici nous avons apogée excentrique ☾... 95° 10′
anom. moy. ☉... 111.43
apogée ☉... 65.30
Somme........ 272.23
double, en rejetant 360°... 184.46
nous avons trouvé centre épicycle... 184.47.

La différence est insensible, et il est impossible d'en répondre, puisqu'on néglige les secondes. S'il y avait une différence plus grande, on serait sûr d'avoir commis une erreur; on reverrait les calculs pour la trouver et la corriger. Cette précaution prise par Théon, cette vérification dont on ne voit nulle trace dans la Syntaxe, me persuade que ces Tables étaient faites pour les astrologues. On a vu dans notre extrait du Commentaire de Théon, que cette colonne de l'apogée de l'excentrique nous avait paru assez inutile, et nous avions conclu qu'elle n'était là que pour servir de preuve.

Calcul de la longitude des cinq planètes.

Nous avons appris à calculer l'horoscope, et les points qui sont au méridien supérieur et inférieur, c'est ce que les astrologues appellent les *angles*; ce sont les commencemens de quatre des maisons célestes. Nous venons de calculer le Soleil et la Lune, nous allons calculer les cinq planètes; nous avons les nœuds de la Lune, il ne manquera plus rien pour placer dans les douze maisons tout ce qu'on y place dans les horoscopes ou les *génitures*.

Pour exemple, Théon calcule un lieu de Saturne. On prend d'abord les cinq *chefs* des moyens mouvemens, à commencer par ceux de l'étoile Régulus ou α♌.

Son mouvement en 8 ans est de 4′ 48″, ce qui fait 36″ par an. Le mouvement en 25 ans est de 15′, ce qui fait un degré en 100 ou 36″ par an.

Dans la Syntaxe la longitude de α♌ est............	122° 30′
Pour l'an 1er de Philippe........................	117.51 ou 54
Différence $4°39' = 279' = 16740'' = 36 \times 465$ ans...	4.39.

L'époque de Philippe aurait précédé de 465 ans celle du Catalogue de Ptolémée; je soupçonne qu'il faut lire 117° 54′ pour qu'il n'y ait que 15′ de différence pour 25 comme à toutes les autres lignes; alors l'intervalle serait de 460 ans. J'ai remarqué plusieurs autres fautes de copie dans ces nombres, qui seraient aisées à rectifier.

Plus loin, dans son dernier chapitre, Théon nous dit que pour avoir la longitude d'une étoile il faut chercher son nombre *longitude* dans le Catalogue et l'ajouter aux cinq chefs ou moyens mouvemens de Régulus; il s'ensuit que les longitudes du Catalogue étaient des distances à Régulus sur l'écliptique. Ce Catalogue ne se trouve pas dans le manuscrit; il est vrai que nombre de pages sont effacées de manière à ne pouvoir pas même conjecturer ce qui les remplissait ; on voit seulement qu'il y a eu des caractères.

Régulus est presque dans l'écliptique, il est de première grandeur ; c'était l'étoile la plus commode à employer pour déterminer par observation les longitudes des autres étoiles et des planètes au moyen de l'astrolabe ; mais pour les calculs, on ne voit pas bien ce qui pouvait lui mériter cette préférence, à moins qu'en effet les Tables ne fussent pour les astrologues, qui pouvaient reconnaître plus aisément cette étoile ; mais elle n'est pas toujours sur l'horizon, ensorte que je ne vois pas bien encore pourquoi Régulus occupe la première colonne dans les Tables des planètes.

Il paraît que les mouvemens des planètes devaient être sidéraux ; car pour trouver avec quelle étoile une planète était en conjonction, Théon nous prescrit de retrancher de la longitude de l'étoile la somme des cinq chefs ou les mouvemens de Régulus. On cherche ensuite dans le Catalogue l'étoile dont le nombre longitude est le plus approchant de ce reste : c'est celle dont la planète est voisine.

	♌ .	Centre épicyc.	planète.
676 ans...	124° 59′	175° 1′	13° 26′
8.......	0. 4.48″	97.42	260.16
chœac.....	0. 9	5. 1	85.42
28 jours....	5	54	25.42
$6^h 52'$......	0	1	17
	124.44. 0	276.39	25.23
	284.55	+6.26	—6.26
	110.30	283. 5	18.57
	160. 9 = ♄	+1.50	
	5^s 10. 9 = ♄	284.55	

Le calcul d'une planète est le même à peu près que celui de la Lune.

Avec le centre de l'épicycle 276° 39′, vous prenez dans la Table d'anomalie l'équation 6° 26′ que vous ajoutez au centre de l'épicycle, et que vous retranchez du lieu de la planète, quand l'argument passe 180°.

Avec le centre corrigé de l'épicycle 283° 5′, vous prenez, dans la même Table, colonne quatrième, la fraction 12 soustractive, que vous écrivez à part avec le lieu corrigé de la planète 18° 57′ ; dans la même Table vous trouvez colonne cinquième 0° 6′

et colonne sixième..........................	1.51
$6 \times -12 = -72'' = -1'12''$.......... ...	— 1
deuxième correction de l'épicycle......	1.50.

Au lieu de αΩ, vous ajoutez le centre de l'épicyle deux fois corrigé et l'*épilepse*, qui est un nombre constant, lequel doit être l'apogée de la planète; la somme est le lieu de Saturne.

Cet *épilepse* se trouve en tête de la Table d'équation de chaque planète.

Rectification du calcul des moyens mouvemens.

Il est encore démontré dans la Syntaxe, que pour Mars, Jupiter et Saturne, les nombres de l'épicycle, et de la planète, et de l'étoile, et de l'epilepse réunis, sont égaux au nombre de l'épicycle du Soleil, augmenté de 65°50′.

Ici nous avons	épicycle....	276° 59′	⊙....	111° 43′
	planète.....	25.23	apogée	65.50
	αΩ..........	124.44		177.13
	épilepse....	110.50		
		177.16		

les nombres ne diffèrent que de 3′, qui peuvent venir des secondes négligées dans les six nombres.

De la conversion, περὶ τροπῆς.

Ce chapitre, purement historique, nous apprend un fait curieux et très-peu connu: nous allons le traduire en entier.

« Suivant certaines *opinions* (κατά τινας δόξας), les *anciens* astrologues (παλαιοὶ τῶν ἀποτελεσματικῶν) veulent que les signes solstitiaux, à partir d'une certaine époque (ἀπό τινος ἀρχῆς χρόνου), aient un mouvement de 8°, selon l'ordre des signes, après lequel ils reviennent en arrière de la même quantité (πάλιν τὰς αὐτὰς ὑποστρέφειν); mais Ptolémée n'est pas de cette *opinion*, car sans faire entrer ce mouvement dans le calcul, celui qu'on fait sur les Tables est toujours d'accord avec les lieux observés avec les instrumens. En conséquence, nous aussi nous conseillons de ne pas employer cette correction, et cependant nous exposerons la marche de ce calcul; et prenant comme un fait que 128 ans avant le règne d'Auguste, le plus grand mouvement, qui est de 8°, ayant au lieu en avant, les étoiles commençaient à retourner en arrière; aux 128 ans écoulés avant le règne d'Auguste, nous ajouterons les 313 ans jusqu'à Dioclétien, et les 77 depuis Dioclétien, et de la somme (518) nous prendrons la 80e partie, parce qu'en 80 ans le mouvement est de 1°. Le quotient ($6°,45 = 6°27'$) retranché de 8°, donnera la quantité ($1°33'$), dont les points solstitiaux seraient plus avancés que par les Tables. »

Théon n'en dit pas davantage; mais de son récit il résulte incontestablement que long-tems avant Théon, les astrologues croyaient à un mouvement uniforme et alternatif des points solstitiaux; que ce mouvement se bornait à 8°; qu'il se faisait en 640 ans, à raison de 1° en 80 ans; que la période entière ou la restitution devait durer 1280 ans; que ce mouvement était plus rapide que la précession de Ptolémée, qui n'était que de 1° en 100 ans. Mais Théon ne nous dit pas si ces mêmes astrologues admettaient le mouvement progressif de 1° en 100 ans, ou s'ils s'en tenaient à ce mouvement alternatif. Ces *anciens astrologues* étaient-ils plus anciens que Ptolémée? c'est une chose probable, puisque Théon dit que *Ptolémée n'est pas de cette opinion* (ὅπερ τῷ Πτολεμαίῳ οὐ δοκεῖ). Ptolémée n'en parle nulle part; on ne sait donc s'il a rejetté ce mouvement comme inutile, ou s'il l'a méprisé comme n'étant nullement prouvé, ou s'il l'a complètement ignoré; cependant Théon paraît appuyer la première explication; il aurait rejetté cette correction, parce que, sans y avoir égard, on représentait les observations. Mais pourquoi n'en dit-il pas un seul mot, s'il l'a connu? Ces astrologues étaient-ils plus anciens qu'Hipparque? rien ne le dit. Synésius, élève d'Hypatia, fille de Théon, ne se contente pas de l'épithète de παλαιός, en parlant d'Hipparque, il l'appelle παμπάλαιος, *tout-à-fait ancien*. De Théon à Synésius, l'intervalle est au plus de deux générations; Hypatia est morte jeune; Synésius, son auditeur, pouvait très-bien n'être pas moins âgé qu'elle; ainsi les astrologues simplement παλαιοί, pouvaient être postérieurs à Hipparque. Hipparque a pu ignorer cette vision des astrologues. En effet, nous avons vu qu'il avait eu des inquiétudes sur la longueur de l'année, en voyant que la distance de l'épi à l'équinoxe avait varié d'une manière extraordinaire, et qu'il ne pouvait expliquer. Pourquoi ne s'est-il pas demandé si les étoiles n'auraient pas quelque mouvement encore inconnu et différent du mouvement de précession? Ces astrologues prétendaient que les étoiles commençaient à rétrograder 128 ans avant Auguste, ou 170 avant notre ère. Elles rétrogradaient au tems d'Hipparque; elles avançaient encore au tems de Timocharis; la précession entre Timocharis et Hipparque aurait été plus faible que la moyenne. Hipparque n'en fait aucune mention dans ses recherches sur la précession; Ptolémée n'en parle pas davantage. Cette *opinion* était donc entièrement ignorée ou totalement méprisée par ces astronomes. On peut soupçonner que des astrologues cherchant les lieux de quelques étoiles dans les écrits de divers astronomes, avaient trouvé des différences notables, et que, pour les sauver, ils avaient imaginé ce mouvement; mais qui a pu les porter à faire ce mouvement alternatif; comment en ont-ils fixé l'étendue et la période? c'est ce qu'il n'est pas aisé de deviner, et ne vaut guère la peine d'être discuté. Le plus simple est de regarder cette rêverie des astrologues comme étrangère à l'Astronomie. On a donc eu tort d'attribuer ce mouvement alternatif à Thébith. Nous verrons que d'abord il le regardait lui-même comme chimérique. Mais il avait fini par l'adopter; et pour le soumettre au calcul, il avait formé son hypothèse des deux petits cercles dans lesquels tournaient les points équinoxiaux, ce qui lui servait à expliquer à la fois et la variation d'obliquité, et le mouvement tantôt direct et tantôt rétrograde des points équinoxiaux. Tous les auteurs citent le livre du mouvement de la huitième sphère par Thébith, et nous en donnerons un extrait en son tems. Mais, quel que soit l'inventeur de ce mouvement, jamais idée ne fut plus préjudiciable à l'avancement de l'Astronomie, puisqu'elle défigura les Tables jusqu'à Copernic, Reinhold et Maginus. L'Astronomie n'en fut débarrassée que par Tycho.

De l'obliquité.

Théon enseigne ici les usages de la Table des déclinaisons du Soleil, après quoi il nous apprend que les astrologues partagent les quatre arcs de 90° du zodiaque en parties égales de 15°, qu'ils appellent *βαθμοὺς*, degrés ou marches (d'un escalier). Chaque *bathme* est donc une sixième partie du quart de cercle, ou un demi-signe. On voit qu'en toute occasion, il s'adresse aux étudians en Astrologie, pour lesquels sans doute il a rédigé cette explication des Tables de Ptolémée.

De la latitude de la Lune.

Prenez la longitude de la Lune, ajoutez-y le nombre de la limite boréale; avec la somme entrez dans la Table de latitude, vous y trouverez la latitude, et vous saurez si elle est boréale ou australe. Cette Table fait la latitude 0, quand l'argument est 0 ou 360. Le nombre de la limite boréale est donc le supplément du ☊.

Des nœuds anabibazon et catabibazon.

Prenez le supplément à 360° du *terme boréal*, ajoutez le reste à 270°, vous aurez le nœud ascendant, c'est-à-dire 270° + 360 — term. bor. = ☊, ou terme boréal = 270° + (360 — ☊). Le mouvement du terme boréal ne peut qu'être égal au mouvement du nœud ; or ce mouvement est rétrograde de sa nature, il est positif dans les Tables; ces Tables donnent donc le mouvement du supplément du nœud à 360°. Ajouter (360 — ☊), revient à retrancher ☊ ; ainsi terme boréal = 270 — mouvem. du nœud. Voilà encore un artifice de calcul que Ptolémée n'avait pas employé dans sa *Syntaxe*, et qu'il a imaginé en faveur des astrologues.

Latitude des planètes.

Les préceptes assez longs de cet article ne nous apprennent rien que l'usage des Tables manuelles, qui nous intéresse peu; ils sont terminés par un moyen de savoir de quel nœud la planète s'approche. Ce moyen n'est pas bien commode, c'est de calculer pour 10 jours plus tard, afin de voir si la latitude a diminué ou augmenté.

Nous ne trouverons rien de plus curieux dans l'article des stations, ni dans celui des apparitions.

Dans le chapitre des parallaxes, nous trouvons, pour les 12 signes du zodiaque, les symboles suivans :

♈, ♉, ♊, ♋, ♌, ♍, ♎, ♏, ♐, ♑, ♒, ♓.

Ce sont les nôtres à fort peu près; mais quelle est la date du manuscrit? Théon les connaissait-il? on peut croire que non; ils se trouveraient dans son Commentaire.

Des conjonctions et oppositions de la Lune.

Cherchez les trois premiers chefs, c'est-à-dire les mouvemens pour les ans et pour les mois; mais pour les mois, il faut trouver à peu près par les *épactes* le jour de la syzygie ; or, les tétraétérides ou les intercalations font que la règle a deux parties.

La première est de prendre les années depuis Philippe jusqu'à celle du calcul; de diviser le nombre par 19; de multiplier le reste par 11; de retrancher du produit tous les multiples de 30; le reste, plus petit que 30, sera l'épacte, à laquelle il suffira d'ajouter 11 autant de fois qu'on voudra pour avoir les épactes des années suivantes. Vous rejetterez 30 autant de fois qu'il se rencontrera; si le reste est 30 ou zéro, on ne prendra point d'épacte pour cette année. On reconnait ici la règle du cycle de 19 ans et les épactes dans leur première simplicité. On voit qu'elles nous viennent des Grecs. Voilà tout ce qu'il y a de curieux dans ce chapitre. Voyez d'ailleurs le Commentaire sur la Syntaxe.

Le chapitre des éclipses de ☾ en dit moins que le Commentaire sur la Syntaxe.

L'article des prosneuses, ou directions de la ligne des centres, n'est qu'un recueil très-long et très-aride de préceptes; voyez le Commentaire, où du moins l'on trouve la théorie de ces prosneuses (fig. 182).

Soit S le centre du Soleil ou de l'ombre de la Terre; ce point est dans l'écliptique, c'est aussi le lieu de la conjonction vraie. Soit L le centre de la Lune, SL sera la distance apparente. Prolongez cet arc jusqu'à sa rencontre avec l'horizon en O, QO sera la prosneuse, ou la distance à la partie orientale de l'horizon. Vous connaissez SR, distance du Soleil au point orient, l'angle LSR, l'angle SRO, vous aurez OR. Vous connaissez QR, vous aurez OQ.

La Lune peut être en L', au lieu d'être en L: le point O sera le même; mais la Lune peut avoir différentes positions, ainsi que l'écliptique elle-même. On conçoit qu'à détailler tous les cas pour un astrologue qui n'aurait aucune connaissance trigonométrique, il y a de quoi fatiguer le lecteur le plus intrépide. On ne voit pas à quoi pouvaient servir ces prosneuses, à moins de quelque rêverie astrologique d'après laquelle on y aurait attaché quelque signification.

Tout ce qu'on peut remarquer dans ce chapitre, c'est qu'il n'y a point d'éclipse de Lune si la latitude passe 64'. Dans les éclipses de Soleil, la latitude ne doit pas surpasser 97', si elle est boréale, et 47', si elle est australe.

Il nous reste à parler des Tables mêmes.

La première est une Table géographique des longitudes et des latitudes, en 14 feuillets ou 28 pages. Elle paraît extraite de la Géographie de Ptolémée; elle est trop difficile à déchiffrer, en partie effacée, et n'est pas de notre objet.

La seconde est une Table des déclinaisons du Soleil et des latitudes de la Lune en minutes, et de 3 en 3° de la distance à la limite boréale. Elles supposent 23°51' et 5° d'inclinaison.

La troisième, une Table de correction du centre de l'épicycle de la Lune et de parties proportionnelles.

La quatrième, une Table servant au calcul des prosneuses.

La cinquième, une Table pour les principaux climats. Dans la première partie, qui est pour la sphère droite, on trouve le point orient de l'écliptique pour chaque degré de l'ascension droite du milieu du ciel. La formule serait tang point orient $= -$ séc ω cot M. En effet, tous les termes que j'ai calculés sur cette formule, dans tous les quarts, s'accordent avec la Table; seulement, vers les deux solstices, j'ai trouvé des différences de 1 ou 2'.

La seconde colonne de la Table a pour titre ὡρῶν ξξ διαφορὰ, différences des fractions d'heures ou des tems. C'est une équation du tems, toujours additive au tems vrai pour avoir le tems moyen. Il n'est question d'aucune équation du tems dans la Syntaxe, si ce n'est pour convertir un intervalle de tems vrai en tems moyen, ce qui demande la différence de deux équations, et non une équation unique. Ici nous trouvons cette équation; elle est composée, c'est-à-dire qu'elle renferme les deux parties sous un seul argument; elle est toujours additive, ce qui annonce qu'on y a ajouté le plus grand terme négatif, car le *minimum* de la Table est o.

Théon ne dit rien de la manière dont cette Table a été calculée.

Notre formule, réduite à ce que les Grecs connaissaient, est

$$-\tfrac{4}{60}(E+R) = -\tfrac{4}{60}\left[2°23' \sin(\odot - \text{apog.}) + \text{tang}^2 \tfrac{1}{2}\omega \frac{\sin 2\odot}{\sin 1''} - \frac{\text{tang}^4 \tfrac{1}{2}\omega \sin 4\odot}{\sin 2''} + \text{etc.}\right]$$
$$= -9'32'' \sin(\odot - \text{apog.}) - 10'13'',6 \sin 2\odot + 13'',7 \sin 4\odot + \text{constante}.$$

La partie qui dépend de l'excentricité n'a qu'un terme, parce que l'argument est l'anomalie vraie; les Grecs supposaient l'apogée immobile à 65°30', l'excentricité constante ainsi que l'obliquité; ainsi la formule serait exacte pour les Grecs de ce tems.

Pour trouver la constante, je remarque que dans la Table, l'équation se réduit à o à 7^s; or, pour cette longitude, notre formule nous donne 14'8", supposé que le calcul grec soit rigoureusement exact, ce qui n'est pas sûr.

Pour d'autres points, j'ai trouvé de cette manière les résultats suivans, pour la constante :

	14' 7"68
	14. 8,18
	14.31,47
	14.13,53
	14.33,53
le milieu serait.....	14.18,92.

Le plus sûr peut-être, c'est la combinaison de 0° qui donne	23′ 0″
avec 180° qui donnent..........................	5.53
Somme..............................	28.53
Moitié constante..........................	14.16,5

Il est bien certain, par ces comparaisons, que la Table donne l'équation composée du tems; en conséquence, j'ai calculé la Table entière sur la formule ci-dessus; la plus grande équation soustractive s'est trouvée de 14′15″ que j'ai ajoutées partout; il en est résulté la Table suivante.

Les Grecs n'avaient pas nos formules, si ce n'est pourtant celle de l'équation du Soleil; mais cette équation, même dans leur Table, n'est pas calculée à la minute. Ils ne pouvaient avoir la réduction à l'écliptique qu'en comparant l'ascension droite à la longitude. Cette ascension droite était moins exacte encore que l'équation du centre. Si l'on suppose 1′ d'erreur dans l'équation, on peut en supposer quelquefois deux dans l'ascension droite, 3′ d'erreur font 12″ sur l'équation du tems; ce sera donc un hasard si les équations de Ptolémée ne diffèrent pas de 12″ des miennes. Or, l'erreur est très-souvent moins forte et tout-à-fait insensible; les plus fortes sont de 127 à 131°, et il est évident que l'équation du tems, qui est alors au *maximum*, ne doit pas varier aussi brusquement ni aussi fort que dans la Table de Ptolémée, qui est en cela évidemment défectueuse. A l'ordinaire, les erreurs sont beaucoup au-dessous de ce que nous devions attendre, surtout de la part d'astronomes qui ne donnent jamais l'instant d'une observation avec une précision plus grande que celle d'un quart d'heure; peut-être ont-ils pensé que les opérations de l'Astrologie pour les horoscopes et les nativités exigeaient une précision beaucoup plus grande.

Le tems corrigé par la Table de Ptolémée était donc toujours trop fort des 14′15″ qu'il ajoute partout. En 14′15″ le Soleil fait 35″,1 en longitude, la Lune 7′54″,2, Mercure 2′25″,6, Vénus 57″, Mars 18″, Jupiter 3″ environ, et Saturne 1″,3. Pour des Tables calculées en minutes seulement comme les *Tables manuelles*, il n'y avait guère que la Lune pour laquelle il fallût avoir égard aux 14′15″, dont le tems moyen était trop fort; il suffisait donc de diminuer de 8′ les époques de la Lune, et d'une minute environ celles du Soleil et de Vénus; il fallait retrancher 2′½ pour Mercure.

TABLE de l'équation du tems. Apogée Soleil = 2ˢ 5°. Excentricité = $\frac{1}{24}$ = sin. plus grande équat.

ARGUMENT, LONGITUDE VRAIE DU SOLEIL.

☉	Eq. du tems.	Grecq.	☉	Eq. du tems.	Grecq.	☉	Eq. du tems.	Grecq.	☉	Eq. du tems.	Grecq.	☉	Eq. du tems.	Grecq.	☉	Eq. du tems.	Grecq.
0	22'.54"	+ 6"	60	6'. 2"	+ 10"	120	15'.29"	+ 8"	180	5'.36"	— 3"	240	4'.22"	— 9"	300	31'. 8"	— 4
1	22.30	+ 6	61	6. 2	14	121	15.33	9	181	5.20	— 2	241	4.42	— 6	301	31.23	— 7
2	22. 5	+ 6	62	6. 4	15	122	15.38	8	182	5. 4	— 2	242	5. 4	— 4	302	31.39	— 11
3	21.40	+ 7	63	6. 6	17	123	15.40	11	183	4.48	— 1	243	5.26	— 3	303	31.52	— 12
4	21.15	+ 7	64	6. 8	18	124	15.42	13	184	4.32	— 1	244	5.48	— 1	304	32. 4	— 12
5	20.49	+ 9	65	6.11	19	125	15.44	15	185	4.17	— 1	245	6.11	— 1	305	32.17	— 13
6	20.24	+ 9	66	6.15	19	126	15.46	17	186	4. 2	— 2	246	6.35	— 1	306	32.29	— 14
7	19.59	+ 10	67	6.21	18	127	15.46	23	187	3.47	— 2	247	7. 0	— 1	307	32.37	— 13
8	19.34	10	68	6.25	19	128	15.46	29	188	3.33	— 3	248	7.25	— 1	308	32.47	— 15
9	19. 8	11	69	6.31	19	129	15.46	35	189	3.18	— 3	249	7.51	— 2	309	32.56	— 15
10	18.42	12	70	6.38	17	130	15.45	30	190	3. 5	— 5	250	8.18	— 3	310	33. 3	— 14
11	18.18	11	71	6.44	17	131	15.43	26	191	2.51	— 6	251	8.44	— 4	311	33.10	— 12
12	17.53	11	72	6.51	15	132	15.41	21	192	2.38	— 8	252	9.11	— 5	312	33.16	— 10
13	17.28	12	73	6.58	16	133	15.38	18	193	2.25	— 6	253	9.39	— 5	313	33.20	— 11
14	17. 3	13	74	7. 8	16	134	15.34	15	194	2.13	— 5	254	10. 7	— 4	314	33.24	— 12
15	16.39	12	75	7.17	16	135	15.30	12	195	2. 1	— 3	255	10.36	— 5	315	33.27	— 12
16	16.15	12	76	7.26	16	136	15.26	9	196	1.50	— 3	256	11. 5	— 5	316	33.29	— 11
17	15.50	12	77	7.36	15	137	15.20	+ 7	197	1.39	— 3	257	11.34	— 5	317	33.30	— 10
18	15.26	12	78	7.46	15	138	15.14	— 4	198	1.24	+ 2	258	12. 4	— 6	318	33.30	— 7
19	15. 2	14	79	7.57	14	139	15. 8	+ 3	199	1.18	0	259	12.34	— 6	319	33.29	— 9
20	14.41	13	80	8. 8	13	140	15. 1	+ 1	200	1.10	— 1	260	13. 5	— 6	320	33.26	— 11
21	14.16	15	81	8.19	14	141	14.54	0	201	1. 0	+ 1	261	13.35	— 6	321	33.26	— 12
22	13.53	16	82	8.31	13	142	14.46	— 1	202	0.52	+ 1	262	14. 6	— 5	322	33.21	— 10
23	13.31	15	83	8.43	13	143	14.37	— 1	203	0.44	+ 1	263	14.37	— 6	323	33.18	— 10
24	13. 9	15	84	8.55	11	144	14.28	— 1	204	0.37	0	264	15. 8	— 5	324	33.13	— 8
25	12.47	15	85	9. 8	12	145	14.19	— 2	205	0.30	+ 1	265	15.40	— 7	325	33. 7	— 8
26	12.25	16	86	9.20	12	146	14. 9	— 2	206	0.24	0	266	16.11	— 7	326	33. 0	— [illegible]
27	12. 4	15	87	9.33	11	147	13.58	— 1	207	0.19	— 1	267	16.43	— 8	327	32.53	— [illegible]
28	11.44	13	88	9.46	11	148	13.48	— 1	208	0.14	— 2	268	17.14	— 8	328	32.46	— [illegible]
29	11.23	12	89	10. 0	10	149	13.36	+ 1	209	0.10	— 4	269	17.46	— 9	329	32.35	— [illegible]
30	11. 4	9	90	10.13	10	150	13.24	+ 3	210	0. 7	0	270	18.17	— 12	330	32.25	+ 1
31	10.45	12	91	10.26	10	151	13.12	+ 1	211	0. 4	0	271	18.49	— 9	331	32.15	— [illegible]
32	10.25	15	92	10.40	9	152	12.59	— 1	212	0. 1	0	272	19.20	— 11	332	32. 3	— [illegible]
33	10. 5	17	93	10.53	9	153	12.46	— 2	213	0. 1	— 1	273	19.51	— 9	333	31.51	— [illegible]
34	9.51	16	94	11. 6	9	154	12.32	— 3	214	0. 0	+ 1	274	20.22	— 9	334	31.38	— [illegible]
35	9.34	17	95	11.20	9	155	12.19	— 5	215	0. 1	0	275	20.53	— 9	335	31.25	— [illegible]
36	9.17	18	96	11.33	9	156	12. 5	— 6	216	0. 2	0	276	21.23	— 8	336	31.10	— [illegible]
37	9. 1	20	97	11.46	9	157	11.50	— 5	217	0. 3	0	277	21.53	— 8	337	30.55	— [illegible]
38	8.46	20	98	11.59	7	158	11.35	— 5	218	0. 6	— 2	278	22.23	— 9	338	30.40	— 6
39	8.32	19	99	12.12	8	159	11.20	— 4	219	0. 9	— 4	279	22.53	— 9	339	30.24	— [illegible]
40	8.17	20	100	12.25	7	160	11. 5	— 4	220	0.13	— 7	280	23.22	— 9	340	30. 6	— [illegible]
41	8. 4	19	101	12.38	7	161	10.50	— 4	221	0.18	— 4	281	23.51	— 9	341	29.49	— [illegible]
42	7.51	17	102	12.50	7	162	10.34	— 3	222	0.24	— 2	282	24.20	— 9	342	29.30	[illegible]
43	7.39	19	103	13. 2	6	163	10.18	+ 1	223	0.30	0	283	24.48	— 10	343	29.15	— [illegible]
44	7.28	19	104	13.14	5	164	10. 2	— 4	224	0.37	+ 2	284	25.15	— 11	344	28.54	— [illegible]
45	7.17	20	105	13.25	5	165	9.48	— 4	225	0.46	+ 1	285	25.42	— 11	345	28.34	— [illegible]
46	7. 7	22	106	13.36	5	166	9.29	— 4	226	0.54	+ 2	286	26.12	— 15	346	28.14	— [illegible]
47	6.58	19	107	13.47	5	167	9.13	— 4	227	1. 4	0	287	26.34	— 10	347	27.54	— [illegible]
48	6.49	18	108	13.58	5	168	8.56	— 5	228	1.14	— 1	288	26.59	— 9	348	27.33	[illegible]
49	6.42	19	109	14. 8	4	169	8.39	— 3	229	1.26	0	289	27.24	— 11	349	27.11	[illegible]
50	6.34	21	110	14.17	3	170	8.23	— 4	230	1.38	+ 2	290	27.47	— 12	350	26.50	— [illegible]
51	6.28	22	111	14.27	2	171	8. 6	— 4	231	1.51	+ 2	291	28.11	— 13	351	26.27	[illegible]
52	6.22	22	112	14.36	1	172	7.49	— 4	232	2. 4	+ 3	292	28.34	— 14	352	26. 5	[illegible]
53	6.17	22	113	14.43	2	173	7.32	— 4	233	2.19	+ 2	293	28.55	— 13	353	25.42	+ [illegible]
54	6.11	23	114	14.52	1	174	7.15	— 4	234	2.33	+ 2	294	29.17	— 13	354	25.19	+ [illegible]
55	6. 9	21	115	15. 0	1	175	6.58	— 3	235	2.50	+ 1	295	29.38	— 14	355	24.55	+ [illegible]
56	6. 6	20	116	15. 7	1	176	6.42	— 3	236	3. 7	0	296	29.57	— 13	356	24.32	+ [illegible]
57	6. 4	19	117	15.13	3	177	6.25	— 2	237	3.25	— 2	297	30.16	— 12	357	24. 8	+ [illegible]
58	6. 1	18	118	15.19	4	178	6. 8	— 2	238	3.42	— 2	298	30.34	— 10	358	23.43	+ [illegible]
59	6. 2	14	119	15.24	6	179	5.52	— 2	239	4. 2	— 6	299	30.51	— 7	359	23.19	+ [illegible]
60	6. 2	+ 10	120	15.29	8	180	5.36	— 3	240	4.22	— 9	300	31. 8	— 4	360	22.54	+ [illegible]

A côté de mon équat., la col. grecq. donne la correct. qu'il faut appliquer à mes nombres pour trouver ceux de Ptolém

Après les Tables de la sphère droite dont nous venons d'expliquer la construction, viennent celles des sept climats principaux calculées de même pour tous les degrés de l'argument, qui est la longitude du Soleil pour l'ascension oblique, ainsi que pour les angles horaires des heures inégales.

Ces quantités ne sont exactes souvent qu'à 1 ou 2′ près. Pour les ascensions obliques, c'est la Table de la Syntaxe étendue à tous les degrés de l'écliptique; les angles horaires sont en général $15° \pm \frac{1}{6} d\text{Æ}$, ou 15° plus ou moins le 6e de la différence ascensionnelle.

La Table suivante est celle des mouvemens du Soleil et de la Lune; l'époque est, comme il est dit ci-dessus, celle de la mort d'Alexandre, 424 années juste après l'époque de Nabonassar. Or, par les Tables de la Syntaxe à l'époque de Nabonassar, l'anomalie ☉ est.... 8s 25° 15′

Le mouvement pour 414 ans........................	8.19.20.49″
10 ans........................	11.27.34. 8
Anomalie moyenne ☉ pour la mort d'Alexandre.....	5.12. 9.57
Les Tables man. donnent pour la 1re an. de Philippe...	162.10

	Long. ☾	Anomalie.	Arg. latit.	☾ — ☉
Époq. de Nabonassar...	1.11.22. 0	8.28.49	11.24.15. 0	2.10.37. 0
414...	9.13. 6.59	0. 9.33.36	0. 7.13.46	0.23.46.11
10...	7. 3.47.42	5.17.11.15	1.17. 7.52	7. 6.13.35
	5.28.16.41	2.25.33.51	1.18.56.58	10.10.36.46
	2.25.33.51	2.25.17	5.28.16.41	10.11. 6.44
apogée....	3. 2.42.50	16.51	7.20.19.57 230.19. 0	29.58

Les Tables manuelles, sous le titre centre ☾, donnent donc l'anomalie diminuée de 16′51″; sous le titre de limite boréale, 230° 19′ 0″; la différence n'est pas d'une minute.

L'équation du tems ne donnait que 7′ 54″ à retrancher de l'anomalie de la Lune; on en a retranché 16′ 51″, c'est 10′ de trop: je n'en vois pas la raison. Nous avons vu, pag. 141, que Ptolémée aurait dû ajouter 13′ ½ au tems de l'éclipse, de laquelle il a déduit ses époques; il a ajouté 14′ ½ à sa Table d'équation, l'erreur est donc corrigée à 1′ près, du moins pour la Lune. La différence d'apoque 29′ 58″ n'est pas bien importante.

La Table des inégalités vient ensuite : celle du ⊙ est de $2° 23\frac{1}{2}'$; la correction de l'apogée va jusqu'à $13° 8'$ à $114°$; elle y est de $13° 9'$ dans la Syntaxe, l'équation du centre est de $5°$.

On trouve ensuite des Tables écliptiques qui ont pour argument la latitude, au lieu que celles de la Syntaxe dépendent de l'argument de latitude.

Ἡλίου κανόνιον ἀπὸ ἰσημερίας : Table du Soleil depuis midi. L'argument est la suite des nombres naturels de 1 à $90°$. On trouve à côté des nombres qui croissent inégalement de $1° 0'$ à $61°$; les différences sont très-irrégulières, ensorte que la Table ne paraît pas être calculée fort exactement. Je ne vois pas que Théon en fasse aucun usage ; il est difficile de deviner quelle en est la construction.

On voit ensuite une Table des doigts de surface, et une Table des prosneuses qui a pour argument les doigts éclipsés.

La figure des horizons pour les prosneuses.

La Table des hauteurs du pôle et de ce qu'il faut ajouter à 12^h pour avoir le plus long jour.

La Table des parallaxes de longitude et de latitude pour les différens climats ; elle a pour argument l'heure temporaire. La 4ᵉ colonne de cette Table donne des nombres qui servent au calcul des prosneuses ; ils sont tous au-dessous de $180°$; on les prend tels qu'ils sont dans certains cas ; dans d'autres, on en prend le supplément à $180°$, et toujours on finit par les diviser par 90 ; mais nous avons donné des formules plus sûres et plus commodes. Il est inutile d'expliquer plus longuement une approximation grossière.

La Table des planètes vient ensuite : pour la seconde colonne, qui est l'anomalie, elle est la même que dans la Syntaxe. Les longitudes diffèrent par la disposition des Tables ; mais la différence n'est qu'apparente, et nous en avons dit la raison : on les a fait dépendre de la longitude de Régulus.

α♌ + épicycle + planète + épilepse = anom. ⊙ + apogée ;

et pour les deux inférieures,

α♌ + épicycle . . . . + épilepse = anom. ⊙ + apogée.

☊.......	117.51	☊.....	117.51	....	117.51		117.51		117.51
♄.......	211. 2	♃......	292.20	♂.....	356. 7	♀	177.17	☿	42.16
Anom. m..	148.16	Anom.m.	138.57	....	120.39	....		....	
Épilepse...	110.30	Épilepse.	38.30	....	353. 0		293.30		67.30
Somme....	227.39		227.38	Somme.	227.37		227.38		227.37
☉+65.30.	227.40		227.40	☉.....	227.40		227.40	☉	227.40

On voit donc que les Tables sont absolument les mêmes; mais elles sont beaucoup plus étendues et d'un usage plus commode.

Le reste des Tables est tellement effacé, qu'on ne peut rien lire, et qu'en plusieurs endroits on n'aperçoit pas même la moindre trace d'écriture. On ne voit pas même, d'après le discours préliminaire, quelles ont pu être ces Tables, si ce n'est peut-être le Catalogue des étoiles; mais autant qu'on peut voir, ce Catalogue a dû être assez court. Ce qu'on aperçoit de la forme des autres Tables indiquerait toute autre chose.

Des Ephémérides.

Nous avons ci-dessus témoigné notre étonnement de ce que nulle part, ni chez Ptolémée, ni chez Théon, nous n'avions rencontré la moindre mention des éphémérides. Il paraissait pourtant certain que l'on composait des espèces d'almanachs où l'on annonçait au public les levers des différentes étoiles, les phases de la Lune et les changemens de tems. Il nous paraissait tout-à-fait invraisemblable que l'école d'Alexandrie n'eût pas imaginé de composer une Éphéméride plus véritablement astronomique, dans laquelle, aux anciennes prédictions, on aurait ajouté les éclipses de Lune et de Soleil, les phases de la Lune, enfin les lieux des planètes dont les astrologues avaient un besoin si fréquent. Nos doutes viennent d'être levés par un chapitre que Théon a consacré tout entier à ce sujet dans son exposition des *Tables manuelles*. Ce chapitre manquait dans le manuscrit que nous venons d'extraire; mais nous l'avons trouvé dans un autre manuscrit de la Bibliothèque du Roi, beaucoup plus moderne et plus beau, qui porte le n° 2394. Voici une traduction presque littérale de ce chapitre.

Des Éphémérides et de leur composition.

Au haut et au bas de la page nous laissons une place plus grande: celle d'en haut est destinée à recevoir les titres des différentes colonnes; dans celle du bas nous mettrons à chaque mois les nouvelles et les pleines

Lunes. Dans le milieu du tableau nous ménagerons quinze espaces et nous donnerons une dimension plus grande au dernier de tous; chacun de ces espaces renfermera deux lignes, et le dernier en contiendra trois, parce que le mois romain a quelquefois 31 jours. Pour février il ne faudra que quatorze espaces.

Quant aux colonnes, nous les disposerons ainsi : la première sera plus large; elle recevra les *significations* des fixes. Les trois ou quatre suivantes seront plus étroites et recevront les mois des différentes nations. Dans la première, on mettra le mois romain; dans la seconde, celui des alexandrins; dans la troisième, chacun mettra le mois qu'il voudra, celui de son pays, par exemple; dans la quatrième sera le mois lunaire.

Les colonnes suivantes auront pour titre commun, *mouvement de la Lune*. Chacune aura de plus son titre particulier, comme *signes, degrés* et *minutes*. La suivante heures des passages (apparemment d'un signe dans un autre). La quatrième, *des vents*, c'est-à-dire qu'elle indiquera probablement si la Lune est boréale ou australe.

On fera sept colonnes pour le Soleil, la Lune et les cinq planètes. (Après ce qu'on vient de voir pour la Lune, il paraîtrait que six colonnes auraient suffi).

Dans une colonne plus étroite on répétera le mois romain ou tel autre; et cette colonne étroite sera suivie d'une plus large où l'on placera les articles généraux, tels que les configurations de la Lune et des planètes. Puis les remarques, comme la Lune en *trine* ou *sextil aspect* avec le Soleil est *bonne ;* en *quadrature* ou en *opposition*, elle est *mauvaise :* car à la quadrature elle est dichotome, et en opposition elle est pleine.

Il faut indiquer les aspects trine ou sextil 6° d'avance, les pleines Lunes 12°; mais après la pleine Lune les aspects trine et sextil se marqueront 1° plus tard; la quadrature ou la dichotomie 6° plus tard. A la conjonction, il faut avertir que la Lune n'est point éclairée.

Si on compare la Lune à Saturne et qu'elle soit croissante, elle sera *bonne;* en décours, elle sera *mauvaise*. Théon nous donne ensuite des règles de ce genre pour toutes les planètes; il s'exprime assez souvent d'une manière un peu équivoque, et nous ne prendrons pas la peine de l'éclaircir.

Pour les cinq planètes, il faut marquer les configurations 6° d'avance; pour les influences, on les annoncera 1° plus tard ou après l'instant précis. Toutes les fois que la Lune ne sera qu'à 12° en deçà ou au delà du nœud, il faudra donner la figure de l'éclipse.

On donnera une attention particulière au 26e jour; il faut aussi marquer le 5e jour qui est toujours mauvais quand même la Lune se trouverait avec une autre planète dans une configuration favorable. Ce 5e jour est à la fin du mois : *ἀπιόντος ἤτοι φθίνοντος μηνός*. (Virgile a dit *quintam fuge.*)

Voilà pour les remarques générales ; quant aux calculs, on les fera comme il suit : nous chercherons le lieu moyen du Soleil pour tybi à 6h *après midi* ; nous le corrigerons de l'inégalité, puis nous ajouterons le mouvement pour dix jours ; nous chercherons de nouveau l'équation ; nous comparerons les deux lieux vrais, nous prendrons le dixième de la différence, et nous en conclurons les lieux vrais pour tous les jours intermédiaires, et ainsi de suite. Mais pour la Lune, et pour indiquer les termes de ses *métabases* (peut-être les passages d'un domicile ou d'un signe dans un autre), il faudra se servir du mouvement horaire inégal, sans quoi l'on n'aurait aucune précision dans les tems. On marquera la latitude et le *vent*, le passage par les nœuds et par les deux limites.

Dans les syzygies et pour les éclipses qu'elles occasionnent parfois, on se servira des Tables construites dans cette vue. Les syzygies se marqueront au bas de chaque mois ; mais pour les éclipses, on les mettra à part au commencement de l'Éphéméride.

On donnera les lieux de Saturne et de Jupiter de dix en dix jours, ceux de Mars de cinq en cinq, ceux de Vénus de trois en trois, enfin ceux de Mercure tous les deux jours ; par ce moyen on pourra toujours avoir facilement le lieu de chaque planète, sa latitude, ses stations et ses apparitions.

Il ne dit pas un mot des levers ni des couchers, ni de la Lune ni d'aucune planète. On a pu remarquer la même omission dans la Composition mathématique et dans le Commentaire.

On voit que ces Éphémérides ressemblaient beaucoup à celles qu'on a faites depuis Regiomontanus jusqu'à la fin du 17e siècle. On remarquera cependant que les lieux du Soleil, de la Lune et des planètes y étaient donnés pour 6h *après midi*, c'est-à-dire pour le coucher du Soleil, puisque les heures étaient temporaires ; nouvel indice que les Éphémérides étaient destinées principalement aux Astrologues.

Le manuscrit 1642 contient un petit traité qui porte le nom Ptolémée, qui l'adresse à Syrus ; il a pour titre : *du Mouvement des Cercles célestes.* C'est un ouvrage fort superficiel, où l'on cite la *Syntaxe* pour les principes, et les *Tables manuelles* pour les exemples. A la suite de cet opuscule, on en voit un autre sous le titre de Πτολεμαίου περὶ προχείρων κανόνων.

C'est une explication beaucoup plus concise et moins claire que celle de Théon, mais il y a toute apparence que l'ouvrage est pseudonyme; car pour exemple du calcul d'une éclipse de Soleil, on y trouve le chapitre entier où Théon calcule sur les Tables manuelles son éclipse de la 80e année de l'ère de Dioclétien; il est à croire qu'il y a erreur ou transposition dans les mots du titre.

Un autre Théon est auteur d'un ouvrage intitulé :

ΘΕΩΝΟΣ ΣΜΥΡΝΑΙΟΥ ΠΛΑΤΩΝΙΚΟΥ *τῶν κατὰ μαθηματικὴν χρησίμων εἰς τὴν Πλάτωνος ἀνάγνωσιν.*

Cet ouvrage, destiné à donner aux lecteurs les connaissances mathématiques nécessaires pour lire Platon, a été traduit et publié par Bouillaud; Paris, 1644. Ce Théon paraît être celui que cite Ptolémée, et que Théon d'Alexandrie appelle Théon l'ancien. Son ouvrage a beaucoup servi à Psellus, qui s'en est fait l'abréviateur. Dans l'un comme dans l'autre traité on trouve plus de métaphysique que de notions bien précises et bien utiles. Théon traite d'abord de l'unité, des nombres pairs et impairs, des nombres premiers et composés, des pairemens pairs, des pairemens impairs et des impairemens pairs; des égalemens égaux, comme les carrés et les cubes; des inégalemens inégaux qui sont produits par deux facteurs impairs, des *hétéromèques de la forme* $n.(n+1)$, des parallélogrammes de la forme $n.(m+n)$, des nombres oblongs de la forme mn, des nombres plans ou de surface, des nombres triangulaires et polynomes, des nombres circulaires et sphériques; il remarque que le nombre carré est formé de deux triangulaires $1+3=4$; $3+6=9$; $6+10=16$; en effet, soient les deux nombres triangulaires consécutifs $\frac{n.(n+1)}{2}$ et $\frac{(n+1)(n+2)}{2}$, leur somme sera $\frac{n^2+n}{2}+\frac{n^2+n+2n+2}{2}=\frac{2n^2+4n+2}{2}=n^2+2n+1=(n+1)^2$. Il passe aux nombres solides, pyramidaux, latéraux et diamétriques; aux nombres parfaits, abondans et défectueux. Ici finit son Arithmétique métaphysique, qui ne renferme que des considérations générales, et rien sur l'Arithmétique pratique des Grecs.

Nous ne dirons rien de ce qui concerne la Musique, quoiqu'il y ait mêlé, sur les analogies et les médiétés, des choses qui appartiennent tout autant à l'Arithmétique.

Michel Psellus.

Le sénateur Michel Psellus, dont il est fait mention article précédent, avait été précepteur de l'empereur Michel Ducas, de Constantinople. Il vivait vers l'an 1050, et il est, dit Weidler, presque le dernier auteur grec qui ait écrit sur l'Astronomie. Ses traités des quatre sciences mathématiques, *l'Arithmétique*, *la Musique*, *la Géométrie* et *l'Astronomie*, ont été imprimés plusieurs fois en grec, à Venise, à Rome et à Paris. Ils ont enfin été traduits par Xylander. Ses notions astronomiques sont très-bornées et très-superficielles; et la première édition était si peu correcte, que le traducteur, Elias Vinetus, en 1553, désespérant d'en tirer rien de raisonnable, avait substitué la sphère de Proclus à ce petit Traité de Psellus, dont le titre grec est : Ἄθροισις εὐσύνοπτος τῆς Ἀστρονομίας, *Résumé synoptique d'Astronomie.*

Nous terminerons ici notre Histoire de l'Astronomie ancienne. Nous avons tâché d'y réunir tout ce qui nous a paru de quelque intérêt dans les livres imprimés ou manuscrits qu'il nous a été possible de nous procurer; et nous avons la ferme persuasion de n'avoir rien omis qui puisse avoir la moindre importance. Weidler et Lalande n'ont cité aucun auteur que nous n'ayons analysé avec tout le soin qu'il méritait. Les âges suivans seront la matière d'autres ouvrages, où nous exposerons les progrès successifs de l'Astronomie. Déjà nos analyses sont complètes jusqu'à l'époque d'Hévélius. Nous suivrons constamment l'ordre des tems, en commençant par l'Astronomie du moyen âge, c'est-à-dire par les Arabes et leurs imitateurs de toutes nations.

FIN.

CORRECTIONS.

Page 9	ligne 6	les laces, *lisez* les places
12	1	les 36 caractères, *lisez* les 30
32	14'.47'	11'.58", *lisez* 10'.58"
41	3	en remontant, les facteurs, *lisez* secteurs
44	2 et 3	AC, *lisez* AE
89	25	l'arc, *ajoutez* de l'équateur
93	20	le quart de cercle, *lisez* l'arc de grand cercle
96		corde $\frac{2B}{2(A+B)}$, *lisez* $\frac{\text{corde } 2B}{\text{corde } 2(A+B)}$
115	8	en remontant, l'axe, *lisez* l'angle
150	19	GT, *lisez* GI
161	12	AEG, *lisez* BEG
166	19	à gauche, *lisez* à droite
Ibid.	22	à droite, *lisez* à gauche
169	8	en remontant, 40°, *lisez* 4°
202	4	en remontant, page 202, *lisez* page 204
206	5	en remontant, (2D — A), *lisez* 2(D — A)
233	6	en remontant, AH.KE, *lisez* AK.KE
285	2	en remontant, 1812, *lisez* 1712
303	23	tang déclin. AN, *lisez* tang AN
307	1	et de l'angle en ι, *lisez* et l'angle en ι;
327	7	en remontant, εζ =, *lisez* puisque δζ =
335	11	en remontant, ι — εγ, *lisez* αι — εγ
344	dernière	page 457, *lisez* page 331
363	3	en remontant, 105° 20', *lisez* 105° 28'
364	8	en remontant, ξι = εγ, *lisez* = ξγ
383	11	en remontant, *ajoutez* (fig 92)
409	2	en remontant, Cyrus, *lisez* Syrus.
427	15	parallélipipède, *lisez* parallélépipède
431	2	en remontant, 30° 12', *lisez* 31° 12'
431	24	en remontant, Πτελεμαίου, *lisez* Πτολεμαίου
432	11	*lisez* de même, Πτολεμαίου
433	14	(fig. 103) *lisez* (fig. 103*)
470	9	en remontant, *verticale*, lisez *verticaux*
476	11	du grand cercle, *lisez* de grand cercle
478	13	> tang *u*, *lisez* > tang *pu*
Ibid.	6	en remontant, tang A, *lisez* tang H
481	13	O et R, *lisez* O en R
515	13	en remontant, à l'équateur, *lisez* au tropique
520	11	βιβλι, *lisez* βιβλία

Fig. 4

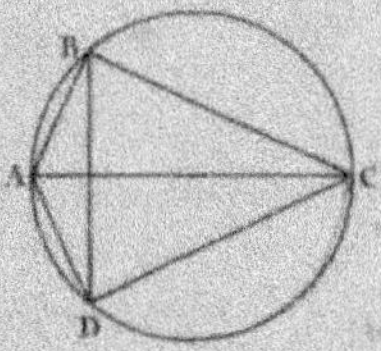

Fig. 5

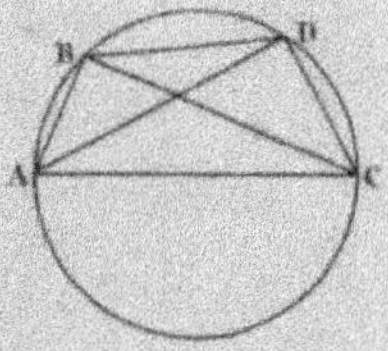

8

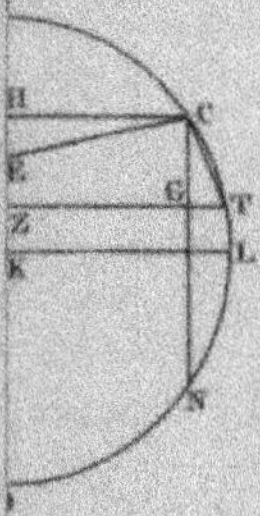

Fig. 9

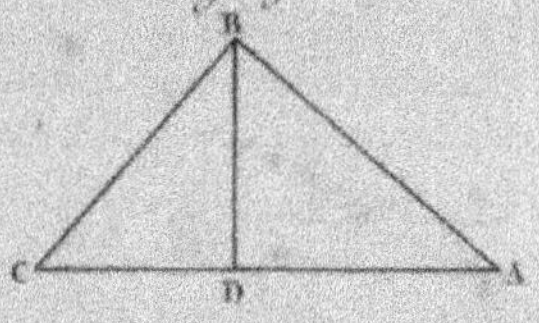

12

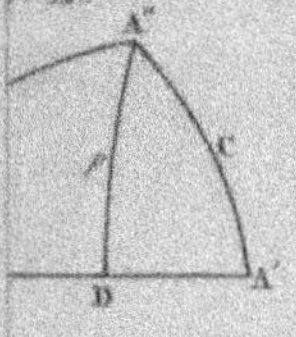

Fig. 15

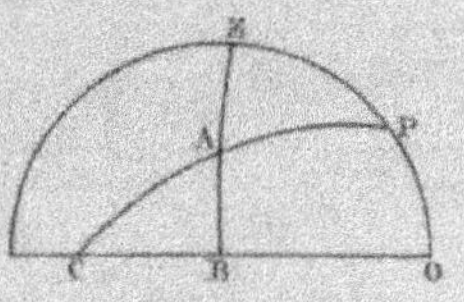

Fig. 16

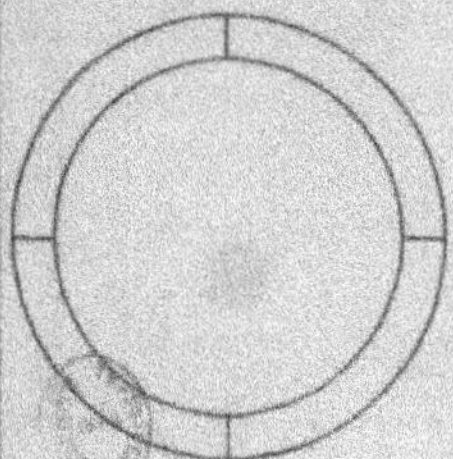

Fig. 17

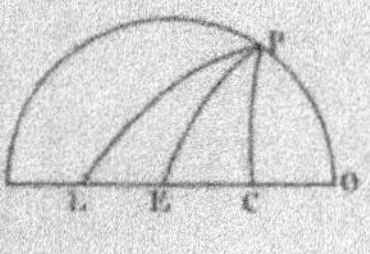

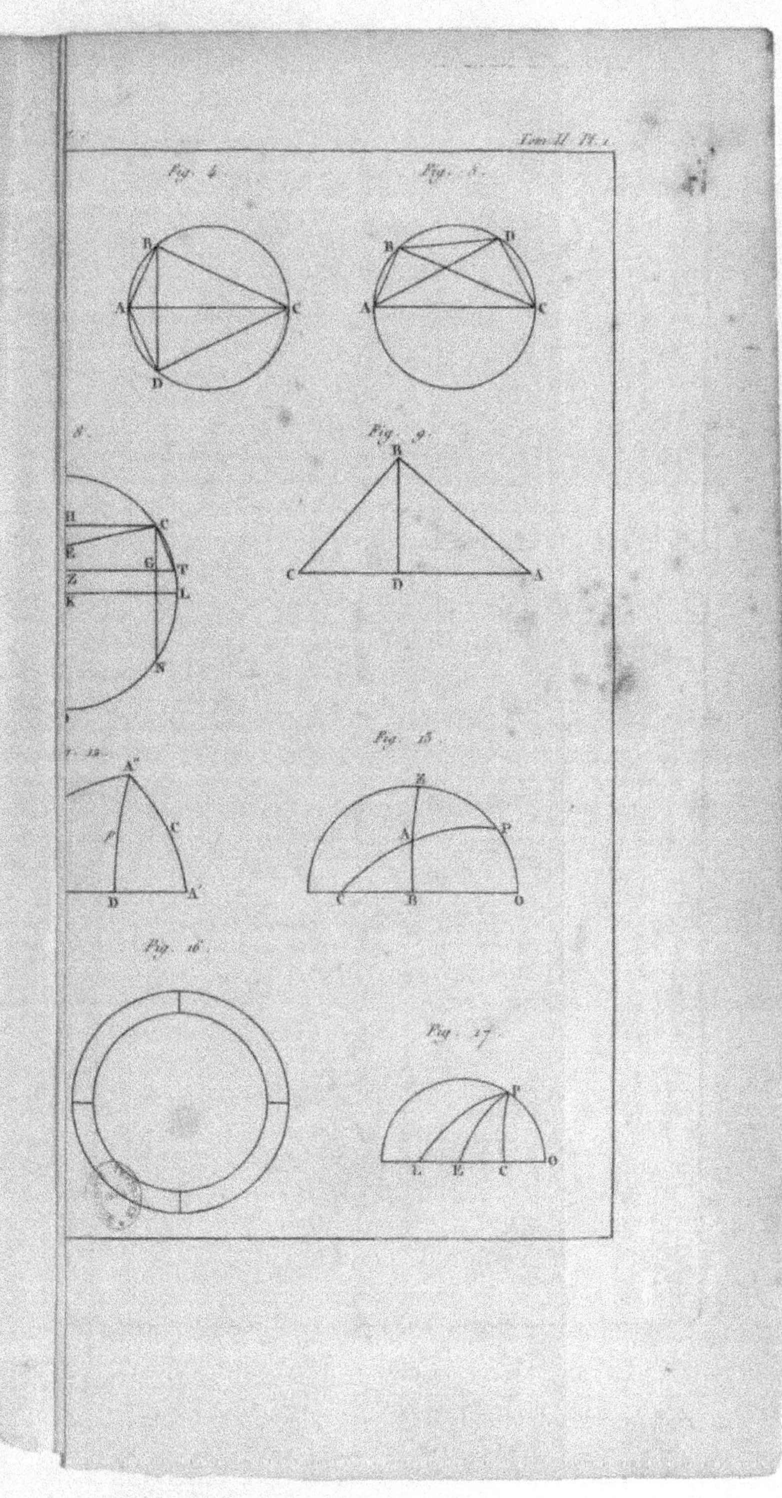

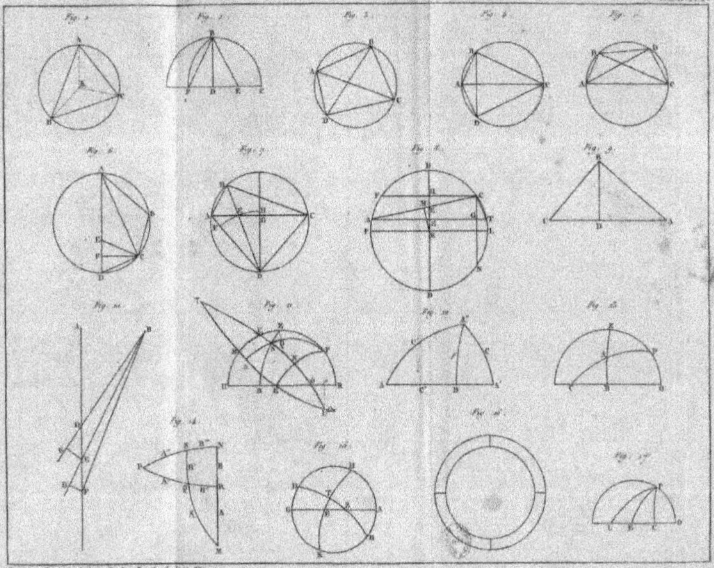

Dessiné et Gravé par Ambroise Tardieu

Fig. 20.

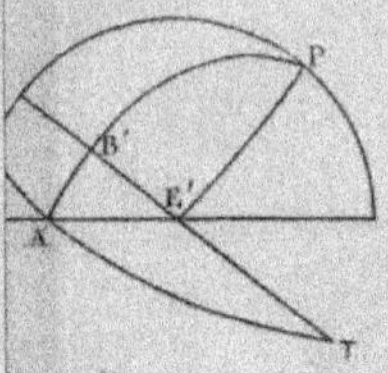

Fig. 21.

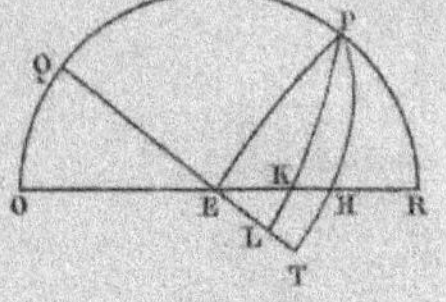

Fig. 24.

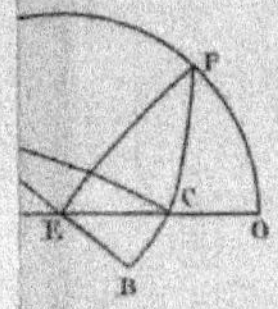

Fig. 25.

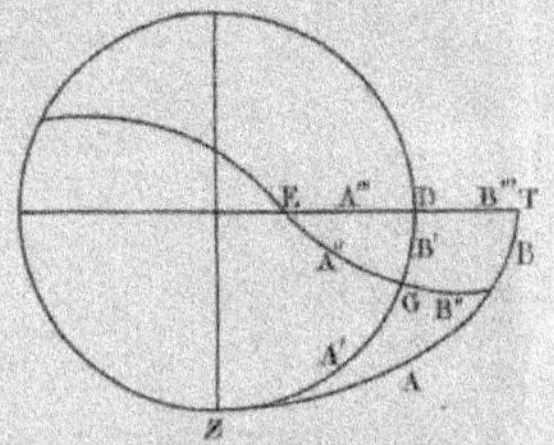

Fig. 28.

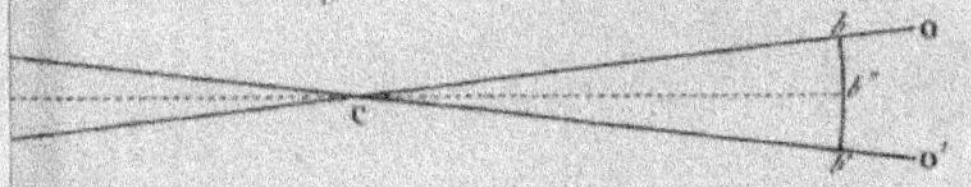

Fig. 32.

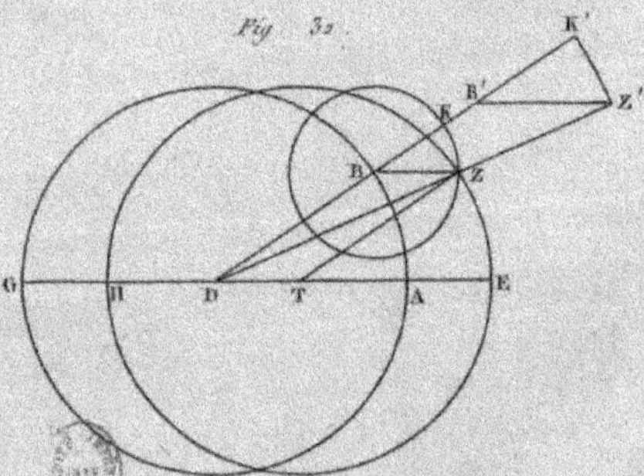

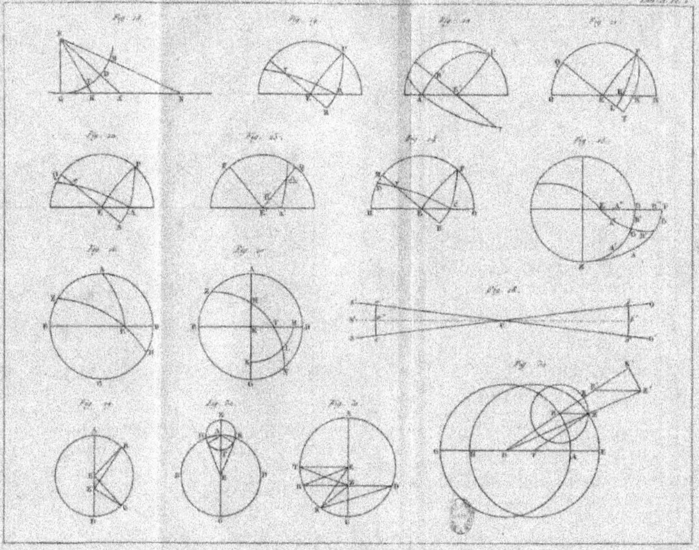

35.

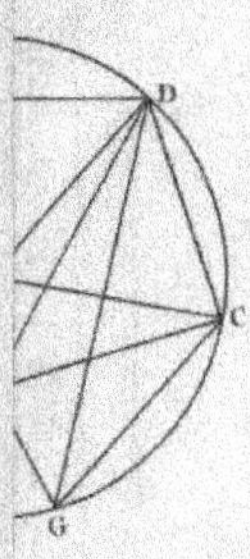

Fig. 36.

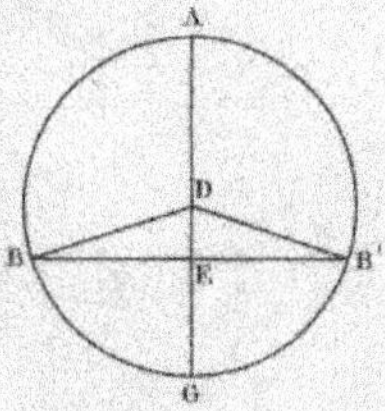

Fig. 37.

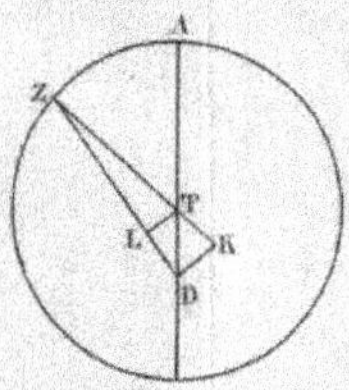

Fig. 39.

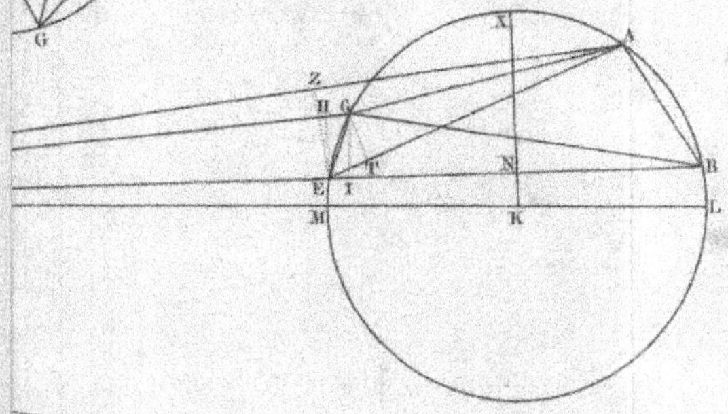

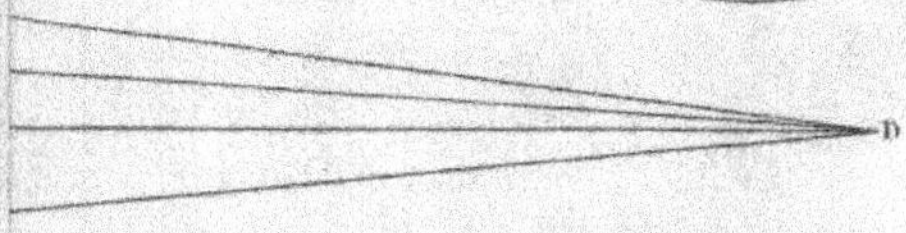

Fig. 43.

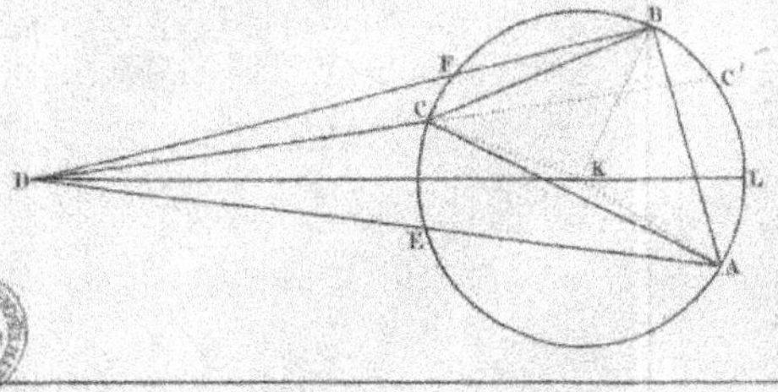

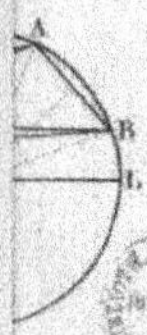

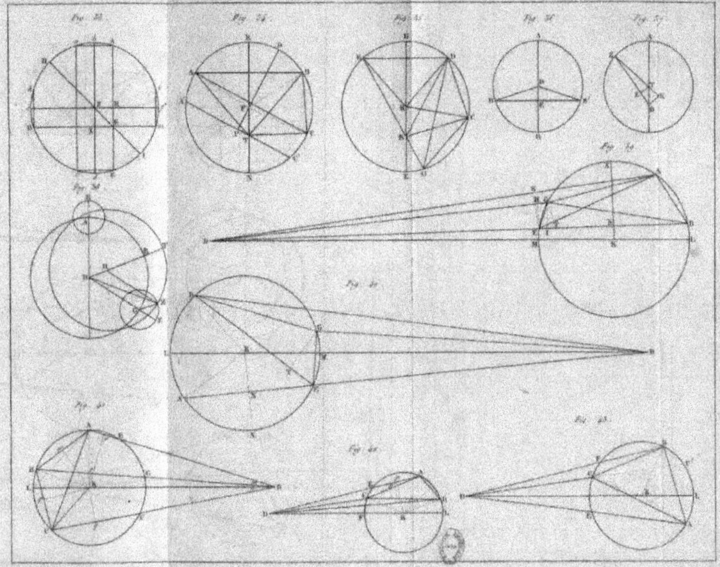

. 46.

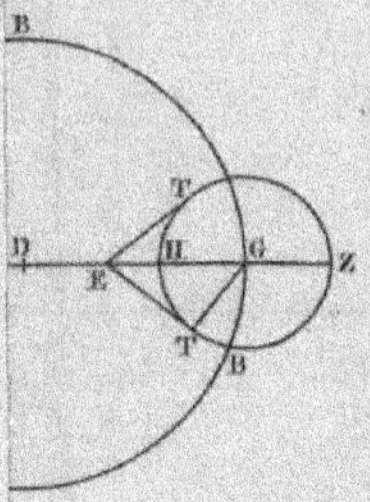

Fig. 47.

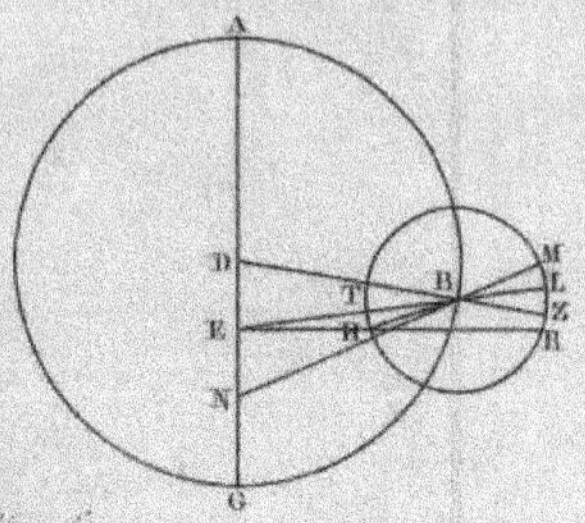

Fig. 50.

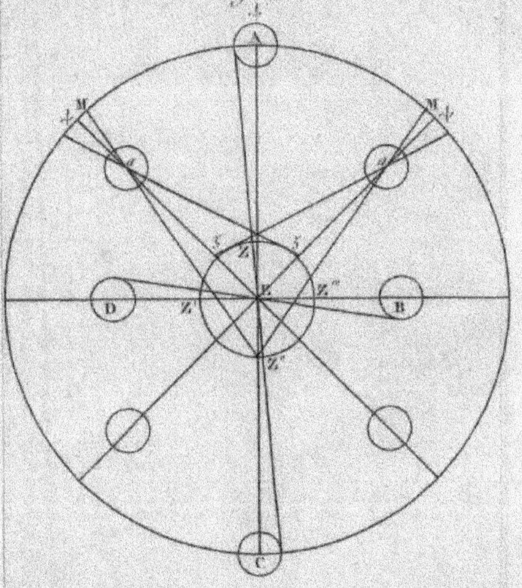

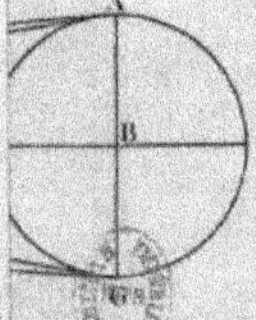

Fig. 53.

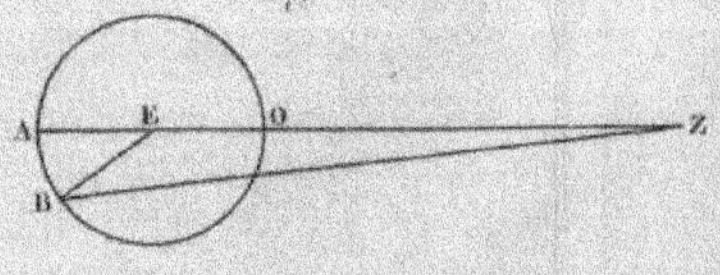

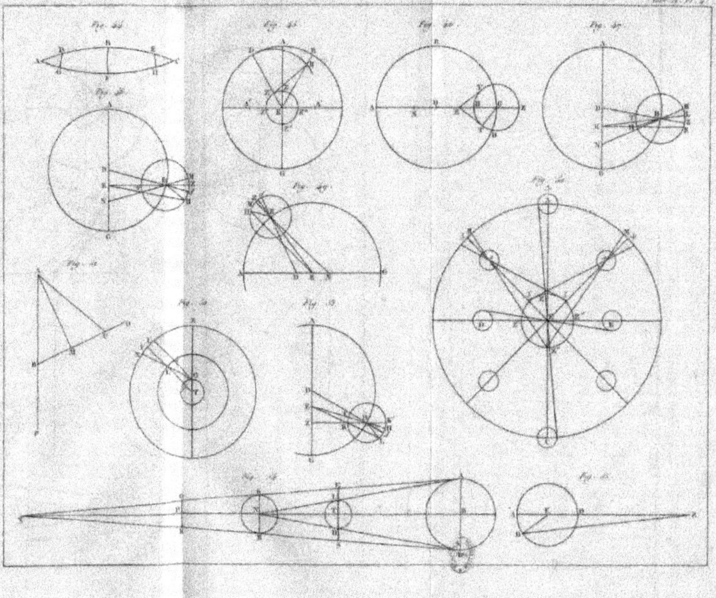

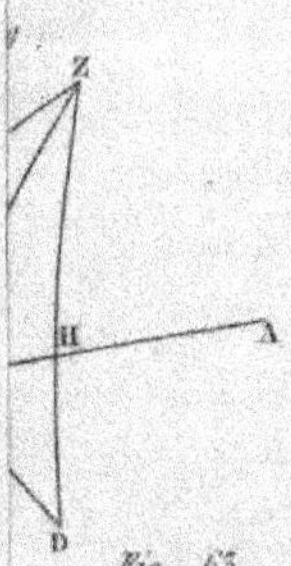

Fig. 59.

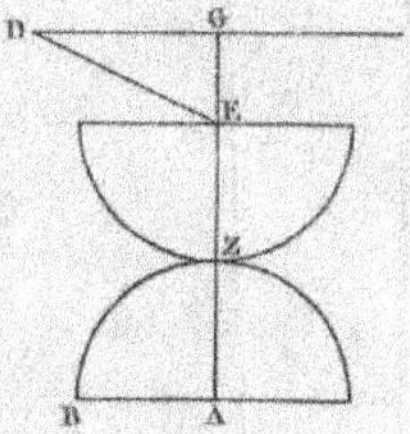

Fig. 63.

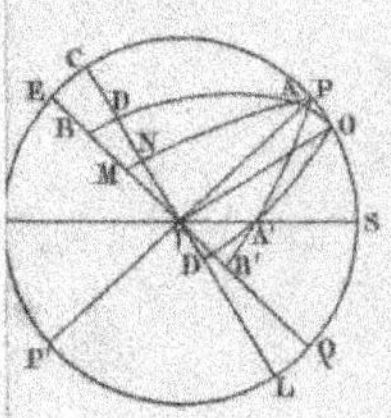

Fig. 64.

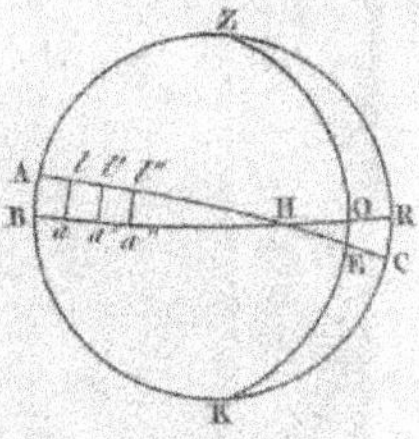

Fig. 68.

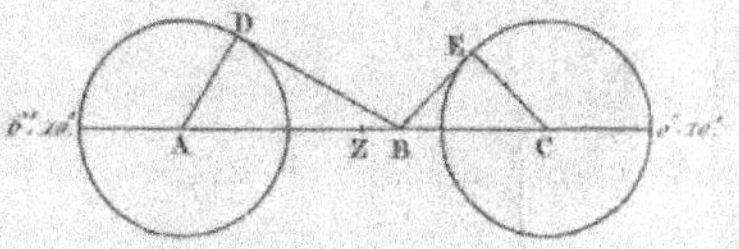

Fig. 70.

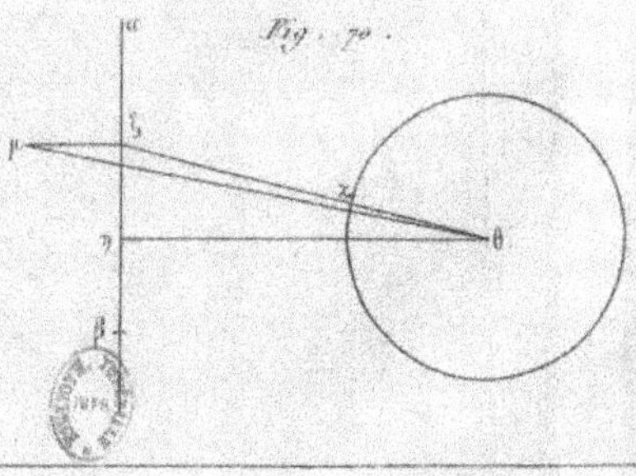

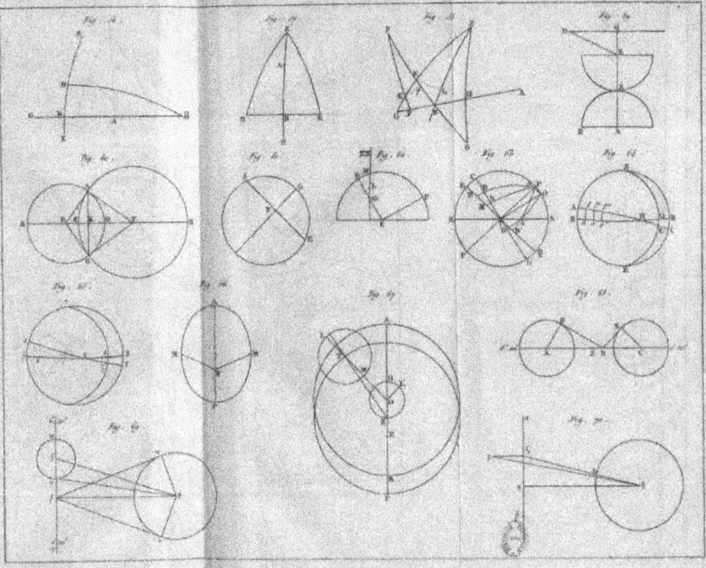

Fig. 74.

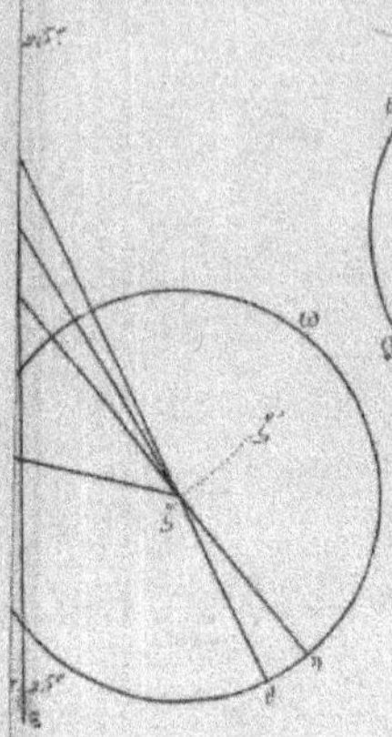

Fig. 75.

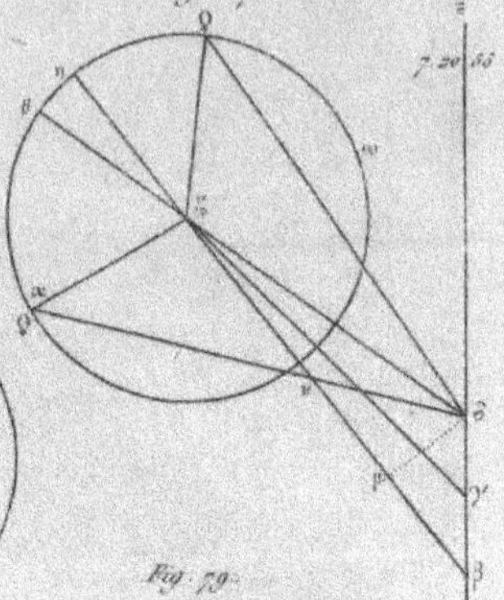

Fig. 79.

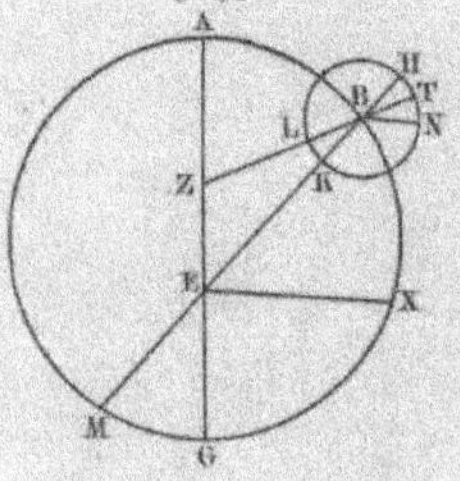

Fig. 78.

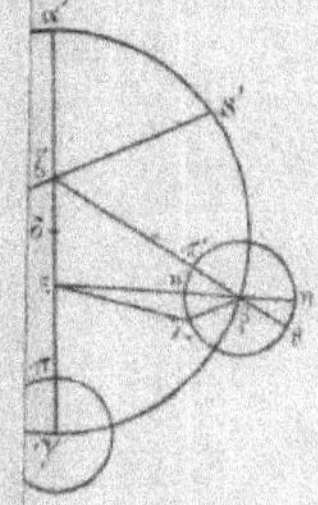

Fig. 81.

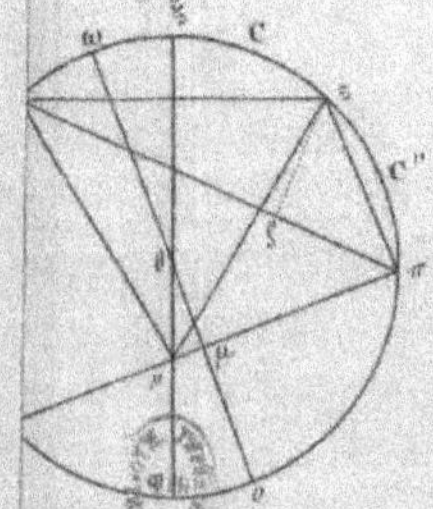

Fig. 82.

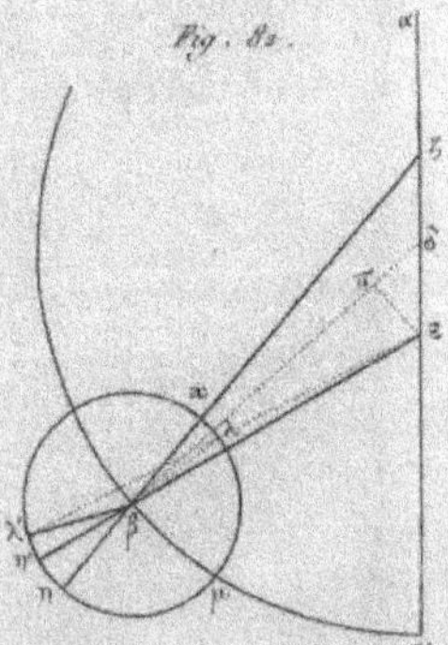

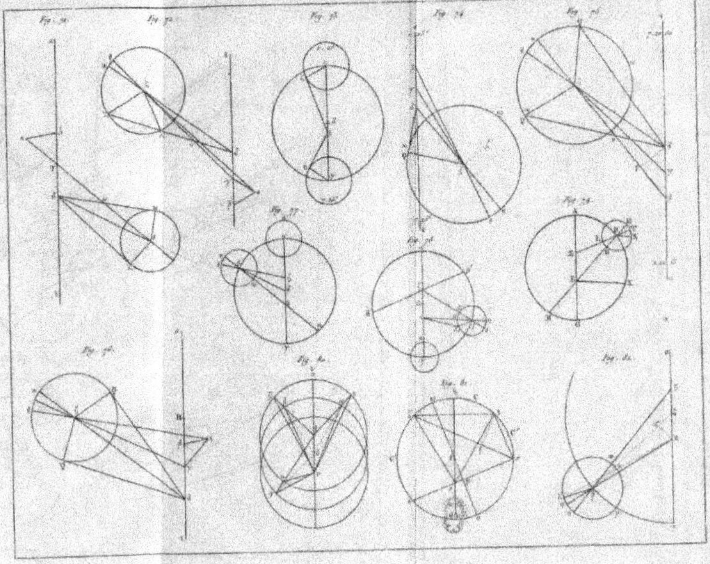

6.

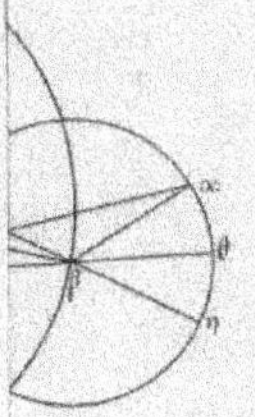

Fig. 88.

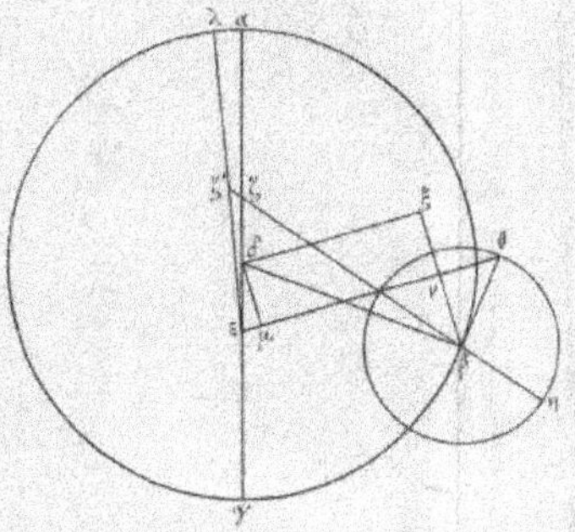

Fig. 89.

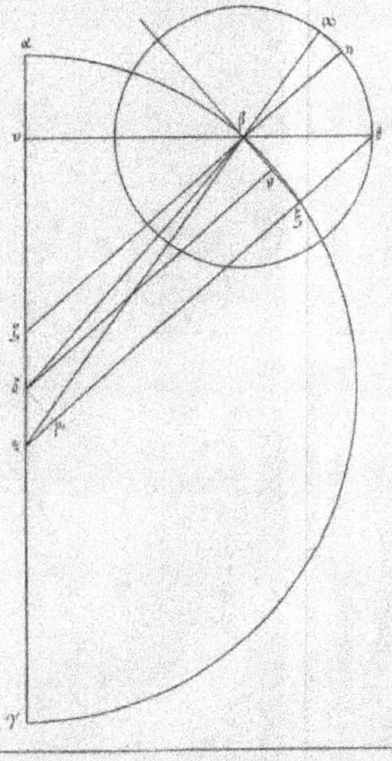

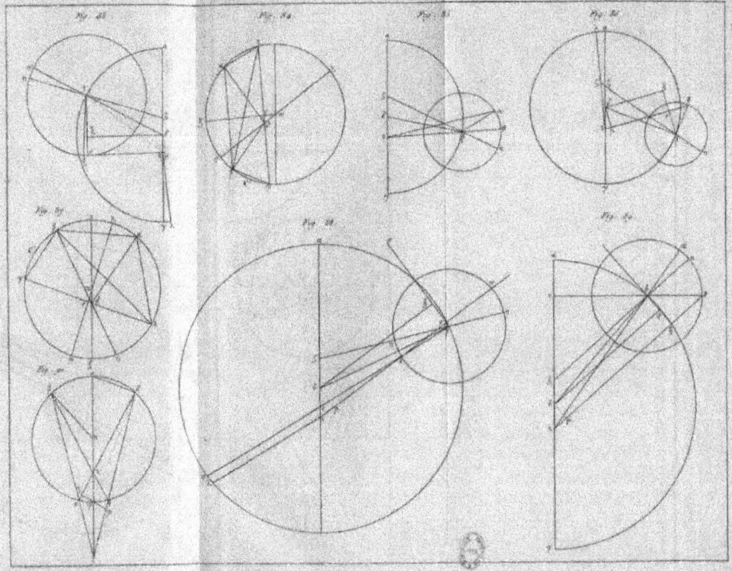

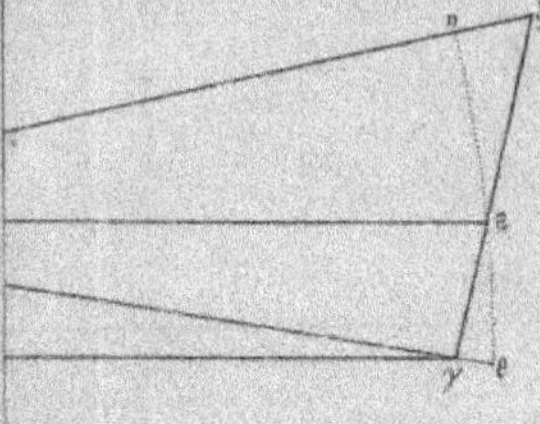

Fig. 94.

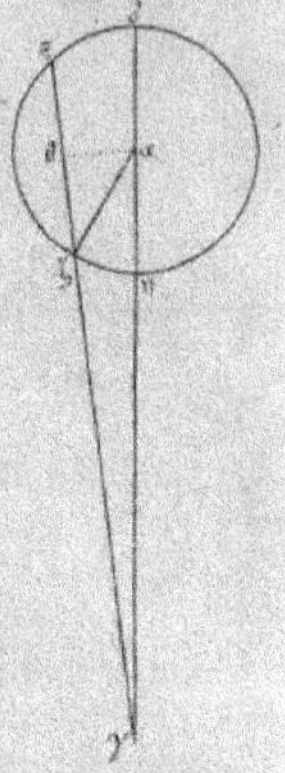

Fig. 96.

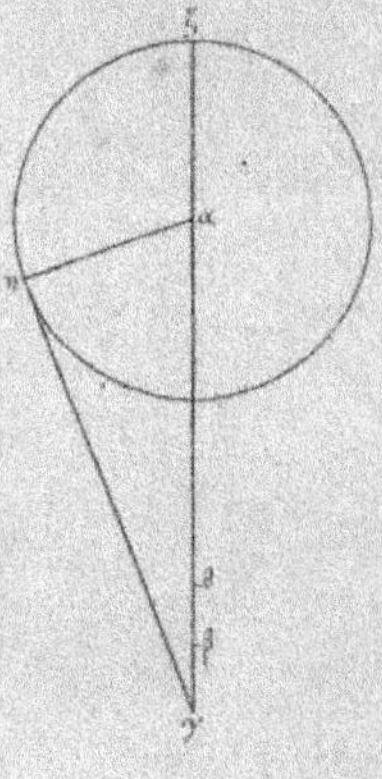

Fig. 97.

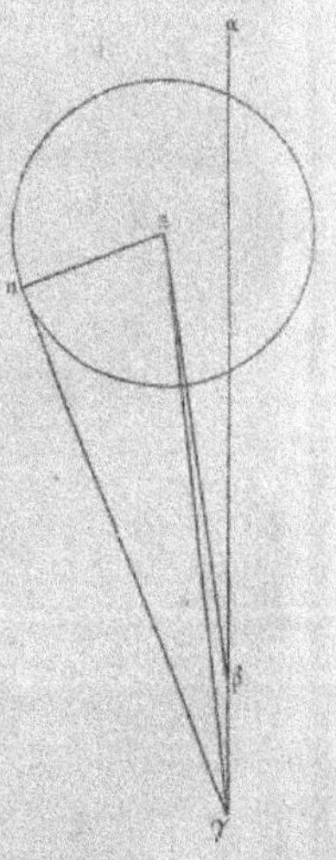

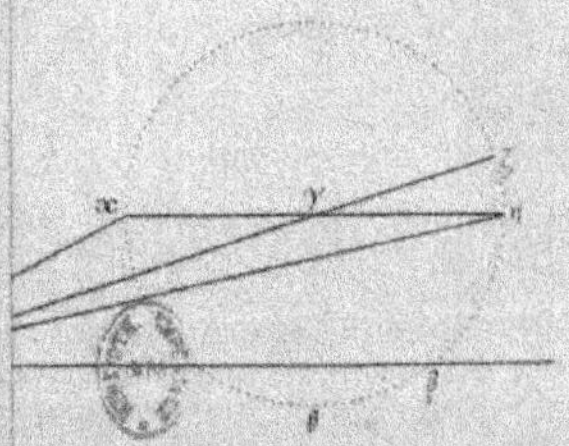

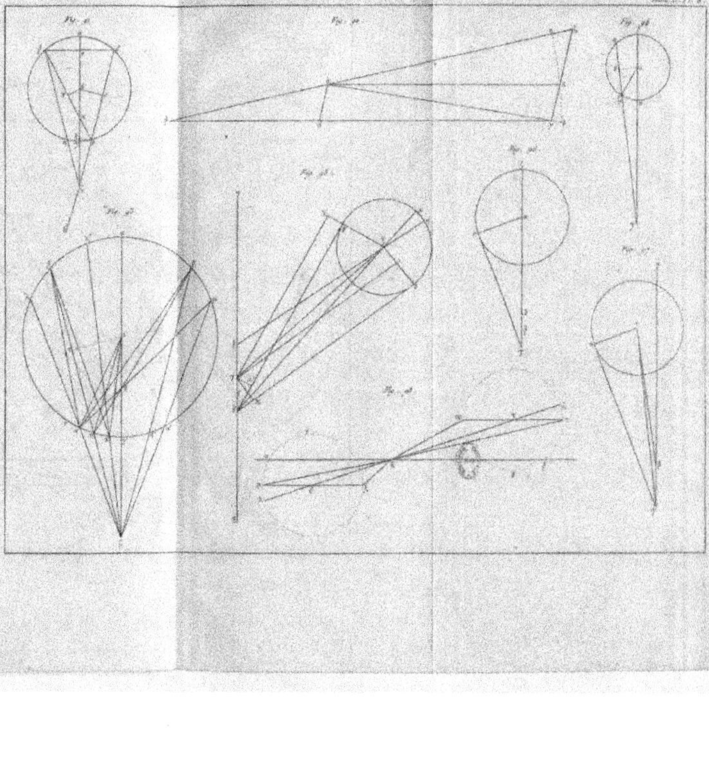

Fig. 102.

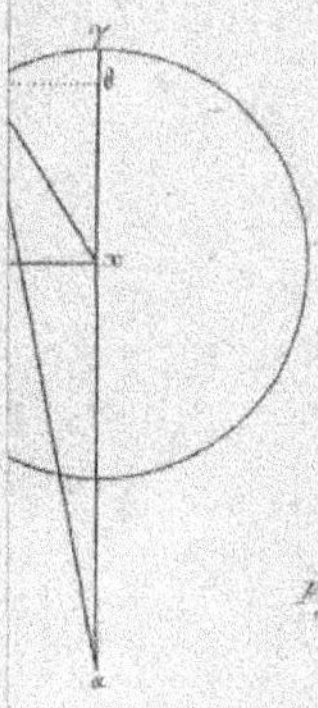

Fig. 103.

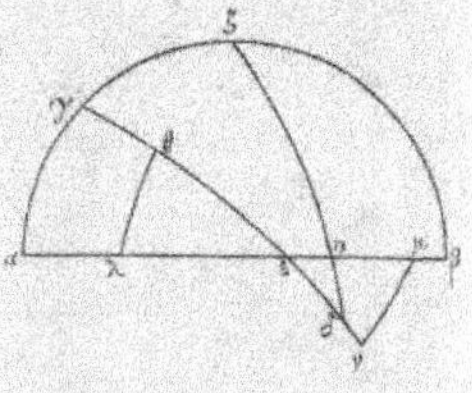

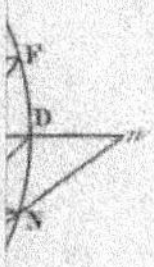

Fig. 105.

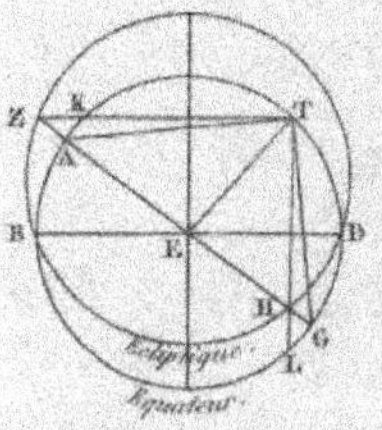

Fig. 106.

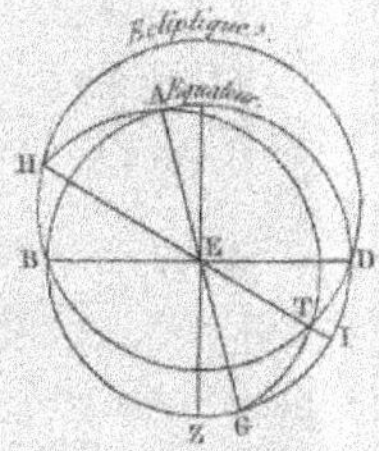

Fig. 108.

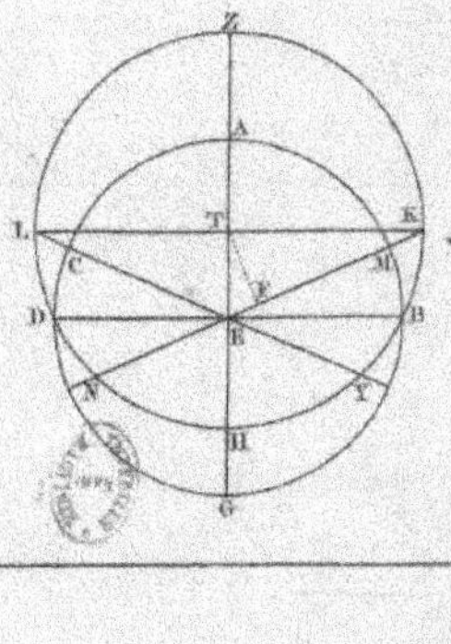

Fig. 109.

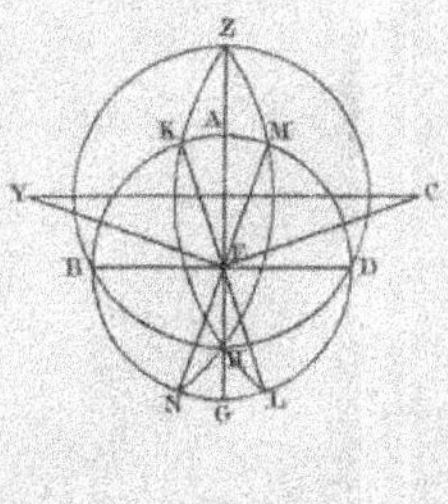

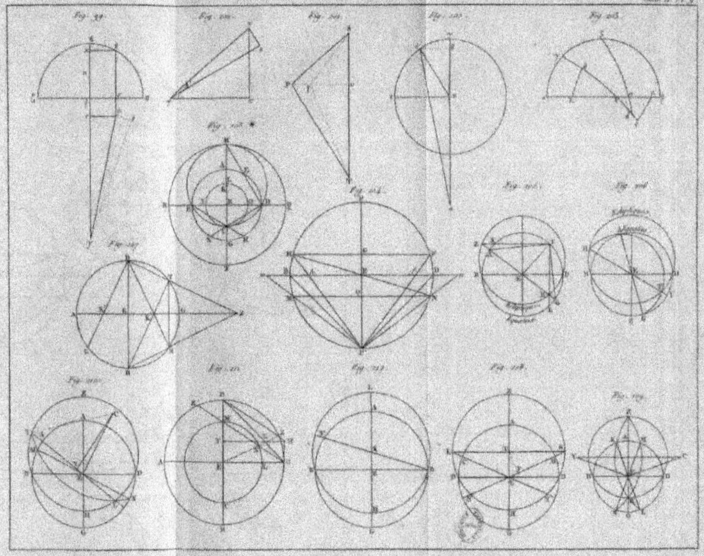

Fig. 115.

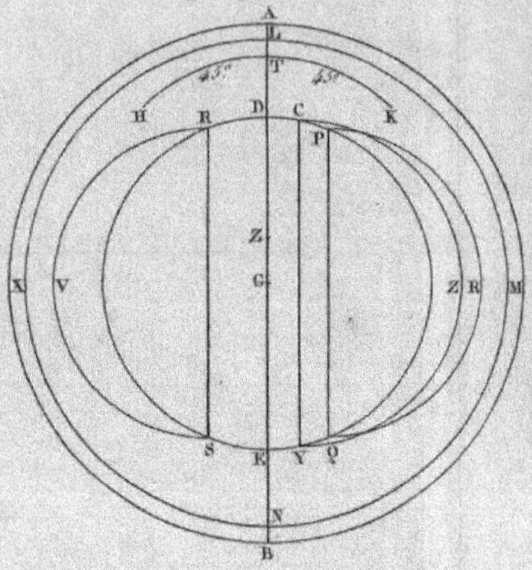

. 114 .

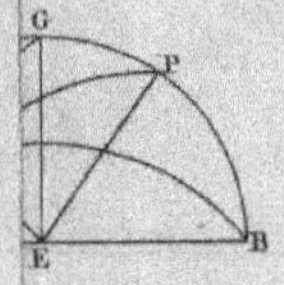

. 120 .

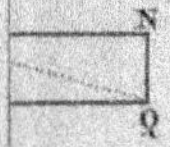

Fig. 118.

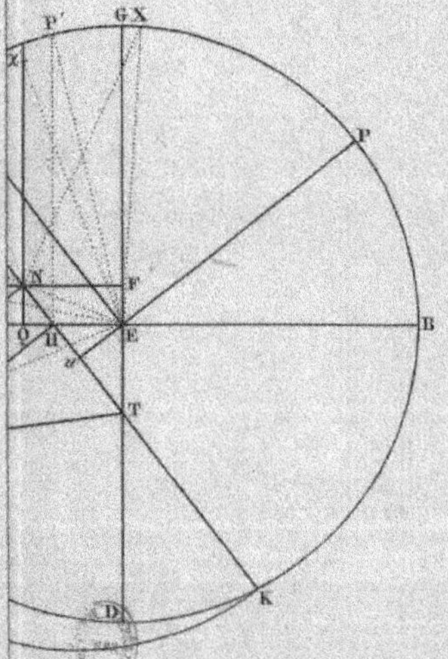

Fig. 121.

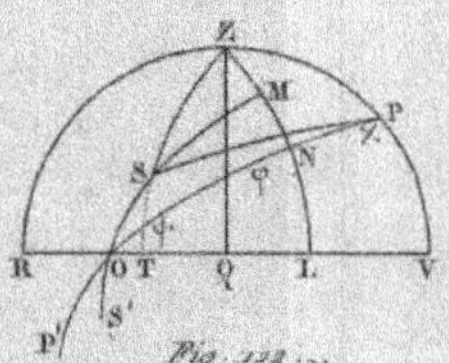

Fig. 122.

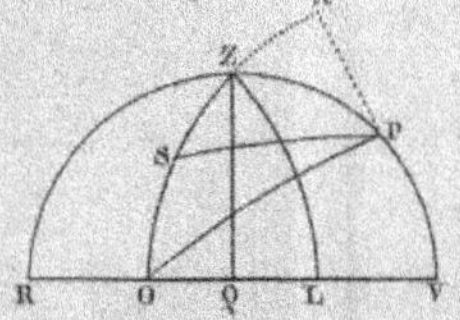

Fig. 123.

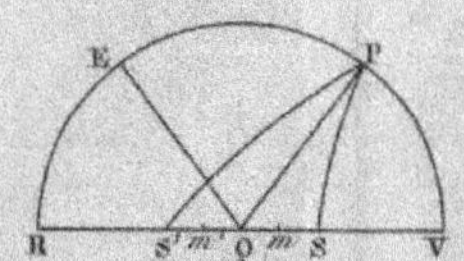

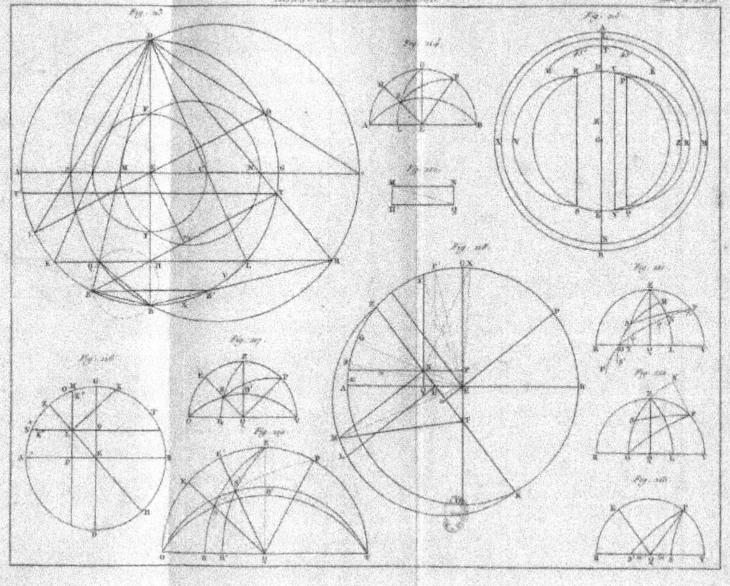

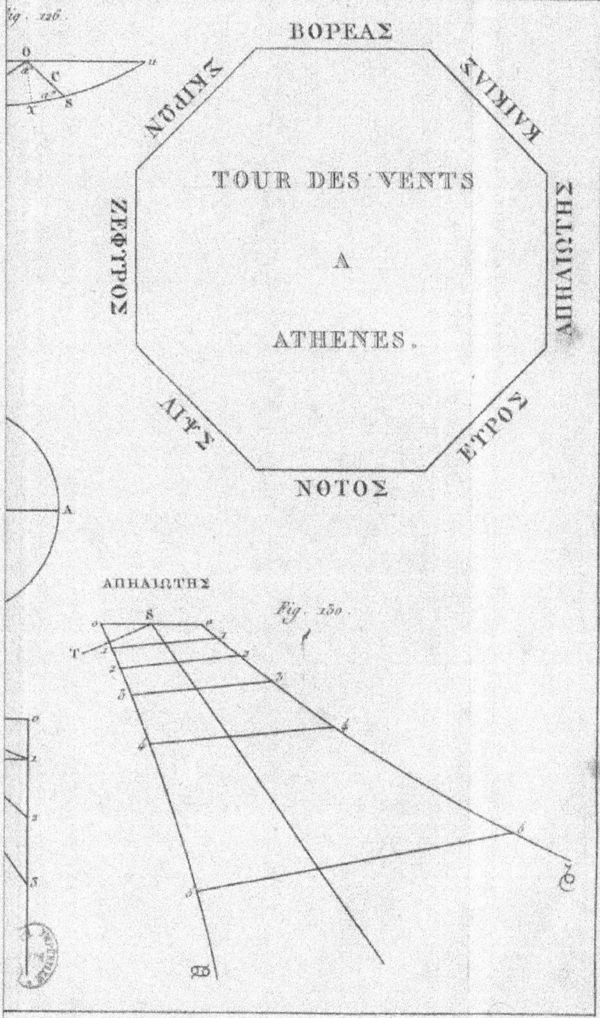
ig. 126.
ΒΟΡΕΑΣ
ΚΑΙΚΙΑΣ
ΑΠΗΛΙΩΤΗΣ
ΕΥΡΟΣ
ΝΟΤΟΣ
ΛΙΨ
ΖΕΦΥΡΟΣ
ΣΚΙΡΩΝ
TOUR DES VENTS
A
ATHENES.
ΑΠΗΛΙΩΤΗΣ
Fig. 130.

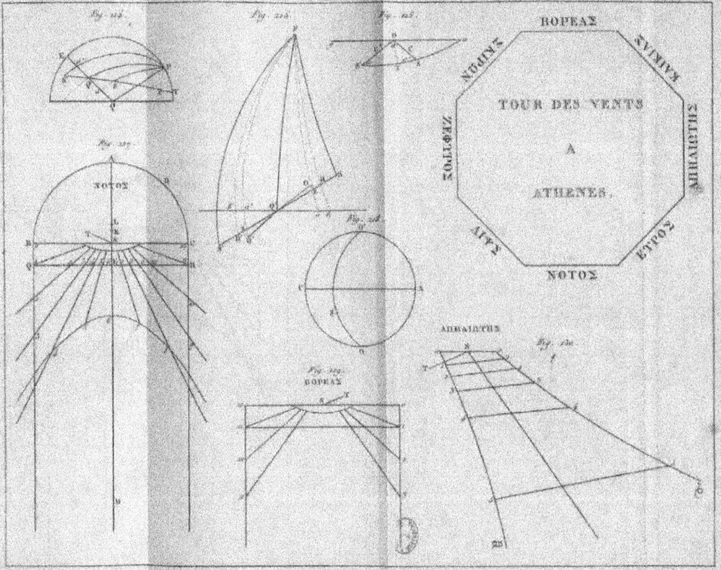
ΒΟΡΕΑΣ
ΚΑΙΚΙΑΣ
ΑΠΗΛΙΩΤΗΣ
ΕΥΡΟΣ
ΝΟΤΟΣ
ΛΙΨ
ΖΕΦΥΡΟΣ
ΣΚΙΡΩΝ
TOUR DES VENTS
A
ATHENES.
ΝΟΤΟΣ
ΒΟΡΕΑΣ
ΑΠΗΛΙΩΤΗΣ

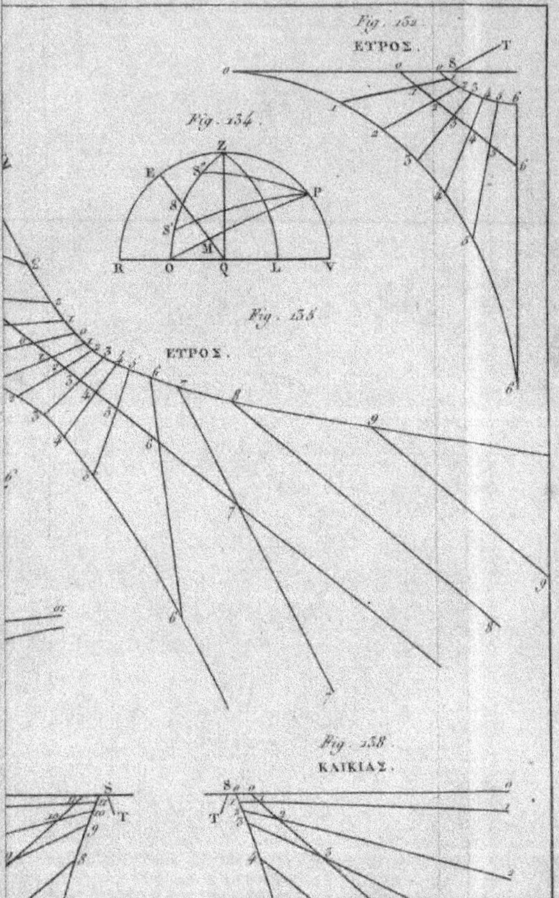
Fig. 132.
ΕΥΡΟΣ.
Fig. 134.
Z
E
S
P
M
R
O
Q
L
V
Fig. 135.
ΕΥΡΟΣ.
Fig. 138.
ΚΑΙΚΙΑΣ.
S
T

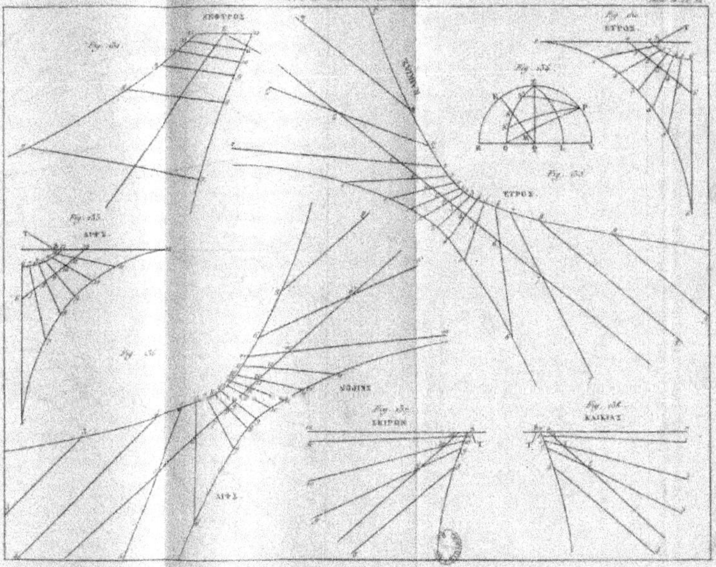
ΖΕΦΥΡΟΣ
ΕΥΡΟΣ
ΕΥΡΟΣ
ΛΙΨ
ΛΙΨ
ΣΚΙΡΩΝ
ΚΑΙΚΙΑΣ

Fig. 141.

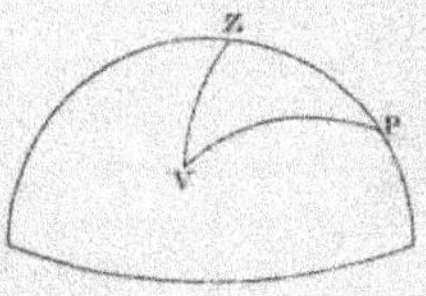

Fig. 143.

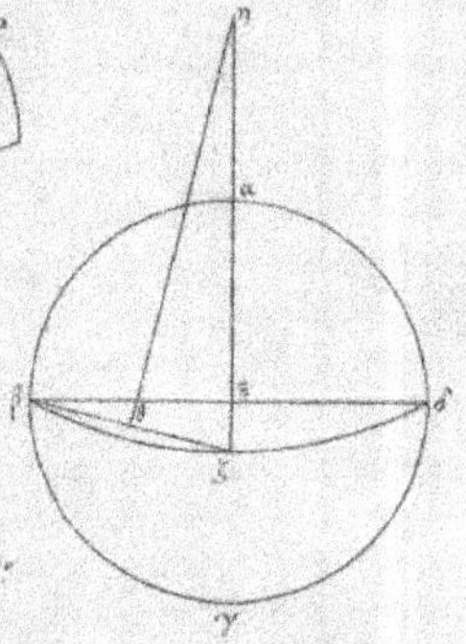

Fig. 144.

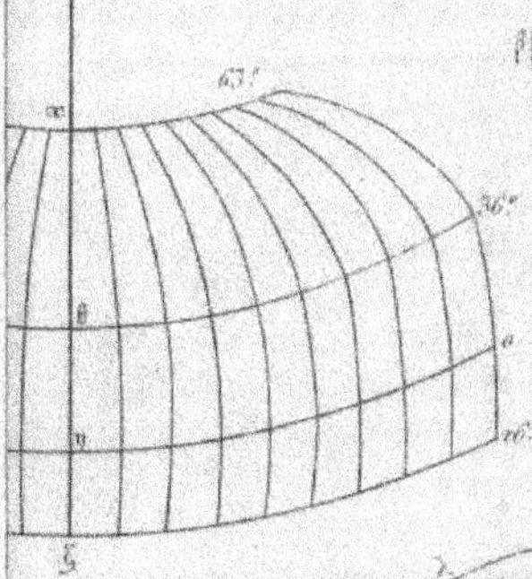

Fig. 145.

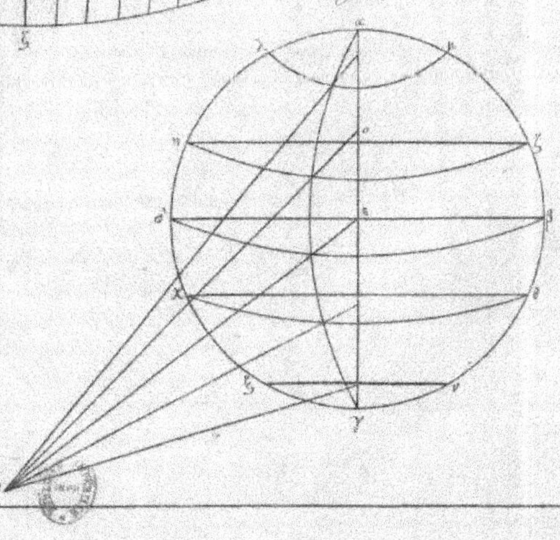

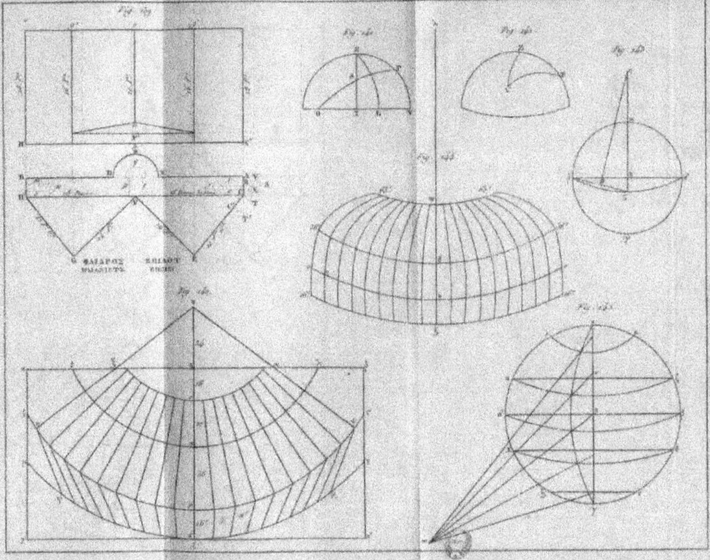

Fig. 148.

Fig. 149.

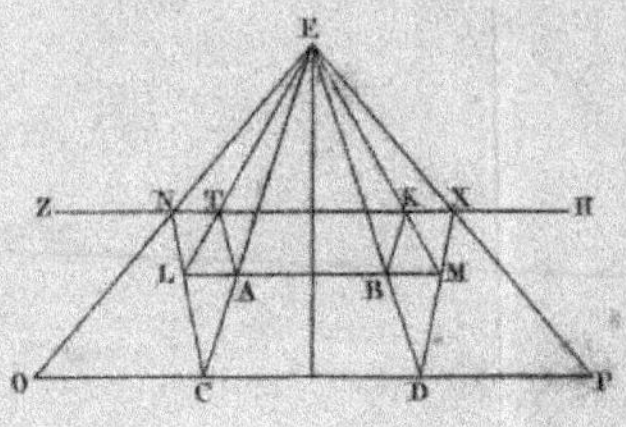

Fig. 153.

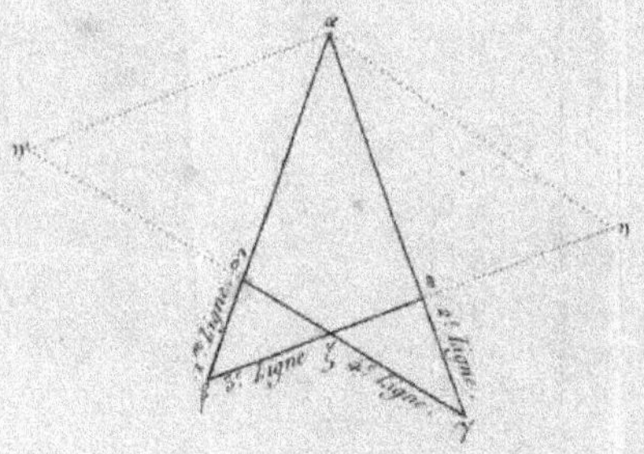

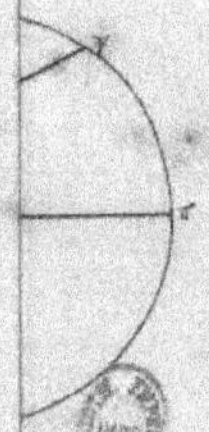

Fig. 156.

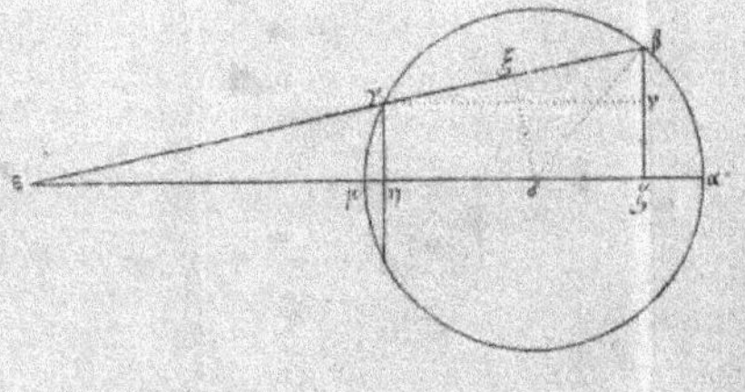

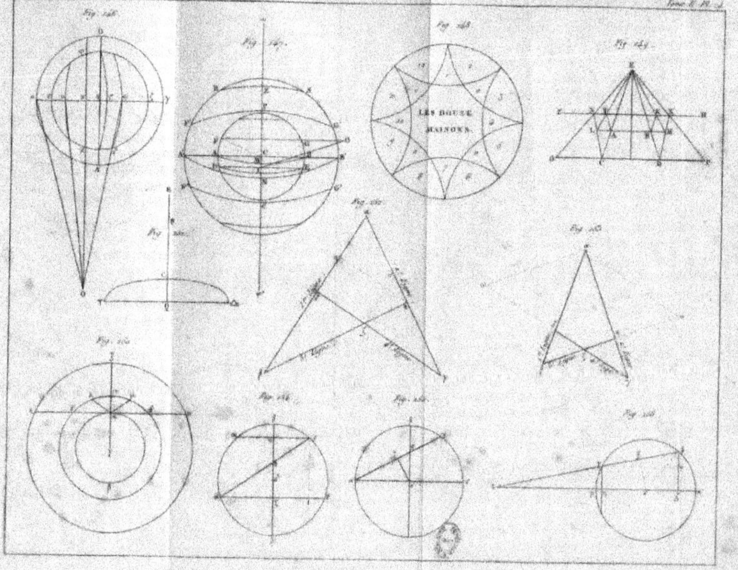
LES DOUZE
MAISONS.

Fig. 159.

Fig. 161.

Fig. 162.

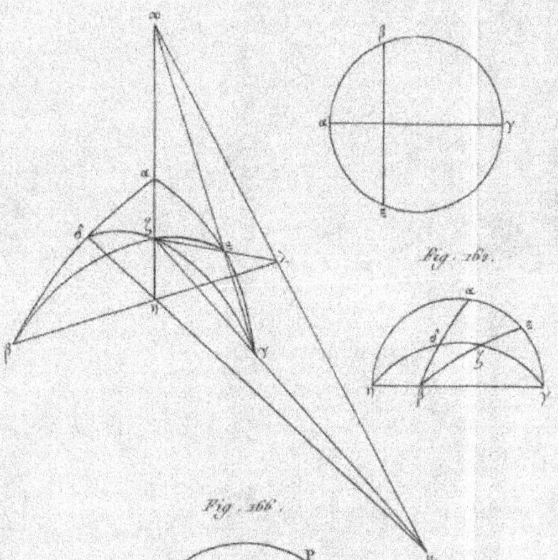

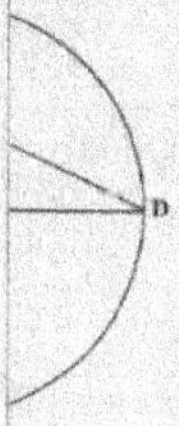

Fig. 166.

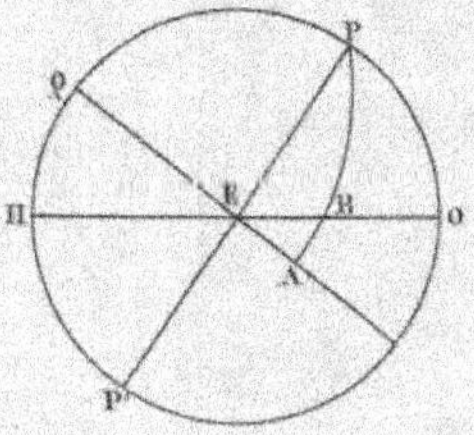

Fig. 170.

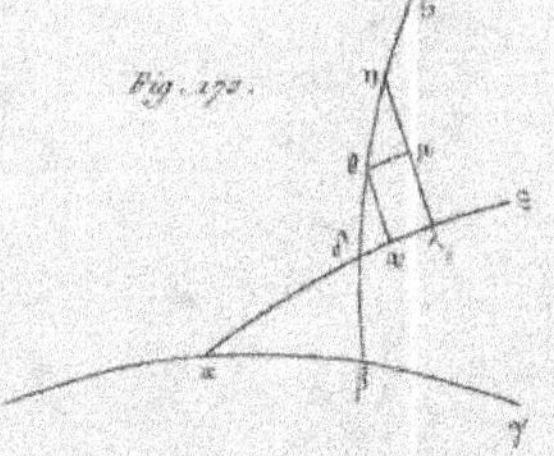

Fig. 171.

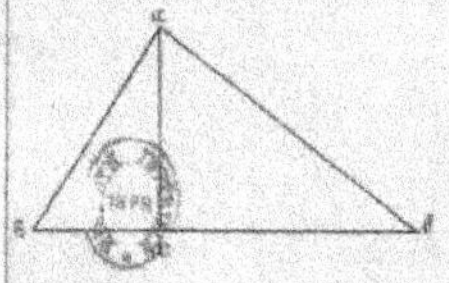

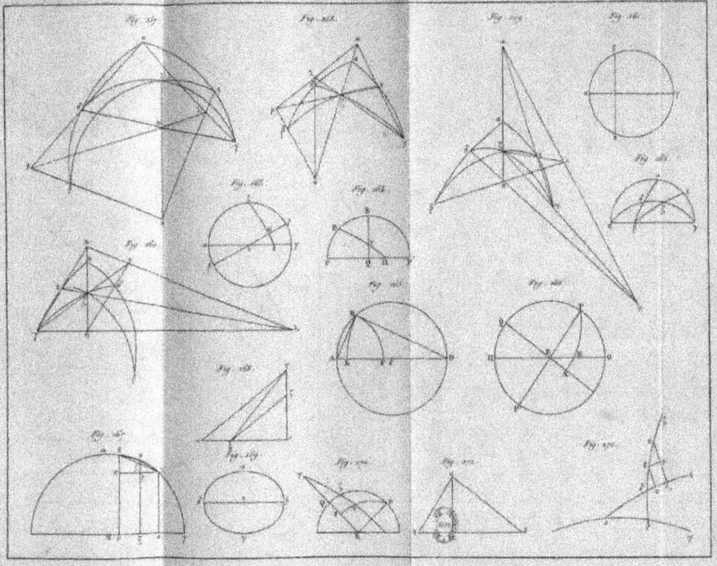

…175.

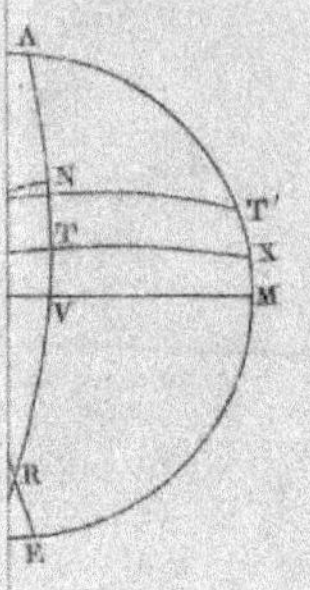

Fig. 176.

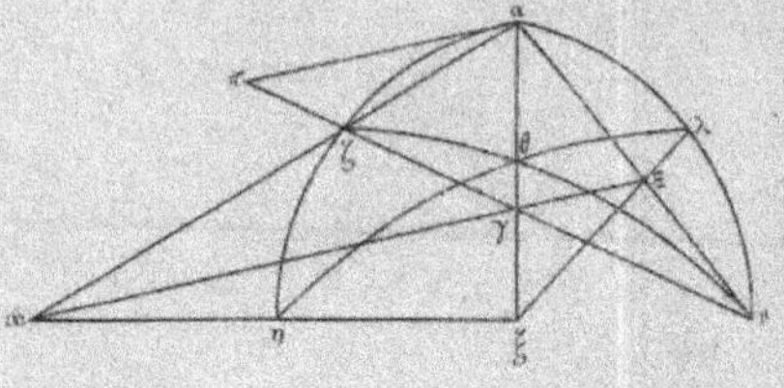

…9.

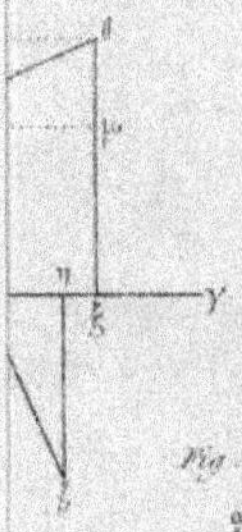

Fig. 180.

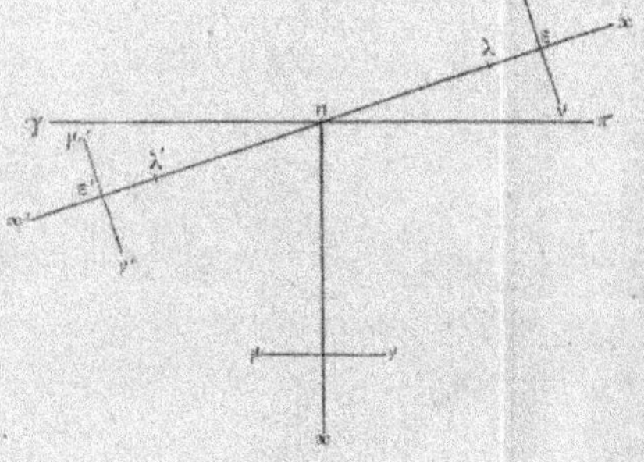

Fig. 183.

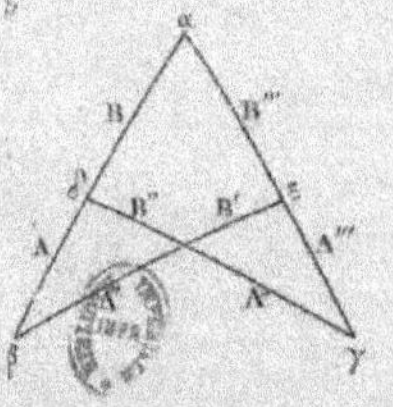

Fig. 184.

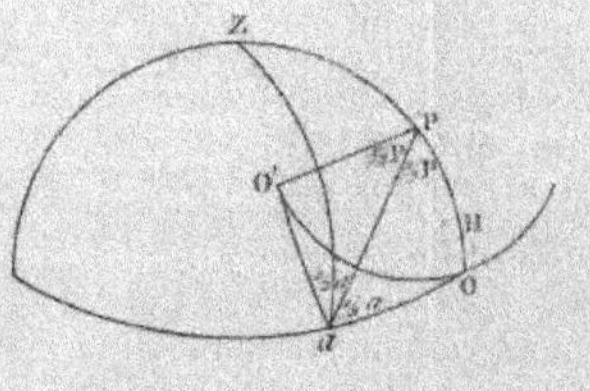

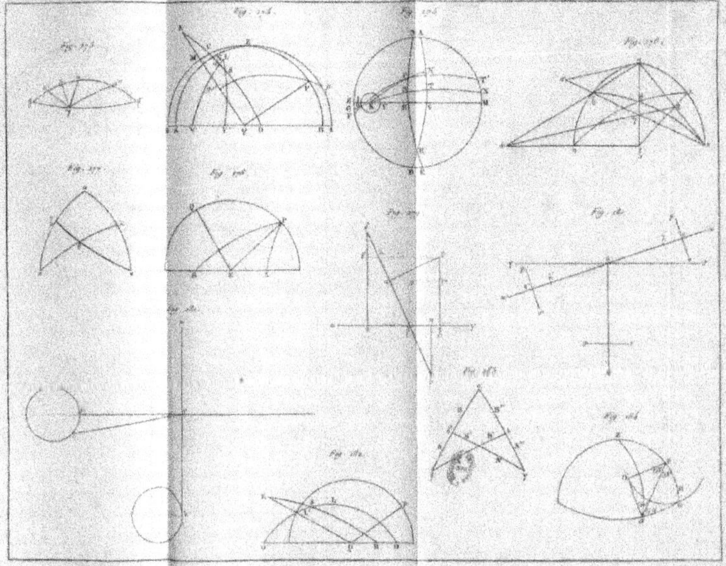

www.ingramcontent.com/pod-product-compliance
Lightning Source LLC
La Vergne TN
LVHW010555180726
843502LV00001B/41
9782329272856